真菌细胞生物学

邢来君　李明春　编著

本书的出版特别感谢如下单位和项目的支持和资助
国家基础学科人才培养基金(No. J1103503)
南开大学微生物学国家重点学科分子微生物学与技术教育部重点实验室

科学出版社
北　京

内 容 简 介

本书以当代真菌细胞生物学前沿论题的新观点和新理论为基础，以丝状真菌和单细胞酵母的细胞生长和发育的分子生物学为主线，从细胞的骨架系统、内膜系统、有丝分裂、减数分裂、极性生长、发育分化、性激素、有性生殖的交配系统、分生孢子的分子生物学、植物致病性和侵染生长的生物机制，以及近年来关于真菌细胞的程序性凋亡和自噬等不同的领域，从分子、结构和生态领域交叉贯穿起来，基本构成了当代分子真菌细胞生物学的新理论和新观念。

本书可作为微生物学专业、农学专业、植物保护专业、森林保护专业以及环境保护专业的科研工作者参考用书，也可以作为相关专业研究生的参考书，同时可用于在教师指导下作为本科生学习真菌学的参考资料。

图书在版编目(CIP)数据

真菌细胞生物学 / 邢来君，李明春编著．—北京：科学出版社，2013.6
ISBN 978-7-03-037666-4

Ⅰ.①真… Ⅱ.①邢… ②李… Ⅲ.①真菌-细胞生物学 Ⅳ.①Q949.32

中国版本图书馆 CIP 数据核字(2013)第 116667 号

责任编辑：李 悦 胡英慧 / 责任校对：韩 杨
责任印制：吴兆东 / 封面设计：陈 敬

科学出版社 出版
北京东黄城根北街 16 号
邮政编码：100717
http://www.sciencep.com
北京凌奇印刷有限责任公司 印刷
科学出版社发行 各地新华书店经销
*
2013 年 6 月第 一 版 开本：787×1092 1/16
2022 年 7 月第五次印刷 印张：28 3/4
字数：654 000

定价：108.00 元

（如有印装质量问题，我社负责调换）

序

细胞是一切生物进行生命活动的基本单位。无论是大分子病毒或任何基因本身离开生物个体和细胞是没有生存价值的。生命的物质、能量、信息过程的基本生命活动都是通过生物个体和细胞进行的。细胞生物学是在各个层次上,尤其是分子层次上,研究细胞生命活动基本规律的学科,是现代生命科学的基础学科之一 。

远在347年以前的1665年,人类第一次观察到了栎树皮的纤维质细胞壁。9年之后,植物细胞壁与细胞质的区别及动物细胞核的结构也被发现。直到164年之后的1838年和1839年,德国的植物学家M. J. Schleiden和动物学家M. J. Schwann才明确指出细胞是一切动植物的基本单位,从而建立了细胞学说。从细胞的发现到细胞学说的建立经历了174年的漫长历程。

从细胞学说的建立到1953年DNA双螺旋结构的发表与中心法则的建立,为细胞生物学的诞生奠定了基础。通过细胞学的经典时期、实验细胞学时期,直到细胞生物学的诞生,经历了114年,比细胞的发现到细胞学说的建立所经历的174年缩短了整整60年。这是科学技术总体水平的提高与人类智慧相结合的结果。

由于细胞是生命体的结构与生命活动的基本单位,一切生命现象的奥秘都隐藏在细胞结构及其生命活动的全过程中,因此,细胞生物学在探明生命奥秘和解决人类可持续发展中面临的一系列重大问题中具有重要意义。

由邢来君和李明春编著的《真菌细胞生物学》的问世,是我国真菌学科发展史中值得庆贺的事。因为真菌是地球生物圈中物种数量及其多样性最丰富的生物类群之一,仅次于动物界,为植物界的三倍,居真核生物域(domain)中菌类生物之首。所谓真核生物域中的菌类生物是指真菌界(Fungi)的真菌、原生动物界(Protozoa)的裸菌和管毛生物界(Chromista)的卵菌(Oomycota)或称假菌(pseudofungi)。属于三个不同生物界的真菌、裸菌和假菌一起被统称为"菌物"或"泛真菌"(Pan-fungi),犹如不同生物界的一切微观生物被统称为"微生物"一样。

地球生物圈中第二大类生物真菌无论在人类探索生命奥秘中,还是在解决人类可持续发展中的重大问题中均具有极为重要的意义。因此,真菌细胞生物学应该是真菌学科在其基因组学(genomics)、代谢组学(metabolomics)和表型组学(phenomics)相结合中不断发展的关键学科。三者相结合而发展的这一关键学科的内涵必将逐步外延至真菌学科的各个分支领域,从而促进真菌学科的全面发展和不断繁荣,在生命科学与人类可持续发展中发挥更大的作用。

谨以此为序与读者共勉。

中国科学院院士

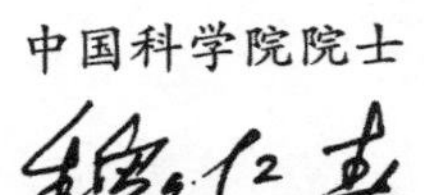

2013年2月23日

前　言

在修改《普通真菌学》第二版（2010）的过程中，阅读了大量真菌细胞学方面的资料，种种原因所限，不可能将这些分子水平的材料较详细地编写进《普通真菌学》中。然而，我国至今尚没有一本介绍当今真菌细胞学水平的中文书籍，供真菌学研究者参考，同时，真菌学也缺少一本比较全面地反映真菌细胞生物学方面的参考用书。于是萌动了编写《真菌细胞生物学》一书的想法。

从真菌在生物界中的进化地位来看，它属于低等原始的真核生物，又具有便于培养和繁殖的特点，因此成为生物学界研究高等动植物细胞的模式生物。除了真菌学家，还引起遗传学家、细胞生物学家、发育生物学家、植物病理学家和分子生物学家等的广泛兴趣。同时，新的技术手段如单细胞成像、视频显微技术、功能蛋白质组学和基因表达等，被广泛运用来解决与真菌生长和发育相关的问题。因此，在21世纪短短10多年中由于各学科的介入，发表了大量真菌细胞学领域的资料，涉及真菌细胞的结构、极化、生长、分化、生殖，以及分生孢子的分子生物学、植物致病性和侵染生长的机理及真菌细胞的程序性死亡和自噬等。这些研究使真菌细胞的结构、分子和生态方面交叉贯穿而形成了当代分子真菌细胞学的新概念。

真菌细胞视为一个结构统一体，细胞可以控制生长与空间发育的分化，以及从胞外环境基质吸收营养物质到包括细胞骨架在内的细胞内外区域的分子连接，再到基因组的分子模式。然而，我们尚未明确基因组是如何控制存在与否的这些调控过程。所有的这些问题都灌注了真菌分子细胞学和遗传学上的最新进展，也许这就是未来真菌细胞生物学发展的方向。真菌基因组数据库作为未来研究的一种工具，我们希望它不仅能证明真菌细胞生物学作为一个整体，而且也能阐明真菌细胞生物学其本身独特而迷人的方面。神奇的真菌细胞生物学领域已经向我们发起挑战，正等待着我们去探索。

最初萌发写一本《真菌细胞生物学》的想法，只是想把近年来从基因水平上已经定论的基础理论，包括细胞的分子结构与功能，细胞骨架、质膜和细胞壁的相互作用，细胞周期与细胞分裂（有丝和减数分裂），分生孢子形成的基因调控，营养细胞的亲和性（相容性）与不亲和性，高等真菌的交配因子（系统），高等真菌的有性孢子的形成，真菌侵染植物的细胞生物学，人类致病真菌的侵染生物学，以及真菌基因组学、系统发育和进化等内容写成一本既可供从事真菌科研工作者的参考书，也可供研究生的参考用书。然而，在编写过程中遇到了单细胞真菌、两型真菌和丝状真菌间相互关联的系统性难题，尤其是酵母型和丝状真菌之间的研究资料的不同步发展带来了更大的困难。为了解决单细胞和多细胞之间的两难，本书尽量抓住真菌细胞学关于酵母和丝状真菌的生长和发育的共同特征，本书从亚细胞水平起始，将结构、分子和生态方面的内容交叉贯穿起来，对真菌的细胞骨架、真菌内膜系统、真菌细胞壁结构、丝状真菌的有丝分裂、丝状真菌的减数分裂、真菌的极性生长、低等真菌的性诱激素、高等真菌的交配因子和信息素、双核真菌有性生殖的交配系统、分生孢子的分子生物学、真菌侵染植物的细胞生物学，以及真菌细胞的程序性死亡和自噬等内容进行了较系统的描述，使得本书的内容基本反映当代分子真菌学的新观念。本书中尽量引用最新研究资料，并且对一些新的观点给予采纳和认同。同时也编进了近几年出现的当代论题的章节，而这些都是真菌分子细胞生物学的核心。因此，本书可以为从事分子真菌学研究工作者提供参考；可以作为综合大学微生物学专业、农业院校的植物保护、农学、森林保护及环境保护专业研究生的真菌细胞学的参考书籍；也可以在教师指导下作为本科生学习真菌学的参考书。

本书编写过程中得到科学出版社李悦编辑的大力支持，从约稿、编辑到出版得到了她的细心帮助，在此表示感谢。更需要感谢的是南开大学现代真菌研究室当时在学的博士和硕士研究生们。是他们在繁忙的科研工作之余，按照不同的检索词在网上搜索了大量资料，并为我们编写进行了资料的部分整理和编译工作，他们分别是博士研究生喻其林、于爱群、王宇凡、王慧、朱月明、张昕欣、徐宁和梁勇；硕士研究生欧秀元、郑文、桂磊、杨哲、周浩、王文文、郭慧、石桐磊、刘艳超、程欣欣、朱健春、钱可凡和丁晓慧等。尤其是喻其林博士对本书的初稿进行了认真阅读，并提出许多修改建议。

由于水平所限，在编写过程中遇到许多难题，尤其是许多新出现的名词术语的中文译名，因此书中难免存在许多错误和不足。另外，因为资料阅读不周的原因可能在某些领域的描述中会出现见树不见林的现象，敬请读者给予批评指正。

邢来君　李明春

于南开大学现代真菌学研究室

2013 年 2 月

缩 写 表

AIF	apoptosis-inducing factor，凋亡诱导因子
AMR	actomyosin ring，肌球蛋白环
AP	adaptin，衔接蛋白
APC	anaphase-promoting complex，后期促进复合物
Arf	ADP ribosylation factor，ADP 核糖基化因子
Arf-GAP	Arf GTPase 激活蛋白
Arf-GEF	Arf 鸟苷酸交换因子
Arl，ARF-like GTPase	Arf 样 GTPase
Avr	avirulence proteins，无毒力蛋白
CARD	caspase-recruitment domain，半胱天冬酶募集结构域
CC	coiled-coil region，卷曲螺旋区
CCT	coiled-coil tether，卷曲螺旋黏附因子
CDED	death-effector domain，半胱天冬酶死亡感应结构域
CDK	cyclin-dependent protein kinase，细胞周期蛋白依赖性蛋白激酶
CE	central element，中心元件
CHC	clathrin heavy-chain，网格蛋白重链
CHS	chitin synthases，几丁质合酶
CO	crossing over，交换
COX	cytochrome *c* oxidase，细胞色素 *c* 氧化酶
CPP	cell-penetrating peptides，细胞穿越型多肽
CPY	carboxypeptidase Y，羧肽酶 Y
CRIB	Cdc42/Rac interactive binding，Cdc42/Rac 内部激活结构域
CR	reciprocal exchange，互换
cryoSEM	cryoscanning electron microscope，低温扫描电镜
CSN	conserved COP9 signalosome complex，保守的 COP9 信号体复合物
Cvt	cytoplasm to vacuole targeting
CWP	cell wall protein，细胞壁蛋白
DAD	dia-autoinhibitory domain，区域间自我抑制区
DHJ	double Holliday junction，双 Holliday 结构
DRM	detergent-resistant membrane，抗除垢剂膜
DSB	DNA double-strand break，DNA 双链断裂
ECF	extracellular conidiation factor，胞外分生孢子刺激因子
ER	endoplasmic reticulum，内质网
ERES	ER-exit site，内质网释放位点
ETI	effector-triggered immunity，效应蛋白激发的免疫反应
FACS	fluorescence activated cell sorting，荧光激活细胞分选术
FISH	fluorescence *in situ* hybridization，原位免疫荧光杂交
FRAP	fluorescence recovery after photobleaching，光漂白荧光恢复技术
GAP	GTPase activating protein，鸟苷三磷酸酶激活蛋白
GBD	GTPase binding domain，GTPase 结合结构域

GDF	GDI-displacement factor, GDI 解离因子
GDI	GTPase inhibitor, 鸟苷酸解离抑制因子
GEF	guanine nucleotide exchange factor,鸟苷酸交换因子
GPCR	G-protein-coupled seventransmembrane-spanning receptor,跨膜 G 偶联蛋白受体
GPI	glyco-phosphatidyl-inositol,糖磷脂酰肌醇
GPI-CWP	glycosylphosphatidyl inositol dependent cell wall protein,依赖糖基磷脂酰肌醇的细胞壁蛋白
GTPase	鸟苷三磷酸酶
GXM	glucuronoxylomannan, 葡萄糖醛酸木糖甘露聚糖
HI	heterokaryon-incompatibility,异核不亲和性
HR	hypersensitive response,过敏性应答
Hsp	heat-shock protein,热激蛋白
IAP	inhibitor of apoptosis protein,细胞凋亡蛋白抑制剂
IDI	induced during incompatibility 基因
Lat-A	latrucnculin A,拉春库林 A
LC	lateral component,侧面组分
MAPKKK	MAPK 激酶激酶
MAPKK	MAPK 激酶
MAPK	mitogen activated protein kinases,促分裂原活化蛋白激酶
MAP	microtubule-associated protein, 微管结合蛋白
MEN	mitotic exit network,有丝分裂结束网络
MIP	methylation induced premeiotically,减数分裂前诱导的甲基化
MPF	maturation promoting factor,成熟促进因子
MSUD	meiotic silencing by unpaired DNA, 非配对 DNA 介导的减数分裂沉默
MTC	multisubunit tethering complexe, 多亚基粘连复合体
MTOC	microtubule organizing centre,微管组织中心
MVB	multivesicular body,多泡体
NCO	noncrossover,非交换型
NCR	non-reciprocal recombinations, 非互换重组
NHEJ	non-homologous end joining DNA repair pathway,非同源末端连接 DNA 修复通路
NPC	nucleoporin complex, 核孔复合体
NSF	*N*-ethylmaleimide-sensitive fusion protein,*N*-乙基马来酰亚胺敏感融合蛋白
PAMP	pathogen-associated molecular patterns,病原体相关分子模式
PARP	poly-ADP ribose polymerase-like protein,类聚 ADP 核糖聚合酶蛋白
PAS	phagophore assembly site, 吞噬泡组装位点
PB	polybasic domain, 碱性聚合区
PBS	presumptive bud site, 预出芽位点
PCD	programmed cell death,程序性细胞死亡
PHI-BLAST	pattern hit-initiated BLAST, 模式发现迭代比对
PI3-K	phosphatidylinositol 3-kinase,磷脂酰肌醇 3-激酶
PI	phosphatidylinositol,磷脂酰肌醇
PIR	protein with internal repeat,序列内部重复蛋白
PKA	protein kinases,蛋白激酶
PMM	postmeiotic mitosis, 减数分裂后有丝分裂
PSI	precocious sexual induction,早熟的性诱导
PSI-BLAST	position-specific iterate BLAST,位点特异性迭代比对
PTI	PAMP-triggered immunity ,病原体相关分子模式激发的免疫反应

PVE	prevacuolar endosome，前液泡内体
REMI	restriction enzyme-mediated integration，限制酶介导性整合作用
RER	rough endoplasmic reticulum，粗面内质网
RFP	red fluorescent protein，红色荧光蛋白标记
RGS	regulator of G-protein signalliing，G-蛋白信号调节因子
RIP	repeat induced point mutation，重复序列诱发点突变
RN	recombination nodule，重组结
ROS	reactive oxygen species，活性氧簇
SAC	spindle assembly checkpoint，纺锤体组装检测点
SC	synaptonemal complex，联会复合体
SEI	single-end invasion intermediate，单链入侵中间体
SER	smooth endoplasmic reticulum，光面内质网
SIN	septation initiation network，分隔起始网络
SIR	silent information regulator，沉默信息调控因子
SIS	sex-induced silencing，性诱导沉默
SNAP	soluble NSF attachment protein，可溶性 NSF 附着蛋白
SNARE	soluble *N*-ethylmaleimide-sensitive factor attachment protein receptor，SNAP 受体蛋白
SPB	spindle pole bodies，纺锤极体
SPC	septal pore cap，桶孔覆垫
SPF	S phase promoting factor，促 S 期因子
TCM	time-lapse confocal microscopy，延滞共聚焦显微镜
TDH	4-dihydro-methyltrisporate dehydrogenase，4-双氢甲基三孢酸脱氢酶
TEM	transmission electron microscopy，透射电子显微镜
TF	transcription factor，转录因子
TGN	*trans*-Golgi network，高尔基体外侧网络
TNF	tumor necrosis factor，肿瘤坏死因子
ts-	temperature sensitive，温度敏感突变株
TUNEL	terminal dUTP nick end-labeling，dUTP 切口末端标记法
t-SNARE	target-SNAP receptor，靶 SNAP 受体
UDP-GlcNAc	UDP-*N*-乙酰氨基葡萄糖
V-C group	vegetative compatibility group，营养亲和群
V-C	vegetative Compatibility，营养亲和性位点
v-SNARE	vesicle-SNAP receptor，囊泡 SNAP 受体
γ-TuRC	γ-tubulin ring complex，γ-微管蛋白环状复合体

目　录

1 真菌的细胞骨架

细胞骨架(cytoskeleton)能够维持细胞的形态结构及内部结构的有序性,在细胞运动、物质运输、能量转换、信息传递和细胞分化等方面起重要作用,是细胞内以蛋白质纤维为主要成分构成的网络结构。由于细胞骨架会在低温下解聚,而早期电镜样品采用低温固定,所以发现较晚。在20世纪60年代电镜样品采用戊二醛常温固定后,才逐渐被研究者揭开了细胞骨架的神秘面纱。细胞骨架是真核生物维持其基本形态的重要结构,被形象地称为细胞骨架,实际上它是一种广义上的细胞器。

细胞骨架和细胞膜是细胞形态形成和极性生长的结构因素。细胞中至少有三种结构因素涉及细胞形态形成和极性生长:微管骨架(microtubule cytoskeleton)、肌动蛋白骨架(actin cytoskeleton)和胞裂蛋白骨架(septin cytoskeleton),以及它们相应的马达蛋白(motor protein)。这些马达蛋白包括驱动蛋白(kinesin)、动力蛋白(dynein)和肌浆球蛋白(myosin)。尤其是肌动蛋白骨架,在菌丝顶端延伸和缢缩过程中发挥着重要作用,对于分泌囊泡运输和细胞壁延伸也是必不可少的,很可能与微管细胞骨架一起参与细胞末端标记蛋白的定位,从而定向调控细胞生长。

众所周知,丝状真菌是以顶端延伸的方式进行生长的,顶端延伸是一个需要严密调控的过程。因为细胞壁需要分泌溶解酶来破坏原来细胞壁组成之间的化学键,并且同时需要有相应的酶来合成新的细胞壁。在这一生长过程中,为什么菌丝生长在顶端呈现极性化的延伸?顶端延伸生长所需的降解和合成细胞壁的酶类及合成底物如何运输到细胞顶端?细胞骨架与极性生长之间有什么关系?为了进一步在细胞水平上解释这种现象,对许多真菌进行了广泛的研究。最重要的有酿酒酵母(*Saccharomyces cerevisiae*)和与其亲缘关系密切相近但是以丝状形式生长的棉阿舒囊霉(*Ashbya gossypii*)、粟酒裂殖酵母(*Schizosaccharomyces pombe*)、植物致病菌玉米黑粉菌(*Ustilago maydis*)、人体条件致病菌白念珠菌(*Candida albicans*),以及许多其他的丝状真菌如粗糙脉孢菌(*Neurospora crassa*)和构巢曲霉(*Aspergillus nidulans*)等(Steinberg et al. 2001;Pruyne et al. 2004;Crampin et al. 2005;Harris et al. 2005;Martin and Chang 2005;Philippsen et al. 2005)。通过遗传学、生物化学和细胞生物学手段使得在近几年中对微管细胞骨架、肌动蛋白细胞骨架和胞裂蛋白细胞骨架的诸多方面都有了新的认识,肌动蛋白、胞裂蛋白和微管蛋白等细胞骨架成分都与真菌的极性生长有关,它们在极性生长过程中扮演着运输囊泡的重要角色。

1.1 微管细胞骨架

在丝状真菌中,利用免疫荧光染色或微管蛋白与 GFP(绿色荧光蛋白)融合的方法观察到微管束由大量微管组成,并且有越来越多的证据表明,在菌丝顶端快速生长过程中,微管束的动力学与极性生长密切相关。在丝状真菌中,纺锤体被认为是唯一的或是主要的微管组织中心(microtubule organizing center, MTOC),似乎在细胞核外还有其他的 MTOC 负责复杂的微管排列与形成。已经研究清楚微管与肌动蛋白细胞骨架的功能是协调交织的,并且菌丝顶端细胞有三个主要的结构对细胞极性生长是必需的:顶体(Spitzenkörper, apical body, 又称囊泡供应中心)、极体(polarisome)及位于皮层(cortex, 又称皮质层)的细胞末端标记(cell end marker protein)蛋白。R. Fischer 于 2007 年根据 Harris 等(2005)的结果为极性生长描述了一个粗放的微管细胞骨架模型(图 1.1),在这个模型中,微管细胞骨架在囊泡中不断地向囊泡供应中心(顶体)运输装配物质,并且通过细胞末端标记(cell end marker)蛋白的传递来决定生长的向性。肌动蛋白细胞骨架在分泌囊泡的最后一步起着决定性作用。然而,对微管细胞骨架在极性生长过程中确切作用的研究还是不很清楚,但是它在细胞的其他生命活动中的作用,如纺锤体的形成定位、对细胞极性生长的反应等是重要的。关于图 1.1 中极体和顶体的关系将在第 6 章真菌的极性生长中进一步的讨论。

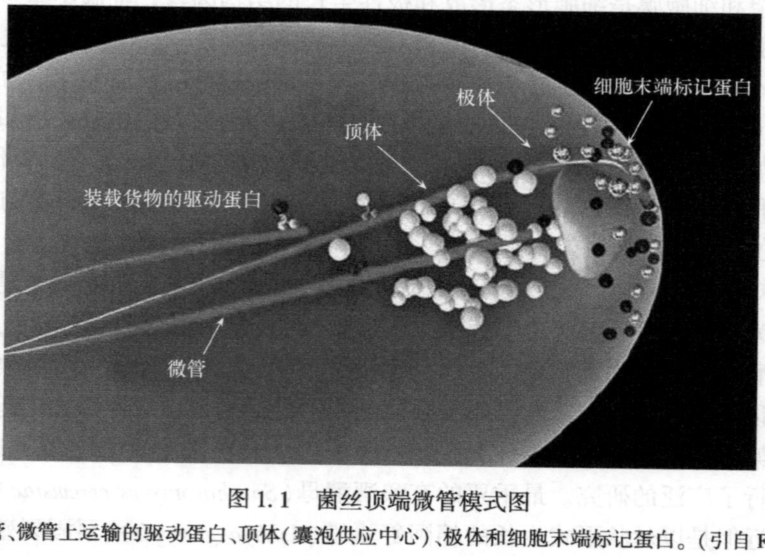

图 1.1 菌丝顶端微管模式图

本图显示微管、微管上运输的驱动蛋白、顶体(囊泡供应中心)、极体和细胞末端标记蛋白。(引自 Fischer 2007)

1.1.1 微管细胞骨架的构成

微管(microtubule, MT)是由 13 条微管原纤维组成的中空管。每一条原纤维都由 α-微管蛋白和 β-微管蛋白二聚体首尾相接形成细长的纤维,13 条这样的微管蛋白异源二聚体形成的原纤维螺旋盘绕形成微管的壁,以此作为微管支撑骨架(图 1.2 B)。两个微管蛋白亚基均含有一个结合的 GTP(三磷酸鸟苷),核苷酸结合带位于 α-微管蛋白和 β-微管蛋白亚基的接触面,因此这样的 GTP 相当稳定。然而,在 β-微管蛋白亚基上的 GTP 是暴露在外的,所以极易被水解为 GDP。一旦 β-微管蛋白变为 GDP 结合方式,微管蛋白装配就被阻断并发生解聚(Fischer 2007)。

通过免疫荧光定位显微镜或电子显微镜能够看到固定化细胞里的微管,这种方法不利于研究在活细胞里微管的运动,然而有了绿色荧光蛋白(GFP)后,使这一切成为可能。在酿酒酵母(*S. cerevisiae*)的间期细胞里,短的微管蛋白与细胞核结合,并且它们的生长方向朝向皮质层,皮质层端的收缩引起了细胞核的短距离移动。一旦细胞进入了分裂周期,这种情况就开始发生变化。核的纺锤体分开,细胞器移向核的两极并且使纺锤体微管聚集。此外,纺锤体产生细胞质微管,介导微管-皮层的相互作用。在粟酒裂殖酵母(*S. pombe*)的间期细胞里包含有许多细胞质微管,它们横跨了整个细胞,可以追踪细胞末端标记蛋白,并在这个酵母细胞中决定生长的向性。

在丝状真菌中,GFP 标记微管的研究首先在构巢曲霉(*A. nidulans*)中进行。微管是一种不具有延展性的结构,它们的向性主要取决于真菌细胞的形状。因此,它们大都与生长轴平行。构巢曲霉的微管生长速率大约 14μm/min,到达皮质层后,停留一段时间再被催化降解,降解时微管以 30μm/min 的速度收缩,也会一路解聚直到微管组织中心(MTOC),或是在微管到达 MTOC 之前发生再一次延伸。Sampson 和 Heath(2005)的发现略有不同,他们观察到微管碎片也可以向菌丝顶端滑动。Freitag 等(2004)和 Mourifio-Perez 等(2006)在粗糙脉孢菌和构巢曲霉中,对更多的细节进行了分析。通过对这两个丝状真菌细胞骨架的观察,明显地看到了组织装配的不同。在粗糙脉孢菌中,微管细胞骨架远比构巢曲霉的复杂,而核的分裂在构巢曲霉中是同步的,而在粗糙脉孢菌(*N. crassa*)中却不是这样。

使用免疫荧光和荧光标记微管蛋白的方法,可以对一个细胞中的微管进行成像研究。通过观察免疫染色或 GFP 标记的菌丝结构,证明在活的菌丝细胞中微管由许多微管蛋白构成(Freitag et al. 2004;Czymmek et al. 2005)。

1.1.2 微管的装配

微管自身不能有效地进行起始装配,它需要一个引发点——MTOC。MTOC 的主要作用是帮助大多数细胞质微管在组装过程中进行成核反应(nucleation),微管从 MTOC 开始生长,这是细胞质微管组装的一个独特的性质,即细胞质微管的组装受统一的功能位点控制。MTOC 不仅为微管提供了生长的起点,而且还决定了微管的方向性。靠近 MTOC 的一端由于生长慢而称之为负端(minus end,-),远离 MTOC 一端的微管生长速度快,被称为正端(plus end,+),所以(+)端指向和靠近细胞质膜的皮层。在有丝分裂的极性细胞中,纺锤体微管的(-)端指向负极,而(+)端指向中心,通常是纺锤体的(+)端同染色体接触。MTOC 这个中心的主要特征取决于一个蛋白复合物,它的特征组分是 γ-微管蛋白(γ-tubulin)。最初在构巢曲霉中发现,后来在所有的真菌体内都发现了这种蛋白质。似乎在高等真菌中 γ-微管蛋白能够形成一个 2.2MDa 的由 12

个或13个γ-微管蛋白亚基和其他蛋白联合组成的γ-微管蛋白环状复合体(γ-tubulin ring complex,γ-TuRC)(图1.2B)。这种初级的复合物以13个微管蛋白原纤维组成有活性的微管组织中心,但是存在于MTOC的γ-TuRC通过与β-微管蛋白的相互作用帮助微管成核,而成为微管的装配起点。正常情况下,在细胞内的α-微管蛋白和β-微管蛋白亚基可以装配成完整的微管。体外实验表明,微管蛋白的体外组装分为成核和延长两个反应。成核反应是微管组装的关键步骤,虽然组成微管的亚基是α-微管蛋白和β-微管蛋白二聚体,但是存在于MTOC的γ-微管蛋白以环状复合体的形式通过与β-微管蛋白的相互作用帮助微管成核(图1.2B)。γ-微管蛋白不是微管的组成成分,但是参与微管的组装。成核反应形成很短的微管,此时,α-微管蛋白和β-微管蛋白二聚体以较快的速度从两端加到已形成的微管上,使其不断加长(Fischer 2007;Konzack et al. 2005)。

在丝状真菌和酵母中MTOC被称为纺锤极体(spindle pole bodies,SPB),因此,SPB嵌入核膜中,在有丝分裂前分开,定位在有丝分裂纺锤体的两极(Jaspersen and Winey, 2004)。酿酒酵母中的纺锤体由核膜内部和外部的蚀斑(plaque)组成,并且它们能够在核膜的两边聚集微管。因此,SPB是酿酒酵母和丝状真菌中一个有活性的微管组织中心,是细胞核内唯一的微管装配起始点,γ-微管蛋白在微管装配中起关键作用。

在酿酒酵母中纺锤体似乎是进行微管聚集的唯一场所。细胞质微管除了有丝分裂前对细胞核进行定位以外,似乎在酿酒酵母中并没有重要的作用,细胞质微管的排列也不是特别的明显。纺锤体是细胞核内唯一的微管起始点,细胞内的α-微管蛋白和β-微管蛋白亚基参与纺锤体和细胞质微管的装配。为了确定核外是否有新的微管的起始,使用微管正极末端定位蛋白,如哺乳动物EB1蛋白的同源物,分析了在植物致病菌玉米黑粉菌(*U. maydis*)中微管的形成起始。结果发现微管细胞成核发生在三个位置:分散的细胞质位点、微管组织中心极点和纺锤体(Straube et al. 2003)。

需要说明的是,丝状真菌中这些微管组织理论局限于少数菌种,如壶菌纲的巨雌异水霉(*Allomyces macrogynus*)、担子菌纲的玉米黑粉菌和子囊菌的构巢曲霉(*A. nidulans*)等。近年来,Konzack等(2005)使用红色的荧光蛋白(RFP)标记细胞核并用GFP标记微管蛋白的方法,发现微管组织中心是独立于纺锤极体之外存在的。通过使用末端加尾蛋白KipA来确定微管蛋白的起始蛋白,同样在构巢曲霉的SPB、细胞质及隔膜处发现了MTOC(图1.2D)。通过对微管组织中心结合蛋白ApsB的研究,这一发现得到了进一步的证实(Veith et al. 2005)。隔膜区MTOC的发现对于分裂间期细胞质内微管排列的研究具有重要意义,同时为隔膜的形成和发育的极性生长提供了重要依据。

过去一段时间,是否在丝状真菌菌丝顶端存在MTOC,仍旧是一个被广泛讨论的问题。然而,γ-微管蛋白在所有的菌丝顶端都可以被观察到。巨雌异水霉(*A. macrogynus*)菌丝的微管从顶端聚集到底部,但在构巢曲霉中没有观察到。然而,使用动力驱动蛋白KipA,Konzack等(2005)发现有时候微管也会从顶端聚集。在粗糙脉孢菌中,由于微管和细胞核的数量很多,这种情况的发生似乎更加的复杂,需要进一步的深入研究(Freitag et al. 2004;Mourino-Perez et al. 2006)。

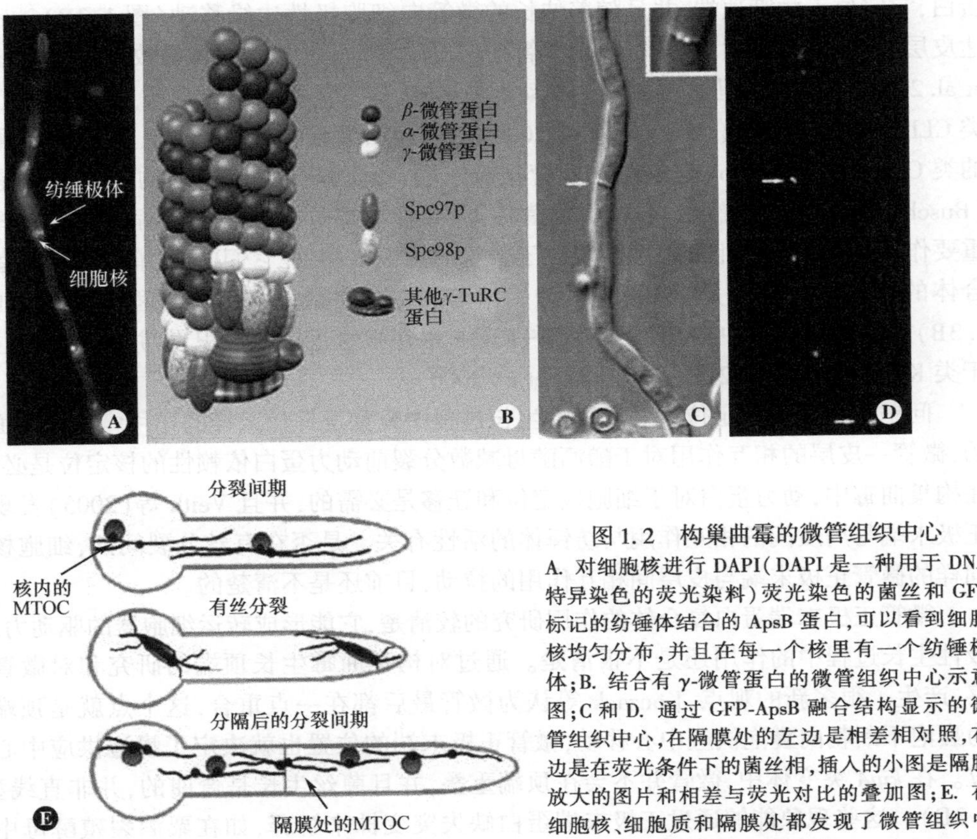

图 1.2 构巢曲霉的微管组织中心

A. 对细胞核进行 DAPI(DAPI 是一种用于 DNA 特异染色的荧光染料)荧光染色的菌丝和 GFP 标记的纺锤体结合的 ApsB 蛋白,可以看到细胞核均匀分布,并且在每一个核里有一个纺锤极体;B. 结合有 γ-微管蛋白的微管组织中心示意图;C 和 D. 通过 GFP-ApsB 融合结构显示的微管组织中心,在隔膜处的左边是相差相对照,右边是在荧光条件下的菌丝相,插入的小图是隔膜放大的图片和相差与荧光对比的叠加图;E. 在细胞核、细胞质和隔膜处都发现了微管组织中心。(引自 Konzack et al. 2005)

1.1.3 微管正极末端

在微管蛋白的组装过程中,α-微管蛋白和β-微管蛋白二聚体可以在微管两端通过加减延长,但是二聚体加减优先在微管一端进行装配,这一端称为正极末端——正端(+),而另一端称为负端(-)。如果微管在体外聚集,它们的装配和去装配呈现"踏车运动(treadmilling)"的方式。所谓踏车现象,就是一种维持微管在(+)端组装上的 αβ-微管蛋白二聚体与(-)端去组装的 αβ-微管蛋白二聚体处于动态稳定的现象。微管的"踏车"行为使单个微管的长度保持不变,而组成微管的二聚体却不断地变化。实际上,细胞内的微管常常处于生长和缩短的动荡状态。与之相比,在体内,位于负极末端的微管相当稳定,微管活性主要位于正极末端。已经得到认同的是,这种微管正极末端由一个大的蛋白复合体组成,它们参与微管活性的调控,并且同时调控与肌动蛋白、膜蛋白或是与着丝粒和染色质结合的蛋白质,给出了相互作用的多样性。很显然这种蛋白复合体的组成是可变的,取决于微管的功能,并且很有可能是一个高度调控或是组织的结构(Akhmanova and Hoogenraad 2005)。

在真菌中,微管正极末端研究的最为透彻的模式生物是酿酒酵母和粟酒裂殖酵母。在酿酒酵母中,微管—皮层(MT-cortex)的相互关系在纺锤体定位和核迁移过程中发挥着重要的作用(Schuyler and Pellman 2001a)。微管正极末端的结合蛋白是马达蛋白的动力蛋白,它定位于微管顶端,并且随着伸长的微管向细胞极性边缘移动(图 1.3B)。一旦到达皮层,动力蛋白被激活,并且拉动微管朝向皮层移动,这个过程将导致核定位(Maekawa et al. 2003)。另一种马达蛋白——驱动蛋白 Kip2 似乎负责许多蛋白质正极末端定位,如类 CLIP170 蛋白 Bik1(Carvalho et al. 2004)。与酿酒酵母中的情况类似,粟酒裂殖酵母中的类 CLIP170 蛋白 Tip1 也定位在微管正极末端,负责这个定位过程的马达蛋白是 Tea2(Busch et al. 2004)。然而,与丝状真菌相比,微管在酵母极性生长过程中并不发挥这种重要作用。只有一些组分被发现定位于微管的正极末端,在它们中间,有动力驱动蛋白复合体的亚基。有趣的是,保守的驱动蛋白 KinA,在顶端微管定位过程中是必需的(图 1.3B)。在构巢曲霉中类 CLIP170 蛋白 ClipA 也在微管正极末端积累,并且它的定位依赖于类 KipA 蛋白的 Tea2/Kip2(Efimov et al. 2006)。

问题是正极末端定位蛋白在极性生长过程中究竟发挥什么样的作用? 正如上面提到的,微管—皮层的相互作用对于酿酒酵母减数分裂前动力蛋白依赖性的核定位是必需的。在构巢曲霉中,动力蛋白对于细胞核定位和迁移是必需的,并且 Veith 等(2005)发现微管正极末端与周质间的相互作用与纺锤体的活性有关。是否在有丝分裂间期,细胞核受到同样的微管正极末端与皮层间相互作用的拉动,目前还是不清楚的。

微管正极末端蛋白复合体的作用研究的较清楚,它能形成转运细胞器的驱动力,但在极性生长过程中的作用还是不很清楚。通过对构巢曲霉生长顶端的研究和对微管的观察,产生了很多新的观点,Konzack 等认为微管最后都在一点重合,这个点就是顶端。因为囊泡不断朝向囊泡供应中心移动,微管正极末端的位置也就决定了囊泡供应中心的定位。在 *kipA* 突变体中,微管并不会在顶端重叠,并且菌丝生长是弯曲的,并非直线型(图 1.3D)。这些现象能够通过正极末端蛋白缺失突变株来解释,如在粟酒裂殖酵母中有很好的证据来说明这种情况。皮层蛋白 Tea1 被 Tea2 转运,如果这两者间任一个基因缺失,这个菌株的细胞就会表现出菌丝卷曲或是 T 形(T-shaped)。因此,Tea1 和其他蛋白被命名为细胞末端标记蛋白(cell end marker protein)或蛋白极性决定体(cell polarity determinant)(Fischer 2007)。

微管的功能和活性不仅仅是通过正极和负极末端来确定的,同样也受到纤维晶格(filamant lattice)上大量装饰的微管结合蛋白(microtubule-associated protein, MAP)的调控,主要是调控相关的马达蛋白的活性(Baas and Qiang 2005)。MAP 具有多方面的功能,包括:①使微管相互交联形成束状结构,也可以使微管同其他细胞结构交联;②通过与微管成核位点的作用促进微管的聚合;③在细胞内沿微管转运囊泡和其他颗粒,因为一些分子马达能够同微管结合转运细胞内的物质;④提高微管的稳定性,因为 MAP 同微管壁的结合,自然就改变了微管组装和解聚的动力学,MAP 同微管的结合能够控制微管的长度,防止微管的解聚。由此可见,微管结合蛋白扩展了微管蛋白的生化功能。尽管在高等真菌内有大量这样的蛋白质,但目前仍没有研究清楚。

1.1.4 微管上的马达蛋白

马达蛋白(motor protein)是细胞内利用 ATP 供能,产生推动力,进行细胞内的物质运输或细胞运动的蛋白质分子,又称为分子发动机(molecular motor)。至今所发现的马达蛋

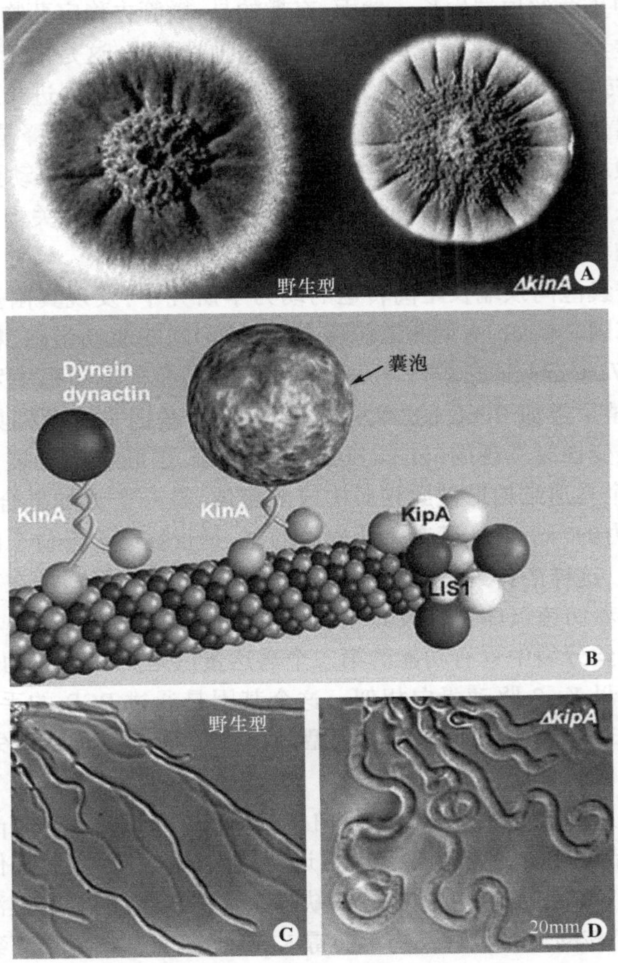

图 1.3 保守的 KinA 和 Kip2 家族驱动蛋白 KipA 的功能

A. 野生型与驱动蛋白缺失突变菌株之间的菌落形态比较；B. 微管和微管正极末端蛋白复合体的构成，蛋白复合体由许多蛋白质组成，如 KipA 或 LIS1、保守的驱动蛋白转运囊泡和正极末端复合物的组分，至于 KinA 与 Dynein 或 dynactin 之间的直接运输作用还没有被证实；C 和 D. 当参与细胞末端标记的 KipA 缺失时，菌丝的向性就消失了，顶端呈曲线形。（图片来自于 Konzack et al. 2005，作者略有改动）

白可分为三个不同的家族：驱动蛋白家族、动力蛋白家族和肌球蛋白家族。驱动蛋白和动力蛋白是以微管作为运行的轨道，而肌球蛋白则是以肌动蛋白束（actin cable）作为运行的轨道。细胞骨架的马达蛋白是机械化学转化器，它将化学能（ATP）转变成机械能，以此运送细胞内的货物，包括各种类型的囊泡、线粒体、溶酶体、染色体、其他蛋白体等。体外实验证明驱动蛋白的运输具有方向性，从微管的负极端（-）移向微管的正极端（+），认为微管马达蛋白是正端走向的。动力蛋白具有两种功能，第一是有丝分裂中染色体运动的力的来源，第二是作为负端微管走向的发动机，担负囊泡和各种膜结合细胞器的运输任务。细胞质动力蛋白在微管上移动的方向与驱动蛋白相反，从正端移向负端（Fischer 2007）。

在丝状真菌中，如典型的构巢曲霉或白念珠菌菌丝中，长的微管沿菌丝轴定向分布。它们不仅是核迁移所必需的，也是菌丝极性生长所必需的。用微管去稳定药物处理后，菌丝延伸将减缓或中止菌丝顶端生长。然而,有趣的是,微管去稳定药物与肌动蛋白去稳定药物的效应存在差异,肌动蛋白去稳定后导致菌丝顶端膨胀,这是由于细胞发生均向生长(isotropic growth)转变所致。上述这种结果的一种解释是:微管促进长距离囊泡向顶端的转运,而肌动蛋白骨架介导短距离内囊泡在顶端的分布;另一种解释是:肌动蛋白骨架将顶体固定在细胞顶端,从而使菌丝细胞维持极性生长状态,因此,肌动蛋白骨架去稳定状态将引发顶端膨胀(Crampin et al. 2005;Horio and Oakley 2005)。关于微管在丝状真菌顶端参与极性生长的功能尚缺乏试验证据。

关于微管促进囊泡向顶端长距离转运的动力学研究中,发现真菌基因组中含有很多驱动蛋白的编码基因。例如,构巢曲霉包含有 11 种不同的驱动蛋白,粗糙脉孢菌包含有 10 种(Fuchs and Westermann 2005)。BimC 驱动蛋白是在构巢曲霉中发现的第一个驱动蛋白,并且定义了整个类似 BimC 的驱动蛋白群。这个基因是选育构巢曲霉温度敏感并缺失有丝分裂的突变株时发现的(bim = block in mitosis,阻断有丝分裂)。BimC 是一个 C 端马达蛋白,由两个马达结构域彼此相对构成四聚体,是一个大的复合蛋白,它有一对球形的头,是产生动力的“马达”;还有一个扇形的尾,是货物结合部位。因为每一个结构域头部都与微管结合,这样的排列使得相邻的微管得以交叉,这一特性在有丝分裂的过程中特别重要,BimC 沿着纺锤极体微管彼此相接来运输和分配染色质。

在构巢曲霉有丝分裂中具有功能的第二个马达蛋白是类 C 端驱动蛋白 KlpA,在有丝分裂中它与酿酒酵母 Kar3 驱动蛋白相似。这个基因是通过 PCR 的手段鉴定出来的,单独 *KlpA* 基因的缺失并不产生任何显著的表型,但是却能抑制 *BimC* 缺失所造成的有丝分裂纺锤体缺陷。

第三个在有丝分裂过程中有功能的蛋白质是 Kip3 家族成员的 KipB 驱动蛋白,在这个蛋白质中,马达结构域的定位距离 N 端很近。基因缺失并不引起任何菌丝延伸或者是细胞器迁移的缺陷,但会造成染色体的分离缺陷。这很奇怪,因为在酿酒酵母中同样的马达蛋白 Kip3 参与了核的迁移,然而,构巢曲霉 KipB 的研究结果与粟酒裂殖酵母中的同源蛋白 Klp5 和 Klp6 的研究结果是一致的(West et al. 2002)。

下面讨论具有 N 端马达结构域并且在细胞极性生长过程中发挥作用的马达蛋白。KinA 和 KipA 是一类保守的驱动蛋白(图 1.3)。KinA 的缺失导致菌丝生长减缓,在其他真菌中也有类似的影响。普遍认同的观点是这个马达蛋白可以把囊泡运输至延伸的菌丝顶端,并提供细胞壁组分。除此之外,它也参与其他的与细胞极性生长有关的线粒体和细胞核的分配定位过程。然而,核分配在粗糙脉孢菌和构巢曲霉中受到影响,线粒体分配在血红丛赤壳(*Nectria haematococca*)中也有所不同。这也许是由于线粒体的运动在构巢曲霉中取决于肌动蛋白细胞骨架,而在粗糙脉孢菌里取决于微管细胞骨架的原因(Fuchs and Westermann 2005)。驱动蛋白如何在线粒体和核分配过程中发挥作用的机制目前尚不清楚。在构巢曲霉中,KinA 是必需的,能够把动力蛋白亚基转运到微管正极末端(图 1.3)。动力蛋白是核迁移的关键马达,并且从微管正极末端释放动力蛋白能够引起可见的核聚集(nuclear clustering)。除此之外,被认为传统的驱动蛋白参与了微管正极末端复合物其他组分的运送。

构巢曲霉的 KipA 与粟酒裂殖酵母中的 Tea2 是相似的,都是以 N 端马达蛋白结构域为特征。它在微管正极末端积累,并且借助内部的马达活性到达这个位置。如果将 KipA

中负责 ATP 降解的关键氨基酸残基取代后,该蛋白在微管顶端积累的能力就丧失了。这些结果与在粟酒裂殖酵母中对 Tea2 的研究结果是一致的。基因的缺失导致了在构巢曲霉中奇怪的表型,缺失 KipA 的菌株与野生型菌株长得一样好,但是菌落形态发生改变(见图 10.3A)。与野生型菌株中微管的状况不同,在 *kipA* 缺失的菌株中,微管并不会最后都集中到顶端。这可以作为一个原因去解释为什么菌丝能够呈现曲线形。如果微管在最后一点聚集,它们可能会分配囊泡,这些囊泡被沿着微管运送到顶体。因此,菌丝就会直线生长。如果微管不在顶体聚集,囊泡就会被分配到不同的位置,大量的囊泡会在菌丝顶端的左边、中间和右侧任意积聚。假如大量的囊泡不对称地聚集在左边,菌丝将会向左边生长。KipA 蛋白能够运送蛋白质,这就要求微管暂时锚定在皮层的特定点,这些蛋白质才能运送到顶端。这些蛋白质对于极性生长是关键的,因为它们对细胞末端进行标记,它们在粟酒裂殖酵母中被命名为"细胞末端标记"。在芽殖酵母中,这样例子的蛋白质是 Tea1 和 Tip1。然而,微管在皮层通过 Tea1 固定的研究目前还没有。Tea1 确实在真菌中的进化是保守的,因为相似的蛋白质已经在生长的构巢曲霉菌丝顶端被检测到(Fischer 2007)。

上面对正极末端驱动蛋白进行了描述。然而,动力蛋白是有丝分裂中染色体运动的动力来源,同时作为负端微管走向的发动机,也担负囊泡和各种膜结合细胞器的运输任务。也就是说,动力蛋白在核迁移过程中发挥着关键的作用,但同时也在囊泡转运过程中发挥着重要的作用。动力蛋白朝向微管负极端移动,很难想象它直接参与极性生长过程,因为微管主要是将它们的正极末端朝向细胞膜。事实上,动力蛋白的缺失不会引起菌丝延伸的瞬间阻断,并且对菌落生长的影响可能一部分原因是由于细胞核或是其他细胞器的缺失,而这些都需要动力蛋白的辅助。

必须提及的是,细胞质流被认为是另外的一种进行细胞器牵引移动的机制。近来发现在粗糙脉孢菌中微管的排列可能会发展成为一个作为菌丝延伸的单元。这种理论的基础现在仍没有被证实。

1.1.5 细胞末端的蛋白标记

通过对极性生长突变体的筛选,在粟酒裂殖酵母中发现了标记生长中的酵母末端的第一个标记蛋白质,这就是利用互补克隆得到的相关基因之一编码的 Tea1 蛋白。这个蛋白质随着生长沿着微管向顶端移动,并且在顶端被分配与皮质层(cortex)连接(图 1.4)。第二个蛋白质是 Tea2 驱动蛋白,它编码一个类似驱动蛋白的马达蛋白(Browning et al. 2000)。最近有研究证明,细胞膜上具有募集 Tea1 蛋白功能的主要锚定蛋白是 Mod5。这个蛋白质在翻译后被异戊二烯修饰,使得它能够与细胞膜连接起来。Mod5 募集的成分还包括 formin 蛋白 For3(图 1.4;Martin and Chang 2006)。这个蛋白质引起了肌动蛋白束(actin cable)从生长顶端的延伸。肌动蛋白束可以用来运输囊泡,这对于细胞顶端极性生长是必要的。

鉴于这个机制在丝状真菌中是高度保守的,并且一个关键的与 Mod5 相似的组分在构巢曲霉中被鉴定出来。现在的问题是什么使得 Mod5 朝向顶端的细胞膜,而不是朝向细胞的其他方向,这也说明了细胞膜自身的一种关键性的功能。有证据表明,这些细胞膜

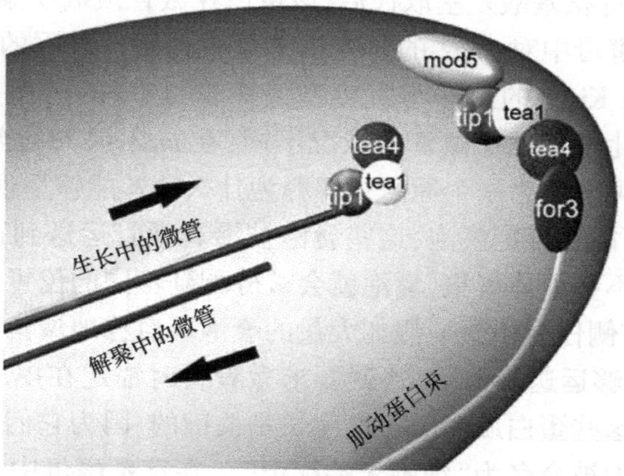

图 1.4 粟酒裂殖酵母(*S. pombe*)中极性生长的模型(引自 Fischer 2007)

区域在丝状真菌细化生长过程中发挥着重要的作用(Grossmann et al. 2006)。

由于在特殊位点生长机制的运用,决定了生长的向性,可以设想外部的信号影响了蛋白质的结构。最近确认的驱动蛋白 AtmA 具有这样的潜在作用,在构巢曲霉中对其进行了描述(Li et al. 2006)。这个驱动蛋白被敲除后影响到了极性生长的建立,原因似乎是因为微管在尖端的解聚,这与驱动蛋白缺失株 Δ*kipA* 产生的影响是一致的(Konzack et al. 2005)。然而,在野生型细胞中,微管是在一点发生聚集的,而在 *atmA* 和 *kipA* 缺失株中微管却是分散的。这表明了该驱动蛋白的缺失影响了微管—皮层之间的相互作用。未来两个有可能调控蛋白活性的因子是 Pod6 和 Cot1,这两个蛋白质在粗糙脉孢菌中被报道,尽管它们的分配是完全沿着菌丝的,并且在顶端也没有聚集现象(Seiler et al. 2006)。

1.2 肌动蛋白细胞骨架

1.2.1 肌动蛋白骨架的构成和功能

肌动蛋白细胞骨架(actin cytoskeleton)由三种元件组成:肌动蛋白束(actin cables)、肌动蛋白皮层斑点(actin cortical patches)及位于隔膜形成位点的收缩性肌球蛋白环(contractile actomyosin ring)(图 1.5)。在酵母和丝状真菌中,皮层斑点均聚集于极性生长位点,而肌动蛋白束是朝向这些位点(Hazan et al. 2002)。在酿酒酵母的出芽生长过程中,随着芽体的增大,生长模式由顶端生长向均向生长转变,肌动蛋白束和皮层斑点的极性定位消失。有丝分裂后,肌动蛋白束极性定位于隔膜形成位点(图 1.5)。在白念珠菌菌丝型生长过程中,肌动蛋白束始终极性定位于顶端;与酵母型和假菌丝型细胞相比,菌丝型细胞中的肌动蛋白束和皮层斑点在整个细胞周期中始终保持顶端定位。构成肌动蛋白细胞骨架的这三种元件是从肌动蛋白在细胞中的形态和位置而命名的(Hazan et al. 2002)。

肌动蛋白骨架在酿酒酵母细胞中是高度极性化的。采用碱性蕊香红结合鬼笔环肽(rhodamine-conjugated phalloidin)染色,可以见到皮层斑点分布在细胞的周质表面,而肌动蛋白束平行于细胞的极性轴(polarity axis,指母细胞和出芽细胞的长轴)。这些蛋白质

图 1.5 肌动蛋白和胞裂蛋白细胞骨架在不同细胞周期中的细胞定位

肌动蛋白在细胞表面以斑点(patch)和束线(cable)形式存在,这些斑点在分裂开始不久就会在初始出芽位点发展,形成收缩性肌球蛋白环状结构。之后这些斑点会全部集中在芽体内,随着芽体的长大而均匀分布。当芽体成熟即将与母细胞分离时,肌动蛋白皮层斑点可直接穿过细胞到母体芽颈位置,之后在胞质分离时段重新分布在两极。胞裂蛋白(septin)(灰色的环)与肌动蛋白几乎同时出现在初始出芽位点,之后胞裂蛋白形成环状结构。在余下的时间内,胞裂蛋白环都集中在母细胞的芽颈部位。M 期胞裂蛋白环转化成双环结构,细胞分裂完成后,胞裂蛋白双环分开。阴影圆形代表细胞核。(引自 Sheu and Snyder 2001)

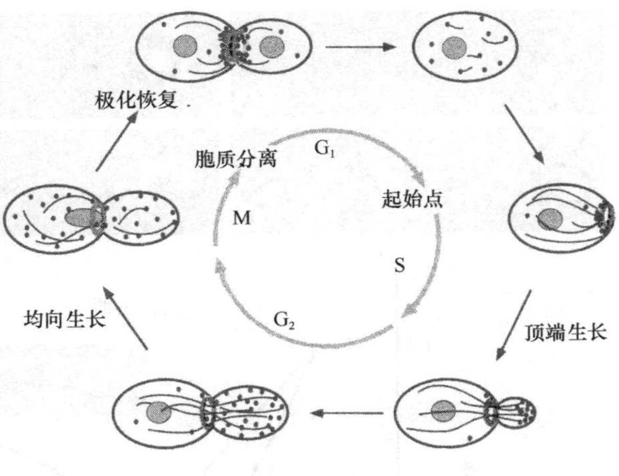

的分布流动随着细胞周期的变化而变化。肌动蛋白皮层斑点是能动的,集中在生长的活性位点和沉积在细胞壁的活性位置。肌动蛋白皮层斑点在出芽位置形成环状结构并且在出芽过程结束以后分布在芽体的表面。当出芽细胞长大以后,肌动蛋白皮层斑点开始分散到细胞的整个表面。当酵母出芽时这些皮层斑点重新极性分布到母细胞出芽的位置。皮层斑点的分布和流动变化也是环境因素作用的反映。皮层斑点在“菌丝”型酵母生长中高度极性化,在受到热激和渗透压作用下失去极性(Sheu and Snyder 2001)。

在出芽酵母中,肌动蛋白是由 *ACT1* 基因编码表达的,这个基因是酵母细胞生存的重要基因。*ACT1* 基因的温度敏感突变株在特定温度情况下,形成巨大的母细胞和许多很小的出芽,说明出芽生长的极性消失。*ACT1* 基因的突变也导致了其他细胞生命活动的停止,其中包括胞质分离、细胞融合形成、假菌丝生长、细胞核迁移、细胞器的移动及内吞作用(endocytosis)等(Cali et al. 1998)。肌动蛋白束在酿酒酵母极性生长中最基本的作用就是帮助释放的囊泡定位在生长部位上。*ACT1* 基因缺失株基本上没有囊泡的累积。肌动蛋白皮层斑点主要分布在出芽的顶部和出芽的颈部,在这一部位把微管和肌动蛋白束运输来的囊泡以接力的形式运输到顶端细胞壁处。这一现象的观察在出芽酵母中已经被证实。

在丝状真菌中采用肌动蛋白免疫染色或鬼笔环肽衍生物染色表明,在许多真菌中肌动蛋白沿着皮层分配,并且在菌丝顶端浓度很高。在棉阿舒囊霉(*Ashbya gossypii*)中,肌动蛋白束通常都是可见的(Schmitz et al. 2006)。将肌动蛋白的结合蛋白与 GFP 融合,也是一个很好的研究肌动蛋白定位及在构巢曲霉活细胞中功能的方法。肌动蛋白在极性生长过程中发挥着非常明显的作用,当把一些肌动蛋白的解聚物,如拉春库林 B(latrucnculin B)或是细胞松弛素(cytochalasin),添加到菌丝体生长的培养基中,Sampson 等(2005)发现拉春库林 B 的添加能够很快地引起菌丝生长的阻断(图 1.6)。肌动蛋白细胞骨架在极性生长过程中可能有两个作用:①肌动蛋白细胞骨架作为囊泡的转运轨道,并且根据合成细胞壁组分的需要将囊泡分配到菌丝顶端;②运送到皮层的蛋白质也通过肌动蛋白细胞骨架系统被运送到细胞膜的一定位置,保证了微管与皮层的联系(Schuyler and Pellman 2001b)。尽管微管对于极性生长是必要的,但其很难达到菌丝顶端,所以人们有理由相信肌动蛋白细胞骨架在此处是发挥作用的,但尚需要进一步的实验得到确切的机制。

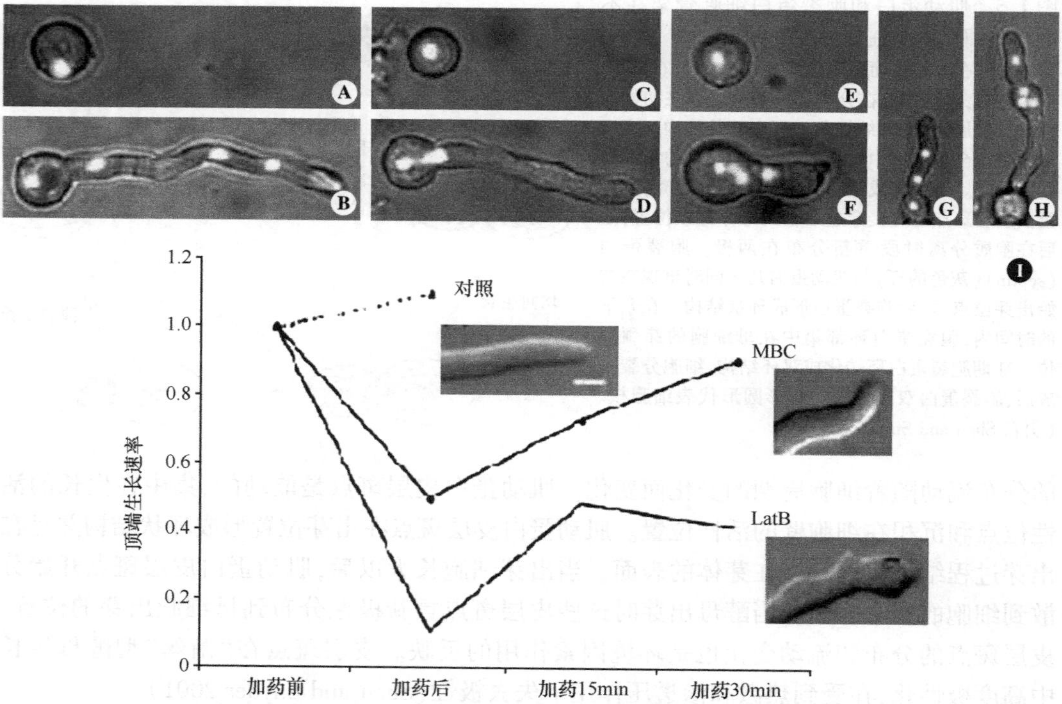

图 1.6 构巢曲霉中抗微管和抗肌动蛋白药物对极性生长的影响

A 和 C. 用 GFP 示踪的野生型菌株分生孢子的细胞核。B 和 D. 为 A 和 C 图中孢子的萌发图，C 图是在基本培养基中加入 1.5μg/mL 苯菌灵(benomyl)，在 30℃生长 10h 后的孢子；D 图是孢子出芽后菌丝延长了，细胞核分裂但并不移向芽管。E～H. 分生孢子在添加 50μg/mL 细胞松弛素 A 后的萌芽图。其中，E 图孢子膨大了，但并不形成芽管，F～H 图形成短的，或多或少的无规则的菌丝。核分配并没有受到显著的影响，有时也是正常的。I. 在抗微管药物多菌灵(Methy12-benzimidazole-carbamate，MBC)或抗肌动蛋白药物拉春库林 B(Lat B)存在的两种条件下，顶端生长速率的比较，同时显示顶端弯曲或顶端不规则膨大。(引自 Sampson and Heath 2005)

肌动蛋白皮层斑点是由高度分支的肌动蛋白链和大量肌动蛋白的结合蛋白形成的复合物。在多种真菌，如酿酒酵母、白念珠菌、棉阿舒囊霉和丝状真菌细胞内，肌动蛋白皮层斑点在极性生长位点聚集。然而，由于被认为是胞吞作用的位点，它们直接促进极性生长的作用至今尚未明确。一种可能性是胞吞作用是某些细胞组分，如 v-SNARES 的再循环所必需的，而 v-SNARES 是囊泡向极性生长位点的运输所需的。它们直接促进极性生长的作用至今尚未明确(Fischer 2007)。

关于极性生长，我们还需要讨论菌丝的钙离子梯度，在葡萄叶点霉(*Phyllosticta ampelicida*，又称板栗疫病菌)和粗糙脉孢菌菌丝顶端有极高的钙离子浓度。如果没有这个梯度的存在，菌丝极性就会受到影响。虽然早就知道有这样的影响，但是与上述现象直接有关的机制到目前为止还是未知的。有一种解释是，钙离子的作用能够刺激囊泡和细胞膜的融合。钙离子的浓度似乎是通过磷酸酶 C(phospholipase C)在顶端进行调控的，该酶能够催化 1,4,5-三磷酸肌醇[inositol (1,4,5) triphosphate，也称为纤维醇 IP_3]的形成，接着引起钙离子从特殊囊泡的释放(Silverman-Gavrila and Lew 2002)。

目前关于真菌细胞中肌动蛋白的组装尚缺乏资料。肌动蛋白(actin)是真核细胞中一种重要的组成成分,在细胞内参与许多重要的生理过程。在这些过程中,肌动蛋白会在一些肌动蛋白结合蛋白(actin binding protein,ABP)的协助下迅速装配成不同类型的肌动蛋白骨架结构。因此,对肌动蛋白结合蛋白的研究具有重要的意义。formin 蛋白是真菌 ABP 中重要的一类,是一类肌动蛋白成核因子。至少具有两个控制肌动蛋白聚合的 formin 同源域:FH1 和 FH2。研究表明,formin 能与肌动蛋白微丝的正端结合发挥成核及封端作用。同时,formin 还能结合在肌动蛋白微丝的侧面将微丝剪切成片段或者使微丝成束,从而形成肌动蛋白束和肌动蛋白皮层斑点。在酿酒酵母中,Bnil 是一种重要的 formin 蛋白,它是极体的组成成分,介导肌动蛋白的成核作用。但是在真菌中具体的肌动蛋白的组装目前尚缺乏较完整的资料(Fischer 2007)。

1.2.2 依赖肌动蛋白的马达蛋白

肌动蛋白细胞骨架作用的发挥依赖于肌动蛋白的马达蛋白——肌球蛋白(myosin)的活性。肌球蛋白是一种分子马达，以肌动蛋白骨架作为运行的轨道。实际上，肌球蛋白也是 ATPase，通过 ATP 的水解导致构型的变化从而在肌动蛋白上移动。这种 ATPase 同微管马达蛋白一样，能够将化学能转变成机械能，所以又被称为机械化学酶(mechanochemical enzyme)。至今所研究的肌球蛋白在肌动蛋白上的移动方向都是从(-)端移向(+)端，而 ATP 是马达蛋白运动的能源。

肌球蛋白在细胞中有许多功能,并且可以分为 18 种不同的类型。在构巢曲霉中,I 型肌球蛋白被鉴定出来对蛋白质分泌和极性生长是必需的,并且它定位在生长的菌丝顶端(Yamashita et al. 2000)。其他类型的肌球马达蛋白也被描述鉴定,如在酿酒酵母中,V 型肌球蛋白由 *MYO2* 基因编码,沿着细胞顶端肌动蛋白骨架轨道将分泌囊泡定向运输至细胞膜中。亚细胞器如高尔基体组件、线粒体、液泡及过氧化物酶体同样由 Myo2 介导,沿肌动蛋白骨架定向运输到子细胞芽体中。此外,V 型肌球蛋白对于 RNA 的转运也是必需的,在这种情况下,定向运输由次级 V 型肌球蛋白 Myo4 介导。因此认为肌球蛋白马达参与囊泡朝向细胞皮层转运,并且使囊泡与细胞膜融合(Takeshita et al. 2005)。在出芽酵母的芽体成熟前,一种肌球蛋白环在分裂位点形成,它是由肌动蛋白和Ⅱ型肌球蛋白(酿酒酵母中由 *MYO1* 编码)形成的复合物。这种肌球蛋白环的收缩可能引导初级隔膜的形成。初级隔膜由几丁质组成,而几丁质由几丁质合酶 Chs2 催化合成,后者能与收缩环发生结合。

在酿酒酵母中,肌动蛋白骨架对有丝分裂纺锤体横贯于芽颈部的定位同样是必需的。星形微管由肌动蛋白骨架所引导,定位于子细胞芽体的皮层,以保证纺锤极体正确定位。在该过程中,微管和肌动蛋白骨架通过由 Bim1 和 Kar9 介导的相互作用而联系在一起,其中,Bim1 与微管的正向末端结合,而 Kar9 与 Myo2 结合。微管在芽体皮层的定位还需要 Bud6 蛋白,该蛋白是极体的成分之一。微管定位于子细胞的皮层后,引起 Lte1 的释放,Lte1 是 GTPase Tem1 的鸟苷酸释放因子。激活的 Tem1 继而激活有丝分裂终止网络(mitotic exit network,MEN),后者是有丝分裂的完成所必需的。该机制保证只有当纺锤极体正确定位于芽颈部时,有丝分裂才会进入后期阶段(Seshan and Amon 2004)。

1.2.3 肌动蛋白细胞骨架与极体

与肌动蛋白细胞骨架有关的蛋白复合物定位在酿酒酵母出芽生长的初期,并且命名为"极体"(polarisome)。这个结构参与肌动蛋白细胞骨架的组装,并且其形态类似于丝状真菌中的顶体。有证据表明这个蛋白复合物在丝状真菌中也存在,在丝状真菌中极体组分的存在首先是在构巢曲霉中报道的,Sharpless 和 Harris(2002)发现 SepA——酵母极体关键组分 Bnil 的同源物,与顶体共存。同样在与酵母近缘而且与丝状真菌非常相近的棉阿舒囊霉(*A. gossypii*)中,极体蛋白 AgSpa2 及 Bnil 的同源物 AgBnil 得到分析,然而 Spa2 对于棉阿舒囊霉不是必需的,但是对于快速极性生长是必需的,*AgBnil* 的缺失导致极性消失并且细胞收缩为马铃薯状。在白念珠菌中也鉴定了 Spa2 的同源物,并且对它在菌丝生长过程中的作用进行了研究。CaSpa2 蛋白永久性地定位在菌丝顶端,并且缺失后引起极性消失。Crampin 等(2005)建议,顶体和极体是两种不同的结构同时存在于菌丝中(见图 1.1)。在构巢曲霉中也发现了对于 Spa2 相似的结果,表明极体或是极体组分在生长的菌丝顶端的存在可能是丝状真菌的主要特征之一。依据这个模型,丝状真菌的细胞需要微管和肌动蛋白细胞骨架,并且与这个结构成分相关,顶体作为囊泡供应中心,极体作为肌动蛋白组织中心(Virag and Harris 2006b;Fischer 2007)。我们将在第 6 章对"极体"加以详细的描述。

1.3 胞裂蛋白骨架

胞裂蛋白(septin)在酿酒酵母出芽时的芽颈部首次被发现,最初称为"颈部纤维"(neck filament)。因为 septin 与真菌的隔膜形成有关,因此我们译为"胞裂蛋白"。胞裂蛋白是一类 GTP 结合蛋白,从酵母至人类均具有保守性,但尚未在植物细胞中发现。迄今为止,酿酒酵母中含有 7 个胞裂蛋白编码亚基,分别编码 Cdc3、Cdc10、Cdc11、Cdc12、Shs1、Spr3 及 Spr28 7 种胞裂蛋白 (Pan et al. 2007)。各种胞裂蛋白亚基首先形成异寡聚体,进而组装成高度有序的纤维状或环状结构。这些结构或与其他细胞骨架系统,如肌动蛋白骨架、微管骨架相连,或定位于质膜的特定区域,作为支架蛋白或扩散屏障,在胞质分裂、极性生长及胞吐作用等过程中发挥重要作用(Longtine et al. 2003; Weirich et al. 2008)。

在酿酒酵母中,收缩环的形成,以及与胞质分裂过程中的许多其他功能都依赖于胞裂蛋白细胞骨架(septin cytoskeleton)(见图 1.5)。早期,胞裂蛋白在酿酒酵母中被认为是一类在细胞骨架形成中起作用的相似蛋白质,现在胞裂蛋白也在其他真菌,昆虫动物中发现,和在酿酒酵母中一样,胞裂蛋白在其他生物体中也在细胞骨架形成中起着重要的作用(Sheu and Snyder 2001)。

1.3.1 胞裂蛋白复合物的结构

胞裂蛋白是一个蛋白家族,所有的胞裂蛋白均具有一个通用结构(图 1.7E),即一个可变 N 端区,该区具有一个用于结合磷脂的碱性聚合区(polybasic domain, PB)及一个保守的 GTP 结合区(Weirich et al. 2008)。此外,多数胞裂蛋白的 C 端还具有一个 CC 区(coiled-coil region,卷曲螺旋区)。胞裂蛋白在体外高盐条件下,能聚集成棒状异寡聚体。而在低盐条件下,胞裂蛋白能聚集成尾尾相连的线状纤维复合体(图 1.7D)。这些纤维复合体进而能组装成高度有序的环状结构(见图 1.5)。该环或者延伸成沙漏状(hourglass shape;图 1.7A 和图 1.7B),继而分裂成两个环,使有丝分裂得以发生(Douglas et al. 2005),或者延伸成纱网状(gauze;图 1.7C)结构(Versele and Thorner 2004)。在酿酒酵母中,胞裂蛋白 GTP 结合区(G interface)、N 端及 C 端延伸区(terminal extensions, NC interface)是胞裂蛋白复合物组装所需的(Bertin et al. 2008)。其中,GTP 的结合与水解似

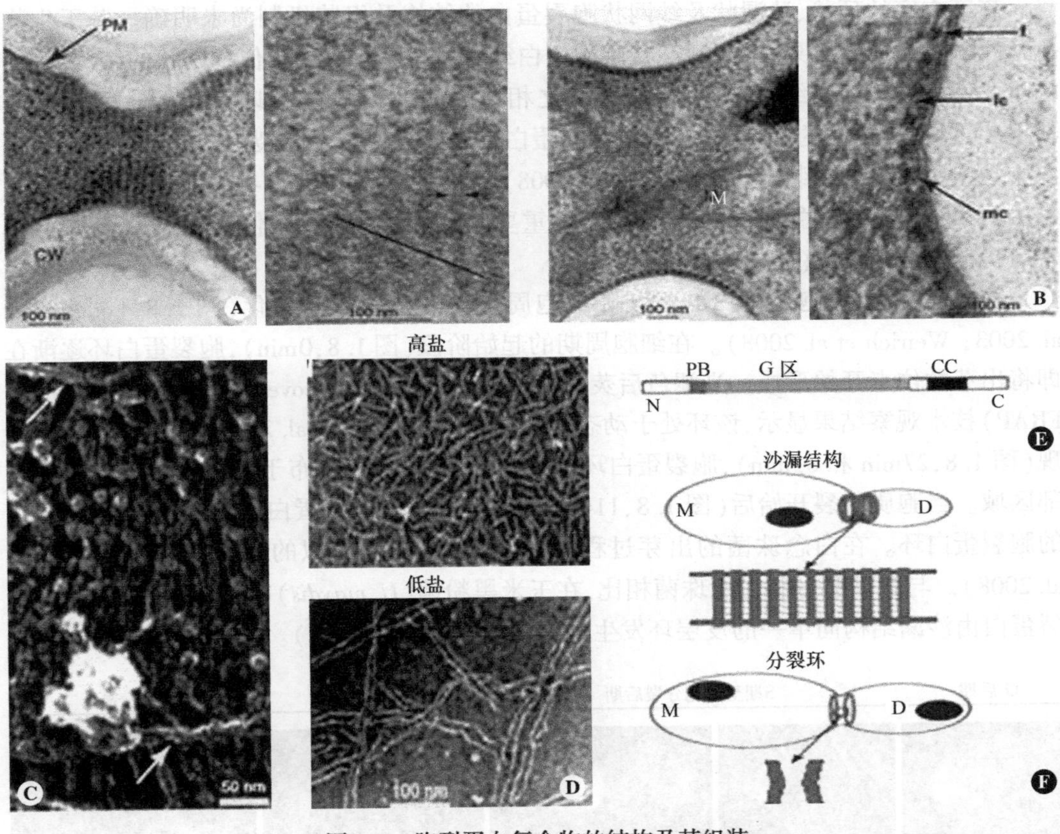

图 1.7　胞裂蛋白复合物的结构及其组装

A. 左图:在一个胞裂蛋白沙漏中,胞裂蛋白纤维形成的同轴环。CW:细胞壁;PM:质膜。右图:左图部分区域的放大,显示与沙漏结构中胞裂蛋白环相连的短纤维。B. 左图:芽颈部的横截面,显示沙漏结构中胞裂蛋白纤维,图中可见纤维与质膜的紧密联系。M:线粒体。右图:左图部分区域的放大,显示胞裂蛋白纤维之间,以及胞裂蛋白纤维与质膜之间的联系。f: 胞裂蛋白纤维;lc:边缘联系;mc: 膜联系。C. 通过对细胞皮层进行冷冻蚀刻电镜观察,显示的是胞裂蛋白纱网结构。箭头显示长配对纤维。D. 负染电镜观察到的原始胞裂蛋白复合物(高盐)及聚合的配对纤维(低盐)。E. 胞裂蛋白分子基序。PB:碱性聚合区;G 区:鸟苷酸结合区;CC:卷曲螺旋区;N、C:胞裂蛋白的 N 端与 C 端。F. 出芽的颈部,在胞裂蛋白沙漏(或纱网结构)及分裂的胞裂蛋白环中,胞裂蛋白纤维的组装模型。上图:胞裂蛋白沙漏主要由配对的胞裂蛋白纤维构成,这种构成采用由短纤维、长配对纤维内部相连的同轴环形式。M:母细胞;D:子细胞;黑色椭圆:细胞核。下图:分裂的胞裂蛋白环由一系列短的纤维组成,这些纤维与母细胞-子细胞轴相平行。(引自 Younghoon and Erfei 2011)

乎起着结构调节的作用。例如,GTP 与胞裂蛋白亚基结合后,能协助后者折叠成正确的构象,利于胞裂蛋白复合物的形成(Vrabioiu et al. 2004)。CC 区的功能目前尚未完全明确,但大量的证据已表明,相邻胞裂蛋白亚基间的 CC 区在稳定胞裂蛋白复合物及胞裂蛋白纤维组装过程中发挥关键作用(Versele and Thorner 2004)。此外,CC 区可能还介导了胞裂蛋白纤维的配对(Rodal et al. 2005; Bertin et al. 2010)。

1.3.2 胞裂蛋白的组装

高度有序的环状、沙漏状及纱网状胞裂蛋白的结构及组装机制尚未明确。基于生物化学及电镜的研究结果,推测沙漏状胞裂蛋白结构可能具有一种类似纱网状的结构,该结构主要由胞裂蛋白纤维形成的圆周环、与之相连的大量短纤维及少量长纤维等所构成。在组装过程中,不同的胞裂蛋白亚基、胞裂蛋白的翻译后修饰及胞裂蛋白的调节因子与不同胞裂蛋白结构的组装有关(Bertin et al. 2008)。此外,磷脂酰肌醇-4,5-二磷酸[PI(4,5)P_2]在纱网状胞裂蛋白结构的组装中发挥重要作用,且这种作用依赖于胞裂蛋白亚基 Cdc11 的 C 端延伸区(Bertin et al. 2010)。

在酿酒酵母中,胞裂蛋白的组装随细胞周期发生有规律的变化(图 1.8;Longtine et al. 2003; Weirich et al. 2008)。在细胞周期的起始阶段(图 1.8,0min),胞裂蛋白环逐渐在即将出芽的位点开始形成。光褪色后荧光恢复 (fluorescence recovery after photobleaching, FRAP)技术观察结果显示,该环处于动态变化中(Dobbelaere et al. 2003)。随着芽体的出现(图 1.8,27min 和 81min),胞裂蛋白环逐渐延伸成沙漏状,分布于母细胞和芽体间的颈部区域。当胞质分裂开始后(图 1.8,114min 和 141min),胞裂蛋白沙漏分裂成两个动态的胞裂蛋白环。在白念珠菌的出芽过程中,胞裂蛋白发生类似的动态变化(Gonzalez et al. 2008)。与酿酒酵母和白念珠菌相比,在玉米黑粉菌(*U. maydis*)的胞质分裂过程中,胞裂蛋白由沙漏结构向单一的皮层环发生转变(Bohmer et al. 2009)。

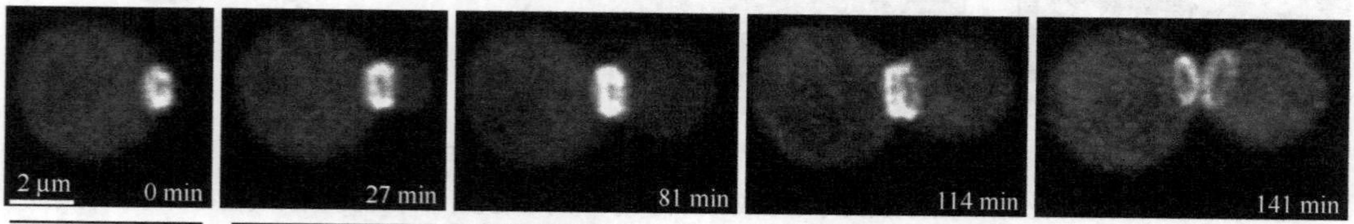

图 1.8 芽殖酵母细胞循环过程中胞裂蛋白的组装及动态变化

在新一轮细胞循环起始后的 G_1 后期,一个胞裂蛋白环在即将出芽位点开始组装(0min)。这一新形成的胞裂蛋白环通过 FRAP 分析而被观察到;在出现芽体的 S 期,该胞裂蛋白环转变为一个稳定的沙漏结构,从 S 期至细胞分裂后期的极性出芽生长阶段,沙漏结构一直在芽颈部存在(27min 和 81min);在细胞分裂末期,当胞质分裂开始后,胞裂蛋白沙漏分裂成两个动态变化的皮质层环,使胞质分裂系统呈三明治形状(114min);胞裂蛋白双环一直存在于母细胞和子细胞旧的分裂位点,直到下一轮出芽循环开始时这一旧的胞裂蛋白环才发生解聚,而新的胞裂蛋白环开始在新的出芽位点形成;在细胞循环过程中,胞裂蛋白的组装受到周期素依赖性蛋白激酶/周期素(CDK/cyclin)复合物、蛋白激酶及磷酸酶的调节。图片中细胞为野生型的单倍体酿酒酵母,其中的胞裂蛋白亚基 Cdc3 被 GFP 标记,显示胞裂蛋白的动态变化。(引自 Younghoon and Erfei 2011)

胞裂蛋白的组装受到非常严密的调控,其调控机制尚未十分明确。Etienne-Manneville(2004)、Park 和 Bi(2007)等提出了酿酒酵母中调控胞裂蛋白组装的一种模型,该模型以控制真核细胞极性的主要调节因子 Cdc42 蛋白为核心。Cdc42 能同时控制肌动蛋白束与胞裂蛋白的极性组装和定位。肌动蛋白束介导分泌型囊泡向预定的出芽位点(presumptive bud site, PBS)进行定向运输,从而确定了胞裂蛋白环内的极性膜区域。当芽体出现后,肌动蛋白束与胞裂蛋白环发生空间上的分离。其中,肌动蛋白束朝向芽体顶端或皮质层进行调整,继续介导囊泡的定向运输;而胞裂蛋白环停留在芽体的基部,以维持芽颈部的完整性,并限制极性决定因子(polarity determinant)向芽体的皮质层运输。在酿酒酵母中,Younghoon 和 Erfei (2011)提出,Cdc42 所调控的胞裂蛋白环组装过程可以分为三个阶段(图 1.9)。

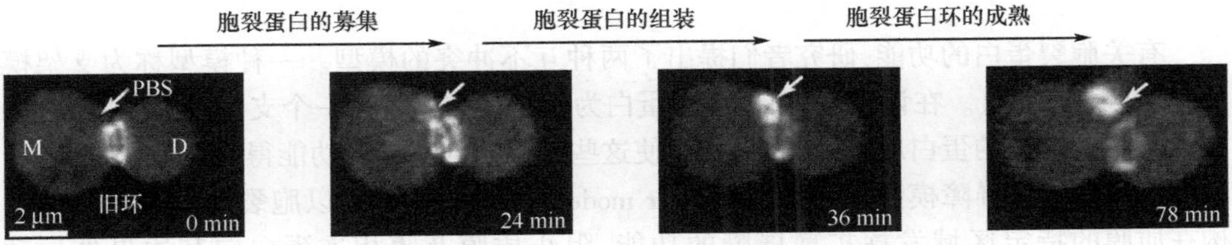

图 1.9 芽殖型酵母中 Cdc42 控制的胞裂蛋白环组装模型

通常情况下,芽殖型酵母以非对称形式分裂,因此在胞质分裂及细胞分离过程中,子细胞(D,0min)比母细胞(M,0min)小。随后,在细胞分裂后,母细胞能迅速进入新一轮的细胞循环,而子细胞较长时间停留在 G_1 期,直到达到足够的生物量,只有母细胞的胞裂蛋白环被显示出来,才能起始新一轮的细胞循环。PBS 区域胞裂蛋白环的组装包括三个阶段:胞裂蛋白的募集及其与膜的结合、环的组装及环的成熟。图中左起第一单箭头:预定的出芽位点(PBS,0min);第二箭头:胞裂蛋白云块(septin cloud;24min);第三箭头:胞裂蛋白环(36min);第四箭头:胞裂蛋白沙漏(78min)。(引自 Younghoon and Erfei 2011)

第一阶段:胞裂蛋白的募集及其与膜的结合。在这一该阶段胞裂蛋白复合物被不断募集到 PBS 区,从而增加了 PBS 区的局部胞裂蛋白浓度,利于后续的纤维化及环状聚集(图 1.9,0min,24min)。新的胞裂蛋白通常以类似纤维的形式发生聚集,在 PBS 区形成无规则的云块状或斑点状结构。胞裂蛋白的募集完全依赖于 Cdc42。Cdc42 的一对结构相关的效应因子 Gic1 与 Gic2,通过 CRIB(Cdc42/Rac interactive binding)结构域与 Cdc42 发生结合而活化,进而直接与胞裂蛋白相互作用,这是 37℃ 下胞裂蛋白发生募集所必需的。在低温条件下,极体中的 Cdc42 效应因子 Bni1 作为中心,使胞裂蛋白得以募集,这构成了与 Gic1/Gic2 途径平行的胞裂蛋白募集途径。一旦被募集到 PBS 区,胞裂蛋白将通过其碱性聚合区(polybasic region)与质膜(PM)磷脂的结合,紧密结合到质膜上。在胞裂蛋白环的组装与成熟阶段,随着更多胞裂蛋白亚基的聚集,这种结合作用将会加强。此外,某些跨膜蛋白也与胞裂蛋白-质膜相互作用有关(Rodriguez-Escudero et al. 2005;Park and Bi 2007;Tanaka-Takiguchi et al. 2009;Younghoon and Erfei 2011)。

第二阶段:胞裂蛋白环的组装。在胞裂蛋白募集于 PBS 区后的数分钟内,无规则的云块状或斑点状胞裂蛋白将组装成直径约 1.0μm、规则平整的环状结构(图 1.9,24min,36min)。Cdc42 的 GTP 结合状态与 GDP 结合状态间的转变,对于胞裂蛋白环的组装过程是必需的。Cdc42 特异性的 GTPase 激活蛋白(GTPase-activating protein, GAP)能够通过其 GAP 活性，促进胞裂蛋白复合物脱离募集途径，而进入胞裂蛋白环的组装途径。Cdc42 的另一种效应因子 PAK Cla4 通过使胞裂蛋白亚基发生磷酸化，对胞裂蛋白环的组装也具有调控作用（Gladfelter et al. 2002；Kadota et al. 2004；Younghoon and Erfei 2011）。

第三阶段：胞裂蛋白的成熟。在芽体出现后，PBS 区动态的胞裂蛋白环将进一步发生转化，在芽颈部形成一个稳定的沙漏结构（图 1.9，36min，78min）。尽管其转化机制尚未明确，但 LKB1 相关的激酶 Elm1 及其靶蛋白激酶 Gin4，以及两种胞裂蛋白相关蛋白 Bni5 与 Nap1 与该转化有关，这些因子的缺失，将导致细胞只能形成胞裂蛋白环，而不能形成正常的沙漏结构（Asano et al. 2006）。

1.3.3 胞裂蛋白的功能

有关胞裂蛋白的功能，研究者们提出了两种互不冲突的模型。一种模型称为支架模型（scaffold model）。在该模型中，以胞裂蛋白为基础的结构作为一个支架，使多种具有特异性亚细胞定位的蛋白质建立联系，从而使这些蛋白质的特异性功能得以有效发挥；另一种模型称为扩散屏障模型（diffusion-barrier model），该模型认为，以胞裂蛋白为基础的结构在质膜的特定区域发挥扩散屏障的功能，阻止质膜及膜相连蛋白向其边界外运动（Barral et al. 2000；Takizawa et al. 2000）。

1.3.3.1 支架模型：胞裂蛋白在胞质分裂、胞吐、控制点途径及其他方面的功能

真菌细胞的胞质分裂涉及肌球蛋白环（actomyosin ring，AMR）的收缩、与胞外基质偶联的质膜运输，以及这些过程在时间和空间上的相互协调。在芽殖酵母中，唯一的Ⅱ型肌球蛋白 Myo1 与 PBS 区的胞裂蛋白环及后续芽颈部的胞裂蛋白沙漏发生共定位，该过程与胞质分裂的起始相一致。胞裂蛋白环的分裂使 AMR 及其他胞质分裂的必需元件形成三明治结构（Lippincott et al. 2001；Dobbelaere et al. 2004）。在胞质分裂起始以前，胞裂蛋白沙漏是 Myo1 及许多胞质分裂元件在芽颈部的定位所必需的（Balasubramanian et al. 2004）。值得注意的是，在胞裂蛋白亚基 Cdc3 突变体 *cdc3-ts* 中，其他胞裂蛋白亚基（如 Cdc12）及 Myo1 仍能在其他的皮层位点发生共定位，说明两者间存在紧密的相互作用。这些结果提示胞裂蛋白环及胞裂蛋白沙漏可能作为一种支架，使胞质分裂所需的蛋白质在分裂位点发生正确定位与聚集，从而使肌球蛋白环（AMR）得以正确组装，介导胞质分裂。

胞裂蛋白在许多其他过程中同样发挥支架的作用。例如，在芽殖酵母中，胞裂蛋白沙漏与出芽位点的选择有关，因为该结构能锚定决定下一个出芽位点的标记蛋白（Park and Bi 2007）。胞裂蛋白沙漏还与几丁质的合成有关，CHSⅠ、CHSⅡ、CHSⅢ这三种几丁质合酶已经被鉴定，而且每一种酶都有自己独立的功能。CHSⅠ的作用是将在细胞分离时去磷酸化的几丁质重新磷酸化。CHSⅡ的作用是形成基本的隔膜。CHSⅢ的作用是在形成芽点的环状结构和芽痕时合成几丁质。在极性生长中，CHSⅢ受到调节，一种催化亚基的成分 Chs3 在极性化生长的部位集中。这种成分的定位是通过胞裂蛋白及胞裂蛋白结合蛋白（如 Bni4 与 Chs4）形成的蛋白复合体来完成。同时，Chs3 的定位也需要 Chs5，一种

能穿过高尔基体的蛋白及 Myo2 的辅助。很有趣的是 Chs5 同样也参与其他细胞记忆化过程,如争取的芽点选择融合。以上结果同样也证明了几丁质在上述生物过程中的作用。在出芽的早期阶段,CHSⅢ的催化亚基 Chs3 及其激活因子 Chs4 均通过依赖于胞裂蛋白的方式定位于芽颈部的母细胞一侧。这种在时间和空间上受到限制的几丁质合成是极性出芽生长过程中维持芽颈部完整性所需的(Schmit et al. 2003)。由于 Chs3 通过胞吐和胞吞作用,在芽颈部和几丁质酶体间进行动态循环,有些学者认为胞裂蛋白沙漏是胞吐和胞吞作用的支架或平台。此外,胞裂蛋白支架还在一些关卡途径,如形态发生关卡(Keaton et al. 2006)、纺锤体定位关卡(Castillon et al. 2003)和 DNA 损伤关卡(Smolka et al. 2006)等途径中发挥重要作用。

尽管迄今发现将近 100 种蛋白质以依赖于胞裂蛋白的形式定位于芽颈部(McMurray et al. 2009),但仅有极少数的蛋白质与单独的胞裂蛋白亚基发生直接相互作用。胞裂蛋白高度有序的结构,如胞裂蛋白复合物、胞裂蛋白纤维、胞裂蛋白环或胞裂蛋白沙漏,可能是其与特异性的非胞裂蛋白相互作用所需的。

1.3.3.2　扩散屏障模型:胞裂蛋白在胞质分裂、细胞极性及其他方面的功能

在芽殖酵母的胞质分裂过程中(图 1.8,114min),分裂的胞裂蛋白环使 AMR 及其他皮质层因子形成三明治结构,这些因子包括极体成分 Spa2、胞吐体亚基 Sec3 及分泌成分 Chs2(几丁质合酶Ⅱ)(Dobbelaere and Barral 2004)。在胞质分裂过程中,胞裂蛋白环的条件性阻断作用,能引起皮质层因子从分裂位点分散,使胞质分裂及细胞分裂受到抑制。由此推测胞裂蛋白环作为扩散屏障,限制可扩散的胞质分裂因子向分裂位点运动。

在极性出芽生长过程中,胞裂蛋白沙漏可能同样作为扩散屏障,限制极性和胞吐因子、跨膜蛋白及其他皮层蛋白,如有丝分裂终止过程的激活因子 Lte1 向芽体皮层的扩散(Castillon et al. 2003)。与此相似,以胞裂蛋白为基础的扩散屏障是极性出芽过程中内质网膜的区域化,以及母细胞对老化因子(aging factor),如附着体 DNA 环(episomal DNA circle)隔离的阻断所必需的(Luedeke et al. 2005; Shcheprova et al. 2008)。此外,胞裂蛋白对芽体皮质层极性因子向母细胞的扩散同样具有限制作用,其中极其重要的例子是胞裂蛋白环对极性决定因子 Cdc42 的屏障作用。在非对称性出芽过程中,Cdc42 特异性维持在芽体的质膜上。Cdc42 的这种非对称定位是通过胞吐与胞吞作用的偶联,以及胞裂蛋白环对芽体质膜上 Cdc42 扩散的抑制作用而实现的(Orlando et al. 2011)。关于 Cdc42 在真菌极性生长中的功能将在第 6 章中加以描述。

尽管诸多实验结果提示胞裂蛋白环具有扩散屏障的作用,但目前尚未发现有关胞裂蛋白环如何与质膜发生相互作用以形成物理性屏障,或者胞裂蛋白环如何通过支架作用,使非胞裂蛋白形成扩散屏障的直接证据。在胞裂蛋白的扩散屏障模型中,这一关键问题有待解决。

综上所述,胞裂蛋白的正确定位对它们是否能在细胞分裂中起作用很重要,它们在这个过程中起到的实质性作用还没有研究透彻。胞裂蛋白是到达出芽颈部的第一种参与细胞分裂的组分,可能提供了一个细胞蛋白质聚集、细胞分裂和新细胞膜形成发生场所的作用。在出芽颈部形成的收缩性肌球蛋白环状结构(AMR)是依赖于胞裂蛋白的。另外,胞

裂蛋白的缺失也造成了几丁质的缺失。所以胞裂蛋白可能是细胞极性生长的一个重要的因素。除了它们在细胞分裂中的作用以外，胞裂蛋白还起着维持出芽的不对称生长的作用，在营养生长时期，胞裂蛋白可能形成了一个从母细胞颈部到芽细胞阻断营养组分运输的物理屏障(Fischer 2007)。

1.4 讨论

近几年由于对真菌极性生长的深入研究，促进了对微管细胞骨架、肌动蛋白骨架和胞裂蛋白骨架的研究。尽管对这些细胞骨架在真菌中的结构和组装尚缺乏资料，但是对于细胞骨架的功能及依赖于骨架的马达蛋白的研究，似乎有了一个较清晰的框架。

1. 微管及其马达蛋白的主要功能是对囊泡和细胞末端标记的转运。微管在生长的菌丝顶端囊泡转运过程中发挥重要作用，微管及其活性，原则上来讲足够产生一种推动力，并且在细胞中运送细胞顶端菌丝生长所需的合成物质。有两类马达蛋白能够保证细胞中依赖微管的运动，这就是朝向负极末端的动力蛋白和指向正极末端的驱动蛋白。前面提到，在酿酒酵母中，微管似乎不是极性生长所需的，但它们在丝状真菌中发挥着重要作用。从目前研究的资料可以看出，微管的功能主要包括：①细胞内物质运输的轨道；②给与生长相关的各种细胞器定位；③参与细胞的有丝分裂和减数分裂；④作为真菌鞭毛的结构和运动原件；⑤与细胞壁和细胞膜相比，微管可能是维持真菌细胞形态的内部支架。

2. 肌动蛋白骨架及其马达蛋白是作为囊泡的另一转运体系，微管不能将分泌囊泡运送到顶端皮层区域，肌动蛋白骨架及其马达蛋白会根据合成细胞壁组分的需要，使顶端的囊泡得以分配到菌丝的细胞膜和细胞壁，保证了微管与皮质层的联系。所以有理由相信肌动蛋白细胞骨架在极性生长中发挥重要作用。

3. 胞裂蛋白是到达出芽颈部的第一种参与细胞分裂的骨架组分，对几丁质隔膜的合成起到关键作用。胞裂蛋白可能是细胞极性化生长的另一个重要因素。胞裂蛋白环在丝状真菌中同样在分裂位点形成。有趣的是，在构巢曲霉中，胞裂蛋白环仅仅在有丝分裂和有丝分裂后形成，并且很可能不属于指示隔膜形成位点的机制范畴。胞裂蛋白不仅控制整个胞质分裂的进程，而且具有其他功能。首先，它们是蛋白质通过皮层进行扩散的屏障，从而划定了皮层区。其次，它们控制幼芽朝远离芽颈的方向进行极性生长，导致母细胞和子细胞之间发生特征性的收缩。胞裂蛋白还可能在菌丝生长过程中扮演其他角色。

参考文献

Asano S, Park JE, Yu LR et al. 2006. Direct phosphorylation and activation of a Nim1-related kinase Gin4 by Elm1 in budding yeast. J Biol Chem, 281: 27090-27098

Baas PW, Qiang L. 2005. Neuronal microtubules: when the MAP is the roadblock. Trends Cell Biol, 15: 183-187

Barral Y, Mermall V, Mooseker MS et al. 2000. Compartmentalization of the cell cortex by septins is required for maintenance of cell polarity in yeast. Mol Cell, 5, 841-851

Bertin A, McMurray MA, Grob P et al. 2008. *Saccharomyces cerevisiae* septins: supramolecular organization of heterooligomers and the mechanism of filament assembly. Proc. Natl. Acad. Sci. USA, 105, 8274-8279

Bertin A, McMurray MA, Thai L et al. 2010. Phosphatidylinositol-4,5-bisphosphate promotes budding yeast septin filament assembly and organization. J. Mol. Biol. ,404, 711-731

Browning H, Hayles J, Mata J et al. 2000. Tea2p is a kinesin-like protein required to generate polarized growth in fission yeast. J Cell Biol, 151: 15-27

Busch KE, Hayles J, Nurse P et al. 2004. Tea2p kinesin is involved in spatial microtubule organization by transporting tiplp on microtubules. Dev Cell, 16: 831-843

Böhmer C, Ripp C, Bölker M. 2009. The germinal centre kinase Don3 triggers the dynamic rearrangement of higher-order septin structures during cytokinesis in *Ustilago maydis*. Mol. Microbiol. , 74, 1484-1496

Cali BM, Doyle TC, Boststein D et al. 1998. Multiple functions for actin during filamentous growth of *Saccharomyces cerevisiae*. Mol Biol Cell, 9: 1873-1889

Carvalho P, Gupta MLJ, Hoyt MA et al. 2004. Cell cycle control of kinesin-mediated transport of Bik1 (CLIP-170) regulates microtubule stability and dynein activation. Dev Cell, 6: 815-829

Castillon GA, Adames NR, Rosello CH et al. 2003. Septins have a dual role in controlling mitotic exit in budding yeast. Curr. Biol. , 13: 654-658

Crampin H, Finley K, Gerami-Nejad M et al. 2005. *Candida albicans* hyphae have a Spitzenkorper that is distinct from the polarsome found in yeast and pseudohyphae. J Cell Sci, 118: 2935-2947

Czymmek KJ, Bourett TM, Shao Y et al. 2005. Live-cell imaging of tubulin in the filamentous fungus *Magnaporthe grisea* treated with anti-microtubule and anti-microfilament agents. Protoplasma, 225: 23-32

Dobbelaere J, Barral Y. 2004. Spatial coordination of cytokinetic events by compartmentalization of the cell cortex. Science, 305, 393-396

Dobbelaere J, Gentry MS, Hallberg RL et al. 2003. Phosphorylation-dependent regulation of septin dynamics during the cell cycle. Dev Cell, 4: 345-357

Douglas LM, Alvarez FJ, McCreary C et al. 2005. Septin function in yeast model systems and pathogenic fungi. Eukaryot Cell, 4: 1503-1512

EfimovV, Zhang J, XiangX. 2006. CLIP-170 homologue and NUDE play overlapping roles in NUDF localization in *Aspergillus nidulans*. Mol Biol Cell, 17: 2021-2034

Etienne-Manneville S. 2004. Cdc42- the centre of polarity. J Cell Sci, 117, 1291-1300

Fischer R. 2007. The Cytoskeleton and polarized growth of filamentous fungi. In: The Mycota Ⅷ, Biology of the fungal cell (2nd), Howard R, Gow NAR(2007). Springer Berlin Heidelberg New York. 121-135

Freitag M, Hickey PC, Raju NB et al. 2004. GFP as a tool to analyze the organization, dynamics and function of nuclei and microtubules in *Neurospora crassa*. Fungal Genet Boil, 41: 897-910

Fuchs F, Westermann B. 2005. Role of Unc104/KIF1-related motor proteins in mitochondrial transport in *Neurospora crassa*. Mol Biol Cell, 16: 153-161

Gladfelter AS, Bose I, Zyla TR et al. 2002. Septin ring assembly involves cycles of GTP loading and hydrolysis by Cdc42p. J Cell Biol, 156: 315-326

Gonzalez-Novo A, Correa-Bordes J, Labrador L et al. 2008. Sep7 is essential to modify septin ring dynamics and inhibit cell separation during *Candida albicans* hyphal growth. Mol Biol Cell, 19, 1509-1518

Grossmann G, Opekarova M, Novakova L et al. 2006. Lipid raft-based membrane compartmentation of a plant transport protein expressed in *Saccharomyces cerevisiae*. Eukaryot Cell, 5: 945-953

Harris SD, Momany M. 2004. Polarity in filamentous fungi: moving beyond the yeast paradigm. Fungal Genet Biol, 41: 391-400

Harris SD, Read ND, Roberson RW et al. 2005. Polarisome meets Spitzenkorper: microscopy, genetics, and genomics converge. Eukaryot Cell, 4: 225-229

Hazan I, Sepulveda-Becerra M, Liu HP. 2002. Hyphal elongation is regulated independently of cell cycle in *Candida albicans*. Mol Biol Cell, 13: 134-145

Horio T, Oakley BR. 2005. The role of microtubules in rapid hyphal tipgrowthof *Aspergillus nidulans*. Mol Biol Cell, 16: 918-926

Jaspersen SL, Winey M. 2004. The budding yeast spindle pole body: structure, duplication, and function. Annu Rev Cell

Dev Biol,20:1-28

Kadota J, Yamamoto T, Yoshiuchi S et al. 2004. Septin ring assembly requires concerted action of polarisome components, a PAK kinase Cla4p, and the actin cytoskeleton in *Saccharomyces cerevisiae*. Mol Biol Cell,15: 5329-5345

Keaton M. A,Lew DJ. 2006. Eavesdropping on the cytoskeleton: progress and controversy in the yeast morphogenesis checkpoint. Curr. Opin. Microbiol. ,9, 540-546

Li S, Du L, Yuen G, Harris SD. 2006. Distinct ceramide synthases regulate polarized growth in the filamentous fungus *Aspergillus nidulans*. Mol Biol Cell,17:1218-1227

Lippincott J,Shannon KB, Shou W et al. 2001. The Tem1 small GTPase controls actomyosin and septin dynamics during cytokinesis. J Cell Sci,114: 1379-1386

Longtine M,Bi E. 2003. Regulation of septin organization and function in yeast. Trends Cell Biol. ,13, 403-409

Luedeke C, Frei SB, Sbalzarini I et al. 2005. Septin-dependent compartmentalization of the endoplasmic reticulum during yeast polarized growth. J Cell Biol,169, 897-908

Maekawa H, Usui T, Knop M et al. 2003. Yeast Cdk1 translocates to the plus end of cytoplasmic microtubules to regulate but cortex interactions. EMBO J,22:438-449

Martin SG, Chang F. 2005. New end take off: regulating cell polarity during the fission yeast cell cycle. Cell Cycle,4: 1046-1049

Martin SG, Chang F. 2006. Dynamics of the formin for3p in actin cable assembly. Curr Biol,16:1161-1170

McMurray MA, Thorner J. 2009. Septins: molecular partitioning and the generation of cellular asymmetry. Cell Divison. ,4:18

Mourifio-Perez RR, Roberson RW, Bartnicki-Garcia S. 2006. Microtubule dynamics and organization during hyphal growth and branching in *Neurospora crassa*. Fungal Genet Boil,43:389-400

Orlando K, Sun X, Zhang J et al. 2011. Exo-endocytic trafficking and the septin-based diffusion barrier are required for the maintenance of Cdc42p polarization during budding yeast asymmetric growth. Mol Biol Cell, 22:624-633

Pan F, Malmberg R,Momany M. 2007. Analysis of septins across kingdoms reveals orthology and new motifs. BMC Evol. Biol. , 7:103

Park HO,Bi E. 2007. Central roles of small GTPases in the development of cell polarity in yeast and beyond. Microbiol. Mol. Biol. Rev. ,71, 48-96

Philippsen P, Kaufmann A, Schmitz H-P. 2005. Homologues of yeast polarity genes control the development of multinucleated hyphae in *Ashbya gossypii*. Curr Opin Microbiol,8:370-377

Pruyne D, Legesse-Miller A, Gao L et al. 2004. Mechanisms of polarized growth and organelle segregation in yeast. Annu Rev Cell Dev Biol,20:559-591

Rodal AA, Kozubowski L, Goode BL et al. 2005. Actin and septin ultrastructures at the budding yeast cell cortex. Mol Biol Cell,16:372-384

Rodriguez-Escudero I,Roelants FM, Thorner J et al. 2005. Reconstitution of the mammalian PI3K/PTEN/Akt pathway in yeast. Biochem J,390:613-623

Sampson K, Heath IB. 2005. The dynamic behaviour of microtubules and their contributions to hyphal tip growth in *Aspergillus nidulans*. Microbiology,151:1543-1555

Schmidt M, Varma A, Drgon T et al. 2003. Septins, under Cla4p regulation, and the chitin ring are required for neck integrity in budding yeast. Mol Biol Cell,14:2128-2141

Schmitz HP, Kaufmann A, Kohli M et al. 2006. Fromfunction to shape: a novel role of a forming in morphogenesis of the fungus *Ashbya gossypii*. Mol Biol Cell,17:130-145

Schuyler SC, Pellman D. 2001. Microtubule "plus-endtracking proteins": the end is just the beginning. Cell,105:421-424

Seiler S, Vogt N, Ziv C et al. 2006. The STE20/germinal center kinase POD6 interacts with the NDRkinase COT1 and is involved inpolar tipextension in *Neurospora crassa*. Mol Biol Cell,17:4080-4092

Seshan A, Amon A. 2004. Linked for life: temporal and spatial coordination of late mitotic events. Curr Opin Cell Biol,16:41-48

Sharpless KE, Harris SD. 2002. Functional characterization and localization of the *Aspergillus nidulans* forming SEPA. Mol Biol

Cell,13:469-479

Shcheprova Z, Baldi S, Frei SB et al. 2008. A mechanism for asymmetric segregation of age during yeast budding. Nature, 454: 728-734

Sheu YJ, Snyder M. 2001. Control of Cell Polarity and Shape. In: Mycota Ⅷ, Biology of the fungal cell. Howard R, Gow NAR(Eds.), Springer Berlin Heidelberg. 19-53

Silverman-Gavrila LB, Lew RR. 2002. An IP3-activated Ca^{2+} channel regulates fungal tip growth. J Cell Sci, 115:5013-5025

Smolka MB, Chen S, Maddox PS et al. 2006. An FHA domain-mediated protein interaction network of Rad53 reveals its role in polarized cell growth. J Cell Biol, 175:743-753

Steinberg G, Wedlich-Soldner R, Brill M et al. 2001. Microtubules in the fungal pathogen *Ustilago maydis* are highly dynamic and determine cell polarity. J Cell Sci, 114:609-622

Straube A, Brill M, Oakley BR et al. 2003. Microtubule organization requires cell cycledependent nucleation at dispersed cytoplasmic sites: polar and perinuclear microtubule organizing centers in the plant pathogen *Ustilago maydis*. Mol Biol Cell, 14: 642-657

Takeshita N, Ohta A, Horiuchi H. 2005. CsmA, aclass V chitin synthase with a myosin motor-like domain, is localized through direct interaction with the actin cytoskeleton in *Aspergillus nidulans*. Mol Boil Cell, 16:1961-1970

Takizawa PA, DeRisi JL, Wilhelm JE et al. 2000. Plasma membrane compartmentalization in yeast by messenger RNA transport and a septin diffusion barrier. Science, 290:341-344

Tanaka-Takiguchi Y, Kinoshita M, Takiguchi K. 2009. Septin-mediated uniform bracing of phospholipid membranes. Curr. Biol., 19:140-145

Veith D, Scherr N, Efimov VP et al. 2005. Role of the spindle-pole body protein ApsB and the cortex protein ApsA in microtubule organization and nuclear migration in *Aspergillus nidulans*. J Cell Sci, 118:3705-3716

Versele M, Thorner J. 2004. Septin collar formation in budding yeast requires GTP binding and direct phosphorylation by the PAK, Cla4. J Cell Biol, 164:701-715

Virag A, Harris SD. 2006. The Spitzenkorper: a molecular perspective. Mycol Res, 110:4-13

Vrabioiu AM, Gerber SA, Gygi SP et al. 2004. The majority of the *Saccharomyces cerevisiae* septin complexes do not exchange guanine nucleotides. J. Biol. Chem., 279:3111-3118

Weirich CS, Erzberger JP, Barral Y. 2008. The septin family of GTPases: architecture and dynamics. Nature Reviews Mol Cell Biol, 9:478-489

West RR, MalmstromT, McIntosh JR. 2002. Kinesins *klp5*+ and *klp6*+are required for normal chromosome movement in mitosis. J Cell Sci, 115:931-940

Yamashita RA, Osherov N, May GS. 2000. Localization of wild type and mutant class I myosin protein in *Aspergillus nidulans* using GFP-fusion proteins. Cell Motil Cytoskel, 45:163-172

Younghoon Oh, Erfei Bi. 2011. Septin structure and function in yeast and beyond. Trends in Cell Biology, 21:141-148

2　真菌细胞的内膜系统

细胞的内膜系统是指结构和功能上相通的细胞内的膜结构。在真菌细胞中主要有内质网、高尔基体、液泡、过氧化物酶体及沃鲁宁体等细胞器,它们的膜系统都是相通的,可以进行膜交换。线粒体和叶绿体作为半自主细胞器,与其他结构不进行膜结构上的沟通,所以不属于内膜系统。

真核细胞在进化上的一个显著特点就是形成了发达的细胞质膜系统,这些细胞质膜将细胞分成许多不同功能的区室(compartment),这些区室具有各自独立的结构和功能,但是它们又是密切相关的。关于真核细胞的膜结构包括三个概念。①膜结合细胞器:是指所有具有膜结构的细胞器,包括细胞核、内质网、高尔基体、溶酶体、线粒体、叶绿体、内体、分泌囊泡和过氧化物酶体等;②细胞质膜系统:是指那些在系统发育上与质膜相关的细胞器,这一类细胞器中不包括线粒体、叶绿体和过氧化物酶体,因为它们在细胞中不直接利用质膜,而是自己逐步长大的,独立性很强并有特别的功能;③内膜系统:是指细胞内参与胞吞作用和胞吐(分泌)作用的所有细胞器,参与蛋白质的加工、分选和囊泡的运输。它们的膜是相互流动的,处于动态平衡,在功能上是相互协同的。尽管它们都是指真核细胞中具有膜结构的细胞器,但是在概念上有一些区别。

细胞器是由膜围绕而成的、有特定化学组成的区室，每个细胞器的蛋白质组成决定了它的结构和功能。内膜系统细胞器主要负责蛋白质运输，如细胞质和细胞核之间的核孔运输、线粒体的跨膜运输、囊泡介导的物质转运等。由于大多数蛋白质是在细胞质内合成的，所以要将这些蛋白质运输到合适的细胞器中，就需要有一定的机制，因此，蛋白质运输和内膜系统是息息相关的。细胞器的动态平衡主要是通过控制每一区室内分子的输入和输出来实现的。因此，要了解真核细胞的运转，首先要了解每个细胞器特有的生化活性，了解细胞器之间分子是如何流动的，了解每一区室是如何建立和维持的。对于由内膜系统组成的区室来说，完全了解细胞内的物质和信息沟通是非常困难的。然而，真菌菌丝或许是生长最快的极性化的真核细胞，有隔真菌的细胞长度超过宽度的200倍以上，其菌丝顶端以每分钟四倍于菌丝直径的速度向前延伸。因此，真菌菌丝是研究真核细胞内物质和信息沟通的一个非常好的载体。

在我们研究丝状真菌内膜系统的同时，不可避免地要关注极性生长的菌丝顶端细胞，因为其中的大部分细胞器及其转运的物质已经被我们所认知。除此之外，从形态学和超微结构的角度来说，菌丝顶端细胞也是所有真菌细胞中目前研究最清楚的。在菌丝顶端生长的过程中，顶端细胞内膜区室的总体分配是非常精巧和协调的。通过顶端细胞内膜成分的快速地重新分配，可以实现菌丝顶端的极性生长现象。在本书第6章中对该现象进行了详细的讨论。

2.1 真菌内膜系统及其研究方法

2.1.1 关于真菌的内膜系统

2.1.1.1 真菌内膜细胞器的种类

真菌是低等真核生物，它的细胞内膜系统（endomembrane system）包括内质网（endoplasmoc reticulum）、高尔基体（golgi apparatus）、内体（endosome）、多泡体（multivesicular body）、液泡（vacuole）、核膜（nuclear membrane）、丝状小体（filasome）、沃鲁宁体（Woronin body），以及转运中间体（transport intermediate）［如囊泡（vesicle）、微泡（microvesicle）、壳质体（chitosome）］等小的泡状体。这些由膜围绕而成的区室形成了复杂的胞内系统，也占据了细胞体积的很大比例。从进化关系的角度可以了解这些胞内区室之间的相互关系。在原核生物到真核生物的进化过程中由内膜增殖引起的广泛的细胞区室化，也就是说产生细胞器，是细胞进化的重要事件。在原核细胞中，生化活动都被限制在细胞表面上完成，而真核细胞精巧的内膜系统使得整个细胞内的生化活动能够分配给各个细胞器来完成（表2.1），这也就保证了体积较大细胞的产生和发育。同时，随着细胞体积的增大，其表面积和体积的比逐渐减小。真核细胞的体积平均是原核细胞的 $10^2 \sim 10^3$ 倍（Dacks and Field 2004）。

丝状真菌的内膜系统拥有着许多特殊的结构特征，以其低等真核表征与其他高等真核细胞区别开来。例如，丝状真菌的高尔基体缺少潴泡的叠加，在有丝分裂过程中也不发生分裂；目前还没有确切的结构证据证明丝状真菌中高尔基体网格蛋白（clathrin）包裹的囊泡的存在，以及负责细胞吞噬现象和高尔基体外侧网络(trans-Golgi network)载体的存在。在这些区别之中，有些是丝状真菌和酵母所共有的特征，有些是丝状真菌所特有的。在丝状真菌中，这些结构的不同是否导致了功能的不同？这一问题的解答尚需更多的实验证据(Bourett et al. 2007)。

表 2.1 真菌内膜结合细胞器(区室)的主要功能

细胞器(区室)	主要功能
内质网	内质网与核膜相连通；蛋白质和脂类的合成和转运场所；几乎所有膜和膜蛋白合成的场所；类固醇激素的合成场所；糖原分解释放葡萄糖的场所。
高尔基体	收集内质网合成的蛋白质和脂类进行修饰、分选和包装，然后以囊泡形式排出；聚集某些酶原颗粒的场所；参与蛋白质和黏多糖的合成；参与细胞的胞吞和胞吐过程。
液泡/管状液泡	许多溶质和大分子，如离子、糖、氨基酸、蛋白质和多糖的储存库；管状液泡网的能动性能在细胞水平将储存原料运送到丝状真菌顶端的生长区域；细胞内的降解作用；参与胞吞和胞吐过程。
沃鲁宁体	具有闭合隔膜孔的作用；行使过氧化物酶体功能的细胞器；为真菌体内生长提供了一种重要的防御系统。
内体	胞吞途径中所含分子主要的分选地点，用于分拣内吞分子或来自外侧面高尔基体网络分子的亚细胞器，也是细胞内一种膜结合的细胞器。
多泡体	多泡体是真菌细胞的共有特征，通常与纺锤体有关。多泡体有时以大量的、分散的星状微管形式存在。
转运中间体	如各种囊泡、微囊泡、壳质体、丝状小体等，负责蛋白质、脂类和其他大分子的运输。

注：表 2.1 是作者根据资料总结而来的

2.1.1.2 内膜系统的动态性

内膜系统的细胞器是一个封闭的区室，每一个细胞器有一套特有的酶系，有着这一套酶系所特有的功能。然而，内膜系统中的膜结构是动态性的，处于流动状态。在内膜系统中常看到许多囊泡穿梭运输，这些囊泡分别是从高尔基体、内质网和细胞质膜上形成的，使得它们的膜结构处于一种动态平衡和流动状态。正是这种流动特性将细胞的合成和分泌物质以胞吐作用(exocytosis)和胞吞作用(endocytosis)联成一个网络。细胞需要的大分子及需要排出的高分子量分泌物通过胞吐和胞吞现象进行运输(Webster and Weber 2007；Bourett et al. 2007)。

在真菌的内膜系统中，这种动态网络主要参与两种生化代谢活动。①分泌途径(secretory pathway)：这是一种胞吐现象。细胞将在粗面内质网上合成的蛋白质和脂类通过小的囊泡运输的方式运送到高尔基体中，经过高尔基体的进一步加工和分选再运送到细胞内相应结构，如细胞质膜，通过质膜分泌到细胞外的过程称为细胞分泌(cell secretion)。这种分泌途径中，分泌囊泡持续不断地从高尔基体运送到质膜，为质膜提供膜整合蛋白和膜脂，并进行膜的融合，分泌囊泡的膜成为质膜的一部分；或者将囊泡中的合成酶类、生长因子和细胞壁的前体物释放到质膜以外去合成细胞壁；或者将囊泡中的蛋白质释放到细胞外。此过程不需要任何信号的触发，它存在于所有类型的真菌细胞中。在大多数细胞中，分泌途径的物质运输不需要分选信号，从内质网经高尔基体到细胞表面的物质运输是自动进行的(见图 2.10)。②胞吞途径(endocytic pathway)，又称内吞作用，是通过细胞内陷形成胞吞囊泡(endocytic vesicle)，将外界物质裹进并摄入细胞的过程。在高等动物中，胞吞作用分为两种类型,即胞饮作用(pinocytosis)与吞噬作用(phagocytosis)。前者的胞吞物为溶液,形成的胞吞囊泡较小;后者的胞吞物为较大的颗粒性物质(如微生物和细胞碎片),形成的胞吞囊泡较大。在真菌细胞中,胞吞作用主要是细胞连续摄取细胞外液体基质及其溶解物的过程。因此,严格来说真菌的胞吞作用应称为胞饮作用。胞吞作用通常是从膜上的特殊区域开始的,形成一个小凹,最后形成一个很薄且没有外被包裹的囊泡。细胞外基质中存在的任何分子和颗粒都可以通过胞吞作用被细胞吞入。根据细胞外物质是否吸附在细胞表面,而将胞饮作用分为两种类型:一种是非特异性的固有胞吞作用,通过这种胞吞作用,细胞把细胞外液及其中的可溶物摄入细胞内。另一种是受体介导的胞吞作用,细胞外大分子和(或)小颗粒物质先以某种方式吸附在细胞表面的受体上,然后再通过胞吞进入细胞,因此具有一定的特异性。通过胞吞作用,细胞把细胞外液及其中的可溶物摄入细胞内。在真菌、卵菌和黏菌中,普遍存在胞吞途径,这是它们赖以生存的从外界吸取营养的方式,同时也是胞内代谢正常进行的保证(见图 2. 10,Webster and Weber 2007)。

在真核细胞中,蛋白质的输入和输出细胞是分别通过胞吞和胞吐实现的。胞吞和胞吐都涉及一种特殊的囊泡的形成。蛋白质和某些其他的大分子物质被质膜吞入并以囊泡形式带入细胞内。受体介导的胞吞开始于大分子与细胞质膜上的受体蛋白结合,然后膜凹陷,形成一个含有要输入的大分子的囊泡,也称为内吞囊泡(endocytic vesicle)。出现在细胞内的内吞囊泡先与内体融合,然后再与液泡融合,进而胞吞的物质被消化降解。胞吐除了转运方向相反外,其过程类似于胞吞。在胞吐过程中,从细胞分泌出的蛋白质被包裹在分泌囊泡内,然后分泌囊泡与质膜融合,最后将囊泡内的包容物释放到细胞外基质中。胞吐的外排途径是通过蛋白质的转运过程完成的。在粗面内质网中合成的蛋白质除了某些有特殊标志的蛋白质驻留在内质网外,其他均沿着粗面内质网 → 高尔基体 → 分泌囊泡 → 细胞表面这一途径完成其转运过程。

胞吞与胞吐是膜泡运输,不是跨膜运输,虽然膜泡运输需要能量但也区别于主动运输。胞吞胞吐是通过细胞内膜的流动性实现的,而且胞吞与胞吐反映了细胞内膜的流动性和选择透过性。

2.1.2 内膜系统的研究方法

分子遗传学和经典遗传学的方法都可以应用到真菌的研究中。活细胞成像、荧光蛋白标记的转化子、温度敏感突变株和可调控型启动子控制下的基因产物的瞬时表达,这些方法可以帮助我们对细胞的生物过程进行剖析,可以帮助我们对真核生物内膜系统进行深入研究。

2.1.2.1 荧光蛋白标记技术

荧光报告分子(fluorescent reporter molecule)的发现和运用给细胞生物学带来了一场革命,目前已经广泛应用到对真菌的研究中。荧光蛋白标记技术给深入研究真核生物内膜系统带来了便利。这些荧光蛋白可以帮助分析特定分子的亚细胞分布、流动和潜在的蛋白质之间的相互作用。除此之外,荧光蛋白还可以用来标记特定的细胞区室,检测它们的大小、形状、移动和在发育过程中或者应对环境刺激时的周期变化。例如,利用酵母缺失突变文库和 GFP 标记技术可以准确地鉴定某一蛋白质的运输过程(Proszynski et al. 2005)。因此,荧光标记技术有助于对真核生物内膜系统的深入研究。尤其与其他分子生物学技术的联合应用已成为不可或缺的技术。

2.1.2.2 基因定点整合技术和融合 PCR 技术

随着基因定点整合技术和融合 PCR 技术的发展,人们已经在粗糙脉孢菌(*N. crassa*)、构巢曲霉(*A. nidulans*)和烟曲霉(*A. fumigatus*)中实现了大规模的基因和基因组操作。首先,通过敲除 *KU70* 或者 *KU80* 基因,去除了非同源末端连接 DNA 修复通路(non-homologous end joining DNA repair pathway,NHEJ),最终解决了这些菌株基因定点整合低效的问题(Nayak et al. 2006)。例如,在缺失 *KU70* 或者 *KU80* 基因的构巢曲霉中,90% 的转化子实现了定点整合,没有发生转化 DNA 的异位整合现象。在 NHEJ 缺陷的菌株中,即使很难敲除的基因也可以实现稳定的敲除。例如,构巢曲霉的 *cdc7* 基因位于重组抑制的染色体区域,该区域的物理距离与遗传距离(≥54kb)是平均距离(8kb)的 7 倍左右。利用传统菌株进行的多次敲除该基因座的实验,均宣告失败。而在构巢曲霉 KU70 基因敲除株中,大约有 15% 的转化子成功实现了目的基因的敲除。再如,融合 PCR(fusion PCR)技术可以帮助实现基因敲除、标记和启动子替换组件的快速构建。两步法融合 PCR(two-way fusion PCR)或者单联 PCR(single-joint PCR)技术能够实现任意两个 DNA 片段的融合,例如,某一编码基因与可诱导型启动子的融合。三步法融合 PCR(three-way fusion PCR)技术能够实现敲除组件的构建(Yu et al. 2004)。在基因组已知的菌株中,融合 PCR 技术可以取代繁琐的 DNA 克隆,而且,基于 PCR 构建的融合组件可以直接转化 NHEJ 缺陷菌株,实现基因的敲除、标记或者部分替换。在构巢曲霉中,已有 21 个可用的基因标签框(tagging cassette),通过 GFP 或者 RFP(red fluorescent protein,红色荧光蛋白,一种报告基因)标记某一基因的 C 端,从而为体内细胞学的研究提供了便利。公开的基因标签框、菌株、文库和许多其他资源可以在真菌遗传学库存中心(密苏里大学的 http://www.fgsc.net/)上获得。总之,随着基因定点整合技术和其他基因操作技术的发展,目前已经能够对真菌基因组中的任一基因进行快速的定点整合(Nayak et al. 2006)。Colot 等(2006)在进行构巢曲霉基因敲除文库的构建中,已经实现了大约 800 个基因的敲除。在其他许多菌株中,基于微点阵和相关技术的相似计划也正在进行中。

2.1.2.3 启动子的调控表达

在研究控制下的基因产物的瞬时表达时,可以通过基因的启动子调控该基因表达的强弱,以达到验证被研究基因的功能。例如,在构巢曲霉中,过表达的控制较为便利。构巢曲霉的乙醇脱氢酶基因 *alcA* 启动子可以实现对基因表达的弹性控制,因此已被广泛应用。*alcA* 启动子主要是通过培养基中碳源的不同来实现对基因表达的调控。在曲霉中,*alcA* 启动子受到葡萄糖的严重抑制。以甘油和乙酸盐作为碳源时,*alcA* 启动子呈现基本的、低水平的表达,而以乙醇+果糖(果糖浓度的改变会引起表达水平的提高或降低)或乙醇+苏氨酸为碳源时,能够激活 *alcA* 启动子的表达,而且它们的激活能力依次降低;以甘油作为碳源时,*alcA* 启动子启动基因表达的能力非常弱,甚至不能够实现突变株的表型互补;相反地,以葡萄糖为碳源时,*alcA* 启动子启动基因表达的能力更弱,更不能够实现突变株的表型互补,并且培养基中葡萄糖浓度越高,*alcA* 启动子启动基因表达的能力越弱。当内源基因表达水平较弱时,通过 *alcA* 启动子等方法可以帮助实现基因表达的调控(Bourett et al. 2007)。

由于经常缺少目的基因自身的启动子,所以必须慎重地选择异源启动子来控制基因的表达,最好是选择那些已经研究的较为清楚的启动子。有的时候,融合蛋白的过表达需要在显微监测水平下才能观察到,这是由于内源启动子的活性较低引起的,在酵母基因组中,多数基因都存在这一情况。

2.1.2.4 透射电子显微镜

研究内膜系统的另一个重要工具是透射电子显微镜(transmission electron microscope, TEM)。在早期所描述的结构中,经透射电镜证实许多都是赝象。内膜系统中大多数区室的精细结构都是通过电镜图片阐明的。超速冻结和冷冻替换等一些基于冷冻的方法使得电镜技术得到了发展。早期的许多工作都是针对卵菌开展的,现在我们认为卵菌在分类关系上与真正的真菌是不同的,两者高尔基体超微结构的不同证实了这一观点。电镜的高分辨率图片能够给我们提供更多的有用的信息。免疫实验和一些亲和探针如外源凝集素等,能够给我们提供分子方面的信息。外源凝集素-伴刀豆球蛋白 A(ConA)已被作为利用光学显微镜和电子显微镜研究真菌内膜系统的通用标示物(Bourett and Howard 1994)。ConA 标记的器官包括质膜、高尔基体、转运囊泡和一系列管状液泡,但不包括内质网。另外一些探针,如荧光染料,将在后面的章节中陆续介绍。

随着成像技术的发展和进步,如激光扫描共聚焦显微镜和多光子显微镜的应用(Czymmek 2005),极大地发挥了荧光报告基因的能量,使得这一方法有着更加广阔的应用前景。尽管融合蛋白产生的突变株表型的功能互补是正确的定点整合过程中一个很重要的决定因素,但是这种功能互补还需要基于抗体的、超微结构上的验证,从而保证融合蛋白进入了正确的区室中。

2.1.2.5 筛选突变体

在胞吐和胞吞现象中,囊泡的运输过程是内膜系统的重要功能,如何揭示这一现象的基因调控,科学家们利用酵母温度敏感突变体研究分泌过程中与分泌相关的基因,筛选了许多温度敏感突变体,并利用这些突变体研究内膜系统的运输作用。在这些突变体中,内膜结构缺失或不正常时,例如,酿酒酵母内质网出芽形成小囊泡的基因发生突变,内质网会变得特别大;又如,高尔基体融合基因突变,使这种突变体酵母中积累大量的分泌囊泡。酿酒酵母之所以被选做作为研究的模式株,首先是因为酿酒酵母的遗传操作相对简易,而且酿酒酵母与丝状真菌的系统进化关系较近;其次是因为酿酒酵母的基因组测序工作已经完成,可以为内膜系统的相关基因的研究提供强大的本体论*(robust ontology)。在比较基因组学中,把酿酒酵母选做与其他丝状真菌比较的基础,而且单独运用比较基因组学

---

* 见 www.yeastgenome.org

的方法可以推断细胞功能的情况。尽管比较基因组学已经应用于许多生物分子亚细胞分布的评估和细胞分子装置的比较,但这些结果还必须通过序列分析和具体实验的证明(Gupta and Heath 2002)。例如,*SEC4P* 基因是构巢曲霉所必需的基因,在膜泡运输中起到重要的作用。而在酿酒酵母中,敲除 *SEC4P* 的同源基因,则并不产生致死效应。所以仅仅通过序列比较,就无法得到上述的结果。

2.2 内膜系统的细胞器

2.2.1 内质网

内质网(endoplasmic reticulum,ER)是一个连续的膜结合性的细胞器。内质网是几乎所有膜和膜蛋白合成的场所,也是脂类合成的主要场所,不论这些合成分子的最终目的地是哪里。高尔基体和液泡中的管腔蛋白(luminal protein)经过最初的共翻译过程后,也被运送到内质网腔中,内质网同时也是蛋白质分泌必不可少的重要细胞器。除此之外,内质网还具有储存钙离子、并在适宜信号的刺激下释放钙离子的功能。分泌途径中的蛋白质在输出之前会在内质网腔被糖基化。最后,内质网是胞吞途径中逆向囊泡(retrograde vesicle)的最后目的地。

2.2.1.1 内质网的形态结构及其功能

内质网是真菌细胞中多形态的结构,它的形状和大小与环境条件、发育阶段和生理状态有关,一般在幼嫩菌丝细胞中比较多。内质网的主要成分是脂蛋白,时常被核糖体附着形成粗面内质网(RER)。核糖体无论是附着于内质网上,还是游离于胞质中,都是 mRNA 的附着位点,同时又是蛋白质合成的位点。蛋白质一经合成就被运送至内质网腔,再由内质网腔运输至细胞的不同部位。光面内质网(SER)没有核糖体附着,是脂类的合成场所。所以内质网是细胞中各种物质运转的一种循环系统,同时内质网还供给细胞质中所有细胞器的膜。一些新合成的物质往往以囊泡(vesicle)的形式在内质网的表面形成,并从内质网释放。

内质网是细胞内由膜包围的狭窄的通道系统,被认为是一个独立的互联膜系统,但是它可以分成许多不同的功能区域(Voeltz et al. 2002)。

在灰巨座壳(*Magnaporthe grisea*,稻瘟病菌)顶端分生孢子细胞冷冻置换切片中,存在膨胀的内质网,同时可以看出内质网和核膜通过镶嵌有核糖体的核膜的外层膜而连接起来(图 2.1B)。这一点很重要,因为由于在真菌中内质网与外层核膜紧密相连而能独立遗传,而高尔基体和液泡(溶酶体)原则上可以由与细胞核一起遗传的内质网来重新合成。

通常真菌细胞中内质网呈管状,有时形成交叉而呈分枝状的管道。除了管状外,有时出现不同形状,如囊、腔及水泡状等。在酿酒酵母中,胞内的内质网网络被认为是一个联结的系统,既可以形成非穿孔的片层(non-fenestrated sheet),又可以形成各种各样的分支管,其中后者在细胞边缘更为常见。在细胞边缘,那些分支管彼此紧密相连,并能通过分支与质膜相连。酵母状生长的真菌与丝状生长的真菌相比,其细胞内的内质网形成更多的管状结构,并分布于细胞边缘(Preuss et al. 1991;Wedlich-Soldner 2002)。而在丝状真

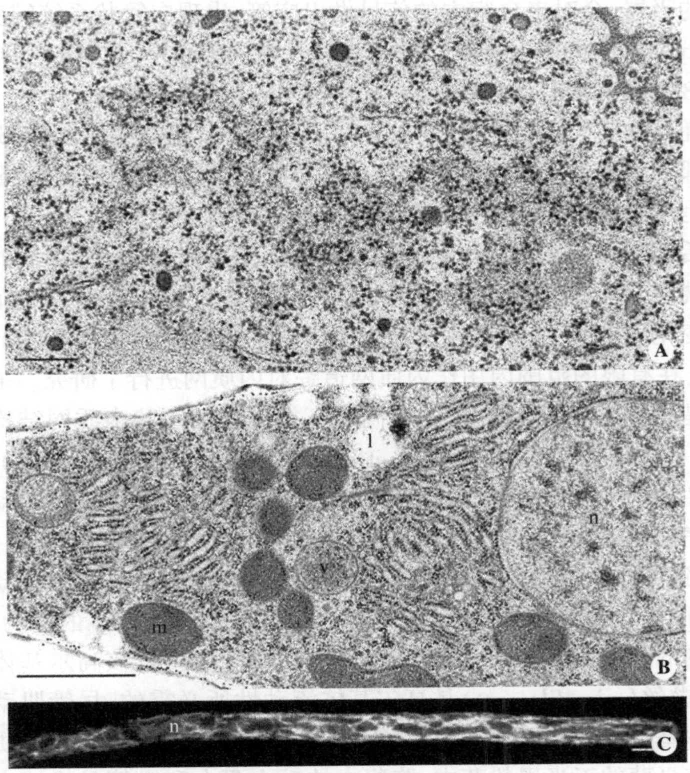

图 2.1 内质网和核被膜

A 在构巢曲霉(*A. nidulans*)营养菌丝冷冻置换切片中,可以看出真菌细胞中的内质网以片层的形式存在,可以发现单个核糖体组成浓缩的螺旋状的聚核蛋白体。标尺=250nm。B 用金标记(gold labelling)灰巨座壳(*M. grisea*)顶端分生孢子细胞冷冻置换切片中,缺少伴刀豆球蛋白 A 的结合位点。存在膨胀的内质网。图中可以看出,内质网和核膜通过镶嵌有核糖体的核膜的外层膜而连接起来。I 代表脂质体,m 代表线粒体,n 代表细胞核,v 代表液泡。标尺=1.0μm。C 拟轮枝孢镰刀菌(*Funsarium verticillioides*)多核菌丝活细胞中的内质网。其中的 KDEL 内质网-保留肽被荧光标记。在这个最佳的激光扫描共聚焦切片中,可以发现,在代谢活跃的顶端细胞中有明显的核膜存在,而且还有大量的内质网存在。n 代表细胞核。标尺=5.0μm。(引自 Bourett et al. 2007)

菌中,内质网通常形成潴泡状片层(cisternal sheet),平行叠加并分布于整个真菌菌丝体内(图 2.1A~图 2.1C),而在菌丝边缘只有少量的内质网存在。在营养菌丝中,多数内质网是粗面的、附有由膜包围的核糖体,核糖体以多聚的形式排列在潴泡状片层表面上(图 2.1A)。在营养菌丝中很难找到大面积的光面内质网。担子菌的隔膜孔帽和菌丝边缘则是例外,内质网以粗面和光面混合的形式存在。过渡性内质网含有光滑区域,其中的运输载体能够帮助材料从内质网运输到高尔基体上,作用位点紧靠单个的高尔基潴泡状片层。过渡性内质网在酿酒酵母的内质网和高尔基体的形成过程中都起到了重要作用,或许丝状真菌也是如此。内质网和高尔基体是否有接触?这一问题还没有一致的证据和论点(Bourett et al. 2007)。

真菌的内质网是高度能动的器官。通过透射电子显微镜技术,可以观察到在真菌发育的特定阶段,如孢子萌发之前的起始水化阶段,内质网会出现高度膨胀的情况(图 2.1B)。目前已经证明,植物致病真菌在致病过程中,内质网发生了结构重排。例如,活体营养寄生菌的吸器,会对来自宿主的信号做出应答,出现向管状系统转变的现象而形成管状泡网络(tubular-vesicular network)。这种管状泡网络似乎是内质网的亚区室,依赖于内质网含有的 BIP 和 HDEL 调控蛋白重新分配(Mims et al. 2002)。

担子菌的桶孔隔膜的隔膜孔帽(septal pore cap,SPC)是与内质网相邻的,并可能起源于内质网。相邻细胞间的质膜是紧密连接的。细胞器可以通过复杂的中隔孔装置相互串通。细胞质也是可以相互流通的,除非隔膜孔被阻塞。

通过检查活细胞中荧光蛋白与内质网固有的伴侣蛋白 BipA,或者同时含有氨基端的信号肽和羧基端的 H/KDEL 内质网-保留肽相融合后的表达水平,还可以研究真菌内质网的组织和动态变化(图 2.1C)。也有文献报道用活性染料结合荧光基团的布雷菲德菌素A(brefeldin A),在有限的范围内用作内质网追踪对内质网进行了研究。上述研究结果都证明了内质网是高度能动的细胞器,这与高等真核生物的网状内质网结构相比可能是低等真核生物的一种表现(Wedlich-Söldner et al. 2002; Czymmek et al. 2005)。

在真菌极性细胞中,内膜系统的细胞器维持着非随机分配的机制。动物细胞内质网和高尔基体的完整性依赖于一个完整的微管细胞骨架。在哺乳动物细胞中,微管细胞骨架的解聚,会导致高尔基体的破裂和内质网由细胞边缘逐渐向内收缩。动物细胞的微管是极性的,其负极面向中心体,正极朝向细胞边缘。微管正极末端的动力蛋白-驱动蛋白对于维持内质网的分布是必需的,负极的动力蛋白对于维持近核高尔基体的分布是必需的。在植物中,微丝(microfilament)是高尔基体流动性所必需的,尽管肌动蛋白骨架的解聚没有影响高尔基体与内质网囊泡出芽位点的并列靠拢,也没有影响内质网和高尔基体之间的运输。在真菌的玉米黑粉菌中,胞浆中的动力蛋白和微管是维持内质网的流动性所必需的,但不是维持内质网基本的组织形态所必需的(Wedlich-Söldner et al. 2002)。在菌丝顶端细胞中存在大量的高尔基体潴泡,并不局限于细胞核周围的分布。在酿酒酵母和玉米黑粉菌(*U. maydis*)中,功能性微管是维持它们液泡的完整性所必需的。要了解真菌细胞骨架的更多内容,参见第 1 章"真菌的细胞骨架"。

2.2.1.2 芽殖酵母的内质网

真菌中的芽殖酵母因为遗传学上的优势,在细胞内质网的研究中作为模式菌株而得到了深入研究。它和丝状真菌有所差异,而且目前研究的比较清楚,所以有必要做一简要描述。

在酿酒酵母中,内质网包含以下几部分:①一个构成质膜基础的网状组织,称为皮层内质网(cortical ER);②内质网与核膜相联系,称为核内质网(nuclear ER);③连接皮层内质网和核内质网的指状放射物(finger-like projection)(Preuss et al. 1991)。与哺乳动物细胞相反,在芽殖酵母中核糖体与皮质内质网和核内质网都相关联。到目前为止,还没有证据表明在芽殖酵母中存在光面内质网。延时显微镜(time-lapse microscopy)观察表明管状的内质网结构能够滑动、分支和融合。用破坏肌动蛋白稳定性的药物 Lat-A(拉春库林A)处理细胞后会降低内质网的能动性,很显然在芽殖酵母中肌动蛋白骨架在皮层内质网的动态和形态方面起着作用(Prinz et al. 2000)。然而,肌动蛋白骨架在内质网动态方面的确切功能并不清楚。

在丝状真菌中,二形性的有隔担子菌(heterobasidiomycete)玉米黑粉菌可以作为内质网如何组装的例证。在玉米黑粉菌中,内质网形成一个多边形的与细胞皮质层和核膜相联系的管状网络,这点与酿酒酵母相同(Prinz et al. 2000)。玉米黑粉菌的内质网也是一个高度动态的结构,内质网小管进行着持续的伸长、滑动和融合。对稳定性遭到破坏的微管或者微管依赖的动力蛋白的突变株进行分析,结果表明玉米黑粉菌中内质网的运动需要微管和细胞质动力蛋白。尽管在玉米黑粉菌中微管支持内质网的运动如同脊椎动物的一样,但它们不是网络的外围组织所必需的。然而,与动物系统相反,玉米黑粉菌中的这些运动不是内质网遗传所必需的;在微管蛋白发生条件突变的细胞中,内质网小管在许可和限制条件下都会在处于生长的芽管中存在。

在酿酒酵母中,核内质网与核一起进行纺锤体驱动的遗传。相反,皮层内质网的遗传是一个完全不同的、依赖肌动蛋白的机制。皮层内质网是细胞周期中第一个被遗传的细胞器(Preuss et al. 1991; Du et al. 2001)。而且,皮层内质网形态对 *Lat-A* 和肌动蛋白编码基因 *ACT1* 的突变比较敏感。使用 Sec63p-GFP 观察皮层内质网,发现皮层内质网在细胞周期 S 和 G_2 期锚定在芽出现和顶芽生长的位点,这种锚定使得皮层内质网在生长时一直处于芽中。这些观察结果支持了皮层内质网是细胞分裂中第一个被遗传的细胞器的观点(Fehrenbacher et al. 2002)。

已经发现一个定位于内质网锚定位点的蛋白质参与了皮层内质网的遗传。胞吐体(exocyst)组分 Sec3p 定位于芽体顶端,介导高尔基体膜的运输。由于 *sec3Δ* 缺失突变株实验证明了皮层内质网遗传缺陷而不是高尔基体和线粒体遗传存在缺陷,所以提出 Sec3p 使得皮层内质网锚定于芽体顶端的结论。此外,Aux1p/Swa2p 的缺失会使皮层内质网管向子细胞的转移受到延迟。而 Aux1p/Swa2p 是一种定位于内质网膜的蛋白质,但对膜的运输没有明显作用。因此,很有可能这个蛋白质对皮层内质网锚定在芽体顶端过程中同样起着作用(Du et al. 2001;Sudbery and Court 2007)。

其他研究指出一种 V 型肌球蛋白(V myosin)在皮层内质网遗传中同样发挥作用。实验表明,肌球蛋白编码基因 *MYO4* 的缺失会导致细胞分裂时肌动蛋白束依赖的 mRNA 由亲本细胞向子细胞的运输产生缺陷。She2p/She3p 蛋白复合物作为一个适配器(adaptor)将 mRNA 与 Myo4p C 端的区域结合。最近的研究表明,Myo4p 马达结构域的 ATP 结合区域发生点突变或者 She3p 发生缺失突变将会抑制内质网的遗传。而且,如果环境中存在丰富的亚细胞分离后的内质网膜,She3p 和 Myo4p 的功能可以得到恢复。这些发现得出这样一种观点:肌球蛋白可能驱动芽殖酵母中皮层内质网由亲本细胞向子细胞的运输。因此,有可能这两个不同的过程——内质网锚定于芽体顶端和内质网向芽细胞中的主动运输——促成了皮层内质网的遗传。Myo4p 和 She3p 有可能介导内质网锚定蛋白或者编码内质网锚定蛋白的 mRNA 由亲本细胞向芽体顶端的运输(Estrada et al. 2003)。

通过大量真菌种类与酿酒酵母内质网成分的比较基因组学分析,人们发现在多数情况下各物种编码内质网成分的基因之间是一一对应的,这一结果显示内质网特异的功能是高度保守的(Bourett et al. 2007)。关于内质网的功能将在接下来的 2.3.1 一节中与高尔基体的功能结合起来介绍。

2.2.2 高尔基体

高尔基体(Golgi apparatus)或许是真菌内膜系统中研究最不清楚的细胞器之一。高尔基体是分泌产物和质膜包装蛋白加工后运输到细胞表面的场所,也是其他货物包装后转运至液泡中的场所。高尔基体是胞吐(分泌)途径中的重要细胞器,也是胞吞途径中材料的终点。传统的观点认为高尔基体是一个静止的细胞器,最近这种观点遭到质疑,并且有证据证明高尔基体和内质网一样都是动态的连续流(Hawes and Satiat-Jeunemaitre 2005)。内质网在整个细胞循环中都是存在的,与内质网不同的是高尔基体在细胞中存在重建过程。尽管高尔基体所含全部分子分解过程的具体细节并不清楚,但是有证据表明,许多高尔基体分子在有丝分裂过程中会被内质网重吸收。

2.2.2.1 高尔基体的形态结构

真菌的高尔基体与高等植物和动物的高尔基体是非常不同的。最显著的不同是真菌中缺少扁平潴泡的堆叠(stack)或网体(dictyosome),仅有单个的高尔基潴泡(cisternae)。由于真菌缺少完整意义上的高尔基体,因此,在早期认为丝状真菌中缺乏高尔基体,另外为高尔基体相关结构选择一个术语就成为一个难题。在高等动植物真核生物中"高尔基体"代表了细胞中所有潴泡的总和;而 Howard (1981)认为一个高尔基潴泡相当于一个高尔基体单独的细胞器,由内部通过管状延伸构成的片层组织,这些片层是可以识别的连续体,分散于整个菌丝中(图 2.2)。在这些中空的圆体和片状包被中,潴泡小管的宽度通常都是一致的,但是在个别中空的圆体中,潴泡小管的宽度是不同的,而且在同一细胞中,也可以找到既薄又宽的潴泡。

已经有文献报道荧光标记的真菌高尔基体,在曲霉中当分泌途径被阻断时,在人工构建的分泌绿色荧光蛋白标记的葡糖淀粉酶工程转化株中观察到球形潴泡的存在。Wedlich-Söldner 等(2002)在酵母中,利用绿色荧光蛋白与高尔基体有关的小 GTP 酶类的 Ypt1p 蛋白融合,在向顶端延伸的双核菌丝中产生了顶端荧光高尔基体模型。根据电子显微镜的资料,高尔基体似乎不太可能在菌丝顶端聚集。利用荧光标记琥珀酸伴刀豆球蛋白 A,描述了霉菌中潜在的真菌高尔基体。在透射电子显微镜水平,伴刀豆球蛋白 A 标记的高尔基体可以分为相对宽度为球形和线性的结构。

在不同种类的真菌中,其高尔基体在结构上存在微妙的差异。例如,担子菌的高尔基体是一个相互交联的池状的网络(cisternal network),呈现典型的膨胀的裂片(图 2.2G;Swann and Mims 1991),潴泡通常是以被膜囊泡(coated vesicle)的形式存在(图 2.2H~图 2.2J)。丛枝菌根菌丝中也存在类似的管状系统,子囊菌中未发现类似的结构。目前还没有证据证明是否由于这些结构的不同最终导致了功能的不同。

真菌并不是唯一一种高尔基体缺少潴泡堆叠的真核生物。例如,贾第虫属(*Giardia*)和内阿米巴属(*Entamoeba*)的高尔基体是孤立的、周期特异性的囊泡样。尽管这些生物在结构上存在微妙的差异,但是这些原始的真核生物都具有与内质网和高尔基体生化上相关的区室化分离作用所必需的基本分子装置,都具有将蛋白质和糖类运输到细胞表面的能力。酿酒酵母同样缺少潴泡堆叠,尽管它含有一些池状的装置(Rossanese et al. 1999)。

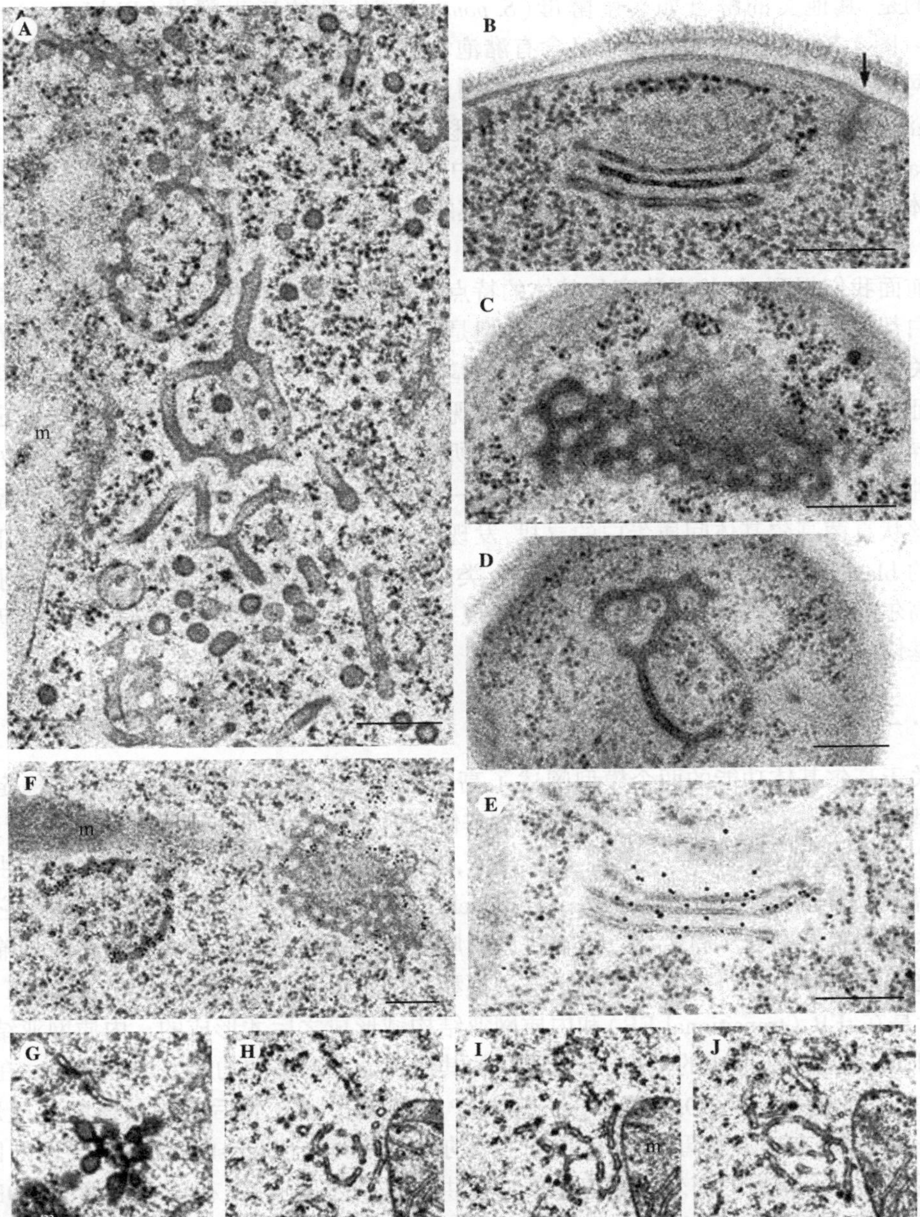

图 2.2　真菌高尔基体

A. 丝状真菌高尔基体的特征——管状潴泡装置、缺少扁平潴泡的堆叠。从图中可以发现，构巢曲霉（*A. nidulans*）菌丝中有大量分散的潴泡。潴泡小管的宽度通常都是一致的，但是在潴泡小管的大小和分布之间会有差别；B～E. 在毕赤酵母中也存在有孔的中空的潴泡（C 和 D），而且也存在明显的潴泡堆叠（B 和 E）；E 和 F. 巴斯德毕赤酵母（E）和丝状真菌绿色木霉（*Trichoderma viride*，F）都存在伴刀豆球蛋白 A 与高尔基体结合位点；G. 桑卷担菌（*Helicobasidium mompa*），担子菌的高尔基体的特征是膨胀的周围有界限的；H～J. 从三张连续的桑卷担菌切片中，显示靠近线粒体的有被囊泡。所有的样本都是通过冷冻置换制备的。箭头所指的丝状部分是由于质膜内陷而产生的。m 代表线粒体。在 A～F 图中标尺＝250nm，G 和 H 图标尺＝500nm。（引自 Bourett et al. 2007）

有趣的是,其他类的酵母如裂殖酵母(*S. pombe*)和巴斯德毕赤酵母(*Pichia pastoris*, 图 2.2B～图 2.2E)既含有平行小管又含有潴泡堆叠。COPII 外壳包被蛋白(coat protein)在内质网和高尔基体的运输中起到重要的作用,对 COPII 外壳包被蛋白分布的研究结果表明,酿酒酵母中潴泡堆叠的缺少会导致产生移位的过渡内质网系统(transifinal ER,tER)(Rossanese et al. 1999),而巴斯德毕赤酵母中的过渡内质网系统位于分散的区块中,与高尔基体的潴泡堆叠并列排布。分泌途径中膜的快速运动使得产生了缺少潴泡堆叠的高尔基体。

前面我们提到,丝状真菌高尔基体的特点就是缺少潴泡堆叠。在动物细胞中,细胞间质蛋白帮助形成了高尔基体潴泡的支架,但是在核分裂过程中,这些支架蛋白通过有丝分裂相关蛋白发生磷酸化,紧接着就发生高尔基体的分裂。对于高尔基蛋白的研究,得到了一些证据:高尔基体间质蛋白(stromatin)是既可以维持高尔基体的堆叠又可以锚定潴泡的特异酶类。如果缺少高尔基体间质蛋白,所有支持高尔基功能的加工酶类都将处于一个单独的潴泡中,而不是每个潴泡中只含有一种特殊的酶类。真菌学家们正在有系统地进行丝状真菌高尔基体间质蛋白的寻找,发现这些间质蛋白似乎正在消失。通过正向和反向的 blast 搜寻,结果发现构巢曲霉和人类基因组中没有重要的相似性,真菌似乎缺少人类高尔基相关基因的的同源基因。还发现一些真菌可能至少拥有一个以上的基因负责高尔基体堆叠的形成(Bourett et al. 2007)。

2.2.2.2 高尔基体的功能

关于高尔基体功能的两个模型阐述了高尔基体合成和遗传机制。第一,"稳定的区室模型(stable compartments model)",高尔基体包含稳定的潴泡和其中的囊泡携带蛋白。在这个模型中,高尔基体是一个独立的实体,通过模板依赖或者非依赖的过程产生。第二,"潴泡渐进模型(cisternal progression model)",高尔基体是一个动态的膜系统,它可以通过内质网膜的融合从新生成。它通过膜由顺面向反面的持续运动介导蛋白质运输。在巴斯德毕赤酵母中的研究结果支持了这种模型。结果表明后高尔基体膜(late Golgi membrane)是在 tER (transitional ER)和内质网亚结构域形成之后才形成的。内质网亚结构域是 COP II 运输囊泡形成的位点,与内质网的其他部分在形态和功能上均不相同。在这些研究中,分别使用 Sec7p-DsRed 和 Sec13p-GFP 检测到了 tER 和后高尔基体的明显形成。与此一致的是,在毕赤酵母中,tER 位于与高尔基体堆叠(Golgi stack)十分接近的区域。这些观察为一个精简的高尔基体遗传模型提供了进一步的支持,在这个模型中 COPII 囊泡融合导致了高尔基体潴泡的从新合成(Bevis et al. 2002)。

在酿酒酵母中没有检测到 tER。实际上,芽殖酵母中的高尔基体似乎不是以高尔基体堆叠形式组装的。恰恰相反,它们分散在整个细胞质中。然而,高尔基体遗传被认为是一个细胞周期依赖的非随机的过程。使用 Sec7p-GFP 融合蛋白作为标记,在初始出芽位点检测到了后高尔基体膜,这种膜系统分布在整个芽中。而且,已有文献报道了 Sec7p-GFP 由芽颈向芽尖的运动。由于 Myo2p 马达蛋白结构域的突变(*myo2-66*)导致后高尔基体定位受阻,所以很有可能在遗传过程中后高尔基体的运动是由 Myo2p 驱动的过程介导的 (Rossanese et al. 1999;2001)。

在芽殖酵母的后高尔基体遗传中,检测到一个与首次在线粒体遗传中观察到的相似的捕获机制。那就是后高尔基体元件在芽顶端积累，并在细胞分裂之前从芽顶端的滞留位点释放。最后，在细胞分裂时，高尔基体潴泡与分泌囊泡在细胞壁合成的位点组合在一起，以便累积或存放细胞表面物质。由于 F 肌动蛋白的去稳定作用会降低 Sec7p-GFP 在芽顶端的积累量，后高尔基体在芽顶端的滞留，正如线粒体在那个位点的滞留一样，似乎是依赖肌动蛋白。与此一致的是，Cdc1p 的突变（*cdc1-304*）会导致芽殖酵母中肌动蛋白骨架的去极化，也会使后高尔基体元件在芽顶端的滞留受到影响，但对早期高尔基体的遗传没有影响（Rossanese et al. 2001）。

高尔基体的分泌囊泡与极性生长的关系是当前研究高尔基体功能的一个重要领域。细胞内蛋白质合成是由粗面内质网上的核糖体开始的，核糖体只是初步合成了多肽链，之后运送到粗面内质网中进行折叠，翻转，加糖基等，初步加工后运送到高尔基体内进行进一步糖基化修饰，完善基本蛋白质的形成。新合成的蛋白质被高尔基体以分泌囊泡的形式运送出来，一部分运送到溶酶体中，一部分运动到了细胞膜。分泌囊泡首先与细胞膜融合，然后释放出囊泡内的蛋白质，而分泌囊泡的膜成分就形成了新的细胞膜，这样就在维持细胞膜的完整性的同时，不断地对细胞膜和细胞壁进行更新，最终完成菌丝顶端的极性生长。

菌丝顶端的极性生长位点是由皮层标记蛋白特异性标记的。在这些标记位点，Cdc42 GTPase 被鸟苷酸交换因子（GEF）Cdc24 所激活。Cdc42 蛋白作为主要的调节因子，在许多过程，如细胞生长、形态发生中发挥作用。Cdc42 的效应之一是通过表面蛋白复合物（极体），使肌动蛋白骨架在极性生长位点集结，高尔基体的分泌囊泡沿肌动蛋白骨架运动，并在次级蛋白复合物，即胞吐体复合物上定位，最后与质膜发生融合。分泌囊泡沿肌动蛋白骨架运动的驱动力由 V 型肌球蛋白 Myo2 提供，后者与其调节轻链 Mlc1 形成复合物。Myo2 和 Mlc1 均朝向生长位点进行极性定位。一旦囊泡锚定在胞吐体，囊泡将与质膜发生融合。因此，囊泡融合被认为发生于囊泡定位之后（Bielli et al. 2006）。

在皮层标记指示的极性生长位点上，Cdc42 发生定位，并被 Cdc24 转化为活性的 GTP 结合状态 Cdc42-GTP。Cdc42-GTP 促进 Bni1、极体、胞吐体复合物的定位并被激活。Bni1 聚集肌动蛋白束，肌动蛋白束为 Myo2/Mlc1 马达蛋白介导转运的分泌囊泡提供轨道，而分泌囊泡通过高尔基体的出泡形成并沿肌动蛋白束轨道到达极性生长位点后，锚定在胞吐体上，并与质膜发生融合，从而发生极性生长（Sudbery and Court 2007）。在 Orlando 等（2011）的综述中进一步描述了分泌囊泡在酿酒酵母细胞通过由分泌途径介导的胞吐作用、胞吞作用及胞裂蛋白形成的扩散屏障，使 Cdc42 得以在子细胞中维持极性定位（见图 6.5）。

2.2.3 液泡/管状液泡

真菌液泡（vacuole）是多形体的细胞器，能够以延伸的管状结构存在。在很早以前就知道液泡是真菌中的一种多功能的器官，但是缺乏理论依据。近些年分子生物学研究揭示液泡是一个动态的器官，具有十分重要的功能。它除了是细胞内许多溶质和大分子，如离子、糖、氨基酸、蛋白质和多糖的储藏库外，同时在胞内分子的交流和运输中起着重要作用。近 10 年中，对于液泡定位及内膜区室的分子途径的研究，使我们确认：①在菌丝的顶端,管状和球状液泡相互融合连接组成一个大的网状结构;②管状液泡是能动的,具有不同的形态和不同的运动类型,这种运动依赖微管及马达蛋白;③液泡的管状化是真核细胞的一个基本特性,并且保持融合和裂解过程的动态平衡;④真菌的液泡,像哺乳动物的溶酶体一样,含有水解酶,是用于裂解胞吞物质的一种细胞器,是蛋白质整理及胞吞途径的最后的腔室。因此,确认真菌的液泡在内膜系统的分泌途径中占有重要地位。液泡是真菌细胞中与内质网、高尔基体一样参与胞吞和胞吐作用的重要细胞器(Ashford and Allaway 2007)。

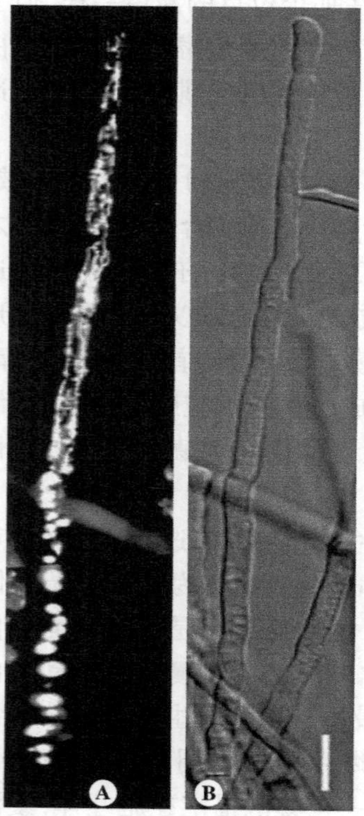

图 2.3 活的豆马勃菌属(*Pisolithus*)的菌丝尖端到菌丝的第一个隔膜之间的液泡分布

A. 荧光染色后在荧光显微镜下观察的镜像图。注意在菌丝尖端附近只有很少的液泡管网。从尖端向下管状液泡越来越多,液泡管网越来越复杂。在细胞长度的大约 2/3 处的液泡系统由中等大小的圆形液泡组成,并且这些圆形液泡由管连接起来。在更接近细胞基部的液泡由一系列更大的球形液泡组成,而且几乎没有管状结构。B. A 图相应的微分干扰显微照片。标尺 = 20μm。(引自 Ashford and Allaway 2007)

真菌中液泡参与的基本细胞过程与其他真核细胞是相似的。例如,真菌液泡与动物的溶酶体具有相似的功能,至少在真菌中的细胞胞吞过程中,认为液泡和溶酶体是等同的。

2.2.3.1 液泡的形态结构

在真菌细胞中液泡含量非常丰富,是多形体的细胞器,能够以延伸的管状结构存在,也是最易观察的部分。在菌丝和酵母细胞的生长中起的作用越来越清晰,它们的结构是动态的,而不是惰性地来储存水和营养物质。在菌丝顶端没有液泡,液泡只存在于次顶端区域。在菌落的中心,衰老细胞变得高度空泡化。然而近些年来的研究发现,在丝状真菌中,处于生长状态的菌丝尖端包含着一个大的网状结构,这个结构是由能动的相互连接的管状和球状液泡组成的(图 2.3)。将活细胞荧光染色后,这个网状结构在荧光显微镜或者共聚焦显微镜下清晰可见(Ashford et al. 2001)。能动的管状液泡具有不同的形态,具有不同的运动类型,包括伸缩运动、曲张运动和蠕动。液泡的运动可能涉及微管,因为它们可以被阻断微管组装的药物所抑制。管状液泡(tubular vacuole)并不是由于荧光染色遗留的赝像,因为在微分干扰差显微镜下观察非染色标记的细胞这种结构亦可见。已经在大部分真菌物种中都发现有这种管状液泡。液泡不能用化学固定法保存,而只能用冰冻法保存。在冰冻法保存的大部分真菌物种中这种管状液泡都有发现(Ashford and Allaway 2007)。

能动的管状液泡系统(tubular vacuole network)被认为是所有真菌的典型代表性结构。这种结构已经在外生菌根的彩色豆马勃(*Pisolithus tinctorius*)中最先被描述(图 2.3)。在植物的致病菌中,类似的能动的管状液泡系统也已经在绒毛原毛平革菌(*Phanerochaete velutina*, 又称绒毛展齿革菌)中被发现,这种菌是生长非常快速的营腐生的担子菌,在森林的地表可形成菌丝网。在共聚焦显微镜下观察真菌,会观测到管状系统随着生长状态和分化过程整体发生改变。同时,通过 FRAP(光脱色荧光恢复)技术还可观测到互相连接的区室之间内容物的长距离运输,这说明这种管状系统是一种能进行长距离运输的管状结构(Bebber et al. 2007;Darrah et al. 2006)。

卵菌中的管状液泡网稍有不同,它的运动性不是很明显。在灌木菌根菌中珠状巨孢囊霉(*Gigaspora margarita*)和根内球囊霉(*Glomus intraradices*)中已经发现了与担子菌和卵菌中的管状液泡具有不同形态的扩展型管状液泡系统。在这两个物种中,它们的液泡管组成了长的、平行的排列结构(图 2.4),形成了广阔的互联网形式,无论是在真菌菌丝的胞内还是胞外,都与它的高等植物共生体共生。管状液泡系统的存在改变了我们对于灌木菌根菌共生体的潜在的营养交换机制的认识(Uetake et al. 2002)。

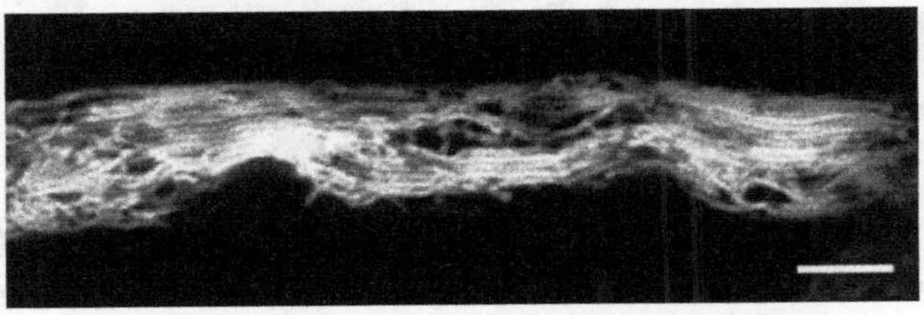

图 2.4 共聚焦显微镜下 DFFDA 荧光染色的丛枝菌根真菌珠状巨孢囊霉(*Gigaspora margarita*)芽胞管中管状液泡的体内观察

这个管状液泡不同于典型的担子菌系统,它们通常彼此间平行排列形成束,而且占据了细胞质较大的空间,并且它们极少与球状液泡相连接。标尺 = 5μm。(关于 DFFDA 技术参见 Read and Kalkman 2003 文献)(引自 Ashford and Allaway 2007)

液泡内物质的构成和形态具有相关性,它不但会影响液泡的生理机能,还会影响液泡与细胞质之间的交换,而且决定了液泡可能行使着纵向运输的功能。例如,已知多磷酸盐是储存于液泡中而且是磷转运的主要方式,它以颗粒状或者分散状的形式转运。然而,人们想知道液泡中包含的是什么,这大部分取决于技术的发展,所以还需要仔细的分析(Ashford and Allaway 2007)。最近的电子显微镜要求对样本进行冷冻制备技术排除了化学固定法的干扰,使之更接近于体内情况。还有,在观察液泡中使用液泡荧光素突变株(*ade*)或者荧光探针,荧光的定位聚集而使结果更为明显,尤其在微分干扰(DIC)光下能够清晰看见丝状真菌活细胞中的液泡及液泡内的包涵体(图 2.5)。

在电镜下的超薄冷冻切片中,菌丝液泡的剖面呈现出被细微的颗粒均匀填充的状态。在冷冻替代电镜技术中,致病性酵母新型隐球酵母(*Cryptococcus neoformans*)(Yamaguchi et al. 2002a)和皮炎外瓶霉(*Exophiala dermatitidis*)(Yamaguchi et al. 2003)的液泡剖面大部分是没有包涵体的(图 2.5A 和图 2.5B)。冷冻替代法保存的丝状真菌的液泡呈现出典型的内含物均匀分散(图 2.5A 和图 2.5B),只是偶尔会出现多泡的包涵体(multivesicular inclusion)(图 2.5C;Orlovich and Ashford 1993)。

关于丝状真菌中个体液泡所包含物质的精确信息目前知之甚少。但是有证据表明,在高等的植物细胞中存在着几种功能各异的液泡。酿酒酵母的液泡比起其他真核生物的液泡来说,在形态、生化和结构的复杂性上的不同可能小一些。丝状真菌中的液泡貌似酵母的一样,但是彩色豆马勃(*P. Tinctorius*)和绒毛原毛平革菌(*P. velutina*)液泡系统的多样形态及动态交换则暗示了相悖的观点。

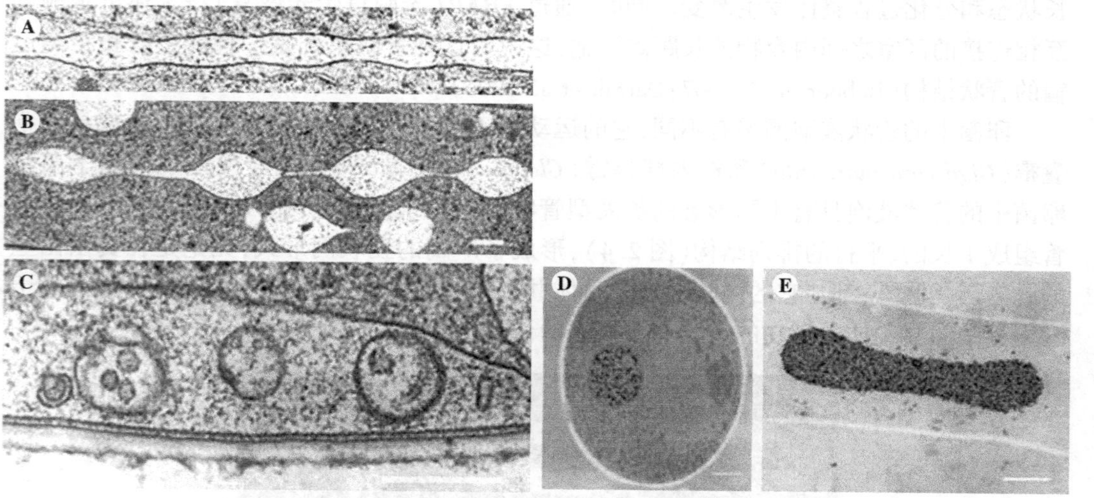

图 2.5　冷冻置换处理的菌丝透射电镜切片中管状液泡的观察及多磷酸盐在液泡中的分布

A. 豆马勃属(*Pisolithus*)中平行于菌丝长轴的狭长管状液泡。B. 豆马勃属中几乎平行于菌丝长轴的、有微管间隔的曲张型液泡,其中大部分内含物是均一的。C. 豆马勃属中紧贴细胞质膜和细胞壁的液泡。这些液泡包含有多泡的包涵体。标尺 = 0.5μm。(A、B、C 引自 Ashford and Allaway 2007)。D. 10nm 胶体金追踪的酿酒酵母细胞的透射电镜切片,尽管不是很均匀,但是可以看出多磷酸盐是分布在整个液泡剖面的。标尺 = 0.5μm; E. 丝状瓶霉(*Phialophora fortinii*)狭长液泡剖面的多磷酸盐分布的透射电镜图。标尺 = 0.5μm。(D 和 E 引自 Saito et al. 2006)

液泡中经常含有膜包涵体。在 Vam3p-GFP 融合蛋白标记的动态液泡图像中可看见膜包裹的亚腔室(Shoji et al. 2006)。在冷冻替代法处理的菌丝的电子显微镜下的液泡剖面中,通常也可观察到膜包裹的包涵体(图 2.5 C)。在酵母菌和丝状瓶霉(*Phialophora fortinii*)的磷酸盐标记试验中观察到液泡中无包涵体,而在其他真菌中的磷酸盐标记的液泡剖面中则可以观察到(图 2.5D 和图 2.5E; Saito et al. 2006)。

液泡边界膜的直接内陷也会生成内部囊泡(Müller et al. 2000)。据报道,多泡体也能与液泡融合。液泡中可能含有单膜包裹的小体,该小体来源于 Cvt(cytoplasm to vacuole targeting)途径和自噬(Autophagy)途径(参见 2.4.4 液泡与胞吞途径及图 2.10 生长菌丝中分泌途径和胞吞作用膜流动途径,以及第 12 章 12.2 节)。

大的球状/卵形液泡通常与细胞质膜相关联,它们之间共享一个膜的界面,从而使它们呈现出非对称性的特征(Darrah et al. 2006)。对于这个液泡/细胞质膜界面的本质没有具体的研究,但是它在狭小范围内能够呈现出排斥细胞质的状态(图 2.5C)。该界面不仅仅只是为大的液泡提供一个锚定位点,还为液泡的运动提供了一个平台,在短时间内可观察到液泡是沿着胞质膜缓慢地滚动,同时它仍然保持着和细胞质表面的联系。于是人们就推测细胞骨架因子参与了液泡与细胞质的联系和运动。这一界面也可能是从内部环境到液泡的一个直接的运输途径,本质上来说是绕开细胞质的。

过去的 10 年已经对酿酒酵母的液泡及其融合的分子生物学进行了集中研究并取得了很大的进展,但在酵母和丝状真菌中还是有差别的。因此,在酵母中得到的分子生物学研究结果不能一成不变地用于丝状真菌。应用分子遗传学工具研究丝状真菌液泡的两大模式株分别是曲霉(*Aspergillus*)和脉孢霉(*Neurospora*),两个菌属都有很发达的管状液泡系统(Hickey et al. 2005;Shoji et al. 2006)。通过在米曲霉(*A. oryzae*)中构建加强型绿色荧光蛋白(EGFP)与液泡中蛋白质的融合蛋白方法,使得在液泡系统的可视性方面取得了很大的成就。Shoji 等(2006)通过表达融合蛋白 EGFP-AoVam3p,已经使得液泡膜带有标签,即他们发明了一种潜在的液泡 t-SNARE。上述结果显示,米曲霉也有管状液泡系统,且该系统的动力学与原毛平革菌属(*Phanerochaete*)和豆马勃菌属(*Pisolithus*)的类似。这种方法给分子甄别丝状真菌中各种不同的液泡和胞内体(endosome)提供了一种新的可能。

总之,虽说液泡的储存、裂解和动态平衡的作用已经得到了很好的研究,但是最近的数据显示,真菌的液泡在形态的多样性及动力学方面的作用比想象的更大。液泡还涉及分子的交换和运输,这则暗示它们功能的差异性。

2.2.3.2 管状液泡网的融合、裂解及其生成

自从 Ashford 等(2001) 关于管状液泡这方面的综述发表之后,相继又有更多的关于在真菌中管状液泡的报道,这更进一步地证明了液泡的管状化是真核细胞的一个基本特性。像真菌中一样,植物的管状液泡网、动物的管状溶酶体网都对化学固定相当敏感,不能通过化学固定法很好地被保存。有时,管状液泡会在细胞周期的特定时期产生,而在其他时期细胞中则明显没有,因而影响观察研究。尽管如此,已经证明在真菌中管状液泡非常具有活力并且保持融合和裂解过程的动态平衡。在线粒体中这个平衡过程是由三个高分子质量的 GTP 酶控制的(Ashford and Allaway 2007)。一种是与发动蛋白(dynamin)相关的 GTP 酶 Dnm1p,它活动于线粒体外膜来调控裂解。而融合则由两个完整的外膜蛋白 Fzo1p 和 Ugo1p 及另外一个蛋白质 Mgm1p 来调控,Mgm1p 蛋白被认为是存在于内膜中行使功能的。这些蛋白质中的任何一个发生缺失都会造成线粒体管状网的破碎,并且有的缺失还会影响线粒体的遗传;但是如果恢复缺失蛋白时该表达是可逆的。Fzo1p 是一个完整的线粒体外膜 GTP 酶,其 GTP 结合位点位于胞浆一侧。在 *FZO1* 和 *UGO1* 的突变体中,可能因为融合被阻止而裂解仍然继续而造成管状线粒体裂解为碎片。基因 *DNM1* 的突变也会破坏线粒体网,这种情况是由于裂解被干扰造成的(Ashford and Allaway 2007)。

在酵母液泡的膜融合和裂解中也涉及发动蛋白。除了在线粒体中谈及的 Mgm1p 和 Dnm1p 外,酵母细胞中还有其他的发动蛋白,如 Vps1p。这个蛋白质最早被鉴定为在高尔基体的囊泡形成过程中起作用,但是后来发现该蛋白不仅在酵母液泡的融合中起作用还在液泡的裂解中起作用。*VPS1* 基因的敲除会导致液泡扩张从而失去在高渗条件下的自我保护能力,最终成为碎片,这与 Vps1p 在膜断裂中的作用一致。Vps1p-GFP 在液泡上的分布是不均一的,这不同于 SNARE、粘连因子(tethering factor)和 Ypt7p Rab GTPase,据报道这三种蛋白质是均一分布的。为了响应高渗压力,Vps1p-GFP 会形成类似于发动蛋白的螺旋状或者环状的结构。*VPS1* 基因的突变也会造成同型液泡融合的嵌合阶段的缺陷,这表明了 Vps1p 在融合中起作用,另外,Vps1p 与 SNARE Vam3p 的相互作用也进一步证明了这一点。在构巢曲霉(*A. nidulans*)中利用 *VPS1* 基因编码的与发动蛋白相关的蛋白,同源物进行干扰也会造成液泡的高度碎片化(Peplowska and Ungermann 2005)。

在丝状真菌中,动力蛋白(dynamin)同样与膜的管状化过程有关。当 GTPase 抑制剂 GTPγS 诱导裂解的神经末梢发生质膜的管状内陷时,这种内陷质膜被动力蛋白所包裹

(Takei et al. 1995)。动力蛋白外被以一系列规则间隔的蛋白环形式存在,呈螺旋状分布于管状膜的外壁,但不位于管状膜的顶端。胞内的管状膜顶端常由网格蛋白包被的芽体所包裹。这些现象表明,动力蛋白介导了网格蛋白包被囊泡从包被内陷区的释放,这一释放过程受到 GTPγS 的抑制,导致包被内陷区延伸但不发生断裂。当无蛋白质的脂质体、胞质与动力蛋白共孵育时,同样能够形成动力蛋白包被的管状膜结构,表明动力蛋白的单独作用足以形成管状膜(Takei et al. 1998)。在彩色豆马勃(*Pisolithus tinctorius*)中,GTPγS 引起管状液泡数量及长度的显著增加,而 $GDP_{\beta}S$ 能够拮抗这种作用。该效应进一步证明了动力蛋白在管状膜形成过程中的作用。

虽然管状液泡网能够保持融合和裂解的平衡,但是却不能控制单个管状液泡的快速延伸和收缩。液泡微管至少能够延伸 60μm,菌丝尖端细胞中的管状液泡网需要微管来维持它的持续存在。在丝状真菌中,细胞器与菌丝尖端之间的运输被认为有微管及其发动蛋白的参与。这就产生了一种推断,即液泡微管的延伸可能是在微管发动蛋白的驱动下沿着微管进行的(Ashford and Allaway 2007)。

2.2.3.3 液泡的能动性和细胞骨架

荧光探针及荧光显微镜或共聚焦显微镜的联合使用,已经成为液泡研究的首选手段。在彩色豆马勃中使用两种抗微管试剂消草磺灵(oryzalin)或诺考达唑(nocodazole)观察微管的变化,结果显示微管的消失和管状液泡系统转变为一系列非能动性的球状液泡,这一影响是剂量依赖型的并且移除药物后影响会消除。使用消草磺灵后,α-微管蛋白的免疫学定位显示出了纵向微管系统的破坏,这与预期的一致(Hyde et al. 1999)。三种抗肌动蛋白药物(细胞松弛素 B、细胞松弛素 D 和拉春库林 B)处理的实验结果则相反,这三种药物能在一定水平上破坏肌动蛋白系统,而不影响管状液泡系统。于是认为彩色豆马勃管状液泡形态的保持和运动都依赖于微管。在其他丝状真菌中液泡的形成和运动也受到微管解聚作用的影响。一些抗微管的药物能够破坏液泡的定位和芽管中细胞器的能动性。在水霉(*Saprolegnia ferax*)中微管的解聚作用也会抑制菌丝的液泡化(Bachewich and Heath 1999)。Steinberg 和 Schliw(1993)发现,在粗糙脉孢霉中,液泡碎片的移动速度与线粒体大概相同。他们的报道指出,药物处理使得离子运动的终止和微管的线粒体消失,而药物撤销后又会恢复。他们推测包括液泡在内的几种细胞器长距离的导管运输是发生在同一个轨道内的,而这个轨道就是微管。

管状液泡沿着微管的运动仅仅是微管结构上的支持呢,还是它们通过与微管上的推动力结合而沿着微管移动?细胞器在微管马达蛋白的作用下沿着微管运动,驱动蛋白大部分是向着"正"端,它们具有很高的聚合作用率,而动力蛋白则是向着"负"端。驱动蛋白和动力蛋白是微管运动的蛋白质。当巨大的液泡与拉长的微管的动力学的正-末端接触时,微管也会表现出延伸的迹象。

通过对突变体的研究也能证明丝状真菌液泡运动中动力蛋白的作用。Maruyama 等(2002)发现米曲霉中 *arpA* 基因的无效突变会导致液泡的定位受到破坏,因为 Arp1p 的突变消除了菌丝顶端细胞质动力蛋白的定位。Arp1p 是动力蛋白复合物中与肌动蛋白相关的主要结构蛋白,它被认为能够调控液泡和细胞器与动力蛋白的接触。同时也发现粗糙脉孢菌的细胞质动力蛋白突变会使得液泡的分配发生变化而聚集在菌丝的顶端。Lenz 等(2006)已经向人们展示了那些被认定为沿着微管做双向运动的液泡,实际上是朝向它们正末端的菌丝尖端的。通过对突变体的进一步分析揭示了 Kin3p 和动力蛋白的行为与液泡的长距离运输的调控是一致的。所以,仅仅通过这样一个机制就能解释管状液泡系统的运动,就很难使人信服。液泡(及其他细胞器)的运动是由于发动装置蛋白推动其沿着微管轨迹定向运动,还是由于微管与液泡彼此互相滑行引起的,尚待进一步研究。

并非所有真菌细胞器的运动最初都是依赖于微管的。尽管酿酒酵母正常形态的液泡系统需要完整的微管,但是酵母菌芽体中管状液泡的运动却不尽然。它们在芽生长期间的运动及其他细胞器的运动是以肌动蛋白为基础而不是微管,这种机制与较高等的真核生物的细胞周边运动机制是相似的(Weisman 2006)。这些运动是由发动蛋白 Myo2 驱使的,该发动蛋白是 *MYO2* 基因的产物,该基因对酵母液泡的遗传也是至关重要的。Myo2 的球状尾有一个锚定结合区,能够特异性地与液泡结合,这与分泌型囊泡的特异性结合机制是不同的(Weisman 2006)。在 Myo2 球状尾中,有两个紧密联系的亚结构域(subdomain),它们的功能也是相关的,一个亚结构域的突变只会影响该亚结构域的功能而不会影响另一个的功能,而两种功能之间又不是孤立的。

2.2.4 过氧化物酶体

过氧化物酶体(peroxisome)是一种小的单层膜细胞器,行使多种功能。过氧化物酶体参与了许多生命活动的重要过程,如脂肪酸的β-氧化、活性氧降解、乙醛酸循环、光呼吸调节等。此外,过氧化物酶体与丝状真菌中β-内酰胺类抗生素的生物合成、植物与病原菌相互作用的调节、醇类代谢等细胞过程密切相关。

对于过氧化物酶体是否归于内膜系统一直有一些争论。因为根据过氧化物酶体合成的经典模型,过氧化物酶体是由细胞中先前存在的过氧化物酶体分裂产生的。后来这个观点受到质疑,因为几个研究小组的实验证据表明它是由早期不成熟的过氧化物酶体重新合成的(Eckert and Erdmann 2003)。目前已经知道过氧化物酶体的产生主要有三种方式:①从内质网(ER)上以出芽方式形成;②通过前过氧化物酶体伸长及分裂产生;③伴随着细胞分裂,母细胞中的过氧化物酶体分配到子细胞中(Yan et al. 2005; Titorenko and Terlecky 2011)。因此,基于过氧化物酶体在细胞内的重要功能,作者暂且将其归于内膜系统中做一介绍。

细胞中多余的过氧化物酶体,以及失去功能的过氧化物酶体会通过选择性的自噬机制进行降解。例如,在芽殖酵母多形汉逊酵母(*Hansenula polymorpha*)中过氧化物酶体在细胞质中的容量过高时,能够产生一种噬过氧化物酶体(peroxiphagy),快速地对过氧化物酶体进行自噬作用。此外,过氧化物酶体的数量、大小及所含酶的种类与含量会随着生物种类、细胞类型、生长阶段、生长环境和亚细胞环境的变化而发生改变,这个过程通常被称为过氧化物酶体的动态变化。细胞内过氧化物酶体的动态变化与生物的正常生命活动息息相关,过氧化物酶体的异常变化将导致生物体代谢及生长障碍(van den Bosch et al. 1992; Hu 2010; Oku and Sakai 2010)。

参与过氧化物酶体分裂和运动的相关蛋白已经被描述和鉴定。这些蛋白是过氧化物酶体正常的生长和功能所必需的,称为过氧化物酶体蛋白(peroxin)。过氧化物酶体蛋白参与过氧化物酶体膜的维持、过氧化物酶体基质蛋白的输入、过氧化物酶体丰富度及形态的调控。在芽殖酵母中,过氧化物酶体蛋白 Pex11p 对于过氧化物酶体的增殖十分重要。*PEX11* 的过表达会使小的过氧化物酶体大量增殖,而 *PEX11* 缺失菌株则含有少量的非正常形态的大的过氧化物酶体。这表明 Pex11p 主要在分离过氧化物组分方面起作用。也有人提出了 Pex11p 在脂肪酸氧化中的另一个作用(van Roermund et al. 2000)。酿酒酵母中过氧化氢酶体分裂所需的另一个蛋白质是 Vps1p(芽殖酵母中三个类动力蛋白中的一个)。缺少 *VPS1* 的突变株的过氧化氢酶体是由单个的、大的或者小的过氧化氢酶体聚集成簇的(Hoepfner et al. 2001)。

目前鉴定的过氧化物酶体蛋白已有30多种。其中,*PEX11* 基因是最早鉴定出调控过氧化氢酶体伸长和增殖的关键基因。*PEX11* 基因家族成员具有促进过氧化物酶体极化、膜的伸长、过氧化物酶体的分裂及调控过氧化物酶体数量平衡等保守功能(Kobayashi et al. 2007)。真菌是真核生物的重要类群,真菌类 *PEX11* 基因家族的研究对于探讨过氧化物酶体的功能及动态变化具有重要意义。目前已有大量关于酵母、植物、哺乳动物这方面的研究,而在丝状真菌中关于过氧化物酶体的研究较少。但是在酿酒酵母中,过氧化物酶体是依赖细胞周期的方式分隔开。通过延时显微镜观察发现,在芽体形成之前它们沿着细胞皮层运动,在芽体生长时从初始出芽位点移入芽中。在一些小的芽中,过氧化物酶体出现在芽末端,随着芽的生长它们移入芽的皮层中(Hoepfner et al. 2001)。过氧化物酶体与肌动蛋白束(actin cable)定位在一起,用 Lat-A 处理后使得肌动蛋白骨架解聚,会使过氧化物酶体的定向运动丧失。而且,在酿酒酵母中 V 型肌球蛋白 Myo2p 参与过氧化物酶体的运动和遗传。这是因为研究发现,在限制条件下 *MYO2* 条件突变而导致过氧化物酶体在芽中的定位延迟。在解脂亚罗酵母(*Yarrowia lipolytica*)中,通过过氧化物酶体蛋白 acyl-CoA 氧化酶(Aox)由基质向膜的重新分配,以及它与膜相关蛋白 Pex16p 的相互作用而协调实现过氧化物酶体的成熟和分裂(Guo et al. 2003)。在这种类型细胞中,过氧化物酶体的成熟需要 COP 包装的囊泡从内质网中出芽。这就表明来源于内质网的囊泡可以和已经存在的过氧化氢酶体融合或者自身逐渐成熟为过氧化物酶体(Titorenko et al. 2000)。

PEX11 基因属于目前成员最多的 *PEX* 基因家族,该家族在不同物种间的成员数目存在显著差异。例如,在人类、小鼠等哺乳动物中,含有3个 Pex11p 相关的蛋白质 Pex11α、Pex11β 和 Pex11γ。在拟南芥、水稻等植物中,已经发现了5种 Pex11p 的同源蛋白。而真菌类 *Pex11* 基因家族的组成相对复杂,通常含有1~5个 Pex11p。跨膜螺旋结构分析表明,部分 *Pex11* 基因家族成员具有跨膜螺旋结构。同一物种的 Pex11p 也是部分具有跨膜结构,它们可能游离在基质中或悬在过氧化物酶体膜上发挥功能,这种 Pex11p 亚细胞定位的不同可能与 *Pex11* 家族成员功能的分化有关(Kiel et al. 2006)。

有研究认为 Pex11p 是通过二聚化来实现增殖活性的。Pex11p N 端的保守区域 H1、H2 和 H3 可能主要调节 Pex11p 的低聚化。其中,H1 和 H2 可能参与蛋白质定位及膜形状的改变,或者与其他蛋白相互作用。位于 N 端 46~74 氨基酸位点处的 H3 与基序2(motif 2)序列相似,在不同物种中具有较高的保守性。通过大量研究证明该保守区域可以形成两亲性带正电荷的 α 螺旋结构,并插入到脂质双分子层,从而与带负电荷的过氧化物酶体膜结合,并使膜产生不对称性而改变其弯曲度,最终促使过氧化物酶体伸长和分裂(Opalinski et al. 2011)。C 端的基序 8(Motif 8)具有很高的保守性,Pex11p 可能通过其与分裂因子 Fis1 直接结合并相互影响,从而形成 Pex11p-Fis1-DRP1 三元复合体,抑制 Pex11p 同源二聚化,最终调控过氧化物酶体的伸长和分裂增殖过程。Pex11p 的 C 端疏水区域可能在 Pex11p 运输及正确插入到脂质双分子层的过程中也发挥作用(Koch et al. 2010)。

2.2.5 沃鲁宁体

沃鲁宁体(Woronin body)是在真子囊菌中特有的行使过氧化物酶体功能的细胞器,且它们的生物学特性与真菌的生活方式密切相关。沃鲁宁体核心的结构已在原子分辨率水平上得到了详细研究,且已明确了该细胞器的发生是顶端菌丝细胞的基因分化过程。

真菌界根据其基本特征和核苷酸序列的差异可分为四个门。其中,接合菌门和壶菌门属于低等真菌,它们的营养菌丝体是无隔膜的。与之相反,其余的两个门,担子菌门和子囊菌门属于高等真菌,它们的菌丝体具有穿孔隔膜(perforate septum)。由这一性状的系统发育趋势可知这两种双核真菌(dikaryomycetes)具有共同的进化祖先。这种进化现象促进了具有隔膜孔的细胞器出现,如真子囊菌纲特有的沃鲁宁体和某些担子菌属具有的桶孔覆垫(septal pore cap,SPC)(图 2.6)。

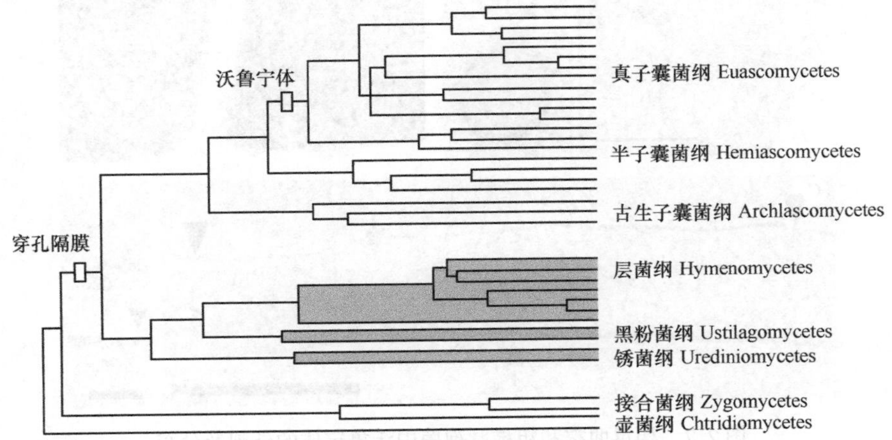

图 2.6 真菌系统树

系统发育树是以各自的 18S 核糖体 RNA 为依据绘制的。灰色阴影区表示担子菌。图中对穿孔隔膜和沃鲁宁体的系统发生起源进行了标记。(引自 Berbee and Taylor 2001)

2.2.5.1 沃鲁宁体的超微结构及其组成

沃鲁宁体由俄罗斯真菌学家 M. S. Woronin 在真子囊菌的美丽粪盘菌(*Ascobolus pulcherrimus*)首次发现并报道,随后在许多丝状真菌(包括植物和人类病原体)中发现。然而,迄今为止沃鲁宁体只在真子囊菌纲中发现(图 2.6),由此可知它们由一个单源群的共同祖先演化而来。透射电镜(transmission electron microscopy,TEM)观察显示,沃鲁宁体呈现为被紧紧压缩的单位膜包围的高密度的耐高渗核心状态(图 2.7 和图 2.8)。在某些菌种的过氧化物酶体基质中也发现了这种核心结构,这初步证明了沃鲁宁体是由过氧化物酶体这种细胞器演化而来的。在大多数菌种中这一核心结构具有球状外观,而在另外一些菌如粗糙脉孢菌(*N. crassa*),则呈现为六棱圆盘形。用蛋白酶植入观察切片的菌丝细胞中对其进行降解,发现这种核心是由蛋白质构成的。沃鲁宁体的大小从 1nm 到 100nm 不等,并且具有物种特异性,均比隔膜孔的内径稍大。在大多数菌种中,沃鲁宁体位于或靠近隔膜的两侧(图 2.7B)并且通过一种绳状物质连接到隔膜的核心孔,在透射电镜下呈现为网孔状。利用激光钳(laser tweezers)进行的研究进一步证实了绳状物质的存在:实验中观察到把沃鲁宁体从隔膜中推开,释放后又弹回它们的初始位置。在另外一些菌中(如粗糙脉孢菌),沃鲁宁体与细胞皮质层相关联,但与原生质流不能相容的现象说明它同样处于游离状态(Momany et al. 2002; Tey et al. 2005)。

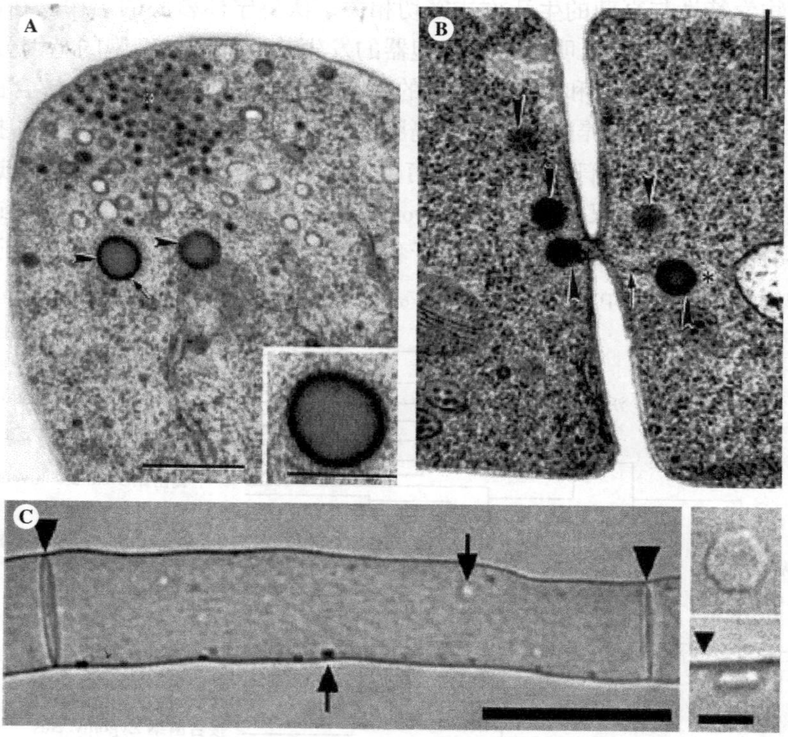

图 2.7　构巢曲霉和粗糙脉孢菌中沃鲁宁体的外观及分布

A. 透射电镜下构巢曲霉顶端细胞中的沃鲁宁体。顶体附近有两个沃鲁宁体(箭头指示位置)标尺 = 250nm。插图表示沃鲁宁体的放大视图。标尺 = 125nm。B. 构巢曲霉隔膜孔(菌丝亚顶端区域)的沃鲁宁体(箭头指示位置)。箭头指示的是隔膜孔边缘的沃鲁宁体呈现出的网孔状结构,标尺 = 250nm。C. 光学显微镜下折射的粗糙脉孢菌沃鲁宁体。左图表示粗糙脉孢菌单个近尖端隔室在光学显微镜下的观察结果,显示沃鲁宁体与细胞皮质层相关联(箭头所示),标尺 = 20μm。右图显示的是一个沃鲁宁体俯视放大(上)及侧视放大(下)图。箭头指示的是细胞膜。标尺 = 2μm。(引自 Dhavale and Jedd 2007)

利用差速离心和密度梯度离心相结合的方法,首次从粗糙脉孢菌中分离得到沃鲁宁体。在光学显微镜下粗糙脉孢菌的沃鲁宁体是一个能够发生折射的折光结构,这就为纯化过程中研究各细胞器的分布提供了一个简便的方法。沃鲁宁体富集的部位含有大量分子质量为 19kDa 的一种蛋白质,经测序后证实为 HEX-1,并且与真子囊菌中特有的高度相关的蛋白质属于同一个家族。另外,HEX-1 与 eIF-5A 蛋白家族具有微弱的同源性(同源性 24%，相似性 40%，pBLAST 6e-07)，这也第一次提供了这两个功能蛋白之间的进化相关性。将粗糙脉孢菌、构巢曲霉及灰巨座壳(*M. grisea*)沃鲁宁体的基质与 HEX-1 抗体共孵育，利用差速离心法证明 HEX-1 以一种巨大的稳定的蛋白复合物的形式存在。*hex-1* 基因及其同源体均编码一段过氧化物酶体靶信号(peroxisome targeting signal，PTS-1)的 C 端共有序列，这表明 HEX-1 可被转运至过氧化物酶体基质中。这已在对酿酒酵母的研究中得到了证实，在酿酒酵母中 *hex-1* 的表达可引起一种六棱形的过氧化物酶体内部蛋白的形成，其装配与沃鲁宁体核心在形态上具有相似性。这也首次证实了 HEX-1 具有自我组装能力，而后续的一个试验是将纯化的 HEX-1 蛋白在体外进行自我组装形成典型的六角晶体的结果，又进一步证实了这一点。以上结果证明，HEX-1 是沃鲁宁体核心的关键性结构决定簇，并且沃鲁宁体确实是由过氧化物酶体衍生而来(Jedd and Chua，2000；Momany et al. 2002；Soundararajan et al. 2004)。

在其他真菌中对 *hex-1* 基因的研究同样显示在第一和第二外显子之间经选择性剪切表达产生两个不同的蛋白质，它们在 N 端具有几个 kDa 的差异(图 2.8)。这两种形式的蛋白已在灰巨座壳、构巢曲霉及瑞氏木霉(*Trichoderma reesei*)中报道。所有这些菌种都产生一种球形的沃鲁宁体，这与粗糙脉孢菌中单一形式的 HEX-1 所形成的六棱形的沃鲁宁体不同(图 2.8 和图 2.9)。这证明其球形外观可能是由一种 HEX-1 异构体形成的共复合体决定的。一种模型预测，这些异构体的共装配可能会对晶体生长形成干扰，从而改变了最终装配物的形状。这与所观察到的球形结构在成熟过程中要经过一种初期的六棱形中间物是一致的。选择性剪切还可能对沃鲁宁体功能的其他一些方面产生影响，对于 HEX-1 剪接变体(splice-variant)的确切功能还需要进一步研究以证实其是否对沃鲁宁体核心结构的变化起决定作用(Maruyama et al. 2005)。

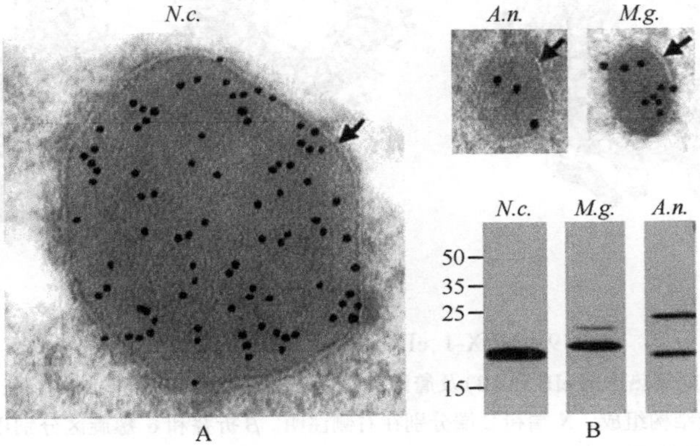

图 2.8 三个真子囊菌中沃鲁宁体的外形及组成成分

A. 免疫金技术检测切片中的 HEX-1。金色(黑点)部分(10nm)表示结合有特异性抗体的 HEX-1，同时显示出它的相对大小。箭头指示的是沃鲁宁体膜；B. Western blotting 技术检测 HEX-1，左侧为分子质量大小(kDa)。需要注意的是灰巨座壳(*M. g.*)和构巢曲霉菌(*A. n.*)都显示出含有两条不同大小的 HEX-1 蛋白带，*N. c* 为粗糙脉孢菌。

经纯化的重组，粗糙脉孢菌 HEX-1 自发性自我组装为六棱形晶体，即粗糙脉孢菌沃鲁宁体的几何外形，且这些晶体的结构已在 1.8Å 的分辨率下进行了测定。HEX-1 单体是含有互相垂直反向平行的 β-桶状的双亚基结构(图 2.9A)。有趣的是，这一结构与两个古细菌［好氧热棒菌(*Pyrobaculum aerophilum*)和詹氏产甲烷球菌(*Methanococcus jan-*

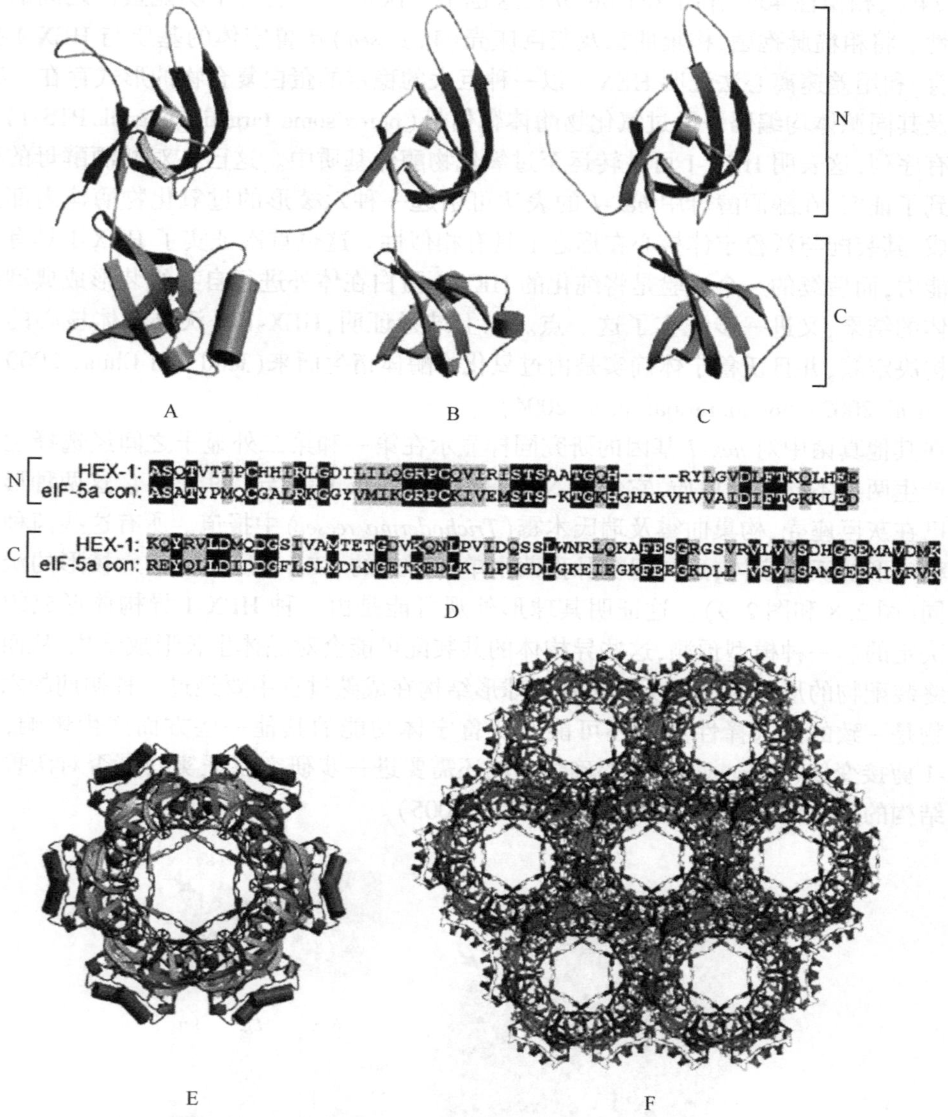

图 2.9　HEX-1、eIF-5A 和 HEX-1 晶格的结构

粗糙脉孢菌 HEX-1(A)、好氧热棒菌 eIF-5A(B)及詹氏产甲烷球菌 eIF-5A(C)整体结构。三个蛋白质都由两个互相垂直,反向平行的 β-桶装结构组成。N 端和 C 端分别在右侧注明。β 折叠和 α 螺旋区分别用扁平箭头和圆柱表示。D. HEX-1 与 eIF-5A 蛋白家族具有序列同源性。图中将粗糙链孢菌 HEX-1 的 N 端和 C 端基团与 eIF-5A 的共有序列对齐。相同的残基用黑色标注,保守的氨基酸残基标注为灰色。E. 从结晶学 c 轴下方观察 HEX-1 单体通过交叉的 Group Ⅰ 和 Group Ⅱ 连接相互作用产生的一种卷曲的螺旋丝。F. Group Ⅲ 与这些螺旋丝相互连接产生的六角形晶格。(引自 Dhavalel and Jedd 2007)

naschii)]的 eIF5-A 蛋白具有相似的亚基结构和整体折叠外形。eIF5-A 蛋白高度保守,从古细菌到真核生物中均能发现,可能在 mRNA 转运或代谢过程中发挥作用。二者结构上的同源性加上显著水平的序列同源性(图 2.9D)证明 *hex-1* 可能是在原始的真子囊菌 DNA 复制过程中由 *eIF-5A* 进化而来(Zuk and Jacobson 1998;Yuan et al. 2003)。

HEX-1 的结构进一步揭示了其自我组装的基础。HEX-1 单体通过 Group Ⅰ、Group Ⅱ和 Group Ⅲ三个分子间的接触连接形成一个晶格。Group Ⅰ和 Group Ⅱ的联合会形成一个螺旋丝结构(图 2.9D),然后 Group Ⅲ与这些纤维丝交叉连接,每个周围具有 6 个相同的螺旋丝结构(图 2.9E)。由此形成了粗糙脉孢菌沃鲁宁体整体上的六棱对称天然结构。介导晶格形成的氨基酸残基在 HEX-1 同源体中是保守的,晶体的接触点埋藏在距表面一定深度(Group Ⅰ:1299,Group Ⅱ:697,Group Ⅲ:515°A^2),与其他研究发现的低聚物表面类似。以上结果说明重组 HEX-1 晶体的晶格结构可能是天然沃鲁宁体坚固的结晶状核心(solid crystalline core)的一个很好的模型(Yuan et al. 2003)。

利用晶体接触位点残基破坏的突变体可以对沃鲁宁体结构的晶格模型进行直接研究。一种 Group Ⅰ接点(H39G)破坏的突变体使 HEX-1 丧失体外自我组装能力,在体内形成一种具有一个可溶的非晶体核心的畸形沃鲁宁体。正如它们所表现出的原生质渗漏及分生孢子受精作用缺陷等功能缺失表型一样,这些小囊泡能够长到正常大小,但不能封闭中隔孔。以上研究证明 HEX-1 晶格对沃鲁宁体正常发挥功能具有重要作用。那么这一特征在真菌生理学方面有什么特定的作用呢?菌丝具有一定的分子间压力,这关系到原生质转移和顶端生长,在隔膜孔封闭过程中需要维持这种分子间的膨压,另外它还可能为 HEX-1 结晶度的进化提供了有利的细胞条件(Yuan et al. 2003)。

2.2.5.2 沃鲁宁体的功能

用水冲击或用刀片切割粗糙脉孢菌菌丝造成伤害时,首次观察到沃鲁宁体具有闭合中隔孔的作用。在对产黄青霉(*Penicillium chrysogenum*)造成伤害时,沃鲁宁体会迅速堵住伤害区域附近的 90% 的中隔孔,这进一步证实了沃鲁宁的功能。与之相对,在未受伤害的菌丝中只有 5% 的隔膜孔发生闭合。利用电子显微技术进一步发现,沃鲁宁堵塞菌丝细胞的中隔孔后,新的菌丝顶端从闭合的隔膜处再生,这阐明了为什么中隔孔闭合后质膜能够迅速再封闭并能重新恢复顶端生长(Collinge and Markham 1985)。

对 *hex-1* 突变株的研究证明在不同种的真子囊菌中,沃鲁宁体在损伤性诱导的中隔孔封闭过程中所行使的功能具有保守性。在一种脉孢菌的 *hex-1* 基因缺失突变株中缺失肉眼可见的沃鲁宁体,并且在细胞损伤诱导的中隔孔闭合时呈现出如下一系列的缺陷症状:缺失沃鲁宁体,机械性细胞损伤或者低渗休克会引起菌丝原生质流渗漏,以及由此引起损伤细胞的再生功能受损。另外,气生菌丝的自发性降解及原生质渗漏会使产生无性孢子即分生孢子的能力大大削弱(Jedd and Chua 2000)。

灰巨座壳和构巢曲霉 *hex-1* 突变株中,同样缺少可见的沃鲁宁体并显示出与损伤诱导性隔膜孔闭合相一致的缺陷症状。另外,通过对米曲霉(*A. oryzae*)沃鲁宁体进行红色荧光蛋白标记(red fluorescent protein,RFP)可对低渗休克反应中的隔膜孔闭合过程进行三维立体成像的研究(Maruyama et al. 2005)。

除了表现在隔膜孔闭合方面的缺陷外,灰巨座壳(稻瘟病菌)*hex-1* 突变株在附着孢(appressorium)形态发生、植物宿主侵入性生长方面也存在缺陷,并且突变菌株在氮源缺乏时表现为细胞死亡。氮源饥饿和植株内生长似乎也能够调节 HEX-1 剪接变体(splice-variant)的产生,并且对一种特定 3′-剪接受体序列具有偏好性。总的来说,以上结果表明沃鲁宁体为稻瘟病菌在植株内生长提供了一种重要的防御系统,另外由氮源饥饿诱导的剪接变体可能对其具有调节作用(Soundararajan et al. 2004)。

通过总结研究发现的沃鲁宁体对稻瘟病菌致病机制的重要作用及其他病原性真子囊菌中 *hex-1* 同源体的存在,可以推测这一细胞器可能会成为未来新型杀虫剂研究中极具吸引力的作用靶点(Dhavale1 and Jedd 2007)。

2.2.5.3 沃鲁宁体在顶端菌丝中的发生

研究发现在所有的真子囊真菌的营养菌丝中都含有沃鲁宁体,并且它们都是从头重新生成的,而不是由之前存在的沃鲁宁体分化而来。因为一般来说沃鲁宁体的大小都超过了隔膜孔内径,也就表明沃鲁宁体不可能是在一个部位合成然后又转运至另一部位行使功能,这进一步说明了沃鲁宁体应该是在菌丝生长的早期过程中就形成了。这与在光学显微镜下首次观察到顶端菌丝隔室中存在沃鲁宁体及后来又利用电子显微镜在许多真子囊菌中发现该结构是一致的(见图 2.6)。此外,利用透射电镜连续切片法对沃鲁宁体在曲霉菌萌发菌丝中的分布进行了定量研究。在已分化出隔膜的幼体中,菌丝顶端只含有少量的沃鲁宁体,这表明在隔膜分化时,可能伴随着顶端的沃鲁宁体到隔膜的倒退转运过程(Momany et al. 2002)。

利用延滞共聚焦显微镜(time-lapse confocal microscopy)技术可观察粗糙脉孢菌霉沃鲁宁体在活菌丝中的发生过程。在顶端细胞巨大过氧化物酶体基质中观察到沃鲁宁体核心,这些基质通常以定向方式向顶端动态移动。顶端沃鲁宁体在转移过程中成熟,该过程包括细胞膜发生裂殖并大约在隔膜分化时开始与细胞皮质层连接。这些沃鲁宁体被固定住不能随前进的原生质流移动。由此,顶端隔室沃鲁宁体持续生成,随后通过与皮质层相连接进入亚顶端隔室,并通过遗传保证所有的隔室都含有数目大致相同的沃鲁宁体(Tey et al. 2005)。

决定其定位于顶端细胞的因子是什么呢?由 *hex-1* 调节序列调控表达的荧光报告蛋白的研究发现,荧光强度由菌丝顶端至亚顶端细胞呈现梯度递减现象,这表明 *hex-1* 基因是在顶端隔室内极化表达。为了确定内源 *hex-1* 转录物的整体分布情况,将在固体培养基上生长的真菌菌落分割为从顶端到亚顶端菌丝隔室一系列相对应的不同生长区域,利用构建的这一系统观察到,内源 *hex-1* 转录物明显地聚集在真菌菌落的前缘,而其他的转录产物则集中于菌落内部。上述实验结果表明,菌丝基因具有顶端特异性表达现象,另外还说明定位的 *hex-1* 转录物可能在沃鲁宁体顶端形成的过程中发挥一定作用。为验证以上假设,用通常只在菌落内部产生的转录调节序列调节 *hex-1* 结构基因的表达,此时,沃鲁宁体的形成重新定位于菌落内部。由此可知,*hex-1* 转录物的定位是决定沃鲁宁体定位的关键因子。在这种情况下,基因的顶端特异性表达保证了第一个亚顶端隔室含有功能性沃鲁宁体 (Tey et al. 2005)。

2.3 真菌内膜系统的分泌途径

上面介绍了内膜系统的膜细胞器的结构及功能,这些膜细胞器如何联合执行细胞的分泌功能及膜转运呢?这完全依赖内膜系统中供体和目标区室之间的分泌作用和蛋白质转运的共有特征结构——囊泡(vesicle)。在粗面内质网上合成的蛋白质和脂质经出芽形成囊泡的形式,逐步向外运输传递。真核生物中这种细胞的分泌活动分为两种类型:组成型分泌途径(constitutive secretory pathway)和调节型分泌途径(regulated secretory pathway)。在组成型分泌途径中,胞吐作用是自发进行的,但是在调节型分泌途径中,胞吐作用必须有信号的触发。真菌中分泌型囊泡运输大都属于组成型分泌途径,在丝状真菌中缺少调节型分泌途径。在组成型分泌途径中,运输囊泡持续不断地从高尔基体运送到细胞质膜,并立即进行膜的融合,将分泌囊泡中的蛋白质释放到细胞外,此过程不需要任何信号的触发,并且存在于所有类型的细胞中。在大多数真菌细胞中,组成型分泌途径的物质运输不需要分选信号,从内质网经高尔基体到细胞表面的物质运输是依靠细胞骨架的转运自动进行的。组成型分泌途径除了给细胞表面提供酶、生长因子和细胞外分泌物,也为细胞质膜提供膜整合蛋白和膜脂,为细胞壁合成提供合成前提物。组成型分泌囊泡通常称为运输泡(transport vesicle),是由高尔基体侧面网络对组成型分泌蛋白识别后形成的。

2.3.1 真菌的分泌途径

在自然界生态系统中,植物是有机物质的生产者,动物是消费者,而真菌扮演了分解有机物质的角色。降解死亡植物残体是真菌的重要生态学功能,该功能的发挥需要真菌向胞外分泌大量的水解性及氧化性酶类。在最适的液体培养条件下,某些真菌在少数几天的培养时间内,能向每升培养基中分泌 20g 以上的酶蛋白。很明显,真菌这种强大的胞外产酶能力,使其在生物技术、药物开发等领域具有重要的应用价值。

那么,这些酶蛋白是如何在真菌体内形成和分泌到体外的,它的分子生物学机制成为人们关注的焦点。尽管目前对酿酒酵母分泌途径的基本机制有了较深入的了解,但对于丝状真菌分泌途径,尤其是对机制的认识和了解还远远不够。在 Webster 和 Weber(2007)所著的《真菌导论》(第三版)中,给出了生长菌丝中分泌途径和胞吞作用的图示(图 2.10)。尽管这一图示并不那么完美,但却基本上反映了目前真菌学领域的研究水平。

正如其他真核生物一样,真菌的分泌途径起始于内质网。即携带 mRNA 的核糖体首先锚定于内质网膜上。翻译生成的多肽产物得以进入内质网腔内,进而在其特定的氨基酸残基上发生糖基化修饰。用于糖基化修饰的寡糖链在分泌途径中发生进一步的修饰。与大多数丝状真菌相比,酿酒酵母中这种寡糖链的分子质量明显偏大。虽然丝状真菌拥有如此强大的分泌系统,但除卵菌外,真菌细胞内通常不能观察到明显的高尔基体堆叠。在这些真菌中,高尔基体通常仅以单个的潴泡形式存在(图 2.10),仅能偶尔观察到高尔基体堆叠(见 2.2.2.1)。在酿酒酵母及丝状真菌中,蛋白质可能主要通过囊泡载体从内质网向高尔基体进行转运,此外,膜流动可能也在该过程中发挥一定作用。膜磷脂可能通过微管蛋白系统返回内质网。在高尔基体系统中,蛋白质受到进一步修饰,且分泌蛋白与液泡蛋白得以分离。这两种蛋白质可能均是通过囊泡到达目的位置,其中分泌型囊泡沿微管到达菌丝顶端,然后将分泌蛋白及细胞壁组装材料释放至胞外(图 2.10)。早在 1974 年 Collinge 和 Trinci 就推测,在粗糙脉孢霉每根生长菌丝的顶端,每分钟约有 38 000 个分泌型囊泡与质膜发生融合。微囊泡(如壳质体)可能起源于高尔基体潴泡(Howard

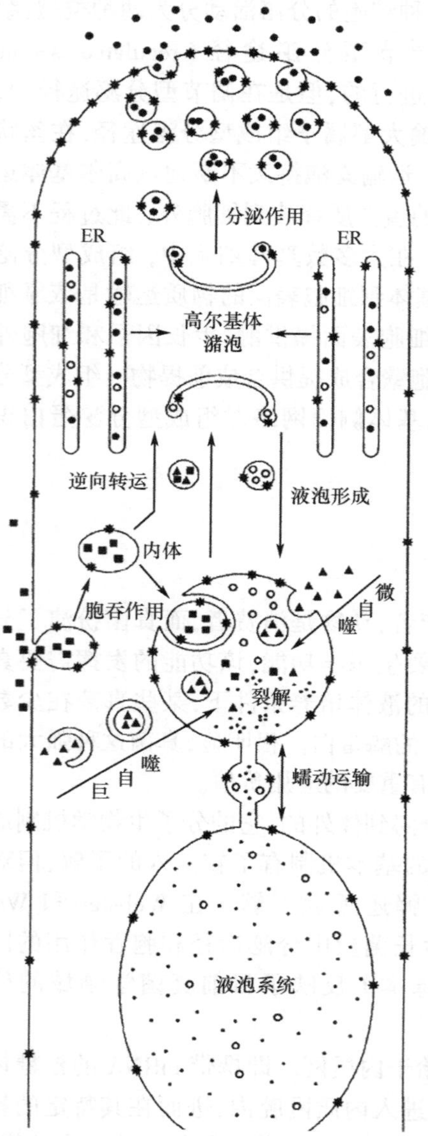

图 2.10　生长菌丝中分泌途径和胞吞作用的膜流动途径

图中(●)显示分泌蛋白,(○)液泡腔蛋白,(★)膜联蛋白,(■)内吞物质,(▲)自噬物质,(·)液泡中的降解产物。(引自 Webster and Weber 2007)

1981)。

大量的证据表明,真菌与其他大多数真核生物一样,能通过亚顶端区域质膜的出芽方式进行胞吐作用,该胞吐作用与胞吞作用相偶联,是质膜材料的释放及生长顶端的延伸所必需的。

在真菌中,大型液泡不仅是裂解系统的主要成分,而且是胞吞材料及自噬作用(autophagocytosis)产物的储存库(图 2.10),其中自噬作用涉及对细胞器及胞质的摄入与降解。自噬作用在饥饿条件下尤其显著(见第 12 章)。营养物质的吸收依赖质膜的内陷(胞吞作用)形成质膜包裹的内体(endosome),一些内体被液胞吞噬并被消化储存在液泡内。超显微结构显示,相邻囊泡可能通过薄膜状小管相连,该结构与物质的转运紧密相关。这些小管甚至能延伸至隔膜孔,可能是管状液泡,它们的蠕动性运动行为就是佐证。这在一定程度上可以解释为何有些菌根真菌能够瞬间实现对菌丝内物质的远距离转运(Ashford et al. 2001)。关于真菌的胞吞作用将在第 4 节讨论。图 2.10 存在一定的缺陷,我们将在讨论囊泡融合机制的过程中加以补充。

2.3.2　囊泡的形成与转运

2.3.2.1　真菌囊泡的观察

囊泡(vesicle)是内膜系统中供体和目标区室之间的分泌作用和蛋白质转运的共有特征。与细胞核和线粒体相关的细胞器蛋白的转运不是囊泡介导的,因此它们不属于内膜系统。为了评估遗传的保守性,真菌的囊泡转运机制成为计算基因组学的研究目标(Gupta and Heath 2002)。通过对调节机制的详细研究发现,由于更多不同 Rab 蛋白和每个基因家族中特异性成员的参与,使得多细胞的生物体中的囊泡转运机制更为复杂。

为了观察丝状真菌的分泌作用,最初用荧光蛋白,后来试图使用寡聚物暗礁珊瑚荧光蛋白(oligmeric reef coral fluorescent protein)来追踪分泌作用,但是没有成功。结果利用一个液泡靶序列信号肽,证明了分泌作用是细胞的默认途径。通过荧光信号在菌丝顶端和相关的初始隔膜中的聚集,证明了分泌作用的存在。通过 X 射线放大摄影术对黑曲霉葡糖淀粉酶分泌作用的研究结果表明,胞吐作用主要发生在菌丝顶端部分。阻断真菌蛋白的分泌作用会抑制豆刺盘孢(*Colletotrichum lindemuthianum*)和灰巨座壳对植物的致病性。例如,灰巨座壳中编码P型ATPase的基因*MgAPT2*是胞吐过程所必需的,该基因的缺失导致一系列胞外酶分泌的缺陷,以及异常高尔基体潴泡的积累,从而导致其对植物的致病能力下降。有趣的是,缺少*MgAPT2*基因的灰巨座壳,仍能进行正常的菌丝细胞生长和孢子形成(Gilbert et al. 2006)。

从图2.11可以看出丝状真菌的菌丝顶端和亚顶端聚集了大量的不同形态的囊泡。在图2.11A和图2.11B中通过观察荧光标记的伴刀豆球蛋白A的结合位点,发现菌丝顶端和亚顶端区域聚集的囊泡,尤其大量小的囊泡聚集在顶端形成的可能是顶体(Spitzenkörper)的结构;图2.11C显示菌丝顶端囊泡聚集在顶体周围,形成囊泡供应中心,负责分配顶端生长的所需囊泡。证明了菌丝顶端生长与顶体和囊泡的相关性。关于顶体的功能见第6章。图2.11D显示了囊泡沿微管运输到菌丝顶端,参与菌丝顶端的生长和分泌功能。

2.3.2.2 囊泡与蛋白质运输

细胞中各部位的蛋白质都是来自细胞质溶胶,不过像细胞核、线粒体和质体等细胞器所需的蛋白质是由细胞质溶胶直接运送的。而内膜系统的各种细胞器,包括内质网、高尔基体、液泡(溶酶体)、内体、囊泡、细胞质膜及细胞外基质等所需的蛋白质虽然起始于细胞质溶胶,但都要经过内质网和高尔基体的中转。蛋白质合成之后必须准确无误地运送到细胞的各个部位。蛋白质进出细胞的转运过程基本采用囊泡的形式并依靠细胞骨架体系完成,一般蛋白质的分泌过程称为胞吐作用(exocytosis),而蛋白质内在化(internalization)的过程称为胞吞作用(endocytosis)。囊泡移动的途径如图2.10所示,无论参与蛋白质的内运或外运,每种囊泡的循环类型是相似的,即从供体膜出芽形成囊泡开始到最后与靶膜融合为止(见中译本《基因Ⅷ》第27章)。

内膜系统中蛋白质运输途径属于共翻译转运途径。蛋白质在粗面内质网的核糖体上合成后,由信号肽引导转移至粗面内质网中完成这些新生肽合成,然后以囊泡形式进入高尔基体,再经加工包装运至液泡、细胞膜或细胞壁,分泌到细胞外,此即正向运输途径。但是目前在真菌中对于反向运输,也就是说从高尔基体返回内质网研究的较少。至于由高尔基体向质膜运输的囊泡包被仍然不清楚(Bourett et al. 2007)。

真核细胞中通过内质网膜上的转运蛋白进入内质网的大多数蛋白都需要N端连接的核心糖基化(N-linked core glycosylation)进行共翻译。在所有的真核细胞中,核心糖基化似乎都是高度保守的,并且被所有细胞用于评价蛋白质是否是正确折叠的。对葡萄糖残基的进一步修饰是在高尔基体中进行的。丝状真菌的糖基化蛋白与酿酒酵母或者高等植物和动物细胞中的糖基化蛋白明显不同。所以利用重要真菌工业化生产异源蛋白就存在了问题,除非在遗传上调整真菌的糖基化作用,使其尽量接近哺乳动物的糖基化作用。

在蛋白质的运输中,最显著的特点是囊泡装置的保守性,包括其结构组分及出芽和融合所需的蛋白质。很多这类功能都能通过酿酒酵母*SEC*基因的突变来进行鉴定,这些突变株不能通过内质网——高尔基体途径进行蛋白质的外运。许多*sec*突变株中鉴定到的基因与出芽、融合和定位有关,其编码产物在酵母分泌途径中存在同源蛋白。在从内质网

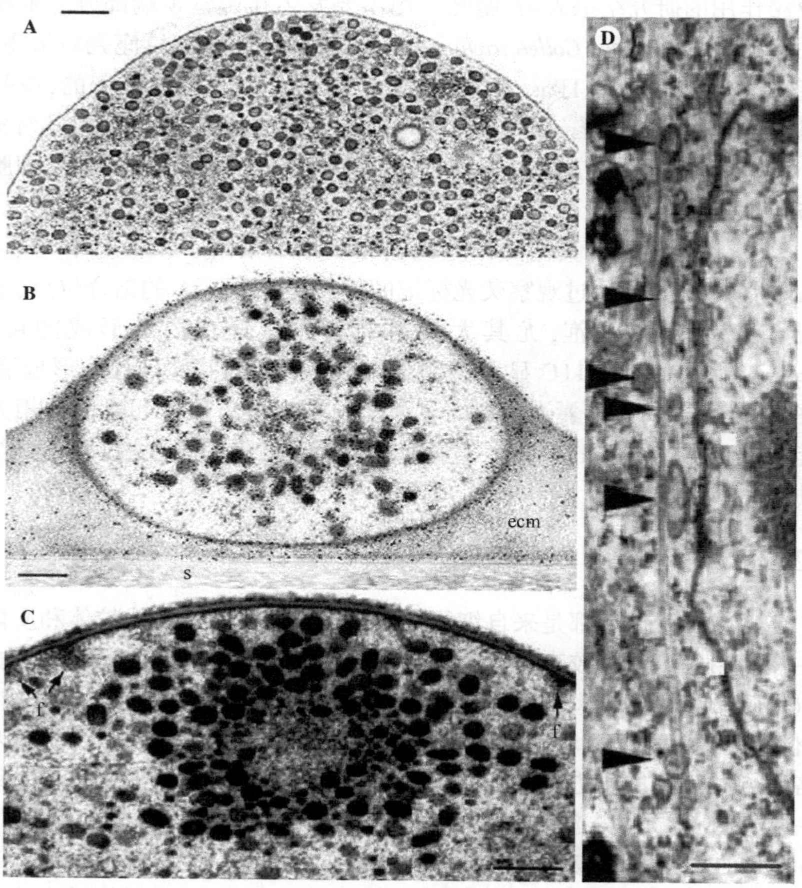

图 2.11　菌丝顶端含有大量负责分泌活动的顶端囊泡和细胞壁的合成

A. 构巢曲霉菌丝长轴接近正中的纵切面。注意小囊泡的聚集位点。标尺 = 500nm。B. 绿色木霉(*T. viride*)菌丝长轴垂直横切面,位于顶端后 400 ~ 500nm。ecm 为细胞外基质,s 为附着层。样本由冰冻置换法制备。标尺 = 500nm。(A 和 B 引自 Bourett et al. 2007)。C. 存在于齐整小核菌(*Sclerotium rolfsii*)的菌丝顶端的顶体,一连串顶端囊泡包围着非囊泡的核心,丝状小体(filasome)出现在细胞质膜的附近(见图中 f)。标尺 = 0.25μm。(引自 Roberson and Fuller 1988)。D. 灰葡萄孢(*Botrytis cinerea*)中分泌囊泡与微管相连的结构(箭头所指),标尺 = 0.25μm。(引自 Weber and Pitt 2001)

膜出芽分泌囊泡的这一过程中,囊泡的外被蛋白质的性质决定了囊泡的类型,包被蛋白复合体(coat protein complex)COPI 包被的 COPI 有被囊泡负责从高尔基向内质网的反向运输。包被蛋白复合体 COPⅡ包被的 COPⅡ有被囊泡负责从内质网向高尔基体的正向运输。这说明了蛋白质的每一条运输途径需要不同的有被囊泡。通过内质网/高尔基系统的蛋白质运输都发生在有被囊泡中(见中译本《基因Ⅷ》第 27 章)。

2.3.2.3　囊泡形成机制

细胞区室间蛋白质的运输主要是由有被囊泡所介导的。这些被运输的蛋白质首先在供体区室的膜表面发生聚集并形成微区,进而在该微区出芽形成特异性囊泡。在该过程中,需要一类 Ras GTPase ADP 核糖基化因子(ADP ribosylation factor, Arf)、Arf 鸟苷酸交换因子

(Arf-GEF)、Arf 样 GTPase(ARF-like GTPase, Arl)、Arf GTPase 激活蛋白(Arf-GAP)和包被蛋白(COPⅡ或 COPⅠ)的参与。在图 2.12A 中,在囊泡形成的起始阶段,Rab-GEF 在供体膜上募集 GTPase,并催化 GDP 状态转变为 GTP 活性状态。供体区室表面的 Arf-GEF 首先募集 Arf,并促使后者由 GDP 结合态转变为 GTP 结合态而活化。图 2.12B 与起始蛋白 P 结合的 GTPase-GTP,在供体膜上募集与 Arf-GAP 结合的包被蛋白、v-SNARE 等成分,形成起始复合体(priming complex)。起始复合体侧向募集更多的包被蛋白成分。图 2.12C,通过扩散作用进入囊泡形成位点的被运输蛋白 C(cargo proteins)为包被蛋白捕获。起始复合体进而参与蛋白质的分选、被运输蛋白 C 的聚集、微区膜的变形及出芽;图 2.12D,在囊泡出芽之前或之后,其中的 Arf-GAP 能激活 Arf 的 GTPase 活性,水解 GTPase 上的 GTP,使其转变为非活性的 GDP 结合状态,继而 GTPase-GDP 从膜上芽位点释放至胞质,参与下一轮循环(Springer et al. 1999; Sztul et al. 2009)。

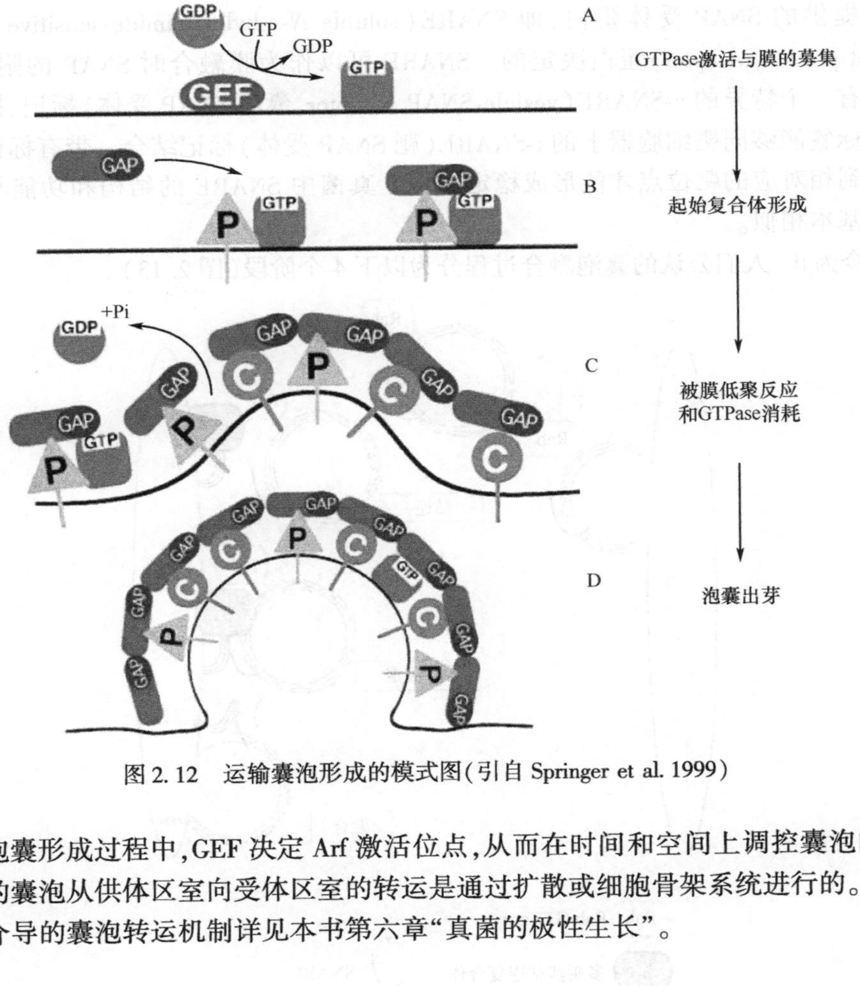

图 2.12 运输囊泡形成的模式图(引自 Springer et al. 1999)

在泡囊形成过程中,GEF 决定 Arf 激活位点,从而在时间和空间上调控囊泡的形成。新形成的囊泡从供体区室向受体区室的转运是通过扩散或细胞骨架系统进行的。细胞骨架系统介导的囊泡转运机制详见本书第六章“真菌的极性生长”。

2.3.3 囊泡融合

在分泌途径中,当囊泡由供体膜运送到目的区室的受体膜时,囊泡和目的区室受体膜即发生融合，期间有许多不同的蛋白质成分参与调节。囊泡融合是一个多步骤的过程，涉及活化(priming)、粘连(tethering)、锚定(docking)和最终融合(fusion)。

2.3.3.1 囊泡融合机制

运输囊泡如何找到靶位点并与之融合？细胞中的运输囊泡可以说是来来往往，车水马龙，它们却能够准确地找到目的地，其中必然存在极为复杂的调控机制。Rothman 和 Wieland 于 1996 年提出了 SNARE 假说(SNARE hypothesis)：他们发现动物细胞融合需要一种可溶性的细胞质蛋白，这个蛋白质称为 *N*-乙基马来酰亚胺敏感融合蛋白(*N*-ethylmaleimide-sensitive fusion protein，NSF)及几种可溶性 NSF 附着蛋白(soluble NSF attachment protein，SNAP)。*N*-乙基马来酰亚胺敏感融合蛋白是一个四聚体，4 个亚基完全相同。NSF/SNAP 能够介导囊泡的融合但不具特异性，膜融合的特异性是由另外的膜蛋白提供的 SNAP 受体蛋白，即 SNARE(soluble *N*-ethylmaleimide-sensitive factor attachment protein receptor)蛋白决定的。SNARE 可以作为膜融合时 SNAP 的附着点，每个囊泡有一个特异的 v-SNARE(vesicle-SNAP receptor，囊泡 SNAP 受体)标记，按照特异的地址标签能够同靶细胞器上的 t-SNARE(靶 SNAP 受体)标记结合。带有标记的囊泡只有找到相对应的靶位点才能形成稳定结构。真菌中 SNARE 的结构和功能与其他真核生物基本相似。

迄今为止，人们公认的囊泡融合过程分为以下 4 个阶段(图 2.13)。

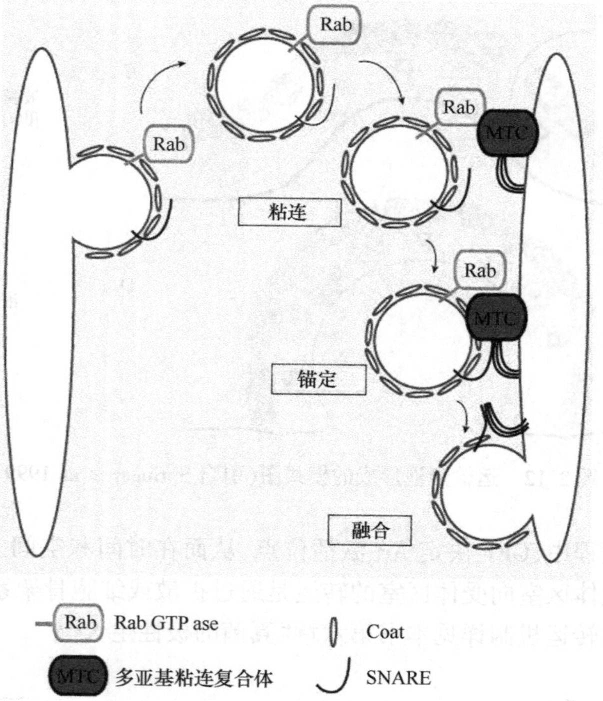

图 2.13 运输囊泡的融合过程

显示运输囊泡与目的区室的粘连、锚定与 SNARE 介导的融合。(引自 Brocker et al. 2010)

（1）活化。囊泡与目的区室受体膜发生融合，首先需要囊泡表面 Rab GTPase 的活化。Rab GTPase 是一类小分子 GTPase，作为囊泡融合的分子开关，是囊泡融合的关键蛋白。在相应的 Rab 鸟苷酸交换因子（Rab-GEF）作用下，囊泡上的 Rab GTPase 转变为 Rab-GTP 活性状态，进而介导后续的囊泡融合过程。

（2）粘连。粘连作用存在三种可能的机制：①囊泡膜上的 Rab-GTP 与目的膜上的活性多亚基粘连复合体（multisubunit tethering complexe，MTC）相互识别并结合，从而使囊泡与目的区室发生粘连；②囊泡膜上的包被蛋白（coat）与目的膜上的多亚基粘连复合体相互识别并实现粘连；③在 Rab-GTP 作用下，囊泡膜与目的膜上的卷曲螺旋黏附因子（coiled-coil tether，CCT）相互配对并结合，作为囊泡膜与目的区室间的桥梁，使囊泡与目的区室发生粘连（图 2.14，Brocker et al. 2010）。

（3）锚定。当囊泡与目的区室发生粘连后，囊泡膜上的 v-SNARE 与目的膜上带有地址签的 t-SNARE 蛋白相互配对并结合，从而使囊泡稳定锚定于目的膜。囊泡与目的区室的粘连是一种松散的相互作用，而锚定是一种紧密、稳定的相互作用（Waters et al. 1999）。

（4）融合。囊泡膜与目的膜间相互结合的 SNARE 折叠成特异性的四螺旋束状复合物，使囊泡膜与目的膜的磷脂双分子层相互靠近并进行融合，囊泡内容物释放至目的区室内部或质膜外（Jahn and Scheller，2006）。

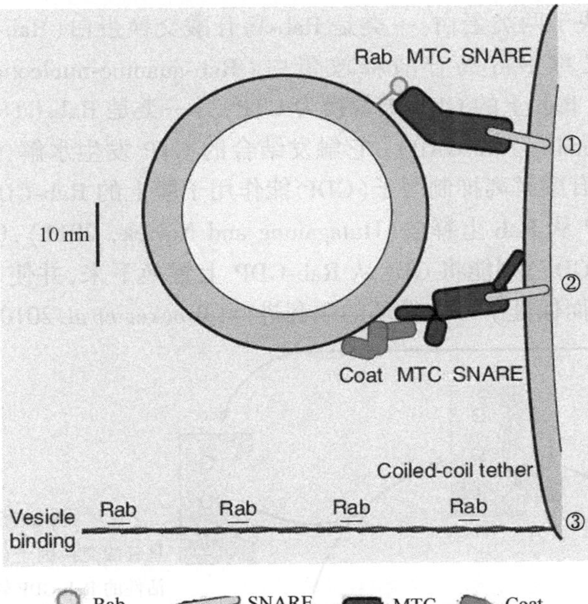

图 2.14 运输囊泡粘连于目的区室的三种模型

①在 Rab-GTP 与 SNARE 的作用下，由 MTC 介导的粘连；②通过包被蛋白与 SNARE 的识别，由 MTC 介导的粘连；③卷曲螺旋黏附因子（CCT）介导的粘连。（引自 Brocker et al. 2010）

2.3.3.2 囊泡融合的调节因子

Bourett 及其同事（2007）的综述中，通过比较基因组学的方法分别描绘了构巢曲霉、其他丝状真菌及酿酒酵母内膜系统的组成和成分，并且与人类的内膜系统进行了比较。尽管比较基因组学已经应用于多数生物分子亚细胞分布的评估和细胞分子装置的比较，但还必须通过序列分析和具体实验加以证明。例如，*SEC4P* 基因是构巢曲霉所必需的基因，在囊泡运输中起到重要的作用。然而，在酿酒酵母中，敲除 *SEC4P* 的同源基因，并不产生致死效应。所以仅仅通过序列比较，就无法得到上述的结果。尤其在许多丝状真菌中，大量的生化过程和信号通路都会存在一些简单和低冗余的基因。关于囊泡融合的调节因子，Bourett 及其同事以酿酒酵母为比较本体，对构巢曲霉和其他丝状真菌的 SNARE、Rab GTPase、Rab 调节因子、粘连因子和其他 SNARE 介导因子进行了基因比较，感兴趣的读者可以参阅这篇综述。

(1) Rab GTPase

细胞中有两类结构不同的 GTP 结合蛋白：一种是参与信号转导的三体 G 蛋白；另一种是单体 GTP 结合蛋白（也称小 G 蛋白），含有一条多肽链，如 Ras 样 GTPase 超家族。Rab GTPase 是 Ras 样 GTPase 超家族中数量最大的一支（Pereira-Leal and Seabra, 2001）。Rab GTPase 为糖基磷脂酰肌醇（glycosylphosphatidylinositol, GPI）锚定的膜蛋白，经由两个 C 端半胱氨酸残基的双异戊烯化而锚定在膜上（图 2.15 中带有两条与膜锚定的非活性的 Rab-GDP）。RabGTPase 与其他小 G 蛋白类似，能在两种构象间发生转换，即活性的 GTP 结合态（Rab-GTP）与非活性的 GDP 结合态（Rab-GDP）。通过这种构象转换，Rab 对囊泡的形成、转运及融合等过程产生调节作用（Stenmark and Olkkonen, 2001）。Rab 活性与非活性状态的转换取决于两类蛋白：一类是 Rab-鸟苷酸交换蛋白（Rab-GDP/GTP exchange factor, Rab-GEF），又称 Rab-鸟苷酸释放蛋白（Rab-guanine-nucleotide-releasing protein, Rab-GNRP），它催化 Rab 上的 GDP 被替换为 GTP；另一类是 Rab-GTPase 激活蛋白（Rab-GTPase-activating protein, Rab-GAP），它触发结合的 GTP 发生水解，使 Rab-GTP 转换为 Rab-GDP。此外，鸟苷酸解离抑制因子（GDI）能作用于膜上的 Rab-GDP，使后者释放至胞质中，同时防止 GDP 从 Rab 上释放（Hutagalung and Novick, 2011）；GDI 替换因子（GDI-displacement factor, GDF）则能将 GDI 从 Rab-GDP 上置换下来，并使 Rab-GDP 在贮存细胞器上发生聚集，从而保证下一个循环的顺利进行（Brocker et al. 2010）（图 2.15）。

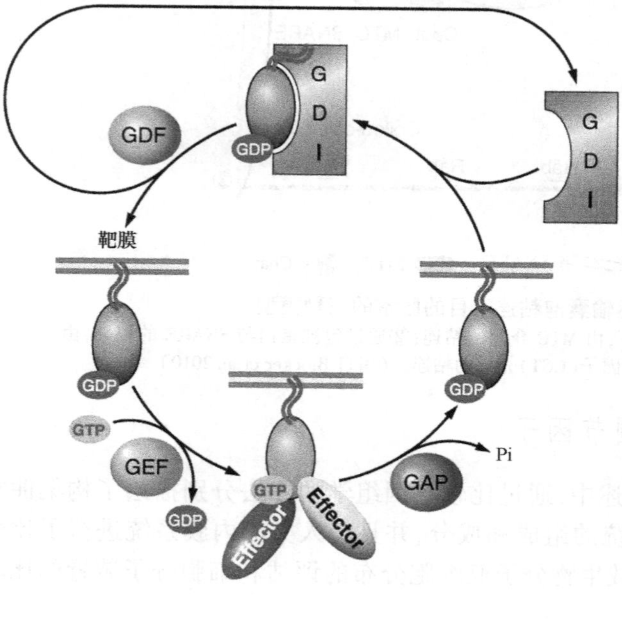

图 2.15　Rab 循环

鸟苷酸交换因子（GEF）催化囊泡膜上非活性的 Rab-GDP 转变为活性的 Rab-GTP。Rab 活化后募集效应因子（effector），以介导膜的转运与融合。Rab-GAP 继而激活 Rab 的 GTPase 活性，使 Rab-GTP 转变为 Rab-GDP。在鸟苷酸解离因子（GDI）的作用下，Rab-GDP 从膜上释放至胞质中。GDI 替换因子（GDF）能够使 Rab-GDP 从 GDI 释放，并将 Rab-GDP 插入 Rab 贮存细胞器，使 Rab 得以进入下一个循环。（引自 Hutagalung and Novick 2011）

Rab 作为囊泡融合的分子开关,在囊泡融合过程中发挥中心调节作用。活性状态的 Rab(Rab-GTP)能够募集大量的 Rab 效应因子,如粘连因子等。在 v-SNARE 的诱导下,运输囊泡到达受体膜的 t-SNARE 部位,进而在 Rab 及粘连因子的协助下与受体膜结合。Rab 上的 GTP 水解后从膜上释放出来,囊泡被锁定在膜上,释放的 Rab 进入胞质溶胶中。值得注意的是,不同细胞区室上的囊泡融合,如从内质网释放的囊泡与高尔基体的融合,从高尔基体释放的囊泡与内质网或质膜的融合,分别是由不同的 Rab 所调控的。例如,在酿酒酵母中,Rab GTPase Ypt1 调节内质网释放的 COP Ⅱ 囊泡与顺式高尔基的融合,Ypt31 及其同源蛋白 Ypt32 调节囊泡从高尔基体上释放,而 Sec4 调控高尔基体外侧网络(trans-Golgi network, TGN)释放的囊泡与质膜的融合。有趣的是,细胞内的 Rab GTPase 似乎以一种组织化的方式相互联系,从而构成 Rab GTPase 调控网络。这种联系是通过一种活化的 Rab GTPase 募集下一种 Rab GTPase 的 GEF,进而激活由下一种 Rab GTPase 介导的囊泡转运而实现的。

关于丝状真菌 Rab 蛋白家族的研究,Bourett 及其同事(2007)用构巢曲霉基因组序列为依据,与对应酿酒酵母的 Rab 家族成员及其他真菌的 Rab 蛋白家族间功能上可互换的同源蛋白,进行了列表对比,有兴趣的读者可以详细地阅读这篇综述。

(2)Rab-GEF

在酿酒酵母和其他真菌中,Rab-GEF 在调控囊泡融合和次级内体的蛋白质运输方面发挥重要作用。与 Rab 不同,迄今尚未发现 Rab-GEF 具有明显的保守基序。对某些 GEF 的结构分析表明,它们能够直接插入或间接改变鸟苷酸结合位点,从而促进 GDP 的解离(Bos et al. 2007)。尽管如此,通过对 Ypt1 的 GEF TRAPP (transport protein particle,转运蛋白颗粒)复合物、Sec4 的 GEF Sec2,以及 Rab5/Vps21、Rab21 与 Rab22 的 GEF Vps9(哺乳动物 Rabex5 的同源蛋白)等蛋白质结晶结构的研究,人们发现 Rab 的鸟苷酸交换机制呈现出多样性(Hutagalung and Novick, 2011)。

在分泌途径中(图 2.16),从 TGN 释放的分泌囊泡(SV)与质膜的融合,需要依次经过两种 Rab,即 Ypt31/32 与 Sec4 的作用,而 Rab-GEF TRAPP Ⅱ 与 Sec2 分别是这两种 Rab 行使功能所必需的。分泌囊泡从 TGN 释放后,其膜上分布的 Ypt31/32 起初为 GDP 结合状态。随后,在 TRAPP Ⅱ (transport protein particle,转运蛋白颗粒)的作用下,非活性的

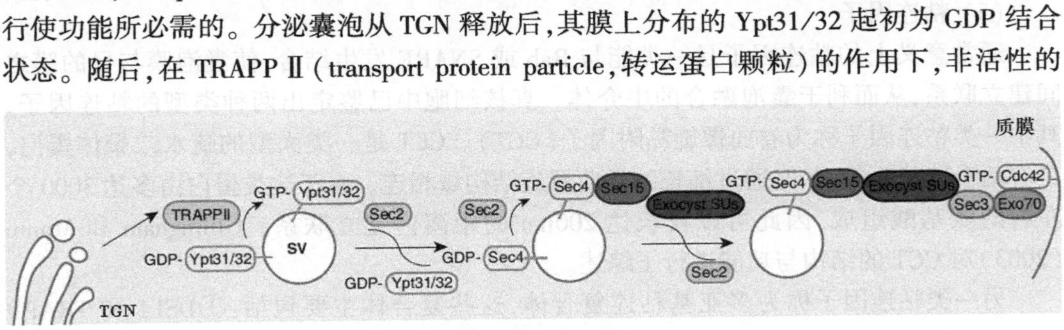

图 2.16 分泌囊泡与质膜的融合

该图显示在 Rab 及 Rab-GEF 的调控作用下,由多亚基粘连复合体(MTC)介导的囊泡融合。分泌囊泡从 TGN 释放后,Rab-GEF TRAPPⅡ能将其膜上的 Ypt31/32-GDP 转变为 Ypt31/32-GTP,后者继而募集下一个 Rab-GEF Sec2,Ypt31/32 从囊泡膜上解离。随后,Sec2 募集下一个 Rab Sec4,并将其转变为活性状态的 Sec4-GTP。Sec4-GTP 进而募集胞吐体亚基(exocyt subunits, SU)Sec15 等,同时 Sec2 从囊泡膜上解离。在分泌囊泡与质膜的融合过程中,胞吐体亚基发生聚集并组装,形成完整的多亚基粘连复合体(MTC),介导粘连作用(见图 2.14)。(引自 Brocker et al. 2010)

Ypt31/32-GDP 转化为活性的 Ypt31/32-GTP。Ypt31/32-GTP 进而募集 Sec2。Sec2 再将分泌囊泡上非活性的 Sec4-GDP 转化为活性的 Sec4-GTP，同时募集 Sec15 等胞吐体亚基，Sec15 可能介导了胞吐体其他成分与分泌囊泡的结合（Brocker et al. 2010）。

（3）Rab-GAP

真菌的 GTP 酶激活蛋白（Rab-GAP）和膜结合的 Rab GTP 酶类的异戊烯化酶是高度保守的。然而，酿酒酵母似乎具有 8 种不同的 Rab GAP 功能，包括一个功能上可互换的蛋白对（Msb3/Msb4，见本书第 6 章 6. 2. 4. 6 节），在构巢曲霉和其他真菌中至少有 11 种不同的 Rab GAP。构巢曲霉的 11 种 Rab GAP 基因中有 7 种似乎均含有一个 TBC 区，TBC 区是一些 Rab GAP 基因和一些控制纺锤体装配点的基因的特征区（Neuwald 1997），构巢曲霉 3 种扩展的 RabGAP 中，2 种含有一个 TBC 区，另外 1 种似乎缺少 TBC 区。构巢曲霉 3 种 RabGAP 与人类 RabGAP 的同源性比酿酒酵母 RabGAP 更高。进化分歧最大的构巢曲霉 RabGAP 与人类 RabGAP 有很大的同源性，而在酿酒酵母中没有找到任何 TBC 的同源蛋白。所以，在人类中，构巢曲霉 3 种新的 Rab GAP 都能找到相应的同源蛋白（Bourett et al. 2007）。

（4）GDI 与 GDF

由于许多 Rab 参与了隔室之间的囊泡局部转运，它们必须能够返回到原来的贮存细胞器中，这一过程是依靠 GDI 及 GDF 替换因子（GDI displacement factor, GDF）来完成的。许多 GDF 还具有 Rab-GEF 的功能。在 Rab 循环中，GDI 从膜上搜集 Rab-GDP 并释放到胞浆中，GDF 则使 GDI 与 Rab 发生分离，进而将 Rab-GDP 运输并整合到原有的供体区室膜上（Hutagalung and Novick 2011；见图 2. 15）。将 Rab-GDP 准确运输到它们的贮存细胞器的机制还不清楚。然而，许多证据指出，8 种结合膜蛋白质类（以酿酒酵母 YIP1-3、YIP-4、YIP-5、YOP1、YIF1、YOS1 和 RTN1 为代表）可以作为 GDI 替换因子（GDF），通过与它们同源 Rab 的直接作用，控制 Rab 特异性地定位和整合到贮存细胞器中。YIP/YOS/YIF 特异的细胞器定位和特异隔室中 YIP/YOS/YIF 蛋白之间的组合作用都可以赋予一种特异的双链异戊烯化的 Rab 特异性（Geng et al. 2005）。

（5）粘连因子

通常意义上的粘连因子是一类能与 Rab 或 SNARE 发生结合，使囊泡膜与目的膜之间建立联系，从而利于囊泡融合的中介体。真核细胞中已鉴定出两种类型的粘连因子。其中一类粘连因子称为卷曲螺旋黏附因子（CCT）。CCT 是一类大型的疏水二聚体蛋白，具有两个球状头部，其间通过细长的卷曲螺旋结构域相连。由于这类蛋白由多达 3000 个左右的氨基酸组成，因此可以在长达 200nm 的距离内建立联系。Gillingham 和 Munro（2003）对 CCT 的结构与功能进行了综述。

另一类粘连因子称为多亚基粘连复合体，这些复合体主要包括：①DSL1 和 TRAPP（transport protein particle，转运蛋白颗粒）复合体，分别介导 COPI 和 COPII 的囊泡融合；②保守的低聚高尔基复合体（conserved oligomeric Golgi complex, COG），介导高尔基体中囊泡的融合；③高尔基体相关的逆行转运（Golgi-associated retrograde transport）、同型融合和液泡蛋白质分选的复合体，控制内体和液泡区室中的囊泡融合、控制胞内体囊泡回归 TGN 的循环；④胞吐体，介导质膜与囊泡之间的融合。真核生物的大多数 MTC 是高度保守的，没有缺失或者扩展现象。尤其是对于后高尔基 MTC，包括 HOPS 复合体、GARP 复合体和胞吐体来讲,就更为准确(Bourett et al. 2007)。对于 DSL1 和 TRAPP 复合体、COG 复合体来讲,这 3 种复合体的某些成分似乎在酿酒酵母、其他真菌和人类之间有本质的不同。COG 复合体似乎是进化上分歧最大的粘连复合体,只含有 8 种亚基中的 3 种(COG3, COG4, COG6),这 3 种亚基在酿酒酵母和其他真菌中的保守性很强。在其他真菌中找不到酿酒酵母 COG1、COG2、COG5 和 COG8 的同源蛋白,构巢曲霉的 COG7 同源蛋白也是不确定的。不同的是,在构巢曲霉中能找到人类 COG 的同源蛋白 COG1、COG2 和 COG5。然而,只找到 1 种单独的 COG2 和 COG5 同源蛋白的编码基因 *AN8226*。最后,尽管在构巢曲霉中找不到酿酒酵母或者人类 COG8 的同源蛋白,但是在其他真菌中好像存在 COG8 的同源蛋白(Bourett et al. ,2007)。Brocker (2010)等对 MTC 的结构及功能进行了详细描述。

(6) SNARE

关于 SNARE 和 Rab 蛋白,Bourett 及其同事(2007)与 Gupta 和 Heath(2002)的研究有很大程度上的相似性。在他们所调查的真菌中,SNARE 蛋白都是高度保守的。例如,对应于酿酒酵母 4 个冗余的基因对副本,在构巢曲霉基因组中都存在一个对应的 SNARE 同源蛋白。相似地,对应于类似 SM(“SNARE masters”)的 SNARE 结合蛋白和其他的 SNARE 介导物,也都存在一一对应的同源蛋白(Bourett et al. 2007)。

2.4 真菌内膜系统的胞吞途径

膜融合是细胞融合的关键,也与大分子物质进出细胞的胞吞作用和分泌作用密切相关。通过膜之间的联系,使细胞内各种细胞器在独立完成各自生理功能的同时,又能有效地协调工作,保证细胞生命活动的正常进行。

真菌(尤其是那些腐生真菌的营养生长阶段)的质膜中含有大量的通透酶和转运蛋白,有助于大分子的吸收,以维持真菌的快速生长。这些质膜贮存分子的分布必须被合理地调节,这其中就包括选择性合成和更新。胞吞作用为信号分子、质膜蛋白和油脂等胞外分子的细胞内在化(internalization,即配体和受体复合物被带进细胞的过程)提供了一个很好的方法。精致的内膜和胞吞作用使得真核细胞能够内化大分子,而不再仅仅是小分子。而且,内体隔室的存在为进一步分解大分子生成生物可以利用的形式提供了便利。与多细胞的真核生物相比,或许真菌具有简单的或者不精致的内膜系统,至少腐生真菌主要依靠分泌水解酶来降解大分子以利于吸收小分子代谢物,这也是细菌和其他原核生物所采取的策略。这一策略是必需的,因为许多动物细胞所摄取的大分子横穿真菌细胞壁是很困难的,细胞壁只能允许小分子的进入。

受体介导的胞吞作用是一种特殊类型的胞吞作用,主要是用于摄取特殊的生物大分子。许多营养物质都是通过这种方式进入细胞的。被吞入的物质首先同细胞质膜的受体蛋白结合,同受体结合的物质称为配体(ligand)。配体即是经受体介导被胞吞的特异性大分子。它们的性质及被细胞内吞后的作用各不相同。在受体介导的胞吞过程中,配体-受体复合物在质膜内陷的有被小窝(coated pit)中进行浓缩,然后逐渐形成有被囊泡。包裹在囊泡外面的外被是一种纤维蛋白的聚合体,即网格蛋白,因此所形成的有被囊泡称为披网格蛋白囊泡。脱离了质膜的披网格蛋白囊泡的外被很快解聚,成为无被囊泡,即初级内体(early endosome)。在受体介导的胞吞中与细胞质膜受体蛋白结合后被吞入细胞的即是配体,或者说同质膜锚定蛋白结合的任何分子都称为配体。配体的性质及被细胞内吞后的作用,决定了胞外分子与细胞膜受体的结合。

2.4.1 网格蛋白与披网格蛋白囊泡

网格蛋白(clathrin)是一种进化上高度保守的蛋白质,由分子质量为180kDa 的重链和分子质量为 35 ~ 40kDa 的轻链组成的二聚体, 三个二聚体形成包被的基本结构单位——三脚蛋白复合体 (triskelion)。许多三脚蛋白复合体再组装成六边形或五边形网格结构,即包被亚基,然后由这些网格蛋白亚基组装成披网格蛋白囊泡(clathrin-coated vesicle)。

网格蛋白形成一些运输囊泡的被膜,能从细胞质膜的内侧面和高尔基体的反侧面出芽形成,它由重链和轻链组成。被网格蛋白包被的囊泡表面聚集成网格状,称为披网格蛋白囊泡。披网格蛋白囊泡与胞吞作用有关,通常被认为是受体介导的内吞作用所必需的。内陷的有被小窝被认为是受体聚集的区域。尽管真菌确实含有一种网格蛋白重链(clathrin heavy-chain,CHC) 基因,但是关于网格蛋白包裹的内陷小窝或者囊泡的证据不多。然而,有证据证明了丝状真菌中胞吞作用的存在(Read and Kalkman 2003)。证明胞吞作用存在的最好方法是对双亲苯乙基染料 FM4-64(amphiphillic styryl dye FM4-64)处理的细胞观察(Wedlich-Soldner et al. 2000)。缺少网格蛋白重链(CHC1)的酿酒酵母细胞依然是有活力的,并能正常地分泌蛋白,但是却在生长、交配、孢子形成、胞吞作用、高尔基体蛋白定位和囊泡超微结构上出现了缺陷(Bowers and Stevens 2005)。其他真菌和酿酒酵母的网格蛋白重链一样都是保守的,如网格蛋白回收机制中的 ENT3 成分。相反地,其他真菌的网格蛋白轻链是不保守的,与酿酒酵母与人类网格蛋白轻链的同源性都很低。

对酿酒酵母的遗传和分子方面的研究已经证明了网格蛋白和网格蛋白的衔接蛋白(clathrin-adaptor proteins)在从高尔基体到内体的囊泡运输中的作用。衔接蛋白(adaptin, AP)是参与披网格蛋白囊泡组装的一种蛋白质, 分子质量约 100kDa, 在披网格蛋白囊泡组装过程中识别受体的细胞质结构而起衔接作用。有三种类型的衔接蛋白:AP1 参与反面高尔基体的披网格蛋白囊泡的组装;AP2 参与从细胞质膜形成的披网格蛋白的组装;AP3 是在酵母和鼠的研究中被鉴定出来的一种衔接蛋白,具有 AP3 突变的酵母,反面高尔基体的某些蛋白质就不能被运输到液泡和溶酶体。AP-1、AP-2 和 AP-3 衔接蛋白复合体在一些真菌和酿酒酵母中是非常保守的。除此之外,与衔接蛋白 GGA1/2 有关的 ENT5 蛋白、衔接蛋白复合体 AP-1 及网格蛋白在另一些真菌中似乎都是缺失的(Bourett et al. 2007)。

在酿酒酵母和其他真菌中与披网格蛋白囊泡有关的蛋白质发生了缺失和分歧事件。例如,对于酿酒酵母的 4 种 CHS5-ARF1 结合蛋白(ChAP),通过比较基因组学序列比对只能在其他真菌中找到 1 种单独的同源蛋白。除此之外,构巢曲霉和其他真菌至少含有 4 种 BAR 结构域蛋白(BinAmphiphysin-Rvs-domain protein)。BAR 结构域蛋白参与了质膜的披网格蛋白囊泡的形成,也是胞吞作用起始步骤中必需的成分(McNiven and Thompson 2006)。这 4 种基因中的 2 种编码了神经元突触前膜蛋白,而且在酿酒酵母和人类中这 2

种基因是高度保守的。

研究发现,某些物种存在着非常多的发动蛋白 GTP 酶类和发动蛋白相关蛋白质。发动蛋白(dynamin)是一种 G 蛋白,也是披网格蛋白囊泡形成的装配反应因子(assembly reaction factor, ARF)。然而,酿酒酵母只有 2 种参与了内膜转运的发动蛋白 GTP 酶类(VPS1、DNM1)和 2 种在线粒体中行使功能的发动蛋白相关蛋白质(MGM1、FZO1)。构巢曲霉和其他真菌也含有这 4 种蛋白质的同源蛋白,此外,还额外含有至少 6 种发动蛋白相关蛋白质。6 种发动蛋白及相关蛋白中的 1 种具有与人类发动蛋白 2 (DNM2)具有很高的同源性,DNM2 在胞吞作用中发挥重要作用,并且参与了多个重要的信号通路,当 DNM2 发生缺陷时会出现肌肉退化病(Gorska et al. 2006)。其他 5 种真菌发动蛋白及相关蛋白与人类黏病毒(流行性感冒病毒)抗性 1 和人类黏病毒 2 (MX1、MX2)发动蛋白具有很高的同源性。在病毒感染过程中,这 2 种哺乳动物基因均可以激活 α-干扰素;MX1 还具有抗病毒和促凋亡活性(Numajiri et al. 2006)。

2.4.2 质膜内陷和丝状小体

目前已经发现,在酿酒酵母和毕赤酵母中,质膜的瓶状内陷能够形成膜性小腔(caveoli)(图 2.17F 和图 2.17G),而关于丝状真菌的报道很少。到目前为止,在酿酒酵母和其他真菌的基因组中,还未发现细胞质膜膜性小腔形成的微囊蛋白基因(caveolin genes)。例如,在丝状真菌和担子菌类中都没有找到人类细胞质膜微囊蛋白-1、细胞质膜微囊蛋白-2 和细胞质膜微囊蛋白-3 的同源蛋白。有证据表明,膜性小腔和未知的细胞成分参与了非网格蛋白型的胞吞作用(Damm et al. 2005)。利用电子显微镜观察发现这种膜性小腔是一种含有肌动蛋白纤维的、没有网格蛋白包被的微囊泡,因而我们称它为丝状小体(filasome)(图 2.17A ~ 图 2.17E)。在营养菌丝的边缘近顶端的区域会有大量的丝状小体存在。丝状小体与真菌的特殊结构有关,如植物致病真菌的附着孢和初始隔膜。在这些结构里能非常明显地观察到跨细胞的快速流动(Swann and Mims 1991)。酿酒酵母的胞吞作用需要一个完整的肌动蛋白骨架。很多真菌种类中的所有细胞器中都可能含有丝状小体和肌动蛋白皮层斑点。在分析这些问题时,冷冻固定、连续切片及电镜摄影分析都是必需的研究手段。

2.4.3 内体和多泡体

内体(endosome)是用于分拣内吞分子或来自外侧面高尔基体网络分子的亚细胞器,它也是细胞内一种膜结合的细胞器。有初级内体(early endosome)和次级内体(late endosome)之分,初级内体常位于细胞质靠近细胞壁的一侧,次级内体位于细胞质内侧靠近细胞核。初级内体是由于细胞的胞吞作用而形成的,含有内吞物质的膜结合的管状和囊泡状的集合体。次级内体具有分拣作用,能够分选结合物的受体,让它们再回到细胞质膜表面或高尔基体外侧面。在高尔基体反面形成的用于调控通路的囊泡可能相互融合组成分泌颗粒(secretory granule),它们也可以运输货物蛋白到达内体。分泌囊泡也可以在内体中产生,再将蛋白质运输到细胞质膜。通过内体调控运输可能是最普遍的途径。

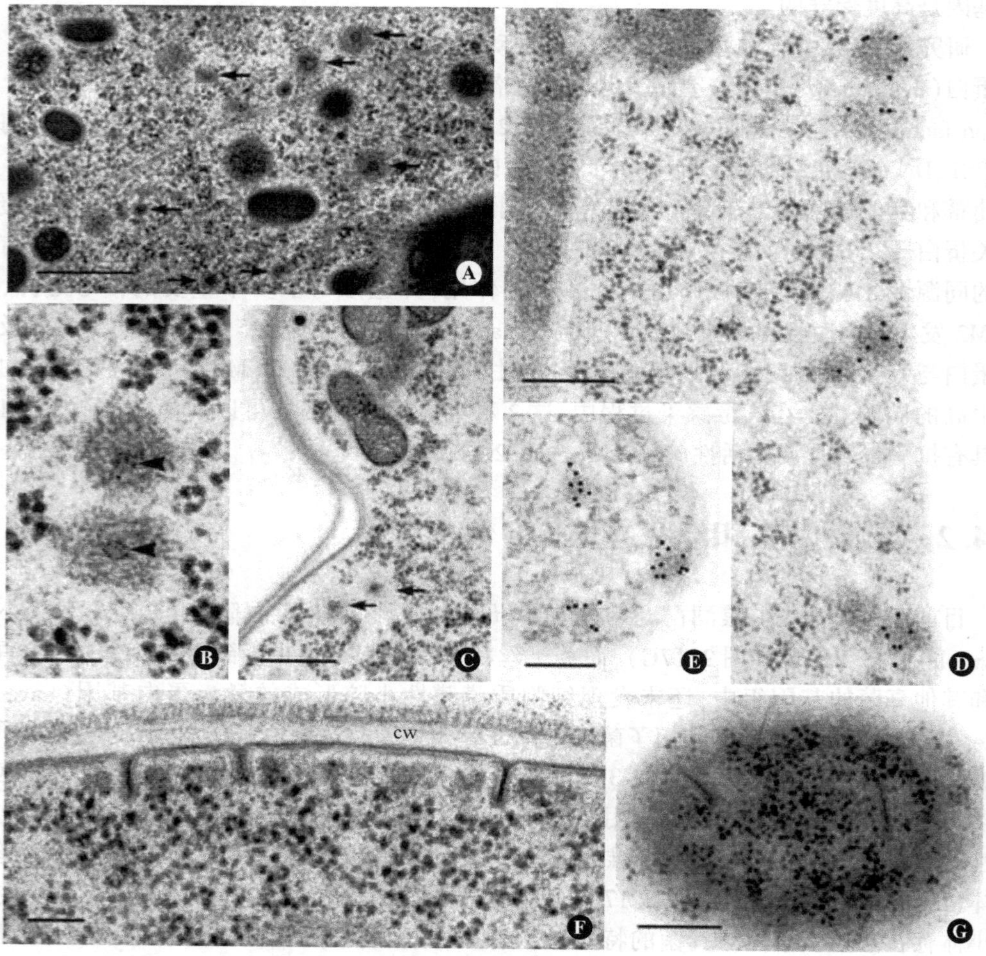

图 2.17 真菌的质膜内陷和丝状小体

A 和 B 分别为桃吉尔霉(*Gilbertella persicaria*)和灰巨座壳细丝包被的微泡,叫做丝状小体(箭头部分),而不是网格蛋白包裹的囊泡;C. 在酵母中也发现了丝状小体,如毕赤酵母(*Pichia*)中存在丝状小体;免疫细胞化学的结果表明灰巨座壳(D)和巴斯德毕赤酵母(E)丝状小体的外被中都含有肌动蛋白;除了丝状小体,毕赤酵母的质膜出现了有趣的内陷(F),这种内陷是浅薄的,与动物细胞存在的膜性小腔十分相似;G. 质膜正切面的切片观察表明这些内陷可能是延伸的、非严格管状的。所有样本都是通过冷冻置换法制备的。cw 代表细胞壁。除了 A 图标尺 = 500nm 和 B、F 图标尺 = 100nm,其余标尺 = 250nm。(Bourett et al. ,2007)

内体是胞吞途径中所含分子主要的分选地点,就像高等真核细胞的高尔基体网络是分选生物体合成和分泌途径所含分子的场所一样。内体对于内陷的受体蛋白和转运蛋白重新回到细胞表面,或者靶向作用进入液泡中进行降解是非常重要的。丝状真菌中的大部分内体隔室都未被定义,也就是说还没有明确地将内体分为初级和次级。这一方面是由于缺乏对细胞表面受体的鉴定,另一方面是由于缺少合适的电子显微镜资料。在近期的研究报告中,将质膜固有的通透酶进行标记,根据其内陷作用,鉴定出了推测的内体隔室(Higuchi et al. 2006)。同样,通过使用 FM 4-64,在许多真菌中也鉴定出了一些推测的内体。例如,在玉米黑粉菌中,FM 4-64 着色的边缘囊状实体似乎与 GFP 和 Yup1(一种参与膜融合的 t-SNARE 蛋白)融合蛋白进行了共定位,这表明这些囊泡代表了一种初级内体隔室。这些的内体是高度能动的,而且是依靠微管细胞骨架进行双向跳跃运动。*Yup1* 基因的突变会导致细胞在形态学和细胞壁沉积上发生改变(Wedlich-Soldner et al. 2000)。

丝状真菌胞吞途径中频繁看到的另一种成分是多泡体(multivesicular body,MVB;图 2.18),有人认为它们是胞吞途径中初级内体和次级内体的中间结构。多泡体是真菌细胞的共有特征,通常与纺锤体有关(Swann and Mims 1991)。在有丝分裂过程中,多泡体有时以大量的、分散的星状微管形式存在。在桃吉尔霉(*G. persicaria*)中,多泡体分布于细胞质通路的分泌囊泡中间,并且能够进行双向移动。对于多泡体的功能目前尚缺乏详细的研究报道。

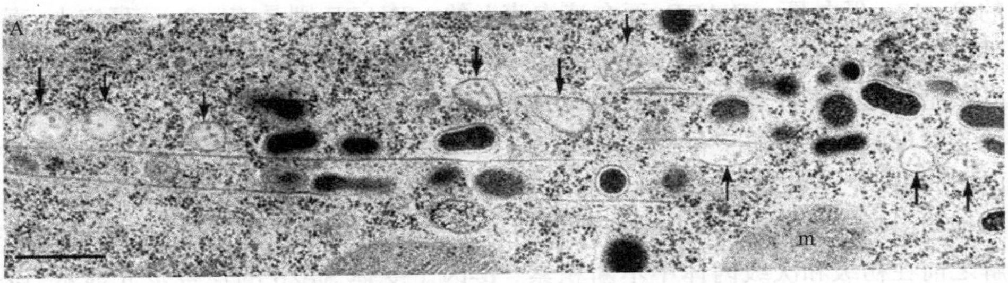

图 2.18 桃吉尔霉(*G. persicaria*)中的多泡体

多泡体(MVB)是初级内体和次级内体的中间隔室,可以在菌丝中大量分布(箭头部分),多泡体能够以微管和囊泡的形式分散,进行双向运动;样本是通过冷冻置换法制备的。m 代表线粒体。标尺=500nm。(引自 Bourett et al. 2007)

2.4.4 液泡与胞吞途径

真菌液泡是高度能动的多形态结构,而且具有多种功能。它们参与了阳离子和代谢物的储存,可以调节胞浆中的 pH 和控制离子的自我平衡,并且是含有多种水解酶的溶解性隔室。真菌的液泡是蛋白质整理及胞吞途径的最后的腔室。在酿酒酵母中这些途径已经通过研究突变体及借助其他的分子手段被系统而集中的研究。酵母菌中的内吞途径被认为是由三个独立功能的腔室组成,已知的是传统上的初级内体、次级内体及液泡,它们的功能与动物细胞表现出一定的相似性和不同性(Pelham 2002)。

要想了解初级内体的形成首先需要解释配体的概念。在受体介导的胞吞过程中,与细胞质膜受体蛋白结合,最后被吞入细胞的即是配体,也可以说,同锚定蛋白结合的任何分子都称为配体。配体-受体复合物在质膜的一个特殊的区域形成有被小窝(coated pit)(见图 2.17),并在其中进行浓缩,然后逐渐形成有被小囊泡。包裹在小囊泡外面的外被是一种纤维蛋白的聚合体,即网格蛋白。脱离了质膜的被膜小囊泡的外被很快解聚,成为无被小泡,即初级内体。被 Pelham(2002)称之为后高尔基体内体(post-Golgi endosome)的初级内体与质膜分子再循环相关。它们有些含有一个特异标记物的亚基 Tlg2p 蛋白,参与质膜的分子再生。另外一些含有特异的 t-SNARE 腔室与高尔基体之间也存着膜的交换。初级内体也会将分子分选,然后将其通过次级内体运输到比较远的液泡中。这些过渡的不稳定的“分选”腔室就是管状囊泡。分选内体是独立于初级内体的“再生”元件,它们也是管状的,并且会在几分钟之内成熟为次级内体,同时伴随着 pH 的降低(Maxfield and McGraw 2004)。

次级内体与液泡密切相关,被称之为"前液泡腔室"(prevacuolar compartment)或者"前液泡内体"(prevacuolar endosome, PVE)。在酵母菌中,次级内体被认为是在液泡处于胞吞途径和经典的羧肽酶 Y(carboxypeptidase Y,CPY)蛋白分选途径相交之前的最后的分选腔室。CPY 分选途径是在蛋白质从高尔基体到液泡的过程中起作用的,胞吞途径是一种由一定数量的液泡水解酶并包括 CPY 组成的途径。前液泡内体(PVE)是作为液泡蛋白分选(vacuole protein sorting,VPS) 的腔室,在液泡蛋白分选途径被阻止的突变体中,PVE 会变大。在 *vps* 突变体中,液泡水解酶和胞吞标记物都会在 PVE 中聚集,此腔室包含的 Pep12p 蛋白是 t-SNARE,而在液泡膜上的 t-SNARE 则是 Vam3p。事实上,真核的胞吞转运途径更复杂,并且内体腔室的稳定性并没有通常想象的那么稳定。这给区分和鉴别真核胞吞途径的腔室带来了很大的困难(Maxfield and McGraw 2004)。

关于酵母胞吞途径腔室早期信息的获得是通过研究 α-因子与其受体 Ste2p 的内化来实现的(所谓内化一般指配体与细胞膜表面相应受体结合形成复合物,进而发生膜内陷而凹入细胞内的现象)。α-因子这种交配信息素通过内吞途径进入细胞,并且在其被液泡降解之前在初级和次级内体中不断积累。α-因子受体 Ste2p 的免疫荧光显示,该受体也会在"早期内吞"腔室的周围积累,然后在液泡附近一个较大的腔室中积累。正电荷纳米金粒子对野生型酿酒酵母的内吞途径(内化),已经进行了电子显微镜的观察测试(Prescianotto-Baschong and Riezman 1998)。研究显示,金粒子在 0℃时局限于原生质膜,但是当温度升高至 15℃时,它们被迅速内化成小囊泡,然后进入外围囊泡或者微管,这些微管腔室通常带有马蹄形的初级内体,然后进入多泡体,最后进入液泡中。在酿酒酵母中,多泡体与次级内体是等价的,尽管这些多泡体可能并不代表整个腔室。多泡体作为早期形成的内体,然后通过内化进入腔室内部而产生内部囊泡(Shaw et al. 2003)。在这个内化过程中,膜蛋白的一个亚基被分选运送到这些囊泡中。从最近的研究成果已经可以很清楚地知道在多泡体的界膜和内膜之间存在着很复杂的动力学反应,在冷冻替代保存的菌丝中的许多多泡体是管状而非卵状。据报道,多泡体或者次级内体在动物细胞中直接与溶酶体融合,在真菌中直接与液泡融合。尽管已经从酵母的遗传研究中获得许多关于蛋白质的锁定、分选和内吞作用的信息,但是,我们依然对内吞途径中腔室精确的形态学和动力学活性没有一个清晰的认识。尤其是关于这些腔室的形态信息的缺乏(Maxfield and McGraw 2004)。

在丝状真菌中,人们以为一些膜内化结构的产生是因为膜的修复,控制原生质膜的表面积及再生受体和信号分子。然而,在菌丝顶端细胞生长的过程中,因为在顶端生长中需要原生质膜表面积的增长,在与质膜融合的过程中造成囊泡内的蛋白质和酶大量向胞外分泌。在丝状真菌中,关于胞吞途径的一些成员已经有了很好的超微结构证据,除了内体和液泡外,像丝状真菌的多泡体(MVB),像网格蛋白包被的有被小窝和有被囊泡这些都可能在胞吞途径出现。多泡体在彩色豆马勃的菌丝顶端细胞中很常见,在冷冻替代制备保存的细胞中多泡体以管状结构和更多的典型的卵状结构的形式出现。这些多泡体在大小和外形上都与管状液泡不同。在较大的液泡剖面中的多泡体结构的切片已在图 2.18 中展示。这些结构仍然被单层膜围绕,这暗示了液泡作为一种双层膜结构难于与其融合,或者可能是被液泡界膜直接通过内化出芽包裹进去的。这些情况都不符合现在我们对多泡体内化的理解,获取的胞吞标记物影像也不足以说明多泡体是液相胞吞作用(因为胞吞作用分为液相胞吞和吸附胞吞,前一种方式为细胞非特异性把细胞外液态可溶性物质摄入细胞内,后一种方式中,细胞外的大分子或颗粒物质先以某种方式吸附在细胞表面,随后被摄入细胞内)。这是因为细胞壁可能会阻止这些标记物进入到原生质体中。上述在脉孢菌及彩色豆马勃和 *Eucalyptus pilulari* 外生菌根真菌中得到的结果,或许可以作为驳斥液相胞吞作用的一个证据(Torralba and Heath 2002)。

我们依然不清楚丝状真菌中的能动的管状液泡系统是什么样子的,而在动物细胞中相关腔室的信息已经被荧光染料展示出来。然而,丝状真菌中的管状液泡系统怎样参与胞吞途径目前仍然处于推测阶段(Ashford et al. 2001)。

液泡的一个主要功能是蛋白转换(protein turnover),这样的液泡既含有可溶性的水解酶,也含有膜结合的水解酶。在酿酒酵母中,已经鉴定出了几种蛋白质向液泡中的转运途径,其中至少有两种是通过高尔基体实现的(Conibear and Stevens 1998)。其中一种是经典的液泡蛋白分选途径,也称为 VPS 途径,该途径是由可溶性的液泡水解 CPY 酶行使的,所以也称为 CPY 途径,该途径贯穿于前液泡腔室。另外一条途径是由碱性磷酸酶和 Vam3p 行使的途径,该途径不受网格蛋白的约束但是依赖于 AP-3 受体蛋白。第三条途径是细胞质-液泡(Cvt)途径,一些蛋白酶(如氨肽酶 I)是直接被从细胞质中运送到液泡中的。这种酶是在核糖体中合成的,随后被膜包裹而直接靶向液泡。在特殊的环境下,像氮或者碳饥饿,酿酒酵母液泡就会像哺乳动物那样通过巨自噬作用降解整个细胞器和部分细胞溶质。据报道该自噬过程涉及双层膜包裹结构或者细胞质,从而产生自噬体,该自噬体然后被靶向运输到液泡。在酵母中还发现,液泡膜的直接内化会导致长微管的形成,然后这些微管转化进入液泡腔中的囊泡内,经过冷冻置换技术保存后,这种相似的内化已经展示出囊泡内还包含有细胞质成分(Abeliovich and Klionsky 2001)。Cvt 途径和自噬途径具有许多共同的性质及功能重叠性,但是在动力学、底物特异性和囊泡大小上则展示出了不同性。这两种途径中既涉及与液泡膜的融合,又涉及相同的 SNARE 复合物,像同型液泡融合一样。

2.5 讨论

1. 真菌界大约占据了地球生物的 20%,作为分类上的一个类群,它们具有许多亚细胞特征。就像我们前面讨论的那样,这些生物体为了生存,从它们所处环境中获得营养的细胞过程是非常重要的。真菌非常易于进行基因操作,也是研究解决细胞生物学疑问非常有用的模式生物。通过荧光蛋白融合很容易实现真菌的遗传操作,但是,仍然需要进一步研究定位于内膜系统所有隔室的荧光探针,才能保证对活细胞的深入鉴定和实验。

2. 我们对真菌内膜系统基础的了解还不充分,有许多问题仍需解答。内膜系统和菌丝顶端生长的关系是什么?什么组成了高尔基体?为什么高尔基体潴泡是与线粒体紧靠的?高尔基体外侧网络中囊泡是怎么起源的?真菌的高尔基体外侧网络是由什么组成的?尤其非常需要发展能够标记高尔基体的探针,由于这一隔室在真菌细胞中既是非常神秘的,其重要性又是有争议的。

3. 目前有足够的证据证明管状液泡网的构成和能动性是丝状真菌顶端生长区域的正常功能。同时,液泡内容物沿着这些管状液泡的运动被扩散,也证明了液泡储存物也是通过这个途径转运的。新的数据表明管状液泡不仅仅能在细胞水平将原料运送到新的位置,而且还能将内容物包括营养物质转运到更远的距离。而管状液泡的运动性依赖于细胞骨架的支持。管状液泡在细胞内的水平不仅控制着细胞器的分选而且看起来还影响着细胞胞吞途径中囊泡的融合和膜转运。

4. 沃鲁宁体是真子囊菌特有的行使过氧化物酶体功能的细胞器,它们的生物学特性与真菌的生活方式密切相关。沃鲁宁体核心的结构已在原子分辨率水平上得到了详细研究。沃鲁宁体是与隔膜孔相关的细胞器,可以看做是高度适应进化的细胞系统的元件。目前仍存在大量的问题需要进一步研究。沃鲁宁体仅仅是一个简单的含有 HEX-1 结晶的过氧化物酶体吗?控制沃鲁宁体在菌丝顶端隔室发生及在亚顶端隔室进行稳定遗传的机制是什么?对沃鲁宁体缺陷型突变株的分离及研究将会有助于以上问题的解答。

5. 胞吞作用发生最初的信号转导机制是什么?为什么内体区室的超微结构还未鉴定出来?所有真菌都含有丝状小体吗?丝状小体的本质和作用是什么?胞吞作用发生在细胞表面的哪个位置?这些问题也许是今后几年内真菌细胞生物学需要解决的焦点之一。

6. 关于网格蛋白在囊泡运输中的作用,这一问题仍然是未解决的。尽管具有高度保守的网格蛋白重链基因和额外发现的新的真菌同源蛋白,但是丝状真菌似乎缺少网格蛋白包裹的囊泡。这些网格蛋白包裹的囊泡参与胞吞作用,而这些功能似乎是子囊类酵母所缺失的。目前仍存在一些需要解决的问题,如胞吞作用发生的分子机制是什么?

7. 随着大量真菌基因组测序工作的完成,对于鉴定其他真核生物内膜系统中的重要基因在真菌中的同源蛋白,是非常关键的。今后几年应该是真菌细胞生物学的重要发展阶段。对真菌内膜系统的完全了解需要遗传、分子生物学和结构生物学方法的结合,这将会给真菌细胞生物学带来更多的惊喜。

参考文献

Abeliovich H, Klionsky DJ. 2001. Autophagy in yeast: mechanistic insights and physiological function. Microbiol Mol Biol Rev, 65: 463-479

Andag U, Schmitt HD. 2003. Dsl1p, an essential component of the Golgi-endoplasmic reticulum retrieval system in yeast, uses the same sequencemotif to interact with different subunits of the COPI vesicle coat. J Biol Chem, 278: 51722-51734

Ashford AE, Cole L, Hyde GJ. 2001. Motile Tubular Vacuole Systems. In: Howard RJ, Gow NAR (eds) The Mycota, vol VIII. Biology of the fungal cell. Springer, Berlin Heidelberg New York. 243-265

Ashford AE, Allaway WG. 2007. Motile tubular vacuole systems. In: The Mycota Ⅷ, Biology of the fungal cell (2nd), Howard R, Gow NAR(2007). Springer Berlin Heidelberg New York. 49-86

Bachem U, Mendgen K. 1995. endoplasmic reticulum subcompartments in a plant parasitic fungus and in baker's yeast: differential distribution of luminal proteins. Exp Mycol, 19: 137-152

Bachewich C, Heath IB. 1999. Cytoplasmic migrations and vacuolation are associated with growth recovery in hyphae of *Saprolegnia*, and are dependent on the cytoskeleton. Mycol Res, 103: 849-858

Bebber DP, Tlalka M, Hynes J et al. 2007. Imaging complex nutrient dynamics in mycelial networks. In: Gadd GM, Watkinson SC, Dyer PS (eds) Fungi in the environment. (British Mycological Society Symposia, vol 25) Cambridge University, Cambridge. 1-21

Berbee ML, Taylor JW. 2001. Fungal molecular evolution: gene trees and geological time. In: McLaughlin DJ, McLaughlin EG, Lemke PA (eds) The Mycota, vol VII, partB. Systematics and evolution. Springer, Berlin Heidelberg New York. 229-245

Bevis BJ, HammondAT, Reinke CA et al. 2002. De novo formation of transitional ER sites and Golgi structures in *Pichia pastoris*. Nat Cell Biol,4:750-756

Bielli P, Casavola EC, Biroccio A et al. 2006. GTP drives myosin light chain 1 interaction with the class V myosin Myo2 IQ motifs via a Sec2 RabGEF-mediated pathway. Mol Microbiol,59:1576-1590

Bos J, Rehmann H, Wittinghofer A. 2007. GEFs and GAPs: critical elements in the control of small G proteins. Cell, 129: 865-877

Bourett TM, James SW, Howard RJ. 2007. The endomembrane system of the Fungal cell. In:The Mycota Ⅷ, Biology of the fungal cell (2nd),Howard R, Gow NAR(2007). Springer Berlin Heidelberg New York,121-135

Brocker C, Engelbrecht-Vandre S, Ungermann C. 2010. Multisubunit tethering complexes and their role in membrane fusion. Current Biology, 20: 943-952

Carcia-Rodriguez LJ, Gay AC, Pon LA. 2006. Organelle inheritance in yeasts and other fungi. In:The Mycota Ⅰ, Growth, differentiation and sexuality(2nd),U. Kues, R. Fischer(2006). Springer Berlin Heidelberg New York. 21-36

Collinge AJ, Markham P. 1985. Woronin bodies rapidly plug septal pores of severed *Penicillium chrysogenum* hyphae. Exp Mycol,9:80-85

Colot HV,Park G,Turner GE et al. 2006. A high-throughput gene knockout procedure for *Neuraspora* reveals functions for multiple transcription factors. Proc Natl Acad Sci USA,103:10352-10357

Conibear E, Stevens TH. 1998. Multiple sorting pathways between late Golgi and the vacuole in yeast. Biochim Biophys Acta, 1404:211-230

Czymmek KJ. 2005. Exploring fungal activity with confocal and multiphoton microscopy. In:Dighton J,Wicklow DT(eds) The fungal community. Dekker,New York. 307-329

Czymmek KJ, Bourett TM, Howard RJ. 2005. Fluorescent protein probes in fungi. Methods Microbiol,34:27-62

Dacks JB,Field MC. 2004. Eukaryotic cell evolution from a comparative genomic perspective:the endomembrane system. Syst Assoc,68:309-334

Damm E-M, Pelkmans L, Kartenbeck J et al. 2005. Clathrin- and caveolin-1 tindependent endocytosis: entry of simian virus 40 into cells devoid of caveolae. J Cell Biol,168:477-488

Darrah PR, Tlalka M, Ashford A et al. 2006. The vacuole system is a significant intracellular pathway for longitudinal solute transport in basidiomycete fungi. Eukaryot Cell,5:1111-1125

Dhavalel T, Jedd G. 2007. The Fungal Woronin Body. In:The MycotaⅧ, Biology of the fungal cell 2nd,Howard R, Gow NAR(2007). Springer Berlin Heidelberg New York. 87-96

Du Y, Pypaert M, Novick P, Ferro-Novick S. 2001. Aux1p/Swa2p is required for cortical endoplasmic reticulum inheritance in-*Saccharomyces cerevisiae*. Mol Biol Cell,12:2614-2628

Eckert JH, Erdmann R. 2003. Peroxisome biogenesis. Rev Physiol Biochem Pharmacol,147:75-121

Estrada P, KimJ, Coleman J et al. 2003. Myo4p and She3p are required for cortical ER inheritance in *Saccharomyces cerevisiae*. J Cell Biol,163:1255-1266

Geng J, Shin MF, Gilbert PM et al. 2005. *Saccharomyces cerevisae* Rab-GDI displacement factor orthologYip3p forms distinct complexeswith the Ypt1 Rab GTPase and the reticulon Rtn1p. Eukaryot Cell,4:1166-1174

Gilbert MJ,Thornton CR,Wakley GE et al. 2006. A P-type ATPase required for rice blast disease and induction of host resistance. Nature,440:535-539

Gillingham A K & Munro S. 2003. Long coiled-coil proteins and membrane traffic. Biochem Biophys Acta, 1641: 71-85

Gorska MM, Cen O, Liang Q et al. 2006. Differential regulation of interleukin 5-stimulated signaling pathways by dynamin. J Biol Chem,281:14429-14439

Guo T, Kit YY, Nicaud JM et al. 2003. Peroxisome division in the yeast Yarrowia lipolytica is regulated by a signal from inside the peroxisome. J Cell Biol,162:1255-1266

Gupta GD, Heath IB. 2002. Predicting the distribution, conservation, and functions of SNAREs and related proteins in fungi. Fungal Genet Biol, 36: 1-21

Hawes C, Satiat-Jeunemaitre B. 2005. The plant Golgi apparatus- going with the flow. Biochim Biophys Acta, 1744: 93-107

Hickey PC, Swift SR, Roca MG et al. 2005. Live-cell imaging of filamentous fungi using vital fluorescent dyes and confocal microscopy. Methods Microbiol, 34: 63-87

Higuchi Y, Nakahama T, Shoji J-y et al. 2006. Visualization of the endocytic pathway in the filamentous fungus Aspergillus oryzae using an GFP fusedplasmamembraneprotein. Biochem Biophys Res Commun, 340: 784-791

Hoepfner D, van den Berg M, Philippsen P et al. 2001. A role for Vps1p, actin, and theMyo2p motor in peroxisome abundance and inheritance in*Saccharomyces cerevisiae*. J Cell Biol, 155: 979-990

Howard RJ. 1981. Ultrastructural analysis of hyphal tip cell growth in fungi: Spitzenkörper, cytoskeleton and endomembranes after freeze-substitution. J Cell Sci, 48: 89-103

Howard RJ. 1997. Breaching the outer barrier cuticle and cell wall penetration. In: Carroll GC, Tudzynski P (eds) The Mycota, volV, part A. Plant relationships. Springer, Berlin Heidelberg New York. 43-60

Howard RJ. 1981. Ultrastructural analysis of hyphal tip cell growth in fungi: Spitzenkorper, cytoskeleton and endomembranes after freeze-substitution. J Cell Sci, 48: 89-103

Hu J. 2010. Molecular basis of peroxisome division and proliferation in plants. Int Rev Cell Mol Biol, 279: 79-99

Hutagalung A H, Novick P J. 2011. Role of Rab GTPases in membrane traffic and cell physiology. Physiol Rev, 91: 119-149

Hyde GJ, DaviesD, Perasso L. 1999. Microtubules, but not actin microfilaments, regulate vacuole motility and morphology in hyphae of *Pisolithus tinctorius*. Cell Motil Cytoskeleton, 42: 114-124

Jahn R, Lang T, Südhof TC. 2003. Membrane fusion. Cell, 112: 519-533

Jahn R, Scheller R H. 2006. SNAREs-engines for membrane fusion. Nat Rev Mol Cell Biol, 7: 631-643

Jedd G, Chua NH. 2000. A new self-assembled peroxisomal vesicle required for efficient resealing of the plasma membrane. Nature Cell Biol, 2: 226-231

Jones HD, Schliwa M, Drubin DG. 1993. Video microscopy of organelle inheritance and motility in budding yeast. Cell Motil Cytoskeleton, 25: 129-142

Johnson KD, Herman EM, Chrispeels MJ. 1989. An abundant, highly conservedtonoplastprotein in seeds. Plant Physiol, 91: 1006-1013

Kamena F, Spang A. 2004. Tip20p prohibits back-fusion of COPII vesicles with the endoplasmic reticulum. Science, 304: 286-289

Kiel JA, Veenhuis M, van der Klei IJ. 2006. PEX genes in fungal genomes: common, rare or redundant. Traffic, 7(10): 1291-1303

Kobayashi S, Tanaka A, Fujiki Y. 2007. Fis1, DLP1, and Pex11p coordinately regulate peroxisome morphogenesis. Exp Cell Res, 313(8): 1675-1686

Koch J, Pranjic K, Huber A et al. 2010. PEX11 family members are membrane elongation factors that coordinate peroxisome proliferation and maintenance. J Cell Sci, 123(Pt 19): 3389-3400

Kovalchuk A, Driessen AJ. 2010. Phylogenetic analysis of fungal ABC transporters. BMC Genomics, 11: 177

Kraynack BA, Chan A, Rosenthal E et al. 2005. Dsl1p, Tip20p, and the novel Dsl3(Sec39) protein are required for the stability of the Q/t-SNARE complex at the endoplasmic reticulum in yeast. Mol Biol Cell, 16: 3963-3977

Lenz JH, Schuchardt I, Straube A et al. 2006. A dynein loading zone for retrograde endosome motility at microtubule plus-ends. EMBO J, 25: 2275-2286

Maruyama J, Nakajima H, Kitamoto K. 2002. Observationof EGFP-visualized nuclei and distribution of vacuoles in *Aspergillus oryzae arpA* null mutant. FEMS Microbiol Lett, 206: 57-61

Maruyama J, Juvvadi PR, Ishi K et al. 2005. Threedimensional image analysis of plugging at the septal pore by Woronin body during hypotonic shock induced hyphal tip bursting in the filamentous fungus *Aspergillus oryzae*. Biochem Biophys Res Commun, 331: 1081-1088

Maxfield FR, McGraw TE. 2004. Endocytic recycling. Nat Rev Mol Cell Biol, 5: 121-132

McNiven MA, Thompson HM. 2006. Vesicle formation at the plasma membrane and trans-Golgi network: the same but different. Science,313:1591-1594

Mims CW,Rodriguez-Lother C,Rochardson EA. 2002. Ultrastrcture of the host-pathogen interface in daylily leaves infected by rust fungus *Puccinia hemerocallidis*. Protoplasma,219:221-226

Momany M, Richardson EA, Van Sickle C et al. 2002. Mapping Woronin body position in *Aspergillus nidulans*. Mycologia,94:260-266

Money NP. 1990. Measurement of pore size in the hyphal cell wall of *Achlya bisexualis*. Exp Mycol,14:234-242

Nayak T,Szewczyk E,Osmani A et al. 2006. A versatile and efficient gene-targeting system for *Aspergillus nidulans*. Genetics,172:1557-1566

Neuwald AF. 1997. A shared domain between a spindle assembly checkpoint protein and Ypt/Rab-specific GTPase-activators. Trends Biochem Sci,22:243-244

Numajiri A, Mibayashi M, Nagata K. 2006. Stimulusdependent and domain-dependent cell death acceleration by an IFN-inducible protein, human MxA. J Interferon Cytokine Res,26:214-219

Oku M,Sakai Y. 2010. Peroxisomes as dynamic organelles: autophagic degradation. FEBS J,277(16): 3289-3294

Opalinski L,Kiel JA, Williams C et al. 2011. Membrane curvature during peroxisome fission requires Pex11. EMBO J,30(1): 5-16

Orlando K., Sun X, Zhang J et al. 2011. Exo-endocytic trafficking and the septin-based diffusion barrier are required for the maintenance of Cdc42p polarization during budding yeast asymmetric growth. Molecular Biology of the Cell, 22: 624-633

Orlovich DA, Ashford AE. 1993. Polyphosphate granules are an artefact of specimen preparation in the ectomycorrhizal fungus *Pisolithus tinctorius*. Protoplasma,173:91-102

Pelham HRB. 2002. Insights from yeast endosomes. Curr Opin Cell Biol,14:454-462

Peplowska K, Ungermann C. 2005. Expanding dynamin: from fission to fusion. Nature Cell Biol,7:103-104

Pereira-Leal JB,Seabra MC. 2001. Evolution of the Rad family of small GTP-binding proteins. J Mol Biol,313:889-901

Prescianotto-Baschong C, Riezman H. 1998. Morphology of the yeast endocytic pathway. Mol Biol Cell,9:173-189

Preuss D,Mulholland J,Kaiser CA et al. 1991. Structure of the yeast endoplasmic reticulum: localization of ER proteins using immunofluorescence and immunoelectron microscopy. Yeast,7:891-911

Prinz W, Grzyb L, Veenhuis M et al. 2000. Mutants affecting the structure of the cortical endoplasmic reticulum in *Saccharomyce cerevisiae*. J Cell Biol,150:461-474

Proszynski TJ, Klemm RW, Gravert M et al. 2005. A genome-wide visual screen reveals a role for sphingolipids and ergosterol in cell surface delivery in yeast. Pro Natl Acad Sci USA,102:17981-17986

Read ND, Kalkman ER. 2003. Does endocytosis occurr in fungal hyphae? Fungal Genet Biol,39:199-203

Renna L, Hanton SL, Stefano G et al. 2005. Identification and characterization of AtCASP, a plant transmembrane Golgi matrix protein. Plant Mol Biol,58:109-122

Roberson RW, Fuller MS. 1988. Ultrastructural aspects of the hyphal tip of Sclerotium rolfsii preserved by freeze substitution. Protoplasma,146:143-149

Rossanese OW, Soderholm J, Bevis BJet al. 1999. Golgi structure correlates with transitional endoplasmic reticulum organization in *Pichia pastoris* and *Saccharomyces cerevisiae*. J Cell Biol,145:69-81

Rossanese OW, Reinke CA, BevisBJ et al. 2001. A role for actin, Cdc1p and Myo2p in the inheritance of late Golgi element in *Saccharomyces cerevisiae*. J Cell Biol,153:47-62

Rothman JE, Wieland FT. 1996. Protein sorting by transport vesicle. Sciensce,272:227-234

Saito K, Kuga-Uetake Y, Saito M et al. 2006. Vacuolar localization of phosphorus in hyphae of *Phialocephala fortinii*, a dark septate fungal root endophyte. Can J Microbiol,52:643-650

Shaw JD,Hama H, Sohrabi F et al. 2003. PtdIns(3,5)P2 is required for delivery of endocytic cargo into the multivesicular body. Traffic,4:479-490

Shepherd VA, Orlovich DA, Ashford AE. 1993b. Cell-tocell transport via motile tubules in growing hyphae of a fungus. J Cell Sci,105:1173-1178

Shoji J, Arioka M, Kitamoto K. 2006. Vacuolar membrane dynamics in the filamentous fungus *Aspergillus oryzae*. Eukaryot Cell, 5:411-421

Soundararajan S, Jedd G, Li X et al. 2004. Woronin body function in *Magnaporthe grisea* is essential for efficient pathogenesis and for survival during nitrogen starvation stress. Plant Cell, 16:1564-1574

Springer S, Spang A, Schekman R. 1999. A primer on vesicle budding. Cell, 97: 145-148

Steinberg G, Schliwa M. 1993. Organelle movements in the wild type and wall-less fz; sg; os-1 mutants of *Neurospora crassa* are mediated by cytoplasmic microtubules. J Cell Sci, 106:555-564

Stenmark H, Olkkonen V M. 2001. The Rab GTPase family. Genome Biology, 2(5): 3007. 1-3007. 7

Sudbery P, Court H. 2007. Polarised growth in fungi. In: Mycota Ⅷ, Biology of the fungal cell. Howard R, Gow NAR (Eds.), Springer Berlin Heidelberg. 137-166

Swann EC, Mims CW. 1991. Ultrastructure of freezesubstituted appressoria produced by aeciospore germlings of the rust fungus *Arthuriomyces peckianus*. Can J Bot, 69:1655-1665

Sztul E, Lupashin V. 2009. Role of vesicle tethering factors in the ER-Golgi membrane traffic. FEBS Letters, 583: 3770-3783

Takei K, Haucke V, Slepnev V et al. 1998. Generation of coated intermediates of clathrin-mediated endocytosis on protein-free liposomes. Cell, 94:131-141

Takei K, McPherson PS, Schmid S et al. 1995. Tubular membrane invaginations coated by dynamin ingsare induced by GTP-γS in nerve terminals. Nature, 374:186-190

Tey WK, North AJ, Reyes JL et al. 2005. Polarized gene expression determines Woronin body formation at the leading edge of the fungal colony. Mol Biol Cell, 16:2651-2659

Titorenko VI, Chan H, Rachubinski RA. 2000. Fusion of small peroxisomal vesicles *in vitro* reconstructs an early step in the *in vivo* multistep peroxisome assembly pathway of *Yarrowia lipolytica*. J Cell Biol, 148:29-44

Titorenko VI, Terlecky SR. 2011. Peroxisome metabolism and cellular aging. Traffic, 12(3): 252-259

Torralba S, Heath IB. 2002. Analysisof three separateprobes suggests the absence of endocytosis in *Neurospora crassa* hyphae. Fungal Genet Biol, 37:221-232

Uetake Y, Kojima T, Ezawa T et al. 2002. Extensive tubular vacuole system in an arbuscular mycorrhizal fungus, *Gigaspora margarita*. New Phytol, 154:761-768

Ungar D, Hughson FM. 2003. SNARE protein structure and function. Annu Rev Dev Biol, 19:493-517

Van den Bosch H, Schutgens RB, Wanders RJ et al. 1992. Biochemistry of peroxisomes. Annu Rev Biochem, 61:157-197

Van Roermund CW, Tabak HF, van Den Berg M et al. 2000. Pex11p plays a primary role in medium-chain fatty acid oxidation, a process that affects peroxisome number and size in *Saccharomyces cerevisiae*. J Cell Biol, 150:489-498

Voeltz GK, Rolls MM, Rapoport TA. 2002. Structural organization of the endoplasmic reticulum. EMBO Rep, 3:944-950

Waters MG, Pfeffer SR. 1999. Membrane tethering in intracellular transport. Curr Opin Cell Biol, 11:453-459

Weber RWS, Pitt D. 2001. Filamentous fungi growth and physiology. In: Khachatourians GG, Ayora DK(eds) Applied mycologyand biotechnology, vol1: agriculture and food production. Elsevier, New York. 13-54

Webster J, Weber RWS. 2007. Introduction to Fungi(Third Edition). Cambridge University Press, New York. 1-32

Wedlich-Soldner R, Boker M, Kahmann R et al. 2000. A putative endosomal t-SNARE links exo- and endocytosis in the phytopathogenic fungus *Ustilago maydis*. EMBO J, 19:1974-1986

Wedlich-Soldner R, Straube A, Friedrich MW et al. 2002. A balance of KIF1A-like kinesin and dynein organizes early endosomes in the fungus *Ustilago maydis*. EMBO J, 21:2946-2957

Weisman LS. 2003. Yeast vacuole inheritanceanddynamics. Annu Rev Genet, 37:435-460

Weisman LS. 2006. Organelles on the move: insights from yeast vacuole inheritance. Mol Cell Biol, 7:243-252

Weisman LS, Wickner W. 1988. Intervacuole exchange in the yeast zygote: a new pathway in organelle communication. Science, 241:589-591

Wösten HAB, Moukha SM, Sietsma JH et al. 1991. Localization of growth and secretion of proteins in *Aspergillus niger*. J Gen Microbiol, 137:2017-2023

Yamaguchi M, Biswas SK, Kita S et al. 2002a. Electron microscopy of pathogenic yeasts *Cryptococcus eoformans* and *Exophiala dermatitidis by highpressure freezing.* J Electron Microsc, 51: 21-27

Yamaguchi M, Biswas SK, Suzuki Y et al. 2003. Three-dimensional reconstruction of a pathogenic yeast *Exophiala dermatitidis* cell by freeze-substitution and serial sectioning by electron microscopy. FEMS Microbiol Lett, 219: 17-21

Yan M, Rayapuram N, Subramani S. 2005. The control of peroxisome number and size during division and proliferation. Curr Opin Cell Biol, 17(4): 376-383

Yu J-H, Hameri Z, Han K-H et al. 2004. Double-joint PCR: a PCR-based molecular tool for gene manipulations in filamentous fungi. Fungal Genet Biol, 41: 973-981

Yuan P, Jedd G, Kumaran D et al. 2003. A HEX-1 crystal lattice required for Woronin body function in *Neurospora crassa.* Nat Struct Biol, 10: 264-270

Zuk D, Jacobson D. 1998. A single amino acid substitution in yeast eIF-5A results in mRNA stabilization. EMBO J, 17: 2914-2925

3　真菌细胞壁

对于真菌细胞壁的生化特征和生物合成的分析,能够使我们更好地了解真菌在自然环境下的生长状态。真菌细胞与环境之间的物质交换都依赖于可渗透性的细胞壁。在真菌感染动植物的过程中,细胞壁直接与宿主接触,它可以作为某些活性分子,如酶、抗原、诱导因子或者毒素的过滤筛和储藏库。这些蛋白质可以消化基质聚合物为真菌提供营养,并为更深入地渗透侵染清理道路。同时,菌丝壁似乎又是扩散到基质环境中的蛋白质的通道屏障。因此,菌丝中必定有专门的区域或者专门的机制来让这些分子通过。另外,细胞壁也可以感受外界环境的变化,提高真菌对于外界渗透压和其他压力的适应性。真菌也发展了一些细胞壁的自我修复机制,能够对自身结构的损伤迅速做出反应。

目前只在很少的几个真菌种类中详细研究过细胞壁的组成,并且没有给出过任何真菌的细胞壁的完整结构。尽管对于基本知识有所欠缺,我们仍然试图在这一章中综述真菌细胞壁多聚物的组成及描述合成它的蛋白质或基因的特征。回顾细胞壁的组织结构及细胞壁合成的酶学反应过程。同时,我们也将从基因组序列和一些化学分析数据中探求真菌细胞壁合成的核心过程。

3.1 真菌细胞壁的化学组成

3.1.1 细胞壁组分的分离技术

细胞壁是高度难溶解的,因此,分析细胞壁组成的首要步骤是使其溶解。不同的技术利用不同的化学药品让其溶解成小片段。尽管一些常用的方法可以提取一些特别的多聚物,然而至今仍未找到最好的方法来分析细胞壁。尽管如此,图 3.1 所示的方法被大多数人所接受。氢氧化钠的处理或者一些盐酸被经常用来初始溶解细胞壁。其他一些碱溶性和不溶性的提取物需要特定的多聚糖水解酶,而甘露聚糖链只能利用乙酸水解酶分开。不同片段的糖链结构利用糖化学的方法去分析(Latge and Calderpne 2006)。

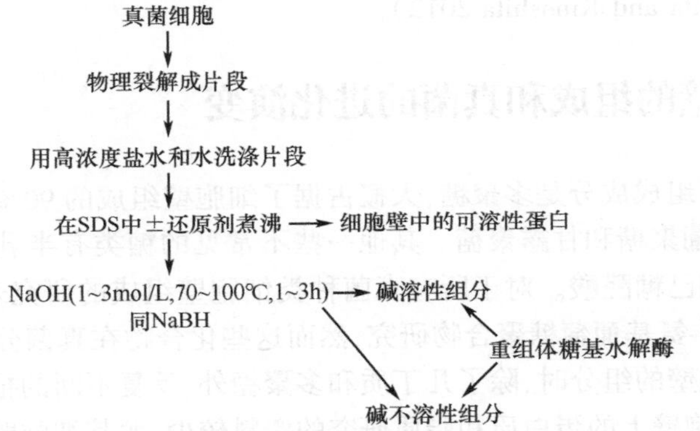

图 3.1 真菌细胞壁成分萃取过程的草图(引自 Latge and Calderone 2006)

1. 碱溶性的组分 在双核真菌类的菌丝细胞壁中大约有一半的葡聚糖是碱溶性的,并且大多数情况下,部分的 α-1,3 键连接的葡聚糖以晶体形式存在于外壁表面。这种葡聚糖一般包含少量的 α-1,4 键,它有抑制合成的作用,这与在细菌糖原合成上的发现是相似的。另外部分 β-1,3-葡聚糖一般也是碱溶性的(Sietsma and Wessels 1981)。

壁的碱溶性部分包含葡聚糖和氨基糖的聚合物。这种葡聚糖包含 β-1,3 或 β-1,6 键连接的葡萄糖残基并且似乎高度分支。碱溶性部分的氨基糖一般被认为来自几丁质,即 β-1,4 键连接的聚-*N*-乙酰葡萄糖胺(poly-*N*-acetyl-glucosamine)。尽管如此,仍然很难确定是否这些葡糖胺是以 *N*-乙酰葡萄糖胺还是葡糖胺(glucosamine)的形式存在,这是因为一般是在完全酸水解之后进行葡糖胺总量的精确测定的,这个过程会除去所有的乙酰基团。用几丁质酶消化样本一般产生壳二糖,表明有大量伸展的聚-*N*-乙酰葡萄糖胺链的存在。但是,这种酶处理经常完全无法水解含有氨基糖的聚合物,很可能是因为与 β-1,3-葡聚糖的紧密连接,以及可能存在的非乙酰化葡糖胺残基。用亚硝酸连续处理,可以在葡糖胺葡聚糖(glucosaminoglycan)非乙酰化的葡糖胺残基的位点进行降解,而几丁质酶不仅降解葡糖胺葡聚糖还能溶解所有的葡聚糖(Sietsma and Wessels 1981;1990),意味着在 β-葡聚糖和葡糖胺葡聚糖之间有共价键的存在。

2. 碱不溶性组分 在接合菌中菌丝壁除了包含几丁质,还有长链 β-1,4 键连接的葡糖胺残基(壳聚糖),它能作为碱不溶性而不是酸溶性聚合物与这些壁分开。至少在高大毛霉(*M. mucedo*)中,葡糖胺葡聚糖包含有乙酰化和非乙酰化的葡聚糖残基(Datema et al. 1977b)。用硝酸破坏这些带阳离子的葡糖胺葡聚糖化合物,释放出一种杂聚物,这种杂聚物含有葡萄糖醛酸、海藻糖、甘露糖和一些半乳糖。在细胞壁中这种酸性杂聚物显然是以离子键键联的不溶性的聚阳离子葡糖胺葡聚糖(polycationic glucosaminoglycan)。

3. 蛋白质组分 蛋白质是碱溶性片段的组成成分。与多聚糖相比,蛋白质只是细胞壁的一小部分。这些蛋白质不是做运输用就是作为细胞壁的结构成分,它的二硫键可以被一些还原剂破坏,依赖糖基磷脂酰肌醇的细胞壁蛋白(glycosylphosphatidyl inositol dependent cell wall protein,GPI-CWP)可被氢氟酸破坏,30mmol/L 氢氧化钠可以破坏 PIR 蛋白(protein with internal repeat,PIR)。关于这些蛋白质的结构、合成、运输及蛋白质在细胞壁合成中的作用,我们在下面的 3.1.4 和 3.3 节细胞壁结构中将做简要描述(Fujita and Kinoshita 2010;Fujita and Kinoshita 2012)。

3.1.2 细胞壁的组成和真菌的进化演变

细胞壁的主要组成成分是多聚糖,大概占据了细胞壁组成的 90%。最基本的多聚糖的组成是几丁质、葡聚糖和甘露聚糖。其他一些不常见的糖类有半乳糖、半乳糖胺、葡糖胺、木糖、岩藻糖和己糖醛酸。对于所有真菌种类细胞壁组成的研究表明:我们都忽略了对于半乳糖或者 D-氨基葡萄糖聚合物研究,然而这些化合物在真菌分类学上仍有重要的意义。在分析细胞壁的组分时,除了几丁质和多聚糖外,反复不断的报道脂质和蛋白质成分。然而,对于细胞壁上的蛋白质和脂质研究的资料较少,尤其细胞壁蛋白在细胞壁结构中的重要性,有待新的研究资料。

尽管对于真菌细胞壁的基本知识有所欠缺,我们仍然试图将细胞壁的化学组成与分类学相联系。细胞壁作为分类学概念首次出现是在 1960 年,从此以后,数量众多的综述复制和修正了 Bartnicki-Garcia (1968)的图表,但并没有任何显著的进展。依据分类学的聚类分析和真菌进化的地理时间表而绘制的真菌细胞壁中的多糖类的进化树,可以发现细胞壁组成成分的存在或缺失的变化往往与真菌的分类与进化相关(图 3.2)。胞外几丁质的出现证实了在 10 亿年前真菌和动物拥有共同的祖先(Berbee and Taylor 2001)。而真菌与动物的物种分离是源于细胞壁中 β-1,3-葡聚糖的出现。

埃默森小芽枝霉(*Blastocladiella emersonii*)和各种异水霉属(*Allomyces*)的菌都属于壶菌纲(Chytridiomycetes),但亲缘关系较远,细胞壁都包含葡聚糖和几丁质,后者几丁质大量出现在其他大多数的真菌中,而且这两种多糖在真菌界占据新合成细胞壁多糖的首位,似乎在壶菌纲中大量存在于细胞壁外层。

细胞壁组成成分的变化对于真菌来说是一种进化的表现,不是有利就是有害。例如,在接合菌进化的一个分支中,毛霉目缺少 β-1,3-葡聚糖,取而代之的是壳聚糖(chitosan)和多聚糖醛酸,而在其他的真菌细胞壁的修饰中都包含或多或少的 β-葡聚糖-几丁质的骨架(图 3.2)。在子囊菌和担子菌中进化的关键步骤是 α-1,3-葡聚糖的出现。五碳糖木糖(xylose)是担子菌类的标志。呋喃半乳糖(galactofuranose)似乎只出现在最近进化的真菌——子囊菌类中。尽管 β-1,3-葡聚糖和几丁质的结构一直存在于真菌中,而一些多糖

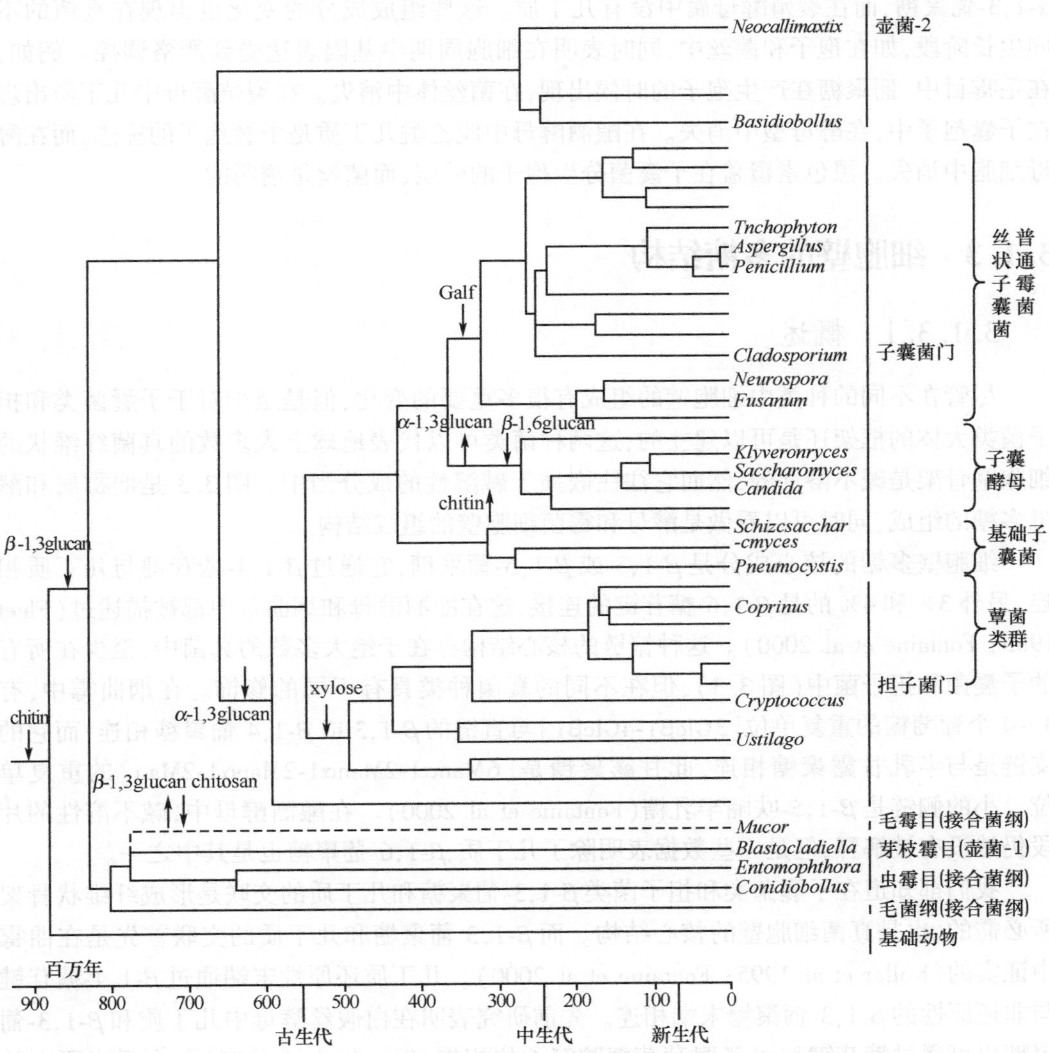

图 3.2 依据分类学的聚类分析和真菌进化的地理时间表展示真菌细胞壁中的多糖进化

分支长度是按核 SSUrDNA 序列的核苷酸置换的平均值的比例数计算(↓表示新出现的多糖,↑表示丢失的多糖)。Chitin:几丁质;chitosan:壳聚糖;Galf:呋喃半乳糖;xylose:木糖;glucan:葡聚糖。(引自 Latge and Calderone 2006)

的组成(如甘露聚糖)却在不断地进化。例如,短的甘露聚糖链在古真菌中可能是蛋白质 *N*-糖链的一部分,而在进化过程中在酵母细胞表面中变成非共价相连,最终变成丝状子囊菌类的组成部分。

在不同的菌类中不仅物质构成有变化,而且其含量也是不同的。例如,在酵母和霉菌中都含有几丁质的细胞壁,但几丁质的含量在丝状真菌中远多于酵母菌,这就导致了两种真菌形状的不同。因此,既然几丁质被认为是维持细胞壁的结构,因此大量的几丁质就存在于真菌菌丝壁中。在二形性真菌中,如假丝酵母属(*Candida*),其菌丝型细胞壁中的几丁质远远多于酵母型。酵母细胞壁成分的种类看上去比丝状真菌少,在酿酒酵母中没有

α-1,3-葡聚糖,而在裂殖酵母属中没有几丁质。这些组成成分的变化也出现在真菌的不同生长阶段,如在孢子和菌丝中,同时表明在细胞周期中基因表达受到严格调控。例如,在毛霉目中,葡聚糖在产生孢子的时候出现,在菌丝体中消失。在裂殖酵母中几丁质出现在子囊孢子中,在酵母型中消失。在酿酒酵母中脱乙酰几丁质是子囊孢子的标志,而在酵母细胞中消失。黑色素覆盖在子囊菌分生孢子的外层,而菌丝是透明的。

3.1.3 细胞壁的多糖结构

3.1.3.1 概述

尽管在不同的种类中细胞壁的组成有很多重要的变化,但是至少对于子囊菌类和担子菌类大体的框架还是可以建立的,这两种菌类可以代表地球上大多数的真菌纤维状的细胞壁骨架是碱不溶性的,然而它往往嵌插于碱溶性的成分当中。图 3.3 是曲霉属和酵母多糖的组成,同时可以看做是酵母和霉菌细胞壁的组成结构。

细胞壁多糖的核心成分是β-1,3 或β-1,6-葡聚糖,它通过β-1,4-糖苷键与几丁质相连,另外 3% 和 4% 的是β-1,6-糖苷键的连接,这在酿酒酵母和烟曲霉中都被描述过(Fleet 1985; Fontaine et al. 2000)。这种糖链的核心结构存在于绝大多数的真菌中,至少在所有的子囊菌和担子菌中(图 3.3),但在不同的真菌种类具有不同的修饰。在烟曲霉中,有 3 ~4 个葡萄糖的重复单位[3Glcβ1-4Glcβ1]与直链的β-1,3 或β-1,4 葡聚糖相连,而它的支链是与半乳甘露聚糖相连,此甘露聚糖是[6Manα1-2Manα1-2Manα1-2Man]的重复单位。小的侧链是β-1,5-呋喃半乳糖(Fontaine et al. 2000)。在酿酒酵母中,碱不溶性的片段仍然没有被解释,但是一些数据表明除了几丁质,β-1,6-葡聚糖也是其中之一。

我们都知道在子囊菌类和担子菌类β-1,3-葡聚糖和几丁质的交联是形成纤维状骨架所必需的,也是真菌细胞壁的核心结构。而β-1,3 葡聚糖和几丁质的交联首先是在曲霉中证实的(Kollar et al. 1995; Fontaine et al. 2000)。几丁质还原性末端通过β-1,4-糖苷键与非还原性的β-1,3-葡聚糖末端相连。先前研究表明在白假丝酵母中几丁质和β-1,3-葡聚糖也可通过糖苷键与 *N*-乙酰葡萄糖胺第 6 位相连(Surarit et al. 1988)。在后来研究的真菌中碱不溶性的片段由线型的β-1,3-葡聚糖与高度分支的β-1,6-葡聚糖相连,并且此葡聚糖上有很多 α-1,3-葡聚糖的侧链(图 3.3;Sugawara et al. 2004)。

在不同的真菌种类中纤维状碱不溶性的复合物与碱溶性的成分相交联,但是对于它们的研究很少。并且,碱溶性的物质并没有与特定的多糖相连。在曲霉菌和裂殖酵母属它是由 α-1,3 或 α-1,4 葡聚糖,或者在曲霉中由吡喃半乳糖相连(Beauvais et al. 2004; Sugawara et al. 2004; Grun et al. 2005)。相反,在酿酒酵母中,是由甘露聚糖和带有β-1,6-葡聚糖支链的β-1,3 或β-1,6 葡聚糖相连,这也与碱不溶性片段的结构相似,并没有与几丁质相交联(Hartland et al. 1994)。

酿酒酵母(*S. cerevisiae*)是目前研究最为深入的真菌,这就引出了一个问题,在细胞壁生物学的研究领域中,酿酒酵母能在多大程度上代表整个丝状真菌呢?更甚一步,对酿酒酵母的探索能否阐明丝状真菌细胞壁的生物学结构呢?为了回答这些或与之相似的问题,真菌基因组全序列日益被重视,因为它能确定细胞壁相关基因的保守程度。基因组学

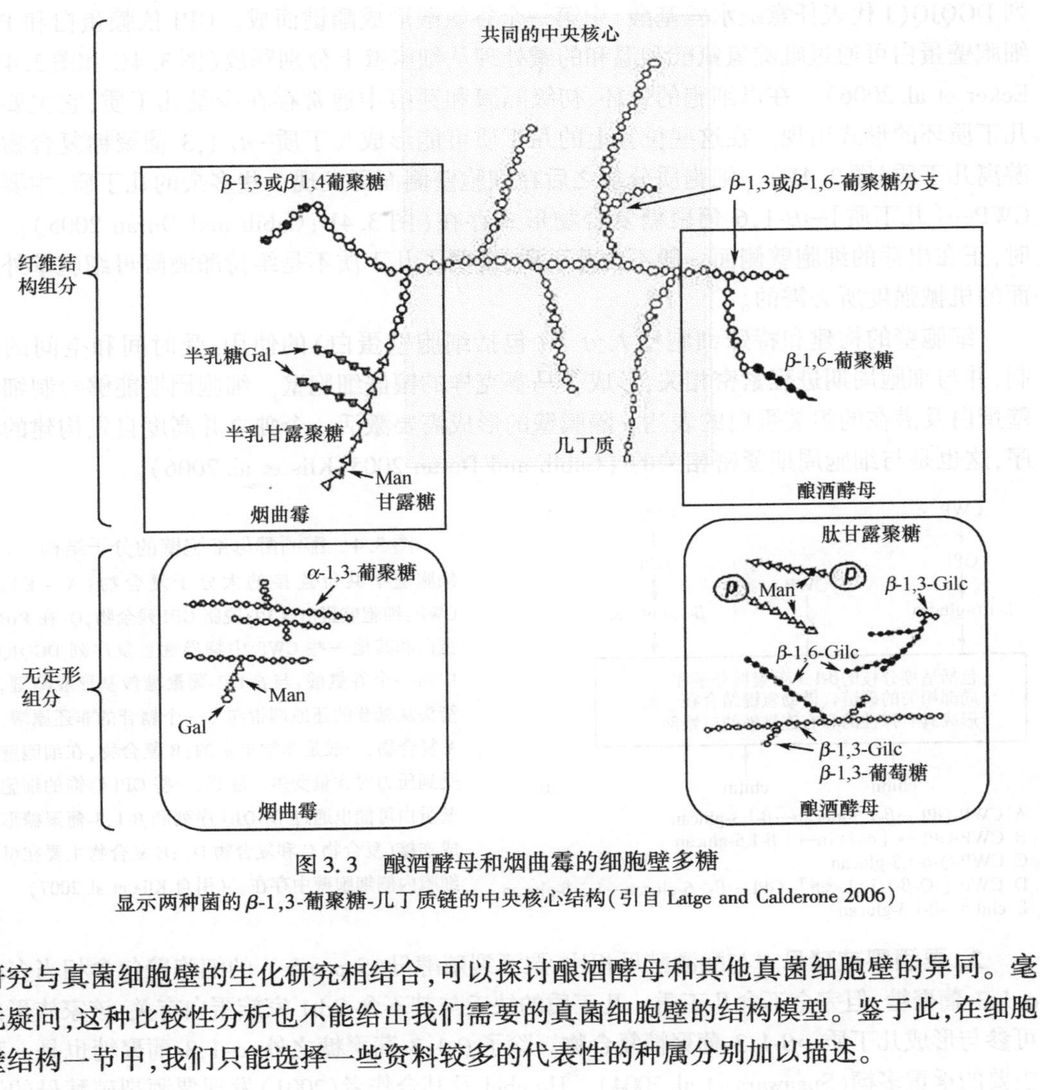

图 3.3 酿酒酵母和烟曲霉的细胞壁多糖

显示两种菌的β-1,3-葡聚糖-几丁质链的中央核心结构(引自 Latge and Calderone 2006)

研究与真菌细胞壁的生化研究相结合,可以探讨酿酒酵母和其他真菌细胞壁的异同。毫无疑问,这种比较性分析也不能给出我们需要的真菌细胞壁的结构模型。鉴于此,在细胞壁结构一节中,我们只能选择一些资料较多的代表性的种属分别加以描述。

3.1.3.2 酵母细胞壁结构

1. 酿酒酵母 对酿酒酵母细胞壁的电镜分析显示有一个亮染色内层和一个暗染色或纤维状的外层。亮染色内层代表骨架层,主要包含多聚糖,暗染色外层代表外部的蛋白质层。在芽殖的酿酒酵母中,内层的主要承重多糖是一个中等分支的β-1,3-葡聚糖,还原端作为几丁质和β-1,6-葡聚糖的还原末端连的接受体位点。它的细胞壁缺少在许多子囊菌菌丝中发现的α-1,3-葡聚糖和β-1,4-葡聚糖。β-1,3-葡聚糖形成了一个连续的氢键弹性网络,在正常渗透压力下可大范围拉伸。这个网状结构可作为支架保护外层的甘露糖蛋白(图 3.4)。主要的细胞壁蛋白(CWP)是 GPI 依赖的,它们通过高度分支连接在一起,因此水溶性β-1,6-葡聚糖链连接于β-1,3-葡聚糖,形成了一个 CWP→β-1,6-葡聚糖→β-1,3-葡聚糖复合体(图 3.4A;Klis et al. 2006);此外,一些所谓的内部重复蛋白(PIR 蛋白),直接连接于β-1,3-葡聚糖网状结构,这种连接可能是通过糖的羧基基团与氨基酸序列 DGQJQ(J 代表任意疏水氨基酸)中第一个谷氨酸形成酯键而成。GPI 依赖蛋白和 PIR 细胞壁蛋白可通过吡啶氢氟酸和温和的碱处理从细胞壁上分别释放(图 3. 4C 和图 3. 4D; Ecker et al. 2006)。在母细胞的颈环、初级隔膜和芽痕中通常存在少量几丁质,它主要以几丁质环的形式出现。在这些位置上的几丁质可能形成几丁质→β-1,3-葡聚糖复合物或游离几丁质(图 3. 4E)。细胞质分裂之后在细胞壁侧面可发现一些多余的几丁质,主要以 CWP→[几丁质]→β-1,6-葡聚糖复合物形式存在(图 3. 4B;Cabib and Duran 2005)。同时,正在出芽的细胞壁侧面一般不含几丁质,证明了几丁质不是维持酿酒酵母细胞壁外侧面的机械强度所必需的。

细胞壁的构建和特殊细胞壁大分子(包括细胞壁蛋白)的使用,受时间和空间的限制,并与细胞周期进程紧密相关,形成了马赛克样的镶嵌细胞壁。细胞周期能够控制细胞壁蛋白及潜在的组装蛋白的表达。隔膜壁的形成需要激活一个独立并高度自发构建的程序,这也是与细胞周期紧密相关的 (Cabib and Duran 2005;Klis et al. 2006)。

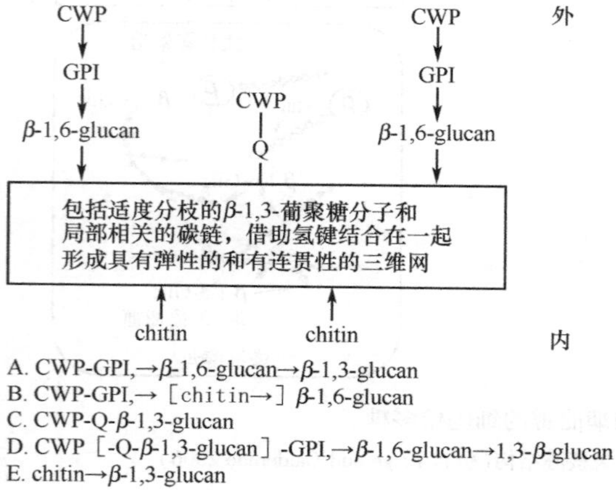

图 3. 4 酿酒酵母细胞壁的分子结构

细胞壁中共价连接的大分子复合物(A ~ E)。CWP:细胞壁蛋白,GPI:脱脂 GPI 残余物,Q:在 PIR 蛋白和其他一些 CWP 中特异性重复序列 DGQJQ 中第一个谷氨酸,与 β-1,3-葡聚糖羧基形成酯键。箭头从糖苷的还原端指向另一个糖苷的非还原端。A 复合物,一般是非常丰富的;B 复合物,在细胞壁受到压力时含量变多。注意,一些 GPI 修饰的细胞壁蛋白可能也通过 DGQJQ 序列和 β-1,3-葡聚糖形成连接(复合物 C 和复合物 D);E 复合物主要在母细胞内侧细胞壁中存在。(引自 Klis et al. 2007)

2. 粟酒裂殖酵母 与酿酒酵母相比,粟酒裂殖酵母(*S. pombe*) 的细胞壁包含相当多的 α-1,3-葡聚糖,但完全不含几丁质。几丁质的缺乏与其不含 Crh1 家族蛋白有关,该家族蛋白可参与形成几丁质→β-1,3-葡聚糖复合物。除了 β-1,3-葡聚糖之外,α-1,3-葡聚糖也是一种主要的承重多糖(Sugawara et al. 2004)。Humbel 及其合作者(2001)发现粟酒裂殖酵母的细胞壁也是双层的,包含一个纤维状外层,可能是半乳甘露聚糖(galactomannan)蛋白,以及一个光染色内层,代表骨架层。内部骨架层含有两种纤维,可能是 α-1,3-葡聚糖与 β-1,3-葡聚糖。此外也有研究指出还有一种高度分支的 β-1,6-葡聚糖。这种 β-1,6-葡聚糖被确信与骨架多聚糖 β-1,3-葡聚糖共价相连并可能首先位于紧邻外糖蛋白层的下部。另外,通过对 β-1,6-葡聚糖的酶消化能消除细胞壁外表面的非晶体层,这表明了 β-1,6-葡聚糖连接了细胞壁外蛋白层和其下的骨架层(Humbel et al. 2001;Magnelli et al. 2005)。

合成 α-1,3-葡聚糖的蛋白质已被确认是 Ags1p,也被称为 Mok1p(Katayama et al. 1999),该蛋白的同源蛋白在许多子囊菌中都存在。α-1,3-葡聚糖在细胞壁中的存在提出了一个问题,就是它是否与细胞壁中其他多糖分子相连,又是如何连接的呢? Grun 等(2005)曾利用加热的二甲亚砜(dimethylsulfoxide)溶解了粟酒裂殖酵母的细胞壁。对这些可溶分子进行按大小分级分离,发现存在三种混合成分,而 α-1,3-葡聚糖只存在于分子质量最小的成分中。由于这部分成分中不含可检测到的蛋白质或其他多糖,因此α-1,3-葡聚糖可能是细胞壁骨架中一种独立的组分。目前还不清楚这一发现在其他细胞壁含有α-1,3-葡聚糖的真菌中是否普遍存在。如果是普遍存在的,那么建立这些真菌细胞壁的分子模型将变得相当简单。

和酿酒酵母糖蛋白外层中蛋白与承受压力的多糖连接方式一致,有证据表明在粟酒裂殖酵母中,β-1,6-葡聚糖也作为一种可变形的连接物,连接外蛋白层中的糖蛋白和β-1,3-葡聚糖。这将产生可能存在于细胞壁中的蛋白多糖复合物 CWP→β-1,6-葡聚糖→β-1,3-葡聚糖。二甲亚砜溶解物经按大小分级分离后确定的三种组分可能分别代表了下列大小依次递减的分子:①CWP-多糖复合物(CWP→β-1,6-葡聚糖→β-1,3-葡聚糖);②β-1,3-葡聚糖;③α-1,3-葡聚糖(Klis et al. 2007)。

3.1.3.3 丝状子囊菌的细胞壁

在丝状子囊菌中研究细胞壁相对于酵母菌来说较为困难,在已经研究过的丝状真菌中表现出了与酿酒酵母细胞壁结构具有相似性和相同性,同时也表现出结构的多样性,这就是至今尚没有一个较完整的丝状菌细胞壁结构图的原因。因此,我们将通过一些研究较深入的菌作为代表介绍给读者。

1. 尖孢镰刀菌 尖孢镰刀菌(*F. oxysporum*)是一种可引起维管束萎蔫的土生真菌。该真菌的一个特殊种类可引起番茄枯萎。经过热 SDS 抽提之后分离的番茄枯萎菌细胞壁依然含有大量蛋白质。这些蛋白质携带大小不等的多糖侧链,包含甘露糖、半乳糖和葡萄糖醛酸。这些蛋白质的存在与电镜下明显的暗染色外层的存在相一致,并和这一层的链霉蛋白酶(pronase;由炭色链霉菌生产的一种蛋白水解酶)的灵敏度一致。另外,完整菌丝的细胞表面能和异硫氰酸荧光素标记的凝集素伴刀豆球蛋白 A(FITC-labeled lectin concanavalin A)发生剧烈反应,该蛋白质可识别α-连接的甘露糖侧链,而用链霉蛋白酶预处理的菌丝细胞仅发生微弱反应。细胞壁还含有大量的骨架成分几丁质、α-1,3-糖蛋白和β-1,3-糖蛋白。有趣的是,对完整菌丝进行链霉蛋白酶预处理,对于利用异硫氰酸荧光素(FITC)标记的麦胚凝集素高效标记几丁质是非常必要的,这表明细胞壁外蛋白层覆盖着几丁质并且可限制细胞壁的渗透性,这一结果与酿酒酵母及白假丝酵母一样(De Nobel et al. 1990;Gantner et al. 2005;Klis et al. 2007)。

2. 粗糙脉孢菌 粗糙脉孢菌(*N. crassa*)细胞壁含有两个不同的层:一个外纤维层和一个内骨架层。碱抽提可在不影响细胞形状的情况下完全除去细胞壁。抽提成分包括蛋白多糖复合物,该复合物含细胞壁中所有的半乳糖胺(约 10%)。内层包含β-1,3-葡聚糖和几丁质(约 10%)。没有证据显示细胞壁含有β-1,6-葡聚糖,这与其缺乏 *Sc*Kre6 蛋白的同源蛋白相吻合(Klis et al. 2007)。这就提出了一个问题,粗糙脉孢菌细胞壁蛋白层是否与β-1,3-葡聚糖这样的内层物质直接相连,而不像酿酒酵母那样通过一些连接多糖介导呢?进一步的基因分析显示粗糙脉孢菌含有 *Sc*Crh1 蛋白的同源蛋白,这表明细胞壁中存在几丁质→β-1,3-葡聚糖复合物。而 *Ap*Ags1 蛋白也存在于该菌中,这又提出一个问题,菌丝细胞或分化细胞的细胞壁是否含有α-1,3-葡聚糖?要寻找更多粗糙脉孢菌细胞壁合成过程中基因研究方面的资料,读者可参阅 Borkovich 等(2004)关于粗糙脉孢菌基因组序列的论文。

3. 曲霉属(*Aspergillas*) 冷冻蚀刻透射电镜(transmission electron microscopy of rapidly frozen)扫描的冷冻置换技术处理的黄曲霉(*A. flavus*)和烟曲霉(*A. fumigatus*),显示其有一个含薄的暗染色外层的大约35nm厚的双层细胞壁,该暗染色外层可能是一个外蛋白层。当菌丝体在含有β-1,3-葡聚糖合成抑制剂卡泊芬净(caspofungin)条件下生长时,菌丝顶端的细胞壁内外层都变得更厚,这可能是由于包括提高α-1,3-葡聚糖产量在内的细胞壁的补偿机制被激活。最近,在黄曲霉中发现一个可信的GPI蛋白,称为Mp1p(Eisenhaber et al. 2004)。间接免疫荧光(indirect immunofluorescence)显示Mp1p蛋白在菌丝细胞表面存在,表明其与细胞壁骨架结构共价相连。免疫金标记检测确定了在黑曲霉细胞壁中存在Mp1p的同源蛋白,称为MnnAp,其分布于整个细胞壁上(Jeong et al. 2004)。有意思的是,PHI-BLAST搜索发现该蛋白质的同源蛋白在许多曲霉菌,如烟曲霉、白曲霉(*A. kawachii*)、构巢曲霉、黑曲霉、米曲霉(*A. oryzae*)及马尔尼菲青霉菌中都有存在。

烟曲霉细胞壁的碱性不溶片段大约占细胞壁干重的40%,已被详细研究。Fontaine及其合作者(2000)在他们开创性论文中确定了三种共价连接多糖复合物:①几丁质→β-1,3-葡聚糖;②半乳甘露聚糖→β-1,3-葡聚糖;③β-1,3或β-1,4-葡聚糖→β-1,3-葡聚糖。另外,还存在一个推测的聚-*N*-乙酰半乳糖胺(poly-*N*-acetylgalactosamine)。尽管*N*-乙酰半乳糖胺在烟曲霉细胞壁碱性不溶片段中存在,但它可能等同于在构巢曲霉和黑曲霉细胞壁中发现的含有碱可溶性*N*-乙酰半乳糖胺的物质(alkali-soluble *N*-acetylgalactosamine),因为在这些研究中使用了更为严格的碱抽提条件。烟曲霉细胞壁中的β-1,3或β-1,4-葡聚糖或许与申克侧孢(*Sporotrichum schenckii*)细胞壁中确定的类似片段有关(见细胞壁多糖的合成一节的β-1,4-葡聚糖部分)。与酿酒酵母细胞壁碱性可溶部分相比,烟曲霉细胞壁的碱性可溶部分不含β-1,6-葡聚糖,这表明这种多聚物可能不存在于烟曲霉的细胞壁中。与之相反的是,烟曲霉基因组含有*ScKRE6*的同源基因,*ScKRE6*编码一个位于高尔基体上的人们推断的转葡糖苷酶,是在酿酒酵母合成β-1,6-葡聚糖过程中的关键酶(Montijn et al. 1999)。占据细胞壁干重50%以上的碱性可溶部分,目前还没有像碱性不溶部分研究的那么详细。这一部分含有大量不溶于水的α-1,3-葡聚糖,但也含有水溶的高分子片段,这些片段包括细胞壁所有的半乳糖和甘露糖及大多数蛋白,表明这种水溶片段包含半乳甘露糖蛋白。碱性可溶部分也含有一些葡聚糖(细胞壁干重的5%),现在没有对它进行准确定性,但其可能代表与申克侧孢中相似的β-1,3或β-1,4-葡聚糖。某些学者认为烟曲霉细胞壁不含共价结合的细胞壁蛋白,但由于电镜观察细胞壁结果及有利的生化检测证据,这一结论逐渐不被大家接受(Klis et al. 2007)。

4. 其他含有双层细胞壁的子囊菌　在许多其他的子囊菌中都发现了存在与酿酒酵母和粟酒裂殖酵母相似的双层细胞壁,无论是以酵母形式、假菌丝形式、还是菌丝体形式生长的种属。有时候,内骨架层和外纤维层之间的界限比这两者染色都深,在这种情况下一些学者更愿意称之为三层细胞壁。存在这种特殊的细胞壁组织并仅在酵母形式或假菌丝形式生长的菌,如光滑假丝酵母(*Candida glabrata*)、热带假丝酵母(*C. tropicalis*)、嗜渗压有孢汉逊酵母(*Hanseniaspora osmophila*)、异常汉逊酵母(*Hansenula anomala*)、乳酸克鲁维酵母(*Kluyveromyces lactis*)、膜醭毕赤酵母(*Pichia membranaefaciens*)、鲁氏酵母(*Saccharomyces rouxii*)和变异三角酵母(*Trigonopsis variabilis*)(Garrison 1985; Uccelletti et al. 2000; Klis et al. 2007)。

电镜分析也显示在几种二形性子囊菌中存在双层细胞壁，如临床真菌皮炎芽生菌(*Blastomyces dermatitidis*)，白假丝酵母(*C. albicans*，又称白念珠菌)，皮炎外瓶霉(*Exophiala*(*Wangiella*) *dermatitidis*)，荚膜组织胞浆菌(*Histoplasma capsulatum*)，以及马尔尼菲青霉菌(*Penicillium marneffei*)(Garrison 1985；Tokunaga et al. 1986；Biswas et al. 2003；Klis et al. 2007)。

一些丝状子囊菌也存在可见的双层细胞壁，如黄曲霉、构巢曲霉、锐顶镰刀菌(*Fusarium acuminatum*)、尖孢镰刀菌(*F. oxysporum*)、硫色镰刀菌(*F. sulphureum*)、粗糙脉孢霉(*N. crassa*)、齐整小核菌(*Sclerotium rolfsii*)和须毛癣菌(*Trichophyton mentagrophytes*)。而外层细胞壁较容易被人们所忽略。依赖于应用固定和染色技术可对外蛋白层进行成功观察，然而一旦不慎可导致外蛋白层无法显现。关于其他含有双层细胞壁的子囊菌的资料较多，恕不列出，有希望获得者请参考 Klis 等(2007)的相关综述。

3.1.3.4 担子菌的细胞壁

除了个别特例之外，我们对于担子菌细胞壁分子建构的知识十分有限。基因分析显示担子菌真菌中广泛存在一个 *Sc*Fks1p 蛋白和 *Sc*Gas1p 蛋白的同源蛋白，前者是β-1,3-葡聚糖合成酶的催化亚基(见 3.2.2.1 节)，后者可能参与调控暴露于表面的β-1,3-葡聚糖链并使它们与β-1,3-葡聚糖网络结构一体化。与之类似，几丁质→β-1,3-葡聚糖复合物的形成看上去也是一个普遍现象。这与玉米黑粉菌(*U. maydis*)和新型隐球酵母(*C. Neoformans*)中存在 ScCrh1 蛋白的同源蛋白相一致(http://www.yeastgenome.org; BLASTP vs fungi in comparison resources)。担子菌与子囊酵母的主要区别是电镜结果常显示前者存在电子密度较厚和电子密度接近透明两种区域交替出现的多层细胞壁(Depree et al. 1993)。玉米黑粉菌酵母型细胞的细胞壁是一个例外，它依然有清晰的两层细胞壁。

1. 玉米黑粉菌 玉米黑粉菌是一种引起玉米黑穗病的二形性真菌。其形态依赖于细胞生命周期过程，可能生长为单倍体芽殖酵母，可能生长为双核菌丝体。电镜分析其酵母型细胞壁有一个较厚的电子密度较低的内层和一个不规则的电子密度高的外层；菌丝细胞也有一个薄的电子密度高的不规则外层，但与酵母型细胞壁相比其内部细胞壁看起来是多层的。菌丝型与酵母型细胞壁的化学成分类似。SDS 抽提分离的酵母型细胞壁含有大约 14% 的几丁质，β-1,3-葡聚糖和木糖及甘露糖，可能以木糖甘露聚糖的形式存在。SDS 抽提的细胞壁还含有约 60% 的蛋白，表明玉米黑粉菌细胞壁中蛋白可能也与细胞壁多糖共价连接。有趣的是，一些细胞壁蛋白能通过β-1,3-葡聚糖酶消化从分离的细胞壁上释放下来，而另一些则可通过几丁质酶释放。这些结果都同样表明电子密度高的外层含有与细胞壁内骨架层，可能是β-1,3-葡聚糖和几丁质相连的糖蛋白。现在还不知道酵母型细胞是否也含有β-1,6-葡聚糖，但其基因组中存在 *ScKRE6* 的同源基因，显示其含有β-1,6-葡聚糖(Ruiz-Herrera et al. 1996)。

2. 丝孢酵母 丝孢酵母属包括几种临床酵母。丝孢酵母(*Trichosporon cutaneum*)(ATCC20509)能以酵母型或菌丝型形式进行生长。其酵母型细胞含有电子密度不同的多层细胞壁(Depree et al. 1993)。有证据表明细胞壁中主要存在4 种成分：蛋白质结合的葡萄糖醛酸木糖甘露聚糖(glucuronoxylomannan，GXM)，α-1,3-葡聚糖，β-1,3-葡聚糖和几丁质。在中性柠檬酸缓冲液中对完整细胞进行高压处理[往往用于分离子囊真菌中的(半乳)甘露糖蛋白],利用这一种方法处理丝孢酵母可释放出一种高分子质量的甘露糖,它包含有葡萄糖醛酸及木糖残基修饰的1,3-甘露糖骨架(GXM)。让人感兴趣的是,通过离子交换色谱和凝胶过滤部分纯化后,所含的多糖片段仍然含有约7%的蛋白质,这就提出了一个问题,这些多糖是否与蛋白质进行共价连接或通过离子作用连接?除了GXM,碱性可溶部分也含有大量通过α-1,3-糖苷键连接的葡聚糖。由于碱性可溶部分对酵母裂解酶(一种β-1,3-葡聚糖酶制剂)有抗性,而对Novozyme(一种含有β-1,3-葡聚糖酶和α-1,3-葡聚糖酶活性的酶制剂)敏感,因此,α-1,3-连接的葡萄糖可能存在于α-1,3-葡聚糖中。丝孢酵母细胞壁碱性不溶片段占据细胞壁干重的44%,含有几丁质和β-1,3-葡聚糖,表明在细胞壁中存在几丁质→β-1,3-葡聚糖复合物(Depree et al. 1993)。

3. 新型隐球酵母 新型隐球酵母(*Cryptococcus neoformans*)是一种土壤真菌,在免疫力低下的人群中是一种主要的条件致病菌。基因分析显示大部分参与合成细胞壁组分的基因在新型隐球酵母和子囊真菌中是保守的。新型隐球酵母细胞壁主要含有两层,但与子囊真菌相比,其内层电子密度高,呈薄片状,而其外层电子密度低。细胞壁被一个大范围的多孔多糖荚囊(porous polysaccharide capsule)所包围,是该菌主要的毒力因子(Pierini and Doering 2001; Bose et al. 2003)。无荚囊突变体经去污剂抽提分离的细胞壁含有7%的几丁质、约30%的α-1,3-葡聚糖和大量的β-1,6-葡聚糖,但奇怪的是没有发现β-1,3-葡聚糖。细胞壁中β-1,6-葡聚糖的存在是通过免疫金标记法确定的,与新型隐球酵母中存在*Sc*Kre6p蛋白的同源蛋白相吻合(http://www.yeastgenome.org/)。细胞壁中缺乏β-1,3-葡聚糖,这与其不能被荧光染料苯胺蓝染色的现象相一致,因为这种染料优先对β-1,3-葡聚糖进行染色。与此相比,荧光增白剂可与几丁质结合,从而对细胞壁均匀染色,表明细胞壁可与该染料结合并且证明几丁质分布于整个细胞壁。细胞壁中缺乏β-1,3-葡聚糖也与新型隐球酵母抗棘白菌素(echinocandin)的现象相吻合,因为棘白菌素特异性抑制β-1,3-葡聚糖的合成。但是,一些发现表明至少部分β-1,3-葡聚糖可能存在于细胞壁中,而且在研究中可能被忽视,其原因如下所述。①隐球酵母含有一个单拷贝的*FKS1*同源基因序列,其编码的酶是β-1,3-葡聚糖合成酶的催化亚基,而且该基因可能对生长是必需的。②隐球酵母裂解产物含有β-1,3-葡聚糖合成酶活性。③尽管用直接抗β-1,6-葡聚糖的抗血清作用细胞壁信号稍弱,但是用直接抗β-1,3-葡聚糖的抗血清免疫金标记产生了清晰的信号。④该菌的基因组含有单拷贝的编码*Sc*Crh1蛋白同源蛋白的序列,人们认为该蛋白参与几丁质与β-1,3-葡聚糖的连接。

新型隐球酵母荚囊的主要成分是GXM,它由经葡糖糖醛酸和木糖残基修饰的α-1,3-甘露糖骨架构成(GXMan)。另一种少数成分是含有木糖、甘露糖和半乳糖残基侧链的α-1,6-半乳糖体(MXGal)(Bose et al. 2003)。Pierini和Doering(2001)研究了细胞是如何在空间及时间上构建荚囊的,证据显示α-1,3-葡聚糖介导了荚囊物质和细胞壁之间的完全联合。对于荚囊生物合成及所涉及酶类的进一步讨论,读者可参考Klutts等(2006)的文章。

3.1.4 细胞壁的蛋白结构

蛋白质是细胞壁碱溶性片段的组成成分。与多聚糖相比,蛋白质只是细胞壁的一小部分,这些蛋白质不是作运输用就是作为细胞壁的结构成分。然而,它们在细胞壁中的功能仍无法解释。

在图3.4中,主要的细胞壁蛋白(CWP)是依赖糖磷脂酰肌醇(glyco-phosphatidyl-inositol,GPI)的,它们通过高度分支连接在一起,因此水溶性β-1,6-葡聚糖链连接于β-1,3-葡聚糖,形成了一个CWP→β-1,6-葡聚糖→β-1,3-葡聚糖复合体(图3.4 A;Klis et al. 2006)。此外,一些所谓的内部重复蛋白(PIR蛋白),可能是通过糖的羧基基团与氨基酸序列DGQJQ(J代表任意疏水氨基酸)中第一个谷氨酸形成酯键,直接连接于β-1,3-葡聚糖网状结构,这种连接不需要GPI。GPI依赖蛋白和PIR细胞壁蛋白可通过吡啶氢氟酸和温和的碱处理从细胞壁上分别释放(图3.4C D;Ecker et al. 2006)。因此细胞壁上的蛋白质分为依赖GPI的细胞壁蛋白和非依赖GPI的细胞壁蛋白。

大量研究资料表明,在酵母和一些真菌的细胞壁中许多蛋白是与糖磷脂酰肌醇(GPI)结合形成GPI锚定蛋白(GPI-anchored protein,GPI-AP),被锚定在β-1,3葡聚糖上。最初是由Caro等(1997)和Hamada等(1998)猜想在酿酒酵母中糖磷脂酰肌醇锚定蛋白不是位于细胞膜中就是在细胞壁中,而Frieman和Cormack(2004)在假丝酵母中证实了这一猜想。在酿酒酵母中大约有一半GPI锚定蛋白共价连接到细胞壁中。GPI锚定蛋白除了直接或间接参与细胞壁的生物合成或改组来影响细胞毒力外,还参与了机体大量的其他代谢调控和细胞遗传中细胞黏附和细胞识别的过程。因此,我们首先描述一下GPI锚定蛋白的结构。

3.1.4.1 GPI锚定蛋白的结构

在真核生物中GPI锚有一个共同的核心结构,该核心结构主要由以下几部分组成:磷脂酰肌醇、葡糖胺、三个甘露糖(在酿酒酵母中是4个)和磷脂酰乙醇胺。其结构为EtNP-6Manα1-2Manα1-6Manα1-4GlcNα1-6myo-Inositol-phospholipid(磷脂酰乙醇胺-6-甘露糖-α1-2-甘露糖-α1-6-甘露糖-α1-4-氨基葡萄糖-α1-6-磷脂酰肌醇)(图3.5),这一结构在所有物种中都是保守的。其中,磷脂酰肌醇是合成GPI锚的起始分子,磷脂酰肌醇的sn-2位含有一个多不饱和脂肪酸,多不饱和脂肪酸取代羧基端的跨膜区而固定于质膜上。合成GPI锚前体后,通过磷脂酰乙醇胺连接位于细胞表面的蛋白质而形成GPI锚定蛋白(图3.5)。这里需要注意,GPI锚的结构在与蛋白质结合后及参与生物合成过程中会发生重构。GPI锚中侧链及脂质基团因其结合的蛋白质随着物种的不同而呈现多样性(Ferguson et al. 2008;Fujita and Kinoshita 2010)。

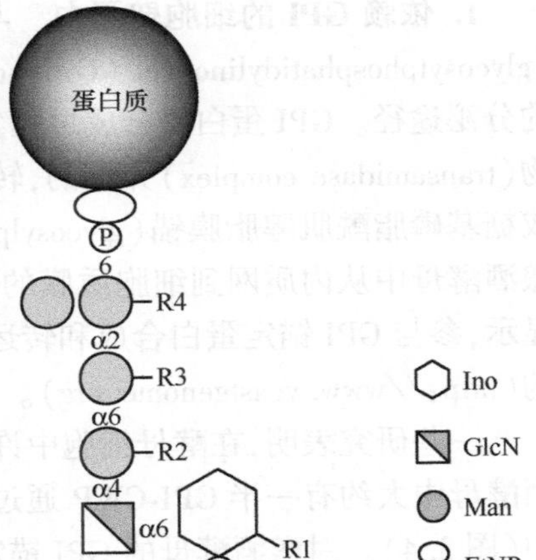

图3.5 在酵母、锥虫和哺乳动物中GPI锚的核心结构

Ino:肌醇;GlcN:葡糖胺(氨基葡萄糖);Man:甘露糖;EtNP:磷酸乙醇胺;Pho:磷酸盐;R1-R4:侧链R1:软脂酰(palmitoyl),R2:EtNP,R3:EtNP,R4:α2甘露糖;lipid:多不饱和脂肪酸。(引自Fujita and Kinoshita 2010)

在芽殖酵母中,GPI 的生物合成对其生长至关重要。完整的 GPI 前体结构是 Man-(EtNP)Man-(EtNP)Man-(EtNP)Man-GlcN-(acyl)PI(图 3.5)。通过甘露糖 4 连接到 GPI 完整的前体上。它的合成同样起始于常规的磷脂酰肌醇(phosphatidylinositol,PI),该磷脂酰肌醇的 sn-2 位含有一个多不饱和脂肪酸(图 3.5 中的 lipid),如 1-棕榈酰(C16:0)-2-油酰 C18:1)。完整前体中的脂质基团好像与含有二酰基甘油的起始磷脂酰肌醇相同,该二酰基甘油中含有一个不饱和脂肪酸。成熟 GPI 锚定蛋白中的脂质部分或者是在 sn-2 位处含有一个非常长的脂肪酸链 C26:0 的二酰基甘油,或者是含有神经鞘氨醇的二酰基甘油。酵母 GPI 锚定蛋白中的多糖基团含有更多的甘露糖,这些甘露糖通过 α-1-2 或 α-1-3 键连接到甘露糖 4 处,而这些修饰都发生在高尔基体中。成熟 GPI 锚定蛋白是否在甘露糖 1 和甘露糖 2 处仍保留有磷脂酰乙醇胺侧链目前尚不清楚,然而 GPI 前体中含有这些侧链(Fujita and Kinoshita 2010;2012)。

最终 GPI 前体是通过磷脂酰乙醇胺连接到蛋白质上(图 3.5)。GPI 锚甘露糖基团上发生的磷脂酰乙醇胺侧链的修饰促进了 GPI 锚的多样性。但是需要指出的是 GPI 锚对于酵母的生存是至关重要的,因为任何在 GPI 生物合成中起关键作用的蛋白质的缺失对酵母来说都是致死的(Ferguson 1999;Mayor and Riezman 2004)。

我们将在后面 3.3 节“细胞壁蛋白的重构和运输”中介绍 GPI 锚定蛋白怎样在内质网和高尔基体中合成并运输到细胞壁中。

3.1.4.2 共价连接的细胞壁蛋白

1. 依赖 GPI 的细胞壁蛋白 与其他真核生物一样,真菌中依赖 GPI 的细胞壁蛋白[glycosylphosphatidylinositol (GPI)-dependent cell wall protein,GPI-CWP]也遵循内膜系统的分泌途径。GPI 蛋白锚合成过程发生在内质网的内部,这个过程是被转酰氨基酶复合物(transamidase complex)介导的,转酰氨基酶复合物能够将这些蛋白质的 C 端区域转变成糖基磷脂酰肌醇脂膜锚(glycosylphosphatidylinositol lipid membrane anchor)的前体。在酿酒酵母中从内质网到细胞质膜的转运伴随着 GPI 锚定蛋白的脂质重塑。BLAST 搜索显示,参与 GPI 锚定蛋白合成和转运过程的许多基因在子囊菌和担子菌中都是高度保守的(http://www.yeastgenome.org)。

一些研究表明,在酵母细胞中许多蛋白质是通过 GPI 锚定在 β-1,3-葡聚糖上。在酿酒酵母中大约有一半 GPI-CWP 通过 β-1,6-共价连接到 β-1,3-葡聚糖而被锚定在细胞壁中(图 3.4)。对酿酒酵母的 GPI 锚定蛋白的分析认为它们以共价连接在细胞壁上。Van der Vaart 等(1995)证实,当敲除 GPI 锚定蛋白的主要编码基因时并不影响真菌的生长,揭示了这些蛋白质不是真菌生长所必需的。然而,相似的是,当破坏 PIR 的编码基因时也不影响突变体的相关生长。如果糖蛋白中多肽的分子经过 SDS 处理蛋白质被释放,这意味着这些蛋白质与细胞壁连接并非全是共价相连的。

2. 非依赖 GPI 的细胞壁蛋白——PIR 蛋白 PIR 蛋白是非依赖 GPI 的蛋白质,形成了第二类细胞壁共价相连蛋白(图 3.4)。它们含有 N 端信号肽和一个含有保守半胱氨酸的同源 C 端结构域,N 端信号肽后连有一个以二元基序结束的前肽,此基序是一个或多个 DGQJQ 的重复序列(J 代表疏水氨基酸)。如上文所述,重复序列参与了 PIR 细胞壁蛋白与 β-1,3-葡聚糖形成的碱敏感性连接。在酿酒酵母、白假丝酵母、光滑假丝酵母和解脂耶氏酵母(*Y. lipolytica*)中都通过实验证明了PIR细胞壁蛋白的存在(Ecker et al. 2006),而人们预测除了粟酒裂殖酵母,在其他子囊酵母中如汉逊德巴利酵母(*Debaryomyces hansenii*)、乳酸克鲁维酵母(*K. lactis*)、安格斯毕赤酵母(*Pichia angusta*)中也都存在该蛋白。在一些丝状子囊菌中,如布氏禾白粉菌(*Blumeria graminis*)、玉米赤霉(*Gibberella zeae*)、粗糙脉孢霉及稻瘟病菌灰巨座壳中,估计类PIR的蛋白质也有存在(De Groot et al. 2005);但是在曲霉菌基因组中却没有发现编码这种蛋白质的基因序列。在子囊真菌中发现的类PIR样蛋白与在子囊酵母中发现的有明显的区别。令人意外的是,这些类PIR样的蛋白质似乎是已确定的GPI蛋白(Eisenhaber et al. 2004),并且与之相符合的是,含有保守半胱氨酸模式的结构域(即预测的活性区域)是位于蛋白质重复片段部分上游的N端。这表明它们可能和细胞壁骨架网状结构发生双重连接,一是通过GPI锚,另一个即是通过重复片段连接(De Groot et al. 2005)。

3.1.4.3 非共价结合的细胞壁蛋白

真菌细胞壁也可能含有非共价结合的细胞壁蛋白,如与β-1,3-葡聚糖紧密连接的转糖葡萄糖苷酶*Sc*Bgl2蛋白,以及皮炎芽生菌中与几丁质紧密相连的黏附蛋白Bad1蛋白(Brandhorst and Klein 2000)。由于这些蛋白质都含有人们预测的成熟蛋白所缺乏的N端分泌肽,因此它们可能都遵循蛋白质的分泌途径。有意思的是,它们都是细胞表面蛋白,似乎又无需遵循典型的分泌途径。比如通过免疫金标记的灰盖鬼伞(*C. cinerea*)子实体薄层切片观察研究,发现了一类与β-半乳糖苷特异结合的外源凝集素,它们没有分泌蛋白的特点,也不发生糖基化。

如果糖蛋白中多肽分子经过SDS处理被释放,则意味着这些蛋白质与细胞壁是非共价相连的。在烟曲霉中没有蛋白质是与菌丝细胞壁的多糖共价相连的,有一些蛋白质,比如PhoAp紧紧贴在细胞壁上,当β-1,3-葡聚糖酶处理的时候就会释放出来。同样的,某些PIR编码基因蛋白在细胞壁上没有它们生物功能的定位,尽管它们需要一个弱的碱处理才能从细胞壁上释放(Vongsamphanh et al. 2001)。在酿酒酵母中的确存在强的非共价键联的细胞壁蛋白,但是通过β-1,3-葡聚糖酶处理就被释放,由此推测所有细胞壁蛋白与细胞壁的共价连接的结论是不正确的。

基于比较基因组学,对烟曲霉细胞壁蛋白中GPI锚定蛋白的编码基因进行了分析。在酿酒酵母和烟曲霉中GPI锚定蛋白只有6个家族是属于同源蛋白:SPS2、GAS/GEL、DFG、PLB、YPS和CRH(Eisenhaber et al. 2004;Sietsma and Wessels 2006)。在酵母中这些蛋白家族中有5个被归入膜结合的GPI锚定蛋白,第6个蛋白家族CRH与细胞壁结合被怀疑,因为这一家族有一个序列特征显示出β-1,3-葡聚糖酶活性。在烟曲霉中对这些膜GPI锚定蛋白的基因组分析与蛋白质组学的分析结果是一致的。以上提到的4个蛋白家族SPS2、CRH、GEL/GAS及DFG与细胞壁结构相连并且它们还有β-1,3-葡聚糖转移酶(β-1,3- glucanosyltransferase)的活性。它们都不需要与任何细胞壁多糖共价相连。相反,在酵母中所有多糖类共价键联蛋白(polysaccharide-covalently bound protein),如酿酒酵母的Flo1p、Fig1p或Aga1p、白假丝酵母的Als1p及光滑假丝酵母的Epa1,都涉及细胞间的黏附(adhesion)、交配,或者与宿主细胞表面黏附有关(Frieman and Cormak 2004)。在烟曲霉的基因组中发现了非基因编码的PIR蛋白,比较化学基因组学资料揭示了蛋白质在细胞壁多糖间没有连接功能,这些蛋白质对维持细胞壁多糖的三维结构具有重要作用。

3.1.4.4 蛋白的糖基化作用

糖基化是蛋白质翻译后的一种修饰,由酶催化将一个或多个糖基加合到蛋白质的多肽链上。修饰的范围从蛋白质上连接单糖、到复杂的多糖和带侧链的多糖,从而使蛋白质发生糖基化。糖基化的蛋白质在生物有机体的代谢调控中发挥重要的生物学功能,尤其在真菌细胞壁的合成中。蛋白质糖基化由于糖链和蛋白质的连接类型而呈现多样性,如*N*-糖基化,*O*-糖基化和糖基磷脂酰肌醇锚糖基化等。

大多数真菌细胞壁蛋白是*N*-糖基化或*O*-糖基化的,并且糖基侧链占据其分子质量的大部分比例。遗憾的是,无论是利用重组细胞壁降解酶或是温和的化学抽提法,目前鲜有能够完整提取分离包括和其他细胞壁成分连接在内的细胞壁蛋白的研究。大多是利用热碱法分离细胞壁,这一方法会导致蛋白质降解并解离(部分降解)糖基侧链。另一方法是利用柠檬酸盐缓冲液高压处理完整的细胞并在Fehling's试剂或溴棕三甲铵(cetavlon)的作用下快速分离糖蛋白。

甘露糖转移酶家族成员在内质网上对真菌糖蛋白中的丝氨酸残基和苏氨酸残基进行*O*-糖基化,该家族成员无论在子囊真菌还是担子真菌中都高度保守。*O*-链通常相对较短,但仍呈现出相当的结构多样性(Lopes-Bezerra et al. 2006)。

N-糖基化也是在内质网上起始的,并且以逐级装配一个脂连14残基低聚糖为开端,而后通过低聚糖转移酶复合物(oligosaccharyltransferase complex)的作用将糖链转移到初生肽链的特定天冬氨酸残基上(Knauer and Lehle 1999)。在内质网修饰之后,*N*-链与其他α-1,6-甘露糖转移酶一起延伸到高尔基体中。*Sc*Hoc1p是该复合物的一个亚基,它在子囊菌和部分担子菌(如新型隐球酵母和玉米黑粉菌)中高度保守,表明核心链通过以α-1,6-甘露糖为单位进行延伸的现象是广泛存在的。对*N*-链进行的其他糖类糖基化修饰也发生在高尔基体中。

酿酒酵母的*N*-链和*O*-链几乎完全是由甘露糖残基构成的。但是在其他子囊菌中,也发现了其他糖类,如半乳糖(无论是吡喃型还是呋喃型)、葡萄糖、葡萄糖醛酸、鼠李糖,甚至硅铝酸(Lopes-Bezerra et al. 2006)。酿酒酵母的*N*-链和*O*-链含有甘露糖磷酸基团,该基团可以使细胞壁蛋白带负电。人们认为*Sc*Mnn6是一种可形成磷酸甘露糖的甘露糖磷酸转移酶。WU-BLAST2(http://www.yeastgenome.org)显示出*Sc*Mnn6p是一种高度保守的蛋白质。在许多子囊菌,如假丝酵母、曲霉和粟酒裂殖酵母,以及担子菌的新型隐球酵母和玉米黑粉菌中都存在该蛋白的同源蛋白。其他蛋白结合的碳水化合物侧链取代基也可能赋予真菌细胞壁表面负电荷的特性,如葡萄糖醛酸残基,可能还有硅铝酸残基(Gemmill and Trimble 1999)。

关于糖基磷脂酰肌醇锚(GPI-anchor)糖基化,已经在"3.1.4.1 GPI锚定蛋白的结构"一节中作了具体描述,不再赘述。

3.2 真菌细胞壁多糖的生物合成

3.2.1 几丁质

几丁质是大多数真菌细胞壁的主要成分,包括子囊菌、担子菌和低等壶菌及少量的卵菌,它是以β-1,4-乙酰氨基葡萄糖为单元的无支链多聚体。由于大量的氢键存在使它具有很强的伸展性和坚固性,从而使细胞具有一定的刚性。

3.2.1.1 几丁质合酶

几丁质合酶利用底物 UDP-*N*-乙酰氨基葡萄糖(UDP-GlcNAc)合成直链的β-1,4- *N*-乙酰氨基葡萄糖链。现在普遍认为几丁质是由一种穿膜蛋白合成的,通过在细胞质一侧的膜位点接受底物 UDP-GlcNAc,然后以β-1,4-键连接的 *N*-乙酰氨基-葡萄糖聚合物被排到外面。几丁质合酶的合成产物是β-1,4-键连接的 *N*-乙酰氨基-葡萄糖的同聚体。

UDP-GlcNAc 的合成是一个独特的过程,在普通真菌学中已经给出了合成的过程和所需的酶(邢来君和李明春 2010)。在酵母中此过程的所有酶都是必要的。此过程中的第一个酶是 6-磷酸葡糖胺合成酶,利用 6-磷酸果糖和谷氨酰胺生成 6-磷酸葡糖胺和谷氨酸,它是几丁质合成过程的限速步骤,这种酶存在于迄今发现的所有真菌中。6-P-D-葡糖胺和 6-P-*N*-乙酰氨基葡萄糖可直接由 D-葡糖胺和 *N*-乙酰氨基葡萄糖合成。在体外实验发现,加入这些氨基葡萄糖可以刺激几丁质的合成(Lagorce et al. 2002)。

在真菌界,几丁质合酶是由多基因家族编码的,包括酿酒酵母中的 3 ~ 8 个,甚至 10 个成员。根据序列同源性,几丁质合酶基因被分成五类。这些基因分类方面的研究提供了更多关于这些基因功能的资料,这些材料表明不同种类的成员赋予不同的功能。在细胞分裂时,Ⅰ类基因几乎没有任何表型的影响,只有在酵母菌中这类基因才在细胞分裂中被赋予修复功能;Ⅱ类基因的破坏或缺失对隔膜的形成和孢子发生有一定影响;Ⅳ类包含用于编码负责酵母或者菌丝细胞壁中大部分几丁质合酶的基因,即几丁质合酶基因。尽管上述这些基因的破坏会导致细胞壁中几丁质含量的大量减少,但并不会产生不正常的菌丝形态;属于Ⅲ和Ⅴ类的基因仅在丝状真菌中有,酵母中没有。这些基因的破坏导致一些不正常的菌丝生长。值得注意的是,属于Ⅴ类的基因编码了肌球蛋白和几丁质合酶的融合蛋白,肌球蛋白很可能在指导几丁质合酶向作用位点(菌丝顶点)发挥主要作用。在酿酒酵母中有证据证明肌球蛋白中的马达蛋白(Myo2)转运几丁质合酶到它的作用位点。但是,在丝状真菌中 Myo2 不涉及几丁质合酶的转运(Latge and Calderpne 2006;Sietsma and Wessels 2006)。

放射自显影技术研究的确显示出几丁质合酶在生长的菌丝顶端和扩展的隔膜上尤其活跃,这暗示了几丁质合酶具有精确的定位和(或)精确的局部活性。与其他膜蛋白类似,几丁质合酶可能从远离菌丝顶点的内质网上产生,然后被囊泡转运至顶端,在顶端它会通过囊泡融合插入细胞质膜。因此,认为在囊泡融合与细胞质膜的精确定位上发挥着一定作用。这种囊泡样微粒叫做壳质体(chitosome),包含不活跃的几丁质合酶,已经从很多真菌中分离出壳质体。它们有很多种蛋白质和脂质,这些蛋白质和脂质似乎对壳质体的完整性和功能至关重要。通过蛋白水解酶的活化作用,它们在体外能产生晶体状几丁质。但是,这些壳质体比一般菌丝顶端的分泌囊泡小很多,并且似乎不被单位膜包裹。因此,令人怀疑这些结构能不能被叫做真正的囊泡。壳质体可能是唯一的脂质和蛋白质的组合体,蛋白质很可能是在游离的核糖体上合成的。值得注意的是,被克隆的几丁质合酶基因目前还不能证明典型的分泌信号序列的存在(Latge and Calderpne 2006;Sietsma and Wessels 2006)。

作为一个完整的膜蛋白,脂质环境可能在几丁质合酶活性的调节中很重要。非脂质化后会使酶失活,添加磷脂后能复原非脂质化几丁质合酶的部分活性。

3.2.1.2 几丁质合成调控

酿酒酵母中几丁质的合成是了解得最清楚的过程(图 3.6)。三个几丁质合酶蛋白对几丁质的合成是重要的。Chs1p(图 3.6 的 CSⅠ)在细胞分裂中作为修复酶,它非常稳定,在细胞周期中表达水平几乎不变。Chs2p(图 3.6 的 CSⅡ)负责几丁质隔膜的形成。与 Chs1p 一样,Chs2p 也是酶原性质的,体外需要蛋白酶的特异性切割才能被激活,但没有直接的证据表明它们具有蛋白酶介导的激活机制。在减数分裂前 Chs2p 活性最大。在子囊孢子形成期这些基因的表达减少,并且这两个时期没有隔膜的形成。Chs2p 通过分泌途径运输到隔膜形成位点处。非酶原性的 Chs3p(图 3.6 的 CSⅢ)合成几丁质的主体部分和隔膜,并且负责细胞张力的形成。Chs3p 在细胞内的表达水平很稳定(Schmidt et al. 2002)。

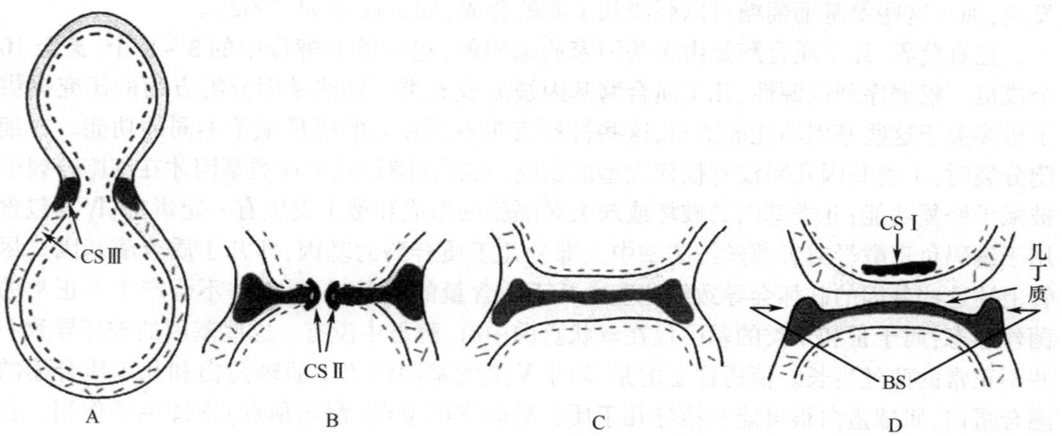

图 3.6 酿酒酵母几丁质合成和不同合酶基因的功能

阴影表示几丁质。A. 几丁质合酶 3(CSIII)在整个细胞壁和几丁质环催化几丁质合成;B. 几丁质合酶 2(CSII)催化初级隔膜几丁质合成;C 和 D. 借助几丁质合酶 1(CSI)使子细胞的隔膜成熟和分离。BS:芽痕。(引自 Cabib et al. 2001)

对构巢曲霉(*A. nidulans*)中几丁质合酶的广泛研究,发现不同几丁质合酶在构巢曲霉的生命周期中既有功能相同的部分也有功能不同的部分。担子菌的新型隐球酵母和玉米黑粉菌基因组中都含有一个由 8 个几丁质合酶编码基因组成的大家族。对其相应蛋白功能及定位的系统分析显示在真菌生长或侵染植物的不同阶段需要特定的蛋白质。在菌丝型子囊菌和担子菌中，几丁质合酶拥有一个肌球蛋白马达样的结构域(myosin motor-like domain)。在构巢曲霉和玉米黑粉菌中这些蛋白位于菌丝顶部，表明几丁质合酶是通过肌动蛋白和以肌动蛋白为基础的马达蛋白直接运输到菌丝顶端(Takeshita et al 2006; Weber et al 2006)。

抗生素多氧菌素(polyoxin)和尼克霉素(nikkomycin)是几丁质合酶强有力的抑制剂并且是UDP-N-GlcNAc的底物类似物。抗生素多氧菌素和尼克霉素在体外抑制作用明显，而在体内则没有抑制作用。原因如下：①这些化合物可被微生物或者宿主体内的肽酶破坏；②多氧菌素和尼克霉素必须跨膜运输到几丁质酶的活性位点，在病原性真菌中它们很难积累。目前，一些新型的尼克霉素类似物在氨基酸的末端含有一些疏水结构域使得它们更容易通过细胞膜，它们作为新型的抑制剂与多氧菌素和尼克霉素在结构上不同。尽管这些抑制剂有很高的抑制作用，但仍没有做过临床研究。

3.2.2 β-1,3-葡聚糖

3.2.2.1 β-1,3-葡聚糖合酶

放射自显影技术关于酿酒酵母和粗糙脉孢菌方面的研究认为，像几丁质合酶一样，葡聚糖合酶也是一种穿膜蛋白，在细胞质一边的膜位点接受它的底物UDP-葡萄糖，合成后运转产物到细胞膜外面。通过将分离的膜与准备好的UDP-葡萄糖在淀粉酶的存在下培养，得到一种只有β-1,3连接的葡聚糖。当制备的酶中染有壁物质时，会发现有少量的葡聚糖是以β-1,6键连接的(Jabri et al. 1989)。

β-1,3-葡聚糖的合成是膜结合的葡聚糖合酶利用UDP-葡萄糖做底物生成链状的β-1,3-葡聚糖到外周质中。UDP-葡萄糖的合成过程是葡萄糖磷酸变位酶将6-P-葡萄糖变成1-P-葡萄糖，然后利用尿苷酰转移酶生成UDP-葡萄糖。这一过程的所有基因序列都已清楚，另外，真菌可以利用多种途径合成β-葡聚糖合酶的底物。UDP-葡萄糖要被运输到细胞膜处，由β-1,3-葡聚糖合酶催化其葡萄糖基形成β-1,3-葡聚糖。这种蛋白质包含*FKS1*基因编码的催化亚基和*RHO1*编码的调控亚基。每次反应都是将水解一个UDP-葡萄糖并将其葡萄糖基转移到β-1,3-葡聚糖链上。在酵母中有60~80个葡萄糖的长度，在烟曲霉中有1500个葡萄糖组成的链。(http://www. ge nome. jp/kegg/pathway/map/map00520. html; Latge and Calderpne 2006)。

关于几种真菌细胞膜的研究已经表明了β-1,3-葡聚糖合酶不以酶原的形式存在，但它的活性被核苷三磷酸激活，GTP最为有效。对调节系统的更深一步的评测显示真菌的β-1,3-D-葡聚糖合酶可以被分成两部分，一个可溶，另一个颗粒状。两个部分及GTP都是活性所需要的。可溶性部分似乎是属于RAS同源家族的GTP-结合蛋白，这将β-1,3-D-葡聚糖的合成与细胞循环中发生的事件相关(Beauvais et al. 2001)。

前面提到，在酿酒酵母中参与β-1,3-葡聚糖合成的蛋白质包括催化亚基Fks1p和一个起调节作用的GTPase(Rho1p)。酿酒酵母中GFP-标记的Fks1p位于酵母出芽的初始端、小芽的顶端及中等芽体的表面，但并不位于母细胞的表面。这表明该蛋白可能被吞噬以限制其在特定部位及细胞循环的特定时间中的作用。在细胞循环周期的

后期，可发现在细胞颈环处有短暂的胞浆移动现象。用特异结合非结晶态的β-1,3-葡聚糖链的苯胺蓝染色，显示出细胞壁着色均匀。检测包括担子菌的玉米黑粉菌和新型隐球酵母在内的所有真菌基因组，都能发现至少一个 Fks1p 的同源蛋白。在烟曲霉(*A. fumigatus*)中，β-1,3-葡聚糖合酶 FksA 被 Rho-相关 GTPase 酶调控是相当保守的(Beauvais et al. 2001)。研究人员进一步发现苯胺蓝优先在菌丝顶部着色，这说明β-1,3-葡聚糖在菌丝顶点合成并在顶点下部区域形成晶体，使得其难以被染色。由于β-1,3-葡聚糖是多种真菌主要的承压多糖，那么在至今为止检测的所有真菌中，*FKS* 基因的缺失会导致菌体死亡也就不足为奇了。因此，Fks 蛋白是一种很好的抗真菌复合物的靶位点。抑制 Fks 蛋白的棘白菌素及类似物，如卡泊芬净(caspofungin)、米卡芬净(micafungin)和阿尼芬净(anidulafungin)现都已投入临床使用(Morrison 2006)。

3.2.2.2 β-1,3-葡聚糖的修饰

β-1,3-葡聚糖合酶的体外产物是一种以β-1,3 键连接的葡萄糖残基同聚物，由氢键作用形成三重螺旋(triple helice)。当葡聚糖在酿酒酵母原生质体表面或者用纯化出的β-1,3-葡聚糖合酶合成时，纯β-1,3-葡聚糖的微晶体以带状纤维的形式存在。与几丁质相似，在原生质体重建细胞壁时加入刚果红可以阻碍这些微晶体形成(Kopecka and Gabriel 1992)。

在正常的真菌细胞壁中还未发现晶体状β-1,3-葡聚糖，因为这些链在被分泌到细胞壁之后被严重地修饰。在这些修饰中有上面提到的与几丁质的连接。在成熟的真菌壁中，β-1,3-葡聚糖是高度分支的，通常有β-1,6 连接的葡萄糖分支。具有短β-1,6 键葡萄糖分支的β-1,3-葡聚糖，在溶解上的特性表明是一种三重螺旋结构，正如纯β-1,3-葡聚糖一样(Sato et al. 1981)。

3.2.3 α-1,3-葡聚糖

许多真菌细胞壁除了β-1,3-葡聚糖和几丁质外，还含有第三种结构成分，称为α-1,3-葡聚糖。尽管α-1,3-葡聚糖合酶的底物仍不清楚，但是编码α-1,3-葡聚糖合酶的基因已经确认。每个基因都是被一个跨膜的结构域分开的水解酶和合酶结构域(Katayama et al. 1999)。

α-1,3-葡聚糖一般含有一些α-1,4 连接的葡萄糖残基，犹如独立积木堆积的结构。酿酒酵母和白假丝酵母中不含这种多聚物。第一个α-1,3-葡聚糖合酶是在粟酒裂殖酵母中发现的，并且是粟酒裂殖酵母在植物中生长所必需的。该酶(称为 Ags1p)是一种质膜蛋白，可能拥有多种功能。人们预测其 N 端结构域定位于质膜外侧，在那里可能扮演转葡萄糖苷酶的角色，与α-葡聚糖相互连接。该蛋白位于细胞内的中央大的环状结构可能是催化区域，而含有几个跨膜序列的 C 端区域可能参与α-葡聚糖的输出。在粟酒裂殖酵母中，人们发现了一个由 5 个α-1,3-葡聚糖合酶编码基因(*AGS1/MOK1*, *MOK11*, *MOK12*, *MOK13*, *MOK14*)组成的家族。和 Ags1p/Mok1p 相比，其中 Mok12p、Mok13p 及 Mok14p 并不是真菌在植物中生长所必需的，但它们参与了孢子细胞壁的形成(Katayama et al. 1999; Grun et al. 2005; Garacía et al. 2006)。

大多数已知的菌丝型子囊菌基因组都有编码和粟酒裂殖酵母中 α-1,3-葡聚糖合酶结构相似的酶的基因,除了玉米赤霉[*G. zeae*,无性型是禾谷镰刀菌(*F. graminarium*)]和棉阿舒囊霉(*A. gossypii*)之外,这两种真菌似乎缺少这种基因。不同菌中所含能编码 α-1,3-葡聚糖合酶基因的数量不同,黑曲霉中有 5 个(Damveld et al. 2005b),烟曲霉中有 3 个(Beauvais et al. 2004),构巢曲霉及粗糙脉孢菌中有 2 个,灰巨座壳中有 1 个。在担子菌中也存在 α-1,3-葡聚糖,如新型隐球酵母中,只发现了 *AGS1* 基因。*ags1* 的突变体使得真菌的生长温度范围变窄。但玉米黑粉菌的基因组中似乎缺少 *AGS1* 类似基因。

3.2.4 β-1,6-葡聚糖

在古子囊菌纲(Archiascomycetes)、半子囊菌纲(Hemiascomycetes)和真子囊菌纲(Euascomycetes)的细胞壁中都发现了 β-1,6-葡聚糖,表明它分布广泛。含有 β-1,6-葡聚糖的真菌包括酵母(如酿酒酵母和粟酒裂殖酵母),二形真菌[如皮炎芽生菌,假丝酵母,皮炎外瓶霉和申克侧孢],以及丝状真菌,如黑曲霉和宛氏拟青霉(*Paecilomyces variotii*)。但并不是所有子囊菌都含 β-1,6-葡聚糖(Klis et al. 2007)。

在酵母细胞壁中大约有 10% 的 β-1,6-葡聚糖。与 β-1,6-葡聚糖合成有关的很多基因都已经确定。然而,这些基因编码的蛋白质都是通过内质网以囊泡分泌方式运输到细胞膜处。这些基因并非与 β-1,6-葡聚糖合酶的活性直接相关。许多突变体都会引起 β-1,6-葡聚糖合酶的改变,但是这些突变的基因作用都是间接的。在烟曲霉中有与 β-1,6-葡聚糖合成相关的基因 *kre6*,但是却没有 β-1,6-葡聚糖。体外酶联免疫检测分析发现只有 UDP-葡糖糖和 GTP 存在于细胞膜处才能开启 β-1,6-葡聚糖合酶的合成,并且它受到 Rho1p 的调控(Vink et al. 2004;Machi et al. 2004)。

由于酿酒酵母的 Kre6p 在 β-1,6-葡聚糖合成过程中起关键作用(Montijn et al. 1999),因此利用 WU-BLAST2 搜索(SGD; http://www.yeastgenome.org/)来分析其氨基酸序列。这种分析不仅可以确定多种子囊真菌中的 *Sc*Kre6p 的同源蛋白,也可以分析担子菌的玉米黑粉菌和新型隐球酵母基因组中的相关基因。现已有实验证明新型隐球酵母细胞壁中含有 β-1,6-葡聚糖。对于 β-1,6-葡聚糖合酶的研究,将为确定 β-1,6-葡聚糖合成是否真如在电脑模拟分析中所说那样广泛分布提供依据(Vink et al. 2004)。

虽然 β-1,6-连接的葡聚糖合成机制尚不清楚,但有清楚的证据表明 β-葡聚糖在裂褶菌(*S. commune*)正常生长的菌丝顶端是不分支的,并且 1,6-键连接的引入发生在亚顶端区域的成熟细胞壁中(Sietsma et al. 1985)。从白假丝酵母和烟曲霉中分离到的酶,可以特异地从线性 β-1,3-葡聚糖的还原性末端切下昆布二糖并且转移剩下的部分到另一个昆布寡糖上面,产生一种 β-1,6-连接的分支位点。酿酒酵母的嗜杀抗性(killer-resistant,KRE)突变株方面的工作是与线性链中的 β-1,6-连接相关的。在酿酒酵母体内,一种 β-1,6-葡聚糖是酵母菌嗜杀毒素的受体。已经用嗜杀毒素抗性突变株(*KRE*)验证了几种 β-1,6-葡聚糖的合成需要的基因。大量突变株的分析表明聚合物是以一种有顺序的方式合成的,包括几个基因产物,其中的一些是分泌蛋白,其他的是细胞质或者膜蛋白(Brown et al. 1993)。

在酵母和丝状真菌中均发现在GPI锚定区合成的糖蛋白,涉及细胞壁基质中的一种β-1,6-葡聚糖蛋白复合物。蛋白质部分一般对真菌细胞壁的合成和细胞质膜外侧的修饰具有积极的作用(Klis et al. 2002)。

3.2.5 β-1,4-葡聚糖和甘露聚糖的合成

3.2.5.1 β-1,4-葡聚糖

申克侧孢(*S. schenckii*)细胞壁的碱性可溶及碱性不溶组分含有延伸连续的β-1,4-葡聚糖残基;而在烟曲霉细胞壁的碱性不溶成分中,存在β-1,3-葡聚糖和β-1,4-葡聚糖(Fontaine et al. 2000)。这说明可能存在真菌的β-1,4-葡聚糖合酶。与这一观点相符的是,一些丝状真菌含有CesA1p的同源蛋白,它是一种植物纤维素合成酶的催化亚基。人们预测此蛋白的氨基酸序列是负责催化,将这段序列进行PSI-BLAT搜索(NCBI; http://www.ncbi.nlm.nih.gov/BLAST/)比对,在多种曲霉属菌(*Aspergillus* spp)中,包括烟曲霉及粗糙脉孢菌中发现其同源序列。

3.2.5.2 甘露聚糖

N-甘露聚糖链在酵母细胞壁的最外面构成肽甘露聚糖(peptidomannans)的"包被"成分。但是在烟曲霉和其他霉菌中这些甘露聚糖是通过共价键连接到其他多糖上形成半乳甘露聚糖(galactomannan)。尽管烟曲霉细胞壁中甘露聚糖的组成不同于酵母,然而基因组分析发现仍会在霉菌中发现一些同源基因(Stolz and Munro 2002)。其中,Och1蛋白,在酵母中负责长*N*-甘露聚糖链的合成,它也出现在烟曲霉的三个蛋白质家族的基因中。其他的在酵母中基因编码的甘露聚糖转移酶同样在烟曲霉中有直系同源物的存在,但是在两种真菌中它们的结构是不同的。高分子质量甘露聚糖合酶的调控和它的抑制剂目前尚不清楚(Latge and Calderpne 2006; Kils et al. 2007)。

在构巢曲霉或粟酒裂殖酵母中甘露聚糖可以连接到多聚糖(如半乳聚糖)的侧链上,然而对于合成此物的酶仍不了解。

3.2.6 小结

细胞壁主要的多糖,即β-1,3-葡聚糖和几丁质等,以单独的链状形式从内质网合成,或许经过高尔基体,然后以囊泡的形式运输到顶端细胞壁。和水一起,组成一种可塑的、水合胶状壁。然而,壁多糖的主要成分一旦被运输到细胞壁区,它们就逐渐被酶修饰,彼此间进行共价连接,并且形成分子内部的氢键。导致细胞壁在机械性质上的一个渐变,从可塑的到更坚硬。因为细胞壁主要聚合物的交联是一个按时间顺序的过程,并且新形成的细胞壁连续不断地落在扩张的顶端壁的后面。这表明,在生长的菌丝顶点可塑的壁物质的量是恒定的,延伸区基部的壁在不断变硬。因此,呈现顶端生长的稳态模式(steady-state model)。

3.3 细胞壁蛋白的重构和运输

在真核生物中,蛋白质的GPI锚定化是一种保守的翻译后修饰过程。GPI是在内质网内合成后被锚定到蛋白质上的。被GPI锚定化的蛋白质从内质网输出,经过高尔基体被转运到质膜上。GPI锚在GPI锚定蛋白分泌及胞吞过程中充当分类信号的作用,GPI结合到蛋白质的过程中,GPI锚的结构随之发生重构,以便完成调控GPI锚定蛋白的运输及定位功能。

GPI锚定蛋白不仅仅参与细胞壁蛋白的生物合成过程。最近,在酵母及哺乳动物细胞中鉴定出了GPI合成和重构所需要的基因,认为GPI锚定蛋白是一组定位到细胞表面的特殊蛋白,参与了一系列的生命活动。包括分子和离子转运,配体-受体相互作用,酶加工后蛋白的激活,葡聚糖的生物合成和裂解,蛋白质和葡聚糖之间的相互作用,以及许多类型的宿主—致病菌的相互作用等。根据这些最新发表的数据及基因的获得,本节将就共价结合的细胞壁蛋白的生物合成和重构方面做一描述。

3.3.1 概述

质膜上存在几类膜结合蛋白,包括跨膜蛋白、外周蛋白和脂蛋白。另外,在细胞表面有某些蛋白被GPI锚定化。在所有的真核生物中,蛋白质的GPI锚定化是一个保守的翻译后修饰过程。在所有的物种中,GPI锚的核心结构高度保守,该核心结构主要由以下几部分组成:磷脂酰肌醇、葡糖胺、三个甘露糖、磷酸乙醇胺(图3.5;Ferguson et al. 2008)。GPI锚是在内质网膜上合成并被转运到蛋白质上的,该过程至少包括10步反应。到目前为止,已经鉴定出有超过20个基因参与这个过程(Kinoshita et al. 2008)。糖、脂肪酸和磷酸乙醇胺是逐步添加到磷脂酰肌醇上的,从而形成一个完整的脂类前体物质。完整的GPI前体经转氨酶作用转运到蛋白质上,该蛋白的C端含有一个GPI结合信号序列(Fujita and Kinoshita 2012)。

Castillon等(2009)指出,GPI锚在蛋白质分泌和胞吞途径中充当分选信号从而实现蛋白质的选择性定位。在酵母中,GPI锚定蛋白以囊泡的形式实现从内质网到高尔基体的分选和运输。GPI锚定蛋白通过一种独特的途径被选择性地内在化,该途径包括网格蛋白非依赖性的囊泡。GPI锚定蛋白分选进入分泌和胞吞途径似乎与特异性脂筏(lipid raft)相关,尽管目前对脂筏的定义、大小和稳定性仍存在争议。GPI锚定蛋白被运送到质膜的过程中,被认为能够反映GPI锚定蛋白与特异的膜区域相关联。

Klis等(2007)曾用直接提取细胞壁蛋白组分的方法,鉴定存在的GPI锚定蛋白。他们将白假丝酵母(白念珠菌)细胞壁上结合比较弱或未结合的蛋白质清除掉,然后将上面的葡聚糖网络降解掉从而释放出共价结合的细胞壁蛋白。这些蛋白质混合物经过液相色谱-串联质谱分析从而对蛋白质进行鉴定。有趣的是,他们只鉴定出了14个蛋白质,其中12个属于GPI锚定蛋白。然而,白念珠菌整个基因组共编码了115个GPI锚定蛋白,按照推测应该有30%~50%的蛋白质会结合到细胞壁上,而在细胞壁上只鉴定出12个,这确实令人不解。Ruiz-Herrera等曾研究了细胞壁蛋白库的稳定性,他们的结果表明细胞壁上的蛋白质变动是非常慢的。他们在做脉冲追踪实验时发现4.5h后,并没有观察到任何蛋白质反复循环的现象,这表明结合到细胞壁上的蛋白质是非常稳定的。或许在细胞适应外部环境改变(如pH和温度)的条件下细胞壁蛋白会发生改变(Ruiz-Herrera et al. 2002; Richard and Plaine 2007)。

3.3.2 GPI锚定蛋白的生物合成和重构

3.3.2.1 GPI锚定蛋白的生物合成

1. GPI生物合成的早期步骤中,酰基链(acyl-chain)通过酵母中的Gwt1蛋白被转运到GlcN-PI的肌醇环上,形成GlcN-(acyl)PI。该反应是GPI生物合成中的起始步骤,这一过程是在胞质和内质网的表面完成的。最近,对酵母Gwt1蛋白的拓扑分析揭示必要的氨基酸都位于内质网腔内,这表明肌醇酰基化发生在内质网腔。因此,人们认为肌醇的酰基化是GPI生物合成从细胞质时期进入内质网腔期的分界(图3.8;Ferguson et al. 2008; Castillon et al. 2009)。

2. 在GPI的生物合成途径中,磷脂酰乙醇胺被添加到三个甘露糖分子上(图3.5)。该反应以磷脂酰乙醇胺为底物。在酿酒酵母中磷酸乙醇胺通过Mcd4p添加到第一个甘露糖的位置2处,通过Gpi7p/Gpi11p添加到第二个甘露糖的位置6处,通过Gpi13p/Gpi11p复合物添加到第三个甘露糖的位置6处。添加到第三个甘露糖中的端点处的磷脂酰乙醇胺被用来将GPI转移到蛋白质上,添加到第一个甘露糖上的磷脂酰乙醇胺侧链存在于细胞表面的参与所有细胞壁合成的GPI锚定蛋白上(图3.7;Fujita and Kinoshita 2012)。

3. GPI结合到蛋白质上。在GPI转酰胺基酶(GPI TA)作用下GPI前体被转移到蛋白质上。GPI转酰胺基酶是一个膜结合的多亚基酶(PIG-K/GPI8、GAA1、PIG-S、PIG-T和PIG-U)。PIG-K是催化亚基,该亚基同半胱氨酸蛋白酶家族的成员具有同源性。GPI转酰胺基酶识别那些在羧基端具有GPI结合信号的蛋白质,并切掉信号肽,通过硫酯相互连接形成一个酶-底物中间物。GPI上末端氨基亲核攻击(Nucleophilic attack)破坏硫酯,产生GPI-AP(图3.7;Fujita and Kinoshita 2010)。

尽管我们根据目前发表的资料,把酵母和一些真菌中GPI锚定蛋白的生物合成作了简要的描述,但是这只是一个合成路线的概况,尚有许多合成细节需要完善。随着GPI锚定蛋白功能扩展,其生物合成将成为真核生物生命代谢研究的前沿热点。

3.3.2.2 GPI锚的重构

1. 肌醇的酰基化和去酰基化 在GPI生物合成过程中,肌醇的酰基化结构只是短暂存在,即当GPI结合到蛋白质上后,肌醇就会很快地去酰基化(图3.7)。该反应在酵母中是由Bst1p介导的。Bst1p是位于内质网中的多跨膜蛋白,Bst1p的缺失将拖延GPI锚定蛋白从内质网到高尔基体的运输。然而在稳定期,GPI锚定蛋白在细胞表面的表达却是正常的(Fujita and Kinoshita 2010)。

2. GPI脂肪酸的重构 GPI锚上脂肪酸的重构被认为能够反映GPI锚定蛋白与特

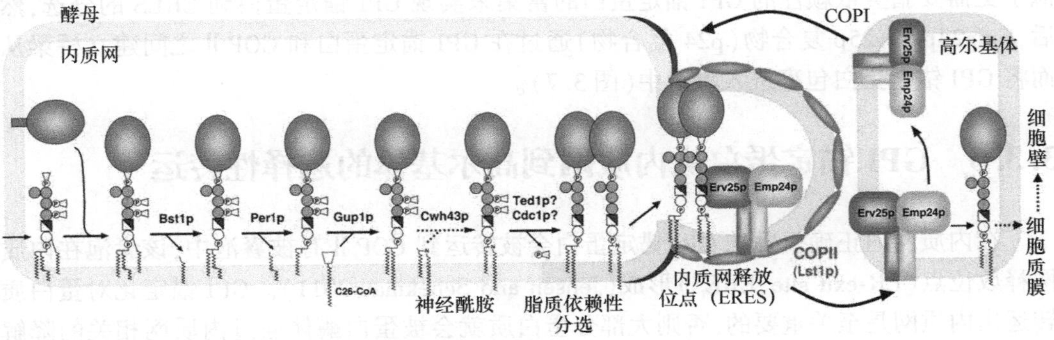

图 3.7 酿酒酵母中 GPI-AP 的重构和转运

GPI 结合蛋白后,连接到肌醇上的酰基链被 Bst1p 消除,GPI 锚的脂肪酸重构是在内质网内进行的,由 Per1p 和 Gup1p 所介导的。在酵母的多数 GPI-AP 中,二酰甘油部分是被 Cwh43p 介导置换为神经酰胺(ceramide)。Ted1p 和 Cdc1p(哺乳动物的 PGAP5 的同源蛋白)被锁定在内质网上,Ted1p 与 Emp24p 和 Erv25p 一起作用,并且在同一途径中 Cdc1p 的功能是在 Per1p 和 Gup1p 蛋白之后。这揭示了这些蛋白质在 GPI 重构中是相互关联的。在 GPI 锚上添加侧链磷酸乙醇胺(EtNP)是神经酰胺重构所必需的,然而,尚不清楚 EtNP 是如何被消除的。GPI-AP 含有一个很长的饱和脂肪酸,GPI 锚上脂肪酸的重构与内质网释放位点(ERES)相关,酵母 ERES 在内质网内,哺乳动物在高尔基体内。脂类 sn-2 位置的一个不饱和脂肪酸被移去,接着添加一个饱和脂肪酸。p24 复合物 Emp24p-Erv25p 促进被 ER 重构的 GPI-AP 在特异的 ERES 处连接 COPII,并以囊泡的形式输出。在高尔基体内 GPI-AP 与 p24 复合物分离。未重构的 GPI-AP 可能被 p24 复合物从高尔基运回 ER。(引自 Fujita and Kinoshita 2012)

异的膜区域相关联,即反映 GPI 锚定蛋白与抗除垢剂膜(detergent-resistant membrane, DRM)的相关性。在哺乳动物细胞中该反应发生在高尔基体,而在酵母中,该反应发生在内质网上依赖于脂筏结构形成的不同位点。脂类 sn-2 位置的一个不饱和脂肪酸被移去,接着添加一个饱和脂肪酸,在哺乳动物细胞中添加硬脂酸 C18:0,在酵母中添加 C26:0 脂肪酸(图 3.7;Fujita et al. 2006; Maeda et al. 2007)。

3. 神经鞘氨醇的重构 结构分析发现在几类有机体,如酵母、曲霉属、网柄菌属、美国锥虫及梨树中,它们体内的 GPI 锚中,脂类是由神经鞘氨醇组成的。初始用来生物合成含有二酰甘油的 GPI 肌醇;因此,在这些有机体中二酰甘油被转化成了神经鞘氨醇。在酵母中,Cwh43p 参与 GPI 锚中神经鞘氨醇的重构。Cwh43p 的 N 端区域跟 PGAP2 具有同源性。另外,Cwh43p 含有一个由 700 个氨基酸组成的 C 端区域。在磷酸肌醇神经酰胺磷脂酶 C(inositol-phosphoceramide phospholipase C)及鞘磷脂酶(sphingomyelinase)中发现其 C 端区域含有一个超二级结构基序,该基序被认为调控从二酰甘油型到神经鞘氨醇型的转变。通过 Mcd4p 和 Gpi7p 作用添加到 GPI 锚上的侧链磷酸乙醇胺间接参与神经鞘氨醇结构的优化,这表明重构酶可能识别侧链磷酸乙醇胺。在哺乳动物中,尚没有报道其体内的 GPI 锚定蛋白含有神经鞘氨醇。这一过程需要进一步详细的分析,包括哺乳动物中 Cwh43p 同源物的表达谱,从而了解它的功能(图 3.7;Ferguson et al. 2008;Fujita and Kinoshita 2012)。

在酵母中,内质网内出现了两种类型的脂类重构。这导致 GPI 锚定蛋白中的脂类含有神经鞘氨醇或二酰甘油,在 sn-2 位含有一个非常长的脂肪酸链。相反的是,哺乳动物细胞中的脂肪酸重构只在 GPI 锚定蛋白到达高尔基体之后才发生。酵母中 GPI 锚定蛋白的有效运输需要神经鞘氨醇,而在哺乳动物细胞中却相反。同哺乳动物细胞相比,酵母似乎更需要脂类依赖性的 GPI 锚定蛋白的富集来实现 GPI 锚定蛋白到 ERES 的分选，然后，Emp24p-Erv25p 复合物（p24 复合物）通过在 GPI 锚定蛋白和 COP Ⅱ之间建立桥梁从而将 GPI 锚定蛋白包裹进入囊泡中（图 3.7）。

3.3.3 GPI 锚定蛋白从内质网到高尔基体的选择性转运

在内质网内正确折叠的 GPI 锚定蛋白会被转运到 COP Ⅱ有被囊泡中，该囊泡在内质网释放位点（ER-exit site，ERES）形成（Jensen and Schekman 2011）。GPI 锚定化对蛋白质转运出内质网是至关重要的，否则大部分蛋白质就会被蛋白酶体通过内质网相关的降解途径降解。有人提出在酵母、寄生型原生生物和哺乳动物细胞中，GPI 锚充当内质网释放信号（Fujita and Kinoshita 2012）。最近的研究进一步指出，有一种机制可以用来识别 GPI 锚的结构，只有正确加工的 GPI 锚定蛋白才能被有效转运。由 Bst1p 介导的 GPI 锚中肌醇去酰基化的丧失将导致蛋白质从内质网到高尔基体转运的延迟。GPI 锚的去酰基化、脂肪酸和神经鞘氨醇结构的重构对于 GPI 锚定蛋白有效分选进入外被蛋白复合物Ⅱ囊泡内是必需的（图 3.7）。GPI 锚的正确重构将充当 GPI 锚定蛋白从内质网内释放的信号（Fujita et al. 2009；Fujita and Kinoshita 2010）。

为了有效进行分选并包装进入运输囊泡，被运输的蛋白质需要结合到胞浆内的包被蛋白上。这不同于跨膜蛋白，GPI 锚定蛋白不含有任何跨膜区域，也不能和胞浆内的 COP Ⅱ直接相互作用。因此，衔接蛋白，又称货物（cargo）受体，在 GPI 锚定蛋白和包被蛋白之间充当桥梁作用，这对于蛋白质的有效运输是必要的。最近，Fujita 等（2011）鉴定了 24 个蛋白质，它们选择性地识别重构后的 GPI 锚定蛋白，并将它们分选进入 COP Ⅱ囊泡内。p24 蛋白家族属于Ⅰ型膜蛋白，在内质网和高尔基体之间被循环利用。在酵母中，p24 家族的成员 Emp24p 和 Erv25p 直接结合到 GPI 锚定蛋白上，并将 GPI 锚定蛋白包被进入 COP Ⅱ囊泡内。这些结果表明 p24 蛋白在直接参与从内质网到高尔基体的正向运输，充当被运蛋白的受体从而对 GPI 锚定蛋白结构进行正确改组（图 3.7）。而且，p24 家族蛋白与 GPI 锚定蛋白的相互作用依赖于周围环境中的 pH。在中性和弱碱性条件下可以清楚地观察到 p24 蛋白结合到 GPI 锚定蛋白上，然而，在弱酸性条件下它们又解离开来。这同在内质网（pH 7.2 ~7.4）及高尔基体形成面内（pH 6.5 ~6.8）的 pH 相一致，这表明它们在内质网内结合到一块，在内质网之后高尔基体的酸性环境中解离（Fujita et al. 2011）。应该注意的是，尽管 p24 蛋白在维持 GPI 锚定蛋白准确的囊泡运输中起着关键性作用，但这不可能是 p24 蛋白复合物的唯一功能。关于 p24 蛋白的其他功能，目前已有许多报道，包括内质网内的未折叠蛋白应答（unfolded protein response，UPR），质量控制（quality control），从高尔基体的反向运输及高尔基体结构的维持。因此，p24 蛋白好像具有许多细胞内的功能。然而，菌体所展示的多种表型是否是由 p24 蛋白直接或间接的功能所导致，这还有待进一步观察。进一步对体外 p24 蛋白进行生物物理分析可以揭示它们同 GPI 进行结合及解离的分子机制（Fujita and Kinoshita 2012）。

在哺乳动物和酵母细胞中，p24 蛋白在 GPI 锚定蛋白的分选及释放中所发挥的功能却有一些明显的不同。在哺乳动物细胞中，p24 蛋白充当货物蛋白的受体，将 GPI 锚定蛋白集中到 ERES 中，从而将它们有效地装入 COP Ⅱ囊泡。在酵母中，GPI 锚定蛋白分选并在 ERES 中的富集并不依赖于 Emp24p。相反,酵母中,p24 蛋白复合物似乎充当衔接蛋白,通过富集 COPⅡ组分到含有预浓缩的 GPI 锚定蛋白的特定 ERES 区来促使并稳定囊泡的形成(图 3.7)。另外,酵母中 GPI 锚定蛋白从内质网中的分选和运输是通过囊泡进行的,这不同于那些含有其他蛋白的囊泡,如常见的氨基酸通透酶 Gap1p、己糖运输蛋白 Hxt1p 及 α 前体因子。在囊泡形成过程中,v-SNARES 和某些限制因子参与被运输蛋白的分选。除具有参与 GPI 锚定蛋白正向运输的功能外,有报道指出酵母中的 p24 复合物能够通过 COPⅠ依赖的反向运输将未重构的 GPI 锚定蛋白限制在内质网中。哺乳动物细胞中这些现象是否也具有保守性尚有待进一步研究(Fujita and Kinoshita 2010)。

3.3.4 从高尔基体外侧网络到质膜的运输

GPI 锚定蛋白通过蛋白分选机制在高尔基体外侧网络(TGN)中被选择性定位到最终目的地,不同类型的囊泡被运输到不同的区域。在这些细胞中,蛋白质被分选和分离都发生在高尔基体外侧网络,从而决定该蛋白质是否被运输到顶端区域。定位到顶端区域蛋白的分选信号目前了解的还不是特别清楚,然而其 *N*-多糖和 *O*-多糖区域可能扮演信号序列的作用。

GPI 锚是第一个被认为是顶端分选信号序列的其中一个,但是目前尚不清楚其根本作用机制是什么。实际上,细胞中的大部分 GPI 锚定蛋白被选择性地运输到顶端膜区域。正如前面提到的,GPI 锚定蛋白到顶端区域的分选似乎跟在 TGN 区脂筏(lipid raft)的形成有关。在高尔基体中,GPI 锚定蛋白通过脂肪酸的重构而获得耐洗涤剂性能。鞘脂类生物合成抑制剂及胆固醇的移除能够干扰 GPI 锚定蛋白到顶端区域的分选,这就支持了这样一种假说:TGN 中脂筏可能介导了顶端运输。到目前为止,有人指出 GPI 锚定蛋白同脂筏的相互作用对于顶端分选来说是必需的,但却不是足够的(Paladino et al. 2007;Fujita and Kinoshita 2010;Fujita and Kinoshita 2012)。

3.3.5 细胞壁蛋白的运输途径

真菌的顶端细胞壁主要是由多糖组分和蛋白质组分合成的。几丁质、β-1,3-葡聚糖和 α-1,3-葡聚糖分别在顶端合成,并且在近顶端区域被交联和修饰。通过这种方式,就在顶端产生了一个有可塑性的细胞壁。细胞壁区的硬化过程发生在细胞质膜外部的细胞壁区。在这个过程中,几丁质和 β-1,3-葡聚糖共价连接并且葡聚糖部分被修饰、分支及插入 β-1,6-键。这种模式使顶端壁成为疏松并且高度含水的结构,而且允许蛋白质和其他大分子通过细胞壁向胞外扩散。然而,在近顶端区域,作为细胞壁合成装备的组分需要分泌的蛋白质,它们是在内质网上被合成的,并以囊泡包裹的方式,沿细胞骨架运输到顶端。

在一些真菌中,特别是酿酒酵母和白假丝酵母(白念珠菌)中的研究发现,一些 GPI 锚定蛋白会从 GPI 锚中释放出来,共价结合到细胞壁的糖类物质上,因此这些蛋白质只是暂时定位到质膜上。在酿酒酵母中,GPI 锚定蛋白去锚定化一般发生在 GPI 锚的 *N*-乙酰氨基葡萄糖集团和第一个甘露糖集团之间。去锚定化后的蛋白质连同 GPI 锚剩余的部分被转运到细胞壁部位,然后通过一个未被鉴定的蛋白质或蛋白质复合物连接到 β-1,

6-葡聚糖上。Richard 和 Plaine(2007)总结了一个真菌 GPI 锚定蛋白合成和转运到细胞外层壁的运输途径。因为受到当时资料的限制,他们认为锚定蛋白从内质网向细胞壁转运中可能还需要一个修饰过程,现在我们知道从内质网输出后进入高尔基体,进一步修饰后分泌到细胞质中,然后锚定在质膜上。作者根据 Richard 和 Plaine 的图示进行了修改,显示在图 3.8 中,这仅仅是在酵母或真菌中 GPI 锚定蛋白的合成和运输的简图,供读者参考。

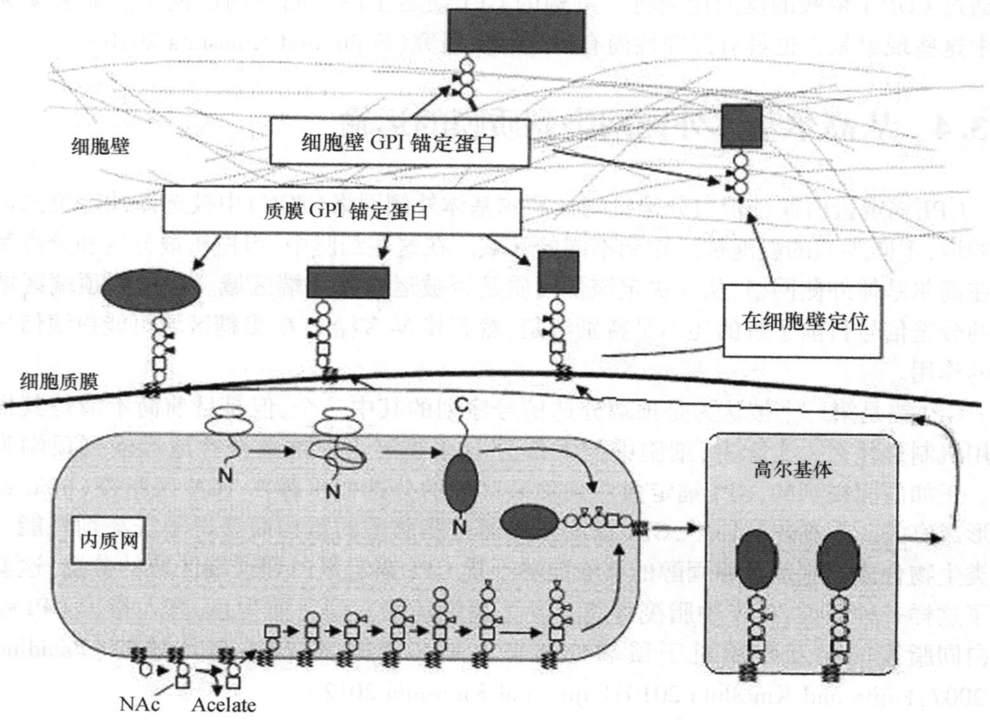

图 3.8　在酵母或真菌中 GPI 锚定蛋白的合成和运输简图

GPI 锚生物合成的第一步发生在内质网的表面,首先合成磷脂酰肌醇,磷脂酰肌醇的脂质用来锚定在内质网膜上,然后穿过质膜进入内质网腔内,此后糖、脂肪酸及磷酸乙醇胺逐步添加到磷脂酰肌醇上。最终通过酰胺将 GPI 锚连接到蛋白质上形成 GPI 锚定蛋白。GPI 结合到蛋白质上后,GPI 锚的结构进行重构,从而调控 GPI 锚定蛋白的运输及定位。被 GPI 锚定化的蛋白从内质网的释放位点(ERES)以 COPⅡ包装的囊泡分泌出来(见图 3.7),然后经过高尔基体修饰被转运到质膜上。GPI 锚在 GPI 锚定蛋白分泌及胞吞过程中充当分选信号的作用。GPI-AP 沿分泌途径到达细胞表面。一些 GPI 锚定蛋白被锚定在细胞质膜上,有些与锚分离的糖蛋白直接进入细胞壁中与真菌的特异性 β-1,6-葡聚糖共价连接。(根据 Richard and Plaine 2007,Fujita and Kinoshita 2010,Fujita and Kinoshita 2012 等资料绘制)

3.4　讨论

1. 在生化水平上,细胞壁分析还依旧落后。对于大多数细胞壁组装酶,我们尚需等待权威性分类和进一步活性分析。一些糖苷合成酶及大部分糖苷转移酶的研究还是空白。很多细胞壁分析不能回答关于单独的细胞壁成分是否与其他细胞壁大分子共价连接及如何连接起来的问题。一些细胞壁寡聚物的结构细节研究还没有建立或是仅仅对单一模式真菌进行了细节方面的研究。

2. 研究较多的是葡聚糖基转移酶，它可以在几丁质和β-1,3-葡聚糖上产生分支和交联，这对于维持细胞纤维骨架是重要的。这两种多糖的交联形成的细胞壁核心保护真菌免受环境的伤害。因此，合成这一核心的酶和调控子是一些抗真菌药物的靶标。然而，负责分支和交联的一些蛋白质及调控它们的蛋白质很大程度上都不太清楚，需要进一步研究。

3. 本章我们强调了真菌细胞壁蛋白组分的生物合成和转运到细胞膜的过程。近年来，随着对锚定蛋白研究的深入，认为参与真菌细胞壁组装的蛋白质大多是依赖 GPI 共价连接的细胞壁蛋白。这些锚定蛋白是在内质网表面和腔内合成的，并以 COP Ⅱ包装的囊泡转运到高尔基体进一步修饰，然后从高尔基体输出并锚定在细胞质膜上，进而与细胞壁的多糖交联。GPI 锚定蛋白同毒力的关系，目前的研究只能得出一种结论：GPI 锚定蛋白好像通过参与细胞黏附、细胞识别、或细胞壁的生物合成（或重构）来直接或间接地影响细胞毒力。因此，从 GPI 锚定蛋白中我们还可以了解很多对人类真菌疾病的感染进行诊断和治疗的方法。然而具体的修饰、不同的代谢调控、信号传导途径及其他病原真菌等这些过程是如何具体实现的目前仍不清楚。

4. 尽管酿酒酵母和粟酒裂殖酵母的细胞壁结构研究为许多其他子囊菌和担子菌提供了强大的概念和技术手段，但是真菌的多样性十分丰富，细胞壁分子结构十分复杂，单一的结构模型不可能完全适用于各类真菌。近年来比较基因组学对真菌研究有很重要的影响，因此对于真菌细胞壁生物学也很重要，它不仅可以比较分析糖苷转移酶和糖苷酶，也可以预测细胞壁生物合成的调控机制是否保守，甚至保守到何种程度；转录因子结合位点是否保守；转录模块的基因组分如何进化。真菌基因组学用途的增加也能推进细胞壁蛋白的蛋白质组学分析，目前用于对真菌细胞壁的研究仅仅是个开端。随着研究的深入展开，真菌细胞壁生物学的研究将成为真菌分子生物学研究的热点。

5. 真菌细胞壁曾经被认为是惰性细胞器。但是目前的资料分析发现细胞壁是有活力的，不仅可以保护细胞免受环境的破坏还可以提高对环境应答的敏感性。这也使得对细胞壁的研究在真菌学领域中具有很大的挑战性。遗憾的是，至今没有给出过任何真菌的细胞壁的完整结构，这有待于深入研究。

参考文献

Bartnicki-Garcia S. 1968. Cell wall chemistry, morphogenesis, and taxonomy of fungi. Annu Rev Microbiol, 22:87-108

Beauvais A, Bruneau JM, Mole PC et al. 2001. Glucan synthase complex of *Aspergillus fumigatus*. J Bacteriol, 183:2273-2279

Beauvais A, Park S, Morelle W et al. 2004. Two α (1-3) glucan synthases with different functions in *Aspergillus fumigatus*. Appl Environ Microbiol, 71:1531-1538

Berbee ML, Taylor JW. Fungal molecular evolutions: gene trees and geologic time. In: McLaughlin DJ, McLaughlin EG, Lemke PA (eds). 2001, The Mycota, vol VII. New York: Springer, Berlin Heidelberg. 229-245

Biswas SK, Yamaguchi M, Naoe N et al. 2003. Quantitative three-dimensional structural analysis of *Exophiala dermatitidis* yeast cells by freezesubstitution and serial ultrathin sectioning. J Electron Microsc, 52:133-143

Borkovich KA, Alex LA, Yarden O et al. 2004. Lessons from the genome sequence of *Neurospora crassa*: tracing thepath fromgenomic blueprint tomulticellular organism. Microbiol Mol Biol, Rev, 68:1-108

Bose I, ReeseAJ, Ory JJ et al. 2003. Ayeast under cover: the capsule of *Cryptococcus neoformans*. Eukaryot Cell, 2:655-663

Brandhorst T, Klein B. 2000. Cell wall biogenesis of *Blastomyces dermatitidis*. Evidence for a novel mechanismof cell surface localization of a virulence-associated adhesion via extracellular release and reassociation with cell wall chitin. J Biol Chem, 275:7925-7934

Brown JL, Kossaczka Z, Jiang B et al. 1993. A mutational analysis of killer toxin resistance in *Saccharomyces cerevisiae* identifies newgenes involvedin cell wall (1-6)-β-glucan synthesis. Genetics, 133:837-849

Cabib E, Roh DH, Schmidt M et al. 2001. The yeast cell wall and septum as paradigms of cell growth and morphogenesis. J Cell Biol, 276:19679-19682

Cabib E, Duran A. 2005. Synthase III-dependent chitin is bound to different acceptors depending on location on the cell wall of budding yeast. J Biol Chem, 280:9170-9179

Caro LH, Tettelin H, Vossen JH et al. 1997. In silico identification of glycosyl-phosphatidylinositol-anchored plasma-membrane and cell wall proteins of *Saccharomyces cerevisiae*. Yeast, 13:1477-1489

Castillon GA, Watanabe R, Taylor M et al. 2009. Concentration of GPI-anchored proteins upon ER exit in yeast. Traffic, 10: 186-200

Chang PLY, Trevithick JR. 1974. Howimportant is secretion of exoenzymes through apical cell walls of fungi? Arch Mikrobiol, 101:281-293

Damveld RA, Vankuyk PA, Arentshorst M et al. 2005b. Expression of *agsA*, one of five 1,3-α-D-glucan synthase-encoding genes in *Aspergillus niger*, is induced in response to cell wall stress. Fungal Genet Biol, 42:165-177

Datema R, Wessels JGH, van den Ende H. 1977b. The hyphal wall of *Mucor mucedo* 2. Hexosamine-containing polymers. Eur J Biochem, 80:621-626

De Groot PWJ, Ram AF, Klis FM. 2005. Features and functions of covalently linked proteins in fungal cell walls. Fungal Genet Biol, 42:657-675

De Nobel JG, Klis FM, Priem J. 1990. The glucanase-soluble mannoproteins limit cell wall porosity in *Saccharomyces cerevisiae*. Yeast, 6:491-499

De Nobel H, Sietsma JH, Van den Ende H et al. Molecular organization and construction of the fungal cell wall. In: Howard RJ, Gow NAR (eds). 2001. The Mycota, vol Ⅷ. New York: Springer, Berlin Heidelberg. 181-200

Dean N. 1999. Asparagine-linked glycosylation in the yeast Golgi. Biochim Biophys Acta, 1426:309-322

Depree J, Emerson GW, Sullivan PA. 1993. The cell wall of the oleaginous yeast *Trichosporon cutaneum*. J Gen Microbiol, 139:2123-2133

Ecker M, Deutzmann R, Lehle L et al. 2006. PIR-proteins of *Saccharomyces cerevisiae* are attached to β-1,3-glucan by a new protein-carbohydrate linkage. J Biol Chem, 281:11523-11529

Eisenhaber B, Schneider G, Wildpaner M et al. 2004. A sensitive predictor for potential GPI lipid modification sites in fungal protein sequences and its application to genome-wide studies for*Aspergillus nidulans*, *Candida albicans*, *Neurospora crassa*, *Saccharomyces cerevisiae* and *Schizosaccharomyces pombe*. J Mol Biol, 337:243-253

Eisenman HC, Nosanchuk JD, Webber JB et al. 2005. Microstructure of cell wall-associated melanin in the human pathogenic fungus *Cryptococcus neoformans*. Biochemistry, 44:3683-3693

Ferguson MA. 1999. The structure, biosynthesis and functions of glycosylphosphatidylinositol anchors, and the contributions of trypanosome research. J Cell Sci, 112:2799-2809

Ferguson MA, Kinoshita T, Hart GW. Glycosylphosphatidylinositol anchors, In: A. Varki, R. D. Cummings, J. D. Esko, H. H. Freeze, P. Stanley, C. R. Bertozzi, G. W. Hart, M. E. Etzler (Eds.). 2008. Essentials of Glycobiology, New York: Cold Spring Harbor Laboratory Press. 143-161

Fleet GH. 1985. Composition and structure of yeast cell walls. Curr Topics Med Mycol, 1:24-56

Fontaine T, Sinenel C, Dubreucq G et al. 2000. Molecular organization of the alkali-insoluble fraction of *Aspergillus fumigatus* cell wall. J Biol Chem, 275:415-428

Frieman MB, Cormack BP. 2004. Multiple sequence signals determine the distribution of glycosylphosphatidylinositol proteins between the plasma membrane and cell wall in *Saccharomyces cerevisiae*. Microbiology, 150:3105-3114

Fujita M, Umemura M, Yoko-o T et al. 2006. PER1 is required for GPIphospholipase A2 activity and involved in lipid remodeling of GPI-anchored proteins, Mol Biol Cell, 17:5253-5264

Fujita M, Maeda Y, Ra M et al. 2009. GPI glycan remodeling by PGAP5 regulates transport of GPI-anchored proteins from the ER to the Golgi. Cell, 139: 352-365

Fujita M, Kinoshita T. 2010. Structural remodeling of GPI anchors during biosynthesis and after attachment to proteins. FEBS Letters, 584: 1670-1677

Fujita M, Watanabe R, Jaensch N et al. 2011. Sorting of GPI-anchored proteins into ER exit sites by p24 proteins is dependent on remodeled GPI. J Cell Biol, 194: 61-75

Fujita M, Kinoshita T. 2012. GPI-anchor remodeling: Potential functions of GPI-anchors in intracellular trafficking and membrane dynamics. Biochim. Biophys. Acta (2012), doi: 10.1016/j.bbalip.2012.01.004

Gantner BN, Simmons RM, Underhill DM. 2005. Dectin-1 mediates macrophage recognition of *Candida albicans* yeast but not filaments. EMBO J, 24: 1277-1286

Garcia I, Tajadura V, Martín V et al. 2006. Synthesis of α-glucans in fission yeast spores is carried out by three α-glucan synthase paralogues, Mok12p, Mok13p and Mok14p. Mol Microbiol, 59: 836-853

Caro LH, Tettelin H, Vossen JH et al. 1997. In silicio identification of glycosylphosphatidylinositol- anchored plasma-membrane and cell wall proteins of *Saccharomyces cerevisiae.* Yeast, 13: 1477-1489

Garrison RG. Cytological and ultrastructural aspects of dimorphism. In: Szaniszlo PJ (ed). 1985. Fungal dimorphism, with emphasis on fungi pathogenic for humans. New York: Plenum. 15-47

Gemmill TR, Trimble RB. 1999. Overview of *N*- and *O*-linked oligosaccharide structures found in various yeast species. Biochim Biophys Acta, 1426: 227-237

Grun CH, Hochstenbach F, Humbel BM et al. 2005. Synthesis of cell wall alpha-glucan requires coupling of two (1-3)-alpha-glucan segments and affects fission-yeastmorphogenesis. Glycobiology, 15: 245-257

Hamada K, Fukuchi S, Arisawa M et al. 1998. Screening for glycosylphosphatidylinositol (GPI)-dependent cell wall proteins in *Saccharomyces cerevisiae.* Mol Gen Genet, 258: 53-59

Hartland RP, Vermeulen CA, Klis FM. 1994. The linkage of (1-3)-β-glucan to chitin during cell wall assembly in *Saccharomyces cerevisiae.* Yeast, 10: 1591-1599

Humbel BM, Konomi M, Takagi T et al. 2001. In situ localization of β-glucans in the cell wall of *Schizosaccharomyces pombe.* Yeast, 18: 433-444

Jabri E, Quigley DR, Alders M et al. 1989. (1-3)-β-glucan synthesis of *Neurospora crassa.* Curr Microbiol, 19: 153-161

Jeong HY, Chae KS, Whang SS. 2004. Presence of a mannoprotein, MnpAp, in the hyphal cell wall of *Aspergillus nidulans.* Mycologia, 96: 52-56

Kapteyn JC, Ram AFJ, Groos EM et al. 1997. Altered extent of cross-linking of β1,6-glucosylated mannoproteins to chitin in *Saccharomyces cerevisiae* mutant with reduced cell wall β1,3-glucan content. J Bacteriol, 179: 6279-6284

Katayama S, Hirata D, Arellano M et al. 1999. Fission yeast *β*-glucan synthase Mok1 requires the actin cytoskeleton to localize the sites of growth and plays an essential role in cell morphogenesis downstream of protein kinase C function. J Cell Biol, 144: 1173-1186

Kinoshita T, Fujita M, Maeda Y. 2008. Biosynthesis, remodelling and functions of mammalian GPI-anchored proteins: recent progress. J. Biochem, 144: 287-294

Klis FM, Mol P, Hellingwerf K et al. 2002. Dynamics of cell wall structure in *Saccharomyces cerevisiae.* FEMS Microbiol Rev, 26: 239-256

Klis FM, Boorsma A, De Groot PWJ. 2006. Cell wall construction in *Saccharomyces cerevisiae.* Yeast, 23: 185-202

Klis FM, De Jong M, Brul S et al. 2007. Extraction of cell surface-associated proteins from living yeast cell. Yeast, 24: 253-258

Klis FM, Ram AFJ, De Groot PWJ. A molecular and genomic view of the fungal cell wall. In: Howard RJ, and Gow NAR (2nd). 2007. The Mycota, vol Ⅷ, biology of the fungal cell. New York: Spriger, Berlin Heidelberg. 97-120

Klutts J, Yoneda A, Reilly MC et al. 2006. Glycosyl transferases and their products: cryptococcal variations on fungal themes. FEMS Yeast Res, 6: 499-512

Knauer R, Lehle L. 1999. The oligosaccharyl transferase complex from yeast. Biochim Biophys Acta, 1426: 259-273

Kollar R, Petrakova E, Ashwell G et al. 1995. Architecture of the yeast cell wall. The linkage between chitin and β(1-3)-glucan. J Biol Chem, 270: 1170-1178

Kopecka M, Gabriel M. 1992. The influence of congo red on the cell wall and (1-3)-β-D-glucan microfibril biogenesis in *Saccharomyces cerevisiae*. Arch Microbiol, 158: 115-126

Jensen D, Schekman R. 2011. COPII-mediated vesicle formation at a glance, J Cell Sci, 124: 1-4

Lagorce A, Le Berre-Anton V, Aguilar-Uscanga B et al. 2002. Involvement of *GFA1*, which encodes glutaminefructose-6-phosphate amidotransferase, in the activation of the chitin synthesis pathway in response to cell-wall defects in *Saccharomyces cerevisiae*. Eur J Biochem, 269: 1697-1707

Latge JP, Calderone R. The fungal cell wall. In: Kues U, Fischer R (2nd). 2006. The Mycota, vol Ⅰ. Growth, differentiation and sexuality. New York: Spriger, Berlin Heidelberg. 73-104

Lopes-Bezerra LM, Schubach A, Costa RO. 2006. *Sporothrix schenckii* and sporotrichosis. An Acad Bras Cienc, 78: 293-308

Machi K, Azuma M, Igarashi K et al. 2004. Rot1p of *Saccharomyces cerevisiae* is a putativemembrane protein required for normal levels of the cell wall 1,6-β-glucan. Microbiology, 150: 3163-3173

Y. Maeda, Y. Tashima, T. Houjou et al. 2007. Fatty acid remodeling of GPI-anchored proteins is required for their raft association, Mol Biol Cell, 18: 1497-1506

Magnelli PE, Cipollo JF, Robbins PW. 2005. A glucanasedriven fractionation allows redefinition of *Schizosaccharomyces pombe* cell wall composition and structure: assignment of diglucan. Anal Biochem, 336: 202-212

Mayor S, Riezman H. 2004. Sorting GPI-anchored proteins. Nat. Rev. Mol Cell Biol, 5: 110-120

Montijn RC, Vink E, Muller WH et al. 1999. Localization of synthesis of β1,6-glucan in *Saccharomyces cerevisiae*. J Bacteriol, 181: 7414-74120

Morrison VA. 2006. Echinocandin antifungals: review and update. Expert Rev Anti Infect Ther, 4: 325-342

Paladino S, Sarnataro D, Tivodar S et al. 2007. Oligomerization is a specific requirement for apical sorting of glycosyl-phosphatidylinositol-anchored proteins but not for non-raft-associated apical proteins, Traffic, 8: 51-258

Pierini LM, Doering TL. 2001. Spatial and temporal sequence of capsule construction in *Cryptococcus neoformans*. Mol Microbiol, 41: 105-115

Pittet M, Conzelmann, A. 2007. Biosynthesis and function of GPI proteins in the yeast *Saccharomyces cerevisiae*. Biochim. Biophys. Acta, 1771, 405-420

Richard ML, Plaine A. 2007. Comprehensive analysis of glycosylphosphatidylinositol-anchored proteins in *Candida albicans*. Eukaryotic Cell, 2007, 6: 119-133

Ruiz-Herrera J, Leon CG, Carabez-Trejo A. 1996. Structure and chemical composition of the cell walls from the haploid yeast and mycelial forms of *Ustilago maydis*. Fungal Genet Biol, 20: 133-142

Ruiz-Herrera J, Martinez AI, Sentandreu R. 2002. Determination of the stability of protein pools from the cell wall of fungi. Res Microbiol, 153: 373-378

Sato T, Novisuye T, Fujita H. 1981. Melting behavior of *Schizophyllumcommune* polysaccharides in mixture of water and dimethyl sulfoxide. Carbohydr Res, 95: 195-204

Schmidt M, Bowers B, Varma A et al. 2002. In budding yeast, contraction of the actomyosin ring and formation of the primary septum at cytokinesis depend on each other. J Cell Sci, 115: 293-302

Sietsma JH, Wessels JGH. 1981. Solubility of (1-3)-β-D/(1-6)-β-D-glucan in fungal walls: importanceofpresumed linkages between glucan and chitin. J Gen Microbiol, 125: 209-212

Sietsma JH, Sonnenberg ASM, Wessels JGH. 1985. Localization by autoradiography of synthesis of (1-3)-β and (1-6)-β linkages in a wall glucan during hyphal growth of *Schizophyllum commune*. J Gen Microbiol, 131: 1331-1337

Sietsma JH, Wessels JGH. 1990. The occurrence of glucosaminoglycan in the wall of *Schizosaccharomyces pombe*. J Gen Microbiol, 136: 2261-2265

Sietsma JH, Wessels JGH. 1994. Apical wall biogenesis. In: Wessels JGH, Meinhardt F (eds) The Mycota, vol 1. Growth, differentiation and sexuality. Springer, Berlin Heidelberg New York. 125-141

Sietsma JH, Wessels JGH. 2006. Apical wall biogenesis. In: Kues U, Fischer R(2nd) The Mycota, vol Ⅰ. Growth, differentiation and sexuality. New York : Spriger, Berlin Heidelberg. 53-72

Small JM, Mitchell TG. 1986. Binding of purified and radioiodinated capsular polysaccharides from *Cryptococcus neoformans* serotype a strains to capsule-free mutants. Infect Immun, 54: 742-750

Stolz J, Munro S. 2002. The components of the *Saccharomyces cerevisiae* mannosyltransferase complex MPol I have distinct functions inmannansynthesis. J Biol Chem, 277: 44801-44808

Sugawara T, Takahashi S, Osumi M et al. 2004. Refinement of the structures of cell-wall glucans of *Schizosaccharomyces pombe* by chemicalmodification and NMR spectroscopy. Carbohydr Res, 339: 2255-2265

Surarit R, Gopal PK, Shepherd MG. 1988. Evidence for a glycosidic linkage between chitin and glucan in the cell wall of *Candida albicans*. J Gen Microbiol, 134: 1723-1730

Takeshita N, Yamashita S, Ohta A et al. 2006. *Aspergillus nidulans* class V and VI chitin synthases CsmA and CsmB, each with a myosin motor-like domain, perform compensatory functions that are essential for hyphal tip growth. Mol Microbiol, 59: 1380-1394

Tokunaga M, Kusamichi M, Koike H. 1986. Ultrastructure of outermost layer of cell wall in *Candida albicans* observed by rapid-freezing technique. J Electron Microsc (Tokyo), 35: 237-246

Uccelletti D, Pacelli V, Mancini P et al. 2000. *vga* Mutants of *Kluyveromyces lactis* show cell integrity defects. Yeast, 16: 1161-1171

Van der Vaart JM, Caro LH, Chapman JW et al. 1995. Identification of three mannoproteins in the cell wall of *Saccharomyces cerevisiae*. J Bacteriol, 177: 3104-3110

Vink E, Rodriguez-Suarez RJ, Gerard-Vincent M et al. 2004. An*in vitro* assay for (1,6)-β-D-glucan synthesis in *Saccharomyces cerevisiae*. Yeast, 21: 1121-1131

Vongsamphanh R, Fortier PK, Ramotar D. 2001. Pir1p mediates translocation of the yeast Apn1p endonuclease into the mitochondria to maintain genomic stability. Mol Cell Biol, 21: 1647-55

Weber I, Assmann D, Thines E et al. 2006. Polar localizing class Vmyosin chitin synthases are essential during early plant infection in the plant pathogenic fungus *Ustilago maydis*. Plant Cell, 18: 225-242

Wessels JGH, Mol PC, Sietsma JH et al. 1990. Wall structure, wall growth and fungal cell morphogenesis. In: Kuhn PJ, Trinci APJ, Jung MJ, GooseyMW, Copping LG (eds). Biochemistry of cell walls and membranes in fungi. New York: Springer, BerlinHeidelberg. 81-95

4 丝状真菌的有丝分裂

生命细胞最重要的特征就是具有复制和拷贝自身的能力。单细胞个体中复制是通过细胞分裂来完成的,而多细胞个体的生长和正常发育则需要有序的细胞分裂,因此,细胞增殖可被看做个体体积增大和细胞群分化的一种策略。从一个细胞产生两个能存活的子细胞,每个子细胞必须得到其母细胞基因组的完整拷贝,这样后代就会保持遗传的完整性。为了保持遗传的稳定性,染色体的复制必须高度正确,在副本染色体物理上分离之前,它们复制的完整性必须被监控。正在分裂中的细胞必须有一个分离两套基因组的装置,以便于子细胞分别得到一整套染色体,保证细胞遗传的稳定性(Pitt and Doonan 1999)。

细胞周期是所有分裂细胞的基本特征。它包括一系列有序的事件,最终导致细胞染色体的复制(DNA复制)和分离(有丝分裂)。通过协调细胞周期与生长和细胞质分裂,体细胞保证了能够形成相同的后代。早期的显微镜观察重点放在细胞周期中细胞核形态的动态变化上,最终对这些事件有了详细的形态描述。对真菌而言尤其是这样。早在20世纪初期,描述性分析已经表明真菌有丝分裂在很大程度上与高等动物相同。然而,直到20世纪80年代才开始逐渐了解真菌细胞周期的分子机制。这个进展主要是通过对酿酒酵母(*S. cerevisiae*)和粟酒裂殖酵母(*Schizosaccharomyces pombe*)的细胞周期进行遗传和分子研究实现的。最重要的是,这些研究证实了早期显微镜分析所发现的,也就是细胞周期的核心生化在真菌和动物中是保守的(MacNeill 1994;Aist and Morris 1999;Nurse 2000;Lew et al. 1997;Su and Yanagida 1997;Harris 2006)。

因为有丝分裂是细胞周期循环中的重要环节,我们在本章中将首先概述丝状真菌细胞周期循环,以此为基础再重点介绍有丝分裂的相关机理。

4.1　细胞周期循环

近年来随着分子生物学的发展，对于真核生物体的遗传信息及这些遗传信息在传递给后代之前，是如何变化和进行重组的研究变得越来越重要。同时，真菌又是最低等的真核生物，与高等真核生物具有很多相同的地方，因此是研究其他高等真核生物遗传学的理想的模式生物。

真菌细胞的有丝分裂与细胞的周期循环密不可分，因此，在描述有丝分裂之前有必要首先概述细胞的周期循环。众所周知，目前在细胞生物学的教材中，关于细胞循环的许多知识点大都是以酵母为模式生物研究获得的结果。然而，对于丝状真菌来说，多核细胞的周期循环与单细胞的酵母有着较大的差异。因此，我们在介绍真菌周期循环时会尽量将酵母和丝状真菌分开来描述，以便于读者更容易理解。

4.1.1　细胞循环周期概要

细胞的生命循环始于产生它的母细胞的分裂，止于它的子细胞形成。通过细胞分裂产生的新细胞的生长开始到下一次细胞分裂形成子细胞为止所经历的过程称为细胞周期。也就是说从一个子细胞建立到它分割成两个新的子细胞的时间过程称为细胞周期(cell cycle)，在这一过程中细胞的遗传物质复制并均等的分配给两个子细胞。细胞周期包括有丝分裂周期和减数分裂周期，有丝分裂周期(mitotic cycle)是出现在多细胞个体的体细胞和一些单细胞个体中的一种细胞分裂，这种分裂染色体是非减数的(non-reduction)，母细胞中染色体数目与每个子细胞中的相同。减数分裂周期(meiotic cycle)是指发生在多细胞生物生殖细胞中的一种细胞分裂，每个子细胞含有母细胞的一半数目的染色体，子细胞再经过有丝分裂产生单倍体的配子。有丝分裂形成的每个子细胞必须得到一整套基因组；在减数分裂中并非如此，只有两个配子融合后，才能重新具有整个遗传成分，从而完成一个细胞循环(Pitt and Doonan 1999)。

传统上，细胞周期分为4个阶段：G_1、S、G_2和M。这4个阶段的完成可以看做是基因复制到基因分离的变化(图4.1)。G_1期是DNA合成的准备时期，染色体解螺旋成伸展的染色质状态，同时各种RNA、蛋白质和DNA复制所需的酶类开始合成，因此G_1期又称合成前期。S期是DNA合成期，是细胞周期中最重要的一个时期，除了DNA合成外，DNA复制所需的酶也在这一时期合成。组蛋白的合成也主要是在合成期，目前认为组蛋白在DNA复制过程中起延长因子的作用，没有组蛋白，DNA的复制就会停止，同时，DNA进行复制期间细胞核发生分裂。G_2期是有丝分裂准备期，DNA合成停止，核延伸成细长的葫芦状，此刻纺锤极体位于核的长轴两端，微管连于其间；M期是有丝分裂期，包括核分裂和胞质分裂。复制好的染色单体在此期间向两个子核分配，最后形成两个子细胞。这一时期的主要特征是染色体凝集，并在纺锤体的作用下两个姊妹染色单体被均等地分配到两个子细胞。一些细胞不能进行分裂，在G_1期退出循环，被称为处于G_0期，细胞会保持这种静止状态并持续不同长度的生存时间，但仍能重新在G_1期进入循环。对于G_0期的静止细胞来说，仍存在对细胞大小的调节，这很重要，这是为了保持随时参与细胞循环(MacNeill 1994; Pitt and Doonan 1999, Nurse 2000)。

在有丝分裂时,真核生物的核膜消失。然而,在真菌整个细胞周期中细胞膜保持完整,无论是酵母和丝状真菌均是如此,这一点和其他真核生物有所不同。另外,当菌体生长速度达到最大时,G_1、S、G_2、M 四个细胞时期是均等的。当生长速度受到营养条件影响而变得很慢时,G_1 期延长,但是细胞周期的其他时期,从 DNA 合成到细胞分裂几乎没有变化。在同步培养时,细胞数量、DNA 含量呈级数增长,DNA、蛋白质总量则在整个细胞周期中呈指数增加(Pitt and Doonan 1999)。

4.1.2 细胞周期的调控因子

2001 年的诺贝尔生理学或医学奖颁发给了美国科学家 Hartwell、英国科学家 Hunt 和 Nurs 三人。奖励 Hartwell 发现控制细胞周期的"START"基因(即"起始"基因)、奖励 Hunt 发现了控制细胞周期的关键蛋白-细胞周期蛋白依赖性蛋白激酶(CDK)和奖励 Nurs 发现了调节 CDK 功能的细胞周期蛋白(cyclin)。

细胞周期的操作像是一部定时器,是根据细胞周期过程的不同阶段的信息反馈进行自我调节,依靠蛋白质间的相互作用来调控细胞周期的进程,所以细胞周期的调控系统是一个典型的生化操作装置(Pitt and Doonan 1999)。

有人猜想是否细胞质中有影响细胞周期活性的调节因子?根据这一想法采用抽取融合一方的细胞质注射到另一方细胞中融合的方法,做了大量的细胞融合实验,结果如下所述。①把同步培养的 G_1 期的细胞同 S 期的细胞进行融合,发现 G_1 期的细胞质受到 S 期细胞质的激活,开始 DNA 复制。这一现象表明,融合的细胞中含有促进 G_1 期细胞进行 DNA 复制的起始因子。②与此相反,将 S 期的细胞质与 G_2 期的细胞进行融合,结果显示 G_2 期的细胞核不能启动 DNA 的复制,这说明 S 期细胞质中的复制起始因子对已经完成 DNA 复制的 G_2 期的细胞核没有作用。③同样的原理,将处于 M 期的细胞质与其他阶段的细胞融合,发现 M 期的细胞质能够诱导非有丝分裂的细胞中的染色质凝聚,所以 M 期的细胞中有一种促使染色体由松散到凝聚的物质,也就是表明存在一种细胞周期调节因子。这种 M 期的促进因子被称为成熟促进因子(maturation promoting factor, MPF)。上述的实验说明细胞周期有三种活性调节物质。第一个是发生在 G_1 期和 S 期之间对 DNA 复制起始的控制,称为促 S 期因子(S phase promoting factor, SPF),即"起始"因子;第二个是对发生在 G_2 期和 M 期之间的染色体凝聚的控制;第三个是发生在 M 期(分裂期)的起始有丝分裂的成熟促进因子(MPF)。1988 年 MPF 被纯化完成,发现 MPF 是由两个不同亚基组成的异质二聚体,一个是催化亚基,这种亚基是一种蛋白激酶,能够将磷酸基团从 ATP 转移到特定底物的丝氨酸和苏氨酸残基上磷酸化,从而诱发细胞周期事件,目前定名为细胞周期蛋白依赖性蛋白激酶(cyclin-dependent protein kinase, CDK);另一个亚基称为细胞周期蛋白,细胞周期蛋白的浓度在细胞周期中呈周期性变化,MPF 的活性与细胞周期蛋白一样在细胞周期中呈周期性变化。当细胞周期蛋白浓度降低时细胞周期蛋白依赖性蛋白激酶失活,而浓度上升时蛋白激酶被激活,促使细胞进入有丝分裂,所以 MPF 又称为有丝分裂促进因子。MPF 的这两个亚基不能单独起作用,细胞周期蛋白随着细胞周期的变化而有规律地波动,只有两个亚基结合时才有功能(Fisher and Nurse 1995; Nurse

1994；Pitt and Doonan 1999）。

细胞周期调控机制的三个关键点最早是从酵母中获得突破，发现了细胞周期蛋白依赖性蛋白激酶和细胞周期蛋白，是它们控制着细胞周期的进程，这一突破是真菌为揭示生物细胞周期调控理论作出的突出贡献。

4.1.3 细胞周期的过程

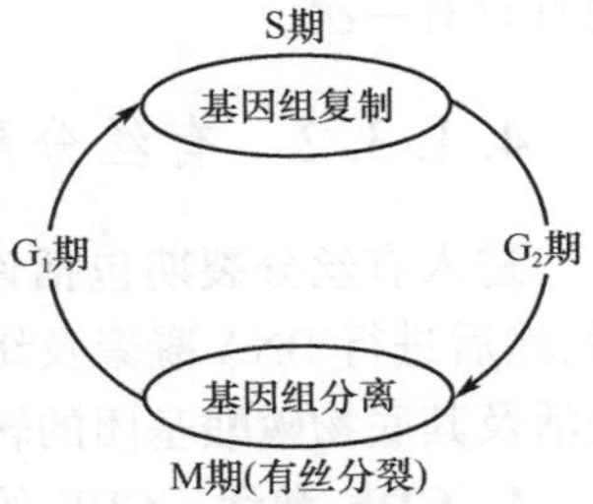

图 4.1 细胞循环周期
（引自 Pitt and Doonan 1999）

在细胞周期的 G_1、S、G_2 和 M 四个阶段中，实际上 S 期的基因组复制和 M 期的基因组分离的过程是两个关键时期（图 4.1）。S 期的目的是确保遗传物质被完全并忠实地复制，有丝分裂期（M 期）的目的是确保产生的两套基因组被分离进入两个子细胞核中。S 期和有丝分裂期之间的间隙 G_2 期确保复制成功完成，若无这一过程，则细胞致死。G_1 期关键是有丝分裂后，子细胞进入生长期。此生长期被精密调控，当细胞在达到一定大小后才进入 S 期。

4.1.3.1 S 期发生的基因组复制

细胞分裂的起始要求从 G_1 期退出后，进入 S 期。这一步是不能逆转的，在酵母中被指为起始点（START）。越过起始点的过程需要细胞周期蛋白依赖性蛋白激酶（CDK）的活性（注意 CDK 既是酵母中的 Cdc28），通过它与 G_1 周期蛋白结合来调控基因复制。在裂殖酵母中 CDK 由 *cdc²* 基因编码，在芽殖酵母中被 *CDC28* 基因（即 CDK）编码，而在曲霉中由 *nimA* 编码。在细胞周期研究中的一个重要的里程碑是能与酵母突变体互补的人类同源染色体的分离。因为这不仅仅第一次证明人类基因可以与酵母突变体互补，而且证明关键细胞周期调控子的高度保守性。而 G_1 周期蛋白之所以叫"周期蛋白"，是因为这些蛋白质的水平在整个细胞周期中涨落不定，在某些阶段稳步增加而在其他时间迅速减少。G_1 周期蛋白水平在 G_1 早期很低，但当细胞进入有资格进行分裂的阶段时，这些活性亚单位开始积累。细胞只能完成一个细胞周期，在下一个细胞周期起始点之前停止了。这表明周期蛋白已经被用完了，必须重新积累以便新一轮细胞分裂。芽殖酵母中有三个编码 G_1 周期蛋白基因，*Cln1*、*Cln2* 和 *Cln3*。它们有重复的功能，以便如果一个甚至两个周期蛋白基因在突变中失活时，第三个周期蛋白基因能够独自行使所需的功能。这些基因编码的蛋白质表现出能依赖细胞周期的方式积累或消失。在出芽酵母体系中敲除 *Cln1* 和 *Cln3* 基因，把 *Cln2* 置于半乳糖操纵子控制之下，在半乳糖培养基中酵母能生长，但细胞只能完成一个细胞周期，在下一个细胞周期起始点之前停止了。这证明了上面关于 G_1 周期蛋白在细胞周期中呈周期性变化，在下一个细胞周期起始点之前，必须重新积累以便新一轮细胞分裂（Woollard and Nurse 1995；Pitt and Doonan 1999）。

G_1 周期蛋白激活 CDK 是正反馈回路。少量的 G_1 周期蛋白的存在会导致低水平 CDK 激活。产生越多的 G_1 周期蛋白导致更多的 CDK 被激活，此后更多的 G_1 周期蛋白被积累，结果是激活的 CDK 被快速积累，其量足够使循环越过"起始点"而进入发生的基因复制 S 期。

DNA 复制发生在染色体的特定区域，称为复制区(replication origin)，依据复制原理，在这些位点 DNA 复制变为单链。单链复合物沿着一条单链移动并以其为模板合成一互补链。一旦复制复合物经过一个特定的区域，它就失去复制活性，并且不能再被复性，直到细胞有丝分裂结束并进入下一个细胞周期，这样确保基因组的所有区域都被复制一次而且只有一次。

4.1.3.2 有丝分裂中发生的基因组分离

进入有丝分裂期包括许多关键因素，首先是周期蛋白依赖性蛋白激酶(CDK)的激活，然后进行 DNA 凝聚及纺锤极体(SPB)的复制和分离，当有丝分裂结束时要求 CDK 的失活及其底物磷酸基团的转移。

1. CDK 激活 CDK 的活化启动有丝分裂的机理是由其 15 位酪氨酸残基(Tyr 15)上脱磷酸，并和周期蛋白的一个亚单元——有丝分裂周期蛋白结合引起的。被激活的复合物被称为有丝分裂促进因子(MPF)。人们认为，MPF 能使核蛋白磷酸化，从而改变它们的位置并导致有丝分裂纺锤丝的结构改变，使 DNA 凝聚，最后染色体分离。曲霉进入有丝分裂期要求第二种激酶 NimA 的激活。已证明 *nimA* 的突变体在有丝分裂前阻止了 CDK 的活性。因此，CDK 单独活性在曲霉中不足以启动有丝分裂。*nimA* 基因的同源物没有在酵母中发现，但在人类中却存在。这也许反映了多细胞真核生物控制细胞周期需要特别的额外的复合物(Wuarin and Nurse 1996；Pitt and Doonan 1999；Harris 2006)。

2. DNA 凝聚 在细胞生命中的大部分时期，染色体呈松弛结构，包装在细胞核中，并且在光学显微镜下看不见。在这个状态下，试图分离染色体一定会因为 DNA 线状的链而纠缠在一起。DNA 凝聚宣告了有丝分裂的第一阶段，染色体凝聚成独立的结构使两个基因组的分离相对容易。在某些细胞类型中，凝聚状态的染色体可在光学显微镜下观察到。每对姊妹染色单体连接在称为着丝粒(centromere)的结构上。着丝粒包括不编码的重复 DNA 序列和一个蛋白复合物，蛋白复合物的部分形成称为动粒(kinetochore)的结构，每对姊妹染色单体有两个动粒，位于着丝粒的两侧。着丝粒内的某些蛋白负责产生凝聚力将姊妹染色单体拉到一起(Nurse 1994；Pitt and Doonan 1999)。

3. SPB 的复制和分离 两套基因组的分离是在一个叫做有丝分裂纺锤体(mitotic spindle)的复合结构上进行的。在有丝分裂之前纺锤极体与核被膜相连的结构进行复制(图 4.2A)。G_2 后期，纺锤极体复制，未发生核的移动，染色体解聚。在有丝分裂的前中期(prometaphase)，两个 SPB 向细胞核的两端移动形成两极(图 4.2B)。由 α 微管蛋白和 β 微管蛋白亚单位聚合而成的微管所组成的维持细胞形状的细胞骨架此时被拆散。SPB 利用微管蛋白亚单位来构建有丝分裂纺锤体。微管是动态的结构，处于不断地聚合和分解状态中，如果 α 微管蛋白和 β 微管蛋白亚单位聚合到微管上的速率超过了亚单位解离的速率，微管就会生长。相反，亚单位解离的速率超过了增加的速率，微管会缩短(见第 1 章"微管蛋白细胞骨架"一节)。微管伸长的一端称为正端，另一端为负端，在曲霉中，*tubA* 和 *benA* 基因分别编码 α 微管蛋白和 β 微管蛋白。如果两个基因均突变会导致有丝分裂障碍，*benA* 的突变引起微管特别稳定，这表明微管解聚作用对于有丝分裂过程是必需的。另一种微管蛋白——γ 微管蛋白，首先从曲霉中分离得到。这种微管蛋白对于微管结构也很重要，但不像 α 微管蛋白和 β 微管蛋白，它不是微管的成分而是 SPB 的成分之一(Pitt and Doonan 1999;Harris 2006)。

4. 基因组的复制和分离 在图4.2B中每一SPB产生的半纺锤体彼此相互交叉。动粒捕获微管，当一个微管被捕获后就称之为动粒微管(kinetochore microtuble)，与其他没有被吸附的相区别。如果一个动粒吸附住来自一极的微管，那么它将被拉向那极，这是由于动粒微管收缩的原因。然而，染色体也受到来自两极的斥力，这可能来自于无动粒微管的伸长，结果是每对姊妹染色单体在两极间前后移动。最后，没连接的动粒会捕获来自另一极的微管，使姊妹染色单体受到来自两极的均衡的力，因此许多时间停留在核的中心板(central plant)上，与两极距离相等，染色体向中心运动称为中板集合(congression)。当所有的姊妹染色单体都与两极相连时，染色体就开始准备分离。这阶段被称为中期板(metaphase plant)(图4.2C)。每对染色单体都受到来自两极的相等的牵引力，这种拉力也是导致姊妹染色单体凝聚力消失的信号。这种拉力参与产生一种信号，这种信号可能是某些蛋白，导致姊妹染色单体之间的凝聚力消失，这种蛋白质被称为细胞分裂后期抑制子(anaphase inhibitor)。一旦凝聚力丧失，姊妹染色单体会由于着丝粒微管的解聚而被拉向相反的两极。这种移动被称为后期A(图4.2D)。后期的第二步是后期B(图4.2E)，包括非着丝粒微管的聚集。在彼此交叉的区域从一极而来的微管相对另一极的微管而移动，结果是两极被分开。在分裂后期的过程中，需要Ⅰ型蛋白磷酸酶的活性。此酶在曲霉中是由 *bimG* 基因编码(粟酒裂殖酵母中是 *dis*^{2} 基因)，实验证明了缺少该酶的温度敏感突变体不能将基因组分配到两核中。后期结束后不久两个染色体组之间的细胞核膜收缩，生成两个独立的核。DNA解聚，核进入间期状态。此时胞质分裂将两个核分进两个子细胞中。在酵母和曲霉中发生的有丝分裂称为封闭的有丝分裂(closed mitosis)。这是指在整个过程细胞核的核膜保持完整。高等真核生物是开放式有丝分裂，核膜裂解成许多囊泡，这些囊泡在后期结束后，聚集在有丝分裂结束后形成的两套基因组周围形成新的核膜。最后，磷酸酶的激活导致细胞周期蛋白解体而引起MPF失活有丝分

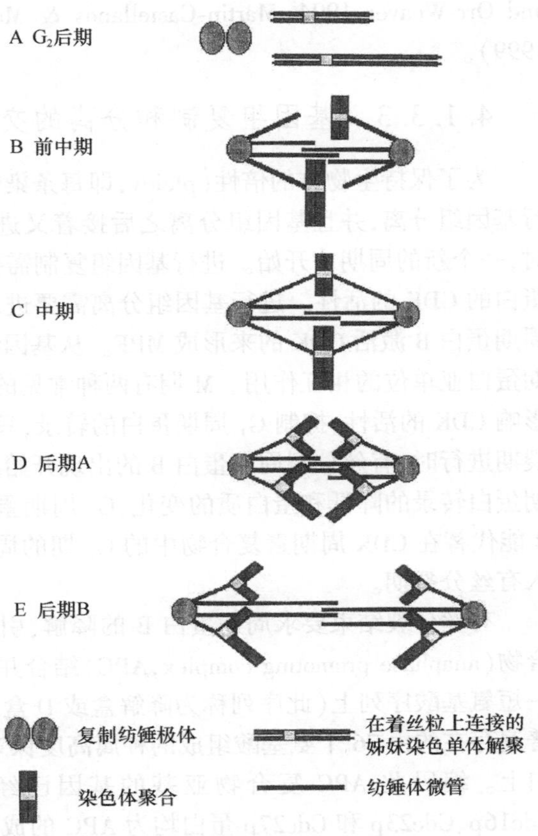

图4.2 M期细胞的有丝分裂中基因组的分离过程

A. G_2 后期，纺锤极体复制，未发生核的移动，染色体解聚；B. 有丝分裂早期(前中期)，纺锤极体移动到两极，构建有丝分裂纺锤体，染色体解聚，一些动粒开始捕获微管；C. 中期，所有姊妹染色单体配对，被它们的动粒微管拉向两极；D. 后期A，姊妹染色单体失去内聚力，动粒微管解聚，姊妹染色单体被移动到两极；E. 后期B，交错对插的非动粒微管聚合，分别被移向两极，两对姊妹染色单体分离，完成基因组分离。(引自 Pitt and Doonan 1999)

裂随即结束。还有证据表明有丝分裂后 NimA 激酶也被降解了(Nicklas 1997; Miyazaki and Orr-Weaver 1994; Martin-Castellanos & Moreno 1997; Gorbsky 1995; Pitt and Doonan 1999)。

4.1.3.3 基因组复制和分离的交替

为了保持生物体的倍性(ploidy,即每条染色体的拷贝数),基因组复制之后紧接着进行基因组分离,并且基因组分离之后接着又进行基因复制。然而,只有当细胞分裂结束时,一个新的周期才开始。进行基因组复制需要通过起始点,这需要依靠结合有 G_1 周期蛋白的 CDK 的活性。进行基因组分离需要进入 M 期(有丝分裂期),这要依靠结合 M 期周期蛋白 B 激活 CDK 的来形成 MPF。从基因组复制到分离的变化依靠 CDK 与不同的周期蛋白亚单位的相互作用。M 期有两种常见的有丝分裂周期蛋白 A 型和 B 型,它们能够影响 CDK 的活性,抑制 G_1 周期蛋白的转录,只在 G_2 期表达。当细胞结束 S 期向有丝分裂期进行时,有丝分裂周期蛋白 B 的出现开始减弱调控 G_1 周期蛋白的转录。由于 G_1 周期蛋白转录的降低和蛋白质的变化,G_1 周期蛋白水平开始下降,有丝分裂期的周期蛋白 B 能代替在 CDK 周期素复合物中的 G_1 期的周期蛋白,最后,积累足够的 MPF 才允许进入有丝分裂期。

有丝分裂结束要求周期蛋白 B 的降解,引起 MPF 失活。周期蛋白 B 被后期促进复合物(anaphase promoting complex, APC)结合并破坏,此复合物结合在目标蛋白 N 端区域一短氨基酸序列上(此序列称为降解盒或 D 盒),一个小的肽链,名为泛素(ubiquitin,一种普遍存在的由 76 个氨基酸组成的种属高度保守的真核蛋白),由 APC 介导加到该目标蛋白上。编码此 APC 复合物亚基的基因已经在真菌系统中被找到。芽殖酵母中的 Cdc16p、Cdc23p 和 Cdc27p 蛋白均为 APC 的成分,编码这些蛋白质的基因发生突变会导致有丝分裂停止。当曲霉中编码 *BimA* 和 *BimE* 的基因突变时,细胞也停止在中期。对这些现象的解释是 APC 活性在有丝分裂后期也被抑制降解,如果不被降解的话,就不能进入后期。APC 被抑制降解将细胞周期重新变为 G_1 期状态,允许 G_1 周期蛋白重新开始积累。在起始点(START)开始进行前,此降解也使 CDK 最大可能地被 M 期周期蛋白 B 激活。M 期周期蛋白直到进入 G_2 期才重新出现。在分裂后期对 BimG/Dis2 Ⅰ 型磷酸激酶活性的需要表明此酶也可帮助重新安排细胞周期,这是通过移动磷酸基团,再由 MPF 将其加在底物上而进行的(曲霉中是 NimA 激酶)。然而,BimG/Dis2 的明确作用目标至今还不清楚(Pitt and Doonan 1999; Harris 2006)。

4.1.4 单细胞酵母的细胞周期

在真菌中,单细胞的酵母(包括芽殖酵母和裂殖酵母)的周期循环已经研究的较为清楚,并且为生物细胞的周期循环的调控理论做出了突出贡献。

酿酒酵母的生长和分裂严格受到细胞周期的调控。当芽殖酵母在 G_1 期生长达到一定大小后,启动细胞周期,导致进入 S 期的基因进行程序表达,纺锤极体开始复制并进入 S 期(图 4.3)。在 S 期母细胞开始出芽,纺锤极体分离,新芽以一种极性方式从顶端生长。但在 G_2 期芽体从极性生长(polarised growth)转变为均向生长(isotropic growth),同时发生核的分裂。如果这种转变发生在假菌丝细胞中被延迟，将导致子芽表现为延长状态，从而形成假菌丝。在M期，完成核的分裂和迁移。有丝分裂结束后，进入G_1期，母细胞和子细胞之间初级隔膜形成，随后芽颈部形成次级隔膜，完成一个细胞周期过程(Carlile et al. 2001)。

细胞周期过程受到细胞周期蛋白依赖性蛋白激酶Cdc28(即CDK)的调控。在不同阶段，Cdc28分别与细胞周期蛋白家族成员，即三个G_1期细胞周期蛋白(Cln1～Cln3)，6个G_2期细胞周期蛋白(Clb1～Clb6)发生特异性结合(Futcher 2002)。当母细胞生长到适当大小，并且营养成分适宜时，“起始”过程被G_1期细胞周期蛋白Cln3启动，导致一系列程序的执行，其中包括数百个与DNA及细胞壁合成相关基因的转录(Cross 1988)。这些基因也包括另外的两个G_1期细胞周期蛋白Cln1和Cln2。通过与这些细胞周期蛋白的相互作用，Cdc28得以调节“起始”必需的关键过程，包括Sic1的降解，而Sic1与G_2期细胞周期蛋白的结合能抑制Cdc28的活性。G_1期转录程序同样导致一对冗余型叉头转录因子(forkhead transcription factor) Fkh1与Fkh2的表达，两者能激活G_2期细胞周期蛋白Clb1-Clb6的转录(Zhu et al. 2000)。这些G_2期细胞周期蛋白介导G_1期细胞周期蛋白转录的关闭，并促进G_1期细胞周期蛋白的降解。Cdc28进而与Clb家族细胞周期蛋白结合，协调DNA的合成及有丝分裂的起始。有丝分裂的结束需要Clb成员的降解及Sic1活性的恢复，以保证细胞周期进入下一个循环的G_1期。

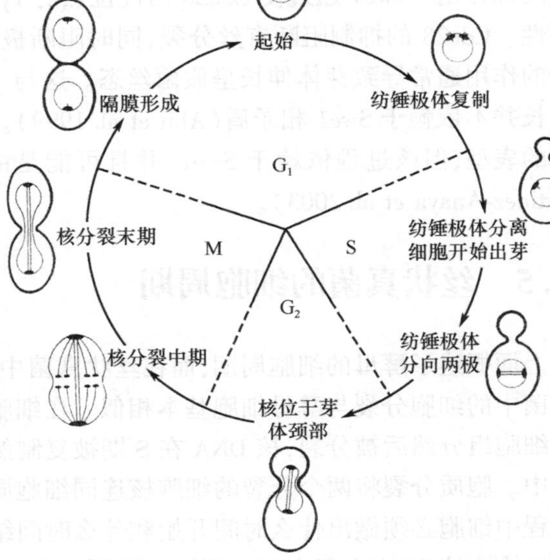

图4.3　酿酒酵母的细胞周期及核的分裂
(引自 Carlile MJ, et al. 2001)

出芽后立即进行的顶端生长受到G_1细胞周期蛋白的促进，而G_2期的顶端生长向均向生长转变是伴随G_2期细胞周期蛋白Clb1/Clb2浓度的升高及G_1期细胞周期蛋白的降解而发生的(Lew and Reed 1993)。Cln-Cdc28激酶促进极性生长的方式尚未明确，尽管某些新的发现，如依赖于Cdc28的Bem1、Far1磷酸化与该机制相关(相关内容将在后续各章节做进一步阐述)。在酿酒酵母中，细胞周期蛋白水平在调节假菌丝生长过程中发挥作用，其中包括极性生长能力的增强，以及顶端/均向生长转变的延迟(Kron et al. 1994; Ahn et al. 2001)。缺失Cln1和Cln2的细胞表现为假菌丝型生长缺陷，而缺失Cln3的细胞表现为假菌丝型生长能力的增强。可见，Cln1和Cln2促进假菌丝生长，而Cln3是该生长形式的负调节因子。有丝分裂期的细胞周期蛋白对Cdc28的激活导致均向生长，因而抑制或延迟这种激活作用势必增强假菌丝型生长能力。与这种假说相一致，*clb2*Δ/Δ缺失突变株表现为假菌丝型生长能力增强，而Clb2的过量表达使假菌丝型生长无法进行(Ahn et al. 1999)。在*fkh1*Δ/Δ和*fkh2*Δ/Δ双缺突变体中，Clb2的周期性转录无法正常进行,细胞表现为组成型的假菌丝型生长(Zhu et al. 2000)。

显然,如果芽没有正常形成,有丝分裂将无法进行。遗传性损伤或者环境紊乱所引起的芽的形成与生长受阻,激活状态将发生关卡,后者能延迟但不能永久性阻断有丝分裂(Lew and Reed 1995)。形态发生关卡通过激酶 Swe1,即粟酒裂殖酵母中激酶 Wee1 的同源物发挥作用。Swe1 通过使 Cdc28 活性位点的 Tyr19 残基发生磷酸化而抑制 Clb2-Cdc28 的活性。Cdc28 的抑制阻断有丝分裂,同时阻断极性生长向顶端生长的转变。形态发生关卡的作用通常导致芽体伸长呈假菌丝态。这与 Ahn 的报道,即氮源受限诱导的假菌丝型生长并不依赖于 Swe1 相矛盾(Ahn et al. 1999)。例如,支链醇(如异戊醇)诱导类似假菌丝的表型,但该过程依赖于 Swe1,并且可能是由于芽体形成过程受到干扰所导致的(Martinez-Anaya et al. 2003)。

4.1.5 丝状真菌的细胞周期

上面概述了酵母的细胞周期,而在丝状真菌中细胞分裂是如何调控的呢?其实在丝状真菌中的细胞分裂与酵母细胞基本相似。在细胞周期中丝状真菌的细胞同样复制了它们的细胞组分然后被分裂,核 DNA 在 S 期被复制然后在有丝分裂中被公平地分离到两个子核中。胞质分裂将两个分裂的细胞核连同细胞质组分分离到两个单独的细胞中。在这一过程中细胞必须做出什么时间开始和什么时间结束的细胞周期的特殊功能。它们必须精密地检测核 DNA 在每个细胞周期中必须正确复制和分离,在分离前避免传递不正确的遗传信息。最终,多细胞的丝状体需要限制分裂的数量和模式,以确保它们的正常发育和形态发生(Osmani and Ye 1996)。

近些年来,人们利用分子遗传学的方法从丝状真菌条件型突变株克隆到与细胞周期相关的基因,然后用生物化学的方法分析它们的产物,证明细胞怎样通过生物化学的方法调控它们的细胞周期。同样也使我们认识到细胞周期调节机制从低等真核生物的遗传体系,如真菌,到高等的遗传体系,如人类,都是高度保守的。

目前在研究较为深入的构巢曲霉中,已确定由 *nimA* 基因编码的 NimA 为细胞周期调控蛋白激酶。前面已经讲过,MPF 由两个亚基组成,其中一个是催化亚基,属周期蛋白依赖性蛋白激酶(CDK),在构巢曲霉中是 *nimX*(早期称 *p34*)基因的产物 NimX,又称为 $p34^{cdc2}$(芽殖酵母中 Cdc28 类似物);另一个亚基是周期蛋白 B,由 *nimE* 基因编码的 NimE,为粟酒裂殖酵母 Cdc13 的同源蛋白。在细胞周期运转过程中,NimX 蛋白的量是相对恒定的,而 NimE 是随着细胞周期变化而有规律地波动。

在细胞进入有丝分裂周期时也需要 NimA 蛋白激酶。事实上,在构巢曲霉中,NimX/NimE 和 NimA 在有丝分裂开始前都必须正确激活,NimX/NimE 在 NimA 激活的有丝分裂中也起一定作用,而且所有的激酶在有丝分裂完成前必须通过蛋白酶水解。NimA 相关的激酶也有可能在其他真核生物中调节细胞周期,如在酵母、青蛙或人类细胞中表达 NimA 可以促进有丝分裂。此外,就像在构巢曲霉中一样,显性失活的 NimA 可以阻碍人类细胞进入有丝分裂过程。在人类和青蛙细胞中 NimA 影响有丝分裂的现象强烈表明,在更高等的真核生物中存在一种调节有丝分裂的 NimA 途径。从真菌和人类的有机体中分离得到大量的 NimA 相关激酶,其中一些激酶还受到细胞周期调控(Osmani and Ye 1996)。

NimA 蛋白激酶对细胞周期特异性调节的活性贯穿于整个细胞周期中。在 G_1 期和 S 期活性较低，G_2 期活性增强，G_2 晚期和有丝分裂早期活性达到最大。如果细胞在有丝分裂中受阻，如用诺考达唑解聚微管，则 NimA 激酶活性将维持在一个较高的水平。如果细胞完成有丝分裂，那么 NimA 激酶将失去活性。也就是说，间期和分裂的早期都需要有活性的 NimA 蛋白激酶累积，分裂过程中 NimA 则会失活。如果诱导型启动子的调节强于 NimA 的正常调节，则有丝分裂会被提升，即使细胞是在 S 期被捕获，也会因不当的有丝分裂导致细胞的死亡，这是 NimA 通有的性质，如在裂殖酵母、爪蟾卵或人类细胞这些异源体中表达构巢曲霉的 NimA 可以促进有丝分裂的进行。这表明从真菌到人类，调节有丝分裂 NimA 独特的底物是保守的。越来越多的证据表明 NimA 相似的蛋白激酶与细胞周期调节相关，即使不包括全部生物，但真核生物肯定包含其中（Osmani et al. 1991；1994；Ye et al. 1995）。

NimX 直接失活使细胞周期中 G_1 期和 G_2 期停止，并阻止 NimA 蛋白的累积。但是，在 M 期 NimX 失活不会阻止 NimA 蛋白的累积（Osmani et al. 1994，O' Connell et al. 2003）。这种情形的出现是因为 NimX 不止一个蛋白激酶复合体的催化亚基，在真菌中，不同 NimX 复合体被认为促进细胞周期的不同阶段。例如，在酿酒酵母中，Cdc28（芽殖酵母中 NimX 类似物）结合 G_1 细胞周期蛋白（Clns）来促进 G_1 期进行，然后结合周期蛋白 B（Clbs）来促进 S 期和有丝分裂进行。构巢曲霉中，细胞周期中至少需两次用到 NimX 来促进 G_1—S 和 G_2—M 的过渡。目前，只有一个细胞周期调节蛋白 *nimE*^{cyclinB} 从构巢曲霉中分离得到，可能 NimX 与不同的伴侣结合来促进 G_1—S 和 G_2—M 的过渡，至少在 G_1 期和 G_2 期存在两种不同的形式。细胞周期调控相关蛋白酪氨酸磷酸酶（PTP）NimT 失活后，对 NimX 特殊的功能是有损伤的，然而，如果 NimX 直接失活可能损伤其所有的功能，G_1—S 和 G_2—M 转变过程中均如此。因此可以推断，有丝分裂 NimX/NimE 不需要 *nimA* 的表达，但可能需要其他基因的表达，非有丝分裂过程中 NimX 需要 *nimA* 的表达。我们现在还不知道什么水平的 NimX 需要表达有活性的 NimA（Osmani and Ye 1996；Osmani et al. 2003）。

本节简要地描述了细胞周期循环中的 S 期基因组的复制和有丝分裂（M 期）中基因组分离的过程，至于这些过程中基因的调控机理已经在酵母细胞周期中研究的较为清楚。然而，在丝状真菌中没有像在酵母中那样幸运，因为丝状真菌的多核细胞的结构使人们难于解决深入研究带来的困难。我们将在 4.2 节中针对丝状真菌细胞有丝分裂的研究资料加以概括的描述，并对丝状真菌的有丝分裂的起始和结束的调控机理进行详细的讨论。

4.2 丝状真菌的有丝分裂

因为丝状真菌的菌丝细胞并不紧随着胞质分裂而分离，因此，丝状真菌的细胞周期又被命名为复制循环（duplication cycle）（Trinci 1978）。正如细胞周期一样，复制循环也是根据复制和细胞组分分离的时间而定义的。例如，构巢曲霉的复制循环通常需要 120 min，其中 M 期大概只有 5 min 进行有丝分裂（Bergen and Morris 1983）。在酵母和动物中，细胞生长似乎是与 G_1 期的复制循环相协调的。然而，目前尚不清楚是否像酿酒酵母和粟酒裂殖酵母一样，丝状真菌也具有一个菌丝细胞生长到一定大小后才能发生 G_2/M 期转换的分界点，来调控进入有丝分裂。构巢曲霉复制循环的一个独有的特征是存在一个新颖的有丝分裂后细胞大小的调控机制，可以短暂地调控第一个隔膜的形成（Wolkow et al. 1996)。这样就可以认为菌丝细胞进入有丝分裂可能受到至少两个不同调控模式的控制。在第一个隔膜形成之前,也就是在前有丝分裂菌丝中,有丝分裂的结束并没有伴随着胞质分裂,可能就不存在 G_2/M 大小控制点。相反,在第一个隔膜形成之后(也就是在后分裂菌丝中),有丝分裂结束与胞质分裂相联系,正常的 G_2/M 大小控制点可能就存在。在复制循环进行时,其他的将有丝分裂与生长相联系的调控可能会发生改变。例如,构巢曲霉瓶梗细胞能够在相对较短的时间内产生大量单核分生孢子,可能暗示在 G_1 期和 G_2 期完全省却了正常的调控。这也就是说,丝状真菌的有丝分裂调控机制是一个复杂的研究课题(Harris 1997)。

4.2.1 染色体和纺锤体的结构

正如 Aist 和 Morris(1999)所总结的,20 世纪中期通过使用传统的光学显微镜和电子显微镜,已经准确描述了有丝分裂中染色体运动和纺锤体组织模式。有丝分裂前主要的事件包括纺锤极体(SPB)的复制和分离,SPB 是微管组织中心(MTOC)在真菌中的等价物。这些结构包埋于核膜中,可能是通过染色质整合而进入间期染色体中,这对真菌来说是比较独特的(Heath 1994)。当它们迁移时,每个 SPB 产生由微管组成的半个纺锤体。一旦 SPB 相互对立排列,半纺锤体就会聚集形成一个完整的两极纺锤体。在纺锤体组装的过程中,间期染色体在附近进行着显著的凝缩。最后,每一个染色体都会被与动粒结合的纺锤体微管捕获。值得注意的是,真菌有丝分裂中核膜不会解体,这是真菌有丝分裂与动物和植物区别的显著特点(Aist and Morris 1999)。

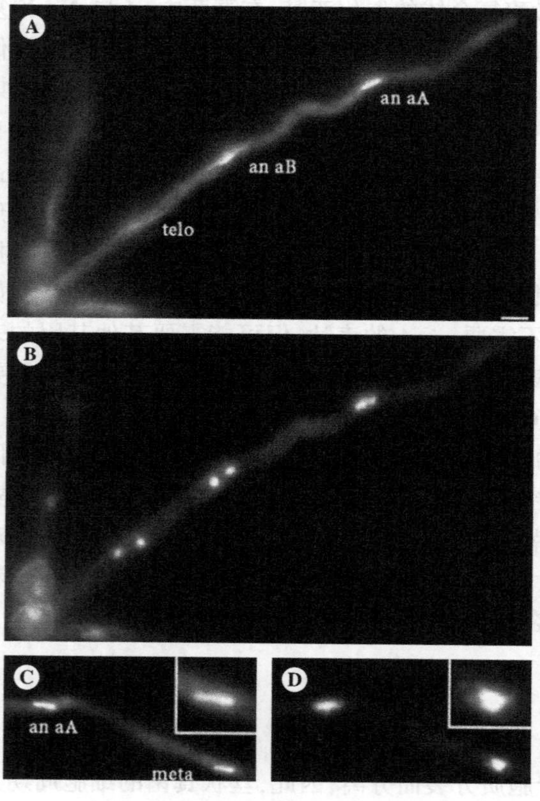

图 4.4 构巢曲霉菌丝有丝分裂过程

有丝分裂中的纺锤体(A 和 C)是用融合蛋白 GFP-TubA(α-tubulin)标记的;(B 和 D)是用 Hoechst 33258 染色细胞核。A 和 B. 显示在分裂后期 A(anaA)、分裂后期 B(anaB)和分裂末期(telophase, telo)中的核的分离。C 和 D. 表示在分裂中期(metaphase, meta)和分裂后期 A 中邻近的核,放大图显示中期核的高倍显微镜图片,表明核物质占据了半个纺锤体。标尺 = 4μm(放大图标尺 = 8μm)。(引自 Harris 2006)

与动物和植物不同,丝状真菌在分裂中期不会在纺锤体的中央部位出现典型的染色体排列。而是中期染色体占据了纺锤体中间部位的 1/3 ~ 1/2。染色体随后分为两步分离:分裂后期 A(anaphase A, anaA)和分裂后期 B(anaphase B, anaB)(图 4.4)。在分裂后期 A,姊妹染色单体分离,分别向纺锤体的两极移动。值得注意的是,显微镜观察这个过程发现染色体分离不是同步发生的(Aist 1969)。相应地,在分裂后期A,分离的染色单体常常沿着纺锤体的整个轴排列,而不是向两极进行同步移动。当染色单体到达两极时,分裂后期B开始,这个时期的主要特点是纺锤体迅速延伸,星状体(spindle aster)开始逐渐形成。真菌有丝分裂另一个明显的特点是在分裂后期B,缺少一个明确的由反向平行的重叠极性微管束(antiparallel arrays of overlapping polar microtubules)组成的纺锤体中部区域(Aist and Bayles 1991)。这可能对随后的细胞质分裂调控中有重要意义。最后,在分裂后期B期间,核膜解体并在分离的染色体周围重新形成。真菌菌丝中的有丝分裂完成之后,核会在菌丝细胞中经过一段快速震荡运动时期。结果,在细胞质分裂之前,它们能够在整个细胞中合理的排列。在这一点上,需要强调的是在菌丝细胞中并不是所有的有丝分裂都会伴随胞质分裂(Clutterbuck 1970)。

4.2.2 有丝分裂的起始调控

4.2.2.1 CDK 模式

细胞周期蛋白依赖性蛋白激酶(CDK)是真核细胞周期的主要调控子。它们和相关的细胞周期蛋白配体一起作为一个模式行使功能,细胞周期蛋白配体作用是使激酶与合适的底物结合。与酵母仅拥有一个调控细胞周期的CDK(Cdk1p/Cdc28p)类似,丝状真菌似乎也含有一个单一的调控细胞周期进程的CDK,为人类CDK2的同源蛋白。在这些同源蛋白中,了解的最为详细的是构巢曲霉的NimX,它是G_1/S和G_2/M转变所必需的(Osmani et al. 1994)。而且,根据基因组序列的注释(sequence annotation)(Borkovich et al. 2004),真菌CDK家族也包括酵母Pho85和其他可能参与转录调控的CDK同源蛋白。值得注意的是,Pho85在构巢曲霉中的同源蛋白PhoA和PhoB在磷酸盐代谢方面没有明显的作用,但是在调控极性形态发生的基本功能方面起作用(Dou et al. 2003)。最后应该看到,在丝状真菌而不是酵母中,一个比较保守的具有多样性的CDK在真菌DNA损伤应答的某些方面起着作用(Fagundes et al. 2004)。

相关的细胞周期蛋白调控着CDK的功能(Murray and Hunt 1993)。例如,细胞周期蛋白B通常通过使CDK与特异性的磷酸化底物结合来调控有丝分裂的起始。一些机制确保了有丝分裂细胞周期蛋白活力的适当调控(图4.5;Murray 2004),这其中包括转录积累的严格控制、与CDK抑制因子(CDI)的联合及由细胞周期后期促进复合物(anaphase-promoting complex,APC)介导调控的蛋白质水解。酿酒酵母和与其密切关联的丝状真菌棉阿舒囊霉(*A. gossypii*)含有多个不同的B型细胞周期蛋白。而丝状真菌一般只含有两个(Borkovich et al. 2004)。在这些细胞周期蛋白中了解的最为详细的是构巢曲霉NimE,它与NimX联合控制有丝分裂起始(O'Connell et al. 1992),在玉米黑粉菌中,Clb1和Clb2分别调控细胞周期进程的不同方面(Garcia-Muse et al. 2004)。值得注意的是,玉米黑粉菌Clb2也调控形态和致病性,可能是作为一个应答生长信号的G_2/M大小控制转变的靶标。丝状真菌也含有Cln和Pcl细胞周期蛋白的同源蛋白,它们在酿酒酵母中调控G_1/S转变(Schier et al. 2001; Borkovich et al. 2004)。构巢曲霉PclA与NimX相联系,可能在无性生殖方面调控它的活性(Schier and Fischer 2002),而PclA周期蛋白的功能目前还是未知的。然而,调控 CDK 的丝状真菌细胞周期蛋白与酿酒酵母相比是贫乏的(也就是是 3 个 vs 酿酒酵母中的 9 个)。也许丝状真菌采取了与粟酒裂殖酵母相似的机制,仅单个的细胞周期蛋白 B 就足以调控整个细胞周期的转换。

目前已经确定的是有丝分裂起始是由保守的 CDK 酪氨酸-15 残基(Tyr-15)的可逆磷酸化调控的(Murray and Hunt 1993)。Wee1 激酶介导的这个位点的磷酸化抑制了 CDK 的活性,阻止了有丝分裂起始,然而,Cdc25 磷酸酶介导的去磷酸化激活了 CDK 活性,促进了有丝分裂起始(图 4.5)。因此,$AnkA^{Wee1}$ 和 $NimT^{Cdc25}$ 活性的相对平衡使 NimX CDK 模式处于失活状态,一旦生长和检控点信号应答便决定了有丝分裂起始的时间(图 4.5)。构巢曲霉是详细研究 Wee1 和 Cdc25 作用的唯一丝状真菌。正如预测的一样,Wee1 在构巢曲霉中的同源蛋白 AnkA 的突变失活在很大程度上终止了 NimX Tyr15 的磷酸化,使有丝分裂起始提前开始,然而 Cdc25 的同源蛋白 NimT 的突变会引起 NimX Tyr15 磷酸化水平升高而阻断有丝分裂。意外的是,AnkA-和 NimT-介导的 NimX 的调控也对前分裂菌丝中隔膜形成的时间有一个有丝分裂后影响,在产分生孢子时也受细胞模式的发育信号(developmental signal)的调控。在构巢曲霉中,这些观察使得 NimX Tyr15 磷酸化处于有丝分裂调控和形态发生的交界面,如何发生的精确机制尚有待验证(Ye et al. 1999; Kraus and Harris 2001)。

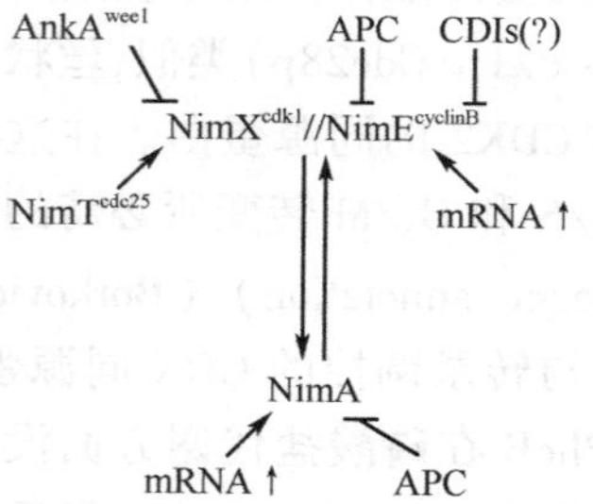

图 4.5 NimX CDK 模式和 NimA 激酶的调控
nimA 和 *nimE* 的转录是受到严格控制的,它们的表达主要局限于 G_2 期。一旦表达,NimE 可能会被 CDK 抑制因子(亦 CDI) 抑制。AnkA 和 NimT 活力的平衡使 NimX CDK 模式处于失活状态,直到有丝分裂开始 NimT 活性占据主导地位。NimX 的活化随后激活了 NimA 的活性,这反过来促进了 NimX CDK 模式的定位。APC 介导的 NimE 和 NimA 两者的降解是有丝分裂起始所必需的。(引自 Harris 2006)

CDK 抑制因子通过影响底物的磷酸化在有丝分裂起始中起着关键的作用。在酵母中,CDK 抑制因子(CDI) Sic1 结合有丝分裂周期蛋白,必须被降解才能在细胞中积累(Cross 2003)。然而,因为缺少明显的同源性使得不能通过序列注释直接鉴定真菌的 CDK 抑制因子。尽管丝状真菌形态复杂,但它们含有少量的细胞周期蛋白,根据这个发现 CDK 抑制因子可能提供了一个限制有丝分裂起始的机制(Borkovich et al. 2004)。

4.2.2.2 NimA 激酶

在构巢曲霉中,有丝分裂起始需要 CDK 和 NimA 激酶同时具有活性(图 4.8; Ye et al. 1995)。NimA 是通过引起细胞周期在 G_2 晚期发生可逆性阻断、DNA 无法正常凝聚的温度敏感型突变株而得到鉴定的(其中基因型 *nimA1* 是 *nimA* 的温度敏感型的等位基因; Morris 1976)。值得注意的是,CDK NimX 处于活化的 Tyr15 去磷酸化状态时有丝分裂处于停滞状态,当去除阻断时,有丝分裂迅速发生(Osmani et al. 1991)。NimA 是一个保守的蛋白激酶,在其他丝状真菌中存在着相同功能的蛋白。在粟酒裂殖酵母和动物中,具有有丝分裂功能的 NimA 同源蛋白 Finl 和 Nek 激酶等已经得到研究(O'Connell et al. 2003; Grallert et al. 2004)。实际上,NimA 是一个参与有丝分裂不同方面的蛋白激酶家族的初始成员。

NimA 受多种与细胞周期蛋白有某些相同特征模式的调控(图 4.6)。例如,*nimA* 在 S 期和 G_2 期的表达受到严格控制。除此之外,像细胞周期蛋白一样,NimA 也是在有丝分裂中被蛋白酶水解,非降解性的 NimA 的表达会阻止有丝分裂起始。而且,在一个很明显的反馈回路中(图 4.6),NimA 和 NimX-NimE CDK 复合物共同彼此调控。作为这个回路的一部分,NimA 被活化的 NimX 高度磷酸化,这就在有丝分裂起始时提升了 NimA 的活性(Ye et al. 1995)。与此同时,NimA 在 G_2 期促使将 NimX-NimE CDK 模式定位于染色体、核仁和 SPB。这种相互调控可能和两个激酶的活性相协调,保证了及时进入有丝分裂(Osmani and Ye 1996)。

NimA 的有丝分裂促进作用到底是什么?在构巢曲霉和粟酒裂殖酵母中,NimA 可以促进染色体凝聚(O'Connell et al. 1994)。NimA 可以磷酸化组蛋白 H3 保守的丝氨酸-10 残基(Ser10)位点,并且在发生磷酸化事件的有丝分裂起始阶段定位于染色体(de Souza et al. 2000)。值得注意的是,NimA 的组蛋白 H3 激酶活性和核定位似乎是在 NimX-NimE CDK 模式高度磷酸化 NimA 之后发生的。尽管这样解释了 NimA 对于染色体凝聚的影响,但它并不能完全解释 NimA 如何促进有丝分裂起始。例如,NimA 在有丝分裂起始后也定位于有丝分裂纺锤体和 SPB(de Souza et al. 2000)。在有丝分裂时 NimA 如何调控染色体组织和(或)SPB 功能仍有待确定。

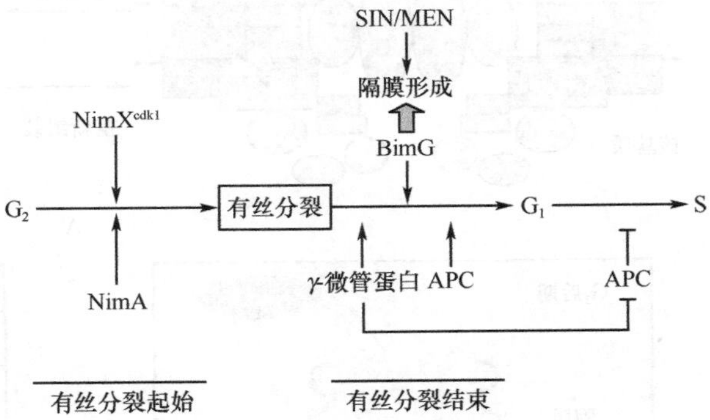

图 4.6 构巢曲霉中有丝分裂调控概述
图中描述了有丝分裂起始($G_2 \rightarrow M$)和有丝分裂结束($M \rightarrow G_1$)。NimX 模式和 NimA 激酶共同起作用调控起始有丝分裂。有丝分裂结束需要 APC、BimG 磷酸酶和 γ-微管蛋白。BimG 也参与隔膜形成。与酵母不同,SIN/MEN 对有丝分裂结束没有显著影响,它只是隔膜形成所必需的

已经在构巢曲霉 NimA 促进有丝分裂起始作用方面进行了更深入的研究。特别是在有丝分裂起始时常常伴随着微管蛋白由胞浆迅速流入核内,因此,使得有丝分裂纺锤体的装配得以进行(Ovechkina et al. 2003)。这种流入发生在 NimX 激活的情形下,可能依赖于核膜通透性的突然增加。随后的遗传分析表明 NimA 还能通过调控核孔复合体(NPC)的去组装过程,促进有丝分裂的起始(见下节)。

4.2.2.3 核孔复合体

在构巢曲霉中,有丝分裂的起始常伴随微管蛋白由胞浆向核内的迅速流入,从而使有丝分裂纺锤体的装配得以进行(Ovechkina et al. 2003),以保证 M 期染色体的正常分离。由于真菌有丝分裂过程中核膜维持完整,因此这种流入只能通过核孔复合体(nucleoporin complex, NPC)实现。NPC 嵌于核膜上,作为核运输的分子筛,介导蛋白质及核酸大分子在核内外间的选择性运输。NPC 的组成极为复杂,由近 30 种蛋白质构成,这些蛋白质称

为核孔蛋白(nucleoporin, Nup),如核心核孔蛋白 Nup84、Nup37,外周核孔蛋白 SonA、SonB 等(Liu et al. 2009)(图 4.7A)。其中某些 Nup 含有跨膜区,使 NPC 锚定于核膜上;某些 Nup 则构成核孔的中心环,并形成核内外大分子运输的通道。该通道被一类含有苯丙氨酸-甘氨酸重复序列(FG repeat)的蛋白质所占据,这类蛋白质因而称为 FG 重复核孔蛋白(FG repeat Nup)(Tran and Wente 2006)。FG 重复 Nup 能限制大分子在核孔通道中的扩散,并能结合携带有货物的转运因子,参与核内外大分子的转运(Lim et al. 2006)。在构巢曲霉细胞核的有丝分裂期间,构成 NPC 的核心核孔蛋白仍锚定于核膜上,而所有的 FG 重复 Nup 从 NPC 上解离,NPC 呈开放状态,以允许胞质中有丝分裂必需的微管蛋白等大分子进入到核内,参与 SPB 的形成及随后的有丝分裂过程。有丝分裂结束后,FG 重复 Nup 重新进入核孔,NPC 转变为闭合状态。NPC 除调节有丝分裂必需蛋白的运输外,还在间期染色体的定位及核结构的组建方面发挥作用。例如,NPC 能够通过将染色体的不同座位固定于不同的核周缘区(nuclear periphery),从而调节这些座位的转录活性(Galy et al. 2000)。此外,NPC 还能通过将小的泛素相关修饰蛋白(SUMO)修饰、染色质

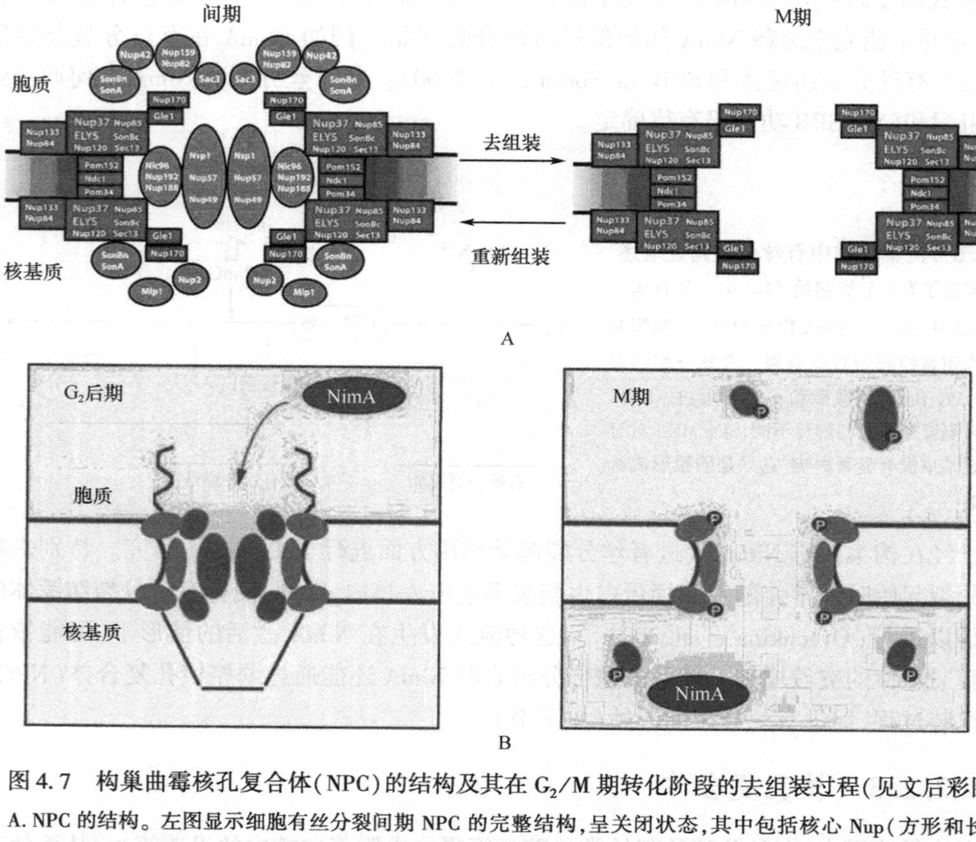

图 4.7 构巢曲霉核孔复合体(NPC)的结构及其在 G_2/M 期转化阶段的去组装过程(见文后彩图)

A. NPC 的结构。左图显示细胞有丝分裂间期 NPC 的完整结构,呈关闭状态,其中包括核心 Nup(方形和长方形)及占据核孔通道的 FG 重复 Nup(圆形和椭圆形)。NPC 发生去组装后,细胞周期得以进入 M 期,NPC 呈开放状态,仅存在核心 Nup。M 期结束后,在下一个有丝分裂间期,NPC 重新组装,转变为关闭状态。B. 显示 NimA 激酶的磷酸化作用对 NPC 去组装的调节作用。在 G_2 后期,NimA 活化,使占据 NPC 核孔通道的 FG 重复 Nups(红色)磷酸化,并从核孔通道释放至胞质及核基质中,而核心 Nup(绿色)仍锚定于核膜上,NPC 转变为开放状态。(引自 De Souza et al. 2007;Liu et al. 2009)

调节、DNA 损伤修复、核转运等作用相关的蛋白质固定于特定的核周缘区,对这些作用进行空间调节(Luthra et al. 2007;De Souza et al. 2009)。

有关 NPC 去组装与重新组装的调控机制,外周核孔蛋白 SonA 及 SonB 突变体遗传分析提供了合理的解释。SonA 或 SonB 的突变,能够抑制 *nimA* 等位基因 *nimA*1 的表型,使细胞周期能够从 G_2 期进入到 M 期,很明显,这是由于 NPC 的通透性发生改变所致。进一步的生化证据表明,在有丝分裂起始阶段,SonA 与 SonB 均为 NimA 的磷酸化底物。在这一阶段,SonB 发生高度的磷酸化并从 NPC 解离,且这一过程依赖于 NimA 的活性。此外,在 S 期发生阻断时,NimA 的异位表达,足以引起 SonB 从 NPC 上发生非正常解离,并能显著改变 NPC 的转运特性,导致某些核特异性蛋白释放至胞质中,而去极化的微管蛋白进入核内。可见,NimA 的表达足以使间期的 NPC 转变为部分去组装的开放状态。上述研究结果表明,在 G_2/M 转换阶段,NimA 激酶介导的 Nup 磷酸化作用调节 NPC 的去组装过程,使其允许有丝分裂微管蛋白及其他有丝分裂必需因子进入核内,起始有丝分裂(图 4.7B)(De Souza et al. 2007)。然而,构巢曲霉中有丝分裂的起始需要 NimA 与周期蛋白依赖性蛋白激酶—周期蛋白复合体 NimX-NimE 的同时活化,两者的任何一种失活,均能抑制 NPC 的去组装过程,表明两者协同调控 NPC 的去组装(De Souza et al. 2004)。

4.2.2.4 DNA 损伤和复制压力

DNA 损伤应答的典型特征是当 DNA 损伤时阻断有丝分裂的关卡(checkpoint,亦称检验点)被激活,有丝分裂被阻滞(Zhou and Elledge 2000)。具有代表性的是,DNA 损伤阻止了 CDK 活化,使得在进入有丝分裂前停滞。因为构巢曲霉含有两个促有丝分裂蛋白激酶,因此,确定在 DNA 损伤时它们各自的活性是如何影响有丝分裂的呢?正如 Ye 等(1997)所论证的,菌丝细胞的 DNA 损伤会阻断有丝分裂,CDK NimX 会以非活化的 Tyr15 磷酸化的形式积累(图 4.8)。相反,NimA 的活力不受影响。消除 AnkA 激酶或者使 Tyr15 变为一个不能被磷酸化的碱基消除有丝分裂停滞(Kraus and Harris 2001),所以,这个机制足够阻断有丝分裂起始。因此,正如动物细胞和粟酒裂殖酵母中已经确定的,DNA 损伤可能改变了 AnkA (Wee1) 和 NimT (Cdc25) 活性的平衡(Elledge 1996),导致 NimX Tyr15 磷酸化升高和有丝分裂阻滞。

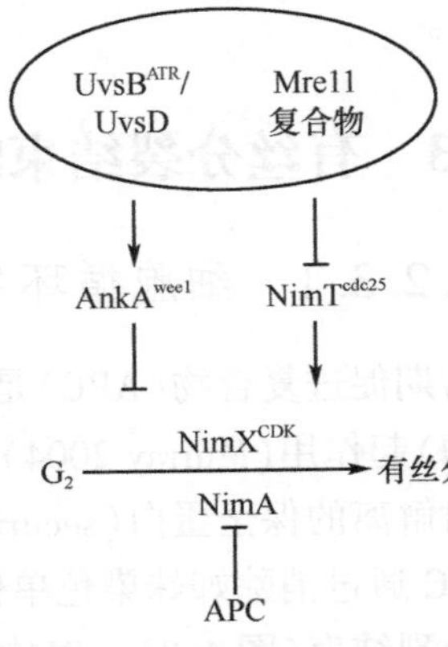

图 4.8 构巢曲霉中有丝分裂的检测点(关卡)调控模型

在 DNA 损伤或者复制压力下,UvsB/UvsD 和 Mre11 复合物被激活。与酵母和动物细胞相类似,这些复合物可能调控 AnkA(上调)和 NimT(下调)的活性,因此阻止了 NimX CDK 的激活。在严重的复制压力下,NimA 的活性也会受到抑制,可能是通过 APC。详细解释见原文。(引自 Harris 2006)

当使用 5mmol/L 羟基脲使得构巢曲霉中 DNA 复制减慢时,CDK Tyr15 调控模块也阻止了不适当的有丝分裂。然而,当复制完全被阻断时(也就是使用 100mmol/L 羟基脲),需要起用 APC 以阻断有丝分裂起始。可能这个额外的调控确保了 NimA 激酶依然是钝化的,不能过早起始有丝分裂(图 4.8;Ye et al. 1997)。

导致关卡激活的 DNA 损伤信号途径已经在酵母中

进行了详细的研究（Zhou and Elledge 2000）。这个途径的组分包括 UvsB（=Mec1）、UvsD（=Rad26）、ScaA（=Nbs1）和 MreA（=Mre11），已经在构巢曲霉中被鉴定，而且它们的功能似乎与酵母同源蛋白相似（图 4.8；Semighini et al. 2003）。然而，目前尚不清楚这个途径是如何通过调节 CDK Tyr15 磷酸化或者 NimA 活性来阻止有丝分裂。例如，这个步骤像在酵母和动物细胞中一样，需要 Chk1 和（或）Chk2 蛋白激酶的同源蛋白吗？遗传学研究清楚地表明当基因组完整性受到损伤时，真菌 DNA 损伤信号途径能够调控其他有助于激活的功能。这些功能可能包括 DNA 修复途径的激活（Ye et al. 1997）和 DNA 重新复制的抑制（de Souza et al. 1999）。进一步研究也表明 DNA 损伤信号途径还有一个新的后有丝分裂功能（post-mitotic function）。特别是在预分裂菌丝（pre-divisional hyphae）中，不足以阻断有丝分裂的低水平 NDA 损伤会阻止隔膜的形成。这种应答是由 DNA 损伤信号途径和 NimX Tyr15 磷酸化介导的，尽管相关的机制并不清楚（Kraus and Harris 2001）。

DNA 损伤引起检测点介导的有丝分裂起始的阻断，提出了在真菌生物学中两个重要的问题。首先，在一个多核菌丝细胞中，一个单独的核如何应答 DNA 损伤？在酵母和动物细胞中，DNA 损伤检测点信号是核自主进行的（Demeter et al. 2000）。尚不清楚是否在丝状真菌也是如此，尤其是那些呈现出同步有丝分裂波的真菌。如果是这样的话，损伤的核必须拥有一个机制使它们能够耐受一个“经过波”（passing wave）。或者，损伤核的存在阈值水平使得“波”被消除，使得细胞重新回到非同步有丝分裂。其次，在生长中，如何调节有丝分裂检测点？在一些丝状真菌中，如构巢曲霉，无性生殖时为快速产生分生孢子，细胞周期似乎加快了。这可能就暗示有丝分裂检测点是可以消除的，正如果蝇胚胎发育中的合胞体分裂，丢弃损伤的核而不将其遗传给后代（Harris 2006）。

4.2.3 有丝分裂结束的调控

4.2.3.1 细胞循环后期促进复合物——APC

后期促进复合物（APC）是一种多蛋白的复合物，作为一个 E3 泛素连接酶（特异蛋白降解酶）起作用（Murray 2004）。在酵母中已经确定的主要降解目标是阻止姊妹染色单体凝聚时解离的保全蛋白（securin）和细胞周期蛋白 B（Thornton and Toczyski 2003）。相应地，APC 通过消除姊妹染色单体凝聚促进有丝分裂进程，破坏有丝分裂周期蛋白而触发有丝分裂结束（图 4.8）。对构巢曲霉中 APC 的组分已经进行了详细研究，构巢曲霉的温度敏感突变株（temperature sensitive，*ts-*）*bimA* 和 *bimE* 会阻滞细胞停留在有丝分裂期（Morris 1976）。BimA（=Apc3）和 BimE（=Apc1）两种蛋白质能形成一个比非洲爪哇、酿酒酵母典型的 APC 稍微大一些的复合物时，对其中任何一个基因功能的突变进行表型分析，均表明有丝分裂结束都需要 APC 行使功能（O'Donnell et al. 1991）。APC 在构巢曲霉中如何引起有丝分裂结束？可能的靶点是 NimA 和细胞周期蛋白 NimE（见图 4.6；Lies et al. 1998），这两个蛋白必须降解才能结束有丝分裂。值得注意的是，遗传和生化证据表明 BimA 可能在将 APC 定位于 NimA 有特殊的作用（Ye et al. 1998）。真菌的 APC 成为一个新的功能检查点，这就是为了应答特定的分裂间期波动而阻止有丝分裂起始（Lies et al. 1998)。尽管这个检查点如何起作用依然是未知的,它可能参与 APC 介导的一个关键有丝分裂调控子(如 NimE)的破坏有关。

构巢曲霉中关于 APC 调控功能机制得到全部阐述。*bimA* 突变株的表型分析表明有丝分裂调控因子,如 NimA 和 NimE 积累到一定阈值水平时会促使 APC 的活化(Ye et al. 1998)。这就反映了及时起始有丝分裂所需的负反馈回路过程,需要 NimA 和 NimE 通过激活 APC 复合物而促使自身的降解。激活的 APC 依然具有活性,直到 G_1/S 期分界点 DNA 复制的起始。同时,抑制不适当的有丝分裂起始的调控开始转向抑制 NimX Tyr15 的磷酸化。

4.2.3.2 SIN/MEN 途径

分隔起始网络(septation initiation network,SIN)/有丝分裂结束网络(mitotic exit network,MEN)是一个 GTPase 调控的蛋白激酶级联途径。它可以促使酿酒酵母和粟酒裂殖酵母中的胞质分裂和隔膜形成(Simanis 2003)。除此之外,在酿酒酵母中这个信号网络通过介导有丝分裂 CDK 的钝化促使有丝分裂退出。在这两种酵母中,活化的 GTPase(酿酒酵母中是 Tem1p,粟酒裂殖酵母中是 Spg1)在两个复制的 SPB 中的一个中呈现出不对称定位,在此它促进了下游蛋白激酶的募集(包括酿酒酵母的 Cdc15p 和粟酒裂殖酵母的 Cdc7)。最终,末端激酶(酿酒酵母中是 Dbf2p,粟酒裂殖酵母中是 Sid2)重新定位于分隔位点,在此促进隔膜的形成。在酿酒酵母中,MEN 活性也调控磷酸酶 Cdc14p,后者通过激活 APC 和促进 CDK 抑制因子的积累来促使有丝分裂结束。

基因组序列的注释表明 SIN/MEN 途径在丝状真菌中是比较保守的。然而,在对 Cdc15p/Cdc7 激酶在构巢曲霉中的同源蛋白 SepH 的功能分析显示,构巢曲霉中 SIN/MEN 途径与酵母中的该途径有两个重要的区别(Bruno et al. 2001;Harris 2001)。首先,*sepH* 基因的无义突变株对有丝分裂进程没有可以鉴别的影响,表明 SIN/MEN 途径在丝状真菌有丝分裂起始时似乎是完全非必要的(见图 4.6)。然而,SIN/MEN 信号转导对于分隔形成位点肌动蛋白收缩环的组装是必需的(Sharpless and Harris 2002),因为在酵母中,收缩环组装后起促进隔膜的沉积作用。尽管有这些初步的见解,关于 SIN/MEN 在促进有丝分裂起始和胞质分裂调控方面的作用依然有很多疑问。例如,在有丝分裂伴随着胞质分裂时,SIN/MEN 活性是有丝分裂起始必需的吗?另外,在多核菌丝细胞中,有丝分裂不一定伴随着胞质分裂,那么 SIN/MEN 活性又是如何在空间上被调控的?

4.2.3.3 纺锤体损伤

在有丝分裂的间期,纺锤体组装检测点(spindle assembly checkpoint, SAC)能够保证双极性纺锤体正确形成并与所有染色体发生连接,使后续染色体的分离正常进行。当细胞进入 M 期后,SAC 蛋白被募集至尚未发生双极性连接的动粒上,继而激活由 Bub1-Bub3、Mad1-Mad3 等蛋白质介导的 SAC 途径,导致后期促进复合物(APC)的活化受到抑制,有丝分裂不能完成中期到后期的转换,细胞周期在有丝分裂前中期(prometaphase)发生阻断。当所有动粒与纺锤体微管实现双极性连接后,SAC 信号途径发生沉默,APC 活化,允许有丝分裂的继续进行并最终结束(Musacchio et al. 2007)。

构巢曲霉有限的遗传分析证实了在丝状真菌中同样存在 SAC,并且其组织方式与酵母及动物细胞相似。Bub1 和 Bub3 在构巢曲霉中的同源蛋白 SldA 和 SldB 分别在不能耐受动力蛋白功能丧失的突变株筛选中鉴定出来(Efimov and Morris 1998)。*sldA* 和 *sldB* 突变株的表型分析与功能缺陷的 SAC 蛋白相符合,这其中包括当纺锤体组装受到损伤时失去活力。除此之外,构巢曲霉中 Mad2 的一个同源蛋白参与纺锤体组装检测点应答(Prigozhina et al. 2004)。值得注意的是,后者的研究发现 γ-微管蛋白在纺锤体组装检测点中可能起作用,它可能促进了一个与 SPB 相关的监测纺锤体异常和阻止有丝分裂的复合物的形成。另一个近期的研究表明端粒可能也介导了纺锤体组装检测点功能(Pitt et al. 2004)。尤其是,NimU(端粒结合蛋白 Pot1 在构巢曲霉中的同源蛋白)的突变会使得在纺锤体存在缺陷的情况下有丝分裂依然进行下去。目前研究的重点是,是否在一个核中一条单独分开的染色体可以阻止一个同步有丝分裂波("parasynchronous" mitotic wave)的传播。也许,受影响的核就会对波有抵抗力而不会分裂。然而,在一个多核细胞中可以容忍分开染色体的隔离,这可能为无性世代周期的染色体交换提供了一个机制(Harris 2006)。

构巢曲霉同样具有另外两种 SAC 蛋白 Mad1 和 Mad2。与酿酒酵母一样,在有丝分裂间期,构巢曲霉中的 SAC 蛋白 Mad1 和 Mad2 均定位于 NPC,但在有丝分裂期间转移至动粒上并发挥功能。NPC 的部分去组装是构巢曲霉有丝分裂的重要特征,该过程伴随 Mad1 与 Mad2 向动粒的迁移。类肌球蛋白(myosin-like proteins)Mlp1 在 Mad1 和 Mad2 等 SAC 蛋白的定位方面发挥重要作用。在有丝分裂间期,Mlp1 定位于 NPC 的核基质侧,作为支架蛋白,将特定的核内成分固定于核周源区,如 SAC 蛋白 Mad1 和 Mad2 等。而在有丝分裂起始后,Mlp1、Mad1 及 Mad2 均从 NPC 解离,并与动粒结合,激活 SAC 途径。在有丝分裂后期,与 Mlp1 类似,Mad1 通常靠近后期动粒及末期纺锤体分布。Mlp1 缺失后,Mad1 将无法保持这种分布状态。因此,在有丝分裂过程中,Mlp1 是维持 Mad1 近纺锤体分布所必需的。通过使 SAC 蛋白定位于纺锤体附近,Mlp1 能够保证细胞对有丝分裂缺陷进行有效应答。例如,在染色体分离过程中,一旦有丝分裂结束事件被异常升高的 B 型周期蛋白抑制时,Mad1 和 Mlp1 均能从末期纺锤体基质区定位于分离的动粒上,激活 SAC 途径,从而抑制有丝分裂的结束(De Souza et al. 2009)。

4.2.3.4 γ-微管蛋白

γ-微管蛋白最初是在构巢曲霉中得到鉴定的(Oakley and Oakley 1989),随后证实该蛋白是在 SPB 微管聚集时所必需的(见第 1 章)。最初的观察表明 γ-微管蛋白作为微管组织中心的关键组分之一,在有丝分裂纺锤体及胞质微管组装方面有着重要作用(Oakley et al. 1990)。然而,后来在构巢曲霉遗传学研究中发现,γ-微管蛋白编码基因 *mipA* 的某些突变体还具有不依赖纺锤体的表型。值得注意的是,γ-微管蛋白的一个突变体 *mipAD159* 会扰乱有丝分裂后期事件(Prigozhina et al. 2004)。使得还没有完成有丝分裂后期或者染色体分离的核会过早退出有丝分裂。这些研究表明 γ-微管蛋白除参与 SPB 的组装外,可能在调控有丝分裂进程中还有另外的功能。SPB 作为一个信号转导中心的作用已经在酿酒酵母(Pereira and Schiebel 2001)和粟酒裂殖酵母(Grallert et al. 2004)中详细描述,已有证据表明,如果不能适当地募集 γ-微管蛋白到粟酒裂殖酵母的 SPB,SIN 将会被过早激活(Vardy et al. 2002)。相应地,在构巢曲霉和其他丝状真菌中,有序的有丝分裂结束所需的蛋白质可能以依赖 γ-微管蛋白的方式与 SPB 相联系。

此外，近期的研究发现，γ-微管蛋白能通过调节 APC 的活性而调控细胞周期进程（见图 4.6）。如前所述，APC 是有丝分裂结束所必需的，该复合体通过降解周期蛋白 B、NimA 激酶等，促进有丝分裂结束。APC 从有丝分裂后期至 G_1 期均具有活性，从而阻止周期蛋白及其他底物的积累。从细胞周期发生 G_1/S 期转换，直到所有动粒与纺锤体发生连接，纺锤体组装控制点（SAC）失活，在此期间 APC 均维持在非活性状态。然而，在 *mipAD159* 突变体中，限制温度下某些核中的 APC 始终维持在活性状态，导致核内无法正常积累周期蛋白 B（NimE）、周期蛋白依赖型蛋白激酶 NimX/Cdk1 及 SIN 组成因子 SepM/Cdc14，从而始终无法起始有丝分裂（Nayak et al. 2010）。可见，γ-微管蛋白是 APC 的失活所需的，以保证细胞能够正常起始下一轮有丝分裂，相关机制有待进一步研究。

4.2.3.5 BimG

因为蛋白质磷酸化在有丝分裂调控方面起着关键作用，因此看来去磷酸化也会很重要。支持这个论点的是，BimG 是构巢曲霉中有丝分裂结束所必需的一个 I 型蛋白磷酸酶（图 4.6；Doonan and Morris 1989）。影响 BimG 的突变会使有丝分裂特异标记的磷酸化水平升高，使得有丝分裂停留在后期。除了有丝分裂早期 CDK 和 NimA 活性最高时的一段时间外，在整个有丝分裂期间 BimG 定位于 SPB。BimG 潜在的靶标依然是未知的，但是它与复制的 SPB 的联系表明它可能调控有丝分裂结束复合物的活性和（或）组装。BimG 也定位于核仁，在真菌有丝分裂晚期可能会分裂（Fox et al. 2002）。在酵母中，另一个蛋白磷酸酶——Cdc14 也是有丝分裂结束所必需的，通常在后期之前，它会保留在核仁（Seshan and Amon 2004）。然而，很有可能在丝状真菌中 Cdc14 不调控有丝分裂结束。尽管它在一些测序的真菌基因组中是保守的，将它的功能与有丝分裂后期进程相联系的蛋白质网络似乎不存在。在这种情况下，推测 BimG 很有可能部分行使了 Cdc14 有丝分裂结束的功能。

4.3 丝状真菌有丝分裂后的功能调控

4.3.1 马达蛋白和有丝分裂

在第 1 章中，并未涉及马达蛋白与有丝分裂的关系，只是介绍了以微管为基础的马达蛋白（亦驱动蛋白和动力蛋白）是菌丝形态发生所必需的，这主要归因于它们能够定向运输囊泡和细胞器到菌丝顶端（Seiler et al. 1999）。然而，它们也参与有丝分裂的很多方面，包括两极纺锤体的组装、染色体在分裂后期分离和纺锤体在分裂后期中的延伸（Aist 2002）。驱动蛋白是正末端定向的马达蛋白，而动力蛋白是负末端定向的马达蛋白。这两种蛋白质都是 ATPase，能够将化学能转换为机械力，促使沿着微管前进。驱动蛋白和动力蛋白在所有测序的丝状真菌基因组中是比较保守的（Schoch et al. 2003；Xiang and Plamann 2003）。实际上，微管在有丝分裂和形态方面多种多样的作用是通过在真菌（如构巢曲霉）中多达 11 种激酶表现出来的（Rischitor et al. 2004）。

BimC 是有丝分裂中涉及的驱动蛋白家族的典型。在构巢曲霉的 *bimC* 基因缺失突变株中，只进行 SPB 复制而不能使 SPB 不分离，结果该突变株只含有短的单极的纺锤极体(Enos and Morris 1990)。BimC 在反向平行的微管中充当了一个桥梁(cross-bridge)角色，因为它是一个正末端的定向的马达蛋白，它有效地推动着 SPB 分离以产生两极的纺锤体。另一个驱动蛋白 KlpA 产生一个相反的作用力，用以抵抗 BimC 和调节 SPB 分离的动力学作用(O' Connell et al. 1993)。驱动蛋白也在分裂后期起作用，此时有丝分裂纺锤体内的内向作用力会抵消星状纺锤体介导的纺锤体分离(Aist 2002)。在腐皮镰刀菌(*Fusarium solani*)中，驱动蛋白 NhKRP1 显然是产生内向作用力的来源。在构巢曲霉中，另一个驱动蛋白 KipB 在有丝分裂中的作用可能是促进纺锤体的解体(Rischitor et al. 2004)。

在丝状真菌中，胞浆动力蛋白(cytoplasmic dynein)的主要作用是调控核的分布(Xiang and Fischer 2004)。然而，在血红丛赤壳(*N. haematococca*)中，已有研究表明动力蛋白在分裂后期纺锤体延伸中也起着作用。特别是，*Nhdhc1* 突变株中没有产生以星状微管为基础的拉力。相似地，在构巢曲霉中，对合成致死突变株进行遗传筛选，发现了动力蛋白在有丝分裂中一个先前意想不到的功能。在血红丛赤壳中，*nudA* 突变株中纺锤体在分裂后期延伸的速度大幅度下降。有人提出动力蛋白可能通过星状微管的去稳定作用来产生动力，这是纺锤体延伸和核迁移所需的(Efimov and Morris 1998)。

4.3.2 后有丝分裂的核运动

后有丝分裂(post-mitotic)的核运动发生在分裂后期和隔膜形成之间的那段时期。在这个时期，菌丝细胞中子核相对于彼此的迁移建立了核分布的正常布局。在担子菌的菌丝中，这涉及核在锁状联合中的迁移。在丝状子囊菌中对这个过程了解得很少。尽管 SPB 和星状微管似乎在后有丝分裂中核运动过程中起着关键作用，然而关于这个过程的相关机制依然不太清楚。特别是，由 SPB 发出的星状微管与皮层的联系，这种皮层联系似乎是后有丝分裂核迁移所必需的。尽管根据动力蛋白在星状微管组装中的可能的作用，它很可能介导这个过程，但这依然是未知的。实际上，正如构巢曲霉中描述的一样，ApsA 可能是一个潜在的星状微管的皮层锚定蛋白(Iwasa et al. 1998；Aist and Morris 1999；Xiang and Fischer 2004)。

4.3.3 多核菌丝细胞中有丝分裂活动的协调

丝状真菌的典型特征是存在多核的菌丝细胞。每个多核细胞中核的数量变动很大。在担子菌的双核体细胞中有两个核，而在粗糙脉孢菌的初级菌丝中，大概有一百个。真菌似乎已经进化出两种不同的策略以在多核菌丝细胞中协调有丝分裂(图 4.9)。一种策略存在于以下真菌中：构巢曲霉、链格孢菌和尖孢镰刀菌等，该策略的主要特点是在菌丝细胞中进行同步有丝分裂，因此相邻近的核同时参与到有丝分裂中(Aist 1969；King and Alexander 1969；Clutterbuck 1970)。相反，像粗糙脉孢菌(*N. crassa*)和棉阿舒囊霉(*A. gossypii*)这样的真菌使用的是另一种策略，这种策略主要特点是非同步有丝分裂，也就是单个的核自主进行有丝分裂(Serna and Stadler 1978)。然而，同步有丝分裂可能是由有丝分裂诱导因子，如活化的 CDK 或 NimA 而引起的。把这种同步性通过与调控核迁移相结合,使得核有序地进入有丝分裂。而且,非同步有丝分裂可以仅仅通过消除同步性而获得,使得有丝分裂调控子均一地分布在整个菌丝细胞中。在这种情况下,严格调控的核迁移和(或)局部的核自主翻译可能使得单个的核进入有丝分裂而不管它们临近核的有丝分裂状态。支持这种非同步有丝分裂模型的初步证据已在棉阿舒囊霉中找到,在这里尽管B型有丝分裂周期蛋白水平均匀存在,整个细胞周期仍然可以完成(Harris 2006)。

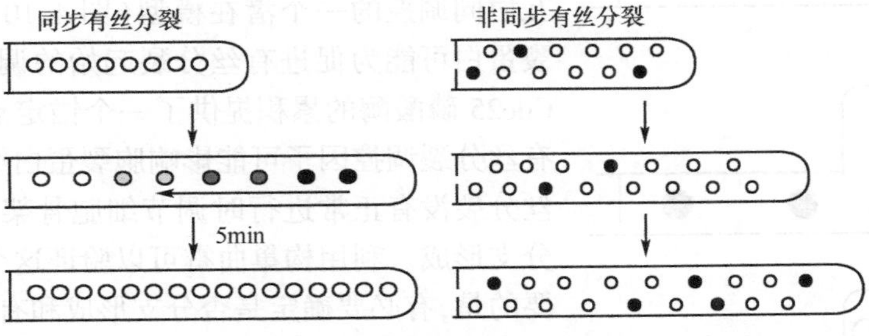

图4.9 同步有丝分裂和非同步有丝分裂的比较

同步有丝分裂时,有一个有丝分裂波(mitotic wave progresses,见细线箭头)穿越整个菌丝顶端细胞。核的黑色程度与有丝分裂进展程度相关(也就是临近顶端的核处于有丝分裂后期,而在分隔处核依然处于 G_2 期)。在非对称有丝分裂中观察不到有丝分裂波。恰恰相反,即将进入有丝分裂的核(黑色的核)完全处于自主方式。

在这点上,目前还不清楚为什么在一些丝状真菌中会发生同步有丝分裂,而另一些发生非同步有丝分裂。另一个困惑是正如构巢曲霉中所观察的一样,有丝分裂同步可以在不良的生长条件下被破坏。在某种程度上,可能的解释就是非同步有丝分裂具有相对优势。例如,在核与胞浆比例较高的真菌中,同步有丝分裂可能足以使所有的核在一个周期循环中分开。因此,非同步性可能是唯一保持适当比例的方式。或者,非同步有丝分裂可能允许菌丝细胞在任何特定时间通过限制活跃分裂核的数量来更好地修复DNA损伤。这可能对于像构巢曲霉这样的真菌不重要,它们的亚顶端菌丝细胞可能汇集了有丝分裂静止的核,以抵抗DNA损伤的影响(Harris 1997)。因为粗糙脉孢菌和棉阿舒囊霉中没有相似的有丝分裂静止核的存在,这些真菌可能更依赖于非同步有丝分裂,用于在DNA受到损伤后保持活力。

4.3.4 有丝分裂与分支形成的协调

菌丝侧枝的形成对于丝状真菌来说是个独特的形态发生过程(Momany 2002)。一些研究表明,分支的形成与生长紧密协调(Trinci 1978)。例如,新的末端通常是为了适应最佳生长条件下增加的细胞质容量而形成的,也有证据表明分支形成与有丝分裂相关(Dynesen and Nielsen 2003)。特别是,尽管通过构巢曲霉中 *nimX* 或者 *nimA* 突变抑制了有丝分裂而不影响细胞生长,但是却很明显地阻止了新的分支的形成。分支的形成与有丝分裂相协调可能保证了在生长的菌丝中每个核都有适当的细胞质体积。

关于有丝分裂和分支形成之间关系的相关机制依然是必须解决的难题。尽管有丝分裂是菌丝分支所需的,但近期的研究表明分支形成中的早期事件可能先于有丝分裂(Westfall and Momany 2002)。特别是在构巢曲霉中,胞裂蛋白(septin)AspB在初期分支

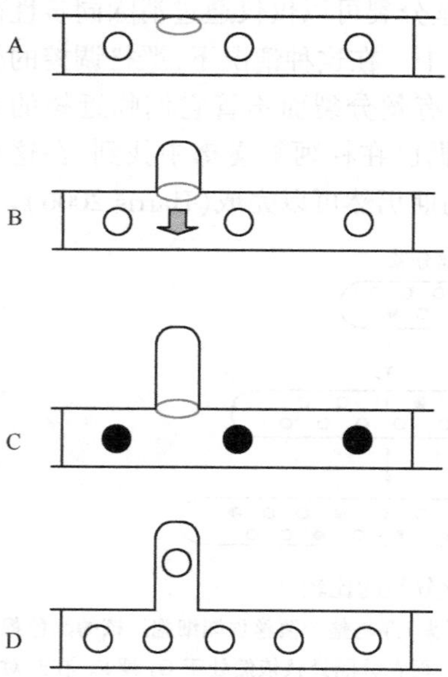

图 4.10　分支形成与有丝分裂协同调控的模型

A. 在预定的分支位点形成一个隔膜环（浅色的阴影环），核依然处于 G_2 期；B. 随着新的分支的出现，与隔膜环相关的调控因子产生的信号促进了有丝分裂起始；C. 随着分支延伸核进行有丝分裂（注意 3 个核同步分裂为 6 个）；D. 隔膜环分解后有丝分裂核迁移入新的分支。（引自 Harris 2006）

位点的定位，发生在先前静止的核进入有丝分裂之前。而且，胞裂蛋白定位一直持续在第一次有丝分裂期间，随着新的分支的生长延伸才最后消失，因此胞裂蛋白在细胞形态方面是比较保守的（Gladfelter et al. 2001）。这个观察暗示了有丝分裂与分支形成相互协同调控的一个潜在模型（图 4.10）。尤其是，胞裂蛋白可能为促进有丝分裂起始的调控蛋白——如 Cdc25 磷酸酶的累积提供了一个锚定点。同时，其他有丝分裂调控因子可能影响胞裂蛋白结构，因此当有丝分裂没有正常进行时调节细胞骨架的功能以阻止分支形成。利用构巢曲霉可以验证这个推测模型，重要的是，有必要确定是否分支形成和有丝分裂协同调控是丝状真菌的一个普遍特点，或者是否它只限定于能形成明显区分的有隔真菌中，像构巢曲霉（Harris 1997）。

4.4　讨论

丝状真菌细胞周期调控方面已经取得了很大的进展。目前已经了解了调控有丝分裂起始的主要机制，然而，在丝状真菌中许多关键的问题却还依然没有答案。在很多情况下，这些问题反映了真菌生物的一些独有的特征，在了解有丝分裂和它与复制周期中其他组分的协调作用时，真菌的这些特征是必须要考虑的。

1. NimA 在调控有丝分裂起始方面关键的作用是什么？NimA 是构巢曲霉可能也是其他丝状真菌中促进有丝分裂起始的很多功能中必需的。尽管这些功能包括染色体凝聚和纺锤体组织，以及核运输的调控效应。那么，为什么 NimA 是丝状真菌有丝分裂起始所必需的，而不是动物细胞所必需的，需要提供一个可能的解释。这可能对于多核有丝分裂细胞中的同步有丝分裂的研究尤为重要。

2. 有丝分裂的起始如何与胞质分裂协调？丝状真菌细胞周期中有丝分裂结束的相关机制依然是未知的。所以，胞质分裂与有丝分裂的完成是如何协调的也需要提供实验证据。

3. 在多核菌丝细胞中核的自主性是如何确定的？在那些进行非同步有丝分裂的丝状真菌中，如在较差的生长条件下培养的粗糙脉孢菌（*N. crassa*）、棉阿舒囊霉（*A. gossypii*）、构巢曲霉（*A. nidulans*）等，不管它们邻近核的有丝分裂状态如何，单独的核是如何可以调控有丝分裂起始和终止的。了解在一个同步分裂的细胞中，单个的核是如何应答 DNA 损伤或者纺锤体凝聚同样也很重要。

4. 丝状真菌孢子的迅速生长使得整个机体能够有效地利用现有资源。然而这可能需要一些代价，因为伴随着孢子形成而明显加快的细胞周期可能会危及保持基因组完整性的调控机制。例如，当细胞周期出现混乱时，以 DNA 损伤和阻断有丝分裂起始为代价吗？为了使孢子无性种群迅速形成，基因组完整性的可能丢失是一个可接受的风险吗？在很多丝状真菌中，孢子形成使有丝分裂空间格局的变化成为必需吗？尤其是，细胞经常从一个多核的分裂模式转换为一个单核的分裂模式。在构巢曲霉中，这种转换似乎需要 CDK 表达的发育调控，这是否是所有丝状真菌发育中的一个普遍特征依然是未知的。很有可能，丝状真菌会提供一个很好的机会来鉴别那些有丝分裂发育调控的保守机制。

参考文献

Ahn SH, Acurio A, Kron SJ. 1999. Regulation of G_2/M progression by the STE mitogen-activated protein kinase pathway in budding yeast filamentous growth. Mol Biol Cell, 10: 3301-3316

Ahn SH, Tobe BT, Gerald JNF et al. 2001. Enhanced cell polarity in mutants of the budding yeast cyclin- dependent kinase Cdc28p. Mol Biol Cell, 12: 3589-3600

Aist JR. 1969. The mitotic apparatus in fungi, *Ceratocystis fagacearum* and *Fusarium oxysporum*. J Cell Biol, 40: 120-135

Aist JR, Bayles CJ. 1991. Ultrastructural basis of mitosis in the fungus *Nectria haematococca* (sexual stage of *Fusarium solani*) II. Spindles. Protoplasma, 161: 123-136

Aist JR, MorrisNR. 1999. Mitosis in filamentous fungi: how we got where we are. Fungal Genet Biol, 27: 1-25

Aist JR. 2002. Mitosis andmotor proteins in the filamentous ascomycete, *Nectria haematococca*, and some related fungi. Int Rev Cytol, 212: 239-263

Bergen LG, Morris NR. 1983. Kinetics of the nuclear division cycle of *Aspergillus nidulans*. J Bacteriol, 156: 155-160

Borkovich KA, Alex LA, Yarden O et al. 2004. Lessons from the genome sequence of *Neurospora crassa*: tracing the path from genomic blueprint to multicellular organism. Microbiol Mol Biol Rev, 68: 1-108

Bruno KS, Morrell JL, Hamer JE et al. 2001. SEPH, a Cdc7p orthologue from *Aspergillus nidulans*, functions upstream of actin ring formation during cytokinesis. Mol Microbiol, 42: 3-12

Carlile MJ, Watkinson SC, Gooday GW. 2001. The fungi (2nd) London: Academic Press. 85-184

Clutterbuck AJ. 1970. Synchronous nuclear division and septation in *Aspergillus nidulans*. J Gen Microbiol, 60: 133-135

Cross FR. 1988. *DAF1*, amutant gene affecting size control, pheromone arrest, and cell-cycle kinetics of *Saccharomyces cerevisiae*. Mol Cell Biol, 8: 4675-4684

Cross FR. 2003. Two redundant oscillatory mechanisms in the yeast cell cycle. Dev Cell, 4: 741-752

Davies JR, Osmani AH, De Souza CP et al. 2004. Potential link between the NIMA mitotic kinase and nuclear membrane fission during mitotic exit in *Aspergillus nidulans*. Eukaryot. Cell, 3: 1433-1444

Demeter J, Lee SE, Haber JE et al. 2000. The DNA damage checkpoint signal in budding yeast is nuclear limited. Mol Cell, 6: 487-492

De Souza CP, Osmani AH, Wu LP et al. 2000. Mitotic histone H3 phosphorylation by the NIMA kinase in *Aspergillus nidulans*. Cell, 102: 293-302

De Souza CP, Osmani AH, Hashmi SB et al. 2004. Partial nuclear pore complex disassembly during closed mitosis in *Aspergillus nidulans*. Curr Biol, 14: 1973-1984

De Souza CP, Osmani SA. 2007. Mitosis, not just open or closed. Eukaryot Cell, 6(9): 1521-1527

De Souza CP, Hashmi SB, Nayak T et al. 2009. Mlp1 acts as a mitotic scaffold to spatially regulate spindle assembly checkpoint proteins in *Aspergillus nidulans*. Mol Biol Cell, 20(8): 2146-2159

Dou X, Wu D, An W et al. 2003. The PHOA and PHOB cyclin-dependent kinases perform an essential function in *Aspergillus nidulans*. Genetics, 165: 1105-1115

Efimov V, Morris NR. 1998. A screen for dynein synthetic lethals in *Aspergillus nidulans* identifies spindle assembly checkpoint genes and other genes involved in mitosis. Genetics, 149: 101-116

Elledge SJ. 1996. Cell cycle checkpoints: preventing an identity crisis. Science, 274: 1664-1672

Enos AP, Morris NR. 1990. Mutation of a gene that encodes a kinesin-like protein blocks nuclear division in *A. nidulans*. Cell,

23:1019-1027

Fagundes MR, Lima JF, Savoldi M et al. 2004. The *Aspergillus nidulans npkA*gene encodes a Cdc2-related kinase that genetically interactswith the UvsB^{ATR} kinase. Genetics, 167:1629-1641

Fisher D, Nurse P. 1995. cyclins of the fission yeast *Schizosaccharomyces pombe*. Semin Cell Biol, 6:73-78

Fox H, Hickey PC, Fernandez-Abalos JM et al. 2002. Dynamic distribution of BIMGPP1 in living hyphae of *Aspergillus* indicates a novel role in septum formation. Mol Microbiol, 45:1219-1230

Futcher B. 2002. Transcriptional regulatory networks and the yeast cell cycle. Curr Opin Cell Biol, 14:676-683

Galy V, Olivo-Marin JC, Scherthan H et al. 2000. Nuclear pore complexes in the organization of silent telomeric chromatin. Nature, 403(6765):108-112

Garcia-Muse T, Steinberg G, Perez-Martin J. 2004. Characterization of B-type cyclins in the smut fungus *Ustilago maydis*: roles in morphogenesis and pathogenicity. J Cell Sci, 117:487-506

Gorbsky GJ. 1995. Kinetochores, microtubles and the metaphase checkpoint. Trends Cell Biol, 5:143-148

Grallert A, Krapp A, Bagley S et al. 2004. Recruitment of NIMA kinase shows thatmaturation of the *S. pombe* spindle-pole body occurs over consecutive cell cycles and reveals a role for NIMA in modulating SIN activity. Genes Dev, 18:1007-1021

Harris SD. 2006. Mitosis in Filamentous Fungi. In: Wessels JGH, Meinhardt F (2nd) The Mycota, vol I. Growth, differentiation, and sexuality. New York: Springer. 37-51

Harris SD. 1997. The duplication cycle in *Aspergillus nidulans*. Fungal Genet Biol, 22:1-12

Harris SD. 2001. Septum formation in *Aspergillus nidulans*. Curr Opin Microbiol, 4:736-739

Heath IB. 1994. The cytoskeleton in hyphal growth, organell emovement, and mitosis. In: Wessels JGH, MeinhardtF (eds) The Mycota, vol I. Growth, differentiation, and sexuality. NewYork: Springer, Berlin Heideberg. 43-65

Iwasa M, Tanabe S, Kamada T. 1998. The two nuclei in the dikaryon of the homobasidiomycete *Coprinus cinereus* change position after each conjugate division. Fungal Genet Biol, 23:110-116

King SB, Alexander LJ. 1969. Nuclear behavior, septation, and hyphal growth of *Alternaria solani*. Am J Bot, 56:249-253

Kraus PR, Harris SD. 2001. The *Aspergillus nidulans snt* genes are required for the regulation of septumformation and cell cycle checkpoints. Genetics, 159:557-569

Kron SJ, Styles CA, Fink GR. 1994. Symmetrical celldivision in pseudohyphae of the yeast *Saccharomyces cerevisiae*. Mol Biol Cell, 5:1003-1022

Kraus PR, Harris SD. 2001. The *Aspergillus nidulans snt* genes are required for the regulation of septumformation and cell cycle checkpoints. Genetics, 159:557-569

Lew DJ, Reed SI. 1993. Morphogenesis in the yeast cell cycle: regulation by Cdc28 and cyclins. J Cell Biol, 120:1305-1320

Lew DJ, Reed SI. 1995. A cell-cycle checkpointmonitors cell morphogenesis in budding yeast. J Cell Biol, 129:739-749

Lew DJ, Weinert T, Pringle JR. 1997. Cell cycle control in *Saccharomyces cerevisiae*. In: Pringle JR, Broach JR, Jones EW (eds) The molecular and cellular biology of the yeast *Saccharomyces*. Cell cycle and cell biology. Cold Spring Harbor: Cold Spring Harbor Laboratory Press. 607-695

Lew DJ, Burke DJ. 2003. The spindle assembly and spindle position checkpoints. Annu Rev Genet, 37:251-282

Lies CM, Cheng J, James SW et al. 1998. BIMAAPC, a component of the *Aspergillus* anaphase promoting complex/cyclosome, is required for a G2 checkpoint blocking entry into mitosis in the absence of NIMA function. J Cell Sci, 111:1453-1465

Lim RY, Huang NP, Köser J et al. 2006. Flexible phenylalanine-glycine nucleoporins as entropic barriers to nucleocytoplasmic transport. Proc Natl Acad Sci USA, 103(25):9512-9517

Liu HL, De Souza CP, Osmani AH et al. 2009. The three fungal transmembrane nuclear pore complex proteins of *Aspergillus nidulans* are dispensable in the presence of an intact An-Nup84-120 complex. Mol Biol Cell, 20(2):616-630

Luthra R, Kerr SC, Harreman MT et al. 2007. Actively transcribed GAL genes can be physically linked to the nuclear pore by the SAGA chromatin modifying complex. J Biol Chem, 282(5):3042-3049

MacNeill SA. 1994. Cell cycle control in yeast. In: Wessels JGH, Meinhardt F (eds) The Mycota, vol I. Growth, differentiation, and sexuality. New York: Springer, Berlin Heidelberg. 3-23

Martin-Castellanos C, Moreno S. 1997. Recent advances on cyclin, CDKs and CDK inhibitors. Trends Cell Biol, 12:95-98

Martínez-Anaya C, Dickinson JR, Sudbery PE. 2003. In yeast, the pseudohyphal phenotype induced by isoamyl alcohol results from the operation of the morphogenesis checkpoint. J Cell Sci, 116:3423-3431

Miyazaki WY, Orr-Weaver TL. 1994. Sister-chromatid cohesion in mitosis and meiosis. Ann Rev Genet, 28:167-187

Morris NR. 1976. Mitotic mutants of *Aspergillus nidulans*. Genet Res Camb, 26:237-254

Murray AW, Hunt T. 1993. The cell cycle: an introduction. New York: Freeman

Murray AW. 2004. Recycling the cell cycle: cyclins revisited. Cell, 116:221-234

Musacchio A, Salmon ED. 2007. The spindle-assembly checkpoint in space and time. Nat Rev Mol Cell Biol, 8(5):379-393

Nayak T, Edgerton-Morgan H, Horio T et al. 2010. Gamma-tubulin regulates the anaphase-promoting complex/cyclosome during interphase. J Cell Biol, 190(3):317-330

Nicklas RB. 1997. How cells get the right chromosomes. Science, 275:632-637

Nurse P. 1994. Ordering S phase and M phase in the cell cycle. Cell, 79:547-550

Nurse P. 2000. A long twentieth century of the cell cycle and beyond. Cell, 100:71-78

Oakley CE, Oakley BR. 1989. Identification of gammatubulin, a new member of the tubulin superfamily encoded by *mipA* gene of *Aspergillus nidulans*. Nature, 338:662-664

Oakley BR, Oakley CE, Yoon Y et al. 1990. Gammatubulin is a component of the spindle pole body that is essential for microtubule function in *Aspergillus nidulans*. Cell, 61:1289-1301

O'Donnell KL, Osmani AH, Osmani SA et al. 1991. *bimA* encodes amember of the tetratricopeptide repeat family of proteins and is required for the completion of mitosis in *Aspergillus nidulans*. J Cell Sci, 99:711-719

O'Connell MJ, Osmani AH, Morris NR et al. 1992. An extra copy of *nimE*cyclinB elevates pre-MPF levels and partially suppresses mutation of *nimT*cdc25 in *Aspergillus nidulans*. EMBO J, 11:2139-2149

O'Connell MJ, Meluh PB, Rose MD et al. 1993. Suppression of the *bimC4* mitotic spindle defect by deletion of *klpA*, a gene encoding a KAR3-related kinesinlike protein in *Aspergillus nidulans*. J Cell Biol, 120:153-162

O'Connell MJ, Norbury C, Nurse P. 1994. Premature chromatin condensation upon accumulation of NIMA. EMBO J, 13:4926-4937

O'Connell MJ, Krien MJ, Hunter T. 2003. Never say never. The NIMA-related protein kinases in mitotic control. Trends Cell Biol, 13:221-228

Osmani AH, McGuire SL, Osmani SA. 1991. Parallel activation of the NIMA and p34cdc2 cell cycle-regulated protein kinases is required to initiate mitosis in *A. nidulans*. Cell, 67:283-291

Osmani AH, van Peij N, Mischke M et al. 1994. A single p34cdc2 protein kinase ($nimX^{cdc2}$) is required at G_1 and G_2 in *Aspergillus nidulans*. J Cell Sci, 107:1519-1528

Osmani SA, Ye XS. 1996. Cell cycle regulation in *Aspergillus* by two protein kinases. Biochem J, 317: 633-641

Osmani AH, Davies J, Oakley CE et al. 2003. TINA interacts with the NIMA kinase in *Aspergillus nidulans* and negatively regulates astral microtubules during metaphase arrest. Mol Biol Cell, 14:3169-3179

Ovechkina Y, Maddox P, Oakley CE et al. 2003. Spindle formation in *Aspergillus* is coupled to tubulin movement into the nucleus. Mol Biol Cell, 14:2192-2200

Pereira G, Schiebel E. 2001. The role of the yeast spindle pole body and the mammalian centrosome in regulating late mitotic events. Curr Opin Cell Biol, 13:762-769

Pitt C, Doonan J. 1999. Fungal cell division. In: Oliver R and Schweizer M(eds) Molecular fungal biology. Cambridge: Cambridge University Press. 209-230

Pitt CW, Moreau E, Lunness PA et al. 2004. The *pot1*+ homologue in *Aspergillus nidulans* is required for ordering late mitotic events. J Cell Sci, 117:199-209

Prigozhina NL, Oakley CE, Lewis AM et al. 2004. gamma-tubulin plays an essential role in the coordination of mitotic events. Mol Biol Cell, 15:1374-1386

Pu RT, Osmani SA. 1995. Mitoticdestructionof the cell cycle regulated NIMA protein kinase of *Aspergillus nidulans* is required for mitotic exit. EMBO J, 14:995-1003

Rischitor PE, Konzack S, Fischer R. 2004. The Kip3- like linesin KipB moves along microtubules and determines spindle position during synchronized mitoses in *Aspergillus nidulans* hyphae. Eukaryot Cell, 3: 632-645

Schier N, Liese R, Fischer R. 2001. A Pcl-like cyclin of *Aspergillus nidulans* is transcriptionally activated by developmental regulators and is involved in sporulation. Mol Cell Biol, 21: 4075-4088

Schier N, Fischer R. 2002. The *Aspergillus nidulans* cyclin PclA accumulates in the nucleus and interacts with the central cell cycle regulator NimX(Cdc2). FEBS Lett, 523: 143-146

Schoch CL, Aist JR, Yoder OC et al. 2003. A complete inventory of fungal kinesins in representative filamentous ascomycetes. Fungal Genet Biol, 39: 1-15

Seiler S, Plamann M, Schliwa M. 1999. Kinesin and dynein mutants provide novel insights into the roles of vesicle traffic during cell morphogenesis in *Neurospora*. Curr Biol, 12: 779-785

Serna L, Stadler D. 1978. Nuclear division cycle in germinating conidia of *Neurospora*. J Bacteriol, 136: 341-351

Semighini CP, Fagundes MR, Ferreira JC et al. 2003. Different roles of the Mre11 complex in the DNA damage response in *Aspergillus nidulans*. Mol Microbiol, 48: 1693-1709

Seshan A, Amon A. 2004. Linked for life: temporal and spatial coordination of late mitotic events. Curr Opin Cell Biol, 16: 41-48

Sharpless KE, Harris SD. 2002. Functional characterization and localization of the *Aspergillus nidulans* forming SEPA. Mol Biol Cell, 13: 469-479

SimanisV. 2003. Events at the end of mitosis in the budding and fission yeasts. J Cell Sci, 116: 4263-4275

Su S, Yanagida M. 1997. Mitosis and cytokinesis in the fission yeast, *Schizosaccharomyces pombe*. In: Pringle JR, Broach JR, Jones EW(eds) The molecular and cellular biology of the yeast *Saccharomyces*. Cell cycle and cell biology. Cold Spring Harbor: Cold Spring Harbor Laboratory Press. 765-825

Thornton BR, Toczyski DP. 2003. Securin and Bcyclin/CDK are the only essential targets of the APC. Nat Cell Biol, 5: 1090-1094

Tran EJ, Wente SR. 2006. Dynamic nuclear pore complexes: life on the edge. Cell, 125: 1041-1053

Trinci APJ. 1978. The duplication cycle and vegetative development in molds. In: Smith JE, Berry DR (eds) The Filamentous Fungi, vol 3. Developmental mycology. London: Arnold. 132-163

Vardy L, Fujita A, Toda T. 2002. The gamma-tubulin complex protein Apl4 provides a link between the metaphase checkpoint and cytokinesis in fission yeast. Genes Cells, 7: 365-373

Wendland J, Walther A. 2005. *Ashbya gossypii*: a model for fungal developmental biology. Nat Rev Microbiol, 3: 421-429

Wolkow TD, Harris SD, Hamer JE. 1996. Cytokinesis in *Aspergillus nidulans* is controlled by cell size, nuclear positioning and mitosis. J Cell Sci, 109: 2179-2188

Woollard A, Nurse P. 1995. G1 regulation and checkpoints operating around START in fission yeast. Bio Essays, 17: 481-490

Wuarin J, Nurse P. 1996. Regulating S phase: CDK, licensing and proteolysis. Cell, 85: 785-787

Xiang X, Plamann M. 2003. Cytoskeleton and motor proteins in filamentous fungi. Curr Opin Microbiol, 6: 628-633

Xiang X, Fischer R. 2004. Nuclear migration and positioning in filamentous fungi. Fungal Genet Biol, 41: 411-419

Ye XS, Xu G, Pu RT et al. 1995. The NIMA protein kinase is hyperphosphorylated and activated downstream of p34cdc2/cyclin B: coordination of two mitosis promoting kinases. EMBO J, 14: 986-994

Ye XS, Fincher RR, Tang A et al. 1997. The G_2/M DNA damage checkpoint inhibits mitosis through Tyr15 phosphorylation of p34cdc2 in *Aspergillus nidulans*. EMBO J, 16: 182-192

Ye XS, Fincher RR, Tang A et al. 1998. Regulation of the naphase-promoting complex/ cyclosome by bimA^{APC3} and proteolysis of NIMA. Mol Biol Cell, 9: 3019-3030

Ye XS, Lee SL, Wolkow TD et al. 1999. Interaction between developmental and cell cycle regulators is required formorphogenesis in *Aspergillus*. EMBO J, 18: 6994-7001

Zhu GF, Spellman PT, Volpe T et al. 2000. Two yeast forkhead genes regulate the cell cycle and pseudohyphal growth. Nature, 406: 90-94

5　丝状真菌的减数分裂

细胞周期包括有丝分裂周期和减数分裂周期。在有丝分裂一章中我们讲到每个单倍体子细胞必须得到一整套基因组，产生具有相同遗传特性的细胞群体，所以有丝分裂是细胞增殖的过程。减数分裂并非如此，减数分裂是指发生在多细胞生物生殖细胞中的一种细胞分裂，分裂的每个子细胞含有母细胞一半数目的染色体，子细胞再经过有丝分裂产生单倍体的配子。在进行有性生殖的生物中，通过两个配子融合后产生新的生物个体，这两个配子一个来自雄配子，另一个来自雌配子，配子是通过减数分裂产生的。两个配子融合才能重新具有整个遗传成分，从而完成一个细胞循环，即减数分裂周期(meiotic cycle)。

减数分裂是高度保守的过程，在大多数真核生物生活史中占据重要地位。与有丝分裂相比，根据有性生殖和受精作用的需要，减数分裂过程中细胞的二倍体基因减半。染色体数目的减半是由于染色体的一次复制和之后的两次连续分裂所致。每一个配子都继承了一份基因的拷贝，这是通过父本和母本的同源染色体在第一次分裂中分离到细胞的两极，继而同一染色体上的两条姊妹染色单体在第二次分裂中实现的。

在生物进化过程中，生物体必须发生遗传变异去适应环境的变化以维持生存能力。而减数分裂就是产生遗传变异的重要途径，通过遗传重组过程使4个单倍体细胞既有父本母本的基因又有新重组的遗传信息，既继承保持了祖先的遗传保守性又适应了环境的变异，保持了代代永存的能力。尽管只有少数丝状真菌被作为模式生物研究减数分裂，但是很明显它们是具有多样性与潜能的生物体。减数分裂的过程不仅是未来生命研究的关键，同时对于真菌研究和人类疾病治疗也具有重要意义。

真菌是研究减数分裂的良好的实验材料。它们的优势在于以下5个方面。①有一个简短的生活周期，而且在这个短的生活周期中能产生大量的性母细胞（meiocyte）和由性母细胞产生的配子（gamete），可以用于减数分裂的分析。②在一个减数分裂的周期中，4个子细胞聚集在一个细胞中（子囊或者担子），有利于测定减数分裂涉及的DNA的基因组成。根据按照直线排列的子囊孢子的种类，每一个子囊孢子的位置都反映出了之前的细胞核型。当减数分裂后发生有丝分裂，获得的每一种8个单倍体组成的细胞（子囊）都表现出了不同的遗传特性。这些已经被广泛运用到了减数分裂重组基因的研究中，如粗糙脉孢菌（*N. crassa*）、粪生粪壳（*Sordaria fimicola*）、酿酒酵母（*S. cerevisiae*）、粟酒裂殖酵母（*S. pombe*）、构巢曲霉（*A. nidulans*）、埋粪盘菌（*Ascobolus immersus*）、鹅柄孢壳（*P. anserina*）、大孢粪壳（*Sordaria macrospora*）、裂褶菌（*S. commune*），以及灰盖鬼伞（*Coprinus cinereus*，又名*Coprinopsis cinerea*）。③目前已经从构巢曲霉、粗糙脉孢菌、鹅柄孢壳、大孢粪壳和灰盖鬼伞中，分离获得了一个用于研究减数分裂的突变体库，这是一个有价值的和可利用的分子工具。④随着真菌基因组学的发展，越来越多的模式菌株，如子囊菌的构巢曲霉、禾谷镰刀菌（*Fusarium graminearum*）、粗糙脉孢菌、灰巨座壳、鹅柄孢壳、担子菌的灰盖鬼伞新型隐球酵母、黄孢原毛平革菌（*Phanerochaete chrysosporium*）和玉米黑粉菌等基因组序列的公布，为和其他生物体进行基因组的比较提供了强大的基础，特别是和芽殖酵母及裂殖酵母的减数分裂基因。参与到减数分裂中基因的同源性和孢子形成过程都建立了快速鉴定真菌基因型的方法。它们不仅提供了鉴定真菌特异性基因的起始点，也为研究基因进化提供了需求。⑤大部分真菌的染色体是很小的，因此一直被认为小染色体是减数分裂的染色体形态学研究中的阻力。然而，随着新的研究手段的不断出现，如石蜡切片的三维重构技术（three-dimensional reconstruction），原位免疫荧光杂交（fluorescence *in situ* hybridization，FISH）和绿色荧光蛋白标记（green fluorescent protein，GFP）等技术的应用，使真菌成了研究减数分裂中染色体配对和分离的模式生物。

5.1 减数分裂过程的概述

为了读者更好地理解本章讨论的内容，我们首先简单地描述真菌减数分裂的一般步骤，便于前后连接和内容的贯通。

真菌减数分裂的过程虽然与高等真核生物大致相似，但是有它自己的特点。真菌的减数分裂发生于性母细胞（子囊或担子），减数分裂中染色体行为遵循孟德尔分离规律，即独立的分配、连锁及交换。真菌是在形成双倍体的合子之后发生减数分裂，然后形成单倍体的孢子，孢子通过有丝分裂产生单倍体的子代（配子）。由于这种减数分裂是在配子融合形成合子之后发生，因而称为合子减数分裂（zygotic meiosis）。由于发生在有性生活史的开始，所以又称为始端减数分裂（initial meiosis）。与减数分裂相对应，真菌性母细胞发育途径依次具有一系列特殊标志：重组、减数第一次分裂、第二次分裂（单倍化）、孢子形成及孢子成熟，请参阅图5.1真核细胞减数分裂基本过程的图解。

早期的关于真菌减数分裂的研究被 Heywood 和 Mcgee(1976)、Bos(1996)及 Zickler(2006)的综述所回顾。真菌减数分裂过程包括一次 DNA 的复制和两次核的分离,即减数分裂期Ⅰ和减数分裂期Ⅱ。减数分裂期Ⅰ是染色体数目减少的分离,减数分裂期Ⅱ是染色体数目不变的平均分离。其中关键的部分是减数分裂期Ⅰ,其间发生同源染色体配对、DNA 单链或双链的断裂、联会复合体的形成、交换和同源染色体的分离,经历前期Ⅰ、中期Ⅰ、后期Ⅰ、末期Ⅰ过程,之后进入第二次减数分裂(即减数分裂期Ⅱ)和分裂间期。与许多动植物不同,真菌在减数分裂期Ⅰ其核膜仍然保持完整,染色体数目减少,而减数分裂期Ⅱ染色体数目不变。减数分裂期Ⅱ与有丝分裂相似,与有丝分裂拥有相同的机制,分为 4 个过程,即前期Ⅱ、中期Ⅱ、后期Ⅱ和末期Ⅱ。

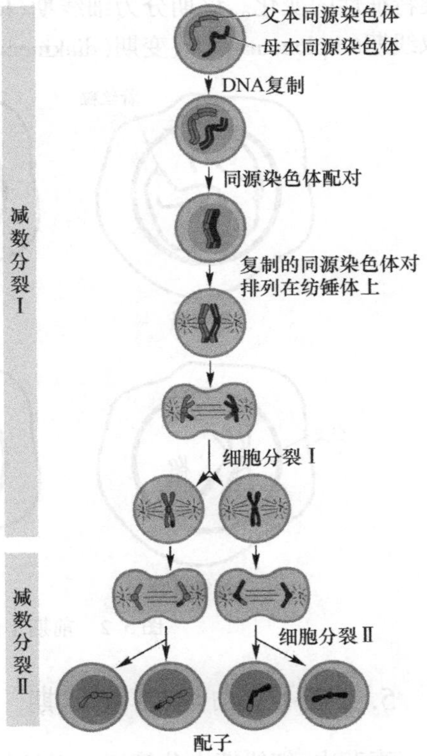

图 5.1　真核细胞减数分裂基本过程的图解
(引自 Alberts et al. 2002)

5.1.1　前减数分裂间期

减数分裂的 DNA 复制习惯上被称为减数分裂前 S 期。Bos(1996)认为这是不准确的,因为减数分裂前 S 期表示发生在减数分裂之前,而不是减数分裂的一部分。实际上,这一次 DNA 的复制是减数分裂的重要组成部分,应该被称为减数分裂 S 期。但是人们仍然把减数分裂 DNA 复制放在减数分裂前的细胞间期,而将随后同源染色体的配对和交换归入减数分裂前期Ⅰ。

正如有丝分裂周期分为 G_1、S、G_2、M 四个时期,为了区别有丝分裂的细胞间期,人们常把减数分裂前的细胞间期称为前减数分裂间期(premeiotic interphase),也有人将前减数分裂间期分为 G_1、S、G_2 三个时相。前减数分裂间期的特点是 S 期持续时间较长,是有丝分裂 S 期时间的 8 ~ 10 倍(Bos 1996;Cha et al. 2000),期间发生与减数分裂相关的事件。例如,芽殖酵母的有丝分裂的 S 期为 0.5h 而减数分裂前 S 期为 1.0h。减数分裂的 G_2 期可长可短,有的与有丝分裂的 G_2 期相当,而有的可以停滞较长的时间,直到有新的信号刺激打破停滞。

在真菌中,前减数分裂间期具有核配、减数分裂前 DNA 复制及对 DNA 复制的"检查和清理"机制等特殊性。前减数分裂间期发生的一系列事件,为减数分裂前期(meiotic prophase)阶段同源染色体配对、交换及分离的顺利进行提供了保证。

5.1.2　减数分裂期Ⅰ的几个主要时期

第一次减数分裂的前期Ⅰ最复杂,呈现减数分裂的同源染色体的配对、交换等减数分裂特征性的变化。该期分为细线期(leptonema)、偶线期(zygonema)、粗线期(pachynema)、双线期(diplonema)和终变期(diakinema),而后进入中期Ⅰ、后期Ⅰ和末期Ⅰ(图5.2)。

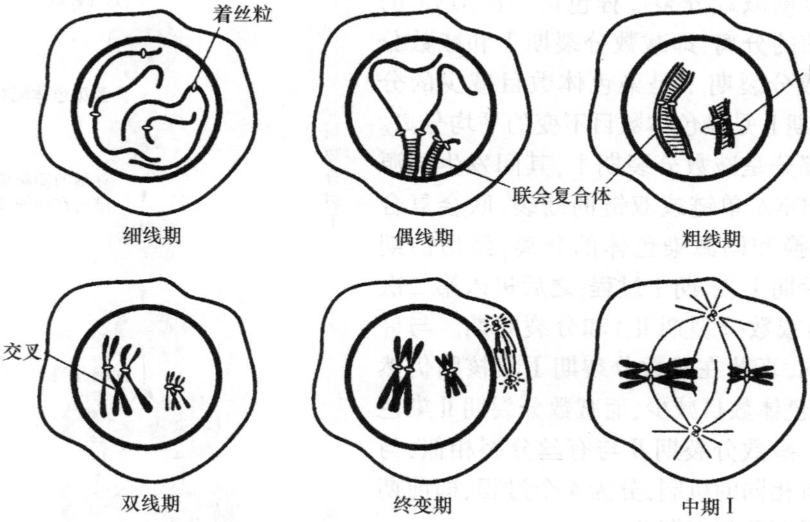

图5.2 前期Ⅰ的染色体行为(引自Karp 1999)

5.1.2.1 细线期-偶线期

真菌中,细线期十分简短。而且与在动植物中有所不同,由于真菌的染色体在减数分裂的后续阶段太小,其组型分析要在染色体配对后才能形成单条细线状。在这类真菌中,细线期没有被很好地定义。细线期是核融合之后、染色体同源配对之前的一个阶段。在光学显微镜下,可见染色体高度收缩。这与大多数生物细线期扩散的染色体不同。后细线期(late leptotene)染色体开始配对,细线期之后进入偶线期,染色质进一步凝聚,同源染色体开始四处移动以互相找到对方形成松散的配对,配对经常从末端开始。这些现象已经被用电子显微镜三维重构技术(three-dimensional reconstruction of serial sections)对大孢粪壳(*S. macrospora*)(图5.3A;Zicker 2009)及用表面扩展技术对粗糙脉孢菌(*N. crassa*)(Lu 1993)的观察结果清楚地证实。同源染色体之间发生配对,称为联会(synapsis)。配对从同源染色体上的若干接触点开始,进而像拉链一样迅速扩展到整个染色体所有的同源染色体片段,形成联会复合体(synaptonemal complex,SC)。SC可能在偶线期的晚期完成组装(图5.2、图5.3B和图5.3C)。成熟的SC似乎由中央成分和两侧的侧翼成分组成,而且不同来源的同源染色体排成一线(见图5.11)。这个时期最有可能发生DNA双链的断裂而为减数分裂重组提供交换位点(将在第3节中对减数分裂重组进行讨论)。请注意,无论是从机制上还是时间上,减数分裂前DNA复制、染色体的配对和联会都是截然不同的三个阶段。联会并不需要染色体同源性。在前期Ⅰ,同源染色体配对发生于联会复合体出现之前。双链断裂(给减数分裂重组提供位点)通常发生在这个时候。酿酒酵母染色体联会复合体缺陷突变株表现出染色体的浓缩缺陷,但仍能进行一些同源配对诱导的减数分裂。在粟酒裂殖酵母中,尽管能形成相似的联会复合体轴向核心结构,但不产生联会复合体,然而却拥有减数分裂重组的正常水平。这一现象揭示了同源染色体配对和减数分裂重组的独立性。

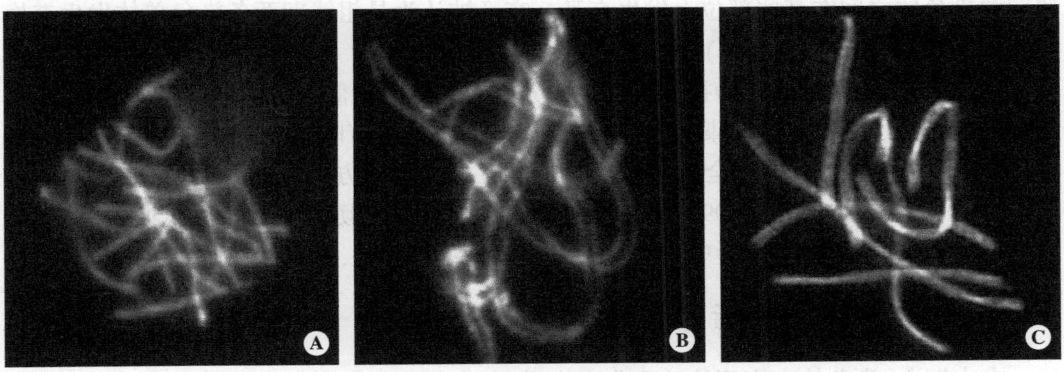

图 5.3　粪壳菌(*Sordaria*)减数分裂细线期-偶线期染色体重组

采用 GFP 标记的 Spo76/Pds5 黏聚蛋白,显示染色体的动态变化。A. 在早细线期(early leptotene)染色体未配对;B. 后细线期(late leptotene)染色体完成配对;C. 在偶线期最终形成联会。(引自 Zickler 2009)

5.1.2.2　粗线期-双线期

在粗线期,同源配对与联会已经完成,完全配对的同源染色体称为二价体。有些真菌的二价染色体可以用光学显微镜观察到。二价体继续伸展直到进入完整的粗线期。用电子显微镜可以观察到由三部分组成的结构——联会复合体(见图 5.11)。这是一个带状结构,有两个大约 20 nm 厚、40 ~ 50 nm 宽的平行的侧面组分(lateral component, LC),它们之间夹着 20 nm 厚、20 nm 宽的中心元件(central element, CE)。两个 LC 之间的空间是中心区域,在这个区域里垂直于这个带状结构的纤丝把 LC 连接到 CE 上(Bos 1996)。SC 的形成分两步,包括:①同源染色体轴心的配对产生 LC;②CE 联会和沉积,CE 先在核仁中组装再被运输到染色体的位点以形成联会复合体的三部分结构。对完整减数分裂核的系列三维重构分析和表面扩展电子显微镜分析已用于研究 SC。与 SC 有联系的另一个结构是重组结(recombination nodule, RN)。这是一个卵圆形的结构,位于 SC 中心区的中心元件顶端(见图 5.11A 和图 5.11C)。正像它的名字所暗示的,重组结这个细胞器可能参与重组。关于重组的近期研究将在本章后面的内容中进行讨论。

RN 的出现频率及它们在染色体上的位置总是与染色体交叉的频率及在染色体发生的交叉(chiasmata)位置相匹配。已在许多真菌中分析了重组结(Zicker 1977)。例如,粪壳属(*Sordaria*)中交叉数目似乎与 RN 的数目相同,在双线期-终变期有 18 ~ 19 个交叉,在粗线期-双线期的 SC 有 18 ~ 19 个 RN。在脉孢菌属(*Neurospora*)中有两种 RN,早期重组结(球体)是随机分配的,而晚期重组结(椭圆体)是非随机分配的,大多数 RN 是在远端分布的。鬼伞属(*Coprinus*)中 RN 在偶线期的中期数量很多,并表现为随机分布,在粗线期的中晚期它们的数量几乎减少一半(从 46 到 26),并表现出非随机分布。在裂褶菌属(*Schizophyllum*)和粪壳菌属中得到了相似的结果,RN 主要出现在端粒区(Zicker 1977)。

5.1.2.3　双线期-终变期

双线期的染色体的分布仍非常分散,经常很难观察,这很可能是一个转录活跃的时期。染色体长度仅部分变短,SC 因去组装而逐渐消失,紧密配对的同源染色体互相分开,非同源染色体之间在某些部位上发生交叉。交叉被认为是粗线期两条染色单体发生交换的结果和细胞学证据(图 5.2)。

在双线期,减数分裂要为接下来的二次分裂做准备。类似于两栖类卵母细胞一样,双线期染色体通过吖啶黄荧光染色方法,可在荧光显微镜下清晰地观察到。在双线期的早期,SC 的两个侧面组分在完全分离之前开始向互相远离对方的方向移动;仅有配对的区域总是结合着一个 RN(Lu 1993)。这可能与染色体交叉密切相关。从双线期到终变期,染色体急剧收缩,这时在子囊中有足够的空间使染色体扩展,利于染色体的重组。

5.1.2.4 中期Ⅰ-后期Ⅰ

在中期Ⅰ,染色体高度压缩地聚集在赤道区,由于太密集地压缩以至于不能观察到单独的染色体。略有减小的核仁仍然还连接于一条染色体——核仁染色体。用苏木精染色可以清楚地看到纺锤丝,它们沿子囊的长轴分布,把每个二价体的同源的动粒(kinetochore)和一对纺锤极体(SPB)连接起来,使姊妹染色动粒就如同一体一样运动(图 5.2)。在后期Ⅰ染色体到达细胞的一极,但仍然由贯穿两极的中心纺锤丝相连接。在细胞质中仍然能看到完整的核仁。同源着丝粒的分离发生在第一次分裂分离,同源染色体的正确交换依赖于染色体配对和交叉的形成。好像在这一时期二价体通过保持每对染色体一个或更多的交叉是必需的,这对于正确的分离是关键的。不能发生联会的突变体往往不能进行正确的分离。

在中期Ⅰ,纺锤极体和纺锤丝用丙酸铁苏木精染色可以很清晰地观察到。在 4 个核分裂的过程中,SPB 的大小变化非常大,在分裂期Ⅰ和分裂期Ⅱ它们的大小为 1 ~ 1.5μm,在中期达到最大 2 ~ 2.5μm,而在孢子中 SPB 减小到原来的大小(Raju 1992)。在第一个减数分裂期,它们在中期Ⅰ时可用光学显微镜观察到,它们是新月形的,为 1 ~ 1.5μm 长,边缘连接有纺锤丝。在减数分裂期Ⅰ之后,有丝分裂期(减数分裂期Ⅱ)之前的间期,SPB 与它们各自的核紧密连接。在前中期Ⅱ,姊妹 SPB 分别向相对的两极移动,形态最清晰。可以从侧面看到它们呈杆状或从正面看到呈直角四边形。

在染色体重组过程中,染色体交换所形成的杂交 DNA 会有一个或更多碱基错配,这是一种必需的中间体(Chiu and Moore 1999)。大部分真菌的染色体组型都可以用脉冲凝胶电泳或 DNA 印记杂交分开。无论在有性的还是在无性的菌种中,染色体都具有多种形态,显示了常规基因组的可塑性。

5.1.3 减数分裂期Ⅱ

在一个简短的间期后,当所有染色体解聚,两个单倍体的核同时进入减数分裂期Ⅱ。分裂期Ⅱ分为前期Ⅱ、中期Ⅱ、后期Ⅱ和末期Ⅱ(图 5.1),最后形成 4 个单倍体细胞,而在真子囊菌中一般形成 8 个单倍体的子囊孢子。在动植物的减数分裂中,前期Ⅱ中牵扯到核被膜的形成和解体,但是真菌的减数分裂全过程中核膜始终存在。在真菌中仅仅是重新进行染色体凝聚。在中期Ⅱ,染色体排列在赤道板,纺锤丝也是沿子囊的长轴排列,把两条姊妹染色单体分别连接到相对的两极(图 5.1)。这是减数分裂后的第一次有丝分裂,典型的有丝分裂的所有阶段都能清楚地观察到。在后期Ⅱ,SPB 已经分离(SPB 的分离可能发生在间期Ⅱ的末期)。姊妹 SPB 在高度压缩的染色体两侧向相对的两极迁移;在这个阶段可以实现可靠的染色体计数。典型的中期板在较好的预处理后可以观察到。在子囊孢子的形成过程中,由于在这一阶段纺锤体的方向和子囊中的空间限制,晚后期的中心纺锤体伸长时经常是弯曲的。在末期Ⅱ的末尾,所有 8 个间期核排成一纵列。

探索高等真核生物与常见真菌之间减数分裂的相似性和差异性,有助于明确减数分裂所具有的关键性、保守性的特征。目前,有关真菌减数分裂的研究主要是基于遗传学、分子生物学与细胞学的方法,以及大量突变体的获得。通过这些手段,人们已有许多新的发现,如在芽殖酵母、裂殖酵母、灰盖鬼伞及大孢粪壳菌中,染色体配对、联会是如何与染色体的重组、分离建立联系的。事实上,减数分裂前期的主要任务是使同源染色体进行有序识别与配对,并通过交叉作用建立稳定的配对关系。

尽管只有少数丝状真菌被用作模式生物,但通过对这些真菌的研究,人们已经意识到减数分裂过程的多样性与共性。一个很明显的例子是某些真菌在减数分裂之前及减数分裂过程中,基因沉默的机制呈现多样性。此外,在丝状真菌的有丝分裂与减数分裂过程中,核分离与核配对方式具有多样性,这些运动方式提示细胞内与分裂有关的许多过程,尤其是纺锤极体的定位受到严格的调控。明确真菌的减数分裂过程,不仅有助于进一步明确真菌的繁殖过程,而且对于人类真菌性疾病的治疗具有指导意义。

5.2　减数分裂前核配和 DNA 复制的“检查和清理”机制

减数分裂是指发生在多细胞生物生殖细胞中的一种细胞分裂,每个子细胞含有母细胞一半数量的染色体,两个配子融合,重新具有整个遗传成分。在这个过程中,细胞分裂要求精密的并且完整的基因组复制,然后进行基因组分离。因此,细胞分裂过程要求进行的顺序正确且具高度的逼真度。单细胞个体是通过复制来完成细胞分裂的,而多细胞个体的生长和正常发育则需要有序的细胞分裂。从细胞的核配到产生 4 个能存活的子细胞,需要将此细胞中所有的必需成分都划入子细胞中,每个子细胞必须得到其母细胞基因组的完整拷贝,这样后代就会保持遗传的完整性。为了保持遗传的稳定性,染色体的复制必须高度正确,在副本染色体物理上分离之前,它们复制的完整性必须被监控。

丝状真菌在长期进化过程中形成了一套极其重要的检查系统,以确保在启始减数分裂前发生融合的两个细胞核具有相同的遗传物质。在真菌中前减数分裂间期的特点在于 S 期持续时间较长,期间发生与减数分裂相关的事件,主要是完成核配、减数分裂 S 期复制及其“检查和清理”机制。随后,在减数分裂期Ⅰ,同源染色体发生配对和交换,并在纺锤体作用下分离。

5.2.1　减数分裂前的核配和复制

5.2.1.1　核配

丝状真菌的性亲和有两种系统,包括:①同宗配合,又称自交亲和或自体受精;②异宗

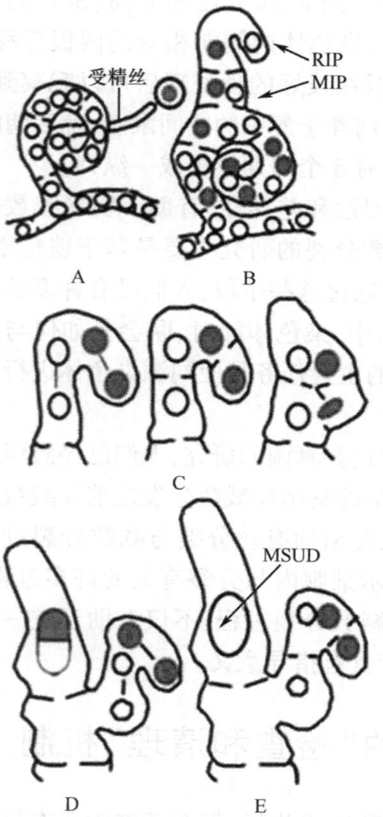

图 5.4 产囊体受精过程

该图显示了 RIP/MIP 和 MSUD 位置。两种相对交配型的核用白色和暗色表示。A. 在多核的产囊体(左边)和单核的分生孢子之间通过受精丝交配。B. 受精后,单倍体核在产囊体中分裂。在异宗配合的真菌中这种异核产囊体随后形成双核菌丝,其中,双核细胞中含有两种相反交配型的细胞核,在该细胞中存在 RIP 及 MIP 检查机制。在同宗配合真菌中,该过程导致相同遗传型双核子细胞的形成。随后顶端细胞发生弯曲,形成钩状细胞(crozier)。C. 显示钩状细胞发育的不同阶段,从单细胞结构到三细胞结构。D. 三细胞结构前端的两个细胞核向上迁移,成为能真正进行有性生殖的二倍体核。基部的两个核再次分裂,形成下一个钩状细胞。E. 在上面的钩状细胞不断伸长进入子囊发育阶段的同时,核配立即开始并伴随减数分裂,MSUD 发生在前减数分裂间期的早期。(引自 Chiu and Moore 1999)

配合,又称自交不亲和或异体受精。两个子核来自于同一个核(同宗配合)或者两个不同配型的核(异宗配合),这些核在融合和进入减数分裂前各自同时分裂多次(图 5.4B ~ 图 5.4E)。大多数子囊菌在核配之前会形成钩状细胞(crozier),它包含两个单倍体核(图 5.4B)。两核同时进行有丝分裂,通过纺锤丝定位,每个母核产生的子核定位到细胞弯钩部位。在弯钩的两端形成隔膜,从而形成双核的子囊母细胞(图 5.4C)。核配发生在子囊母细胞伸长时(图 5.4D),紧接着伸长的子囊母细胞进入前减数分裂间期,这一时期需要经历很长时间(图 5.4E)。减数分裂后子囊母细胞形成子囊,子囊内产生子囊孢子。

在一般情况下,在菌丝进行受精作用(质配)后、核配发生前均存在一个双核期,这一时期在担子菌菌丝型阶段历时较长,而在子囊菌菌丝型阶段历时较短。子囊菌双核细胞形成的相关机制迄今尚未明确。

野生型子囊菌的子实体通常在由一个雄性核与一个雌性核融合的二倍体核基础上,形成由数百个子囊构成的丛生莲座(rosette)型的子囊丛(Johnson 1976)。图 5.4 描述了子囊菌产囊体的受精过程,雌雄单倍体核受精后在产囊体中各自进行分裂,进行了基因组的复制过程,形成双核菌丝。其中,双核细胞中含有两种相反交配型的细胞核,在该细胞中存在重复序列诱发点突变(repeat induced point mutation, RIP)机制和减数分裂前诱导的甲基化(methylation induced premeiotically, MIP)检查机制(图 5.4B),以确保基因组的稳定性和完整性。子囊母细胞形成后进行核配,其间引起的非对称性配对,将激活非配对 DNA 介导的减数分裂沉默(meiotic silencing by unpaired DNA, MSUD)途径,控制减数分裂前期基因的完整性。

5.2.1.2 复制

前减数分裂间期的 DNA 复制(减数分裂 S 期复制)类似于有丝分裂间期的 DNA 复制(有丝分裂 S 期复制)。在芽殖酵母中,两种复制方式采用相同的特异起始区,且复制的频率与方向均相同(Collins and Newlon, 1994)。然而,减数分裂 S 期具有一个区别于有丝分裂 S 期的重要特征,即在同一生物体中,减数分裂的 S 期比有丝分裂的 S 期持续时间长(Cha et al. 2000)。在相同的生物体中这种延期现象的原理目前还不明确。减数分裂S期复制是减数分裂重组的重要步骤。至少在酿酒酵母中,启始减数分裂重组的DNA双链断裂(double-strand break,DSB)与减数分裂S期复制是紧密偶联的。当复制被阻断或延期复制时DNA双链断裂不会发生并且推迟复制(Borde et al. 2000)。尽管一般的减数分裂S期很重要,但是在丝状子囊菌中细胞S期的时间控制还是让人怀疑的。通过微分光光度计对DNA的定量测定,人们发现粗糙脉孢菌和粪生粪壳(*S. fimicola*)中DNA复制发生在核配之前。与此相比,在灰盖鬼伞(*C. cinereus*)中S期的DNA复制也发生在核配之前。值得注意的是,即使DNA的复制受阻,灰盖鬼伞的细胞仍能发生减数分裂。

5.2.2 减数分裂前"检查和清理"机制

为了确保减数分裂过程中基因组复制的完整性与稳定性,许多丝状真菌进化出一系列对基因组进行检查与清理的机制,这些机制在前减数分裂间期及减数分裂的前期Ⅰ发挥作用。也就是说,在基因组进行减数分裂以前对基因组复制过程中出现的额外的DNA序列(extra DNA sequence,即重复序列)进行突变或沉默。其中,前减数分裂间期的检查机制存在于双核期前及双核期(减数分裂以前的S期),称为核配前检查机制;而减数分裂前期的检查机制存在于核配后同源染色体的配对阶段,称为核配后检查机制。在图5.5中显示了粗糙脉孢霉的生活史,子囊孢子从子囊释放后,在适宜条件下萌发形成单倍体的单核菌丝。单核菌丝在延伸过程中,在一定条件下形成分生孢子。*mat A*交配型的分生孢子能与*mat a*交配型菌丝进行交配(受精作用),形成双核细胞。双核细胞继而进行核复制与有丝分裂,形成双核菌丝。双核菌丝通过形成钩状细胞的方式进行延伸。在交配及双核细胞有丝分裂过程中,细胞存在RIP等前减数分裂间期检查机制。在一定条件下,双核细胞进行核配,形成二倍体核,随即启动减数分裂,最终形成子囊孢子。其中,在减数分裂的染色体配对阶段,存在MSUD等检查机制(Shiu et al. 2001)。

目前对于检查和清理机制的原理有了初步的解释(Min et al. 2011),认为几乎所有的真核生物的基因组上存在移动的遗传元素(这些移动元素又称转座子、移动元件、转座元件或跳跃基因等)。虽然可移动的遗传元素可以给它们的宿主提供有益的影响,但未加限制的转座子(transposon,Tn)活性对于基因完整性是有害的。所有在基因组中能够改变自身位置的DNA片段(转座子)被短的反向重复序列围绕,并且能编码一些酶,这些酶能够催化转座元件从原始位点切割并转移插入到新的位点。但是,许多有机体已经进化出控制机制来有效地限制这些自私的DNA元素的活性,从而在转座子及其宿主之间建立一种更和平的共生关系。在有性生殖中控制这些转座子尤其关键,在减数分裂过程中发生转座可能更有威胁性,因为减数分裂在基因组之间可能会触发新的转座交换或者会导致异性染色体的调整、重组和易位。因此可以理解许多有机体在性周期中,已经进化出特异的抑制可移动元素时启动的沉默机制(Bouchonville et al. 2009;Kelly et al. 2007;Min et al. 2011)。

早期对于丝状真菌粗糙脉孢菌的研究有力地证明了活跃的性相关沉默的存在。在某些真菌中已经在生活周期的不同阶段进化出了复杂的基因组防御的方法,包括RIP、MIP、MSUD及协同抑制(quelling,RNAi依赖的转录后基因沉默途径)等(Min et al. 2011)。

5.2.2.1 核配前检查机制

1. RIP 机制 不可逆的重复序列诱发点突变(RIP)是真菌特有的一种有效检查重复序列并使其发生突变的过程。这一机制通过碱基转换使重复序列失活,即在重复序列的DNA双链中,嘌呤被另一嘌呤取代,嘧啶被另一嘧啶取代,从而导致转换突变,转换结果常是G:C对被A:T对取代。在真菌中这一现象首先由Selker等(1987)在脉孢菌中发现。在脉孢菌的生活史的有性阶段,两个不同交配型的单核菌丝融合后,在核配前(图5.5),两个不同交配型的核处与同一原生质中时,其重复序列很不稳定,尤其是前后连锁的重复序列容易缺失或发生从头甲基化(*de novo* methylation),而不连锁的重复序列发生修饰的几率相对低些。相反地,单拷贝序列在整个生活史中都是稳定的。RIP通过转换突变使重复序列失活,在脉孢菌中重复序列的突变主要影响G:C配对,因为一般情况下G:C比其他配对多,由其中的G:C对发生转换变成A:T对。全基因组分析表明,粗糙脉孢菌基因组的甲基化绝大多数与RIP有关,在发生RIP的序列中,80%以上的胞嘧啶被甲基化。触发RIP的两个重复序列既可以在不同的染色体上,也可以位于同一条染色体上,当两个重复序列的长度超过约400bp或者不连锁的重复序列超过1kb、相似性大于80%,即可发生RIP。通过RIP,脉孢菌序列中的约30%的G/C对突变成A/T对。RIP突变在营养细胞中常引起DNA甲基化而导致转录失活进而使基因沉默(Selker 2002;Qiu et al. 2009)。DNA的甲基化导致某些区域DNA构象变化,从而影响了蛋白质与DNA的相互作用,抑制了转录因子与启动区DNA的结合效率。

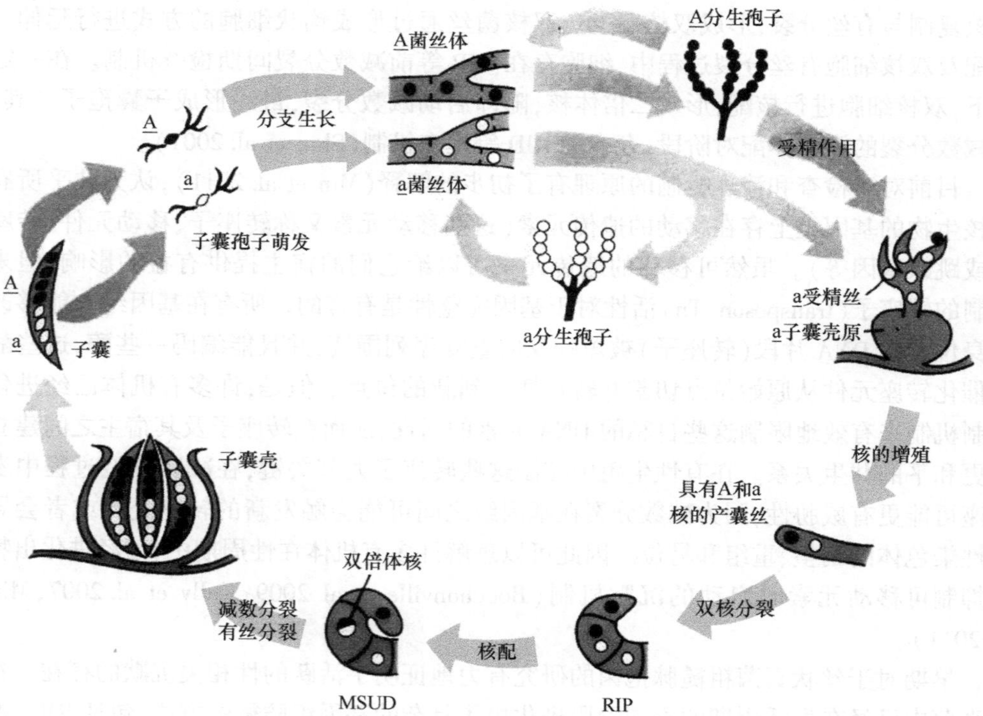

图5.5 构巢曲霉的生活史(引自 Shiu et al. 2001)

RIP 在减数分裂前有效地检测单倍体基因组中复制的序列，参与到减数分裂当中并通过广泛的 C 到 T 和 G 到 A 的碱基突变。复制的序列中多达 30% 的 GC 碱基对可以在一个减数分裂周期后通过 RIP 变成 AT 对。因此 RIP 是一种强有力的基因组对抗重复转座元件的防御机制，从粗糙脉孢菌基因组中存在的许多非功能的转座遗迹可以证明这一点（Min et al. 2011）。

近年来发现，RIP 在不同的生物体中发生的频率各有差异。在粗糙脉孢菌中，RIP 需要一种胞嘧啶甲基转移酶同源基因（*rid*）。该基因编码一个甲基转移酶 RID，它首先将 C 甲基化，随后脱氨基生成 T（Cambareri et al. 1989；Mautino and Rosa 1998）。在粗糙脉孢菌和鹅柄孢壳中，与早期释放的子囊孢子相比，晚期释放的子囊孢子在形成过程中受到 RIP 作用的频率显著偏高。相似的情况还存在于鹅柄孢壳的 *amil/aspA* 缺失突变体中，该基因是校正细胞核运动与定位所需的，其突变引起受精作用与核配的间隔延长（Freitag et al. 2002；Bouhouche et al. 2004）。

RIP 机制除了存在于粗糙脉孢菌（*N. crassa*）、鹅柄孢壳（*P. anserina*）、灰巨座壳（*M. grisea*）和斑点小球腔菌（*Leptosphaeria maculans*）等子囊菌以外，在无性型的真菌中，包括米曲霉（*A. oryzea*）、黑曲霉（*A. niger*）、构巢曲霉（*A. nidulans*）、烟曲霉（*A. fumigatus*）、产黄青霉（*P. chrysogenum*）和谷类刺盘孢（*C. cereale*）等，以及担子菌的 *Microbotryum violaceum* 的复制序列中，先后发现该机制与胞嘧啶残基的重新甲基化有关，能将 DNA 中的 C/G 碱基对转变为 A/T 碱基对（Graia et al. 2001；Ikeda et al. 2002；Bouhouche et al. 2004；Qiu et al. 2009）。

2. MIP 机制 在脉孢菌中发现 RIP 后不久，在埋粪盘菌（*A. immersus*）和灰盖鬼伞中发现了与 RIP 相似但又有明显差异的基因沉默的减数分裂前诱导的甲基化（MIP）（Goyon et al. 1988；Freedman and Pukkila 1993）。MIP 与 RIP 不同的是失活的基因序列只是发生了胞嘧啶的甲基化而不发生点突变，甲基化不会波及临近序列，在随后的 DNA 复制过程中甲基化并不能严格地被维持，经过连续的有丝分裂后失活基因能够恢复活性。

在基因大小的 DNA 片段复制过程中，粪盘菌中 MIP 导致的甲基化与脉孢菌中由 RIP 引起的甲基化相似，重复序列都可能被甲基化。MIP 能使胞嘧啶残基发生甲基化，并且能在无甲基化序列的情况下维持甲基化状态。这种甲基化非活性状态下的 DNA 将按照孟德尔法则分离。由于 MIP 不会引入突变，所以基因的失活是一个可逆的过程。DNA 甲基化抑制剂能加速基因的激活（Rhounim et al. 1992）。

DNA 甲基化需要 DNA 甲基转移酶（DMT）催化。已知高等真核生物中 DMT 分为 5 个不同的群，在真菌中这种甲基化作用是由 C5-DNA-甲基转移酶 Masc1（C5-DNA-methyltransferase *masc1*）催化的（Malagnac et al. 1997）。

除粪盘菌和灰盖鬼伞外，目前已在许多真菌中发现有 MIP，如子囊菌的酵母属（*Saccharomyces*）、裂殖酵母属（*Schizosaccharomyces*）、赤霉属（*Gibberella*）、柄孢壳属（*Podospora*）、粪壳属（*Sordaria*）、黑粉菌属（*Ustilago*）、旋孢腔菌属（*Cochliobolus*）、曲霉属（*Aspergillus*）和巨座壳属（*Magnaporthe*），以及担子菌的裂褶菌属（*Schizophyllum*）和鬼伞属（*Coprinus*）等（Qiu et al. 2009）。

3. 引起基因序列丢失的机制 基因丢失（gene loss）是指一个基因或一组功能相关的基因在进化过程中从基因组中淘汰，这一机制是非基因沉默的。例如，从共同的祖先辐射式进化以来，在酿酒酵母中已经有约 300 个基因被淘汰，但是在裂殖酵母、动物和植物中高度保守，却依然存在。在丝状的粗糙脉孢菌（*N. crassa*）和鹅柄孢壳（*P. anserina*）的减数分裂 S 期，两个顺式复制序列（cis-duplicated sequence）间的重组将导致其重复的间隔序列丢失（Selker et al. 1987）。这种染色体的重新丢失作用在血红丛赤壳（*N. haematococca*）、异旋孢腔菌（*C. heterostrophus*）和碳旋孢腔菌（*C. carbonum*）中均有发现。这种染色体内部重组很可能与粗糙脉孢菌中核仁组织区大小的改变，以及灰巨座壳（*M. grisea*）中减数分裂相关的异等位基因重复区丢失（MDHR）有关，可能是染色体内重组的结果（Miao et al. 1991；Tzeng et al. 1992；Pitkin et al. 2000；Farman 2002）。

上面我们介绍了核配前检查的三种机制。除了非基因沉默的基因序列丢失机制外，为了引发 RIP 和 MIP，复制序列的这两个元素必须在同一个单倍体核内，并且四分体分析表明"复制校对"机制发生在核配和减数分裂 S 期之前（图 5.4B；Selker 2002）。然而具体哪个步骤发生失活作用还不明确。有趣的是，在粪盘菌中，当热点 *b2*（hotspot *b2*，热点是指基因或染色体中突变或重组发生频率比一般部位高得多的序列）等位基因在一条或者两条母链上甲基化时，MIP 将大大降低 *b2* 等位基因交换的频率（Maloisel and Rossignol 1998）。在这些交换中，同源染色体的甲基化转移发生在减数分裂前期。一个甲基化 *b2* 基因上的甲基能够转移到处于激活状态的未甲基化 *b2* 等位基因上，这种染色体间甲基化转移的频率与 *b2* 基因内部甲基化转移的频率相当。同样有趣的是，甲基转移和基因转变在机制上具有相关性，包括：①两者均具有沿 *b2* 基因 5′端至 3′端的极性（即发生频率从基因的一端向另一端逐渐降低）；②异位定向或核苷酸趋异性均能降低两者的发生频率。这都表明，与转座子的失活不同，甲基化和 MIP 可能通过抑制分散的 DNA 重复序列间的同源重组，对基因组具有稳定作用。在粗糙脉孢菌中，染色体的复制受到 RIP 的支配，提示在生物进化历程中，RIP 可能在清除染色体自发重排方面发挥重要作用（Colot et al. 1996；Perkins et al. 1997）。

5.2.2.2 核配后的"检验"机制

除了核配前检查机制之外，粗糙脉孢菌发展出了很多控制减数分裂前期基因完整性的途径。在染色体配对过程中，由一条同源染色体发生片段缺失或插入等因素引起的非对称性配对，将激活非配对 DNA 介导的减数分裂沉默（MSUD）途径。

MSUD 是除 RIP 以外的另外一种发生在减数分裂时期，对抗任何转座的重要的基因组防御机制。两者在性周期中的功能是通过不同的分子机制实现的。在脉孢菌中，MSUD 发生于两个交配型不同的单核体融合形成的受精卵中。受精卵在减数分裂时先进行同源染色体的配对，一些来自一个亲本的染色体上的基因由于来自另一个亲本的同源染色体相同位置的等位基因缺失而不能配对，其在减数分裂后产生的个体中就不能表达而沉默。这种现象同样会发生在转入的外源成对基因中。同源区的大小及同源程度直接影响沉默效率，但非配对 DNA 序列内的启动子成分不是诱导沉默所必需的（Shiu et al. 2001；Shiu and Metzenberg 2002；Kutil et al. 2003；Lee et al. 2004；Qiu et al. 2009）。

MSUD 实际上是一种 RNAi 依赖的转录后基因沉默（RNAi-dependent post-transcriptional gene silencing，RNAi-dependent PTGS）机制，导致减数分裂过程中未配对 DNA 环中的所有基因在转录后沉默。RNA 干扰（RNAi）是一种进化保守的机制，通过小干扰 RNA（siRNA，~20 到 ~30nt）以一种基因特异性方式沉默基因（Hannon 2002），它可以基于序列同源性的不完善或缺失而识别转座子并导致转录后沉默。siRNA 途径在许多真核有机体的转座子控制中发挥主导作用(Malone and Hannon 2009)。尽管 siRNA 途径尚未在酿酒酵母中发现,但最近应用新一代测序技术已证明,某些出芽酵母,如 *Saccharomyces castellii* 中存在 siRNA 途径(Drinnenberg et al. 2009)。

在粗糙脉孢菌中,MSUD 被 siRNA 诱导并且需要 RNAi 核心元件,包括 Argonaute、Dicer 类似蛋白和一个 RNA 依赖的 RNA 聚合酶(Lee et al. 2003;Shiu et al. 2001)。当检到非配对 DNA 时,MSUD 系统能激活非配对区异常 RNA(aberrant RNA,aRNA)的转录。这种 aRNA 继而转运至核周质区,并与 MSUD 沉默复合体结合。该复合体由六种已知的 MSUD 蛋白组成,包括:SAD-1,一种以 RNA 为模板的 RNA 聚合酶,催化 aRNA 转化为双链 RNA;SAD-3,一种解旋酶,协助 SAD-1 催化形成 dsRNA;DCL-1,一种 Dicer 蛋白,切割 dsRNA 形成干扰 RNAs(siRNAs);QIP,一种外切核酸酶,催化 siRNAs 加工形成单链 RNA;SMS-2,一种 Argonaute 蛋白,介导 siRNA 与互补 mRNAs 的靶向结合;SAD-2,一种非常规 RNA 沉默蛋白,可能在核周质区作为其他 MSUD 蛋白的支架(Hammond et al. 2013)。

在转座过程中,新的转座元件序列只以单拷贝存在于一条染色体,这将导致该染色体与其同源染色体配对时失败,从而激活 MSUD 途径(Shiu et al. 2001;Kelly and Aranayo 2007)。考虑到这些严谨的基因组防御机制,就不难理解复制元件和激活转座子在粗糙脉孢菌基因组中被大量的根除的原因(Galagan et al. 2003)。这使得粗糙脉孢菌成为一个研究性相关沉默途径的示例模式系统(Min et al. 2011)。

除抑制转座可能带来的基因组结构损伤外,MSUD 还在发育过程中扮演重要角色:如果非配对基因编码的蛋白是减数分裂和/或孢子形成所需的,MSUD 将抑制该蛋白表达,从而在该蛋白发挥功能的特定阶段阻断发育过程(Shiu et al. 2001)。有趣的是,减数分裂沉默对真菌进化也是十分重要的。Shiu 等(2001)的实验表明,*sad-1* 基因的突变能降低粗糙脉孢菌与其三个亲缘种好食脉孢菌(*N. sitophila*)、四孢脉孢菌(*N. tetrasperma*)及间型脉孢菌(*N. intermedia*)之间生殖隔离的程度,即 *sad-1* 突变株与上述亲缘种间染色体的交叉事件能显著提高种间受精作用的成功率,说明在两个近缘种间发生交配的重要障碍是一个物种的基因组中存在大量的小型基因重组事件。值得注意的是与 MSUD 相关的蛋白质只在子囊菌中有报道,所以 MSUD 可能仅存在于子囊菌中(Nakayashiki et al. 2006)。

最近一个新的性诱导 RNAi 基因组防御系统在人类真菌病原体新型隐球酵母(*C. neoformans*)中被报道出来(Wang et al. 2010)。一个转基因诱导的 RNAi 依赖的基因沉默过程在减数分裂周期中相比营养生长有丝分裂中以 ~250 倍的更高效率发生,这种现象被称为性诱导沉默(sex-induced silencing,SIS)。大量小 RNA 被映射到(mapped to)重复转座元件中,一群反转录转座子被发现在 RNAi 突变菌株交配过程中高效表达,并且在它们的后代中检测到提高速率的转座/突变,这表明 RNAi 介导的 SIS 途径在减数分裂周期中抑制转座活性。

相似的机制在其他真菌物种中运行时可能是保守的,尤其是在那些包含 RNAi 元件但减数分裂沉默途径尚未知的物种中,比如说粟酒裂殖酵母。在真菌如玉米黑粉菌和酿酒酵母中,RNAi 机制已经丢失,新的 RNAi 依赖沉默途径有待发现,可能涉及长 dsRNA 机制(Kelly and Aranayo 2007;Min et al. 2011)。

值得注意的是,除 MSUD 外,粗糙脉孢菌中还存在另一种重要的 RNAi 依赖性 PTGS 途径,称为协同抑制(quelling)。该途径对菌丝营养生长阶段的转座具有抑制作用。协同抑制途径的成员与 MSUD 成员具有序列及功能的同源性，感兴趣的读者可以参阅 Fulci 与 Macino(2007)发表的综述。

5.3 减数分裂期的重组

减数分裂的一个主要特征是产生的子代细胞与亲本细胞在遗传物质上存在差异，这对维持基因多样性非常重要。事实上，这一特征是由减数分裂所必需的同源重组导致的。有丝分裂过程中，同源染色体不发生或很少发生同源重组，也不发生分离，在分裂后期各染色体的两条姊妹染色单体通过着丝点的分裂而完全分离。与此相比，减数分裂过程中，同源染色体在减数第一次分裂分离前，这些同源染色体彼此相连，以避免纺锤体的拉力将它们随机分开。这种连接作用是通过高度程序化的 DNA 双链断裂(DNA double-strand break，DSB)完成的。DSB 引起非姊妹染色单体重组，最终通过交叉互换，在同源染色体上形成重组区。同源染色体间的连接作用是减数分裂所需的，其重要性已经通过重组缺失突变体得到证明，在这些突变体中，染色体无法进行重组，当其被微管捕获时表现为单一状态，无法进行正常分离，从而导致了非整倍体与不育配子的形成(Bishop and Zickler 2004)。

5.3.1 起始重组

在经过了前减数分裂间期的核配和减数分裂 S 期复制后，开始进入第一次减数分裂的前期Ⅰ。在减数分裂过程中，重组事件发生于减数分裂前期Ⅰ，该时期的重组频率显著高于营养菌丝阶段，为后者重组频率的 100 ~ 1000 倍。重组过程是在高度程序化的 DSB 形成的基础上启动，这是一种具有风险的启动方式。减数分裂 DSB 的修复过程不同于有丝分裂 DSB 的修复过程，前者是以一条同源的非姊妹染色单体为模板进行修复，而后者以姊妹染色单体或者同一染色体内的重复序列为模板进行修复(van Heemst and Heyting 2000)。

在包括芽殖型与裂殖型酵母、灰盖鬼伞及大孢粪壳在内的许多真菌中，DNA 双链断裂(DSB)在 Spo11 蛋白的诱导下形成，Spo11 蛋白是一种减数分裂特异性拓扑异构酶Ⅱ，具有进化保守性。Spo11 能与 DNA 片段 5′端瞬时发生共价结合并随后脱离，这样 DSB 的 5′端被迅速切除，形成 3′端单链，3′端单链与 RacA 类似物 Rad51 及 Dmc1 形成的复合物进行结合。这种介导链转移的复合物能够在偶线期及早粗线期促进后续的重组过程。DSB 能在出芽酵母的单倍体减数分裂过程中形成，因而与同源染色体间的相互作用无关(Sharif et al. 2002；Storlazzi et al. 2003)。

在所有已知的 *spo11* 突变体中，同源交换(crossing-over，CO)和交叉(chiasma)形成均受到强烈抑制，但各突变体在配对及发育表型上具有差异。在真菌、植物及哺乳动物中，*spo11* 基因突变表现为严重的配对缺陷。对芽殖酵母、灰盖鬼伞及大孢粪壳进行辐射处理，突变的性母细胞能部分纠正这种缺陷，从而验证了 DBS 事件是重组和配对所需的，表明 Spo11 在减数分裂过程中发挥重要作用。在植物、酵母及大孢粪壳中，*spo11* 突变将导致减数分裂两次分离过程中染色体发生随机分离，形成可育后代的能力降低。与此相比，在灰盖鬼伞及小鼠中，*spo11* 突变将在减数分裂前期后引发细胞程序性死亡(Celerin et al. 2000；Storlazzi et al. 2003)。

然而，Spo11 不能独立行使功能。在芽殖酵母中，DSB 的形成至少还需要其他 9 种蛋白。其中一种蛋白质称为 Rec103/Ski8,该蛋白在大孢粪壳中同样能直接与 Spo11p 发生直接结合。*SKI8* 最初是基于其突变体具有超级致死(superkiller)表型而被发现的,其表达产物 Ski8 可能在酿酒酵母与大孢粪壳的 RNA 代谢过程中发挥作用。有趣的是,Ski8 仅在减数分裂时才从细胞质转移至细胞核,并且在减数分裂前期的初期定位于染色体。Ski8 与 Spo11 的这种定位是相互依赖的(Tesse et al. 2003;Arora et al. 2004)。Rec102、Rec104、Mer2 及 Mei4 是与 DSB 形成相关的另外 4 种蛋白,迄今未在裂殖酵母及粗糙脉孢菌等中发现它们的同源蛋白。这可能反映了重组的起始过程存在物种的差异性,或者具有保守功能的蛋白质缺乏序列的保守性。相似的例子是减数分裂特异性蛋白 RecA,该蛋白的同源蛋白 Dmc1 存在于灰盖鬼伞及平菇(*Pleurotus ostreatus*)中,但不存在于粗糙脉孢菌中(Mikosch et al. 2001)。同样,玉米黑粉菌中存在肿瘤抑制蛋白 BRCA2 的同源蛋白 Brh2,该蛋白是 DSB 修复所必需的。在植物及黑粉菌中,减数分裂过程中 DSB 的修复同样需要 BRCA2 的作用。

5.3.2 重组产物的形成

在子囊菌中,如粪壳菌属、粪盘菌属、脉孢菌属的一些种中,减数分裂的产物被限制在长形的子囊中沿子囊的长轴直线排列,基因和着丝粒之间是否发生交换可以在光学显微镜下清晰地观察到。对大量单基因重组产物分离的检测,显示大多数子囊是符合常规的(图 5.6),但也总有小部分并不表现出常规的两个等位基因 4:4 分离,而是表现为 6:2(同一子囊中 6 个黑孢子,2 个白孢子)或 2:6 的分离比(图 5.7),这些被称为异常分离,因为它们看上去偏离了孟德尔定律,该定律指减数分裂中等位基因分离在数量上相等。

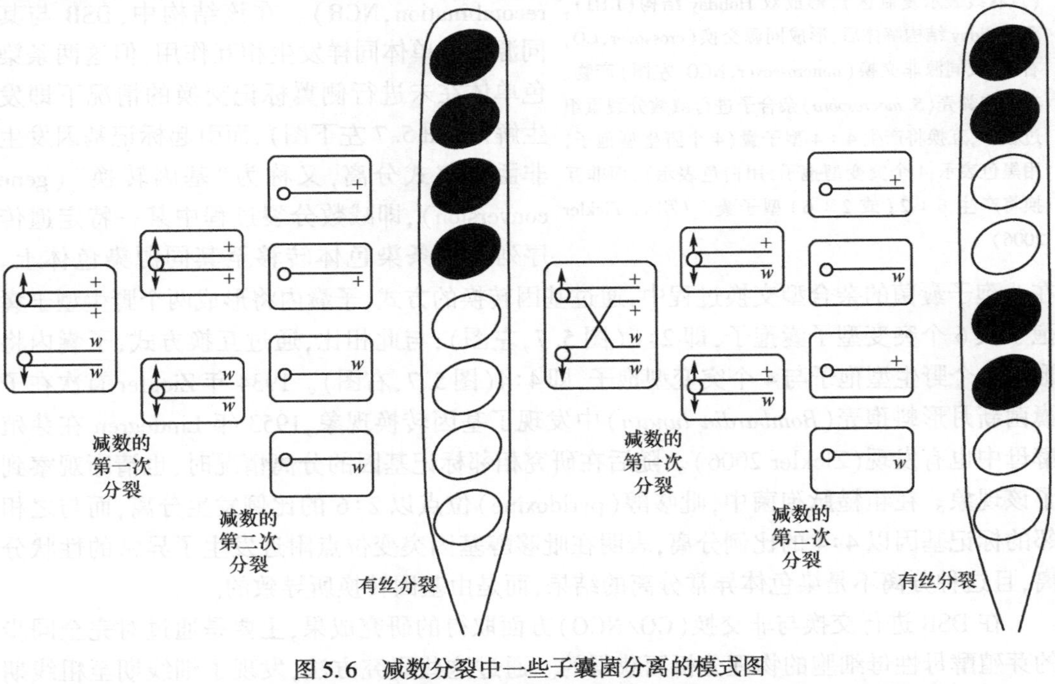

图 5.6 减数分裂中一些子囊菌分离的模式图

左图显示没有发生重组;右图显示基因交换,符合常规的两个等位基因 4:4 分离;未显示非常规的交换型。(引自 Moore and Frazer 2002)

这种异常现象称为基因转换(gene conversion),因为如果子代染色体在减数分裂和减数分裂后期的有丝分裂之间一个等位基因转换为另一等位基因额外的一个拷贝,那么6∶2分离比可能是由4∶4分离比衍生而来,而不是由于随机突变引发的。那么我们在图5.7中显示的非交换重组(noncrossovers),就是减数分裂早期一条特异的遗传序列从4条染色体上的一条转移到一条同源染色体上。转换片段替换原始序列,它可能是一个基因相当大的一部分,但通常短于整个基因,可能含有几百个DNA碱基而非上千(Moore and Frazer 2002)。

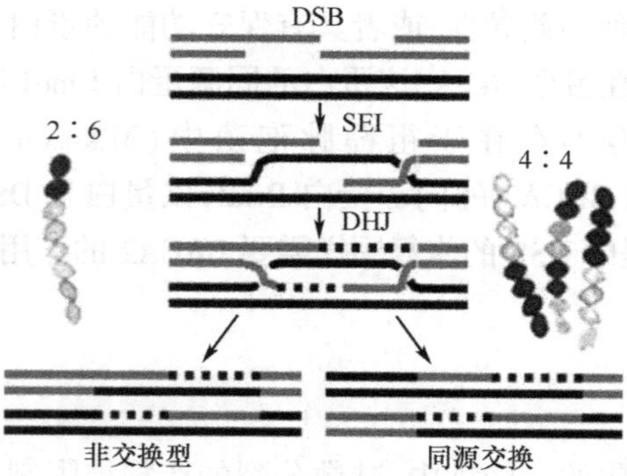

图5.7　减数分裂重组

图中显示两条同源DNA双螺旋(4条DNA分子),其中一条双螺旋用灰色表示,另一条双螺旋用黑色表示。在减数分裂重组起始阶段,一条双螺旋上产生DSB,结果形成单链尾,即单链侵入中间体(SEI);单链尾随后侵入其同源染色体,通过修复性复制作用(点状线表示复制区),形成双Holiday结构(DHJ)。双Holiday结构解体后,形成同源交换(crossover,CO,右图)或同源非交换(noncrossover,NCO,左图)产物。在大孢粪壳(*S. macrospora*)杂合子进行减数分裂重组过程中,互换将产生4∶4型子囊(4个野生型孢子,用黑色表示;4个突变型孢子,用白色表示),而非互换将产生6∶2(或2∶6)型子囊。(引自Zickler 2006)

重组产物的区分得益于侧翼标记的应用。侧翼区(flanking region,FLR;位于真核基因5′端或3′端两侧的序列)位于感兴趣基因的两侧或与之相连,可以显示重组和基因转换的最终结果。

在重组作用下,某些DSB能发生同源交换(crossing over,CO),又称互换(reciprocal exchange,CR)。在交换过程中,原来两条染色体的侧翼区发生改变,这是由于重组中间体的解体是通过两条相互作用的染色单体均发生断裂,继而分别与其同源染色单体相连而实现同源交换重组(图5.7右下图)。除形成同源交换外,DSB还能形成同源非交换型(noncrossover,NCO),又称非互换重组(non-reciprocal recombination,NCR)。在该结构中,DSB与其同源染色单体同样发生相互作用,但这两条染色单体在未进行侧翼标记交换的情况下即发生解体(图5.7左下图),而引起标记基因发生非孟德尔式分离,又称为"基因转换"(gene conversion),即减数分裂过程中某一特定遗传序列从一条染色体转移至其同源染色体上。在八孢子囊菌的杂合型交换过程中,通过基因转换的方式,子囊内将形成两个野生型子囊孢子及6个突变型子囊孢子,即2:6(图5.7,左图);与此相比,通过互换方式,子囊内将形成4个野生型孢子与4个突变型孢子,即4:4(图5.7,右图)。1934年Zickler首次在子囊菌新月形蚪孢壳(*Bombardia lunata*)中发现了基因转换现象,1953年Lindegren在芽殖酵母中也有发现(Zickler 2006)。随后在研究相邻标记基因的分离情况时,也清晰观察到了该现象。在粗糙脉孢菌中,吡哆醇(pyridoxine)位点以2:6的比例发生分离,而与之相邻的标记基因以4:4的比例分离,表明在吡哆醇基因突变位点附近发生了异常的性状分离,且这种分离不是染色体异常分离的结果,而是由基因转换所导致的。

在DSB进行交换与非交换(CO/NCO)方面取得的研究成果,主要是通过对完全同步的芽殖酵母性母细胞的物理分析而获得的。通过这些研究方法,发现了细线期至粗线期的几个关键事件。DSB形成以后,相继形成两个稳定的链交换中间体(图5.7)。DSB产生的一条单链尾与其同源DNA的一条链进行稳定交换,形成一个单链入侵中间体

(single-end invasion intermediate, SEI)，该中间体进而转变成双 Holliday 结构(double Holliday junction, DHJ；图 5.7)。粗线期后期，DHJ 继而转变为交换产物(Hunter and Kleckner 2001；Zickler 2006)。

在芽殖酵母中，DHJ 是互换的特异性前体，从而否定了交换/非交换(CO/NCO)的差异是由 Holliday 结构选择性解体所致的假说(Allers and Lichten 2001)。同样，重组过程是形成交换产物还是形成非交换产物，这是在 SEI 形成之前或者是 SEI 形成过程中决定的(Borner et al. 2004)。Allers 和 Lichten(2001)与 Böner 等(2004)由此提出，重组产物的类型(CO/NCO)可能在 DSB 与其同源染色单体的同源区发生相互作用的早期阶段即已被确定(图 5.7)。此外，有关内切核酸酶 Mus81 的最近研究表明，有些交换除通过 DHJ 中间体的解体形成外，也可以通过由 Mus81 介导的对非 DHJ 中间体的加工而形成，后一种方式称 *MUS81* 途径。有趣的是，通过后一种方式形成的 CO 相互间不具有干扰效应。通过对减数分裂特异性 MutS 同源蛋白的研究，人们发现在芽殖酵母、大孢粪壳及粗糙脉孢菌中，*MUS81* 途径与 CO 的小型片段化有关。然而，在裂殖酵母及秀丽隐杆线虫(*Caenorhabditis elegans*)中，*MUS81* 途径是大多数 CO 的形成所需的(Hollingsworth and Brill, 2004)。因此，在不同物种中，交换的形成途径似乎存在差异。

经过对重组过程长达 80 多年的研究，人们对减数分裂重组的研究取得了很大进展。在这些研究中，丝状真菌发挥着关键作用。人们在对同源交换与同源非交换事件及这些事件调控机制的研究方面所取得的成果，为明确重组过程的关键步骤奠定了基础。

5.3.3 减数分裂交换受到高度调控

减数分裂重组的一个显著特征是该过程受到精密调控，这种调控作用体现在染色体上及染色体之间交换的次数与交换位点的分布上。在重组过程中，尽管会产生大量的重组型，但只有少数的重组型会导致交换的形成，大多数的相互作用将导致内部 NCO 的形成。如果缺乏任何调节机制，交换(CO)及其细胞学类似物的交叉(chiasmata)或重组结(RN)将随机分布于染色体中。对许多有机体交换分布的研究表明，其分布并不是随机的，而是被调控的，具体的调节机制有如下三个主要特征。

(1) 交叉结构和重组结在染色体臂上并不是均匀分布的，在着丝粒附近分布较少，而在染色体臂中部和(或)亚端粒区域分布较多。此外，在短染色体中，单位长度上 CO 数量比长染色体多。交换的这种沿染色体非随机分布，通过 DSB 的分布情况也可以得到反映。它们在热点(hotspot)区域具有较高的分布频率，而在冷点(coldspot)区域分布较少。热点/DSB 的位置受到染色质结构的调节。它们定位于染色质的 DNase Ⅰ 敏感区及富含 GC 的区域，而冷点定位于着丝粒、端粒及富含 AT 的区域。大多数的热点位于基因与基因之间，而不是在基因内部。在粗糙脉孢菌与粟酒裂殖酵母等许多有机体中，减数分裂重组过程还受到区域性调控(Zickler and Kleckner 1999；Gerton et al. 2000)。

(2) 每对同源染色体至少形成一个 CO/交叉结构。不论染色体的长短，这种“强制性交叉”都会发生，这似乎表明交叉的形成是父本与母本同源染色体在减数第一次分裂阶段进行正常分离所必需的。在大多数有机体中，每对同源染色体仅能形成少量的交叉结构，这是通过紧密调控而实现的。

前面我们描述了同源染色体联会期间发生 DSB 断裂和重组。在偶线期-粗线期期间发生同源染色体间的配对交换,这种交换的结果是在双线期发生交叉。然后交叉点开始远离着丝粒并逐渐向染色体臂的远端移动,称为交叉端化(terminalization)。所以染色体的交叉是交换的结果,交换是在同源染色体紧密结合在一起时发生的,也就是说交换是在联会时发生的,目前无法观察到。一旦观察到交叉时,同源染色体已经完成交换开始染色体分离了(图 5.8)。交叉发生的频率及它们在染色体上的位置与重组结的数目和位置总是相匹配的,这从一个角度证明染色体交换发生的位点与重组结相关。因此推测重组结与染色体重组密切相关,其间的调控机理尚不清楚。然而,粟酒裂殖酵母和构巢曲霉中存在例外。在这两种真菌的减数分裂过程中,每条染色体均能形成大量的 CO,以至于即使是在最小的染色体中,不形成交换结构的概率也是极低的(Kohli and Bahler 1994)。

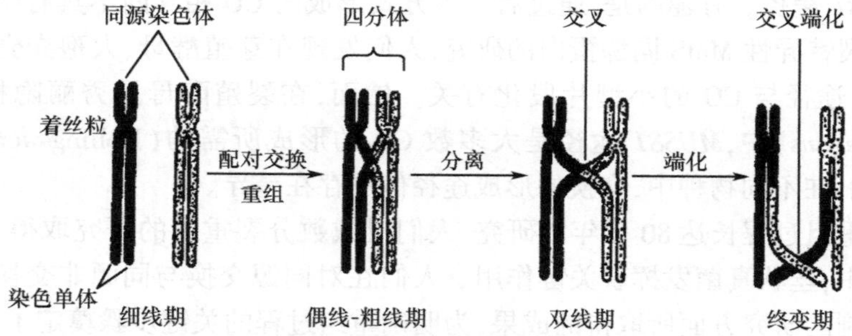

图 5.8 同源染色体联会时的交换和交叉

(3) 如果对两个具有遗传间隔的标记位点进行考察,当一个位点形成 CO 时,相邻位点 CO 出现的概率将会降低。同样,如果同一个二价体(biovalent)上存在两个或多个交叉,这些交叉将会相互干扰,甚至一个交叉会导致另一个交叉结构解体。这种干扰作用的强度与两个交叉结构之间的距离呈负相关关系。与此相比,NCO 不具有干扰作用。同样,细胞中很少发生染色单体干扰现象(Munz 1994;Zickler 2006)。交叉干扰作用的调节机制尚未明确。截至目前,人们提出了关于交叉干扰的若干模型,如数量模型(counting model)、联会复合体模型(synaptonemal complex model,SC model)等。数量模型认为,NCO 对 CO 具有分隔作用,而分隔区内 NCO 的数目是一定的。联会复合体模型认为,干扰信号起始于 CO,并沿联会复合体向外传播,从而抑制与之邻近的额外交换,该模型与远距离 CO 间隔不存在干扰作用的事实相符。另外,有两个发现支持联会复合体模型,分述如下。①在构巢曲霉和粟酒裂殖酵母中,干扰作用缺失与联会复合体缺失是平行发生的;②在芽殖酵母的 *zip1* 突变体中,联会复合体和 CO 同样发生平行缺失,其中,Zip1 是联会复合体中心区的必需结构成分。然而,目前的研究表明,在出芽酵母和果蝇中,联会复合体不是交换干扰作用所需的,相关机制有待深入研究(Fung et al. 2004;Zickler 2006)。

5.4 同源染色体的识别与配对

同源染色体相互并列(juxtaposition)是减数分裂的普遍特征。该过程涉及两个同源染色体间的长距离识别,这种识别发生于联会复合体(SC)形成及细线期结束以前。目前,同源染色体在细胞核内的定位机制尚未明确。同源染色体的并列或配对通常仅指两个同源染色体的相互靠近,而染色体联会通常指配对过程的结束及联会复合体结构的形成。

5.4.1 同源染色体配对过程中的彼此识别

在细线期染色质发生凝聚、折叠、螺旋化、变短变粗,形成细纤维状染色体结构。在电镜下,此时的染色体由两条染色单体组成。由于许多染色单体的端粒与核膜相连,使得染色体装配成花束样,故而细线期又称为花束期(bouquet stage)。进入偶线期后,同源染色体发生配对,因此又称为配对期(pairing stage)。同源染色体间的配对称为联会。关于联会的机制至今尚不完全清楚,例如,如果同源染色体的相互识别是配对的前提,那么同源染色体是如何并列和相互识别的?

与大多数真核细胞相反,真菌的两套同源染色体在减数分裂开始之前是分离的(图 5.9A),因此,丝状真菌具有特有的机会用于配对过程中同源染色体的彼此识别。在真菌中两套同源染色体的第一次接触识别发生在核配后的 S 期或 S 期后,在识别后的配对过程中可以清晰观察到核配与联会复合体的形成。既然能够清楚地观察到核配与联会复合体,联会复合体轴向元件在核配之后即已形成,从而利于同源染色体配对过程中进行准确的识别与移动。此外,子囊生长和细胞核体积增加均是反映配对进程的明显标志。

同源染色体相互识别和配对的分子鉴定是建立在荧光原位杂交(FISH)和绿色荧光蛋白(GFP)单基因座标记上的,结合灰盖鬼伞(*C. cinereus*)和大孢粪壳(*S. macrospora*)的突变体分析,为减数分裂配对机制的研究提供了大量的信息(Storlazzi et al. 2003;Tesse et al. 2003)。

5.4.2 配对是如何发生的?

通过三维电镜重构技术,对大孢粪壳的核配后细胞核与细线期细胞核进行重构。人们发现同源染色体的聚集经历三个明显的阶段:①在极早细线期(very early leptotene),同源染色体相距很远,并且没有表现出任何特殊的关系(图 5.9A);②在中细线期(mid-leptotene),每对同源染色体在以前的分散状态基础上发生浓缩,并移动到核内特定的位置(图 5.10B 和图 5.10C);③随后,所有的同源染色体逐渐沿轴向两两排列,长约 400 nm(图 5.9B,图 5.10C 和图 5.10D)。在联会复合体形成后,配对的同源染色体均匀发生间隔,间隔区长度约为 100 nm。在芽殖酵母中,当缺乏联会复合体的关键成分 Zip1p 时,同源染色体能进行识别与排列(Fung et al. 2004)。此外,在多倍体(如灰盖鬼伞的三倍体)中,未发生联会的染色体与其已发生联会的同源染色体间仍维持平行联系。

重组是同源染色体进行稳定并列的重要决定因素。在芽殖酵母、裂殖酵母、大孢粪壳及灰盖鬼伞中,DSB 的缺失将引起同源染色体配对几率显著降低。有趣的是,DSB 缺陷与配对缺陷存在数量相关性:在大孢粪壳和芽殖酵母中,*spo11* 和 *ski8* 功能的部分或完全缺失,将引起配对及联会水平的差异。此外,通过对大孢粪壳的 *spo11* 和 *ski8* 突变体进行不同剂量的辐射处理,发现配对的三个阶段对 DSB 的依赖性存在差异。因此,重组过程

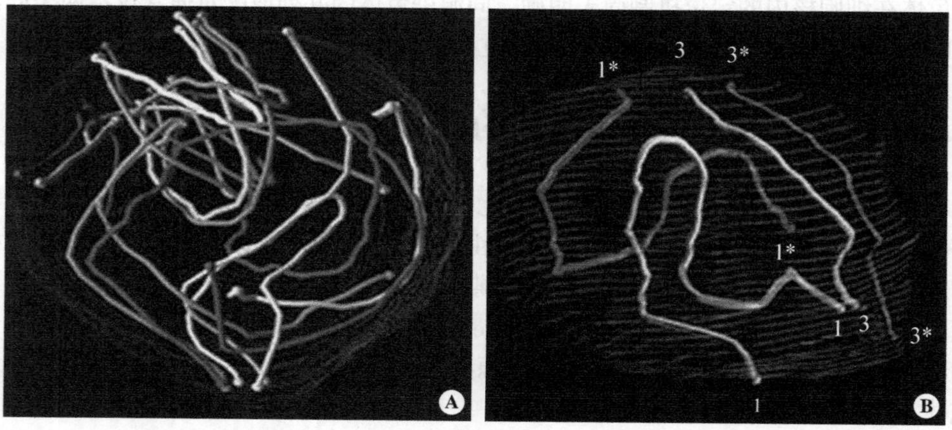

图 5.9 通过电镜重构技术观察的一系列大孢粪壳(*S. macrospora*)细线期细胞核的三维重构图像
A. 早花束期核的三维重构图,显示细胞核中的 14 条单个染色体可以根据各自的大小与着丝粒位置进行区分,该时期未观察到明显的对齐(alignment)现象;B. 早细线期核的重构,显示两对同源染色体的并列对齐,其中,3* 短染色体发生完全配对,而 1* 长染色体仍然是分离的,末端尚未对齐。(引自 Zickler 2009)

不是通过 Spo11 促进配对而启动的,因为在 *spo11* 突变体中,电离辐射诱导形成的 DSB 能够弥补 *spo11* 缺失所导致的重组与配对缺陷。然而,这种相关性并不是普遍的。在真菌、植物和哺乳动物中,DSB 是同源染色体进行有效配对所必需的,但在秀丽新小杆线虫(*C. aenorhabditis elegans*)与黑腹果蝇(*Drosophila melanogaster*)雌性个体中,DSB 不是有效配对所需的。当然,配对和染色体联会可能通过染色体配对中心确立,甚至在 *spo11*/DSB 缺失时也是如此(Celerin et al. 2000;Tesse et al. 2003;Henderson and Keeney 2004)。

5.4.3 减数分裂过程中的特殊结构——花束期

从细线期结束至整个早粗线期,染色体尾部均附着于核膜的内表面,并且聚集于一个小区域内,通常朝向微管组织中心(MTOC)。这种极性分布的端粒形成"花束期"结构(图 5.10E ~ 图 5.10G)。在大多数物种中,花束期的形成是快速而且短暂的,如在大孢粪壳细胞的减数分裂前期,处于花束期的细胞核不到总细胞核的 5% ~ 10%(Storlazzi et al. 2003)。花束期是减数分裂过程所特有的,并且高度保守。裂殖酵母提供了一个花束组装的极好的范例:在端粒聚集(telomere clustering)过程中,纺锤极体(SPB)定位于细胞两极,细胞核在两极 SPB 之间来回移动,这种移动持续于整个减数分裂前期,该时期又称为马尾期(horsetail stage)。端粒聚集和随后的细胞核摆动(nuclear oscillation)可能对同源染色体的排列与配对具有促进作用。动力蛋白重链 Dhc1、端粒的蛋白组分 Taz1 或 Rap1,或者 SPB 成分 Kms1 等的缺失,均导致端粒无法正常聚集与定位,进而降低同源染色体配对与重组的几率(Ding et al. 2004)。花束结构的一个重要构成是存在于染色体末端与核被膜(nuclear envelope, NE)内表面之间的动态连结(robust physical association)。在早细线期,染色体末端附着于核被膜,但仍散布于整个细胞核(图 5.10B)。在晚细线期,染色体末端开始聚集形成花束结构,这一聚集过程或者发生在染色体排列之后(图 5.10C),或者与配对过程同时进行(Storlazzi et al. 2003)。在细线期-偶线期转换阶段,端粒形成相对紧密的簇状结构(telomere cluster,图 5.10E),该结构持续存在于整个偶线期(图 5.10F 和图 5.10G)、早粗线期,直至染色体联会完成(图 5.10H)。在中粗线期,端粒簇解体(图 5.10I),但染色体末端仍附着于核被膜,直至粗线期结束。这些相继发生的事件提示,介导核被膜附着与介导花束结构的形成是端粒发挥功能的两种重要方式。

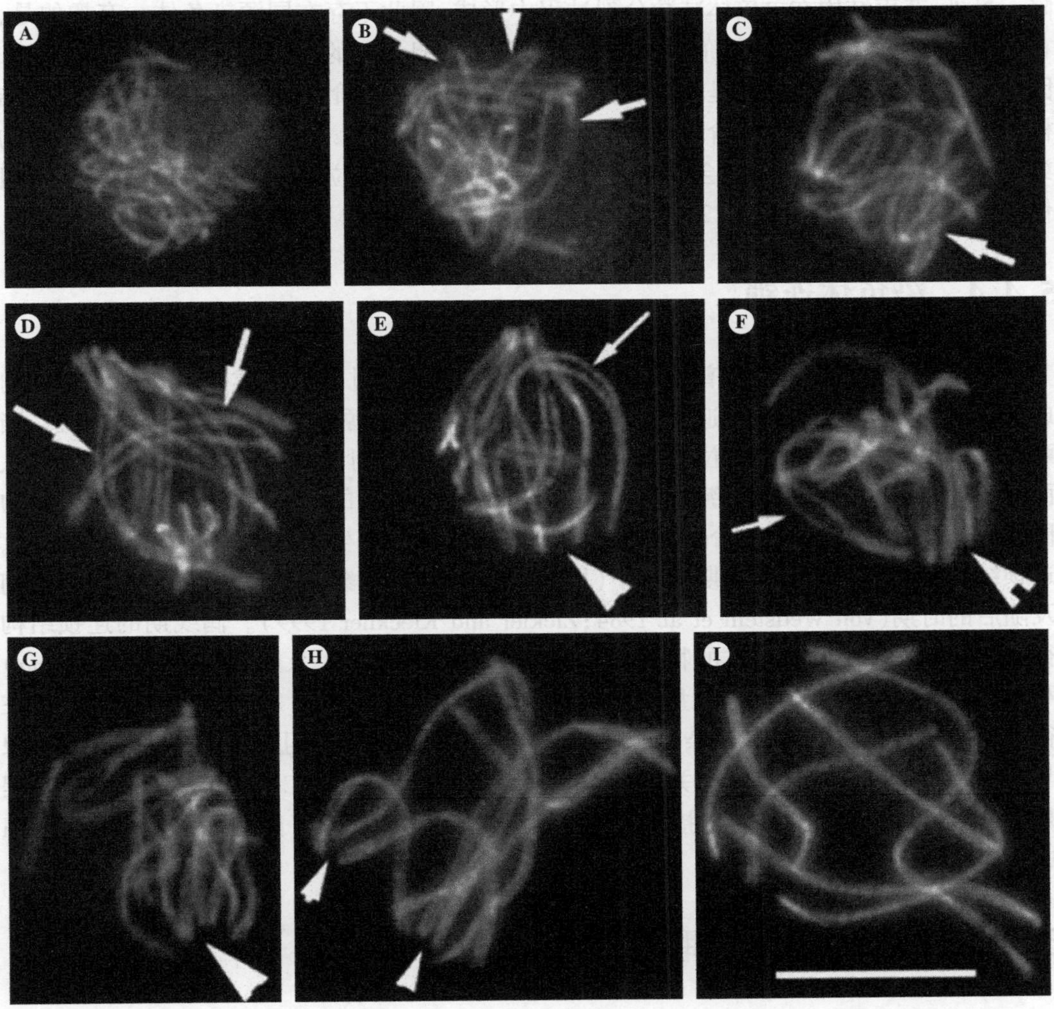

图 5.10 野生型大孢粪壳(*S. macrospora*)细胞核中的染色体配对、花束结构及染色体联会情况,其中染色体位置通过 Spo76-GFP 显示

A. 早细线期(early leptotene)。B 和 C. 中细线期(mid-leptotene),显示同源重组在端粒区起始(B,箭头指示区域),随后沿着染色体推进(C,箭头指示区域)。D. 晚细线期(late leptotene),所有同源染色体均发生对齐(箭头)。E. 早偶线期,可观察到部分非联会区域(箭头)和联会的端粒区,从而形成松散的花束结构(三角箭头)。F 和 G. 偶线期细胞核,分别显示松散的花束结构(F)与紧凑的花束结构(G),其中三角箭头指示非联会区域。H. 早粗线期,显示七条联会的二价体及解体的花束结构(箭头指示花束区)。I. 在中粗线期,聚集端粒完全松解。标尺=5μm。(引自 Zickler 2006)

花束结构的形成机理及其功能尚未明确。一个普遍的解释是:花束结构可能通过限制端粒的自由移动,促进端粒起始同源配对过程。然而,在很多的有机体,如大孢粪壳、粗

糙脉孢菌及高等植物中，同源染色体在其端粒聚集成花束结构之前即已进行并列。此外，在大孢粪壳及芽殖酵母中，花束结构的形成与 DSB 及 Spo11、Rad50、Ski8 无关。因此，花束结构的形成既不需要 DSB，也不需要重组的下游过程及联会复合体的形成。相反，在 *spo11* 和 *ski8* 突变体中，同源染色体配对无法正常进行，这不能归因于花束结构形成的缺陷。另外，花束结构在单倍体减数分裂过程中形成，因此不存在同源染色体。有趣的是，在 DSB 缺失的情况下，花束阶段的结束发生延迟，而且外源的 DSB 能解除这种延迟作用。因此，虽然花束结构的形成是花束阶段的主要特征，但花束阶段的结束对于重组或交叉结构的形成是重要的，而花束阶段的起始对其并不重要。例如，随着花束结构解体而发生的染色体分散可能有助于非联会或卷曲的同源区进行重新定位，并干扰最初的非正常重组作用（Lu 1993；Storlazzi et al. 2003；Tesse et al. 2003）。

5.4.4 染色体连锁

染色体连锁其实是一种普遍存在的复杂化配对。通过电镜重建技术，采用 SC 轴向成分对染色体空间路径进行追踪，人们发现偶线期的非同源染色体能彼此进行缠绕。当两条同源染色体在两个不同位点起始联会时，处于其非配对区的其他染色体将被束缚，从而形成一个连锁结构。这种缠绕作用可能涉及一条非联会的染色体，部分联会二价体的同源区，或者处于另一个二价体形成的两个联会区之间、发生部分或完全联会的二价体。连锁结构很容易在处于偶线期的核中（即 SC 完成之前）观察到，但几乎不存在于粗线期及随后的时期（von Wettstein et al. 1984；Zickler and Kleckner 1999）。偶线期的连锁结构很少存在于具有小型染色体的物种，如灰盖鬼伞（*C. cinereus*）、人粪壳（*Sordaria humana*）和粗糙脉孢菌（*N. crassa*），而大量存在于具有长染色体的物种中（Zickler 2006）。此外，在很少发生连锁的物种中，异位杂合子进行连锁的频率非常高，而且几乎所有的不规则现象与四价体（quadrivalent）易位有关。由于连锁频繁受到轴向或 SC 干扰，人们推测该过程是通过染色体的断裂与重新连接而实现的，其中拓扑异构酶Ⅱ可能发挥了重要作用（von Wettstein et al. 1984）。

5.5 联会复合体与联会

同源染色体配对过程结束的标志是形成联会复合体（SC）。与减数分裂一样，联会复合体在进化上是高度保守的。联会复合体沿同源染色体长轴分布，由位于中间的中央成分（central element，CE）和位于两侧的侧翼成分（lateral elements，LE）组成（图 5.11）。

在 SC 结构中，横向纤维跨越中央区域，而 CE 沿 SC 纵向分布，在 LE 之间等距离排列（图 5.11C）。SC 的这种构成形态及两侧 LE 之间的距离具有明显的保守性，即在所有被研究的有机体中，两侧 LE 均相距约 100nm。同源染色体联会在细线期就开始了，偶线期可以观察到联会排列，在粗线期可见到装配成的 SC。在双线期 SC 开始去组装，至终变期完全消失。在小鼠、大鼠、果蝇、线虫及芽殖酵母中，人们已经鉴定出 LE 与 CE 的蛋白质组分。有趣的是，尽管这些蛋白质组分具有相似的二级结构，但它们缺乏序列上的保守性。浓缩蛋白复合体（condensin complex）对减数分裂中期染色体的轴向压缩（axial com-

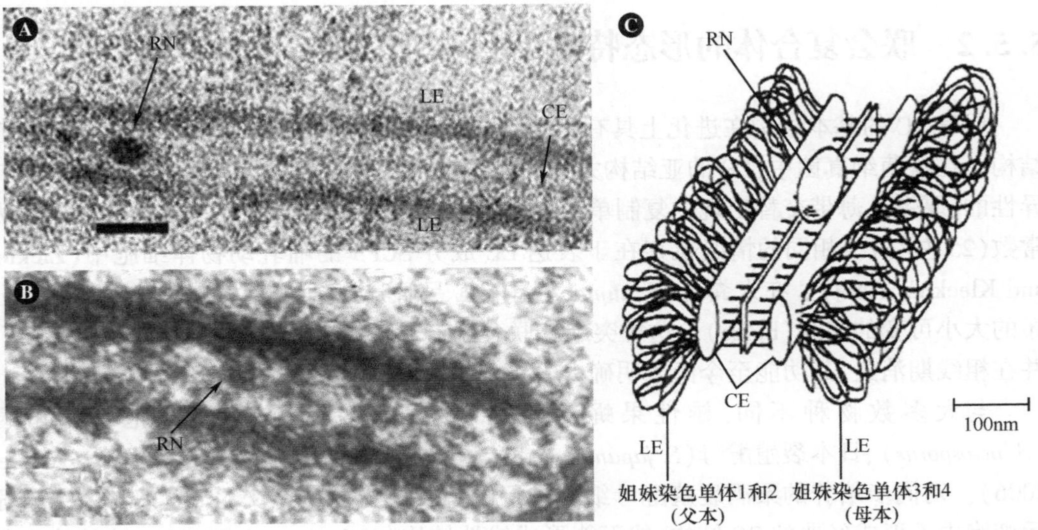

图 5.11 联会复合体和重组结

A. 大孢粪壳(*S. macrospora*)粗线期的联会复合体,LE 代表母本或父本的侧向成分,CE 代表联会复合体的中央成分。箭头指示晚期定位于 CE 的重组结(RN)。B. 偶线期显示脉孢菌(*Neurospora*)的联会复合体和小的重组结(箭头)。C. 联会复合体的结构示意图,标尺=100nm。(图 A 和图 B 引自 Zickler 2009)

paction)具有介导作用,同时也是 SC 进行有效组装所需的。在粗线期向双线期的转变过程中,同源染色体开始分离,SC 逐渐从同源染色体上解离(Lu 1993;Zickler and Kleckner 1999;Yu and Koshland 2003;Page and Hawley 2004)。

由于同源染色体 SC 的高度保守性,SC 互补重构技术(reconstruction of SC complement)已成为用于估计染色体数、探测染色体畸变情况的有力工具,该技术在拥有小型染色体的真菌中应用尤为广泛。

5.5.1 联会复合体的形成

在偶线期,SC 逐渐在同源染色体间形成(图 5.11B);在粗线期,可以观察到其线性状态(图 5.9A)。尽管 SC 的形成通常起始于染色体末尾附近,但它们也能在染色体内部开始形成,这有别于端粒的拉链机制(Zickler et al. 1992)。SC 优先在同源染色体间形成,但也能在染色体非同源区域的轴向成分(axial element,AE)间形成。在染色体倒位(chromosome inversion)、复制(duplicaton)及相互易位(reciprocal translocation)形成的杂合子中,SC 的形成严格起始于同源区;在中粗线期,倒位环、复制环或典型易位交叉结构中形成的同源性 SC 可能逐渐消失,同时在非同源联会区域形成线性的 SC(Bojko 1990)。在单倍体减数分裂,以及植物不同长度染色体杂交过程中,同样能观察到大量的非同源性 SC(Zickler and Kleckner 1999)。迄今发现至少有两种蛋白质,即 Hop2p 与 Mnd1p,对非同源染色体之间的联会具有抑制作用(Chen et al. 2004)。在灰盖鬼伞中,DNA 复制不是 SC 的形成所必需的,因为在 *spo22/msh5* 突变体中,SC 能在非复制的同源染色体间形成。

5.5.2 联会复合体的形态特性

尽管 SC 的基本结构在进化上具有保守性,但某些有机体的 CE 或 LE 具有明显的亚结构。在盘菌纲真菌中,LE 的亚结构尤为明显,该结构呈特征性的条带状,由具有种属特异性的、厚带—薄带交替出现的复制单元构成。有趣的是,每微米 LE 中的条带间隔数为常数(25 左右)。相同的情况也存在于表达 LE 成分 SCP3 的哺乳动物体细胞中(Zickler and Kleckner 1999)。在人粪壳(*S. humana*)中,LE 呈管状,并且具有大量沿染色体轴向分布的大小可变的突起(bulge)。这种突起在联会区与非联会区的连接区域分布极为频繁,并在粗线期消失,其功能至今尚未明确。

与大多数物种不同,雄性果蝇及粟酒裂殖酵母、构巢曲霉、八孢裂殖酵母(*S. octosporus*)、日本裂殖酵母(*S. japanicus*)、玉米黑粉菌 5 种真菌不形成 SC 结构(Zickler 2006)。对同步培养的粟酒裂殖酵母细胞进行电镜及荧光原位杂交(FISH)观察,结果显示细胞中不形成经典的 SC 结构,然而能形成线性结构(Molnar et al. 2003)。该结构在每个细胞核中的长度与数量不仅随核的倍性(ploidy)变化,而且在相同倍性的细胞核中也存在很大差异。对端粒、着丝粒及间隔区进行荧光原位杂交观察,其荧光信号能特异性指示同源区的分布状态。观察结果显示,同源区明显分布于特定范围内。这些例子表明了在不同有机体中研究减数分裂的重要性。

5.5.3 联会复合体与重组过程

对同步生长的芽殖酵母性母细胞进行的研究结果显示,SC 的形成与重组过程具有平行关系(Hunter and Kleckner 2001)。DSB 发生在早细线期,即配对与 SC 形成之前。随后形成单链入侵中间体(SEI),同时 CE 开始形成。双 Holliday 结构(DHJ)形成于粗线期,在末粗线期发生解体,形成成熟的交叉结构(见图 5.7)。成熟的 SC 沿同源染色体配对区分布,不仅能促进重组中间体的成熟,也能在交叉形成过程中稳定同源染色体之间的联系(Borner et al. 2004)。

在芽殖酵母、灰盖鬼伞与大孢粪壳的重组缺陷突变体中,SC 的形成同样受阻。例如,当灰盖鬼伞中缺失参与 DNA 修复和同源重组的核酸酶 Mre11 时,轴向成分(axial elements,AE)和 SC 都无法正常形成。在 DSB 缺失条件下,SC 也无法形成(Celerin et al. 2000;Storlazzi et al. 2003)。此外,SC 成分可能是在重组作用位点发生聚集,进而成熟为交叉结构。在野生型的大孢粪壳中,染色体内部 SC 起始位点的数目与 CO、交叉结构及重组结的数目相一致,在两种交换减少的突变体中,其数目也随之减少。由于交换干扰作用先于 SC 的起始,这种干扰作用的传递可能与 SC 的聚集有关。

5.5.4 重组结与同源交换型的关系

重组结(RN)是 SC 的一种高电子密度的亚结构,存在于所有研究过的有机体中,与 SC 的形成与成熟有关(图 5.11A)。RN 是由 Carpenter(1975)命名的,首次发现于果蝇卵母细胞。进一步研究发现，RN 分为两种类型，即早期结（early nodule，EN）和晚期结（late nodule，LN），这两种重组结可以从出现阶段、频率、形状、大小及着色特征加以区别。EN 呈球形或者椭球形，出现于晚细线期至早粗线期，一直与轴向成分（AE）及正在形成的 SC 结构相连（图 5.11C）。LN 比 EN 密度高，形态较为单一，数量较少，出现于粗线期，有时也存在于双线期（Zickler and Kleckner 1999）。在粗糙脉孢菌、大孢粪壳、裂褶菌及灰盖鬼伞 4 种丝状真菌中，这两种重组结的分布特征得到了广泛研究。

根据基因图谱及交叉结构提供的信息推测，在某一特定物种中，中粗线期每个细胞核中 LN 的平均数量与同源交换（CO）数量相一致（Zickler and Kleckner 1999）。同样，LN 的定位与 CO 及交叉结构沿二价体臂的定位相匹配（Zickler et al. 1992）。与 CO 一样，LN 具有臂间与臂内干扰作用，这可以从它们的非泊松分布状态（non-Poisson distribution）分析得知。此外，在小型染色体中，每微米 SC 内 LN 出现的频率高于大型染色体，这与交叉结构的分布相一致（Zickler and Kleckner 1999）。在果蝇和大孢粪壳中，能够降低减数分裂交换或改变交换位点分布状态的突变，同样能够改变后期 RN 的数目与定位（Zickler et al. 1992）。错配修复蛋白 Mlh1、Mlh3、Msh4 及 Msh5p 均是 LN 的组成成分。此外，在芽殖酵母中，与交叉结构成熟有关的一组蛋白 Zip1p、Zip2p 和 Zip3p 可能也参与了 LN 的形成。

与 LN 相比，EN 是均匀分布的，不具有干扰作用。在每个细胞核中，EN 的数量是 LN 数量的 2～100 倍以上。有力的证据表明，EN 代表了在 DSB 阶段及随后阶段重组的相互作用，包括以下三个方面。①EN 出现于晚细线期至早粗线期，分布于非联会 AE 或联会同源染色体的交汇处，这些特征均与 DSB 向单链侵入中间体的转变相一致。与此相比，LN 出现在较晚时期，且专一性地与 SC 中心区域相联系。②Rad51p 能大量聚集于 EN 内，但不聚集于 LN。另外，EN 具有两种稳定状态，暗示 EN 的功能性转变领先于电镜下观察到的形态转变（Anderson et al. 2001）。③在某一特定的有机体中，LN 的形态具有一致性，而 EN 的形态明显呈多样性，即使是在同一个核内也是如此（Zickler and Kleckner 1999）。这种多样性与一系列复杂的蛋白质/DNA 组装进程相对应。然而 EN 与 LN 的关系仍属未知。

5.6　减数分裂过程中染色体的分离

5.6.1　染色体分离的三个先决条件

减数分裂过程中两次分裂成功完成染色体的分离，即同源染色单体间连接的解体，取决于三个先决条件。

第一，每对同源染色体至少存在一个连接点（physical link），这种连接点是通过这对同源染色单体之间形成的交叉实现的（见图 5.8）。在配对过程中，同源染色体被动粒（kinetochore）两两束缚在一起，动粒是由着丝粒结合蛋白在减数分裂期间装配起来的圆盘状结构，内层与着丝粒结合，外层与微管结合。每一个染色体含有两个动粒，位于着丝粒的两侧，分别在相反一侧捕获微管，因此这种交叉结构建立起一种内部极性，从而引导同源染色体的分离。此外，在着丝粒区域（centromeric region），由交叉结构与染色单体间黏聚蛋白(cohesin,这些黏聚蛋白能形成一个复合体,把姊妹染色单体聚在一起)建立的连接作用,能抵消纺锤体的拉力作用,从而产生动粒张力,并稳定双极性附着(attachment)作用。当交叉结构缺失时,染色体将自由附着,并随机运动至任意一极(Storlazzi et al. 2003)。

第二,在减数分裂期Ⅰ,两条姊妹染色单体间的两个动粒必须朝向同一纺锤极体,而在减数分裂期Ⅱ时朝向相反的一极。在芽殖型酵母中,减数分裂特异性蛋白 Mam1 与核仁蛋白 Csm1 及 Lrs4 共同作用,以保证减数分裂期Ⅰ过程中姊妹染色单体动粒的正确朝向。这些蛋白在减数分裂早后期Ⅰ从着丝粒解离,从而利于减数分裂期Ⅱ中姊妹染色单体的共同定位(Rabitsch et al. 2003)。

第三,减数分裂过程中需要进行两次粘连解除事件。第一次是沿同源染色体臂发生的解除作用,以保证减数分裂中期Ⅰ交叉结构的释放;第二次是在减数分裂中期Ⅱ着丝粒位置的解除作用。减数分裂后期Ⅰ姊妹染色单体之间着丝粒连接作用的维持,对于减数分裂期Ⅱ中两条姊妹染色单体的正常分离是很关键的(Lee and Orr-Weaver 2001)。姊妹染色单体过早的分离或者不能准时分离,均将导致染色体的非均等分裂,从而引起配子中染色体的失衡(Katis et al. 2004)。染色体转移过程中发生的错误,将导致非整倍性(aneuploid)配子/孢子的形成,这种配子/孢子含有过多或过少的染色体,是导致包括真菌在内的所有有机体不育的主要原因(Lee and Orr-Weaver 2001)。

5.6.2 染色体和姊妹染色单体分离受到黏聚蛋白复合体的调节

姊妹染色单体之间的粘连是染色体分离的关键。无论在有丝分裂还是减数分裂中,这种粘连作用均是由进化保守的染色体蛋白“黏聚蛋白(cohesin)”所介导的。黏聚蛋白复合体(cohesin complex)的功能是把姊妹染色单体粘连在一起,它由两个长螺旋蛋白 Smc1 与 Smc3,以及两个调控亚基 Scc1/Mcd1/Rad21 与 Scc3 组成。该复合体的所有成分都是粘连作用所必需的,其中任何一个成分的突变均会导致姊妹染色单体过早分离。有证据表明,在减数分裂及有丝分裂过程中,黏聚蛋白复合体在染色体上的装配发生于 S 期或者 S 期结束后不久。在分裂后期的开始阶段连接复合体在 Scc1/Rad21 亚基的水解作用下发生降解,从而引发染色单体分离(Nasmyth 2001)。通过染色质免疫共沉淀技术对芽殖酵母染色体进行研究,表明黏聚蛋白倾向于与富 AT 区进行结合。在有丝分裂细胞与减数分裂细胞中,这种定位模式非常相似。在减数分裂过程中,黏聚蛋白的定位与启始减数分裂重组的 DSB 定位间存在负的相关性:DSB 倾向于发生在富 GC 区,该区域很少出现黏聚蛋白;黏聚蛋白倾向定位于 DSB 含量较低的区域。黏聚蛋白不仅在染色体分离过程中发挥作用,同样在同源重组介导的 DNA 修复中扮演重要角色。

至少有三种减数分裂特异性黏聚蛋白亚基存在变异型。在迄今被研究的所有物种中,Rec8 可以替代 Scc1/Rad21 的大部分功能(Klein et al. 1999)。Rec8 是减数分裂中着丝粒黏聚(centromeric cohesin)以抵御内切肽链酶 Esp1(separase,一种分离酶)的能力所需要的。例如,在减数分裂过程中,如果 Scc1 替代 Rec8 发挥作用,则减数第一次分裂中期染色体臂与着丝粒位置的黏聚会被破坏(Buonomo et al. 2000)。在裂殖酵母中,Rec8 与 Rad21 均发挥作用,但两者在着丝粒区域具有不同的定位特征,并对动粒附着于微管的模式具有决定作用(Yokobayashi et al. 2003)。Rec11/STAG3 能够部分替代 Scc3 的功能,但其只能在染色体臂上发挥作用,而不能作用于着丝粒。减数分裂需要特异性黏聚蛋白的参与,表明黏聚蛋白在减数分裂过程中功能得到增强(Nasmyth 2001)。

通过对黏聚蛋白突变体进行表型测定,人们发现黏聚蛋白在减数分裂过程中至少具有 4 种功能。

(1) 黏聚蛋白是 DNA 双链断裂(DSB)修复调节所需要的。在 *REC8*、*SMC3* 或 *SCC3* 缺失条件下,DSB 能够正常形成,但无法进行正常修复,从而导致重组几率显著下降,双线期形成大量受损染色体。这与 Rad51 局部过度积累的表型相似(Klein et al. 1999;Pasierbek et al. 2003)。

(2) 黏聚蛋白复合体对沿染色体臂排列的交叉结构具有稳定作用。当同源染色体之间通过交叉结构相连时,Rec8 的切割作用是同源染色体分离所必需的(Buonomo et al. 2000)。

(3) 黏聚蛋白与联会复合体(SC)的轴向成分(AE)发生共定位,这是 SC 的组装需要的(Eijpe et al. 2003;Revenkova et al. 2004)。①当 Rec8 或 Scc3 发生缺失时,SC 无法形成(Klein et al. 1999;Pasierbek et al. 2003);②黏聚蛋白核心提供了一个支架,用于结合 AE 和重组蛋白成分。在 AE 的组成成分 SCP3 和 SCP2 缺失条件下,中心区蛋白 SCP1 形成 SC,表明黏聚蛋白复合体的组装作用足以将 SCP1 固定于染色体轴;③免疫共沉淀实验表明,黏聚蛋白能直接与 SCP2 及 SCP3 进行结合(Eijpe et al. 2000);④在芽殖酵母及秀丽新小杆线虫(*C. elegans*)中,AE 组件似乎对姊妹染色单体间的粘连具有增强作用。编码 AE 组件的基因发生突变,将导致减数分裂期 I 中姊妹染色单体的过早分离。此外,AE 成分沿染色体臂的定位能持续至减数分裂后期 I,表明其在维持姊妹染色单体的粘连方面扮演重要角色(Lee and Orr-Weaver 2001;Eijpe et al. 2003)。

(4) 减数分裂特异性黏聚蛋白 SMC1β 也是染色体有序变化所需要的。当 SMC1β 缺失时,AE 和 SC 变短,染色体环增大(Revenkova et al. 2004)。

5.6.3 与姊妹染色单体黏聚及分离相关的其他重要蛋白

除黏聚蛋白外,还有一些蛋白质对于减数分裂期间姊妹染色单体粘连作用的产生与维持十分重要。在减数分裂期 I 中,迄今发现有 5 种蛋白质对着丝粒粘连具有保护作用。

(1) Sgo1 蛋白

在黑腹果蝇(*Drosophila melanogaster*)中,MEI-S332 与 ORD 蛋白是维持姊妹染色单体间的粘连所需的,这种维持作用持续至第二次分裂后期(Balicky et al. 2002)。在裂殖酵母及芽殖酵母中,存在一种与 MEI-S332 类似的蛋白质 Sgo1,该蛋白在减数分裂期 I 与减数分裂期 II 中,均能与着丝粒 DNA 进行结合。Sgo1 不仅能使着丝粒 Rec8 蛋白免受分离酶的降解,而且保证姊妹染色单体着丝粒在减数分裂期 II 进行正常分离。通过对微管的调节作用,Sgo1 可能还在纺锤体校正(spindle checkpoint)过程中扮演重要角色。因此,Sgo1 可能使着丝粒黏聚与动粒/微管间得以建立联系。Sgo1 的功能可能具有保守性,在粗糙脉孢菌及灰巨座壳中均存在其同源物(Kitajima et al. 2004;Rabitsch et al. 2004)。

(2) Bub1 蛋白

保守的纺锤体校正激酶(spindle-checkpoint kinase)Bub1 也是维持 Rec8 在着丝粒的定位,以及着丝粒在减数分裂期Ⅱ中发生正常解离所需要的(Beranrd et al. 2001)。

(3) Spo13 蛋白

芽殖酵母减数分裂特异性蛋白(迄今未发现其同源物)Spo13 通过促进 Mam1 向着丝粒的募集,从而防止减数姊妹染色单体在减数分裂中期Ⅰ发生双向定位(Katis et al. 2004)。

(4) Rad9 蛋白

由 Scc2/Mis4/Rad9 与 Scc4 形成的复合体,是黏聚蛋白复合体在染色体上的装配所需的,从而在减数分裂过程中姊妹染色单体的粘连方面发挥作用。在灰盖鬼伞的 *rad9* 突变体中,粘连无法正常形成,同源染色体配对及染色体浓缩(condensation)均无法正常进行。然而,在 *spo22/msh5* 突变株(即缺失一个姊妹染色单体的突变株)中,*RAD9* 的突变仅导致同源配对的部分缺陷,因此,Rad9p 在同源配对过程中的作用可能并不仅仅是通过控制黏聚蛋白复合体的装配而实现的(Cummings et al. 2002)。

(5) Spo76/BIMD/Pds5 蛋白家族

Spo76/BIMD/Pds5 蛋白家族成员是基本染色体结构蛋白中的保守成分,能从有丝分裂循环中进行募集,从而在减数分裂过程中发挥作用。它们可能是染色体结构的形态转变,以及减数分裂中期染色体的浓缩所需要的,因为在大孢粪壳(*S. macrospora*)及芽殖酵母的 *spo76/pds5* 突变体中,染色体粘连及浓缩作用均存在缺陷。Spo76/Pds5 虽然与黏聚蛋白复合体定位于相同的染色体位点,但不是黏聚蛋白复合体的组成成分,而 Scc1/Mcd1 是 Pds5 在染色体上的定位所需要的(van Heemst et al. 2001;Hartman et al. 2000)。

除在染色体形态转变过程中发挥作用外,Spo76/Pds5 还与细胞周期进程有关。在人细胞中,Spo76/Pds5 的同源蛋白 AS3 是一种可能的肿瘤抑制因子;在构巢曲霉中,其同源蛋白 BIMD 是有丝分裂进程中的负调节因子,其过表达能使有丝分裂在 G_1 期发生阻断(van Heemst et al. 2001)。上述蛋白质的突变体均对 DNA 损伤高度敏感。Spo76p 也是减数分裂起始后阶段(post-initiation stage)染色体内部同源重组所需要的。在 *bimD6* 突变体中,同源染色体重组几率降低,但能正常进行染色体内部重组,表明 BIMD/Spo76 与染色体自身重组修复不具有相关性(van Heemst et al. 2001)。在大孢粪壳的 *spo76-1* 突变体中,染色体的粘连与浓缩在有丝分裂前中期(mitotic prometaphase)及减数分裂偶线期均无法正常进行,表明 Spo76p 在这个关键的染色体转换阶段扮演重要角色。此外,Spo76-GFP 在减数分裂前期比在有丝分裂前期呈现更强的线性排列信号,表明 Spo76 对姊妹染色单体沿减数分裂轴向的粘连具有增强作用(图 5.10)。减数分裂过程中染色体轴完整性的维持,以及 SC 的形成均依赖于 Spo76。在减数分裂过程中,Spo76/Pds5p 可能具有双向作用:一方面能使重组及交叉结构形成位点发生局部去稳定化,另一方面能维持其他位置染色体轴的完整性(Storlazzi et al. 2003)。

5.6.4 从减数分裂到孢子形成

遗传学上定义的交配型(mating type)一般仅在大多数丝状真菌的发育过程中存在。

子囊及子囊孢子的形态发生与细胞分化的许多特征具有相关性,这是真菌所特有的。例如,在单细胞子囊中,减数分裂与减数分裂后有丝分裂(postmeiotic mitosis,PMM)将导致4个或8个新细胞的形成。因此,纺锤体必须进行规则分裂与区域化。首先平行于长轴分裂,形成两个减数分裂纺锤体,然后穿越细胞长轴进行规则分隔,形成PMM纺锤体。肌动蛋白及微管组装过程的受阻,将引起纺锤体的定位异常,从而导致非正常形状子囊的形成(Shiu et al. 2001)。在次级同宗配合种(secondary homothallic species)的子囊内,具有相反交配型的两个核必须存在于每个子囊孢子中,而两个核之间遗传物质的交叉重组是十分重要的。在该过程中,纺锤体在减数分裂及PMM阶段的定位受到极为严格的调控。此外,在这些物种中,具有相反交配型的细胞核的装配与运输机制存在差异。在四孢脉孢菌(*N. tetrasperma*)类型的真菌中,交配型在减数第一次分裂期间发生分离。在减数第二次分裂期间,纺锤体有序重叠,使具有相反交配型的细胞核成对移向细胞两极,以保证PMM的正常进行。在鹅柄孢壳(*P. anserina*)等其他次级同宗配合真菌中,交配型在减数分裂期Ⅱ中发生分离,每个细胞核必须与具有相反交配型的细胞核相连,以形成成对分裂的PMM纺锤体(Raju and Perkins 1994)。

药物干扰与免疫荧光技术的研究结果显示,子囊的形成、单个核或成对核的正常迁移很少依赖于完整的微管,而主要依赖于肌动蛋白微纤维及肌动蛋白-肌球蛋白相互作用。从PMM至孢子形成的过程中,相反交配型的两个细胞核彼此非常邻近,形成双核子囊孢子。此外,SPB与其星状体(aster)相连,协同进行迁移与定位,这种连接作用仅在孢子形成后才解体(Thompson-Coffe and Zickler 1993,1994)。在减数分裂过程中及减数分裂后,纺锤体与细胞核定位的重要性能通过孢子缺陷突变株的极端表型得以反映(Raju 1992)。对鹅柄孢壳交配型突变株的遗传学与细胞学分析表明,交配型相关基因是双亲代性(biparental)双核子囊孢子的形成所必需的。交配型的改变将导致单核子囊或单亲代性(uniparental)双核子囊孢子的形成。担子菌的超显微结构分析同样表明,SPB与纺锤体的分隔与担孢子的正常形成具有明显的关系。然而,诸如细胞核如何相互区别,如何保持自身的特征,以及如何精确进行核移动等问题,尚有待进一步研究。关于子囊菌和担子菌交配型及子实体的形成请参阅第9章和第10章。

5.7 讨论

1. 长期以来,减数分裂的分析局限于细胞学角度,这种分析可以清晰描绘出与染色体形态相关的各个时期及纺锤极体的重要作用。进入21世纪后,减数分裂配对与重组方面的研究取得了重大进展。然而,在过去的40多年间,人们尽管在配对与联会方面取得了许多重要发现,但仍存在尚未解决的问题。①尚未明确同源染色体识别及联会复合体功能的调控机制;②尽管许多蛋白质介导联会复合体的形成,并且姊妹染色单体粘连结构发挥了重要作用,但人们对这些蛋白质的作用机制仍知之甚少;③尽管人们对重组过程的某些步骤有了清晰的认识,但对引发DNA双链断裂(DSB)形成同源交换或同源非交换的信号仍未明确;④在DNA交换过程中存在组织及功能方面复杂的相互作用,两个亟待解决的关键问题是,交叉干扰与专一性交叉结构是如何产生的?交叉结构是通过什么机制形成并稳定存在于染色体浓缩阶段的?

2. 减数分裂的另一个重要方面是细胞学进程。许多研究表明,用于调控有丝分裂进程的细胞周期机制同样被用于调控减数分裂进程。然而,在减数分裂进程中,大多数减数分裂特异性修饰过程尚未明确。此外,人们对保证减数分裂或孢子形成正常进行的机制仍知之甚少。人们期待与减数分裂有关的新型蛋白的发现,将为染色体生物学中长期困扰人们的问题提供令人满意的答案。

3. 鉴于芽殖酵母在遗传学、生理学、细胞学及生物化学研究方面具有的独特优势,迄今在减数分裂过程中取得的大多数成果都是基于对芽殖酵母的研究而发现的。尽管减数分裂是一个高度保守的过程,但通过对芽殖酵母与粟酒裂殖酵母、灰盖鬼伞、大孢粪壳的比较研究发现,减数分裂机制在不同有机体中具有差异性。

4. 对粗糙脉孢菌的研究表明,在两个亲缘关系非常密切的物种间,造成生殖隔离的一个重要原因是基因组中存在大量小型的重排事件。将来的研究可能会通过基因组测序手段,鉴定不同物种间与减数分裂有关的重要蛋白的同源物。在酿酒酵母与其他真菌、植物及动物间,许多基因具有同源性,因此人们可以通过免疫学定位及反向遗传学手段来研究不同有机体间减数分裂过程的相似性。然而,尽管存在这种同源性,但还有一些具有类似功能的结构蛋白不具有明显的序列相似性,如 SC 成分及起始重组或保护着丝粒粘连结构的蛋白成分。

5. 对减数分裂的研究需要借助结构生物学与生物化学相结合的技术。研究者们还将通过遗传学与高分辨率的细胞学分析手段,鉴定减数分裂过程中具有保守功能的基因或真菌特有的基因。一旦明确了某些基因的功能,我们还将揭开减数分裂过程进化的面纱。能否解决上述问题,关系到能否发现真菌界不同物种在减数分裂过程中尚未明确的联系。

参考文献

Alberts B, Johnson A, Lewis J et al. 2002. Molecular Biology of the Cell. 4th ed. New York: Garland Science

Allers T, Lichten M. 2001. Differential timing and control of noncrossover and crossover recombination during meiosis. Cell, 106: 47-57

Anderson LK, Hooker KD, Stack SM. 2001. Distribution of early recombination nodules on zygotene bivalents from plants. Genetics, 159: 1259-1269

Arora C, Kee K, Maleki S et al. 2004. Antiviral protein Ski8 is a direct partner of Spo11 in meiotic DNA break formation, independent of its cytoplasmic role in RNA metabolism. Mol Cell, 13: 549-559

Balicky EM, Endres MW, Lai C et al. 2002. Meiotic cohesion requires accumulation of ORD on chromosomes before condensation. Mol Biol Cell, 13: 3890-3900

Bernard P, Maure JF, Javerzat JP. 2001. Fission yeast Bub1 is essential in setting up the meiotic pattern of chromosome segregation. Nat Cell Biol, 3: 522-526

Bojko M. 1990. Synaptic adjustment of inversion loops in *Neurospora crassa*. Genetics, 124: 593-598

Borde V, Goldman AS, Lichten M. 2000. Direct coupling between meiotic DNA replication and recombination initiation. Science, 290: 806-809

Borner GV, Kleckner N, Hunter N. 2004. Crossover/noncrossover differentiation, synaptonemal complex formation, and regulatory surveillance at the leptotene/zygotene transition of meiosis. Cell, 117: 29-45

Bos JC. 1996. Fungal Genetics-Principles and Practice. New York: Marcel Dekker, Inc

Bouchonville K, Forche A, Tang KE et al. 2009. Aneuploid chromosomes are highly unstable during DNA transformation of *Candida albicans*. Eukaryot. Cell, 8: 1554-1566

Bouhouche K, Zickler D, Debuchy R et al. 2004. Altering a gene involved in nuclear distribution increases the repeat-induced point mutation process in the fungus *Podospora anserina*. Genetics, 167: 151-159

Buonomo SB, Clyne RK, Fuchs J et al. 2000. Disjunction of homologous chromosomes in meiosis I depends on proteolytic cleavage of the meiotic cohesin Rec8 by separin. Cell, 103: 387-398

Butler DK, Metzenberg RL. 1989. Pre-meiotic change of nucleolus organizer size in *Neurospora*. Genetics, 122: 783-791

Cambareri EB, Jensen BC, Schabtach E et al. 1989. Repeat-induced G-C to A-T mutations in *Neurospora*. Science, 244: 1571-1575

Carpenter ATC. 1975. Electron microscopy of meiosis in *Drosophila melanogaster* females. II. The recombination nodule a recombination-associated structure at pachytene? Proc Natl Acad Sci USA, 72: 3186-3189

Celerin M, Merino ST, Stone JE et al. 2000. Multiple roles of Spo11 in meiotic chromosome behavior. EMBO J, 19: 2739-2750

Cha RS, Weiner BM, Keeney S et al. 2000. Progression of meiotic DNA replication is modulated by interchromosomal interaction proteins, negatively by Spo11p and positively by Rec8p. Genes Dev, 14: 493-503

Chen YK, Leng CH, Olivares H et al. 2004. Heterodimeric complexes of Hop2 and Mnd1 function with Dmc1 to promote meiotic homolog juxtaposition and strand assimilation. Proc Natl Acad Sc iUSA, 101: 10572-10577

Chiu SW, Moore D. 1999. Sexual development of higher fungi. In: Molecular fungal biology. (ed. Oliver RP & Schweizer M). Cambridge: Cambridge University Press. 231-271

Collins I, Newlon CS. 1994. Chromosomal DNA replication initiates at the same origins in meiosis and mitosis. Mol Cell Biol, 14: 3524-3534

Colot V, Maloisel L, Rossignol J-L. 1996. Interchromosomal transfer of epigenetic states in*Ascobolus*: transfer of DNA methylation is mechanistically related to homologous recombination. Cell, 86: 855-864

Cummings WJ, Merino ST, Young KG et al. 2002. The *Coprinus cinereus* adherin Rad9 functions in Mre11-dependent DNArepair, meiotic sister-chromatid cohesion, and meiotic homolog pairing. Proc Natl Acad Sci USA, 99: 14958-14963

Davis RH. 1995. Genetics of *Neurospora*. In: The Mycota Ⅱ, Genetics, and Biotechnology. By Kuck U, eds. Berlin: Springer-Verlag

Ding DQ, Yamamoto A, Haraguchi T et al. 2004. Dynamics of homologous chromosome pairing during meiotic prophase in fission yeast. Dev Cell, 6: 329-341

Drinnenberg IA, Weinberg DE, Xie KT et al. 2009. RNAi in budding yeast. Science, 326: 544-550

Eijpe M, Offenberg H, Jessberger R et al. 2003. Meiotic cohesin REC8 marks the axial elements of rat synaptonemal complexes before cohesins SMC1β and SMC3. J Cell Biol, 160: 657-670

EijpeM, Heyting C, GrossB et al. 2000. Association of mammalian SMC1 and SMC3 proteins with meiotic chromosomes and synaptonemal complexes. J Cell Sci, 113: 673-682

FarmanML. 2002. Meiotic deletion at the *BUF1* locus of the fungus *Magnaporthe grisea* is controlled by interaction with the homologous chromosome. Genetics, 160: 137-148

Freedman T, Pukkila PJ. 1993. *De novo* methylation of repeated sequences in *Coprinus cinereus*. Genetics, 135: 357-366

Freitag M, Williams RL, Kothe GO et al. 2002. A cytosine methyltransferase homologue is essential for repeat-induced point mutation in *Neurospora crassa*. Proc Natl Acad Sci USA, 99: 8802-8807

Fulci V, Macino G. 2007. Quelling: post-transcriptional gene silencing guided by small RNAs in *Neurospora crassa*. Current Opinion in Microbiology, 10: 199-203

Fung JC, Rockmill B, Odell M et al. 2004. Imposition of crossover interference through the nonrandomdistribution of synapsis initiation complexes. Cell, 116: 795-802

Galagan JE, Calvo SE, Borkovich KA et al. 2003. The genome sequence of the filamentous fungus *Neurospora crassa*. Nature, 422: 859-68

Gerton JL, DeRisi J, Shroff R et al. 2000. Global mapping of meiotic recombination hotspots and coldspots in the yeast *Saccharomyces cerevisiae*. Proc Natl Acad Sci USA, 97: 11383-11390

Gpyon C, Faugeron G, Rossignol JL. 1988. molecular cloning and characterization of the *met2* gene from *Ascobolou immerses*. Gene, 63(2): 297-308

Graia F, Lespinet O, Rimbault M et al. 2001. Genome quality control: RIP (repeat-induced point mutation) comes to *Podospora*. Mol Microbiol, 40: 586-595

Hammond TM, Xiao H, Boone EC et al. 2013. Novel proteins required for meiotic silencing by unpaired DNA (MSUD) and siRNA generation in *Neurospora crassa*. Genetics, 112: 148999

Hannon GJ. 2002. RNA interference. Nature, 418: 244-251

Hartman T, Stead K, Koshland D et al. 2000. Pds5p is an essential chromosomal protein required for both sister chromatid cohesion and condensation in *Saccharomyces cerevisiae*. J Cell Biol, 151: 613-626

Hawley RS, Arbel T. 1993. yeast genetics and the fall of the classical view of meiosis. Cell, 72: 301-303

Henderson KA, Keeney S. 2004. Tying synaptonemal complex initiation to the formation and programmed repair of DNA double-strand breaks. Proc Natl Acad Sci USA, 101: 4519-4524

Heywood P, Mcgee PT. 1976. Meiosis in protests, some someuctural and physiological aspects of meiosis in algae, fungi and protozoa. Bacteriol Rev, 40: 190-240

Hollingsworth NM, Brill SJ. 2004. The Mus81 solution to resolution: generating meiotic rossovers without Holliday junctions. Genes Dev, 18: 117-125

Hunter N, Kleckner N. 2001. The single-end invasion: an asymmetric intermediate at the double-strand break to double-Holliday junction transition of meiotic recombination. Cell, 106: 59-70

Ikeda K, Nakayashiki H, Kataoka T et al. 2002. Repeat-induced point mutation (RIP) in *Magnaporthe grisea*: implications for its sexual cycle in the natural field context. Molicrobiol, 45: 1355-1364

Johnson TE. 1976. Analysis of pattern formation in *Neurospora* perithecial development using genetic mosaics. Dev Biol, 54: 23-36

Karp G. 1999. Cell and Molecular Biology: Concepts and Experiments, 2nded. New York: John Wiley & Sons

Katis VL, Matos J, Mori S et al. 2004. Spo13 facilitates monopolin recruitment to kinetochores and regulates maintenance of centromeric cohesion during yeast meiosis. Curr Biol, 14: 2183-2196

Kelly WG, Aranayo R. 2007. Meiotic silencing and the epigenetics of sex. Chromosome Res, 15: 633-651

Kitajima TS, Kawashima SA, Watanabe Y. 2004. The conserved kinetochore protein shugoshin protects centromeric cohesion during meiosis. Nature, 427: 510-517

Klein F, Mahr P, Galova M et al. 1999. A central role for cohesions in sister chromatid cohesion, formation of axial elements, and recombination during yeast meiosis. Cell, 98: 91-103

Kohli J, Bahler J. 1994. Homologous recombination in fission yeast: absence of crossover interference and synaptonemal complex. Experientia, 50: 295-306

Kutil BL, Seong KY, Aramayo R. 2003. Unpaired genes do not silence their paired neighbors. Curr Genet, 43: 425-432

Lee DW, Pratt RJ, McLaughlin M et al. 2003. An argonaute-like protein is required for meiotic silencing. Genetics, 164: 821-828

Lee DW, Seong KY, Pratt RJ et al. 2004. Properties of unpaired DNA required for efficient silencing in *Neurospora crassa*. Genetics, 167: 131-150

Lee JY, Orr-Weaver TL. 2001. The molecular basis of sisterchromatid cohesion. Annu Rev Cell Dev Biol, 17: 753-777

Lu BC. 1993. Spreading the synaptonemal complex of *Neurospora crassa*. Chromosoma, 102: 464-472

Malagnac F, Wendel B, Goyon C et al. 1997. A gene essential for de nove methylation and development in *Ascobolus* reveals a novel type of eukaryotic DNA methyltransferase structure. Cell, 91: 281-290

Maloisel L, Rossignol J-L. 1998. Suppression of crossingover by DNA methylation in *Ascobolus*. Genes Dev, 12: 1381-1389

Malone CD, Hannon GJ. 2009. Small RNAs as guardians of the genome. Cell, 136: 656-668

Mautino MR, Rosa AL. 1998. Analysis of models involving enzymatic activities for the occurrence of C→T transition mutations during repeat-induced point mutation (RIP) in *Neurospora crasa*. J Theor Biol, 192 (1): 61-71

Miao VP, Covert SF, VanEtten HD. 1991. A fungal gene for antibiotic resistance on a dispensable ("B") chromosome. Science, 254: 1773-1776

Mikosch TS, Sonnenberg AS, Van Griensven LJ. 2001. Isolation, characterization, and expression patterns of a DMC1 homolog from the basidiomycete *Pleurotus ostreatus*. Fungal Genet Biol, 33: 59-66

Min Ni, Feretzaki M, Sun S et al. 2011. Sex in Fungi. Annu Rev Genet, 45:405-430

Moens PB. 1994. Molecular perspectives of chromosome pairing at meiosis. Bioessays, 16:101-106

Molnar M, Doll E, Yamamoto A et al. 2003. Linear element formation and their role in meiotic sister chromatid cohesion and chromosome pairing. J Cell Sci, 116:1719-1731

Moore D, Frazer LAN. 2002. Essential Fungal Genetics. New York: Springer-Verlag Inc. 124-160

MunzP. 1994. Ananalysis of interference inthe fissionyeast *Schizosaccharomyces pombe*. Genetics, 137:701-707

Nakayashiki H, Kadotani N, Mayama S. 2006. Evolution and diversification of RNA silencing proteins in fungi. J Mol Evol, 63: 127-135

Nasmyth K. 2001. Disseminating the genome: joining, resolving, and separating sister chromatids during mitosis and meiosis. Annu Rev Genet, 35:673-745

Page SL, Hawley RS. 2004. The genetics and molecular biology of the synaptonemal complex. Annu Rev Cell Dev Biol, 20: 525-558

Pasierbek P, Fodermayr M, Jantsch Vet al. 2003. The *Caenorhabditis elegans* SCC-3 homologue is required for meiotic synapsis and for proper chromosome disjunction in mitosis and meiosis. Exp Cell Res, 289:245-255

Perkins DD, Margolin BS, Selker EU et al. 1997. Occurrence of repeat induced pointmutation in long segmental duplications of *Neurospora*. Genetics, 147:125-136

Pitkin JW, Nikolskaya A, Ahn J-H et al. 2000. Reduced virulence caused by meiotic instability of the *TOX2* chromosome of the maize pathogen *Cochliobolus carbonum*. Mol Plant Microbe Interact, 13:80-87

Pogeler S. 2002. Genomic evidence for mating abilities in the asexual pathogen *Aspergillus fumigatus*. Curr Genet, 42:153-160

Qiu LY, Yu C, Qi YC et al. 2009. Recent advances on fungal epigenetic. Chinese J Cell Biol, 31:212-216

Rabitsch KP, Gregan J, Schleiffer A et al. 2004. Two fission yeast homologs of *Drosophila* MEI-S332 are required for chromosome segregation during meiosis I and II. Curr Biol, 14:287-301

Rabitsch KP, Petronczki M, Javerzat JP et al. 2003. Kinetochore recruitment of two nucleolar proteins is required for homolog segregation inmeiosis I. Dev Cell, 4:535-548

Raju NB, Perkins DD. 1994. Diverse programs of ascus development in pseudohomothallic species of *Neurospora*, *Gelasinospora*, and *Podospora*. Dev Genet, 15:104-118

Raju NB. 1980. Meiosis and ascospore genesis in *Neurospora*. Eur J Cell Biol, 23:208-223

Raju NB. 1992. Genetic control of the sexual cycle in *Neurospora*. Mycol Res, 96:241-262

Revenkova E, Eijpe M, Heyting C et al. 2004. Cohesin SMC1β is required formeiotic chromosome dynamics, sister chromatid cohesion and DNA recombination. Nat Cell Biol, 6:555-562

Rhounim L, Rossignol JL, Faugeron G. 1992. Epimutation of repeated genes in *Ascobolus immersus*. EMBO J, 11:4451-4457

Selker EU, Cambareri EB, Jensen BC et al. 1987. Rearrangement of duplicated DNA in specialized cells of *Neurospora*. Cell, 51 (5):741-752

Selker EU. 2002. Repeat-induced gene silencing in fungi. Adv Genet, 46:439-450

Sharif WD, Glick GG, Davidson MK et al. 2002. Distinct functions of *S. pombe* Rec12 (Spo11) protein and Rec12-dependent crossover recombination (chiasmata) in meiosis I; and a requirement for Rec12 in meiosis II. Cell Chromosome, 1:1-14

Shiu PK, Metzenberg RL. 2002. Meiotic silencing by unpaired DNA: properties, regulation and suppression. Genetics, 161: 1483-1495

Shiu PK, Raju NB, Zickler D et al. 2001. Meiotic Silencing by Unpaired DNA. Cell, 107:905-916

Storlazzi A, Tesse S, Gargano S et al. 2003. Meiotic double-strand breaks at the interface of chromosome movement, chromosome remodeling, and reductional division. Genes Dev, 17:2675-2687

Tesse S, Storlazzi A, Kleckner N et al. 2003. Localization and roles of Ski8p protein in *Sordaria* meiosis and delineation of three mechanistically distinct steps ofmeiotic homolog juxtaposition. ProcNatl Acad Sci USA, 100:12865-12870

Thompson-Coffe C, Zickler D. 1993. Cytoskeletal interactions in the ascus development and sporulation of *Sordaria macrospora*. J Cell Sci, 104:883-898

Thompson-Coffe C, Zickler D. 1994. How the cytoskeleton recognizes and sorts nuclei of opposite mating type during the sexual cycle in filamentous ascomycetes. Dev Biol, 165: 257-271

Tzeng TH, Lyngholm LK, Ford CF. 1992. A restriction fragment length polymorphism map and electrophoretic karotype of the fungal maize pathogen *Cochliobolus heterostrophus*. Genetics, 130: 81-96

Van Heemst D, Heyting C. 2000. Sister chromatid cohesion and recombination in meiosis. Chromosoma, 109: 10-26

Van Heemst D, Kafer E, John T et al. 2001. *BimD/Spo76* is at the interface between cell cycle progression, chromosome morphogenesis and recombination. Proc Natl Acad Sci USA, 98: 6267-6272

Von Wettstein D, Rasmussen SW, Holm PB. 1984. The synaptonemal complex in genetic segregation. Annu Rev Genet, 18: 331-413

Wang X, Hsueh Y-P, Li W et al. 2010. Sex-induced silencing defends the genome of *Cryptococcus neoformans* via RNAi. Genes Dev, 24: 2566-2582

Yokobayashi S, Yamamoto M, Watanabe Y. 2003. Cohesins determine the attachment manner of kinetochores to spindle microtubules at meiosis I in fission yeast. Mol Cell Biol, 23: 3965-3973

Yu HG, Koshland DE. 2003. Meiotic condensin is required for proper chromosome compaction, SC assembly, and resolution of recombination-dependent chromosome linkages. J Cell Biol, 163: 937-947

Zickler D, Kleckner N. 1999. Meiotic chromosomes: integrating structure and function. Annu Rev Genet, 33: 603-754

Zickler D, Moreau PJ, Huynh AD et al. 1992. Correlation between pairing initiation sites, recombination nodules and meiotic recombination in *Sordaria macrospora*. Genetics, 132: 135-148

Zickler D. 1977. Development of the synaptonemal complex and the "recombination nodules" during meiotic prophase in the seven bivalents of the fungus *Sordaria macrospora* Auersw. Chromosoma, 61: 289-316

Zickler D. 2006. Meiosis in Mycelial Fungi. In: Wessels JGH, MeinhardtF(eds) The Mycota I,. Growth, differentiation, and sexuality. NewYork: Springer, 415-438

Zickler D. 2009. Observing Meiosis in Filamentous Fungi: *Sordaria* and *Neurospora*. Meiosis methods in molecular biology. Volume 2: Cytological Methods, 558: 91-114

6 真菌的极性生长

6.1 引言

真菌的基本菌体形态有菌丝型、酵母型和假菌丝型三种类型，它们均以极化的方式进行极性生长（polarized growth）。①真菌菌丝型生长被高度极化。如在粗糙脉孢菌（*N. crassa*）中，菌丝能以16 μm/min 的速度生长，该过程中每分钟需要37 000个囊泡的定向运动并与生长点融合。②单细胞的酵母同样表现出极性生长，其速度比粗糙脉孢霉低两个数量级，它们的极性生长表现为出芽繁殖。③在细胞循环的 G_2 后期，细胞生长方式转变为均向生长（isotropic growth）以前，酵母的幼芽从芽尖端以一种极性方式开始生长。在细胞质分裂过程中，极性生长朝向芽颈部以形成次级隔膜。在氮源限制生长过程中，顶端与均向生长转换的延迟，以及胞质分裂后细胞分裂的缺失导致形成伸长的链状细胞，亦为假菌丝。棉花病原菌棉阿舒囊霉（*A. gossypii*）能在酵母态、菌丝态及假菌丝态三种生长形态中发生转换，也就是说，它们拥有这三种菌体形态。同样，白假丝酵母（*C. albicans*，又称白念珠菌）在不同的环境条件下也形成三种类型（图6.1）。

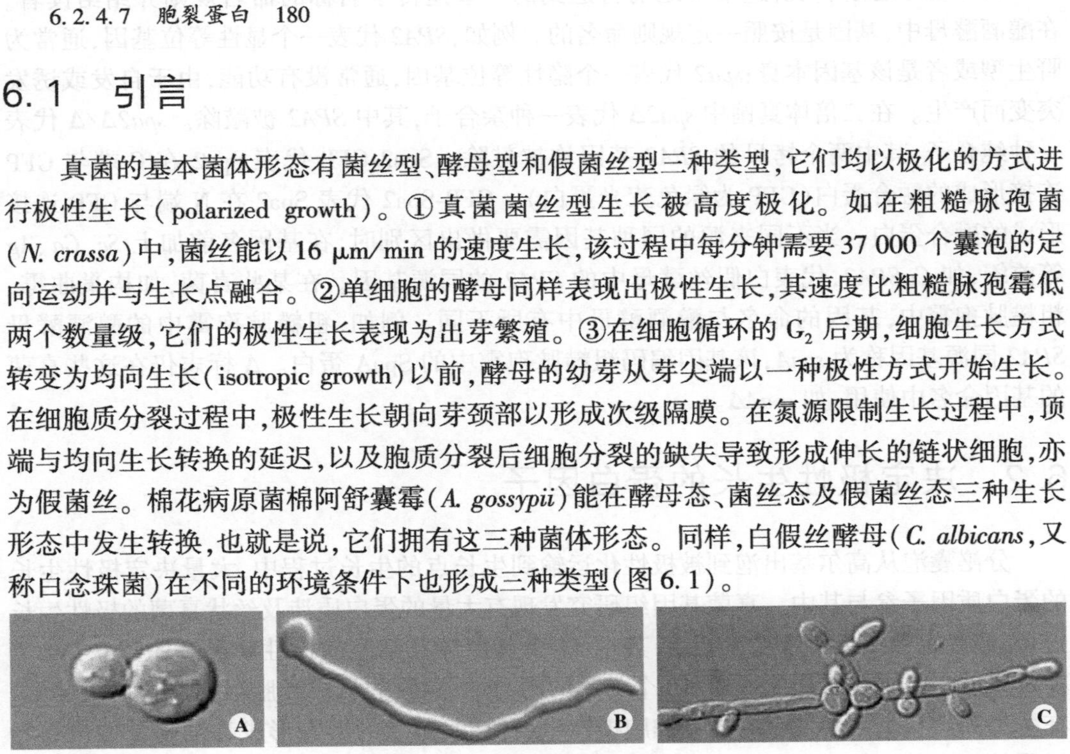

图6.1 真菌菌体生长的三种形态

A. 酿酒酵母的出芽生长；B. 孢子萌发形成的菌丝；C. 酵母型菌体形成的假菌丝

真菌细胞的生长过程是通过分泌型囊泡的膜与原有细胞膜的融合，以及囊泡的内容物为新细胞壁的合成提供原材料和酶类而实现质膜和细胞壁的共同扩展，这满足了细胞新生物量形成的需要而又增加了自身的表面积。在酿酒酵母(*S. cervisiae*)中，分泌途径的缺陷能够阻断该过程，从而导致细胞死亡。如果分泌囊泡无限制地与整个细胞表面随机融合，细胞将均向生长，即细胞将朝各个方向均匀生长。然而，真菌细胞通常是以一种高度极性的方式进行生长的，在这种方式中，细胞生长位点仅局限于细胞表面的一小部分区域。这种极性生长需要分泌囊泡借助细胞骨架的马达蛋白向生长位点运输，以及囊泡与质膜在生长位点的融合。

在第 1 章介绍了肌动蛋白、微管和胞裂蛋白等细胞骨架成分，以及它们在极性生长过程中扮演的重要角色，在此基础上，本章将介绍以下 4 部分内容。①目前所知的分泌囊泡运输的过程，包括分泌囊泡从高尔基体释放并沿肌动蛋白骨架运动，进而与胞吐复合物(exocyst complex)融合。②Cdc42 及其他 Rho 型 GTPase 在极性生长相关的许多过程中的控制作用，包括极性生长位点的标记、标记引起的 Cdc42 的激活及 Cdc42 下游因子引起的多效作用。③酵母出芽的生长与菌丝顶端的延伸生长存在明显的差异，一个关键的问题是经过修饰后的酵母出芽生长模式是否适用于菌丝生长，或者是否有某些本质上不同的机制在发挥作用。④顶体是分泌囊泡在菌丝顶端或邻近菌丝顶端处的聚集体，在酵母中尚未发现有这种类似结构。对顶体分子组成的研究尚处于早期阶段，但人们早已发现顶体在驱动菌丝顶端延伸过程中发挥核心作用。

为了便于理解，在讲述本节之前将遇到的一些遗传学名称的命名规则介绍给读者。在酿酒酵母中，基因是按照一定规则命名的。例如，*SPA2* 代表一个显性等位基因，通常为野生型或者是该基因本身；*spa2* 代表一个隐性等位基因，通常没有功能，由于自发或诱发突变而产生。在二倍体真菌中 *spa2Δ* 代表一种杂合子，其中 *SPA2* 被敲除。*spa2Δ/Δ* 代表一种纯合子，其中两个拷贝的 *SPA2* 基因均被敲除。Spa2-GFP 代表 Spa2 在 C 端与 GFP 连接形成的融合蛋白(GFP 为绿色荧光蛋白)。GFP-Spa2 代表 Spa2 在 N 端与 GFP 连接形成的融合蛋白。当不同来源的同种基因需要做出区别时，在基因名前加上 *Sc*、*Ca*、*Ag* 等前缀，如 *CaSPA2*，代表白假丝酵母中的 *SPA2* 的同源基因。在某些真菌，如构巢曲霉、粗糙脉孢霉中，基因的命名与酿酒酵母中有所不同。例如，粗糙脉孢霉中的酿酒酵母 *SPA2* 同源基因称为 *spaA*，该基因编码粗糙脉孢霉中的 SpaA 蛋白。Δ 标志仍在这些真菌的基因命名中使用，如 *spaAΔ*。

6.2 决定极性生长的蛋白因子

分泌囊泡从高尔基出泡到被极性化运输到生长点的生长过程中，大量决定极性生长的蛋白质因子参与其中。真菌基因组研究发现有大量的蛋白质涉及丝状真菌的极性生长过程，经鉴定涉及 149 个功能基因，其中 44 个基因涉及细胞的极性和形态的建立，39 个涉及肌动蛋白细胞骨架的形成，66 个与膜的动力学、隔膜的形成和胞吞作用相关。其中，在酵母和丝状真菌中发现的控制细胞极性生长机制、菌丝的形态形成和细胞骨架建立等过程的很多基因是相对保守的(Amicucci et al. 2011)。本节根据目前的资料首先对分泌囊泡向胞吐体的运输过程的分子生物学做一简单的描述，随后把一些重要的蛋白质因子在极性生长过程中的功能做一介绍。

6.2.1 极性分泌

真菌的体细胞将在内质网上合成的蛋白质和脂类通过囊泡运输的方式，经过高尔基体进一步加工后运送到细胞内的各个位点，这一过程称为细胞分泌(cell secretion)。极性分泌(polarised secretion)是指按照细胞生长的需求将这些囊泡分选、运送到细胞极性生长的位点。细胞生长和形态发生需要细胞表面的扩大，这个过程通过分泌囊泡来实现。如同细胞肌动蛋白骨架一样，囊泡也极性化移动到形成芽点的部位。当出芽变大以后，囊泡的电子密度变小，这是因为它们很快融合到新形成的细胞膜上所致。

分泌囊泡从高尔基体外侧网络(TGN)网膜上出泡，沿肌动蛋白骨架转运，最后定位于极性生长位点处的复合蛋白结构——胞吐体(Terbush et al. 1996)。图6.2及图2.16中显示一个分泌囊泡依赖于Rab型GTPase Sec4等蛋白质因子从高尔基体至极性生长位点的定向运动，GTPase Sec4能促进分泌囊泡从后高尔基体释放，向顶端生长位点的运动，最终定位于胞吐体中的亚基Sec15(图6.2；位于胞吐体中的标记15的灰色球体)。Sec4是酿酒酵母和白念珠菌生长所必需的，但不为构巢曲霉所必需(Punt et al. 2001)。Sec4以GDP和GTP结合形式循环，该循环过程由其特异性鸟苷酸释放因子Sec2及一对冗余GTPase激活蛋白(redundant GTPase activating protein，GAP)，即Msb3和Msb4所介导(Albert and Gallwitz 2000)。Sec4的极性定位依赖于Sec2，但Sec2的定位不依赖于Sec4，因此Sec2在调节分泌囊泡的运输过程中发挥核心作用。在图6.2左图中，一对冗余Rab型GTPase蛋白Ypt31/Ypt32将Sec2装载于新生的分泌囊泡，形成后期高尔基体组件。Sec2进而募集Sec4促进囊泡脱离高尔基体(Ortiz et al. 2002)。缺失Msb3和Msb4的细胞或Sec4与GTP牢固结合的突变体表现为分泌缺陷。因此，Sec4活性的发挥需要GDP和GTP结合形式的循环(Gao et al. 2003)。当Sec4促进囊泡脱离高尔基体后，分泌囊泡沿肌动蛋白骨架运动的驱动力由V形肌球蛋白Myo2提供，Myo2与其调节轻链Mlc1形成复合物。Myo2和Mlc1均朝向生长位点进行极性定位(图6.2右图)。遗传学和生物化学证据表明，Myo2、Mlc1、Sec2、Sec4及Ypt31/Ypt32在分泌囊泡膜上相互作用，引起Myo2的激活，后者沿肌动蛋白束运输分泌囊泡到顶端。一旦囊泡锚定在胞吐体，囊泡将与质膜发生融合(Bielli et al. 2006)，该过程受到v-SNARE、Snc1，以及由Sso1或Sso2与Sec9构成的t-SNARE相互作用的调控，而这种相互作用又受到Sec1的促进。分泌囊泡的定位与融合包括一种四聚体复合物的形成，该复合物由Snc1的一个α螺旋、Sso1/Sso2的一个α螺旋及Sec9的两个α螺旋构成。在粗糙脉孢菌菌丝生长过程中，Sso1/2 t-SNARE的同源物也是极性生长所必需的。当*SAC9*温度敏感型突变体处于限制性温度条件时，Sec4能够发生极性定位，因此，囊泡融合被认为发生于囊泡定位之后(Pelham 2001)。

图6.2介绍了Rho3-GTP与Cdc42-GTP共同作用，促进分泌囊泡的锚定。Msb3使胞吐体与极体间建立联系，并使Cdc42-GDP固定于极性生长位点，作为一个提供能转变为Cdc42-GTP的储存库。

本节内容，涉及极性生长过程中众多决定极性生长的蛋白质因子，对于初学者可能难

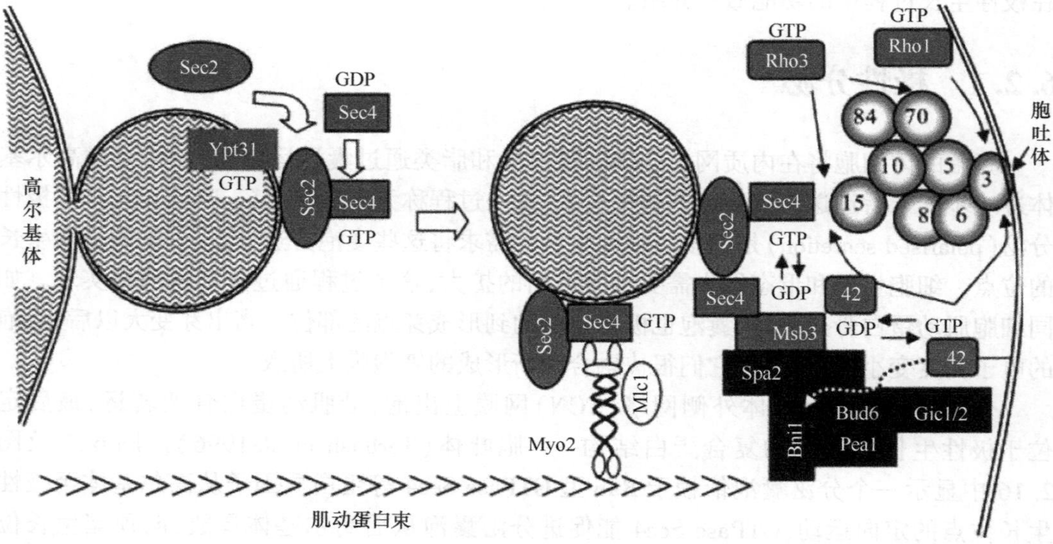

图 6.2 极性分泌

分泌型囊泡从高尔基体释放，沿着由极体（黑色方盒）介导聚集的肌动蛋白束转运，继而锚定于胞吐体（多个灰色带有编码的小球体）。左侧图中，通过 Ypt31 的介导，Sec2 被装载到分泌型囊泡上，Sec2 继而激活 Sec4，从而促进分泌囊泡从高尔基体的释放。囊泡运动的驱动力来自 Myo2/Mlc1，后者与 Sec2/Sec4 在分泌囊泡表面形成复合物。分泌囊泡与胞吐体的锚定包括 Sec4 与胞吐体成分 Sec15 的相互作用。Rho1-GTP 与 Cdc42-GTP 共同作用，使胞吐体标记物 Sec3（灰色球 3）正确定位。Rho3-GTP 与 Cdc42-GTP 共同作用，促进分泌囊泡的锚定。Msb3 使胞吐体与极体间建立联系，并使 Cdc42-GDP 固定于极性生长位点，作为一个提供能转变为 Cdc42-GTP 的储存库。胞吐体中的数字是各种 Sec 成分的缩写，如 Sec3 等。70（代表 Exo70），42（代表 Cdc42）除外。（引自 Sudbery and Court 2007）

于理解。我们下面将逐步对决定极性生长的蛋白质因子的功能展开讨论，以期为下面讲述酵母和丝状真菌的极性生长奠定基础。

6.2.2 Rho 型 GTPase

近年来，小 G 蛋白的调控途径已经成为人们研究的热点问题。小 G 蛋白分为多个亚家族，目前已知包括 Rho、Rab、Rac、Ras、Arf 和 Ran 等亚家族。不同成员在功能和结构方面又呈现明显的多样性。一般认为，不同小 G 蛋白家族履行不同的生物学功能。小 G 蛋白作为重要的分子开关，其结构域主要包括 4 个鸟苷酸（GTP/GDP）结合域和 1 个效应区，其鸟苷酸结合域起着关键作用且保守性最高，在植物、动物和真菌中均有较高的保守性。小 G 蛋白成员凭借其多样性和不同鸟苷酸结合态的功能调控，结合 GTP 时为活性状态，而结合 GDP 时为非活性状态，以此参与多种细胞生命活动，履行不同的生物学功能。

Rho 家族的鸟苷三磷酸酶简称 Rho GTPase。它的最基本的功能是结合和水解鸟嘌呤核苷酸，目前已从生物细胞中分离出多种不同的 Rho GTPase，其中 Cdc42 最为人们所关注。Rho GTPase 参与多种重要的细胞生命活动，如肌动蛋白细胞骨架的重构、细胞黏附、细胞运动、囊泡运输、转录激活、基因表达和细胞周期的调控等。当 Rho GTPase 蛋白水平改变和活性状态改变时影响细胞骨架重组，使细胞迁移，调节这些生物信号的转导通路。

因此,Rho GTPase 已成为近年来的研究热点(Kwon et al. 2011)。

真菌的极性生长依赖于 Rho 和 Rac 亚家族大量不同的低分子质量的 GTPase。在酿酒酵母中,极性生长的许多过程,包括肌动蛋白束和皮层斑点的聚集、分泌囊泡在胞吐体的定位、囊泡与质膜的融合、胞裂蛋白环的形成等均受到 Rho 型 GTPase Cdc42 的调控。Cdc42 是 Rho 家族蛋白(Rho GTPase)中的一种,因为它在信号传递中的重要功能而得到了详细的研究。在出芽的酿酒酵母细胞中 Cdc42 分布在细胞极性化生长和细胞分裂的部位上。这个现象解释了其在分裂周期中的功能,Cdc42 的极性化分布不依赖于细胞骨架蛋白,而反过来应该说 Cdc42 促进肌动蛋白细胞骨架蛋白在极性化生长点的累积。Cdc42 的缺失突变株会导致肌动蛋白细胞骨架完全去极化、几丁质随机分布、细胞周期发生阻断,以及细胞停止出芽并持续地均向生长等。这些细胞持续的均向生长表明 Cdc42 对芽体形成及极性生长是必需的,而不是均向生长所需的。因此,Cdc42 蛋白是细胞极性化建立的关键组分(Etienne-Manneville 2004;Johnson 1999)。

CDC24 突变体与 *CDC42* 突变体具有相似的表型,该基因编码鸟苷酸释放因子 Cdc24。Cdc24 是促进 Cdc42 与 GTP 结合的蛋白质。具有功能的 GTP-Cdc24 聚集在早期出芽的位置、母细胞出芽的颈部及细胞融合的部位,其作用和 Cdc42 一样。

Cdc42 和 Cdc24 的同源物对目前研究的所有真菌而言,不仅仅是酵母而且对丝状真菌都是必需的,如白念珠菌(Ushinsky et al. 2002)、棉阿舒囊霉(Wendland and Philippsen 2001)、粟酒裂殖酵母(Miller and Johnson 1994)、马尔尼菲青霉(*P. marneffei*)(Boyce et al. 2003)等。在白念珠菌中,通过可调节的 *MET3* 启动子控制 Cdc42 的表达后,发现 Cdc42 的低水平表达足以满足可见性生长,但不足以维持菌丝型生长,表明 Cdc42 的高水平表达是菌丝极性生长所必需的。另外,在白念珠菌中,Cdc42 和 Cdc24 对菌丝特异性基因的表达是必需的。在马尔尼菲青霉中,显性负等位基因的表达导致菌丝型和酵母型细胞均无法进行极性生长。因此,Cdc42 具有协调真菌极性生长的功能,该功能具有保守性,对真菌极性生长极为重要。

其他的 Rho 型 GTPase 在极性生长中同样发挥重要作用。2011 年,Kwon 等运用基因功能缺失的方式分析 6 个 Rho 家族成员在黑曲霉中的功能,发现 RhoA 可以决定细胞极性形态的建立和活性。RhoB 和 RhoD 保证细胞壁的完整和隔膜的形成(Kwon et al. 2011)。在酿酒酵母中,Rho1 在细胞完整性和极性生长中发挥复合作用,这些作用包括以下 4 个方面。①激活 Pkc1。Pkc1 是细胞完整性 MAPK 途径的上游激活因子;②当生长温度转变至37℃时,通过 Pkc1 使肌动蛋白重新极化;③激活 β(1,3)-D-葡聚糖酶,该酶催化细胞壁中一种主要成分的合成;④Rho1 与 Cdc42 协同作用,使胞吐体蛋白 Sec3 正确定位(Sudbery and Court 2007)。

在酿酒酵母中,Rho3 促进胞吐体成分 Exo70 的正确定位,以及分泌囊泡与胞吐体的融合,这与 Cdc42 的作用相同。Rho3 与 Rho4 共同作用使肌动蛋白细胞骨架极化。在棉阿舒囊霉中,Rho3 同源蛋白的缺失导致极性生长的严重缺陷,细胞的菌丝顶端表现为均向生长,从而形成膨大顶端。极性生长通常在这些顶端重新起始,但生长轴向与最初的菌丝轴向不同(Dong et al. 2003;Wendland and Philippsen 2001)。

酿酒酵母中可能没有 Rac GTPase 家族成员,但它们存在于白念珠菌和马尔尼菲青霉中。在白念珠菌中,Rac1 的缺失具有细微的表型特征,仅当菌体包埋于基质中时影响菌丝形成。在马尔尼菲青霉中，Rac1 GTPase CflB 的缺失导致菌丝生长缺陷，并失去发育和产孢的能力(Boyce et al. 2003；Bassilana and Arkowitz 2006)。

6.2.3 Cdc42 的极性定位与激活机制

Cdc42 是一种鸟嘌呤三核苷酸酶，可以在活性形式(GTP)和非活性形式(GDP)间转换，从而作为分子"开关"在细胞迁移中行使多种重要的调节功能。Cdc42 被鸟苷酸交换因子(GEF)激活，从而处于"开启"状态；活性的 Cdc42 可被 GTP 酶激活蛋白(GAP)失活，从而处于"关闭"状态。通常 Cdc42 只在位于细胞运动前缘的区域被激活。这种区域性的激活引起了微管等细胞骨架的极性分布，从而控制细胞的极性生长。*CDC42* 基因编码的 Cdc42 蛋白通过与许多调控因子和下游效应蛋白相互作用以行使鸟苷三磷酸酶(GTPase)信号转导功能，如鸟苷酸交换因子(GEF)、鸟苷酸解离抑制因子(GDI)和鸟苷三磷酸酶激活蛋白(GAP)等，使得肌动蛋白细胞骨架各种成分得到有机结合，从而建立起细胞极性的生长机制(Chang and Peter 2003)。

Cdc42 是 Rho 家族小 GTPase 成员，该蛋白在大多数真核细胞的极性生长方面发挥关键作用。在酿酒酵母中，Cdc42 在质膜及内部液泡系统中均有分布。Cdc42 在质膜特定区域的定位是细胞极性生长过程中肌动蛋白骨架的极性组装及膜转运所必需的(Park et al. 2007)。Cdc42 对于确立极性生长位点的机制近年得到了深入研究，迄今发现有两种机制对于 Cdc42 在预出芽位点(presumptive bud site，PBS)的极性定位是非常重要的(见图 6.5 及图 6.6)。其一是涉及 Cdc42 沿肌动蛋白束向子细胞膜的运输，该过程由分泌途径所介导(Wedlich-Soldner et al. 2004；Kozminski et al. 2006；Gao et al. 2009)。其二是涉及调节因子的信号转导系统，包括 Bem1、Cdc24(Cdc42 的鸟苷酸交换因子)及 Cdc42 的下游效应因子形成的正反馈环(见图 6.10；Kozubowski et al. 2008；Howell et al. 2009)。这两种机制相互作用，决定了 Cdc42 的极性定位。

6.2.3.1 分泌途径介导下 Cdc42 的极性定位

在芽殖型酵母中，至少存在两种分泌途径，即 Bgl2 途径(Bgl2 pathway)与转位酶途径(invertase pathway)。这两种途径分别由不同的分泌囊泡所介导，负责多种胞内组分向质膜的转运(Harsay et al. 1995；Harsay et al. 2002)。其中，Bgl2 途径主要由"Bgl2 囊泡"介导，负责细胞壁内葡聚糖酶(cell wall endoglucanase，Bgl2)等的转运；转位酶途径主要由"转位酶囊泡"介导，负责周质转位酶(periplasmic enzymes invertase)、酸性磷酸酶、氨基酸通透酶、离子转运体等的运输(Harsay et al. 1995；Strochlic et al. 2007)。这两种囊泡可以在胞吐体亚基突变体 *sec6-4* 中清晰地观察到，其大小均为 100nm 左右(图 6.3)。两种囊泡在细胞内的转运方式是不同的：Bgl2 囊泡的被运载成分主要源于 TGN；而转位酶囊泡的被运载成分首先通过内体(endosome)分类，然后再由囊泡介导运输(Harsay et al. 2002)。

研究发现，胞吐体亚基 Sec5 及 Sec10 的突变，会导致两种分泌途径的阻断，从而影响 Cdc42 的极性定位。例如，在 *sec10-2* 温度敏感突变体中，限制温度下 Cdc42 发生去极化作用(图 6.4)。胞吐体亚基 Exo70 的突变主要阻断 Bgl2 途径。在 *exo70-38* 温度敏感突变体中，细胞生长表现出一定程度的缺陷，但 Cdc42 同样能进行极性定位。与此相似，介

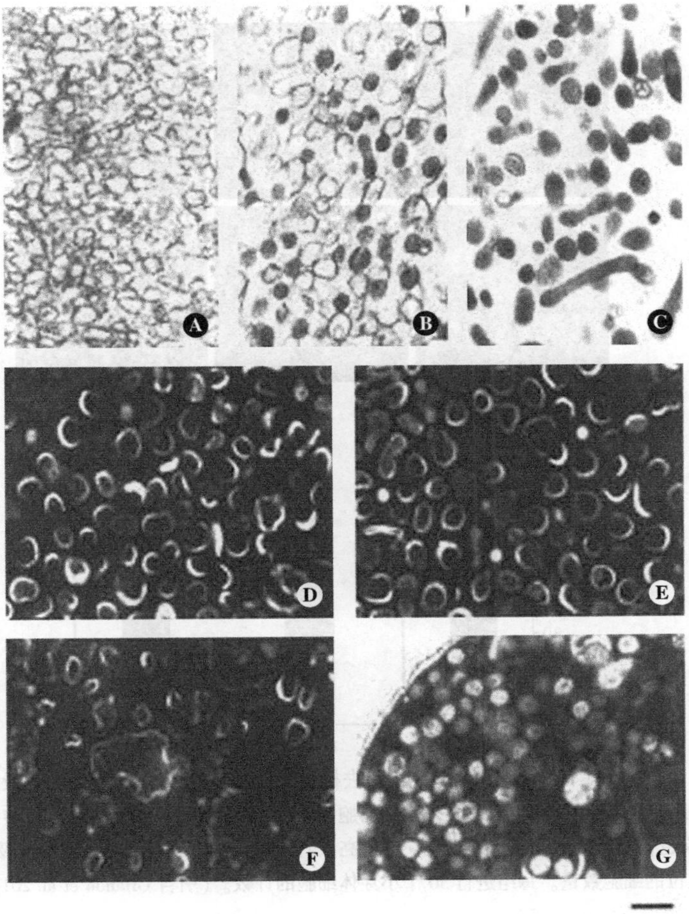

图 6.3 酿酒酵母 sec *6-4*(A ~ E,G)细胞及野生型细胞(F)的电镜图(显示两种分泌囊泡)
细胞先进行梯度分离,然后分别制成超薄切片(A ~ C)或进行负染(D ~ F),电镜观察。A 与 D 显示 Bgl2 囊泡,B 与 E 显示转位酶囊泡,C 显示这两种囊泡与管状内质网的混合体系,F 显示野生型细胞中的囊泡分布,G 显示完整的 sec *6-4* 细胞。标尺 = 200nm。(引自 Harsay et al. 1995)

导转位酶囊泡形成的 Vps1 或 Pep12 缺失,将阻断转位酶囊泡的形成,但对 Cdc42 的极性定位没有明显影响(He et al. 2007;Harsay et al. 2002)。然而,光漂白荧光恢复技术(fluorescence recovery after photobleaching,FRAP)结果显示,温度敏感突变体 *exo70-38* 的 GFP-Cdc42 荧光恢复时间明显滞后于野生型,表明 Bgl2 途径的阻断使 Cdc42 的极性定位受到一定程度的抑制(Orlando et al. 2011)。由此也验证了 Cdc42 至少通过两条分泌途径,即 Bgl2 途径与转位酶途径进行运输,其中一条途径受抑,将使另一条途径极性运输 Cdc42 的能力增强。

Cdc42 与转位酶途径间的联系提示内体及胞吞作用与 Cdc42 的运输相关。早期的研究发现,胞吞作用介导了 v-SNARE(囊泡 SNAP 受体)蛋白 Snc1 和细胞壁压力感应元件 Wsc1 等的侧向扩散(lateral diffusion),对这些蛋白质的极性定位是很重要的。虽然胞吞作用必需蛋白 Rvs161 的缺失对 Cdc42 的极性定位不产生明显影响,但光漂白后的 FRAP 结果显示,*rvs161Δ* 突变体中 GFP-Cdc42 的荧光恢复时间明显滞后于野生型,可见胞吞作

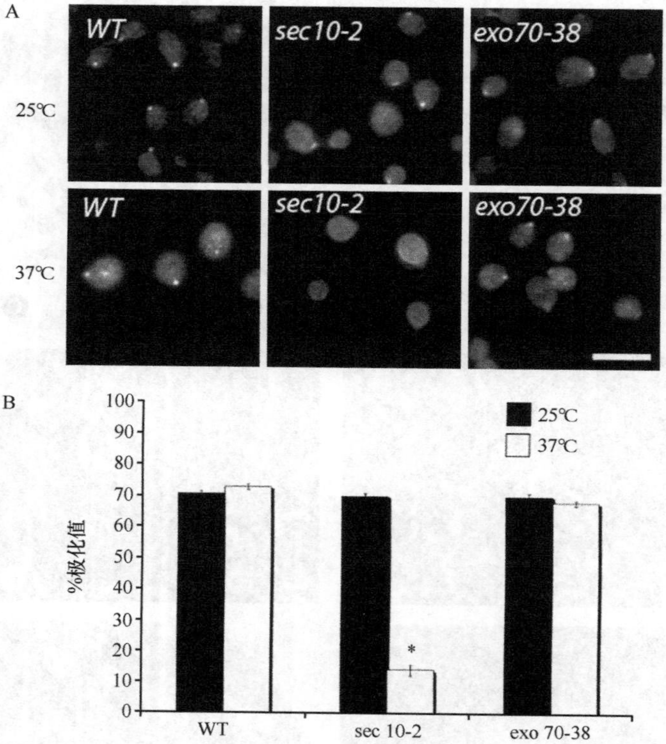

图 6.4　Cdc 42 在 *sec 10* 突变体中发生去极化，而在 *exo70* 突变体中维持极性定位

A. WT，*sec 10-2* 及 *exo 70-38* 细胞的免疫荧光染色。细胞先在 25℃ 下生长至对数期，然后转移至 37℃ 下培养 120min，固定免疫染色，观察 Cdc42 的定位（细胞一端的亮点）。标尺 = 10μm。B. WT，*sec 10-2* 及 *exo 70-38* 细胞中 Cdc 42 发生极性定位的细胞数量。每组进行 50 个小芽体细胞的计数。（引自 Orlando et al. 2011）

用的受阻影响了 Cdc42 的动力学。另外，在 *sec5-24* 单缺失突变体中，胞吐作用受阻使 Cdc42 无法极性定位，而在 *sec5-24 rvs161Δ* 双缺失突变体中，限制性温度下胞吞作用与胞吐作用均受阻，细胞内 Cdc42 能发生极性定位。可见，胞吞作用的受阻，能通过抑制 Cdc42 的转移，协助细胞维持 Cdc42 的极性定位（Piao et al. 2007；Orlando et al. 2011）。

此外，胞裂蛋白对维持 Cdc42 的极性定位也是必需的。在胞裂蛋白亚基 Cdc12 的温度敏感突变株 *cdc12-6* 及 *cdc12-6 rvs161Δ* 双缺失突变体中，预出芽位点（PBS）的 Cdc42 能进行正确的极性定位，形成 Cdc42 帽状结构（Cdc42 cap），但在已形成的小芽体中，Cdc42 发生去极化现象，即无法在芽体顶端发生极性定位。可见，胞裂蛋白形成的扩散屏障对于 Cdc42 在子细胞中极性定位的维持是必需的，但该屏障的缺失不影响母细胞中 Cdc42 的极性定位及母细胞极性的确立。

综上所述，酿酒酵母细胞通过由分泌途径介导的胞吐作用、胞吞作用及胞裂蛋白形成的扩散屏障，使 Cdc42 得以在子细胞中维持极性定位（图 6.5）。一方面，Bgl2 分泌途径与转位酶途径使 Cdc42 从母细胞极性运输到子细胞的顶端。另一方面，内体组件的运输作用（endosomal trafficking）使 Cdc42 的胞吞作用与随后的胞吐作用得以偶联起来。质膜上的 Cdc42 从顶端发生侧向扩散的过程中，会通过胞吞作用返回至胞质中，并汇集于内体，内体膜上的 Cdc42 进而通过转位酶途径介导的胞吐作用再次运输到极性位点，进行新一

轮的循环。此外,胞裂蛋白在子细胞与母细胞间形成扩散屏障,有效阻断 Cdc42 返回至母细胞,使 Cdc42 得以在子细胞顶端维持极性定位(图 6.5;Orlando et al. 2011)。

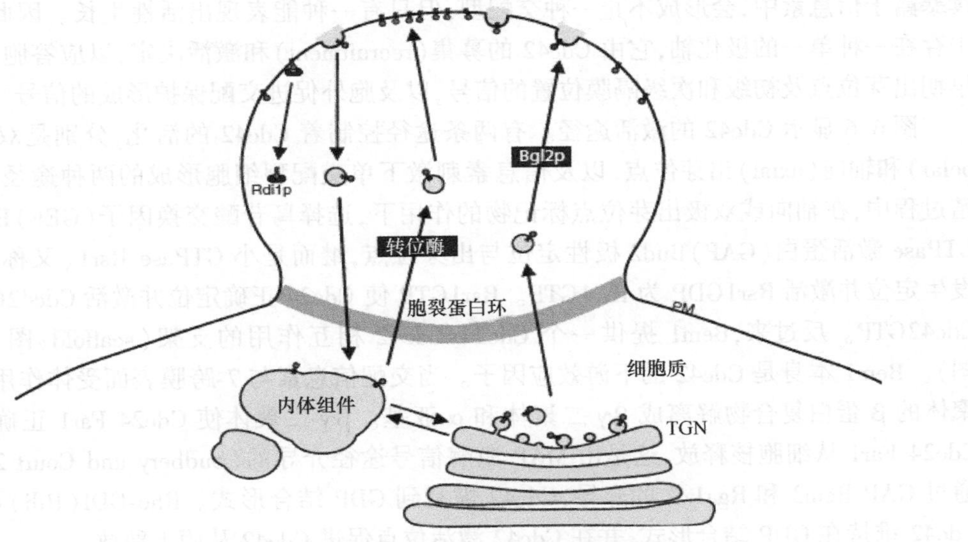

图 6.5 Cdc42 极性定位于子细胞质膜的机制

Cdc42 通过 Bgl2 途径和转位酶(invertase)途径运输到芽体顶端。在芽体顶端的 Cdc42 可能沿质膜发生横向扩散。胞吞作用使 Cdc42 从质膜向内转移。向内转移的 Cdc42 作为内体组件(endosomal compartment)的货物,沿转位酶途径返回芽体。Cdc42 还可以通过 Rdi1 返回芽体。胞裂蛋白环作为扩散屏障,阻止 Cdc42 扩散到子细胞外。PM:质膜;TGN:高尔基体外侧网络;Cdc42 蛋白:由带有脂质尾的黑色环表示;Rdi1p:鸟苷酸解离抑制因子。(引自 Orlando et al. 2011)

6.2.3.2 Cdc42 的激活

前面已经讲到 Cdc42 是 Rho 家族蛋白(Rho GTPase)中的一种,是 Rho 家族中研究得较多的一个,具有 GTP 酶活性,参与细胞周期调控和基因转录的调节,在调节细胞骨架、细胞极性及肿瘤表达等方面发挥重要作用(Sudbery and Court 2007)。

Rho-GTPase 在失活的 GDP 结合形式和活化的 GTP 结合形式间发生循环转变。在酿酒酵母中,Cdc42 在鸟苷酸交换因子 Cdc24 的作用下转变为 GTP 结合状态而被活化,而在 GTPase 激活蛋白(GTPase activating protein,GAP)Rga1、Rga2 及 Bem3 的作用下变为失活的 GDP 结合状态(Smith et al. 2002;Caviston et al. 2003)。Cdc42 通过其 C 端的异戊二烯化与质膜的内表面或其他膜相连,以利于自身活化。Cdc42 活性的进一步调节可能受到 Rho-鸟苷酸解离抑制因子(Rho-GDI)Rdi1 的影响。Rho-GDI 可能使其靶分子从膜上释放到胞质中,阻断 GDP 的解离,进而干扰 GDP 与 GTP 的交换;Rho-GDI 还可能干扰 GTPase 与其靶分子的结合(DerMardirossian and Bokoch 2005)。Rdi1 是酿酒酵母中唯一的 Rho-GDI,它与 Cdc42 和 Rho1 均能发生免疫共沉淀(co-immunoprecipitate),因此该蛋白可能对这两种 GTPase 均具有调控作用。但是,Rdi1 的缺失并不具有明显的表型效应。然而,从图 6.5 Cdc42 极性定位于子细胞质膜的机制中也可以看出,Cdc42 还可以通过 Rdi1 返回芽体,有效阻断 Cdc42 返回至母细胞,使 Cdc42 得以在子细胞顶端维持极性定位(Orlando et al. 2011)。

酿酒酵母细胞具有单一的极化轴(axis of polarisation)。在出芽循环中,首先形成单个的芽体,随后的生长局限于该芽体中。在信息素的刺激下单交配型细胞形成。如果继续暴露于信息素中,会形成不止一种交配型,但只有一种能表现出活性生长。因此,细胞中存在一种单一的极化轴,它由 Cdc42 的募集(recruitment)和激活决定,以应答胞内决定早期出芽位点及初级和次级隔膜位置的信号,以及胞外促进交配保护形成的信号。

图 6.6 显示 Cdc42 的激活途径。有两条途径控制着 Cdc42 的活化,分别是双极(bipolar)和轴向(axial)出芽位点,以及信息素刺激下单交配型细胞形成的两种途径。在芽殖过程中,在轴向或双极出芽位点标记物的作用下,选择鸟苷酸交换因子(GEF)Bud5 与 GTPase 激活蛋白(GAP)Bud2 极性定位与出芽位点,继而是小 GTPase Rsr1(又称 Bud1)发生定位并激活 Rsr1GDP 为 Rsr1GTP。Rsr1GTP 使 Cdc24 正确定位并激活 Cdc42GDP 为 Cdc42GTP。反过来,Bem1 提供一个 Cdc24/Cdc42 相互作用的支架(scaffold;图 6.6 下图)。Bem1 本身是 Cdc42 的下游效应因子。当交配信息素与 7-跨膜表面受体作用时,三聚体的 β 蛋白复合物解离成 βγ 二聚体和 α 亚基。βγ 二聚体使 Cdc24-Far1 正确定位,Cdc24-Far1 从细胞核释放,这是由 MAP 激酶信号途径介导的(Sudbery and Court 2007)。通过 GAP Bem3 和 Rga1/2 的介导,Cdc42 恢复到 GDP 结合形式。Rho-GDI(Rdi)可能使 Cdc42 维持在 GDP 结合形式,并在 Cdc42 激活位点促进 Cdc42 从膜上释放。

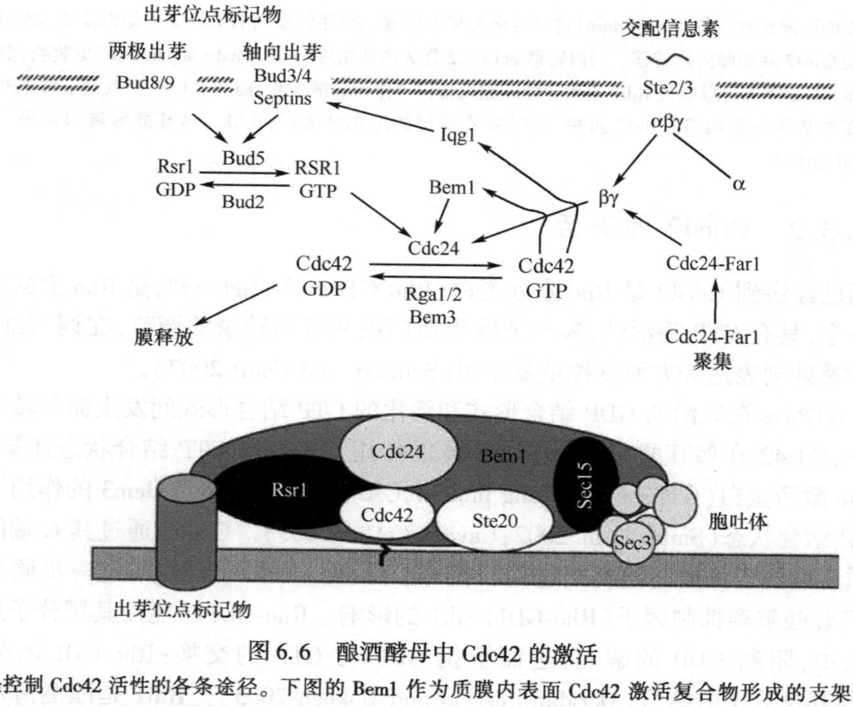

图 6.6 酿酒酵母中 Cdc42 的激活

上图是控制 Cdc42 活性的各条途径。下图的 Bem1 作为质膜内表面 Cdc42 激活复合物形成的支架蛋白。(引自 Sudbery and Court 2007)

6.2.4 Cdc42 的效应因子

激活的 Cdc42 具有多种功能。通过与大量下游效应因子的结合影响极性生长(图

6.7)。这些效应因子通常具有一个 Cdc42/Rac 内部激活结构域(Cdc42/Rac interactive binding,CRIB),该结构域能与 Cdc42-GTP 相互作用。Cdc42 的一个重要功能是使肌动蛋白细胞骨架发生极性定位,继而通过不同的途径促进肌动蛋白皮层斑点和肌动蛋白束的形成。另外,Cdc42 是胞裂蛋白环的形成所必需的,并且能够直接促进胞吐体的形成、分泌囊泡及胞吐体的定位与融合。Cdc42 的这些功能可以通过遗传学方法彼此分离,这种遗传方法是通过使效应因子结合区发生特异性点突变,以保证该突变能特异性影响一种功能,而其他功能不受影响来实现的。我们将参照图 6.7 分别描述 Cdc42 的效应因子。

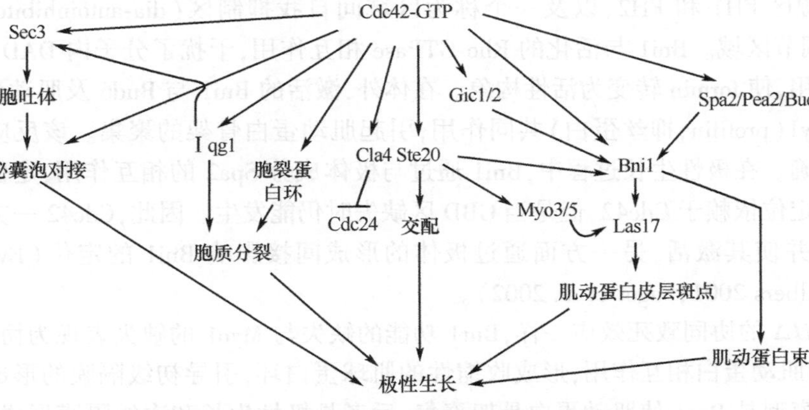

图 6.7 活化的 Cdc42 的下游效应因子

Cdc42-GTP 激活分泌囊泡与胞吐体的锚定,胞裂蛋白环的形成,PAK 激酶 Cla4、Ste20、Gic1/Gic2 的活化,极体的形成及 Bni1 的活化。这些效应因子的相互作用导致极性生长。(引自 Sudbery and Court 2007)

6.2.4.1 极体

极体(polarisome)是一种与肌动蛋白骨架有关的帽状蛋白复合体,这种蛋白复合体在酿酒酵母中定位在出芽生长的初期,与极性生长相关而被命名为“极体”(图 6.8)。这个结构似乎在丝状真菌中对顶体(囊泡供应中心)结构进行装配,有证据表明这个蛋白复合体在丝状真菌中也存在,作为独立于顶体外的另一种结构。在胞质分裂过程中,极体重新定位于芽颈部,刺激隔膜的形成。极体同样也出现在交配型菌体的顶端(Sudbery and Court 2007)。

极体由 Bni1、Spa2、Bud6 及 Pea1 组成(见图 6.7 Spa2/Pea2/Bud6),定位于初期出芽位点及小芽的顶端,呈新月形。在蔗糖梯度离心过程中,Spa2、Bud6 和 Pea1 能以一种 12S 复合物形式发生共沉淀。Spa2 在物理作用和遗传水平上均与极体的其他成员 Rho1、Slt2、Msb3/Msb4 及 Gic1/Gic2 等蛋白质发生相互作用。因此,Spa2 是一种支架蛋白(scaffold)(Jaquenoud and Peter 2000;Tcheperegine et al. 2005)。

极体使 Cdc42 信号通路与肌动蛋白的组装联系起来。极体成分的缺失导致极性生长的缺陷,同时也干扰了双极性出芽位点的选择。极体是 Bni1 和 Bnr1 的活性所必需的,这两种蛋白质是进化上保守的 formin 家族成员,具有介导肌动蛋白束和皮层斑点形成及极性生长的作用(见图 6.7 的 Bni1)。Bni1 能与 Cdc42、Rho1、Bud6 和 Spa2 发生相互作用。Bni1 定位于幼芽的顶端和“shmoo”结构中(“shmoo”:“什穆”是神话中的卡通动物模型,是可变的玩具类模型),在分裂后期重新定位于肌球蛋白环(actomyosin ring)。该蛋白是肌球蛋白环的收缩所必需的，在极性生长、出芽位点选择和胞质分裂等过程中发挥多重作用。Bnr1 与 Rho4、Hof1 相互作用，但不与 Cdc42 及其他 GTPase 发生作用，其中的 Hof1 是一种胞质分裂所需的蛋白。在整个细胞周期中，Bnr1 定位于芽颈部的母细胞一侧，主要在胞质分裂过程中发挥作用。然而，Bin1 与 Bnr1 的功能具有一定的重叠性，因为 *bni1Δ* 与 *bnr1Δ* 表现为协同致死效应。*bni1Δbnr1Δ* 突变株使胞质分裂能力缺陷，完全不具有肌动蛋白骨架（Evangelista et al. 2002）。这两种 formin 均具有 GTPase 结合结构域（GTPase binding domain，GBD），通过该结构域与 Cdc42 相结合。另外，formin 的 C 端还具有两个 formin 同源区 FH1 和 FH2，以及一个称为区域间自我抑制区（dia-autoinhibitory domain，DAD）的调节区域。Bni1 与活化的 Rho-GTPase 相互作用，干扰了分子内 DAD 与 GBD 间的抑制作用，使 formin 转变为活性构象。在体外，激活的 Bni1 与 Bud6 及肌动蛋白单体结合蛋白 Pfy1（profilin，抑丝蛋白）共同作用，引起肌动蛋白骨架的聚集。该反应的分子机制现已明确。在极性生长过程中，Bni1 通过与极体成分 Spa2 的相互作用，定位于芽体顶部。这种定位依赖于 Cdc42，但是当 GBD 区缺失时仍能发生。因此，Cdc42 一方面与 Bni1 直接结合并使其激活，另一方面通过极体的形成间接影响 Bni1 的定位（Evangelista et al. 2003；Albers 2001；Sagot et al. 2002）。

与 *bni1Δ* 的协同致死效应一样，Bnr1 功能的缺失与 Myo1 的缺失表现为协同致死，而 Myo1 能与肌动蛋白相互作用，形成收缩性的肌球蛋白环，引导初级隔膜的形成。一种备受关注的模型是 Bnr1 使肌动蛋白骨架聚集，后者是极性生长和次级隔膜形成所需的，而 Bni1 是肌球蛋白环的收缩所需的。由于芽颈部非常狭窄，即使肌球蛋白环缺失，次级隔膜仍能形成。然而，如果 Bnr1 缺失，次级隔膜将无法形成（Vallen et al. 2000）。

棉阿舒囊霉（*A. gossypii*）是类酵母中与丝状真菌非常相近的丝状真菌，人们对其极体蛋白 *Ag*Spa2 及 *Ag*Bni1（酿酒酵母 Bni1 同源物）进行分析。研究发现，Spa2 对于棉阿舒囊霉不是必需的，但是对于快速极性生长是必需的，而 *Ag*Bni1 的缺失导致极性消失并且细胞收缩为马铃薯状。在白念珠菌中也鉴定了 Spa2 的同源物，并且对它在菌丝生长过程中的作用进行了研究，Spa2 蛋白永久性地定位在菌丝顶端，并且其缺失后会引起极性消失。

Crampin 等（2005）提出顶体和极体是两种不同的结构，且同时存在于菌丝顶端。在丝状真菌中极体组分的存在首先是在构巢曲霉中报道的，发现 SepA——酵母极体关键组分 Bni1 的同源物与顶体共存。在构巢曲霉中也发现了对于 Spa2 相似的结果，表明极体或是极体组分在生长菌丝顶端的存在可能是丝状真菌的主要特征（Sharpless and Harris 2002）。Köhli 等（2008）通过对棉阿舒囊霉极性生长机制的实验发现，极体蛋白恒定地存在于真菌的顶端与胞吐体共同促进分泌囊泡的聚集与融合，从而促进菌丝的生长，其中，菌丝顶端球型聚集成分包括胞吐体中的 *Ag*Sec3、*Ag*Sec5、*Ag*Exo70 和极体蛋白中的 *Ag*Spa2、*Ag*Bni1 和 *Ag*Pea2。Araujo-Palomares 等（2009）用绿色荧光蛋白对粗糙脉孢菌（*N. crassa*）芽管和菌丝中的 SPA2 进行标记，在共聚焦显微镜下观察发现 SPA2-GFP 逐渐在芽管中聚集，同时又用 mCherryFP 对几丁质合酶 1（CHS-1）进行荧光标记，显示顶体和极体只有部分发生共定位。证实顶体和极体是两种不同的结构。在白念珠菌酵母细胞和假菌丝中则观察不到这种现象，说明白念珠菌菌丝的极性生长机制和其酵母菌、丝状真菌的极性生长机制存在着不同。

总体看来，丝状真菌的细胞需要微管和肌动蛋白细胞骨架，并且以与细胞骨架结构成分相关的顶体作为囊泡供应中心,极体作为肌动蛋白组织中心。

6.2.4.2 Arp2/3

肌动蛋白皮层斑点的形成是由两种肌动蛋白相关蛋白 Arp2/Arp3 形成的二聚体介导的。Arp2/Arp3 二聚体在 Las17(Bee1)、Vrp1 和Ⅰ型肌球蛋白 Myo3、Myo5 组成的蛋白复合物作用下激活(见图 6.7 的 Las17、Myo3/Myo5 和图 6.8 的 Las17-Arp2/Arp3)。酵母细胞中的 Las17 是人类 Wiskott-Aldrich 综合征蛋白质(Wiskott-Aldrich syndrome protein, WASP)的同源物。Vrp1 是富含脯氨酸的蛋白(verprolin),为人 WASP 相互作用蛋白 WIP(WASP-interacting protein, WIP)的同源物。Las17 可能不是直接与 Cdc42 相互作用,其分子内不含内部激活结构域(CRIB)区域,这一特点与人的 WASP 不同。Vrp1 与 Las7 形成稳定的复合物,通过与 formin 蛋白 Bni1 的相互作用,在激活的 Cdc42 位点发生募集。在 p21 激活的激酶(p21 activated kinase, PAK)的磷酸化作用下,Myo3、Myo5 与 Las17-Vrp1 复合物结合。因此,Myo3/Myo5 的激活间接依赖于活化的 Cdc42(Lechler et al. 2000; 2001; Sudbery and Court 2007)。

6.2.4.3 PAK 激酶

Cdc42 与一对功能相关的激酶 Ste20 和 Cla4 结合,并使其活化(见图 6.7 的 Ste20 和 Cla4)。Ste20 和 Cla4 与人 PAK 具有同源性。Ste20 能够抑制交配信号途径中三聚体 G 蛋白复合物 β 亚基 Ste4 的突变所产生的交配缺陷表型,而 *CLA4* 基因是在筛选 *cln1Δcln2Δ* 突变体的协同致死突变时发现的。这两种激酶以一种依赖于 Cdc42 的方式定位于极性生长位点。它们具有彼此独立的功能,但 *cla4Δste20Δ* 突变体不可培养,表明它们对于某种必需功能是冗余的。这两种蛋白质的 C 端部分均具有激酶结构域。在激酶结构域的 N 端延伸区,有一个保守的内部激活结构域(CRIB),该结构域在 PAK 激酶家族中同样存在。Ste20 的 CRIB 结构域是极性定位所必需的,该结构域也为 Cla4 发挥功能所必需(Leberer et al. 1992; Cvrckova et al. 1995; Peter et al. 1996)。

Ste20 在信息素应答信号途径中发挥作用,能激活 MAP 激酶激酶激酶(MAP kinase kinase kinase)。该信号途径的成分,包括 Ste20,是假菌丝形成和单倍体细胞的嵌入式生长所需的,其激酶结构域对其信号转导功能具有重要作用(见图 6.11)。CRIB 结构域具有自我抑制能力,这种负调节效应在 Cdc42-GTP 结合后得以解除。Cla4 能使胞裂蛋白磷酸化。当 Cla4 缺失时,胞裂蛋白形成棒状结构而非环状结构,*cla4Δ* 的这种表型被 *CLA4* 缺失背景下 *gin4Δ* 和(或)*nap1Δ* 缺失事件所增强。Cla4 还在 Cdc42 负反馈调节环中发挥作用,下调 Cdc42 的活性。细胞出芽后该蛋白的活性达到最高,这种改变可能通过 Cdc42 的介导实现。然而,一旦 Cla4 激活后,该蛋白将使 Cdc24 磷酸化而失活(Versele and thorner 2004; Longtine et al. 2000; Gulli et al. 2000)。

Cla4 与 Ste20 的功能是肌动蛋白束和皮层斑点的极性定位必需的。Myo3/Myo5 的磷酸化是肌动蛋白皮层斑点的形成所需的(见图 6.7)。极体的功能及 Bni1 的激活均依赖于其中的一种 PAK 激酶。经过两次独立的筛选鉴定出了编码极体组成成分 Spa2、Bud6 及 Pea1 的编码基因。另外,Bni1 在体内发生磷酸化,这种磷酸化的分子在 *ste20* 突变体中减少但未消失。有趣的是,通过系统性基因组全局筛选与 *cla4Δ* 协同致死的突变,筛选到

65 种不同的基因,这些基因对许多细胞功能具有调控作用。因此,Cla4 可能涉及比 Ste20 更多的细胞功能(Sudbery and Court,2007)。

6.2.4.4 Gic1 与 Gic2

Gic1 与 Gic2 是一对冗余蛋白(redundant protein),通过 CRIB 结构域与 Cdc42-GTP 进行特异性结合(见图 6.7)。*gic1Δ* 和 *gic2Δ* 细胞在 37℃下不能生长,细胞周期阻断,肌动蛋白细胞骨架完全去极化,类似于在敏感温度下温度敏感型 *cdc42* 的表型。由于 Gic2 定位于出芽位点,并且与 *bni1Δ* 表现为协同致死效应,有人推论它们组成一条平行的途径,介导肌动蛋白骨架的形成。然而,对这两种蛋白与其他极体成分相互作用的深入研究显示,极体、Bni1 及 Gic1/2 可能彼此结合成一个大型复合物,以介导肌动蛋白骨架的形成(Tcheperegine et al. 2005;Jaquenoud and Peter 2000)。

6.2.4.5 Iqg1

Iqg1 与人的 IQGAP 家族蛋白表现出同源性。该蛋白含有一个结合肌动蛋白的 N 端 calponin 同源域、一个钙调蛋白结合区、结合 Mlc1 的复合 IQ 基序及一个与 Cdc42-GTP 结合的 GAP 结构域。Iqg1 是形成收缩性肌球蛋白环所需的,在形成收缩环的位点,Iqg1 被 Mlc1 募集后,继而募集肌动蛋白至收缩环。Iqg1 在出芽位点和极性生长的确定中同样发挥作用。它能与轴向出芽位点标记 Bud4 和胞吐体标记蛋白 Sec3 结合(图 6.7),并能协助胞裂蛋白 Cdc12 正确定位。这些相互作用表明 Iqg1 能够确定和维持特异性分泌标记蛋白的正确定位,从而协调出芽生长所需的极性分泌与次级隔膜形成过程(Lippincott and Li 1998;Boyne et al. 2000;Osman et al. 2002)。

6.2.4.6 Msb3 与 Msb4

Msb3 与 Msb4 是 *cdc24* 和 *cdc42* 温度敏感突变体的复合拷贝抑制因子,为肌动蛋白的极性定位所需。它们同时也作为 GAP 与 Sec4 相互作用,以保证胞吐作用有效进行。它们与 Cdc42 的 GDP 结合,在少数情况下也与 Cdc42 的效应因子结合。Msb3/Msb4 通过与 Spa2 的 N 端区域直接结合,定位于极性生长位点。*msb3Δmsb4Δ* 突变体表现为中度的极性生长缺陷,并与 *gic1Δgic2Δ* 呈现协同致死表型。这种多样性的相互作用显示,Msb3/Msb4 使极体和胞吐体复合物得以建立联系。首先,Msb3/Msb4 通过促进 Sec4 在 GTP 结合态与 GDP 结合态的循环,进而促进胞吐作用。其次,它们使 Cdc42-GDP 与 Spa2 紧密结合,后者能促进 Cdc42 的 GDP 形式向 GTP 形式转变。激活的 Cdc42-GTP 继而激活 Bni1,后者再结合 Spa2,导致肌动蛋白骨架的聚集(Bi et al. 2000;Albert and Gallwitz 2000;Tcheperegine et al. 2005)。

6.2.4.7 胞裂蛋白

胞裂蛋白(septin)在初期出芽位点上的募集依赖于 Cdc42。通过使 Cdc42 效应因子结合区中特异性影响胞裂蛋白环形成的位点发生点突变,而保证决定肌动蛋白极性的位点活性不受影响,能够实现 Cdc42 募集胞裂蛋白功能与影响肌动蛋白极性功能的分离。其中的一种突变 Cdc42^{V36T,K94E},导致 Cdc42 的 GTPase 活性降低 40% (Gladfelter et al. 2002)。在这种突变体中,胞裂蛋白环比正常的环更宽,且在某些细胞中表现为异向定位。这种突变表型被 GAP 蛋白 Rga1 的过量表达所弥补。在一项独立研究中,Rga1 的过量表达能够弥补 *cdc12-6* 温度敏感突变体的胞裂蛋白缺陷。在缺乏所有 Cdc42 GAP 的细胞中,胞裂蛋白环的形成严重紊乱。异常的胞裂蛋白结构在芽颈部形成,且胞裂蛋白帽状结构(Septin cap)在高度延伸的管状芽体顶端出现,而不是限定在芽颈部。真正的胞裂蛋白环通常能最终形成。远离这些环的芽体表现为均向生长。上述的结果表明,Cdc42 GAP 对胞裂蛋白环的形成具有正调节作用,虽然 GAP 通常被认为是 GTPase 的负调节因子。两种解释能够支持该结论。首先,Cdc42 在 GTP 形式与 GDP 形式间循环,这需要适当的胞裂蛋白环形成。其次,除调节 Cdc42 的活性外,GAP 可能还直接参与胞裂蛋白环的形成。这些解释相互间不存在矛盾。

胞裂蛋白环的出现是酵母芽体正常膨大所需的,据此推论,胞裂蛋白能够作为极性生长的焦点(Gladfelter et al. 2005)。如果事实确实如此,那么出现在白念珠菌萌发管顶端的胞裂蛋白帽状结构可能在引导其高度极性生长过程中发挥重要作用。不仅如此,沿萌发管形成的胞裂蛋白环不会导致膨大。因此,酵母芽颈部和假菌丝的胞裂蛋白环与菌丝中的胞裂蛋白环在特征上必然存在很大的差异。关于胞裂蛋白请参考第 1 章的描述。

6.2.4.8 胞吐体

Sec15 等胞吐体成分(图 6.2 和图 6.8)的定位依赖于肌动蛋白骨架,并且间接依赖于 Cdc42。Cdc42 能与 Rho-GTPase Rho1 和 Rho3 一起,直接通过两个不依赖于肌动蛋白骨架形成的过程,促进胞吐作用。首先,Cdc42 和 Rho1 与 Sac3 的 N 端结合,促进后者的定位。其次,Cdc2 和 Rho3 促进分泌囊泡与胞吐体的融合。Cdc42 主要作用于初始芽,而 Rho3 作用于大芽。Rho3-GTP 与胞吐体成分 Exo70 相互作用,这种作用的缺失研究表明,该作用是 Rho3 促进囊泡融合所需的(Roumanie et al. 2005)。

6.2.5 关于“脂筏”

脂筏(lipid raft)是质膜上富含胆固醇和鞘磷脂的微结构域(microdomain)。大小约 70nm,是一种动态结构,位于质膜的外小叶。由于鞘磷脂具有较长的饱和脂肪酸链,分子间的作用力较强,所以这些区域结构致密。在低温下这些区域能抵抗非离子去垢剂的抽提,所以又称为抗去垢剂膜(detergent-resistant membrane,DRM)。

我们在第 3 章描述 GPI 锚定蛋白分选进入分泌和胞吞途径时,似乎与特异性脂筏相关。脂筏就像一个蛋白质停泊的平台,与膜的信号转导和蛋白质分选均有密切的关系。研究发现,脂筏的形成和糖基磷脂酰肌醇(GPI)锚定蛋白有关。通过对白假丝酵母菌生长研究发现其脂筏区域含有大量的 GPI 锚定蛋白,促进成簇的脂筏的产生(Brown and London 2000;Martin and Konopka. 2004)。在高尔基体中,GPI 锚定蛋白通过脂肪酸的重构而获得抗去垢剂性能。鞘脂类生物合成抑制剂及胆固醇的移除能够干扰 GPI 锚定蛋白到顶端区域的分选,这就支持了这样一种假说:TGN 中脂筏可能介导了顶端运输。到目前为止,有人指出 GPI 锚定蛋白同脂筏的相互作用对于顶端分选来说是必要的,但却不是足够的。人们对于脂筏的概念一直存在争议,脂筏是一个微结构域,很难形象地描述出这种结构在活体内的组成和功能(Munro 2003;Fujita and Kinoshita 2010;2012)。

在本章中没有对脂筏进一步的描述,因为我们描述的决定真菌极性生长的蛋白因子中很少涉及脂筏对极性生长的确切功能的资料。

6.3 酵母的极性生长

到目前为止,我们讨论了真菌如何将外部或是内部的信号转导至生长方向、影响细胞极化生长的调控蛋白,以及这些调控蛋白与肌动蛋白细胞骨架可能的相互作用等。我们将在这一节讨论在芽殖酵母中这种极性生长的调控作用。

6.3.1 芽殖型酵母极性生长的概貌

芽殖型的酿酒酵母和裂殖型的粟酒裂殖酵母作为模式生物,被用于研究驱动极性生长的分子机制(图6.8)。极性生长的位点由皮层标记蛋白特异性标记。在这些标记位点,Cdc42 GTPase 被鸟苷酸交换因子 Cdc24 所激活。Cdc42 作为主要的调节因子,在许多过程,如细胞生长、形态发生中发挥作用。Cdc42 的效应之一是通过表面蛋白复合物(极体),使肌动蛋白骨架在极性生长位点集结,高尔基体分泌的囊泡沿肌动蛋白骨架运动,并在次级蛋白复合物,即胞吐复合物(exocyst complex)上定位,最后与质膜发生融合(Etienne-Manneville 2004)。关于这一点将在下面出芽位点的选择途径中给予讨论。

图6.8中,在皮层标记物指示的极性生长位点,Cdc42 发生定位,并被 Cdc24 转化为活性的 GTP 结合状态 Cdc42-GTP。Cdc42-GTP 促进 Bni1、极体、胞吐体及 Las17-Arp2/Arp3 复合物的定位与活化。Bni1 募集肌动蛋白,肌动蛋白为 Myo2/Mlc1 介导转运的分泌囊泡提供轨道,而分泌囊泡通过高尔基体出泡的方式形成并沿肌动蛋白束轨道到达极性生长位点后,锚定在胞吐体上,并与质膜发生融合,从而发生极性生长(Sagot et al. 2002;Schott et al. 1999;Sudbery and Court 2007)。

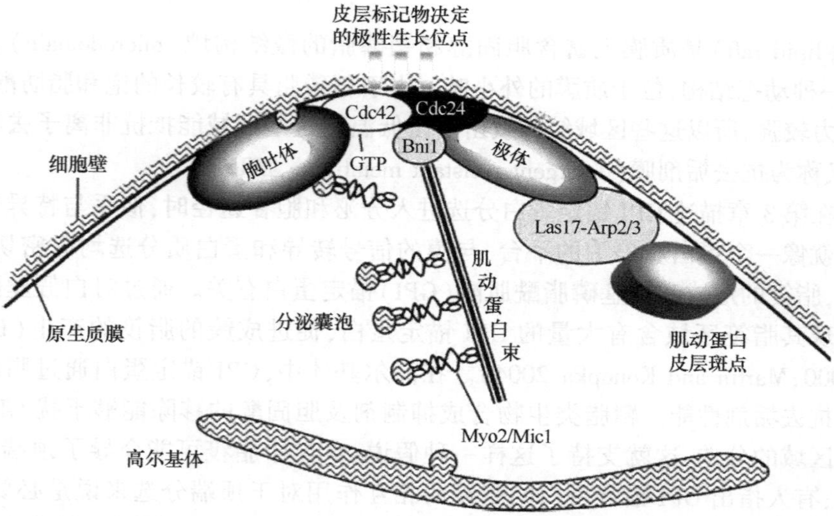

图6.8 芽殖型酵母中极性生长概况,解释见正文(引自 Sudbery and Court 2007)

6.3.2 出芽位点的选择

在芽殖型酵母中,Cdc42 定位位点以皮层标记物(cortical marker)为特征,这些标记物是由出芽位点选择途径所介导的(Orlando et al. 2011;见 6.2.3.1 节“分泌途径介导下 Cdc42 的极性定位”)。在单倍体酵母细胞中,芽体以轴向形式出芽,在这种轴向模式中,每个子芽都是在邻近以前的芽痕位置形成的(图 6.9;Chang and Peter 2003)。在前一次分裂后,胞裂蛋白环维持在原位置,募集 Bud3、Bud4 及 Bud10,这三种蛋白质构成出芽的皮层标记物(见图 6.6 上图)。在双倍体细胞中,芽体以双极方式出芽,在这种方式中,子细胞在远离其出生芽痕的另一极出芽,而母细胞在两极均能出芽(图 6.9)。皮层标记物编码基因的无效突变导致出芽方式的相应改变。因此,胞裂蛋白及 *bud3*、*bud4*、*axl2*(*bud10*)等位基因的突变使单倍体细胞以双极性方式出芽。*bud8Δ/Δ* 双倍体细胞仅在远离出生芽痕的另一极出芽,而 *bud9Δ/Δ* 双倍体细胞仅在近极点处出芽。轴向和双极标记物使鸟苷酸激活蛋白 Bud2 和鸟苷酸交换因子 Bud5 分别进行极性定位,继而使 GTPase Rsr1(Bud1)定位并活化(Park et al. 1997;1999;2002)。Rsr1 的效应结构域以一种依赖于 GTP 的形式与 Cdc24 的 C 端相结合,而 Rsr1 的 GDP 结合形式与 Bem1 相互作用。因此,Rsr1 在 GDP 结合形式和 GTP 结合形式间的循环对其功能是很重要的(图 6.6)。Cdc24 的 C 端含有一个自动抑制结构域,该结构域可能在 Rsr1 与 Cdc24 结合后被解离。Rsr1 以这种方式使 Cdc24 正确定位并活化,继而使 Cdc42 活化。Rsr1 与 Cdc42 也存在直接的相互作用。此外,Bem1 是 Cdc42 的效应因子,*bem1Δ* 和 *rsr1Δ* 突变体表现为协同致死表型。此外,Bem1 还能与胞吐体成分 Sec15 直接结合。综上所述,Bem1 是介导 Cdc42 激活复合物形成的支架蛋白,该复合物位于皮层,在出芽位点选择标记的介导下发生定位,可能与胞吐体存在相互作用(见图 6.6 下图;France et al. 2006;Kozminski et al. 2004;Shimada et al. 2004)。

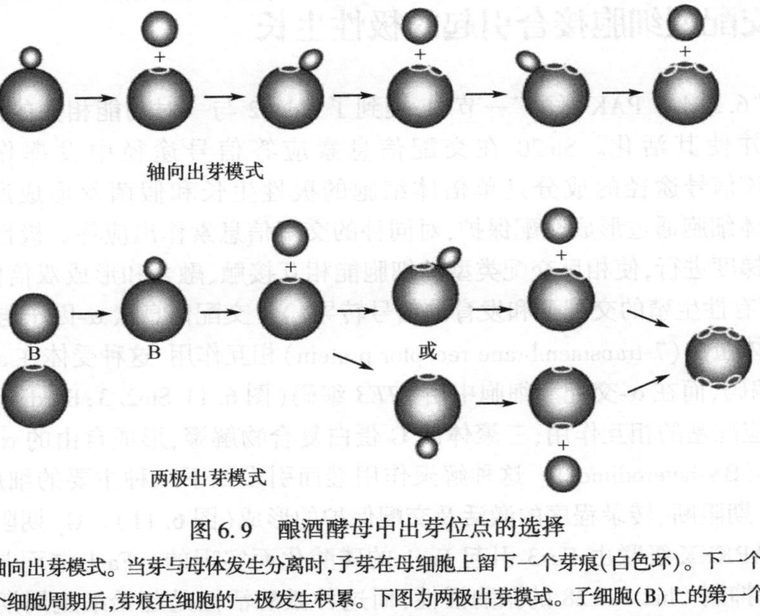

图 6.9 酿酒酵母中出芽位点的选择

上图为单倍体的轴向出芽模式。当芽与母体发生分离时,子芽在母细胞上留下一个芽痕(白色环)。下一个子芽在该芽痕附近形成。经过数个细胞周期后,芽痕在细胞的一极发生积累。下图为两极出芽摸式。子细胞(B)上的第一个芽在与出生极相反的另一极产生。随后的芽能够在两极中的任一极形成,最终导致两极均有芽痕积累。(引自 Sudbery and Court 2007)

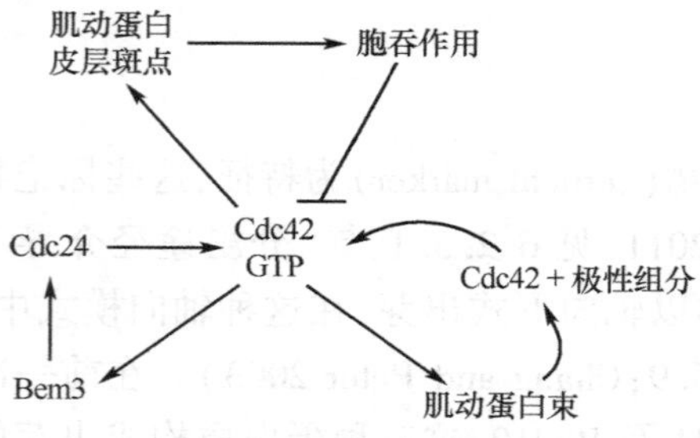

图 6.10 Cdc42 反馈环

Cdc42-GTP 水平以随机变化方式局部增强，从而激活 Bem3，进而使 Cdc24 定位，介导 Cdc42-GTP 的形成；经过一段时间后，Cdc42-GTP 同样促进肌动蛋白骨架的形成及胞吐体的激活，导致更多的 Cdc42 及能使肌动蛋白束聚集的极性成分定向运输；肌动蛋白皮层斑点的形成导致 Cdc42 的胞吞作用，因而阻断 Cdc42 的活化循环。（引自 Wedlich-soldner et al. 2004）

当出芽位点标记物缺失时，芽体仍然能产生，但是以一种随机方式出现。在这种情况下，Cdc42 均匀分布在细胞皮层。然而，Cdc42 活性的随机变化以自我维持的反馈环形式得到增强，从而产生足够强的活性以介导出芽。在该机制中，可能存在两个独立的过程，在强有力的反馈环中发挥作用（图 6.10；Wedlich-soldner et al. 2004）。其中一个过程依赖于肌动蛋白束，且对 GTP 结合形式的 Cdc42 具有特异性；另一个过程依赖于 Bem1（图 6.10 中的 Bem3），而不依赖于肌动蛋白。依赖于肌动蛋白的反馈环被认为能促进极性的长效稳定，因为 Cdc42-GTP 激活肌动蛋白骨架的聚集，并且促进胞吐体的形成和分泌囊泡在胞吐体上的定位（Irazoqui et al. 2003）。由于 Cdc42 向皮层的转运依赖于肌动蛋白骨架和功能性的分泌途径，这导致 Cdc42 进一步向正确位点的运输，在该位点上 Cdc42 首先被激活。然而，受到肌动蛋白皮层斑点促进的胞吞作用使 Cdc42 的极性消失。当 Rsr1 缺失时，极化的 Cdc42 在出芽之前围绕皮层运动。

Bem1 不仅是 Cdc24 激活 Cdc42 的支架蛋白（见图 6.6），而且是活化状态的 Cdc42 的效应分子，因此其具有对称性中断效应。Bem1 与胞吐体也存在直接相互作用，因此可能使两个反馈过程得以连接。Cdc42 的首要作用是激活极性生长，而不是绝对为其后的极性生长所需。定位信号影响这种激活作用，使其只能在特异位点进行。

6.3.3 交配型细胞接合引起的极性生长

在前面“6.2.4.3 PAK 激酶”一节中，提到了 Cdc42 与一对功能相关的激酶 Ste20 和 Cla4 结合，并使其活化。Ste20 在交配信息素应答信号途径中发挥作用，能激活 MAPKKK。该信号途径的成分是单倍体细胞的极性生长和假菌丝形成所需的（见图 6.7）。单倍体细胞通过形成交配保护，对同种的交配信息素作出应答。极性生长逆交配信息素浓度梯度进行，使相反交配类型的细胞能相互接触、融合和形成双倍体细胞（见第 9 章《子囊菌有性生殖的交配型和发育的信号转导》）。交配信息素 α-因子与 G 蛋白偶联的 7-跨膜受体蛋白（7-transmembrane receptor protein）相互作用，这种受体在 a-交配型细胞中由 *STE2* 编码，而在 α-交配型细胞中由 *STE3* 编码（图 6.11 Ste2/3；Bardwell 2005）。通过受体与相应配基的相互作用，三聚体的 G 蛋白复合物解聚，形成自由的 α 亚基和一个 βγ 异二聚体（βγ-heterodimer）。这种解聚作用继而引发如下三种主要的细胞应答：在细胞周期的 G_1 期阻断、转录程序的激活及交配保护的形成（图 6.11）。G_1 期阻断和转录激活是通过 MAPKKK 级联由 Fus3 引起 Far1 的磷酸化而实现的。Far1 继而与 Cln2-Cdc28 相互作用，并抑制 Cln2-Cdc28 的激酶活性，而这种激酶活性是起始细胞周期停滞所必需的。因此，Far1 的抑制作用导致细胞周期阻断（图 6.11）（Peter et al. 1993）。然而，Far1

是一种双功能蛋白，它在极性生长中也能发挥作用。Far1 蛋白能将 Cdc24 固定在核内。通过使 Fus3 磷酸化，Far1-Cdc24 复合物以一种依赖于 Msn5 的形式从核内释放。Far1 继而与仍邻近信息素受体的 βγ 异二聚体发生相互作用。通过这种方式，Cdc24 得以聚集到信息素受体的活化位点，激活 Cdc42 并起始极性生长（图 6.11；Nern and Arkowitz 1999；Wiget et al. 2004）。在出芽循环的 G_1 期，Far1 还能将 Cdc24 固定在核内。活化的 Cln-Cdc28 激酶所导致的 Far1 磷酸化，引起 Far1 的降解，使 Cdc24 释放到胞质中。通过出芽位点选择途径的介导，Cdc24 得以募集到早期出芽位点。因此，Far1 的活性提供了一种潜在的机制，该机制不仅保证了在 G_1 期通过激活 Cln1/Cln2-Cdc28 而起始极性生长，而且实现了极性生长从早期出芽位点向信息素受体活化位点的重新定向。在双倍体细胞中，Far1 的主要作用可能是根据交配信息素是否存在而确定极性生长位点。最初，人们认为 G 蛋白的 α 亚基一旦与 βγ 异二聚体解聚后，即不具有活性。然而，后来的研究表明，该亚基能与活化的 Fus3 结合，使 Bni1 磷酸化。这可能提供了一条使极性生长朝向信息素激活位点进行的辅助途径（图 6.11；Metodiev et al. 2002；Matheos et al. 2004）。

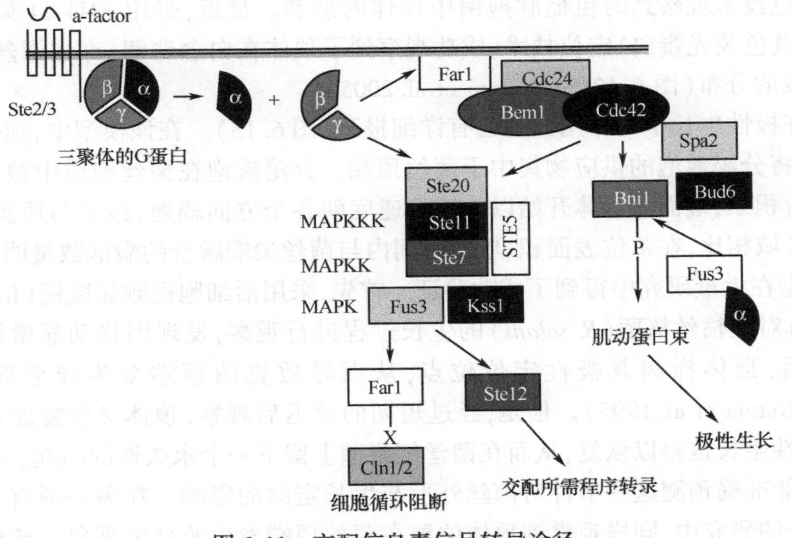

图 6.11　交配信息素信号转导途径

交配信息素与同源受体发生相互作用，引起 G 蛋白中的 α 亚基和 βγ 二聚体释放，βγ 二聚体募集并激活 Cdc42。Cdc42 通过其效应因子 Ste20 激活 MAP 激酶。激活的 MAP 激酶级联激活 MAPK-Fus3，Fus3 激活转录因子 Ste12，导致交配所需转录程序的进行。Fus3 同样使 Far1 磷酸化，Far1 具有两种作用：(1) 能与 Cln2-Cdc28 结合并抑制其活性，使细胞周期发生阻断。(2) 介导 Cdc24 由核释放到胞质，并与细胞皮层的 βγ 二聚体结合，从而使 Cdc42 转变为 GTP 结合形式。Cdc42-GTP 使肌动蛋白束聚集而导致极性生长。（引自 Sudbery and Court，2007）

6.4　丝状真菌的极性生长

前面的章节介绍了日益明确的有关芽殖型酵母细胞中极性生长的分子机制。然而，有一个问题依然存在，即丝状真菌菌丝顶端不出芽为什么能以高于芽体生长速度进行延伸。显然，酵母中的范例为真菌生长提供了一个很重要的模式，但该模式不能提供丝状真菌生长的全貌。生长的菌丝型细胞有别于酵母型细胞的重要特征之一是在菌丝顶端存在称为顶体的结构。

6.4.1 顶体

顶体(Spitzenkörper)最初在相差显微镜的暗视野中被发现,分布于多种真菌的菌丝顶端。随后的超微结构研究表明,微丝(microfilament)、核糖体(ribosome)、分泌囊泡(secretory vesicle)和壳质体(chitosome)等细胞器中均富含大量的顶体。然而,顶体并非一种明显的膜结合细胞器,其结构处于动态变化之中(Girbardt 1969;Grove and Bracker 1970;Howard and Aist 1980;Fischer-Parton et al. 2000)。

通过应用荧光显微镜及简单的 FM4-64 染色技术,即能很方便地观察到顶体结构。FM4-64 是一种疏水性苯乙烯基染料,通常用作胞吐作用及液泡膜的标记物。然而,通过简单处理,在囊泡尚不能观察到时,顶体即被染成一个亮点,可在菌丝顶端观察到(图 6.12A),这可能是胞吞型囊泡在分泌途径中的重新分选造成的。图 6.12A 显示了利用 FM4-64 染色技术观察到的粗糙脉孢菌中顶体的形态。最近,采用 FM4-64 染色及 Mlc1-YFP(一种黄色荧光蛋白)定位技术,成功观察到了顶体在白念珠菌(亦白假丝酵母)细胞亚尖端区域的分布(图 6.12C;Crampin et al. 2005)。

顶体在极性生长中的作用模型已有详细报道(图 6.13)。在该模型中,顶体作为囊泡供应中心,将分泌囊泡的供应物集中于菌丝顶端。分泌囊泡在菌丝胞质中被加工并转运到顶体进行积累,继而从顶体开始以相等的速度朝各个方向辐射,最后与质膜发生融合。与亚顶端区域相比,在单位表面积、单位时间内与菌丝尖端融合的囊泡数量明显偏多。图 6.13 的模型在大量研究中得到了成功验证。首先,采用活细胞视频显微镜(live-cell video microscopy)对立枯丝核菌(*R. solani*)的生长过程进行观察,发现因移动显微镜片而造成轻微扰动后,顶体撤离其极性定位位点,从而导致真菌顶端变为球形而非菌丝形(Bartnicki-Garcia et al. 1995)。但是,经过短期的延迟后观察,顶体又恢复原来的极性定位,菌丝极性生长也得以恢复,从而在菌丝细胞壁上留下一个永久性的凸起。利用真菌模拟体程序,能准确预测这些事件对菌丝外形与生长定向的影响。在另一项有关粗糙脉孢菌极性生长的研究中,同样观察到顶体位置在菌丝顶端发生改变的现象。菌丝生长的方向随顶体位置的改变而发生变化。采用激光钳(laser tweezer)使顶体的位置发生改变,当顶体位置移向一侧后,菌丝生长方向将随之发生相应改变。最后,定时视频(time-lapse video)显示顶端附近出现卫星顶体,这些卫星顶体与菌丝壁的凸起相连。当这些卫星顶体与主顶体融合后,瞬间的顶端生长发生,这与以前观察到的真菌菌丝跳动生长(pulsatile growth)现象相一致(Lopez-Franco et al. 1994;1995)。

顶体在菌丝极性生长中的作用产生三个相关的问题。第一,顶体的分子组成是什么?第二,顶体与酿酒酵母极体、胞吐体复合物存在什么样的关系?第三,是什么机制调控顶体的形成?这三个相关问题提出了一个重要的疑问,在白念珠菌和棉阿舒囊霉的菌丝生长过程中顶体的问题被凸现出来,至少白念珠菌的菌丝中存在顶体结构(图 6.12C)。然而白念珠菌和棉阿舒囊霉均系类酵母或与酵母近亲,它们并非酵母菌,至今为什么在酵母菌的酵母型和假菌丝型中没有顶体的报道(Crampin et al. 2005;Martin et al. 2005)。与酵母型生长相比,菌丝型生长是否还需要其他组分的参与?白念珠菌由于具有进行酵母型

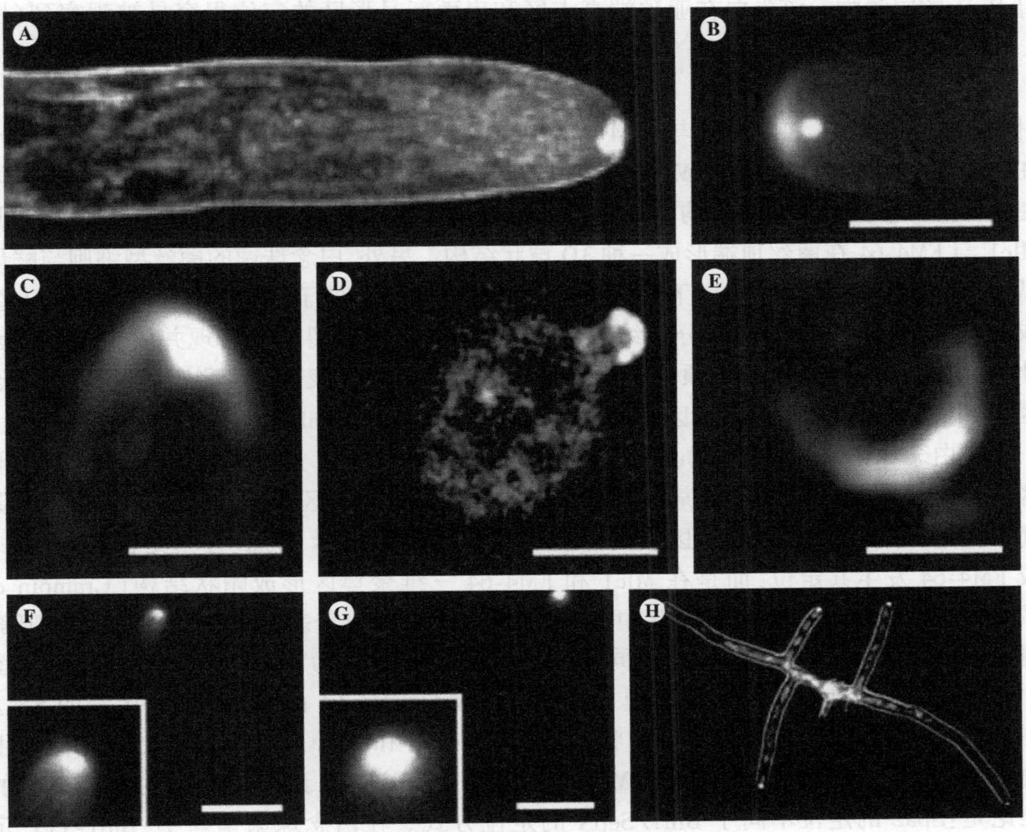

图 6.12 顶体及极性蛋白定位图

A. 在粗糙脉孢菌菌丝中,FM4-64 染色显示极体定位于顶端的亮点。B ~ D. 在粗糙脉孢菌和白念珠菌的菌丝中,极性蛋白 SepA(B)(SepA 蛋白属于 formin 家族成员,是酿酒酵母 Bni1 的同源物)与极性蛋白 Mlc1-YFP(C)分别定位于顶端亮点区和表面新月形区。D 和 E. 白念珠菌酵母态细胞(D)与假菌丝态细胞(E)中,Mlc1-YFP 定位于表面新月形区域。F ~ H. 构巢曲霉(F)、棉阿舒囊霉(H)中,极性蛋白 Spa2 定位于菌丝顶端的亮点区域,但在构巢曲霉中,与 FM4-64 染色区相比(G),SpaA 信号区更宽,且稍微更靠顶端定位(F)。H 中突出显示的细胞轮廓是 DIC 形成的。标尺:B 为 3μm,C 和 E 为 1μm,D 为 3μm,F 和 G 为 10μm。(引自 Sudbery and Court 2007)

和菌丝型生长的能力,成为研究该问题很好的材料。棉阿舒囊霉与酿酒酵母亲缘关系提示,如果棉阿舒囊霉仅利用酿酒酵母中极性生长驱动系统的部分组分,这是值得引起重视的。

6.4.2 菌丝生长过程中极性蛋白的定位

利用物理方法分离顶体目前无法实现,因此,研究顶体分子组成的有效方式是采用蛋白质与 GFP 及其衍生物的融合技术。酿酒酵母的研究已被用于指示大量有关蛋白,尤其是极体蛋白同源物选择性定位的研究。一种重要的模式是这些蛋白质定位于顶端/亚顶端亮点区或表面新月形区。在某些情况下,同一菌丝中同时存在顶端/亚顶端亮点区和新月形区。第一个例子是构巢曲霉中 SepA 的定位,该蛋白属于 formin 家族成员,是酿酒酵母 Bni1 的同源物。该蛋白在亚顶端亮点区和表面新月形区的定位很容易被观察到(图 6.12B)。

在白念珠菌中,Mlc1-YFP 与 YFP-Cdc42 同样定位于菌丝顶端的亮点区和新月形区(图 6.12C)。Mlc1-YFP 亮点与 FM4-64 发生共定位,因此 Mlc1 可能为顶体的组成成分。在酵母型和假菌丝型细胞中,Mlc1 仅定位于新月形区(图 6.12D 和图 6.12E)。由于顶体在酵母型和假菌丝型细胞中均不存在,这表明新月形区即为极体。计算机模拟结果表明,Mlc1 与 FM4-64 在菌丝顶端形成一种 3D 球状结构。另外,白念珠菌的菌丝型细胞与酵母型、假菌丝型细胞间还存在以下两个不同点。一是当菌丝处于活性生长状态时,Mlc1 组成型定位于菌丝顶端。有丝分裂结束后,Mlc1 环同样在分裂位点出现并发生收缩。因此,胞质分裂环中的 Mlc1 与顶体中的 Mlc1 同时存在。二是荧光强度测定结果显示,亮点区 Mlc1-YFP 的浓度比新月形区中高出 4 倍左右(Crampin et al. 2005)。

在白念珠菌中,Spa2 与 Bud6 的定位更难被确定。两者主要均定位于表面新月形区或环绕顶端的帽状区。在某些细胞中,可以观察到亮点区和新月形区,或者具有更高强度的荧光斑点的新月形区。高分辨率校正显微镜显示,Spa2 并不是准确与 Mlc1 或 FM4-64 发生共定位,而是在 Mlc1 和 FM4-64 三维聚集区形成帽状结构(Crampin et al. 2005)。在酵母态和假菌丝芽中,Spa2 与 Bud6 均定位于表面新月形区。在棉阿舒囊霉和构巢曲霉菌丝中,Spa2 的同源物(构巢曲霉中称为 SpaA)定位于亮点区(图 6.12F ~ 图 6.12H)。然而,在构巢曲霉中,SpaA 与 FM4-64 的共定位,再次表明 SpaA 在 FM4-64 亮点区形成新月形的帽状结构(图 6.12F 和图 6.12G)。因此,Spa2 似乎主要定位于新月形区,在空间上与 FM4-64 亮点区是分离的。该观察结果的一个有趣的推论是:Spa2 的定位不同于 Bni1/SepA 的定位方式。在白念珠菌菌丝中,Bni1-YFP 定位于顶端亮点区(Martin and Chang 2005)。这一点令人不解,因为酿酒酵母中 Bni1 与 Spa2 存在相互作用。有趣的是,在构巢曲霉中,formin 蛋白 SepA 的定位并不依赖 SpaA,该蛋白在亮点区及新月区均有分布,因此,在菌丝细胞中 Spa2 与 Bni1 并不像在酵母芽体的极体中那样联系紧密(Virag and Harris 2006a)。但是在棉阿舒囊霉中,Bni1 定位于表面新月形区(Schmitz et al. 2006)。因此,在这三种不同的真菌中,对肌动蛋白骨架具有成核作用的 formin 分别定位于:顶端亮点区(白念珠菌)、亮点区与新月形区(构巢曲霉)及新月形区(棉阿舒囊霉)。

6.4.3 菌丝生长过程中极性蛋白的作用

极性成分的缺失导致极性生长不同程度的缺陷。构巢曲霉与白念珠菌中 Bni1/SepA 的缺失导致异常的粗菌丝形成,并且在白念珠菌中菌丝型生长无法进行,同时这两种真菌中胞质分裂能力也有严重缺陷(Martin et al. 2005;Harris et al. 2005)。Bni1 缺失对棉阿舒囊霉(*A. gossypii*)是致死的,导致孢子萌发成巨大的花生样细胞(Schmitz et al. 2006),*Ag*Bni1 自我抑制区的缺失,使该蛋白变为激活状态,引起顶端定向的肌动蛋白骨架增加及菌丝顶端分裂。这证明 formin 在菌丝生长过程中发挥关键作用,且菌丝顶端分裂受到囊泡向菌丝顶端移动速率的调节。在白念珠菌的 *spa2Δ/Δ* 与 *bud6Δ/Δ* 突变体中,菌丝变粗,类似假菌丝形状。与该表型相一致,菌丝中顶体消失,Mlc1-YFP 仅存在于表面新月形区。在棉阿舒囊霉中,Spa2 的缺失不会阻断菌丝形成,但菌丝变粗,且延伸速度降低。在构巢曲霉中,Spa2 的同源蛋白 SpaA 缺失后,菌丝中顶体仍能形成,可能是因为 Bni1 的同源蛋白 SepA 的定位不依赖于 SpaA(Knechtle et al. 2003;Virag and Harris 2006a)。

菌丝生长的一个已知特征是菌丝顶端持续极化。酿酒酵母中这种极性的确立依赖于出芽位点选择途径提供的皮层信号,即出芽位点标记物,如酿酒酵母 Rsrl、Bud2 等。棉阿舒囊霉和白念珠菌中均存在酿酒酵母 Rsr1 的同源蛋白,且白念珠菌中还存在酿酒酵母 Bud2 的同源蛋白。在酿酒酵母中,这些蛋白质作为双极性与轴向出芽位点标记物的下游因子,对 Cdc42 具有激活作用。棉阿舒囊霉和白念珠菌中这些蛋白质的缺失会产生相似的表型,即:菌丝生长缓慢并变粗,沿菌丝发生频繁的弯曲,表明细胞无法维持稳定的定向生长。在白念珠菌中,菌丝分支紊乱;而在棉阿舒囊霉中,分支失败事件频繁发生,从而在菌丝细胞壁上形成许多凸起。这种缓慢生长是由于生长暂停或生长时间缩短。在生长暂停过程中,Spa2-YFP 或者从尖端丢失,或者从尖端的一侧移动到另一侧,由此,Spa2 将会重新定位,使细胞沿新轴进行生长。Spa2 同样出现在棉阿舒囊霉分支异常位点。上述现象表明,在酵母类真菌中,Rsr1-GFPase 组件通过使生长轴固定而发挥作用,这可能是通过将 Cdc42 固定在菌丝顶端而实现的(Harris and Momany 2004;Hausauer et al. 2005;Sudbery and Court,2007)。

在构巢曲霉及其他丝状真菌中,编码这些出芽位点标记物的基因或者保守性低,或者根本不存在。由此推论,菌丝极性生长可能依赖于自我组织的 Cdc42 反馈环(见图 6.10),这种反馈环存在于缺乏出芽位点标记物的酿酒酵母细胞中。然而,最近的研究表明,构巢曲霉 *kipAΔ* 突变体的菌丝以明显波形方式(wavy shape)生长,并且顶体在菌丝顶端从一侧向另一侧来回移动,该表型与缺失出芽标记物的棉阿舒囊霉和白念珠菌突变体的表型类似。构巢曲霉的 KipA 是粟酒裂殖酵母 Tea2 的同源蛋白,而 Tea2 是驱动蛋白家族的成员,含有末端定向的微管马达。Tea2 驱动 Tea1 沿微管运动至细胞顶端的皮层部位,以提供极性生长的皮层标记物。Tea1 同样是微管的正确组装所需的,因为在 *tea1Δ* 突变体中,微管在细胞末端发生卷曲(curl around)。在构巢曲霉 *kipAΔ* 突变体中,微管不能像野生型细胞中一样聚集于单个点上,而是弥散在细胞中并不断运动。因此,构巢曲霉的菌丝可能依赖皮层标记物而稳定轴向生长。另外,微管在菌丝顶端的中心部位可能对顶体有固定作用(Konzack et al. 2005;Chang and Peter 2003;Harris and Momany,2004)。

6.4.4 细胞骨架在顶体功能发挥过程中的作用

肌动蛋白和微管细胞骨架是正常的菌丝生长和顶体功能必需的(见"真菌细胞骨架"一章)。肌动蛋白细胞骨架的抑制剂,如细胞松弛素 A 或拉春库林,以及肌动蛋白突变(actin mutation),均能引起菌丝顶端膨大及顶体的消失。在白念珠菌中,这种现象的发生是生长方式由极性生长向均向生长转变所导致的。在棉阿舒囊霉中,冗余基因(redundant gene)*BOI1* 和 *BOI2* 或者基因 *RHO3* 的缺失,均导致肌动蛋白束阶段性消失,同时发生顶端膨大。研究表明,Boi1/Boi2 与 Rho3 之间具有相互作用。另外,组成型激活的 Rho3 突变体能与 Bni1 发生相互作用,但其组成型失活的突变体不具有该作用。这些资料表明,Rho3 通过与 Boi1/Boi2 的相互作用,提供了一种可供选择的、不依赖于 Cdc42 的途径,细胞通过该途径激活 Bni1,进而介导肌动蛋白束的形成。令人震惊的是,*AgBOI1/AgBOI2* 或 *AgRHO3* 缺失引起肌动蛋白束消失,进而导致顶端膨大,这类似于上述肌动蛋白束化学性抑制剂的作用。很明显,肌动蛋白束是菌丝维持极性生长所需的,它们在菌丝顶端的缺失将导致均向生长(Virag and Griffiths 2004;Knechtle et al. 2006)。

在白念珠菌中,长微管横贯于整条菌丝中,它们特异性存在于菌丝型细胞中,而不存在于酵母型及假菌丝型细胞。微管的紊乱抑制了菌丝生长,但不能导致顶端发生类似缺失肌动蛋白束时的膨大现象。驱动蛋白是一类马达蛋白,它们朝向微管的正末端,在菌丝中呈顶端定向,以介导顺式转运。粗糙脉孢菌中驱动蛋白的缺失突变体表现为极性生长缺陷,且缺少顶体(Horio and Oakley 2005)。

综上所述,微管在囊泡向顶体的长距离转运中发挥作用,而肌动蛋白束介导囊泡向细胞表面的短距离散射。因此,顶体是这些不同转运方式发生转变的部位。这种模型能够解释微管和肌动蛋白细胞骨架紊乱所引发的不同效应。微管的缺失终止了囊泡向顶端的运动,因此生长停止。在微管细胞骨架的功能正常时,囊泡得以顺利到达顶端,但肌动蛋白骨架的缺失会使囊泡无法集中到顶端的某个特定部位,从而使囊泡随机向细胞表面扩散,导致顶端均向生长。另外,肌动蛋白和微管细胞骨架可能在顶体的顶端定向中发挥作用。将顶体固定在离顶端边缘一段距离的位置是囊泡供应模型的必要假设。由于顶端不断向前延伸,某种活化机制是完成这一点所必需的。微管可能使顶体向前推进,而肌动蛋白骨架将其固定在细胞皮层。上述 KipA 突变体的表型与微管促使顶体重新定位的作用是一致的(Virag and Harris 2006b;Konzack et al. 2005)。

6.4.5 顶体与极体

对出芽酵母极性生长机制的研究表明,Cdc42 及其他 Rho-GTPase 在协调极性生长中的中心作用,同时也揭示了下面三种不同的蛋白复合物的功能。①极体(polarisome):使肌动蛋白束及肌动蛋白皮层斑点聚集;②胞吐体复合物(exocyst complex):提供了分泌囊泡与质膜定位并融合的平台;③Las17/Arp2/Arp3 复合物:介导了肌动蛋白皮层斑点的形成。这些复合物的相互作用已有相关报道。例如,Msb3/Msb4 作为分泌囊泡上 Sec4 的 GAP,因为它们锚定在胞吐体上,并能与 Spa2 结合(见图 6.2)。Bem1 是极性复合物的组成成分,能与胞吐体成分 Sec15、Sec8 发生共沉淀(见图 6.6)。Bni1 与 Spa2 相互作用,使肌动蛋白骨架聚集(图 6.7),而且也是介导肌动蛋白皮层斑点形成的 Arp2/Arp3 复合物的组成成分。研究芽殖酵母模式的难点之一是当芽体表现为极性生长时,芽体尚小,从而使细胞学研究难以开展。在实际情况中,很难明确这些复合物是否在空间上是分离的。为了后续讨论的方便,“极体”这个名称将囊括芽殖酵母极性生长体系的所有这些成分(Lechler et al. 2001;Gao et al. 2003;Zajac et al. 2005;France et al. 2006)。顶体与极体间具有什么样的关系?该问题的关键是:顶体是一种独立的实体,还是一种高活性状态下的极体。在图 6.13 中第一个观点的提出是基于构巢曲霉中的 SepA 蛋白及白念珠菌中的 Mlc1、Bni1 与 Cdc42 能使菌丝顶端两种不同结构被清晰分辨出来。顶体是一种内部的亮点结构,极体是呈表面的新月形结构。在白念珠菌中,Mlc1-YFP 亮点与 FM4-64 共定位,代表了顶体,而在菌丝型、假菌丝型及酵母型细胞中均存在的新月形结构代表了极体。根据这一观察结果，顶体可能使分泌囊泡在微管末端发生沉积，但尚未沿肌动蛋白束运动至菌丝顶端形成的区域。极体成分主要定位于表面新月形结构中，使肌动蛋白骨架发生聚集，以介导囊泡从顶体向菌丝顶端的转运。根据图 6.13 中的第二个观点，极体复合物分布于菌丝顶端周围，在该位置介导肌动蛋白骨架的形成与聚集，并且促进分泌囊泡的锚定。通过某种未知的机制，极体复合物更集中于中心区域，形成一个清晰的结构。这种聚集也能在菌丝中发生，从而形成一种内部的三维结构。两者最终发生分离，形成可区分开的内部球状亮点结构及表面新月形结构（Sharpless and Harris 2002；Crampin et al. 2005）。

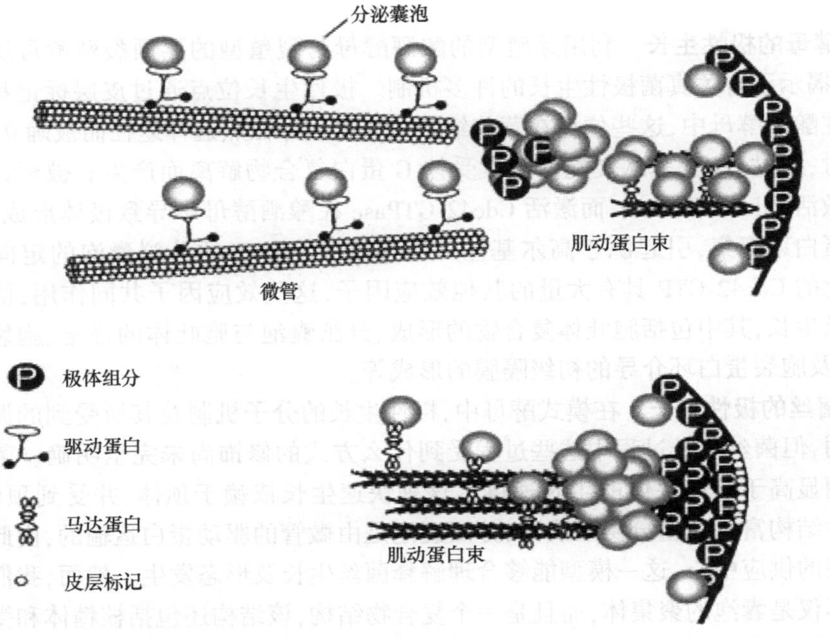

图 6.13　有关顶体功能的两种观点

第一种观点（上图）：顶体是一种独立实体。由微管介导转运的分泌囊泡，在被肌动蛋白骨架转运至顶端之前，暂时储存在顶端附近，顶体即在该过程中充当储存站及囊泡供应中心，此即囊泡供应中心模型。根据这一模型，大多数囊泡到达菌丝顶端的极点，仅有少量与极体的亚中心区域融合。第二种观点（下图）：顶体是一种高活性状态的极体。极体成分定位在表面新月形区，可能是由于某种形式的皮层标记物的作用，它们更加富集在顶端区域，这促使肌动蛋白束向顶端定向的聚集，进而导致分泌囊泡在中心大量积累，而在亚中心区域存在很少。（引自 Sudbery and Court 2007）

这两种模型均存在问题。“顶体是一种独立实体”的模型不能合理解释 Mlc1 等蛋白质为何出现于顶体中。可能原因是 Myo2-Mlc1 既参与囊泡向顶体的转运，也参与囊泡向菌丝顶端（极体）的转运。“顶体是一种高活性极体”的模型难以解释的是极体复合物为何具有明显不连续的密度，以致形成一种分离结构，这种分离结构通过在相差显微镜和电子显微镜下 FM4-64 染色与 Bni1/SepA、Mlc1 等蛋白质的定位而被观察到。在白念珠菌中，亮点结构中 Mlc1-YFP 的着色强度比新月形结构中高出 4 倍左右，这可能反映了某种能局部聚集并激活 Cdc42 的机制。然而，在白念珠菌中，虽然 YFP-Cdc42 与 FM4-64 共定位于顶体，但新月形结构中的荧光强度更强。不仅如此，该模型不能解释为何顶体在整个细胞周期中均存在，而极体在 G_2 期从顶端消失的现象（Crampin et al. 2005；Virag and Harris 2006a）。

无论极体和顶体存在什么样的关系，勿容置疑的是：电子显微镜、相差显微镜及 FM4-64 染色均显示，在生长最活跃菌丝的顶端后部，明显存在一个细小的环状结构。Bni1/SepA 及 Mlc1 与该结构发生共定位，因此，顶体这一名称依然被用于描述该结构。然而，有关该结构与极体的关系，该结构与微管、肌动蛋白细胞骨架的相互作用，以及调节其形成的机制等，还有许多问题以待解决。

6.5 讨论

1. 酵母的极性生长 利用芽殖型的酿酒酵母与裂殖型的粟酒裂殖酵母所展开的研究，已经揭示了有关真菌极性生长的许多机制。极性生长位点通过皮层标记物得以清晰显现。在酿酒酵母中，这些位点在营养细胞中通过出芽位点选择途径而被确立，而在信息素刺激时，通过 βγ 亚基从交配信息素受体 G 蛋白复合物解离而产生。被标记的极性生长位点激活 Cdc42 GTPase，而激活 Cdc42 GTPase 在酿酒酵母中导致极体形成，极体进而使肌动蛋白束聚集，引起源于高尔基体外侧网络膜（TGN）的分泌囊泡的定向运输与定位。活化的 Cdc42-GTP 具有大量的其他效应因子，这些效应因子共同作用，协调芽体有序形成及生长，其中包括胞吐体复合物的形成、分泌囊泡与胞吐体的锚定、胞裂蛋白环的形成，以及胞裂蛋白环介导的初级隔膜的形成等。

2. 菌丝的极性生长 在模式酵母中，极性生长的分子机制及其所受到的调节作用逐渐被阐明，但菌丝生长过程中这些过程受到什么方式的修饰尚未完全明确。菌丝生长速度能够明显高于酵母芽体的生长速度。这种快速生长依赖于顶体，并受到顶体的协调。这种极性结构富含大量分泌型囊泡，分泌囊泡是由微管的驱动蛋白运输的，由此推断该结构是囊泡的供应中心，这一模型能够合理解释菌丝生长及形态发生。然而，我们必须认识到顶体不仅是囊泡的聚集体，而且是一个复合物结构，该结构还包括核糖体和微丝。肌动蛋白束可能将分泌囊泡转运至细胞顶端，并将顶体固定于顶端区。而肌动蛋白皮层斑点或将极体运输到菌丝顶端表面的功能，在那儿发生质膜的融合。这是囊泡供应模型得以成立所需要的。

3. 关于顶体与极体 顶体分子特征的研究尚处于初步阶段。目前，该方面的研究主要在模式生物酵母模式中开展。当前存在的主要问题是极体与顶体间的相互关系。两者是相互独立的结构吗？顶体是囊泡经肌动蛋白骨架转运到细胞表面之前的储存站吗？或者，顶体是一种被修饰的极体吗？在该结构中，是否极体浓缩密集在菌丝顶端中心的一个狭小区域，从而使囊泡的转运也集中于一个小区域，导致比酵母芽体更高度的极性生长？

4. 其他有待研究的问题 一个有待深入研究的问题是脂筏在极性生长中的作用，它们在极性生长位点同样被极化，它的作用尚缺乏更多的实验证据。另一个有待进一步探讨的问题是极性生长过程中胞吞作用的功能。该功能在酵母型和菌丝型细胞极性生长位点聚集肌动蛋白皮层斑点，皮层斑点对胞吞作用可能具有调节作用。

菌丝惊人的延伸速度，最终将通过对酵母模式的研究而得到解释。然而，在酵母细胞和菌丝在极性生长速度上的巨大差异，以及顶体具有极其复杂的结构等背景下，还有许多问题尚待解决，我们相信，随着研究的深入，真菌顶端极性生长的机理将会逐步获得揭示。

参考文献

Albert S, Gallwitz D. 2000. Msb4p, a protein involved in Cdc42p-dependent organizationof the actin cytoskeleton, is a Ypt/Rab-specific GAP. Biol Chem, 381:453-456

Alberts AS. 2001. Identification of a carboxyl-terminal diaphanous-related formin homology protein autoregulatory domain. J Biol Chem, 276:2824-2830

Amicucci A, Balestrini R, Kohler A et al. 2011. Hyphal and cytoskeleton polarization in Tuber melanosporum: a genomic and cellular analysis. Fungal Genet Biol, 48(6):561-572

Araujo-Palomares CL, Riquelme M, Castro-Longoria E 2009. The polarisome component SPA-2 localizes at the apex of *Neurospora crassa* and partially colocalizes with the Spitzenkörper. Fungal Genet Biol, 46(8):551-563

Bardwell L. 2005. A walk-through of the yeast maiting pheromone response pathway. Peptides, 26:337-1476

Bartnicki-Garcia S, Bartnicki DD, Gierz G et al. 1995. Evidence that Spitzenkorper behavior determines the shape of a fungal hypha-a test of the hyphoid model. Exp Mycol, 19:153-159

Bassilana M, Arkowitz RA. 2006. Rac1 and Cdc42 have different roles in *Candida albicans* development. Eukaryot Cell, 5: 321-329

Bi EF, Chiavetta JB, Chen H et al. 2000. Identificationofnovel, evolutionarily conserved Cdc42p-interacting proteins and of redundant pathways linking Cdc24p and Cdc42p to actin polarization in yeast. Mol Biol Cell, 11:773-793

Bielli P, Casavola EC, Biroccio A, Urbani A et al. 2006. GTPdrives myosin light chain 1 interaction with the class V myosin Myo2 IQ motifs via a Sec2 RabGEF-mediated pathway. Mol Microbiol, 59:1576-1590

Boyce KJ, Hynes MJ, Andrianopoulos A. 2001. The *CDC42* homolog of the dimorphic fungus *Penicillium marneffei*is required for correct cell polarization during growth but not development. J Bacteriol, 183:3447-3457

Brown DA, London E. 2000. Structure and function of sphingolipid and cholesterol-rich membrane rafts. J Biol Chem, 275(23): 17221-17224

Caviston JP, Longtine M, Pringle JR et al. 2003. The role of Cdc42p GTPase-activating proteins in assembly of the septin ring in yeast. Mol Biol Cell, 14:4051-4066

Chang F, Peter M. 2003. Yeasts make their mark. Nat Cell Biol, 5:294-299

Crampin H, Finley K, Gerami-Nejad M et al. 2005. *Candida albicans* hyphae have a Spitzenkorper that is distinct from the polarsome found in yeast and pseudohyphae. J Cell Sci, 118:2935-2947

Cvrckova F, Devirgilio C, Manser E et al. 1995. Ste20-like protein-kinases are required for normal localization of cell-growth and for cytokinesis in budding yeast. Gene Dev, 9:1817-1830

DerMardirossian C, Bokoch GM. 2005. GDIs: central regulatory molecules in Rho GTPase activation. Trends Cell Biol, 15: 356-363

Dong YQ, Pruyne D, Bretscher A. 2003. Formin-dependent actin assembly is regulated by distinct modes of Rho signaling in yeast. J Cell Biol, 161:1081-1092

Etienne-Manneville S. 2004. Cdc42-the centre of polarity. J Cell Sci, 117:1291-1300

Evangelista M, Pruyne D, Amberg DC et al. 2002. Formins direct Arp2/3-independent actin filament assembly to polarize cell growth in yeast. Nature Cell Biol, 4:32-41

Fischer-Parton S, Parton RM, Hickey PC et al. 2000. Confocal microscopy of FM4-64 as a tool for analyzing endocytosis and vesicle trafficking in living fungal hyphae. J Microsc, 198:246-259

France YE, Boyd C, Coleman J et al. 2006. The polarity-establishment component Bem1p interacts with the exocyst complex through the Sec15p subunit. J Cell Sci, 119:876-888

Gao L, Bretscher A. 2009. Polarized growth in budding yeast in the absence of a localized formin. Mol Biol Cell, 20:2540-2548

Gao XD, Albert S, Tchepereg SE, et al. 2003. The GAP activity of Msb3p and Msb4p for the Rab GTPase Sec4p is required for efficient exocytosis and actin organization. JCell Biol, 162:635-646

Girbardt M. 1969. Ultrastructure of apical region of fungal hyphae. Protoplasma, 67:413-444

Grove SN, Bracker CE. 1970. Protoplasmic organization of hyphal tips among fungi: vesicles and Spitzenkorper. J Bacteriol, 104:

989-1009

Gulli MP, Jaquenoud M, Shimada Y et al. 2000. Phosphorylation of the Cdc42 exchange factor Cdc24 by the PAK-like kinase Cla4 may regulate polarized growth in yeast. Mol Cell, 6:1155-1167

Harris SD, Momany M. 2004. Polarity in filamentous fungi: moving beyond the yeast paradigm. Fungal Genet Biol, 41:391-400

Harris SD, Read ND, Roberson RW et al. 2005. Polarisome meets Spitzenkorper: microscopy, genetics, and genomics converge. Eukaryot Cell, 4:225-229

Harsay E, Bretscher A. 1995. Parallel secretory pathways to the cell surface in yeast. J Cell Biol, 131, 297-310

Harsay E, Schekman R. 2002. A subset of yeast vacuolar protein sorting mutants is blocked in one branch of the exocytic pathway. J Cell Biol, 156:271-285

Hausauer DL, Gerami-Nejad M, Kistler-Anderson C et al. 2005. Hyphal guidance and invasive growth in *Candida albicans* require the Ras-like GTPase Rsr1p and its GTPase-activating protein Bud2p. Eukaryot Cell, 4:1273-1286

He B, Xi F, Zhang J et al. 2007. Exo70p mediates the secretion of specific exocytic vesicles at early stages of the cell cycle for polarized cell growth. J Cell Biol, 176:771-777

Horio T, Oakley BR. 2005. The role of microtubules in rapid hyphal tipgrowthof *Aspergillus nidulans*. Mol Biol Cell, 16:918-926

Howard RJ, Aist JR. 1980. Cytoplasmic microtubules and fungal morphogenesis: ultrastructural effects of methyl benzimidazole-2-ylcarbamate determined by freeze-substitution of hyphal tip cells. J Cell Biol, 87:55-64

Howell AS, Savage NS, Johnson SA et al. 2009. Singularity in polarization: rewiring yeast cells to make two buds. Cell, 139: 731-743

Irazoqui JE, Howell AS, Theesfeld C et al. 2005. Opposing roles for actin in Cdc42p polarization. Mol Biol Cell, 16:1296-1304

Jaquenoud M, Peter M. 2000. Gic2p may link activated Cdc42p to components involved in actin polarization, including Bni1p and Bud6p(Aip3p). Mol Cell Biol, 20:6244-6258

Johnson DI. 1999. Cdc42: An essential Rho-type GTPase controlling eukaryotic cell polarity. Microbiol Mol Biol Rev, 63:54-105

Knechtle P, Dietrich F, Philippsen P. 2003. Maximal polar growth potential depends on the polarisome component AgSpa2 in the filamentous fungus *Ashbya gossypii*. Mol Biol Cell, 14:4140-4154

Knechtle P, Wendland J, Philippsen P. 2006. The SH3/PH domain protein AgbOI1/2 collaborates with the ho-type GTPase AgRho3 to prevent nonpolar growth at hyphal tips of *Ashbya gossypii*. Eukaryot Cell, 5:1635-1647

Konzack S, Rischitor P, Enke C et al. 2005. The role of the kinesin motor KipA in microtubule organization and polarized growth of *Aspergillus nidulans*. Mol Biol Cell, 16:497-506

Kozminski KG, Alfaro G, Dighe S et al. 2006. Homologues of oxysterol-binding proteins affect Cdc42p-and Rho1p-mediated cell polarization in *S. cerevisiae*. Traffic, 7:1224-1242

Kozubowski L, Saito K, Johnson JM et al. 2008. Symmetry-breaking polarization driven by a Cdc42p GEF-PAK complex. Curr Biol, 18:1719-1726

Kwon MJ, Arentshorst M, Roos ED, et al. 2011. Functional characterization of Rho GTPases in *Aspergillus niger* uncovers conserved and diverged roles of Rho proteins within filamentous fungi. Mol Microbiol, 79(5):1151-1167

Köhli M, Galati V, Boudier K et al. 2008. Growth-speed-correlated localization of exocyst and polarisome components in growth zones of Ashbya gossypii hyphal tips. J Cell Sci, 121:3878-3889

Leberer E, Dignard D, Harcus D et al. 1992. The protein kinase homologue Ste20p is required to link the yeast pheromone responseG-protein beta-gamma subunits to downstream signalling components. EMBO J, 11:4815-4824

Lechler T, Jonsdottir GA, Klee SK et al. 2001. A two-tiered mechanism by which Cdc42 controls the localizationand activationof an Arp2/3-activatingmotor complex in yeast. J Cell Biol, 155:261-270

Lechler T, Shevchenko A, Shevchenko A et al. 2000. Direct involvement of yeast type I myosins in Cdc42-dependent actin polymerization. J Cell Biol, 148:363-373

Longtine MS, Theesefield CL, McMillan JN et al. 2000. Septin-dependent assembly of a cell cycle-regulatory module in *Saccharomyces cerevisiae*. Mol Biol, 20:4049-4061

Lopez-Franco R, Bartnicki-Garcia S, Bracker CE. 1994. Pulsed growth of fungal hyphal tips. Proc Natl Acad Sci USA, 91: 12228-12232

Lopez-Franco R, Howard RJ, Bracker CE. 1995. Satellite Spitzenkorper in growing hyphal tips. Protoplasma, 188: 85-103

Martin SG, Chang F. 2005. New end take off: regulating cell polarity during the fission yeast cell cycle. Cell Cycle, 4: 1046-1049

Martin SW, Konopka J B. 2004. Lipid Raft Polarization Contributes to Hyphal Growth in Candida albicans. Eukaryot. Cell, 3 (3): 675-684

Matheos D, Metodiev M, Muller E et al. 2004. Pheromone-induced polarization is dependent on the Fus3p MAPK acting through the formin Bni1p. J Cell Biol, 165: 99-109

Metodiev MV, Matheos D, Rose MD et al. 2002. Regulation of MAPK function by direct interaction with the mating-specific G alpha in yeast. Science, 296: 1483-1486

Miller PJ, Johnson DI. 1994. Cdc42P GTPase is involved in controlling polarized cell growth in *Schizosaccharomyces pombe*. Mol Cell Biol, 14: 1075-1083

Munro, S. 2003. Lipid rafts: elusive or illusive? Cell, 115(4): 377-388

Nern A, Arkowitz RA. 1999. A Cdc24p-Far1p-G beta gamma protein complex required for yeast orientation during mating. J Cell Biol, 144: 1187-1202

Orlando K, Sun X, Zhang J et al. 2011. Exo-endocytic trafficking and the septin-based diffusion barrier are required for the maintenance of Cdc42p polarization during budding yeast asymmetric growth. Molecular Biology of the Cell, 22: 624-633

Ortiz D, Medkova M, Walch-Solimena C et al. 2002. Ypt32 recruits the Sec4p guanine nucleotide exchange factor, Sec2p, to secretory vesicles; evidence for a Rab cascade in yeast. J Cell Biol, 157: 1005-1015

Park HO, Bi EF, Pringle JR, Herskowitz I. 1997. Two active states of the Ras-related Bud1/Rsr1 protein bind to different effectors to determine yeast cell polarity. Proc Natl Acad SciUSA, 94: 4463-4468

Park HO, Bi E. 2007. Central roles of small GTPases in the development of cell polarity in yeast and beyond. Microbiol Mol Biol Rev, 71: 48-96

Park HO, Kang PJ, Rachfal AW. 2002. Localization of the Rsr1/Bud1 GTPase involved in selection of a proper growth site in yeast. J Biol Chem, 277: 26721-2672

Park HO, Sanson A, Herskowitz I. 1999. Localization of Bud2p, a GTPase-activating protein necessary for programming cell polarity in yeast to the presumptive bud site. Genes, 13: 1912-1917

Pelham HRB. 2001. SNAREs and the specificity of membrane fusion. Trends Cell Biol, 11: 99-101

Peter M, Gartner A, Horecka J et al. 1993. FAR1 links the signal ransduction pathway to the cell cycle machinery in yeast. Cell, 73: 747-750

Peter M, Neiman AM, Park HO et al. 1996. Functional analysis of the interaction between the small GTP binding protein Cdc42 and the Ste20 protein kinase in yeast. EMBO J, 15: 7046-7059

Piao HL, Machado IM, Payne GS. 2007. NPFXD-mediated endocytosis is required for polarity and function of a yeast cell wall stress sensor. Mol Biol Cell, 18: 57-65

Punt PJ, Seiboth B, Weenink XO et al. 2001. Identification and characterization of a family of secretion-related small GTPase-encoding genes from the filamentous fungus *Aspergillus niger*: a putative *SEC4* homologue is not essential for growth. Mol Microbiol, 41: 513-525

Roumanie O, Wu H, Molk JN et al. 2005. Rho GTPase regulation of exocytosis in yeast is independent of GTP hydrolysis and polarization of the exocyst complex. J Cell Biol, 170: 583-594

Sagot I, Klee SK, Pellman D. 2002. Yeast formins regulate cell polarity by controlling the assembly of actin cables. Nat Cell Biol, 4: 42-50

Schmitz HP, Kaufmann A, Kohli M et al. 2006. From function to shape: a novel role of a forming in morphogenesis of the fungus *Ashbya gossypii*. Mol Biol Cell, 17: 130-145

Schott D, Ho J, Pruyne D et al. 1999. The COOHterminal domain of Myo2p, a yeast myosin V, has a direct role in secretory vesicle targeting. J Cell Biol, 147: 791-807

Sharpless KE, Harris SD. 2002. Functional characterization and localization of the *Aspergillus nidulans* forming SEPA. Mol Biol Cell, 13: 469-479

Shimada Y, Wiget P, Gulli MP et al. 2004. The nucleotide exchange factor Cdc24p may be regulated by auto-inhibition. EMBO

J,23:1051-1062

Smith GR, Givan SA, Cullen P et al. 2002. GTPaseactivating proteins for Cdc42. Eukaryot Cell,1:469-480

Sudbery P, Court H. 2007. Polarised growth in fungi. In: Mycota Ⅷ, Biology of the fungal cell. Howard R, Gow NAR (Eds.), Springer Berlin Heidelberg. 137-166

Tcheperegine SE, Gao XD, Bi E. 2005. Regulation of cell polarity by interactions of Msb3and Msb4 with Cdc42 and polarisome components. Mol Cell Biol,25:8567-8580

Terbush DR, Maurice T, Roth D et al. 1996. The exocyst is a multi-protein complex required for exocytosis in *Saccharomyces cerevisia*. EMBO J,15:6483-6494

Ushinsky SC, Harcus D, Ash J et al. 2002. *CDC42* is required for polarized growth in the human pathogen *Candida albicans*. Eukaryot Cell,1:95-104

Vallen EA, Caviston J, Bi E. 2000. Roles of Hof1p, Bni1p, Bnr1p, and Myo1p in cytokinesis in *Saccharomyces cerevisiae*. Mol Biol Cell,11:593-611

Versele M, Thorner J. 2004. Septin collar formation in budding yeast requires GTP binding and direct phosphorylation by the PAK, Cla4. J Cell Biol,164:701-715

Virag A, Griffiths AJF. 2004. A mutation in the *Neurospora crassa* actin gene results in multiple defects in tip growth and branching. Fungal Genet Biol,41:213-225

Virag A, Harris SD. 2006a. The Spitzenkorper: a molecular perspective. Mycol Res,110:4-13

Virag A, Harris SD. 2006b. Functional characterization of *Aspergillus nidulans* homologues of *Saccharomyces cerevusiae* Spa2 and Bud6. Eukaryot Cell,5:881-895

Wedlich-soldner R, Wai SC, Schmidt T et al. 2004. Robust cell polarity is a dynamic state established by coupling transport and GTPase signaling. J Cell Biol,166:889-900

Wendland J, Philippsen P. 2001. Cell polarity and hyphal morphogenesis are controlled by multiple Rho-protein modules in the filamentous ascomycete *Ashbya gossypii*. Genetics,157:601-610

Wiget P, Shimada Y, Butty AC et al. 2004. Sitespecific regulation of the GEF Cdc24p by the scaffold protein Far1p during yeast mating. EMBO J,23:1063-1074

Zajac A, Sun XL, Zhang J et al. 2005. Cyclical regulation of the exocyst and cell polarity determinants for polarized cell growth. Mol Biol Cell,16:1500-1512

7 真菌无性繁殖—分生孢子的形成

真菌的无性繁殖是指不经过两性细胞的配合便能产生新的个体。大多数真菌都借助无性繁殖产生后代。许多低等真菌,如壶菌门(Chytridiomycota)、卵菌门(Oomycota)和接合菌门(Zygomycota)均先形成一个孢子囊,然后分割细胞质形成单核的无性孢子,这些单核孢子主要是游动孢子和孢囊孢子。然而,在高等真菌中,由菌丝特化形成孢子梗,在梗上产生分生孢子。一般而言,不经过性结合而产生的孢子是无性孢子,包括游动孢子(zoospore)、孢囊孢子(sporangiospore)和分生孢子(conidium)等。

物种为了生存,个体成熟之后必须进行繁殖以产生新个体。动物和植物的生命循环很大程度上是在内部控制之下以一系列固定的步骤进行的,对于环境影响是相当独立的。而真菌的生命循环与动植物的不同,若环境条件适宜营养生长,它们则持续进行营养生长;若营养物质短缺,真菌的生长速率则会降低,甚至为零;若条件仍不合适,就会引发一系列发育变化,导致孢子形成,从而度过不良环境。由此看来,不仅较低的生长速率是形成孢子的前提,而且当没有可吸收的外源营养物质时也可促使孢子形成。因此,在实验室中,根据实验需要可以将真菌维持在营养生长阶段或者通过激活的方式使孢子形成。真菌特殊的形态发生过程为发育生物学提供了很有趣的课题。由于真菌具有可以获得大量的营养体细胞、加入适宜的刺激物可以激活孢子形成、并且可以获得许多具有不同生长过程的突变株(包括很多有用的温度敏感突变株)等特点,因此特别有利于生化研究及基因分析。

目前真菌学家们针对少数在实验室中容易跟踪其有性发育和无性过程的模式真菌进行研究,以了解其生活周期。企图通过研究某些真菌分化方面的问题,深入了解其发育的普遍机制。关于分生孢子生成的遗传控制的资料大都集中在子囊菌纲的构巢曲霉(*A. nidulans*)(Fischer and Kües 2003),本章将以此菌为模式展开来描述真菌中分生孢子产生过程中的遗传控制。

7.1 从生长到生殖的转变

生殖能力的获取在构巢曲霉的生活史中最早得到描述,但是人们对分生孢子形成过程仍是所知甚少。目前认为早期孢子形成的过程是生活史中内部调节的作用,而不是对不利环境条件的反应,环境条件只不过是孢子形成的激活条件而已。由于孢子形成的一系列连续的发展阶段需要不同的环境条件激活,因此,每个阶段的开始都是可以控制的,真菌特殊的形态发生过程为发育生物学提供了研究机会。

7.1.1 分生孢子繁殖过程的诱导

分生孢子只有经历了一个特定时期的生长后才会产生。当菌丝体处于适宜的营养生长条件时,它们能持续进行营养生长,一直无限期地保持在生命周期的生长阶段。然而,当营养被耗尽、孢子形成途径被激活后,是进入无性发育还是有性发育,在一定条件下菌丝会选择其中某一发育途径,而抑制另一途径。这显示出生物体在应对环境或细胞内部信号时,会以不同的方式来应答。无性发育的第一步是未分化的营养生长细胞转化为即将进入分化程序的细胞。如何接收无性发育的信号从生长阶段转变为生殖阶段,主要包括以下几方面。

7.1.1.1 水—空气界面

大部分孢子通过空气传播,因此需要孢子形成结构暴露在空气中。启动无性发育过程的几种信号中,一个必要条件是菌丝要暴露于水—空气界面。粗糙脉孢菌和构巢曲霉在液体培养基中只能进行营养生长,只有暴露在营养物表面才能形成孢子,在深层培养基中则不能。将菌丝置于培养基表面将导致菌丝同步化,进而诱导无性发育而开始形成分生孢子,这种现象的机制还不为所知,有可能气—水界面介导了在菌丝表面的信号变化。但是,该真菌需要大约18h营养生长后才能被诱导。这段时期被定义为菌丝获得发育能力的时期。当菌丝暴露在空气中时,细胞的氧化还原状态,活性氧的浓度都发生了变化从而影响孢子形成。维生素E作为胞内的一种抗氧化剂能够还原构巢曲霉细胞中的活性氧,并阻碍孢子形成。活性氧在菌丝生长中不起关键作用,可能通过影响光信号而对孢子形成起作用(Adams and Boylan,1988;Springer and Yanofsky 1989)。

真菌对CO_2的敏感性是影响子实体进入空气的一个关键因素,因为0.2%的CO_2就会阻碍孢子形成。湿度也会影响粗糙脉孢菌分生孢子的形成。CO_2浓度的增加会阻碍分生孢子的产生,但湿度增加并不影响此过程。然而,湿润的灰盖鬼伞(*C. cinereus*)在暴露在微量空气中培养时,只要湿度变化,粉孢子和粉孢子梗的形成也会发生变化。

我们还不了解菌丝暴露在空气中的这段时间菌丝体发生了什么变化,但是处于获得发育能力时期的不同阶段的突变体被分离出来。发育的调节基因 *stuA* 在发育能力获得后被诱导转录,这说明在此过程中StuA蛋白可能起作用(Miller et al. 1991)。因为*stuA*的表达会导致*brlA*的表达,*brlA*的表达与构巢曲霉分生孢子梗的囊状结构、梗基、瓶梗和未成熟孢子紧密相关(见7.2节和7.3节)。

7.1.1.2 营养胁迫

大多数丝状真菌是生活在土壤里的生物。因为土壤中有机营养物不是均匀分布的,真菌需要寻找适宜环境和新的底物来形成新的菌落。其中一个策略就是产生以空气传播的孢子。因此,我们就不难理解,真菌的营养状况会引发其分化过程。很长时间以来,认为构巢曲霉的分生孢子的形成是其生活周期中的一个程序,而不是严格地依赖于不良的环境条件。

Skromne等(1995)指出,在没有任何诱导的条件下,即便是在液体环境中,碳源和氮源饥饿也会导致分生孢子梗的发育。葡萄糖饥饿型菌丝产生的分生孢子比较多,但氮源饥饿型菌株的分生孢子梗的复杂性要比葡萄糖饥饿型菌株大得多。真菌生长需要的任何一种元素或有机化合物耗尽时都会导致生长的停止。可吸收氮源的耗尽是许多真菌形成孢子的前提条件,并且在外源氮源营养物质存在的条件下,碳源的耗尽会导致这些真菌的自溶和死亡。我们可以推测,这些真菌的生长是由生长环境中存在的可利用的氮源的量决定的。对于以捕捉活真菌为食的黏菌——多头绒泡菌(*Physarum polycephalum*),碳源的耗尽是孢子形成的必要条件而氮源的缺乏会导致菌体死亡,这表明在自然界中这种真菌的生长是由碳源控制的。使植物病原菌尖孢镰刀菌(*F. oxysporum*)在低的碳氮比营养条件下会产生厚垣孢子,而在其他条件下则只形成无性孢子。酿酒酵母形成孢子需要外源氮源和可吸收碳源都被耗尽,而这一过程是由乙酸酯或乙醛酸激活的(Moore 1998)。

饥饿如何诱导菌丝发育还尚未知晓,但是,在其他真核生物中,碳源饥饿会导致ras-途径和腺苷酸环化酶的激活(Alspaugh et al. 2000)。在构巢曲霉中,*ras*的同源基因已经被分离出来,显性的活性等位基因被建立。为使菌丝发育进行到一定程度必须依赖活性RAS蛋白的不同起始浓度。另外,研究发现在分生孢子萌发时也需要RAS蛋白信号。腺苷酸环化酶的产物cAMP的水平也能引起粟酒裂殖酵母(*S. pombe*)和粗糙脉孢菌菌丝的发育。cAMP水平在构巢曲霉发育的不同阶段是否有变化现在还不清楚。早期的实验表明cAMP水平与菌丝的营养状况及有性发育的诱导有关(Fillinger et al. 2002)。当前对腺苷酸环化酶功能在分子水平上的分析说明该酶在构巢曲霉的生活周期中起到一些重要作用。

一种关键营养物质的耗尽对于许多孢子的形成是必需的。但也有例外,如果将构巢曲霉无性孢子稀释的悬液涂布于琼脂培养基上,24h内就可以检测到第一个分生孢子。如果把带有新菌落的渗透膜每隔1h转移到新鲜培养基或含不同浓度碳氮源的培养基上,可以发现孢子形成时间与营养物质的耗尽无关。因此,尽管在所有的真菌中,营养的耗尽都会促进孢子的形成,但是很明显一些孢子的形成可与营养生长同时进行。只有当营养将要枯竭时,产生存活孢子才是有意义的。这些不同与真菌形成不同类型孢子时的营养需要有关,也可以说营养胁迫是从生长阶段获得生殖能力的一种信号(Fischer and Kues 2003)。

7.1.1.3 光培养

除了暴露于空气表面、存在氮源碳源的饥饿,分生孢子的形成过程只有在有光照培养时才能有效地起始。当构巢曲霉被诱导发育后,6h 后分生孢子梗顶端的囊状结构出现,再过 6h 产生成熟分生孢子。当该菌的野生型菌丝在暗处被诱导发育时,会出现气生菌丝,但不能分化出成熟的分生孢子梗。将其暴露于光下,进一步的发育才会开始。Mooney 和 Yager(1990)详细说明了菌丝受诱导后 6h 中的变化,这期间构巢曲霉是极易受光影响的。在这段关键的时期,15 ~ 30min 的光脉冲足以引起囊状结构和此后分生孢子的形成。研究发现,650 ~ 700nm 的红光是十分有效的。有趣的是,远红外线(720nm)可扭转红光的效应,这种现象与高等植物的光敏色素系统相似。除红光以外,蓝光(436nm)对构巢曲霉的一些突变菌株是有效的,这说明蓝光和红光都是构巢曲霉发育过程的重要启动因子(Yager et al. 1998)。了解了菌丝发育能力的获得,我们会问:光这种物理因子是如何被菌丝细胞探测到并转化为起始发育过程的信号的呢?很多年来我们已经知道构巢曲霉的 *velvet* 基因(*veA*)在光信号接收和转导过程中起到重要作用,该基因位于Ⅷ染色体上(Kafer 1965)。该基因可以被红光启动,15 ~ 30min 的红光照射可以激活生殖过程。带有 *veA1* 突变基因的构巢曲霉菌株(包括大多数的实验菌株)可以在不照射红光的情况下启动无性生殖过程,暗示着 *veA* 的产物具有负调节作用。该基因的突变会导致不依赖于光的无性发育过程。因为由无性生殖得到的分生孢子对于许多实验都很有用,而且 *veA* 突变菌株在黑暗里也能产生分生孢子,大多数实验室都保存该突变体。与这种突变体的广泛应用相比,我们对该基因的功能了解的很少。两个不同的实验室分别克隆了该基因,但结果却有些矛盾。一组认为该基因的缺失是致死的,而另一组则不这么认为。*veA* 基因编码一种带有核定位信号的蛋白质,其功能可能是无性发育的抑制因子,有性发育的诱导因子。在液体培养基中诱导该基因表达会导致有性结构的形成(Kim et al. 2002)。构巢曲霉分生孢子形成受到蓝光调控的一些证据来自于和粗糙脉孢菌的比较。在粗糙脉孢菌中,许多不同的细胞过程都需要光的作用。光的受体已经被鉴别出,它们是这种非常有趣的调控系统的一部分。我们称其为 WC-1(white collar 1)和 WC-2,它们包括一个 PAS 二聚体和一个 LOV 结构域,后者对蓝光应答机制是十分关键的(He et al. 2002)。有证据表明,黄素(flavin)是光激活组分,它还和 WC-1 有联系。这意味着光受体是这种调控蛋白的一部分。蛋白激酶 C 可使 WC-1 磷酸化,从而使其具有活性。有趣的是,WC-1 和 WC-2 也是粗糙脉孢菌的光协调生物钟的一部分。最近对构巢曲霉中同源基因的鉴别表明,在丝状子囊菌中 WC-1 和 WC-2 的作用是一致的。而在对粗糙脉孢菌基因测序时发现它具有一个与构巢曲霉高度同源的基因。除了粗糙脉孢菌的 WC 系统,我们对真菌中的红光蓝光感应器,以及将光信号转化为细胞行为的信号级联系统知之甚少(Ballarioet al. 1998;Talora et al. 1999)。因此,分析 velvet 光识别系统和 WC-1、WC-2 介导的蓝光应答之间的关系将是十分重要的。总之,当土壤中的构巢曲霉到达土壤表面,接触到空气和光线时,就会有无性孢子生成,这使得这种真菌能有效地将其分生孢子传播到空气和水中。

7.1.1.4 信息素控制

除了发育能力的获得、菌丝的营养条件及光因素外,无性发育过程也被一种信息素控制。尽管构巢曲霉的交配不依赖于以信息素为基础的识别过程,但在早期已经描述了一种信息素系统,当用某种不能产生分生孢子的构巢曲霉菌株的乙酸乙酯的抽提物处理生长中的构巢曲霉的菌落时,会阻断后者无性发育,导致早熟的有性分化过程(Champe et al. 1987)。这一作用很像信息素效应,被称为早熟的性诱导(precocious sexual induction, PSI)。这种分子能以4种不同的但相关的形式存在,每种形式都有稍微不同的竞争性或非竞争性的信号特征,其结构是C-18不饱和脂肪酸的衍生物(Mazur and Nakanishi 1992)。PSI如何被真菌识别、是否需要膜上的受体,信号是如何产生的,信号转导过程是否涉及与酿酒酵母信号转导中类似的G蛋白与MAPK级联系统等问题尚无结论。最近在粗糙脉孢菌中发现了酿酒酵母的Ste11 MAPKK激酶的同源物,其作用是抑制分生孢子形成的起始。在构巢曲霉中的相应同源物的功能也正在研究之中。Ste11在构巢曲霉中的同源物SteC的缺失会导致有性生殖中的不育现象,至少两种不同的发育过程——菌丝融合和闭囊壳的发育——会造成这种缺陷(Wei et al. 2003)。通过原生质体融合可以避免菌丝融合造成的影响,但是异核体还是不能产生闭囊壳。

一种依赖于环化的激酶——PhoA,可能直接或间接参与信号的早期整合和处理过程,它和酿酒酵母中的Pho85是同源物,是一种蛋白激酶,它收集环境中的信号并诱导形态发生。在酵母中,这种激酶除参与细胞周期的调控过程,还有很多其他功能,如糖原的代谢、磷酸盐的获取和形态发育等(Measday et al. 2000)。在构巢曲霉中,这种基因的缺失会对无性发育和有性发育的选择造成一定的影响。这种反应依赖于pH、磷酸盐浓度和细胞密度,后者类似于PSI因子的影响。通过对一类称为*flutty*的突变体分析(见下一节),我们了解到在分生孢子形成的早期过程中其他方面的知识。

真菌保守的COP9信号体复合物(conserved COP9 signalosome complex, CSN)在高等真核细胞中是高度保守且广泛存在的(Wei et al. 1994; Nahlik et al. 2011)。真菌的CSN通常结构不完整、功能不齐全,但是构巢曲霉却含有八亚基的CSN全复合体。构巢曲霉的CSN对于其子实体发育是必需的,但对于其菌丝生长或者无性孢子生成则是非必需的(Busch et al. 2003; Busch et al. 2007)。与简单的营养菌丝相比,有性子实体的发育会导致生成一个复杂的三维结构,并且需要特化细胞和组织的形成。黑暗低氧的条件会诱导构巢曲霉子实体的形成,而在光照条件下,子实体的生成将会受到抑制,此时将会有大量气生的无性孢子生成(Adams et al. 1998; Bayram et al. 2008a; Purschwitz et al. 2008)。CSN在这种光依赖的发育调控中起到了重要作用。CSN一旦受损,生物体将只能组成型地产生初始有性组织。Nahlik等(2011)选取了一种具有完整但非必需的CSN的生物体——构巢曲霉,结合转录组学、蛋白质组学和代谢组学的分析方法,对CSN的分子机制及其在构巢曲霉发育过程中的作用进行了研究。发现无性CSN在发育过程中起到了对抗氧化应激的功能。CSN能够通过调节内源脂肪生成的PSI因子适合的比例,决定发育进入光介导的无性阶段或者有性阶段。CSN似乎还在内部活性氧簇(reactive oxygen specy, ROS)信号触发发育过程中起到了保护真菌的作用。在丝状真菌中,NADPH产生的活性氧簇(ROS)能特异性地触发有性发育。内生的生脂信号分子PSI因子是亚油酸的衍生物,在调节孢子发育过程中起到重要作用;不同PSI因子之间的比例控制着无性和有性孢子产量的比率。

综上所述,如果构巢曲霉不处于感受态,那么所有影响其生长的外界因素都不起作用,这就意味着萌发的孢子需要生长至少18h来获得生长的感受能力。我们可以分离出具有不同感受时间的突变子,说明这种现象受遗传控制。因为粗糙脉孢菌没有特殊的时间要求，所以这种现象在真菌界很普遍。几种自我合成或从环境中获得的低分子质量的化合物参与了无性孢子的调控过程和信息素的光谱变化，信息素由萜类和脂肪酸衍生物组成，构巢曲霉中存在几种称为 PSI 的可互换的脂肪酸，目前处于分子水平的研究中（Axelrod et al. 1973；Guignard et al. 1984；Nahlik et al. 2011）。

7.1.2 分生孢子形成的细胞学

真菌的生长起始于孢子的萌发，之后形成了管状的菌丝的结构，菌丝以一种极性方式生长，它通过顶端延伸形成了互相连接的网状的菌丝体。菌丝体形成放射状对称的菌落并以较均匀的速率向四周扩展。菌丝体是许多营养细胞的不定形集合体。菌丝体细胞在从环境中摄取养分及形成特化的生殖结构时，菌丝体上不同功能的菌丝细胞间发生相互作用而形成了在时间和空间上有序的网状结构，这种网状结构在条件成熟时开始进入无性繁殖状态。

首先，菌落中央形成气生菌丝的分支，这些分支中的一些会分化形成分生孢子梗（conidiophore）。分生孢子梗这个术语用于描述无性孢子形成的一种特化的结构。一般情况下，从气生菌丝开始生长到第一个无性孢子的形成通常需要 10h 左右，从分生孢子萌发开始的无性循环可以在大约 24h 内重新发生。随后，分生孢子的形成逐渐向菌落边缘扩展，使得最老的分生孢子存在于菌落中央，而最新形成的分生孢子位于生长菌落的边缘。但是，需要注意的是，气生菌丝必须暴露于水—空气界面才能激发分生孢子的产生，这与菌丝分泌的疏水蛋白密切相关。

一个菌落中分生孢子的形成是一个复杂的过程，它可能要分成几个形态不同的阶段（图 7.1）。这个过程开始于分生孢子梗的生长，即气生菌丝顶端延伸形成分生孢子梗。如何区别分生孢子梗与营养菌丝，至少可以从三个方面进行辨别。第一，分生孢子梗是从一个细胞壁特化加厚的细胞开始延伸的，这个细胞称为足细胞，它将分生孢子梗锚定在生长基质上。第二，分生孢子梗具有比一般的气生菌丝更宽的菌丝直径。第三，与一般气生菌丝无规则的生长并具有分支能力相比，分生孢子梗很少分支，而且其长度是相对固定的。构巢曲霉的分生孢子梗从足细胞形成后直立高度可达 100μm，但这个性状在不同的曲霉菌中是不同的。

图 7.1 扫描电子显微镜观察到的构巢曲霉分生孢子的发育过程

A. 分生孢子梗顶端形成的初始顶囊，图中，V 为开始膨胀的顶囊，S 为分生孢子梗的柄；B. 在顶囊上梗基的初始发育；C. 瓶梗的发育，图中，M 为梗基；D. 产生链状的分生孢子，图中，C 为链状的分生孢子；E. 从 D 图取一点放大，显示孢子表面覆盖一层疏水蛋白。A ~ C 图标尺 = 10μm，D 图标尺 = 100μm，E 图标尺 = 0.25μm。（引自 Fischer and Kües 2006）

我们以构巢曲霉为例描述分生孢子梗的形态特征。当分生孢子梗停止极性生长后，其顶端开始膨胀形成顶囊，顶囊的直径达到约10μm(图7.1A)。顶囊与孢子梗之间并无隔膜分离，而是一个连续的结构。多核体聚集在顶囊的周围，同时开始进行分裂，核分裂的同时在顶囊的表面产生一些芽状的结构，形成一层称为梗基(metula)的初级小梗。每一个无性孢子梗顶囊上具有60~70个梗基，而每一个芽状梗基是一个雪茄状、长约6μm、直径约2μm的单核细胞(图7.1B)。随后，每个梗基上长出2~3个芽，逐渐形成一层称为瓶梗(phialide)的结构，这个瓶梗层有120~210个单核的瓶梗。梗基的出芽是极性的，所以形成的2~3个瓶梗都是在梗基的顶端产生的(图7.1C)。瓶梗接下来产生了呈链状排列的单核孢子，称为分生孢子(图7.1D)。因为每个瓶梗可产生100多个孢子，所以一个分生孢子梗上产生的分生孢子总数在10 000个以上。图7.1E显示分生孢子链上覆盖的疏水蛋白(hydrophobin)，疏水蛋白的疏水性有利于分生孢子的扩散。

这些分生孢子梗形态特征在光学显微镜下很容易分辨，异常的形态也很容易被检测出。尽管其结构简单，但仍然有许多有趣的问题尚待研究。比如，发育过程是如何开始的，环境信号如何诱导细胞行为？什么因素决定了分生孢子梗柄的长度和顶囊结构的直径？菌丝极性生长与类似出芽生长之间的转换是如何调控的？什么决定了梗基的数目、梗基和瓶梗细胞的体积及孢子的数目？细胞周期如何协同发育？所有这些问题都涉及细胞生物学的基础问题。目前对子囊菌的构巢曲霉(*A. nidulans*)的分生孢子形成过程研究能帮助我们理解其中一些比较重要的问题。

7.2 分生孢子形成的相关基因及其功能

7.2.1 突变体

许多真菌适合用于基因分析，因为它们可以获得许多具有不同生长特性的突变体。这些突变体包括：①颜色、菌丝生长方式、菌落的形态变化及子实体性状变化的形态学突变体；②不能合成某种代谢物的营养缺失的生化突变体；③对代谢类似物、抗生素及重金属产生耐受的抗性突变体；④尤其很有用的温度敏感型突变体，在适当的培养温度下能够像野生型一样存活并生长，然而仅仅简单改变一下培养温度就会导致突变或死亡。突变体作为遗传分析中的标记而检测相对基因的功能，是从分子水平上研究特定基因功能的有利工具(Adams and Wieser 1999)。

采用构巢曲霉的生活史作为无性孢子形成的模式菌株，将构巢曲霉作为描述分生孢子形成的研究对象有其显著的优点，如下所述。①其无性的生活史中出现有复杂的、高度有序的、多细胞的无性孢子形成的组织结构，如分生孢子梗、顶端形成的顶囊、梗基及瓶状小梗等；②由于分生孢子具有色素，可以通过选育孢子的色素突变体，使分生孢子形成的过程通过目测观察到；③由于构巢曲霉的生活史中具有有性繁殖和无性繁殖两种循环，分生孢子是无性繁殖的产物，在生活史中是非必需的，因此非常容易得到分生孢子缺陷型的突变体。分生孢子突变体可较容易的进行分子操作以构建具有特定基因型的菌株(图7.2；Fischer and Kües 2003)。

许多分子遗传学技术被用来研究构巢曲霉，它们之中最重要的是DNA介导的转化系统。目的基因可以通过利用DNA基因组文库转化的方式对突变型进行互补的方法克隆。从基因

图 7.2　构巢曲霉发育突变体及其菌落形态图

分离突变体已经成为在分子水平上研究无性发育的一种方法，图中显示了野生型和几种颜色或形态突变的菌落特征及其扫描电镜照片。在野生型菌株形态中，C：分生孢子；P：瓶梗；M：梗基。（引自 Fischer and Kües 2003）

组中很容易打断或敲除某一特定基因。经典遗传学和分子遗传学结合可用于对突变型互补以分离特定基因并检测被分离到的基因。而且，可通过在目的启动子上结合诸如大肠杆菌 *lacZ* 这样的报告基因，导入真菌后在体内分析转录启动子；β-半乳糖苷酶的活性可以在生殖过程的各个阶段通过测定细胞提取物中粗蛋白的含量来得到确认；原位杂交可以确定某种蛋白在细胞中的位置；强诱导启动子可用于启动目的基因，以研究生殖过程中不确定表达的作用。

早期认为构巢曲霉的分生孢子形成与几百个基因相关，然而到现在只有少数的功能基因被确定。Martinelli 和 Clutterbuck（1971）使用突变体分析估算出只有 45 ~ 100 个基因是在无形孢子形成阶段特定表达的。估算的基因数目的差异可以解释为一些基因所表达的功能是多余的，这些基因则不会被突变体分析检测出来。

要想描述生殖过程的中心调节途径，首先要介绍与此相关的基因，以及检测这些基因功能的突变体。

7.2.2　分生孢子形成相关基因及其功能

7.2.2.1　孢子色素形成的相关基因

野生型构巢曲霉的孢子在其细胞壁上有一种特征性的暗绿色的色素，因此可凭颜色直观地选择和检测到无色素的突变体。这种突变体可以检测到有关色素合成的基因，而这些基因正是生殖过程调控基因表达的很好的报告基因。

目前已知 *wA* 和 *yA* 是控制孢子颜色形成的最关键的两个基因。*wA* 基因编码一种色素聚合物合成酶,*wA* 的突变导致白色孢子的形成,该突变株缺乏黑色素和包含 α-1,3-葡聚糖的高密度外层孢子壁(图 7.2 的 *wA* 白色菌落;Mayorga and Timberlake 1992)。*yA* 编码的 p-联苯酚氧化酶(p-diphenol oxidase)被称为分生孢子漆酶(laccase),*yA* 突变株产生黄色孢子(图 7.2 *yA* 菌落)。遗传分析表明,通过 *wA* 产生的黄色色素聚合物可以被 *yA* 的基因产物转变为绿色。*wA* 和 *yA* 基因的转录都是由下文描述的中心调节途径所调控。*wA* 直接受 *wetA* 基因调节,而 *yA* 则由 *brlA* 和 *abaA* 基因激活(Clutterbuck 1990)。

绿色野生型孢子的菌株也可通过许多其他基因的作用而获得色素的突变体。*ygA* 和 *yB* 基因的突变株产生黄色分生孢子梗。基因 *drkA* 和 *drkB* 导致产生被囊(sac)包裹的单个的分生孢子。下列基因的突变株也会导致孢子颜色的相应改变:*chA*(黄绿色)、*fwA*(淡黄褐色)、*dilA* 和 *dilB*(使分生孢子颜色变浅)。当颜色突变株的分生孢子产生时,分生孢子的色素形成需要基因 *ivoA* 和 *ivoB* 的参与。这两个基因的产物可以催化 *N*-乙酰-6-羟基色氨酸(*N*-acetyl-6-hydryxytryptophan)合成类似黑色素的色素。*ivoA* 和 *ivoB* 的表达受到 *brlA* 控制(Adams and Wieser 1999;Fischer and Kües 2003)。

7.2.2.2 编码孢子壁蛋白的相关基因

编码孢子壁蛋白的相关基因是一组编码作为孢子壁特殊组分的基因。基因 *rodA* 和 *dewA* 编码的蛋白质使孢子具有疏水性,有利于其在空气中的传播。这两种基因的产物都属于真菌疏水蛋白,*rodA* 和 *dewA* 编码的疏水蛋白(hydrophobin)保证了分生孢子梗的表面疏水特性(见图 7.1E)。阻断 *rodA* 基因导致分生孢子比野生型的更容易变湿,而且由于在分生孢子梗上非正常的液体聚集,在菌落的中央显示为黑色。这种表型是由分生孢子壁的杆状层(rodlet layer)缺失而导致的。阻断 *dewA* 也会导致孢子壁的缺陷,但其表现的较轻微。*dewA* 的突变型孢子对水不敏感,但对稀释的去污剂敏感。*dewA* 编码的蛋白质被发现定位于孢子壁上。*rodA* 和 *dewA* 都缺陷的突变株比单个基因的突变株表现出更弱的疏水性,所以认为 *dewA* 不依赖于 *rodA* 的产物而增强了疏水性(Stringer and Timberlak 1994)。

在担子菌和子囊菌的一些真菌中已经发现了真菌疏水蛋白。它们在孢子壁和气生菌丝壁上被发现,并认为和这些结构的疏水性有关。不同真菌的疏水蛋白在氨基酸序列水平上并无太多一致性,但是具有一些相似的结构。它们都是小分子质量的蛋白质,氨基酸数目为 96 ~ 187 个。它们都具有 8 个半胱氨酸残基且这些残基以一种保守的模式排列,它们都具有一个相似的疏水结构域,因此显示出相似的疏水性质(Adams and Wieser 1999)。疏水蛋白最典型的特性是可以在亲水和疏水的两性膜界面附近聚集,如在空气和水的交界面聚集。这些膜约有 10nm 厚,在疏水面呈现出小棒结构(rodlet),在亲水面呈现出光滑结构。相似的小棒结构在气生菌丝、分生孢子和子实体的表面也有存在。研究的最为深入的疏水蛋白是担子菌的裂褶菌产生的 Sc3,浸入水中的菌丝会在菌丝顶端分泌 Sc3,作为可溶性单体,它们会在培养基的水—空气界面聚集,以减少表面张力,从而使菌丝顶端可以冲破这个界面而向空气中生长。

7.2.2.3 调控分生孢子发育的重要基因

1. *brlA* *brlA* 是目前研究最透彻的生殖过程中编码早期发育的调控基因,其 *brlA* 缺陷突变株的表型被比喻为“刚毛(bristle)”(图7.3)。这是因为该突变株在无性生殖的早期就被阻断,不能完成从分生孢子梗的极性生长到分生孢子顶囊膨胀的转变。*brlA* 突变株的分生孢子梗可以无限制地生长直至其长度达到野生型的20~30倍,从而使其菌落中的过度生长的分生孢子梗呈现出“刚毛状”的表型。这些 *brlA* 突变株也不能激活孢子形成所需调节基因的表达,如 *abaA* 和 *wetA*,也就是说,也阻断了 *abaA* 和 *wetA* 基因的功能。通过 *brlA* 突变株的验证检测,证明了在野生型菌株中 *brlA* 基因可以在分生孢子梗顶囊形成时期激活孢子形成过程的相关基因。下面的两个现象显示 *brlA* 需要在整个孢子形成时期保持其活性。①从 *brlA* 缺陷突变株获得的大量的 *brlA* 亚等位基因突变株,可以显示构巢曲霉形成无性孢子发育的各个阶段,它们可以产生分生孢子梗、分生孢子梗顶囊及顶囊上的小梗等,但却不能产孢。这些亚等位突变株只具有部分 *brlA* 基因的功能,导致编码产孢相关基因表达活性模式的改变。②对一株温度敏感型 *brlA* 等位基因——*brlA42*^{ts} 所进行的诱导实验表明,当把温度调节到 *brlA42* 活性的限制温度时,产孢过程就会停止,而不管产孢过程进行到哪个阶段(Lee and Adams 1994a;1994b;1996;Han and Adams 2001)。通过隐性基因的互补作用可将相关基因克隆,结果说明 *brlA* 编码一种调控蛋白,该蛋白是带有典型 TFⅢ锌指结构的 DNA 结合域的转录调节因子(Timberlake 1993;Timberlake and clutterbuck 1993)。[锌指结构是指在结合 DNA 的结构域中含有较多的半胱氨酸(Cys)和组氨酸(His)的区域,借肽链的弯

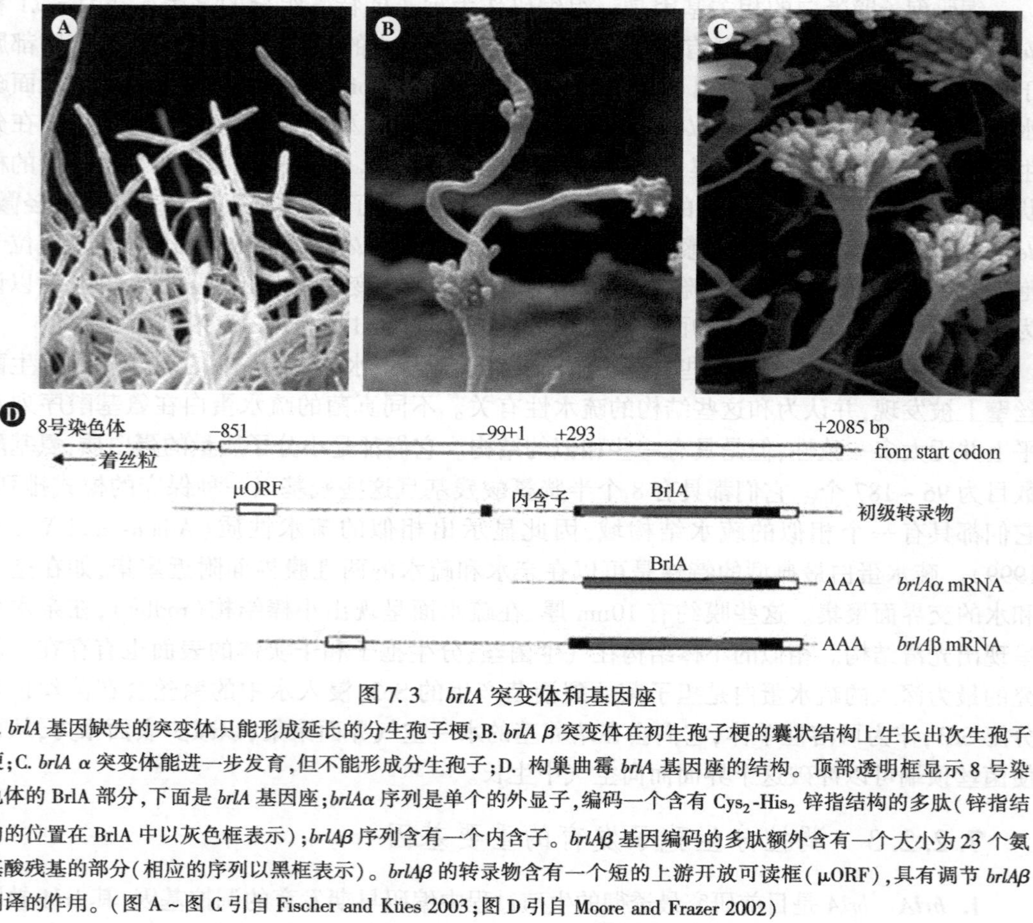

图7.3 *brlA* 突变体和基因座

A. *brlA* 基因缺失的突变体只能形成延长的分生孢子梗;B. *brlA* β 突变体在初生孢子梗的囊状结构上生长出次生孢子梗;C. *brlA* α 突变体能进一步发育,但不能形成分生孢子;D. 构巢曲霉 *brlA* 基因座的结构。顶部透明框显示8号染色体的 BrlA 部分,下面是 *brlA* 基因座;*brlA*α 序列是单个的外显子,编码一个含有 Cys_2-His_2 锌指结构的多肽(锌指结构的位置在 BrlA 中以灰色框表示);*brlAβ* 序列含有一个内含子。*brlAβ* 基因编码的多肽额外含有一个大小为23个氨基酸残基的部分(相应的序列以黑框表示)。*brlAβ* 的转录物含有一个短的上游开放可读框(μORF),具有调节 *brlAβ* 翻译的作用。(图 A~图 C 引自 Fischer and Kües 2003;图 D 引自 Moore and Frazer 2002)

曲使2个 Cys 和2个 His 或4个 Cys 与一个锌离子络合成的指状结构。]

对 *brlA* 基因座的详细分析表明该基因座包含两个相重叠的转录单位,α 和 β(图7.3D),α 转录物的起始点在 β 转录物中,两种转录物的大小分别为2.1kb 和2.5kb。β 转录物的起始点在 α 转录物起始位点上游850bp 处,其特点是有一个392bp 的内含子。翻译所得的两种蛋白质大体上是相同的,但 β 转录物所编码蛋白质的 N 端有一个长23个氨基酸的额外序列。两种蛋白质的功能也几乎相同,但在发育过程中每种蛋白质似乎会执行特殊的功能。任何一种蛋白质的缺失都会导致分生孢子梗形态的异常,这和 *brlA* 无效突变的表型不同,这两种突变体都会进一步发育出梗基和异常的孢子梗或生长出二级的柄和囊状结构(图7.3A~图7.3C)。对任一转录区阻断的突变都会导致不正常的产孢过程,有趣的是,当 α 转录物和 β 转录物过表达时,彼此间可以相互替代,也就是说 *brlAα* 和 *brlAβ* 中任意一个的多拷贝基因能补偿另一个基因的缺失(Han et al. 1993)。这说明这两种转录物有着特殊而重复的功能。除了该基因座的结构很复杂外,其表达的调控也是十分复杂和精密的。其启动子区域很长,有2.9kb。除了其他的发育特异性基因,BrlA 蛋白可以激活自身的表达,也就是 α 转录物的表达。而 β 转录物在生长中和发育中的菌丝中都是存在的。但是在生长的菌丝中,β 转录物的翻译过程是被抑制的,当分生孢子梗形成时该翻译才被诱导。翻译的调控是通过 β 转录物5′端的由41个氨基酸残基组成的小的开放可读框(μORF)完成的。移除该 μORF 的起始密码子会导致发育的不正确诱导,这再次说明该蛋白在细胞周期中的特殊作用(Lee and Adams 1996)。BrlA 对无性发育的重要性不仅仅能用突变实验加以证明,在分生孢子通常被抑制的液体培养基中,BrlA 的过表达会导致营养生长的停止,并从菌丝顶端立刻分化出分生孢子。例如,本来一株构巢曲霉菌株被构建用来将营养生长细胞中的 *brlA* 基因进行可控制的转录,其方法是将 *brlA* 基因的编码区插入到构巢曲霉乙醇脱氢酶基因的启动子 *alcA*(*p*)中。由于 *alcA* 的转录可以被苏氨酸或乙醇诱导,被葡萄糖抑制,这样 *brlA* 基因的表达就可以通过改变不同的培养基成分得到诱导或抑制(Fischer and Kües 2003)。当该实验菌株[*alcA*(*p*)∷ *brlA* 融合株]从以葡萄糖为碳源的培养基转移至苏氨酸培养基时,菌丝的顶端会停止生长并分化形成分生孢子。在该实验中 *brlA* 基因在诱导性培养基中被意外激活。

2. *abaA* *brlA* 作用的一个靶基因是编码另一个转录激活因子的基因——*abaA*。在小梗分化后,产孢过程进入中期,此时 *abaA* 基因编码一种产孢过程发育的调控子,该调控子被 *brlA* 激活。*abaA* 缺陷的突变株的表型为"算盘(abacus)"状,由此而得名。这是由于这种突变株可以分化产生梗基(metula),但不能进一步产生产孢的瓶梗(phialide)。这些突变株形成分支状的小梗产生长链状的细胞,看上去像一串算盘珠子。尽管 *abaA* 突变株中能表达 *brlA*,但是无法转录许多其他的产孢调控的 mRNA(包括 *wetA*)。遗传学的证据表明 *abaA* 是无性孢子形成的一种主要调控子。*brlA* 基因和 *abaA* 基因已被克隆并进行功能分析,后者成功地在大肠杆菌被表达,同时进行了启动区结合试验。结果明确了 AbaA 的 DNA 结合保守序列是5′-CATTCY-3′(这里 Y 代表一种嘧啶)。更深入的研究揭示 AbaA 蛋白同发育相关基因 *rodA* 及调控基因 *brlA* 和 *wet*A,还有 *abaA* 基因本身都存在直接的相互作用。上述证据表明 AbaA 蛋白参与反馈阻遏调控路径,以加强关键调控蛋白的表达,由此实现快速的发育进程(Fischer and Kües 2006)。AbaA 蛋白具有一个 ATTS/TEA 的 DNA 结合域,该结合域也存在于许多其他的转录因子中,如人类的 TEF1 和酿酒酵母的 Ty1 调控子 Tec1。AbaA 的直接靶基因是 *brlAa*、*abaA* 自身、*wetA* 和一些结构基因，如 *yA*、*wA* 和 *rodA*。所有这些靶基因的启动子中都有一致的特异的 DNA 基元——5′-CATTCY-3′(Laloux et al. 1990；Xiao et al. 1991；Andrianopoulos and Timberlake 1994)。这些序列能使一个异源的酿酒酵母基因表达系统获得转录的能力，而这个系统依赖于曲霉的 *abaA* 的表达。在液体培养基中，*abaA* 的过表达将导致营养生长的停止，并生长出液泡，但不会分化出分生孢子(Micrabito et al. 1989)。因此，像 *brlAa*、*abaA* 这些早期基因必须贯穿于发育过程中，以确保晚期基因在正确的时间和空间进行表达。

3. *wetA* 在中心转录级联系统中，第三个基因是 *wetA*。与 *brlA* 和 *abaA* 一样，*wetA* 基因的作用在于产孢过程的末期参与关键的细胞壁成分的合成(Boylan et al. 1987)。该基因的突变体发育表型也很特殊，它能够产生与野生型相同的分生孢子，但在分化的最后阶段会自溶，这就会造成在分生孢子梗的头部出现小液滴，使其看上去湿了一样。对其超微结构的分析表明 *wetA* 突变菌株的分生孢子细胞壁与野生型不同，因此，WetA 的一个功能就是改变细胞壁结构从而使成熟的分生孢子稳定存在(Sewall et al. 1990；Sewall 1994)。

wetA 在成熟的分生孢子中才会表达，这与 *brlA* 和 *abaA* 不同，它们的转录物只能在发育的早期阶段被检测出，但在分生孢子中却没有(Boylan et al. 1987)。WetA 可以增强自身的表达，该基因在菌丝中的强表达会导致高度分支的细胞生成，这再次说明该基因可能会改变细胞壁的构造。其表达也会造成一些孢子特异性基因的激活，如 *wA*，其 mRNA 出现于瓶梗结构中，而在孢子中没有。但是我们还不清楚 WetA 如何影响发育特异性基因的表达。WetA 蛋白不存在任何直接结合于 DNA、具基因激活活性的基元序列或同源序列(Marshall and Timberlake 1991)。但是最近在粗糙脉孢菌(*N. crassa*)、产黄青霉(*P. chrysogenum*)中发现了其同源蛋白(Prade and Timberlake 1994)。

出乎意料的是，在表 7.1 中，可能是由于产生结构类似的分生孢子及形成同样的瓶梗，构巢曲霉的关键调控因子 BrlA、AbaA 和 WetA 在曲霉属和青霉属中存在很高的同源性和保守度。奇怪的是，上述因子没有一种存在于丝状病原菌稻瘟病菌灰巨座壳(*M. grisea*)中，而且除青霉属和曲霉素外的丝状真菌和酵母菌都不含有 BrlA 蛋白。相反地，AbaA 蛋白存在于其他几种子囊菌和玉米黑粉菌(*U. maydis*)中。其中，酿酒酵母中 AbaA 的同源物的功能将在 7.4 节“7-跨膜螺旋和其他信号受体”中进行讨论。

4. *fluffy* 基因座 在估测产孢过程各个阶段所需基因的数目时，发现 83% 的产孢突变株中有在形成分生孢子梗顶囊之前，可能是在 *brlA* 表达被激活前，改变了启动产孢过程的能力(Clutterbuck 1990)。这个结果显示了 *brlA* 启动分生孢子梗发生过程的调控之前，需要某些基因的参与，这就是 *fluffy* 基因座。在这些 *fluffy* 基因座的突变株中最普遍的表型被描述为“绒毛状(fluffy)”。所有的 *fluffy* 突变体都能生长出不能分化的气生菌丝，不能产生分生孢子，其菌落形态为大的棉花样的白色绒毛状(图 7.4C；Adams et al. 1998)。*fluffy* 突变基因座包括了一类各不相同的表型，早期筛选方法是基于对野生型菌株的诱变，然后根据存活菌株的可观察到的类似于 *fluffy* 突变表型的外观特征加以辨别。这种突变是隐性的，我们能对其做异位显性分析并通过 *bristle* 转录因子(Br1A)的活性确定调控的诱导机制，并按照相应基因诱导 *brlA* 能力的大小对其进行分类。总体上有 6 个绒毛状基因的特性，分别命名为 *fluG*、*flbA*、*flbB*、*flbC*、*flbD* 和 *flbE*，它们之中的多个基因已经被分离并进行了很详细的研究(Adams and Wieser 1999)。

表 7.1 构巢曲霉中参与分生孢子梗和分生孢子的调节因子的直系同源物的真菌基因组学分析

蛋白质/真菌	AbaA	AcoB	BrlA	FlbA	FlbC	FlbD	FluG	MedA	PhiA	StuA	WetA
Ascomycota											
Aspergillus nidulans	796 aa	327 aa	432 aa	719 aa	354 aa	314 aa	865 aa	658 aa	182 aa	622 aa	555 aa
Aspergillus fumigatus	798 aa, 2.3e-247, 460/805	322 aa, 4.2e-74, 164/332	427 aa, 8.0e-151, 281/435	719 aa, 2.2e-251, 509/730	356 aa, 3.4e-104, 211/350	315 aa, 2.9e-98, 213/330	861 aa, 0.0, 601/867	684 aa, 2.7e-214, 411/663	186 aa, 6.6e-53, 105/157	653 aa, 1.6e-90, 213/418	567 aa, 2.6e-145, 307/575
Aspergillus oryzae	833 aa, 6.0e-200, 255/450	323 aa, 6.3e-80, 166/329	422 aa, 1.3e-157, 286/433	720 aa, 2.6e-257, 507/722	353 aa, 4.7e-107, 213/347	324 aa, 1.3e-104, 224/336	864 aa, 0.0, 609/866	666 aa, 8.0e-172, 356/624	192 aa, 1.4e-41, 88/157	647 aa, 1.8e-160, 342/590	564 aa, 1.0e-143, 302/574
Penicillium marneffei	823 aa, 0.0, 407/823	?	?	421 aa, e-130, 234/421	?	?	?	?	?	?	632 aa, e-160, 334/614
Penicillium chrysogenum	?	?	?	?	?	?	?	?	?	?	499 aa, e-109, 245/522
Gibberell zeae	X	277 aa, 5e-35, 83/221	X	738 aa, e-147, 285/518	290 aa, 5e-53, 104/175	299 aa, 4e-39, 96/214	862 aa, e-171, 355/880	728 aa, 1e-83, 227/601	179 aa, 9e-29, 67/161, plus additional three	676 aa, 3e-65, 148/326	608 aa, 1e-12, 51/148
Magnaporthe grisea	X	286 aa, 4e-36, 81/205	X	X	673 aa, 3e-51, 126/343	258 aa, 4e-26, 66/148	X	862 aa, 4e-57, 151/345	189 aa, 3e-28, 72/161	612 aa, e-111, 246/563	X
Neurospora crassa	1,175 aa, 3e-04, 31/90	417 aa, 4e-26, 81/230	X	745 aa, e-137, 277/555	366 aa, 1e-46, 98/176	324 aa, 4e-30, 71/155	898 aa, e-166, 357/894	692 aa, 1e-70, 215/590	198 aa, 1e-28, 71/162	643 aa, e-114, 263/557	963 aa, 1e-11, 55/155

续表

蛋白质/真菌	AbaA	AcoB	BrlA	FlbA	FlbC	FlbD	FluG	MedA	PhiA	StuA	WetA
Candida albicans	743 aa, 9e-16, 132/542	X	X	X	X	607 aa, 3e-35, 99/302	X	1,087 aa, 3e-39, 119/349	X	549 aa, 5e-47, 139/415, plus an additional one	X
Candida glabrata	435 aa, 3e-08, 55/191	X	X	X	X	X	X	X	X	435 aa, 3e-39, 91/187	X
Debaromyces hansenii	555 aa, 1e-11, 38/86	X	X	X	X	575 aa, 8e-34, 69/109	X	652 aa, 3e-33, 89/221	X	593 aa, 5e-48, 152/422	X
Eremothecium gossypii	791 aa, 1e-06, 28/60	X	X	X	X	311 aa, 5e-33, 66/109	X	X	X	678 aa, 3e-40, 107/258	X
Kluyveromyces lactis	624 aa, 7e-07, 27/60	X	X	X	X	517 aa, 4e-27, 74/192	X	X	X	636 aa, 1e-41, 93/200	X
Saccharomyces cerevisiae	486 aa, 3e-07, 28/60	X	X	X	X	X	X	X	X	785 aa, 6e-40, 83/147	X
Yarrowia lipolytica	801 aa, 4e-19, 54/126	227 aa, 2e-07, 47/196	X	492 aa, 6e-19, 112/502	X	478 aa, 1e-36, 100/281	X	361 aa, 4e-57, 117/237	X	590 aa, 1e-59, 159/366, plus an additional one	X

续表

蛋白质/真菌	AbaA	AcoB	BrlA	FlbA	FlbC	FlbD	FluG	MedA	PhiA	StuA	WetA
Schizosaccharomyces pombe	X	X	X	481 aa, 6e-32, 117/467	X	X	X	X	X	X	X
Basidiomycota											
Cryptococcus neoformans var. *neoformans* B-3501A	X	316 aa, 6e-13, 55/205	X	624 aa, 2e-70, 184/570	X	X	X	755 aa, 1e-54, 133/318	X	X	X
Cryptococcus neoformans var. *neoformans* JEC21	X	295 aa, 3e-12, 53/205	X	624 aa, 2e-70, 184/570	X	X	X	755 aa, 6e-55, 133/318	X	X	X
Coprinus cinereus[b]	X	X	X	2e-58, 180/612	X	X	X	9e-40, 83/158	X	X	X
Ustilago maydis	1,267 aa, 4e-23, 103/383	X	X	737 aa, 3e-50, 120/348	X	X	X	716 aa, 4e-59, 125/218	X	X	X
Zygomycota											
Rhizopus oryzae[b]	X	X	X	2e-29, 78/205	X	X	X	3e-48, 105/212	X	9e-35, 72/122	X
Microsporidia Encephalitozoon cuniculi	X	X	X	X	X	208 aa, 1e-19, 44/108	X	X	X	X	X

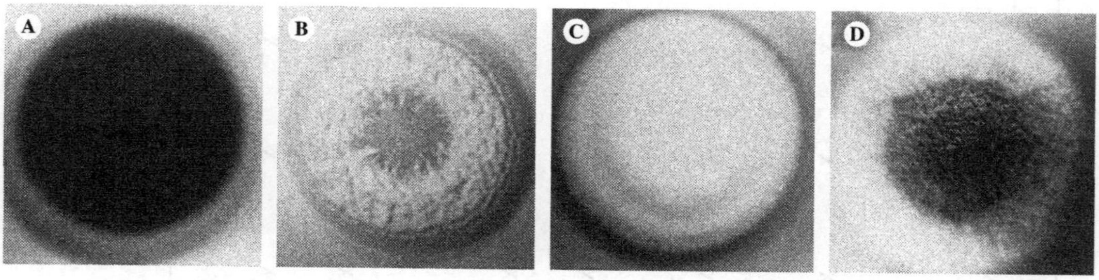

图 7.4 在固体基础培养基平板上生长 3 天的构巢曲霉 *fluffy* 突变株的菌落表型特征

A. 野生型的表型特征；B. *flbA* 表型特征；C. *fluG* 的表型特征；D. *flbB*、*flbC*、*flbD* 和 *flbE* 突变的延迟形成分生孢子的典型特征。（引自 Adams and Wieser 1999）

（1）*fluG*

fluG 突变体能产生大量的气生菌丝但不能形成成熟的分生孢子。尽管突变株产生绒毛状菌落，但在一般的生长条件下不能激活 *brlA* 基因。当 *fluG* 突变株（甚至是 *fluG* 缺失型突变株）生长在营养条件不理想的固体培养基表面时，它能产生一些分生孢子（图 7.4C）。因为 *brlA* 基因的表达可以通过改变不同的培养基成分得到诱导或抑制，所以在 *fluG* 缺失时能够检测到产孢过程的活化是对环境胁迫的反应。这种反应观察到的有两方面的区别，包括：①在液体培养基中去除碳源可促使 *fluG* 突变株产孢，但是产生的分生孢子梗数目比野生型少；②去除氮源导致 *fluG* 突变株在液体培养基中产生形态的变化，但并不能导致其产孢。这一结果显示对在液体培养基中胁迫诱导的产孢有两条途径，一条依赖于 *fluG* 的，另一条是不依赖于 *fluG* 的。菌丝直接感应生长速度或营养条件的过程，不需要 *fluG* 的参与（Lee and Adams 1994a，1996）。

更重要的是，通过分析 *fluG* 基因的突变体发现了一种典型的信号分子。如果这种菌株生长在野生型菌株附近，可以看到在两个菌落的交界面浓密的分生孢子带，这说明野生型提供给突变株缺失的因子，诱发了分生孢子的产生，从而克服了这种发育缺陷。这说明该突变菌株因为缺少信号分子而阻断了分化过程。当这两菌株使用微孔直径为 6000～8000Da 的半透膜隔离时，也会发生这种共同生长的互养（cross-feeding）现象，这说明该信号分子是一种小分子质量的、可溶的、易扩散的复合物，但其生化性质尚不了解（Lee and Adams 1994b；Adams et al. 1992）。

野生型的 *fluG* 基因已经被分离，其编码的多肽 FluG（96kDa）也已在营养生长或产孢诱导过程中细胞的胞质中被发现。FluG 羧基端 436 个氨基酸残基与原核的谷氨酸合成酶 I 有 30% 的相似度，和真核生物的谷氨酸合成酶也有一些有限的相似，特别是在那些包含酶的活性位点的区域。相反，氨基端则与现有的已发现的蛋白质无任何相似之处。对三个不同的突变 *fluG* 等位基因序列分析发现，它们都是由谷氨酸合成酶相似区段发生改变所导致的。这些结果显示 FluG 可能与分泌到胞外诱导产孢的因子的产生有关，该因子与谷氨酸或谷氨酸盐相关，但目前我们还没能分离出这种成分。营养菌丝中 *fluG* 的过量表达足以导致在液体培养基中 *brlA* 的激活和产孢过程的发生，而在一般情况下，产孢过程处于被抑制状态。这个结果暗示 FluG 对于控制产孢过程有直接的作用，而且支持了下列观点：在一般情况下 FluG 供给产孢信号的浓度，限制了野生型在液体培养基中的产孢过程。

这一观点解释了为什么构巢曲霉不能在液体培养基中产孢(Adams and Wieser 1999)。

通过隐性基因的互补作用,*fluG* 基因已被克隆。通过序列对比发现,该基因编码的多肽与细菌中的谷氨酸合成酶 I 具有同源性。有趣的是,*fluG* 与 *veA* 基因之间是有联系的[*velvet* 基因(*veA*)是光信号接收和转导过程中的重要基因],因为 *fluG* 突变菌株的胞外性状回补(extracellular rescue)依赖于 *velvet* 基因。另外,*fluG* 基因是 *velvet* 突变表型的抑制因子。尽管 FluG 蛋白可能参与发育某个特殊阶段的调控过程,但其在发育被诱导后表达,仅受很弱的上游调控作用。该蛋白大量存在于液体培养基和处于发育阶段的菌丝细胞的胞质中。另外,该蛋白对自身表达具有负调控作用(Lee and Adams 1994a)。

(2) *flbA*

在筛选实验中,得到一株很有趣的绒毛状突变株 *flbA*,其表型特征是接种 3 天后菌落的中心开始崩解,5 天后整个菌落自溶,因此只有少量的菌丝保存下来(图 7.4B)。所有的具有绒毛状自溶现象的隐性突变株都是由 *flbA* 基因座位上的突变引起的。通过与突变型的互补,野生型的 *flbA* 基因已经被分离出来。其 3kb 的 mRNA 在营养生长型细胞中的含量较低,而且在整个生活周期较稳定。*flbA* 的 DNA 序列同酿酒酵母中编码 Sst2 多肽的 DNA 序列具有高度的相似性(Lee and Adams 1994b),是一个信息素应答途径蛋白。该蛋白有一长 120 个氨基酸残基组成的结构域——RGS(regulator of G-protein signaling,G 蛋白信号调控子),是一个大的 G 蛋白调控子的蛋白家族(Druey et al. 1996)。在液体环境中,FlbA 蛋白的过表达会诱导 BrlA 的表达和简单分生孢子梗的形成,这和液体培养的菌丝在 BrlA 过表达时引起的发育结构类似。这说明在早期诱导阶段 FlbA 具有重要调控作用,该蛋白能负向调控 G 蛋白介导的信号转导途径。所以,*flbA* 的一个可能的功能是调节产孢过程的胞间信号途径。例如,FlbA 可能会在上文所提到的 *fluG* 信号的胞间反应的控制中起作用。无论 *flbA* 扮演什么角色,它都对产孢过程的激活起直接的作用;在液体培养基中过表达 FlbA 足以导致 brlA 的表达和孢子的产生。这说明在早期诱导阶段 FlbA 的重要调控作用(见图 7.6;Yu et al. 1996)。

(3) *fadA*

对 FlbA 功能的最初认识来自于一株显性突变菌株的筛选。我们将构巢曲霉的野生型二倍体菌株进行诱变,筛选出 *fluffy* 自溶菌株,该突变体被命名为 *fad*(fluffy autolytic dominant),*fadA* 基因已经被详细描述。FadA 蛋白与 G 蛋白三聚体中的 α 亚基具有高度同源性,该等位基因的显性突变会造成菌丝的增殖并抑制分生孢子的形成。由于 *fadA* 获得功能的突变与 *flbA* 丢失功能的突变所产生的菌株的表型更为相似,Adams 及其同事提出 FlbA 蛋白的作用是控制生长过程并通过负调控 FadA 的信号途径来激活孢子的产生(Yu et al. 1996)。另外,通过对 *flbA* 抑制物的分析,发现了 *sfaB* 基因,它编码 G 蛋白三聚体的 β 亚基。总之,这些实验说明 G 蛋白信号调控系统对调节菌丝营养生长和发育起始之间的转换是极其重要的。于是又给我们提出了一个尚未回答的问题,即外源信号与级联系统之间是如何联系的。由于其他物种中 G 蛋白三聚体与 7-跨膜螺旋受体相互作用,很可能这种类型的信号转导受体存在于构巢曲霉中。有趣的是,这种参与形态发生调控的 G 蛋白信号转导途径也和菌体次级代谢产物(柄曲霉素和青霉素)的产生相偶联(Adams and Wieser 1999)。

(4) *figA* 和 *fabM*

另一个分离激活中央调控途径的相应基因的方法是利用该途径在激活后对菌体营养生长的抑制效应。激活 *brlA* 基因的上游基因会阻碍菌丝的生长。因此，Marhoul 和 Adams (1995)构建了一个在碳源调控基因 *alcA* 启动子控制下的 DNA 文库。在诱导条件下不能形成菌落的转化子被分离出来，被命名为 *fig*(forced expression inhibition of growth)和 *fab*(forced expression activation of *brlA*)。其中，*figA* 基因已被分析，其编码的蛋白质与酿酒酵母的 Bni1 具有同源性，该蛋白是菌丝极性生长所必需的(Evangelista et al. 1997)。*fad* 突变体中的 *fabM* 编码一个多聚腺苷酸结合蛋白，它对菌丝的发育能力是必需的。因为在该蛋白过表达时会激活菌丝发育过程，于是它被定义为一种在菌丝营养生长中必需，而对发育的某些特殊阶段也需要的一类基因(Marhoul and Adams 1996)。

(5) *flbC* 和 *flbD*

另一类 *fluffy* 绒毛状突变株在接种 2 ~ 3 天后，其菌落的中央产生分生孢子梗，而边缘保持绒毛状(图 7.4D)。所有这些推迟产孢的绒毛状突变株依据其性状分别被定义为 4 种不同的互补类群，称为 *flbB*、*flbC*、*flbD* 和 *flbE*。通过与相应的突变株的互补已经分离得到野生型的 *flbC* 和 *flbD* 基因。同上文所提到的 *flbA* 和 *fluG* 一样，克隆的 *flbC* 和 *flbD* 基因在营养生长的细胞和接下来的诱导产孢阶段产生相应的 RNA。*flbD* 编码一种核苷酸结合蛋白，其功能是直接参与激活发育途径中的下游基因，如 *brlA*(Wieser and Adams 1995)。*flbC* 编码一种由 354 个氨基酸残基组成的多肽，像 *brlA* 一样，有两个多肽锌指。因此，*flbC* 和 *flbD* 都可能编码 DNA 结合蛋白，并且可以控制激活其他产孢调控因子的转录。在营养菌丝过量表达 *flbD* 时，足以导致 *brlA* 的表达和孢子的产生。但是，蛋白 FlbD 的靶作用序列和确切功能还未确定，在分生过程中的其他调控子(FlbB 和 FlbC)的确切作用也尚待确定(Adams and Wieser 1999)。

对表 7.1 结果的分析，可以看出构巢曲霉 fluffy 家族的许多蛋白，包括 FlbA、FlbB 和 FlbC 在子囊菌纲中是非常保守的。而有些种可能仅参与调控一种信号物质产生过程，如 FluG 蛋白，而且不具有上述蛋白质的保守性。除曲霉和青霉外，这种蛋白质仅在玉米赤霉(*G. zeae*)和粗糙脉孢菌(*N. crassa*)中存在。对于 *fluffy* 基因家族，仅一种编码类 FlbA RGS 蛋白的基因存在于已知担子菌纲真菌的基因组中，有趣的是，这一基因在被克隆并被认定是 *flbA* 同源基因之前(Fowler and Mitton 2000)，已经以 *thn*(指基因缺失株不能形成气生菌丝)的名字在裂褶菌中被使用很多年。格外引人注意的是，同野生菌株的表现相反，*thn* 突变株能够被低分子质量可扩散分子诱导产生大量的气生菌丝(Schuren 1999)。在担子菌灰盖鬼伞(*C. cinereus*)中，*flbA* 基因可能是气生菌丝产生时的必需基因，这也可能是在气生菌丝上形成粉孢子梗(oidiophore)的一个前提条件，就如同无性孢子产生过程中首先要形成独特的气生菌丝结构。对于灰盖鬼伞的其他方面，在检测的一组构巢曲霉产孢相关基因中，只发现 MedA 转录因子的存在。我们能够从对现有的粉孢子突变株的遗传分析中发现和得到许多新的功能和基因。

5. *stuA* 和 *medA* *stunted*(*stuA*)和 *medusa*(*medA*)基因的突变菌株都已被分离出来，它们都具有异常的分生孢子梗形态，但产生能够萌发的分生孢子(Clutterbuck 1969；1990)。*stuA* 突变菌株的分生孢子梗比野生型的要短，且不能发育出梗基和瓶梗结构，但能直接从囊状结构中产生可发育的分生孢子。早期的表达研究显示，在 *stuA* 突变体中一些其他发育基因的表达发生改变。*stuA* 的转录物似乎在营养生长的菌丝中就已存在，而在构巢曲霉获得发育能力后被有效地诱导翻译。在分生孢子形成过程中，其表达只被限制在分生孢子梗的囊状结构、梗基和瓶梗结构中（Miller et al. 1991）。*stuA* 基因座能产生两种重叠的转录物——*stuAα* 和 *stuAβ*，它们由不同的启动子控制，这和 *brlA* 基因座十分类似。*stuAα* 和 *stuAβ* 的特征是含有三个普通的内含子。另外，在 *stuAβ* 的 5′非翻译区有一相对较大的 497bp 的内含子。我们利用报告基因，很好地说明了 StuA 蛋白表达的复杂调控过程，以及它对 *brlA* 和 *abaA* 的调节作用。当菌丝获得发育能力后，StuAα 和 StuAβ 开始表达，另外，*stuAα* 在 BrlA 作用下进一步被诱导转录。*stuAα* 和 *stuAβ* 的转录物都包含一段很长的非翻译的引导区（Miller et al. 1992）。两种 StuA 蛋白是相同的，在其非翻译引导区有一些小的开放可读框，说明其翻译具有可调控性——StuA 的翻译被 *stuAα* 转录物的 5′非翻译引导区的小开放可读框激活。StuA 蛋白的表达也是反馈调节的。该蛋白包含一个双向的核定位信号（通过与 GFP 融合证明了其功能）和一个 APSES 结构域（与 DNA 结合的螺旋-环-螺旋的基本结构）。总之，这些特征加之 *stuA* 突变体的发育表型，说明 StuA 是一种转录调控蛋白。在酵母中，StuA 结合于靶基因启动子的 StuA 应答元件（MCB 盒）上，并激活相关基因的转录。尽管在酵母中 StuA 具有激活能力，但在构巢曲霉中它抑制 *abaA* 基因的转录。在有性发育中，StuA 诱导过氧化氢—过氧化物酶的表达，这说明这种转录因子同时具有激活和抑制活性。StuA 应答元件在发育基因（如 *brlAα* 和 *abaA*）的启动子中被发现，但也存在于细胞周期调控基因的启动子中，如 *nimE* 和 *nimO*。总之，StuA 的表达会导致 *brlA* 的表达局限在囊状结构、梗基、瓶梗结构和未成熟孢子中，而 *abaA* 的表达局限在梗基、瓶梗结构和未成熟孢子中（Aguirre 1993；Miller et al. 1992）。

Medusa（*medA*）突变菌株的分生孢子梗的特征是瓶梗结构和分生孢子分化的延迟性，这会导致出现多分枝的小梗，通常会形成二级分生孢子梗。对其详细的分子分析还未完成，但是 *medA*、*brlA* 和 *abaA* 之间的相互作用已被研究（Busby et al. 1996）。在分生孢子梗被诱导发育后 *medA* 基因的表达被激活，并调节 *brlA* 和 *abaA* 的表达。MedA 抑制 *brlA* 转录物在发育早期的过早表达，并在发育后期对 *brlAβ* 起负调控作用。同时，它对 *abaA* 在瓶梗结构中的足量表达是必需的。有趣的是，*medA* 的缺陷能被多余拷贝的 *brlA* 抑制。这和一些其他的结果使 Busby 等（1996）认为，MedA 和 BrlA 可能会形成异源二聚体复合物，共同调节基因的活性。StuA 和 MedA 这两种调节蛋白在有性发育中也是必需的，这和中心级联系统中的其他调节蛋白不同（Clutterbuck 1969）。

通过不能产生分生孢子的 *dopA* 突变菌株的互补作用发现了一种新的调节蛋白，它属于亮氨酸拉链蛋白家族（Yager et al. 1982）。该蛋白高度保守，并存在于从酵母到人类的细胞中，它对酿酒酵母的发育能力是必需的。在构巢曲霉中，*dopA* 的突变菌株呈现一种多向性表型，它比野生型菌株产生的分生孢子梗少 2.5 倍。另外，其分生孢子梗的发育也是相当不完全的。该基因的缺失也会影响有性周期（Pascon and Miller 2000），这点很类似于 *stuA* 的功能。DopA 与其他调节蛋白之间的确切作用还没有被完全理解。

MedA 蛋白是一个具有高度保守性的蛋白质，是普遍存在于真菌门三个纲，即子囊菌纲、担子菌纲和接合菌纲中的转录调节因子。稻瘟病的灰巨座壳和尖孢镰刀菌中的 MedA 功能同源蛋白同样参与各自分生孢子产生过程，但是它们存在明显的表型差异。另外，构巢曲霉中 MedA 蛋白的功能和地位也尚未得到很好的研究。瓶梗和分生孢子形成的另一种必需蛋白 PhiA 仅在瓶状体分生孢子形成途径的菌丝型子囊菌中被发现,这表明这种蛋白质可能在胚芽的细胞壁组装过程中发挥一种非常特殊的功能。

7.2.3 小结

在过去 30 年中,对于构巢曲霉无性孢子的形成与调控进行了全面详细的研究,而对于其他丝状子囊真菌无性孢子形成所涉及的遗传调控则知之甚少,仅对少数几种可分离的真菌进行了描述,其中研究较多的是粗糙脉孢菌、产黄青霉和人类条件致病菌马尔尼菲青霉菌等。担子菌纲真菌产生无性孢子的功能通常不被人们注意。相较于担子菌纲的其他真菌,灰盖鬼伞的无性产孢作用被研究的较多。灰盖鬼伞和裂褶菌能够形成粉孢子,它们的二倍体菌丝能够产生厚垣孢子,近年来已有较多的资料报道。

在真菌无性孢子的发育过程中,可能存在大量的可以起始分化状态的途径,而其中主要的遗传控制元件可能只为产孢途径提供起始的调控作用。我们可以把分生孢子形成的相关蛋白与分生孢子形成的关系粗浅地比拟为砖头和盖房子,砖头是盖房子所必需的,但是砖头的制造并不能决定房子的形状。

Fischer 和 Kues(2006)对构巢曲霉中已知的参与发育调控产生分生孢子梗和分生孢子的调控因子的直系同源物(orthologue)进行了基因组学的列表分析,我们将此表列于表 7.1 中供读者参考。不断增加的可利用的全基因组序列,持续改进的分子生物学方法,都将提高反向遗传学的可靠性和可利用度,这一切终会使得在未来一段时间内我们对真菌无性孢子的产生和调控有更深入的认识和理解。

7.3 构巢曲霉无性生殖的中心产孢途径

构巢曲霉无性生殖是一个循环的过程,可以分为三个阶段。①生长期,在此阶段菌丝细胞需要获得感应信号的反应能力;②孢子产生的初始化时期,这个阶段包括分生孢子梗在内的产孢结构的形成;③孢子生成,产孢结构上产生成熟的链状分生孢子。这个发育过程经历从具有高度极性的菌丝生长向出芽生长、从多核状态向单核状态的转变,这些转变过程是细胞周期调节因子及发育途径相互作用的结果。

7.3.1 生长期

无性发育的第一步是未分化的营养生长菌丝获得诱导信号,具备感应信号的能力,生长细胞随即转化为进入分化程序的细胞,激活 *fluffy* 基因座。如前所述,营养菌丝 *fluffy* 基因座中 *fluG* 的过表达足以导致在液体培养的菌丝中 BrlA 的激活和产孢过程的发生(图 7.5)。

在一般情况下产孢过程处于被抑制状态,FluG 的过表达导致 BrlA 的激活和产孢过程的发生,这可能与 FluG 分泌到胞外的诱导产孢因子的产生有关,该信号分子是一种小分子质量的、可溶的、易扩散的复合物,该因子与谷氨酸或谷氨酸盐相关,但目前我们还没能分离出这种成分(图 7.6 的 Flug)。*fluffy* 基因座中的 *flbA* 基因可能会在上面所提到的 FluG 信号的胞间反应的控制中起作用,在液体环境中 FlbA 蛋白的强迫表达会诱导 BrlA

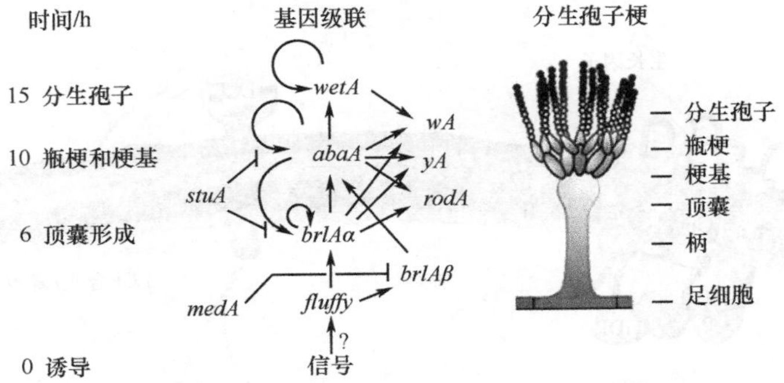

图 7.5 构巢曲霉无性生殖调控的基本途径(引自 Fischer and Kües 2003)

的表达和简单的分生孢子梗的形成,这说明 FlbA 蛋白的主要功能是调控早期的诱导作用,说明该基因对 G 蛋白介导的信号转导途径的反向信号控制有重要的作用。所以,FlbA 的一个可能的功能是调节产孢过程中的胞间信号途径。无论 FlbA 扮演什么角色,它都对产孢过程的激活起直接的作用,在液体培养基中过量表达 *flbA* 足以导致 BrlA 的表达和孢子的产生。已经分离得到野生型 *flbC* 和 *flbD* 基因,同 *flbA* 和 *fluG* 一样,在营养生长的细胞和接下来的诱导产孢阶段它们进行大量表达。*flbD* 编码一种核苷酸结合蛋白,其功能是直接参与激活发育途径中的下游基因,如 *brlA*。*flbC* 编码一种 354 氨基酸残基的多肽,像 BrlA 一样,有两个多肽锌指。因此,*flbC* 和 *flbD* 都可能编码 DNA 结合蛋白,并且可以控制激活下游产孢调控因子的转录。在营养菌丝过量表达 *flbD* 时,也导致 *brlA* 的表达和孢子的产生,但是 *flbC* 和 *flbD* 的确切作用也尚待确定。总之,*fluffy* 基因接受无性发育的信号诱导后,激活构巢曲霉起始分生孢子的的发育,0 ~ 6h 内开始分化形成足细胞并分化菌丝形成分生孢子梗,并激活 BrlA(图 7.5;信号转导见图 7.6)(Lee et al. 1994a;1994b;1996;Timberlake 1993)。

7.3.2 孢子产生的初始化时期

BrlA 被激活后,中心调控途径的一个很有趣的现象就是在发育被诱导后三种调控蛋白 BrlA、AbaA 和 WetA 会对自身产生正面的反馈调节,从而确保其大量、迅速地表达,以有效地激活其下游基因(图 7.5)。*brl*、*aba* 和 *wet* 基因是分生孢子梗发育的中心调控子,构成了分生孢子梗发育中心转录级联系统。这三个基因中的任何一个被阻断,分生孢子形态建成都会在某一阶段停止,其无性孢子无法形成,相应的 mRNA 也被停止表达。在构巢曲霉中,StuA 和 MedA 这两种调节蛋白在有性发育中是必需的,而 StuA 既能抑制 *abaA* 基因的转录,又能在有性发育中诱导过氧化氢—过氧化物酶的表达,这说明这种转录因子同时具有激活和抑制活性。StuA 应答元件在发育基因(如 *brlAα* 和 *abaA*)的启动子中被发现,StuA 的表达会导致 *brlA* 的表达局限在囊状结构、梗基、瓶梗结构和未成熟孢子中,而 *abaA* 的表达局限在梗基、瓶梗结构和未成熟孢子中。MedA 抑制 *brlA* 转录物在发育早期的过早表达,并在发育后期对 *brlAβ* 起负调控作用。此外,它对 *abaA* 在瓶梗结构中的足量表达是必需的。这些过程在信号诱导的 6 ~ 10h 内基本完成。有资料报告 *spoC1-C1C* 基因是由 14 个基因构成的基因簇中的一个,其大小为 38kb。在未分化的菌丝

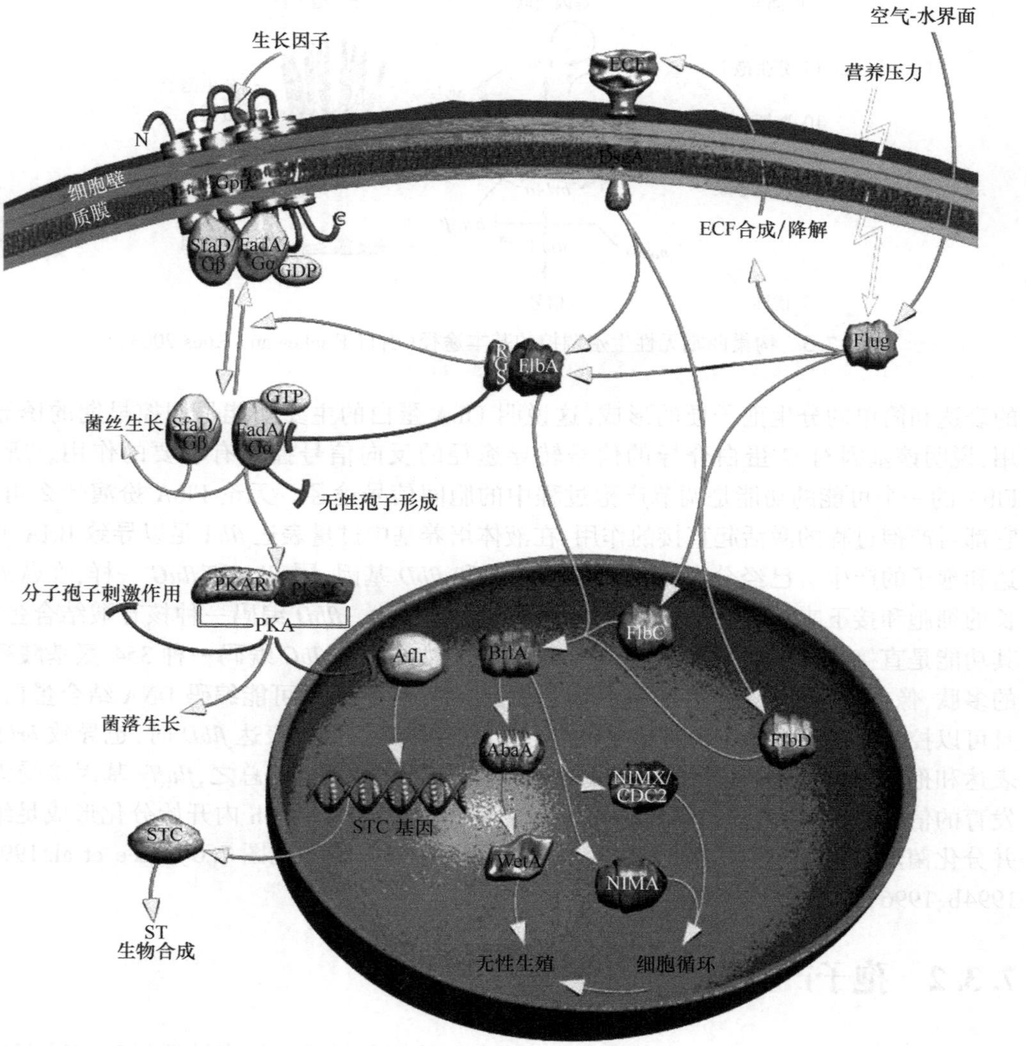

图 7.6 构巢曲霉无性生殖调控的基因球信号转导途径

（引自 https://www.qiagen.com/geneglobe/pathwayview.aspx? pathwayID = 41, Adams TH, Wieser JK et al.（2010）发表的"QIAGEN-GeneGlobe Pathways-Asexual Sporulation in *A. nidulans*"）

细胞中表达被抑制，而在发育的细胞中，*spoC1* 基因簇的染色质构象会发生改变，从而具有转录活性。由于整个基因簇缺失的突变菌株都没有可辨的表型特征，目前还不知道这些基因编码的蛋白质的生化功能。虽然发育中相关基因转录的正调控取决于功能蛋白 BrlA 和 AbaA，但 *spoC1-C1C* 基因的 5′端缺少转录调控应答元件，表明它是这两个中心调控子下游的一种新式调控子，该蛋白是被区域性调控的，这种调控作用在一定程度上是通过一种位置效应决定的（Stringer and Timberlake 1994；Busby et al. 1996；Prade and Timberlake 1993；Yager et al. 1998）。

7.3.3 孢子生成

分生孢子发育的后期(10~15h)发生成熟分生孢子色泽的调控作用,如前所述,*wetA* 基因的作用在于产孢过程的末期参与关键的细胞壁成分的合成(图7.5)。该基因的突变体发育表型也很特殊,它能够产生与野生型相同的分生孢子,但在分化的最后阶段会自溶。*wetA* 在孢子成熟的早期阶段是被抑制的,含有 *wetA* 基因的分生孢子会缺少色素和疏水性。*yA* 突变株产生黄色孢子,遗传分析认为 *wA* 突变体产生的黄色色素聚合物可以把 *yA* 的基因产物转变为绿色。*wA* 和 *yA* 基因的转录都是由中心调节途径所调控,*wA* 直接由 *wetA* 基因调节,而 *yA* 则由 *brlA* 和 *abaA* 基因激活。孢子特异性基因 *wA* 和 *yA* 分别编码聚酮化合物合成酶和乳糖酶,而这两者都和分生孢子的绿色色素的合成有关。另两个基因——*ivoA* 和 *ivoB* 是与分生孢子梗的色素合成有关的。它们编码的蛋白质是合成黑色素分子所需要的,使分生孢子梗呈棕色。在野生型中,由于分生孢子的颜色很深,就使分生孢子梗的颜色并不明显。另外,受此级联系统调控的还有 *rodA* 和 *dewA*,它们编码高度疏水的、富含半胱氨酸的分泌蛋白,此蛋白质与孢子壁的形成相关(Aramayo and Timberlake 1990;Mayorga and Timberlake 1990;1992)。

7.3.4 小结

brlA 基因的激活被认为是分生孢子梗发育的第一步,*brlA* 基因产物直接地或者与 *medA* 基因及下一个调节子(*abaA*)共同地依次激活一组分生孢子受精作用特异的基因。这里面就有 *rodA* 基因(编码分生孢子壁的疏水成分),*yA* 基因(编码一种 *p*-联苯酚氧化酶(漆酶),负责黄色孢子色素转换成绿色)。而且,*abaA* 基因产物还是一种转录因子,能够增强 BrlA 诱导的结构基因的表达。BrlA 和 AbaA 互为彼此的激活子,因为 AbaA 也可以激活 *brlA* 基因。当然,*brlA* 基因的表达肯定发生于 *abaA* 基因的表达之前,但是相应的 *brlA* 的 *abaA*-激活作用也增强了后者的表达,并且能使不依赖于外部事件的通路有效地进行。AbaA 还激活了其他一些结构基因和最后一个调节基因 *wetA*,WetA 又能激活孢子特异性的结构基因。因为 *brlA* 基因和 *abaA* 基因在分化的菌丝中不表达,所以 *wetA* 基因可能参与抑制了它们在孢子中的表达。*wetA* 基因在瓶梗中的表达最初被 BrlA 和 AbaA 的顺序激活。有证据说明 *wetA* 基因是自动调整的,*wetA* 基因正向的自动调整使得该基因在分生孢子从瓶梗中分离之后仍能继续表达(Moore and Frazer 2002)。

综上所述,*brlA* 基因是顶囊、梗基和瓶梗阶段所必需的,*abaA* 基因是分生孢子从瓶梗中出芽过程所必需的。第三个有调节功能的基因是 *wetA* 基因,它的一个功能就是改变细胞壁结构从而使成熟的分生孢子稳定存在。在 *brlA* 和 *abaA* 基因突变株中,没有 *wetA* 基因的转录物。在双基因缺失突变株中,这几个基因之间的基因表达模型和上位性分析表明,这三个基因是以 *brlA-abaA-wetA* 的顺序发挥功能的。当然,还有许多其他的构巢曲霉基因突变会影响孢子形成过程中的许多特定功能,但是 *brlA*、*abaA* 和 *wetA* 这三个基因的表达产物,是其中最重要的控制元件(Fischer and Kües 2006)。

我们的分析中所揭示的遗传结构是非常重要的。因为它阐明了分生孢子梗发育过程被自然地分成几个有序的步骤。转录触发揭露了一种机制,这种机制可以将发育通路一方面自然地和发育联系起来,另一方面和对环境信号的反应起始联系起来。而且,在核心调节序列中,相互的激活作用、反馈激活和自动调整都增强了整个通路的表达。

在真菌中,已经发现了几条信号转导通路。所有的生物体都能对胞外环境信号做出反应。这些信号从细胞表面转导到细胞内部,最终到达细胞核,并导致基因表达的调整,形成调控途径。其中相应的蛋白质活性类型的改变,最终导致细胞对胞外环境信号做出应答。

7.4 分生孢子形成的信号转导途径

构巢曲霉中无性孢子的诱导受到相互拮抗的两条平行途径的控制。除了上面讲述的中心产孢途径外,还存在另一条与之平行的途径,即生长信号转导途径。

很明显,所有真菌中都存在着主要的信号路径的组分,如多样的 G 蛋白、MAP 级联反应路径的蛋白质,以及一些能够通过多种途径影响真菌生长和发育的转录因子,包括无性孢子形成的产孢路径等。当然,至于这样的调控因子是如何参与某一特定真菌无性孢子形成过程,仍需具体的实验结果才能知晓。

下面我们将这些信号转导通路的中心成分的遗传学加以综合描述。

7.4.1 信号转导途径的遗传学

7.4.1.1 7-跨膜螺旋和其他信号受体

胞外信号(如信息素)是由细胞表面受体接受后,穿过细胞质膜传入细胞内。7-跨膜螺旋与 G 蛋白偶联是最常见的信号转导过程。在构巢曲霉中,Yu 等(1996;1999)鉴定出了9 种7-跨膜 G 蛋白偶联受体(G-protein couple acceptor,GPCR),然后对其中6 种做了功能缺失突变(Hen et al. 2004)。其中,*gpr*D 的缺失导致营养菌丝的减少和无性生殖能力的下降。但是,阻碍有性生殖的环境因素或者抑制有性生殖的突变能够促进菌丝生长和无性孢子的形成。这说明三种形态发生途径(营养菌丝、无性繁殖和有性生殖)是相通的。相比而言,*gpr*A 和 *gpr*B 既不影响有性生殖也不影响菌丝的生长,但是影响自体受精(self-fertilization)(Seo et al. 2004)。6 种 GPCR 功能还不十分清楚。

除了7-跨膜螺旋受体,光感受器受体的性质有些已经明了。粗糙脉孢菌的 WC 蛋白(white collar protein,白色蛋白)的两个同源区可以作为感受光周期的光感受器(Liu et al. 2003)。在构巢曲霉中检测了它的性质,发现相关基因的缺失不会引起明显的表型改变。相反,光敏色素编码基因(phytochrome-encoding gene)的缺失能促进有性生长(Blumenstein et al. 2005)。构巢曲霉中还含有视蛋白相关基因(*opsin*-related gene),这些基因的功能有待进一步研究。

7.4.1.2 异源三聚体 G 蛋白

异源三聚体 G 蛋白由 α、β 和 γ 三种亚基构成。根据在细胞中的功能不同,Gα 上具有以下 5 个功能位点：GTP 结合位点、GTPase 活性位点、ADP-核糖基化位点、质膜受体识别与结合位点和胞内效应器结合位点。鉴于 Gα 具有上述特点，一般认为它是功能亚基。长期以来，人们一直认为在 G 蛋白参与的信号转导过程中发挥主导作用的是 Gα 亚基；Gβγ 二聚体亚基的作用是将 Gα2 锚定于细胞膜上并通过与之结合或脱离来调节其活性，而缺乏重要的直接功能。但近年来的研究发现，Gβγ 在多方面有着广泛的作用，如细胞内定位、调节受体功能对离子通道的影响、对腺苷酸环化酶活性的影响、活化磷脂酶 Cβ、对受体激酶活性的影响，以及在囊泡运输中的作用等（图 7.6）。

通过研究 *fluffy* 的突变基因 *flbA*，人们发现 G 蛋白参与调节无性生殖，*flbA* 编码的 G 蛋白信号调节因子（regulator of G-protein signalliing，RGS 蛋白）是一种信息素应答途径蛋白。该基因突变会干扰营养生长信号，导致菌丝大量生长，不能形成有性和无性孢子。RGS 含有一个由 130 个氨基酸组成的区域，这一区域能够与有活性的 Gα 亚基作用并且作为 GTPase 激活蛋白。*flbA* 突变体的菌丝迅速生长，延长培养时间会导致菌丝自溶。分离出的突变基因 *fadA* 能够编码异源三聚体 G 蛋白的 α 亚基。将该基因第 42 位的甘氨酸变成精氨酸导致 GTPase 的失活进而阻碍营养生长，促进无性孢子的形成（Lee and Adams 1994a；Yu et al. 1996）。

FadA 型 G 蛋白的 α 亚单位通过 GDP 和 GTP 的互换而介导生长信号，阻碍孢子形成。FlbA 激活后，会诱导分生孢子的形成，阻碍生长信号，利于分化。这些结果表明 FlbA 导致 FadA 依赖生长信号途径关闭或者变弱，以便产生更多的无性孢子。除了 *fadA*，在构巢曲霉基因组中还发现了 G 蛋白的另两个 α 亚基 GanB（Chang et al. 2004）。*ganB* 缺失导致原本不能形成孢子的深层培养基中产生分生孢子。同样，该基因回补后，分生孢子就不能形成。GanB 阻碍无性生长，但是 FadA、GanA 或 GanB 如何介导信号转导及 G 蛋白的作用受体都未知。FadA 可能是引发构巢曲霉生长的一种低分子质量的上游信号。GanB 与碳源利用有关，它的缺失突变体能够在缺乏碳源的培养基上生长。想要了解外界信号、GPCR 及 G 蛋白之间的关系，并非是一件容易的事。

7.4.1.3 MAPK 和其他信号通路

促分裂原激活的蛋白激酶（MAPK）级联反应是由三个高度保守的蛋白激酶组成的，包括：①MAPK（也叫做胞外信号调节激酶）；②MAPK 激酶（MAPKK，也叫做促分裂原激活的、ERK 激活激酶）；③MAPK 激酶的激酶（MAPKKK，也叫做 MEK 激酶）。通过磷酸化，级联中的激酶被顺序激活，这也是信号转导和信号放大最重要的部分。MAPK 被 MAPKK 激活，MAPKK 又被 MAPKKK 激活，后者又被信号受体激活。MAPK 级联被激活之后，激活的 MAPK 就能产生一个输出信号，这个信号可能是一个转录激活子（Moore and Novak Frazer 2002）。

MAP 激酶信号转导通路由三种丝氨酸/苏氨酸蛋白激酶组成，这几种激酶被磷酸化激活，并最终导致目标蛋白的磷酸化（Lengeler et al. 2000）。然后，这些磷酸化的蛋白质调控转录、细胞循环和其他细胞反应。过去的几十年里，很多真菌，如酿酒酵母和玉米黑粉菌的 MAPK 信号转导途径的作用并不清楚。构巢曲霉中另一个 MAPK 是 SakA，它只在分生孢子形成的早期阶段处于激活状态，参与热激反应、渗透胁迫和氧胁迫反应（Han and Prade 2002）。该基因的缺失导致细胞形态、胁迫敏感性分生孢子的生长及有性生长的改变，这表明该基因参与了不同的形态发生途径。MpkA（mitogen-aetivalod protein kinase）也是一种激酶，主要参与无性孢子的萌发和菌丝形态建成（Bussink and Osmani 1999）。除了MAPK，MAPKKK又称为SteC，它是不经意间发现的。*steC*的缺失导致多效性表型，证明这种信号通路参与几种形态建成途径。构巢曲霉的Δ*steC*缺失菌株不能形成异核体，能产生闭囊壳。*steC*还与分生孢子梗的形成和孢子发育有关（Wei et al. 2003）。大约2%的分生孢子梗能够在已存在的孢子的基础上形成次生分生孢子梗，而且梗基形成类似于菌丝的结构而不像成熟的结构，梗基和瓶梗都由上游转录调控。这一生长时期类似于酿酒酵母假菌丝的生长。这种表达模式和突变表型是梗基阶段StuA和AbaA处于活性状态时显示的一种特异的功能。另外，酿酒酵母中假菌丝的生长需要StuA和AbaA的同系物，这些物质可能是cAMP依赖型蛋白激酶（Phd1）和MAP激酶（Tec1）的作用物。*stuA*和*abaA*的转录后调控有待进一步研究（Gancedo 2001；Chou et al. 2004）。

另外一个调控真核生长的信号途径是COP9信号途径。COP9信号小体是一种保守性很好的蛋白复合物，是在构巢曲霉中通过插入突变的方法使COP9组成成分*Csn*D失活后发现的。COP9亚单位的缺失产生多效性表型，如细胞形态、闭囊壳的成熟状态及分生孢子的数目都发生了改变。与MAPK信号通路相似，COP9信号途径如何调控无性生长仍然未知（Busch et al. 2003）。近期，Nahlik等（2010）对COP9信号体复合物（CSN，一种重要的泛素连接酶调控因子，见7.1.1.4节）进行了深入研究。CSN的缺失会引起高等真核生物胚胎的损伤和死亡，然而，对于丝状真菌构巢曲霉来说，在CSN缺失的情况下，其仍能存活下来，只是不能进行完整的有性发育。他们结合转录组学、蛋白质组学和代谢组学的分析方法研究了CSN活性对于构巢曲霉的总体影响。CSN的缺失会引起真菌蛋白质组水平上的变化，蛋白质组学的结果表明缺失株的氧化还原反应调节作用受损，并且对氧化应激具有超敏感性。他们还发现，在发育过程中CSN对于葡聚糖酶和其他细胞壁再循环酶的激活是必需的。以上结果表明，CSN在发育过程中具有双重作用，在发育早期，CSN参与了氧化应激保护作用和激素调节作用；而在发育后期，CSN在控制次级代谢和细胞壁重排过程中起到了重要作用。

7.4.1.4 cAMP信号

cAMP是原核和真核生物中一种重要的二级信号分子，并保持在一定的水平上。酿酒酵母、灰巨座壳和玉米黑粉菌中cAMP的功能研究的最清楚，它们能够通过MAPK信号转导系统引发生长（Fischer and Kües 2006；Feldbruggel et al. 2006）。腺苷酸环化酶催化合成cAMP，腺苷酸环化酶的活性中心受到上游G蛋白的调节，该酶还能够通过调节cAMP的水平，来控制下游蛋白激酶A（PkaA）的活性。cAMP与蛋白激酶A的调节亚基结合，使调节亚基脱离。蛋白激酶A通过丝氨酸和苏氨酸的磷酸化激活其他的蛋白质。cAMP在构巢曲霉的无性生长中发挥作用，然而分生孢子的生长是否是因为cAMP的水平，抑或只是代谢变化有关的现象尚待确证。腺苷酸环化酶的编码基因*cyaA*已经被鉴定，而且此基因的缺失会引起过度萌发。*cyaA*缺失对菌丝生长及菌落生长有很大的影响，具体cAMP怎样参与无性孢子的生长并不清楚。通过缺失或过表达PKaA的基因，分析蛋白激酶A的催化亚基，发现cAMP参与此过程。蛋白激酶A控制cAMP的水平。然而,蛋白激酶A催化亚基的缺失导致生长变缓,孢子过量形成,以及气生菌丝的大量产生。这些表型类似于*fadA*缺失或FlbA活性区域过表达引起的表型。综上所述,FlbA-FadA信号通路和PKaA信号通路存在遗传相关性(Fillinger et al. 2002;Shimizu and Keller 2001;)。

7.4.1.5 小G蛋白家族

小G蛋白家族(small G-protein),无论在低等还是高等真核生物中都发挥着重要的调控作用。该蛋白超家族可以分为Rho型、Ras型和Rac型等亚家族。其中,酿酒酵母和栗酒裂殖酵母的Rho型和Ras型小G蛋白已经得到广泛研究,Rac型小G蛋白只发现于丝状真菌中,尚未有存在于上述酵母菌中的报道(Boyce et al. 2003)。小G蛋白能够结合GTP或者GDP,结合GTP后便转变为活性状态。小G蛋白具有内在GTP酶活性,能够将GTP水解生成GDP。真核生物细胞内的GTP与GDP含量的平衡对于信号通路的功能是至关重要的,它们之间量的相对变化也受到各种各样蛋白因子的调控。

在构巢曲霉中,一种Ras型小G蛋白被鉴定与酿酒酵母源的小G蛋白存在交叉同源性(Som and Kolaparthi 1994)。当敲除该蛋白的编码基因时产生致死作用,而该基因的过表达却没有发生明显的表型变化。通过遗传学操作可以改变该小G蛋白的存在状态。一种去除小G蛋白的内在GTP酶活性后,其被锁定在GTP结合的活性状态;另一种是将小G蛋白固定在GDP结合的失活状态。两种非常态的小G蛋白分别被过量表达,对这一结果的分析认为构巢曲霉中活性Ras蛋白量是随细胞发育过程而变化的,进入不同生长发育阶段所要求的Ras蛋白量的阈值也是不一样的(Som and Kolaparthi 1994;Fillinger et al. 2002)。对烟曲霉(*A. fumigatus*)而言,虽然含有两个*ras*基因,但Ras型小G蛋白的作用同构巢曲霉相似。GDP结合的失活RasB能够引起液体培养条件下的产分生孢子作用;GTP结合的活性RasA则减少分生孢子的形成(Fortwendel et al. 2004)。总之,*ras*突变具有多效应性,而Ras蛋白同分生孢子的形成之间的确切相互作用仍有待研究。同样,Rho型小G蛋白Cdc42在构巢曲霉生活循环中发挥重要功能,尤其是细胞极性生长方面(Boyce et al. 2003;Harris and Momany 2004)。

尽管参与构巢曲霉信号级联反应通路的组分尚未全部被鉴定,但目前已有的证据明确显示一些组分参与这些信号途径。当前,最主要的研究内容应是对引起相关信号传递的信息源和信号通路末端的细胞反应的考察。如果只进行相同信号通路的组分分离与详细研究,很有可能重复得到类似于已存在于其他生物中的结果,因此,鉴定和证明构巢曲霉形成孢子时详细的信号通路的变化与必需条件显得尤为重要(Fischer and Kües 2006)。

7.4.1.6 靶标基因

仅有信号受体、信号级联反应通路和转录因子的存在,而脱离酶和结构蛋白的协同作用,是不能导致任何形态发生过程的。一些相关的酶和结构蛋白基因已在上述突变子筛选中被分离,编码色素合成酶的*yA*和*wA*便是其中的两个。其他的基因包括编码疏水蛋白的*rodA*和*dewA*,二者的产物保证了分生孢子梗的表面疏水特性。其中,RodA蛋白能够在分生孢子的表面形成典型的杆状结构,这些杆状结构在*dewA*缺失体中仍然是可见的,这意味着构巢曲霉孢子疏水蛋白包裹层的主要组分是RodA蛋白(Stringer and Timberlake

1994)。细胞壁的另一种成分,同样也存在于分生孢子壁中的便是几丁质。构巢曲霉含有多种几丁质合酶,它们在不同类型细胞中的表达程度各不相同。通常,由于功能冗余,单个几丁质合酶基因的缺失不会引起任何表型变化。但是,合酶基因的双缺失,如 *chsA* 和 *chsC* 的双缺失突变便会导致分生孢子梗形态的改变和分生孢子产量的减少。这表明细胞壁各组分间的协调调控对分生孢子产量是至关重要的(Fujiwara 2000)。

此外,过氧化氢酶也可归为受到分化状态调节的基因。构巢曲霉至少含有 4 种过氧化氢酶,其中,CatA 在分生孢子形成期的表达量是增加的,而且调控蛋白 BrlA 不参与这一上调作用,表明可能有独立于 *brlA* 的信号级联反应通路参与其中(Kawasaki and Aguirre 2001)。

7.4.1.7 营养生长和发育过程的相互依赖

越来越多的研究成果显示不同的发育过程之间是相互关联的,并且在某种程度上,它们是互相排斥的。如上所述,PSI 因子影响无性发育和有性发育之间的平衡,这一现象已在分子水平得到了研究,结果发现三种脂肪酸氧合酶(PpoA、PpoB 和 PpoC)参与这些因子的合成。*ppoC* 基因缺失能够引起 PsiB 水平的降低,由此增加了无性发育与有性发育之间的比率(Nahlik et al. 2011;Tsitsigiannis et al. 2005;Champe et al. 1987)。

在早期的研究中,已经注意到主要发育调控蛋白 *brl*A 的过表达能够引起营养生长的阻断,由此菌丝在其尖端形成单孢子样结构。比较而言,*aba*A 的过表达虽也阻断了液体培养基中的菌丝延伸,却不影响菌丝的发育进程(Adams and Timberlake 1990)。相反,*fluffy* 基因座的许多突变子则产生大量的营养菌丝而不能进行无性或有性生殖。最新的实验成果显示无性生殖与有性生殖之间确实存在类似的联系。野生型构巢曲霉(*veA*+)在暗培养时主要进行有性繁殖,而光照条件下则以无性生殖为主。但当 *veA* 基因缺失后,菌株完全变为无性的,而且只进行无性繁殖,无论光照存在与否。由此,研究者认为 *veA* 基因介导真菌的光感应过程。然后,对上述现象的另一种解释是 *veA* 基因对有性生殖是必需的,而有性生殖的发生则抑制无性周期。同样,*nsdD* 基因的缺失也引起无性生殖周期和有性生殖周期间的转变,缺失菌株完全进行非光依赖的无性繁殖(Han et al. 2001;Kim et al. 2002)。

众多影响真菌细胞周期调节和细胞核分配的突变,为研究发育同细胞活动间的相互关系提供了绝好的范例。最初证明营养细胞功能对基因的特殊依赖性的证据来源于 Clutterbuck(1969)对分离到 *apsA* 和 *apsB* 两个突变株的分析,这两个突变菌株的分生孢子梗直到梗基阶段才形成(见图 7.2,Δ*apsA*),然而,此时的梗基仍是无核的,进而导致发育停留在这一阶段。*aspA* 和 *aspB* 基因所编码的蛋白质通常在细胞核转运和微管组织中发挥功能。其中,AspA 蛋白可能介导微管-皮层间的相互作用,这对于细胞核定位是非常重要的;而 AspB 蛋白则是一种新型纺锤体极点联合蛋白,它参与调控细胞微管组织中心的功能。两个基因中的一个发生突变便会干扰正常的细胞质微管排列,即 *aspA* 突变导致形成更长的微管,而 *aspB* 突变体的细胞质微管的数目减少了。这些特点对于细胞核向梗基的迁移是至关重要的(Veith et al. 2005;Fischer and Timberlake 1995)。

其他的参与真菌细胞周期调控的基因,大都来自于那些在基础细胞活动和发育过程表现出功能二元性的基因。梗基和瓶梗均是单细胞核结构,梗基中的细胞核在产生两个或三个瓶梗后也不会发生分割，而瓶梗的单细胞核则会持续分割以为所有新生的分生孢子提供细胞核。真菌中细胞核分割是与胞质分裂严格协调的。上述现象表明，对于紧邻的细胞而言，它们的细胞周期可能受到相反的调控作用，也就是被限制在梗基状态的同时，调整瓶梗以适应不断的新的分生孢子的产生，对此的分子基础尚未得到完全的研究和揭示。Ye 等(1999)研究发现构巢曲霉细胞周期的两个关键调控蛋白——NimX 和 NimA(图 7.6)，在分生孢子梗发育期间发生了活性功能的调整。近年来在对发育突变子的筛选过程中鉴定了一种新的细胞周期蛋白——*pclA*，它的缺失能够导致突变子形成类似于 *abaA* 突变体的异常分生孢子体。尽管这种细胞周期蛋白与 NimX 具有相互作用，但瓶梗的细胞周期循环是否依赖于这种相互作用仍是未知的(Schier et al. 2001；Schier and Fischer 2002)。对于米曲霉(*A. oryzae*)而言，并不存在一个分生孢子只能含有一个细胞核的限制，因此，其产生的分生孢子正常情况下拥有两个从瓶梗体迁移而来的细胞核(Ishi et al. 2005)。

7.4.2 信号转导途径

构巢曲霉是同宗配合型真菌，菌丝以顶端延伸及分支生长两种方式扩展，并以恒定的速度向外生长，从而形成辐射状、具有对称性的菌落形态。经过一段稳定的营养生长期，菌丝体中央的一些菌丝细胞形成分支的气生菌丝，从而完成生长阶段进入无性产孢阶段。在无性繁殖阶段包括多细胞结构的形成，这种多细胞继而成为分生孢子梗，其上能负载链状的分生孢子。该发育过程经历从具有高度极性的菌丝生长向出芽生长、从多核状态向单核状态的转变。这些转变过程是细胞周期调节因子及发育途径相互作用的结果。在接触营养丰富的培养基后，分生孢子萌发，形成菌丝并重复整个循环(Sampson and Heath 2005；Ye et al. 1999)。

在近年发表的关于构巢曲霉中调节无性孢子形成的许多研究资料表明，研究工作由单一基因调控研究开始向信号转导途径扩展，试图给出一个合理的信号转导途径。作者最近在 https://www. qiagen. com/geneglobe/pathwayview. aspx? pathwayID = 41 检索到 Thomas 等(2010)发表的“QIAGEN-GeneGlobe Pathways-Asexual Sporulation in *A. nidulans*”的构巢曲霉无性孢子形成的基因球信号转导途径(图 7.6)。作者认为这一转导途径反映了目前研究的水平。

大量的生理指标调节构巢曲霉的无性繁殖过程。然而，诱导构巢曲霉分化的信号至今尚未明确。在通常的生长条件下，唯一需要的环境需求是菌丝暴露于空气中。这种对空气的需求似乎与 O_2 或 CO_2 的水平无关，而是由于空气—水界面的形成导致了细胞表面状态的改变(Adams et al. 1998)。菌丝在营养物质(碳源或氮源)受限时同样会被诱导产孢，但营养胁迫在诱导产孢时仅仅扮演着次要角色，这是因为营养受限减少了表面生长菌落的产孢数，并且当表面生长菌落下的培养基被持续替换后，产孢现象并未受到抑制。菌丝暴露于红光下同样是产孢所需的条件。形态发生的诱导涵盖数百个基因在时间与空间上的调节作用，其中的许多基因在分生孢子梗的聚集或分生孢子的分化中发挥作用(Skromne et al. 1995)。

构巢曲霉中无性孢子的诱导受到相互拮抗的两条平行途径的控制(图 7.6)。中心产孢途径的激活依赖于早期调节基因的激活产物，如 FluG（图 7.6 中的 Flug 蛋白）、FlbA（发育调节因子 FlbA）、FlbC（推测的锌指蛋白）及 FlbD（Berman et al. 1996）。虽然至今未分离到胞外分生孢子刺激因子（extracellular conidiation factor，ECF），FluG 蛋白的准确功能至今亦无定论，但可以确定的是 FluG 蛋白的 C 端区域是诱导产孢所必需的。FlbA 是受 ECF 调节的信号转导途径中最有可能的成员之一。该蛋白具有一个 C 端 G 蛋白信号调节因子（regulator of G-protein signaling，RGS）区域（图 7.6），这个区域是 RGS 蛋白质家族所共有的结构。RGS 蛋白质存在于许多物种中，这些物种在进化关系上可能相距甚远。这类蛋白能通过激活 FadA（鸟苷酸结合蛋白-α 亚基）异源三聚体自身的 GTPase 活性，对 G 蛋白介导的信号途径产生负调节作用。FluG 对 ECF 的合成是必需的，ECF 通过诱导 FlbA、FlbC 和 FlbD，进而使调节蛋白 BrlA、AbaA 及 WetA 得以表达。另外，FlbA 的激活还会引起 FadA 失活，进而使产孢途径受到抑制（图 7.6；De Vries & Gist Farquhar 1999；Hepler 1999）。

在图 7.6 中除了上述的产孢途径外，还存在另一条与之平行的途径，即生长因子诱导的生长信号转导途径，该途径的重要成员之一是 G 蛋白异源三聚体 FadA，该蛋白具有调节菌丝生长、拮抗分生孢子形成的作用。在产孢过程中，RGS 蛋白 FlbA 的主要作用是通过激活 FadA 的 GTPase 活性，从而阻止 FadA 的激活。这样，FlbA 一旦被 FluG 激活后，通过使依赖 FadA 的生长信号途径失活，促进无性孢子的形成。Gα 蛋白 FadA 在 GTP 结合状态下具有活性，能在最初的菌丝生长中发挥激活作用。在菌体获得发育能力前，该途径始终抑制产孢过程。产孢进程也受到依赖于 BrlA 的诱导过程的影响，该过程包括对细胞周期激酶、NIMX/CDC2（细胞分裂控制蛋白-2/依赖周期素的蛋白激酶）及 NIMA（非有丝分裂/G2-特异性蛋白激酶）等蛋白质的激活，进而促进细胞从多核菌丝形式向单核出芽形式转变这一形态发生过程（Yu et al. 1996；Rosén and Adams 1999）。FadA 介导的生长信号转导途径中，FadA 因其上的 GDP 被 GTP 取代而被激活，推断这种激活作用是由某种生长因子与假设的 Gpr 蛋白（G 蛋白偶联受体）的结合而启始的。除了 FadA，菌丝的生长在一定程度上还受到 SfaD（G 蛋白-β 亚基）的调节。FluG 对 ECF 的生成与分泌具有正调节作用，后者能与细胞表面受体 DsgA 结合，并诱导无性孢子形成途径，这种诱导作用依赖于两个事件的发生，一是 FlbA 被 Flug 激活后，抑制 FadA 介导的生长信号转导途径；二是 FluG 导致产孢特异性途径的激活，该激活过程需要 *FlbC*、*FlbD* 和 *BrlA* 基因产物的参与（Hicks et al. 1997）。因为 ECF 至今未分离到，上述作用尚未得到证实。

在构巢曲霉中，PKA（依赖 cAMP 的蛋白激酶）是 FadA 潜在的下游靶位点之一，它能介导 STC/ST（杂色曲霉素）的产生及分生孢子的形成（图 7.6）。聚酮化合物 ST 是一种由构巢曲霉产生的具有致癌性的次级代谢物。ST 的产生与分生孢子的形成均需要 G 蛋白信号途径中两个基因产物 FlbA 蛋白和 FadA 蛋白的参与，这是因为两者是 Aflr（杂色曲霉素生物合成调节蛋白，是 ST 合成途径中的一种特异性转录因子）和 BrlA（产孢特异性转录因子）的表达所必需的。联系 FlbA、FadA 与 Aflr、BrlA 的分子机制至今尚未明确，一种合理的推测是依赖 cAMP 的 PKA 介导了 FlbA、FadA 到 Aflr、BrlA 的信号传递。参与这种调节和催化作用的 PKA 亚基分别为 PKAR（PKA 调节亚基/依赖 cAMP 的蛋白激酶调节亚基）和 PKAC（PKA 调节催化/依赖 cAMP 的蛋白激酶催化亚基）（Adams et al. 1998）。FlbA-FadA 信号介导的无性孢子形成、ST 的生成及营养生长仅是部分通过 PKA 来实现的。在构巢曲霉中,胞外信号转导至胞内并激活无性发育的准确机制还有待进一步研究。传统筛选非产孢突变体的方法无疑会遗漏产孢途径中的组成成分,而构巢曲霉的全基因组测序将提供大量用于鉴定无性产孢途径中未知成分的信息。迄今尚未发现在构巢曲霉的无性产孢过程中有 MAPK(有丝分裂原激活的蛋白激酶)途径的参与,而 G 蛋白 FadA 的鉴定提示某条依赖 cAMP 的信号途径可能在该过程中发挥作用(Shimizu and Keller 2001)。

7.4.3 遗传路径的保守性

在“分生孢子形成相关基因及其的功能”一节中,各种真菌来源的已鉴定的相关基因的描述,以及表 7.1 中对构巢曲霉中参与分生孢子梗和分生孢子的调节因子的直系同源蛋白的真菌基因组学分析,能够清楚地看到真菌中无性孢子产生路径存在着遗传保守性。尽管不同真菌的产孢机制和相应的环境需求各不相同,然而一些遗传路径或其中的特殊因子仍表现出进化保守性。根据本章对资料的描述总结为以下几点。

1. 通过快捷的 Blast 比对方法,对已有的真菌的全基因组序列进行进化方面的遗传学研究。很明显,所有真菌中都存在着主要的信号路径的组分,如多样的 G 蛋白、MAPK 级联反应路径的蛋白质组分,以及一些能够通过多种途径影响真菌生长和发育的转录因子等。当然,至于这样的调控因子是如何参与某一特定真菌无性孢子形成过程的仍需具体的实验结果证实才能得以知晓。然而,还有可能存在某些只在真菌无性孢子形成过程中发挥功能的因子,而这些因子不参与其他细胞路径的调控(Fischer and Kues 2006)。

2. 我们以参与构巢曲霉产分生孢子过程的主要基因表达为例,来进行不同真菌的基因组分析(表 7.1)。可能是由于产生结构类似的分生孢子及形成同样的分生孢子瓶梗,构巢曲霉的关键调控因子 BrlA、AbaA 和 WetA 在曲霉属和青霉属中存在很高的同源性和保守度。但是,上述因子没有一种存在于病原真菌灰巨座壳(*M. grisea*)中,而且除青霉属的马尔内菲青霉(*P. marneffei*)和曲霉属的米曲霉(*A. oryzae*)和烟曲霉(*A. fumigatus*)外的丝状真菌和酵母菌都不含有 BrlA 蛋白。相反,AbaA 蛋白存在于其他几种子囊菌和玉米黑粉病菌(*U. maydis*)中,酿酒酵母(*S. cerevisiae*)中也存在 AbaA 的同源物。这些说明了不同真菌的产孢机制和相应的环境不同就会有不同的转导途径,而且这些途径既有相似性而又有相对的保守性。

3. 转录调节因子 MedA 是一个具有高度保守性的蛋白质,它同时存在于真菌门三个纲,即子囊菌纲、担子菌纲和接合菌纲中(表 7.1)。灰巨座壳和尖孢镰刀菌(*F. oxysporium*)中的 MedA 功能同源蛋白同样参与各自分生孢子产生过程,但明显的是它们存在表型上的差异。另外,构巢曲霉中 MedA 蛋白的功能和地位也尚未得到很好的研究。另一种瓶状体和分生孢子形成的必需蛋白 PhiA 仅在存在瓶梗和分生孢子发生途径的菌丝型子囊真菌中发现,这表明这种蛋白质可能在瓶梗出芽的细胞壁组装过程中发挥一种非常特殊的功能。

4. 构巢曲霉 fluffy 家族的许多蛋白质,包括 FlbA、FlbB 和 FlbC 在子囊菌纲中也是非常保守的,而另一种可能参与调控一种信号物质产生过程的 FlbU 蛋白则不具有上述蛋白质的保守性。除了曲霉和青霉,这种蛋白质仅在玉米赤霉(*G. zeae*)和粗糙脉孢菌中存在。对 *fluffy* 基因家族,仅一种编码类 FlbA RGS 蛋白的基因存在于已知担子真菌新型隐球酵母(*C. neoformans*)的基因组中(表 7.1),有趣的是,这一基因在被克隆并被认定是 FlbA 同源蛋白之前,已经以 *thn*(意指基因缺失株不能形成气生菌丝)的名字存在于裂褶菌中很多年了(Fowler and Mitton 2000)。格外引人注意的是,同野生菌株的表现相反,*thn* 突变株能够被低分子质量可扩散分子诱导产生大量的气生菌丝(Schuren 1999)。在担子菌灰盖鬼伞(*C. cinereus*)中,*flbA* 基因可能是气生菌丝产生时的必需基因,这也可能是在气生菌丝上形成粉孢子梗的一个前提条件,就如同无性孢子产生过程中首先要形成独特的气生菌丝结构。对于灰盖鬼伞的其他方面,在检测的一组构巢曲霉产孢相关基因中,只发现 MedA 转录因子的存在。总之,我们能够从对现有的粉孢子突变株的遗传分析中发现和得到许多新的功能基因(Fischer and Kues 2006)。

7.5 讨论

1. 通过传统的和分子遗传学的方法对构巢曲霉(*A. nidulans*)无性繁殖形成分生孢子的机制进行研究,使得人们对这种真菌无性产孢的遗传控制获得了更多的了解。然而,尚有许多疑问需要去寻找答案。首先有必要继续对已经分离出来的产孢调控基因进行生化活性方面的研究,以用于确定那些对产孢调控基因的活性和分生孢子梗形成进行精细修饰的基因。对于那些导致产孢的内源信号和外源信号,以及控制孢子休眠和萌发的机制还所知甚少。尽管那些可能介导分生孢子梗形成信号的基因已经确定,但信号本身还未得到研究。大部分的工作专注于对单个分生孢子梗形成机制的理解,而忽略了作为产孢过程基本单元的菌落。

2. 弄清楚在构巢曲霉无性产孢过程中所有重要的信号通路,是否也在其他丝状真菌的同样过程中发挥同样作用将会是一项很有意义的工作。根据无性孢子产生的信号转导途径这一课题的资料,对信号转导途径归纳以下几点。①任何特定的细胞内部都含有多个信号通路,每个通路可以对不同的信号作出特异的反应;②一个特定的信号成分可以存在于多个信号通路中并作用于对不同信号的应答;③不同的生物体可能利用相同的信号通路对相同的信号作出应答,但是通路中一些组成成分的功能是不同的;④细胞是通过细胞表面的各种受体感知环境信号的。然而,目前对于信号转导途径一些具体细节尚缺乏详细的研究资料。

3. 目前为止还没有在子囊菌纲亲缘关系较远的菌株中发现有构巢曲霉产孢调控基因的同源基因存在。通过表 7.1 对构巢曲霉中参与分生孢子梗和分生孢子的调节因子,与其他真菌同源蛋白的真菌基因组学功能类比,没有找到哪两个生物体在控制分生孢子受精作用的遗传构造之间存在潜在的相似性。例如,还没有证据说明粗糙脉孢菌的调节基因与构巢曲霉的 brlA-abaA-wetA 调节子是相似的。在所有表 7.1 中被检测的 11 个构巢曲霉产孢相关基因中,仅有 FibA、MedA 和 StuA 三个在米根霉(*R. oryzae*)中被检测到,这可能表明在接合菌纲中真菌的孢囊梗和孢囊孢子的形成过程中,存在其独特的调控路径。同样在担子菌中,控制分生孢子形成的机制和基因具有低的保守性。这说明真菌各纲的无性孢子,涉及孢囊孢子、分生孢子、粉孢子及壶菌的游动孢子等,它们无性繁殖形成无性孢子的产孢调控基因的研究是一项艰巨的任务。

4. 归纳于表 7.1 中的有限的基因考察所提供的总体结论是:构巢曲霉分生孢子发生

过程所涉及的精细而复杂的级联调控可能同时存在于同源性相近的物种之中。但它是否具有普遍性尚难定论，无论是对于遗传关系较远的来自不同纲的真菌，还是同一纲所属的所有真菌。目前我们已有的对来自多种具有相似或不同的无性孢子产生路径的子囊真菌的实验可以支持上述解释，在不同产孢路径中存在着自身保守的基因功能。

参 考 文 献

Adams TH, Wieser JK, Yu J-H. 1998. Asexual sporulation in *Aspergillus nidulans*. Microbiol Mol Biol Rev, 62:35-54

Adams TH, Wieser JK. 1999. Asexual sporulation: conidiation. In: Oliver R, Schweizer, M (eds) Molecular fungal biology. Cambridge: Cambridge University Preess, 185-208

AdamsTH, BoylanMT, TimberlakeWE. 1988. *brlA* is necessary and sufficient to direct conidiophore development in *Aspergillus nidulans*. Cell, 54:353-362

Aguirre j (1993) Spatial and temporal controls of the *Aspergillus brlA* developmental regulatory gene. Mol Microbiol, 8:211-218

Alspaugh JA, Cavallo LM, Perfect JR, et al. 2000. RAS1regulates filamentation, mating and growth at high temperature of *Cryptococcus neoformans*. Mot Microbiol, 36:352-365

Andrianopoulos A, Timberlake WE. 1994. The *Aspergillus nidulans abaA*gene encodes a transcriptional activator that acts as a genetic switch to control development. Mol Cell Biol, 14:2503-2515

Aramayo R, Timberlake WE. 1990. Sequence and molecularstructure of the *Aspergillus nidulans yA* (laccase I) gene. Nucleic Acids Res, 18:3415

Ballario P, TaloraC, Galli D et al. 1998. Roles in dimerization and blue light photoresponse of the PAS and LOV domains of *Neurospora crassa* white collar proteins. Mol Microbiol, 29:719-729

Bayram O, Biesemann C, Krappmann S et al. 2008. More than a repair enzyme: *Aspergillus nidulans* photolyase-like CryA is a regulator of sexual development. Mol Biol Cell, 19:3254-3262

Berman DM, Kozasa T, Gilman AG. 1996. The GTPase-activating protein RGS4 stabilizes the transition state for nucleotide hydrolysis. J Biol Chem, 271(44):27209-27212

Blumenstein A, Vienken K, Tasler R et al. 2005. The *Aspergillus nidulans* phytochrome FphA represses sexual development in red light. Curr Biol, 15:1833-1838

Boyce KJ, Hynes MJ, Andrianopoulos A. 2003. Control of morphogenesis and actin localization by the *Penicillium marneffei* Rac homolog. J Cell Sci, 116:1249-1260

Busby TM, Miller KY, Miller BL. 1996. Suppression and enhancement of the *Aspergillus nidulans medusa* mutation by altered dosage of the *bristle* and *stunted* genes. Genetics, 143:155-163

Busch S, Eckert SE, Krappmann S et al. 2003. The COP9 signalosome is an essential regulator of development inthe filamentous fungus *Aspergillusnidulans*. Mol Microbiol, 49:717-730

Busch S, Schwier EU, Nahlik K et al. 2007. An eight-subunit COP9 signalosome with an intact JAMM motif is required for fungal fruit body formation. Proc Natl Acad Sci USA, 104:8089-8094

Bussink HJ, Osmani SA. 1999. A mitogen-activated protein kinase (MPKA) is involved in polarized growth in the filamentous fungus *Aspergillus nidulans*. FEMS Microbiol Lett, 173:117-125

Champe SP, Rao P, Chang A. 1987. An endogenous inducer of sexual development in *Aspergillus nidulans*. J Gen Microbiol, 133:1383-1387

Chang MH, Chae KS, Han DM et al. 2004. The GanB Gα-protein negatively regulates asexual sporulation and plays a positive role in conidial germination in *Aspergillus nidulans*. Genetics, 167:1305-1315

Chou S, Huang L, Liu H. 2004. Fus3-regulated Tec1 degradation through SCFCdc4 determines MAPK signaling specificity during mating in yeast. Cell, 119:981-990

Clutterbuck AJ. 1969. A mutational analysis of conidial development in *Aspergillus nidulans*. Genetics, 63:317-327

Clutterbuck AJ. 1990. The Genetics of conidiophore pigmentation in *Aspergillus nidulans*. J Gen. Microbiol, 136:1371-1378

De Vries L, Gist Farquhar M. 1999. RGS proteins: more than just GAPs for heterotrimeric G proteins. Trends Cell Biol, 9:

138-144

Druey KY, Blumer KY, Kang VH et al. 1996. Inhibition of G-protein mediated MAP kinase activation by a new mammalian gene family. Nature, 379:742-746

Evangelista M, Blundell K, Longtine MS et al. 1997. Bnilp, a yeast forminglinking cdc42p and the actin cytoskeleton during polarized morphogenesis. Science, 276:118-122

Feldbruggel M, Bolker M, Steinberg 1G et al. 2006. Regulatory and Structural Networks Orchestrating Mating, Dimorphism, Cell Shape, and Pathogenesis in *Ustilago maydis*. Springer-Verlag Berlin Heidelberg

Fillinger S, Chaveroche MK, Shimizu K et al. 2002. cAMPand ras signaling independently control spore germination in the filamentous fungus *Aspergillus nidulans*. Mol Microbial, 44:1001-1016

Fischer R, Kües U. 2003. Developmental processes in filamentous fungi. In: Prade RA, Bohnert HJ (eds) Genomics of plants and fungi. Dekker, New York, 41-118

Fischer R, Kües U. 2006. Asexual Sporulation in Mycelial Fungi. In: The Mycota I, Growth, Differentation and Sexuality Kües/Fischer (Eds.) Springer-Verlag Berlin Heidelberg

Fortwendel JR, Panepinto JC, Seitz AE et al. 2004. *Aspergillus fumigatus rasA* and *rasB* regulate the timing and morphology of asexual development. Fungal Genet Biol, 41:129-139

Fowler TJ, Mitton MF. 2000. *Scooter*, a new active transposon in *Schizophyllum commune*, has disrupted two genes regulating signal transduction. Genetics, 156:1585-1594

Fujiwara M, Ichinomiya M, Motoyama T et al. 2000. Evidence that the *Aspergillus nidulans*class I and class II chitin synthase genes, *chsC* and *chsA*, share critical roles in hyphal wall integrity and conidiophore development. J Biochem, 127:359-366

Gancedo JM. 2001. Control of pseudohyphae formation in *Saccharomyces cerevisiae*. FEMS Microbiol Rev, 25:107-123

Han K-H, Han KY, Yu J-H et al. 2001. The *nsdD* gene encodes a putative GATA-type transcription factor necessary for sexual development of *Aspergillus nidulans*. Mol Microbiol, 41:299-309

Han K-H, Prade RA. 2002. Osmotic stress-coupled maintenance of polar growth in *Aspergillus nidulans*. Mol Microbiol, 43:1065-1078

Han K-H, Seo J-A, Yu J-H. 2004. A putative G proteincoupled receptor negatively controls sexual development in *Aspergillus nidulans*. Mol Microbiol, 51:1333-1345

Han S, Adams TH. 2001. Complex control of the developmental regulatory locus *brlA* in *Aspergillus nidulans*. Mol Genet Genomics, 266:260-270

Han S, Navarro J, Greve RA et al. 1993. Translational repression of *brlA* expression prevents premature development in *Aspergillus*. EMBO J, 12:2449-2457

Harris SD, Momany C. 2004. Polarity in filamentous fungi: moving beyond the yeast paradigm. Fungal Genet Biol, 41:391-400

Hepler JR. 1999. Emerging roles for RGS proteins in cell signalling. Trends Pharmacol Sci, 20:376-382

Hicks JK, Yu JH, Keller NP et al. 1997. *Aspergillus* sporulation and mycotoxin production both require inactivation of the FadA G alpha protein-dependent signaling pathway. EMBO J, 16:4916-4923

Laloux I, Dubois E, Dewerchin M et al. 1990. TEC1, a gene involved in the activation of Ty1 and Ty1-mediated gene expression in *Saccharomyces cerevisiae*: Cloning and molecular analysis. Mol Cell Biol, 10:3541-3550

Lee BN, Adams TH. 1994a. Overexpression of *flbA*, an early regulator of *Aspergillus* asexual sporulation, leads to activation of *brlA* and premature initiation of development. Mol Microbiol, 14:323-334

Lee BN, Adams TH. 1994b. The *Aspergillus nidulans fluG* gene is required for production of an extracellular developmental signal and is related to prokaryotic glutamine synthetase I. Genes Dev, 8:641-651

Lee BN, Adams TH. 1996. *fluG* and *flbA* function interdependently to initiate conidiophore development in *Aspergillus nidulans* through *brlAβ* activation. EMBO J, 15:299-309

Lengeler KB, Davidson RC, D'Souza C et al. 2000. Signal transduction cascades regulating fungal development and virulence. Microbiol Mol Biol Rev, 64:746-785

Liu Y, He Q, Cheng P. 2003. Photoreception in *Neurospora*: a tale of two White Collar proteins. Cell Mol Life Sci, 60:2131-2138

Marhoul JF, Adams TH. 1995. Identification of developmental regulatory in *Aspergillus nidulans* by overexpression. Genetics,

139:537-547

Marhoul JF, Adams TH. 1996. *Aspergillus fabM* encodes an essential product that is related to poly(A)-binding proteins and activates developmental when overexpressed. Genetics, 144:1463-1470

Marshall MA, Timberlake WE. 1991. *Aspergillus nidulans wetA* activates spore-specific gene expression. Mol Cell Biol, 11: 55-62

Martinelli SD, Clutterbuck AJ. 1971. A quantitative survey of conidiation mutants in *Aspergillus nidulans*. J Gen Mcrobiol, 69: 261-268

Mayorga ME, Timberlake WE. 1990. Isolation and molecular characterization of the *Aspergillus nidulans Wa* gene. Genetics, 126: 73-79

Mayorga ME, Timberlake WE. 1992. The developmentally regulated *Aspergillus nidulans wA* gene encodes a polypeptide homologous to polyketide and fatty acid synthases. Mol Gen Genet, 235:205-212

Miller KY, Toennis TM, Adams TH. 1991. Isolation and transcriptional characterization of a morphological modifier: the *Aspergillus nidulans* stunted(*stuA*) gene. Mol Gen Genet, 227:285-292

Miller KY, Toennis TM, Adams TH. 1992. StuA is required for cell pattern formation in *Aspergillus nidulans*. Genes Dev, 6: 1770-1782

Mirabito PM, Adams TH, Timberlake WE. 1989. Interactions of three sequentially expressed genes control temporal and spatial specificity in *Aspergillus* development. Cell, 57:859-868

Moore D, Frazer L A N. 2002. Essential fungal genetics. Springer-Verlag, Berlin. 282-342

Moore D. 1998. Fungal morphogenesis. Cambridge University Press: New York

Nahlik K, Dumkow M, Bayram Ö et al. 2010. The COP9 signalosome mediates transcriptional and metabolic response to hormones, oxidative stress protection and cell wall rearrangement during fungal development. Molecular Microbiology, 78(4): 964-979

Prade R, Timberlake WE. 1993. The *Aspergillus nidulans brlA* regulatory locus consists of two overlapping transcription units that are individually required for conidiophore development. EMBO J, 12:2439-2447

Prade RA, Timberlake WE. 1994. The *Penicillium chrysogenum* and *Aspergillus nidulans wetA* developmental regulatory genes are functionally equivalent. Mol Gen Genet, 244:539-547

Purschwitz J, Muller S, Kastner C et al. 2008. Functional and physical interaction of blue-and red-light sensors in Aspergillus nidulans. Curr Biol, 18:255-259

Sampson K, Heath IB. 2005. The dynamic behaviour of microtubules and their contributions to hyphal tip growth in *Aspergillus nidulans*. Microbiology, 151:1543-1555

Schuren FHJ. 1999. Atypical interactions between *thn* and wild-type mycelia of *Schizophyllum commune*. Mycol Res, 103: 1540-1544

Seo JA, Han KH, Yu JH. 2004. The *gprA* and *gprB* genes encode putative G protein-coupled receptors required for self-fertilization in *Aspergillus nidulans*. Mol Microbiol, 53:1611-1623

Sewall TC, Mims CW, Timberlake WE. 1990. Conidium differentiation in *Aspergillus nidulans* wild-type and wet-white(*wet*) mutant strains. Dev Biol, 138:499-508

Sewall TC. 1994. Cellular effects of misscheduled *brlA*, *abaA*, and *wetA* expression in *Aspergillus nidulans*. Can J Microbiol, 40: 1035-1042

Shimizu K, Keller NP. 2001. Genetic involvement of a cAMP-dependent protein kinase in a G protein signaling pathway regulating morphological and chemical transitions in *Aspergillus nidulans*. Genetics, 157:591-600

Skromne I, Sánchez O, Aguirre J. 1995. Starvation stress modulates the expression of the *Aspergillus nidulans brlA* regulatory gene. Microbiology, 141:21-28

Som T, Kolaparthi VSR. 1994. Developmental decisions in *Aspergillus nidulans* aremodulated by ras activity. Mol Cell Biol, 14: 5333-5348

Springer ML, Yanofsky C. 1989. A morphological and genetic analysis of conidiophore development in *Neurospora crassa*. Genes Dev, 3:559-571

Stringer MA, Timberlake WE. 1994. *dewA* encodes a fungal hydrophobin component of the *Aspergillus* spore wall. Mol Microbiol, 16:33-44

Talora C, Franchi L, Linden H et al. 1999. Role of a white collar-1-white collar-2 complex in blue-light signal transduction. EMBO J, 18:4961-4968

Timberlake WE, Clutterbuck AJ. 1993. Genetic regulation of condiation. In: Physiology and genetics of *Aspergillus nidulans* (ed. D. Martinelli & JR. Kinghorn) Chapman & Hall: London

Timberlake WE. 1993. Translational triggering and feedback fixation in the control of fungal development. Plant Cell, 5: 1453-1460

Tsitsigiannis DI, Kowieski TM, Zarnowski R et al. 2005. Three putative oxylipin biosynthetic genes integrate sexual and asexual development in *Aspergillus nidulans*. Microbiology, 151:1809-1821

Wei N, Chamovitz DA, Deng XW. 1994. Arabidopsis COP9 is a component of a novel signaling complex mediating light control of development. Cell, 78:117-124

Wieser J, Adams TH. 1995. *fibD* encodes a myb-like DNA-binding protein that coordinates initiation of *Aspergillus nidulans* conidiophore development. Genes Dev, 9:491-502

Xiao JH, Davidson I, Matthes H et al. 1991. Cloning, expression, and transcriptional properties of the human enhancer factor TEF-1. Cell, 65:551-568

Yager LN, Lee HO, Nagle DL. 1998. Analysis of *fluG* mutations that affect light-dependent conidiation in Genetics, 149: 1777-1786

Ye XS, Lee S-L, Wolkow TD et al. 1999. Interaction between developmental and cell cycle regulators is required for morphogenesis in *Aspergillus nidulans*. EMBO J, 18:6994-7001

Yu J-H, Rosén S, Adams TH. 1999. Extragenic suppressors of loss-of-function mutations in the *Aspergillus* FlbA regulator of Gprotein signaling domain protein. Genetics, 151:97-105

Yu J-H, Wieser J, Adams TH. 1996. The *Aspergillus* FlbA RGS domain protein antagonizes G-protein signaling to block proliferation and allow development. EMBO J, 15:5184-5190

8 低等真菌和卵菌有性生殖中的性激素

关于真菌不同类群有性生殖的研究已有大量的文献报道,为了说明有性生殖中性分化的问题,我们将在本章着重从细胞水平讨论低等真菌的壶菌、接合菌和卵菌有性生殖过程中性激素与性分化的关系。

自交不育真菌需要通过两个具有不同并互补的交配型的单倍体细胞融合才能形成有性孢子。这种细胞融合过程是由可扩散的激素控制的,并且可能会涉及一些细胞表面的相互作用。一些自交可育真菌产生的雄性和雌性交配结构可能也会有类似的激素和表面相互作用,这些现象与自交不育菌十分相似,但其机理比较复杂。在真菌有性过程控制中所涉及的扩散因子已被定义为激素(hormone)或信息素(pheromon)。动物生理学家将激素定义为"在一个生物个体内有关化学协调的因子",将信息素定义为"一个生物个体所发出的能在其他生物个体产生影响的因子"。由于自交不育株的有性活动是发生在不同个体间的,而自交可育株是发生在同一菌落的不同位点,所以在有性活动的协调中很可能都有这两种因子的参与,因此人为地将这两种因子区分开来。现在人们经常用"外激素"来描述低等真菌和卵菌,而用"信息素"来描述高等真菌。作者认为不论是外激素还是信息素都与真菌的性相关,因此可以通称为性激素(sex pheromone)。

真菌的生殖器官,如性器官、配子体和子实体的形态建成是一个十分复杂的课题,可能由许多基因或内分泌系统控制着。近年来的研究较多,但仅在少数真菌中进行了详细的研究。从发表的研究资料中可以看出,真菌的外激素可以调控配子囊的分化,在接合过程中作为引诱剂,同时对子实体的形成起作用。但是我们不知道激素是如何在真菌中分布的,因为证明激素行为的资料相当少,而且证明激素存在的实验较为困难,所以我们重点选择能分泌激素的代表性真菌加以讨论。

从低等真菌分离到的性激素尽管结构不同,但具有很相似的性质,包括:①仅仅对同种或亲缘关系近的真菌发挥作用;②产生的浓度很低,在低浓度下发挥作用;③不稳定,能够被对其产生反应的细胞降解。这些激素的产量相当低,以至于人们必须应用足够灵敏的生物检测手段来对其进行鉴定。

8.1 壶菌和接合菌的性激素

不可否认的是,许多真菌仅仅存在无性繁殖过程,但是大部分真菌的确具有有性生活史。有性生殖肯定有一种选择优势,否则无性阶段就会完全取代有性阶段。无性生殖过程中的有丝分裂时的核分离过程仅仅增加了单个个体的数量,而有性生殖过程与此相对照的至关重要的一点,是核的融合来自于不同的个体。如果个体间基因型不同,融合核将变成杂合的,减数分裂的产物就能具有重组基因型。也就是说,在一次有性生殖周期内,新的重组性状可以在下一代中筛选得到。这就是对有性生殖的最通常的阐释,它通过不同个体的染色体交换促进了遗传的多样性,而这种多样性对于物种在进化过程中应对竞争者和环境变化是必需的。遗传多样性能够使生物体在生态和环境挑战中存活下来。

许多低等真菌生活在水中或潮湿的环境中,它们依靠特殊的细胞间交流系统能成功地进行有性活动,配偶识别需要可扩散性的小分子,这种识别在相同或者不同的种属或者在互补配型之间是有差异的。这种信号只在发育的适当阶段释放,信号释放后,配偶从潜在的环境干扰信号中进行区分和解读而被感知,最后被用于启动适当的发育过程。参与感知过程的可扩散的小分子呈现令人意想不到的多样性,目前还没有证据显示它们之间存在一种通用的交流方法。

上述的这些调节物质可以识别和控制真菌的有性过程,一般被称为外激素,表明这种物质发挥作用是在产生该物质的细胞或组织以外。此外,在其他文献中也有被称为引诱剂(attractant)、成形素(morphogen)或性因子(sex factor)等。在本章中,当强调这种物质在有性过程中的特殊媒介作用时,使用性激素这一术语。

8.1.1 壶菌门

壶菌门(Chytridiomycota)非寄生的种属主要存在于淡水或者潮湿的土壤中。根据分类学,有性活动遵循许多不同的机制,但所有的种属都存在运动配子之间的交配。在有性生殖过程中这种交配是通过产生性激素而完成的。

从系统发生学的角度来看,壶菌门是最基础的,至少,在芽枝霉科(Blastocladiaceae)的异水霉属(*Allomyces*)中,模式株树状异水霉(*A. arbuscula*)和巨雌异水霉(*A. macrogynus*)在不同的可运动的有性配子之间,利用倍半萜烯类诱雄激素(sesquiterpene sirenin)作为诱导剂。

8.1.1.1 异水霉的生活史

异水霉属具有明显的孢子体和配子体的世代交替的生活史(图8.1)。生长在有机物碎片上的巨雌异水霉能在琼脂和淀粉培养基上生长,这类菌的生活史中含有单倍体和二倍体菌丝期。二倍体菌丝被称为孢子体。当营养物质消耗完后,孢子体产生孢子囊。孢子囊有两种类型。一种是薄壁的有丝分裂孢子囊,萌发时产生双倍体的游动孢子。将这种孢子囊沉浸在池塘水中或稀释的盐溶液中就会释放出游动孢子。游动孢子通过后生单鞭毛的推动而游动,游动孢子有核帽结构,核帽由膜包裹着的许多核糖体组成。壶菌门的这一特征使得孢子在萌发后快速合成蛋白质并快速生长。游动孢子对氨基酸有趋化性，到达合适地方后立即萌发。萌发是双极的，一端形成假根，穿进土壤后继续分叉形成假根，而另一端形成主干及分枝，形成孢子体。

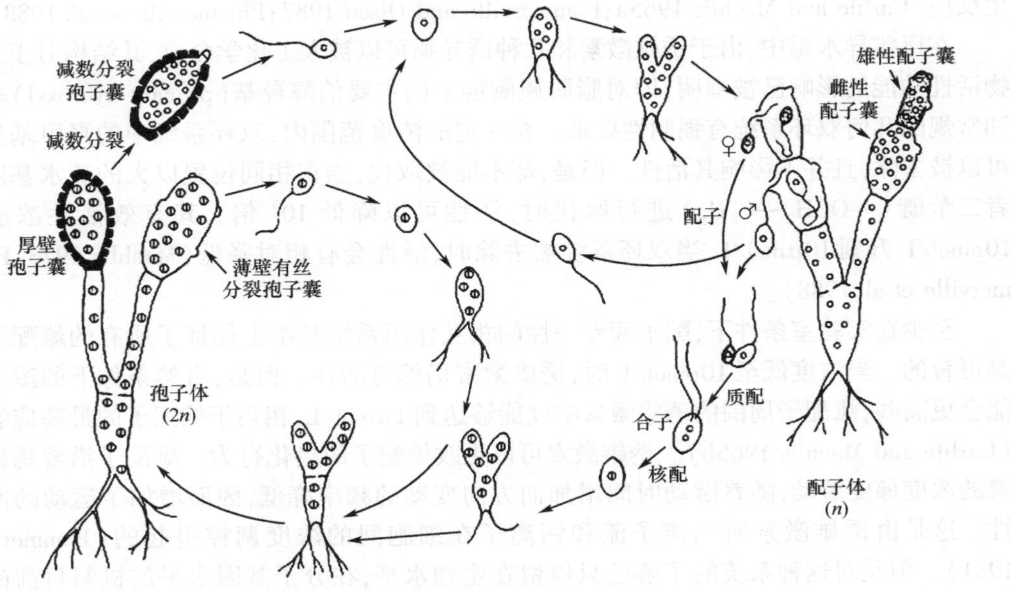

图 8.1 巨雌异水霉的生活史(引自 Webster and Weber 2007)

另一种是厚壁的减数分裂孢子囊。孢子囊经减数分裂形成单倍体的游动孢子，它们与有丝分裂孢子相似，但萌发后形成单倍体的配子体。当营养物质耗尽时，配子体上产生雌、雄配子囊。雄配子囊在菌丝的末端而雌配子囊在雄配子囊的下方。雌配子囊和雄配子囊的位置随着菌种种类的不同而不同。雄配子囊和雄配子呈黄色，较小，而雌配子囊无色，较大，在池塘水和稀释的盐溶液中都会造成配子从配子囊中释放。雄配子首先释放，成群浮游于雌配子囊周围，这是由于雌配子囊释放的性吸引物诱雄激素(sirenin)能有效地吸引雄配子。诱雄激素的名称是根据古希腊神话中能吸引航海员的妖妇命名的。雌配子从雌配子囊中释放后很容易与雄配子结合，进行核配，接合子保留了雌雄配子的鞭毛，因而是生活史中唯一具有双鞭毛的时期。接合子不同于雄配子，更接近于游动孢子，对诱雄激素不敏感，但对氨基酸有趋化性，到达合适环境后形成圆形静止体，萌发形成孢子体(Carlile et al. 2001)。

8.1.1.2 诱雄激素的结构和作用模式

巨雌异水霉为单倍体，具有 14 条染色体。树状异水霉有 8 条染色体。它们都是雌雄同体且自身可育的。这两种异水霉中都有多倍体的菌株，能相互杂交，而爪哇异水霉(*A. javanicus*)都能与这两种异水霉杂交，因而可以获得巨雌异水霉和树状异水霉的人工杂交体。其中一些只含有雌配子囊或者只含有雄配子囊。通过这些只含有雌配子囊的菌种生产或分离出诱雄激素(图 8.2)。

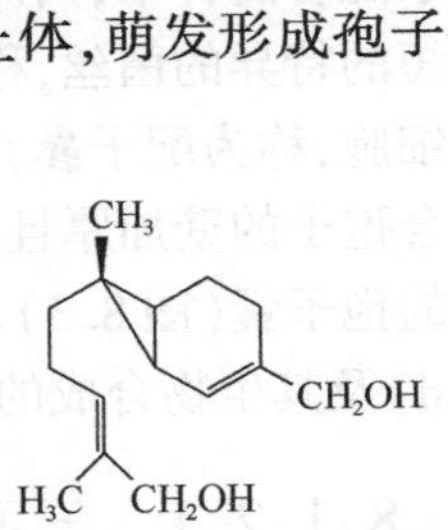

图 8.2 巨雌异水霉吸引雄配子的 L-诱雄激素的化学结构(引自 Schimek and Wostemeyer 2006)

配子之间的相互吸引是通过倍半烯萜进行的，即雌配子的信息素——诱雄激素。雄配子在周围的水体中释放另一种化合物，这种化合物具有吸引雌配子的功能，通常称为parisin，目前其化学结构还未被阐明。雌配子从不对诱雄激素或者其他人工的诱导物发生反应（Carlile and Machlis 1965a；Pommerville and Olson 1987；Pommerville et al. 1988）。

在巨雌异水霉中，由于诱雄激素和几种诱导物可以被人工化学合成，其结构对于其生物活性功能的影响已被阐明，即对脂肪族侧链上的主要伯醇羟基（primary hydroxyl）基团和常规的几何双环系统有强制性要求。在一定的浓度范围内，双环系统中的羟甲基基团可以被去除，且并不影响其活性。但是，却不能被取代，当在相同位置以大的疏水基团或者二苄醚（$—OCH_2—C_6H_5$）进行取代时，活性可以降低 10^6 倍。其有效活性浓度从10pmol/L升到10μmol/L，当双环系统被去除时，活性会有相对降低（Machlis 1973；Pommerville et al. 1988）。

至少在实验室条件下，配子间专一性的相互作用系统基本上保证了所有的雌配子都是可育的。当浓度低至10pmol/L时，诱雄激素仍然有活性。但是，自然条件下的浓度可能会更高些，雌配子周围的诱雄激素浓度能够达到1μmol/L，相当于雄配子的最高应答量（Carlile and Machlis 1965b）。诱雄激素可以更改雄配子的趋化行为。雄配子沿着诱雄激素的浓度梯度游动，随着游动时间增加而方向变动的频率降低，因而增加了运动的准确性。这是由诱雄激素对钙离子流和钙离子在细胞间的浓度调控引起的（Pommerville 1981）。但是对这种系统的了解还只停留在生理水平，在分子基因水平的机制目前尚不清楚。

8.1.2 接合菌门

在接合菌门（Zygomycotina）中，两种“+”和“-”菌系的接合型菌丝不能从形态学特点或者行为上进行区分。尽管在某些种群中，性器官会有不同的形状，但是对大多数异宗配合的菌来说至今尚未明确发现两种接合型可靠的区分特征。自从1904年Blakeslee的研究开始，遵从他对毛霉属的黑根霉（*R. nigricans*）菌株的描述，将接合型区分为“+”和“-”。此后新发现的接合型菌种就通过比较它们在接合反应中的行为与已区分的菌种相同或者不同而进行区分。毛霉目的菌是接合菌门中通过配子囊的接合进行有性生殖的典型。在异宗配合的种中，当两个亲和的“+”和“-”菌株的菌丝相邻生长时，它们分别向对方产生极短的特异的菌丝，称为配囊柄。两个配囊柄接触后，各自顶端膨大并形成横隔，隔成一个细胞，称为配子囊，两个配子囊融合，配子囊间的壁不久消融，两核融合形成接合孢子，接合孢子的壁加厚且具刺。接合孢子产生时通常进行减数分裂，于是产生含有单倍体孢子的孢子囊（图8.3）。“+”和“-”菌丝之间是通过β-胡萝卜素诱导生成三孢酸（trisporic acid）及其生物合成的前体作为媒介而识别和调控有性生殖过程的（Schimek et al. 2003）。

8.1.2.1 三孢酸的结构

三孢酸类物质的化学性质已经在毛霉目的三个科，即笄霉科（Choanephoraceae）的三孢布拉霉（*Blakeslea trispora*）、毛霉科（Mucoraceae）的高大毛霉（*Mucor mucedo*）和须霉科（Phycomycetaceae）的布拉克须霉（*Phycomyces blakesleeanus*）中详细地研究过。

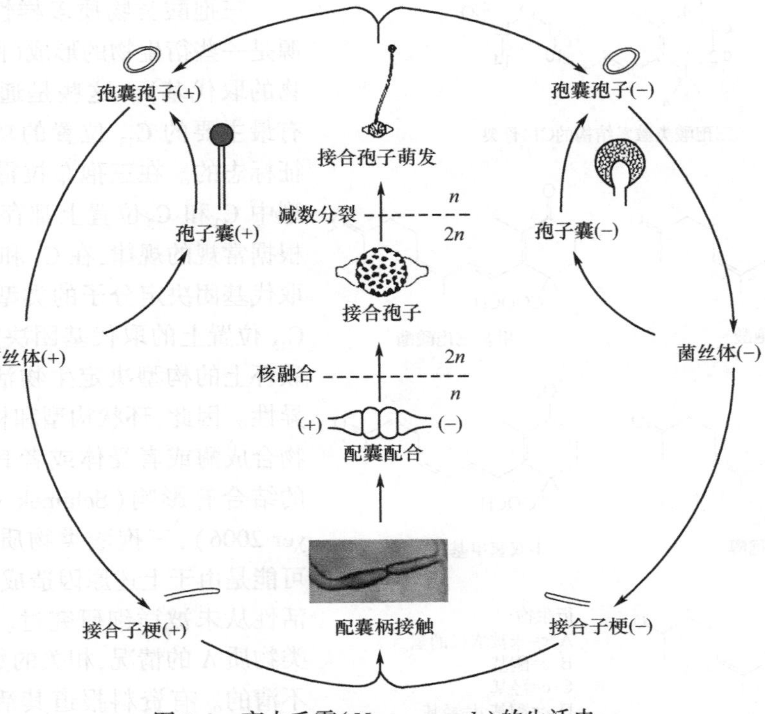

图 8.3 高大毛霉(*Mucor mucedo*)的生活史

1924 年 Burgeff 研究了几个毛霉目的种,发现每一菌株都可以产生可扩散的挥发性物质刺激另一菌株形成原配子囊并且使其相互靠近。使不同的成员都会彼此吸引,说明毛霉目真菌拥有一种或多种相同的性激素。

1967 年配囊柄诱导激素被分离鉴定,命名为三孢酸,包括三孢酸 A、三孢酸 B 和三孢酸 C。而三孢酸 A 的侧链可能缺少某一功能基团,仅有很低的生物活性,可能是三孢酸 C 的转化产物。根据对三孢布拉霉和高大毛霉的研究表明,它们的三孢酸是不同的,无论是反式结构和顺式结构均有活性,而且每一种三孢酸都能诱导"+"、"−"菌株配囊柄的形成。因此,这些激素没有性的专一性,甚至对同宗配合的种都有效。^{14}C 标记的研究表明"+"、"−"菌株均能合成三孢酸,且每个交配型对三孢酸的合成有相同的贡献,每一菌株分泌前激素扩散到相反的菌株中转化为三孢酸,同时也证明了单独生长的菌株不能合成激素。同宗配合的种中也有类似的激素系统(Carlile et al. 2001)。

所有活性的三孢酸类物质是各种氧合的 18C 或者 19C 类异戊二烯(isoprenoid)的分子结构,它们具有通用的 C14 骨架结构(图 8.4)。虽然类异戊二烯类侧链的 C_7 和 C_9 原子位置会发生异构化,但却只有 C_9 原子位置的同分异构体在培养提取物中被发现。这个位置的构象会影响化合物的活性,9-*cis*(9 位顺式)的同分异构体比 9- *trans*(9 位反式)的同分异构体的活性高两倍之多,C_1 位置上立体异构对活性的影响目前还未弄清楚。但是,在所有天然状态下的分离产物、功能性羧基、含甲氧基的或者甲酯基的基团均在 S 位置。其他手性对称中心的构型中,C_4 位也是十分重要的,只有 4-R-羟基化合物是具有生理学和代谢活性的(Bu'Lock et al. 1976)。

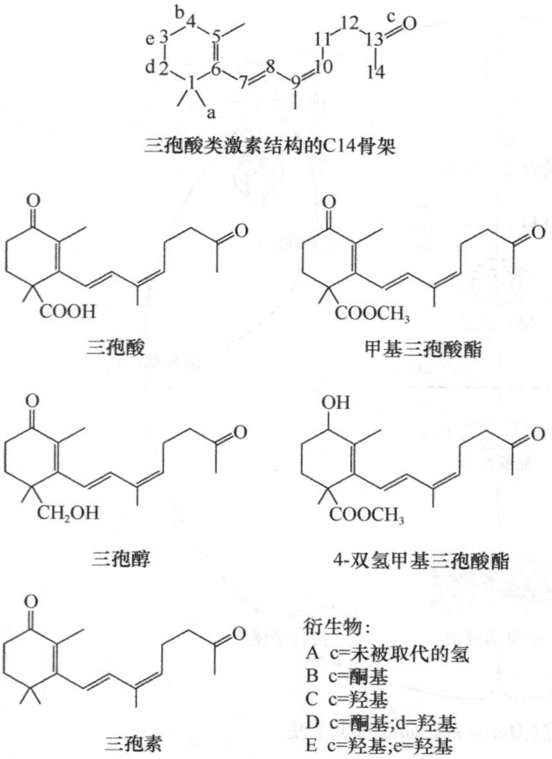

图 8.4 接合菌的性激素三孢酸及其前体的结构（仅显示主要的代谢物）

上图所有结构为 C_{14} 位具有酮基的 B-衍生物，其他衍生物置换和取代的不同位点显示在右下角。（引自 Jones et al. 1981）

三孢酸类物质多样性的另一些来源是一些衍生物的形成（图 8.4 的衍生物的取代基）。这些是通过 C_2、C_3，还有最主要的 C_{13} 位置的功能基团为特征标志的。在三孢布拉霉的 S 和 R 构型中 C_2和 C_3位置上都存在羟基基团。根据常规的规律，在 C_1 和 C_4 位置上的取代基团决定分子的类型；在 C_2、C_3和 C_{13} 位置上的取代基团决定衍生物；在碳环上的构型决定生物活性和代谢特异性。因此，环状构型和构象对其与生物合成酶或者受体或者其他结合蛋白的结合有影响（Schimek and Wostemeyer 2006），三孢酸类物质 A 的低水平可能是由于上述原因造成的，它的生理活性从未被详细研究过。关于三孢酸类物质 A 的情况，相关的数据也是模糊不清的。有资料报道其活性明显低于三孢酸 B 和三孢酸 C 的衍生物活性。完整合成的三孢酸 A 并没有显示任何生物活性。在高大毛霉中，前体物质甲基三孢酸 A（methyl trisporic acid）、三孢醇 A（trisporol A）和三孢酸 A（trisporic acid A）诱导配囊柄的形成（Schachtschabel et al. 2005）。三孢酸 B 和三孢酸 C 已经在所有上面提到的三个原始种中发现，但三孢酸 D 和三孢酸 E 仅在布拉克须霉和三孢布拉霉中发现。不同种类的三孢酸类物质结构显示在图 8.4（Jones et al. 1981）中。在高大毛霉和布拉克须霉这两种菌中，所有三孢酸类物质的化合物中三孢酸 B 的衍生物在配囊柄感应中是最活跃的。在类异戊二烯类侧链或者缩短的骨架上含有酐的环化衍生物是无活性的，这就指明了全长度的主链是具有活性的先决条件。基于最近对多种三孢酸类物质类似物的研究分析，我们可以确定三孢酸类物质完整的分子结构对生物活性的重要性。在对毛霉的生物测定中，只有化合物具有与天然产物相似的侧链时才会有活性。早期的前体物质和相似的化合物，如视黄醇乙酸酯（retinyl acetate）、视黄醇（retinol），视黄醛（retinal）、视黄酸（retinoic acid）、β-紫罗酮和脱落酸（β-ionone and abscisic acid）也都完全没有活性。具有活性的一个主要的要求就是，较长侧链上的功能基团要有极性，碳环上的氧取代基并不是必需的。仅有的早期前体物质 4-双氢三孢酸类物质，在 C_4 有一个羟基基团时，也没有显示活性（Schachtschabel et al. 2005；Schimek et al. 2003）。

8.1.2.2 三孢酸的生物合成

三孢酸是接合菌主要的性激素，其合成是一个相当精细的过程。两种（+）（-）交配型依靠自己都无法完整合成，两种交配型之间的交流和交换物质是合成必不可少的。生物合成是从β-胡萝卜素开始的，这一点已经通过使用带有放射性标记的胡萝卜素进行培养的实验得以证实(Austin et al. 1970)。因为最早的有关三孢酸类物质的合成步骤在进入21世纪才又引起研究者的兴趣，因此有关这方面的可靠信息还很少。虽然合成反应还未被直接地检测过，但人们一直认为，β-胡萝卜素被一个类似于胡萝卜素加氧酶的单加氧酶(monooxygenase)氧化裂解。但是，分子是对称裂解还是非对称裂解现在还无法回答。视黄醛(retinal)是15-15′-β-胡萝卜素双加氧酶对称裂解胡萝卜素的产物，在布拉克须霉的野生型单交配菌株中，在视黄醛的浓度为5～50μg/g干重培养物的溶液中进行了视黄醛的光谱检测。虽然，视黄醛的存在还从未被明确地化学分析过，但其在毛霉中的存在，已经通过对转化产生的放射性视黄基和三孢酸中的放射性检测所证实(图8.5；Bu'Lock et al. 1974)。早期的转化步骤可能是由一种多酶复合物催化，转化过程发生在固定在基质上的蛋白质中，因此，没有游离的代谢产物能被检测到。在同一个研究中，检测到一种可能的代谢产物：由20C的视黄醛或者视黄醇产生的下一个产物是通过β-氧化产生的18C酮。

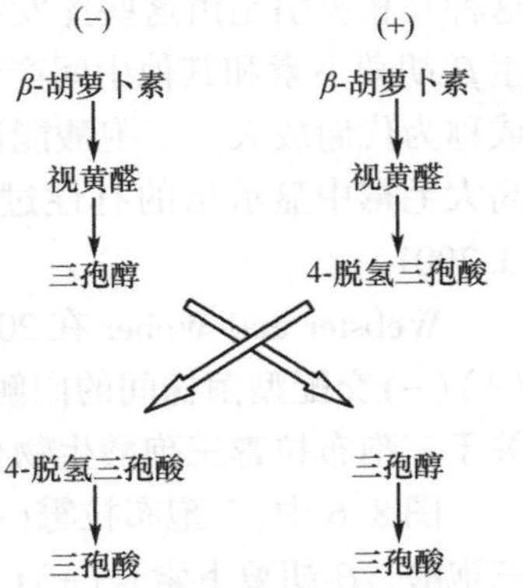

图8.5 高大毛霉(−)(+)交配型菌株互养合成三孢酸途径

从视黄醛、三孢醇、4-脱氢三孢酸途径合成三孢酸就有两种可能途径。(−)交配型中含有的酶能完成三孢酸的第一步视黄醛和第二步的三孢醇的合成过程。相反，(+)交配型含有的酶能完成第一步视黄醛和第二步4-脱氢三孢酸的合成过程。只有当两种不同交配型同时存在时，性激素播散发生交换才会最终产生三孢酸。(根据Carlile et al. 2001绘制)

关于这一问题近年来研究结果显示，假设β-胡萝卜素发生对称的酶裂解，可能是几种三孢酸合成通路中的一种(Gessler et al. 2002)。这种反应可能不与性交流相关，因为伴随反应产生的活性氧和氧化应激压力能够损害氧化敏感的胡萝卜素单加氧裂解酶的活性。在三孢布拉霉中，β-胡萝卜素C_{13-14}双键处的不对称无酶裂解氧化反应，可能是视黄醇/视黄醛形成的主导途径。氧化裂解可能也会导致4-羟基-β-胡萝卜素的形成，这种物质通常认为会发生氧化和不对称降解。这两种可选择的裂解通路的主要反应产物是18C化合物，包括β-13-胡萝卜酮、18C酮和4-羟基-β-apo-13-胡萝卜酮(Bu'Lock et al. 1974；1976)。根据Bu'Lock的推测，氧是通过后续的羟基插入在C18-酮的C_4位置的，产生4-羟基-β-C18-酮(4-hydroxy-β-C18-ketone)。随着C_{11}和C_{12}之间碳碳双键的还原，合成途径中的共同终产物4-双氢三孢酸类物质就产生了。

Carlile等(2001)给出了高大毛霉有性生殖过程中的性激素控制(图8.5)。当两种交配型菌株(+)或(−)混合培养时，就能产生三孢酸，而这种物质在任一配型菌单独培养时都不会产生。三孢酸能诱导接合孢子的产生。三孢酸的产生是一种包括(−)和(+)两种交配型菌株协同生物合成的结果。合成途径虽然有一些中间步骤不太了解，但大体上还是清楚的。(−)能经过一系列步骤将三孢酸转变为三孢醇，但三孢醇只能由(+)交配型将其转变为三孢酸，另一方面(+)能将视黄醛转变为4-脱氢三孢酸(4-dehydrotrisporic acid)。这种物质仅能被(−)交配型菌株转变为三孢酸。因此，三孢酸的产生依赖于三孢醇和4-脱氢三孢酸在(+)和(−)之间的扩散，这两种物质都是水溶性和易挥发的物质。

这种互相吸引是由这些挥发物质造成的。三孢酸除了能诱导产生接合孢子,还能刺激产生β-胡萝卜素和其他中间产物的产生,因而大大增加了生物合成的效率,是一种正反馈或称为代谢放大。三孢酸能诱导包括自身可育的许多接合菌纲的菌产生接合孢子,因而高大毛霉中显示出的有性过程中性激素的控制在接合菌纲中是普遍存在的(Carlile et al. 2001)。

Webster and Weber 在 2007 年出版的《真菌导论》第三版中,关于接合菌门有性生殖(+)(-)交配型菌株间的向触反应(thigmotropic reaction)的论述中,引用了 Gooday(1994)关于三孢布拉霉三孢酸生物合成途径(图 8.6)。

图 8.6 中,三孢布拉霉(+)(-)交配型菌株两者共同生长(cross-feeding)时联合形成三孢酸。β-胡萝卜素是(+)(-)交配型均有的代谢产物,β-胡萝卜素经由视黄醛合成 4-双氢三孢醇(4-dihydrotrisporol)。这一代谢产物在(+)交配株中形成 4-双氢三孢酸和它的甲基酯(methyl ester)。在(-)交配株中则形成三孢醇(trisporol)。这两种中间产物只有在(+)(-)菌株分别播散后才能转化成三孢酸。

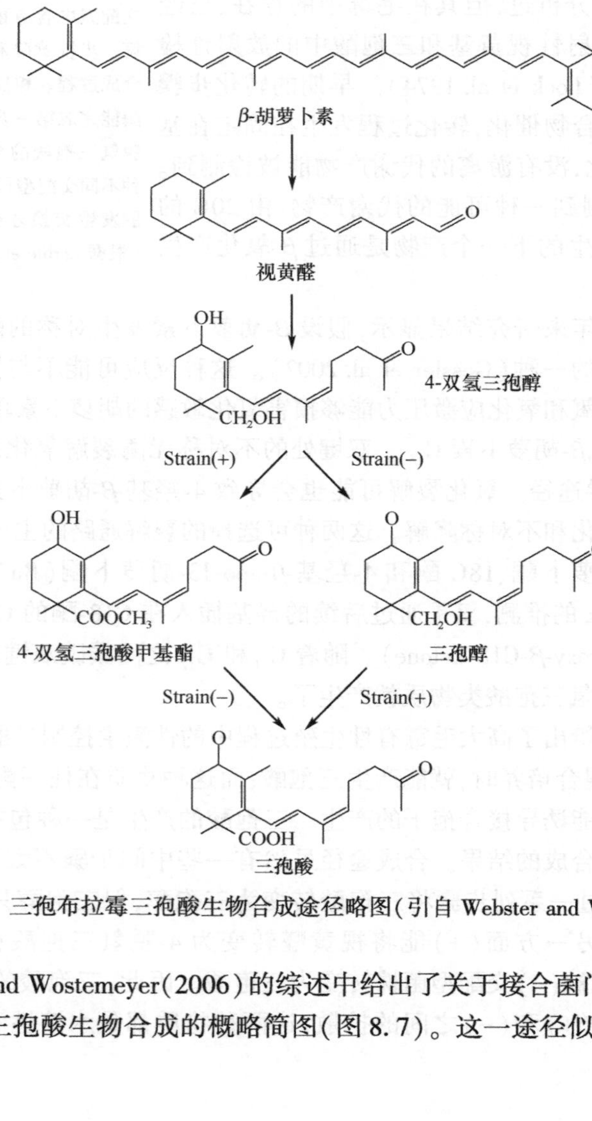

图 8.6 三孢布拉霉三孢酸生物合成途径略图(引自 Webster and Weber 2007)

在 Schimek and Wostemeyer(2006)的综述中给出了关于接合菌门中(-)(+)的交配型菌株有性过程中三孢酸生物合成的概略简图(图 8.7)。这一途径似乎综合了高大毛霉和三孢布拉霉合成三孢酸的合成过程。

图 8.7 中,(-)交配型的专一性特点是使 14C 骨架(图 8.4)上的 C_4 位置上的羟基基团氧化形成酮。其后可能是视黄醇/视黄醛形成的主导途径,形成的 4-双氢三孢素(4-dihydrotrisporin)转化为三孢素(trisporin),三孢素是(-)交配型的主要信息素。C_1 位置上的醇氧化为功能羧基严格特异地发生于(+)接合型(图 8.4)。因此,三孢素需要从(-)接合型转移到(+)接合型,以完成三孢酸的合成。根据菌的种类的不同,C_1 甲基位置上的羟基化,可能发生在(-)和(+)的交配型中,或者只在(-)交配型中。最终产生的醇类分别称为 4-双氢三孢醇和三孢醇(Gooday 1994)。

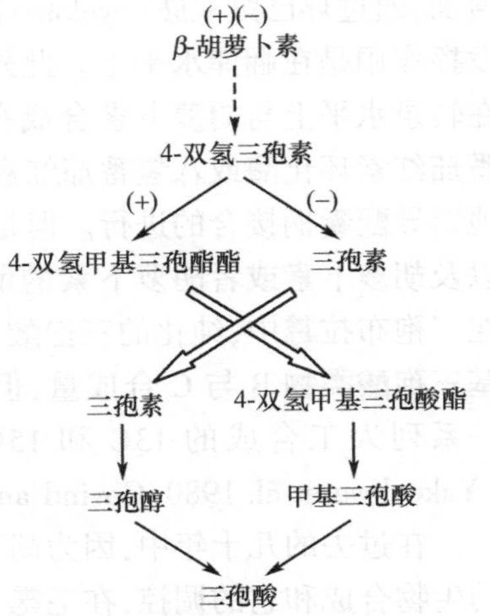

图 8.7 三孢酸生物合成的概略简图
宽箭头表示交配型之间代谢产物的交换。仅有相容的交配型能够转化交配型专一的前体物,从而形成三孢酸。(引自 Schimek and Wostemeyer 2006)

在(+)接合型中,4-双氢三孢素会发生转化,可能通过 4-双氢三孢醇,转化为 4-双氢甲基三孢酸酯(4-dihydro-methyltrisporate)(图 8.6 和图 8.7)。这一过程包括两个反应,C_1 位置上的羟甲基的氧化,然后是羧酸盐产物的甲基化,产生甲基羧酸酯。4-双氢甲基三孢酸酯和(或)甲基三孢酸酯进一步通过接合体转化为三孢酸,但是在两种交配型的脱甲基过程中,必须有酯酶参与(Werkman 1976)。(+)三孢布拉霉中,三孢酸前体降解为三孢酮的过程已经被 Sutter 和 Zawodny(1984)阐明。这一反应可以阻止在未配对的(+)型菌株中高浓度的三孢酸的积累,如果不发生此反应,三孢酸就可以积累。

通过上述三种有性过程中三孢酸生物与合成途径的描述,可以看出接合菌三孢酸的形成途径尚未被完全了解。但是毛霉目三孢酸合成途径基本上有四点是已被证明的,包括:①β-胡萝卜素是(+)(-)交配型均有的代谢产物,β-胡萝卜素发生对称的酶裂解可能是几种生成三孢酸通路中的一种;②这种对称的酶裂解形成视黄醛/视黄醇/视黄酸等无活性的 18C 具酮基的化合物,然后合成 4-双氢三孢酸/醇;③其后在(-)交配型中合成三孢醇/素,在(+)交配型中合成 4-双氢三孢酸甲基酯;④(+)(-)交配型进行性激素的播散、吸引和交换,最终合成三孢酸。双方分别诱发形成配囊柄,进而形成接合孢子。

迄今为止,从 Raper 1952 年发表《藻菌植物有性过程的化学调控》的第一篇综述文章,至今已有 60 余年,仍然没有完全了解接合菌性激素——三孢酸的生物合成过程。

8.1.2.3 作用模式

三孢酸类物质在不同水平上参与有性过程的调控。在(+)(-)菌株接合培养的过程中,萜类化合物大量增加,但是,只有麦角固醇的含量增加是直接受到外部添加的三孢酸所影响的(van den Ende 1978)。三孢酸的最明显的作用是在某些物种中促进β-胡萝卜素合成的增加,特别是在三孢布拉霉和布拉克须霉中(Govind and Cerda-Olmedo 1986)。从上述观察结果可以看出,两种(+)(-)接合型菌株混合培养,比单一接合型培养物胡萝卜素产量增加。这些培养物中的三孢酸类物质的具体成分还未被阐明。Feofila 等.(1976)曾经观察到,在三孢布拉霉(-)交配型培养物中添加三孢酸可以观察到胡萝卜素产物的增加，通过环己酰亚胺（cycloheximide）和放线菌素 D（actinomycin D）的作用，发现三孢酸发挥作用是在翻译水平上。此外，Schmidt 等（2005）的研究表明，三孢布拉霉中，两种酶在转录水平上与胡萝卜素合成有关，即八氢番茄红素脱氢酶（phytoene dehydrogenase）和番茄红素环化酶或八氢番茄红素合酶（lycopene cyclase/phytoene synthase），它们可以强烈地诱导配囊柄接合的进行。但是详细的三孢酸类物质对胡萝卜素合成基因的调控效果，以及胡萝卜素或者胡萝卜素的前体对三孢酸类物质的合成是否有影响，还未被研究过。在三孢布拉霉中，纯化的三孢酸 B 和三孢酸 C 可以提高胡萝卜素和人工合成的外消旋甲基三孢酸类物 B 与 C 合成量，但在布拉克须霉中，并不提高甲基三孢酸类物质的含量。一系列人工合成的 13C 和 15C 的三孢酸中间产物对胡萝卜素合成基因没有作用（Yakovleva et al. 1980；Govind and Cerdá-Olmedo 1986）。

在过去的几十年中，因为胡萝卜素是毛霉生理代谢中固有的活性物质，因此胡萝卜素的生物合成和它的调控，在毛霉目真菌中得到相当集中的研究。除了有性生殖外，胡萝卜素的合成也受到光照（特别是蓝光）和多种化学物质的影响。

根据三孢酸类物质在接合环境中提高自身产量的现象，人们提出了胡萝卜素合成过程中正反馈调控通路的假设，这可能最初是通过诱导胡萝卜素合成造成的（Werkman and van den Ende 1973）。这种理论运用了与植物中相似的脱落酸的调控原理，在三孢酸类物质的合成过程中，限制合成速率的主要是胡萝卜素的裂解，总胡萝卜素中只有一定数量的胡萝卜素被用于转化成三孢酸类物质。性生殖反应和三孢酸类物质只是许多控制胡萝卜素合成中的两个因素，β-胡萝卜素也是三孢酸产生的绝对先决条件之一。布拉克须霉中的胡萝卜素合成缺陷突变体，表现出性生殖反应和三孢酸类物质的显著降低。但是，胡萝卜素含量极高的突变体，有的也会缺失有性活动。这一种调控通路假设还从未在天然就含有极低胡萝卜素的菌种中得到验证。在布拉克须霉中，对突变体的分析结果显示，β-胡萝卜素含量在 5 ~ 3000μg/g 干重之间能够完整地进行有性活动（Salgado et al. 1991；Salgado and Cerdá-Olmedo 1992；Ootaki et al. 1996）。

三孢酸类物质的前体物——三孢醇，4-双氢甲基三孢酸酯（4-dihydromethyltrisporate）和甲基三孢酸酯盐（methyltrisporate）诱导有性菌丝的生成。在高大毛霉（图 8.3）和布拉克须霉中诱导配囊柄的合成。这一反应可以在（+）（-）性接合环境中观察到，当在外部添加三孢酸类物质时，作为一种添加后的反应可以观察到配囊柄的生成。在高大毛霉中添加三孢酸可以诱导同样的反应，而在布拉克须霉中则不然，形成配囊柄的数量在相反的接合型中往往更高（Sutter et al. 1996）。几种三孢酸的衍生物表现出严格的对配子类型的选择性，触发反应只有在相反的接合型中才会发生。通过对（-）高大毛霉活性化合物进行生物监测，发现三孢酸 B 最活跃，其次是 4-双氢-甲基三孢酸酯 B，只要浓度分别达到 27pmol 和 107pmol（10ng 和 30ng）就足以诱发应答。但是三孢酸类物质实际作用的综合模型目前还未被建立。当两种配子被间隔或者障碍分开时，配囊柄的诱导生成过程可以被直接观察到。4-双氢甲基三孢酸和三孢酸前体被认为是不稳定的，而三孢酸和三孢醇是十分稳定的，它们发挥作用依靠在两种配子之间的接触扩散。前体物可能也参与趋接合性（zygotropism）的形成，例如，配囊柄的定向生长，从而导致两种接合型的接触、黏附、融合（Schimek and Wostemeyer 2006）。

由于所有的三孢酸效应都是被三孢酸和其前体触发的，至少在同一目中的菌是一样的，因此三孢酸在有性生殖反应中的真实作用目前还未被完全了解。前体被认为是菌丝内部的化学信使或者是激素，而三孢酸则是菌丝内部的化学调控者。有些发现表明所有的前体都在内部转化为三孢酸，从而成为唯一的调控分子。另一种思路认为前体具有其独立的调控作用，三孢酸还具有其他不同的功能或是在有性过程中完全不发生特别的作用。三孢酸诱导配囊柄的作用，可能是由于内部的结构与前体化合物相似。三孢酸及其前体化合物可能各自引发不同的作用效果。所有的三孢酸无疑参与了更多的调控网络，就像结构相似的动物中的视黄酸（retinoic acid）和植物中的脱落酸（abscisic acid），两种物质都大规模的参与了基因表达调控（Schimek and Wostemeyer 2006）。这些化合物直接或者间接地与其他信号分子结合，产生相互作用或者结合其他蛋白质，最终在转录水平上发挥作用（Bastien and Rochette-Egly 2004；Chung et al. 2005）。在高大毛霉中曾发现这些化合物与 cAMP 水平的相关性。至今，三孢酸的受体或者结合蛋白还没有发现一致的特征。视黄醇（vitamin A）被发现是三孢酸的结构类似物，因此可以提高胡萝卜素的合成，但是在配囊柄诱导过程中则不具有活性（Bu'Lock et al. 1976）。

有一点需要注意，三孢酸的作用模式在不同的种类之间有一些不同，它们在接合反应的结构上存在分化的不同。在灰绿犁头霉（*Absidia glauca*）和其他一些种类中，并不形成配囊柄，因此不发生配子相吸引的趋接合性（zygotropism）。但是，在交配型的气生菌丝间明显地发育成短侧支样的原配子囊，在营养生长过程中两种不同的短侧支（原配子囊）以 peg-to-peg 相互作用的方式通过较近的菌丝接触或者偶然的相互间接触完成融合。对于它们在这一过程中分泌的挥发性还是不挥发前体物的重要性从未被分析和研究过。在其他种类中，如布拉克须霉和三孢布拉霉，配囊柄在基质上层或者基质表面与空气接触的位置形成。在这种情况下，可扩散信号分子的说法就更可信，并且更有效，扩散效率更高（Schimek and Wostemeyer 2006）。

对有性接合的研究及对部分种间反应的大量观察结果表明，在许多的种类之间有相同的信号系统这一说法一直都有争议（Schimek and Wostemeyer 2006）。在同宗配合种间三孢酸的性接合作用也已被证实。通过在布拉霉属（*Blakeslea*），毛霉属（*Mucor*）和须霉属（*Phycomyces*）中对三孢酸的鉴定研究，使得三孢酸在不同科间的作用变得明确。同时，三孢酸的作用在接合菌的其他目中，如被孢霉目（Mortierellales），也已有初步的试验资料证明这种信号的存在（Schimek et al. 2003）。此外，三孢酸类物质也参与接合菌门中的一种专一性寄生菌对寄主识别，即活体营养的融合寄生菌——毛霉目毛霉科寄生霉属的寄生霉（*Parasitella parasitica*），它是依靠信息素来识别相应的寄主。某些情况下灰绿犁头霉就是依赖于内部严格的交配型进行专一性侵染的（Wostemeyer et al. 1995）。

8.1.2.4 相关的基因研究

虽然有性生殖和三孢酸的信息系统已经被集中研究至少有 60 年之久，但是对这种交配专一性遗传学基础的研究还只是一知半解。从对共同合成途径的阐述来看，确立了两种关于基因情况的假设，第一，存在两个等位基因以对立的形态（+）和（-）的单一的接合型。基因决定了专一接合型的酶的活动，如（-）型的 C4-脱氢酶或者（+）型的 C1 氧化酶将会受基因的调控而分别被抑制或者持续表达（Bu'Lock et al. 1976）。第二，两种接合型中所有的必需基因都会存在，但是其中一种接合型的酶的表达将会受阻（Nieuwenhuis and van den Ende 1975）。另有一种观点认为，有性过程中的酶合成在单一生长阶段是被抑制的，但在接合阶段酶的合成就会去阻抑（Bu'Lock et al. 1976）。综合多种独立观察的结果倾向于一致的结论，即在接合菌中不像高等子囊菌和担子菌那样，不存在真正的交配型基因座（mating type locus）（Schimek and Wostemeyer 2006）。

交配型基因之间的遗传差别反应在蛋白质水平上。目前仅在特异性的灰绿犁头霉的（+）接合型菌株中，发现它们是位于相关质粒编码的非糖基化的15kDa的外膜蛋白上。通过对交配型菌株的原生质体互补融合，可以获得雌雄同体的突变体，但却并不表达上述蛋白质，这表明这种蛋白质可能并非接合过程必需的（Hanfler et al. 1992）。

在高大毛霉（Czempinski et al. 1996）和寄生霉（Schultze et al. 2005）的三孢酸合成系统中，鉴定出的唯一基因 *TSP1* 编码 4-双氢甲基三孢酸脱氢酶（4-dihydro-methyltrisporate dehydrogenase，TDH），这种酶严格地存在于（-）交配型合成三孢酸的相关活动中（见图8.5）。这种酶的活性第一次被发现是在（-）高大毛霉的配囊柄中和同宗配合的（-）卵孢接霉（*Zygorhynchus moelleri*）（Werkman 1976）中。这种酶的活性在被孢霉属（*Mortierella*）的几个种中也有报道，这就奠定了三孢酸在被孢霉目中也存在一定的规律。另外的研究表明酶的活性贯穿于（-）交配型菌丝体的有性活动中（Schimek et al. 2003）。在高大毛霉和灰绿犁头霉中，在有性生殖的菌丝体外也曾观察到酶的活性。Mesland 等（1974）认为，三孢酸的生物合成并不限制菌丝进行性的形态发生。三孢酸通常从基质内生长的菌丝提取，因此，在没有接合作用发生并且没有气生结构形成的条件下，生物合成通路也十分活跃。

编码4-双氢甲基三孢酸脱氢酶（TDH）的 *TSP1* 基因已经由 Czempinski 等（1996）分离并研究，该基因存在于高大毛霉、灰绿犁头霉、寄生霉和三孢布拉霉的两种交配型中。同时，该基因已经在约30个种中被报道，分别属于接合菌门的三个不同目的10个科，其中包括布拉克须霉和枝霉（*Thamnidium elegans*）。这两个种的（+）和（-）接合型都被分析过，每一种都含有 *TSP1* 基因。Sutter 等（1996）对另一系列的实验结果提出了解释，即在布拉克须霉中，存在两个独立的脱氢酶。试验资料清楚地表明在高大毛霉中，由两条分离的生物化学的酶活性途径分别催化4-双氢三孢酸和4-双氢甲基三孢酸的转化。对寄生霉（Schultze et al. 2005）和高大毛霉（Schimek et al. 2005）的两项研究阐述了 *TSP1* 的表达调控机制。从上述这些结果似乎表明，三孢酸的生物合成酶的调控在不同种之间存在差异。*TSP1* 基因在这两个种中都属于一个复合基因簇的一部分，但是在寄生霉基因簇中发现的开放可读框并不完全存在于高大毛霉的基因簇中。*TSP1* 自身在这两个种中是组成型转录，表明酶活性是转录后调控的。在寄生霉种间有性活动与其寄主灰绿犁头霉的寄生相互作用中，基因表达和调控以同样的方式进行。在米根霉（*Rhizopus oryzae*）的部分基因组片段中（http://www.broad.mit.edu/annotation/fungi/rhizopus_oryzae/），*TSP1* 与高大毛霉中的基因位置相似。不管怎样，寄生霉中这个基因簇与寄生生活史的不同组成的相关性，还有待于下一步的研究。

8.2 卵菌门的性激素

卵菌的营养体是双倍体，有性生殖的性细胞接合方式是异形配子囊配合，在最简单的营养体类型中，整个菌体充当一个配子囊（即整体产果式）。然而大多数种类的菌丝顶端膨大分化为简单的小的雄性结构雄器（antheridia）和较大的雌性结构藏卵器（oogonium）。有性生殖通过雌器和藏卵器的接触交配，由受精的卵球发育成卵孢子；减数分裂是在雄器和藏卵器内进行。因此，卵孢子、游动孢子和菌丝体均为二倍体，在生活史中二倍体时期特别长。

有性生殖时期，雄器和藏卵器的细胞核发生减数分裂形成单倍体核。当雄器和藏卵器接触后，雄器产生受精管穿入藏卵器，雄核经过受精管从雄器进入藏卵器内，与藏卵器内的单倍体卵球配合。卵球受精后形成卵孢子，并于藏卵器内发育成熟。因此卵孢子具有二倍体的核，一旦萌发产生的菌丝也是二倍体。这与其他真菌产生单倍体菌丝有所不同（图8.8）。

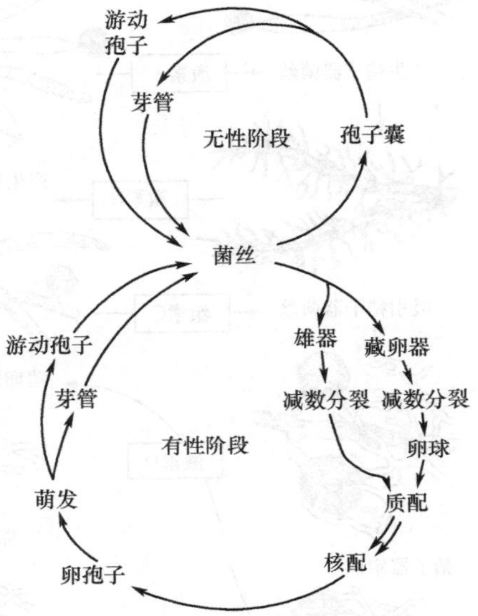

图8.8 卵菌生活循环示意图

卵菌门关于有性信号系统早期研究是在一些雌雄异体的异宗配合的水霉中，如两性绵霉（*Achlya bisexualis*）、两性不清绵霉（*Achlya ambisexualis*）和同宗配合的异性棉霉（*A. heterosexualis*）中开始这方面的研究（Raper 1952）。在这些种中，起源于同一卵孢子的菌丝不会形成有性生殖结构。然而，将培养雌性菌株的培养基过滤液加入到雄性菌株中就能形成雄器。这主要是因为雌性菌株产生的类固醇性激素A在很低的浓度下就会起作用。在雄性菌株中，当雄器被诱导产生时，菌株会释放性激素B，诱导雌性菌株产生雌器，雄器的生长趋向雌器。这些固醇类性激素在绵霉及其他卵菌纲中的含量都很丰富。从20世纪90年代初期开始，少量的关于生化信号系统的新信息开始被补充。除了棉霉属外，另一个信息的来源，是在阐明植物病原菌疫霉属（*Phytophthora*）（Elliott 1983）和腐霉属（*Pythium*）（Knights and Elliott 1976）的有性过程中关于结构方面的研究。

8.2.1 性激素的结构

Raper（1952）关于卵菌纲绵霉属（*Achlya*）的研究首次证明了激素与有性生殖的相关性。首先选用了两性不清绵霉（*A. ambisexualis*）和两性绵霉，它们是异宗配合的种，即一个菌丝或者产生藏卵器或者产生雄器结构，但不能同时产生两者，因而有性生殖需要两个亲和菌丝。绵霉属的营养菌丝是双倍体，当两个亲和菌丝彼此生长而靠得很近时，就会产生如下结果。①雌性营养菌丝产生激素A，它诱导雄性菌丝分化而形成精子器（即雄器）菌丝；②当精子器菌丝产生后分泌激素B，扩散到雌性菌丝，诱导初始藏卵器细胞的形成；③初始藏卵器细胞形成后产生激素C，它诱导精子器菌丝沿着一个浓度梯度向卵原细胞方向生长，并形成精子器；④雄性菌体产生激素D，它刺激藏卵器的形成和进一步发育。精子器和藏卵器形成之后，同时发生减数分裂，精子器中形成单核单倍体的精子和受精管,藏卵器中形成1~20个单核单倍体的卵球,精子沿着受精管和卵球之间发生质配和核配,形成双倍体的卵孢子。最终卵孢子从藏卵器中被释放,然后萌发并形成新的菌体(图8.9)。

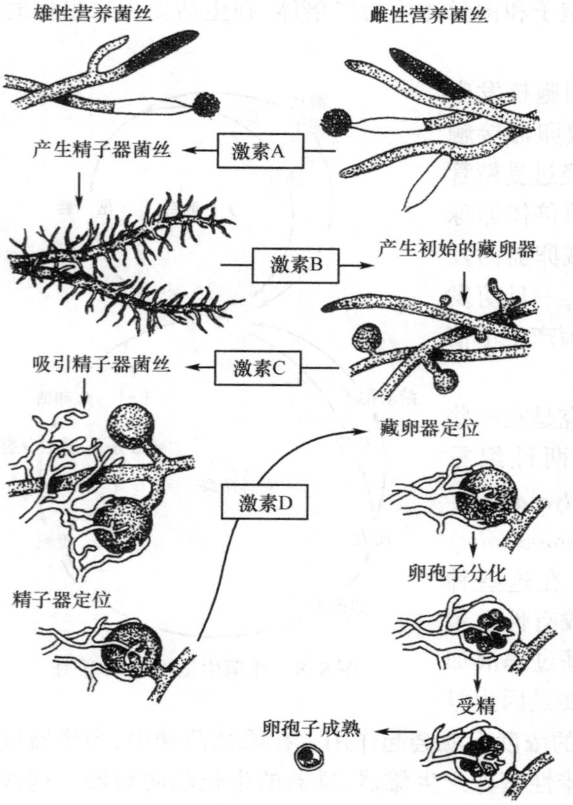

图8.9 在绵霉属异宗配合的种内,性激素分泌和形态学之间的相关性(根据Raper 1952改绘)

Barksdale(1963,1969)对Raper的工作进行了修改,他的实验证据说明激素A既可以吸引精子器菌丝,又可以刺激精子器菌丝使之产生精子器,也就是说,激素C是不存在的。对激素D的存在也有一些怀疑,因为精子器已经定位于藏卵器上,激素D可能不复存在。

Raper命名的激素A物质,随后在的雌性菌株中被McMorris和Barksdale(1967)分离得到,并重新命名为雄器形成激素(antheridiol)。其化学式为$C_{29}H_{42}O_5$,对羟基和羰基的功能及α-β不饱和γ-内酯和α-β不饱和酮的存在也进行了推断。Arsenault和他的同事在第二年(1968)就提出了这种物质的结构,这些研究者也第一次断定了这种信息素的类固醇本质。这种结构通过从完整的同分异构体的衍生物的数据而得到进一步的证实(Edwards et al. 1969)。以一个标准的四环类固醇为核心,有一个侧链插入在C_{17}(图8.10),雄器形成激素和哺乳类动物类固醇激素的最主要区别是侧链的长度。在雄器形成激素中,10个碳长度的侧链包括酮环,两个碳碳双键(C═C),一个在$C_{5\text{-}6}$分子之间,一个在侧链上的$C_{24\text{-}28}$之间,还有两个功能性羰基在C_7和C_{29}处,还有两个羟基集团,分别在C_3和C_{22}位置。

另外对于雄器形成激素活性有重要影响的是C_{22}和C_{23}的立体化学(stereochemistry)特征。4种可能的立体异构体(stereoisomer),只有功能性的雄器形成激素(22S,23R)在6pg/ml时存在活性。(22R,23S)和(22S,23S)的同分异构体的活性水平,与(22S,23R)立体异构体相比降低了1000个当量换算因素(factor),(22R,23R)立体异构体活性可能降低了更多。相比之下,环形系统的结构改变似乎对活性影响不大。移除C_7位置上的集团,并且以乙酸盐替换C_3位置上的自由羟基集团,活性只降低了20倍。相比之下,改变C_{22}和C_{23}位置的氧化基团导致活性的显著降低,然而更深远的侧链结构改变将产生完全无活性的化合物。许多其他的类固醇,包括哺乳类动物的类固醇激素,已被证明经过同样的改变也没有活性(Barksdale et al. 1974)。

在图8.9中被Raper命名为激素B的雌性激素,后来被重新命名为雌器形成激素

(oogoniol)。雌器形成激素被证明是最活跃的类固醇,许多的雌器形成激素已经被定义,包括未酯化的雌器形成激素,它的异丁酸盐、丙酸盐和醋酸盐酯、雌器形成激素-1、雌器形成激素-2 和雌器形成激素-3,以及它的 24(28)-脱氢类似物。与雄器形成激素相似,雌器形成激素是一种 29 个碳的类固醇,含有一个 Δ^{5-7}-酮生色团。它们在 C_3 位置带有一个取代酯,C_{11} 和 C_{15} 位置有取代的功能性羟基,在侧链的末尾 C_{29} 位置有重要羟基基团。雌器形成激素不含有内酯环,与雄器形成激素类似,其生理活性强烈依赖于侧链结构。实际上,小化合物 24(28)脱氢雌器形成激素的作用效率,是饱和类似物作用效率的 100 倍,可以代表生理学的活性。可能生物合成中间产物趋向于产生脱氢雌器形成激素,表现出调节作用,7-脱氧-脱氢-雌器形成激素则表现为对信息素的竞争性抑制(McMorris 1978; Preus and McMorris 1979; McMorris et al. 1993)。

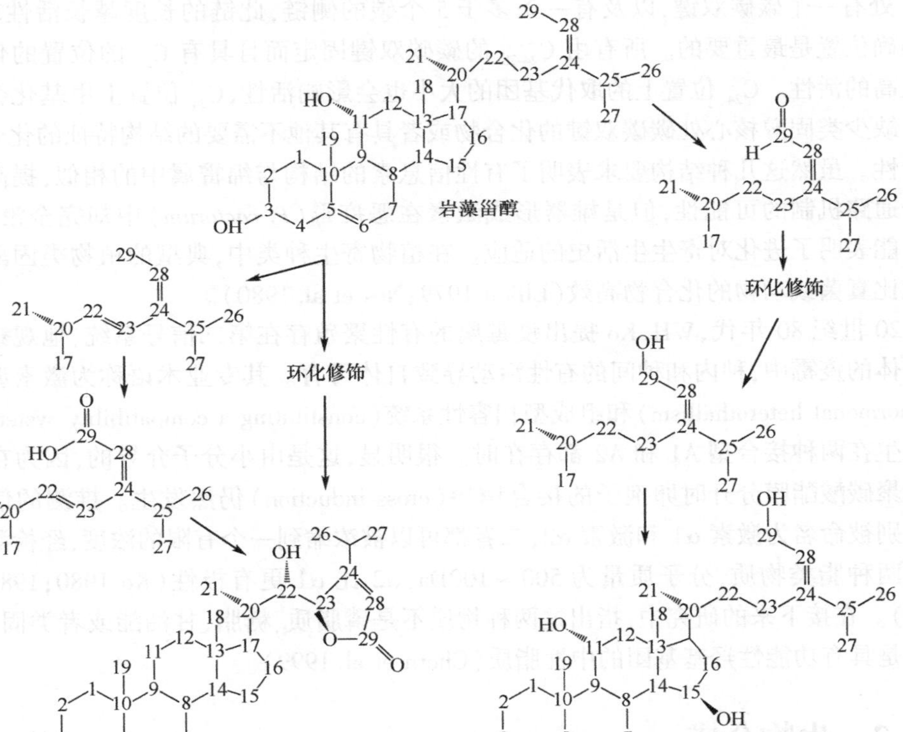

图 8.10 棉霉属中类固醇性激素的生物合成途径

它们具有共同的母体岩藻甾醇,雄器形成激素是对母体侧链进行环化修饰而形成;借助雄性菌株产生的 24(28)-氟哌利多-雌器形成激素-1[24(28)-dehydro-oogoniol-1],代表许多活性的雌器形成激素。未酯化的雌器形成激素和它的 24(28)-氟哌利多-衍生物在 C3 位上被 3 个不同的取代基取代分别形成:$(CH_3)_2CHCO$——雌器形成激素-1,$(CH_3)_2CHCO$——雌器形成激素-2,CH_3CO——雌器形成激素-3。(引自 Schimek and Wostemeyer 2006)

在卵菌门和接合菌门中有性信号似乎存在着共同的结构基础。目前所有被分析的卵菌种类,在有性过程中都要求具有固醇类。然而在卵菌门信息系统比接合菌门更加有限制,专一的化合物仅在最靠近的种间才具有活性。分析其他卵菌纲菌种有性过程的诱导表明，固醇类结构是必需的，而雄器形成激素结构相对于雌性形成激素并非是必需的。由于绵霉属的雌性形成激素和雄性形成激素的不可交换特性，使得反应的种间特异性变得更加显著（Musgrave et al. 1978）。

自身不育的植物病原菌疫霉属和腐霉属不能合成固醇类，所以如果没有外加的可利用固醇类，则有性活动不活跃。然而，这些固醇可能是从外界环境吸收的，也可能是从寄主植物处获得的，也可能是从内部物质转化为必要的性激素所得。这些性激素的真实结构目前还未被确定。在疫霉属和腐霉属中已经检测了许多类固醇化合物及其诱导性的反应，分析结果表明，通过对类固醇化合物的结构和立体化学，特别是侧链结构改变对性活性反应影响很大（Elliott 1979；Elliott and Knights 1981；Kerwin and Duddles 1989）。

疫霉属的活性物质都满足以下的标准：固醇核心的 C_3 位置有一个功能性的羟基，在环 B 处有一个碳碳双键，以及有一条多于 5 个碳的侧链，此链的长度越长活性越大，C_{29} 的准确位置是最重要的。所有由 $C_{24\text{-}28}$ 的碳碳双键固定而且具有 C_{29} 的位置的化合物都有较高的活性。C_{24} 位置上的取代基团的大小也会影响活性，C_{24} 位置上甲基化会提高活性。缺少类固醇核心处碳碳双键的化合物或者具有其他不需要的结构特征的化合物都没有活性。虽然这几种结构要求表明了有性信息素的结构与绵霉属中的相似，提高了共同信号通路机制的可能性，但是雄器形成激素在恶疫霉（*P. cactorum*）中却完全没有活性。这可能表明了进化对寄生生活史的适应。在植物寄生种类中，典型的植物类固醇总体上要远比真菌或动物的化合物高效（Elliott 1979；Nes et al. 1980）。

20 世纪 80 年代，WH. Ko 提出疫霉属的有性繁殖存在第二信号系统，他观察到在雌雄异体的疫霉中，种内和种间的有性活动导致自体可育。其专业术语称为激素型异宗配合（hormonal heterothallism）和组成型相容性系统（constituting a compatibility system），它们只发生在两种接合型 A1 和 A2 都存在时。很明显，这是由小分子介导的，因为在两种配子被聚碳酸酯膜分开时卵孢子的接合诱导（cross-induction）仍然发生。推测的信号化合物分别被命名为激素 α1 和激素 α2，二者都可以被浓缩到一个有限的浓度，经检测暂时认为是两种脂类物质，分子质量为 500 ~ 100Da，α2 比 α1 更有极性（Ko 1980；1983；1985；1988）。在接下来的研究中，指出这两种物质不是磷脂质、糖脂、甘油酯或者类固醇，而最可能是具有功能性羟基基团的中性脂质（Chern et al. 1999）。

8.2.2 生物合成

比较和分析卵菌中的类固醇的含量，并结合使用自然和人工合成的化合物进行实验的反馈结果得出一种可能的信息素合成方法。雄器形成激素和雌器形成激素的共同前体都是卵菌中最大量的类固醇——岩藻甾醇（fucosterol）。岩藻甾醇也是疫霉属中具有最高吸收率和转化率的类固醇。水霉目（saprolegniales）也可以合成岩藻甾醇，可能是通过 7-脱氢岩藻甾醇形成的。在接下来合成雄器形成激素的步骤中，改变类固醇环系统和侧链。最初的步骤是在 C_{22}/ C_{23} 之间的脱氢，然后是 C_{29} 位置的一系列氧化。以甲基化作用为起始，最后的羧基基团合成是通过加入乙基基团作为羰基的合成介质。在这些修饰以后，C_{22}/C_{23} 被再次氧化，最后发生环化反应，产生雄器形成激素侧链上的不饱和 γ-内酯环（图 8.10；Popplestone and Unrau 1974；McMorris 1978）。

雌性形成激素虽然是从同一种前体衍生而来，却是通过不同的通路合成的。起初，岩藻甾醇被氧化，在 C_{29} 位置加入一个已醛基。然后在 C_{11} 和 C_{15} 位置加入羟基，C_7 位置发生氧化，C_3 位置的羟基基团酯化。最后当所有的环修饰发生后，$C_{24\text{-}28}$ 的双键会发生还原（McMorris and White 1977）。目前，还没有数据显示这个转化的酶机制。

8.2.3 作用模式

为了解类固醇在疫霉有性过程中的调节作用，从其他类固醇中间产物的调节作用中，对它们专一性的调节效果进行严格的区分是十分有必要的。早期的对外加类固醇作用效果研究后发现，外加类固醇可以促进营养生长（Elliott et al. 1966），这些类固醇在很大程度上进入细胞膜，表明了类固醇是细胞结构成分和细胞必需的调节因子（Langcake 1974）。在有性过程中对相容性雌雄菌株配子融合的研究，发现了性激素应答现象。这种性激素的应答也在同宗配合菌株和相容性的异宗配合菌株的配对杂交实验中观察到。对于雄器形成激素，在外加性激素的浓度增加时也会发生相似的活动。雌配子中雄器形成激素本身的产生浓度较低，在发生明显的有性过程的初期，当雄器形成激素被分泌于雌性菌株的生长环境或者向生长环境添加雄器形成激素 1h 以后，雄性配子的顶端生长会停止（Gow and Gooday 1987）。通常在最接近雄性菌株营养菌丝顶端，以剂量依赖性诱导方式精子器原始细胞的特征开始发生，通过 30min 的暴露诱导配对。相反，暴露于雄器形成激素中的雄性菌株，被诱导雌器形成激素的合成和释放并诱导雌性菌株藏卵器细胞的形成。高浓度雄器形成激素的释放，可以吸引雄器分支（McMorris and White 1977）。高浓度的雄器形成激素通过对隔膜的形成的影响，从而可以对雄性器官的分化、减数分裂的起始都有影响。在雌雄异体的两性不清绵霉、两性绵霉中，或者雌雄同株的美洲棉霉（*A. americana*）和 *A. conspicua* 中，暴露于雄器形成激素中至少 30min，还会诱导这种化合物转化为低活性的代谢物（Musgrave and Nieuwenhuis 1975）。在卵菌纲中，雌性菌株的雄器形成激素不发生新陈代谢，没有观察到雄器形成激素参与代谢。由于雄器形成激素对雄性配子囊核有直接作用，它是通过特殊的受精管包被在附近藏卵器上直接进入到卵球中，因此也有人提出雄器形成激素有促进受精的作用。在同宗配合的菌种中雄器形成激素强烈的诱导雄性菌丝的形成，不是专一地完成同宗配合，而是伸向邻近的雌性绵霉菌株，因此而浪费资源，同时认为雄器形成激素在雌雄同株菌种中，对它们的有性繁殖和无性繁殖也起到阻遏作用（Thomas and McMorris 1987）。

许多研究是关于有性过程起始中相关分子的转换。大部分的观察结果符合自然条件下的大体情况，因此，这些获得的数据可能并没有反应性激素真正的活动，而是在调控发生后的大体变化。暴露于雄器形成激素中，会使雄性菌株纤维素酶的活性和释放能力提高，这种增高伴随着雄器分支的形成（Mullins and Ellis 1974；Mullins 1979）。这就暗示纤维素酶的活性和释放能力的提高是分支和新的顶端生长位点形成的先决条件。纤维素酶活性增加也伴随着大量的营养菌丝分支的形成。这与所有相关物质在转录速率（transcription rate）、细胞内 rRNA 和 mRNA 的浓度、蛋白质合成及组蛋白乙酰化作用增强的观察结果相同。这些影响都是非专一性的，这反映了在有性生殖过程中，形态和生理改变时细胞内表达活动增加（Schimek and Wostemeyer 2006）。

许多特异蛋白质的合成直接受雄器形成激素的诱导(Horton and Horgen 1985),纤维素酶可能是其中的一个例子。特异性的性激素中间产物的应答也得到详细研究。在过去30年中,已经阐明绵霉属在雄器形成激素介导的有性应答中,某些蛋白质的诱导。研究者发现雄器形成激素的调节蛋白存在于细胞内的不同位置,往往是聚集的小肽。调节蛋白除了对蛋白质合成有影响,在与雄器形成激素的共同作用下,也可能影响蛋白质的加工。有证据表明,许多糖蛋白的脱糖基反应在雄性的两性不清棉霉 E87 株的有性反应起始时发生,这就暗示了性激素对细胞的识别调节作用(Brunt and Silver 1986b)。一条 85kDa 的蛋白质在核内和细胞质内都被发现,后来被证明是 85kDa 的热激蛋白(heat-shock protein, Hsp),它是前期细胞识别中的一种组成部分。根据抗体杂交反应和测序的相似性,这种蛋白质被分类为 Hsp-90 蛋白(Brunt and Silver 1986a,b;Brunt and Silver 1991)。

Riehl 等(1984)在雄性细胞的细胞质中发现专一性的雄器形成激素受体。研究显示这种受体是多蛋白的复合体(multiprotein complex),至少 Hsp90 蛋白是整个复合物的一部分。其他几个热激蛋白,如三种 Hsp70、一种 23kDa 和一种 56kDa 的蛋白质及其他激素结合和非结合多肽也被归于这种类固醇受体的热激蛋白复合体。它们组成一个多蛋白质的异源复合体,其中有些参与的成分并不是一直存在的(Riehl et al. 1985;Brunt et al. 1998a;1998b)。

8.2.4 相关基因的研究

在转录水平上,存在 *hsp70* 和 *hsp90* 两种相似但却不同的转录成员,它们存在不同的调控机制。在每种情况中这两种调控成分都受到雄器形成激素的调节,但是二者能对不相关的刺激能够作出反应,*hsp70* 对葡萄糖浓度的降低,*hsp90* 对温度的升高都可以做出反应。Horton 和 Horgen(1989)研究了从单链 cDNA 克隆的转录,观察结果显示上述反应可能是基于相似的调节过程。与早期的假设一致,所有的研究者今天都赞同卵菌纲的类固醇受体及它们的调控机制与动物的激素系统十分相似。这种观点被后来在 *hsp90* 基因的 5′端区域发现的多种转录因子效应元件所支持(Brunt et al. 1998a,b;Silver et al. 1993;Brunt and Silver 2004)。

Judelson 小组详细研究和分析了寄生疫霉(*P. parasitica*)和致病疫霉(*P. infestans*)的交配型基因座。他们使用 RAPD 标记以筛选关于 A1 和 A2 表型的相关基因座,并绘制了这些基因的遗传图谱和物理图谱。在这两个种中,存在两极交配系统。在单交配型基因座中,交配型由 A1(等位基因组合 Aa)中的异型接合型(heterozygosity)和 A2(aa)中的纯和接合型(homozygosity)决定(Judelson et al. 1995)。在致病疫霉中,经常发生交配型等位基因的不正常分离,从而使得在可能出现的 4 种基因型中常常显示出两种基因型的优先出现。尽管带有 A1 和 A2 决定因素的染色体基因具有相似性,但是也存在结构上的差异,基因座 S1 在 A1 的基因座的侧翼,但是这个基因座在 A2 中是没有的。虽然在 S1 中不含有可以观察到的开放可读框,在等位基因分离的调控中,这个性染色区域的功能与 DNA 复制或者基因表达相似是可信的(Randall et al. 2003)。接合型基因座中的开放可读框至今还未被发现。

在致病疫霉的有性过程中,8 个上调基因(up-regulated gene)已经被发现。在早期两种交配型细胞的生理接触还未建立之前,其中两个基因的转录水平增加,它们可能受到 α

激素的诱导。在营养菌丝中这几个基因的表达水平极低,在激素应答系统中这种现象也是常见的。三种序列相似的蛋白质与 RNA 相互作用,一个是核糖核酸酶的激活剂,一个是黑腹果蝇 puf 蛋白家族(pumilo protein family,Puf)的 RNA 结合蛋白,还有一种是核糖核酸酶 H(RNase H),这些蛋白质可能都参与到交配调节中(Fabritius et al. 2002)。Puf-like 蛋白后来被发现不仅在早期有性识别的过程中发生转录,而且在孢子囊的早期无性识别中也会转录(Cvitanich and Judelson 2003)。推测两个上调基因的调控产物与诱发素(elicitin)相似,其中一种与细胞表面的糖蛋白受体相似(Fabritius et al. 2002),另一种属于致病疫霉多基因家族中与细胞外谷氨酰胺转移酶(transglutaminase)相似的诱发素,可能参与细胞壁的强化或者提高细胞黏附力。交配型专一性转录基因是这个基因家族中的唯一一个还不能从测序数据得到的基因。推测出的多种酶类都是在不同的发育过程参与到细胞壁相关的合成过程中,从而导致营养菌丝、游动孢子、有性器官或者吸器的形成(Fabritius and Judelson 2003)。尽管目前还没有证据表明上调基因是通过 α 激素系统或者是类固醇信号系统直接发挥作用,但是所有推测基因的产物特征暗示了上调基因可能参与了交配的相关事件。

对于卵菌的有性信息素系统,激素应答的复杂性和调控变得更加清晰。性激素介导的部分有性反应强烈受到其他发展因素的相互影响,包括细胞内的和细胞外的调控因素的影响。其他的信号化合物、营养状况和可利用的磷脂质,都可以参与到有性反应的调控之中。

8.3 讨论

1. 在壶菌门、接合菌门及卵菌门中的一些纲或属的成员中,性激素与有性生殖的相互作用是通过相同或十分相似的物质介导的。由于每个种的特异性水平不同,因而使得识别只发生在相同的种间。在卵菌门和接合菌门中,种的特异性很可能是由性激素不同的衍生物和这些化合物的同分异构体决定的。

2. 对性激素合成基因的分析目前尚未完全完成,真正的交配型基因座几乎在所有讨论的种或属内还不明确。除了霜霉目的腐霉和疫霉属,仅仅在接合菌门中对这种特殊遗传学基础的几个基因进行了研究,但也只是一知半解。

在这些被研究的基因中,似乎提供了一个不太复杂的接合系统,这个系统可以在没有交配位点的情况下引导整个过程的分化。例如,三孢酸的衍生物是没有带电子的化合物,可以直接穿过细胞膜立即作为转录水平调控配体发挥作用。三孢酸的生物合成与交配型的种类有着较强的关系,因此交配位点并非只是由基因组件组成和调节的,可能与三孢酸合成的生理学和生物化学有关。

3. 维生素 A 酸类(涉及视黄醇、视黄醛、视黄酸甚至包括 β-紫罗酮和脱落酸在内)是一种 β-胡萝卜素的裂解产物。三孢酸类和维生素 A 酸类的结构相似性,使我们认为三孢酸可能像类维生素 A 一样,在发育调控过程中具有与脊椎动物细胞间通讯系统相同的功能。生物学活性的维生素 A 酸类结合于核的维生素 A 酸类受体上,后者属于类固醇/甲状腺激素核内受体的超家族。配体结合受体复合物充当 DNA 结合位点的转录因子,而 DNA 结合位点充当视黄酸应答元件。这些元件定位于靶基因转录调控序列上。胞内定位的三孢酸类比较效应，直接绑定到核的受体蛋白而触发，于是这种蛋白充当了转录因子。按照这种模式，膜结合受体偶联于细胞质信号转导链，将不参与到接合菌门三孢酸类介导调控的有性反应。

4. 从 Raper1952 年发表《藻菌植物有性过程的化学调控》的第一篇综述，至今已有 60 余年，但是在研究方法上和理论上没有令人鼓舞的突破。从性激素的性质来看，这类物质在有性生殖的过程中产生的浓度很低，能在低浓度下发挥作用，但是其结构又不稳定，能够被对其产生反应的细胞降解。此外，它们又是被分泌在潮湿和水的环境中发生作用的。由于这些激素相当低的浓度，以至于人们必须应用足够灵敏的生物检测手段来对其进行鉴定。这也就是本章讨论的课题资料匮乏的原因所在。我们相信随着检测技术的进步和基因组学带动分子研究水平的迅速发展，低等真菌和卵菌等生物类群的性激素和有性生殖过程的基础理论不久将会有所突破。

参 考 文 献

Arsenault GP, Biemann K, Barksdale AW et al. 1968. The structure of antheridiol, a sex hormone in *Achlya bisexualis*. J Am Chem Soc, 90:5635-5636

Barksdale AW, McMorris TC, Seshadri R et al. 1974. Response of *Achlya ambisexualis* E87 to the hormone antheridiol and certain other steroids. J Gen Microbiol, 82:295-299

Barksdale AW. 1963. The role of hormone A during sexual conjugation in *Achlya ambisexualis*. Mycologia, 55:627-632

Barksdale AW. 1969. Sexual hormones of *Achlya* and other fungi. Science, 166:831-837

Bastien J, Rochette-Egly C. 2004. Nuclear retinoid receptors and the transcription of retinoid target genes. Gene, 17:1-16

Brunt SA, Borkar M, Silver JC. 1998a. Regulation of *hsp90* and *hsp70* genes during antheridiol-induced hyphal branching in the oomycete *Achlya ambisexualis*. Fungal Genet Biol, 24:310-324

Brunt SA, Perdew GH, Toft DO et al. 1998b. Hsp90-containing multiprotein complexes in the eukaryotic microbe *Achlya*. Cell Stress Chaperones, 3:44-56

Brunt SA, Silver JC. 1986a. Steroid hormone-induced changes in secreted proteins in the filamentous fungus *Achlya*. Exp Cell Res, 163:22-34

Brunt SA, Silver JC. 1986b. Cellular localization of steroid hormone-regulated proteins during sexual development in *Achlya*. Exp Cell Res, 165:306-319

Brunt SA, Silver JC. 1991. Molecular cloning and characterization of two distinct hsp85 sequences from the steroid responsive fungus *Achlya ambisexualis*. Curr Genet, 19:383-388

Brunt SA, Silver JC. 2004. Molecular cloning and characterization of two different cDNAs encoding the molecular chaperone hsp90 in the oomycete *Achlya ambisexualis*. Fungal Genet Biol, 41:239-252

Bu'Lock JD, Jones BE, Taylor D et al. 1974. Sex hormones in Mucorales. The incorporation of C20 and C18 precursors into trisporic acids. J Gen Microbiol, 80:301-306

Bu'Lock JD, Jones BE, Winskill N. 1976. The apocarotenoid system of sex hormones and prohormones in Mucorales. Pure Appl Chem, 47:191-202

Carlile MJ, Machlis L. 1965a. A comparative study of the chemotaxis of the motile phases of *Allomyces*. Am J Bot, 52:484-486

Carlile MJ, Machlis L. 1965b. The response of male gametes of *Allomyces* to the sexual hormone sirenin. Am J Bot, 52:478-483

Carlile MJ, Watkinson SC, Gooday GW. 2001. The Fungi. 2ed New York: Academic Press

Chern LL, Tang CS, Ko WH. 1999. Chemical characterization of alpha hormones of *Phytophthora parasitica*. Bot Bull Acad Sinica, 40:79-85

Chung HJ, Fu HY, Thomas TL. 2005. Abscisic acid-inducible nuclear proteins bind to bipartite promoter elements required for ABA response and embryo-regulated expression of the carrot *Dc3* gene. Planta, 220:424-433

Cvitanich C, Judelson HS. 2003. A gene expressed during sexual and asexual sporulation in *Phytophthora infestans* is a member of the Puf family of translational regulators. Eukaryot Cell, 2:465-473

Czempinski K, Kruft V, Wostemeyer J et al. 1996. 4-Dihydromethyltrisporate dehydrogenase from *Mucor mucedo*, an enzyme of the sexual hormone pathway: purification, and cloning of the corresponding gene. Microbiology, 142:2647-2654

Edwards JA, Mills JS, Sundeen J et al. 1969. The synthesis of the fungal sex hormone antheridiol. J Am Chem Soc, 91: 1248-1249

Elliott CG, Hendrie MR, Knights BA. 1966. The sterol requirement of *Phytophthora cactorum*. J Gen Microbiol, 42:425-435

Elliott CG, Knights BA. 1981. Uptake and interconversion of cholesterol and cholesteryl esters by *Phytophthora cactorum*. Lipids, 16:1-7

Elliott CG. 1979. Influence of the structure of the sterol molecule on sterol-induced reproduction in *Phytophthora infestans*. J Gen Microbiol, 115:117-126

Elliott CG. 1983. Physiology of sexual reproduction in *Phytophthora*. In: Erwin DC, Bartnicki-Garcia S, Tsao PH (eds) *Phytophthora*. Its biology, taxonomy, ecology and pathology. St Paul: American Phytopathological Society, 71-81

Fabritius AL, Cvitanich C, Judelson HS. 2002. Stage-specific gene expression during sexual development in *Phytophthora infestans*. Mol Microbiol, 45:1057-1066

Feofila EP, Fateeva TV, Arbuzov VA. 1976. Mechanism of the action of trisporic acids on carotene-synthesizing enzymes of a (−) strain of *Blakeslea trispora*. Microbiologiya, 45:153-155

Gessler NN, Sokolov AV, Belozerskaya TA. 2002. Initial stages of trisporic acid synthesis in *Blakeslea trispora*. Appl Biochem Microbiol, 38:536-543

Gooday GW. 1994. Hormones in mycelial fungi. In: Wessels JGH, Meinhardt F (eds) The Mycota, vol 1, 1st edn. Growth, differentiation and sexuality. New York: Springer, 401-411

Govind NS, Cerdá-Olmedo E. 1986. Sexual activation of carotenogenesis in *Phycomyces blakesleeanus*. J Gen Microbiol, 132: 2775-2780

Gow NAR, Gooday GW. 1987. Effects of antheridiol on growth, branching and electrical currents of hyphae of *Achlya ambisexualis*. J Gen Microbiol, 133:3531-3536

Hanfler J, Teepe H, Weigel C et al. 1992. Circular extrachromosomal DNA codes for a surface protein in the (+) mating type of the zygomycete *Absidia glauca*. Curr Genet, 22:319-325

Jones BE, Williamson IP, Gooday GW. 1981. Sex pheromones in *Mucor*. In: O'Day DA, Horgen PA (eds) Sexual interactions in eukaryotic microbes. New York: Academic Press, 179-198

Judelson HS, Spielman LJ, Shattock RC. 1995. Genetic mapping and non-mendelian segregation of mating type loci in the oomycete, *Phytophthora infestans*. Genetics, 141:503-512

Kerwin JL, Duddles ND. 1989. Reassessment of the role of phospholipids in sexual reproduction by sterol-auxotrophic fungi. J Bacteriol, 171:3831-3839

Knights BA, Elliott CG. 1976. Metabolism of Δ5-and Δ5, 7-sterols by *Phytophthora cactorum*. Biochim Biophys Acta, 441: 341-346

Ko WH. 1983. Isolation and partial characterization of α hormones produced by *Phytophthora parasitica*. J Gen Microbiol, 129: 1397-1401

Ko WH. 1985. Stimulation of sexual reproduction of *Phytophthora* by phospholipids. J Gen Microbiol, 131:2591-2594

Ko WH. 1988. Hormonal heterothallism and homothallism in *Phytophthora*. Annu Rev Phytopathol, 26:57-73

KoWH. 1980. Hormonal regulation of sexual reproduction in *Phytophthora*. J Gen Microbiol, 116:459-463

Langcake P. 1974. Uptake of sterols by *Phytophthora infestans*, their intracellular distribution and metabolism. Trans Br Mycol Soc, 64:55-65

Machlis L. 1973. Factors affecting the stability of various sirenins and analogues and the uptake of sirenin by the sperm of *Allomyces*. Plant Physiol, 52:527-530

McMorris TC, Barksdale AW. 1967. Isolation of a sex hormone from the water mold *Achlya ambisexualis*. Nature, 215:820-821

McMorris TC, Toft DO, Moon S et al. 1993. Biological responses of the female strain *Achlya ambisexualis* 734 to dehydro-oogoniol and analogues. Phytochemistry, 32:833-837

McMorris TC, White RH. 1977. Biosynthesis of the oogoniols, steroidal sex hormones of *Achlya*: the role of fucosterol. Phytochemistry, 16: 359-362

McMorris TC. 1978. Sex hormones of the aquatic fungus *Achlya*. Lipids, 13: 716-722

Mesland DAM, Huisman JG, van den EndeH. 1974. Volatile sexual hormones in *Mucor mucedo*. J Gen Microbiol, 80: 111-117

Mullins JT, Ellis EA. . 1974. Sexual morphogenesis in *Achlya*: ultrastructural basis for the hormonal induction of antheridial hyphae. Proc Natl Acad Sci USA, 71: 1347-1350

Mullins JT. 1979. A freeze-fracture study of hormoneinduced branching in the fungus *Achlya*. Tissue Cell, 11: 585-595

Musgrave A, Ero L, Scheffer R. 1978. The self-induced metabolism of antheridiol in water moulds. Acta Bot Neerl, 27: 397-404

Musgrave A, Nieuwenhuis D. 1975. Metabolism of radioactive antheridiol by *Achlya* species. Arch Microbiol, 105: 313-317

Napoli JL. 1999. Interactions of retinoid binding proteins and enzymes in retinoid metabolism. Biochim Biophys Acta, 1440: 139-162

Nieuwenhuis M, van den Ende H. 1975. Sex specificity of hormones synthesis in *Mucor mucedo*. Arch Microbiol, 102: 167-169

Ootaki T, Yamazaki Y, Noshita T et al. 1996. Excess carotenoids disturb prospective cell-to-cell recognition systeminmating responsesof *Phycomyces blakesleeanus*. Mycoscience, 37: 427-435

Pommerville J, Olson LW. 1987. Evidence for a maleproduced pheromone in *Allomyces macrogynus*. Exp Mycol, 11: 145-248

Pommerville JC, Strickland B, Romo D et al. 1988. Effects of analogs of the fungal sexual pheromone sirenin on male gamete motility in *Allomyces macrogynus*. Plant Physiol, 88: 139-142

Pommerville JC. 1981. The role of sex pheromones in *Allomyces*. In: O' Day DH, Horgen PA (eds) Sexual interactions in eukaryotic microbes. New York: Academic Press. 52-73

Popplestone CR, Unrau AM. 1974. Studies on the biosynthesis of antheridiol. Can J Chem, 52: 462-468

Preus MW, McMorris TC. 1979. The configuration at C-24 in oogoniol (24 *R*-3β, 11α, 15β, 29-tetrahydroxymast-5-en-7-one) and identification of 24(28)-dehydrooogoniols as hormones in *Achlya*. J Am Chem Sic, 101: 3066-3071

Randall TA, Fong AA, Judelson HS. 2003. Chromosomal heteromorphism and an apparent translocation detected using a BAC contig spanning the mating type locus of *Phytophthora infestans*. Fungal Genet Biol, 38: 75-84

Riehl RM, SullivanWP, Vroman BT et al. 1985. Immunological evidence that the nonhormone binding component of avian steroid receptors exists in a wide range of tissues and species. Biochemistry, 24: 6586-6591

Riehl RM, Toft DO, Meyer MD et al. 1984. Detection of a pheromone-binding protein in the aquatic fungus *Achlya ambisexualis*. Exp Cell Res, 153: 544-549

Salgado LM, Avalos J, Bejarano ER et al. 1991. Correlation between *in vivo* and *in vitro* carotenogenesis in *Phycomyces*. Phytochemistry, 30: 2587-2591

Salgado LM, Cerdá-OlmedoE. 1992. Genetic interactions in the regulation of carotenogenesis in *Phycomyces*. Curr Genet, 21: 67-71

Schachtschabel D, Schimek C, Wostemeyer J et al. 2005. Biological activity of trisporoids and trisporoid analogues in *Mucor mucedo* (−). Phytochemistry, 66: 1358-1365

Schimek C, Kleppe K, Saleem A-R et al. 2003. Sexual reactions in Mortierellales are mediated by the trisporic acid system. Mycol Res, 107: 736-747

Schimek C, Petzold A, Schultze K et al. 2005. 4-dihydromethyltrisporate dehydrogenase, an enzyme of the sex hormone pathway in *Mucor mucedo*, is constitutively transcribed but its activity is differently regulated in (+) and (−) mating types. Fungal Genet Biol, 42: 804-812

Schimek C, Wostemeyer J. 2006. Pheromone Action in the Fungal Groups Chytridiomycota, and Zygomycota, and in the Oomycota. In: The Mycota Ⅰ, Wessels JGH, Meinhardt F Growth, differentiation, and sexuality (2nd). New York: Springer Berlin Heidelberg. 37-52

Schultze K, Schimek C, Wostemeyer J et al. 2005. Sexuality and parasitism share common regulatory pathways in the fungus *Parasitella parasitica*. Gene, 348: 33-44

Silver JC, Brunt SA, Kyriakopoulou G et al. 1993. Regulation of two different *hsp70* transcript populations in steroid hormone-induced fungal development. Dev Genet, 14: 6-14

Sutter RP, Grandin AB, Dye BD. 1996. (−) Mating type-specific mutants of *Phycomyces* defective in sex pheromone biosynthesis. Fungal Genet Biol, 20:268-279

Sutter RP, Zawodny PD. 1984. Apotrisporin: a major metabolite of *Blakeslea trispora*. Exp Mycol, 8:89-92

Thomas DS, McMorris TC. 1987. Allomonal functions of steroid hormone, antheridiol, in water mold *Achlya*. J Chem Ecol, 13: 1131-1137

Van den Ende H. 1978. Sexual morphogenesis in the Phycomycetes. In: Smith JE, Berry DR (eds) The filamentous fungi. Arnold, London, 257-274

Webster J, Weber RWS. 2007. Introduction to Fungi (Third Edition). New York: Cambridge University Press, 75-222

Werkman BA. 1976. Localization and partial characterization of a sex-specific enzyme in homothallic and heterothallic Mucorales. Arch Microbiol, 109:209-213

Werkman TA, van den EndeH. 1973. Trisporic acid synthesis in *Blakeslea trispora*. Interaction between plus and minus mating types. Arch Microbiol, 90:365-374

Wostemeyer J, Wostemeyer A, Burmester A et al. 1995. Relationships between sexual processes and parasitic interactions in the host-pathogen system *Absidia glauca- Parasitella parastica*. Can J Bot, 73: S243-S250

Yakovleva IM, Vakulova LA, Feofilova EP et al. 1980. Influence of synthetic compounds structurally close to trisporic acids on carotenogenesis and lipogenesis of the mucor fungus *Blakeslea trispora*. Microbiologiya, 49:274-278

9 子囊菌有性生殖的交配型和发育的信号转导

与无性繁殖相比,有性生殖的关键在于来自不同个体的核的融合。如果融合个体在基因型上存在差异,那么融合后的核将是杂合的,而且减数分裂的产物会有重组的基因型。因此,在经过一个有性循环后会产生重组后的新的特征,并且通过染色体重组和交换,弥补了某些不利于生物生存的突变所产生的有害或无利的效应。这就是说,有性生殖通过异型杂交增加了遗传变异,而且这种变异是生物用来适应个体竞争和环境变化所需要的。这种通过基因分离产生重组后代的结果,使得真菌能够在复杂的自然环境中绵延种族。

由于真菌在其生活史的大部分阶段都以单倍体形式存在,所以有性生殖的第一步就是使两个单倍体细胞融合。真菌的有性生殖首先需要对外界环境进行感知才能找到合适的配型，而且在交配过程中也存在着一个复杂的机制，包括个体、细胞、细胞核、染色体及基因之间的信息交换。这一要求极为严格的过程称为真菌的自交不亲和性或者异宗配合，它在整体上是保守的，同一种类的自交不亲和个体显示出不同的交配型。同一交配型的个体是自交不育的，而只有不同交配型的个体之间才能完成异宗配合。到目前为止，我们发现所有自交不亲和性真子囊菌都仅仅具有一种交配型基因座(*MAT*)，其中只含有一种形式的交配型遗传信息。与自交不亲和性相比，自交亲和性相对简单、要求较低。自交亲和性真菌的同核培养物可以进行自交。这些同宗配合真菌并不进行有丝分裂的所有步骤。这些菌株可以进一步分解为同核的自交不亲和培养物，这就表明这些菌株是异核体，含有相反交配型的核。在一项对 10 596 种子囊菌的研究中，发现其中的 55% 可以进行有性生殖，而其余的 45% 则缺少必要的交配证据(Reynolds and Taylor 1993)。关于这些类似无性生殖种类能否进行有性生殖，或者说它们是否可以进行某种隐性的或者稀有的有性生殖，目前仍有争论。十几年前，在丝状真菌中首先发现交配型基因后不久，在进行无性生殖的真菌中也发现了交配型基因，这在当时是一个极为新颖的发现(Sharon et al. 1996)，而现在这一现象就变得习以为常了。无论是它们缺少有性阶段(性别被隐藏，关键基因发生突变)、还是缺少有性生殖装置，这都不是关键问题。最重要的是，这一结果证实了无性生殖方式起源于有性的祖细胞。

因为真菌基因组学的迅速发展，本章为从事研究子囊菌交配型的结构、进化和功能的研究生和科研人员，提供真菌有性生殖中关于交配型的基本理论基础。

9.1　营养体的亲和性

大部分真菌有性生殖的第一步是菌丝的接合，其中包括菌丝体间的融合和单细胞真菌(如酵母)细胞间的融合。主要包括两个接合菌丝(细胞)壁的溶解，原生质膜的相互连接，以使融合菌丝的细胞质相互接触。菌丝接合过程中，有可能接受到不利的或有害的细胞器、病毒、转座子或质粒等与其完全不同的遗传物质。营养亲和性基因的表达可以防止这些有害遗传物质进入细胞，而且控制菌丝使其只与属于同一营养亲和群(vegetative compatibility group，v-c group)的菌丝发生接合，因为同一营养亲和群的菌丝的营养亲和性(又称相容性)基因是相同的。

9.1.1　营养体的亲和性与不亲和性

从自然界分离出来的真菌通常是相互拮抗的，这就证明了真菌中存在着自体接合和非自体接合。如果接合菌丝不是亲和的，则接合发生后细胞均会死去。由于存在营养亲和性(vegetative compatibility)，又称营养相容性，使得只有属于同一营养亲和性的菌株之间才能成功地发生接合(质配)，进而发生核配形成杂合二倍体进行有性生殖。然而，有趣的是，不具有营养亲和性的同种菌丝之间也可能进行质配并形成有性孢子，尽管这种质配过程是致命的。这在栅栏现象中得到体现。

9.1.1.1　栅栏现象

在 100 多年前就已经发现，当某一真菌的菌丝接近另一种真菌菌丝时，有时会出现相互排斥的表型,这种相互排斥现象被后人描述了下来,并引入了术语栅栏现象(Barrage,又称栅栏带)(Esser 2006)。当然,对栅栏现象比较原始的描述是基于不同的现象,而且命名也不同。由于栅栏现象是异质基因不亲和性(heterogenic incompatibility)表型的表现,因此有必要对其进行严格的定义。如果来源不同的菌丝体相互生长时,通常会发生4种相互作用的类型,这很容易在琼脂平板上证明(图9.1)。①正常接触:在琼脂平板上两个亲和性菌丝接近后,在接触的区域会发生菌丝交织,并且通过联结现象(anastomosis)显示许多菌丝的融合。一段时间后,两个菌丝体之间的边界区域就变的模糊了,这种相互交织属于正常接触。②抑制现象:当相对的菌丝彼此接近的时候,在两个菌丝体之间形成了一个没有菌丝的抑制区。这种现象可能是由单侧的或者是两侧菌丝相互作用引起的,主要是由于抑制物质的分泌和扩散的结果。③栅栏现象:当两个菌丝体向彼此生长并交织混合时,发生一种对抗性的反应。与抑制现象相比,栅栏现象能够通过菌丝融合形成细胞质的接触。尽管多变的栅栏现象表型是由于物种和遗传控制的不同,但是在所有已知的栅栏现象中细胞核的交换并没有被抑制。在大多数情况下,两种类型的菌丝体形成了反常的乃致致命的融合,菌丝尖端的变得分支丰富,不同的接合型之间的接合都能形成子囊壳,在图9.1A和图9.1C中可以见到黑色的点状(子囊壳)形成的明显的接触线——栅栏带。可见,栅栏带内具有相反交配型的两种类型的菌丝虽然彼此具有营养不亲和性,但仍能进行质配、核配及减数分裂,形成有性孢子,尽管质配过程往往对菌丝是致命的。栅栏现象主要是在种内杂交种出现,图9.1A中是柄孢壳属不同地理种间形成的栅拦带。栅栏现象主要在种内杂交中出现。由于物种的不同,栅栏带可能是无色的也可能是有颜色的。在脉孢菌的研究中发现,不同类型的栅栏现象可能发生在同一个物种中(Micali and Smith 2003)。④分界线:尤其是在木腐担子菌的杂交中,相互排斥和对抗性作用是非常明显的,并且这种作用导致了混合菌丝或多或少着色区域的形成。这种分界线或者边界线主要是由于种间杂交失败所致。如同在无菌培养基平板中一样,分界线在原木的粉屑中也是可见的(图9.1D)。边界线常常被作为物种描述的标准。但是,这在翻译当中通常会产生一些问题,因为在至今研究的大多数例子中,并没有这些显微结构的分析,也没有对菌丝融合是否允许细胞质接触和细胞核交换的分析。因此,通过传统描述的栅栏现象与分界线去区分种内和种间杂交是不准确的(Adams and Roth 1967;Esser and Meinhardt 1984)。

在研究不同地理起源的鹅柄孢壳的不同种族中,它们的菌丝体没有宏观可见的差异,在种内接合时不管是否接合型,栅栏现象都能形成。这可以在图9.1A中看到,这个栅栏现象以清晰的肉眼可见的、由两个暗黑色的菌丝体之间形成白色区域为特征。显微镜观察显示在这个网结区域菌丝变得卷曲、肿大和退化(图9.1B)。最终,栅栏区域全由死亡的菌丝构成。在一些情况下,栅栏区的形成并不会影响不同交配型之间的子实体形成,因为在不同交配型间的栅栏区形成了子囊壳(Esser 2006)。

在本章中,只要显微观察显示在两个菌丝体之间发生的排斥区域涉及菌丝融合,无论是抑制现象、栅栏带、分界线还是边界线,我们将运用栅栏现象这个术语。尽管栅栏现象形成是在各种各样的高等真菌的菌丝体相互作用中发现的,但是分析的最好的例子是子囊菌的鹅柄孢壳(*Podospora anserine*)。正如很多的子囊菌一样,鹅柄孢壳的交配能力是由同质基因不亲和性(异宗配合)的两极性机制控制的,由一个基因座的两个等位变体

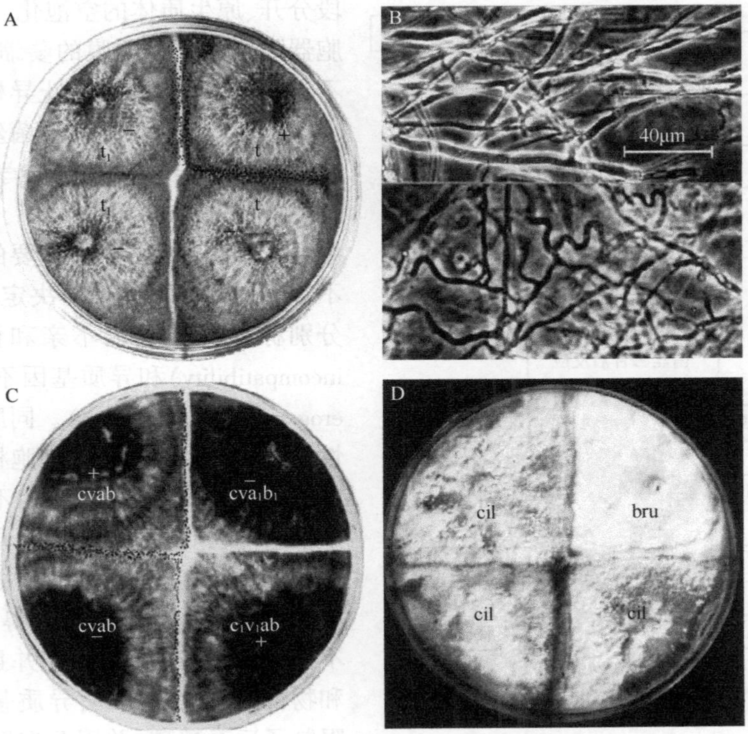

图 9.1　真菌中菌丝的相互作用

A. 柄孢壳属(*Podospora*)在不同地理种族之间栅栏带的形成。有性生殖没有受到影响。在不同的接合型之间任何类型的接合都能形成子囊壳。t(+)与 t(-)接触区(右),t1(-)与 t1(-)接触区(左)均表现为正常接触;t(+)与 t1(-)接触区(顶部),t1(-)与 t(-)接触区(底部)均为栅栏带,其中顶部栅栏带有子囊壳形成。B. 鹅柄孢壳的菌丝形态。上图是种内接合的接触区域的菌丝形态,下图是在栅栏带区的菌丝形态。C. 鹅柄孢壳与性不亲和性有关的栅栏现象的形成。D. 在纤毛多孔菌(cil)(*Polyporus ciliatus*)和冬生多孔菌(bru)(*Polyporus brumalis*)的单核体之间的种内和种间的相互作用显示了正常接触(左边)和栅栏现象(底部)及边界线(顶部和右边)。所有的单核体在结合类型中都是能共存的。(引自 Esser 2006)

(idiomorph),即(+)交配型变体和(-)交配型变体的相互作用的结果(关于等位变体概念见 9.4.2.1 节交配型命名)。在脉孢菌中,这些等位基因被重新命名并且分别被命名为 *mat*+和 *mat*-。

9.1.1.2　营养体亲和性的概念

从上面关于栅栏现象的描述,可以看出从自然界分离的不同真菌菌株接种在培养基上的时候经常会表现出自我识别的相互作用。来自于同一种的两个不同菌落的菌丝接触的时候会相互交缠在一起,分枝的菌丝可能会发生融合。如果相接触的菌丝是亲和的则会发生细胞核的转移而产生异核体,并且随着异核体的有丝分裂会使整个菌丝都转变为异核菌丝体。很多担子菌、子囊菌和半知菌在菌落形成的过程中都会发生同一个菌落不同菌丝之间的融合现象。但是,同一种的不同菌株的菌丝也可能具有营养不亲和性(vegetative incompatibility,又称营养不相容性),这时发生融合的菌丝就会被杀死。不亲和性引起的细胞死亡包括几个关键步骤,如隔膜被堵塞从而将快要死亡的菌丝片段和其他片

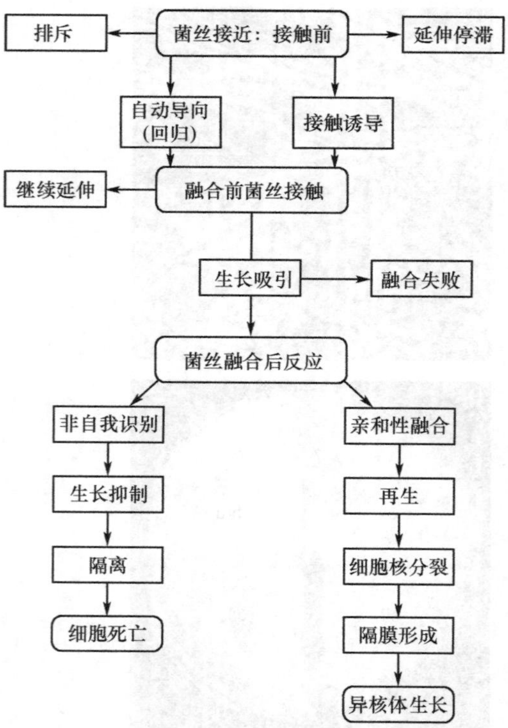

图 9.2　导致营养体亲和性系统运转的菌丝相互作用流程图

菌丝间的识别过程总共有三个主要步骤：邻近菌丝的前接触；接触菌丝的前融合；后融合阶段的自我-非自我的识别。(引自 Glass et al. 2000)

段分开、原生质体的空泡化、DNA 断裂、细胞器降解和原生质膜的萎缩等(图 9.2)。不亲和性的结果就是阻止异核体的形成而保持个体的独立性。营养菌丝的不亲和性是由菌丝具有不同的遗传学背景引起的(Glass et al. 2000)。

自然界进化了两种重要的系统来控制不亲和性。根据其遗传决定模型，它们被分别称为同质基因不亲和性(homogenic incompatibility)和异质基因不亲和性(heterogenic incompatibility)。同质基因不亲和性的遗传基础在于两者细胞核携带完全相同的不亲和因子；异质基因不亲和性则在于核遗传物质中至少有一个单独的基因存在差异，从而能抑制各细胞核在同一胞质中共存。从这些定义可以得出，同质基因不亲和性促进了远系繁殖并且有助于重组和物种的进化。然而，异质基因不亲和性限制了远系繁殖，并因此有助于在单一的物种中单独群体的进化和不同群体间的生殖隔离。这两种系统尽管以一种拮抗性的方式控制着重组，但却是进化过程中互相协调的成分。因此，亲和性和不亲和性是真菌进化过程中的一对矛盾。

与同质基因不亲和性相比，异质基因不亲和性研究的较少，这是可以理解的，因为后者主要发生于遗传组成不同的地理物种间，而很少发生于实验室可育物种内。此外，异质基因不亲和性经常被忽略，并且有时因为交配失败的表型而会被误解为“不育”(sterility)。到目前为止，营养体亲和性的概念及其原理尚未清晰，需要更深入的研究和更多的资料。

9.1.1.3　营养生长的不亲和性

在同一种真菌的不同菌株中，菌丝融合后可观察到两种不同的不亲和性作用：性不亲和性(sexual incompatibility)和营养不亲和性(vegetative incompatibility)，其实质上分别是由同质基因不亲和性和异质基因不亲和性所决定的。性不亲和性是指阻断繁殖过程，因为它成功阻止了基因型相同菌株的配合，即同质基因不亲和性。在营养不亲和性系统中，至少一个基因的差异会阻止不同细胞核在胞质中共存，即异质基因不亲和性。在一些不相容性作用中，两菌株相接触的区域可观察到一种包含死菌丝细胞片段的栅栏带(图9.1)。因此，杂交繁殖会被抑制，而同一物种中不同的菌株将各自进化。营养不亲和性在担子菌中不常见，在灰盖鬼伞(*C. cinereus*)中这种现象与双核体中的线粒体不同相关。

但在子囊菌中,营养不相容性是很普遍的,通常这是由几种不同的被称为 *het*(异核体)的基因座决定的。营养不亲和性系统可能由等位基因控制,即一个基因座中不同的等位基因启动不相容性反应;也可能由非等位基因控制,即两个不同基因座中的特异性等位基因启动不亲和性反应。细胞有丝分裂过程中强烈的不亲和性作用会诱导细胞程序性死亡中的各种相应特征,如菌丝隔膜的堵塞、液泡的形成、细胞器的降解、细胞质膜的收缩和DNA 的降解等过程(见第 12 章)。

粗糙脉孢菌(*N. crassa*)和鹅柄孢壳(*P. anserine*)中的一些 *het* 基因座已经被克隆,并发现它们编码的蛋白质所执行的作用没有相关性。这显示有可能许多种类的细胞蛋白质都和营养不相容性作用相关,因而可以理解营养不相容性为何能以如此多的不同的方式发生(Leslie 1993;Glass et al. 2000;Saupe 2000)。

很多黏菌中都存在着营养菌丝的不亲和现象。例如,在黏菌中只有基因组中所有营养亲和性位点(vegetative compatibility,V-C)都相同的变形体才可以相互融合形成大的变形体。单个 V-C 位点的差异就会导致营养菌丝的不亲和性反应。研究发现,黏菌具有两种不同的 V-C 位点,分别称之为 *fus*(fusion,融合)和 *let*(lethal,致死)位点。如果变形体具有不同 *fus* 位点就会有融合不亲和性发生,就不会形成大的变形体。如果变形体具有相同的 *fus* 位点,则能够发生融合。但是如果两个变形体具有不同的 *let* 位点就会发生融合后不亲和性现象。丝状真菌同一种内只有少数的融合不亲和性发生,这种不亲和性既阻碍了菌丝的融合也阻碍了生殖细胞的融合,从而阻断了所有遗传物质的交换(Fisher and kues 2003;Esser 2006)。

当两个具有不亲和性位点的菌落接触的时候,菌丝可以融合,但是随后位于融合菌丝中的原生质会被破坏。这种不亲和性通常是可以通过肉眼观察到的,如在两个菌落之间会形成由稀疏的菌丝构成的栅栏带。这种在丝状真菌中存在的融合后不亲和性有时候也被称为等位基因不亲和性,因为它是由位于相同的 V-C 位点上的两个等位基因之间的相互作用引起的。但是,如果在真菌基因组中有很多 V-C 位点,则这种融合后不亲和性也会由位于不同位点上的非等位基因的相互作用引起,这种系统称之为非等位基因不亲和性系统。例如,在粗糙脉孢菌中已知有 10 个不同的 V-C 位点,因此理论上可以形成 2^{10}(1024)V-C 群(v-c group)。所以当人们看到从自然界分离的同一种的不同菌株经常会表现出不亲和性的时候也就可以理解了(Moore and Novak Frazer 2002)。

很多真菌中菌丝融合是菌落形成中一个普通的步骤,通常情况下融合发生在具有共同来源的细胞之间,因为它们的遗传背景是相同的。但是有的时候融合也发生在亲缘关系比较远的细胞之间,这就使得个体的基因组处于危险之中。如在粗糙脉孢菌的异核体中,其中一个细胞核含有一种基因,它的表达会使含有此基因的细胞核取代另外的细胞核。同样在脉孢菌及其他真菌中有一种呼吸作用缺陷的却能正常繁殖的线粒体,被这种线粒体感染后就会对受体菌产生毒害作用。因此,营养菌丝的融合(亲和性)是形成菌落和异核体及进行无性生殖或准性生殖的前提,而不亲和性可能起到了防止有害细胞核、线粒体和病毒质粒入侵的作用。因为到目前为止并没有发现核酸及病毒能穿过真菌细胞壁的证据,因此,真菌中营养菌丝的不亲和性是一种保护作用(Moore and Novak Frazer 2002)。

营养体亲和性由一个或几个核基因所控制,这些基因能够调节相同的营养体亲和性群(简称为 V-C 群)的菌落间菌丝融合的完成。相同 V-C 群的成员拥有相同的营养体亲和性等位基因。如果两个菌落不属于同一 V-C 群,则没有亲和性,涉及菌丝接合的细胞会被立即杀死。这种策略阻止了细胞核和其他细胞器在不亲和性菌株间的转移(Esser 2006)。

不亲和性是一种完全的保护机制。尽管不亲和性的作用必须针对个体才会体现它的价值,但是它对整个物种也是有影响的。当存在很多融合位点组合时,会形成极少的异核体,准性生殖也会变得不重要。反之,异核现象和准性生殖很重要。这种情况的本质还是不清楚,许多真菌中都存在不亲和性现象,但是只对其中的一部分详尽研究过,找到了许多融合位点的组合。对一个新领域或者一个新物种的开拓往往始于对该单倍体菌株的研究。它的子代菌株首先不具有不亲和性,这时,突变、异核现象、准性生殖会促使基因交换,因此会出现以准性生殖为主的子代菌株。在一个合适的时间和环境内,基因变化会增加,直到个体需要保护自己不受外界核酸的干扰时,中断与其他菌株融合的突变才会发生,不亲和性会被重新建立。正是这些亲和反应(包括性亲和与营养亲和)构成了真菌个体的生活史(Moore and Novak Frazer 2002;Esser 2006)。

9.1.2 异核体与营养亲和性

真菌菌丝体可分为同核菌丝体和异核菌丝体。同核菌丝体是指菌丝细胞内只有一种遗传型的细胞核,而异核菌丝体是指菌丝细胞内有一种以上遗传型的细胞 核。核间的差异可以通过突变产生,或者通过不同遗传型菌丝之间的接合而引起的细胞质和细胞核的转移而形成。异核现象已在许多子囊菌、担子菌和半知菌类的真菌中得到证实,它的意义是深远的。

亲和性系统维持着菌丝体的特征,它能够识别同一物种的不相关联的菌丝体,它们会一起竞争领地和资源。换句话说,它们通过建立一种方式来识别它们所遇到的菌丝是否是同类,从而决定是否供养这个个体菌丝。当个体交换细胞核时,首先由交配性系统确定的亲和性核进行核配,然后进入减数分裂去调控菌丝间的有性生殖交换。

营养不亲和性能防止形成异核体,除非菌株属于同一营养菌丝亲和性群(V-C 群)。在对抗试验中,菌株之间的不亲和性是由在某些位点上遗传信息的不同引起的,这些位点被称为 *het*(异核体)或 *vic*(营养的不亲和性)位点。*Het* 位点定义为等位基因(allelic)或非等位基因(nonallelic)系统。在等位基因系统中,不亲和性是由一个位点的等位基因的表达引发的,此时这个位点即为一个基因座。在非等位基因系统中,不亲和性是由位于非相同位点的基因表达后相互作用的结果。目前发现在鹅柄孢壳中既存在等位基因系统又存在非等位基因系统,而粗糙脉孢菌和构巢曲霉(*A. nidulans*)只发现等位基因系统。在一般情况下真菌中控制等位基因或非等位基因的 *het* 位点数通常有 10 个(Moore and Novak Frazer 2002)。但是这个数目在不同的物种之间存在差异,至少在粗糙脉孢菌有 11 个位点,在鹅柄孢壳有 9 个,在构巢曲霉有 8 个,在寄生隐丛赤壳(*Cryphonectria parasitica*)中有 7 个。通常在野生型菌株中,一个 *het* 位点有两个或多个不同的等位基因(Esser 2006)。

在自体可孕(即同宗配合)的真菌中,有性生殖可发生在基因型相同的细胞或菌丝之间,但这并不意味着不需要交配因子参与。在异核体中,一种特定的核型携带等位基因的概率很高,如果这一等位基因控制一个特定的表型,那么这一表型也表现出相对广泛的变化范围。这种相对核数目的变化使它比典型的二倍体生物更具有表型的多样化。同宗配合的构巢曲霉能在自然状态下产生异核体,孢子颜色突变株就是一种异核体。一个异核体包含两种类型的细胞核,孢子的颜色取决于孢子所包含的单个异核体的基因表达,因为每个产生分生孢子链基部的梗基,均位于分生孢子梗顶部的多核顶囊上,它只接受一个核,不是突变型的核就是野生型的核,因此每个孢子链将是一种颜色。如果分生孢子是异核的,就会产生混合颜色的分生孢子头。遗传分析表明,8 个基因(称为 *hetA*、*hetB*、*hetC* 等)确定了构巢曲霉中共有 6 个不同组别的异核体的亲和性群。在任何 *het* 基因位点差别都会阻止异核体的形成,从而能够有效地对构巢曲霉不同个体进行区分(Glass et al. 2000)。

营养亲和性激活机制的深入了解来自于对鹅柄孢壳的研究。当两个不亲和性菌落相遇时,菌丝融合后融合细胞便死亡,色素缺失也便随之产生。因此,在两个菌落间形成一个清晰的栅栏带(barrage)。栅栏带是由于营养体不亲和性产生的,但是菌落可能仍然是有性亲和性的(由一种具有独特型的交配型因子控制,标记为+和-)。如果它们是亲和性的,在栅栏带的每一边便都能形成一列子囊壳,这是因为尽管融合的营养细胞能被杀死,但是致死力并没有延伸到已经融合的受精丝和不动孢子内,它们仍然继续生长。最初对鹅柄孢壳不同种类的相互作用分析,揭示栅栏带的形成涉及 9 个基因座和若干个多等位基因。不亲和性的产生归因于同一个基因座的等位基因间的相互作用或者是不同基因座的等位基因间的相互作用的结果(Moore and Novak Frazer 2002)。

总而言之,在高等真菌中,菌丝接合现象可以自由发生。菌丝融合是由营养亲和性基因调控的,而营养亲和性由 *het*(异核体)和 *vic*(营养生长不亲和性)基因控制。具有同一营养生长不亲和性等位基因的菌落能完成菌丝接合,从而允许细胞核的迁移,产生异核体。在不亲和性反应中,融合细胞被隔离和杀死。单基因座控制的不亲和性涉及在单一的接合型基因座处具有多个等位基因的菌丝体间的融合。

9.2　性和配偶识别——信息素受体系统

在有性生殖中一个早期的关键步骤是配偶识别。酵母和丝状真菌都有通过交配型特定的信息素和受体来识别配偶。在酿酒酵母(*S. cerevisiae*)中,α 细胞产生 α 肽信息素发信号到 a 细胞,a 细胞通过一种称为 a 因子的脂肽信息素向 α 细胞发信号。交配型特定信息素受体通过修饰细胞表面感知这些互补信号,来激活两个交配型共同的信息素敏感的有丝分裂原激活蛋白激酶信号转导途径(MAPK 途径)。通过信息素传感来识别配偶在真菌界是广泛存在的。在丝状子囊菌的信息素研究中,粗糙脉孢菌、大孢粪壳(*S. macrospora*)、灰巨座壳、寄生隐丛赤壳和鹅柄孢壳中也发现了编码两种信息素的前体基因(图 9.3)(Kim et al. 2002, Poggeler et al, 2006; Ni et al. 2011)。

9.2.1　子囊菌的信息素

以酿酒酵母为代表的信息素已经进行了详细的研究,酵母交配型因子具体是一种称为多肽类的信息激素,有 a 和 α 两种信息素因子。然而,在丝状子囊菌中除了几种代表性真菌外,信息素的研究资料较少。

9.2.1.1 酵母菌的信息素

子囊菌能够产生两类交配型信息素。在酿酒酵母中,这两类信息素分别称为 a 因子和 α 因子,均是其相应前体蛋白经过切割加工而形成的。酿酒酵母中存在两个编码 a 因子前体的基因——*MFa1* 与 *MFa2*(见图 9.9),它们编码的两种 a 因子前体分别由 36 个与 38 个氨基酸残基组成。这两种前体分别经过法尼基化及剪切加工过程,最终均形成由 11 个氨基酸残基组成的成熟 a 因子。两种 a 因子前体均含有一个保守的 C 端法尼基信号基序,称为 CAAX 基序,其中,"C"代表半胱氨酸(cystine),"A"代表脂肪族氨基酸,"X"代表任意氨基酸(Anderegg et al. 1988)(图 9.3A 和图 9.3C)。a 因子前体首先由 CAAX 法尼基转移酶 Ram1-Ram2 复合体催化进行法尼基化,这是其向质膜的转运所必需的。前体到达质膜后,首先在内肽酶 Rce1 或 Ste24 作用下去除 C 端 AAX 序列,随后在羧甲基转移酶 Ste14 作用下进行半胱氨酸的羧甲基化,最后经过内肽酶 Ste24 及 Axl1 的剪切作用,转变为成熟的 a 因子,并由 Ste6 介导向胞外释放(Boyartchuk and Rine, 1998; Huyer et al., 2006)(图 9.3A)。

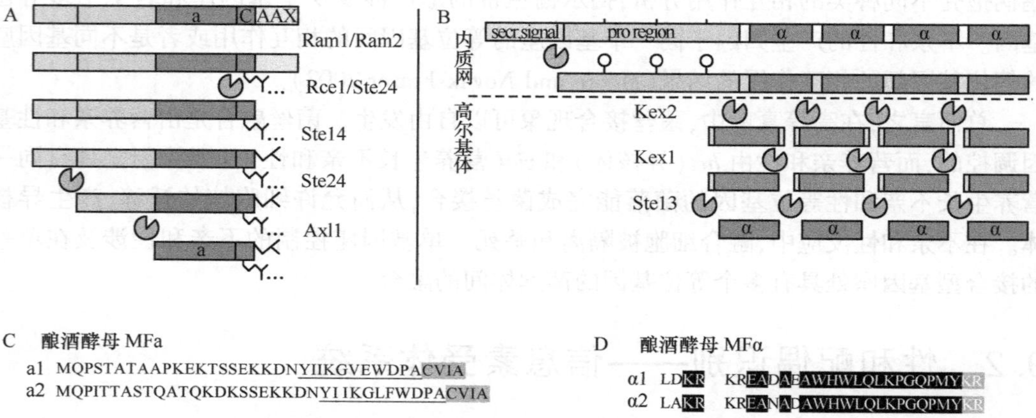

图 9.3 子囊菌信息素的加工及其前体的序列特征

A. 酿酒酵母 a 因子的加工过程。在胞质中,a 因子前体在保守 CAAX 序列的半胱氨酸(C)上发生法尼基化,半胱氨酸碳后端的氨基酸随后被切除,并被羧甲基所取代。随后的两次 N 端切除事件,使 a 因子得以成熟。B. α 因子的加工过程。前体进入内质网后,分泌信号肽(secretion signal)被切除,形成 α 前信息素(α propheromone),随后前肽(pro region)在内质网中发生糖基化。在转运至高尔基体的过程中,发生三次肽键水解事件,α 因子得以成熟。C. 酿酒酵母的 a 因子类信息素前体序列,图中仅显示其特征性序列。其中,法尼基信号基序(CAAX)用黑色字体及灰色框标出,酿酒酵母 MFa 前体序列中下划线显示成熟 a 因子序列。D. 酿酒酵母的 α 因子类信息素前体序列,图中仅显示其特征性序列。其中信息素重复序列用白色字体及黑色框标出,Kex2 加工位点(KR)用白色字体及灰色框标出。(引自 Jones and Bennett 2011)

酿酒酵母中同样存在两种编码 α 因子前体的基因 *MFα1* 与 *MFα2*(见图 9.9),其编码产物由 165 个氨基酸残基组成,包括三个序列区域:由 19 个氨基酸组成的信号肽,由 64 个氨基酸残基组成的含有数个糖基化位点的前肽(proregeion),以及含有 4 个(MF*α1*)或 2 个(MF*α2*)重复序列的信息素区,这些重复序列被 Kex2 加工位点,即赖氨酸-精氨酸(KR)序列所分开(图 9.3B 和图 9.3D)。α 因子前体通过信号肽转运至内质网内,随后信号肽被切除,而前肽上发生密集的糖基化。在向高尔基体转运的过程中,前体上的糖基化链进一步被修饰,同时前体发生三次剪切作用。首先,蛋白酶 Kex2 切割 KR 序列后的肽键,使各重复 α 因子重复序列得以与前肽及彼此分离。随后,在羧肽酶 Kex1 作用下,各游离 α 因子重复序列 C 端的两个氨基酸(赖氨酸与精氨酸)被去除。最后,肽酶 Ste13 通过去除各肽链 N 端的多余氨基酸残基,使 α 因子得以成熟(Jones and Bennett 2011)(图 9.3B)。成熟的 α 因子通过经典分泌途径释放至胞外。

9.2.1.2 丝状子囊菌的信息素

在丝状子囊菌中,只有在不同交配型菌丝体融合后才会发生核配和子实体发育。粗糙脉孢菌中发现可扩散性的信息素与交配过程有关,而且是受精丝定向向雄性可育菌丝生长的诱因。在粗糙脉孢菌中,当受体雌性细胞在交配型位点有突变时,受精丝的定向生长便会消失,这表明交配型位点基因调节信息素的产生。在丝状子囊菌寄生隐丛赤壳、灰巨座壳、粗糙脉孢菌、鹅柄孢壳及大孢粪壳中发现了编码两种信息素的前体基因。其中一个能够编码一种多肽,含有多重复的信息素序列而且两边有蛋白酶的处理位点,这与酿酒酵母的 α 因子的前体基因相似(图 9.4 A);另一种基因编码一种短肽,与酿酒酵母的 a 因子前体相似。这个短肽有一个 CaaX(C 为半胱氨酸,a 为脂肪族的氨基酸,X 为任何氨基酸)的 C 端基序(图 9.4B),这两种信息素前体基因在同一个细胞核内。在异宗配合的子囊菌中,这两种信息素的产物被交配型基因编码的转录因子直接调控,信息素基因的表达以交配型特异的方式进行(Shen et al. 1999;Bobrowicz et al. 2002;Coppin et al. 2005b)。在

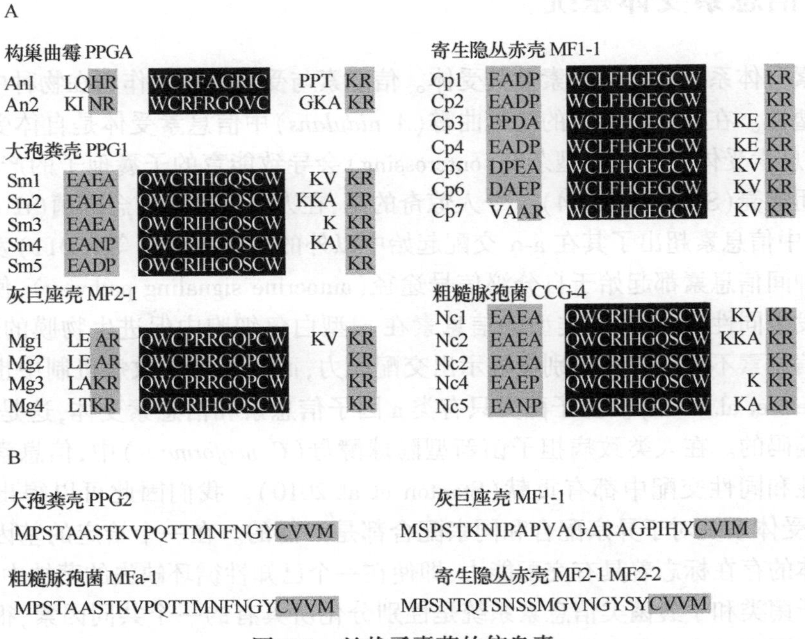

图 9.4 丝状子囊菌的信息素

A. 丝状子囊菌中检测的类似 α 因子的信息素。黑框内字母显示重复序列,灰色框内白色字母显示 Kex2 加工位点(KR),灰色框内黑色字母显示 STE13 加工部位。B. 丝状子囊菌预测的类似 α 因子信息素。灰色框内序列为其异戊烯化信号基序(CaaX)。(引自 Pöggeler et al. 2006)

自交亲和性交配型的构巢曲霉中只有一种信息素的前体基因(Dyer et al. 2003)。在自交不亲和交配型的粗糙脉孢菌中,信息素在有益于有性发育的条件下会大量表达。有意思的是,在粗糙脉孢菌7~9天的子囊壳中会发现 *mfa-1* 基因高水平表达亲脂的脂肽信息素(lipopeptide pheromone)。另外,粗糙脉孢菌信息素的表达被内源生物钟调节。所有的基因被酿酒酵母转录共阻物 Tup1p 的同源物质 RCO-1 阻抑(Bobrowicz et al. 2002)。

已经证明,雄性和雌性可育菌株的形成有赖于信息素与其特异受体的相互作用。当信息素基因被删除时,不动精子再也不能使雌性菌株受精,这表明激素对于雄性不动精子的可育性是必需的。在鹅柄孢壳中,信息素的功能被局限于受精作用。然而在粗糙脉孢菌中,脂肽信息素基因 *mfa-1* 还与雌性有性发育、子囊孢子的形成及两种接合型的营养生长有关。相似的是,在寄生隐丛赤壳中,CaaX-型信息素基因(*Mf2-2*)两个拷贝的任意一个被删除都会导致雌性的不育。因此人们推断寄生隐丛赤壳受精后的发育期需要 Mf2-2,而且 CaaX 型的信息素在受精后期以剂量特异的方式起作用(Turina et al. 2003;Coppin et al. 2005b)。

与自交不亲和的丝状子囊菌粗糙脉孢菌、灰巨座壳和寄生隐丛赤壳相反,在自交亲和性同宗配合真菌大孢粪壳中,两种不同结构信息素的前体基因在整个生活周期内都在菌丝内有相同的表达。最近表明寄生隐丛赤壳中编码类 α 因子多肽类信息素的 *ppg1* 基因如果被破坏就会阻止多肽信息素的产生。然而,这既不会影响营养生长也不会影响子实体和芽孢的形成(Mayrhofer and Pöggeler 2005)。

9.2.2 信息素受体系统

信息素受体系统包括信息素及其受体。信息素与受体的相互作用在物种中显示出相当大的可塑性。在丝状子囊菌的构巢曲霉(*A. nidulans*)中信息素受体是自体受精所必需的,因此信息素受体突变体异型杂交(outcrossing)会导致能育的子囊孢子的产生,但是会减少产生闭囊壳(Seo et al. 2004)。令人惊奇的是,在人类病原体白念珠菌(*C. albicans*,白假丝酵母)中信息素超出了其在 a-α 交配起始中以外的功能。Alby 等(2011)发现白念珠菌种内和种间信息素都起始于自分泌信号途径(autocrine signaling pathway),使 a 型不透明细胞中发生同性交配,而同类型的信息素在 α 型白色细胞中促进生物膜的形成,这可能反映出信息素不仅仅在性识别中显示出交配能力,而且可能在致病机制中也具有重要功能(Daniels et al. 2006)。担子菌类只有类 a 因子信息素和信息素受体,这是由 *MAT* 位点的基因编码的。在人类致病担子菌新型隐球酵母(*C. neoformans*)中,信息素和它们的受体在异性和同性交配中都有贡献(Stanton et al. 2010)。我们因此可以得出这样的结论:信息素受体系统对于异宗配合和同宗配合都是必需的。在一个给定的基因组中信息素及其受体的存在标志着具有交配能力,即使在一个已知性循环缺失的菌株中也是如此。既然在担子菌类和子囊菌类信息素系统是性别分化所具有的一个共同因素,很可能它们拥有一个在同宗配合或异宗配合模式中控制性循环的信息素受体系统的共同祖先(Ni et al. 2011)。

信息素系统的分子性质在真菌界并不统一。例如,在低等的接合菌纲中,三孢酸衍生物作为交配信息素,这些小的有机分子与子囊菌类和担子菌类的 a 因子和 α 因子肽信息素在结构上完全不相关。另外，在低等的壶菌纲里，信息素系统的分子性质与接合菌类、子囊菌类或担子菌类信息素在结构上也是完全不相关的化合物。在水生壶菌巨雌异水霉（*A. macrogynus*）中信息素由雌性产生诱雄激素，而雄性产生诱雌激素（见第8章）。水生原始真菌的性周期可能是通过与巨雌异水霉中诱雄激素/诱雌激素系统或接合菌类中观察到的三孢酸化合物相似的化合物的获得来起始进化的，而a因子和α因子肽信息素可能是在双核真菌（子囊菌菌纲和担子菌纲属于真菌界中的双核亚界）中作为一种陆地生态系统的适应因子而后进化的。

交配细胞通过信息素传感来进行细胞识别，进而使交配细胞经历细胞间融合，最终达到为细胞进行核融合和减数分裂做好准备的双核状态。在酿酒酵母中，相反交配型的细胞朝向信息素源方向形成什穆结构（shmoo），然后在这些顶端发生融合（见图9.7）。信息素传感引起了一种微管相关的核迁移，然后发生核融合从而形成α/a二倍体细胞。在特定的环境条件下（如低氮、乙酸盐的存在），α/a二倍体细胞经历减数分裂产生4种被子囊包裹的单倍体重组孢子（后代）（图9.5）。

当在每个交配型的配子间没有结构与大小上的区别时称为同配生殖（isogamy），否则称为异配生殖（anisogamy）。酿酒酵母的α细胞和a细胞的交配实例，可作为一种同配生殖的基础模型来理解交配过程，因为在性周期中单倍体和双倍体阶段的酵母细胞表型难以区分。然而，一些子囊菌和担子菌的大部分都是丝状的，并且有性生殖在菌丝阶段发生。在丝状真菌中，细胞融合可以在一个菌丝和一个特异性的细胞间发生，也可以在两个菌丝伴侣之间发生。例如，在丝状子囊菌的粗糙脉孢菌中，来自于雄性小分生孢子的交配类型特定的信息素吸引来自雌性生殖结构的生殖菌丝，在形体接触后雌性生殖菌丝和雄性细胞融合（见图9.15）。在细胞和菌丝融合之后，来自于雄性细胞的核通过菌丝向雌性生殖结构迁移。两个交配类型的核增殖和配对，然后迁移到双核的子囊母细胞内，在那里融合并进行减数分裂。减数分裂后产生4对重组子囊孢子。

一个相似的交配过程在曲霉菌和丝状担子菌类中也被观察到，在它们当中交配伴侣是两个相同或相反交配类型的菌丝。一个有趣的例子是灰盖鬼伞（*C. cinerea*），其单倍体核细胞的菌丝通过菌丝联结（hyphal anastomosis）发生融合。如果单核体有不同的交配类型，它们会建立一个能繁殖的双核菌丝，其中核交换并且在菌丝中核会相互移动。在菌丝的顶端，相反交配型的细胞核进行配对、增殖及在菌丝中迁移，即所谓的“锁状联合”。在特定的环境条件下，双核形成担子，担子中发生核融合（核配），随后减数分裂，产生担孢子（Heitman et al. 2007b）。担子菌类一个有趣的特征是在细胞融合和核融合之间有一个长时间的延迟。担子菌类中大部分在它们生命周期当中的某些时候是丝状的，菌丝间的融合是普遍发生的。然而，其中一些种类在自然环境中会以单倍体酵母存在并且通过信息素刺激而融合，在这个时候双核会经历一个从酵母型到菌丝型的二态过渡阶段。一个有趣的例子是新型隐球酵母（*C. neoformans*），它们的酵母细胞通过朝着信息素源（交配伴侣）形成接合管来应答信息素。细胞融合和双核细胞的建立阶段开始形成菌丝。担子在菌丝的顶端形成，在这里发生核融合、减数分裂及孢子形成。这三个交配的形态学阶段——酵母细胞、菌丝及从酵母型到菌丝型的二态过渡——在双核亚界是普遍存在的（McClelland et al. 2004；Idnurm et al. 2005）。

9.3 酵母菌交配型和 a/α 细胞转换

9.3.1 酵母交配型转换的同宗配合现象

真菌中的性别特征是通过 *MAT* 位点(基因座)控制的,该位点编码交配的关键性调控因子。在单倍体细胞中,*MAT* 位点上具有一个等位变体 *MATα* 或 *MATa*,每个等位变体含有数个交配相关基因。两个相反的交配类型细胞能够用融合和交配来应对信息素和环境信号。一些真菌物种,尤其是子囊菌类的酵母,如酿酒酵母(*S. cerevisiae*)、粟酒裂殖酵母(*S. pombe*)和乳酸克鲁维酵母(*K. lactis*),显示出能够经历交配类型转换的异常特性,在这个过程当中一个单倍体细胞转变成一个相对交配类型的细胞(a→α 或 α→a)。虽然在不同的物种中机制是不同的,但是全基因组测序和分子基因研究揭示出保守的特点和转换机制独立起源的证据(Ni et al. 2011)。

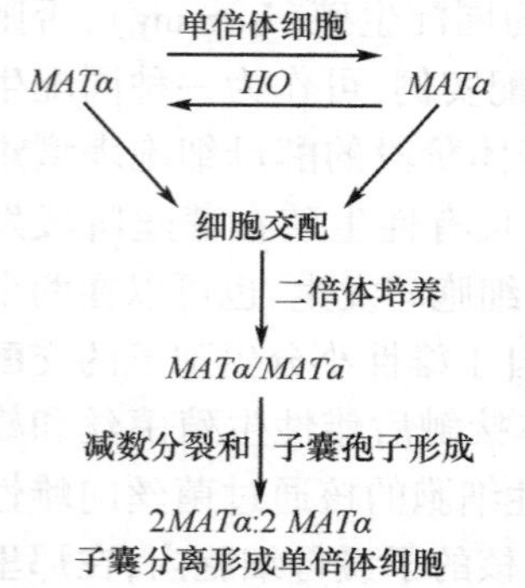

图 9.5 酵母交配型转换的同宗配合现象

(引自 Klar 2010)

自从 1977 年冷泉港研究所酵母遗传会议上第一次提出酿酒酵母在出芽生殖时交配转换机制的基因转座模型以来,至今已经有 30 多年了。有性生殖的 a 型和 α 型酵母细胞分别相应地由 *MATa* 和 *MATα* 这对等位基因控制表型。不同型的酵母细胞可以配对形成 *MATa/MATα* 二倍体。因为两个等位变体都是显性的,这样的二倍体细胞是不育的,不能再进行交配。但是可以经历减数分裂和孢子形成产生子囊,每个子囊都包含两个 *MATa* 和两个 *MATα* 的单倍体孢子(图 9.5)。这其中的原因就是同宗配合的菌株因为具有功能的 *HO* 基因,则可以显著有效地转换交配型,孢子出芽时就会产生很多 a 型或 α 型的细胞。初期菌落中的不同型的细胞配对重新形成 *MATa/MATα* 二倍体(图 9.5)。但是在异宗配合的菌株中,*MAT* 基因座上的等位变体很少进行转换(约$<10^{-6}$)(Klar 2010)。

Gordon 等(2011)通过比较酵母科 16 个物种基因组序列来研究酵母性染色体的进化,这其中包括来自于 *Tetrapisispora* 属,哈萨克酵母属(*Kazachstania*),*Naumovozyma* 属和有孢圆酵母属(*Torulaspora*)的数据,表明许多酵母种类包含一种交配类型的位点(*MAT*),以及沉默的 *HML* 和 *HMR* 位点与那些酿酒酵母在结构上是类似的,但它们详细的组织是高度变化的,这表明 *MAT* 是一个变化的热点。这就使得在交配类型转换的过程当中 *HML* 和 *HMR* 被用于在 *MAT* 处 DNA 修饰的模板(见图 9.11)。

交配类型(*MAT*)位点是酿酒酵母基因组中唯一的一个可以频繁断裂和修复而又作为正常生活周期一部分的位点。*MAT* 位点存在 *MATa* 或 *MATα* 基因的两种等位变体(idiomorph),使其被划分为三种细胞类型:单倍体 a、单倍体 α 和二倍体 a/α。交配类型转换是一种程序上的 DNA 重排过程,它发生于单倍体细胞中使 *MATa* 版本和 *MATα* 版本相互转换。在转换过程中,*MAT* 位点的 DNA 被来自于 *HML* 或 *HMR* 位点的 DNA 拷贝移除和替换。由于染色体的修饰转录是不活跃的,*HML* 和 *HMR* "沉默盒"分别储存 α 和 a 特定的序列信息(Gordon et al. 2011)。

真菌的交配系统最初在酵母中被研究发现，下面将首先描述酵母的交配型系统，包括酵母的交配型，a、α 交配因子的识别，a，α 交配因子转换模式及调控基因。

9.3.2　酵母的交配型

酵母的交配型（mating type）是 a 和 α 两种不同细胞型，只有两个不同细胞型之间才能接合。在有性生殖中一个早期的关键步骤是配偶识别。酵母和丝状真菌都有通过交配类型特定的肽信息素和受体来完成交配。在酿酒酵母中，α 细胞产生 α 肽信息素向 a 细胞发信号，a 细胞通过一种称为 a 因子的脂修饰肽信息素向 α 细胞发信号。由交配类型特定信息素受体修饰的细胞表面感知这些互补信号，从而来激活两个交配类型共同的信息素敏感的促分裂原活化蛋白激酶（MAPK）信号转导途径。通过信息素传感来识别交配类型在真菌界是广泛存在的（Ni et al. 2011）。

酿酒酵母的信息素 α 因子和 a 因子（图 9.6）都是相对较小的肽，但它们却是由较长的开放可读框所编码的，并且基因产物还要经过复杂的翻译后修饰过程，包括一系列蛋白质水解切割才能成熟（见图 9.3）。

α-因子

NH_2—Trp—His—Trp—Leu—Gln—Leu—Lys—Pro—Gly—Gln—Pro—Met—Tyr—COOH

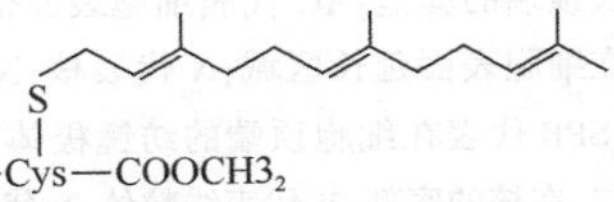

a-因子

NH_2—Tyr—Ile—Ile—Lys—Gly—Val—Phe—Trp—Asp—Pro—Ala—Cys—COOCH3$_2$

图 9.6　酿酒酵母（*S. cerevisiae*）的信息素

酿酒酵母的 α 因子是由 α 型细胞产生的。少数 α 因子在谷氨酰胺位是天冬酰胺，赖氨酸位是精氨酸；a 因子是由 a 型细胞产生的，有两种形式，一种有亮氨酸而没有缬氨酸。羧基的甲基化使该分子具有强烈的疏水性。（引自 Chiu and Moore 1999）

α 交配因子在 10^{-8}mol/L 时有活性，并且可以与 a 交配型细胞膜表面的 α 交配因子受体结合（识别）。这种结合会激活控制后面交配步骤的基因，其中包括与细胞循环开始的 G_1 期生长停止的相关基因。在 a 交配因子的影响下，α 型细胞也会产生上述相似的反应。在接下来的配子融合过程中，这种反应会促进二倍体的形成，防止形成三倍体等形式。这样就形成了一个梨形的接合体。接合体的细胞壁成分要经历一系列变化。15min 内，梨形细胞锥形端表面会长出一个纤维状接合管（图 9.7），并且细胞壁几丁质含量会大大增加，葡聚糖与甘露聚糖含量的比例也会增加。酿酒酵母产生的 α 因子不但可以作用于 a 型细胞使其产生 α 型信息素受体，也可以使 α 型细胞产生 a 型信息素。用带有荧光的信息素抗体对细胞进行染色，结果显示信息素位于接合体细胞的表面，尤其在接合管附近很多（图 9.7）。这两种信息素是互补的，而且只有在对应的交配型细胞间相互接触时才能引发凝集反应。接合管相互黏合后顶端溶解。人们在许多酵母种中都发现了互补的交配信息素，有些种的信息素是由交配信息素诱导产生的，而有些则是组成型的，如温奇汉逊酵母（*Hansenula wingei*）。酿酒酵母的 α 因子也可以作用于克鲁弗酵母（*S. kluyveri*）、少孢酵母（*S. exiguus*）、温奇汉逊酵母和异常汉逊酵母（*H. anomala*）的 a 型细胞，并且都形

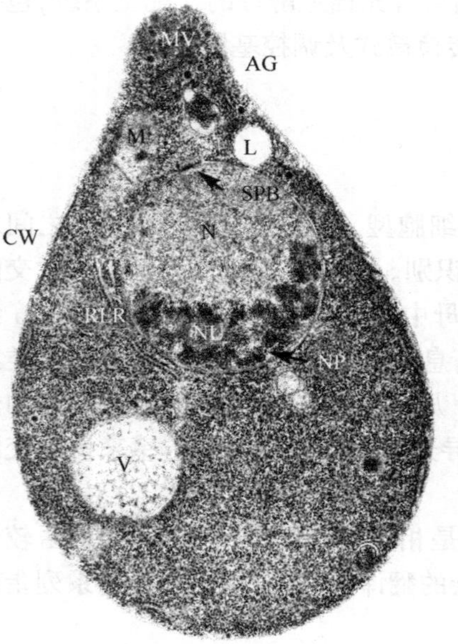

图9.7 酿酒酵母的接合体细胞的电镜照片 用3μmol/L的α因子处理80min的a型细胞。注意酵母细胞的形状。CW代表细胞壁；MV代表生长顶端的囊泡；AG代表细胞表面信息素，聚集在细胞表面延长区域；N代表核；NP代表核孔；SPB代表在细胞顶端的纺锤极体；NU代表核仁，在核的底部；V代表线粒体；L代表脂肪滴；RER代表粗糙型内质网，外表面附着着核糖体。细胞质内包含的大量核糖体可以由细胞内的黑点看出。（引自Carlile et al. 2001）

成接合体（Carlile et al. 2001）。

酵母交配型因子具体的说是一种多肽类的信息素，有a/α两种信息素因子（见图9.6）。每一种信息素都有相应的特异性受体。也就是说，具有不同配合因子的酵母靠产生a/α因子的多肽类激素及其受体来相互识别。接合型酵母细胞的表面存在其相反细胞产生的信息素的受体。信息素与受体相互识别后，不同接合型的细胞停止生长，相互靠近，进入减数分裂的G_1期，细胞壁与细胞形态也会发生相应的转变，为接合做好相应的准备。酵母细胞产生的a/α因子会使其靶细胞变长形成突起，以利于发生接合，而对与其交配型相同的细胞和二倍体细胞没有作用。凸起的顶端壁溶解形成接合管，通常在接合管的中央进行核的融合。这种伸长的细胞通常被称为"梨形细胞"（图9.7和图9.8）。信息素控制交配过程，虽然它们对同种交配型及二倍体细胞没什么效应，但是它们能结合在与其相反的交配型细胞表面的特异性受体上（图9.8），然后通过GTP结合蛋白发挥代谢调节的作用，包括：①引起受体细胞产生信息素，以便于具有相反交配型的细胞能够黏附；②在细胞周期的G_1期停止细胞生长；③改变细胞壁结构，从而改变细胞形态，使其变成伸长状态。在伸长的细胞间最终完成融合（Chiu and Moore 1999）。

酿酒酵母的接合过程由一个称为*MAT*的复杂基因座控制，在*MAT*基因座位置上存在着两个相关联的基因（a接合型的a1、a2，α接合型的α1、α2）。*MATa*基因座编码a1和a2多肽，这两种信号因子是按相反的方向转录的；*MATα*基因座编码α1和α2多肽。*MAT*基因杂合现象是二倍性的，也是孢子形成的基础，含有*MATa*和*MATα*基因的部分二倍体都试图形成孢子。在单倍体细胞中，α2多肽抑制α型细胞中a因子的转录，a1多肽抑制a型细胞中α特异性基因。α1蛋白激活编码α信息素和a因子表面受体的基因的转录表达（图9.9）。在a/α型二倍体中，a1和α2多肽间相互作用形成异源二聚体，抑制了单倍体阶段的特异性基因，包括*RME1*基因，这个基因自身能够抑制减数分裂和孢子形成过程。

9.3.3 a/α细胞转换模式及调控基因

9.3.3.1 a型和α型细胞的转化

酿酒酵母是异宗配合体，但是相同交配型的单倍体细胞菌落经常地发生交配，并且子

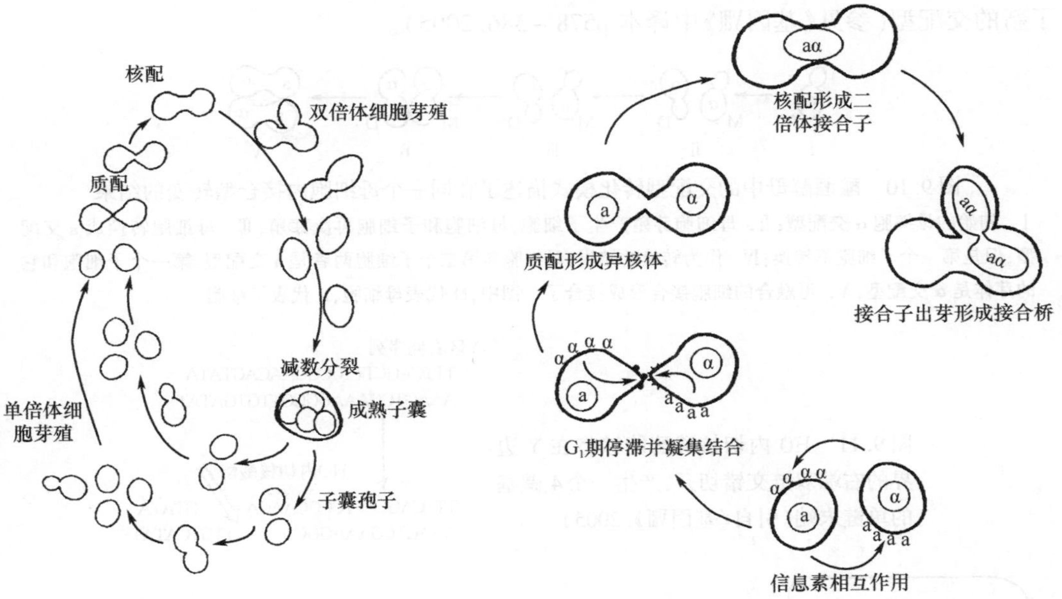

图 9.8　酿酒酵母生活史和接合过程

左图显示酵母可以通过出芽进行无性生殖。不同接合型的单倍体细胞形成哑铃型接合子，它们能够自身出芽生成二倍体克隆。当营养良好的双倍体细胞暴露在饥饿条件下时进入减数分裂，形成一个四孢子子囊。子囊孢子通过出芽方式萌发。实验室中，子囊孢子可以被分割开来形成单倍体克隆，但是在自然条件下子囊孢子通常立刻发生融合，因此单倍体阶段被大大缩短。右图描述了信息素相互作用、凝集作用和交配作用更多的一些细节。（引自 Chiu and Moore 1999）

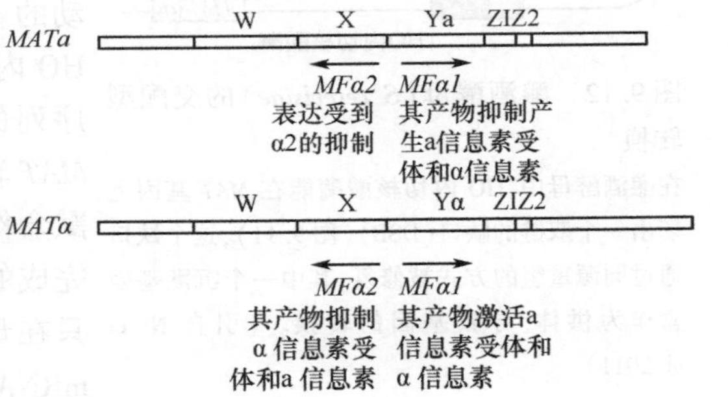

图 9.9　酿酒酵母交配型因子的功能区域

Y 区域是交配型基因置换位点，彼此之间有很少的序列同源性。Ya 的长度是 642bp，Yα 的长度为 747bp。W、X、Z1 和 Z2 区是同源性的末端区域。箭头表示转录方向，箭头下方的注释表示基因产物的功能。在接合型酿酒酵母中，一种通用的转录激活子负责 a 信息素和膜结合 α 信息素受体的产生。在 a/α 二倍体中 *MATa1/MATα2* 异源二聚体蛋白激活减数分裂、孢子形成过程并抑制单倍体功能。（引自 Chiu and D. Moore 1999）

代中将会有等量的 a 型和 α 型细胞，那么 a 型和 α 型细胞是如何转化的呢？图 9.10 描述了同一个母细胞内进行交配型转变的过程。这个结果是由 *HO* 基因控制，HO 内切核酸酶在 *MAT* 基因座上进行切割，之后形成的双链断裂启动了交配型的转换。*HO* 基因存在两种等位基因形式，显性基因 *HO* 和隐性基因 *ho*，编码一种内切核酸酶。HO 内切核酸酶启动交配型转换，转换由 *MAT* 基因座上靠近 Y-Z 边界的一个双螺旋断裂起始，该位点对 DNase 非常敏感，由 *HO* 基因编码的内切核酸酶识别。HO 内切核酸酶能够将在 Y 边界的右端双链交错切开，产生一个 4 碱基的单链末端（图 9.11），形成 DNA 双链缺口（DSB），驱动基因转换。只有 *MAT* 基因座是 HO 内切核酸酶的靶位，通过在 *MAT* 基因座位置含有 *HML* 或 *HMR* 基因的同一条染色体两个部位间的同源重组发起转变信号（图 9.11）。HO 内切核酸酶是在单倍体的母细胞中合成的，这样交配型转换的结果是两个子细胞都获得了新的交配型(参见《基因Ⅷ》中译本 p578～586. 2005)。

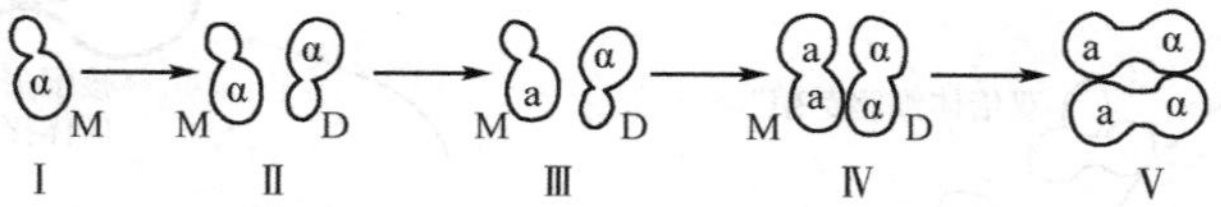

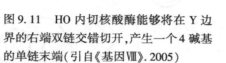

图 9.10 酿酒酵母中的交配型转化模式描述了在同一个母细胞内接合型转变的结果

Ⅰ. 初始的母细胞 α 交配型;Ⅱ. 母细胞芽殖产生子细胞,母细胞和子细胞再次芽殖;Ⅲ. 母细胞转换成 a 交配型,但是第一个子细胞不转换;Ⅳ. 作为转换的结果,母细胞和第二个子细胞两者是 a 交配型,第一个子细胞和它的芽体是 α 交配型;Ⅴ. 可融合的细胞接合形成接合子。图中,M 代表母细胞,D 代表子细胞

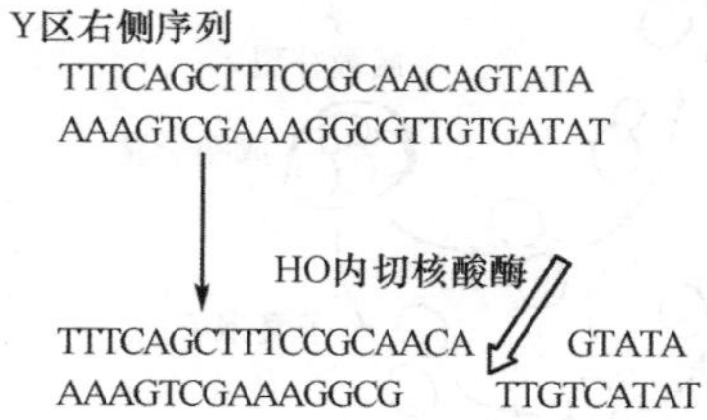

图 9.11 HO 内切核酸酶能够将在 Y 边界的右端双链交错切开,产生一个 4 碱基的单链末端(引自《基因Ⅷ》. 2005)

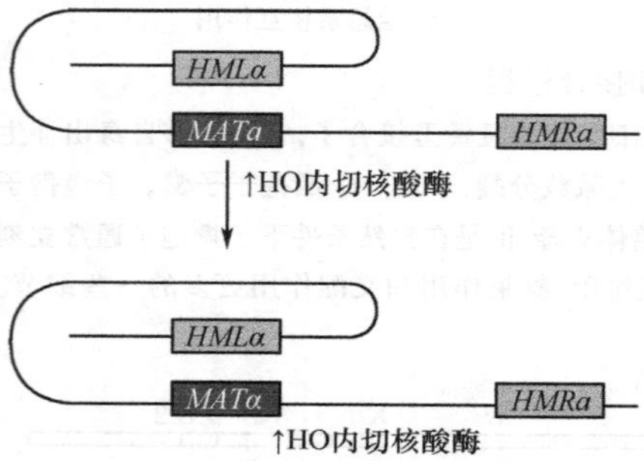

图 9.12 酿酒酵母(*S. cerevisiae*)的交配型转换

在酿酒酵母中,HO 内切核酸酶能在 *MAT* 基因上切出一个双链的缺口(DSB)(图 9.11),这个缺口通过同源重组的方式被修复,其中一个沉默基因盒作为供体,导致基因的转换。(引自 Ni et al. 2011)

9.3.3.2 转换机制

MAT 盒转换模型是 Herskowitz 及其同事在广泛研究酿酒酵母的基础上提出的(图 9.12)。在这个模型中,一个单倍体细胞转换交配类型是通过激活的 *MAT* 基因座的 DNA 双链缺口(DSB)驱动的基因转换来完成的(Herskowitz et al. 1992)。HO 内切核酸酶在 Ya 或 Yα 序列和共同的侧翼 Z 序列的边界之间引起 DNA 的 DSB(图 9.12)。*MAT* 转换的发生是通过运用相反交配类型的沉默盒作为模板低温退火的一种 DSB 修复机制来完成的。HO 内切核酸酶是细胞周期控制的并且只在母细胞 G_1 末期表达。来自母细胞的 Ash1 mRNA 定位于子细胞并且通过抑制其激活子 Swi4/Swi6 复合物来抑制 *HO* 的转录。因此,只有母细胞(细胞已经经历过至少一次有丝分裂)是允许转换的(Ni et al. 2011)。

MAT 基因座位于酿酒酵母的第三条染色体中部位置,两端均有一个与 *MAT* 同源的基因座,分别为 *HML* 和 *HMR*(图 9.13)。决定 a 接合型和 α 接合型的 *MAT* 称为活性盒(active cassette),把能置换 *MAT* 盒的 *HML* 和 *HMR* 称为沉默盒。*HML* 距离 *MAT* 大约 180 kb,带有 α 盒;*HMR* 距离 *MAT* 大约 120 kb,带有 a 盒;着丝粒(CE)大约位于重组增强子 *RE* 和 *MAT* 基因座之间。*MAT* 基因座处的 Y/Z 交界处有一个酶切位点,HO 内切核酸酶引起酶切位点双链断裂启动了重组,利用两边供体基因座处的 Y 序列取代 *MAT* 基因座处的 Y 区域。*HML* 和 *HMR* 含有交配型基因的全拷贝,但是由于被 E 沉默子和 I 沉默子序列控制而处于抑制状态。*HML* 和 *HMR* 相比,与 *MAT* 具有更多的序列同源性(W、X、Z1 和 Z2)。RE 作为一个重组增强子,控制 *MAT*a 和 *HML*,或者 *MAT*α 和 *HMR* 间的重组(图 9.13)。

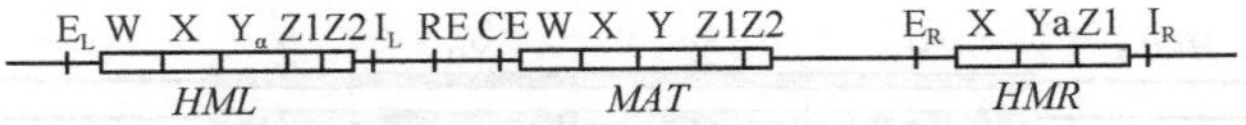

图 9.13 位于同一条染色体上的涉及交配型转换的三个基因座

HML 距离 *MAT* 大约 180kb,*HMR* 距离 *MAT* 大约 120kb;着丝粒(CE)大约位于 RE 和 *MAT* 基因座之间。HO 内切核酸酶引起的 *MAT* 基因座处的双链断裂启动了重组事件,利用一边供体基因座处的 Y 序列取代 *MAT* 基因座处的 Y 区域。*HML* 和 *HMR* 含有接合型基因的全拷贝,但是由于具有被 E 和 I 沉默子序列控制的处于抑制状态的染色体结构,所以它们并不处于表达状态。*HML* 与 *HMR* 相比,与 *MAT* 具有更多的序列同源性(W、X、Z1 和 Z2)。RE 是一个重组增强子,控制 *MAT*a 和 *HML* 或者 *MAT*α 和 *HMR* 间的优先重组。(引自 Moore and Frazer 2002)

沉默盒编码可转座信息,*HML* 和 *HMR* 拷贝转换之后,在原来位置仍保留原来的沉默盒,这与复制型转座相似。因为有两个供体(*HML* 和 *HMR*)只有一个受体(*MAT*),所以接合型的转换相当于一次定向转座。*MATa* 被 *HMLα* 置换后,细胞由 a 型转化为 α 型;如果 *MATα* 被 *HMRa* 置换后,细胞由 α 型转化为 a 型。大概 80%~90% 的细胞的 *MAT* 等位基因被相反的接合型置换。尽管偶尔也发生相同接合型的置换,但是接合型是不会改变的。在沉默盒等位基因的 E 区有多个阻遏蛋白,称为沉默信息调控因子(silent information regulator,SIR)。它们是置换 *MAT* 沉默盒的靶点,只要它们中的任何一个蛋白质失活均能导致 *HML* 和 *HMR* 同时进行转换(图 9.13)(《基因Ⅷ》中译本 p578~586. 2005)。

a/α 交配因子转换的另一个特征是对细胞谱系的依赖性,也就是说转换只发生在减数分裂后的单细胞产物。如果一个亲本细胞发生接合型转换,则它的两个子细胞都是同一种交配型(图 9.5)。这说明接合型转换必定发生在 *MAT* 基因座复制之前,转换产物将伴随着 DNA 的复制传递到子细胞中。*MAT* 的转换决定了 a/α 的转换,但这种决定作用是间接的,是通过产生不同的调控蛋白完成的。

Barsoum 等(2010)在乳酸克鲁维酵母(*K. lactis*)中,发现交配类型转换是由 Mts1(mating type switch1)绑定在具有 *MAT*a 和 *MAT*α 的序列上来诱导的。在 *MAT*α 细胞中,Mts1 作为一种 DNA 结合蛋白能绑定到 *MAT*α 中转座酶 *α3* 编码基因的 5′和 3′区域,进而与 *α3* 结合,在绑定位点产生一个 DSB。*α3* 编码基因作为一个在后续细胞循环中丢失的循环 DNA 分子将自己删除。在 *MAT*a 细胞中,Mts1 绑定于 *MAT*a2 与 *MAT*a1 间的间隔区,通过一个未知的核酸酶诱导形成一个 DSB。DSB 通过运用沉默盒作为模板进行同源重组修复,并且通过基因转换产生交配型转换。此外,Booth 等(2011)发现 Mts1 能够通过磷酸盐饥饿来诱导,这增加了交配类型转换的效率,解释了最初关于营养限制 a/α 交配因子转换的现象。

早在 1984 年 Klar 等已经提出了交配类型转换的分子模式(图 9.14)。在图 9.13 中显示了 HO 内切核酸酶在 Z1 区切割形成 DSB 双链切口,并向 Y 区降解。随后进行 DNA 修补和形成 Holliday 结构,重组分离后完成分子转换。尽管这一分子模式是在研究交配型转换的早期展示的,但对于目前深入理解转换机制仍具有指导意义。

9.3.3.3 转换的意义

因为酵母在孤立的的栖息地环境中生存,如花朵蜜腺和单个水果的表面,因此很少有交配型伴侣能够给这些隔离种群提供有性生殖的机会。携带隐形等位基因 *ho* 的培养物大约 10^5 个分离体才会发生一次交配型转变,但是这种转变发生在携带显性等位基因 *HO*

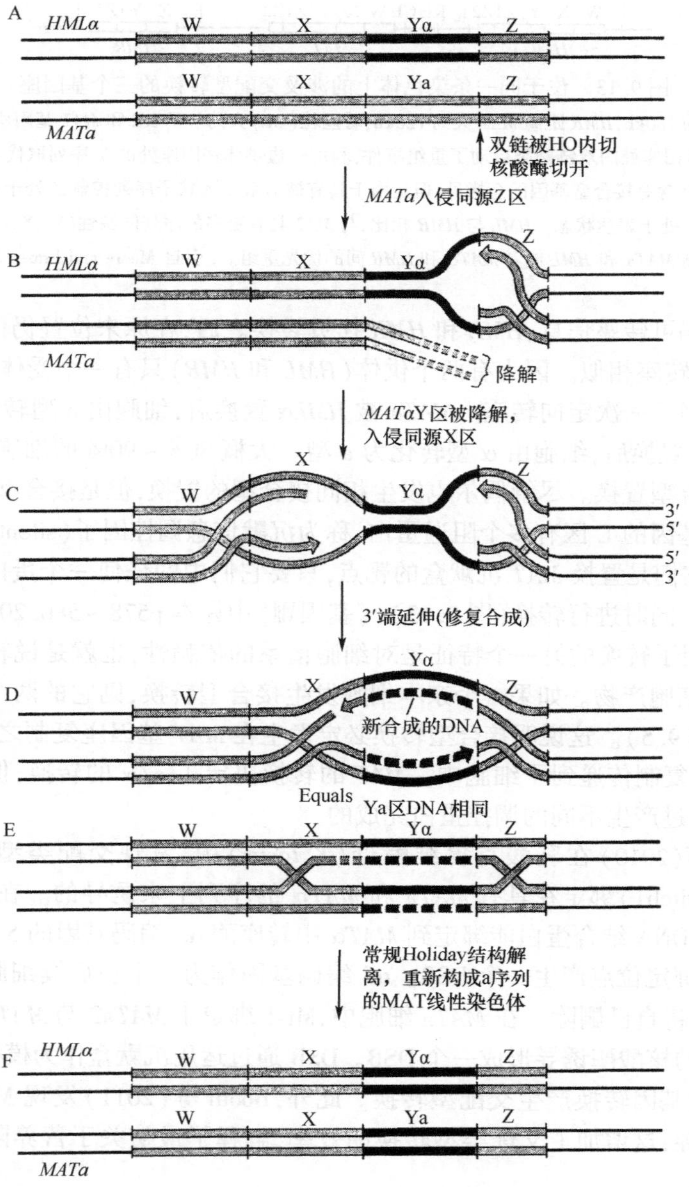

图 9.14　酵母 *MAT* 盒转换机制模式图

A. 当新拷贝的 *HMRα* 转座到 *MATa* 处后进行配对时，HO 内切核酸酶在 Z1 区左侧 10bp 处打开双链；B. HO 内切核酸酶由切开处向 Ya 区降解，直到 X 区；C. 以新转座的 *HMRα* 中为 MO 模板进行 DNA 复制；D. 新合成的 Yα 双链接着形成 Holliday 结构；E. 经过重组分离，完成由 *MATa* 向 *MATα* 转换；F. 转换完成。（引自 Klar et al. 1984）

的菌株的每一个细胞分离体中。细胞分离具有不对称性，新形成的子代芽体在它们出芽之前不具有转变交配型的能力，而出芽后的母细胞则具有这种能力。将编码 HO 内切核酸酶抑制子的 *Ash1* 基因的 mRNA，通过主动运输方式转入正在出芽的酿酒酵母母细胞中，可以抑制母细胞的交配型转换。因此，每一次分离后短时间内只有母细胞是具有这种转变能力的，就是说即使只有一个细胞起始转变过程，单次的分离周期也会产生具有相反交配型的两个细胞(见图9.10)。这是一个非常精巧的重排策略,因为一个重组增强子(RE)控制这个重组过程以确保相反交配型的转换(图9.13),这个增强子位于第三条染色体臂上,该染色体含有这个转换过程的所有基因座位。这种控制区域确保在 *MATa* 细胞中固有的 *MATa* 基因座能够和含有沉默 *MATα* 基因座位的 *HML* 区域发生重组,在 *MATα* 细胞中固有基因座也能够和含有沉默 *MATa* 基因座位的 *HMR* 区域发生重组。

转换并不发生在每个细胞周期中,但是作为一种策略它能使一个"孤独的"单倍体酵母细胞(一种分离的单个细胞不能找到与之对应的交配类型的配体)产生二倍体后代。这个单倍体细胞进行出芽有丝分裂,母细胞转换成交配类型,母细胞和子细胞交配产生纯合的二倍体能够继续进行有丝分裂复制,这就是交配型转换的同宗配合现象(Mortimer 2000)。

我们认为转换的价值实际上可能是使孢子可逆萌发。对于一个处于饥饿环境中单独分离出的细胞或孢子而言,在不能转换交配类型的酵母物种中,如果孢子萌发,它将不可逆转地致力于有丝分裂生长直到遇到一个交配伙伴。如果环境太过恶劣,细胞系将会灭亡。与此相反的是,在一个可以转换的物种中,一个分离出的孢子能够在恶劣的环境中萌发。在转换、交配和孢子形成之后经过两次有丝分裂,形成与自己遗传上完全相同的新孢子。通过这种方法,交配类型转换可能有利于允许细胞或孢子应对环境的不确定性。在不良环境中,一个设想的细胞或孢子在重复经历过萌发、转换和重新形成孢子以后可能会导致周期性的突发转换和在 *MAT* 位点 DNA 双链缺口(DSB)的加速形成(Gordon et al. 2011)。

9.4 丝状子囊菌的交配型

上面介绍了酵母菌的交配型结构和 a/α 交配因子转换模式及调控基因。众所周知,酵母菌的交配型是真菌中最早被研究的子囊菌,借鉴这一研究成果,人们随后在丝状子囊菌中进行了广泛的研究。在介绍丝状子囊菌的交配型之前,首先让我们复习一下有性生殖过程中的异宗配合和同宗配合。

9.4.1 真子囊菌的有性发育和生殖模式

9.4.1.1 真子囊菌的有性发育

一些真子囊菌的生活史可以作为模式系统(图9.15),如鹅柄孢壳菌(*P. anserina*)和玉米赤霉(*G. zeae*)。任一交配型的自交不亲和性个体都可以产生雌性生殖结构、产囊体(ascogonia)、雄性细胞和不动精子(spermatia)。与分生孢子不同,不动精子是真正的已分化的有性细胞,已经不能够再次萌发。一种交配型的产囊体与相反交配型的供体细胞之间能够进行受精作用。供体细胞可能是不动精子、小型分生孢子(microconidia)、大型分生孢子(macroconidia)或者菌丝。分生孢子顶端具有一种特化菌丝——受精丝(trichogyne),受精丝可以被相反交配型的供体细胞所吸引,并最终与之融合。受精作用完成以后，受精丝下的雄性核将迁移至雌性器官。在此迁移过程中，雄性核会经过受精丝到达雌性器官后，经历一系列有丝分裂最终形成含有相反交配型的多核细胞。能否成功产生子代取决于核内识别过程，在这一过程中两个不同交配型的核通过细胞化迁移而形成特化的双核菌丝。这些菌丝也被称为产子囊菌丝，严格地控制并维持亲本核之间 1∶1 的比例。最终，这种菌丝的顶端分化生成产囊丝钩，其中含有两个单核细胞和一个双核细胞。核融合后立即发生减数分裂，随之细胞延长形成子囊。减数分裂后，再经过一个有丝分裂，子囊孢子就被圈定于子囊中，并最终从子实体中释放出来。在自交亲和性类群中，受精作用所需的雄性核推测可能是产囊体的基细胞（basal cell）提供的，但异型杂交实验证实了外部细胞偶尔也可以成为雄性核。对于真子囊菌有性生殖的描述不尽相同，但是我们已经取得了一些共识：受精作用和核内识别过程后形成多核细胞，直接导致了产子囊菌丝的生成（Debuchy and Turgeon 2006）。

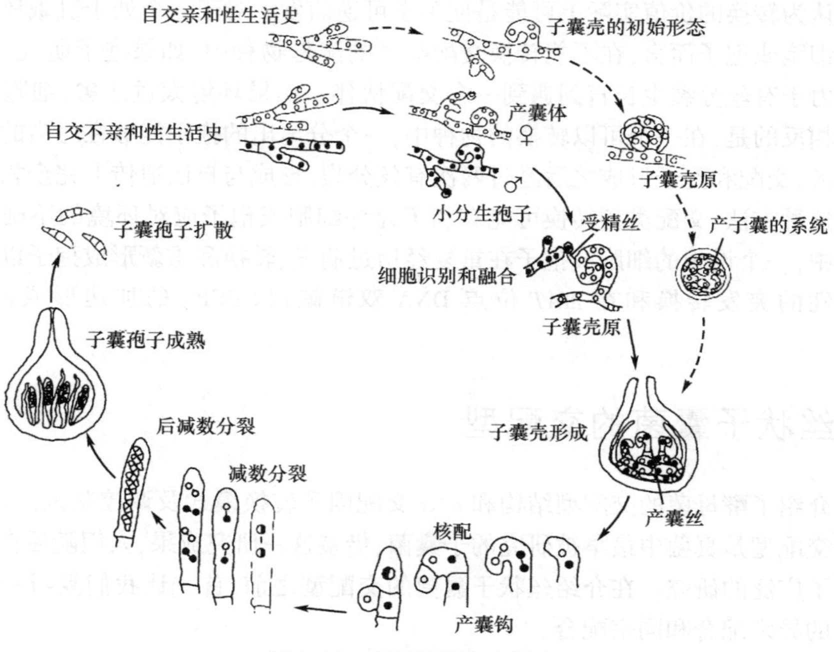

图 9.15　真子囊菌的生活史

外圈显示自交亲和性真菌的生活史。内圈显示自交不亲和性真菌的生活史。（引自 Debuchy and Turgeon 2006）

9.4.1.2　同宗配合与异宗配合的生殖模式

真菌的有性生殖已经进化出了两种典型的有性繁殖体系：异宗配合和同宗配合的生殖模式（图 9.16）。这两种有性生殖的模式拥有共同的关键特征，如倍性变化、减数分裂和重组后代的产生，但是在性交配融合方面的关键特征上是不同的。异宗配合和同宗配合性别模式的变动在整个真菌界是很普遍的，并且这两种模式都能够在同属的不同物种中，有时甚至在同一物种当中被观察到（Ni et al. 2011）。

异宗配合和同宗配合有性生殖模式是动态变化的，并且已经进化到可以满足每个真菌物种的交配需要。异宗配合真菌需要两个带有一致的 *MAT* 型的相对交配类型的伴侣，这个 *MAT* 型包含控制细胞特征、细胞融合和双核受精卵的形成，以及进行核的融合、减数

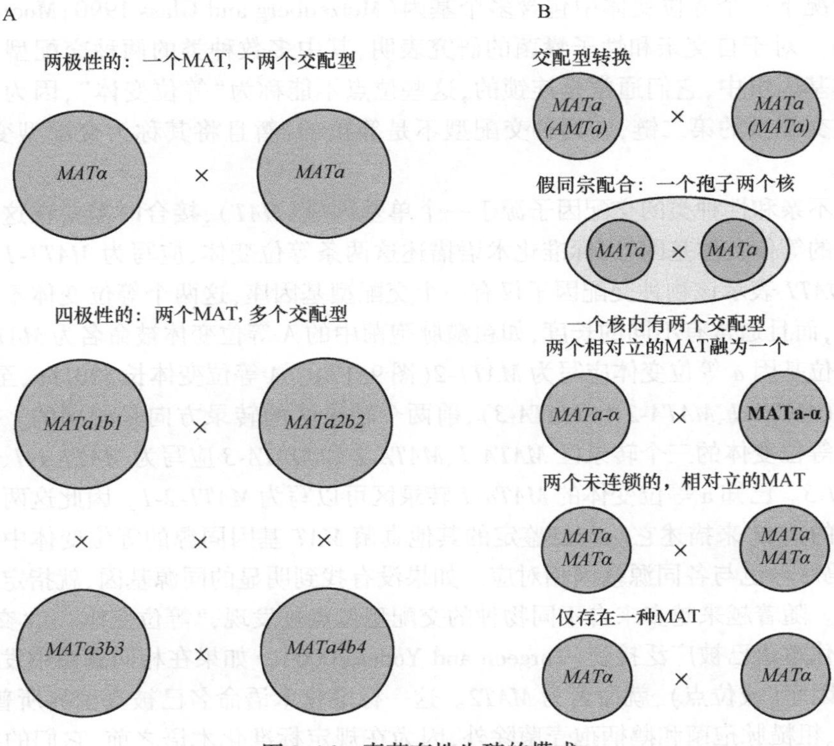

图 9.16　真菌有性生殖的模式

A. 异宗配合的模式。双极性的：*MAT* 基因座调控有性发育，每一个个体都需要有一个相应的 *MAT* 等位变体去配合；四极性的：两个 *MAT* 基因座调控有性生殖而且经常是多基因的，每一个个体必须拥有相对的两个等位变体来进行有性生殖。B. 同宗配合模式：交配转换是一个 α 子细胞和一个 a 母细胞进行交配的交配方式；假同宗配合是指相对交配的两个核被包裹进一个孢子当中，在一个核中的两组 *MAT* 基因或者在一个"基因座"（位点）相融合，或者定位在不同的位置；最终在细胞核中只剩下一个 *MAT* 变体（*MAT* varient），然后细胞之间通过相同的性交配方式生殖后代。（引自 Ni et al. 2011）

分裂和孢子形成的基因。在同宗配合的真菌中成功的交配通常需要相同的基因，但它没有交配伴侣，或者两个伴侣的交配类型是相同的。同宗配合的权威模式是子囊菌纲中典型的 *MAT* 的转换，其中一个 *MAT* 盒就可以使母细胞能够转换交配类型从而与一个子细胞交配（见 9.2.4 节（Heitman et al. 2007a）。

9.4.2　子囊菌的交配型类型

9.4.2.1　交配型的命名

在自交不亲和性的子囊菌中，两种交配型的遗传位点具有不同的序列，而且这两种序列都位于基因组的相同染色体座位上，这些序列的长度从 1kb 到 6kb 大小不等。Metzenberg 和 Glass 用"等位变体（idiomorph）"来描述丝状子囊菌两个交配型"等位基因"中的任何一个（有的文章将"idiomorph" 译为特殊变体）。为何把交配型因子称为等位变体而不是等位基因，因为它们具有非常不同的序列长度和 DNA 序列同源性，而且许多情况下一个等位变体中包含多个基因(Metzenberg and Glass 1990;Moore and Frazer 2002)。对于自交亲和性子囊菌的研究表明,其中多数种类的两种交配型都位于同一单倍体基因组中,它们通常是连锁的,这些位点不能称为"等位变体",因为没有配对的和相反交配型的第二链,即两种交配型不是等位的,暂且将其称为交配型变体(*MAT* varient)。

自交不亲和性种类的交配因子源于一个单基因座(*MAT*),接合时需要在这个座位上有可交替的等位变体基因,用标准化术语描述这两条等位变体,应写为 *MAT1-1* 和 *MAT1-2*,其中,*MAT1* 表示该物种交配因子仅有一个交配型基因座,这两个等位变体不具有广泛的同源性,而且通常有不同的长度,如粗糙脉孢菌中的 A 等位变体被命名为 *MAT1-1*,那么另一条等位基因 *a* 等位变体应写为 *MAT1-2*(图 9.17)。*A* 等位变体长 5301bp,至少分为 3 个转录区(*MATA-1*、*MATA-2* 和 *MATA-3*),前两个转录区的转录方向是相同的。按照现在的命名 *A* 等位变体的三个转录区 *MATA-1*、*MATA-2* 和 *MATA-3* 应写为 *MAT1-1-1*、*MAT1-1-2* 和 *MAT1-1-3*。已知 a 等位变体的 *MATa-1* 转录区可以写为 *MAT1-2-1*。因此这两个 A/a 可以用统一的 *MAT* 来描述它。与已鉴定的其他真菌 *MAT* 基因同源的等位变体中的特定基因,其编码序号也与各同源基因相对应。如果没有找到明显的同源基因,就指定为下一个编码序号。随着越来越多来自不同物种的交配型位点被发现,"等位变体"和"交配型"这两个标准化术语已被广泛接受(Turgeon and Yoder 2000)。如果在相同真菌中发现第 2 种交配型基因座(或位点),就命名为 *MAT2*。这一标准化术语命名已被真菌界所普遍采纳,但酵母菌、粗糙脉孢菌和鹅柄孢壳菌除外,因为在规定标准化术语之前,它们的相关基因就已经被命名了。对于自交不亲和性的丝状子囊菌来说,特别是在模式菌株异旋孢腔菌(*Cochliobolus heterostrophus*)、鹅柄孢壳菌(*P. anserina*)和粗糙脉孢菌(*N. crassa*)中,到目前为止都仅仅发现了 1 种交配型基因座(*MAT1*)(Debuchy and Turgeon 2006)。关于自交不亲和性、自交亲和性和无性种类的交配型位点将在下面分别进行描述。

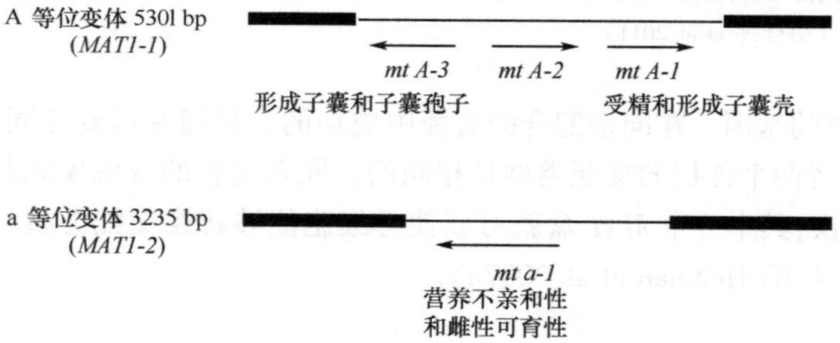

图 9.17　粗糙脉孢菌交配型因子的功能区域

箭头表示转录方向;箭头下的注释表示基因产物的功能。黑线条代表等位变体两侧的保守型 DNA 序列。这些图是定向的,着丝粒在左侧。根据新的命名法图中的转录区 *mtA-1*、*mtA-2*、*mtA-3* 和 *mta-1* 应为 *MAT1-1-1*、*MAT1-1-2*、*MAT1-1-3* 和 *MAT1-2-1*。(引自 Chiu and Moore 1999)

9.4.2.2　子囊菌的三种交配类型

到目前为止,在所有研究的真子囊菌(euascomycete)中,有三种不同的交配类型,如下所述。①自交不亲和性(self-incompatibility)交配型。像酿酒酵母一样两个交配型等位变体位于同一个交配型基因座(*MAT*)上,其中只含有一种形式的交配型遗传信息。②自交亲和性(self-compatibility)交配型。与自交不亲和性相比相对简单、要求较低。自交亲和性真菌的同核培养物可以进行自交,这些同宗配合真菌并不进行减数分裂的所有步骤。③无性真子囊菌(asexual euascomycete)交配型。这是自交不亲和性的另外一种特殊形式,如假同宗配合(图 9.18)。这些菌株可以进一步形成同核的自交不亲和的菌体培养物,表明这些菌株是异核体,含有相反交配型的核。遗传多样性是否赋予了它们隐性的有性周期?对于这些类似无性生殖的种类能否进行有性生殖?或者说它们是否可以进行某种隐性的或者稀有的有性生殖?例如,有些腔菌的无性真子囊菌交配型可能起源于有性祖先,无性生殖可能是由于有性祖先交配型通路中某一基因缺失所产生的结果。但是对于这一结论目前仍有争论。

Ni 等(2011)从遗传学角度认为,大孢粪壳(图 9.18 的 *Sm*)、鹅柄孢壳(*Pa*)和粗糙脉孢菌(*Nc*)具有相似的性发育周期,但是代表三种典型的遗传学交配机制(图 9.18),分别是同宗配合(homothallism)、假同宗配合(pseudohomothallism)和异宗配合(heterothallism)。大孢粪壳和鹅柄孢壳都属于生长在粪便上的类群,它们在食草动物的粪便上被发现并且在动物粪便营养回收中很重要。它们是研究真菌性发育和减数分裂的典型基因模型,因为它们的有性生殖孢子在子囊中是呈直线排列的。此外,鹅柄孢壳菌是研究老化的模式生物,因为它有一个有限的特别紧迫的生命跨度。粗糙脉孢菌是一个良好的模式体系,基于这一体系阐明了"一个基因一种酶"的假说及昼夜节律的分子机制。这三种真菌的基因组序列已经获得(Lee et al. 2010;Ni et al. 2011)。

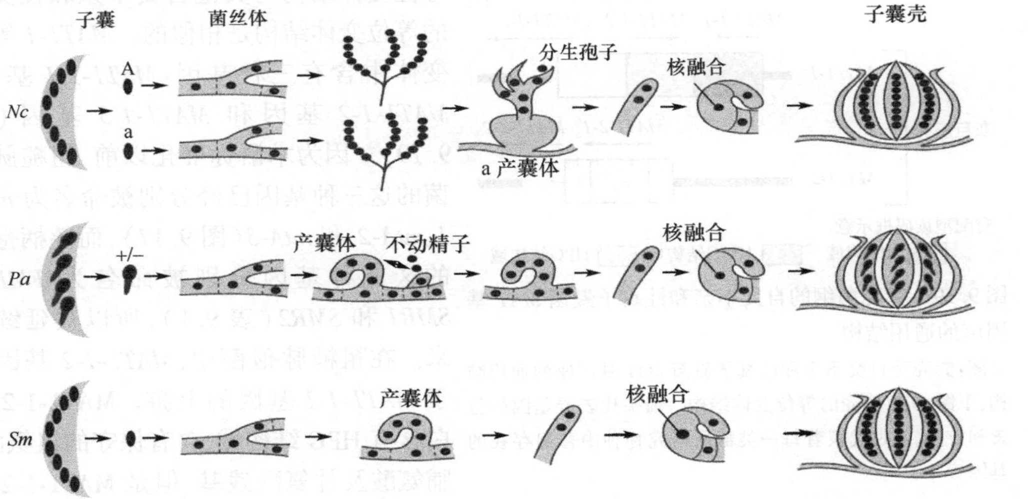

图 9.18 丝状子囊菌大孢粪壳、鹅柄孢壳和粗糙脉孢菌有性发育周期

图示有性发育从子囊孢子的发芽开始,接着是营养菌丝的生长和产囊体的形成,产囊体进一步发育成子囊壳。在子囊壳里,两个单核发生融合形成一个双核,然后进行减数分裂和减数分裂后的有丝分裂,最终导致一个八倍体的形成,在粗糙脉孢菌(*Nc*)和大孢粪壳(*Sm*)中子囊孢子呈直线排列,在鹅柄孢壳(*Pa*)中是 4 个双核的子囊孢子。异宗交配的 *Nc* 的交配方式只发生在 *MATA* 和 *MATa* 株系之间,小分生孢子(雄性)是交配型(*MAT*)之一(图中的 A 或者也可以是 a),它和隶属于另一种 *MAT*(图中 a,也可以是 A)的产囊体(雌性)交配;鹅柄孢壳(*Pa*)假同宗交配的有性发育开始于双核子囊孢子(*MAT*+/−)的发芽并形成自体受精,异核体菌丝同时拥有两种交配类型的核。任何一种交配型的菌丝发育成精子或产囊体,受精作用就发生在这两种相反的交配类型的精子和产囊体之间;大孢粪壳(*Sm*)是同宗配合,它的菌丝来自单核产孢子体的生长。(引自 Ni et al. 2011)

大孢粪壳菌是单核子囊孢子萌发菌丝的同宗配合菌，并且它在菌丝生长的过程中不产生无性孢子。鹅柄孢壳是假同宗配合菌，并且它的子囊孢子包含两个核，每个交配型（*MAT1-1* 或 MAT^- 和 *MAT1-2* 或 MAT^+）双核子囊孢子萌发形成自育菌丝，异核体菌丝携带能在单独培养时完成有性生殖循环的两个交配类型的核（假同宗配合的近亲交配）或者分开的相反交配类型菌丝能够异型杂交（图 9.16）。每个交配类型的菌丝发育成不动精子（雄性）或者产囊体（雌性），并且在一个不动精子和一个相反交配类型的产囊体之间发生受精。与其他子囊菌类不同的是，鹅柄孢壳菌的不动精子（无性生殖孢子）不能萌发，并且它们的功能是纯粹有性的（Zickler et al. 1995；Ni et al. 2011）。

9.4.3 丝状子囊菌交配型的结构

9.4.3.1 自交不亲和性交配型

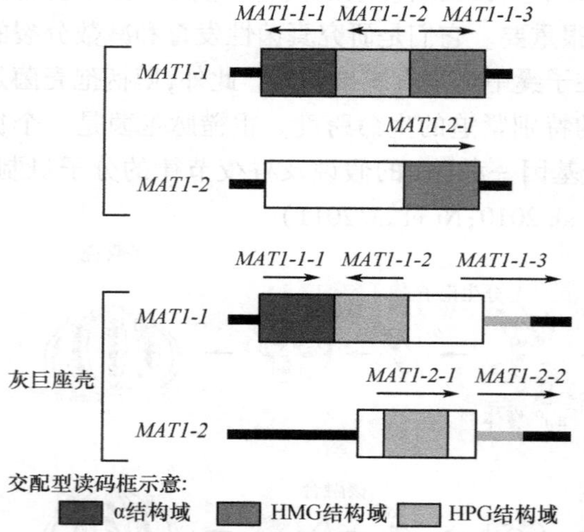

图 9.19 粪壳菌纲的自交不亲和性真子囊菌 *MAT* 基因座的通用结构

上图：粪壳菌自交不亲和性真子囊菌 *MAT* 基因座的通用结构；下图：灰巨座壳的等位变体结构。箭头代表着基因的位置和方向，同时代表着每一类群所研究物种中普遍存在的基因

1. 粪壳菌纲的自交不亲和性 粪壳菌纲（Sordariomycetes）两种自交不亲和性粪壳菌——粗糙脉孢菌（*N. crassa*）和鹅柄孢壳（*P. anserina*）可以作为研究等位变体结构的模型系统，研究发现这两者的等位变体结构与其他自交不亲和性类群的等位变体结构是相似的。*MAT1-1* 等位变体中含有三种基因：*MAT1-1-1* 基因、*MAT1-1-2* 基因和 *MAT1-1-3* 基因（图 9.19）。因为术语标准化以前，粗糙脉孢菌的这三种基因已经分别被命名为 *mtA-1*、*mtA-2* 和 *mtA-3*（图 9.17），而鹅柄孢壳的这三种基因分别被命名为 *FMR1*、*SMR1* 和 *SMR2*（表 9.1），所以被延续下来。在粗糙脉孢菌中，*MAT1-1-2* 基因位于 *MAT1-1-1* 基因的上游。MAT1-1-2 蛋白含有 HPG 结构域，含有保守的组氨酸、脯氨酸及甘氨酸残基，但是 MAT1-1-2 蛋白的分子功能仍是未知的。研究表明，*SMR1* 基因并不是一个真正的交配型基因，因为无论 *SMR1* 基因位于任一亲本中或者存在于两个亲本中，都不会导致交配出现任何缺陷（Arnaise et al. 1997）。*MAT1-1-2* 基因保守性地存在于所有粪壳菌中，而在这一类群之外的种类中，并没有找到任何的同源基因。显然，*MAT1-1-2* 基因是粪壳菌交配型系统所特有的，其决定了粪壳菌交配型所特有的分子功能。*MAT1-1-3* 基因位于自交不亲和性粪壳菌 *MAT1-1* 等位变体中。*MAT1-1-3* 基因位于 *MAT1-1-1* 基因的远端（图 9.19）。MAT1-1-3 蛋白含有 HMG 结构域［高迁移率结构域（high mobility group domain）］。

表 9.1 自交不亲和性和相关无性真子囊菌纲交配型(*MAT*)基因座结构

菌名	等位变体	注册号	等位变体大小[a]	基因	特征
Loculoascomycetes					
Cochliobolus heterostrophus	*MAT1-1*	AF029913	1297	*MAT1-1-1*	α domain
	MAT1-2	AF027687	1171	*MAT1-2-1*	HMG
Phaeosphaeria nodorum	*MAT1-1*	AY212018	4282	*MAT1-1-1*	α domain
	MAT1-2	AY212019	4505	*MAT1-2-1*	HMG
Alternaria alternata[b]	*MAT1-1*	AB009451	1942	*MAT1-1-1*	α domain
	MAT1-2	AB009452	2256	*MAT1-2-1*	HMG
Didymella rabiei	*MAT1-1*	Barve et al. (2003)	2294	*MAT1-1-1*	α domain
	MAT1-2		2693	*MAT1-2-1*	HMG
Mycosphaerella Graminicola	*MAT1-1*	AF440399	2839	*MAT1-1-1*	α domain
	MAT1-2	AF440398	2772	*MAT1-2-1*	HMG
Sordariomycetes					
Neurospora crassa	*mat A*	M33876	5736	*mat A-1*	α domain
				mat A-2	HPG domain
				mat A-3	HMG
	mat a	M54787	3235	*mat a-1*	HMG
				mat a-2	MiniORF
Podospora anserina	*mat-*	*X64194*	*4710*	*FMR1*	α domain
		X73830		*SMR1*	HPG domain
		X73830		*SMR2*	HMG
	mat+	*X64195*	*3869*	*FPR1*	HMG
Gibberella moniliformis	*MAT1-1*	AF100925	4605	*MAT1-1-1*	α domain
(*Gibberella fujikuroi*)				*MAT1-1-2*	HPG domain
		Kanamori & Arie, personal communication		*MAT1-1-3*	HMG
Fusarium oxysporum[b]	*MAT1-2*	AF100926	3824	*MAT1-2-1*	HMG
	MAT1-1	AB011379	4614	*MAT1-1-1*	α domain
				MAT1-1-2	HPG domain
				MAT1-1-3	HMG
	MAT1-2	AB011378	3821	*MAT1-2-1*	HMG
Cryphonectria parasitica	*MAT1-1*	AF380365	4691	*MAT1-1-1*	α domain
				MAT1-1-2	HPG domain
				MAT1-1-3	HMG
	MAT1-2	AF380364	2810	*MAT1-2-1*	HMG
Magnaporthe grisea	*MAT1-1*	AB080670	3388	*MAT1-1-1*	α domain

续表

菌名	等位变体	注册号	等位变体大小[a]	基因	特征
				MAT1-1-2	HPG domain
				MAT1-1-3	HMG
	MAT1-2	AB080671	2459	*MAT1-2-1*	HMG
				MAT1-2-2	HMG
Paecilomyces tenuipes[b]	MAT*1-1*	AB096216	3.8 kbp	*MAT1-1-1*	α domain
				MAT1-1-2	HPG domain
	MAT1-2	AB084921	4 kbp	*MAT1-2-1*	HMG
				MAT1-1-1	Pseudogene
				MAT1-2-2	None identified
Leotiomycetes					
Pyrenopeziza brassicae	*MAT1-1*	AJ006073	4804	*MAT1-1-1*	α domain
				MAT1-1-4	Metallothionein
				MAT1-1-3	HMG
	MAT1-2	AJ006072	4147	*MAT1-2-1*	HMG
Rhynchosporium secalis[b]	*MAT1-1*	AJ549759	4049	*MAT1-1-1*	α domain
				MAT1-1-3	HMG
	MAT1-2	AJ537511	3153	*MAT1-2-1*	HMG

注：a 大小以碱基对表示；b 无性型。（引自 Debuchy and Turgeon 2006）

MAT1-2 等位变体（在粗糙脉孢菌和鹅柄孢壳中分别又称为 MAT_{α} 和 MAT^{+}）含有一个能够编码含有 HMG 结构域蛋白的 ORF，称为 *MAT1-2-1* 基因，该基因在粗糙脉孢菌中又称为 *MAT a-1* 基因，而在鹅柄孢壳中称为 *FPR1* 基因（表 9.1）。Pöggeler 和 Kuck（2000）对粗糙脉孢菌的 *MAT a-1* 基因 ORF 上游等位变体区域进行了详细的分析，结果表明 *MAT a-1* 基因的转录物从潜在翻译起始位点向上游至少延伸了 1252 个核苷酸。这种转录物含有几个 μORF 和一个含有 147bp 内含子并编码 79 个氨基酸的 μORF。作者推测这一 μORF 可能是 1 种新的 *MAT a-2* 基因。然而，这一 *MAT a-2* 基因编码序列并不含有能够表明其分子功能的任何基序，与其他粪壳菌 *MAT1-2* 等位变体也没有同源性。而且，Chang 和 Staben（1994）研究了具有截短 *MAT a-1* 基因的粗糙脉孢菌菌株的交配行为，其中截短 *MAT a-1* 基因中缺少了大部分 5′端非翻译区（包括 *MAT a-2* 序列）。结果表明，这些菌株的交配行为仍然和野生型菌株一样，说明 *MAT a-1* 基因 ORF 上游等位变体区域并不含有粗糙脉孢菌交配所必需的任何基因或者结构。关于交配型基因的功能我们将在 9.5 节中予以介绍。

灰巨座壳（*M. grisea*）的等位变体结构不同于其他自交不亲和性粪壳菌的保守结构（图 9.19 下图和表 9.1）。灰巨座壳 *MAT1-1-1* 基因的方向也与其他粪壳菌 *MAT1-1-1* 基因方向相反。更令人惊奇的是，*MAT1-1-3* 基因的 ORF 从等位变体一直延伸到侧翼区域，侧翼区域中含有 HMG 结构域。*MAT1-2* 等位变体含有 *MAT1-2-1* 基因和其他基因，*MAT1-2-2* 基因也延伸到了与 *MAT1-1-3* 基因所共有的侧翼区域。*MAT1-2-2* 基因的 ORF 起始于

MAT1-2 基因和其侧翼区域的边缘。*MAT1-2* 基因的功能仍是未知的。

2. 腔菌纲的自交不亲和性 腔菌纲(Loculoascomycetes)的自交不亲和性的等位变体是其中最简单的一种(图9.20)。对于本组中所有的类群来说,它们的 *MAT1-1* 和 *MAT1-2* 等位变体分别含有编码 α1 蛋白和 HMG 蛋白的ORF(表9.1)。根据前面所提到的标准化术语命名法,这两个基因分别被命名为 *MAT1-1-1* 和 *MAT1-2-1*。不同物种的等位变体大小不同,但它们所编码的 *MAT* 基因在它们各自染色体上的方向相同。该类群中第一个被描述的 *MAT* 等位变体是异旋孢腔菌(*C. heterostrophus*)的 *MAT* 等位变体。异旋孢腔菌的每个 *MAT* 基因的 ORF 都几乎占据了整个等位变体序列(Turgeon et al. 1993)。通过表达分析表明,*MAT1-1-1* 基因和 *MAT1-2-1* 基因的转录均起始和终止于共同序列中(等位变体侧翼区域),这就导致 *MAT* 基因转录物的大小是相应 ORF 的两倍(Leubner-Metzger et al. 1997)。*MAT* 基因多个转录起始位点的存在和 *MAT* 基因 5′-UTR 区域内含子的选择性剪切又导致了多重转录物的产生。*MAT* 基因的 5′-UTR 区域中含有 μORF,μORF 能够控制下游编码序列的翻译。然而,去除亲本 *MAT* 基因的转录起始位点和 5′-UTR 区域,并不会导致亲本的不育,这就表明这些区域中并不含有交配的必要信息。与之相反,等位变体基因的 3′-UTR 区域含有完整有性周期所必需的结构信息。然而,*MAT1-1* 和 *MAT1-2* 等位变体基因共有的 3′端侧翼区域的分子功能仍是未知的。目前已经在旋孢腔菌属的 *C. ellisii*、炭旋孢腔菌(*C. carbonum*)、维多利亚旋孢腔菌(*C. victoriae*)和间型旋孢腔菌(*C. intermedius*)中发现了这种一个基因或一个等位变体的结构(Yun et al. 1999)。鹰嘴豆亚隔孢壳(*Didymella rabiei*)[鹰嘴豆壳二孢(*Ascochyta rabiei*)的有性态](Barve et al. 2003)、禾生球腔菌(*Mycosphaerella graminicola*)[小麦壳针孢(*Septoria tritici*)的有性态](Waalwijk et al. 2002)和颖枯暗球腔菌(*Phaeosphaeria nodorum*)[颖枯壳针孢(*Stagonospora nodorum*)的有性态](Bennett et al. 2003)的 *MAT* 等位变体也含有一个单一的、起始和终止于等位变体中的 ORF,只是它们的等位变体序列比异旋孢腔菌的更长(表9.1)。这些真菌 *MAT* 基因的转录起始位点还尚未鉴定出来。与异旋孢腔菌不同,这些基因的启动子很有可能位于 *MAT* 基因特异序列内部。目前已经发现与异旋孢腔菌的不同,这些真菌中每个 *MAT* 基因只对特异的转录调节因子做出响应,这就更增强了上面关于启动子位于 *MAT* 基因特异序列内部可能性的猜想。

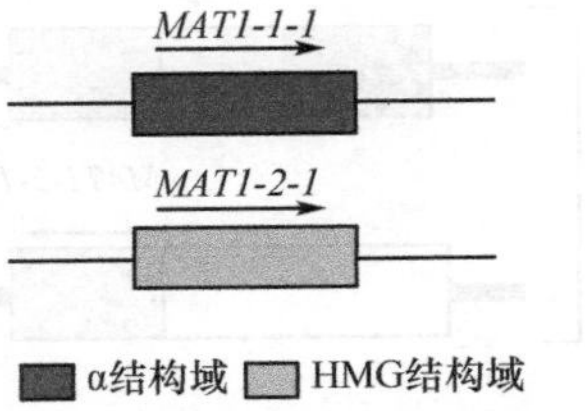

图 9.20 腔菌纲

自交不亲和性真子囊菌 *MAT* 基因座的结构。箭头代表着基因的位置和方向。同时箭头代表着每一类群所研究物种中普遍存在的基因。(引自 Debuchy and Turgeon 2006)

3. 锤舌菌纲的自交不亲和性 在锤舌菌纲(Leotiomycetes)中对自交不亲和性的芸薹埋核盘菌(*Pyrenopeziza brassicae*)交配型基因进行了研究。对来自不同地域的芸薹埋核盘菌一共30株中 *MAT1-1* 等位变体和 *MAT1-2* 等位变体的研究结果显示,其中14株含有 *MAT1-1* 等位变体,16株含有 *MAT1-2* 等位变体(Singh et al. 1999)。虽然芸薹埋核盘菌 *MAT* 等位变体与粪壳菌 *MAT* 等位变体在结构上是相似的,但是它们分别具有不同的显著特征。*MAT1-1-2* 基因被一个编码金属硫蛋白类似蛋白的新基因所代替(图9.21和表9.1),这一基因被称为 *MAT1-1-4* 基因,因为难以获得基因突变株,而且也没有任何转录分析数据能够证明这一基因在有性周期中是否表达,所以它在有性周期中的功能仍是未

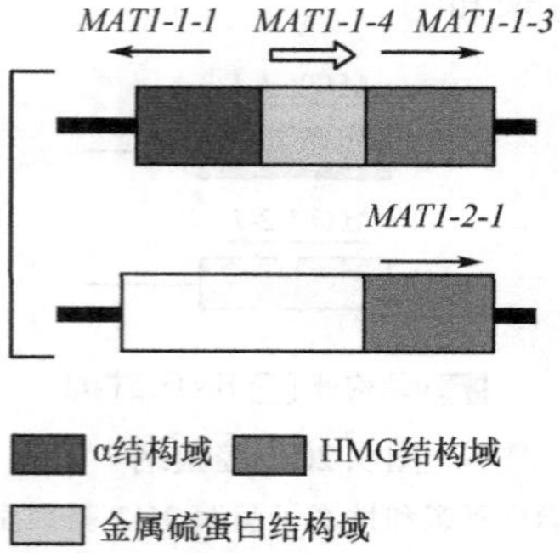

图 9.21 锤舌菌纲的自交不亲和性子囊菌 *MAT* 基因座的一般结构 黑色箭头代表着基因的位置和方向，同时代表着每一类群所研究物种中普遍存在的基因。空白箭头代表着某些物种所特有的基因

知的。1998 年，Singh 和 Ashby 推测这种金属硫蛋白类似蛋白（metallothionein-like）可以作为金属离子的净化因子。2002 年，Goodwin 对另一种自交不亲和性锤舌菌卷毛盘菌属的 *Tapesia yallundae*（小麦基腐病的有性态，与芸薹埋核盘菌亲缘关系很近）的 *MAT* 等位变体中相关基因的组织结构进行了研究。利用芸薹埋核盘菌（*P. brassicae*）*MAT* 基因作为探针，与基因组进行杂交，结果证明卷毛盘菌属的 *T. yallundae* 中存在交配型基因的同源序列（Singh et al. 1999）。利用芸薹埋核盘菌 *MAT* 基因作为探针与牛粪盘菌（*Ascobolus stercorarius*）基因组进行杂交以检测牛粪盘菌（与芸薹埋核盘菌同属一个子类）交配型基因的保守性，结果没有发现任何交配型特异信号，这表明在盘菌纲（Discomycete）分类群的不同阶层中，它们的交配型基因具有特异的 DNA 序列（Cisar et al. 1994；Singh et al. 1999）。

9.4.3.2 自交亲和性交配型

1. 粪壳菌纲的自交亲和性 目前，只是在三种自交亲和性粪壳菌菌株中进行了交配型基因结构的研究，包括玉米赤霉（*G. zeae*）、大孢粪壳（*S. macrospora*）和球毛壳（*Chaetomium globosum*）（图 9.22 和表 9.2）。玉米赤霉具有类似于自交不亲和性粪壳菌 *MAT* 基因的连锁结构。玉米赤霉的三种 *MAT* 基因在结构上与自交不亲和性菌株藤仓赤霉（*Gibberella fujikuroi*）的 *MAT1-1* 交配型基因相同，藤仓赤霉的 *MAT1-1* 基因与 *MAT1-2-1* 基因之间相距 611bp（Yun et al. 2000）。大孢粪壳具有 *MAT1-1-1* 基因的同源基因（*Smt A-1*）、*MAT1-1-2* 基因的同源基因（*Smt A-2*）和 *MAT1-1-3* 基因的同源基因（*Smt A-3*），其 *MAT1-1-3* 基因缺少 HMG 结构域的编码区（HMG 结构域是自交不亲和性粪壳菌 *MAT1-1-3* 基因的特征区域）。*Smt A-3* 基因位于 *MAT1-2-1* 基因（*Smt a-1*）上游 813bp 处，并与 *Smt a-1* 基因进行共转录（Pöggeler and Kück 2000）。推测这一结构的出现是由于大孢粪壳潜在的自交不亲和性祖先的 *MAT1-1-3* 基因和 *MAT1-2* 等位变体之间发生了一次不等交换的结果。目前，还不清楚截短的 *Smt A-3* 基因是否仍然能够编码有性循环所必需的蛋白质，或者它是否能够给下游 *Smt a-1* 基因提供一个启动子和一个转录起始位点，或者它是否可以作为调节性 μORF。自交亲和性菌株球毛壳（*C. globosum*）的全基因组序列已经公布，结果显示其与鹅柄孢壳（*P. anserina*）亲缘关系较近（Liu and Hall 2004）。测序结果显示，它除了含有一个结构上与鹅柄孢壳的 *MAT1-1*（*mat-*）等位变体相同的 *MAT1-1* 交配型基因，还有另外一个位于不同超级重叠群的 *MAT1-2-1* 基因。更令人惊奇的是，球毛壳含有两个不同的 *MAT1-1-2* 基因拷贝，一个位于 *MAT1-1* 位点中，另一个位于 *MAT1-2-1* 基因下游 1540bp 处。

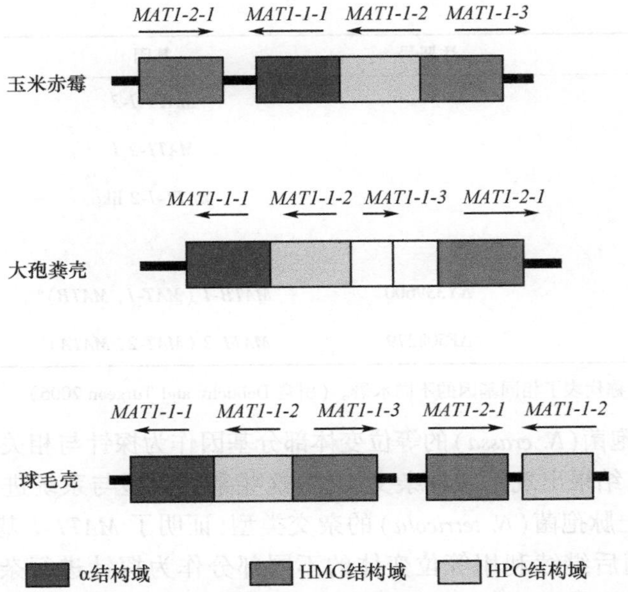

图 9.22 粪壳菌纲已知的自交亲和性子囊菌的 *MAT* 基因座的结构

箭头代表着基因的位置和方向，同时代表着每一类群所研究物种中普遍存在的基因

表 9.2 自交亲和性真子囊菌 *MAT* 基因座结构

菌名	注册号	基因	特征
Loculoascomycetes			
Cochliobolus homomorphus	AF129741	*MAT1-2-1*::*MAT1-1-1*	HMG+α domain
Cochliobolus luttrellii	AF129740	*MAT1-1-1*::*MAT1-2-1*	α domain+HMG
Cochliobolus kusanoi	AF129742	*MAT1-1-1*::*MAT1-2-1*	HMG
		MAT1-1-1	α domain
Cochliobolus cymbopogonis	AF129744	*MAT1-1-1*	α domain
	AF129745	*MAT1-2-1*	HMG
Sordariomycetes			
Gibberella zeae	AF318048	*MAT1-1-1*	α domain
		MAT1-1-2	HPG domain
		MAT1-1-3	HMG
		MAT1-2-1	HMG
Sordaria macrospora	Y10616	*Smt A-1*	α domain
		Smt A-2	HPG domain
		Smt A-3	None identified
		Sm a-1	HMG
Chaetomium globosum	Broad Institute	*MAT1-1-1*	α domain
		MAT1-1-2	HPG domain

续表

菌　名	注册号	基因	特征
		MAT1-1-3	HMG
		MAT1-2-1	HMG
		MAT1-1-2 like	HPG domain
Eurotiomycetes			
Emericella nidulans	AY339600	*MATB-1* (*MAT-1*, *MATB*)[a]	α domain
	AF508279	*MAT1-2* (*MAT-2*, *MATA*)[a]	HMG

注：a. 括号中的名称代表了相同基因的不同术语。(引自 Debuchy and Turgeon 2006)

利用粗糙脉孢菌(*N. crassa*)的等位变体部分基因作为探针与相关自交亲和性种类的基因组进行杂交,结果出现了三种杂交类型,这些杂交类型与系统进化有关(Dettman et al. 2001)。①栖土脉孢菌(*N. terricola*)的杂交类型,证明了 *MAT1-1* 基因和 *MAT1-2* 基因序列的存在,但随后继续利用等位变体的不同部分作为探针进行杂交检测,结果发现 *MAT1-1* 等位变体丢失了 *MAT1-1-3* 基因的相关区域(Beatty et al. 1994)。②另一个系统进化群由非洲脉孢菌(*N. africana*)、道奇脉孢菌(*N. dodgei*)和加拉巴哥群岛脉孢菌(*N. galapagosensis*)组成,它们可能属于相同种类。*N. lineolata* 具有与其他菌株不同的独特谱系,但与其他菌株的关系仍然极为密切。这 4 种自交亲和性种类或者菌株都含有 *MAT1-1* 等位变体序列,但是它们都不能与含有 *MAT1-2-1*(*mat a-1*)基因的探针进行杂交,这表明它们都不具有 *MAT1-2-1* 基因(Glass et al. 1990)。③第三组分支包括麻孢壳属的美孢麻孢壳(*Gelasinospora calospora*)和脉孢菌属的藜芦脉孢菌(*N. sublineolata* = *Anixiella sublineolata*)。这两种自交亲和性种类都含有 *MAT1-1* 和 *MAT1-2* 等位变体序列(Beatty et al. 1994)。这一结果表明 *MAT1-1-1* 基因和 *MAT1-1-2* 基因保守性地存在于所有的自交亲和性粪壳菌菌株中。其中一些种类可能丢失了 *MAT1-1-3* 基因或者 *MAT1-2-1* 基因,但是不会同时缺少这两种基因(编码含有 HMG 结构域蛋白的基因)。推测丢失了 *MAT1-1-3* 基因或者 *MAT1-2-1* 基因之后,剩余的那个 HMG 编码基因将行使重要功能。任何其他基因都不能替代保守的、非冗余的 *MAT1-1-1* 基因和 *MAT1-1-2* 基因的重要功能。所以,我们推测自交亲和性粪壳菌杂交型基因的最小结构应该至少含有 *MAT1-1-1* 基因、*MAT1-2-1* 基因和至少一个 HMG 编码基因。

2. 腔菌纲的自交亲和性　腔菌纲自交亲和性的 *MAT1-1-1* 基因 和 *MAT1-2-1* 基因在单核基因组中的排列是不同的(图 9.23 和表 9.2),旋孢腔菌属的香茅旋孢腔菌(*Cochliobolus cymbopogonis*)具有独立的、完整的 *MAT1-1-1* 基因 和 *MAT1-2-1* 基因,而 *C. luttrellii* 和同型旋孢腔菌(*C. homomorphus*)具有 *MAT* 基因融合体。这种重组基因融合体或者是 *MAT1-1-1*::*MAT1-2-1* (*C. luttrellii*) 的嵌合形式, 或者是 *MAT1-2-1*::*MAT1-1-1* (*C. homomorphus*)。这些自交亲和性种类可能起源于自交不亲和性祖先。在卡哈瓦旋孢腔菌(*C. kusanoi*)中,存在一个更为复杂的结构,这一真菌含有一个完整的 *MAT1-1-1* 同源基因,还有一个 *MAT1-1-1*::*MAT1-2-1* 嵌合基因,两者连接在一起。其中,嵌合基因中含有 HMG 编码序列,但缺少 α1 编码结构域(Yun et al. 1999)。在旋孢腔菌属之外的自交亲和

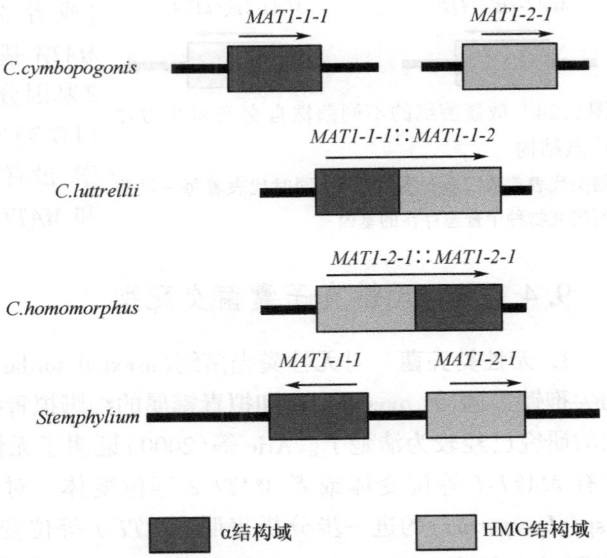

图 9.23　腔菌纲的不同菌株自交亲和性 *MAT* 位点结构
箭头代表着基因的位置和方向，同时代表着每一类群所研究物种中普遍存在的基因

性种类球腔菌属（*Mycosphaerella*）的玉米球腔菌[*Mycosphaerella zeae-maydis*（无性型 *Didymella zeae-maydis*）]中也发现了 *MAT* 位点。玉米球腔菌的 *MAT* 基因具有异旋孢腔菌的完整版本，其 *MAT* 基因复本头接尾相邻排列，中间由大约 1000 个碱基的非编码序列所隔开（Debuchy and Turgeon 2006）。

已经对匍柄霉属（*Stemphylium*）中共 106 种不同菌株的交配型位点结构进行了研究（Inderbitzin et al. 2005）。这些菌株中既含有嵌合的 *MAT* 基因，又含有紧密相连的 *MAT* 基因，其中独立的 *MAT* 基因类似于旋孢腔菌中的情况。在旋孢腔菌内，*MAT* 位点中或者含有一个 *MAT1-1-1* 基因，或者含有一个 *MAT1-2-1* 基因，方向是 5′→3′，位于上游 *ORF1* 基因和下游 *BGL1* 基因之间（图 9.23）。通过实验证明，自交亲和性菌株的子实体或者分生孢子可以进行自交。这些菌株的 *MAT* 位点具有两种类型的构造。第一种类型，两个 *MAT* 基因连接在一起。*MAT1-1-1* 基因和其两个侧翼倒置后，再与 *MAT1-2-1* 基因相连（基因排列方向与旋孢腔菌 *MAT* 基因的排列方向相同），*MAT1-1-1* 基因位于 *MAT1-2-1* 基因上游约 200bp 处，并且位于 *MAT1-2-1* 基因和 *ORF1* 基因之间（图 9.22）。第二种类型，是在一些自交亲和性菌株中只具有 *MAT1-1-1* 基因，这与某些脉孢菌自交亲和性菌株相似，如非洲脉孢菌（*N. africana*）只具有 *mat A-1* 基因（Glass et al. 1990）。匍柄霉属中的其他一些菌株，到目前为止，它们的有性状态还并不明确，它们也可能是无性的，或是自交不亲和性的，或是自交亲和性的。

上述结果表明，自交亲和性腔菌交配型基因的排列是不同的。其中最明显的是在匍柄霉属的某些菌株中就没有发现 *MAT1-2-1* 基因，这就表明 HMG 调节结构域可能并不是控制其有性周期的必要因素。当然，还有另一种可能性。这种可能性就基于最近的研究结果，即旋孢腔菌的每个 *MAT* 基因都能够编码具有 HMG 活性和 α1 活性的蛋白质。*MAT1-2-1* 基因缺失后，它所负责的调节功能就由剩下的 *MAT1-1-1* 基因来执行。而 *MAT1-2-1* 所调控的靶基因必须进行进化从而能够被 *MAT1-1-1* 基因的 HMG 结构域所调控（Debuchy and Turgeon 2006）。要证实这一假说，首先要证明匍柄霉 MAT 蛋白和旋孢腔菌 MAT 蛋白两者的结构具有相似性。

3. 散囊菌纲的自交亲和性　散囊菌纲（Eurotiomycetes）的自交亲和性，到目前为止，仅仅对一种自交亲和性的构巢裸孢壳（*Emericella nidulans*）的交配型基因进行了鉴定。构巢裸孢壳的无性态被称为构巢曲霉（*A. nidulans*）。构巢裸孢壳单倍体基因组中含有两个分别与 *MAT1-1-1* 基因和 *MAT1-2-1* 基因同源的调节蛋白编码基因，分别为 *MAT-1* 基因

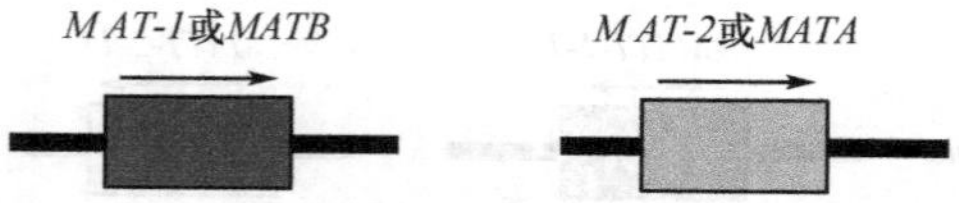

图9.24 散囊菌纲的不同菌株自交亲和性 *MAT* 位点结构
箭头代表着基因的位置和方向,同时代表着每一类群所研究物种中普遍存在的基因

(或者 *MATB* 基因)和 *MAT-2* 基因(或者 *MATA* 基因)(图9.24)。*MAT-1* 基因和 *MAT-2* 基因分别位于连锁群6(LG 6)和连锁群3(LG 3)中(Dyer et al. 2003)。通过BLAST搜索,没有在构巢裸孢壳中找到 *MAT1-1-2* 基因和 *MAT1-1-3* 基因。

9.4.3.3 无性真子囊菌交配型

1. 无性粪壳菌 对无性粪壳菌纲(asexual sordariomycetes)中肉座菌目(Hypocreales)的尖孢镰刀菌(*F. oxysporum*)和拟青霉属的细脚拟青霉(*Paecilomyces tenuipes*)等位变体结构的研究已经较为清楚了。Arie 等(2000)证明了无性尖孢镰刀菌的不同变型(f. sp.)都含有 *MAT1-1* 等位变体或者 *MAT1-2* 等位变体。对尖孢镰刀菌番茄变型(*F. oxysporum* f. sp. *Lycopersici*)的进一步分析表明,*MAT1-1* 等位变体或者 *MAT1-2* 等位变体分别含有 *MAT1-1-1*、*MAT1-1-2*、*MAT1-1-3* 基因和 *MAT1-2-1* 基因(Yun et al. 2000)。这些基因与有性粪壳菌的 *MAT* 功能基因在结构上是难以分辨的,尤其是藤仓赤霉[*G.. fujikuroi*(*G.. moniliformis*)]更为难以分辨。通过RT-PCR可以检测到尖孢镰刀菌中每种 *MAT* 基因的转录物,这表明尖孢镰刀菌的无性特征并不是由于转录缺陷所造成的。2003年,Yokoyama 等对无性肉座菌目(Hypocreales)中细脚拟青霉(*Cordyceps takaomontana* 无性态)的一共22个菌株的交配型结构进行了研究,其中3种含有 *MAT1-1* 等位变体,19种含有 *MAT1-2* 等位变体。*MAT1-1* 等位变体中含有 *MAT1-1-1* 基因和 *MAT1-1-2* 基因,但不含有 *MAT1-1-3* 基因。*MAT1-1-1* 基因编码序列一直延伸到等位变体侧翼区域中,但是 编码α1结构域的基因序列部分仍然位于 *MAT1-1* 等位变体中。通过RT-PCR检测到了 *MAT1-1-1* 基因的转录物,但是 *MAT1-1-2* 基因的转录状态还是未知的。*MAT1-2* 等位变体含有 *MAT1-2-1* 基因,而且 Yokoyama 等于2003年在 *MAT1-2* 等位变体中又发现了一个潜在的 *MAT1-1-1* 假基因。这一假基因缺少α1结构域的编码区域,其ORF没有起始密码子而且还有多个终止密码子。对BCMUJ13菌株的假基因序列进行进一步的分析,结果发现了一个含有两个内含子和336个氨基酸残基编码序列的基因,其翻译起始于 *MAT1-2-2* 基因的甲硫氨酸起始密码子。尽管 Yokoyama 等于2003年通过RT-PCR检测到了 *MAT1-2-1* 基因的转录物,但是还没有检测到潜在 *MAT1-1-1* 假基因区域的转录物。所以,还需要进一步研究以确定这一潜在假基因区域是否具有假基因或者具有新基因(Debuchy and Turgeon 2006)。

2. 无性腔菌 基于有性腔菌 *MAT* 基因在进化上的保守性(Sharon et al. 1996),促使有人提出了这样的问题:不能进行有性生殖的相关种类是否也具有这些基因的同源基因?首先在无性腔菌(asexual loculoascomycetes)中对甘蔗病原体无性甘蔗平脐蠕孢(*bipolaris sacchari*)进行了研究。在所研究的21种菌株中,19种具有一个 *MAT1-2-1* 基因,2种具有一个 *MAT1-1-1* 基因。Debuchy and Turgeon(2006)对这一研究进行了更新,使用更多菌株,并且利用多种分子特征去研究无性甘蔗平脐蠕孢的交配型分配和系统进化关系。*MAT* 基因再加上 *MAT* 基因5′端侧翼区域、*MAT* 基因3′端侧翼区域和其他一些序列的数据,证实了无性甘蔗平脐蠕孢存在两种交配型。所有数据表明甘蔗平脐蠕孢菌株可以分为两个组,而且每组中都分别存在有两种交配型的代表种类。甘蔗平脐蠕孢的 MAT 蛋白和异旋孢腔菌的 MAT1-2-1 蛋白之间的序列相似度达到 97% (Sharon et al. 1996)。另一种无性种类,即引起烟草赤星病的链格孢(*Alternaria alternata*),也含有 *MAT1-1* 等位变体或者 *MAT1-2* 等位变体,并且其结构与异旋孢腔菌等位变体的结构相似(Arie et al. 2000)。克隆自这两种进行无性生殖种类的某些无性基因,都能够在异旋孢腔菌中行使功能,诱导无性假子囊果的形成。这一实验表明无性的甘蔗平脐蠕孢和链格孢可能拥有有性种类交配型基因的同源序列。它们具有与交配型基因相似的功能。至少一种甘蔗平脐蠕孢菌株缺少有性循环,可能是由于 *MAT* 基因的转录缺陷所造成的。在异源表达异旋孢腔菌 *MAT1-1-1* 基因和 *MAT1-2-1* 基因的甘蔗平脐蠕孢 764.1 菌株中,通过 Northern 杂交并没有检测到任何 *MAT1-2-1* 基因的转录物。目前,还需要对甘蔗平脐蠕孢的其他菌株进行 RT-PCR 检测,并结合系统进化分析的结果,才能对甘蔗平脐蠕孢 *MAT* 基因的表达给出准确的定论。异源表达两种异旋孢腔菌 *MAT* 基因的甘蔗平脐蠕孢,并不能够产生无性假子囊果,这就表明甘蔗平脐蠕孢的有性缺陷并不仅仅是内源 *MAT1-2-1* 基因转录缺陷的结果。在链格孢中,似乎并不存在这种转录缺陷现象,通过 RT-PCR 可以检测到两种 *MAT* 基因都进行了转录。上述数据支持了前面所提到的观点:无性腔菌起源于有性祖先,无性生殖可能是由于有性祖先交配型通路中任一基因缺失(例如 *MAT* 调节因子的靶基因)所产生的结果(Debuchy and Turgeon 2006)。

3. 无性锤舌菌 在无性锤舌菌(asexual leotiomycetes)中对黑麦喙孢(*Rhynchosporium secalis*)交配型基因的结构和分配进行了分析,以确定植物病原真菌的遗传多样性是否赋予了它们隐性的有性周期。通过 ITS 序列比较,结果证明黑麦喙孢与卷毛盘菌属的 *Tapesia yallundae* 和芸薹埋核盘菌(*Pyrenopeziza brassicae*)的亲缘关系较近(Goodwin 2002)。根据芸薹埋核盘菌和 *Tapesia yallundae* 的 *MAT1-1-1* 基因和 *MAT1-2-1* 基因设计简并引物,结果在黑麦喙孢中找到了同源基因(Foster and Fitt 2003)。*MAT1-2* 等位变体中含有一个单独的 ORF (*MAT1-2-1* 基因),然而 *MAT1-1* 等位变体中含有两个 ORF (*MAT1-1-1* 基因和 *MAT1-1-3* 基因)。黑麦喙孢的 *MAT* 基因与芸薹埋核盘菌的 *MAT* 基因关系密切,但是在黑麦喙孢 *MAT1-1-1* 基因和 *MAT1-1-3* 基因之间没有发现 *MAT1-1-4* 基因,尽管黑麦喙孢 *MAT1-1-1* 基因和 *MAT1-1-3* 基因之间的序列与芸薹埋核盘菌 *MAT1-1* 等位变体中 *MAT1-1-1* 基因和 *MAT1-1-3* 基因之间的序列两者之间的相似性达到了 65%。Foster and Fitt 于 2003 年通过 BLAST 搜索,在黑麦喙孢中找到了与芸薹埋核盘菌的金属硫蛋白类似蛋白的同源蛋白,但是并没有找到相应的 ORF,从而不能确定黑麦喙孢的 *MAT1-1* 等位变体中是否含有这一基因。来自不同地域一共 782 种黑麦喙孢菌株的交配型频率没有明显不同,尽管来自某些区域的菌株严重偏离了 1 : 1 的亲本核比例(Linde et al. 2003)。以上这些数据与黑麦喙孢有性周期发生的结果是一致的,但是对黑麦喙孢交配过程的最终论证还需要等到对黑麦喙孢有性态的鉴定(Goodwin 2002)。

4. 无性散囊菌 在无性散囊菌(asexual eurotiomycetes)的烟曲霉(*A. fumigatus*)中,不存在已知的有性周期,烟曲霉与新萨托菌属(*Neosartorya*)亲缘关系较近,新萨托菌属中既含有自交不亲和性种类,又含有自交亲和性种类,分别为芬纳尔新萨托菌(*N. fennelliae*)和费氏新萨托菌(*N. fischeri*)。在烟曲霉基因组数据库中搜寻交配型基因时,发现了一个编码含有 HMG 结构域(*MAT1-2-1* 基因中的相关区域)蛋白的基因(Pöggeler 2002; Varga 2003)。在含有 *MAT1-2* 等位变体的单核基因组中没有找到 α1 交配型编码基因,但是通过对全世界范围内的 290 个菌株的研究,找到了含有 *MAT1-1* 等位变体的菌株,还发现含有 *MAT1-1* 等位变体 和 *MAT1-2* 等位变体的菌株比例基本相同。为了基因重组,人们也进行了菌株的群体遗传分析,结果表明这类真菌也具有自交不亲和性结构,可能经历了隐藏的有性周期(Debuchy and Turgeon 2006)。

9.5 交配型基因和蛋白的主要特征和功能

9.5.1 交配型基因和蛋白的主要特征

9.5.1.1 MAT1-1-1

MAT1-1-1 蛋白含有 α1 结构域,而且其 α1 结构域与酿酒酵母的 α1 转录因子和粟酒裂殖酵母的 Pc 多肽都具有序列相似性(图 9.25)。尽管已经证实了 α1 蛋白具有 DNA 结合蛋白的作用,但是它并不属于任何类型的序列特异性 DNA 结合蛋白,如同源结构域、锌指结构或者螺旋-环-螺旋等。α1 蛋白和 Pc 多肽都能与另一种调节蛋白协调作用并且共同调控交配型和细胞类型特异性基因的表达。例如,α1 转录因子与 STE12 蛋白、MCM1 蛋白共同组成一种复合物,从而激活酿酒酵母 α 型单倍体特异性基因的表达(Johnson 1995)。Yuan 等(1993)推测 α1 结构域的 90 ~ 111 氨基酸残基这一区域能够与 MCM1 蛋白相互作用,但是还没有实验证据证明这一说法。Pc 多肽还能够与 Map1 蛋白相互作用,Map1 蛋白属于 MADS 盒家族(MCM1 蛋白也属于 MADS 盒家族)。这些数据表明真子囊菌的 MCM1/Map1 同源蛋白可能与 MAT1-1-1 蛋白相互作用并且调控受精作用所必需的细胞类型特异性基因的表达。最近的研究表明,在大孢粪壳(*S. macrospora*)中,MCM1 蛋白能够与 SMTA-1 蛋白相互作用,也支持了上述假说(Nolting and Pöggeler 2005)。基于这样的假说:由相反等位变体的 MAT 蛋白组成的异源二聚体,能够在受精作用发生后诱导子实体中的发育事件。对 *MAT1-1-1* 基因与其他 MAT 蛋白之间的相互作用进行了研究,结果发现酿酒酵母双核细胞中也存在这一现象,酿酒酵母双核细胞中交配型等位基因编码的 a1 蛋白和 α2 蛋白(图 9.9)组成一个异源二聚体,而这一异源二聚体是交配发生后进一步进行有性发育所必需的(Souza et al. 2003)。通过双杂交实验证明了粗糙脉孢菌的 *MAT A-1*(*MAT1-1-1*)基因编码产物能够与 *MAT a-1*(*MAT1-2-1*)基因编码产物相互作用(Badgett and Staben 1999)。能够干扰两种基因相互作用的突变都会消除营养体不亲和性,但不影响交配作用,这表明这种相互作用并不是有性周期所必需的。在大孢粪壳中,上述蛋白的同源蛋白之间也存在相互作用,但是这种相互作用在有性周期中的作用仍是未知的(Jacobsen and Pöggeler 2001)。在鹅柄孢壳(*P. anserina*)中,FMR1(MAT1-1-1)蛋白和 FPR1(MAT1-2-1)蛋白之间不存在相互作用,而 FMR1 蛋白和 SMR2 蛋白之间却存在相互作用(Arnaise et al. 1995),干扰这种相互作用的突变也能够影响有性周期。所以,到目前为止,还没有确凿的证据能够证明这种由相反等位变体所编码的蛋白质之间的相互作用是有性周期所必需的。不过,必须强调的是,所有实验均依赖于酵母双杂交系统。尽管 a1/α2 之间形成了异源二聚体,但是通过酵母双杂交系统并没有检测到酵母 a1 和 α2 之间的相互作用。

```
C.heterostrophus  59 EKARKALNAFVGFRCYYVTIPMFKSWPMKKLSNLIGLLWEADPNKSL--WSLMAKAWSTIRDQIGK
C.luttrellii      59 EKARKALNAFVGFRCYYITIPMFKPWPMKKLSNLIGLLWEADPNKSL--WSLMAKAWSTIRDQIGK
C.homomorphus     50 ERARKALNAFVGFRCYYIAIPVFKQWPMKKLSNLISLLWEADPNKSL--WSLMTKAWSTIRDQIGK
C.kusanoi         59 ERARKALNAFVRFRCYYVAIPMFKQWPMKKLSNLIGLLWEADPNKSL--WSLMTKAWSTIRDQIGK
A.alternata       69 EKAKKALNAFVGFRCYYISIPHFKSWPMKKLSNLIGLLWETDPNKSL--WSLMTKAWSAIRDQIGK
C.cymbopogonis    59 PKAKKALNAFVGFRCYYIAIPAFKQWPMKKLSNLISLLWDRDPNKSL--WSLMAKAWSNIRDQVGK
A.rabiei          68 EKARKGLNAFVGFRCYYICIPTFKPWPMKKLSNPMGVMWESDPNKPL--WSLMTKAWSVIRDQIGK
P.nodorum         60 RKLKKALNGFIGYRSWLKAIPFFNMWPMKNISSYIGQLWEHEPDKPL--WTLMTKAWSAIRDQVGK
N.crassa          41 PAAKKKVNGFMGFRSYYS--PLFSQLPQKERSPFMTILWQHDPFHNE--WDFMCSVYSSIRTYLEQ
S.macrospora      48 PAPKKKVNGFMGFRSYYS--PLFSQFPQKARSPFMTILWQHDPFHNE--WDFMCSVYSSIRNYLEQ
P.anserina        37 QPAKKKVNGFMGYRSYYS--SMFSQLPQKERSPILTTLWQQDPFHKE--WDFMCAVYSAIRDQLAE
C.globosum        37 QPAKKKVNGFMGYRAYYS--SLFSQLAQKDKSPIMTMLWREDPFHKE--WDFMCAVYSVIREFLSD
P.brassicae       79 VLPKKSLNSWMAFRSFYQ--NLFPHLQQKEASIYLTALWKRDPFKAK--WTIIAAAYSKIRNTVGK
R.secalis         79 VLPKKSLNSWMAFRSFYL--RIFSHLQQKEASIYLTTLWKGDPFKAK--WTIIAAAYSKIRNTVGK
G.moniliformis    77 SKAKRPLNAFMAFRTYYL--KLFPDTQQKNASGFLTQLWGGDPHRSK--WALIAKVYSFLRDQLGK
F.oxysporum       52 SRAKRPLNAFMAFRTYYL--KLFPDTQQKNASGFLTQLWGGDPHRNK--WALIAKVYSFLRDQLGK
G.zeae            54 QRAKRPLNGFMAFRTYYL--KLFPDTQQKDASGFLTQLWATDPNRNK--WALIAKVYSFTRDHVGK
P.tenuipes        82 DRAKRPLNAFIAFRSYYV--KLFPESQQKAASGFLTTLWSKDPYRNR--WAMIAKVYSFVRDEMGK
E.nidulans        83 DGKRRPINSFIAFRSFYS--AIFPDITQKSKSGIIRFLWQNDPFKAK--WTILAKAYSIIRDKHDD
M.grisea          46 SKNKKKVNGFMAFRSYYA--GIFQDRPQKERSPFITLLWQKETLKSR--WTLMANVFSRIRDFAGT
M.graminicola     93 GPPKRPINSWMAFRNFYI--PLMLGVPQKCVSKTMTMLWSNDLFKAK--WALLSKAYSVARGTRAK
C.parasitica      39 TKARKPVNSFVLYRSMML--DLYPQFTQAHRSRLIRQMWNLEQHKTS--YSVMARVWTFIRDNSNY
S.cerevisiae      87 KSSKKYLNSFMAFRAYYS  QFGSGVKQNVLSSLLAEEWHADKMQHGI WDYFAQQYNFINPGFGF
S.pombe           28 NKTTIYKNGEMLFRSRLHKILNLSGDWAGA-SAKCSIIWHTLPQNVRLAWSQLAELSHYQDVRRQI
consensus               rk lN fvgfR yy    f      k S i  lW dp k    w  m   ws ir
```

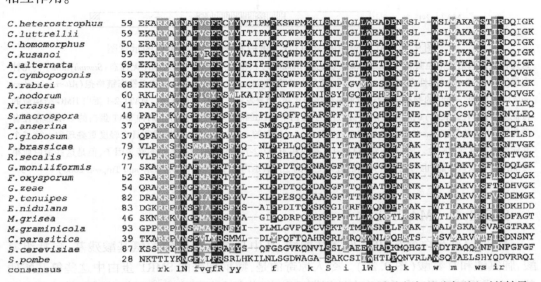

图 9.25 真子囊菌 *MAT1-1-1* 基因编码蛋白的 α1 盒和酿酒酵母 MATα1 蛋白之间氨基酸序列比对的结果

C. heterostrophus(CAA48465)、*C. luttrellii*(AAD33439)、*C. homomorphus*(AAD33441)、*C. kusanoi*(AAD33443)、*A. alternata*(BAA75907)、*C. cymbopogonis*(AAD33445)、*D. rabiei*(Barve et al. 2003)、*P. nodorum*(AAO31740)、*N. crassa*(AAC37478)、*S. macrospora*(CAA71623)、*P. anserina*(CAA45519)、*C. globosum*(Broad Institute)、*P. brassicae*(CAA06844)、*R. secalis*(CAD71141)、*G. moniliformis/fujikuroi/*(AAC71055)、*F. oxysporum*(BAA75910)、*G.. zeae*(AAG42809)、*P. tenuipes*(BAC67541)、*E. nidulans*(AAQ01665)、*M. grisea*(BAC65087)、*M. graminicola*(AAL30838)、*C. parasitica*(AAK83346)、*S. cerevisiae* α1(NP_009969)、*S. pombe* Pc(P10841)。序列片段中的阴影代表相同或相似(≥0.8)的氨基酸残基,括号中编号是菌株 MAT1-1-1 蛋白在 NCBI 中的登陆号码。(引自 Debuchy and Turgeon 2006)

对旋孢腔菌和与其亲缘关系较近的菌种[如隔孢腔菌属(*Pleospora*)、链格孢属(*Alternaria*)和暗球腔菌属(*Phaeosphaeria*)]中所有已经公布的 *MAT* 基因进行研究的结果揭示了 MAT1-1-1 蛋白和 MAT1-2-1 蛋白共同拥有至少两种保守基序。基序 1(motif 1)既存在于 MAT1-2-1 蛋白的 HMG 结构域中,也存在于 MAT1-1-1 蛋白 α1 结构域的 3′端,而 *Cochliobolus terminus* 的两种 MAT 蛋白均含有基序 2(motif 2)(图 9.26);基序 2(Motif 2)与 α1 结构域特征基序具有极高的相似性。与已知的 HMG 结构域结构域序列进行氨基酸序列比对,结果证明基序 1 也是一种 HMG 结构域结构域。所以,旋孢腔菌属的每种 *MAT* 基因似乎都能够编码一种同时具有 HMG 活性和 α1 活性的蛋白质。腔菌短等位变体的编码产物及单独的 MAT1-1-1 蛋白可能已经进化成了具有核菌纲(Pyrenomycetes)三种 MAT1-1 蛋白所有活性的蛋白质(Debuchy and Turgeon 2006)。

通过对各种 *MAT1-1-1* 基因结构的比较发现,除了构巢裸孢壳(*E. nidulans*)的 *MATB* 基因(不含有内含子),其余所有 *MAT1-1-1* 基因在其保守位置处均含有一个内含子(图 9.26 中倒三角所指区域),内含子位于肽链 fvgfRXyy 中非保守氨基酸的密码子三联体中的第一个核苷酸之后(图 9.25)。

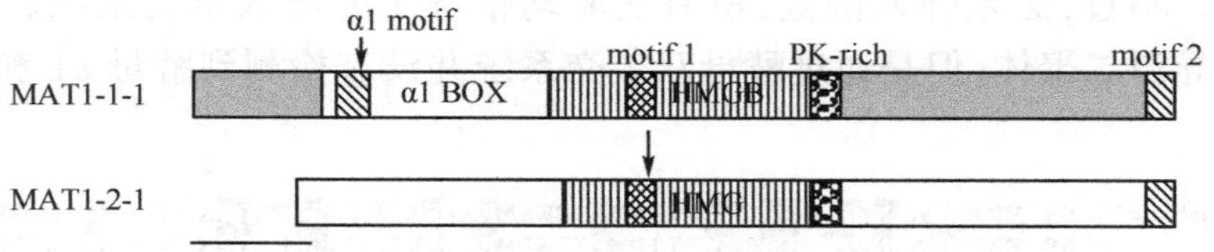

图 9.26 几种腔菌的 MAT1-1-1 蛋白和 MAT1-2-1 蛋白的示意图

这几种腔菌包括旋孢腔菌属[*Cochliobolus*(无性态:*Bipolaris*)]、格孢腔菌属[*Pleospora*(无性态:*Stemphylium*)]、壳针孢属[*Phaeosphaeria*(无性态:*Stagonospora*)]、斑点小球腔菌[*Leptosphaeria maculans* 和无性态链格孢(*Alternaria alternata*)]对两种"不同"的 MAT 蛋白进行氨基酸序列比对,结果发现了一些共有基序。MAT1-2-1 蛋白 HMG 结构域的特征基序(垂直线表示)也同样存在于 MAT1-1-1 蛋白中(motif 1,具垂直线的盒)。两种 MAT 蛋白的 C 端都存在有类似于 α1 盒的基序(motif 2,具斑纹的盒)。MAT1-1-1 蛋白的 α1 盒和 HMG 结构域还具有轻度重叠现象。第三个共同伸展区富含 RK 盒。所以,尽管 *MAT1-1-1* 基因和 *MAT1-2-1* 基因分别编码不同的转录因子,但是这些蛋白质很可能都具有双重功能,也可能具有共同的进化史。倒三角表示内含子。(引自 Debuchy and Turgeon 2006)

9.5.1.2 MAT1-1-2

MAT1-1-2 蛋白含有 HPG 保守结构域,其中具有三个固定的氨基酸残基,包括组氨酸、脯氨酸和甘氨酸(图 9.27)。令人惊奇的是,鹅柄孢壳的 SMR1 蛋白中这些氨基酸残基突变成丙氨酸后,并不影响有性周期,而 193 位的色氨酸突变成丙氨酸后会导致早期子实体发育彻底停滞,这说明这一结构域是有性周期所必需的(Coppin et al. 2005a)。由于 SMR1 蛋白保守区域的等电点较高,有人推测它是一个新的 DNA 结合结构域。然而,随后对 SMR1 蛋白的研究并没有支持这一假说。利用 GFP 标签对 SMR1 蛋白进行亚细胞定位研究,结果证明它位于细胞质中(Coppin et al. 2005a)。用 PSORT II 相关程序对 SMR1 蛋白进行分析的结果也与上述结果一致。对所有 MAT1-1-2 蛋白进行 PSORT II 分析的结果证明,除了灰巨座壳(*M. grisea*)的 MAT1-1-2 蛋白之外,大部分 MAT1-1-2 蛋白都位于细胞质中(图 9.26)。而灰巨座壳的 MAT1-1-2 蛋白可能位于细胞核中,但是到目前为止还没有任何核内定位信号能够证明这一点。总结起来,以上数据表明柄孢壳菌的 SMR1 蛋白都位于细胞质中,但是其分子功能仍是未知的(Debuchy and Turgeon 2006)。

```
N.crassa             195 NWHVDHTLHP-LRRVPGTPWHKFFGNLEVGDDKQLRLFDDDAAVDSYRVG
S.macrospora         182 NWHVDHTHHP-LRRVPGTPWHKFFGNVEVEPNKPLHLFGDFTSPKSDRNG
P.anserina           175 YYHGEKLSHP-LRQLPGNPWHKFFGNFPETRVEHAADTALFRENPRPGDL
C.globosum           174 YWHTENLVHP-LRHVPGTAWHKFFGNLQPGPIVSPE---LFRERKPQPYF
C.globosum  MAT1-1-2     YWHTENLVHP-LRHVPGNPWHKFFGNLQPGPIVRPD---LFRERKPQPYF
G.moniliformis       274 FYREAPNWHP-YRRVPGSPWNNFIRNTELPVFSTDENHVPHTKIKFILPY
F.oxysporum          254 FYREAPDWHP-YRRVPGSPWNNFIRNTELPVFSTNENPTPHAKTKYILPY
G.zeae               257 YWRTAPKWHP-YIKVPGSPWNNFIRNRKQPIFFGSESESEFPSAFAPEPD
P.tenuipes           255 YWAVASLWHP-GRKTPGSAWNKFMKNTQQSYFTQTRTERALKYRLPSSCL
C.parasitica         254 DYKTPGSQHTKFMTFPGPFFGPIQESEGTFDQFCIPETTGKLIDHLTLQY
M.grisea             198 GQWLDIIEHPSLPTMPGSRWGLFHRVLDLPFFDQEKLRDFTFITTHCANS
consensus                ywh d   Hp lrrvPGtpw kf n                  k
```

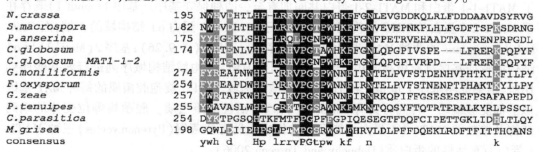

图 9.27 粪壳菌 MAT1-1-2 蛋白 HPG 结构域的氨基酸序列比对结果

上图显示不同粪壳菌中 MAT1-1-2 蛋白的 HPG 结构域序列,这些真菌包括:*N. crassa*(AAC37477)、*S. macrospora*(CAA71626)、*P. anserina*(S39889)、*C. globosum*(MAT1-1 蛋白和 MAT1-2 蛋白 Broad Institute)、*G. moniliforme/fujikuroi*(AAC71054)、*F. oxysporum*(Yun et al. 2000)、*G. zeae*(AAG42811)、*P. tenuipes*(BAC67540)、*C. parasitica*(AAK83345)、*M. grisea*(BAC65088)。序列片段中的阴影代表相同或相似的氨基酸残基。括号中编号是名菌 MAT-14-1-2 蛋白在 NCB1 中的登陆号码。(引自 Debuchy and Turgeon 2006)

9.5.1.3　MAT1-1-3 与 MAT1-2-1

高迁移率结构域(HMG)是一种 DNA 结合结构域,存在于非组蛋白染色体蛋白质和转录因子中。真菌交配型转录因子,如 MAT1-1-3 蛋白和 MAT1-2-1 蛋白,都属于 MATA_HMG 盒家族。然而,其他转录因子(如动物的 HMG 转录因子)都属于 SOX-TCF_HMG 盒家族。*MAT1-2-1* 基因和 *MAT1-1-3* 基因的 HMG 编码序列内插入了一个保守的内含子。这一内含子位于 *MAT1-1-3* 基因 IS 残基和 *MAT1-2-1* 基因 neiS 残基的非保守氨基酸丝氨酸的密码子三联体中的第一个核苷酸之后(图 9.28 和图 9.29)。而 SOX-TCF_HMG 盒家族蛋白的编码基因在此位置上不含有内含子。尽管结构基因的特征似乎与 HMG 转录因子的分类是相对应的,但很有可能 HMG 转录因子的分类并没有对应于它们的 DNA 结合特征。Philley 和 Staben(1994)研究证明粗糙脉孢菌的 MAT a-1 HMG 结构域能够与特异性 DNA 序列(5′-CAAAG-3′)在体外结合。这一结合序列与 SOX-TCF_HMG 盒的结合位点也是相同的,这就表明 SOX-TCF 盒和 MATA-HMG 盒行使功能的方式可能极为相似,尽管这些蛋白质属于不同家族。MAT1-1-3 蛋白具有几个区别于 MAT1-2-1 蛋白的特征,这说明它们具有非常不同的 DNA 结合特征。MAT1-1-3 蛋白和 MAT1-2-1 蛋白 HMG 盒的结构似乎是非常不同的(图 9.28 和图 9.29)。对 MATA 家族的 HMG 结构域进行系统进化分析,结果表明 MAT1-2-1 蛋白组成了一个特殊的超家族,其中不含有任何其他 HMG 蛋白[芸薹埋核盘菌(*P. brassicae*)和黑麦喙孢(*R. secalis*)的 MAT1-1-3 蛋白除外]。而且,实验证明鹅柄孢壳(*P. anserina*)的 SMR2 蛋白能够与 FMR1 蛋白相互作用(Arnaise et al. 1995)。FMR1 蛋白和 SMR2 蛋白突变后产生的表象也支持了如下观点:这两种蛋白相互协作共同调节了目的基因的表达(Arnaise et al. 1997;2001)。以上资料证明了这一观点:MAT1-1-3 蛋白与 MAT1-2-1/SOX-TCF 蛋白的 DNA 结合方式极为不同。进一步研究真菌 HMG 转录因子的 DNA 结合方式,将有助于对这些蛋白质进行功能分类。

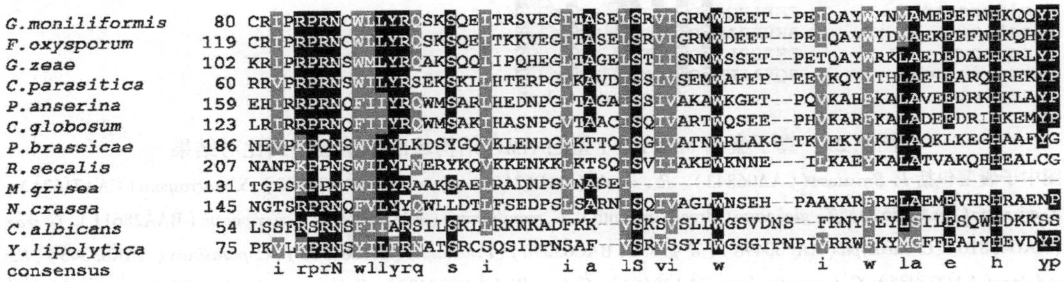

图 9.28　真子囊菌 *MAT1-1-3* 蛋白 HMG 结构域的氨基酸序列比对结果

图中真子囊菌包括:*G. moniliformis*(AAC71053)、*F. oxysporum*(Yun et al. 2000)、*G. zeae*(AAG42812)、*C. parasitica*(AAK83344)、*P. anserina*(CAA52051)、*C. globosum*(Broad Institute)、*P. brassicae*(CAA06846)、*R. secalis*(CAD71142)、*M. grisea*(部分序列),*N. crassa*(AAC37476)、*C. albicans*(Butler et al. 2004)、*Y. lipolytica*(CAA07613)。序列片段中的阴影代表相同或相似(≥0.7)的氨基酸残基。括号中编号是各菌 MAT1-1-3 蛋白在 NCBI 中的登陆号码。(引自 Debuchy and Turgeon 2006)

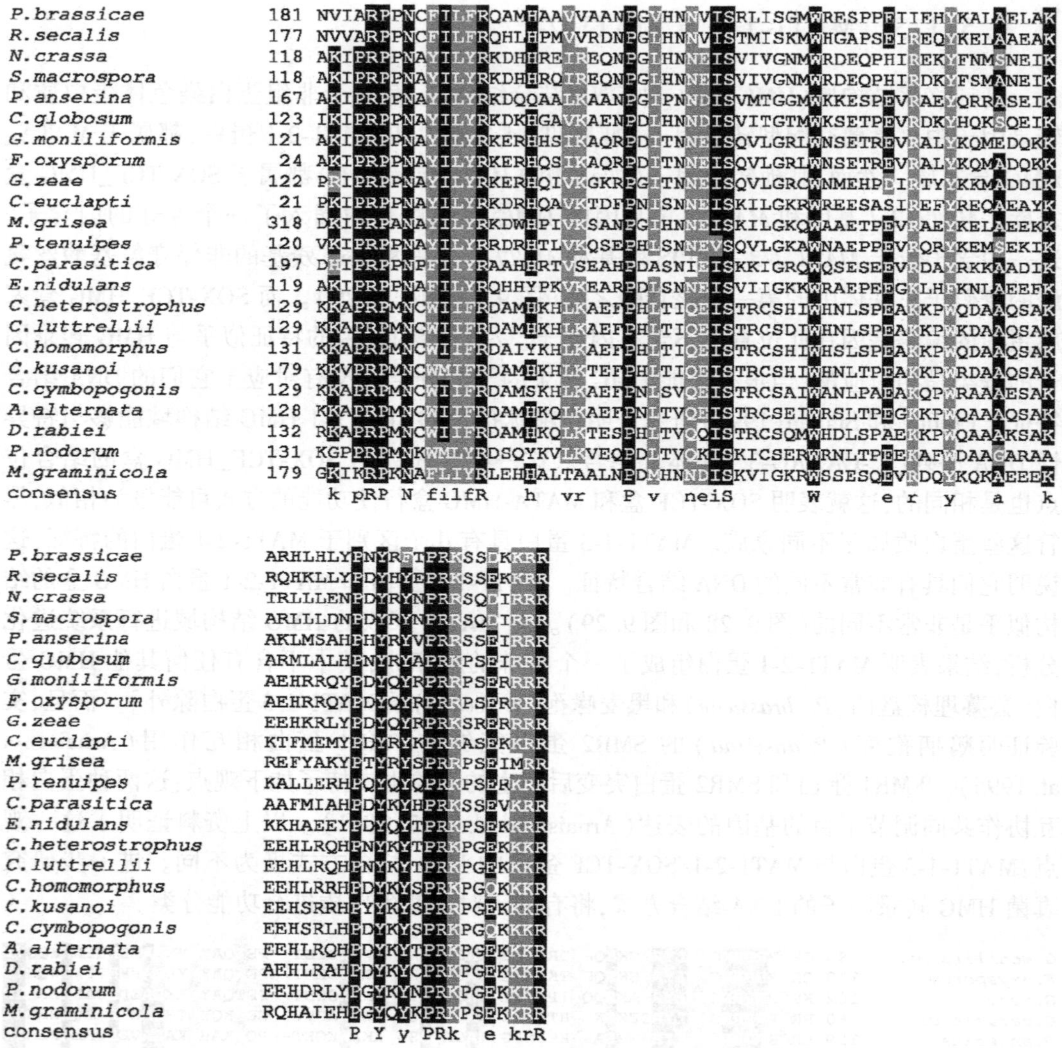

图 9.29　真子囊菌 MAT1-2-1 蛋白 HMG 结构域的氨基酸序列比对结果

图中子囊菌包括 *P. Brassicae*(CAA06843)、*R. secalis*(CAD62166)、*N. crassa*(AAA33598)、*S. macrospora*(CAA71624)、*P. anserina*(CAA-45520)、*C. globosum*(Broad Institute)、*G. moniliformis*(AAC71056)、*F. oxysporum*(BAA28611)、*G. zeae*(AAO42810)、*C. eucalypti*(AAF00498)、*M. grisea*(BAC65090)、*P. tenuipes*(BAC66503)、*C. parasitica*(AAK83343)、*E. nidulans*(AAQ07985)、*C. heterostrophus*(CAA48464)、*C. luttrellii*(AAD33439)、*C. homomorphus*(AAD33441)、*C. kusanoi*(AAD33442)、*C. cymbopogonis*(AAD33447)、*A. alternata*(BAA75908)、*A. rabiei*(Barve et al. 2003)、*P. nodorum*(AAO31742)、*M. graminicola*(AAL30836)。序列片段中的阴影代表相同或相似(≥0.8)的氨基酸残基。括号中的编号是各菌 MAT1-1-3 蛋白在 NCBI 的登陆号。(引自 Debuchy and Turgeon 2006)

9.5.2　通过异源表达对 *MAT* 基因进行功能分析

9.5.2.1　自交不亲和性菌株向自交亲和菌株的转换

为了确定 *MAT* 基因是否能够调控生殖方式,在一种自交不亲和性异旋孢腔菌 *MAT*

基因缺失株中，转入一个含有自交亲和性菌株 *Cochliobolus luttrellii* 的 *MAT1-1-1*;*MAT1-2-1* 基因载体(Yun et al. 1999)。得到的转化子是能够自交的，也能够进行杂交产生白化的异旋孢腔菌 *MAT1-1* 基因和 *MAT1-2* 基因侧交菌株。当转化子进行自交或者杂交的时候，能够产生大量的假囊壳，其中大多数是可育的(为野生型子囊孢子产量的 1%～10%)。自交体的假囊壳和子代是着色的，然而杂交体的大约一半的子囊壳和一半的子代都是白化的，这表明自交不亲和性异旋孢腔菌在表达一种来自自交亲和性种类的 *MAT* 基因后，就能够自交和异交。所以，*C. luttrellii* 的 *MAT1-1-1*;*MAT1-2-1* 基因赋予了自交不亲和性异旋孢腔菌的自交能力，同时并不损伤它们的异交能力。利用同型旋孢腔菌(*C. homomorphus*)的 *MAT1-1-1*;*MAT1-2-1* 基因也进行了相似的实验。在这一实验中，得到的转化子能够产生子囊壳，但是它们都是不育的。由于 *C. luttrellii* 和同型旋孢腔菌的实验中唯一一个区别就是 *MAT* 基因本身的稳定性，异旋孢腔菌(*C. heterostrophus*)的遗传背景更为稳定，因此可以得出这样的结论：这些 *MAT* 序列的差异决定了它们的可育性(Debuchy and Turgeon 2006)。

9.5.2.2 自交亲和性菌株向自交不亲和菌株的转换

在上述实验的反向实验中，自交亲和性菌株 *C. luttrellii* 的 *MAT1-1-1*;*MAT1-2-1* 基因被敲除后，菌株是完全不育的。在这一菌株中转入一个来自自交不亲和性异旋孢腔菌(*C. heterostrophus*)的 *MAT1-1-1*;*MAT1-2-1* 基因后，产生了两种菌株：携带异旋孢腔菌的 *MAT1-1-1* 基因的 *C. luttrellii MAT* 基因缺失株，携带异旋孢腔菌的 *MAT1-2-1* 基因的 *C. luttrellii MAT* 基因缺失株。当这些菌株杂交时，发现了以下三种现象。①具有 *ChetMAT1-1-1* 基因的转基因 *C. luttrellii* 菌株和具有 *ChetMAT1-2-1* 基因的转基因 *C. luttrellii* 菌株能够以自交不亲和性的方式进行杂交，杂交株的可育性与野生型 *C. luttrellii* 自交株的可育性完全相同；②具有 *ChetMAT1-1-1* 基因的转基因 *C. luttrellii* 菌株可以与 *C. luttrellii* 野生型亲本进行交配，这表明后者也能够进行杂交；③每种转基因 *C. luttrellii* 菌株也都能够进行自交，尽管与野生型相比，它们所有产生的假囊壳更小，可育性更低(子囊数目为野生型的 5%～10%，存在四联球菌型)。在假囊壳的子囊孢子中没有发现重组子，这就表明所有有性结构起源于自交体本身。以上结果证实了在旋孢腔菌和其他子囊菌中，生殖方式的主要决定因子可能就是 *MAT* 基因本身。通过 *MAT* 基因的交换，自交不亲和性菌株可以具有自交亲和性，自交亲和性菌株也可以具有自交不亲和性。也可以得到这样的结论：这些生殖方式的改变起始于重组事件。在本研究中，转基因 *C. luttrellii* 菌株所具备的自交能力，也证实了旋孢腔菌 MAT1-1-1 蛋白和 MAT1-2-1 蛋白具有一系列相同的转录调节活性和在合适的遗传背景下单独启动有性发育的能力(Debuchy and Turgeon 2006)。

在另一平行实验中，Lee 等于 2003 年证明了能够进行自交和杂交的玉米赤霉(*G. zeae*)(*MAT1-1*;*MAT1-2*)，在定点敲除其 *MAT1-1* 基因或者 *MAT1-2* 基因后，就变成了自交不亲和性菌株。这些基因缺失株(*mat1-1*;*MAT1-2* 和 *MAT1-1*;*mat1-2*)都是自交不育的，即自交时不产生子囊壳。而 *MAT1-1*;*mat1-2* 基因缺失株和 *mat1-1*;*MAT1-2* 基因缺失株进行杂交后，又能够产生可育的子囊壳。这一实验结果与旋孢腔菌的实验结果正好相反，在旋孢腔菌中，自交亲和性 *C. luttrellii* 整个 *MAT* 位点的缺失，将会导致不育，但是重新加入一个单独的来自于自交不亲和性异旋孢腔菌的 *MAT* 基因，又可以激活所有的交配过程。造成这种差异的原因可能是腔菌结构和核菌 *MAT1-1* 位点结构的不同，前者具有一个单独的基因，后者具有三个基因，也可能是腔菌杂合的 MAT 蛋白决定了这种差异（见图 9.26）。

9.5.3 受精过程中交配型基因的功能

我们对交配型转录因子结合的靶基因的了解还很少，而且 *MAT1-1-2* 基因编码蛋白的功能也是未知的。所以，并不能从它们所编码蛋白质的分子功能直接推断出交配型基因调控的发育过程。不同的是，通过研究交配型基因突变后对有性周期的影响可以推断出它们的生物学功能。相关分析方法包括对子代进行的定量和定性检查，以及对子实体发育进行的细胞学观察。对许多不同真菌 *MAT* 位点缺失的研究，证实了 *MAT* 位点中含有受精过程所必需的调节基因，但是 *MAT* 基因缺失株仍然能够在受精过程之前产生雄性和雌性生殖结构，这表明交配型没有参与从营养阶段到有性生殖的发育转换过程（Coppin et al. 1993；Ferreira et al. 1998）。交配型除了在受精过程中发挥作用，通过遗传观察和细胞学观察，证实了交配型也参与了子实体的形成。本节将对不同模式系统中交配型基因的生物学功能进行简单描述。

9.5.3.1 交配型基因的调节功能

亲和性有性菌株之间的识别阶段是受精过程或者交配过程所必需的，识别发生后，供体核就进入了雌性器官。在自交不亲和性菌株中，识别过程发生在雌性器官和相反交配型的供体细胞之间（图 9.15）。来自几种株系的证据都证明了 *MAT1-1-1* 基因和 *MAT1-2-1* 基因是调节自交不亲和性真子囊菌受精过程的主导基因。粗糙脉孢菌 *MAT* 基因座或者异旋孢腔菌 *MAT* 基因座的缺失，导致它们完全丧失了交配过程。最早认为鹅柄孢壳 *MAT* 基因缺失株的交配过程是完全缺陷的，但是实际上，它仍具有较低的交配能力。上面三种真菌菌株的 *MAT* 基因缺失株在导入野生型 *MAT1-1-1* 基因或者 *MAT1-2-1* 基因后，交配过程又恢复到了野生型的水平（Debuchy et al. 1993；Wirsel et al. 1996；Ferreira et al. 1998）。对粗糙脉孢菌 *MAT A-1* 菌株和 *MAT a-1* 菌株生殖过程所必需的区域进行了详细的研究。在 Am99 突变株中，*MAT A-1* 基因的 α1 编码区域之内发生突变，原来 86 位保守的色氨酸变成了终止密码子（Saupe et al. 1996），该突变株表现为完全的雄性不育。但是更惊奇的是，它仍是雌性可育的（虽然维持在一个很低的水平）。对一系列 *MATA-1* 基因突变株进行进一步分析，结果表明雄性菌株的交配过程需要一个完整的 α1 结构域和超过 227 个的氨基酸残基。以上结果表明，MAT A-1 蛋白对雄性和雌性可育能力必需靶基因的调节方式可能不同。对 *MAT a-1* 基因缺失株进行分析，结果证明完整的 HMG 结构域和 C 端尾巴都是交配过程所必需的（Philley and Staben 1994）。末端的 180 个氨基酸是交配过程所必需的，但似乎并不具有特异性；尽管鹅柄孢壳 *FPR1* 基因编码蛋白的羧基端与 *MAT a-1* 基因编码蛋白的羧基端并不相同，但鹅柄孢壳 *FPR1* 基因能够赋予粗糙脉孢菌 *a* 交配能力（Arnaise et al. 1993）。总之，以上结果证明 MAT1-1-1 蛋白和 MAT1-2-1 蛋白是生殖过程中相关功能的激活子。

对鹅柄孢壳 *FMR1* 基因、*SMR2* 基因和 *FPR1* 基因突变的研究结果揭示了各种交配型基因对受精过程的调控功能的复杂性(图9.30;Arnaise et al. 2001)。*FPR1* 基因突变后,变成能够进行自交的 *mat*+菌株,但 *mat*+交配功能并没有受到影响,这些菌株是自交可育的,并产生能与 *mat*+菌株进行受精作用的雄性细胞。这一现象表明这些突变能够缓解交配过程必需 mat-功能的抑制作用,这表明野生型 *FPR1* 基因抑制了 *mat*+菌株有性器官中的这些功能。与此相似的是,*FMR1* 基因和 *SMR2* 基因的突变也会导致自交可育。但与 *FMR1* 基因相反,*SMR2* 基因并不是 mat-交配功能表达所必需的,然而似乎 *SMR2* 基因和 *FMR1* 基因共同参与了对 mat-有性器官受精功能的抑制作用。

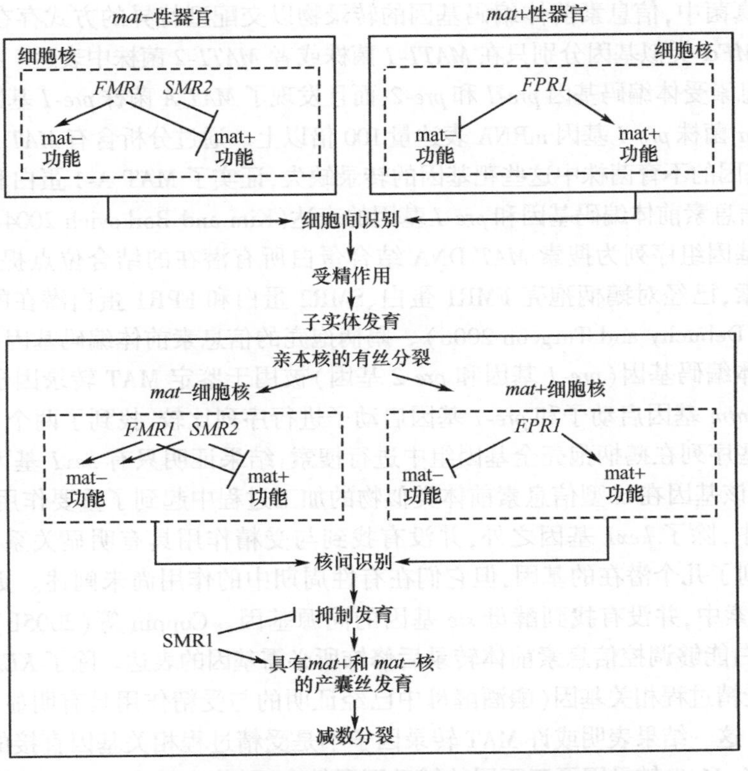

图9.30 鹅柄孢壳交配型基因在有性周期中的功能

箭头表示正调节,直线末端带有横线的代表抑制作用。(引自 Debuchy and Turgeon 2006)

图9.30显示了鹅柄孢壳(*P. anserina*)交配型基因调控受精作用的重要功能。在子实体中,交配型基因能够调控核间识别和产囊丝发育的必要功能。遗传实验证明,在核间识别过程中,*FPR1* 基因和 *FMR1* 基因是核内限制性表达的(Coppin et al. 1997)。*mat*+核中 *FPR1* 基因的核内限制性表达,能够调控一些特异性蛋白的表达,这些蛋白可能一直位于细胞核附近,从而决定了 mat+核性质。同理,*SMR2* 基因决定了 *mat*-核性质。在遗传实验中,并没有检测到 *FMR1* 基因的核内限制性表达(Arnaise et al. 1997)。在核间识别过程中,*FMR1* 基因与 *SMR2* 基因之间的相互作用(由酵母双杂交系统所证明)或许能够抑制 *FMR1* 基因扩散到邻近核中。不同性质的核之间的相互作用可能能够触发核间识别过程和发育停滞。

9.5.3.2 受精过程中的靶基因

大量关于酿酒酵母交配过程的可用资料有助于对丝状真菌受精作用潜在的必需靶基因的快速鉴定,这些靶基因主要是一些信息素前体和信息素受体的编码基因。在寄生隐丛赤壳(*C. parasitica*)(Turina et al. 2003)、灰巨座壳(*M. grisea*)(Shen et al. 1999)、粗糙脉孢菌(*N. crassa*)(Bobrowicz et al. 2002)和鹅柄孢壳(*P. anserina*)(Coppin et al. 2005b)中发现了与酿酒酵母 *MFa* 基因和 *MFα* 基因序列相似的信息素前体编码基因。在所有这些自交不亲和性真菌中,信息素前体编码基因的转录物以交配型特异的方式存在。例如,*MFa* 类似基因和 *MFα* 类似基因分别只在 *MAT1-1* 菌株或者 *MAT1-2* 菌株中表达。在粗糙脉孢菌中发现了信息素受体编码基因 *pre-1* 和 *pre-2*,而且发现了 *MAT A* 菌株 *pre-1* 基因 mRNA 表达量超过 *MAT a* 菌株 *pre-1* 基因 mRNA 表达量 100 倍以上。通过分析含有 *MAT A-1* 和 *MAT a-1* 突变等位基因的不育菌株中这些靶基因的转录缺失,证实了 MAT A-1 蛋白和 MAT a-1 蛋白能够调控信息素前体编码基因和 *pre-1* 基因的表达(Kim and Borkovich 2004)。

可用的基因组序列为搜索 *MAT* DNA 结合蛋白所有潜在的结合位点提供了可能性。通过这种搜索,已经对鹅柄孢壳 FMR1 蛋白、SMR2 蛋白和 FPR1 蛋白潜在的下游靶基因进行了鉴定(Debuchy and Turgeon 2006)。鹅柄孢壳的信息素前体编码基因(*mfm* 和 *mfp*)和信息素受体编码基因(*pre-1* 基因和 *pre-2* 基因)被用于鉴定 MAT 转录因子潜在的靶位点。通过对 *mfm* 基因启动子和 *pre-1* 基因启动子进行序列比较,找到了两个 12 bp 的共有序列。将这些序列在鹅柄孢壳全基因组中进行搜索,结果证明只有 *kex1* 基因明确地与受精过程有关,该基因在 α 型信息素前体类似物的加工过程中起到了重要作用(见图 9.3)。在上述搜索中,除了 *kex1* 基因之外,并没有找到与受精作用具有明显关系的其他基因。通过搜索找到了几个潜在的基因,但它们在有性周期中的作用尚未阐述。更令人惊奇的是,在上述搜索中,并没有找到酵母 *ste* 基因的同源基因。Coppin 等(2005b)已经证明了 MAT 调节蛋白能够调控信息素前体转录后修饰所必需基因的表达。除了 *KEX1* 基因之外,并没有找到受精过程相关基因(酿酒酵母中已经证明的与受精作用具有明显关系的基因)的同源基因。这一结果表明或许 MAT 转录因子不是受精过程相关基因直接的激活子或抑制子,或许每个 MAT 转录因子于不同的辅助因子结合后,将会结合于不同的靶基因结合位点。这样,雌性器官和雄性细胞表达的不同靶基因的共有结合位点就无法鉴定了。所以,要解决这一问题,首先要提供 MAT 转录因子与靶基因结合的生物化学证据。

9.5.3.3 控制真子囊菌受精作用的可能机理

目前已经证明,鹅柄孢壳的 MAT 转录因子具有激活子与抑制子的双重功能,粗糙脉孢菌可能也具有类似现象。Bobrowicz 等于 2002 年证明了 *MAT A* 菌株的信息素前体编码基因 *ccg-4* 是特异性转录的。a^{m33} 突变株的 *ccg-4* 基因也进行了转录,a^{m33} 突变株含有突变的 *MAT a-1* 等位基因,但是其仍具有野生型交配行为。Bobrowicz 和他的同事们推测 *MAT a-1*^{m33} 等位基因保留了激活 α 型信息素前体类似物的能力,但是失去了对 *ccg-4* 基因的抑制功能。这一结果可以与鹅柄孢壳受精过程的调控联系起来,尽管 a^{m33} 突变株并不是自交可育的(鹅柄孢壳 *MAT* 基因突变株是自交可育的)。必须指出的是,自交可育表型在正常情况下是很难被区分的,除非发生了能够引起雄性细胞产量增加的突变。

自交亲和性菌株玉米赤霉(*G. zeae*)交配型位点的缺失(见图9.22)会导致一半菌株成为不育的,另一半菌株能够产生类似于子囊壳的结构(Desjardins et al. 2004)。与野生株产生的子囊壳相比,这些类子囊壳结构更小,形状容易改变,并且不含有任何子囊孢子。推测这些类似于子囊壳的结构,可能来源于交配型靶基因的本底表达。对于受精作用来说,这种本底表达是足够的,但是进一步发育(如核内识别)就需要适量的调节蛋白。*MAT1-1* 基因缺失株或 *MAT1-2* 基因缺失株都不产生这种类似于子囊壳的结构。这一结果表明 MAT1-2-1 蛋白能够抑制 *MAT1-1* 基因的表达(受精作用所必需的),根据鹅柄孢壳中已被阐明的调节通路,可以推测出 MAT1-1 蛋白同样也能够抑制 *MAT1-2* 基因的表达。所以,即使在自交亲和性种类中,交配型转录因子对受精作用必需的靶基因也具有抑制作用。由表观遗传学的证据可以得出,在同一基因组中,MAT1-1-1 蛋白和 MAT1-2-1 蛋白的激活和抑制功能之间具有相容性,沉默一个或者沉默另一个交配型信息,都会产生功能性自交不亲和性机制。类似的假说最早由 Metzenberg 和 Glass 于 1990 年提出。

在自交不亲和性旋孢腔菌菌株中,*MAT1-1-1* 基因编码了一种含有 α 结构域和部分 HMG 结构域的蛋白,*MAT1-2-1* 基因编码了一种含有 HMG 结构域和部分 α 结构域的蛋白(见图9.26)。异源表达单独的MAT1-1-1 蛋白或者 MAT1-2-1 蛋白都能够启动有性发育。然而,由于存在共同的抑制子,这两种蛋白质在它们各自的自交不亲和性遗传背景中可能都没有活性。在不存在相反交配型的情况下,阻断这种抑制活性后,*MAT* 基因就能够起始有性发育的早期阶段。异旋孢腔菌 *MAT1-2* 菌株的 REMI 突变株,在自交时能够产生大量的、但是不育的假囊壳。尽管这种突变株是自交亲和性的,但当其与 *MAT1-1* 菌株交配时,能够形成可育的假囊壳。这表明这种突变株仍保留了自交不亲和性交配特性。在 REMI 突变株中,原始的 *MAT1-2-1* 基因是完整的,并且没有和突变位点相连(Debuchy and Turgeon 2006)。这些数据表明,在自交不亲和性遗传背景下,某些蛋白被阻断时,*MAT1-1* 基因和 *MAT1-2* 基因单倍体菌株都能够起始有性发育。REMI 突变株中的突变基因可能就对应于上述潜在的抑制子。

9.6 子实体发育中的级联信号转导

子囊菌中子实体形成的分子机制了解还很少。然而,越来越多的证据表明胞内和胞外的刺激与这一过程有关。通常,基因表达的变化与蛋白质介导的由细胞膜到细胞核信号转导中,参与信号转导的成分被分为:①细胞表面接受信号的受体;②由细胞表面将信号转入细胞的效应因子;③细胞核内转录因子调控基因表达。

在酿酒酵母中,参与信号转导的重要组成已经在遗传学上得到了描述。最近几年,发现解释酵母菌中信号转导的原理也同样适用于丝状子囊菌中更复杂的发育过程(Lengeler et al. 2000)。然而,通过分析粗糙脉孢菌的基因组时发现了编码一些在酿酒酵母中没有发现的信号感受分子(Borkovich et al. 2004)。

9.6.1 内源和外源信号的感知

在真核细胞中很多信号途径的中心是细胞表面的受体,它可以感受胞外的化学刺激信号。了解最好的信号系统是鸟嘌呤核苷酸联结的由 7 跨膜螺旋 G 偶联蛋白受体(G-protein-coupled seventransmembrane-spanning receptor, GPCR)介导的(Neves et al. 2002)。通常 GPCR 激活或抑制异源三聚体 G 蛋白,然后将信号转导到下游效应因子(包括腺苷酸环化酶和蛋白激酶)(图 9.31)。通过基因组顺序分析发现粗糙脉孢菌至少含有 10 个 7 跨膜螺旋蛋白,都是潜在的 GPRC(Borkovich et al. 2004)。其中的三个已经在分子水平得到研究。*nop-1* 基因编码一种 7 跨膜螺旋视黄体结合蛋白,该蛋白与古细菌的视紫质同源。在正常实验室条件下对 *nop-1* 基因缺陷株的分析没有发现它们在光调节子实体发育过程中存在缺陷(Bieszke et al. 1999)。

在粗糙脉孢菌和大孢粪壳中鉴定出了两种被记作 *pre-1* 和 *pre-2* 的基因,它们分别编码与酿酒酵母 a-因子受体(Ste3p)和 α-因子受体(Ste2p)同源的蛋白质(Pöggeler and Kück 2001)。使用异源酵母系统时发现,当酿酒酵母缺少 Ste2p 受体的 *MATa* 细胞被大孢粪壳的多肽信息素激活时,大孢粪壳的受体 PRE2 能够激活细胞内的各种酵母信息素的功能。因此可以得出结论,*pre2* 编码的受体在大孢粪壳中也发挥 GPCR 的功能(Mayrhofer and Pöggeler 2005)。

通过 Northern 和反转录聚合酶链反应(RT-PCR)分析表明,在异宗配合的粗糙脉孢菌中,与信息素的前体基因不同,这些受体基因的表达不是以交配型特异的方式发生的(Pöggeler and Kück 2001;Kim and Borkovich 2004)。最近,Kim 和 Borkovich(2004)声明粗糙脉孢菌 *pre-1* 基因的缺失不会影响营养生长或雄性可育性。然而 *pre-1* 基因缺失的 *MATA* 突变株的子囊壳原是雌性不育的,因为它们的受精丝不能识别 *MATa* 细胞并与之融合。在同宗配合的构巢曲霉的基因组中发现了 9 种编码 GPRC 的基因(*gprA* ~ *gprI*)。其中三个基因 *gprA*、*gprB* 和 *gprD* 在调节营养生长和有性发育的过程中起到重要作用。与酿酒酵母信息素受体 Ste2p 和 Ste3p 相似的 GPRC 分别是由 *gprA* 和 *gprB* 编码的,*gprA* 或 *gprB* 基因的缺失会导致产生含有少量子囊孢子的小闭囊壳。在同宗配合的构巢曲霉中,双受体缺失菌株(Δ*gprA*/Δ*gprB*)完全丧失子实体和子囊孢子的形成能力。有趣的是,构巢曲霉受体突变株的异性杂交(outcrossing)(Δ*gprA*/Δ*gprB*×Δ*gprA*/Δ*gpr*B)会导致子实体和子囊孢子形成,这表明在构巢曲霉中信息素受体 GprA/GprB 是自体受精而不是有性生殖所特别需要的(Han et al. 2004;Seo et al. 2004)。与之不同的是,编码 GPRC 的 *gprD* 基因缺失会极大限制菌丝生长,延缓分生孢子萌发并导致有性发育不受限制地激活。由于在 Δ*gprD* 菌株中有性发育的缺失会造成生长和发育的异常现象,因此推测 GprD 的主要作用是负调控有性发育。而且 *gprA* 和(或)*gprB* 的缺失会阻抑由于 *gprD* 基因引起的生长缺陷。该结果表明,信息素受体 GprA 和 GprB 在 GprD 介导的有性发育的负调控的下游发挥作用(Seo et al. 2004)。

前面已经提到丝状子囊菌子实体发育受各种外界刺激和内源因素的影响。在粗糙脉孢菌中,已知的光感受元素包括白环状复合物(white collar complex),它们作为蓝光的光受体及以光依赖的方式调节目的基因的转录。除了这两种蛋白质,在粗糙脉孢菌中还有很多其他光感受基因,但是它们在子实体发育中的作用还不是很清楚(Borkovich et al. 2004)。

其他影响子实体发育的环境信号,如渗透压、营养水平、氧压和细胞的氧化还原状态,可能是通过双组分信号转导途径转导。双组分调节系统由自动磷酸化的组氨酸激酶感受器(autophosphorylating sensor histidine kinase)和一个应答调节子(response regulator)组成。

与酵母菌不同,丝状子囊菌编码大量的双组分信号转导蛋白(Catlett et al. 2003)。在粗糙脉孢菌基因组中发现有11个基因编码组氨酸激酶。目前只有两个基因 *nik1/os-1* 和 *nik-2* 被具体研究,然而似乎与子实体发育无关。NIK-1是一个渗透压感受组氨酸激酶(osmo-sensing histidine kinase),在调节细胞壁的组装和对外界渗透压变化反应的过程中起重要作用,而 *nik-2* 基因缺失突变株没有明显的表型变化(Borkovich et al. 2004)。相似的是这两种组氨酸激酶或者与无性孢子的形成有关或者还没有发现它们的功能。与子囊发育有关的其他双组分系统还有待验证。

9.6.2 信号转导途径

有性生殖过程中对胞外刺激的感知,是通过cAMP依赖的蛋白激酶(protein kinase,PKA)和促分裂原活化蛋白激酶(mitogen activated protein kinase,MAPK)这两种细胞质内的信号转导分支调节基因表达,最后使子囊形成(Lengeler et al. 2000)。在这两种信号级联转导的上游,异源三聚体G蛋白或者RAS或类RAS蛋白的作用是将胞外由配体刺激的信号传递到胞内。除了这些蛋白质,通过有性发育突变株的互补,还发现了几种未知功能高度保守的蛋白质(图9.31),这些蛋白质被认为是导致子囊形成的信号转导途径的组成部分。

9.6.2.1 异源三聚体G蛋白

GPCR受体激活后,异源三聚体G蛋白催化α亚基上的GDP转化为GTP,从而导致α亚基与βγ亚基脱离。Gα或者Gβγ,或者这两者都自由地去激活下游的效应因子(图9.31;Dohlman 2002)。在粗糙脉孢菌、构巢曲霉还有其他丝状子囊菌中,G蛋白的亚单位对于营养生长、分生孢子形成和子实体的发育是非常必要的。在粗糙脉孢菌的基因组中,三个基因(*gna-1*、*gna-2* 和 *gna-3*)编码Gα亚基,*gnb-1* 基因编码Gβ亚基,*gng-1* 基因编码Gγ亚基(Borkovich et al. 2004)。在有性生活周期,GNA-1对于雌性可育是必需的,而对于无性孢子形成也是很重要的,GNA-3则介导子囊孢子的成熟(Kays et al. 2000),*gna-2* 基因的缺失对于粗糙脉孢菌的生长发育没有明显影响。然而,双突变株 *Δgna-1/Δgna-2* 比 *Δgna-1* 突变株更能导致雌性可育的缺陷,这说明 *gna-1* 和 *gna-2* 在有性发育中有重叠的功能(Kays and Borkovich 2004)。粗糙脉孢菌的 *Δgnb-1* 和 *Δgng-1* 的雄性突变株与野生型菌株杂交能够正常发挥功能,然而当其作为母本时,受精后子囊壳原(protoperithecium)不能正常发育,只能形成小的子囊壳,并且繁殖结构也是不正常的(Krystofova & Borkovich 2005)。

在非常接近的核菌纲的鹅柄孢壳中,基因 *mod-D* 编码的Gα亚基(作为非等位异核体相容性的抑制子)与子囊壳原的发育有关(Loubradou et al. 1999)。与粗糙脉孢菌相似,水稻致病菌灰巨座壳菌具有三种Gα亚基,分别是MAG-A、MAG-B及MAG-C。雌性的可育性是由MAG-B介导的,而MAG-A和MAG-C则为产生成熟的子囊所需(Fang and Dean 2000)。通过定向突变栗疫病病原菌的寄生隐丛赤壳(*C. parasitica*)的两个Gα亚基基因,揭示了CPG-1亚基在真菌繁殖、毒性和营养生长中的作用。通过第二个Gα亚基基因 *cpg-2* 的突变发现,该突变能够增强子囊壳的发育。玉米病原菌异旋孢腔菌(*C. heterostro-*

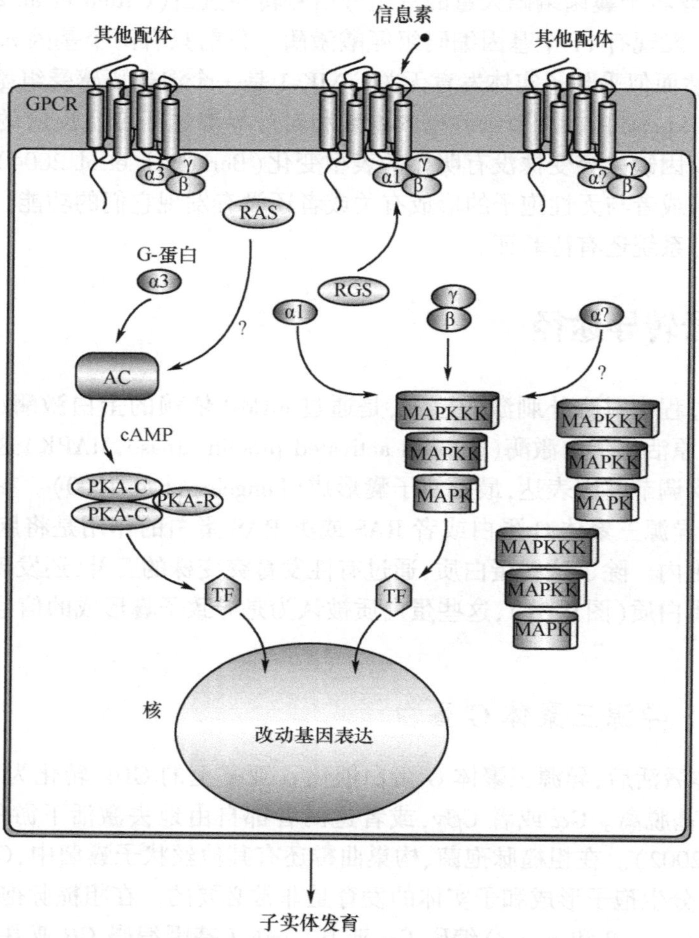

图 9.31　在丝状子囊菌中子实体发育的信号转导途径(引自 Poggeler et al. 2006)

phus)的 Gα 亚基基因 *cga-1* 的突变,能够导致几种发育途径的缺陷。由 *cga-1* 基因缺陷株产生的分生孢子表现为萌发时不正常,产生直着生长的萌发管,而且这种萌发管几乎不产生附着胞,另外该突变株是雌性不育的(Degani et al. 2004)。在构巢曲霉中,Gα 亚基 FadA 和 Gβ 亚基 SfdA 是控制子囊发育信号途径的活跃参与者。*fadA* 基因突变的构巢曲霉菌株不能形成闭囊壳。相反,带有 *fadA*^{G203R} 基因显性负突变的突变株能够使 Hülle 细胞的形成增加而不形成闭囊壳。当 *sfaD* 基因被敲除时会有相似的表现型(Rosén et al. 1999)。除了 FadA,FlbA 也是 G 蛋白信号转导调节因子(regulator of G protein signalling,RGS),其功能是作为 GTPase 的激活蛋白,与构巢曲霉中闭囊壳的形成有关。

9.6.2.2　RAS 和类 RAS 蛋白

RAS 和类 RAS 蛋白是一类小 GTP 结合蛋白,位于质膜的内表面。它们能够将信号转导给胞质内的信号通路,控制很多细胞过程。小 GTP 结合蛋白通常分为 5 个亚科:RAS、RHO、RAN、RAB 和 ARF。RAS 超家族包含 100 多个成员,其作用是通过无活性的

GDP 结合态和有活性的 GTP 结合态的循环来进行分子转换(Takai et al. 2001)。粗糙脉孢菌编码两种 RAS 蛋白和三种类 RAS 蛋白(Borkovich et al. 2004)。目前报道的与子囊发育有关的只有粗糙脉孢菌中的类 RAS 蛋白 KREV-1(哺乳动物中 RAP 蛋白的同源物质)和酿酒酵母中的 Rsp1 蛋白。RIP 导致的粗糙脉孢菌中 *krev-1* 基因的突变与不正常生长无关,但是过表达一种组成型激活 KREV-1 的突变株则在有性生活周期存在缺陷。KREV-1 蛋白不能变为有活性的 GTP 结合态的突变株,完全阻止了闭囊壳原发育为闭囊壳,然而,KREV-1 的显性负性突变会导致闭囊壳原的某种程度的增大(Ito et al. 1997)。

在构巢曲霉中 *rasA* 基因的突变会导致分生孢子和无性发育的畸变,但是 RAS 和类 RAS 蛋白在闭囊壳发育中的作用还没确定(Fillinger et al. 2002)。

9.6.2.3 cAMP 激活的 PKA 信号通路

被激活的 RAS、类 RAS 蛋白、Gα 或 Gβγ 亚基会调节下游的效应因子,如腺苷酸环化酶和促分裂原活化蛋白激酶(MAPK)(图 9.31)。腺苷酸环化酶是一种结合酶,催化 ATP 产生 cAMP。cAMP 是原核和真核细胞中的第二信使。在丝状子囊菌中,cAMP 与多种细胞过程,如应激反应、代谢、致病性和有性发育有关(Lengeler et al. 2000)。

cAMP 在细胞内的一个靶目标是蛋白激酶 A(PKA)的一个调节亚基。PKA 是由两个调节亚基和两个催化亚基组成的四聚体,当调节亚基与 cAMP 结合时就会释放催化亚基,催化亚基会使与 cAMP 调节过程有关的目标蛋白磷酸化(Taylor et al. 2004)。

在植物致病菌灰巨座壳(*M. grisea*)中,有性生活周期有赖于 cAMP。灰巨座壳的腺苷酸环化酶基因 *mac-1* 的突变株是雌性不育的,只有提供外源 cAMP 才会交配(Adachi and Hamer 1998)。相反,粗糙脉孢菌 *cr-1* 突变株虽然没有腺苷酸环化酶活性和 cAMP,但其仍然能够在杂交中发挥雄性或雌性的功能,但是与野生型相比,会延迟子囊壳和子囊孢子的形成(Ivey et al. 2002)。

只有在 *gna-1* 缺失的情况下,*cr-1* 突变株才会有雌性不育现象。与 *Δgna-1* 突变株不同,*Δgna-1/Δcr-1* 双突变株不会形成子囊壳原,这表明子囊壳原的发育可能需要 cAMP。最近一项研究在 cAMP 水平探索了所有三种 Gα 亚基。*gna-1* 和 *gna-3* 基因的突变效应是增加腺苷酸环化酶的活性,然而 *gna-2* 基因的缺失并没有明显地影响腺苷酸环化酶的活性(Kays and Borkovich 2004)。

目前,对 PKA 的催化亚基和调节亚基的研究只表明 PKA 与粗糙脉孢菌、构巢曲霉和灰巨座壳的无性发育、营养生长和致病性有关。该蛋白复合物对子实体形成的影响还没得到分析。粗糙脉孢菌基因组中编码 GPCR 的基因与黏菌的 cAMP 受体相似,这提示 cAMP 有可能作为环境信号和 GPCR 的配体(Borkovich et al. 2004)。

9.6.2.4 MAPK 信号通路

促分裂原活化蛋白激酶(MAPK)途径调节真核基因表达以对外界刺激作出反应。MAPK 途径的基本组成是三组分元件,这从酵母菌到人类都是保守的。MAPK 组件包括 MAPK 激酶激酶(MAPKKK)、MAPK 激酶(MAPKK)和 MAPK 三种激酶,它们建立起一个顺序性激活途径(Widmann et al. 1999)。MAPK 通过 MAPKK 磷酸化保守的色氨酸和苏氨酸残基被激活,MAPKK 通过 MAPKKK 磷酸化保守的丝氨酸和苏氨酸残基被激活,而

MAPKKK 则在对各种外界刺激反应的过程中被磷酸化而激活(图 9.31)。被激活的 MAPK 可以转入细胞核,在这里通过磷酸化作用激活转录因子(Dickman and Yarden 1999)。

在丝状子囊菌粗糙脉孢菌中,三种 MAPK 组分已经通过基因组序列分析得到鉴定(Borkovich et al. 2004)。这些与粟酒裂殖酵母(*S. pombe*)和酿酒酵母中的信息素反应、渗透压感应和细胞壁完整途径相符。三种不同的 MAPK 和两种不同的 MAPKKK 与不同的丝状子囊菌的子实体发育有关。相应基因的突变总是导致多种表现型的缺陷,包括子囊形成的缺陷。粗糙脉孢菌中编码 MAPK Fus3p 的基因 *mak-2* 的突变导致菌丝融合失败及雌性不育(Pandey et al. 2004)。

MAPK Hog1p 在酿酒酵母渗透压信号转导和渗透压适应中具有重要作用。在构巢曲霉中与 Hog1p 同源的 SakA/HogA 被证明不仅与压力信号转导有关,还与有性发育有关。构巢曲霉 Δ*sakA* 突变株表现出性发育的早熟,产生两倍于野生型的子囊壳(Kawasaki et al. 2002)。植物病原菌灰巨座壳和禾谷镰刀菌(*F. graminearum*)对植物的侵染及雌性可育需要酿酒酵母 MAPK Slt2p 的同源蛋白(Hou et al. 2002)。粗糙脉孢菌 MAPKKK NRC-1 的功能是阻抑分生孢子的形成,并为雌性可育所需,因为粗糙脉孢菌的 *nrc-1* 基因突变株不能形成闭囊壳原。Pandey 等(2004)指出 *nrc-1* 基因突变株与 *mak-2* 基因突变株有很多相同的特征,均表现为菌丝融合缺陷,这表明在子实体发育过程中 NRC-1 作用在 MAK-2 的上游。与粗糙脉孢菌 NRC-1 相似,构巢曲霉 SteC 调节分生孢子发育而且为闭囊壳形成所必需(Wei et al. 2003)。

除了经典的信号转导途径的组分,通过正向遗传学筛选,在丝状子囊菌中还发现了其他在子实体发育中起重要作用的保守蛋白,但这些蛋白质是否与信号转导确切有关还不确定。

9.7 讨论

1. 真菌的性在许多方面依然是神秘的并且是开放的。许多真菌既保持自交亲和性又坚持保留自交不亲和性,这是物种生存的适应性。至今为止尚不清楚原始的交配状态是同宗配合或异宗配合,还是两种都有? 有专性无性的真菌物种吗? 这可能需要从不同的真菌物种生态和种群遗传学的深入研究中获得答案。对真菌的性的进一步研究将为解决这些问题和其他秘密提供丰富的资料,从而提高我们对于单细胞和多细胞真核生物中性进化的理解。

从越来越多的丝状子囊菌中克隆和鉴定了更多的交配型基因。然而,对于功能上或者分类上更为重要的菌群中的一些代表菌株来说,仍然缺少可用的交配型基因数据库。对于经历交配型转换的真子囊菌和地衣类真菌来说,目前还没有可用的完整交配型序列。

2. 对于交配型蛋白在子实体发育过程中行使功能的研究,必须扩大到更多的物种。在对交配型的研究中,最主要的任务是对交配型转录因子的靶基因进行鉴定,研究这些靶基因的功能,以及研究 MAT1-1-2 等蛋白质的功能。到目前为止,由于遗传学方法和分子生物学方法上的局限性,使得对于这一课题的研究具有局限性。

3. 丝状子囊菌子实体的形成是一个高度复杂的分化过程,一些形态建成信号(如光、温度、营养)，以及种特异的细胞交流因子(如信息素和其他信号分子)等，进一步增加了这种复杂度。众多参与这种过程的资料可以解释为什么编码 G 蛋白、信息素和转录因子的基因被认为与发育过程有关。很明显，内外源信号激活各种信号转导系统，然后信号转导通过激活转录因子来激活或抑制专一组织或细胞中形态发生的基因，从而来起始形态建成。

4. 主要有两种信号通路 MAPK 和 cAMP-PKA 调节有性细胞的分化过程，该作用是通过激活或抑制各类转录因子实现的。经典遗传学指出，子囊发育涉及一系列基因调控，因此目前没有一种明显的主流信号转导途径来指导子囊菌中子实体的形成。总的来说多细胞子囊的发育需要精确的基础生物过程的参与。子囊菌的有性发育为研究复杂的发育过程的调节机制奠定了基础。

5. 到目前为止，已经得到了本文所采用的多种模式生物的全基因组，并且相应的基因芯片技术也得到了应用。全基因组方法的应用、基因芯片技术的开发和交配型无关基因的剔除，都将加速靶基因的发现进程。对真菌基因组的研究是深入了解丝状真菌和多细胞真核生物的发育过程的起点。后基因组分析(包括转录组和蛋白质组)有望分析出子囊菌中指导多细胞分化过程的元件，为我们更好地在分子水平了解真核细胞分化过程提供帮助。

参考文献

Adachi K, Hamer JE. 1998. Divergent cAMPsignaling pathways regulate growth and pathogenesis in the rice blast fungus *Magnaporthe grisea*. Plant Cell, 10: 1361-1374

Adams DH, Roth LF. 1967. Demarcation lines in paired cultures of *Fomes cajanderi* as a basis for detecting genetically distinct mycelia. Can J Bot, 45: 1583-1589

Alby K, Bennett RJ. 2011. Interspecies pheromone signaling promotes biofilm formation and same-sex mating in Candida albicans. Proc Natl Acad Sci USA, 108: 2510-2515

Anderegg RJ et al. 1988. Structure of *Saccharomyces cerevisiae* mating hormone a factor. Identification of S-farnesyl cysteine as a structural component. J Biol Chem, 263: 18236-18240

Arie T, Kaneko I, Yoshida T et al. 2000. Mating-type genes from asexual phytopathogenic ascomycetes *Fusarium oxysporum* and *Alternaria alternata*. Mol Plant Microbe Interact, 13: 1330-1339

Arnaise S, Coppin E, Debuchy R et al. 1995. Models for mating type gene functions in *Podospora anserina*. Fungal Genet Newslett Suppl, 42: 79

Arnaise S, Debuchy R, Picard M. 1997. What is a bona fide mating-type gene? Internuclear complementation of mat mutants in *Podospora anserina*. Mol Gen Genet, 256: 169-178

Arnaise S, Zickler D, Glass NL. 1993. Heterologous expression of mating-type genes in filamentous fungi. Proc Natl Acad Sci USA, 90: 6616-6620

Arnaise S, Zickler D, Le Bilcot S et al. 2001. Mutations in mating-type genes of the heterothallic fungus *Podospora anserina* lead to self-fertility. Genetics, 159: 545-556

Badgett TC, Staben C. 1999. Interaction between and transactivation by mating type polypeptides of *Neurospora crassa*. Fungal Genet Newslett Suppl, 46: 73

Barsoum E, Martinez P, Astrom SU. 2010. α3, a transposable element that promotes host sexual reproduction. Genes Dev, 24: 33-44

Barve MP, Arie T, Salimath SS. 2003. Cloning and characterization of the mating type(MAT) locus fromAscochyta rabiei(teleomorph: Didymella rabiei) and a MAT phylogeny of legumeassociated Ascochyta spp. Fungal Genet Biol, 39: 151-167

Beatty NP, Smith ML, Glass NL. 1994. Molecular characterization of mating-type loci in selected homothallic species of *Neuros-*

pora, *Gelasinospora* and *Anixiella*. Mycol Res, 98: 1309-1316

Bennett RS, Yun SH, Lee TY et al. 2003. Identity and conservation of mating type genes in geographically diverse isolates of *Phaeosphaeria nodorum*. Fungal Genet Biol, 40: 25-37

Berbee ML, Carmean DA, Winka K. 2000. Ribosomal DNA and resolution of branching order among the Ascomycota: how many nucleotides are enough? Mol Phylogenet Evol, 17: 337-344

Bieszke JA, Braun EL, Bean LE. 1999. The nop-1 gene of *Neurospora crassa* encodes a seven transmembrane helix retinalbinding protein homologous to archaeal rhodopsins. Proc Natl Acad Sci USA, 96: 8034-8039

Bobrowicz P, Pawlak R, Correa A et al. 2002. The *Neurospora crassa* pheromone precursor genes are regulated by the mating type locus and the circadian clock. Mol Microbiol, 45: 795-804

Booth LN, Tuch BB, Johnson AD. 2011. Intercalation of a new tier of transcription regulation into an ancient circuit. Nature, 468: 959-963

Borkovich KA, Alex LA, Yarden O et al. 2004. Lessons from the genome sequence of *Neurospora crassa*: tracing the path from genomic blueprint to multicellular organism. Microbiol Mol Biol Rev, 68: 1-108

Boyartchuk VL & Rine J. 1998. Roles of prenyl protein proteases in maturation of *Saccharomyces cerevisiae* a-factor. Genetics, 150: 95-101

Braus GH, Krappmann S, Eckert SE. 2002. Sexual development in ascomycetes-fruit body formation of *Aspergillus nidulans*. In: Osiewacz HD (ed) Molecular biology of fungal development. New York: Dekker, 215-244

Bruggeman J, Debets AJ, Wijngaarden PJ et al. 2003. Sex slows down the accumulation of deleterious mutations in the homothallic fungus *Aspergillus nidulans*. Genetics, 164: 479-485

Carlile MJ, Watkinson SC, Gooday GW. 2001. TheFungi. 2eded. New York: Academic Press. 185-243

Catlett NL, Yoder OC, Turgeon BG. 2003. Whole-genome analysis of two-component signal transduction genes in fungal pathogens. Eukaryot Cell, 2: 1151-1161

Chang S, Staben C. 1994. Directed replacement of mt A by mt a-1 effects a mating type switch in *Neurospora crassa*. Genetics, 138: 75-81

Chiu SW, Moore D. 1999. Sexual development of higher fungi. In: Oliver RP and Schweizer M, Molecular fungal biology. , Cambridge: Cambridge University Press

Cisar CR, TeBeest DO, Spiegel FW. 1994. Sequence similarity of mating type idiomorphs: a method which detects similarity among the Sordariaceae fails to detect similar sequences in other filamentous ascomycetes. Mycologia, 86: 540-546

Coppin E, Arnaise S, Bouhouch K. 2005a. Functional study of SMR1, a mating type gene which does not control self/non-self recognition in *Podospora anserina*. Fungal Genet Newslett Suppl, 52: 176

Coppin E, Arnaise S, Contamine V et al. 1993. Deletion of the mating-type sequences in *Podospora anserina* abolishes mating without affecting vegetative functions and sexual differentiation. Mol Gen Genet, 241: 409-414

Coppin E, de Renty C, Debuchy R. 2005b. The function of the coding sequences for the putative pheromone precursors in *Podospora anserina* is restricted to fertilization. Eukaryot Cell, 4: 407-420

Coppin E, Debuchy R, Arnaise S et al. 1997. Mating types and sexual development in filamentous ascomycetes. Microbiol Mol Biol Rev, 61: 411-428

Daniels KJ, Srikantha T, Lockhart SR et al. 2006. Opaque cells signal white cells to form biofilms in *Candida albicans*. EMBO J, 25: 2240-2252

Debuchy R, Arnaise S, Lecellier G. 1993. The *mat*-allele of *Podospora anserina* contains three regulatory genes required for the development of fertilized female organs. Mol Gen Genet, 241: 667-673

Debuchy R, Turgeon BG. 2006. Mating-Type Structure, Evolution, and Function in Euascomycetes, In: Esser K, eds. The Mycota vol. I, Growth, Differentiation and Sexuality (2nd). Berlin, Germany: Springer. 293-323

Degani O, Maor R, Hadar R et al. 2004. Host physiology and pathogenic variation of *Cochliobolus heterostrophus* strains with mutations in the G protein alpha subunit, CGA1. Appl Environ Microbiol, 70: 5005-5050

Dettman JR, Harbinski FM, Taylor JW. 2001. Ascospore morphology is a poor predictor of the phylogenetic relationships of *Neurospora* and *Gelasinospora*. Fungal Genet Biol, 34: 49-61

Dickman MB, Yarden O. 1999. Serine/threonine protein kinases and phosphatases in filamentous fungi. Fungal Genet Biol, 26: 99-117

Dyer PS, Paoletti M, Archer DB. 2003. Genomics reveals sexual secrets of *Aspergillus*. Microbiology, 149: 2301-2303

Ellis TT, Reynolds DR, Alexopoulus CJ. 1973. Hülle cell development in *Emericella nidulans*. Mycologia, 65: 1028-1035

Esser K, Meinhardt F. 1984. Barrage formation in fungi. Encyclopedia of Plant Physiology, new series, vol 17. New York: Berlin Heidelberg, Springer. 350-361

Esser K. 2006. Heterogenic Incompatibility in Fungi. In: Esser K, eds. The Mycota vol. I, Growth, Differentiation and Sexuality (2nd). Berlin, Germany: Springer. 141-165

Fang EG, Dean RA. 2000. Site-directed mutagenesis of the *magB* gene affects growth and development in *Magnaporthe grisea*. Mol Plant Microbe Interact, 13: 1214-1227

Ferreira AV, An Z, Metzenberg RL et al. 1998. Characterization of *mat A-2*, *mat A-3* and *ΔmatA* Mating type mutants of *Neurospora crassa*. Genetics, 148: 1069-1079

Fillinger S, Chaveroche MK, Shimizu K et al. 2002. cAMP and ras signalling independently control spore germination in the filamentous fungus *Aspergillus nidulans*. Mol Microbiol, 44: 1001-1016

Fisher R, kues U. 2003. Developmental processes in filamentous fungi. Bennet JW, eds. Mycology series 18, Genomics of plant and fungi, by RA Prade and HJ bohnert. New York: : Marcel Dekker, Inc. 41-118

Foster SJ, Fitt BD. 2003. Isolation and characterisation of the mating-type (*MAT*) locus from *Rhynchosporium secalis*. Curr Genet, 44: 277-286

Glass NL, Jacobson DJ, Shiu PKT. 2000. The genetics of hyphal fusion and vegetative incompatibility in filamentous ascomycete fungi. Annual Review of Genetics, 34: 165-186

Glass NL, Lee L. 1992. Isolation of *Neurospora crassa A* mating type mutants by repeat induced point (RIP) mutation. Genetics, 132: 125-133

Glass NL, Metzenberg RL, Raju NB. 1990. Homothallic Sordariaceae from nature: the absence of strains containingonly the amating type sequence. Exp Mycol, 14: 274-289

Goodwin SB. 2002. The barley scald pathogen *Rhynchosporiumsecalis* is closely related to the discomycetes *Tapesia* and *Pyrenopeziza*. Mycol Res, 106: 645-654

Gordon JL, Armisén D, Proux-Wéra E et al. 2011. Evolutionary erosion of yeast sex chromosomes by mating-type switching accidents. PNAS, 108: 20024-20029

Han KH, Seo JA, Yu JH. 2004. A putative G protein-coupled receptor negatively controls sexual development in *Aspergillus nidulans*. Mol Microbiol, 51: 1333-1345

Heitman J, Kronstad JW, Taylor JW et al. 2007. Sex in Fungi: Molecular Determination and Evolutionary Implications. In: Lin X, Heitman J, Mechanisms of homothallism in fungi and transitions between heterothallism and homothallism. Washington DC: ASM Press. 35-57

Heitman, J.; Kronstad, JW.; Taylor, JW.; Casselton, LA., editors.. Sex in Fungi: Molecular Determination and Evolutionary Implications. In: Casselton, LA.; Kües, U. The origin of multiple mating types in the model mushrooms Coprinopsis cinerea and Schizophyllum commune. Washington DC: ASM Press, 2007b, pp 283-300

Herskowitz I, Rine J, Strathern NJ. 1992. Mating-type determination and ating-type interconversion in Saccharomyces cerevisiae. In: Jones EW, Pringle R, Broach JR, editors. The Molecular and Cellular Biology of the Yeast *Saccharomyces*. New York: Cold Spring Harbor Lab Press, 583-656

Hoffmann B, Eckert SE, Krappmann S et al. 2001. Sexual diploids of *Aspergillus nidulans* do not Formby randomfusion of nuclei in the heterokaryon. Genetics, 157: 141-147

Hou Z, Xue C, Peng Y et al. 2002. A mitogen-activated protein kinase gene (MGV1) in *Fusarium graminearumis* required for female fertility, heterokaryonformation, andplant infection. Mol Plant Microbe Interact, 15: 1119-1127

Huyer G et al., 2006. *Saccharomyces cerevisiae* a-factor mutants reveal residues critical for processing, activity, and export. Eukaryot. Cell, 5: 1560-1570

Idnurm A, Bahn YS, Nielsen K et al. 2005. Deciphering the model pathogenic fungus *Cryptococcus neoformans*. Nat. Rev. Microbiol, 3: 753-764

Inderbitzin P, Harkness J, Turgeon BG et al. 2005. Lateral transfer of life history strategy in *Stemphylium*. Proc Natl Acad Sci USA, 102: 11390-11395

Ito S, Matsui Y, Toh-e A et al. 1997. Isolation and characterization of the krev-1 gene, a novel member of ras superfamily in *Neurospora crassa*: involvement in sexual cycle progression. Mol Gen Genet, 255: 429-437

Ivey FD, Kays AM, Borkovich KA. 2002. Shared and independent roles for a Gαi protein and adenylyl cyclase in regulating development and stress responses in *Neurospora* crassa. Eukaryot Cell, 1: 634-642

Jacobsen S, Poggeler S. 2001. Interaction between matingtype proteins from the homothallic ascomycete *Sordaria macrospora*. Fungal Genet Newslett Suppl, 48: 140

Johnson AD. 1995. Molecular mechanisms of cell-type determination in budding yeast. Curr Opin Genet Dev, 5: 552-558

JonesJr SK, Bennett RJ. 2011. Fungal mating pheromones: Choreographing the dating game. Fungal Genetics and Biology, 48, 668-676

Kawasaki L, Sanchez O, Shiozaki K et al. 2002. SakA MAP kinase is involved in stress signal transduction, sexual development and spore viability in *Aspergillus nidulans*. Mol Microbiol, 45: 1153-1163

Kays AM, Borkovich KA. 2004. Severe impairment of growth and differentiation in a *Neurospora crassa* mutant lacking all heterotrimeric Gα proteins. Genetics, 166: 1229-1240

Kays AM, Rowley PS, Baasiri RA et al. 2000. Regulation of conidiation and adenylyl cyclase levels by the Gα protein GNA-3 in *Neurospora crassa*. Mol Cell Biol, 20: 7693-7705

Kim H, Borkovich KA. 2004. A pheromone receptor gene, pre-1, is essential for mating type-specific directional growth and fusion of trichogynes and female fertility in *Neurospora crassa*. Mol Microbiol, 52: 1781-1798

Kim H, Metzenberg RL, Nelson MA. 2002. Multiple functions of mfa-1, a putative pheromone precursor gene of *Neurospora crassa*. Eukaryot. Cell, 1: 987-999

Klar AJS, Strathern JN, Hicks JB. 1984. Developmental pathways in yeast. In: Microbial development (ed. R. Losick and L. Shapiro), Cold Spring Harbor Laboratory, Cold Spring Harbor, New York. 151

Klix V, Nowrousian M, Ringelberg C et al. 2010. Functional characterization of MAT1-1-specific mating-type genes in the homothallic ascomycete *Sordaria macrospora* provides new insights into essential and nonessential sexual regulators. Eukaryot Cell, 9: 894-905

Krystofova S, Borkovich KA. 2005. The heterotrimeric Gprotein subunits GNG-1 and GNB-1 forma Gβγ dimmer required for normal female fertility, asexual development, and Gα protein levels in *Neurospora crassa*. Eukaryot Cell, 4: 365-378

Kurjan J. 1993. The pheromone response pathway in *Saccharomyces cerevisiae*. Annu Rev Genet, 27: 147-179

Lee J, Lee T, Lee YW et al. 2003. Shifting fungal reproductive mode by manipulation of mating type genes: obligatory heterothallism of *Gibberella zeae*. Mol Microbiol, 50: 145-152

Lee SC, Ni M, Li W et al. 2010. The evolution of sex: a perspective from the fungal kingdom. Microbiol. Mol. Biol. Rev, 74: 298-340

Lengeler KB, Davidson RC, D'Souza C et al. 2000. Signal transduction cascades regulating fungal development and virulence. Microbiol Mol Biol Rev 64: 746-785

Leslie JF. 1993. Fungal vegetative incompatibility. Ann Rev Phytopathol, 31: 127-150

Leubner-Metzger G, Horwitz BA, Yoder OC et al. 1997. Transcripts at the mating type locus of *Cochliobolus heterostrophus*. Mol Gen Genet, 256: 661-673

Linde CC, Zala M, Ceccarelli S et al. 2003. Further evidence for sexual reproduction in *Rhynchosporium secalis* based on distribution and frequency ofmatingtype alleles. Fungal Genet Biol, 40: 115-125

Liu YJ, Hall BD. 2004. Body plan evolution of ascomycetes, as inferred fromanRNApolymerase IIphylogeny. Proc Natl Acad Sci USA, 101: 4507-4512

Loubradou G, Bégueret J, Turcq B. 1999. MOD-D, a Gα subunit of the fungus *Podospora anserina*, is involved in both regulation of development and vegetative incompatibility. Genetics, 152: 519-528

Masloff S, Poggeler S, Kück U. 1999. The pro1+gene from *Sordaria macrospora* encodes a C6 zinc finger transcription factor required for fruiting body development. Genetics,152:191-199

Mayrhofer S, Poggeler S. 2005. Functional characterization of an α-factor-like *Sordaria macrospora* peptide pheromone and analysis of its interaction with its cognate receptor in *Saccharomyces cerevisiae*. Eukaryot Cell,4:661-672

McClelland CM, Chang YC, Varma A et al. 2004. Uniqueness of the mating system in *Cryptococcus neoformans*. Trends Microbiol,12:208-212

Metzenberg RL, Glass NL. 1990. Mating type and mating strategies in *Neurospora*. Bioessays,12:53-59

Micali CO, Smith ML(2003) On the independence of barrage formation and heterokaryon incompatibility in *Neurospora crassa*. Fungal Genet Biol,38:209-219

Moore D, Novak Frazer AN, 2002. Essential fungal genetics. Berlin: Springer-Verlag. 26-70

Mortimer RK. 2000. Evolution and variation of the yeast(*Saccharomyces*) genome. Genome Res,10:403-409

Neves SR, Ram PT, Iyengar R. 2002. G protein pathways. Science,296:1636-1639

Ni M, Feretzaki M, Sun S. et al. 2011. Sex in Fungi. Annu Rev Genet,45:405-430

Nolting N, Poggeler S. 2005. Characterization of transcription factors fromthe filamentous ascomycete *Sordaria macrospora* and their implications on fruiting-body development. Fungal Genet Newsletter Suppl 52:184

O´Gorman CM, Fuller HT, Dyer PS. 2009. Discovery of a sexual cycle in the opportunistic fungal pathogen *Aspergillus fumigatus*. Nature,457:471-474

Pandey A, Roca MG, Read ND et al. 2004. Role of a mitogen-activated protein kinase pathway during conidial germination and hyphal fusion in *Neurospora crassa*. Eukaryot Cell,3:348-358

Philley ML, Staben C. 1994. Functional analyses of the *Neurospora crassa* MT a-1 mating type polypeptide. Genetics, 137: 715-722

Pontecorvo G. 1953. The genetics of *Aspergillus nidulans*. In: Demerec M(ed) Advances in genetics. New York: Academic Press. 141-238

Pöggeler S, Kück U. 2000. Comparative analysis of themating-type loci from *Neurospora crassa* and *Sordaria macrospora*: identification of novel transcribed ORFs. Mol Gen Genet,263:292-301

Pöggeler S, Kück U. 2001. Identification of transcriptionally expressed pheromone receptor genes in filamentous ascomycetes. Gene,280:9-17

Pöggeler S, Nowrousian M, Kück U. 2006. Fruiting-Body Development in Ascomycetes. In: Esser K, eds. The Mycota vol. I, Growth, Differentiation and Sexuality(2nd). Berlin, Germany: Springer. 325-356

Pöggeler S, Risch S, Kück U et al. 1997. Mating-type genes from the homothallic fungus *Sordaria macrospora* are functionally expressed in a heterothallic ascomycete. Genetics,147:567-580

Pöggeler S. 2002. Genomic evidence for mating abilities in the asexual pathogen *Aspergillus fumigatus*. Curr Genet,42:153-160

Reynolds DR, Taylor J. 1993. The fungal holomorph: mitotic, meiotic and pleomorphic speciation in fungal systematics. UK Wallingford,: Oxford University Press

Rosén S, Yu JH, Adams TH. 1999. The *Aspergillus nidulans* sfaD gene encodes a G protein β-subunit that is required for normal growth and repression of sporulation. EMBO J,18:5592-5600

Rydholm C, Dyer PS, Lutzoni F. 2007. DNA sequence characterization and molecular evolution of MAT1 and MAT2 mating-type loci of the self-compatible ascomycete mold *Neosartorya fischeri*. Eukaryot. Cell,6:868-874

Saupe S, Stenberg L, Shiu KT et al. 1996. The molecular nature of mutations in the mt A-1 gene of the *Neurospora crassa* A idiomorph and their relation to mating-type function. Mol Gen Genet,250:115-122

Saupe SJ. 2000. Molecular genetics of heterokaryon incompatibility in filamentous ascomycetes. Microbiol Mol Biol Rev,64: 489-502

Seo JA, Han KH, Yu JH. 2004. The gprA and gprB genes encode putative G protein-coupled receptors required for self-fertilization in *Aspergillus nidulans*. Mol Microbiol,53:1611-1623

Sharon A, Yamaguchi K, Christiansen S et al. 1996. An asexual fungus has the potential for sexual development. Mol Gen Genet,251:60-68

Shen WC, Bobrowicz P, Ebbole DJ. 1999. Isolation of pheromone precursor genes of *Magnaporthe grisea*. Fungal Genet Biol,27:

253-263

Shiu PK, Metzenberg RL. 2002. Meiotic silencing by unpaired DNA: properties, regulation and suppression. Genetics, 161: 1483-1495

Shiu PK, Raju NB, Zickler D et al. 2001. Meiotic silencing by unpaired DNA. Cell, 107: 905-916

Singh G, Ashby AM. 1998. Cloning of the mating type loci from *Pyrenopeziza brassicae* reveals the presence of a novelmating type genewithin a discomyceteMAT1-2 locus encoding aputative metallothionein-likeprotein. Mol Microbiol, 30: 799-806

Singh G, Dyer PS, Ashby AM. 1999. Intra-specific and inter-specific conservation of mating-type genes from the discomycete plant-pathogenic fungi *Pyrenopeziza brassicae* and Tapesia yallundae. Curr Genet, 36: 290-300

Souza CA, Silva CC, Ferreira AV. 2003. Sex in fungi: lessons of gene regulation. Genet Mol Res, 2: 136-147

Stanton BC, Giles SS, Staudt MW et al. 2010. Allelic exchange of pheromones and their receptors reprograms sexual identity in *Cryptococcus neoformans*. PLoS Genet, 6: e1000860

Takai Y, Sasaki T, Matozaki T. 2001. Small GTP-binding proteins. Physiol Rev, 81: 153-208

Taylor SS, Yang J, Wu J et al. 2004. PKA: a portrait of protein kinase dynamics. Biochim Biophys Acta, 11: 259-269

Turgeon BG, Bohlmann H, Ciuffetti LM et al. 1993. Cloning and analysis of the mating type genes from *Cochliobolus heterostrophus*. Mol Gen Genet, 238: 270-284

Turgeon BG, Yoder OC. 2000. Proposed nomenclature for mating type genes of filamentous ascomycetes. Fungal Genet Biol, 31: 1-5

Turina M, Prodi A, Alfen NK. 2003. Role of the Mf1-1 pheromone precursor gene of the ilamentous ascomycete *Cryphonectria parasitica*. Fungal Genet Biol, 40: 242-251

Varga J. 2003. Mating type gene homologues in *Aspergillus fumigatus*. Microbiology, 149: 816-819

Waalwijk C, Mendes O, Verstappen EC et al. 2002. Isolation and characterization of the mating-type idiomorphs from the wheat septoria leaf blotch fungus *Mycosphaerella graminicola*. Fungal Genet Biol, 35: 277-286

Wei H, Requena N, Fischer R. 2003. The MAPKK kinase SteC regulates conidiophoremorphology and is essential for heterokaryon formation and sexual developmentin the homothallic fungus *Aspergillus nidulans*. Mol Microbiol, 47: 1577-1588

Widmann C, Gibson S, Jarpe MB et al. 1999. Mitogen-activated protein kinase: conservation of a three-kinase module from yeast to human. Physiol Rev, 79: 143-180

Wirsel S, Horwitz B, Yamaguchi K et al. 1998. Single mating type-specific genes and their 3 UTRs control mating and fertility in *Cochliobolus heterostrophus*. Mol Gen Genet, 259: 272-281

Wirsel S, Turgeon BG, Yoder OC. 1996. Deletion of the *Cochliobolus heterostrophus* ating-type (MAT) locus promotes the function of MAT transgenes. Curr Genet, 29: 241-249

Yokoyama E, Yamagishi K, Hara A. 2003. Structures of the mating-type loci of *Cordyceps takaomontana*. Appl Environ Microbiol, 69: 5019-5022

Yuan YO, Stroke IL, Fields S. 1993. Coupling of cell identity to signal response in yeast: interaction between the α1 and STE12 proteins. Genes Dev, 7: 1584-1597

Yun SH, Arie T, Kaneko I et al. 2000. Molecular organization of mating type loci in heterothallic, homothallic, and asexual *Gibberella/Fusarium* species. Fungal Genet Biol, 31: 7-20

Yun SH, Berbee ML, Yoder OC et al. 1999. Evolution of the fungal self-fertile productive life style from self-sterile ancestors. Proc Natl Acad Sci USA, 96: 5592-5597

Zickler D, Arnaise S, Coppin E et al. 1995. Altered mating-type identity in the fungus *Podospora anserina* leads to selfish nuclei, uniparental progeny, and haploid meiosis. Genetics, 140: 493-503

10　担子菌交配型基因及信号转导途径

10.1　引言

丝状真菌是一种以顶端生长为特征的多核体。壶菌和接合菌在生长过程中菌丝不会出现分隔现象，而子囊菌和担子菌在细胞分裂后会在一定距离处生成菌丝隔膜，子囊菌的隔膜只有一个孔。而担子菌的隔膜是桶状，多孔，被桶孔覆垫（parenthosome）覆盖。隔膜上的孔能使同一菌丝上相邻细胞间进行营养物质和细胞器的交换。另外，不同的菌丝体的菌丝之间可以发生融合，这就导致菌落间细胞物质的转移和细胞器的交换，特别是细胞核的交换。但是，线粒体一般不会交换（Fischer and Kues 2003）。

担子菌门真菌是一种多样化的类群，目前认为它是真菌中最高等的一个门。许多大型担子菌是营养丰富的食用菌，如香菇、猴头、灵芝、竹荪和木耳等，它们除有食用价值外，还具有滋补和药用价值。许多可食用的担子菌含有多糖，能提高人体抑制肿瘤的能力及排异作用，因此，目前许多担子菌是有价值的栽培种类，已成为筛选抗肿瘤药物的重要资源；它们与植物共生形成菌根（mycorrhiza），有利于作物的栽培和造林；然而，有些担子菌是植物病原菌，如黑粉菌和锈菌等，引起作物的黑穗病和锈病从而造成严重的经济损失；

有些担子菌能引起森林和园林植物的病害，许多大型的腐生真菌能引致木材腐烂，常常造成较大的经济损失；担子菌中的类酵母种类，诸如新型隐球酵母菌（*C. neoformans*）是对人类危害严重的条件致病菌。

众所周知，生殖交配通常导致细胞形态学上一种戏剧性的改变，并且交配型基因本身是与这些改变直接相关的。深入了解担子菌的交配系统并应用于作物改良育种程序设计，以及致病性决定因素的阐明，是研究担子菌交配型基因的意义所在。显然，这些基因编码的蛋白家族的成员和信号分子在真核生物细胞中普遍存在，通过对交配途径的研究，可以了解这些蛋白质的功能，更全面地认识它们怎样调节真核细胞的发育。

交配型基因的功能是防止自我交配，从而保持种群内差异性，促进远系繁殖。在子囊菌中这是通过位于同一交配型基因座上的两种交配型来实现的，这两种交配型被称为等位变体而不是称为等位基因，因为它们具有非常不同的 DNA 序列长度和序列同源性，并对应于不同的交配型，编码功能不同的蛋白质。在担子菌中，每种交配型典型地含有相似的基因，并且亲和交配是由同一基因座上不同等位基因的表达产物所介导的（Casselton and Olesnicky 1998）。交配型基因座可能是多等位变体的，所以会有比两种类型多得多的交配型。有些担子菌有两个交配型基因座，每一个包含一套不同的多等位变体。这种巨大的多样性能够产生数千种不同的交配型，这种多样性在伞菌纲中表现得尤为明显。虽然表面上是复杂的，但是允许识别亲和配对的根本机制在子囊菌和担子菌之间是高度保守的（Raper 1966；Ni et al. 2011）。

近些年来，被描述得最好的担子菌模型是担子菌类伞菌纲（Agaricomycetes）的灰盖鬼伞（*C. cinerea*）、双色蜡蘑（*Laccaria bicolor*）、裂褶菌（*S. commune*）、黄孢原毛平革菌（*P. chrysosporium*）、绵腐卧孔菌（*Postia placenta*）、新型隐球酵母菌（*C. neoformans*）和玉米黑粉菌（*U. maydis*），它们的基因组全序列都已被克隆。在这些菌中，尤其是灰盖鬼伞、裂褶菌、黑粉菌和子囊菌的酿酒酵母（*S. cerevisiae*），它们在有性生殖过程中的基因和分子水平方面的研究已经较为深入。通过对真菌基因组交配型基因和结构的比较，揭示了交配型基因调节和保护有性生殖的重要功能（May et al. 1999；James et al. 2004；Raudaskoski and Kothe 2010）。

在伞菌纲中，有两个交配型基因座，*A* 基因座编码同源结构域类型转录因子，*B* 基因座编码信息素/受体系统，调节四极性种的四交配型的相互作用。*A* 和 *B* 两个交配型基因座也可存在于担子菌两极性中的两极系统中，仅表现为两个交配型的相互作用。在某些真菌中，*B* 基因座已经失去了自我或非我识别的能力，而保留了其生长中特殊性的调控功能（Raudaskoski and Kothe 2010）。

担子菌中基因组结构的保守性和简并 PCR 克隆策略已使得从其他种类中分离基因成为可能，同时对进化生物学家来说有相当大的兴趣来比较交配型基因的序列，因为他们认为这些交配型基因比编码保守的代谢功能相关基因进化得更快（Ni et al. 2011）。

10.2 营养亲和性、异核体和核的迁移

10.2.1 营养亲和性和异核体

真菌界是具有多样而且非常庞大的类群。在我们进一步深入讨论之前，我们必须复

习下面一些专业词汇。如果一个个体能够独立完成有性生殖周期,我们就称这个物种是同宗配合的。完成同宗配合过程会有许多不同的途径。但是,我们需要强调的是同宗配合的物种并不仅仅限于自身可育性。两株同宗配合的菌株不论是在自然条件下还是在实验室辅助条件下都能够很好地杂交,这一点也说明了同宗配合的菌株的确具有自身可育性。这不同于异宗配合,异宗配合需要两个不同的菌株个体的相互作用而完成有性生殖周期。异宗配合的真菌中分离得到的个体是自身不育的或是自身不相容的,但是具有交叉相容性。异核现象是由于不同菌丝体的菌丝融合引起的,伴随着细胞核从一个菌丝迁移到另一个菌丝,因此菌丝中便具有了两个不同类型的细胞核,这样的菌丝称为异核体。如果菌丝里面只有一种细胞核,我们就称为同核体。在大多数具有这种表型的高级菌株中,如担子菌的模式生物灰盖鬼伞和裂褶菌,它们的担孢子萌发产生同宗的菌丝,称为单核体。当两个单核体相遇时,便发生菌丝融合,如果它们具有营养亲和性,一个菌丝中的核便会迁移到另一个菌丝中。另外,如果细胞核是亲和性的交配类型,新生长的及先前存在于菌丝中的大部分细胞就成为了双核细胞,拥有每一个单核体亲代的一个细胞核,这种菌丝称为双核体。

菌丝接合是指菌丝或者菌丝分支之间的融合,这个过程涉及两个菌丝细胞壁的降解和两个不同质膜的融合过程,从而使融合菌丝的胞质间彼此具有相容性。一旦它们具有相容性,就能交换细胞核和其他一些细胞器。重要的一点是融合现象并不仅仅限于有性生殖过程。而菌丝接合对于丝状担子菌的菌丝发育是非常重要的,因为它能将初生辐射状菌丝系统转变成完全相互联系的网络(即三生菌丝)。随着菌丝的成熟,单个菌丝体的菌丝融合是很常见的。菌丝形成的相互联系网能够运输营养物质和信号分子到菌落中任何地方。高等真菌具有的这种融合机制是进化的一种表现。问题就在于如何调控菌丝间的融合而且毫无损害地实现在生理和遗传方面的优势。当然,损害还是会存在的,菌丝接合会带来一些风险,这些风险来自于胞质暴露在缺陷或损伤的细胞器、病毒及质粒携带的外源遗传信息物环境中(Moore and Frazer 2002)。

如果基因型不同的菌丝相互作用(如有性生殖周期),这种作用对细胞核与胞质的要求也不同。为了最大限度地利用有性生殖周期,这种控制机制必须确保细胞核在遗传性质上尽量不同。相反,细胞融合过程的安全运行则要求将要融合的胞质成分尽可能相似。这些特征都处于调控菌丝接合的遗传系统的控制之下,通常称之为营养体亲和性。随后一种称为交配型因子的基因发挥调控作用,可以将细胞核聚集到一起从而经历配子融合和减数分裂过程,这种调控作用称为性亲和性。这些不同的阶段表现出不同的表型,认识到这点很重要。营养菌丝的亲和性使两个同核或异核的单核体菌丝或细胞融合而形成同核体或异核体,而营养不相容性阻止异核体的形成(Esser 2006)。

在许多真菌中,伴随着菌丝亲和性反应会发生核的迁移而产生异核体。细胞核能够通过菌丝体发生双向或单向的迁移。迁移的方向依赖于涉及性亲和性反应的一些基因和等位基因。细胞核从一个菌株迁移到另一个菌株,亲和性核的迁移是快速的,典型的迁移速率为4mm/h,相比而言,典型的菌丝生长速率仅仅0.7mm/h(Moore and Frazer 2002)。

营养体亲和性的表型是异核体菌丝的表现形式。我们大部分已知的关于遗传亲和性的知识都是在实验室通过对模式生物研究获得的。关于营养体亲和性的概念请参见第9章的相关内容。

10.2.2 菌丝融合后核的迁移

10.2.2.1 锁状联合的核迁移

在一些担子菌内研究过细胞核转移现象。例如,在灰盖鬼伞和裂褶菌菌株中研究过核迁移的细节。担孢子萌发形成具有单核细胞的菌丝,通常称之为单核体。两个单核体将会通过融合形成异核体或同核体。如果它们具有亲和性,细胞核将会从一个菌丝体迁移到另一个菌丝体内,这会产生一个新的菌丝体,称为双核体,通常双核体本身是含有一个亲代型细胞核的双核细胞。双核体菌丝顶端的生长需要这两个核一起完成有丝分裂,同时也需要一种细胞核迁移和分配机制,这种机制依靠于每个菌丝隔膜处向后生长的钩状细胞,称为锁状联合(clamp connection,图 10.1)。

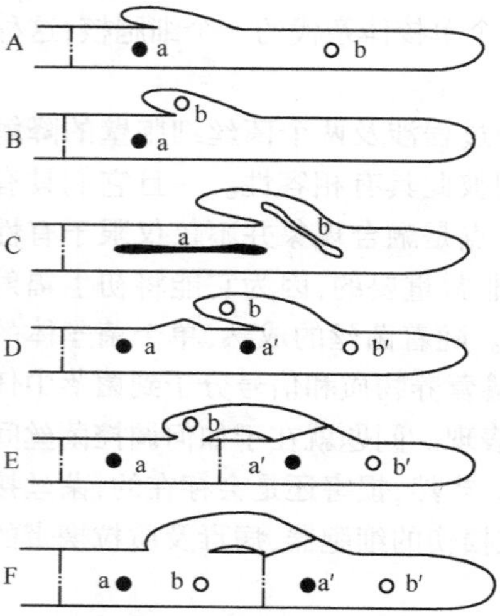

图 10.1 锁状联合的形成过程

A. 在双核菌丝细胞中细胞核是成对出现的,每个细胞中含有每种交配型的一个单倍体核,图中以实心圈和空心圈表示;B. 顶端细胞延伸,然后锁状细胞以向后生长的菌丝分支形式出现,一个单倍体核进入锁状细胞;C. 起始有丝分裂,两个交配型核发生双核分裂,即两个细胞核同步进行有丝分裂;D. 另一个相反交配型的子代核以远离菌丝顶端的方向迁移,请注意锁状细胞顶端与亚细胞接触处出现一个小的突出,这是 *B* 基因的编码信息素诱导的结果(Badalyan et al. 2004);E. 随后形成两个隔膜,一个在锁状联合体底部,另一个在锁状联合出现点的后面位置;F. 锁状细胞的顶端和亲代菌丝接合,释放子细胞核到菌丝亚顶端的细胞内。

锁状联合是由 *A*、*B* 两个交配型基因座控制双核体形成发育过程的不同步骤。在高等的担子菌中,如灰盖鬼伞和裂褶菌,菌丝的融合不需要交配型基因的参与。我们也在相同交配型特征的菌丝中观察到此现象(Hiscock and Kues 1999)。但是,该交配型基因对菌丝融合后的发育过程(即锁状联合)是必需的。当菌丝融合后,*B* 基因座中的基因使不同交配型的细胞核进入到同一菌丝细胞中。当细胞核转移到菌丝的顶端细胞之后,*A* 基因座的基因控制两个不同来源的核的配对,在以后要发育为隔膜的地方形成锁状细胞(clamp cell),以及两个核的同步分裂等过程。锁状细胞的形成为两个不同类型的细胞核的分离提供了平等的条件,因为核分离形成的 4 个子细胞核中的一个子细胞核要进入这个特殊的锁状细胞。隔膜在菌丝细胞和锁状细胞之间形成后,一对不同交配型的子细胞核仍然在顶端细胞中,第三个子细胞核存在于锁状细胞中,而与它交配型不同的第四个核在新形成的亚顶端细胞中(Iwasa et al. 1998)。在 *B* 基因的作用下,在锁状细胞中的核通过细胞融合被释放到亚顶端细胞中,使亚顶端细胞也成为双核细胞,这两个核同样可以发生融合(Kues 2000)。

目前已经证明,在锁状细胞融合过程中,锁状细胞的形成和同时出现的核分离是 *A* 基因座依赖的,在最初的交配细胞融合之后的核迁移是 *B* 基因座依赖的。因为 *B* 基因座的功能是编码信息素和受体，说明融合后的核迁移是信息素依赖的。我们将在后面的各交配系统中加以讨论(Sweizynski and Day1960；Badalyan et al. 2004；Raudaskoski and Kothe 2010)。

10.2.2.2 异宗配合的核迁移

在多等位变体的异宗配合中，控制性亲和性的基因座具有多个等位变体。多等位变体的异宗配合的优点在于亲和性因子的杂交几率增加，从而增加了远缘繁殖的机会。多等位变体的异宗配合包括两极性的(一次交换产生两种交配型)和四极性的(一次交换产生四种交配型)，这种类型的异宗配合仅存在于担子菌中。在这些真菌中，单核的担孢子萌发产生单核的菌丝，单核菌丝可以无限生长，同一种的菌丝细胞如果在生长时相遇，则可发生菌丝融合，无论是亲和的还是非亲和的菌株都可以使细胞质和细胞核融合进一个菌丝细胞，但最终的交配要求是亲和的，如果菌株是亲和的，融入的核通过受体菌丝迁移而形成双核体。在担子菌中双核体形成是有性生殖生长发育成担子果所必需的(Moore and Frazer 2002)。

在灰盖鬼伞和裂褶菌中，两个多等位基因交配因子 *A* 和 *B* 控制性的亲和性(见图 10.3)。为了具有亲和性，亲代单核体必须具有不同的 *A* 交配型因子与不同的 *B* 交配型因子。决定着第一次接合后起始菌丝自我-非我识别，同样也调控着菌丝体的形态发生。

裂褶菌是担子菌中标准的四极性多等位基因的异宗配合菌。我们将不同交配型的单核体菌丝 A_1B_1、A_1B_2、A_2B_1 和 A_2B_2 分别培养好，然后进行配对实验(或称为对抗实验)，其结果显示出图 10.2 的 4 种表型反应(Chiu and Moore 1999)。

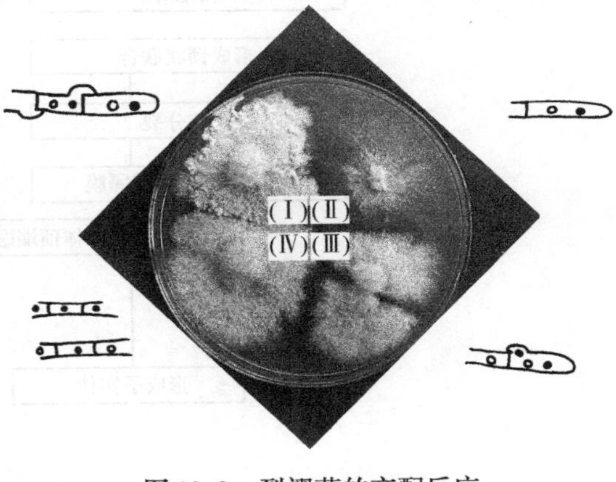

图 10.2 裂褶菌的交配反应
(引自 Chiu and D Moore 1999)

在图 10.2 中，(Ⅰ)代表 $A_1B_1 \times A_2B_2$ 的"+"反应，即具有不同 *A* 等位基因和 *B* 等位基因的反应，菌丝形成双核体，且有锁状联合现象，可以形成子实体。(Ⅱ)代表 $A_1B_1 \times A_1B_1$ 的"-"反应，即具有相同 *A* 等位基因和 *B* 等位基因的类型，菌丝不能杂交形成双核体，无锁状联合。实际上是相同的菌丝长在一起。但有时也能形成双核体，而不产生担子果。(Ⅲ)代表 $A_1B_1 \times A_2B_1$ 的"B"反应，即具有相同的 *B* 等位基因而 *A* 等位基因不同的类型。交配菌落的菌丝互相排斥，在接近中心部位停止生长，形成一条隔离带的位置也产生少数异核体。(Ⅳ)代表 $A_1B_1 \times A_1B_2$ 的"F"反应，即具有相同的 *A* 等位基因而 *B* 等位基因不同的类型。异核体很稀少，在老的菌丝体中形成凹陷而又扭曲的不规则的菌丝。菌丝能融合，但核不能移动，没有锁状联合现象。

图 10.2 的这些反应，我们可以在图 10.3 中观察到核迁移的过程。双核体/异核体的形成需要 *A* 因子和 *B* 因子都不同($A_1B_1+A_2B_2$)，也就是说 *AB* 都处于开启状态。在 *A* 型异核体中 *A* 因子都是相同的，但是 *B* 因子是不同的(*A* 关闭 *B* 开启)，能够出现核迁移但不会出现接合分裂，也不会形成锁状联合。在 *B* 型相同异核体中，只有 *A* 功能处于开启状

态(*A* 开启 *B* 关闭),异核体才会发生接合分裂和锁状联合形成过程,但是锁状联合体仍然是不完全的,没有钩状细胞的融合因而核迁移过程便不会发生。*A* 因子和 *B* 因子间的这种"分工"并不是普遍的,在灰盖鬼伞和裂褶菌中细胞核的迁移仅仅由 *B* 因子调控。巴杜鬼伞(*Coprinus patouillardii*)菌株中核的迁移是由两种因子共同调控的,但是只有 *A* 因子影响可育性。黑粉菌属(*Ustilago*)和银耳属(*Tremella*)中细胞融合过程是由具有两种特异性的基因座控制(Moore and Frazer 2002)。

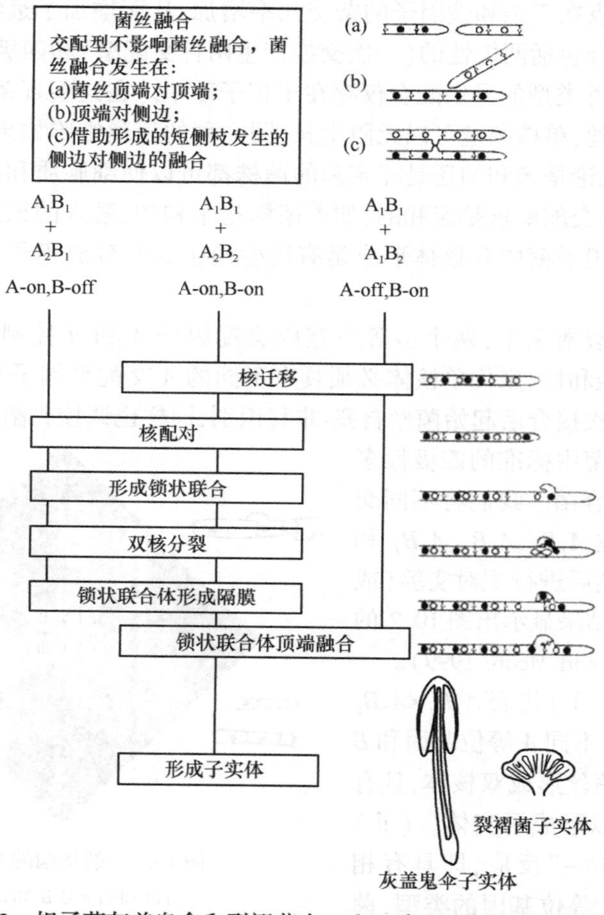

图 10.3　担子菌灰盖鬼伞和裂褶菌中 *A* 和 *B* 交配型因子配合的流程图
(引自 Chiu and Moore 1999)

尽管在裂褶菌中观察到了相应的胞浆流动现象,但是更常见的是细胞核的迁移并不伴随着可见的胞浆流动过程。细胞核的移动是一个涉及微管的高度主动运输过程,类似于分裂时染色体在纺锤体作用线的移动情况,这大概归因于它的特异性。在大多数情况下,一个特异性的细胞核类型很明显地以一种特定的方向迁移。在所有这些关于核迁移的讨论中,需要强调的一点是,亲和性菌丝体间仅仅发生细胞核迁移,而线粒体并不会交换。在迁移的双核化过程中会观察到单核细胞和双核细胞,所以双核体状态并不是随着亲和性细胞的融合而一步确立的。更确切些,经历过一段"混乱"的和不正常的生长之后才会出现有序的双核体生长。这些我们将在下面的 10.3 节进行讨论。

许多真菌生活史中含有许多不同的阶段,包括单倍体(n),双核体($n+n$),异核体(或者具有两种或多种类型以固定或随机比例存在的细胞核)和二倍体($2n$)。杂合双核体细胞和异核体菌丝可能不会表达隐性等位基因,所以这种菌丝可能会表现出杂种优势。异核体的核暴露于选择条件下,如果有不利因素的选择压力就可能会转变成同核体,或者异核体内细胞核型的比率发生改变。也就是说,一个具有新表型的个体可能分离自应对选择压力时的异核体,该机制选择性分离一些核组分进入菌丝分支内。这是一个进化过程,要求异核体利用自身的进化机制以适应其环境;含有一个最适合环境状态的核比例的菌丝分支将会是生长最好的。因此,异核体是一种非常具有耐受性和适应性的菌丝体。异核体的相互作用和相互关系也受它们的营养体亲和性和交配型系统的控制。真菌的大部分自然种群具有营养体不亲和性(Moore and Frazer 2002)。

10.3 担子菌交配型基因控制的繁殖和发育

10.3.1 担子菌的性亲和性

很多真菌都有一套防止基因型完全相同的细胞之间发生交配的系统,我们把具有这些系统的真菌称之为自交不亲和性真菌。因为交配需要不同菌系的参与才能完成,所以也称之为异宗配合菌。有时也把这些系统称之为同质基因不亲和性系统,因为如果菌株的交配型完全相同的话就没有交配的发生。在真菌中已经发现了几种不同类型的交配型系统,真菌的性表现可描述为同宗配合(个体是自交可育的)和异宗配合(个体是自交不育的)两种。遗传物质完全相同的菌丝体之间不会发生配合现象。相同接合子之间不发生配合的称为自体不孕,同一菌丝体自身可以发生配合则称为同宗配合,而不同菌丝体接合发生配合的系统称为异宗配合。真菌中有数种配合系统,当两菌丝体的配合因子不同时,就有可能发生有性生殖进行减数分裂。

大多数担子菌是雌雄同株的(hermaphroditic),但并不是所有雌雄同株的真菌都是自交能育的(self-fertile)(或者称为同宗配合),它们中大多数是异宗配合的,必须有两个具有亲和性的菌体才能形成有性孢子。异宗配合受遗传非亲和性因子控制,具有不同交配型的真菌存在三种不同类型的非亲和系统。非亲和性系统所含的遗传位点数和每一位点的等位基因数是不同的。

10.3.1.1 同宗配合

多数真菌是同宗配合的,在鞭毛菌和子囊菌中同宗配合占优势,少数存在于担子菌中。同宗配合的真菌在单核孢子萌发的菌丝上即可完成其有性世代,无需引入另一核型。在同宗配合过程中,单一的核型含有完成表达所需的全部遗传信息,也就是说,同宗配合的交配因子存在于同一染色体上,因此,不需要经过两个菌丝的交配就能完成性的生活史,这是雌雄同体且自身可孕的结合(Moore and Frazer 2002)。

在同宗配合(即自体可孕)的真菌中,过去认为不存在交配系统,因为有性生殖发生在基因型相同的细胞或菌丝之间。最初认为同宗配合的确只发生在完全缺乏异宗配合的种之间,但后来发现在一些异宗配合不明显的菌种中,也有同宗配合发生。在这种情况下孢子的形成数量要比产生配合因子杂合的二倍体孢子数量少。一旦这种二倍体孢子开始生长,就会产生可单独进行有性生殖的杂核营养菌丝,这种行为类似于同宗配合(Raudaskoski and Kothe 2010;Ni et al. 2011)。

目前,我们关于同宗配合的担子菌了解甚少,但是关于蘑菇种的初步研究表明 *A* 交配型基因至少是存在的(Casselton and Challen 2006)。已经在新型隐球酵母(*C. neoformans*)、黄孢原毛平革菌(*P. chrysosporium*)发现它们同性交配的单性生殖现象。这表明在同宗配合的种中交配型基因对有性发育是必要的。尽管有的学者认为这些种是异宗配合的,并有一个两极性的或四极性的交配系统。这表明在一些异宗配合的菌种中,也有同宗配合发生(Alic et al. 1987;Martinez et al. 2004;Lin et al. 2005;Wang and Lin 2011)。

一些完全缺失性器官的担子菌可以同宗配合,某些担子菌担孢子萌发形成的菌丝体能很快地发育成有隔的双核菌丝体,在每个细胞内,这两个核没有遗传上的差异,而且这种菌丝体能够形成子实体,也就是说,这种同核菌丝自身能够完成异核化和性的过程,如粪鬼伞(*C. sterquilinus*)和草菇(*Volvariella volvacea*)。同宗配合现象看起来比较简单,但其机理尚有许多问题需要进行研究(Casselton and Challen 2006)。

10.3.1.2 异宗配合

根据异宗配合的担子菌所依赖的交配型是由一个还是两个基因座控制,而将其分为两极性或四极性的繁殖系统。在两极性蘑菇种类中只有一个单一的基因座,这个基因座被指定为 *A*,在有两个基因座的四极性种中被指定为 *A* 和 *B*(Raper,1966)。在大多数种中,这两个基因座是不连锁的。对于亲和性而言,两性交配必须要求在交配型基因座上存在的等位基因是不同的,而且两种交配型在前期的减数分裂时分离,并且在后期形成 4 种交配型,两极性细胞和四极性细胞的名称就是因此而获得的。

多等位基因的异宗配合包括两极性的(一次交换产生两种交配型)和四极性的(一次交换产生 4 种交配型),这种类型的异宗配合仅存在于担子菌中。

1. 两极性多等位基因的异宗配合 两极性多等位基因的异宗配合具有单一的遗传因子(*A*),只有一个基因座控制亲和性,多个等位变体(即多等位基因)都位于同一基因座上。在相互配合的菌体中只要等位变体不同,杂交就是亲和性的。如 *A* 基因座有多个等位变体:A_1、A_2、A_3、……A_n,如果交配的菌丝带有不同的等位变体,那么交叉是亲和的。具有 A_1 的菌丝不能同另一具 A_1 的菌丝交配,但它可以同具有其余任何等位变体的菌丝,如 A_2、A_3、A_4……进行交配。在两极性种中,如果 *A* 位点有 10 个特异性等位变体足够用来产生 90% 的远系繁殖效率。然而在四极性种中,需要 *A* 和 *B* 两者具有 20 个特异性等位变体才能给出同样的结果(Koltin et al. 1972)。

对于两极性多等位基因异宗配合而言,如黑粉菌亚门(Ustilaginomycotina)中大多数黑粉菌、锈菌亚门(Pucciniomycotina)、伞菌亚门(Agaricomycotina)的银耳纲(Tremellomycetes)的一些胶质菌及伞菌纲(Agaricomycetes)的不同成员均属于此类。据统计,具有遗传非亲和性系统的真菌中 25% 为两极性多等位变体型(见表 10.1)。

2. 四极性的多等位基因异宗配合 许多担子菌有两种不连锁的配合因子,命名为 *A* 和 *B*。在这种情况下,只有两种配合因子全部不同时,配合才会发生。形成的二倍体细胞在两交配型基因座位上全部杂合,减数分裂产生4种不同交配型的子代孢子,因此又称为四极异宗配合。进行这种方式配合的典型例子是层担子菌中的灰盖鬼伞和裂褶菌,在上面核迁移一节中做了简单的描述。这两种菌的野生型菌种中 A 和 B 基因座都含有大量的等位变体,所以杂交的可能性近乎100%(Moore and Frazer 2002)。

四极性多等位基因的异宗配合是由两个遗传因子 A 和 B 控制着亲和性,这些因子位于分开的染色体上,减数分裂时独立分离,每一因子都有许多等位变体,曾有人报道一个基因座上可能有100多个等位变体。如果在两个交配的同核体中,A 和 B 等位基因都不同,则能发生亲和性的交配。一个带有 A_1B_1 的单核体与另一个带有 A_2B_2 的单核体进行杂交,其结果是产生一个可孕的双核体($A_1B_1+A_2B_2$)。这个双核体在减数分裂后形成孢子,这些孢子将属于4种交配型,即 A_1B_1、A_1B_2、A_2B_1 和 A_2B_2,4种孢子的比例是一样的,这表明 A 和 B 基因座之间没有联系,它们位于不同的染色体上。当这4种不同类型的单核体菌丝杂交时,只有当单核体的每个位点上等位基因不同时才能形成可孕的双核体,即 $A_1B_1 \times A_2B_2$ 或 $A_2B_1 \times A_1B_2$ 型。在一个或两个位点上有相同的等位基因存在时,杂交就不能成功。因此,任何一个子实体的孢子之间进行近亲繁殖时,四极性的异宗配合的成功率只有25%,而两极性的为50%。

10.3.2　交配型基因调节的发育途径

尽管在高等真菌中对有性交配系统进行了细致的研究工作,使我们已经很好地理解了一些物种的交配型基因在有性发育起始中的作用,但是我们的知识仍然很有限。然而,近些年来,使用分子生物学方法来研究子囊菌和担子菌的有性发育得到了更多的重视,在有性发育中具有特殊缺陷的突变体之间的互补作用得到了详细的研究。到目前为止,我们所研究的基因的功能还都是孤立的,但随着时间的进展,我们会发现它们与其他基因间的联系,并绘制出相应的调控路线。

为了了解交配型基因的作用,下面我们将选取已经比较明确的有性配合系统,逐一对其交配型基因调节的发育途径进行描述。

担子菌生活周期中,研究交配型基因功能的一个重要阶段是在交配细胞融合和核融合之间的延长期。在下面有图解说明的模式种中,交配细胞的融合产生一种称为双核体的特殊菌丝体,在双核体中两种交配的核在每个细胞中保持成对的状态,并且同时发生核分裂。在许多担子菌中,双核体又称为锁状联合结构(见图10.1)。我们能在玉米黑粉菌、灰盖鬼伞、裂褶菌和新型隐球酵母菌中观察到,并且每次顶端细胞分裂时这一结构就会形成。每个细胞中成对的核只在对减数分裂特异的细胞中融合,这种融合受到交配因子的调控。

10.3.2.1　玉米黑粉菌

1. 玉米黑粉菌的交配发育系统　黑粉菌是重要的交配依赖型谷类作物致病菌,已知的1200多种黑粉菌能够感染4000种不同的植物。大部分能够作为黑粉菌宿主的植物属于禾本科,包括世界上最重要的粮食作物玉米、大麦、小麦、燕麦、高粱和草料。黑穗病的症状特点是在被感染的组织形成黑色的冬孢子群,使受感染的组织呈现黑色(Bakkeren et al. 2008)。

引起玉米致病的玉米黑粉菌(*U. maydis*)是一种两型真菌。无性阶段是腐生的,是由单细胞的单倍体担孢子通过出芽方式进行营养生长,即类酵母阶段。该阶段产生无性芽孢子的机制与酵母出芽方式相似,菌体可以在合成培养基上生长且对宿主植物没有致病性。当不同交配型的孢子混合在一起时,担孢子能萌发形成交配丝(mating filament),这些不同交配型的孢子就会通过交配丝形成接合管,进而通过接合管而形成双核体(图10.4),双核体发育成丝状菌丝。经典的研究已确定交配丝的形成依赖于相容的 *a* 基因,当细胞交配时,在亲和配体表面分泌少量结合受体的信息素。信息素信号诱导在顶端形成长的、细的交配丝。一旦细胞融合形成双核细胞,丝状菌丝的生长即转变为专性致病菌状态。然而丝状的双核细胞的生长发育需要相容的 *b* 基因。玉米黑粉菌的双核体阶段有致病性,丝状的双核菌丝侵入宿主植物的组织,它的生长完全依赖于宿主植物的营养。菌丝细胞在植物体内生长,分化诱导产生充满黑色的二倍体冬孢子的菌瘿肿瘤,在菌瘿中,这些菌丝细胞会分化成二倍体的有厚厚的黑色外壁的黑粉菌冬孢子,黑粉菌因此而得名。最后,宿主的表皮破裂,释放黑粉菌冬孢子。冬孢子生长,减数分裂,形成含有4个单倍体细胞的先菌丝。在接下来的出芽生殖过程中,这些菌丝会生成大量的单倍体担孢子,单细胞的担孢子释放后进入单倍体世代(图10.4,Banuett 1995;Chiu and Moore 1999;Kahmann et al. 2000;Casselton and Challen 2006)。

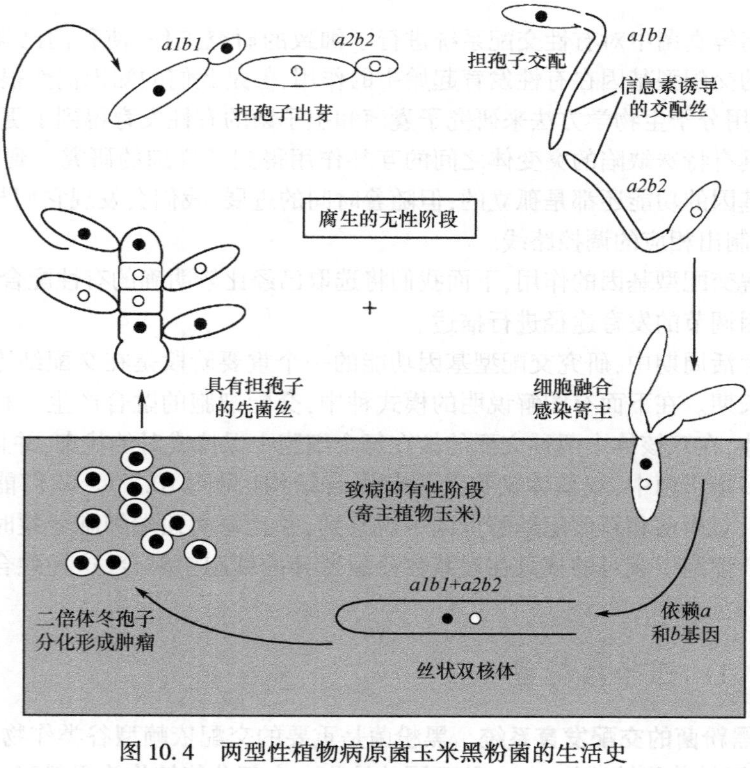

图 10.4 两型性植物病原菌玉米黑粉菌的生活史

[根据 Casselton and Olesnicky(1998)及 Casselton and Challen(2006)]

在玉米黑粉菌和四极性的无隔担子菌的交配型位点上发现的基因在功能上是高度保

守的。在一个位点上有编码属于同源结构域家族的转录因子的基因,并且在另一个位点上有编码信息素和受体的基因。位点的认识先于基因的功能,遗憾的是后来发现无隔担子菌的*A*位点是等同于玉米黑粉菌的*b*位点的,并且无隔担子菌的*B*位点是等同于玉米黑粉菌的*a*位点,给后来的学者带来一定的紊乱。

2. 玉米黑粉菌的交配因子 在玉米黑粉菌生活史中,单倍体孢子之间的融合是由一个称为"*a*"的交配型双等位基因座位上的基因控制的,与同隔担子菌不同,菌丝的融合不受交配型因子控制,而是由营养亲和性基因所控制的。只有 a_1/a_2 杂合体的基因型才能表达而生出一种类似于接合管的交配丝结构,这种结构对于其从单细胞酵母状结构转化到菌丝结构的正确过渡是必需的。多等位基因座"*b*"决定了真正的菌丝的生长形式和病原性,且负责在形成二倍体后停止细胞融合(Moore and Frazer 2002)。

"*a*"的交配型基因座上具有两个等位变体 *a*1 和 *a*2(图 10.5),其中等位变体 *a*1 长 4.5kb,*a*2 长 8 kb。两个等位变体中的 *mfa*1、*mfa*2 和 *pra*1、*pra*2 的功能已被鉴定,*a*1 中的 *mfa*1 和 *a*2 中的 *mfa*2 编码信息素,*pra*1 和 *pra*2 编码信息素受体。在图 10.4 中单倍体的担孢子形成交配丝是由信息素扩散行为引起的,单倍体细胞会释放出针对交配型的信息素。也就是说每个孢子会分泌与其交配型相应的特异的信息素并合成相反交配型信息素的受体。信息素在与相反交配型细胞上的信息素受体结合后诱导产生结合管。在细胞融合后信息素信号对于保持菌丝型双核状态来说也是必需的。信息素诱导所有交配型基因的活力水平比其基本水平高 10~50 倍,上游的控制元件负责这种信息素刺激,因此被称为信息素敏感元件,含有 ACAAAGGG 序列。

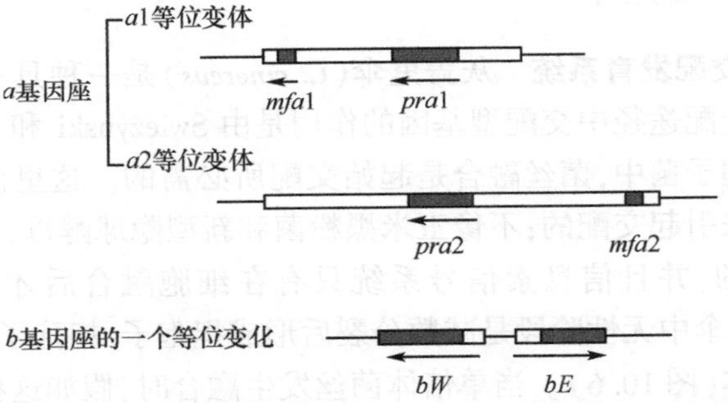

图 10.5 玉米黑粉菌的 *a*、*b* 交配型基因座结构示意图

a 基因座具有两个交配型特异性的等位变体(*a*1 长 4.5kb,*a*2 长 8kb),本图以无色框显示(其中交配型基因 *mfa* 和 *pra* 以黑色表示);*b* 基因座的每个等位变体均含有两个开放可读框 *bW* 和 *bE*,所编码的多肽包括具有 90% 以上序列特征性的区域,以黑色表示,可变区由无色框表示。箭头表示转录方向。*mfa*1 和 *mfa*2 序列是位于上游的非常短的控制信息素编码基因(引自 Moore 1998)。关于玉米黑粉菌交配型位点的详细结构图,请阅读 Bakkeren 等(2008)。

玉米黑粉菌"*b*"基因座含有一对被一个 260bp 间隔段分开的基因,这对基因的转录方向相反,分别被称为 *bE* 和 *bW* 基因,它们分别编码一段含 473 氨基酸残基和 629 氨基酸残基的多肽段。与其他真核细胞中的常见蛋白质一样,这种肽段含有一系列同源的或 DNA 依赖的保守区域,不同的等位基因编码的氨基酸序列的 N 端有很大的不同,而 C 端是高度保守的。这个等位基因座上的不同等位基因所编码肽段的终端区域不同,而高度保守区则显示了它们的同源性,且在有性生殖发育中起调节作用。*b*E 和 *b*W 蛋白分别是 HD1 和 HD2 同源结构域蛋白,它们可形成一个二聚体,该二聚体是性周期所需基因的转录激活子或者单倍体特异性基因的抑制子(见图 10.13 C)。由同一等位变体表达的 *b*E 和 *b*W 所组成的二聚体是无活性的,只有当蛋白质来自不同等位变体时杂合二聚体才能正常地起作用。这些蛋白质之所以被称为 HD1 和 HD2,是由于它们的编码基因包括一些与已知的转录调控因子的 DNA 结合结构域同源的序列。它们可能编码转录因子本身。更重要的是同源区域是一个扩展的螺旋-环-螺旋 DNA 结合基序。目前所知的结果是:*b*W 蛋白与 *b*E 蛋白形成异源二聚体,这种二聚体可能促使进行有性循环的基因的表达或抑制单倍体所必需基因的表达。以上只是推测,由同一等位变体所表达的复合物通常是没有活性的,可能只有不同等位变体表达的蛋白质所形成的二聚体才能正常发挥作用(Casselton and Challen 2006;Bakkeren et al. 2008)。

综上所述,玉米黑粉菌具有一个多等位变体交配型基因座"*b*"和一个只有两个等位变体的交配型基因座"*a*"组成的四极性接合系统。也就是说,玉米黑粉菌的配合系统是由"*a*"和"*b*"两个基因座控制的。担孢子融合是由"*a*"基因座上的两个等位变体 *a*1 和 *a*2 所决定的,菌体在酵母型和菌丝状之间的结合和过渡需要存在杂合子基因型 *a*1/*a*2。"*b*"基因座抑制二倍体细胞融合,决定菌丝生长和致病性。由此可见:①玉米黑粉菌是致病菌,具有四极性交配系统;②玉米黑粉菌的担孢子是非致病性的,像酵母一样通过出芽进行营养生长;③当担孢子和相反交配型担孢子融合时,双核体就可以丝状致病性真菌形式生长,具有了致病性;④担孢子的融合由 *a* 交配型基因座的双等位变体控制,而 *b* 基因座的多等位变体决定菌丝的生长和病原性。

10.3.2.2 灰盖鬼伞

1. 灰盖鬼伞的交配发育系统 灰盖鬼伞(*C. cinereus*)是一种具有典型的蘑菇生活周期的腐生真菌。在交配途径中交配型基因的作用是由 Swiezynski 和 Day(1960)首先阐明的。在所有的无隔担子菌中,菌丝融合是起始交配所必需的。这里没有证据显示信息素是被分泌到环境中来引起交配的;不像玉米黑粉菌和新型隐球酵母,在灰盖鬼伞中细胞融合是不依赖交配型的,并且信息素信号系统只有在细胞融合后才被活化(Olesnicky et al. 1999)。在灰盖鬼伞中无性阶段是减数分裂后形成担孢子,担孢子是单核体(同核),萌发形成单核的菌丝体(图 10.6)。当单倍体菌丝发生融合时,假如这种交配有 *B* 基因的不同等位变体存在,将会充分地发生相容性交配。细胞交配融合后,紧接着发生核迁移的锁状联合。担子菌菌丝中的桶孔隔膜通常阻止细胞器的移动,但是这些隔膜被消溶,这样就促进了核的移动(Giesy and Day 1965)。一旦顶端细胞有两个核,就会触发锁状联合的形成。锁状细胞在顶端细胞的一侧形成,并且两个核分别占据临近这个细胞入口的位置,一个在锁状细胞内部,另一个在主细胞内(Iwasa et al. 1998)。两个核同时分开;新的细胞壁形成,产生三个细胞,即双核的顶端细胞、单核的锁状细胞和亚顶端细胞。锁状细胞向后生长与亚顶端细胞融合,并且锁状细胞核被释放并与它的配体结合。这个过程需要注意,Badalyan 等(2004)提醒我们,Buller 早在 1931 年报道的一个观察,就是在亚顶端细胞产生一种向着锁状细胞顶端生长的突出物,并且和锁状细胞融合。这就像酿酒酵母细胞交配过程中响应信息素刺激而产生的交配突出物一样,而且由于锁状细胞融合是一个 *B* 基因依赖的步骤,所以认为这一过程是需要信息素信号系统的(见图 10.1,图 10.6;Brown and Casselton 2001)。除了锁状细胞融合依赖于 *B* 基因外,在最初的交配细胞融合之后的

核迁移也是 B 基因依赖的，因而也就是信息素依赖的。锁状细胞的形成和同时出现的核分离是 A 基因依赖的(Sweizynski and Day 1960)。

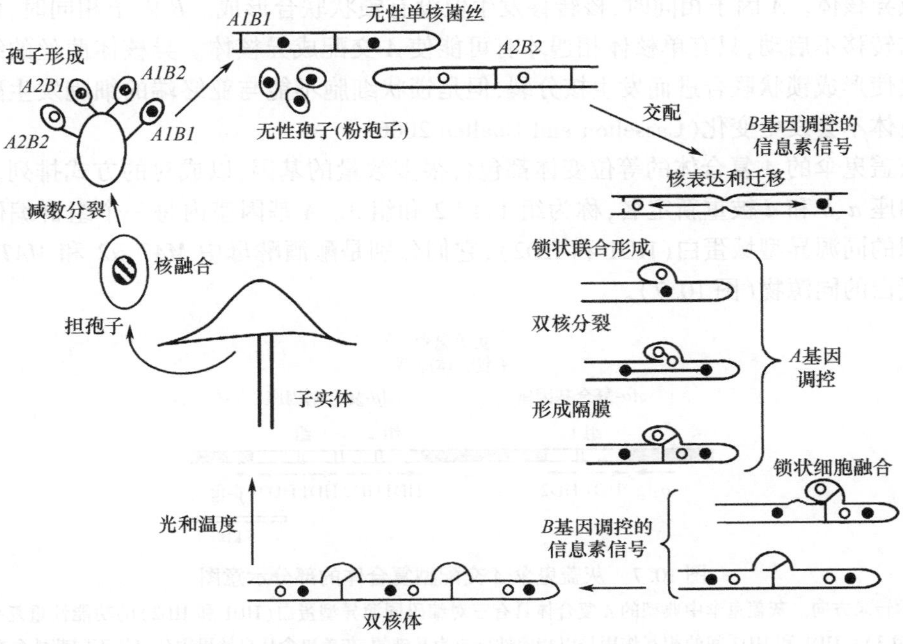

图 10.6 腐生性蘑菇灰盖鬼伞(*C. cinereus*)的生活循环
(引自 Casselton and Challen 2006)

灰盖鬼伞属于同隔担子菌亚纲的菌种，许多年来被作为腐生营养担子菌类配合因素的主要研究对象。主要原因是因为这种真菌的交配行为引起菌丝形态发生较大变化，且原本单核的不育母细胞通过核的迁移会相应转变成杂核可育的双核体。双核时期，这些二倍体细胞都会形成典型的锁状联合。二倍体时期不再靠产生无性孢子来进行繁殖，而在外界环境(营养、温度、光照)适宜的情况下，进行有性生殖产生蘑菇子实体。任何的单核细胞之间都可以发生菌丝融合，融合后，配合因子在融合细胞内相互识别。正是由于与单倍体时期的表型有明显的不同，灰盖鬼伞杂核二倍体的配合因子及单倍体被作为经典的遗传学材料研究多年。

2. 四极性的交配因子 在讲述灰盖鬼伞交配因子前，我们首先引入交配型复合体的概念，交配型复合体实质上是指一个大型的交配型基因座，该座位占据的染色体区域较长，结构复杂，含有两个或多个复合基因座(如 $A\alpha$、$A\beta$ 复合基因座)，而在复合基因座中可能还含有多个亚基因座。因为这种大型交配型基因座的复杂性，我们将其称为交配型复合体。

灰盖鬼伞表现出由两种交配型复合体 A 与 B 决定的四极性异宗配合。菌丝间的相容性配合特点是在配合的菌丝内具有锁状联合和双核并裂过程，这种相容性配合需要的 A 因子和 B 因子都不同。简单来说，这种状态需要交配型因子完全处于活性状态，称为 A-开启，B-开启。细胞学观察表明交配型复合体 A 控制细胞核的配对、锁状细胞的形成、细胞核的同步有丝分裂；而 B 交配复合体控制细胞核迁移和锁状细胞融合(见图 10.3)。配合菌丝间核配形成锁状联合要求 *A*、*B* 复合体上的基因全部杂合。核物质在接合菌丝之间转移要求菌丝接合细胞之间的隔膜消除。如果有一个配合因子是相同的，配合时也可以形成异核体。*A* 因子相同时，核转移发生但没有锁状联合形成。*B* 因子相同时，由于核物质的转移不启动，只有单核体相遇才有可能使 *A* 交配成异核体。异核体菌丝的终端细胞会促使形成锁状联合进而发生核分裂，但是锁状细胞不能与亚终端的细胞发生融合且其染色体不会发生变化（Casselton and Challen 2006）。

灰盖鬼伞的 *A* 复合体的等位变体都包含很多数量的基因，以成对的方式排列。过去的基因座 *a*、*b* 和 *d* 被重新定名，称为组 1、组 2 和组 3。*A* 基因座内每一个组群编码两个不相似的同源异型域蛋白（HD1 和 HD2），它们分别是酿酒酵母中 *MAT α2* 和 *MAT α1* 交配型蛋白的同源物（图 10.7）。

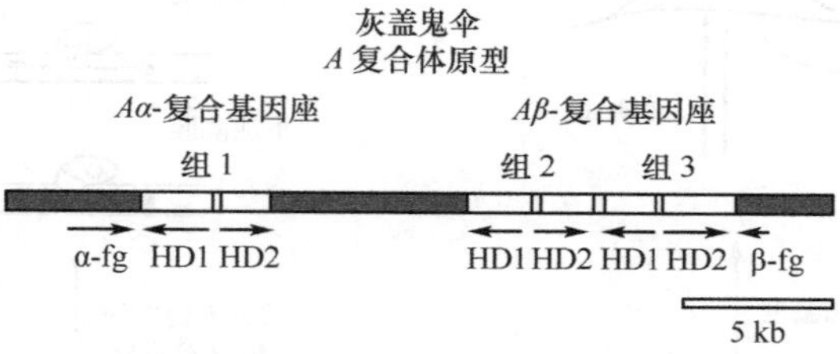

图 10.7 灰盖鬼伞 *A* 交配型复合体的部分示意图

箭头表示转录方向。灰盖鬼伞中典型的 *A* 复合体具有三对编码同源异型蛋白（HD1 和 HD2）的功能性重复变体（组 1，组 2，组 3）。HD1 和 HD2 间的相互作用是以相容性反应为基础的，灰盖鬼伞从自然界中分离的不同菌株含有这些基因的不同重组体和不同的数量。（引自 Moore and Frazer 2002）

为了确保 *A* 复合体内不会发生基因内重组，这些组群被编排成盒（cassette），以便作为一个单独的单位。组 1、组 2、组 3 间的 DNA 序列是不同的，以避免同源重组。另外，成对的基因以相反的方向转录（图 10.7，见图 10.13B）。组 1 和组 2、组 3 通过一个 7kb 的 DNA 序列分别开来，这一序列是所有 *A* 复合体的同源物，又称为同源穴（homologous hole）。这些短的同源序列限制了同源结构域位点（homeodomain loci）区域内的重组。

对灰盖鬼伞的交配过程进行如下总结。①在灰盖鬼伞及其他一些担子菌中，*A* 基因编码转录因子同源结构域蛋白，*B* 基因编码脂肽信息素和信息素受体。②*A* 交配型复合体内不会出现基因内重组，因为基因座位置被编排成盒状结构，并且是以相反的方向转录。③*A* 复合体内的同源结构域基因 *HD1* 和 *HD2*，具有功能独立性（independent）和冗余性（redundant）。因为只有一种相容性 *HD1/HD2* 基因重组体对促进有性生殖是必需的。④*B* 交配型复合体的多等位基因编码几种信息素和信息素受体基因（见图 10.14B），它们负责控制 *B* 因子调控的核转移及锁状细胞融合过程。

10.3.2.3 裂褶菌

1. 裂褶菌的交配发育系统 很多担子菌的交配系统是双因素的，伞菌目的裂褶菌（*S. commune*）即在单倍体基因组中有两个不互相连锁的交配型复合体 *A* 和 *B*。分子生物学研究表明，这两个交配型复合体的结构是复杂的，通常含有几个甚至很多个等位变体。例如，Raper（1966）估计裂褶菌有 288 个 *A* 等位变体和 81 个 *B* 等位变体，产生超过 20 000 种交配型。这也是我们为什么把它们叫做交配型复合体，将其中编码产物称为因子的原因。位于 *A* 复合体内的基因通常编码一些调控基因表达的蛋白质因子,而位于 *B* 复合体的基因则编码脂蛋白类的信息素和它的受体。所形成的二倍体担子减数分裂时会产生 4 种具有不同交配型等位基因组合的担孢子(图 10.8)。在一个含有很多不同 *A* 和 *B* 等位变体的群体中,发生杂交的可能性增加到了 100%,自交的可能性降低到 25%。但是由于在减数分裂过程中存在着交换的过程,因此通过 *A* 复合体或者是 *B* 复合体不同亚单位之间的重组,也有可能产生一种与亲本的交配型相配合的交配型组合,因此增加了自交的可能性。这种交配型因子内重组频率在不同菌株之间相差很大,重组频率高的菌株产生新的交配型因子的几率增加,而发生自交的可能性也在极大地增加。

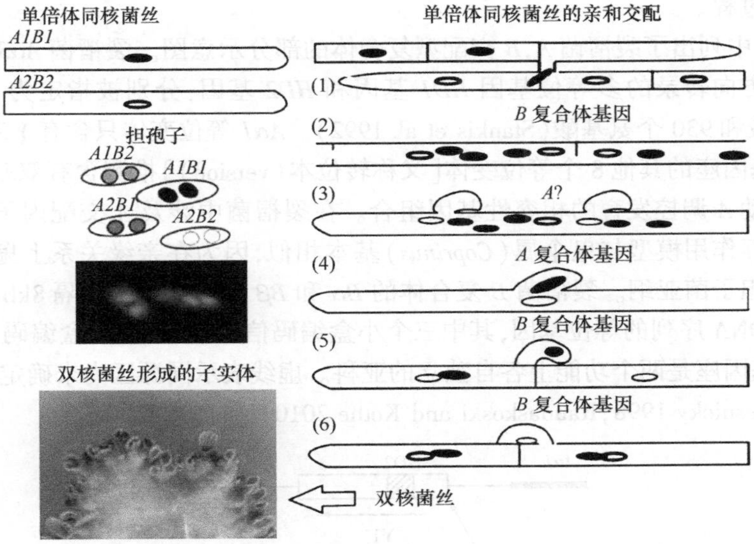

图 10.8 四极性担子菌裂褶菌的生活循环(引自 Raudaskoski and Kothe 2010)

在裂褶菌的子实体中,有 4 种不同组合的 *A* 和 *B* 交配型基因的担孢子。假如基因型分别为 *A1B1* 和 *A2B2* 的两菌丝接触时,这两条单倍体菌丝就能充分地发生相容性交配。在图 10.8 中可以看出以下现象。①*B* 基因调控核的相互迁移。图中显示一个单核从一个单倍体的菌丝向另一个单倍体菌丝细胞迁移。②核迁移的结果使得交配菌丝形成多核菌丝。③在多核菌丝中 *A* 基因的调控功能诱导形成未发生融合的锁状细胞。④菌丝顶端的钩状细胞形成的同时控制不同核的配对,然后进行核的同步分裂,在顶端细胞姊妹核开始分离。⑤*B* 基因调控锁状细胞朝向亚顶端细胞生长,在钩状细胞的菌丝基部形成横隔,一核进入锁状细胞,另一核留在菌丝中。⑥*B* 基因允许核从锁状细胞进入亚顶端细胞,完成锁状联合并形成双核菌丝。完成交配的双核菌丝发育成子实体(Raudaskoski and Kothe 2010)。

2. 裂褶菌的交配因子 与灰盖鬼伞类似,裂褶菌的 *A* 复合体也控制着细胞核的配对、锁状联合的形成、核的共轭分离和锁状细胞的隔膜化。*A* 复合体中含有两个复合基因座 $A\alpha$ 和 $A\beta$,$A\alpha$ 基因座包含 *Y* 基因和 *Z* 基因,它们分别负责编码同源结构域蛋白 *HD2* 和 *HD1*。$A\beta$ 复合基因座同样也编码具有同源结构域的多肽。*Y* 和 *Z* 区域是 $A\alpha$ 活性的唯一决定因素,$A\alpha$ 和 $A\beta$ 间的功能彼此相互独立。通过实验已经证实,*Y* 蛋白和 *Z* 蛋白能发生相互作用,但两者均为非自我融合蛋白(*nonself combination*),但是相同 *A* 因子编码的 *Y* 蛋白和 *Z* 蛋白之间并不发生相互作用,这与鬼伞属基本相同。

对裂褶菌中交配型因子的大量初始研究工作主要集中在确定 *A* 复合体的结构。而 *B* 复合体的克隆揭示多等位变体的 *B* 交配型因子编码若干信息素和受体蛋白基因。在黑粉菌中,信息素信号途径在细胞融合、双核体的确立及维持菌丝生长方面具有重要作用。然而,裂褶菌和灰盖鬼伞中单核营养体细胞的菌丝融合并不依靠信息素的识别系统,因为担子菌的菌丝融合的发生是作为菌丝体成熟过程的一个部分,菌丝融合过程独立于交配型因子。有一点非常清楚,信息素信号途径控制着 *B* 因子调控的细胞核的相互转移和锁状细胞融合过程。

图 10.9 中列出了裂褶菌 *A*,*B* 交配型复合体的部分示意图。裂褶菌 *Aα3* 等位变体含有一对不同方向转录的多等位基因 *HD1* 基因和 *HD2* 基因,分别被指定为 *Z* 和 *Y*,编码 890 个氨基酸和 930 个氨基酸(Stankis et al. 1992)。*Aα1* 等位变体只含有 *Y* 基因(*Y1*),但是 *Aα* 复合基因座的其他 8 个等位变体[又称转位本(version)]推测含有双基因。对角线箭头表示启动 *A* 调控发育的相容性基因组合。在裂褶菌中涉及 *A* 交配因子的同源结构域蛋白的相互作用模型与鬼伞属(*Coprinus*)基本相似,因为在亲缘关系上鬼伞和裂褶菌同属于同隔担子菌亚纲。裂褶菌 *B* 复合体的 *Bα* 和 *Bβ* 复合基因座间隔 8kb,两者均含有 4 个特异性 DNA 序列的等位基因,其中三个小盒编码信息素母体,大盒编码受体。*Bα* 基因座和 *Bβ* 基因座是两个功能上各自独立的亚科。虚线表示同源区尚未确定的区域(Casselton and Olesnicky 1998;Raudaskoski and Kothe 2010)

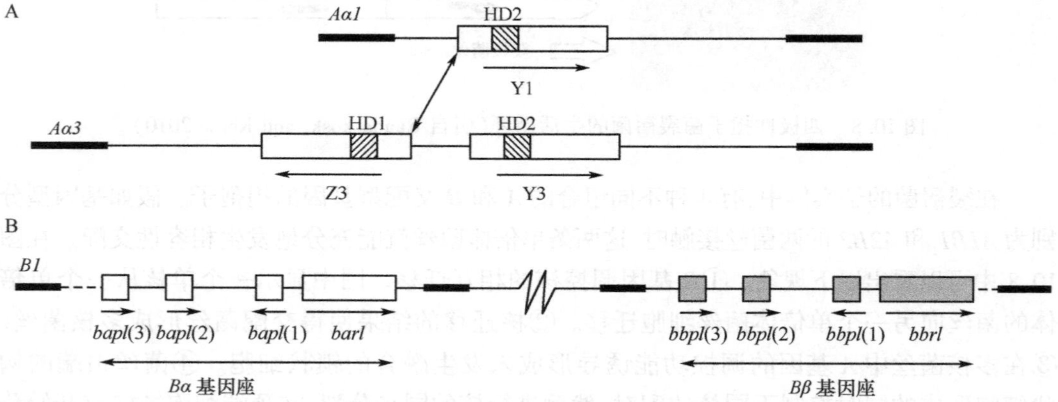

图 10.9 裂褶菌 A、B 交配型复合体的部分示意图

A. 显示 *A* 复合体中 *Aα* 复合基因座的两个等位变体 *Aα1* 和 *Aα3*;B. 显示 *B* 复合体中两个复合基因座 *Bα* 和 *Bβ*。(引自 Casselton and Olesnicky 1998)

对裂褶菌的研究详述了一个与两极交配系统和四极都不尽相同的交配系统(Ohm et al. 2010)。特别是裂褶菌有一个与典型的四极交配系统相似的交配系统,系统中 *MATA* 和 *MATB* 交配型复合体定位在不同的染色体上。然而,裂褶菌的 *MATA* 复合体通常很大,在染色体 I 上两个 *MATA* 亚单位 *MATAα* 复合基因座和 *MATAβ* 复合基因座大约间隔 550 kb。考虑到 *MATA* 的 α 亚单位和 β 亚单位(复合基因座)之间距离很大,重组很可能在它们之间产生新的交配特异性,这与由先前的重组分析预测的该位点 32 个交

配特异性是一致的(Raper 1966)。因此,裂褶菌可能已经从四极交配系统采取另一个步骤进化出一个系统,即增加遇见一个交配伴侣的可能性来促进异型杂交(outcrossing)(Ni et al. 2011)。

10.3.2.4 新型隐球酵母

1. 新型隐球酵母的交配发育系统 与玉米黑粉菌、灰盖鬼伞和裂褶菌相比,新型隐球酵母[菌丝相称为新型线黑粉菌(*Filobasidiella neoformans*)]有一个更加复杂的生活周期,在其生活周期中有单倍体、二倍体和双核细胞的发育途径(图 10.10)。像玉米黑粉菌一样,它也是一种两型性真菌,能以通过芽殖分裂的酵母样细胞或菌丝状的形式存在。这种真菌的双核体不是致病阶段,它的酵母形式能感染人体并引起脑膜脑炎,而α交配型细胞是最有毒力的,并且在人群中发病频率较高(Kwon-Chung and Bennett 1978;McClelland et al. 2004)。

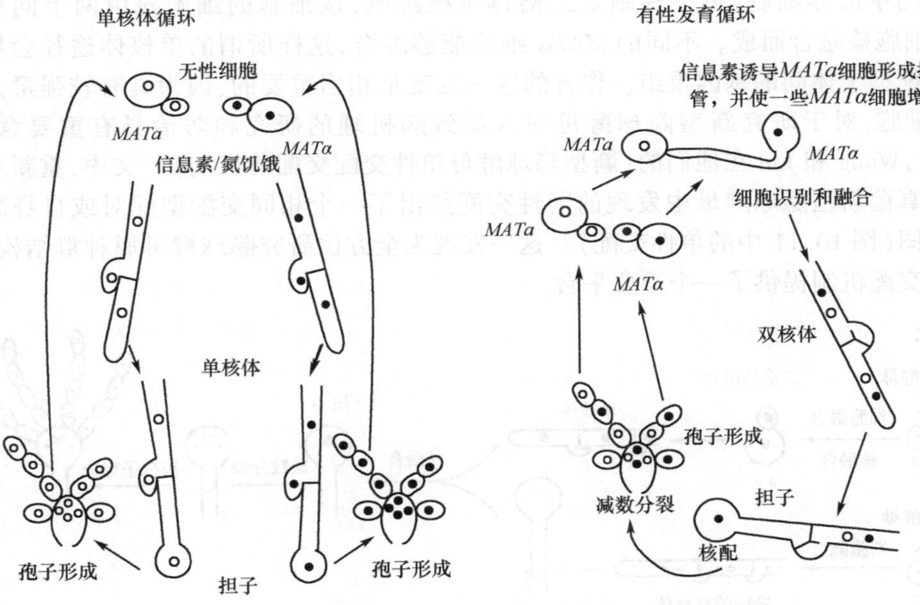

图 10.10 两型性人类病原菌新型隐球酵母的生活史
它的菌丝型称为新型线黑粉菌。(引自 Casselton and Challen 2006)

在有性发育途径中(图 10.10 右图),酵母样的 *MAT*a 和 *MAT*α 细胞能交配,交配之间的信息素信号系统诱导 *MAT*α 细胞形成接合管。*MAT*a 细胞不形成接合管,但是在某些菌株中可能变得更长。细胞融合产生一种双核细胞并列而且带有融合的锁状联合的双核体,类似于我们在灰盖鬼伞中看到的那样。这些菌丝的顶端细胞膨胀形成担子,减数分裂在其中发生(Moore and Edman 1993;McClelland et al. 2004)。

传统的观点认为 *MAT*α 和 *MAT*a 细胞在新型隐球酵母生活史的大多数阶段,以单核状态进行无性生殖,这条途径被称为单核体循环。这两种交配型细胞都形成菌丝,这些菌丝在每个隔膜上典型地产生分支样的突出物。这些突出物是有核的,并且看起来是潜在的分支,就像图 10.10 单核体循环中显示的那样,但是有的作者坚持认为它们是无核的,并指出它们是未融合的锁状细胞(Tscharke et al. 2003)。表明了在两种交配型中单倍体细胞被信息素信号系统诱导并在促进交配融合中起作用,这就为新型隐球酵母发现同性交配埋下了伏笔。

按照有性发育的理论,在单倍体子实体中,产生的孢子全部是一种交配型,很久以来人们仍认为这些孢子来自完整的有丝分裂事件。然而,Lin 等(2005)在 *Nature* 上发表了在新型隐球酵母中存在同性交配(same-mating type)的论文。在这篇论文中,作者发现新型隐球酵母 *MAT*α 细胞在单核体循环(单核体产孢)过程中,会发生高频率的重组及倍性改变事件,而且重组频率与两性交配过程中的重组频率相当。此外,保守的有性生殖特异性因子缺失,如减数分裂特异性重组酶 Dms1 或 DSB 形成所需的减数分裂重组起始酶 Spoll 缺失,将严重抑制单核体循环过程中的产孢作用。这说明在 *MAT*α 菌株中双核化和减数分裂都可能发生单核体循环。需要注意的是,该循环中的"单核体"实际上涉及两种类型的细胞,其中一种是真正意义上的由单倍体 *MAT*α 母细胞出芽形成的单倍体细胞,另一种则是二倍体单核细胞,该细胞的细胞核由两个同型的 *MAT*α 细胞核融合而成。不同的 *MAT*α 细胞能够融合,这样所谓的单核体途径会导致相同交配型个体间的基因重组。作者的这一发现是相当重要的,因为具有较强毒力的 *MAT*α 细胞,对于研究新型隐球酵母对人类致病机理的研究和防治具有重要意义。2011 年,Wang 和 Lin 在他们的《新型隐球酵母单性交配交配的机制》一文中,重新对人类致病真菌新型隐球酵母中发现的同性交配给出了一个相同交配型配对或自身配合的循环图(图 10.11 中的单性交配)。这一发现为全方位研究隐球酵母属种群结构,阐明单性交配机制提供了一个重要平台。

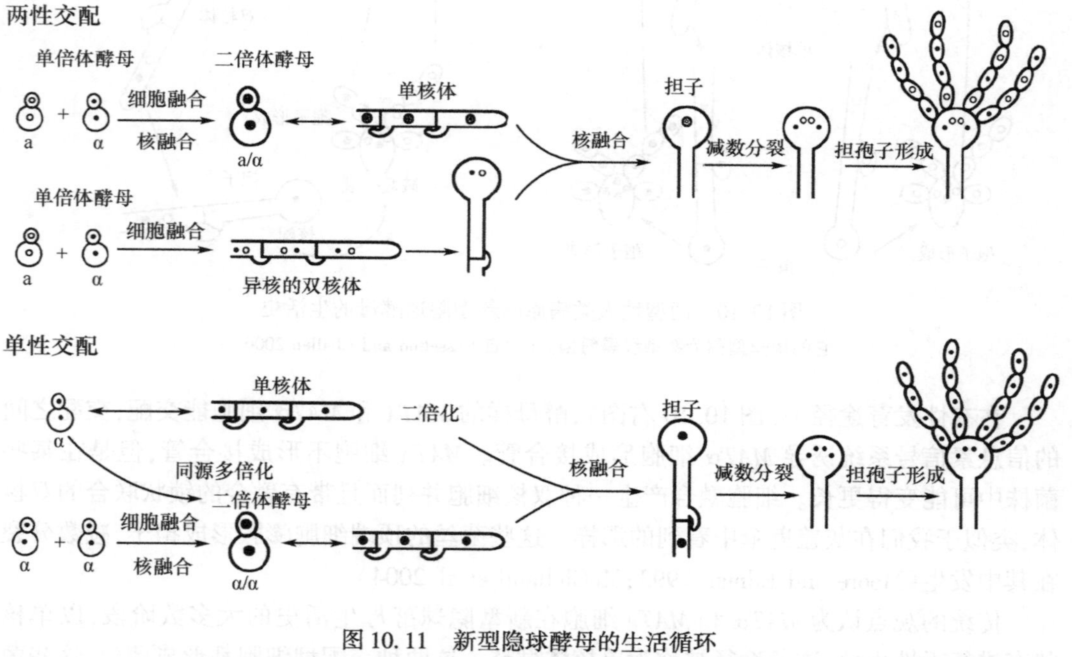

图 10.11 新型隐球酵母的生活循环

显示 a/α 交配因子的传统的两性交配和 α/α 单性细胞间交配或自身交配。(引自 Wang and Lin 2011)

2. 新型隐球酵母的交配因子 新型隐球酵母交配期间发生的形态学改变与无隔担

子菌交配期间发生的改变非常相似,但是值得注意的是,两者在交配型基因座的结构上是完全不同的(Lengeler et al. 2002;Hull et al. 2005)。新型隐球酵母交配型基因座有两种等位变体 *MATa* 和 *MATα*,两者延伸超过100kb,并包含大约20个基因,一些基因是与交配有关的,如 *MFα1-3* 和 *MFa1-3* 编码信息素,*STE3α*、*STE3a* 均编码信息素受体(图10.12空白箭头),*SXI1α* 基因编码 *HD1*,*SXI2*a 编码 *HD2* 蛋白(图10.12中α和a基因座左端第一个基因)。其他一些基因通常编码与下游交配事件相关的酶(图10.12)。

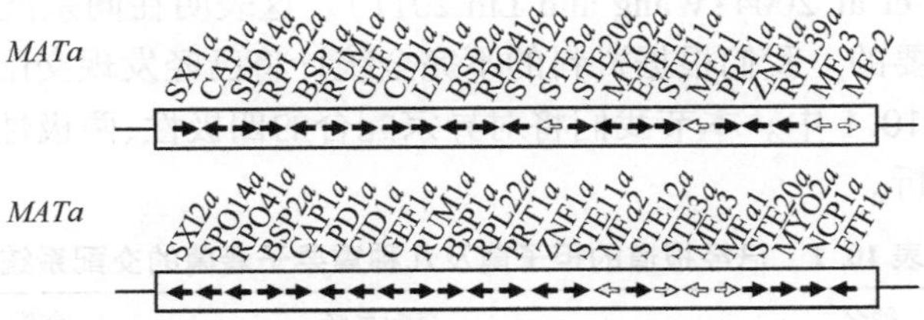

图10.12　新型隐球酵母 *MAT* 基因座的结构

新型隐球酵母是具有两个交配型a和α两极性交配系统的担子菌。该图显示D血清型的JEC21α和JEC20a菌株中相应的 *MATα* 等位变体和 *MATa* 等位变体。(Fraser et al. 2004;Lengeler et al. 2002)。信息素和信息素受体基因分别用空白箭头显示。请注意,箭头代表转录方向,但并不显示基因大小。(引自 Wang and Lin 2011)

在新型隐球酵母中,*MATα* 位点的 *FMα1*、*FMα2* 和 *FMα3* 编码信息素,*STE3α* 编码它们的受体,而 *MATa* 位点的 *FMa1*、*FMa2*、*FMa 3* 和 *STE3a* 分别编码信息素和信息素受体。在图10.11的两性交配图示中,显示了异宗配合的交配过程。但是在图10.11单性交配(unisxual mating)中,无需发生两性交配即可同性生殖,便能发生核的融合、减数分裂和孢子形成。这三个交配的形态学阶段——酵母细胞、菌丝及从酵母到菌丝的二态转换——在双核亚界是普遍存在的,新型隐球酵母能够经历从酵母到菌丝转变的完整异性的交配,或者在与之相匹配的交配伴侣缺失的情况下经历同性交配。我们因此可以认为信息素受体系统对于单性生殖可能也是必需的。在一个给定的基因组中信息素及其受体的出现显示出一种交配能力,即使在一个已知现存的性循环缺失的情况下也是如此(Wang and Lin 2011)。

异宗配合作为原始生殖模式可能更加普遍,异宗配合物种及衍生的相近平行的同宗配合物种的例子进一步支持了异宗配合作为原始祖先的假说。然而,一些仅仅包含一种交配类型(同性交配)的同宗配合物种的发现,表明同宗配合代表仅含一种交配类型的真菌的原始性别状态。因此设想存在一种带有单性自育生殖模式的原始同宗配合真菌,其很可能与新型隐球酵母相似。(Wang and Lin 2011; Raudaskoski and Kothe. 2010.)。

10.4　交配型基因的分子分析

我们更加关注担子菌的交配型基因座,因为在同一物种中有两个以上的交配类型,我们可以估算出自然界中不同交配类型的数目(Hiscock and kues 1999),如灰盖鬼伞(*C. cinereus*)有12 000个,使木头腐烂的裂褶菌(*S. commune*)有18 000个。相比起来,玉米黑粉菌(*U. maydis*)仅有50个交配型就显得太少了,但也仍然是十分令人吃惊的。经典遗传学认为无论有多少个交配型,它们的表达是被1~2个不同的交配型基因座(mating-type loci)控制的。在减数分裂中,等位基因的分离会产生2个或4个不同的交配型孢子。所以只有一个交配型基因座的物种为两极性,有两个不同交配型基因座的为四极性(Raper 1966)。关于担子菌的同宗配合了解甚少,目前已经在新型隐球酵母(*C. neoformans*)、黄孢原毛平革菌(*P. chrysosporium*)、粪生鬼伞(*C. sterquilinus*)和草菇(*V. volvacea*)等担子菌中发现它们同宗配合(同性交配)的单性生殖现象(Alic et al. 1987;Lin et al. 2005;Martinez et al. 2004;Wang and Lin 2011)。这表明在同宗配合的种中交配型基因对有性发育是必要的。我们根据资料的不完全统计将已经发现交配型的担子菌及几种重要子囊菌列在表10.1中。本节我们将对异宗配合的四极性、两极性和同宗配合的交配型基因进行分子分析。

表10.1 已经报道的担子菌及几种重要子囊菌的交配系统

种名	交配系统	交配基因位点
Ascomycota 子囊菌门		
Saccharomyces cerevisiae 酿酒酵母	两极性	*MATa* 和 *MATα*
Schizosaccharomyces pombe 粟酒裂殖酵母	两极性	*mat1P* 和 *mat1M*
Neurospora crassa 粗糙脉孢菌	两极性	*mata* 和 *matA*
Basidiomycota 担子菌门		
Ustilaginomycotina 黑粉菌亚门		
Ustilago hordei 大麦坚黑粉菌	两极性	*Mat-1* 和 *Mat-2*, *a* 和 *b* 连锁
Ustilago maydis 玉米黑粉菌	四极性	二等位基因的 *a* 和多等位基因的 *b*
Pucciniomycotina 锈菌亚门		
Microbotryum violaceum 花药黑粉菌	两极性	*MAT A1* 和 *MAT A2*, *a* 和 *b* 连锁
Agaricomycotina 伞菌亚门		
Tremellomycetes 银耳纲		
Cryptococcus neoformans 新型隐球酵母 (有性型:*Filobasidiella neoformans* 新型线黑粉菌)	两极性	*Mat a* 和 *Mat α*, 性染色体(sex chromosome) 存在自交亲和的同宗配合
Agaricomycetes 伞菌纲	两极性	Multiallelic, multiple subloci in *A*, *B* genes
Coprinellus disseminatus 簇生鬼伞	四极性	present
Coprinopsis(*Coprinus*)*cinerea* 灰盖鬼伞	四极性	Multiallelic, multiple subloci in both *A* and *B*
Laccaria bicolor 双色蜡蘑	两极性	Multiallelic *A* and *B*
Phanerochaete chrysosporium 黄孢原毛平革菌	两极性	Multiallelic *A*, *B* genes present
Pholiota nameko 光帽鳞伞	四极性	Multiallelic *A*, *B* genes present
Pleurotus djamor 红平菇	两极性	Multiallelic *A* and *B*
Postia placenta 绵腐卧孔菌	四极性	*A* and *B* genes present
Schizophyllum commune 裂褶菌		Multiallelic, multiple subloci in both *A* and *B*

注:参考资料见 Raudaskoski and Kothe(2010)和 Hibbett et al.(2007)。

10.4.1 *A* 交配型基因的分子结构

10.4.1.1 同源结构域蛋白编码基因

1. 四极性种 真菌转化体系的完善,以及基因组与 cDNA 文库的构建与筛选、基因组与 cDNA 克隆表达等技术的发展,为揭示担子菌 *A*、*B* 交配型复合体(mating type complexe)的组装与功能奠定了基础。

在灰盖鬼伞中 *A* 复合体的结构现已得到阐明。在该菌中,"原始型(archetype)"*A* 复合体的一个等位变体至少含有三对基因,每对基因分别是编码同源结构域(homeodomain, HD)蛋白家族 HD1 与 HD2 中的一个成员。由于基因组序列的明确,人们现已取消了原来的复合基因座(multiallelic loci)名称 *A*α 与 *A*β,代之以标准化术语来描述这两个复合基因座,即用 *a* 亚基因座(subloci)代表原 *A*α 复合基因座上的一对基因,用 *b*、*c* 及 *d* 亚基因座分别代表原 *A*β 基因座上的三对基因(图 10.13B)。通过转化分析,迄今尚未鉴定出具有功能的 *c* 亚基因座。因此,人们目前认为灰盖鬼伞 *A* 复合体中仅存在三个亚基因座,分别是 *a*、*b* 与 *d*。迄今尚未发现在任何一个野生的复合基因座上存在所有的亚基因座,所有复合基因座上仅存在一个或两个亚基因座。这些亚基因座的相互组合,表现出功能的多样性,以保证自然界中大量的交配事件得以正常进行。HD1 和 HD2 蛋白类似于酿酒酵母的同源结构域交配型蛋白 Mat 2α 和 Mat a1。HD2 与 DNA 具有强的相互作用,HD1 仅与 DNA 发生较弱的作用,但 HD1 具有核定位信号及激活区。HD1 与 HD2 的 N 端具有二聚体化基序。如果一个细胞中存在不同特异性的等位变体,则可能发生 HD1 与 HD2 的异源二聚体化,由此形成的异源二聚体是一种高活性的转录因子,其活性是 *A* 交配型途径中目的基因的转录激活所必需的(图 10.13C;Kües et al. 1992;Kües et al. 1994;Spit et al. 1998)。

在灰盖鬼伞的 *A* 复合体中,我们发现 *HD1*/*HD2* 基因存在于大约超过 25kb 位点的延伸中,包含了三组不同的基因配对(图 10.13 B,指定为 *a*、*b* 和 *d*),所有这些亚基因座都是多等位基因的(Kües et al. 1992;Pardo et al. 1996)。这三组基因(与图 10.7 灰盖鬼伞 *A* 交配型因子的组 1、组 2、组 3 相对应)功能上是独立的。如果它们正好有一对不同的等位基因,那么配对体是亲和的。由于功能上的冗余,通常不能发现 *A* 复合体包含全部的 6 个基因(Pardo et al. 1996)。如果配对体含有所有这三种基因对的不同等位基因,6 个不同的但是功能上等价的异源二聚体就会形成。维持位点的基因(即编码序列和侧翼序列)的等位体的 DNA 序列是非常不同的,从而阻止等位基因间的同源重组,这样使基因的相容组合聚集起来。在这个复合体的进化期间,三组基因的随机组合产生许多不同的等位基因的结合(May and Matzke 1995;Pardo et al. 1996)。通过拥有三组基因相关的几个等位基因能够产生大量的 *A* 等位变体。灰盖鬼伞 *A* 位点的种群分析鉴定出 *a* 亚基因座有 4 个等位变体,*b* 亚基因座有 10 个,而 *d* 亚基因座有 3 个,足够产生 120 种遗传上不同的 *A* 等位变体(May and Matzke 1995)。灰盖鬼伞 *A* 基因座上不同组的基因间的重组仍能以 0.07% 的频率发生,这是由于在所有类型的 *A* 基因座中,在 *a* 和 *b* 基因对之间存在有一段短的 7.0kb 同源序列(Kües et al. 1992;May and Matzke 1995)。在图 10.13 灰盖鬼伞位点上的 *a* 基因座对应于 *A*α 复合基因座,*b* 和 *d* 基因相应于 *A*β 复合基因座。

在裂褶菌中，*Aα* 和 *Aβ* 两个复合基因座以相当大的距离被分开，并且 *Aα* 和 *Aβ* 基因明显位于两个不同的座位上。*Aα* 复合基因座包含一个 *HD1/HD2* 基因的单配对，对于这个配对有 9 个等位变体，即 9 种等位特异性(allelic specificity)。迄今只有一个 *Aβ* 复合基因座的等位变体被鉴定，但是预测有 32 个 *Aβ* 特异性，并且很可能需要至少两对基因来产生这个数目(Stankis et al. 1992；Shen et al. 1996)。

人们已经知道，同源结构域蛋白是由 *A* 交配型基因编码的。通过对 *Aα* 的三种等位特异性进行分析，人们还发现了 Y 蛋白、Z 蛋白(Specht et al. 1992；Stankis et al. 1992)。通过源于 *Aα* 不同特异性的 Y 蛋白、Z 蛋白的相互作用，*Aα* 被激活，其中 Y 蛋白具有 HD2 基序，但同时也具有核定位信号(Robertson et al. 2002)。然而，Y 蛋白与 DNA 的结合依赖于 Y 蛋白与 Z 蛋白的相互作用(见图 10.9A)(Asada et al. 1997)。体外蛋白质亲和分析已经证明 Y 蛋白与 Z 蛋白存在相互作用，并且在酿酒酵母中，GFP 与 Y4 信号重组形成的融合蛋白能够转运至细胞核内(Robertson et al. 2002)。通过对裂褶菌与玉米黑粉菌、新型隐球酵母、灰盖鬼伞及红平菇(*Pleurotus djamor*)的同源结构域蛋白进行序列比对分析，人们鉴定出了两类同源结构域蛋白，其中包括 HD1 成员中的 *Aα* Z 蛋白及 HD2 成员中的 *Aα* Y 蛋白(Bakkeren et al. 2008)。然而，灰盖鬼伞中 *A* 交配型复合体的结构比裂褶菌中更为复杂。灰盖鬼伞基因组信息显示，该复合体存在具有序列相似性的其他基因，这在一定程度上可以解释为何该真菌表现出极为丰富的等位特异性。在玉米黑粉菌中，*b* 亚基因座的等位变体均编码两种蛋白质 bE 与 bW(图 10.13A)。这两种蛋白质均含有同源结构域相关基序，当具有不同的等位特异性时，它们同样构成异源二聚体，成为具有活性的转录因子(Kahmann and Schirawski. 2007)。

在玉米黑粉菌的 *b* 基因座和灰盖鬼伞的 *A* 复合体上的基因编码两种不同的蛋白质(由于不同担子菌中命名的混乱，黑粉菌属的 *b* 基因座对应于高等担子菌的 *A* 复合体)。*A* 复合体包括两个或更多的平行进化同源基因配对区，而黑粉菌属(*Ustilago*)的 *b* 基因座只有一对配对区(图 10.13A)。这些基因对编码两类不同的同源域转录因子 HD1 和 HD2。灰盖鬼伞和裂褶菌中的分子生物学分析揭示这些亚基因座中具有平行进化的同源基因(paralogous)位点，它们的序列相似性明显不同，但被保守的同源的 DNA 结合基序(DNA-binding motif)连接。事实上这些基因或蛋白质是酿酒酵母 a*1* 和 α*2* 交配型基因或蛋白质的同源物(Kües and Casselton 1992)。在酿酒酵母中，这两种类型的蛋白质由不同的单倍体细胞中的基因编码，并且只在细胞融合后一起出现在异核的单倍体细胞中，然后它们异源二聚体化形成一种二倍体细胞的特异性转录因子。相反，在担子菌中每个细胞产生一个 HD1 和一个 HD2 蛋白。玉米黑粉菌的 *b* 位点跨越将近 4kb，并且包含一个单配对的基因 *bW* 和 *bE*(见图 10.5 和图 10.13A)，它们是从一种通用的启动子序列有差异地转录。*HD1* 基因(*bE*)相应于 *α2*，而 *HD2* 基因(*bW*)相应于 *a1*(Gillissen et al. 1992)。像酵母菌的 a*1* 和 *α2*，一种相容性的细胞融合导致 HD1 和 HD2 蛋白之间的异源二聚体化，从而产生一种特异性转录因子。在双核体中自我交配被阻止，因为在 *b* 位点上发现某些基因(如 *bW1-bE1*)编码阻止异源二聚体化的蛋白质。异源二聚体化只有在不同等位基因编码的相容性蛋白交互作用下才能而形成(图 10.13C)。在玉米黑粉菌中的任意一种交配中(如 *bW1-bE1×bW2-bE2*)，形成两种功能上等价的异源二聚体(bW1/bE2 和 bW2/bE1；Kamper et al. 1995)。

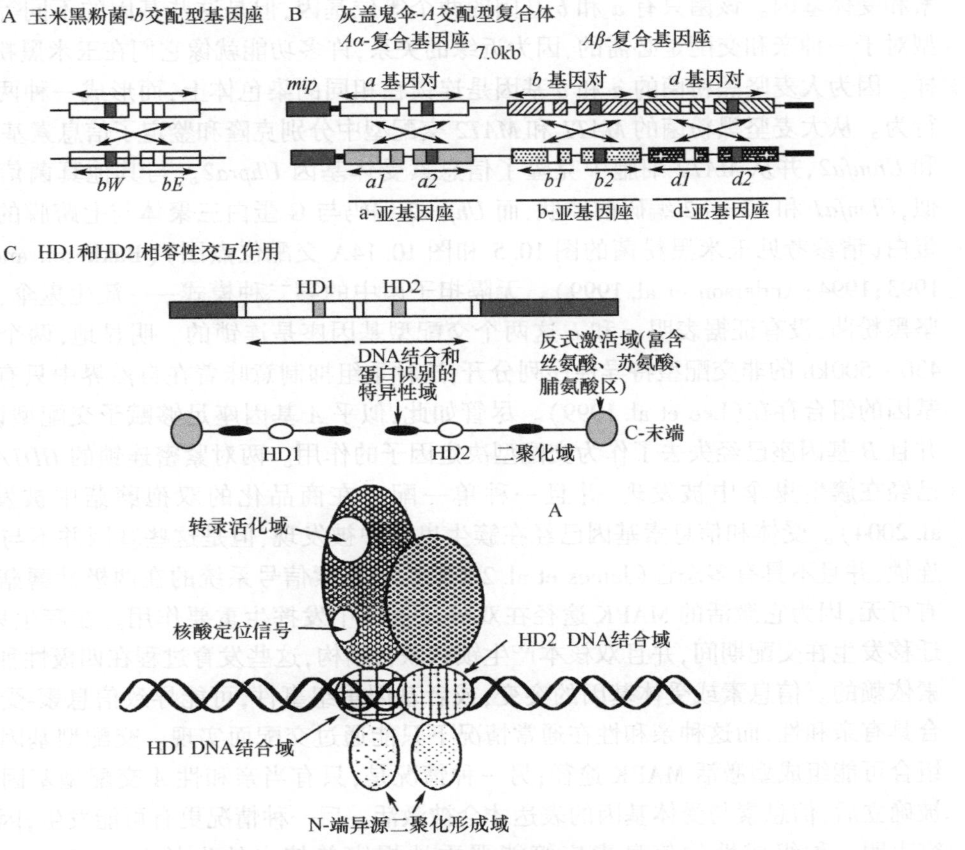

图 10.13　同源结构域转录蛋白基因的组织结构图

A. 玉米黑粉菌的交配型基因座 *b*(见图 10.5)。B. 灰盖鬼伞 *A* 交配型复合体。典型的 *A* 复合体具有三对编码同源异型蛋白(HD1 和 HD2)的功能性重复基因,*a*、*b*、*d* 基因对与图 10.7 中的组 1、组 2、组 3 相对应,位于 *A* 复合体左侧的 *mip* 基因编码一种中间的线粒体内肽酶,该内肽酶在其他的无隔担子菌中是高度保守的(James et al. 2004)。C. 推测的由于交配中相容性蛋白相互作用而形成的异源二聚体。水平箭头表示转录的方向,斜箭头表示相容性基因组合导致相应蛋白的异源二聚体化。(根据 Chiu 和 Moore(1999)、Moore 和 Frazer(2002)、Casselton 和 Challen(2006)及 Raudaskoski 和 Kothe(2010)原图组合)

图 10.13B 图中,三对同源结构域基因(homeodomain gene)*a*、*b*、*d* 被认为是重复产生的,但是功能上是独立的。因为只有一种相容性的 *HD1-HD2* 基因重组对于促进有性发育过程是必需的,而 *a*、*b*、*d* 是 *HD1* 和 *HD2* 的功能性重复基因,因此在某种意义上这是冗余的。然而,相容性基因对必须来源于同一基因亚群,如组 1 基因仅仅能和组 1 里的基因相互作用,组 2 基因仅仅能和组 2 里的基因相互作用,所以供给的 HD1 和 HD2 蛋白应该来自于不同的等位变体(Casselton and Challen 2006;Raudaskoski and Kothe 2010)。

2. 两极性种　两极种只有一个单一的交配型基因座。虽然仅有很少的担子菌种类进行了分子水平的研究,但是已经发现两种模式。一种是以大麦坚黑粉菌(*Ustilago hordei*)为例来说明的;另一种是以簇生鬼伞(*Coprinus*(*Coprinellus*)*disseminatus*)为例来说明的。在与玉米黑粉菌近源的大麦坚黑粉菌中只有两种交配型(*MAT1* 和 *MAT2*)。每一个交配型都包含在玉米黑粉菌 *a* 和 *b* 基因座上发现的基因、一对 *bW*/*bE* 基因及一种信息素和受体基因。该菌只有 *a* 和 *b* 基因的两个等位基因，但是这些基因的不同等位基因类型对于一种亲和交配是必需的，因为近缘的关系，许多功能就像它们在玉米黑粉菌中的一样。因为大麦坚黑粉菌的 *a* 和 *b* 基因是连锁在相同的染色体上，而形成一种两极交配性行为。从大麦坚黑粉菌的 *MAT1* 和 *MAT2* 交配型中分别克隆和鉴定了信息素基因 *Uhmfa1* 和 *Uhmfa2*，并从 *MAT2* 细胞中克隆了信息素受体基因 *Uhpra2*。与其他真菌信息素相类似，*Uhmfa1* 和 *Uhmfa2* 编码前体肽，而 *Uhpra2* 编码与 G 蛋白三聚体与七跨膜的偶联受体蛋白（请参考见玉米黑粉菌的图 10.5 和图 10.14A 交配位点图）（Bakkeren and Kronstad 1993；1994；Anderson et al. 1999）。无隔担子菌中的第二种模式——簇生鬼伞，不像大麦坚黑粉菌，没有证据表明 *a* 和 *b* 这两个交配型基因座是连锁的。明显地，两个基因座被 430 ~ 500kb 的非交配型特异性序列分开，这种重组抑制意味着在自然界中只有两种等位基因的组合存在（Lee et al. 1999）。尽管如此，似乎 *A* 基因座足够赋予交配型识别能力，并且 *B* 基因座已经失去了作为交配型决定因子的作用。两对紧密连锁的 *HD1/HD2* 基因已经在簇生鬼伞中被发现，并且一种单一配对在商品化的双孢蘑菇中被发现（Li et al. 2004）。受体和信息素基因已经在簇生鬼伞中被发现，但是这些基因并不与 *A* 复合体连锁，并且不具有多态性（James et al. 2003）。信息素信号系统的在两极性蘑菇中并非可有可无，因为它激活的 MAPK 途径在双核化过程中发挥生重要作用。在簇生鬼伞中，核迁移发生在交配期间，并且双核本产生锁状联合结构，这些发育过程在四极性种中是信息素依赖的。信息素或受体基因的突变，或者基因重组事件，可能导致信息素-受体基因组合具有亲和性，而这种亲和性在通常情况下只能通过交配而实现。交配型基因的亲和性组合可能组成型激活 MAPK 途径；另一种情况是，只有当亲和性 *A* 交配型基因相互作用被确立后，信息素与受体基因的表达才会被激活。后一种情况更有可能发生，因为突变研究表明一种组成性的信息素应答能严重地损害单核本的生长（Casselton and Challen 2006；Bakkeren et al. 2008）。

10.4.1.2　同源结构域蛋白的相互作用

由 *HD1* 和 *HD2* 基因编码的同源结构域蛋白的一个重要特性是它们能够从大量的潜在二聚体之间识别配偶体。玉米黑粉菌 *b* 基因座有 25 个等位变体，我们能计算出可能有 625 个异源二聚体交互作用。其中 25 个是自身相互作用，它们是不亲和的，然而剩下的 600 个预测可能有同等地激活 *b* 基因调控发育的能力。在灰盖鬼伞中有大量的不亲和的相互作用，因为由平行基因编码的蛋白质同样不能发生异源二聚体化（Pardo et al. 1996）。对玉米黑粉菌 b 蛋白、灰盖鬼伞和裂褶菌 A 蛋白的研究表明这些蛋白特异性位于 N 端区域。预测 HD1 蛋白的 N 端区域含有在其他转录因子中调节蛋白二聚化的卷曲螺旋 α 单环（coiled-coil α-helix）。在灰盖鬼伞蛋白中也预测到两个这样的区域，在由同源的 *a*、*b* 和 *d* 基因编码的蛋白质上这些区域的相对位置是不同的。对于玉米黑粉菌蛋白质的研究，已显示替换单个氨基酸就能够把一对正常的不相容的蛋白，转化成一对能够形成二聚化的蛋白（Kamper et al. 1995；Banham et al. 1995）。

担子菌的有性发育过程是由 HD1 和 HD2 蛋白间的二聚化引发的，这两种蛋白来自于相容性菌体的不同 *A* 交配型因子（图 10.9）。这些蛋白的 N 端区域对于选择相容性伴侣分子至关重要，而对于调控基因表达并非必需。交配型基因座的不同等位变体是不相似的，与哺乳动物中主要相容性基因座的高度可变区域相同，形成一种自我-非自我识别系统。交配型蛋白的N端区域对这种自我-非自我识别系统是重要的。这就确保来自相同等位变体的单体是不相容性的，只有在细胞内存在两种相容性配合因子产物形成的异源二聚体时，才有形成转录调控子的能力。同时也表明，相容性的蛋白质与蛋白质间的相互作用和两种同源结构域的出现相比，对*A*基因座的相容性更加重要。HD2同源异型域对DNA结合至关重要，但是HD1蛋白的同源结构域相对而言则并非必需(Moore and Frazer 2002)。

HD1转录因子有一个非典型的同源域，包括一个保守性较差的DNA识别序列和在卷曲螺旋之间的DNA结合域的三级结构的多变区。相比而言，HD2蛋白的同源域是典型的。不同交配特异性HD1和HD2产物相互作用形成一种转录因子复合物，它控制双核体的形成和黑粉菌的致病性(Kamper et al. 1995)。在灰盖鬼伞和裂褶菌中，HD1基序的突变和缺失是耐受的(在玉米黑粉菌中是不耐受!)，而HD2正好相反，这就说明HD2蛋白介导了DNA的相互接触。已经证明在玉米黑粉菌中它结合在交配型调控基因启动子的特异性序列上(Brachmann et al. 2001)。例如，在灰盖鬼伞中，在A交配型蛋白的控制下，HD1-HD2转录复合物结合于*clp1*和半乳凝素(galectin)基因的启动子上。在灰盖鬼伞和裂褶菌的HD1蛋白中有一核定位信号(nuclear localization singnal)，该信号介导该蛋白复合物进入细胞核中。HD2蛋白无该信号，因此在没有HD1蛋白时，不能进入核内(Robertson et al. 2002)。对交配特异性最重要的是这两类蛋白质的N端区域，该区域介导相容性的HD1、HD2蛋白之间形成异源多聚体。即使由同一基因或平行进化同源基因编码的非亲和性蛋白形成异源多聚体，也是没有特异性的。在裂褶菌中，这些无特异性的蛋白质在C端区域的介导下相互作用。对于灰盖鬼伞，可以用体内突变或体外的相关技术使其形成HD1-HD2聚合蛋白，此时N端的识别功能就是多余的了。这类HD1-HD2融合蛋白不需同不相关的*A*交配型蛋白形成异源二聚体，就能诱导*A*调控作用(Fischer and Kues 2003)。

异二聚化在调节转录因子功能中起重要作用。在灰盖鬼伞中，已经表明HD1蛋白提供了可能的活化结构域和核前导序列，但是有一个非必需的DNA结合区域，而HD2蛋白提供必需的DNA结合区域。此时，功能区域分离成两种蛋白质，表示细胞存在一种巧妙的策略，以确保依赖交配的发育途径只有在相容交配型细胞间融合后才具有活性的(Casselton and Challen 2006)。

同源结构域编码基因在二极性和四极性担子菌中都很保守。根据灰盖鬼伞的已知序列HD1/HD2，鉴定出双色蜡蘑(*L. bicolor*)的编码基因对*lba1*和*lba2*，证明双色蜡蘑的HD1/HD2蛋白具有相同的保守序列并有功能相似性。在四极性的侧耳属红平菇(*P. djamor*)和二极性的鳞伞属的光帽鳞伞(*Pholiota nameko*)*A*交配型基因座上，只有一对同源异形域基因。其他二极性种类，如鬼伞属，复合基因座$A\alpha$和$A\beta$均具有多个等位变体，且每个基因座上都有HD1/HD2编码基因。双极担子菌新型隐球酵母仅包含两个等位变体——*MAT*a和*MAT*α，同源基因的数目也相对较低。*MAT*α中*SXI1*α基因编码HD1蛋白，在*MATa*中的*SXI2a*编码HD2蛋白(见图10.12)(Raudaskoski and Kothe 2010)。

10.4.1.3 同源结构域编码基因均具有保守性

人们结合灰盖鬼伞中已知的HD1与HD2序列对双色蜡蘑基因组进行分析，发现其中存在一对等位基因 *lba1* 与 *lba2*,它们分别编码 HD1 与 HD2 蛋白(Niculita-Hirzel et al. 2008),并且不存在类似灰盖鬼伞 *A* 复合体中的冗余区(Casselton et al. 1998)。双色蜡蘑的 HD1 与 HD2 与灰盖鬼伞相应蛋白质具有相同的保守基序,提示这些蛋白具有相似的功能。在四极性的红平菇,以及双极性的光帽鳞伞的 *A* 交配型复合体中,同样仅鉴定出一对同源结构域等位基因。在另一种双极性担子菌簇生鬼伞(*C. disseminatus*)中,存在复合基因座 *A*α 与 *A*β,其每个等位变体含有一对等位基因,分别编码 HD1 与 HD2(James et al. 2006)。

在绵腐卧孔菌(*P. placenta*)中,存在两个重要的标记基因 *mip1* 与 *β-fg*,这两个基因位于担子菌 *A* 交配型复合体的侧翼,常被用于鉴定位于不同重叠群(scaffold)的 *A* 复合体中 HD1 及 HD2 的编码基因,当然这种鉴定还要基于双核基因组的序列信息(James et al. 2006;Martinez et al. 2009)。HD 蛋白与担子菌的其他交配型蛋白具有 40% ~50% 的序列相似性。这种相似性代表了种间及种内等位区间典型 *A* 交配型蛋白的相似性水平。在黄孢原毛平革菌(*P. chrysosporium*)中同样鉴定出了 *A*α 复合基因座,该基因座具有两个与其他伞菌纲真菌类似的同源结构域编码基因,并且定位于 *mip1* 附近(Martinez et al. 2004)。

对于四极性的灰盖鬼伞、裂褶菌及红平菇,以及双极性的簇生鬼伞与光帽鳞伞(见表 10.1),其中 HD 蛋白二聚体的结构和功能与四极性担子菌玉米黑粉菌中 bE 与 bW 蛋白的组装与功能具有相似性(Kahmann and Schirawski 2007)。在所有的这些真菌中,存在有大量的 HD 蛋白等位突变体(allelic variant)。在灰盖鬼伞的 *A* 交配型复合体中,多对 HD 蛋白编码基因可能是由于一个原始基因对复制而形成的(Kamada 2002; Kues et al. 1992)。在裂褶菌中,*A* 复合体中基因多种特异性的进化有待于进一步详细的研究,这是因为迄今为止相关研究主要集中于 *A*α 复合基因座,对 *A*β 复合基因座的基因信息还了解甚少。(Bakkeren et al. 2008;Hsueh et al. 2008;Lengeler et al. 2002)。

10.4.2 *B* 基因座编码信息素和受体

10.4.2.1 信息素和信息素受体

裂褶菌和灰盖鬼伞中的 *B* 交配型基因编码复合等位的信息素系统和受体系统。第一个信息素及受体的复合基因座首先由 Bolker 等(2002)从玉米黑粉菌中鉴定出来,称为 *a* 复合基因座(图 10.14A)。*a* 基因座有两个等位变体 *a1* 和 *a2*,并且每一个等位变体包含两个编码同一种交配型特异性的信息素和相对应的受体的基因。等位变体 *a1* 长 4.5kb,等位变体 *a2* 长 8kb。*a*1 中的 *mfa*1 和 *a*2 中的 *mfa2* 编码信息素,*pra*1、*pra*2 编码信息素受体。贯穿 *a1* 和 *a2* 这个位点的两种不同类型的序列上的差异,保证了不能产生相容的受体-信息素结合的重组(图 10.14A;注意图中显示的玉米黑粉菌 *a* 基因座与灰盖鬼伞和裂褶菌的 *B* 基因座相对应)(Bolker et al. 1992;Bortfeldey al. 2004)。

人们对从裂褶菌 *B*α 与 *Bβ* 复合基因座及灰盖鬼伞 *B* 复合体克隆到的等位区进行结构分析,发现在这些复合基因座上同样存在信息素及受体编码基因,并且与玉米黑粉菌的 *B* 复合体相比,这些基因以更为冗余的方式存在。裂褶菌 *B*α 与 *Bβ* 复合基因座均含有一

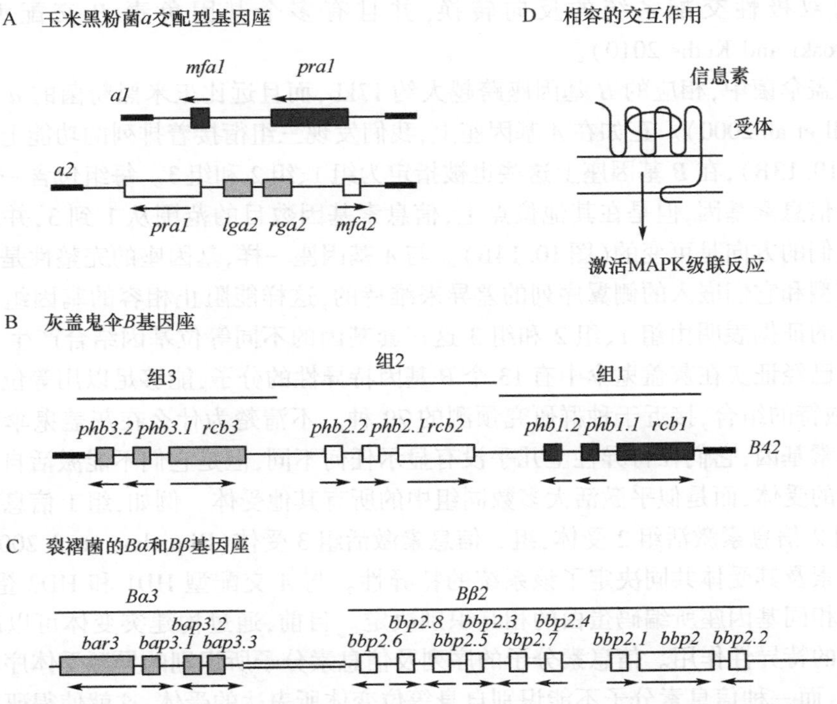

图 10.14 玉米黑粉菌(A)、灰盖鬼伞(B)和裂褶菌(C)的 *a* 和 *B* 交配型位点上的信息素和受体基因

受体基因在玉米黑粉菌中被指定为 *pra1* 和 *pra 2*,在灰盖鬼伞中被指定为 *rcb1*、*rcb2* 和 *rcb3*,在裂褶菌中被指定为 *bar* 和 *bbr*。前缀 *mfa* 习惯于表示玉米黑粉菌的信息素基因,*phb* 用于灰盖鬼伞中,*bap* 或 *bbp* 用于裂褶菌中。不同深浅颜色的填充基序表示不同等位基因在玉米黑粉菌或是在灰盖鬼伞和裂褶菌中同源的基因。分开裂褶菌的 *Bα* 和 *Bβ* 位点的二重线表示抑制重组的一段不寻常的 DNA 序列区域。D 图为交配期间信息素和受体的一种相容组合的结果。(引自 Casselton and Challen 2006)

个酿酒酵母 *STE3* 型受体基因,以及数个脂肽信息素前体编码基因。迄今发现的最为复杂的复合基因座为 *Bβ2*(图 10.14C),该基因座上含有 1 个受体基因与 8 个信息素基因,另外还含有三个可能来源于基因组序列的信息素基因(Fowler et al. 2001;Raudaskoski and Kothe 2010)。在裂褶菌中,信息素和受体基因被分成两组,与在经典的重组分析中已鉴定的 *Bα* 和 *Bβ* 位点相对应。已经显示 *Bα* 和 *Bβ* 基因每一个都包含一个受体基因(*bar* 和 *bbr*)及不定数目的信息素基因(*bap* 和 *bbp*)。尽管如此,不是所有的 *Bα* 和 *Bβ* 特异性之间的杂交都产生重组体。图 10.14C 中 *Bα3*-*Bβ2* 复合体的分子分析提供了对这个疑问的答案并扭转了我们对于这种方式的理解,这种方式多发的 *B* 交配特异性是进化的特征(Fowler et al. 2004)。在这种真菌中,*Bα* 和 *Bβ* 位点上的两组基因在功能上不是完全独立的。*Bα3* 和 *Bβ2* 是紧密连锁的,但是被一段抑制重组的不寻常的 DNA 序列分开。在这个复合体中有 11 个信息素基因,3 个在 *Bα* 基因座中,8 个在 *Bβ* 基因座中,并且这些基因一起能够激活在 *Bα* 和 *Bβ* 的 8 个其他类型中所有受体(图 10.14C)。裂褶菌和灰盖鬼伞看起来已经进化出不同的策略来产生大量 *B* 交配特异性,二者是等效的(Fowler et al. 2004;Casselton and Challen 2006)。*Bβ2* 复合基因座的发现引起了人们的特别关注,这是由于该基因座具有大量的初级与次级突变,这些突变表明真菌细胞中存在由四极性交

配系统向双极性交配系统的反向转换，并且有多个基因负责 *B* 交配型的功能（Raudaskoski and Kothe 2010）。

在灰盖伞菌中，相应的 *B* 基因座跨越大约 17kb，而且远比玉米黑粉菌的 *a* 基因座复杂（Halsall et al. 2000）。正如在 *A* 基因座上，我们发现三组衔接着排列的功能上冗余的基因（见图 10.13B），在 *B* 基因座上这些也被指定为组 1、组 2 和组 3。每组包含一个受体基因和两个信息素基因，但是在其他位点上，信息素基因数目的范围从 1 到 3，并且基因的顺序和它们的方向是可变的（图 10.14B）。与 *A* 基因座一样，基因座的完整性是通过基因的等位类型和它们嵌入的侧翼序列的差异来维持的，这样能阻止相容的基因组合发生重组。大量的证据表明由组 1、组 2 和组 3 这三套基因的不同等位基因结合产生 *B* 基因座特异性。已经证实在灰盖鬼伞中有 13 个 *B* 基因特异性的分子，能够足以用等位基因来产生 70 种独特的组合，接近于种群研究预测的 79 种。不清楚为什么在灰盖鬼伞中有这么多的信息素基因，它们在特异性上几乎没有显示任何不同，但是它们不能激活自身等位变体所表达的受体，而是似乎激活大多数同组中的所有其他受体。例如，组 1 信息素激活组 1 受体，组 2 信息素激活组 2 受体，组 3 信息素激活组 3 受体（Riquelme et al. 2005）。

信息素及其受体共同决定了该系统的特异性。与 *A* 交配型 HD1 和 HD2 蛋白相似，特异性由相同基因座所编码蛋白的相互识别决定。目前，通过构建突变体可以改变受体和信息素的特异性作用。信息素分子的序列及信息素分子所识别的异源受体序列都是高度可变的，而一种信息素分子不能识别自身等位变体所表达的受体，这就使得研究受体配体识别过程中的重要因素变得非常困难。在一个受体分子中不同的结构域都对信息素的识别起作用。到目前为止，嵌合受体的构建并没有对造成这种特异性的原因做出一个鲜明的解释。通过研究其在酿酒酵母中的异源表达，说明信息素可能在翻译后进一步被修饰，在其末端 CAAX（C 为半胱氨酸，A 为脂肪族氨基酸，X 为任意氨基酸）序列的半胱氨酸上加上了一个亲脂的法尼基尾巴（lipophilic farnesyl tail）。异源表达还揭示了担子菌的信息素受体属于 G 蛋白三聚体家族，在其被相应信息素或组成型突变激活后，会诱导酿酒酵母的信息素应答途径。与所有子囊菌和担子菌的信息素受体一样，担子菌的信息素受体属于带有 7 个跨膜区域的 G 蛋白偶联受体（GPCR）家族（图 10.14D）。担子菌受体被 *a* 基因座表达产物相似的信息素激活，并且与酿酒酵母 a 因子受体 Ste3p 紧密相关（Banuett 2002；Fischer and Kues 2003；Casselton and Challen 2006；Xue et al. 2008）。基于已知的 X 衍射结构进行建模发现，Ste3 类 GPCR 作为真菌 GPCR 的一个亚支，与视紫红质类（rhodoopsin-like）及其他蛇根碱类（serpentine-like）受体在亲缘关系上相距甚远（Topiol and Sabio 2009）。现已从转染的 293E 细胞中纯化得到酵母 Ste3p 蛋白（Shi et al. 2007），从而有望对酵母与担子菌的信息素受体进行结构与生化方面的分析（Shi et al. 2007；Topiol and Sabio 2009）。这对于研究高等担子菌的信息素的下游调控及相关的信号传递链提供了帮助。在玉米黑粉菌中一些与此相关的元件已经被鉴定并描述（Raudaskoski and Kothe 2010）。

综上所述，担子菌的 *B* 交配型基因座包括编码信息素受体和短肽信息素的基因，信息素将结合于由不同交配型的等位基因编码的七跨膜（seven-transmembrane）的受体上。在黑粉菌中，*a* 基因座只有两个等位基因，其中一个为信息素基因，另一个为信息素受体基因；在灰盖鬼伞的 *B* 基因座上，有三个紧密联系的基因，其中一个为信息素受体基因，另两个为信息素基因；在裂褶菌的两个 B 亚基因座上（$B\alpha$ 和 $B\beta$），含有一个受体基因和数目可变（2～8）的信息素基因。值得注意的是无隔担子菌的信息素和受体的特异性，一种信号受体可能通过多种信息素被激活，并且一种单一的信息素能激活几种不同的受体。现在的兴趣在于在这些分子中特异性决定因子位于哪里，以及这些大家族的蛋白质和多肽是怎样进化的。

10.4.2.2 信息素和信息素受体的异源表达

酿酒酵母现已成为异源表达担子菌信息素及信息素受体的重要宿主。酿酒酵母的 a 交配型细胞被用于表达裂褶菌的信息素，而 α 交配型细胞则用于表达相应的信息素受体。培养裂褶菌的上清液或培养表达其信息素的酵母细胞上清液（Fowler et al. 1999）均能激活在酵母中表达的裂褶菌信息素受体。酿酒酵母中由这种信息素受体介导的强烈信号表明，下游信号途径的激活是通过酿酒酵母异源三聚体 G 蛋白及 MAPK 级联途径进行的（图 10.14D）。这一结论在以下实验中得到了进一步证实：当敲除酵母宿主中异源三聚体 G 蛋白 β 亚基的编码基因 *STE4* 后，裂褶菌信息素对该报告系统的诱导效应将显著下降。而敲除与 $G\alpha$ 去敏感性相关的 *SST2* 基因后，报告系统的活性增强。此外，当裂褶菌受体中与异源三聚体 G 蛋白相互作用有关的第三个胞质环及近 C 端区发生突变，从而使其与酿酒酵母信息素受体更具有序列相似性时，裂褶菌信息素与酿酒酵母信号级联系统的作用同样得到增强（Hegner et al. 1999）。

上述异源表达系统还被用于裂褶菌信息素修饰过程与酵母 a 因子生物合成途径（Huyer et al. 2006）的比较研究。通过对酿酒酵母 a 因子生物合成途径相关的基因进行突变，人们发现裂褶菌信息素前体能够被 Ram1/Ram2 法尼基化，并由 Rce1 或 Ste24 催化发生内部肽键断裂以去除 C 端信号 AAX（见图 9.3）。此外，Ste14 在裂褶菌信息素的羧甲基过程中发挥重要作用。然而，酵母 N 端蛋白酶 Ste23 与 Ax1 可能并不是裂褶菌活性信息素的形成所必需的。a 因子转运体 Ste6p 的缺失并不会阻断裂褶菌信息素分泌，表明酵母细胞中存在一种不依赖于 Ste6p 的释放异源信息素的机制（Fowler et al. 1999）。

酵母异源表达系统同样被用于灰盖鬼伞（*C. cinerea*）信息素及其受体的研究。$rcb2^{6}$ 是位于灰盖鬼伞的 B 交配型复合体中的一个基因，该基因编码一种信息素受体 $\mathrm{Rcb2}^{6}$，同样属于 GPCR。该受体的Ⅵ跨膜区中发生 Q229P 突变后形成的突变蛋白 $\mathrm{Rcb2}^{6m}$ 将赋予菌株自交亲和性的交配表型。将该突变蛋白的编码基因 $rcb2^{6m}$ 转入酵母异源表达系统，酵母信息素途径将发生组成型激活。人们还将灰盖鬼伞信息素基因与信息素受体基因共同转入酵母异源表达系统，发现信息素前体能在酵母 *MAT*a 细胞中进行特异性加工，形成的活性信息素能激活共表达的灰盖鬼伞野生型信息素受体。然而，酵母细胞释放的这种活性信息素并不能对生长状态下的灰盖鬼伞菌丝体产生影响，因此，丝状真菌中信息素/信息素受体相互作用的位点有待进一步的研究（Casselton and Olesnicky 1998；Olesnicky et al. 1999）。

除了酵母异源表达系统，裂褶菌的 B_{null} 菌株同样被用于分析该真菌中的信息素/信息素受体相互作用。该菌株的基因组发生了大片段缺失，以致 B 复合体的所有功能均已丧失。$B\alpha$、$B\beta$ 复合基因座中所有功能已确定的信息素及信息素受体编码基因均已被分别转入 B_{null} 菌株。所形成的转化子进而与所有 $B\alpha$、$B\beta$ 交配型的野生型受试菌株分别进行交配分析(Fowler et al. 2004;Gola et al. 2000)。如果转化子与受试菌株具有亲和性的 *A* 交配,而且一种 *B* 交配型信息素受体被一种具有不同特异性的信息素激活,则被激活受体的一侧将形成双核体(dikaryon)。该分析使人们得以基于 11 ~ 15 个氨基酸序列的相似性而将成熟信息素分为 5 个类群,每个类群分别激活一类 *B*α 或 *B*β 受体。令人奇怪的是,在三个信息素类群中,有两种信息素对 *B*α 和 *B*β 受体均有激活作用,这在之前并未见报道。对上述情况的进一步研究发现,在其中的一个信息素类群中,Bα8 与 Bβ1 受体蛋白在结构上具有高度相似性,而成熟信息素 Bbp2(4)与 Bbp2(5)的序列仅存在一个氨基酸的差异。在另外两个信息素类群中,每个类群的两个信息素序列仅存在两个氨基酸的差异,而 Bα 与 Bβ 受体的序列相似性尚未明确。上述发现对于分析 *B* 交配型复合体中复合等位基因的起源具有重要意义(Gola et al. 2003;Kothe et al. 2003;Fowler et al. 2004)。

10.4.2.3 信息素受体特异域的突变分析

B_{null} 菌株还被用于对嵌合性信息素受体进行功能分析。为了鉴定受体蛋白的特异域(spcificity domains),人们对 *B*α*1* 和 *B*α*2* 编码的 Bar1 和 Bar2 蛋白进行了 N 端、中部及 C 端的相互替换,发现这种内部替换显著改变了信息素受体对不同信息素的识别特性,其中的信息素来源于转化了信息素基因的 B_{null} 菌株或各种 *B*α 特异性的受试菌株。这种改变产生了新的受体表型,即组成型、非特异型与高选择型(Gola et al. 2000)。对各种野生型信息素分别进行研究,人们发现每种信息素具有特定的受体谱(profile of receptor),而每种受体也具有特定的信息素谱,这些信息素作为配基并激活有性发育过程(Fowler et al. 2001;Gola et al. 2003)。该现象同样存在于非特异性受体(unspecific/promiscuous receptor)中。当与野生型受试菌株发生交配时,这类受体对所有 9 种特异性的信息素均能作出应答,但不能对单独的某种信息素作出应答。上述结果表明,单一的一种信息素与既定信息素受体的相互作用,依赖于受体分子内部的识别位点。特定位置发生的单一点突变,能够导致特异性的改变或组成型受体恢复为信息素依赖型受体。该模型和 GPCR 与其配基的多状态作用模型(multistate interaction model)是相符的(Christopoulus and Kenakin 2002)。

配基与受体不同区域相互作用,从而决定交配特异性,这一观点能够成功地解释一种天然的识别系统。受体正确的三维折叠模式,以及配基诱导的、导致信息素途径激活的构象改变依赖于多重氨基酸相互作用,以保证被诱导的受体构象以一种亲和性作用方式稳定下来,避免该受体与非特异性的信息素发生作用。这也能解释为何在裂褶菌中极为精细的差异性无法在酵母中发现,在酵母体系中,裂褶菌受体基因通常能被用于下游信号途径的研究,但是这些基因的特异性在酵母体系中的情况与裂褶菌中的实际分化情况并不相同。

10.4.2.4 基因组中 *B* 交配型基因的探查

通过对双色蜡蘑(*L. bicolor*)基因组序列中含有 STE3-类序列簇区域进行分析,人们鉴定出三个编码 Ste3 类受体的基因,这些基因均与信息素编码基因紧密相邻;此外还鉴定出两个非交配受体样蛋白编码基因,这两个基因并不与信息素编码基因相邻。*B* 交配型基因簇的排列方式在双色蜡蘑与灰盖鬼伞中是高度保守的。双色蜡蘑基因组中大量存在信息素样蛋白的编码基因,序列分析表明这些基因的编码产物均具有 C 端 CAAX 基序,其中某些成员与灰盖鬼伞具有多重同源性。这些基因的功能尚未明确。DNA 微阵列分析表明,在双色蜡蘑形成的营养型菌丝体、外生菌根及子实体中,所有的受体样基因均能表达,但只有与信息素紧密相邻的三个受体样蛋白编码基因进行高水平表达(Niculita-Hirzel et al. 2008)。

在两极性的黄孢原毛平革菌(*P. Chrysosporium*)及四极性的红平菇(*P. djamor*)中(James et al. 2004),推测的 *B* 交配型复合体中含有与 *CcSTE3. 1* 和 *CcSTE3. 2* 相似的受体编码基因。在红平菇中,一种信息素编码基因与受体编码基因紧密相邻,但在黄孢原毛平革菌中,并没有信息素编码基因邻近于受体编码基因。此外,在黄孢原毛平革菌基因组中还鉴定出一个编码信息素受体样蛋白的基因(Niculita-Hirzel et al. 2008)。在绵腐卧孔菌(*P. placenta*)中,推测的 *B* 交配型复合体的结构似乎更为复杂(Martinez et al. 2009)。*B* 交配型复合体由两个等位的多成员簇组成,其中含有大量的受体及信息素编码基因。对绵腐卧孔菌中所有 Ste3 类型 GPCR 进行的系统发育分析表明,该真菌具有灰盖鬼伞中的三类亚家族成员,此外每个单倍体基因组中均具有一个受体编码基因,并且不属于上述三个亚家族,说明这种受体可能属于一种新的亚型并具有交配以外的功能。大量的信息素编码基因存在于受体编码基因之间。黄孢原毛平革菌与绵腐卧孔菌是双极性交配型真菌中的代表,但这两种真菌中 *B* 交配型基因的作用尚未明确。它们的双极性机制可能与簇生鬼伞(*C. disseminatus*) 相似,其 *B* 复合体内基因编码的受体 Ste3. 1 与 Ste3. 2 并不能决定交配型,但在锁状联合与子实体形成方面发挥作用(James et al. 2006)。此外,在两极性担子菌新型隐球酵母(*C. Neoformans*)中,等位变体 *MATα* 与 *MATa* 的受体基因分别编码的 Ste2α 与 Ste3a 在信息素信号途径中发挥重要作用,这对于交配特异性是极为重要的(Hsueh and Heitman 2008;Fowler et al. 1999)。在该情况下,交配相关基因的成簇导致信息素/受体基因与同源结构域转录因子发生连锁。

10.5 真菌交配过程中信号途径及其转导因子

在伞菌纲真菌中,受 *A* 与 *B* 交配型基因调控的信号途径的下游因子已得到深入研究。为了诱导有性发育过程,交配体(mate)必须通过一条下游信号级联途径,对结合于信息素受体上的信息素作出应答,以介导双核化(dikaryotization)过程(图 10. 15)。因此,我们接下来将集中介绍与信息素应答相关的信息素信号途径及其转导因子。

10.5.1 营养菌丝融合与性交配控制的融合

酿酒酵母与玉米黑粉菌中信息素/受体系统的主要功能是诱导一类特异性蛋白编码基因的表达。这类蛋白与交配体彼此吸引及定向相关,在交配细胞的融合及玉米黑粉菌侵染植物过程中致病性双核体的形成方面同样发挥重要作用。在伞菌纲真菌(如裂褶菌及

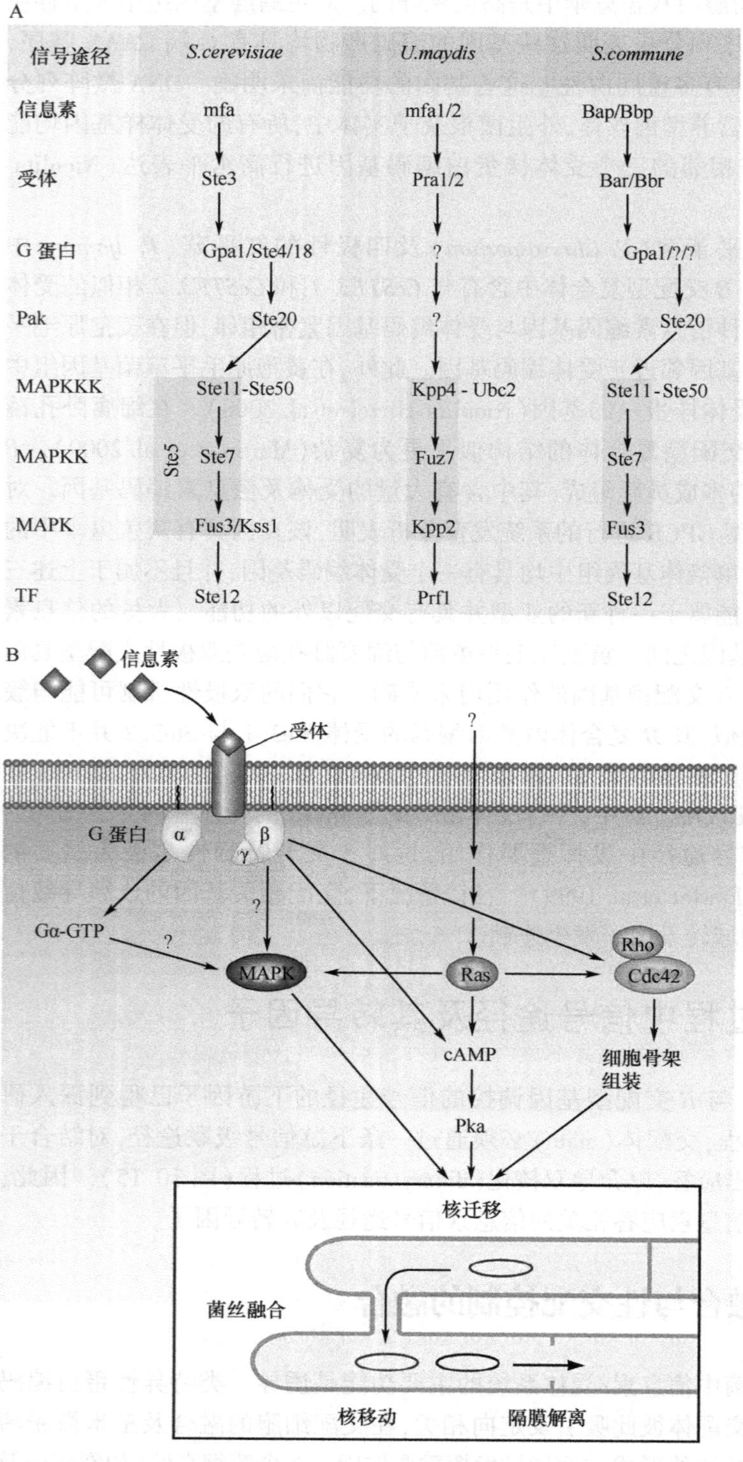

图 10.15　真菌交配过程中推测的信号因子

A. 子囊菌酿酒酵母、黑粉菌的玉米黑粉菌及伞菌的裂褶菌中已知及推测的交配信号途径中的成员。箭头表示信号从信息素/受体相互作用，经过 G 蛋白与 MAPK 级联反应，最终激活转录因子（TF）的定向传递过程。注意酿酒酵母中 Ste4/18（$\beta\gamma$）复合体与 Ste20（一种 PAK 样激酶）结合，继而将信号传递给 MAPK 级联途径，该途径中含有支架蛋白 Ste5。裂褶菌基因组信息中未发现 Ste5 同源蛋白，但发现存在有 Ste20 的同源蛋白。在酿酒酵母中，Ste50 与交配应答、侵入型/菌丝型生长、高渗耐受等紧密相关，并且充当联系 G 蛋白偶联 Cdc42-Ste20 与 Ste11 的效应因子。Ste50 的同源蛋白在玉米黑粉菌（Ubc2）及裂褶菌中均已得到鉴定；B. 一种假设的信号因子模型，用于解释伞菌裂褶菌中信息素/受体结合激活 G 蛋白及下游信号途径的机制。释放的 G 蛋白亚基激活 MAPK 级联途径。信息素调控网络的功能包括诱导菌丝融合及隔膜解离所需酶的表达，该诱导作用还涉及依赖于 cAMP 的 PKA 途径。除 MAPK 级联途径外，Gβγ 能够激活 Cdc42，进而调控细胞骨架的重新组装，后者是核交换及迁移所必需的。（引自 Raudaskoski and Kothe 2010）

灰盖鬼伞）中，菌丝融合或联结的形成可以发生在营养菌丝间，因而可能不依赖于交配型。因此，信息素/受体相互作用可能与细胞融合后的事件，尤其是交配体间核的相互交换与迁移有关(Raudaskoski 1998)。

人们基于酿酒酵母交配过程中细胞融合相关蛋白的序列信息,对丝状子囊菌粗糙脉孢菌的基因组序列进行分析,以探索营养型菌丝融合与有性菌丝融合间的差异(Fleissner et al. 2008;Glass et al. 2004)。在该基因组序列中,并未发现酿酒酵母 Fus1、Fus2、Fig1 及 Fig2 同源蛋白的信息。在酿酒酵母中,什穆(shmoo)结构顶端蛋白的表达受到信息素应答途径的调节。研究表明,酿酒酵母的 Prm1 是一种受信息素调节的膜蛋白(Heiman and Walter 2000),它的一种同源蛋白是粗糙脉孢菌普通融合复合体的组成因子(Glass et al. 2004)。类 *prm1* 基因的缺失将导致营养性细胞融合概率降低 50%,并引起有性生殖过程中钩状细胞融合的完全阻断,表明营养型及有性生殖型菌丝融合可能需要相同的蛋白质参与(Fleissner et al. 2009)。对裂褶菌基因组的初步筛选同样显示,该担子菌中不存在 Fus1、Fus2、Fig1 及 Fig2 的同源蛋白,但存在推测的 Prm1 同源蛋白。

在粗糙脉孢菌中,异源三聚体 G 蛋白是有性发育所必需的,其突变并不影响营养型融合,但能有效阻断有性发育。该结果显示分辨营养型菌丝融合和有性菌丝融合的两种方式是存在的(Fleissner et al. 2008)。而在伞菌纲真菌中,是否能分辨这两种融合方式还有待确认。在其中一类伞菌中,营养型菌丝融合的形成不依赖于异源三聚体 G 蛋白,而另一类伞菌的菌丝融合则受到信息素/受体及异源三聚体 G 蛋白介导的信号途径的调控。对于伞菌纲有性生殖控制的融合事件,锁状联合过程中钩状体顶端与亚顶端细胞融合是其中的一个代表。

10.5.2 担子菌交配过程中 G 蛋白的功能

异源三聚体 G 蛋白通过其 Gα 与 Gγ 亚基的脂质尾定位于质膜。当信息素与 GPCR 结合后,GPCR 发挥鸟苷酸交换因子(GEF)的活性,作用于 Gα 亚基,使该亚基的 GDP 替换为 GTP,使 Gα 亚基构象发生改变,从而导致该亚基从 GPCR 释放,继而 Gβγ 亚基与 Gα 亚基解离。释放的 Gα-GTP 与 Gβγ 均能激活下游信号途径。在酿酒酵母交配过程中,Gβγ 介导的下游信号途径已得到深入研究(Park et al. 2007;Slessareva et al. 2006)。在酿酒酵母中异源表达的裂褶菌(Fowler et al. 1999;Hegner et al. 1999)及灰盖鬼伞(Olesnicky et al. 1999)信息素受体与信息素同样能够激活这一信号途径,证明在这些真菌中异源三聚体蛋白均对这一下游信号途径具有调节作用。

10.5.2.1 交配作用下 Gα 亚基的结构与功能

在酵母与丝状子囊菌中,分别鉴定出 2 个与 3 个 Gα 亚基编码基因(Li et al. 2007)。在担子菌的裂褶菌中,同样鉴定出 3 个 Gα 亚基编码基因(Raudaskoski et al. 2001;Yamagishi et al. 2002)。通过对裂褶菌基因组的分析,人们发现其中还存在一个之前并未报道的 Gα 亚基编码基因。玉米黑粉菌中已发现 4 个 Gα 亚基的编码基因(Regenfelder et al. 1997)。这些 Gα 亚基均含有 Gα 典型的结构域,GTP 结合结构域及 GTPase 结构域(Schmoll 2008)。此外,裂褶菌中的 4 个 Gα 蛋白均具有一个 N 端保守序列 MGXCXS/MGCXXS,该序列中甲硫氨酸、甘氨酸及半胱氨酸通过一个氨基酸与豆蔻酰化(myristoylation)氨基酸残基相连,或者直接邻近棕榈酰化(palmitoylation)氨基酸。这种脂酰基化修饰是 Gα 蛋白定位于质膜所需的。然而，在灰盖鬼伞中这一基序仅存在于三种 Gα 的其中一种内。

为研究裂褶菌中 Gα 的功能，人们对其中的三种 Gα 蛋白编码基因 *GP-A*、*GP-B* 及 *GP-C* 进行了敲除，继而将疏水蛋白 *sc3* 基因启动子控制下的 Gα 编码基因转入敲除菌株，使其进行组成性表达。不幸的是，该启动子具有单核特异性，或许是由于这一原因，当 ScGP-A 与 ScGP-C 组成型激活时，同型核转化子的交配行为并未发生改变，仅表现出气生菌丝形成能力的略微减弱，而双核体中上述基因的突变阻断了子实体的形成。*gpb* 基因发生的一种突变并不影响双核化(dikaryosis)及子实体的形成。进一步研究表明，*gpa* 基因与 *gpc* 基因的活性表达能够提高细胞内 cAMP 的浓度。有趣的是，ScGP-A 与 ScGP-C 的氨基酸序列具有 72% 的相似性，而它们与 ScGP-B 的氨基酸序列仅具有 46% 的相似性(Yamagishi et al. 2002；Yamagishi et al. 2004)。

裂褶菌的 *thn1* 基因编码一种 G 蛋白信号调节因子(RGS)的同源蛋白，其中的 RGS 在酿酒酵母及构巢曲霉中分别为 Sst2 与 FlbA。这些蛋白质能够调节 Gα 蛋白从 GTP 结合形式向 GDP 结合形式的转换，可见该蛋白作为 Gα GTPase 激活蛋白(GAP)发挥作用，控制 G 蛋白信号的强度与持久性。*thn1* 突变表型(*thin* 表型)与 *gpa* 及 *gpc* 基因的组成型激活表型类似，能降低气生菌丝的生长能力，并且在双核体中能够抑制子实体的形成(Fowler et al. 2000)。

在担子菌中，至今尚未明确哪种 Gα 与信息素受体进行结合。在酿酒酵母中，Gpa1(Gα)是有性发育及与信息素受体 Ste2 及 Ste3 的结合所需的(图 10.15A)。通过酵母异源表达系统对裂褶菌信息素及信息素受体进行分析，人们发现该菌的信息素受体 Bbr1 与 Bbr2 能与酵母 Gpa1 进行结合(Fowler et al. 1999；Hegner et al. 1999)。在该异源表达系统中表达灰盖鬼伞信息素受体，酵母野生型 Gpa1 仅能对其产生微弱应答效应，但当 Gpa1 的 C 端连上哺乳动物 Gα16 或玉米黑粉菌 Gpa3 的最后 5 个氨基酸时，这种 Gα 能对灰盖鬼伞信息素受体产生明显增强的应答效应(Olesnicky et al. 1999)。

在担子菌新型隐球酵母中，Gα 蛋白 Gpa2 与 Gpa3 均能通过与信息素受体发生结合而调控信息素信号途径。Gpa2 能够促进交配过程，而 Gpa3 则对这种结合具有抑制作用。*gpa2* 基因与 *gpa3* 基因的表达调控机制同样存在差异，前者的表达受信息素的诱导，而后者的表达受到营养信号的调控。上述研究提示，在表达多种 Gα 蛋白的真菌中，两种 Gα 亚基在有性发育中的作用在进化过程中可能是保守的(Hsueh et al. 2007)。

基于已知的 Gα 序列信息对裂褶菌基因组进行序列分析，人们发现其中至少存在 11 种 Gα 样蛋白，且其中 4 种 Gα 具有保守的 GTP 结合域与 GTPase 结构域。通过对灰盖鬼伞及双色蜡蘑(*L. bicolor*)基因组进行类似的序列分析，同样发现了一些 Gα 样蛋白成员。在绵腐卧孔菌(*P. placenta*)基因组中发现了大量的 Gα 样蛋白。这些蛋白质的功能至今尚未明确，并且它们的 GTP 结合域与 GTPase 结构域在序列上仅具有很低的相似性(Martinez et al. 2009)。

10.5.2.2　G 蛋白相关的下游途径

与 Gα 亚基相比，伞菌纲真菌异源三聚体 G 蛋白中 Gβ 与 Gγ 亚基结构和功能的相关研究较少引起重视，这是由于 Gα 亚基被认为在调控异源三聚体 G 蛋白的解离与 Gβγ 的释放、MAPK 的激活等过程中发挥重要作用(Fowler et al. 1999;Olesnicky et al. 1999)。然而,有关 Gα 及 Gβγ 信号途径还有待实验证实。通过对灰盖鬼伞(*C. cinerea*)、裂褶菌(*S. commune*)、绵腐卧孔菌(*P. placenta*)及香菇(*L. edodes*)的基因组进行序列分析,人们仅发现一种高度保守的(90%)Gβ 蛋白,且这种蛋白质在子囊菌中同样保守(Li et al. 2007)。此外,已测序子囊菌的基因组中含有数种 Gβ 样蛋白的编码序列,这些蛋白质均带有典型的 WD-40 结构域。伞菌纲真菌中可能存在两种 Gγ 编码序列,并且它两者的氨基酸序列具有 70% 的相似性。在裂褶菌基因组中,两种 Gγ 编码序列彼此相邻,位于同一重叠群,并且其编码产物具有 68% 的序列相似性(Li et al. 2007)。

裂褶菌可亲和菌株间的交配将诱导信息素及信息素受体编码基因的大量表达(Vaillancourt et al. 1997)。玉米黑粉菌中存在类似的现象,即当细胞受到可亲和性 a2 信息素处理时,信息素编码基因 *mfa1* 的表达量增加。这一信号途径可能是由 MAPK 及 cAMP 所介导的(Muller et al. 2004;Zarnack et al. 2008)。在上述过程中,MAPK 级联途径导致转录因子 Prf1 的激活,其中 Prf1 与酿酒酵母 Ste12 不具有高度的序列相似性;cAMP 信号途径则是由蛋白激酶 A(PKA)所介导的。在子囊菌构巢曲霉中,交配及子实体形成同样涉及两条途径,即 MAPK 级联途径与 PKA 介导的 cAMP 信号途径(图 10.15)(Li et al. 2007)。

在伞菌纲真菌中,可能存在与酿酒酵母及玉米黑粉菌类似的机制,即 Gα 与 Gβγ 激活 MAPK 级联途径,进而导致某种类似于 Ste12 或 Prf1 的转录因子发生磷酸化而激活。激活的转录因子继而抑制或激活目的基因的表达,使菌丝生长模式向 *B* 交配型调节模式发生转变,最终进行双核型生长及子实体发育。对于 MAPK 途径,人们现已从裂褶菌中鉴定出多种与酿酒酵母 MAPK 级联途径成员同源的蛋白质,其中包括 Ste20、Ste11、Ste7、Fus3 及 Ste12 的同源蛋白(图 10.15A)。在担子菌玉米黑粉菌中,信息素应答途径十分复杂,并且该途径与 cAMP 信号途径存在交叉,这促使人们开展对其他有性生殖相关基因的研究。对于 cAMP 途径,人们已经从裂褶菌基因组中鉴定出 Ras、腺苷酸环化酶及 PKA 调节亚基与催化亚基的编码基因(Kahmann and Schirawski 2007;Zarnack et al. 2008)。

10.5.3 单体 GTPase Ras 与 Cdc42

大量研究表明,许多小分子 GTPase(小 G 蛋白)在调节菌丝生长及形态发生过程中发挥重要作用(Park and Bi 2007)。在这些蛋白质中,两种单体 GTPase Ras 与 Cdc42 引起了广泛关注。Ras 对 cAMP/PKA 信号途径具有调节作用,与灰盖鬼伞及裂褶菌的子实体发育有关(Schwalb 1974;Uno et al. 1976;Lee et al. 2002)。Cdc42 介导了胞外生长信号与肌动蛋白骨架间的信号传递途径,该途径通常在信号分子与 GPCR 发生结合后被激活(Schmidt and Hall 1998)。Ras 及 Cdc42 GTPase 具有保守的分子转换机制,它们在正常条件下通过 C 端法尼基或牻牛儿牻牛儿基尾(geranyl-geranyl tail)定位于质膜。它们具有结合与水解 GTP 的活性,能以活性的 GTP 结合形式及非活性的 GDP 结合形式存在。上游调节蛋白能够调节 Ras 及 Cdc42 在 GTP 结合形式与 GDP 结合形式间发生转换,其中 GTPase 激活蛋白(GAP)促进 GTP 的水解,而鸟苷酸交换因子(GEF)催化 GDP 的释放及 GTP 的结合。核苷酸解离抑制因子(GDI)则保证上述小分子 GTPase 以可溶性蛋白方式存在(Etienne-Manneville and Hall 2002)。

10.5.3.1 Ras 蛋白

Ras 蛋白由两个不同基因 *Ras1* 及 *Ras2* 编码，它们的功能在酿酒酵母（Toda et al. 1985），新型隐球酵母（Nichols et al. 2009；Nichols et al. 2007）及玉米黑粉菌（Lee et al. 2002；Muller et al. 2003）中已得到深入研究。Ras 编码基因的表达通常受到营养及环境因子的调控，这提示 Ras 可能还具有其他的功能。Ras 通过激活腺苷酸环化酶，增加细胞 cAMP 水平，激活 PKA 信号途径（图 10.15）。然而，该途径还受到一种 Gα 亚基的调控，可见 PKA 途径与异源三聚体 G 蛋白介导的信息素途径存在交叉（Wang et al. 2004）。在新型隐球酵母中，Ras1 对交配早期阶段的事件具有调节作用，并且是信息素的形成所必需的，而 cAMP 的形成及 PKA 途径受到 Gpa1 的调控（Xue et al. 2006）。在玉米黑粉菌中，显性或组成型激活的 Ras2 使生长模式从酵母态向菌丝态发生转变，而显性激活的 Ras1 能够促进信息素的表达，可能这种促进作用是通过提高 cAMP 的水平而实现的（Lee et al. 2002；Muller et al. 2003）。同样，两种 Ras 蛋白的表达也呈变化状态。在玉米黑粉菌中，Ras1 的表达量高于 Ras2，两者的功能基本上是重叠的。有趣的是，在新型隐球酵母中，Ras1 同样是 Cdc42 的 GEF Cdc24 的效应因子，对高温条件下肌动蛋白的组装具有调节作用（Nichols et al. 2009；Nichols et al. 2007）。粟酒裂殖酵母中仅存在一个 *Ras* 基因，该基因编码的 Ras 蛋白能被两种不同的 GEF Efc25 与 Ste6 所激活。通过与不同的 Ras GEF 进行结合，Ras1 能够激活不同的效应因子：其中一类效应因子偶联 Ras 与 MAPK 途径，而另一类偶联 Ras 与 Cdc42 信号途径（O'Shea et al. 1998）。在玉米黑粉菌中，Ras2 GEF（sql2）是酿酒酵母 Cdc25 的同源蛋白，该蛋白能够抑制因 *gpa3* 显性/组成型激活所导致的形态发生，这同样表明 Gα 与 Ras 信号间存在相互作用（Muller et al. 2003）。

在裂褶菌同样存在两个 *ras* 基因，两者的编码产物 Ras1 和 Ras2 具有 45% 的序列相似性。Ras1 与 Ras2 与灰盖鬼伞、双色蜡蘑（Rajashekar et al. 2009）及乳牛肝菌（*Suillus bovinus*）的 Ras1 与 Ras2 分别具有 60% 与 80% 的序列相似性。Ras2 的功能有待进一步研究。人们对裂褶菌中 Ras1 组成型激活（Yamagishi et al. 2004），以及 Ras 特异性 GAP 编码基因 *gap1* 敲除（Schubert et al. 2006）的影响进行了研究。Ras 信号途径的这两种突变可能会产生相似的表型，这是因为两者均导致活性 GTP 结合形式的 Ras 积累。实验证明，两种突变产生的表型大多是相似的，但并非完全相同。两种突变均导致菌丝性生长能力降低，且菌丝以非规则的曲线形式生长。*Δgap1* 菌株同型合子自交（homozygous cross）形成的双核体能在母细胞基础上形成类钩状细胞（clamp-like cell），但无法进行锁状联合。母细胞随后伸出侧向分支，并捕获未发生融合的类钩状细胞中的细胞核，继而形成单细胞侧向分支（Schubert et al. 2006）。处于生长状态下的侧向分支与类钩状细胞存在彼此吸引的现象，表明这两种单核细胞间存在信息素识别过程。在未融合的类钩状细胞中，信息素受体的表达显著上调，这一发现支持了以上结论（Raudaskoski and Kothe 2010）。

gap1 基因敲除所产生的第三种表型是自交形成的双核体发育形成不完全的假菌褶（pseudolamellae），子实层（hymenium）形成异常，子实体发育过程中无法形成担孢子（Schubert et al. 2006）。上述结果表明，Ras1 在菌丝发育、锁状联合及子实体发育过程中均发挥作用。对于裂褶菌中的另一个 *ras* 基因，其编码的 Ras 蛋白在 cAMP-依赖性，MAPK-依赖性及 Rho-依赖性的信号途径及形态发生中的作用还有待进一步研究。这将

揭示两种 Ras 蛋白是否与玉米黑粉菌中的 Ras 一样具有不同的功能，还是与酿酒酵母及新型隐球酵母中的 Ras 一样在功能上具有不同程度的重叠性。对 Ras GEF 特性的研究，也将进一步明确 Ras 信号途径的特异性。

10.5.3.2 Cdc42 与肌动蛋白

在酿酒酵母中，定位于细胞膜的 Cdc42 是出芽位点的确定及交配保护所必需的，在这些过程中，Cdc42 使依赖于信息素的 Gβγ 激活与极性生长得以联系起来。Cdc42 特异性 GEF Cdc24 与 Far1、Ste20、Bem1 及 Bni1 等多种蛋白具有相互作用(Park et al. 2007)。通过这些相互作用，GTP 结合的 Cdc42 能够激活 MAPK 级联途径，并且对肌动蛋白骨架的分布与定位具有重要影响，进而影响极性生长过程。在酵母交配过程中，Far1 可能具有双重作用，该蛋白不仅是细胞周期阻断所需的，而且对于交配体的极性生长同样极为重要(请参见 6.3.3 节"交配信息素信号转导途径"及图 6.11)。

在裂褶菌中，异位表达的 *cdc42* 组成型激活突变体调节分支位点的选择及随后单细胞菌丝分支的发育(Weber et al. 2005)。在交配作用中，大多数的菌丝融合事件涉及侧向分支，这种分支可能彼此趋近生长或朝向交配型菌丝生长(Raudaskoski 1998)。这些侧向分支具有极为丰富的肌动蛋白骨架。在锁状联合过程中，钩状分支在生长及与亚顶端细胞发生融合时，其顶端同样积累大量肌动蛋白，这一过程受到 *B* 交配型基因产物及 Ras 蛋白的调节(Raper 1966)。Cdc42 在 *B* 交配型调节系统中的作用，可以通过 *cdc42* 组成型激活突变体的表型得到证明，如双核化能力受损和锁状联合异常等(Weber et al. 2005)。介导信息素/受体(可能还包括 Ras)、Cdc42 及肌动蛋白之间信号传递的功能蛋白还有待进一步研究。尤其值得注意的是，Cdc42 与 Ras 的 GEF 可能在介导肌动蛋白极性定位过程中发挥着关键作用。

10.6 信息素应答与核迁移

我们在第 6 章 6.3.3 节"交配信息素信号传导途径"中曾指出，通过受体与相应配基的相互作用，三聚体的 G 蛋白复合物解聚，形成自由的 α 亚基和一个 βγ 异二聚体(βγ-heterodimer)(见图 6.11)。这种解聚作用继而引发如下三种主要的细胞应答：细胞周期 G_1 期阻断、转录程序的激活及交配型细胞变长形成突起(见 9.3.2 节)。G_1 期阻断和转录激活是通过 MAPK 级联由 Fus3 引起 Far1 的磷酸化，从而产生抑制作用导致细胞周期阻断而实现的。

10.6.1 双核菌丝形成时的核迁移

在酵母细胞及玉米黑粉菌的交配过程中，相邻细胞发生融合前需要有丝分裂的同步进行。而当细胞发生融合后，细胞周期阻断是酿酒酵母的核融合、双倍体的形成及玉米黑粉菌双核菌丝的形成与植物致病性生长所需的。在酿酒酵母中，Far1 负责将细胞周期阻断于 G_1 期(Park et al. 2007)。在玉米黑粉菌(Zarnack et al. 2008)及裂褶菌中，并未发现 Far1 的同源蛋白。对信息素应答条件下玉米黑粉菌的微阵列分析表明，某些细胞周期相关基因的表达受到抑制,表明即使 Far1 功能缺失同样能发生细胞周期阻断。对于裂褶菌,表型分析同样有望能揭示细胞周期阻断的相关机制。在菌丝融合过程中,通常能观察到同步核分裂现象(Raudaskoski 1998)。

在裂褶菌及灰盖鬼伞中,能观察到一种非常有趣的现象,即具有不同 *B* 交配型的菌丝细胞进行融合时会发生核迁移(见图 10.8 和图 10.15 B)。这种 *B* 交配型特异性核迁移伴随亲和性菌丝的融合(即双核化)而发生。胞内核迁移在裂褶菌(Snider 1968)、灰盖鬼伞(Kues 2000)及 *Coprinellus congregatus*(Ross 1976)中分别以 1 ~ 5mm/min、1 ~ 3mm/h 及 40mm/h 的速率进行。基于细胞生物学技术对核迁移过程进行观察,发现核迁移速率为菌丝生长速度的 10 ~ 20 倍(Niederpruem 1980)。处于迁移过程中的细胞核周围,分布有高密度的微管束(Raudaskoski 1998),表明微管及与微管相连的马达蛋白(motors)在核交换及核迁移过程中可能发挥着重要作用。驱动蛋白(kinesin)与动力蛋白(dynein)作为两种重要的马达蛋白,分别介导了正末端定向转运(plus-end-directed transport)与负末端定向转运(minus-end-directed transport),它们均能在担子菌基因组信息中得到鉴定。在玉米黑粉菌中,具有 10 个驱动蛋白编码基因与两个分别编码动力蛋白重链 N 端及 C 端部分的基因(Schuchardt 2005)。在裂褶菌中,同样具有两个编码动力蛋白组分的基因及数个编码驱动蛋白的基因(Raudaskoski and Kothe 2010)。

在酿酒酵母中,交配特异性 Gα 亚基 Gpa1 能以一种信息素依赖形式,与驱动蛋白-14(Kar-3)结合。这种结合对信息素诱导的细胞核向什穆结构顶端的迁移具有调节作用。Gpa1 能与 Kar3 发生共沉淀,证明两者具有相互作用,并且在信息素处理下 Gpa1 与 Kar3 均大量分布于什穆结构顶端。对 Gpa1 缺失株的研究显示,Gpa1 影响 Kar3 在什穆结构顶端的组装及微管的运动与定位。这些结果表明,Gpa1 能决定 Kar3 在质膜上的锚定位点,Gα 的这一功能之前并不为人们所知(Zaichick 2009)。

在裂褶菌的菌丝融合过程中,能观察到肌动蛋白骨架与微管主骨架均从中心纺锤体向菌丝顶端延伸(Raudaskoski 1998),这与酵母中细胞核将定位于什穆结构顶端的情况相似。因此,裂褶菌中的这种核定位可能同样依赖于 Gα 亚基,从而使有性生殖型菌丝融合与营养型菌丝融合得以区分开来。

在锁状联合过程中,除了肌动蛋白骨架以外,微管束同样朝向融合位点发生高度聚集(Raudaskoski 1998)。因此,裂褶菌中存在两种 *B* 交配型依赖性的调控机制,以保证菌丝融合与钩状分支形成过程中细胞核的正确定向,这与酵母细胞 Gα 依赖性的调控过程类似。在动物细胞中,当胞外配基信号与相应 GPCR 结合后,Gα 被激活,得以从质膜释放至胞质,并与微管蛋白及微管结合,使微管细胞骨架处于动态变化中(Yu et al. 2009)。相关研究还表明,通过 Rho GEF 及肌动蛋白形成素(formin)的介导作用,Gα 蛋白使胞外信号与微管运动建立起联系(Goulimari et al. 2008)。基于以上研究成果,我们推测担子菌中 *B* 交配型基因的表达与细胞骨架的组装可能存在紧密联系。

10.6.2 *A* 交配型及 *B* 交配型基因的下游靶点

A 交配型与 *B* 交配型基因编码产物作为有性生殖主要调节因子,其多种下游作用靶点已经得到鉴定。对灰盖鬼伞进行限制酶介导的整合作用(restriction enzyme-mediated integration,REMI)诱变后,筛选得到一株核迁移异常的突变株,称为 *Δnum1*,该突变株表现为单向型交配(unilateral mating),即交配过程中突变株总是作为细胞核的供体。研究发现,*num1* 基因编码一种由 217 个氨基酸构成的蛋白质,该蛋白的 N 端与 C 端均具有亮氨酸拉链(leucine zipper)结构域,并且 C 端部分具有螺旋-螺旋结构域(coiled-coil domain)。当 *B* 交配型依赖性途径激活时,该蛋白的表达下调。人们对 Num1 进行结构分析,推测该蛋白可能是一种蛋白复合体的组成因子(Makino and Kamada 2004)。基于 RNA 差异展示技术,人们从裂褶菌中鉴定出两个基因 *brt1* 及 *mat1*,前者在 *B* 交配型依赖性发育过程中表达受到抑制,而后者在亲和性交配过程中表达上调。*brt1* 可能编码一种翻译起始因子,而 *mat1* 的编码产物与一种多肽转运体具有序列相似性(Lengeler et al. 1999a,b)。在其他伞菌纲真菌中同样存在 *num1*、*brt1* 及 *mat1* 的同源基因,但其功能还有待进一步研究。

在灰盖鬼伞中,已经鉴定出两个对锁状联合具有调节作用的基因:*pcc1* 与 *clp1*(Inada et al. 2001;Murata et al. 1998)。*pcc1* 的同源基因在其他真菌及真核生物的基因组中均有存在,而 *clp1* 可能仅存在于担子菌中。*pcc1* 编码一种具有 HMG 盒的转录因子,可能对同型核中 *A* 交配型依赖性基因的表达具有阻遏作用,而 *A* 交配型途径能够促进双核体中 *clp1* 的表达。*clp1* 的表达产物可能对双核体中 *pcc1* 的表达具有抑制作用,从而使锁状联合所需基因的转录得以进行(Kamada 2002;Scherer et al. 2006)。

10.7 讨论

1. 交配型基因在担子菌和子囊菌之间是不保守的,但是这并不意味着它们调控的途径是不同的。交配型基因座是一种用来阻止组成型的有性发育的策略,通过交配这一形式将必需基因通过核融合集合在性母细胞中,在子囊菌中形成子囊母细胞,在担子菌中形成担子,然后进行减数分裂。减数分裂后形成被分开的单倍体基因组,这一过程是基因组进化的结果。

2. 信息素信号系统是两组真菌交配的一个重要部分,并且我们看到信息素信号系统的诱导效应具有一种强的保守性。在子囊菌中只有两种交配型,并且信息素和受体不是交配型基因,但是它们被交配型基因调节。在丝状子囊菌(如粗糙链孢霉)中,两种交配型都会区分雄性细胞和雌性细胞,雌性细胞是子囊壳原,当受精时子囊壳原发育成子实体,在子实体中有性周期完成。子囊壳原产生一种称为受精丝的纤丝,而受精丝通过信息素刺激被吸引,从而与作为雄配子起作用的分生孢子融合。而在担子菌中,就像在玉米黑粉菌和新型隐球酵母中一样,信息素能作为化学引诱物起作用,并且被分泌进入周围的环境,在该环境中与一种亲和的受体结合可能诱导帮助细胞融合的交配结构的形成。例如,在酿酒酵母、玉米黑粉菌和新型隐球酵母中,受体细胞都通过改变形态以响应信息素刺激,如增加细胞大小、形成栓状结构或形成向信息素的来源定向的纤丝,以促进细胞融合。

3. 为什么担子菌门的真菌多数有一个长的双核期?这可能是因为二倍体不是丝状真菌生活周期的一种正常的特征,并且核融合通常只在专门进行减数分裂的细胞中发生。另外,双核期提供一种增强核的相容配对的内在环境,最终能产生大量的减数分裂产物。例如,灰盖鬼伞的单个子实体会产出近亿个担孢子,这些担孢子都来自于相同的双核细胞的核配对的二倍体核。在丝状子囊菌中,双核期是个有限的时期,但是在伞菌中它很可能代表在自然界中占优势的菌丝体的状态,并且能侵入整个林地而存活数百年。

4. 大量有关真菌交配型基因结构域功能的研究表明,同源结构域转录因子对真菌界生物的交配过程具有重要的调节作用。尽管信息素/受体系统可能具有保守性,但其调节机制的差异、基于序列分析而发现的新型受体样蛋白及多种胞内信号转导系统的交叉等诸多事实,使得信息素/受体系统的起源与功能还有许多问题需要解决,尤其是在伞菌纲真菌中,这一系统表现得更为复杂。

5. 在子囊菌中 *MAT* 基因座的基因产物调节单倍体细胞中信息素及信息素受体编码基因的转录。对于伞菌纲真菌,在交配相互作用的早期阶段,*B* 交配型复合体编码的信息素及受体对其自身特异性及核的交换与迁移具有调节作用,并且它们与锁状联合及子实体发育阶段的形态发生紧密相关。但是在具有双核菌丝但不进行锁状联合的伞菌中,如 *Amanita regalis*(一种鹅膏菌)、乳牛杆菌(*Suillus bovines*)及口蘑属(*Tricholoma*)的一些菌等,*A* 交配型及 *B* 交配型基因具有什么样的功能尚待进一步研究。

6. 在伞菌纲真菌的信息素应答途径中,对异源三聚体 G 蛋白的各种 α 亚基编码基因进行敲除或沉默,将有可能解释哪种或哪些 Gα 亚基与信息素受体发生相互作用。功能分析还可能解释 G 蛋白的激活是否对菌丝融合具有调控作用。此外,G 蛋白信号途径的激活仅发生于菌丝融合之后,可能对核迁移及菌丝交叉处细胞壁的裂解具有诱导作用。除了基因沉默手段,通过转录组分析鉴定 G 蛋白信号途径的靶标基因亦已成为可能。这将更加全面地揭示担子菌有性分化过程中的信号调控网络。相关研究成果与真菌基因组分析数据相结合,不仅可以让我们更加了解真菌四极性交配系统与双极性交配系统间的差异,还能进一步阐明真菌间乃至所有真核生物间信号传导系统所具有的联系。

参 考 文 献

Alic M, Letzring C, Gold MH. 1987. Mating system and basidiospore formation in the lignin-degrading basidiomycete *Phanerochaete chrysosporium*. Appl Environ Microbiol, 53: 1464-1469

Anderson CM, Willits DA, Kosted PJ, et al. 1999. Molecular analysis of the pheromone and pheromone receptor genes of Ustilago hordei. Gene, 240: 89-97

Asada Y, Yue C, Wu J et al. 1997. *Schizophyllum commune* Aα mating-type proteins, Y and Z, form complexes in all combinations *in vitro*. Genetics, 147: 117-123

Bakkeren G, Kronstad JW. 1993. Conservation of the bmating-type gene-complex among bipolar and tetrapolar smut fungi. Plant Cell, 5: 123-136

Bakkeren G, Kronstad JW. 1994. Linkage of mating-type loci distinguishes bipolar from tetrapolar mating in basidiomycetous smut fungi. Proc Natl Acad Sci USA, 91: 7085-7089

Bakkeren G, Kamper J, Schirawski J. 2008. Sex in smut fungi: Structure, function and evolution of mating-type complexes. Fungal Genetics and Biology, 45: S15-S21

Badalyan SM, Polak E, Hermann R et al. 2004. Role of peg formation in clamp cell fusion of homobasidiomycete fungi. J Basic Microbiol, 44: 167-177

Banham AH, Asante Owusu RN, Gottgens B, et al. 1995. An N-terminal dimerization domain permits homeodomain proteins to choose compatible partners and initiate sexual development in the mushroom *Coprinus cinereus*. Plant Cell, 7: 773-783

Banuett F. 1995. Genetics of *Ustilago maydis*, a fungal pathogen that induces tumors in maize. Annu Rev Genet, 29: 179-208

Banuett F. 2002. pathogenic development of *Ustilago maydis*: A progression of morphological transitions that results in tumor formation and teliospore formation. New York: Marcel Dekker, 349-399

Bolker M, Urban M, Kahmann R, et al. 1992. The a mating type locus of *U. maydis* specifies cell signaling components. Cell, 68:

441-450

Bortfeld M, Auffarth K, Kahmann R, et al. 2004. The Ustilago maydis a2 mating-type locus genes Iga2 and rga2 compromise pathogenicity in the absence of the mitochondrial p32 family protein Mrb1. Plant Cell, 16: 2233-2248

Brachmann A, Weinzierl G, Kamper J. 2001. Identificationof genes inthebW/bE regulatory cascade in *Ustilago maydis*. Mol Microbiol, 42: 1047-1063

Brown AJ & Casselton LA. 2001. Mating in mushrooms: increasing the the chances but proloning the affair. Trends in Genetics, 17: 393-400

Casselton LA and Olesnicky NS. 1998. Molecular genetics of mating recognition in basidiomycete fungi. Microbiol. Mol Biol Rev, 62: 55-70

Casselton LA, Challen MP. 2006. The Mating Type Genes of the Basidiomycetes. In: Esser K, eds. The Mycota vol. I, Growth, Differentiation and Sexuality (2nd). Berlin, Germany: Springer. 357-374

Chiu SW, Moore D. 1999. Sexual development of higher fungi. In: Oliver RP and Schweizer M, Molecular fungal biology. Cambridge: Cambridge University Press, 231-271

Christopoulus A, Kenakin T. 2002. G-protein-coupled receptor allosterism and complexing. Pharmacol. Rev. 54: 323-374

Etienne-Manneville S, Hall A. 2002. Rho GTPases in cell biology. Nature, 420: 629-635

Esser K. 2006. Heterogenic Incompatibility in Fungi. In: Esser K, eds. The Mycota vol. I, Growth, Differentiation and Sexuality (2nd). Berlin, Germany: Springer, 141-165

Fischer R, Kues U. 2003. Developmental processes in filamentous. in: Prade RA and Bohnert HJ eds. Genomics of plant and fungi. New York: Marcel Dekker, Inc. 41-118

Fleissner A, Simonin AR, Glass NL. 2008. Cell fusion in the filamentous fungus, *Neurospora crassa*. Methods Mol Biol, 475: 21-38

Fleissner A, Diamond S, Glass NL. 2009. The *Saccharomyces cerevisiae* PRM1 homolog in Neurospora crassa is involved in vegetative and sexual cell fusion events but also has postfertilization functions. Genetics, 181: 497-510

Fowler TJ, DeSimone SM, Mitton MF et al. 1999. Multiple sex pheromones and receptors of a mushroom producing fungus elicit mating in yeast. Mol. Biol. Cell, 10: 2559-2572

Fowler TJ, Mitton MF, Vaillancourt LJ et al. 2001. Changes in mate recognition through alterations of pheromones and receptors in the multisexual mushroom fungus *Schizophyllum commune*. Genetics, 158: 1491-1503

Fowler TJ, Mitton MF, Rees EL 2004. Crossing the boundary between the Bα and Bβ mating-type loci in *Schizophyllum commune*. Fungal Genet Biol, 41: 89-101

Fraser JA, Heitman J. 2004. Evolution of fungal sex chromosomes. Mol Microbiol, 51: 299-306

Giesy RM, Day PR. 1965. The septal pores of *Coprinus lagopus* (Fr.) sensu Buller in relation to nuclear migration. Am J Bot, 52: 287-293

Gillissen B, Bergemann J, Sandmann C et al. 1992. A 2-component regulatory system for self non-self recognition in *Ustilago maydis*. Cell, 68: 647-657

Glass NL, Rasmussen C, Roca MG et al. 2004. Hyphal homing, fusion and mycelial interconnectedness. Trends Microbiol, 12: 135-141

Gola S, Hegner J, Kothe E. 2000. Chimeric pheromone receptors in the basidiomycete *Schizophyllum commune*. Fungal Genet Biol, 30: 191-196

Gola S, Kothe E. 2003. The little difference: in vivo analysis of pheromone discrimination in *Schizophyllum commune*. Curr Genet, 42: 276-283

Goulimari P, Knieling H, Engel U et al. 2008. LARG and mDia1 link Galpha12/13 to cell polarity and microtubule dynamics. Mol Biol Cell, 19: 30-40

Halsall JR, Milner MJ, Casselton LA. 2000. Three subfamilies of pheromone and receptor genes generate multiple B mating specificities in the mushroom *Coprinus cinereus*. Genetics, 154: 1115-1123

Hansberg W, Aguirre J. 1990. Hyperoxidant states cause microbial cell differentiation by cell isolation fromdioxygen. J Theor Biol, 142: 201-221

Hegner J, Siebert-Bartholmei C, Kothe E. 1999. Ligand recognition in multiallelic pheromone receptors from the basidiomycete *Schizophyllum commune* studied in yeast. Fungal Genet Biol, 26: 190-197

Heiman MG, and Walter P. 2000. Prm1p, a pheromone-regulated multispanning membrane protein, facilitates plasma membrane fusion during yeast mating. J Cell Biol, 151: 719-730

Hibbett DS, Binder M, Bischoff JF. 2007. A higher-level phylogenetic classification of the fungi. Mycol Res, 111: 509-547

Hiscock SJ, Kües U. 1999. Cellular and molecular mechanisms of sexual incompatibility in plants and fungi. Int Rev Cytol Surv Cell Biol, 193: 165-295

Hsueh YP, Xue C, and Heitman J. 2007. G protein signaling governing cell fate decisions involves opposing Gα subunits in *Cryptococcus neoformans*. Mol Biol Cell, 18: 3237-3249

Hsueh YP and Heitman J. 2008. Orchestration of sexual reproduction and virulence by the fungal mating-type locus. Curr Opin Microbiol, 11: 517-524

Hull CM, Davidson RC, Heitman J. 2002. Cell identity and sexual development in *Cryptococcus neoformans* are controlled by the mating-type-specific homeodomain protein Sxi1α. Genes Dev, 16: 3046-3060

Hull CM, Boily MJ, Heitman J. 2005. Sex-specific homeodomain proteins Sxi1α and Sxi2a coordinately regulate sexual development in *Cryptococcus neoformans*. Eukaryot Cell, 4: 526-535

Huyer G, Kistler A, Nouvet FJ et al. 2006. *Saccharomyces cerevisiae* a-factor mutants reveal residues critical for processing, activity, and export. Eukaryot. Cell, 5: 1560-1570

Inada K, Morimoto Y, Arima T et al. 2001. The clp1 gene of the mushroom *Coprinus cinereus* is essential for A-regulated sexual development. Genetics, 157: 133-140

Iwasa M, Tanabe S, Kamada T. 1998. The two nuclei in the dikaryon of the homobasidiomycete *Coprinus cinereus* change position after each conjugate division. Fungal Genet Biol, 23: 110-116

James T, Kües U, Cullen D et al. 2003. The origins of unifactorial mating systems in *Coprinellus disseminatus* and *Phanerochaete chrysosporiumfrom* bifactorial ancestors. Inoculum (MSA abstr) 54: 28

James TY, Kües U, Rehner SA, et al. 2004. Evolution of the gene encoding mitochondrial intermediate peptidase and its cosegregation with the A mating-type locus of mushroom fungi. Fungal Genet Biol, 41: 381-390

James TY, Srivilai P, Kues U et al. 2006. Evolution of the bipolar mating system of the mushroom *Coprinellus disseminatus* from its tetrapolar ancestors involves loss of mating-type-specific pheromone receptor function. Genetics, 172: 1877-1891

Kahmann R, Steinberg G, Basse C, et al. 2000. *Ustilago maydis*, the causative agent of corn smut disease. In: Kronstad JW (ed) Fungal pathology. Kluwer, Dordrecht, 347-371

Kamada T. 2002. Molecular genetics of sexual development in the mushroom *Coprinus cinereus*. Bioessays, 24: 449-459

Kamper J, Reichmann M, Romeis T et al. 1995. Multiallelic recognition nonself-dependent dimerization of the bE and bW homeodomain proteins in *Ustilago maydis*. Cell, 81: 73-83

Kahmann R, Schirawski J. 2007. Mating in the smut fungi: from a to b to the downstream cascades, In J. Heitman, J. W. Kronstad, J. W. Taylor, and L. A. Casselton (ed.), Sex in fungi. Washington, DC: ASM Press, 377-387

Koltin Y, Stamberg J, Lemke P. 1972. Genetic structure and evolution of the incompatibility factors in higher fungi. Bacteriol Rev, 36: 156-171

Kothe E, Gola S, Wendland J. 2003. Evolution of multispecific mating-type alleles for pheromone perception in the homobasidiomycete fungi. Curr Genet, 42: 268-275

Kües U. 2000. Life history and developmental processes in the basidiomycete *Coprinus cinereus*. Microboil Mol Biol Rev, 64: 316-353

Kües U, Casselton LA. 1992. Homeodomains and regulation of sexual development in basidiomycetes. Trends Genet, 8: 154-155

Kües U, Richardson WV, Tymon AM, et al. 1992. The combination of dissimilar alleles of the Aα and Aβ gene complexes, whose proteins contain homeo domain motifs, determines sexual development in the mushroom *Coprinus cinereus*. Genes Dev, 6: 568-577

Kües U, Asante-Owusu RN, Mutasa ES et al. 1994. Two classes of homeodomain proteins specify the multiple a mating types of the mushroom *Coprinus cinereus*. Plant Cell, 6: 1467-1475

Kües U, Künzler M, Bottoli APF et al. 2004. Mushroom development in higher basidiomycetes; implications for humanand animal health. In: Kushwaha RKS (ed) Fungi in human and animal health. India: Scientific Publishers, Jodhpur. 431-469

Kwon-Chung KJ, Bennett JE. 1978. Distribution of α and a mating types of *Cryptococcus neoformans* among natural and clinical isolates. Am J Epidemiol, 108: 337-340

Lee N, Bakkeren G, Wong K et al. 1999. The mating-type and pathogenicity locus of the fungus *Ustilago hordei* spans a 500-kb region. Proc Natl Acad Sci USA, 96: 15026-15031

Lee, N., and J. W. Kronstad. 2002. Ras2 controls morphogenesis, pheromone response, and pathogenicity in the fungal pathogen Ustilago maydis. Eukaryot. Cell, 1: 954-966

Lengeler KB and Kothe E. 1999a. Identification and characterization of brt1, a gene down-regulated during B-regulated development in *Schizophyllum commune*. Curr Genet, 35: 551-556

Lengeler KB and Kothe E. 1999b. Mated: a putative peptide transporter of *Schizophyllum commune* expressed in dikaryons. Curr Genet, 36: 159-164

Lengeler KB, Fox DS, Fraser JA et al. 2002. Mating-type locus of*Cryptococcus neoformans*: a step in the evolution of sex chromosomes. Eukaryot Cell, 1: 704-718

Li Y, Challen MP, Elliott TJ et al. 2004. Molecular analysis of breeding behaviour in Agaricus species. Mushroom Sci, 16: 103-109

Li L, Wright SJ, Krystofova S et al. 2007. Heterotrimeric G protein signaling in filamentous fungi. Annu Rev Microbiol, 61: 423-452

Lin X, Hull CM, Heitman J. 2005. Sexual reproduction between partners of the same mating type in *Cryptococcus neoformans*. Nature, 434: 1017-1021

Lu BC. 2000. The control of meiosis progression in the fungus *Coprinus cinereus* by light/dark cycles. Fungal Genet Biol, 31: 33-41

Makino R and Kamada T. 2004. Isolation and characterization of mutations that affect nuclear migration for dikaryosis in *Coprinus cinereus*. Curr Genet, 45: 149-156

Martinez D, Larrondo LF, Putnam N et al. 2004. Genome sequence of the lignocellulose degrading fungus *Phanerochaete chrysosporium* strain RP78. Nat Biotechnol, 22: 695-700

Martinez D, Challacombe J, Morgenstern I et al. 2009. Genome, transcriptome, and secretome analysis of wood decay fungus*Postia placenta* supports unique mechanism of lignocellulose conversion. Proc Natl Acad Sci USA, 106: 1954-1959

May G, Matzke E. 1995. Recombination and variation at the A maing-type of*Coprinus cinereus*. Mol Biol Evol, 12: 794-802

May G, Shaw F, Badrane H et al. 1999. The signature of balancing selection: fungal mating compatibility gene evolution. Proc Natl Acad Sci USA, 96: 9172-9177

McClelland CM, Chang YC, Varma A et al. 2004. Uniqueness of the mating system in *Cryptococcus neoformans*. Trends Microbiol, 12: 208-212

MizushinaY, Hanashima L, YamaguchiT et al. 1998. A mushroom fruiting body-inducing substance inhibits activities of replicative DNA polymerases. Biochem Biophys Res Commun, 249: 17-22

Moore D. 1998. Fungal morphogenesis. New York: Cambridge University Press, 200-215

Moore D, Frazer L A N. 2002. Essential fungal genetics. Berlin: Springer-Verlag, 26-70

Moore TDE, Edman JC. 1993. The α-mating type locus of *Cryptococcus neoformans* contains a peptide pheromone gene. Mol Cell Biol, 13: 1962-1970

Muller P, Katzenberger JD, Loubradou G et al. 2003. Guanyl nucleotide exchange factor Sql2 and Ras2 regulate filamentous growth in *Ustilago maydis*. Eukaryot Cell, 2: 609-617

Muller P, Leibbrandt A, Teunissen H et al. 2004. The Gβ-subunit-encoding gene bpp1 controls cyclic-AMP signaling in*Ustilago maydis*. Eukaryot. Cell, 3: 806-814

Murata Y, Fujii M, Zolan ME et al. 1998. Molecular analysis of pcc1, a gene that leads to A-regulated sexual morphogenesis in *Coprinus cinereus*. Genetics, 149: 1753-1761

Nichols CB, Perfect ZH, Alspaugh JA. 2007. A Ras1-Cdc24 signal transduction pathway mediates thermotolerance in the fungal pathogen *Cryptococcus neoformans*. Mol Microbiol, 63: 118-1130

Nichols CB, Ferreyra J, Ballou ER et al. 2009. Subcellular localization directs signaling specificity of the *Cryptococcus neoformans* Ras1 protein. Eukaryot. Cell, 8: 181-189

Niculita-Hirzel H, Labbe'J, Kohler A et al. 2008. Gene organization of the mating type regions in the ectomycorrhizal fungus *Laccaria bicolor* reveals distinct evolution between the two mating type loci. New Phytol, 180: 329-342

Niederpruem DJ. 1963. Role of carbon dioxide in the control of fruiting of *Schizophyllum commune*. J Bacteriol, 85: 1300-1308

Niederpruem DJ. 1980. Direct studies of dikaryotization in *Schizophyllum commune*. I. Live inter-cellular nuclear migration patterns. Arch Microbiol, 128: 172-178

Ni M, Feretzaki M, Sun S et al. 2011. Sex in Fungi. Annu Rev Genet, 45: 405-430

Ohm RA, de Jong JF, Lugones LG et al. 2010. Genome sequence of the model mushroom *Schizophyllum commune*. Nat. Biotechnol, 28: 957-963

Olesnicky NS, Brown AJ, Dowell SJ et al. 1999. A constitutively active G-protein-coupled receptor causes mating self-compatibility in the mushroom *Coprinus*. EMBO J, 18: 2756-2763

O'Shea SF, Chaure PT, Halsall JR et al. 1998. A large pheromone and receptor gene complex determines multiple B mating type specificities in *Coprinu cinereus*. Genetics, 48: 1081-1090

Pardo EH, Oshea SF, Casselton LA. 1996. Multiple versions of the Amating type locus of *Coprinus cinereus* are generated by three paralogous pairs of multiallelic homeobox genes. Genetics, 144: 87-94

Park HO, Bi E. 2007. Central roles of small GTPases in the development of cell polarity in yeast and beyond. Microbiol. Mol Biol Rev, 71: 48-96

Rajashekar B, Kohler A, Johansson T et al. 2009. Expansion of signal pathways in the ectomycorrhizal fungus *Laccaria bicolor*—evolution of nucleotide sequences and expression patterns in families of protein kinases and RAS small GTPases. New Phytol, 183: 365-379

Raper JR. 1966. Genetics of sexuality in higher fungi. New York: Ronald Press

Raudaskoski M, Salonen M. 1983. Interrelationships between vegetative development and basidiocarp initiation. In: Jennings DH, Rayner ADM (eds) The ecology and physiology of the fungal mycelium. Cambridge: Cambridge University Press, 291-322

Raudaskoski, M. 1998. The relationship between B mating type genes and nuclear migration in *Schizophyllum commune*. Fungal Genet Biol, 24: 207-227

Raudaskoski M, Pardo AG, Tarkka MT et al. 2001. Small GTPases, cytoskeleton and signal transduction in filamentous homobasidiomycetes In: A. Geitman, M. Cresti, and I. B. Heath (ed.), Cell biology of plant and fungal tip growth. NATO Science Series I: life and behavioural sciences, vol. 328. Washington, DC: IOS Press, 123-136

Raudaskoski M, Kothe E. 2010. Basidiomycete Mating Type Genes and Pheromone Signaling. Eukaryotic Cell, 9: 847-859

Reijnders AFM, Stafleu JA. 1992. The development of the hymenophoral trama in the Aphylophorales and Agaricales. Stud Mycol, 34: 1-109

Regenfelder E, Spellig T, Hartmann A et al. 1997. G proteins in *Ustilago maydis*: transmission of multiple signals? EMBO J, 16: 1934-1942

Riquelme M, Challen MP, Casselton LA, et al. 2005. The origin of multiple B mating specificities in *Coprinus cinereus*. Genetics, 170: 1105-1119

Robertson CI, Kende AM, Toenjes K et al. 2002. Evidence for interaction of *Schizophyllum commune* Y mating-type protein *in vivo*. Genetics, 160: 1461-1467

Ross I. 1976. Nuclear migration rates in *Coprinus congregatus*: a new record? Mycologia, 68: 418-422

Sánchez C, Tellez-Tellez M, Diaz-Godinez G et al. 2004. Simple staining detects ultrastructural and biochemical differentiation of vegetative hyphae and fruit body initials in colonies of *Pleurotus pulmonarius*. Lett Appl Microbiol, 38: 483-487

Scherer M, Heimel K, Starke V et al. 2006. The Clp1 protein is required for clamp formation and pathogenic development of *Ustilago maydis*. Plant Cell, 18: 2388-2401

Schmoll M. 2008. The information highways of a biotechnological workhorse-signal transduction in *Hypocrea jecorina*. BMC Genomics,9:1-25

Schmidt A and Hall MN. 1998. Signaling to the actin cytoskeleton. Annu. Rev. Cell Dev Biol,14:305-338

Schubert D,Raudaskoski M,Knabe N et al. 2006. Ras GTPaseactivating protein Gap1 of the homobasidiomycete *Schizophyllum commune* regulates hyphal growth orientation and sexual development. Eukaryot. Cell,5:683-695

Schuchardt I,Assmann D,Thines E et al. 2005. Myosin-V,kinesin-1,and kinesin-3 cooperate in hyphal growth of the fungus *Ustilago maydis.* Mol Biol Cell,16:5191-5201

Schwalb MN. 1974. Effect of adenosine 3′,5′-cyclic monophosphate on the morphogenesis of fruit bodies of *Schizophyllum commune.* Arch Mikrobiol,96:17-20

Shen GP,Park DC,Ullrich RC et al. 1996. Cloning and characterization of a Schizophyllum gene with Aβ6 mating-type activity. Curr Genet,29:136-142

Shi C,Kaminskyj S,Caldwell S et al. 2007. A role for a complex between activated G protein-coupled receptors in yeast cellular mating. Proc Natl Acad Sci USA,104:5395-5400

Slessareva JE,Dohlman HG. 2006. G protein signaling in yeast:new components,new connections,new compartments. Science,314:1412-1413

Snider PJ. 1968. Nuclear movements in *Schizophyllum.* Symp. Soc Exp Biol,22:261-383

Specht CA,Stankis MM,Giasson Let al. 1992. Functional analysis of the homeodomain-related proteins of the *Aα*_locus of *Schizophyllum commune.* Proc Natl Acad Sci U S A,89:7174-7178

Spit A,Hyland RH,Mellor EJ et al. 1998. A role for heterodimerization in nuclear localization of a homeodomain protein. Proc Natl Acad Sci USA,95:6228-6233

Stankis MM,Specht CA,Yang HL,et al. 1992. The *A*a mating locus of *Schizophyllum commune* encodes two dissimilar,multiallelic,homeodomain proteins. Proc Natl Acad SciUSA,89:7169-7173

Swiezynski KM,Day PR. 1960. Heterokaryon formation in *Coprinus lagopus.* Genet Res(Camb)1:114-128

Toda T,Uno I,Ishikawa T et al. 1985. In yeast,Ras proteins are controlling elements of adenylate cyclase. Cell,40:27-36

Topiol S and Sabio M. 2009. X-ray structure breakthroughs in the GPCR transmembrane region. Biochem Pharmacol,78:11-20

Tscharke RL,Lazera M,Chang YC et al. 2003. Haploid fruiting in *Cryptococcus neoformans* is not mating type alpha-specific. Fungal Genet Biol,39:230-223

Uno I and Ishikawa T. 1976. Effect of cyclic AMP on glycogen phosphorylase in *Coprinus macrorhizus.* Biochim Biophys Acta,452:112-120

Vaillancourt LJ,Raudaskoski M.,Specht CA et al. 1997. Multiple genes encoding pheromones and a pheromone receptor define the *Bβ1* mating-type specificity in *Schizophyllum commune.* Genetics,146:541-551

Wang Y,Pierce M,Schneper L et al. 2004. Ras and Gpa2 mediate one branch of a redundant glucose signaling pathway in yeast. PLoS Biol,2:610-622

Wang L,Lin X. 2011. Mechanisms of unisexual mating in *Cryptococcus neoformans.* Fungal Genetics and Biology,48:651-660

Watling R. 1996. Patterns in fungal development-fruiting patterns in nature. In:Chiu S-W,Moore D(eds)Patterns in fungal development. Cambridge:Cambridge University Press

Weber M,Salo V,Uuskallio M et al. 2005. Ectopic expression of a constitutively active Cdc42 small GTPase alters the morphology of haploid and dikaryotic hyphae in the filamentous homobasidiomycete *Schizophyllum commune.* Fungal Genet Biol,42:624-637

Wessels JGH. 1965. Morphological and biochemical processes in *Schizophyllum ommune.* Wentia,13:1-113

Wessels JGH,Mulder GH,Springer J. 1987. Expression of dikaryon-specific and non-specific mRNAs of *Schizophyllum commune* in relation to environmental conditions and fruiting. J Gen Microbiol,133:2557-2561

Wostenl HAB, Wessels JGH. 2006. The Emergence of Fruiting Bodies in Basidiomycetes. In The Mycota I, Growth, Differentation and Sexuality. Kües/Fischer(Eds.). Springer-Verlag Berlin Heidelberg. 393-414

Xue C,Bahn YS,Cox GM et al. 2006. G protein-coupled receptor Gpr4 senses amino acids and activates the cAMP-PKA pathway in *Cryptococcus neoformans.* Mol Biol Cell,17:667-679

Xue C,Hsueh YP,and Heitman J. 2008. Magnificent seven:roles of G protein-coupled receptors in extracellular sensing in fungi. FEMS Microbiol Rev, 32: 1010-1032

Yamagishi K, Kimura T, Suzuki M et al. 2002. Suppression of fruit-body formation by constitutively active G-protein α-subunits ScGP-A and ScGP-C in the homobasidiomycete *Schizophyllum commune*. Microbiology, 148: 2797-2809

Yamagishi K, Kimura T, Suzuki M et al. 2004. Elevation of intracellular cAMP levels by dominant active heterotrimeric G protein alpha Subunits ScGP-A and ScGP-C in homobasidiomycete, *Schizophyllum commune*. Biosci Biotechnol Biochem, 68: 1017-1026

Yi R, Tachikawa T, Ishikawa M et al. 2008. Genomic structure of the *A* mating-type locus in a bipolar basidiomycete. Pholiota nameko. Mycol Res, 113: 240-248

Yu JZ, Dave RH, Allen JA et al. 2009. Cytosolic Gαs acts as an intracellular messenger to increase microtubule dynamics and promote neurite outgrowth. J Biol Chem, 284: 10462-10472

Yuki K, Akiyama M, Muraguchi H et al. 2003. The*dst1* gene responsible for a photomorphogenetic mutation in *Coprinus cinereus* encodes a protein with high similarity to WC-1. Fungal Genet Newslett Suppl 50 abstr 147 Zarnack K, Eichhorn H, Kahmann R et al. 2008. Pheromone-regulated target genes respond differentially to MAPK phosphorylation of transcription factor Prf1. Mol Microbiol, 69: 1041-1053

Zaichick SV, Metodiev MV, Nelson SA et al. 2009. The mating-specific Gα interacts with a kinesin-14 and regulates pheromone-induced nuclear migration in budding yeast. Mol Biol Cell, 20: 2820-2830

11 真菌和卵菌侵染植物的细胞生物学

引起植物致病的真菌病原体可以如下分类。①活体营养寄生菌(biotroph)，又称专性营养寄生菌，能控制活体植物的代谢以获得它们所需要的营养。这些真菌只有在和有生命的宿主植物接触时才能生长和繁殖，因而很少能在营养基质上被培养，如引起锈病、白粉病和霜霉病的真菌。②死体营养寄生菌(necrotroph)，又称非专性营养寄生菌，从死亡的植物细胞中获取营养。它们能在死的宿主组织上生长和繁殖，因而能在营养基质中被培养。③一些病原体是半活体营养型(hemibiotroph)，它们在杀死植物细胞之前与植物是营养型关系，杀死植物细胞之后转变成腐生型生活方式。这些病原菌又能进一步分为兼性腐生菌(facultative saprophyte)或兼性寄生菌(facultative parasite)。兼性腐生菌的大部分生活周期以寄生的形式完成，但在一定条件下它们生长在死的有机体上。相反，兼性寄生菌的大部分生活周期以腐生的形式完成，但在一定条件下它们攻击并且寄生在活的植物中。病原真菌的不同生活方式与它们不同的侵染机制有关。在植物与病原体相互作用的过程中，遗传因子和外在因子通过影响植物的抵抗力和病原体的毒力来决定感染的程度。通常也可以观察到植物完全抵抗病原体感染或者完全被病原体感染的现象。

通常，植物体能够抵抗某些真菌病原体的侵染，真菌病原体也能感染植物而导致植物致病，进而造成大面积的环境破坏和经济损失。为了侵染成功，真菌必须克服一些物理障碍和化学障碍才能进入植物体使得植物致病，还必须要避免诱发宿主的抵抗，能从植物体内获取供生长和繁殖所需要的营养。为了满足上述需求，真菌病原体已经进化出许多不同的感染途径。真菌感染途径根据植物体表面的不同而不同，某一特殊的病原真菌可能具有某种专一的感染途径，从而引发特殊的孢子侵入植物的途径。尽管存在差异，但是许多真菌侵染植物途径中的某些重要步骤具有相似性，如孢子黏附及侵入植物表面、从植物细胞中获取营养等。

许多真菌感染植物的机制已被认知，目前利用细胞生物学和分子生物学的方法有助于我们更深层次地理解感染过程的分子生物学机制。近年来已经在真菌病原体黏附植物的本质、菌丝生长和调节生长信号时细胞骨架的作用，以及一些特定侵染结构作用等方面有了较深入的了解。这些新的信息不仅对我们更好地理解真核细胞生物学有帮助，而且为在农业和自然生态中植物病害的防治提供了参考。大规模基因探索技术的不断发展和一些基因功能的确定，使我们关于与植物侵染相关的真菌基因和蛋白质的知识得到大量的扩充。在这一章中，重点在于介绍目前真菌感染植物（从真菌孢子到达植物表面并在植物组织中建立营养结构等）的细胞生物学过程，文章中涉及的病原体包括真菌和卵菌。尽管生长到一定阶段的卵菌的机体会形成菌丝或者其他在形态和功能上与真菌十分相似的侵染结构，但是从进化上讲，这些卵菌和真菌还是存在明显的区别。通过结构、生理生化和分子性质的分析，把卵菌归到绿色藻类，称为藻菌界（Chromista），或者具有管状鞭毛的分类单位，称为管毛生物界（Stramenopila）。

11.1 感染的起始期——孢子黏附

11.1.1 真菌及卵菌孢子到达植物表面

植物感染疾病的第一步是致病菌和宿主之间的外界接触。寄生真菌可以通过植物体表面的伤口、自然孔口处和直接侵入三种方式进入植物体，对于某种致病菌可能利用一种方法或几种方法结合。当植物遭受破坏时形成伤口，这些伤口往往是由昆虫或动物危害引起的。自然孔口（如皮孔、气孔）为某些真菌提供了侵入的渠道。一般来说，年幼植物比年老植物更易从自然孔口或直接侵入遭受感染。因为老的植物形成附加的角质、木栓、木质素等许多对抗寄生菌的障碍物。一株植物可能由于植物体内的结构障碍使真菌不能侵入而对该寄生菌产生抗性。直接侵入法是大多数真菌侵入植物体的方法，致病菌直接穿透完整的植物表皮，穿透表皮的真菌需要紧紧黏附在细胞壁上，形成一个特征性的膨胀的附着孢，从附着孢上长出一根细长的侵染丝，分泌水解酶类，水解叶表面的角质层和细胞壁而侵入寄主细胞。真菌通过在植物损伤组织周围生长而感染植物，但多数情况下植物感染是由于真菌孢子黏附在植物表面而引起的。真菌孢子必须能够黏附在植物表面直到渗透进植物组织细胞才能引发感染。因此，真菌感染植物的第一关就是真菌孢子到达植物表面后的黏附作用。而黏附是真菌与植物表面接触并侵入植物表面的关键。

大部分真菌的孢子是不能移动的（图 11.1A），到达宿主植物的表面只能靠一些被动的方式，如利用风吹传播或者利用昆虫和一些小动物传播（Brown and Hovmøller 2002；Aylor 2003）。一些真菌和许多卵菌产生可以通过孢子表面的一两根鞭毛进行移动的游动孢子（图 11.1B）。这种鞭毛有一种内在结构，它是典型的真核生物的鞭毛，以 9+2 鞭毛轴丝结构为基础，另外包括一系列与鞭毛结构和功能相关的蛋白质（Gubler et al. 1990）。因为卵菌是植物的主要病原体，因此有必要弄清楚它的游动孢子直接向侵染宿主移动的机理。

卵菌的游动孢子由于趋化性（chemotropism）和趋电性（electrotropism）到达宿主植物的表面（Gow 2004）。通常，真菌黏附机制不具有特异性，因为孢子可以黏附在许多基质

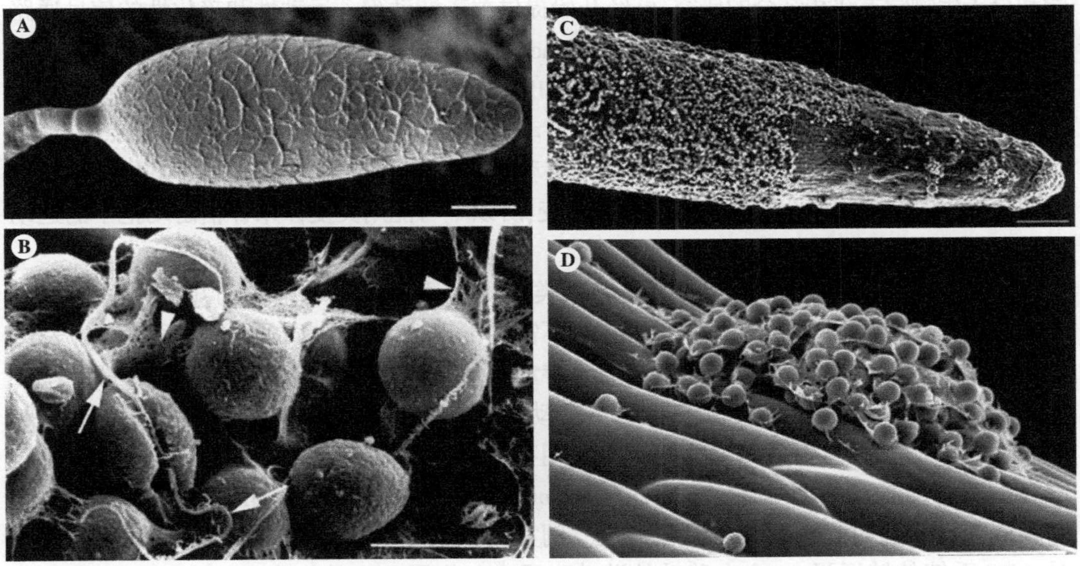

图 11.1 真菌和卵菌的孢子

A. 灰巨座壳(*M. grisea*)生长的分生孢子的冷冻扫描电镜(cryoSEM)照片,标尺=2.5μm;B. 在洋葱根表面的樟疫霉(*P. cinnamomi*)的游动孢子和孢囊的扫描电镜(SEM)照片,两根鞭毛从孢子的腹部凹沟的中心处长出(见白色箭头),随着孢囊的生长向细胞外分泌黏附物质(见楔形箭头),标尺=10μm;C. 樟疫霉的游动孢子在趋药性刺激后的扫描电镜(SEM)照片,发现孢子黏附在洋葱根的伸长区,而不是洋葱根的顶部,标尺=100μm;D. 在烟草根表面的烟草疫霉(*P. nicotianae*)的孢囊的 cryoSEM 照片,标尺=50μm。(引自 Hardham 2007)

的表面,因此,游动孢子会移动到宿主或者非宿主表面,然而,宿主植物可以产生特异性的化学诱导剂识别游动孢子。例如,两种从大豆根分离出的物质——染料木黄酮(genistein)和大豆黄酮(diadzein),它们可以作为大豆疫霉(*Phytophthora sojae*)这种大豆病原体的游动孢子的化学诱导剂。但是,这些大豆病原体的游动孢子的化学诱导剂,并不能作为疫霉属和腐霉属其他种的游动孢子的化学诱导剂(Morris and Ward 1992)。特殊的吸附机制也可能会使游动孢子直接移动到植物的特殊部位。许多泥土中的疫霉属的游动孢子移动到根的延伸部位,而避开根冠和根毛(图 11.1C)。对于某些特殊的致病菌,其侵染寄主的部位也是特异的。例如,瓜果腐霉(*Pythium aphanidermatum*)的游动孢子会到达黑麦根的根毛部分,而棕榈疫霉(*Phytophthora palmivora*)会到达该根的延伸部位。游动孢子可以朝向植物的伤口游动,表现出自动聚合的现象(图 11.1D)。有证据显示游动孢子到达不同部位与孢子对植物根的阳极和阴极部位的趋电性有关。更有趣的一个空间模型显示,卵菌的游动孢子可能会优先攻击临近根的表皮细胞间的空隙(Hardham 2001.2005)。

卵菌游动孢子的鞭毛具有真核生物鞭毛典型的内在结构,鞭毛的外在结构还不清楚。较短的在前面的鞭毛拥有两排管状的茸鞭茸毛(mastigoneme),游动孢子通过前面较短茸鞭鞭毛的反方向运动,来推动游动孢子向前移动。在后面较长的鞭毛尾随在游动孢子的后面,像一个舵手,偶尔会移动来改变孢子游动的方向。在烟草疫霉(*Phytophthora nicotianae*)中,免疫细胞化学研究结果表明茸鞭鞭毛的杆是由 40kDa 的糖蛋白组成的,但是对于其他小分子的信息构成知之甚少,尤其趋化性和趋电性在该菌和其他卵菌的受体的认知信息还很少。然而,将细胞学和分子生物学方法相结合的研究,已经开始提供关于游动孢子运动性和趋化性的信号通路的新的信息。在 Latijnhouwers 等(2004)及 Blanco 和 Judelson(2005)的两篇研究报告中发现,编码三聚体 G 蛋白的 α 亚基的基因的沉默和 bZIP 转运因子会导致致病疫霉(*P. infestans*)游动孢子的运动性减弱。在这两种突变体中发现游动孢子频繁转动,而且会在一个固定点上旋转。G 蛋白基因的下游目标产物可能会解释卵菌游动孢子运动性信号转导通路的一些细节。因为这两个基因的沉默同样会使侵染结构产生畸变,所以不可能用突变体来评估游动孢子的运动性和趋化性对病原体致病性的作用。

卵菌的游动孢子利用自身的糖类和脂类能源物质可以在水中游动几个小时甚至几天。抑制剂实验说明游动孢子在萌发前并不需要 mRNA 和蛋白质的合成,而基因的表达和蛋白质的合成在游动孢子里是存在的。游动孢子可能继承了大部分孢子囊的蛋白质,但是在体内的标记实验显示,致病疫霉的游动孢子中新蛋白的合成和棕榈疫霉里游动孢子时期的多肽比其他生命周期里的任何时期都要丰富。此外,已经证实合成新蛋白的基因在疫霉属的游动孢子里会优先表达(Connolly et al. 2005;Judelson and Blanco 2005)。这些新的蛋白质何时具有活性也已经清楚。例如,P5CR 是一种参与脯氨酸合成的酶,Pdr1 是 ABC 系统的转运蛋白,会在移动的游动孢子中起作用。但是细胞壁的降解酶可能会在侵染过程中孢子囊形成时才被合成。

11.1.2 黏附

多数情况下,起始真菌孢子的侵染,首先孢子必须能够黏附(adhesion)在植物表面。病原体在潜在宿主表面的黏附对真菌致病性起着重要作用。孢子牢固地黏附在植物体表面既能让孢子免遭风雨吹散,同时又是获取信号的基础。孢子和芽管的黏附和近距离接触有利于植物接受病原体在植物表面生长和病原体侵染结构分化的信号。附着孢超强的黏附能力是通过特异性的穿透菌丝刺穿植物的细胞壁实现的。

11.1.2.1 孢子在植物表面黏附

真菌黏附没有特异性,因为孢子可以黏附在许多细胞基质的表面,只是在疏水表面有更好的黏附性,这一点在叶面病原体,如灰巨座壳(*M. grisea*)、禾生刺盘孢(*Colletotrichum graminicola*)、疣顶单孢锈菌(*Uromyces appendiculatus*)和葡萄叶点霉(*Phyllosticta ampelicida*)等的分生孢子中被证实。真菌或者卵菌孢子到达叶面后吸附和攻击的时间有所不同。有的是孢子到达叶面后就立即黏附,如蚕豆单孢锈(*Uromyces fabae*)的夏孢子会立即通过与疏水表面的相互作用黏附在疏水的表面(Clement et al. 1994)。另外一种情况是在孢子到达表面后会立即释放黏附物质,如禾白粉菌(*Blumeria graminis*)的分生孢子与疏水表面的接触会刺激黏附物质迅速释放。灰巨座壳分生孢子的黏附物是在孢子到达叶子表面 15 ~ 20min 后,从细胞壁和细胞膜之间的周质空间向外释放的(图 11.2A 和图 11.2B)。灰巨座壳分生孢子所分泌的黏附物不会受到叠氮化物和放线菌酮的抑制,也不需要光合作用和蛋白质合成,黏附物的释放是分生孢子壁破裂的结果。卵菌的游动孢子从皮层的囊泡中释放黏附物,该黏附物是在孢子到达植物表面 2min 之内释放的(图 11.2C 和图 11.2D;Gubler and Hardham 1990)。

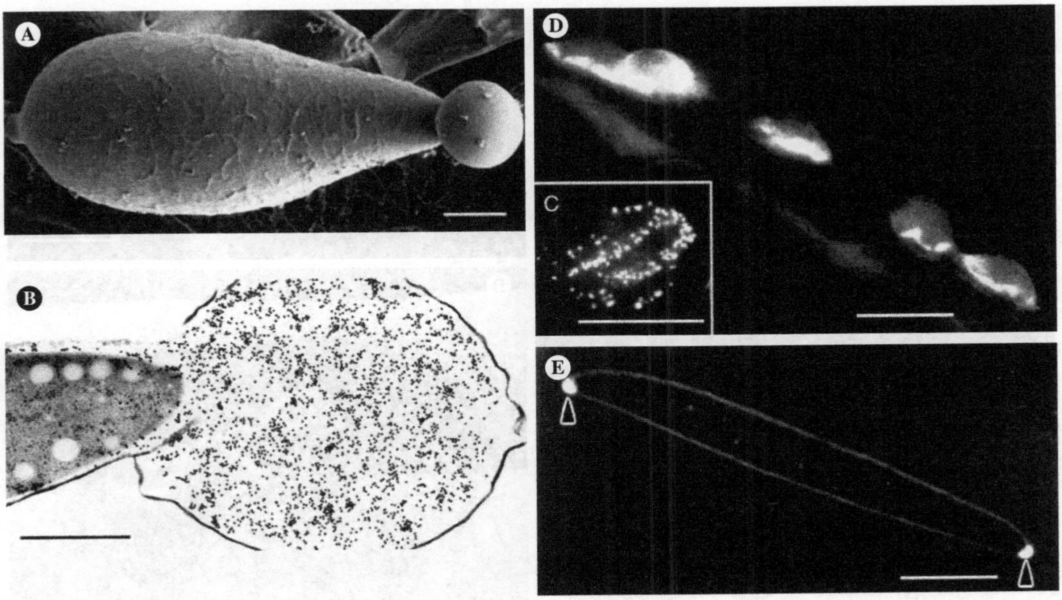

图 11.2　孢子黏附

A. 灰巨座壳的分生孢子在孢子的顶端释放了黏液后的冷冻扫描电镜（cryoSEM）照片（Braun and Howard 1994），标尺 = 2.5μm；B. 灰巨座壳从孢子的周质空间中释放出黏液后的分生孢子的透射电镜（TEM）照片，这部分被伴刀豆球蛋白 A-胶体金标记，它与孢子顶端的黏液发生反应（Howard et al. 1991），标尺 = 1μm；C. 樟疫霉（*P. cinnamomi*）游动孢子用 Vsv-1 免疫荧光标记的显微照片，Vsv-1 单克隆抗体能与孢子皮层的囊泡成分特异性结合，标尺 = 10μm；D 在 *Eucalyptus seiberi*（一种桉树）的根部聚集的樟疫霉孢囊的冰冻切片，该切片同样用 Vsv-1 单克隆抗体标记，单抗与从孢子腹部的囊泡中分泌的 PcVsv1 黏液结合，可以在孢子和根的表面形成一个垫状结构（Hardham et al. 1991），标尺 = 10μm；E. 血红丛赤壳（*Nectria haematococca*）的黏附物质从血红丛赤壳的巨大分生孢子的顶端释放（见楔形箭头），该部分用伴刀豆球蛋白 A-FITC 标记，标尺 = 20μm（引自：Kwon and Epstein 1993）

灰巨座壳的分生孢子释放黏附物会随着侵染的进行，吸附的强度和病原体吸附的性质会发生改变。孢子自身的吸附可能会从很弱的吸附变成很强的吸附。由于被分泌的黏附物数量的变化，吸附强度增加会伴随孢子的萌发。在霜霉病原菌中，寄生无色霜霉（*Hyaloperonospora parasitica*），不存在与分生孢子有关的细胞外黏性基质，但卵菌的芽管和附着孢释放 β-1，3-葡聚糖的纤维基质和蛋白质基质（Wright et al. 2002）。

11.1.2.2　黏附物质的分子特征

尽管在侵染发病中黏附的重要性已经认知，但是负责真菌病原菌黏附植物的物质尚未得到充分的认识。对真菌细胞外基质分泌物质的分析中记录了一系列成分，包括蛋白质、糖蛋白、碳水化合物和脂肪，并且在物质组成上显示了孢子、芽管和附着孢分泌成分的差异（图 11.3A ~ 图 11.3C）。除了黏附，细胞外基质被认为具有多种功能，包括在干燥和毒素侵害下对细胞的保护作用、细胞间的通信作用和分子信号作用。真菌细胞分泌到细胞外基质中的酶可能会改变叶片表面的性质（图 11.3D）。蚕豆单孢锈（*U. fabae*）的夏孢子、禾白粉菌（*B. graminis*）、苹果生盘多毛孢（*Pestalotia malicola*）及葡萄钩丝壳（*Uncinula necator*）的分生孢子所分泌的胞外基质含有角质酶（cutinase）和其他酯酶（esterase），它们

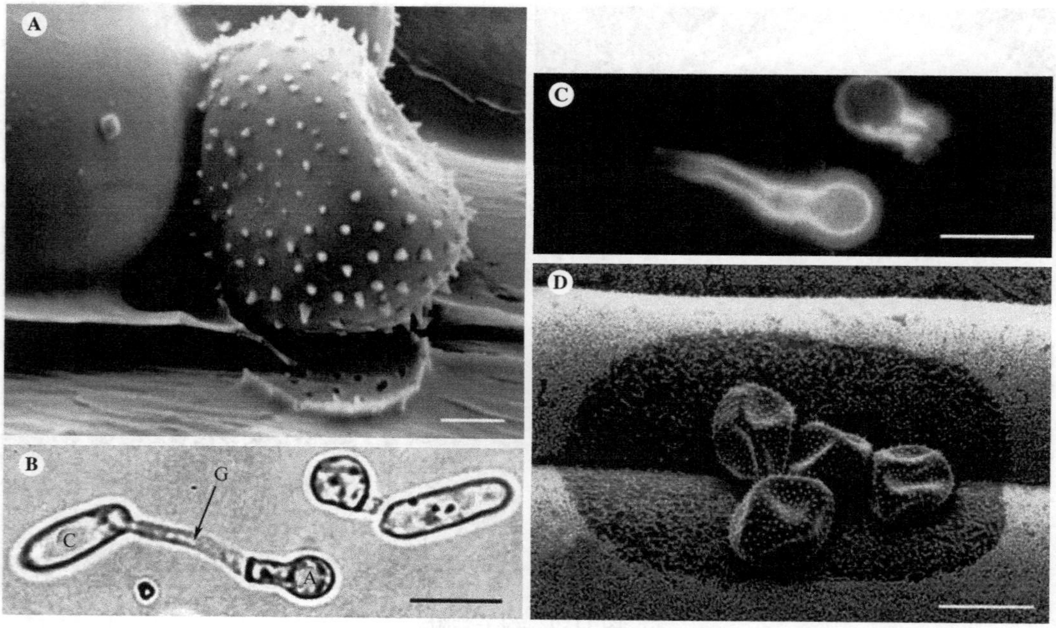

图 11.3 孢子细胞外基质材料

A. 蚕豆单孢锈的夏孢子在蚕豆(*Vicia faba*)叶面上的显微照片,这是夏孢子分泌黏液形成的黏附垫,cryoSEM,标尺=20μm,(引自 Clement et al. 1997);B 和 C. 豆刺盘孢(*C. lindemuthianum*)出芽的分生孢子用亮视野(B)和荧光显微镜(C)的观察结果,用单克隆抗体在芽管和附着孢的表面进行标记。B 图中 C 为孢子、G 为萌发芽管、A 为附着孢,标尺=10μm,(Hutchinsson et al. 2002)。D. 大麦柄锈菌(*Puccinia hordei*)的夏孢子在大麦叶子表面的显微照片,在叶子上孢子附近的蜡出现腐蚀现象,可能是未出芽的夏孢子分泌的酶造成的。cryoSEM,标尺=20μm。(引自 Read. 1991)

可以改变植物表面的疏水性从而增强孢子的黏附性。但是,酯酶的化学抑制剂会降低蚕豆单孢锈孢子的黏附性(Hardham,2007)。

尽管由真菌细胞分泌的细胞外基质中的黏附物质的成分还不很清楚,但是一些事实表明,植物凝集素伴刀豆球蛋白 A 可以抑制孢子的黏附,表明黏附分子中含有甘露糖残基和葡萄糖残基(图 11.2B 和图 11.2E)。在血红丛赤壳中,从大型分生孢子顶部释放的黏附物质具有的活性成分是 94kDa 的糖蛋白(图 11.2E)。一种单克隆抗体能够抑制孢子的黏附,这种抗体和豆刺盘孢(*Colletotrichum lindemuthianum*)的分生孢子表面的许多种多肽反应,其中包括一个重要的 110kDa 的糖蛋白。尽管以前做过很多次实验,但是并没有一种编码真菌植物病原体黏附蛋白的基因被克隆出来,我们对于植物真菌病原体黏附的本质还知之甚少(Kwon and Epstein 1993)。

相对于知之甚少的真菌植物病原体黏附物质而言,一些卵菌植物病原体黏附分子的编码基因已被克隆,且其特性也被初步揭示。首先发现的 34kDa 的黏附相关糖蛋白是由烟草疫霉(*P. nicotianae*)的菌丝和孢囊(cyst)合成并分泌的。这个糖蛋白包括两个纤维素结合区,而且它是烟草植物保护反应的诱导剂,当这个基因沉默后,会使菌丝黏附纤维素的能力下降,就算在宿主的烟草植物中预先注射菌丝,也并没有显示出转化子的病原性下降(Gaulin et al. 2002)。第二种编码基因是从致病疫霉中克隆的,它编码 Car 蛋白。Car

蛋白的基因包括一个八肽编码区的多拷贝，它是哺乳动物黏液素蛋白。*car* 基因在孢子出芽萌发和附着孢形成时表达，Car 蛋白会出现在孢子幼体的表面。有人认为 Car 黏液素可能会在干燥或者物理化学伤害时保护孢子幼体，同时对于孢子幼体黏附植物表面起一定作用（Görnhardt et al. 2000）。第三种黏附相关基因是从樟疫霉中克隆出来的，它编码大约 220kDa 的蛋白质，命名为 PcVsv1。这种蛋白质存在于游动孢子腹部表面的皮层囊泡中（图 11. 2C；Robold and Hardham 2005）。对 PcVsvl 的免疫细胞化学研究显示，该蛋白在游动孢子囊泡化时被快速分泌并且沉积于囊泡与宿主表面之间的黏附垫中（图 11. 2D；Gubler and Hardham 1990）。这种蛋白质在无性孢子形成时合成，被包裹进小型囊泡中，这些囊泡会在多核孢子囊的细胞质中随机分配，但是会在孢子囊胞质分裂时被运送到孢子的腹表面。一个 cDNA 编码的 PcVsv1 在构建的表达文库中被筛选出来，这个文库是由含有 PcVsv1 定向抗体的孢子的菌丝 mRNA 构建的。PcVsv1 长 7. 4kb，没有内含子。除了其短小的 C 端和 N 端序列外，这种蛋白质的主体成分由一个特殊结构域的 47 个拷贝组成，而这个特殊结构域由约 50 个氨基酸残基构成，该结构域与一种动物细胞外基质中发现的血小板反应蛋白和疟疾寄生虫中分泌的细胞表面配体具有同源性。PcVsv1 的表达在孢子形成的诱导下出现正调控，同时出现腹囊泡。它的同源性蛋白在大豆疫霉、栎树疫霉、致病疫霉和烟草疫霉中被发现，而 Vsv1 抗体免疫标记显示在腐霉属、白锈菌属（*Albugo*）和单轴霉属（*Plasmopara*）中同样存在 PcVsv1 蛋白，说明该蛋白在卵菌中广泛存在（Robold and Hardham 2005）。

黏附物质产生的时间和速度可能会影响孢子的感染能力。例如，存在于水环境中的一些病原体必须快速释放黏附分子才能阻止孢子被冲离植物表面。在这类情况下，黏附分子可能直接以前体形式储存在孢子内，对于感染叶片的病原体，起初较弱的黏附能力足以使孢子短暂地黏附在叶片表面，孢子在这短暂的时间内合成黏附分子，随后释放。菌丝黏附现象在进化历程上是一种进步，使得菌丝顶端能更紧密地黏附植物表面。

11. 2　真菌在植物表面的生长

11. 2. 1　真菌孢子出芽萌发

孢子一般以分散的形式存在，并可能在某些不利的环境下生存。很多情况下，孢子会经历一段休眠期，这段时期它们代谢水平很低，但是可以维持生存，这样会一直持续到适合出芽萌发为止。休眠期可能通过孢子自身或其他微生物分泌的物质或缺失特异的出芽信号来维持生存。大多数的真菌孢子需要水进行水合作用，在出芽萌发时再进行脱水，再水化，而卵菌的孢子像孢子囊，孢子在出芽萌发前并不脱水，也不会再水化。通常，腐生真菌的孢子在出芽萌发前需要一个外部的营养源，然而，许多植物病原真菌在出芽萌发时缺少外部的营养源供给，而是依赖孢子自身的营养。出芽萌发时营养的独立性和早期幼体的生长有利于植物病原真菌，因为外部的营养源可能会限制植物病原真菌的生长，直到它侵入植物的表面为止，这种情况在叶片的病原体中最明显。孢子的出芽萌发受到植物表面物理因素和化学因素的诱导，重要的因素包括接触有疏水或者表面干燥、植物表皮的蜡质及潜在的黏附基质等。

有证据表明，在真菌分生孢子中存在三种不同的信号转导途径，即 G 蛋白途径、MAPK 途径和 cAMP 途径。在葫芦科刺盘孢（*Colletotrichum lagenarium*）中，cAMP 和 MAPK 途径对于孢子在宿主叶片上出芽萌发都是需要的，MAPK 编码基因 *CMK1* 的缺失会抑制分生孢子出芽萌发。在三叶草刺盘孢（*Colletotrichum trifolii*）中，Ctg-1 转录体编码的异源三聚体 G 蛋白的 α 亚基（Gα）会在分生孢子出芽萌发时大量增加，基因敲除的实验说明 Gα 对于出芽萌发是必需的。小的 GTP 连接蛋白（如 Cdc42）对于出芽萌发可能也是必需的。目前的数据表明在孢子出芽萌发时相关途径的激活可能要依赖某种感应信号。比如，在盘长孢状刺盘孢（*Colletotrichum gloeosporioides*）中，植物表面信号分子会诱导分生孢子不依赖 cAMP 途径出芽萌发，但是在腐生的条件下，cAMP 途径是必需的（Doehlemann et al. 2006；Yamauchiet al. 2004；Barhoom and Sharon 2004）。

很多孢子会在孢子表面的很多位点出芽萌发（图 11.4A 和图 11.4B）。在一些情况下，出芽萌发的实际位点受到环境条件的影响，如光线、氧气、营养或者潜在的黏附基质等。与其他孢子接触或者接近植物细胞会对出芽位点起标示的作用。比如，白地霉（*G. candidum*）的分生孢子会在与另一孢子接触点的远距离处形成芽管。*Idriella bolleyi* 的孢子出芽萌发，会在远离活的谷物根毛的位点，但是会靠近死的根毛。刺激出芽萌发的信号因出芽萌发的不同类型而影响病原体随后的生长和它本身的病原性。比如说，在禾白粉菌（*B. graminis*）和盘长孢状刺盘孢中，分生孢子出芽萌发导致随后接触植物表面时附着孢

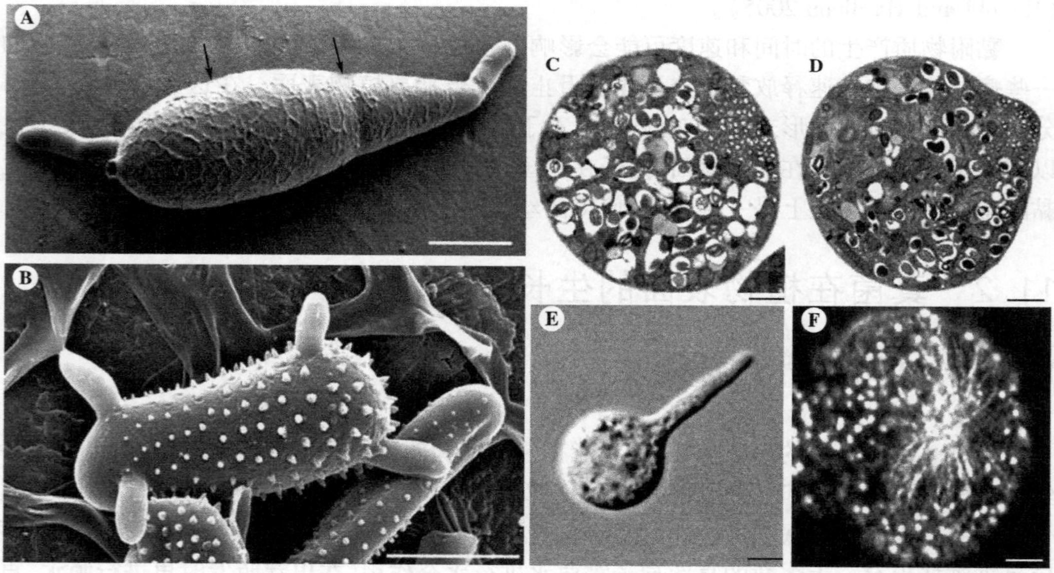

图 11.4　孢子出芽萌发

A. 灰巨座壳孢子萌发的冰冻扫描电镜照片（cryoSEM），箭头表明分生孢子的三个细胞的横壁，标尺＝5μm；B 白杨锈菌（*Melampsora larici-populina*）夏孢子从四个位点开始萌发的冰冻扫描电镜照片，标尺＝10μm；C. 樟疫霉（*P. cinnamomi*）的细胞皮层中的未来出芽位点（注意大量囊泡的聚集区）；D. 樟疫霉的孢囊的电镜照片，在孢子顶端囊泡聚集部位开始萌发，标尺＝10μm；E 孢囊形成 60min 以后樟疫霉萌发的孢子，标尺＝10μm；F. 水霉（*Saprolegnia ferax*）的菌丝用罗丹明-鬼笔环肽（rhodamine-phalloidin）标记，经过拉春库林 B 处理以后，细胞内的肌动蛋白束在形成的分支点呈放射状排列，标尺＝5μm。（引自 Hardham 2001）

的形成。出芽萌发在其他情况下也会产生,但是不会导致附着孢的出现(Barhoom and Sharon 2004)。

对于一些孢子,出芽位点是固定的。在异旋孢腔菌(*C. heterostrophus*)中,出芽位点在新月状(crescent-shaped)分生孢子的底部;而在灰巨座壳中,萌发位点在梨状分生孢子的顶部(图 11.4A)。夏孢子出芽萌发发生在孢子壁薄于其他位置的特殊位点上。在卵菌中,尽管在孢囊中还没有象征性的出芽结构位点被证实,但是有证据表明存在预出芽的位置,因为疫霉属和腐霉属的孢囊会从游动孢子腹部沟(ventral groove)的中心部位出芽。在这种情况中,在分生孢子被孢囊包裹并黏附在植物表面以前,游动孢子即在对植物表面的位置进行出芽位点的预校准(图 11.2D;Gubler and Hardham 1990)。

出芽萌发的第一个形态学的信号是顶部囊泡的积累(图 11.4C ~ 图 11.4E)。顶部的囊泡会与顶部的圆形细胞的质膜融合,因此,芽管会在细胞质膜局部的表面形成,同时质膜得到扩张。在这一过程中需要提供包括细胞壁形成需要的酶、合成基质及保护并运输的蛋白质分子。这些材料的胞吐作用是分泌的同时伴随过量质膜和质膜受体的内吞恢复过程(Fuchs et al. 2006)。

萌发前期孢子表面局部会形成极性生长的位点。有证据表明这可能与细胞骨架和其他细胞器的作用有关。更多的证据证明肌动蛋白对极性生长的重要作用,纤维状的肌动蛋白在菌丝的细胞质中形成典型的纵向微丝束,然后延伸到芽管和菌丝的顶部的圆状细胞的顶部。肌动蛋白束在芽管和菌丝分支形成前,形成放射状的排列(图 11.4F)。利用细胞松弛素或者拉春库林 B(latrunculin B)来消除肌动蛋白束,结果抑制了出芽孢子中芽管的形成。在肌动蛋白参与此过程的同时,发现在曲霉属孢子出芽中肌球蛋白对于极化生长和分泌也是必需的。肌动蛋白可能通过顶部囊泡到达出芽或者分支位点,或者通过调解囊泡分布、离子通道的活性及质膜表面的受体来使囊泡融合,进而在孢子出芽和菌丝分支过程中建立极性生长的机制。事实表明,干扰钙离子的平衡可以抑制孢子的出芽萌发。钙离子聚集体的出现和钙平衡对于孢子出芽和分支形成位点的影响支持这种假设。这表明钙离子的不断变化对于纤维状的肌动蛋白变成放射状排列有一定的作用。

真菌和卵菌的出芽同时伴随基因表达的变化和新的蛋白质的合成。在过去的几年中,研究证实一些基因在孢子出芽时产生正调控(Hardham 2005)。蛋白质组学研究表明,很多蛋白质在出芽萌发的孢子中要比在其他生命周期的病原体中明显大量聚集,包括一些基本的代谢功能,如 DNA、RNA 和蛋白质的合成,信号转导,以及作为细胞结构和功能的蛋白质等。通常,对这些广泛变化的蛋白质的研究中很少提供这些蛋白质在孢子出芽中作用的相关信息,尽管一些研究表明大量的热激蛋白和其他抗氧化或者压力的蛋白质可以作为植物防御反应体系的一部分。然而,令人感兴趣的是,这些研究成果可以作为跳板,使我们对这些分泌基因和编码的蛋白质有更深入的研究。

很多孢子可以出芽萌发,并且在缺少外来营养源的情况下,短时间保持芽管的生长,表明它们利用自身的氮源和碳源作为营养源来供给芽管早期的生长。糖类和脂类被认为是真菌和卵菌孢子中最重要的能源物质(图 11.5A ~ 图 11.5F)。脂类被发现形成一层膜包围的脂类小球。在真菌的分生孢子中有大量的液体脂类,在分生孢子出芽萌发时这些液体脂类会不断流动(图 11.5A ~ 图 11.5D;Both et al. 2005)。参与通过乙醛酸循环进行脂质分解的酶已被证明是上调孢子萌发的酶类,抑制编码乙醛酸循环酶的基因会延迟或抑制孢子萌发。在真菌孢子中,碳水化合物以糖原形式储存,细胞化学染色实验表明在孢子萌发过程中的糖原储存物的降解,同时也是正常孢子萌发所需要的(图 11.5E)。在卵菌中,如疫霉属的孢囊中,特异性层化的大量的囊泡中储存被称为真菌昆布多糖(mycolaminarin)的β-1,3-葡聚糖(Both et al. 2005)。

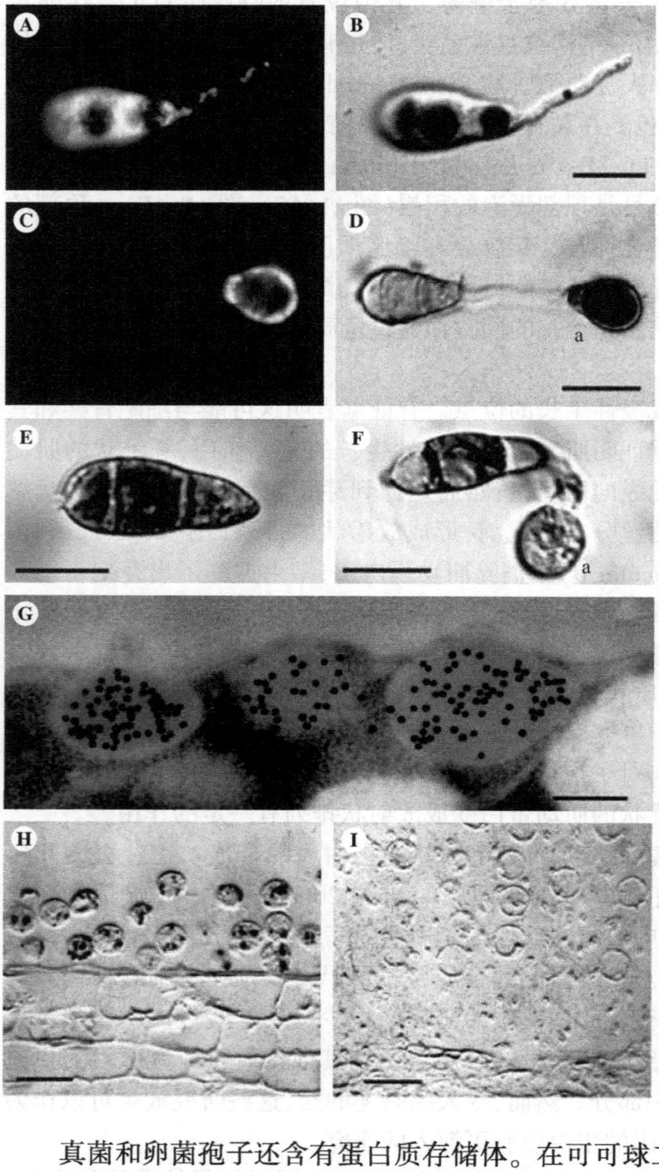

图 11.5 孢子营养的储存

A. 灰巨座壳分生孢子萌发出芽 2h 后,用 Nile Red 给脂类染色;B. 灰巨座壳分生孢子萌发出芽 2h 后,用 Neutral Red 给液泡染色;C. 灰巨座壳分生孢子萌发出芽 36h 后,用 Nile Red 给脂类染色,观察分生孢子和附着孢;D. 灰巨座壳分生孢子萌发出芽36h 后,用 NeutralRed 给液泡染色,观察分生孢子和附着孢;E 和 F. 灰巨座壳分生孢子和附着孢染色,发现在未出芽的分生孢子中有大量的糖原沉淀,而 F 中发现在附着孢形成时沉淀减少;G. 用免疫金(Immunogold)染色法标记樟疫霉的游动孢子,单克隆抗体 Lpv-1-Au18 可以与游动孢子皮层外围的小囊泡中存在的高分子质量的糖蛋白反应。标尺 = 2.5μm;H 和 I. 免疫金染色法能提高纤维照片的清晰度,用 Lpv-1 标记在樟疫霉的孢囊中存在的小囊泡,H 和 I 分别是樟疫霉侵染 *Eucalyptus seiberi*(一种桉树)的根,染色固定 1h 和 4h 以后的结果,标尺 = 20μm。(引自 Hardham 2007)

真菌和卵菌孢子还含有蛋白质存储体。在可可球二孢(*Botryodiplodia theobromae*)的分生孢子器和核盘菌(*Sclerotinia sclerotiorum*)菌核中,存在 20kDa 和 36kDa 的多肽,分别形成主要的贮藏蛋白。在疫霉菌中,储存蛋白是超过 500 kDa 的分子质量大的糖蛋白(图 11.5G 和图 11.5H)。在每一种情况下,蛋白质在细胞质囊泡中沉积(图 11.5G)。在菌丝萌发和繁殖过程中,这些储存蛋白质的囊泡膨胀,同时由于它们的降解,它们的内含物会大量形成低电子区(Gubler and Hardham 1990)。在疫霉菌萌发孢子中,孢囊萌发 3 ~ 4h 后,存储蛋白已不再具有细胞化学的免疫检测性(图 11.5H 和图 11.5I)。

11.2.2 真菌在植物表面的菌丝生长

孢子萌发后,菌丝以顶端生长的方式生长。细胞质内的囊泡与顶端细胞膜融合,顶端生长非常迅速,亚顶端的生长速度相对较慢,而菌丝的柱形细胞壁由于坚硬而无法横向延伸。

在真菌界不同的物种之间,菌丝顶端的形状及细胞器在顶端的排列都不相同,然而真菌顶端生长的机制是相似的。细胞壁的伸长性、细胞骨架、细胞膨压的相互作用导致菌丝的顶端生长,顶端极性生长有几种模型(见本书第6章"真菌极性生长")。有些实验证明新形成的顶端的细胞壁易延伸,产生细胞膨压。另一些实验证明膨压不会在细长的菌丝中产生。一些人认为新形成细胞壁非常柔韧使得肌动蛋白能够在菌丝顶端形成稳定的调节性网络。还有人认为分解酶能软化顶端的新形成的细胞壁使得菌丝能够延伸。不管这些因素之间的相互作用如何,有一点非常明确,那就是顶端囊泡在顶端细胞壁的形成、细胞膜的融合及菌丝的顶端生长中起重要作用(Hardham 2001)。

在许多情况下,菌丝细胞顶端的囊泡形成一个被称为顶体的结构,它是在显微镜下可见的一种结构(图11.6A~图11.6C)。在它被发现后不久,顶体在顶端生长中的重要作用就得到了承认,利用共聚焦和视频聚焦显微技术的研究支持了这一论点。顶体是一个囊泡供应中心,囊泡的移动是顶端细胞内的质膜和细胞壁延伸的关键。Bartnicki-Garcia和他的同事开发了一个数学模型,这一模型准确地描述了菌丝生长的过程,突出两个重要的参数即囊泡供应中心顶体的运动速度和囊泡从中心释放的速度。这两个参数的值确定菌丝延伸率和菌丝直径。如果在芽体生长过程中出现附着孢,那是囊泡的顶体的运动终止导致球形顶端扩展的结果(Bartnicki-Garcia et al. 1990)。

菌丝顶端的囊泡大小和形态差异很大,这反映囊泡内容物和功能差异的特征。到目前为止任何一个类型的小囊泡成分或不同类型小囊泡的不同功能已经逐渐被认识。一些囊泡包含壁前体物和参与壁合成的修饰酶。某些酶被分泌到它们所在的胞壁,在这里通过壁内部或之间的组分(如几丁质合成酶和纤维素合成酶)合成糖苷键。这些囊泡的膜通过酶的作用,进而融合形成细胞膜。其他含有蛋白酶等降解酶的囊泡,其功能是降解植物细胞壁,从而合成新壁以满足顶端生长的需要。

分泌囊泡从高尔基体由微管运输到顶端,作为囊泡供应中心的顶体不断由肌动蛋白骨架运送囊泡到达顶端极性生长位点,这种细胞质中高尔基体的囊泡的高效运输是顶端生长的关键。囊泡的定向运输要以肌动蛋白和微管细胞骨架在细胞顶端的分布形态为基础。肌动蛋白微丝形成定向的粗的束和细的丝,它们在细胞质流动过程中是伸直的,有时这些细丝在周围形成球形的蚀斑,即丝状小体(filasome)(图11.6B)。微管是纵向的且通常不扩展成尖端球状(图11.6E)。通过药物抑制或敲除编码细胞骨架相关蛋白基因而破坏肌动蛋白或微管的功能,将对囊泡运输和顶端生长造成明显的影响(Czymmek et al. 2005)。这些研究表明,微管排列主要和细胞组分的远距离运输有关,包括囊泡、早期内涵体(endosome)和核(Lenz et al. 2006)。作为该作用的一部分,微管引导顶端囊泡运输到顶体,从而保证了随时供应囊泡的再分配。肌动蛋白束参与了顶端囊泡的从顶体向质膜运动,以及在不断扩大的菌丝顶端囊泡与菌丝顶端质膜的融合。

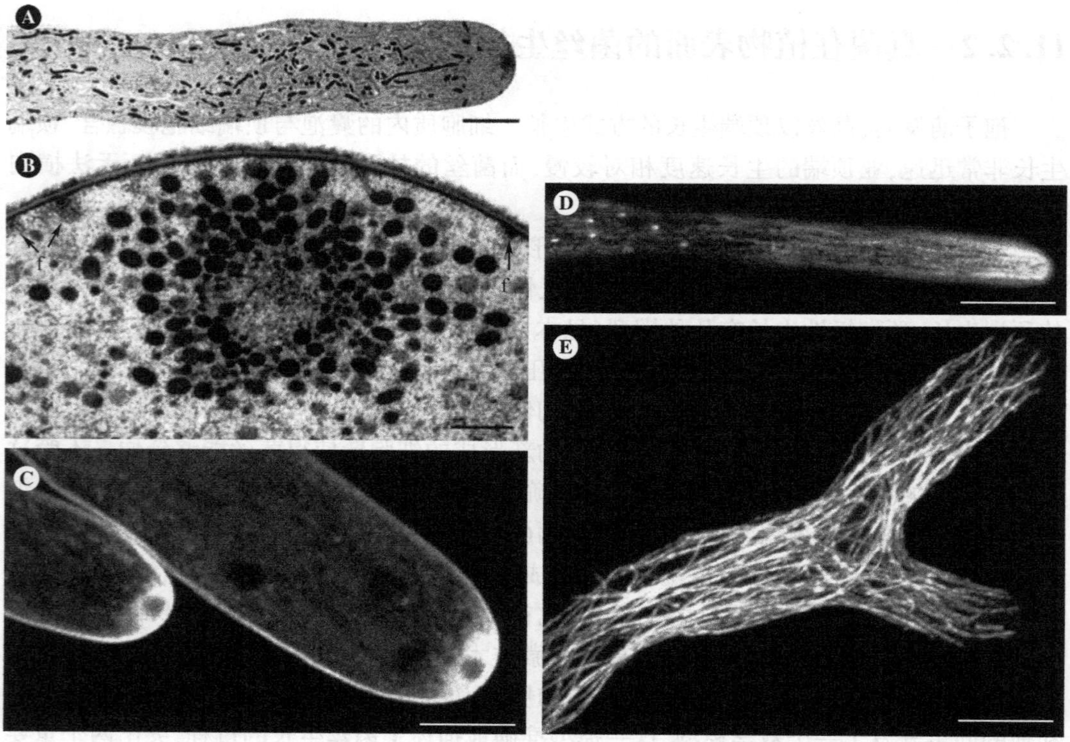

图 11.6　菌丝的顶端生长

A. 齐整小核菌(*Sclerotium rolfsii*)的菌丝顶端电镜照片。沿着菌丝呈现细胞器分层现象,最顶端顶体结构,没有其他大的细胞器。亚顶端的细胞器为线粒体和内质网。囊泡和细胞核远离顶端。标尺 = 4μm。B. 齐整小核菌顶端的顶体结构,顶体结构中央为囊泡簇。其中箭头所指(f)为丝状小体(filasome),出现在质膜附近。标尺 = 0.25μm。C. 灰葡萄孢(*Botrytis cinerea*)的菌丝、质膜和内膜组分被标记,顶体结构核心没有被标记。共聚焦激光扫描电镜照片。标尺 = 5μm。D. 水霉菌丝的荧光照片,用罗丹红-鬼笔环肽染色显示菌丝内长的肌动蛋白微丝和丝状肌动蛋白微丝周围的斑点。标尺 = 10μm。E. 微管蛋白抑制剂抗体标记的稻枯斑丝核菌(*Rhizoctonia oryzae*)的菌丝,显示微管蛋白在整个菌丝内的分布的共聚焦激光扫描电镜照片。标尺 = 5μm。(引自 Hardham. 2007)

细胞骨架作为菌丝结构参与了菌丝细胞器的分层(图 11.6A)。除了小囊泡和细胞骨架成分,圆顶状区域在很大程度上和其他细胞器无关(图 11.6A 和图 11.6C)。穹顶状区域是线粒体或核丰富的区域,同时在细胞变成顶端生长后出现很多小囊泡。在某些情况下在顶端附近呈现出更密集的梯度分布的网络结构,进而在细胞质中形成高尔基体和内质网(Maruyama et al. 2006)。菌丝还包含管状和球形液泡,它们参与把菌丝体更远区域的物质(如磷酸)向菌丝顶点的运输。微管和细胞核、内质网和管泡的运动、内质网的重组和内质网与高尔基体之间囊泡的运输是密切相关的。

11.2.3　植物表面对菌丝生长的影响

许多种真菌以一种明显的非导向的形式在植物体表生长。然而,另一些种属却能够探测来自植物表面的化学及形状的信号并作出反应。例如,丝核菌属(*Rhizoctonia*)和一些其他真菌的菌丝朝向或沿着覆盖在表皮细胞的垂周壁(anticlinal wall)的沟槽生长(图

11.7A)。许多病原体通过气孔侵染叶表,这显示菌丝趋向于沿气孔生长。这种趋向性可能起源于化学信号,但是也需要对叶表形状进行识别和应答。这种生长过程的反应被称为向触性(thigmotropy)。已在锈菌类中研究了这种现象发生的详细细节。例如,禾柄锈菌(*P. graminis*)的菌丝沿成排的表皮细胞垂直生长(图 11.7B 和图 11.7C)。研究表明,菌丝是对一种物理信号作出应答而不是化学信号。这种生长模式被认为提高了菌丝遇到气孔的机会,这在禾本科植物中是纵向生长的(图 11.7C)。菌丝对地形特征的尺寸应答通过疣顶单孢锈菌(*U. appendiculatus*)的萌发幼体的精确测定来确定。边缘或沟槽在间隔 0.5 ~ 15.0μm 时,反应达到最大(Hoch et al. 1987)。

菌丝向触性生长的机制还未完全清晰。位于菌丝顶端的顶体和囊泡供应中心的位置与菌丝的向触性生长有关,但是地形信号是怎样感知的,这些信号又是怎样转导从而引起顶体位置的正确改变?我们知道菌丝对底部固定的黏附是黏液材料形成的强制性黏附,一致认为在菌丝底部与菌丝顶端距离 0 ~ 10μm 的位置时地形信号才被感知。对疣顶单孢锈菌的研究引出这样一种观点,细胞骨架和一种整合类蛋白的运作可能与信号的接受和传输有关。这些物理的和化学的信号不仅影响菌丝生长的极性,也会诱导菌丝顶端分化形成特殊的感染结构穿透寄主体表。

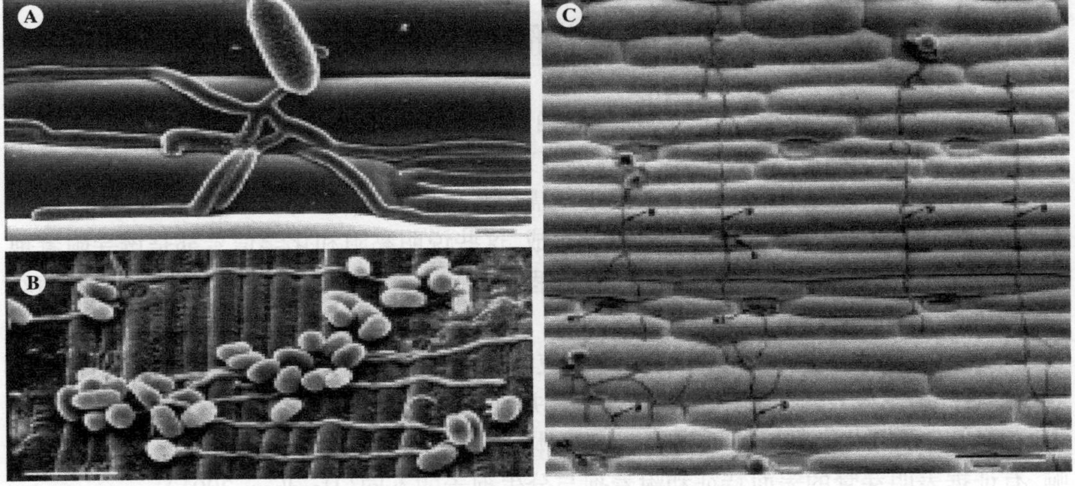

图 11.7　真菌萌发孢子的趋向性生长

A. 燕麦叶片表面生长的禾白粉菌燕麦变种(*Erysiphe graminis* f. sp. *avenae*)菌丝。菌丝沿着叶片表皮细胞细胞壁凹沟形成的垂周壁生长(Carver et al. 1995)。Cryo-SEM。标尺 = 10μm。B. 禾柄锈菌(*P. graminis*)的萌发孢子产生的菌丝沿着叶表的边缘和沟槽垂直生长,CryoSEM,标尺 = 50μm(引自 Staples and Hoch 1997)。C. 位于大麦叶片的大麦柄锈菌(*P. hordei*)的夏孢子。早期芽管沿着与表皮细胞垂周壁的沟槽形成直角的方向生长。当遇到气孔时,菌丝顶端分化,在气孔处形成附着孢。标尺 = 100μm。(引自 Read et al. 1992)

11.3　真菌对植物的入侵

植物体表面信号不仅能影响芽管和菌丝的生长,也能诱发入侵植物体感染结构的形成。在一些病原体中,这些感染结构就是高度专门化的附着孢,从附着孢与植物接触的部位产生纤细的侵染丝,穿过植物表皮的细胞壁侵入植物(图 11.8A)。物理和化学信号都能诱导附着孢的形成，研究表明，几个信号同时刺激幼殖体将达到更大的应答效果。触发附着孢分化的因素包括叶面底部的形状、硬度和疏水性及表面的化学成分等。

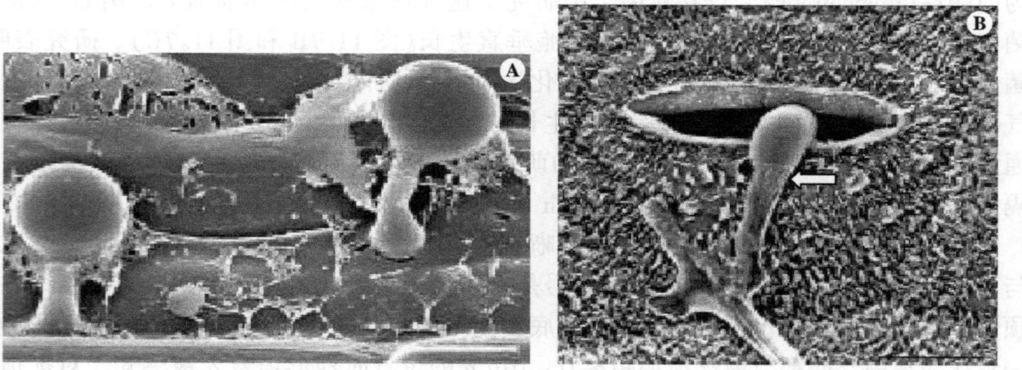

图 11.8 向触性和附着孢的形成

A. 樟疫霉（*P. cinnamomi*）萌发的孢囊在侵染处形成类附着孢样膨大，类附着孢正在苜蓿根表皮的垂周壁的交界处穿入寄主。标尺＝10μm。B. 生长在亚麻叶表面的亚麻栅锈菌（*Melampsora lini*）的 cryoSEM 显微照片，菌丝已在基质叶片表面的气孔附近分化形成附着孢。在附着孢的隔膜后菌丝已开始消解（见白色箭头）。标尺＝10μm。（引自 Hardham 2007）

11.3.1 诱导菌丝分化形成附着孢

基质的疏水性影响附着孢的形成，但其确切作用仍有争议。对灰巨座壳的研究发现基质表面的疏水性与附着孢的形成有关，在没有其他信号的前提下，疏水表面也能诱导附着孢形成。然而其他的研究中发现附着孢的形成需要较硬的基质表面，基质的亲水特性疏水特性和分生孢子的密度等都能诱导附着孢的形成，这些说明黏附和化学信号都是诱导附着孢形成的重要因素。基质表面的坚硬度和疏水程度影响菌丝幼体对基质的黏附，这说明菌丝对基质的牢固黏附是附着孢形成的重要因素。对稻瘟病菌灰巨座壳的研究发现无论是亲水性还是疏水性都需要坚硬的表面，并且这种应答受孢子密度调控。因此，叶面的表面硬度、表面形状和疏水度，会影响菌丝黏附的能力，并且萌发孢子与叶面的接触或者联系紧密与否，对附着孢的分化也是至关重要的。病原体黏附植物表面的能力受菌丝表面特性的影响，有证据表明芽管的表面特征和附着孢与分生孢子的不同（Hardham 2001）。

已对影响菌丝附着的一类表面分子进行了广泛研究，这就是菌丝表面分泌的疏水蛋白。这类疏水性蛋白分子是富含半胱氨酸的小分子，在细胞表面自我组装形成，并且改变表面的疏水性。疏水蛋白在真菌细胞表面的聚集改变了细胞的疏水特性，影响了细胞的识别和黏附特性，它们会显著影响识别和附着现象。在灰巨座壳感染结构的分化早期，编码Ⅰ类和Ⅱ类疏水分子的基因 *MPG1* 和 *MHP1* 都会高效表达（Kim et al. 2005）。若在附着孢诱导的初始阶段 *MHP1* 发生无效突变（null mutant），菌丝顶端会形成囊肿或形成钩，但是不会跟通常一样在表面形成附着孢。*MHP1* 缺失会大大降低附着孢形成的能力。另一种细胞基质外蛋白编码稻瘟病菌的基因是 *EMP1*，它在附着孢形成中表达上调。在 *EMP1* 发生无效突变的菌株中，附着孢形成能力和致病性都会降低。这些结果表明，病原体表面的疏水蛋白在菌丝幼体生长及感染结构分化在植物体表的诱导和生长中有重要作用。

各种化学物质包括角质单体、表面蜡质和叶醇都能诱导附着孢的分化，在这些因素的相互作用中都有物种特异性的证据。例如，与从非寄主中得到的蜡质相比，从侵染布氏禾白粉病（*Blumeria graminis* f. sp. *hordei*）的大麦中提取的蜡质能更有效地诱导附着孢的形成（Tsuba et al. 2002）。植物体表的蜡质能克服附着孢形成中由自身抑制子所带来的抑制作用，这种抑制子在密度高时会从分生孢子中扩散。

柄锈菌属（*Puccinia*）、单胞锈菌属（*Uromyces*）和栅锈菌属（*Melampsora*）中的一些锈菌能在植物叶片气孔处形成附着孢（图 11.8B）。这些菌的幼体能够识别植物气孔保卫细胞形成的皱褶，它们也能对叶片表面的气孔压力和惰性基质表面的凸凹不平作出应答。甚至它们也能对叶表的塑料复制品上的气孔和昆虫表面相似尺寸的凹槽作出应答，这些再次说明基质表面的形状能够诱导附着孢的形成（Hoch et al. 1987）。诱导附着孢产生的形状特征的尺寸已在豇豆锈病（*Uromyces appendiculatus*）中做了鉴定，底层标高发生 0.5μm 的变化是触发附着孢形成的最优条件，这个高度与气孔的唇脊（stomal lip）相吻合。接受信号的位点位于基质菌丝的表面，与菌丝顶端的距离小于 20μm。关于介导附着孢的信号接受和传递过程的途径目前知之甚少（Hoch et al. 1987）。

11.3.2 附着孢的形态和表面特性

在灰巨座壳（*M. grisea*）中，附着孢形成起始的第一个形态学变化信号是膨胀，萌发管弯曲形成钩状结构，然后形成半球形的附着孢（图 11.9A）。超微结构研究表明，附着孢形成的起始与芽管顶端囊泡簇的播散相关联，或者说与囊泡簇转移至紧靠基质一侧这一过程相关联（Howard et al 1991）。在分化开始时，芽管顶端细胞中微管重新进行线性排列。分生孢子内的营养和沿着萌发管运输的营养供给附着孢的生长和成熟所需。分生孢子和萌发管由于营养物质耗尽而最终消解，这是真菌自噬的一种现象（图 11.9A 和图 11.9B；见 12.2 节）。一些附着孢在它们穿刺植物表面的时候只是由菌丝简单的膨胀而来（图 11.8A）。某些附着孢形状呈现多叶状，如小麦禾柄锈菌（*Puccinia graminis* f. sp. *Tritici*）中在气孔上形成的附着孢，可能有两页或多页的裂片。在灰巨座壳和刺盘孢属、单胞锈菌属的种中被广泛研究的附着孢是高度特异的圆顶形细胞（dome-shaped cell；图 11.9 和图 11.10）。生物力学模型表明这种构造和生物塑料外壳有一致的功能，它能在很高膨胀压下维持细胞形态（Tongen et al. 2006）。

附着孢表面的特性对于它的功能是至关重要的。在灰巨座壳的半球形细胞上有一层厚 150～200nm 的壁，但是缺少附着孢的基体结构（图 11.9C）。灰巨座壳附着孢壁的部分结构是黑色素层，这能够减少细胞壁的多孔性，同时使得除水以外的许多物质无法渗透进入细胞。附着孢基部是附着孢孔，由细胞膜组成，没有细胞壁，缺少几丁质和黑色素，被上面环状细胞壁包围使其牢固黏附在基质上（图 11.9C），其作用可能就是使基质和菌丝细胞壁更紧密地黏结（图 11.10）。和孢子有关的附着孢壁的分化也在豆刺盘孢（*C. lindemuthianum*）中用荧光免疫学方法进行了研究，它能在光学显微镜中被观察到，重要的是黑色素化的细胞壁具有甘油不透过性。在灰巨座壳中能检测到 3.2mol/L 的甘油浓度，高浓度的甘油产生高达 8MPa 的膨胀压，在卡哈瓦刺盘孢（*Colletotrichum kahawae*）中 2.6MPa，在疣顶单胞锈菌（*U. appendiculatus*）中有 0.35MPa。这些压力已经大到足够令细胞变形。在灰巨座壳中的一些突变株含低浓度的甘油,产生比较低的膨胀压,因而有着较低的致病性(Hardham 2001)。

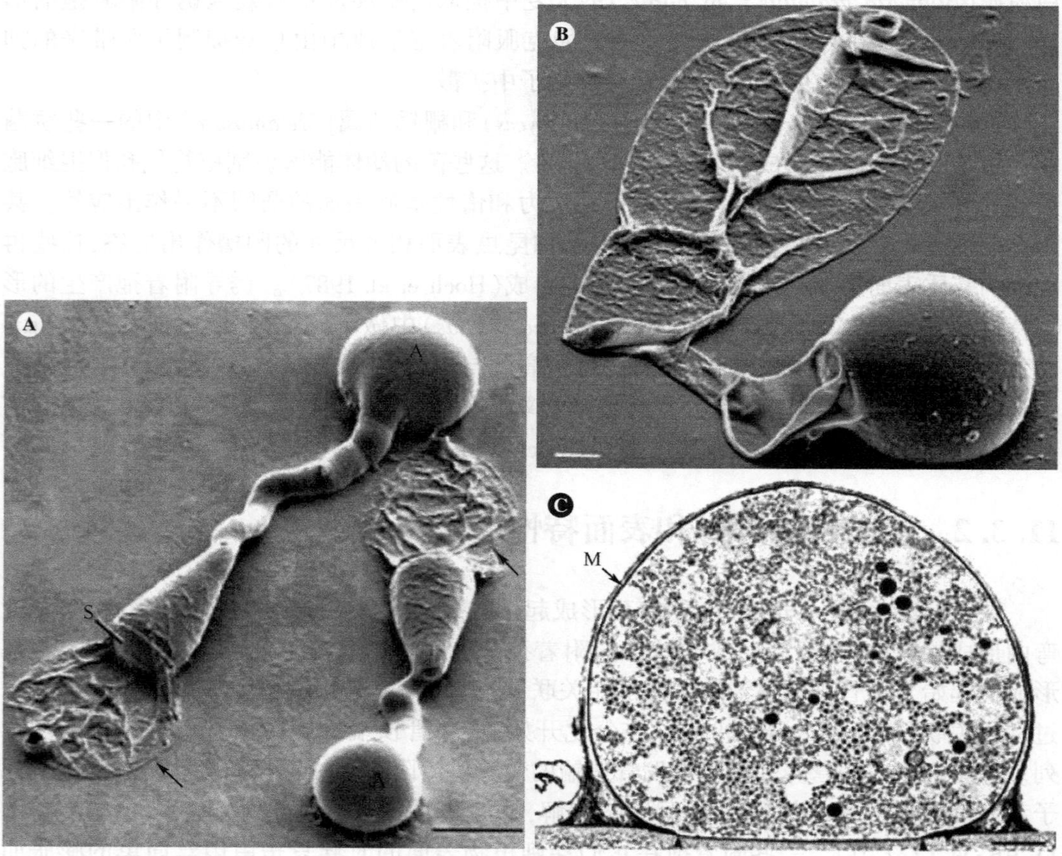

图 11.9 附着孢的分化

A. 灰巨座壳(*M. grisea*)的出芽的分生孢子的显微 CryoSEM 照片。每个孢子的萌发管都形成一个附着孢(A)。基部和中部细胞开始降解,随后凋亡,有利于附着孢生长。箭头所指为降解的孢子,S 是隔膜。标尺=5μm。B. 灰巨座壳的成熟的附着孢,它的附着孢从衬托的分生孢子和芽管中被隔膜隔离开,分生孢子和芽管的成分退化,细胞破裂。标尺=2μm。C. 灰巨座壳的成熟附着孢的透射电镜照片(TEM)。黑色素(M)的稠密的电子云覆盖几乎除去与基质接触的整个附着孢的表面(箭头)。下部是附着孢孔,由细胞膜组成,没有细胞壁。标尺=1.0μm。(引自 Hardham 2001)

附着孢的形成和成熟所需的营养存储于分生孢子中,并通过微管蛋白和肌动蛋白骨架运输。在灰巨座壳中,储存在孢子中的营养物主要是糖原、海藻糖和脂类。在附着孢形成中,有一层薄膜将孢子的芽管和附着孢隔开,孢子和芽管管中的储存物和胞质枯竭,孢子和芽管细胞溶解(图 11.9A 和图 11.9B)。一些近期的研究调查了附着孢形成时的营养运输过程和降解,以及在形成膨胀压和功能方面的重要性。

海藻糖代谢的功能已经通过海藻糖代谢相关酶编码基因的敲除实验进行了验证。缺乏 6-P-海藻糖合成酶基因 *TPS1* 的无义突变导致菌体不能合成海藻糖,也不能在附着孢内形成充足的膨胀压。相反,参与海藻糖降解的酶不是附着孢生长和成熟所需要的,而是

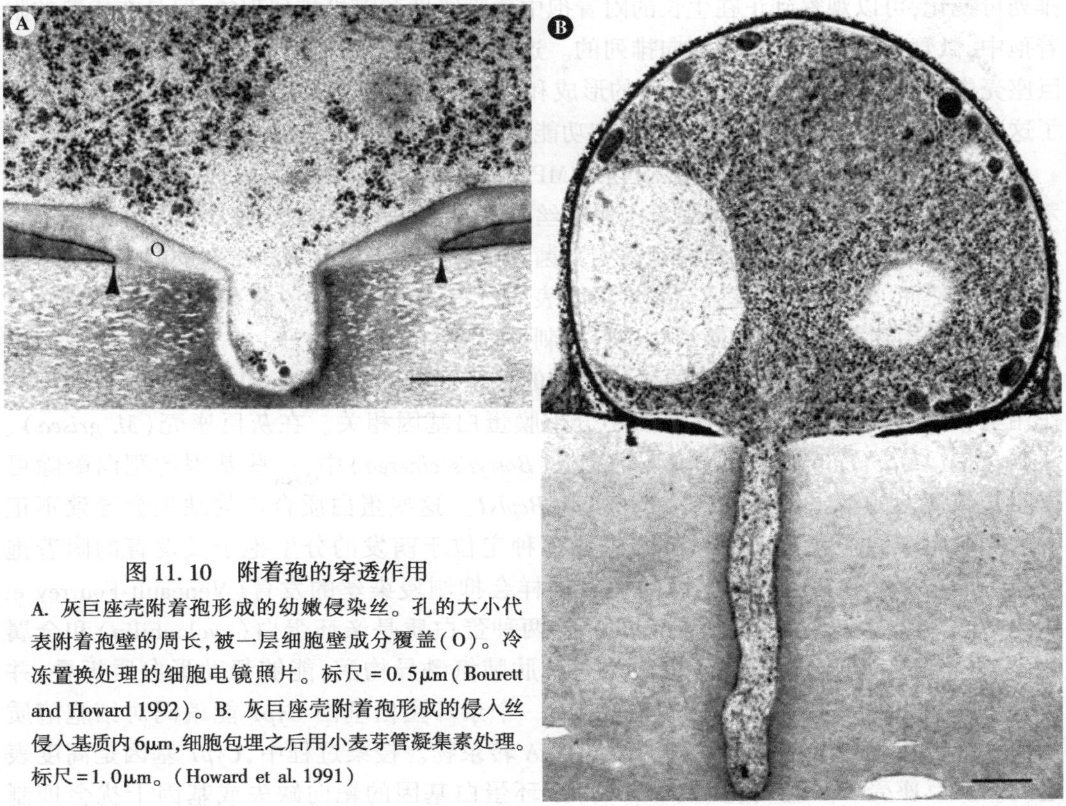

图 11.10 附着孢的穿透作用

A. 灰巨座壳附着孢形成的幼嫩侵染丝。孔的大小代表附着孢壁的周长,被一层细胞壁成分覆盖(O)。冷冻置换处理的细胞电镜照片。标尺=0.5μm(Bourett and Howard 1992)。B. 灰巨座壳附着孢形成的侵入丝侵入基质内6μm,细胞包埋之后用小麦芽管凝集素处理。标尺=1.0μm。(Howard et al. 1991)

在后期的菌落形成时所必需的。糖原是另一种存储物质,能在真菌孢子中积累,在孢子萌发和附着孢形成时期被利用。同源组织化学标记实验表明,在孢子中糖原的降解是发生在萌发之后的(Both et al. 2005)。

在孢子萌发过程中,脂质在微管顶端和正在生长的附着孢内迅速积累(图 11.5A~图 11.5D)。在附着孢成熟过程和高膨胀压时,脂质会转化为甘油。脂质体消失,明显的被囊泡吸收,三酰基甘油脂酶活性也开始提高。脂质向甘油的转变引起脂肪酸的合成和β氧化的发生,以及乙醛酸循环和糖异生的发生(Wang et al. 2005)。

在真菌中,氧化反应在过氧化物酶体中发生,最近的研究也为这些组织器官在附着孢生长和渗透压产生中的重要作用提供了证据。附着孢形成时孢子中储存的蛋白质也会发生改变,但是过程还未研究清楚。在灰巨座壳中,囊泡丝氨酸蛋白酶基因 *SPM1* 的缺失会减缓附着孢的形成,蛋白酶同源物 Mgp1 和 Mgp5 也在蛋白质研究中被鉴定出来(Hardham. 2007)。

11.3.3 附着孢穿透寄主细胞壁

灰巨座壳中附着孢壁黑色素形成后,在附着孢孔上也会生成一层壁状物质(图 11.10A)。灰巨座壳在附着孢孔表面形成直径为0.7μm的侵染丝并穿过宿主表面细胞壁生长(图 11.10)。侵染丝的细胞质内缺少核糖体等细胞器,但含有肌动蛋白束。肌动蛋白束在侵染丝的延伸和侵入过程中起作用。通过绿色荧光蛋白标记使穿刺菌丝的微管排列可视化,可以观察到正在生长的附着孢中微管线性和随机排列现象,但是在成熟的附着孢中,微管是垂直于叶表面定向排列的。这一现象说明侵染丝的生长是极性生长。灰巨座壳中转录因子 MST12 与侵染丝的形成和穿透过程相关,MST12 的调控基因分析鉴定了这些细胞骨架元件在侵染丝的形成和功能的重要性(Park et al. 2004)。

由灰巨座壳附着孢形成的侵入丝在 8MPa 的膨压下能产生 8 ~ 17μN 的力。这个值与禾生刺盘孢(*C. graminicola*)中附着孢侵染丝产生的值是一致的。这种压力足够穿刺进入坚硬的植物细胞表面。这些研究也表明真菌具有穿刺比水稻叶表面更坚硬的聚酯状薄膜的能力。然而,研究发现,真菌穿刺水稻叶表面过程会更加迅速。这表明在植物表面,真菌能够同时用物理上的力和酶消化进行穿刺过程(Hardham. 2007)。

通过对附着孢形成中表达的某些基因的分子研究,发现膨压和侵染丝完整结构的作用与很多植物致病真菌中存在的小分子膜蛋白基因相关。在灰巨座壳(*M. grisea*)、豆刺盘孢(*C. lindemuthianum*)和灰葡萄孢(*Botrytis cinerea*)中,一些基因的靶向敲除可以阻止致病菌的宿主表面穿刺,如 *Pls1* 和 *Bcpls1*。这些蛋白质合成的缺失会导致不正常的穿刺组织结构和不正常。*PDE* 编码一种定位于萌发的分生孢子及发育的附着孢质膜上的中 P 型 ATPase,该基因的缺失同样会抑制侵染丝的发育(Veneault-Fourrey et al. 2006)。正常侵染丝形成所必需的另外两种蛋白质是亲环蛋白(cyclophilin)和金属硫蛋白(metallothionein)。亲环蛋白是一种肽脯氨酰异构酶,能够帮助蛋白质折叠,并在整个真核生物界很保守。灰巨座壳中的一个亲环蛋白基因 *Cyp1* 能编码对细胞溶质蛋白和线粒体蛋白有积极作用的两个 mRNA 转录物。侵染过程中,*Cyp1* 基因是高度表达的。灰巨座壳和灰葡萄孢(*B. cinerea*)亲环蛋白基因的靶向缺失或基因干扰会抑制侵染丝的形成、膨胀压的产生并降低致病性。金属硫化基因是在真核细胞中发现的一类小分子抗氧化蛋白。灰巨座壳中,附着孢基因的表达研究表明编码金属硫化基因在附着孢中大量表达。金属硫蛋白定位于附着孢细胞壁的内侧。金属硫蛋白 *MMT1* 靶基因干扰会导致穿刺植物表皮的致病性降低,这是由于附着孢或侵染丝细胞壁的结构不正常造成的(Hardham. 2007)。

在突破角质层之后,侵染丝穿过受感染的植物细胞壁。用分子细胞化学的研究方法对禾旋孢腔菌(*C. sativus*)和豇豆单胞锈菌(*U. vignae*)的研究发现,侵染丝穿刺位点的植物细胞壁成分局部减少,细胞壁分解酶的产生和分泌都受到时空的限制。其中,果胶、纤维素和葡聚糖被运输到禾旋孢腔菌和豇豆单胞锈菌的附着孢侵染丝中(图 11.11A 和图 11.11B)。对蚕豆单胞锈菌(*U. fabae*)中侵染丝形成过程中壁降解酶活性的拓展研究揭示了一系列酶活的级联反应,包括侵染菌丝和吸器母细胞形成过程中的果胶甲基酯酶和纤维素酶。用 GFP-多聚半乳糖醛酸酶进行酶标定位研究,表明在豆刺盘孢(*C. lindemuthianum*)萌发管和附着孢侵染丝中有多聚半乳糖醛酸酶(Dumas et al. 1999);在禾白粉菌(*B. graminis*)附着孢侵染丝中有纤维二糖水解酶的限制因子等(图 11.11C 和图 11.11D);针对枯草杆菌蛋白酶样蛋白和果胶酸脂裂解酶的抗体实验也分别表明了这些酶活性的抑制降低了梨栅锈菌(*M. poae*)和盘长孢状刺盘孢(*C. gloeosporioides*)致病性。归纳起来,近年来的关于由真菌营养体产生的细胞壁降解酶的研究,为受感染位点植物细胞壁的局部降解提供了证据。

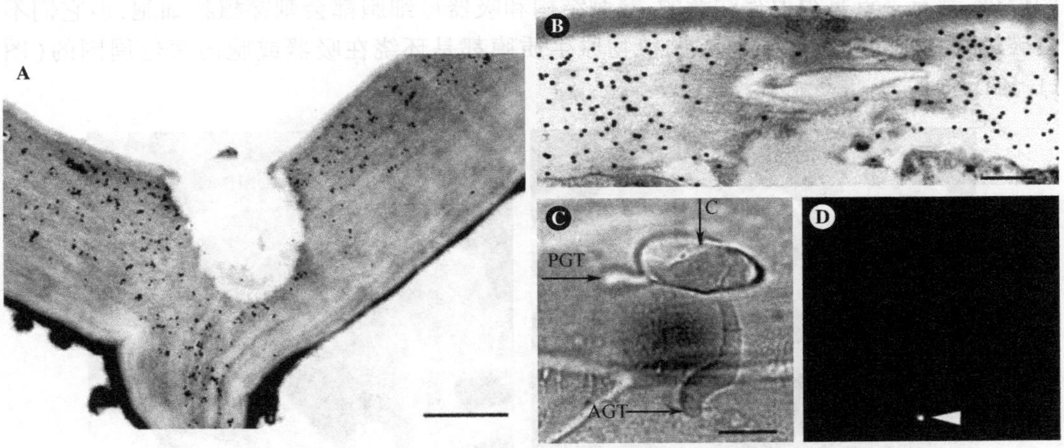

图 11.11 在植物细胞壁穿透位点酶的分泌

A. 在大麦叶子表皮细胞壁上的洞是由禾旋孢腔菌(*C. sativus*)的附着孢的侵染丝产生的,切片用免疫金 JIM5 标记染色,单克隆抗体 JIM5 对多聚半乳糖醛酸有特异性。细胞壁的被侵蚀说明侵染丝分泌了细胞壁降解酶,因而在洞周围的植物细胞壁含有较少的多聚半乳糖醛酸。标尺 = 1.0μm;B. 蚕豆(*Vicia faba*)的外表皮的细胞壁被豇豆单胞锈菌的附着孢形成的侵染丝所破坏,切片用 JIM 7 标记,它作为单克隆抗体对甲酰化的果胶有特异性。显示靠近穿透位点的细胞壁中果胶含量较低。C 和 D. 大麦叶子表面的布氏禾白粉菌(*B. graminis* f. sp. *hordei*)的出芽的分生孢子,用一种对纤维二糖水解酶特异的单克隆抗体标记,C 是亮视野下观察的结果,D 是荧光标记的结果,显示抗体标记附着孢芽管顶端的一个固定区域。PGT 为初级芽管,AGT 为附着孢芽管。标尺 = 10μm。(引自 Hardham. 2007)

11.4 吸器和胞内菌丝的形成

11.4.1 活体营养病原体的吸器和胞内菌丝

植物病原真菌和卵菌类入侵植物的主要目的是获取生长、发育和繁殖所需的养分。为达到这个目的,它们采用了多种感染策略。死体营养寄生菌(necrotroph)感染成熟健康的植物,能够克服宿主的防御,在此过程中通过连续杀死宿主细胞来获得营养;作为另一策略,活体营养寄生菌(biotroph)为了获得它们进一步生长发育所需要的养分,能与宿主的生活细胞建立亲密稳定的关系。它们穿过植物细胞壁或表皮进行生长,并形成表皮下菌丝、吸器(haustorium)或胞内菌丝,这些结构专门用于吸收养分。

如果真菌在植物叶片表面形成了附着孢,那么由附着孢产生的侵染丝可以直接穿过叶片表皮细胞的细胞壁并形成吸器,或者它可以穿过气孔进入到气孔下腔。在一些活体营养病原菌(如白粉菌)中,附着孢的侵染丝会直接穿过寄主细胞壁生长,并能形成吸器。另一些活体营养病原菌(如锈菌)侵染丝会通过气孔进入(图 11.12A),然后在气孔下形成囊泡和侵染菌丝。囊泡和侵染菌丝穿过植物叶面的薄壁细胞层,侵染菌丝的顶端会分化为一个吸器母细胞进入寄主细胞形成吸器(图 11.12B 和图 11.12C)。因此,软组织细胞表面的吸器母细胞也会发挥和附着孢一致的功能。然而,诱导侵染菌丝分化因子和调控功能因子的相关研究鲜有报道,这在很大程度上是因为很难在分离组织中去观察细胞形成过程。很多人认为,吸器母细胞依赖于细胞壁降解酶的分泌。但是不论是何种形式的侵染,都有一点是很值得注意的,穿刺结构和吸器母细胞都会刺穿植物细胞,但它们不会破坏植物的原生质膜。所有的植物原生质膜都是环绕在吸器或胞内菌丝周围的(图11.12D)。

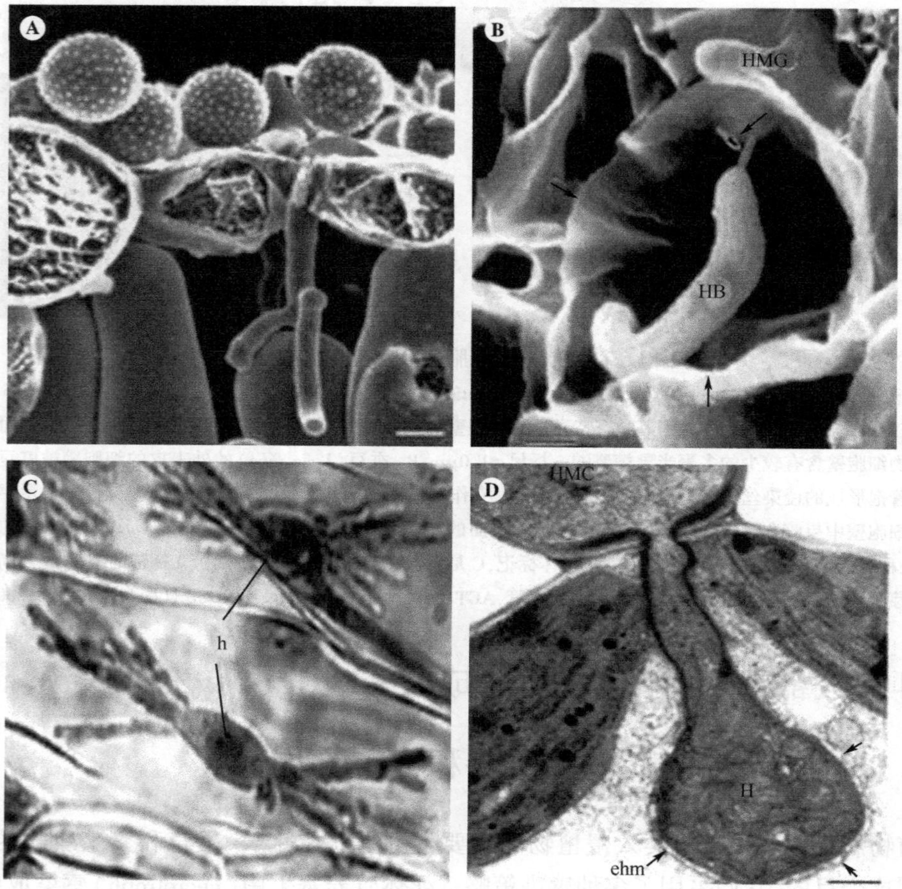

图 11.12 吸器和细胞内菌丝的形成

A. 亚麻栅锈菌(*M. lini*)夏孢子通过亚麻叶片表面的气孔侵入亚麻叶片。侵入菌丝与叶肉细胞紧密接触。cryoSEM。(引自 Hardham and Mtchell 1998)标尺=1.0μm。B. 花生叶肉细胞中花生柄锈菌(*Puccinia arachidis*)的双核吸器(dikaryotic haustorium)。HMC 为吸器母细胞,HB 为吸体(haustorial body),箭头所指为吸器颈(haustorial neck)。cryo-SEM。(引自 Mims et al. 2003)标尺=3μm。C. 在大麦叶表皮细胞中布氏禾白粉菌的吸器(h)。(引自 Hardham 2007)。标尺=0.5μm。D. 亚麻叶肉细胞中亚麻栅锈菌(*M. lini*)的吸器母细胞和胞内的吸器。吸器被宿主细胞膜包裹。吸器细胞壁和宿主细胞膜之间为吸器外基质,HMC 为吸器母细胞,H 为吸器,ehm 为寄主细胞质膜(吸器外质膜)。TEM,标尺=0.5μm。(引自 Hardham,2001)

吸器和胞内菌丝功能特异化的程度是多变的。在卵菌的霜霉病和双核的锈病,在孢子侵染中吸器是球状(图 11.12D)或叶状的,但是在单核锈菌孢子侵染中是无分支的纤维状。白粉病菌的吸器有很高的表体比,这是由于吸器体表的多样性(图 11.12C)。有些扩展结构也会在吸器之外或者在吸器周围生长。半寄生活体营养病原菌,如刺盘孢属(*Colletotrichum*)的一些种,在死体营养寄生前会进行很长一段时间的寄生生活,并且会产生侵染囊泡和初级菌丝,它们共同构成了细胞内菌丝。吸器和胞内菌丝的细胞壁和细胞膜与附着孢或吸器母细胞的细胞壁和细胞膜是连续的。在白粉菌中,吸器是附着孢从颈部由隔膜隔开的部分,而在霜霉菌和柄锈菌中附着孢不形成隔膜(Hardham 2007)。

包围吸器的内陷宿主细胞膜被命名为吸器外质膜(extrahaustorial membrane,图11.12D)。通过对多数吸器表面的研究表明,吸器(或胞内菌丝)的细胞壁是通过吸器外基质或分界面与植物细胞膜分隔开的(图11.12D)。在白粉菌和双核锈菌感染植物时,真菌的细胞膜和植物的质膜紧紧相贴,这种结构能够密封吸器外基质,使其与植物叶片的原生质体分离。霜霉菌颈部形态结构与白粉菌、杆锈菌的颈部形态结构不同,但它们的功能是相同的。

吸器和胞内菌丝具有从受侵染植物中吸收养分的功能,这一点已被广泛接受,但直接的证据有限。最清楚的数据来自于监测由豌豆叶片提供的$^{14}CO_2$中^{14}C的吸收实验,以及显示受白粉菌侵染的植物其光合产物中标记物积累的实验。放射性标记杆锈菌吸器产生的氨基酸的吸收也已经得到论证。在近来的研究中,调查了植物-真菌接触面的组成,目的是为了从分子水平确定吸器在营养吸收中的功能。来自吸器细胞壁、分界面、真菌细胞质膜及植物质膜等组分的研究信息增强了我们对吸器结构和营养吸收功能的理解。包括从受侵染的围绕吸器的植物细胞质膜开始,发展到吸器界面基质和吸器细胞壁,最后到吸器质膜。

超微结构的研究发现在锈病、白粉病和霜霉病侵染时形成的吸器外膜在形态上与其他部位的细胞膜有着明显不同(Mims et al. 2003)。吸器外膜比植物的质膜要薄,而且被糖基化。虽然已有大量的资料报道,但是目前尚缺少明确的吸器如何透过吸器外膜和包围吸器的植物质膜,作为吸收和获得营养运输主线的分子水平的实验证据。

现在被广泛接受的是为了与宿主间建立成功的相互作用关系,真菌必须分泌一种或几种蛋白质去诱导宿主的细胞代谢和组织发生改变,但是这些是如何实现的仍是一个谜。是病原体蛋白或其他复合物分子被分泌到吸器外基质中,还是穿过吸器外膜直接进入植物细胞?在侵染水稻或者亚麻的真菌中发现,无毒力蛋白(avirulence protein,Avr)会与植物细胞质中的病原体抗性蛋白R(resistance proteins,R)直接作用(Hardham 2001)。现在发现这些蛋白质是由病原体吸器产生的,而后进入宿主细胞(Kemen et al. 2005;Catanzariti et al. 2006)。我们将在11.5节加以讨论。

11.4.2 真菌在植物组织中的定居:细胞壁分解酶的作用

寄生病原体吸器的生长需要宿主细胞壁的局部降解,使侵染菌丝能够进入而又不会引起宿主细胞壁严重的细胞分裂,这样会使宿主产生低的抵抗反应而不引起宿主的死亡。尽管现在知道存在的这些降解酶有很大的分子质量,能够在分泌位点溶解细胞壁,也可能选择细胞壁的某一成分降解,而且只有细胞壁的成分才能被降解,但是降解的区域多大才能使侵染菌丝穿透还不得而知。在这一过程中,进入被侵染植物细胞的吸器被植物的质膜内陷包围,从外观上看来似乎成为吸器的一种衍生结构。随着活体营养关系的建立,这种仅使部分壁的成分降解的好处是在病原菌从植物细胞中摄取营养时维持宿主全部结构的完整性(Simon et al. 2005)。这样随着果胶和细胞壁的其他成分能够被部分降解,又不影响活体营养寄生关系建立。麦角菌(*Claviceps purpurea*)侵染禾本科谷物的子房时宿主细胞壁发生降解的现象就是典型的一例（Tudzynski and Scheffer 2004）。

病原体基因编码的细胞壁降解酶是由一系列的基因簇共同编码的。例如，在核盘菌属和疫霉属中分别有 12 个和 20 个编码多聚半乳糖醛酸酶的基因；禾谷镰刀菌（*F. graminearum*）中有 32 个编码木聚糖酶的基因。有一种说法认为基因簇的大小与宿主特异性有关，但是还不能得以证实。植物细胞壁分子的复杂性和植物细胞壁降解酶的多样性是不同环境条件下理想的宿主和病原体相互作用的特异反映（Li et al. 2004；Hatsch et al. 2006）。

早期的研究发现在侵染时细胞壁降解酶会大量分泌，通常认为果胶酶是在纤维素酶和半纤维素酶以后分泌的。近几年研究的方向集中在调节编码细胞壁降解酶基因的几种因子，其研究内容不仅包括不同酶产生的时间，而且还包括某个基因中不同序列的不同表达结果。比如，在灰葡萄孢、豆刺盘孢和核盘菌的一系列病原体中，多聚半乳糖醛酸酶基因出现不同的表达结果。转录分析中发现在禾谷镰刀菌中有 30 个木聚糖酶基因的差异表达（Hatsch et al. 2006），致病疫霉中的葡聚糖酶基因在其不同的无性生殖阶段也有着不同的表达。

一些基因编码的细胞壁降解酶可以正常表达，但是大部分酶的表达需要底物或者催化产生的产物的诱导。因此，多聚半乳糖醛酸酶基因可能被果胶诱导，被多聚半乳糖醛酸诱导，也被半乳糖醛酸诱导。编码木聚糖酶基因的表达需要木糖或者木聚糖诱导。而基因表达的调控并不只是数据说的这么简单。例如，在黑曲霉中，木聚糖苷半纤维素的亚单位会诱导转录调节因子 XlnR 的表达，XlnR 再去诱导木聚糖酶和纤维素酶的表达（Hardham 2007）。

在病原体中存在的细胞壁降解酶的早期研究中，利用靶点失活或者基因敲除实验并不能证明一种或者几种酶在侵染过程中的作用。当其中的一个甚至四个基因失活时，病原体毒力并没有过度地受影响（Kim et al. 2001）。这种利用基因失活来减小病原体毒力的实验失败归咎于其他基因簇或者近源基因编码的一些酶，这些酶存在的活性会导致病原体毒力不发生明显改变。然而，近年来大量的实验结果表明一两个编码细胞壁降解酶基因的失活可以降低致病性。这项研究主要针对的是多聚半乳糖醛酸酶，而果胶酶和木聚糖酶具有同样的效果。科学家对炭旋孢腔菌（*C. carbonum*）做过多次的基因敲除实验都宣告失败，但是将某一种转录相关基因 *CcSNF1* 敲除后，成功地证明了细胞壁降解酶在真菌侵染植物过程中对毒力的影响（Tonukari et al. 2000）。*CcSNF1* 是酵母蛋白激酶 SNF1 蛋白的编码基因，这个基因对于代谢抑制基因的表达是必需的。在炭旋孢腔菌的研究中，*CcSNF1* 的敲除会导致木聚糖酶、果胶酶和葡聚糖酶基因的表达下调，随后病原体的穿刺过程被抑制，在玉米宿主伤口处的侵染减少（Tonukari et al. 2000）。在尖孢镰刀菌（*F. oxysporum*）中 SNF1 同源蛋白同样控制细胞壁降解酶基因的表达和病原体侵染的毒力（Ospina-Giraldo et al. 2003）。

综上所述，活体营养寄生菌在侵染寄主后，为了在寄主细胞内建立活体营养的寄生环境而定居下来，病原体在侵染过程与吸器摄取营养的有关过程中会严密控制细胞壁降解酶的作用。通过采取一种温和的策略，既能够达到在寄主体内的寄生目的又能够使寄主维持生命状态。与活体营养寄生菌相反，营腐生生活的死体营养病原体并不严格控制宿主的细胞壁降解，以至于引起植物的死亡或局部死亡（ten Have et al. 2002）。通过细胞壁成分的标记和分泌降解酶的定位分析，发现细胞壁的消化也会发生在腐生病原体侵染时。在一系列侵染过程中会发现大量的果胶溶解酶和果胶的大量降解（Boudjeko et al. 2006）。禾谷镰刀菌（*F. graminearum*）侵染小麦时发现在真菌与宿主接触的部位，纤维素、半纤维素和果胶的大量减少（Wanjiru et al. 2002）。

11.5 致病因子和寄主抗病性的识别机理

许多活体营养型真菌类致病菌和卵菌类致病菌都具有相同的侵入方式——产生吸器。通过附着孢穿透寄主细胞壁而形成吸器是吸器产生的重要方式，吸器在这些真菌与寄主植物细胞膜之间建立一种紧密的关系。最近从这些病原菌中鉴定出了一大类与致病性相关的效应蛋白（effector protein），这些蛋白质是在真菌侵染过程中由吸器转移至寄主细胞中的。这一观点来源于对这些病原菌无毒力蛋白（avirulence protein，Avr）鉴定的过程，它可以被寄主胞内抗病蛋白R（resistance proteins，R）所识别。卵菌的效应蛋白含有一个保守的易位基序（translocation motif），能够引导这些效应蛋白不依赖病原菌而独立地进入寄主细胞。这种易位基序与人类疟疾病原体相似。全基因组序列信息表明卵菌可能表达了上百种此类寄主易位效应蛋白。阐明真菌和卵菌效应蛋白的转运机制及它们在疾病中的作用，能够为我们了解这些病原菌如何操纵寄主细胞以建立起一种寄生关系。

11.5.1 寄主与吸器之间的相互作用

植物病原菌必须能够对它们的寄主经过长期进化所产生的复杂的多层防御系统进行识别。植物对病原菌的防御措施包括一些预存性结构屏障，如黏性表皮、抗菌化合物及由病原体侵染所诱导的防御应答。这些诱导型防御应答由植物先天免疫系统所诱发，目前已经发现植物先天免疫系统主要包括两类反应过程。第一类反应是识别病原菌保守的结构成分，如甲壳素或者鞭毛素，这两者统称为病原体相关分子模式（pathogen-associated molecular pattern，PAMP）。细胞表面受体能够识别这些因子，产生由病原体相关分子模式激发的免疫反应（PAMP-triggered immunity，PTI），以抵御外来病原菌的侵染，这也是非寄主抗病性机制的基础。植物的细菌类病原菌能够通过Ⅲ型分泌系统将相关效应蛋白导入寄主细胞中，从而克服了机体的防御机制。目前已经证明，一些效应蛋白能够直接抑制PTI信号转导或者下游应答（Chisholm et al. 2006；Jones and Dangl 2006）。然而，还有许多效应蛋白可以被植物第二类防御体系所识别。第二类防御体系含有一些胞内受体，这些受体都是特异性抗病基因（*R*）的编码产物。对于任何一个病原菌无毒力基因（*Avr*），都有一个寄主特异性抗病基因（*R*）与之相对应，这就是著名的“基因对基因假说”。这些受体能够特异性识别病原菌无毒基因（*Avr*）并快速激活防御机制，引发一系列反应，如离子流增加、活性氧变化和局部组织细胞死亡，这些反应定义为过敏反应（hypersensitive response，HR），能够有效地将病原菌限制在侵染位点，阻止病原菌的扩散。这层防御体系被定义为效应蛋白激发的免疫反应（effector-triggered immunity，ETI），即植物寄主抗病蛋白R直接或者间接识别病原菌效应蛋白激发的免疫反应。对活体营养型卵菌和真菌的研究结果表明，病原菌效应蛋白进入寄主细胞中激发寄主的免疫反应这一作用模式是真核类病原菌侵染宿主过程中的一种普遍机理(Kamoun 2007;Tyler 2009)。关于真菌和卵菌寄主易位蛋白(host-translocated protein)在寄主/病原菌相互作用中的机理是近年来植物病理学研究的热点课题之一。

许多活体营养型和半活体营养型病原菌都具有相同的侵入方式——在植物活体细胞内产生吸器。在侵染过程中,病原菌能够穿透寄主植物细胞壁,引起质膜内陷并形成特异性营养吸收结构—吸器(图 10.13)。吸器能够伸入寄主体内吸取养分,还有可能更改(redirection)寄主的代谢体系和抑制寄主的防御体系(Voegele and Mendgen 2003)。吸器由吸器壁(haustorial wall)所包被,吸器外间质(extrahaustorial matrix)和吸器外质膜(extra-haustorial membrane)将吸器与寄主细胞膜两者分离开来,吸器外间质和吸器外质膜都起源于内陷的寄主质膜(图 10.13)。吸器的形成还能诱发寄主的细胞骨架、核 DNA 和内膜系统发生重构(Kobayashi et al. 1994)。所以,寄主和病原菌两者之间很有可能是通过吸器进行信息交换,从而建立起一种寄生关系。实际上,多年的研究结果已经表明,能产生吸器的病原菌都是通过吸器向寄主注入大量效应蛋白因子。近年来,从一些病原菌中成功克隆得到了许多无毒基因 *Avr*,也证实了上述观点。这些 *Avr* 基因能够编码一类小分子质量分泌蛋白,而寄主细胞的抗病 R 蛋白又可以特异性识别这些分泌蛋白。

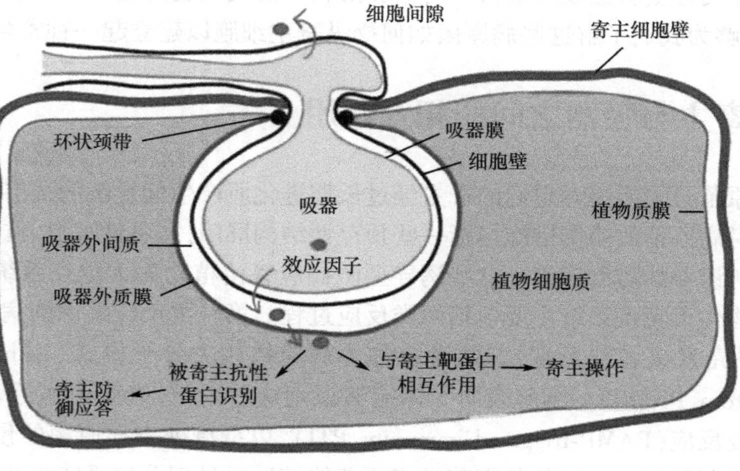

图 11.13　寄主与吸器之间的相互作用

在吸器发育过程中,病原菌能够穿透寄主植物细胞壁,并引起质膜内陷。在此过程中,寄主植物细胞膜仍能保持其完整性,包围吸器的细胞膜部分成为特化区域,此区域被称为吸器外质膜。吸器壁与吸器外质膜之间的区域被称为吸器外间质。病原菌的效应蛋白因子首先分泌至包括吸器外间质在内的质外体,然后穿透吸器外质膜(经修饰的寄主细胞膜)进入寄主植物细胞质中,再与寄主的相应蛋白结合从而操纵寄主的代谢系统,或者与配对的寄主抗病蛋白相互作用从而诱发寄主的防御应答。(引自 Dodds et al. 2009)

11.5.2　活体营养型真菌和卵菌的无毒力蛋白

到目前为止,对来自细菌和一些外生真菌如黄枝孢(*Cladosporium fulvum*)和禾生喙孢霉(*Rhynchosporium secalis* = *R. graminicola*)的无毒力蛋白已经进行了多年的研究(Espinoza and Alfano 2004)。细菌无毒力蛋白属于Ⅲ型分泌效应蛋白,通过一种特化的分泌装置

(Ⅲ型分泌系统)直接注入寄主细胞中,影响寄主的基因转录或者作用于寄主的特异性降解蛋白。与此相反,外生真菌只在细胞间隙(intercellular space)中生长,而不穿透寄主细胞,产生分泌型无毒力蛋白后,在被侵染植物的质外体(apoplast of infected plant)中就形成了致病力。到目前为止,与对细菌无毒力蛋白的研究相比,对能产生吸器的活体营养型真菌和卵菌无毒基因的鉴定和研究仍然较为落后,主要原因是由于这些致病菌大都难以进行培养和转化。然而,随着相关技术的迅速发展,对这些微生物的处理也变得更为容易;随着全基因组测序工作的大量开展,也为我们提供了更多新的启示和范例。与外生真菌类病原菌相似,这些活体营养型病原菌的无毒力蛋白通过标准的内膜通路分泌到胞外空间,随后再通过某种未知机制被运送至寄主细胞中(Dodds et al. 2009)。

到目前为止,在这些活体营养型真菌中,对寄主易位无毒力蛋白研究较为清楚的是担子菌类的亚麻栅锈菌(*M. lini*)(Lawrence et al. 2007)。亚麻栅锈菌含有 4 个无毒力蛋白家族——AvrL567、AvrM、AvrP123 和 AvrP4(Catanzariti et al. 2006)。这些蛋白质都是在吸器中表达生成的小分子质量分泌蛋白。实际上,植物对锈菌的抗病性依赖于 *R* 基因,而在含有锈菌吸器的植物细胞中也发现了过敏反应(Kobayashi et al. 1994)。这些蛋白质在不同基因型亚麻植株中的瞬间表达,能够诱导出现 R 基因依赖型的叶片坏死,从而证实了这些蛋白质的功能。更为重要的是,去除这些蛋白质的信号肽,这种应答过程仍然存在。这就表明,识别作用是发生在植物细胞质中的。当然,识别作用发生的场所还与相应抗病蛋白的位置有关,实际上,AvrL567 和 AvrM 无毒力蛋白都能够分别与寄主细胞质中的 L6 和 M 抗病蛋白直接发生作用(Dodds et al. 2006;2009)。

子囊菌类病原菌布氏禾白粉菌能够引起大麦白粉病,从该菌中分离到两种无毒力基因 *Avr-a10* 和 *Avr-k1*,分别由 *Mla10* 和 *Mlk* 抗病基因所识别(Ridout et al. 2006)。与其他锈菌蛋白不同,锈菌无毒力蛋白并不含有具有分泌作用的信号肽。然而,当原位瞬时表达锈菌无毒基因时,基因产物仍然能为大麦胞内的抗病蛋白所识别,这就表明锈菌无毒力蛋白可能是通过某种非内膜通路完成分泌的。这些锈菌无毒基因彼此之间紧密关联,共同组成一个大的基因家族,目前在布氏禾白粉菌中就发现了至少 30 种同源序列。

然而,有证据表明一些不产生吸器的真菌也能够运送某些无毒力蛋白或者效应蛋白。例如,引起稻瘟病的灰巨座壳(*M. oryzae*)的 AVR-Pita 蛋白是一种分泌蛋白,并为寄主植物抗病蛋白 Pi-ta 所识别(Jia et al. 2000)。同样,分泌型无毒力蛋白 AvrPiz-t 也能够为胞内抗病蛋白 R 所识别。灰巨座壳侵入型菌丝能在植物细胞中繁殖,与吸器一样,也是由一层特殊的、与寄主细胞膜邻接的侵染菌丝膜所包被,所以这类病原菌的分泌蛋白似乎是通过寄主植物细胞膜完成分泌的。最近,Mosquera 等(2009)在稻瘟病菌的活体营养生长阶段发现了一组分泌蛋白。其中一些是效应蛋白类似物,它们能与无毒力蛋白 AVR-Pita 共存于侵染菌丝空间(extra-invasive hyphal space)中,统称为活体营养界面络合物(biotrophic interfacial complex)。侵染菌丝空间也成为分泌型效应蛋白在进入寄主细胞前的装配区。

同样,玉米黑粉菌(*U. maydis*)也是通过内陷于寄主细胞膜中的胞内菌丝与活体寄主细胞紧密联系。玉米黑粉菌的基因组中,有超过 400 种的分泌蛋白,其中大约有 20% 处于大小为 3 ~ 26 个基因的 12 个基因簇中,构成了 1 ~ 5 个基因家族(Kamper et al. 2006)。完全去除其中的5个基因簇,会对玉米黑粉菌的致病力产生显著的影响,这就说明了这5个基因簇在侵染过程中起到了重要作用。而且,玉米黑粉菌中的一些分泌蛋白与寄主胞内部分调节蛋白具有同源性,这些调节蛋白包括参与蛋白质泛素化的RING锌指结构和F-box蛋白、RNA结合蛋白、Rho/Rac/Cdc42——类GTP酶及EF-hand Ca^{2+}结合蛋白(Mueller et al. 2008)。通过功能预测,也证明了这些分泌蛋白可能在进入寄主细胞后参与了上述的一些胞内活动。对于这些潜在效应蛋白在寄主植物细胞中的生物功能和易位过程,仍需进一步研究。在被番茄尖孢镰刀菌(*Fusarium oxysporum* f. sp. *Lycopersici*)侵染的西红柿木质部汁液中发现了一些分泌型蛋白(Rep et al. 2004)。虽然其中大多数蛋白只在细胞外行使作用,但是无毒力蛋白Avr2可以被胞内的1-2Fol抗病蛋白所识别(Houterman et al. 2009),所以说至少有一种尖孢镰刀菌无毒力蛋白进入了寄主细胞中。

通过图位克隆(map-based cloning)技术,最早从卵菌类病原菌中克隆得到了4种无毒力基因,即大豆疫霉的*Avr1b-1*基因、致病疫霉的*Avr3a*基因及拟南芥无色霜霉(*Hyaloperonospora arabidopsidis*)的*ATR13*和*ATR1NdWsB*基因(Shan et al. 2004;Armstrong et al. 2005;Rehmany et al. 2005)。与真菌无毒力基因相似,这些基因均能编码小分子质量分泌蛋白,它们在寄主细胞质中的瞬间表达均能引起寄主细胞的死亡,当然这一过程必须依赖于寄主胞内的*R*基因。这又再次表明,识别作用发生于寄主植物细胞内,而在侵染过程中这些病原菌蛋白必须穿透植物细胞膜进入细胞内。

随着基因组测序和分析工作的开展,基于这些无毒力蛋白的保守特征(尤其是RxLR基序)又发现了几种无毒基因,包括:大豆疫霉的*Avr1a*、*Avr3a*和*Avr4/6*基因(Dou et al. 2008a;Qutob et al. 2009),以及致病疫霉的*Avr4*和*AvrBlb1*基因(van Poppel et al. 2008)。

11.5.3 效应蛋白的移位传送

我们所面临的关键问题是这些真菌和卵菌蛋白是怎样穿透寄主植物细胞膜进入细胞质中的?对卵菌系统的研究给我们提供了更多的线索(Tyler 2009)。每一个卵菌无毒力蛋白均含有一个短序列基序(short sequence motif),位于信号肽的下游,并含有保守氨基酸序列RxLR(x代表任一氨基酸)。疫霉属的无毒力蛋白在RxLR序列后还紧连着一个5~21个氨基酸的dEER基序。核心保守基序侧翼的几个氨基酸序列也是寄主细胞摄取所必需的。这表明局部的蛋白质结构能够影响基序的摄取(Bhattacharjee et al. 2006;Dou et al. 2008b;Whisson et al. 2007)。Whisson等(2007)还证明RxLR基序不是吸器分泌无毒力蛋白Avr3a所必需的,而是Avr3a从吸器向马铃薯细胞中运送所必需的。而且,将Avr3a——β-葡萄糖醛酸酶融合蛋白编码基因导入致病疫霉(*P. infestans*)中,表达的融合蛋白可以被运送至寄主细胞中,但必须依赖于致病疫霉RxLR-dEER基序。这表明卵菌类无毒力蛋白通过两步法进入寄主细胞中,首先是信号肽介导的分泌作用,紧接着是RxLR基序介导的寄主细胞易位作用。还有一个重要问题,就是无毒力蛋白的转移过程是否依赖于某种特化的病原菌分泌结构,而这种特化结构是否与细菌Ⅲ型分泌系统相似?或者说无毒力蛋白的转移过程是否依赖于寄主植物的细胞转运装置?第二种假说来自于Dou

等(2008a)对大豆疫霉(*P. sojae*)的研究,他们证明了在病原菌不存在的情况下,RxLR-dEER 基序能够介导无毒力蛋白 Avr1b 向寄主植物细胞的转移。RxLR-dEER 基序对于瞬时表达的分泌型无毒力蛋白 Avr1b 的识别是必需的,而对于胞内表达的 Avr1b 的识别并不是必需的。纯化的绿色荧光蛋白 GFP 与无毒力蛋白 Avr1b 的 RxLR-dEER 区融合后,也能从溶液中进入大豆根部。这些结果表明 RxLR 效应蛋白进入寄主细胞的过程并不依赖病原菌的转运机制。

RxLR 基序与人类疟疾寄生虫——镰状疟原虫(*Plasmodium falciparum*)分泌蛋白中发现的寄主定位信号密切相关,镰状疟原虫能够侵入红细胞,并由经寄主细胞膜内陷形成的寄生泡膜所包被。在侵染过程中,镰状疟原虫所分泌的蛋白质首先进入寄生泡,其中那些 N 端含有 PEXEL(原虫输出元件)基序的蛋白质能够紧接着穿透寄生泡膜转移至红细胞中(Marti et al. 2004),其中 PEXEL 基序中含有保守序列 RxLxE/D/Q。Bhattacharjee 等(2006)证明卵菌的 RxLR 基序也可以作为镰状疟原虫的寄主定位信号,这就说明这些真核微生物的效应蛋白共有一个保守的易位机制。Dou 等(2008b)还证明了疟原虫 PEXEL 基序可以引导无毒力蛋白 Avr1b 的易位从而进入寄主植物细胞中。同样,RxLR 基序也能在病原菌不存在的条件下,介导无毒力蛋白的易位。PEXEL 基序可以取代致病疫霉的 RxLR 基序,进一步证明了这些基序之间具有互换性(Grouffaud et al. 2008)。而这些病原体均具有各自的转运系统,所以上述结果又给我们提出了一些新的、有趣的问题。不依赖病原菌的转移过程说明 RxLR 基序能够利用寄主植物某种固有的蛋白质吸收系统,而这一基序的严格保守性可以证明这种识别——驱动作用可能需要某种寄主受体的参与。然而,红细胞是一种终端分化结构,完全不含有细胞核和其他亚细胞结构。疟原虫在侵染过程中能够在红细胞中形成新的亚细胞结构,如毛雷尔氏小点(Maurer's cleft),它是由病原体编码蛋白所构建的,能够介导蛋白质易位。事实上,一些疟原虫基因的突变可以阻断效应蛋白向红细胞表面转移的过程(Maier et al. 2008),这表明这些基因的编码产物参与了效应蛋白的转运。有研究表明,几种疟疾效应蛋白的 PEXEL 基序在其中心亮氨酸残基后发生了蛋白酶切作用,而且成熟效应蛋白的末端还加入了一个 *N*-乙酰基(Chang et al. 2008;Boddey et al. 2009)。PEXEL 基序的剪切和修饰作用都发生于寄生虫内膜系统中,并且需要一些病原体产生的加工酶的参与。这些蛋白的剪切和 N 端乙酰化作用,是它们进入寄主细胞前的关键步骤。所以,疟疾效应蛋白的运输机制很大程度上是一个病原体驱动的过程,而这种运输机制是否与卵菌效应蛋白的运输机制相同,目前还不清楚。当前最重要的任务就是要确定卵菌的效应蛋白或者含有 PEXEL 基序的报告蛋白在发生易位作用进入寄主植物细胞的过程中,是否也发生了类似的剪切或者修饰作用(Dodds et al. 2009)。

锈菌的效应蛋白并不含有一个明确的保守性 RxLR 基序,但其仍然能直接侵入寄主细胞。Kemen 等(2005)利用免疫细胞化学法在被侵染大豆的细胞核中检测到了大豆锈菌分泌蛋白 RTP1,从而证明了这种病原菌能够将蛋白质运送至寄主细胞中。最近,我们又通过类似的方法在被侵染亚麻细胞的细胞质中检测到了亚麻锈菌无毒力蛋白 AvrM。另一种亚麻锈菌无毒力蛋白 Avr 先从吸器中分泌出来,又被寄主植物细胞所识别,这就与卵菌效应蛋白转移过程的两步法相同,即先分泌后易位。而且,与卵菌相似,锈菌效应蛋白的易位过程同样不依赖病原菌的存在。瞬间表达这些分泌蛋白将会触发寄主细胞的防御应答(Catanzariti et al. 2006)。当加入 C 端 HDEL 内质网滞留信号时,就会将无毒力蛋白 AvrM 滞留于植物内膜系统上,从而抑制 AvrM 触发的抗性应答。无活性的 HDDL 标签可以赋予 AvrM 蛋白全部活性,这就表明 AvrM 蛋白能够在锈菌不存在的情况下,自主进入寄主的细胞质中。同样,瞬间表达 AvrM 和 AvrL567 蛋白与 GFP 蛋白融合后,胞内就能积累 GFP 蛋白,但这一过程又必须依赖于这些无毒力蛋白的 N 端序列(Dodds et al. 2009)。因此,锈菌效应蛋白似乎也利用了寄主植物的细胞转运体系,但是通过序列比对,并没有找到一个明确的效应蛋白保守性基序。AvrM 蛋白的 N 端含有丰富的带正电荷的氨基酸——精氨酸和赖氨酸,这两者是一些细胞穿越型多肽(cell-penetrating peptide, CPP)的共有特征,CPP 能够促进跨膜蛋白的运输。许多来自不同系统发育群的蛋白质,如人类免疫缺陷病毒类 1 型的 Tat 蛋白和果蝇(*Drosophila melanogaster*)的穿膜肽蛋白都具有细胞内化功能(cell-internalization properties)。通过突变分析,最终确定了这些蛋白质中短链的 CPP 序列介导了真核细胞的易位作用。有研究表明,几种哺乳动物特有的 CPP 也能够在植物中行使功能(Chugh and Eudes 2008)。尽管这些序列之间同源性不高,但它们都富含正电荷氨基酸——精氨酸或赖氨酸。

卵菌和锈菌转运信号之间有着明显的差异,主要是卵菌的转运信号有着极高的保守性,锈菌效应蛋白则缺乏保守性,这就表明两者有着不同的转运机制。但是,或许是趋同进化导致了两种病原菌的效应蛋白具有相似的寄主转运途径,却没有清晰明确的序列相似性。关于这些蛋白质的吸收途径,我们仍是知之甚少。超微结构研究发现,吸器外质膜出现管状延伸,并且产生了出芽囊泡(budding vesicle),进入寄主细胞的细胞质中,从而与寄主内质网和高尔基体密切联系起来。这也表明了胞吞作用或许是效应蛋白摄取过程中的关键步骤(Dodds et al. 2009)。

与亚麻锈菌和卵菌的无毒力蛋白不同,大麦白粉菌所编码的蛋白质并不含有 N 端分泌信号,所以大麦白粉菌可能采用了替代分泌途径进行蛋白质的分泌(Ridout et al. 2006)。因此,子囊菌类病原菌或许产生了与细菌Ⅲ型分泌系统相似的易位机制。最近,对担子菌类的人类病原菌新型隐球酵母(*C. neoformans*)的研究工作发现了真菌的效应蛋白替代分泌途径(Rodrigues et al. 2008;Panepinto et al. 2009)。在新型隐球酵母的胞外囊泡(或称外体,exosome)中发现了一些含有或者不含有 N 端分泌信号的毒力因子。在动物中,通过多泡体(multivesicular body)和细胞表面的胞外融合,这些膜囊泡(membrane vesicle)就能够释放到胞外环境中,从而进行细胞间的分子转移。

11.5.4 寄主易位的效应蛋白在真菌和卵菌侵染过程中的作用

在卵菌和真菌的侵染过程中,效应蛋白进入寄主植物细胞的特异运输方式对于病原菌的毒力和抵抗由寄主 R 蛋白识别引起的抗病作用都是非常重要的。我们对细菌Ⅲ型效应蛋白的特异功能已经有了较多了解,它们其中一些可以作为转录因子,另外一些可以引起寄主蛋白质的降解或者磷酸化(Espinoza and Alfano 2004)。然而,对于真菌和卵菌效应蛋白的潜在功能仍知之甚少。要了解这些病原菌的侵染过程,就必须首先阐明它们所分泌效应蛋白的生物功能。

目前所得到的大部分无毒力蛋白和效应蛋白与任何已知蛋白都没有同源性,所以很难确定它们在侵染过程中的作用。然而,还是有一些证据说明这些蛋白质在侵染过程中具有积极作用,尤其是抑制 PTI 的作用。例如,致病疫霉 *Avr3a* 基因在烟草(*Nicotiana benthamiana*)中表达之后,会抑制由 INF1 激发子所诱导的细胞死亡应答(Bos et al. 2006),而不会影响由 PiNPP1 和 CRN2 激发子所诱导的细胞死亡应答,这说明致病疫霉 *Avr3a* 基因的表达产物能特异性抑制由 INF1 激发子所诱导的细胞死亡应答。此外,拟南芥无色霜霉(*H. arabidopsidis*)的 ATR1 和 ATR13 蛋白能够抑制拟南芥对病原菌的基本抗病性(Sohn et al. 2007)。这些蛋白质与Ⅲ型分泌信号的融合蛋白在细菌类 *Pseudomonas syringae* pv. Tomato(番茄细菌性叶斑病菌)中表达后,就能将这些蛋白质转入寄主细胞中。表达了这些蛋白质的细菌菌株就能触发植物的防御应答,而且对易感株系的毒力更强。ATR13 蛋白能够抑制由细菌 PAMP 诱发的愈创葡聚糖(callose)沉积作用,这也证明了 ATR13 蛋白对 PTI 具有抑制作用。Dou 等(2008a)还证明大豆疫霉的 Avr1b 蛋白能够抑制由鼠蛋白 BAX1(细胞凋亡的正调节物)诱发的细胞死亡,包括大豆、烟草和酵母。这表明了这种蛋白质可能作用于程序性细胞死亡途径中的某一重要保守成分。有趣的是,大多数卵菌效应蛋白都可归类为一个大的蛋白超家族,它们具有一个或多个的保守序列,即 W 基序、Y 基序和 L 基序(Jiang et al. 2008)。Avr1b 蛋白含有相邻的 W 基序和 Y 基序,这两者也是对 BAX1 诱发的细胞坏死的抑制作用所必需的,其他三种含有 W-Y 基序的卵菌潜在的效应蛋白也具有这种抑制活性(Dou et al. 2008a)。所以,对细胞死亡的抑制作用或许是许多效应蛋白的共同功能,其中可能存在相当多的冗余蛋白。有趣的是,ipiO/Avr-blb1 家族还含有一个与 RxLR 基序重叠排列的 RGD 细胞黏附基序,并通过 RGD 基序与一个 80kDa 的膜结合受体结合(Senchou et al. 2004)。ipiO 能够切断细胞膜与细胞壁之间的联系,而这种联系是由凝集素受体激酶所介导的,所以凝集素受体激酶可能是 ipiO 的致病靶点。这又给我们提出了一个有趣的问题:细胞内外是否均有致病靶点?80kDa 的膜结合蛋白是否参与了效应蛋白的摄取过程?很有可能是受体与效应蛋白发生特异性结合后,再到达 RxLR-dEER 基序的进入位置。

布氏禾白粉菌的 Avra10 和 Avrk1 蛋白在侵染过程中具有效应蛋白的功能(Ridout et al. 2006)。在大麦表皮细胞中瞬间表达这些蛋白质增加了大麦白粉菌产生吸器的频率。目前还不清楚这些蛋白质是否能够抑制防御应答,或者是否对吸器或者营养有一些积极作用。而对锈菌无毒力蛋白 Avr 的效应蛋白功能的了解也不是非常清楚。然而,所有这些蛋白质都具有多态性,以逃避寄主抗病蛋白 R 的识别(Catanzariti et al. 2006)。与基因缺失或者失活相比,这些蛋白质更多是选择了氨基酸序列的突变,这也是这些蛋白质维持其致病性相关功能的一种正向选择。在侵染过程中,大豆锈菌的 RTP1 蛋白只局限在寄主的细胞核中,这表明它可能行使了影响寄主基因表达的功能(Kemen et al. 2005)。基于序列同源性比对,在这些真菌易位效应蛋白中,只有两种蛋白质的功能得到了预测。其中,亚麻锈菌(flax rust)的 AvrP123 蛋白与丝氨酸蛋白酶抑制剂 Kazal 家族有密切关系(Catanzariti et al. 2006),灰巨座壳(*M. oryzae*)的 AVR-Pita 蛋白是一种非金属蛋白酶(Orbach et al. 2000)。然而,这些蛋白质在寄主中的潜在作用位点尚不清楚。AvrPita 蛋白并不是灰巨座壳对水稻的致病性所必需的,这可能是功能冗余的结果,因为 AvrPita 蛋白只属于灰巨座壳的一个小基因家族(Khang et al. 2008)。

11.6 讨论

1. 本章阐述了真菌和卵菌病原体感染植物的细胞分子生物学特征。致病性真菌和卵菌对植物侵染的细胞生物学研究资料的大量涌现令人振奋。许多新的发现都是运用新的实验方法的结果。用高性能的数码视频显微技术能够观察到菌丝顶端的顶体结构,利用冷冻置换技术和低温扫描电子显微技术所得到的结果更接近活体细胞的状态。荧光标记和金粒子标记能更准确地定位分子和细胞器,以便进行追踪研究。

2. 近年来真菌孢子黏附分子的生化特征弥补了真菌合成及分泌的黏附物的细胞学特征。识别出许多参与信号转导过程的分子,这些分子调节着菌丝的极性生长,诱导真菌在植物体表面产生感染结构。同时也阐明了附着孢侵入植物的细胞分子生物学机制,解释了细胞膨压产生的原因。通过对真菌分子细胞学研究,揭示了吸器与植物体表面的相互作用的特异性。

3. 基因组学和蛋白质组学的研究确定了一系列在菌丝、孢子、芽管、附着孢和吸器中优先表达的基因和蛋白质。通过靶基因的分离、结构和细胞化学的研究发现这些基因和蛋白质的特点为揭示这些分子在侵染的各个时期的作用提供了理论依据。对于孢子出芽和附着孢分化的分子调控有了更广泛的理解,包括支持附着孢形成的营养供给和信号转导。病原体侵染过程与吸器进行营养摄取有关的吸器膜中存在氨基酸和糖的运载体,同时其他与生物合成和糖代谢有关的蛋白质也被确定。令我们兴奋的是已经证实吸器蛋白被运送进被侵染植物的细胞中的机理,了解了病原体会操纵植物组织和宿主细胞的代谢。大量的证据表明细胞壁降解酶的重要功能,同时也发现在不同的宿主-病原体体系中细胞壁降解酶穿透宿主细胞的现象。

4. 对活体营养型病原菌效应蛋白的研究,只是在21世纪初才刚刚开展,但是发展极为迅速。随着基因组测序工作的大量开展,目前已经从卵菌类病原菌中确定了许多易位效应蛋白。类似基因组测序的许多研究工作也给真菌分泌组(fungal secretome)提供了重要信息。要对更多的效应蛋白进行预测,就必须明确真菌效应蛋白所使用的转运信号。另外一个重要的课题就是要了解转运体系的成分和性质,以及这些寄主易位效应蛋白是如何启动侵染的。

当今真菌感染植物体的研究已经进入细胞生物学的新纪元,相信不久的将来在真菌病原体感染植物的细胞分子生物学领域会有重大突破。

参考文献

Armstrong MR, Whisson SC, Pritchard L et al. 2005. An ancestral oomycete locus contains late blight avirulence gene Avr3a, encoding a protein that is recognised in the host cytoplasm. Proceedings of the National Academy of Sciences USA, 102: 7766-7771

Aylor DE. 2003. Spread of plant disease on a continental scale: role of aerial dispersal of pathogens. Ecology, 84: 1989-1997

Barhoom S, Sharon A. 2004. cAMP regulation of "pathogenic" and "saprophytic" fungal spore germination. Fungal Genet Biol, 41: 317-326

Bartnicki-Garcia S, Hergert F, Gierz G. 1990. A novel computer model for generating cell shape: application to fungal morphogenesis. IN: Kuhn PJ, Trinci APJ, Jung MJ, Goosey MW, Copping LG (eds) Biochemistry of cell walls and membranes in fungi. New York: Spriger, Berlin Heidelberg. 43-60

Bhattacharjee S, Hiller NL, Liolios K et al. 2006. The malarial host-targeting signal is conserved in the Irish potato famine pathogen. PLoS Pathogens, 2: e50

Blanco FA, Judelson HS. 2005. A bZIP transcription factor from *Phytophthora* interacts with a protein kinase and is required for zoospore motility and plant infection. Mol Microbiol, 56: 638-648

Boddey JA, Moritz RL, Simpson RJ et al. 2009. Role of the Plasmodium export element in trafficking parasite proteins to the infected erythrocyte. Traffic, 10: 285-299

Bos JIB, Kanneganti T-D, Young CE et al. 2006. The C-terminal half of *Phytophthora infestans* RXLR effector AVR3a is sufficient to trigger R3a-mediated hypersensitivity and suppress INF1-induced cell death in *Nicotiana benthamiana*. Plant Journal, 48: 165-176

BothM, Csukai M, Stumpf MPH et al. 2005. Gene expression profiles of *Blumeria graminis* indicate dynamic changes to primary metabolism during development of an obligate biotrophic pathogen. Plant Cell, 17: 2107-2122

Bourett TM, Howard RJ. 1992. Actin in penetration pegs of the fungal rice blast pathogen, *Magnaporthe grisea*. Protoplasma, 168: 20-26

Boudjeko T, Andème-Onzighi C, Vicré M et al. 2006. Loss of pectin is an early event during infection of cocoyam roots by *Pythium myriotylum*. Planta, 223: 271-282

Braun HJ, Howard RJ. 1994. Adhesion of fungal spores and germlings to host plant surfaces. Protoplasma, 181: 202-212

Brown JKM, Hovmøller MS. 2002. Aerial dispersal of pathogens on the global and continental scales and its impact on plant disease. Science, 297: 537-541

Carver TLW, Thomas BJ, Ingerson-Morris SM. 1995. The surface of *Erysiphe graminis* and the production of extracellular material at the fungus-host interface during germling and colony development. Can J Bot, 73: 272-287

Catanzariti A-M, Dodds PN, Lawrence GJ et al. 2006. Haustorially expressed secreted proteins from flax rust are highly enriched for avirulence elicitors. Plant Cell, 18: 1-14

Chang HH, Falick AM, Carlton PM et al. 2008. N-terminal processing of proteins exported by malaria parasites. Molecular and Biochemical Parasitology, 160: 107-115

Chisholm ST, Coaker G, Day B et al. 2006. Host-microbe interactions: shaping the evolution of the plant immune response. Cell, 124: 803-814

Chugh A, Eudes F. 2008. Cellular uptake of cell-penetrating peptides pVEC and transportan in plants. Journal of Peptide Science, 14: 477-481

Clement JA, Porter R, Butt TM et al. 1997. Characteristics of adhesion pads formed during imbibition and germination of urediniospores of *Uromyces viciae-fabae* on host and synthetic surfaces. Mycol Res, 101: 1445-1458

ConnollyMS, Sakihama Y, Phuntumart V et al. 2005. Heterologous expression of a pleiotropic drug resistance transporter from *Phytophthora sojae* in yeast transporter mutants. Curr Genet, 48: 356-365

Czymmek KJ, Bourett TM, Shao Y et al. 2005. Live-cell imaging of tubulin in the filamentous fungus *Magnaporthe grisea* treated with anti-mocrotubule and anti-microfilament agents. Protoplasma, 225: 23-32

Dodds PN, Lawrence GJ, Catanzariti A-M et al. 2006. Direct protein interaction underlies gene-for-gene specificity and coevolution of the flax resistance genes and flax rust avirulence genes. Proceedings of the National Academy of Sciences USA, 103: 8888-8893

Dodds PN, Rafiqi M, Gan PHP et al. 2009. Effectors of biotrophic fungi and oomycetes: pathogenicity factors and triggers of host resistance. New Phytologist, 183: 993-1000

Doehlemann G, Berndt P, Hahn M. 2006. Different signaling pathways involving a Gα protein, cAMP and a MAP kinase control germination of Botrytis cinerea conidia. Mol Microbiol, 59: 821-835

Dou D, Kale SD, Wang X et al. 2008a. Carboxy-terminal motifs common to many oomycete RXLR effectors are required for avirulence and suppression of BAX-mediated programmed celldeath by *Phytophthora sojae* effector Avr1b. Plant Cell, 20: 1118-1133

Dou D, Kale SD, Wang X et al. 2008b. RXLR-mediated entry of *Phytophthora sojae* effector Avr1b into soybean cells does not require pathogen encoded machinery. Plant Cell, 20: 1930-1947

Espinoza A, Alfano JR. 2004. Disabling surveillance: bacterial type III secretion system effectors that suppress innate immunity. Cell Micobiology, 6: 1027-1040

Fuchs U, Hause G, Schuchardt G. 2006. Endocytosis is essential for pathogenic development in the corn smut fungus*Ustilago maydis*. Plant Cell, 18: 2066-2081

Gaulin E, Jauneau A, Villalba F et al. 2002. The CBEL glycoprotein *Phytophthora parasitica* var. *nicotianae* is involved in cell wall deposition and adhesion to cellulosic substrates. J Cell Sci, 115: 4565-4575

Gornhardt B, Rouhara I, Schmelzer E. 2000. Cyst germination protein of the potato pathogen *Phytophthora infestans* share homology with human mucins. Mol Plant Microbe Interact, 13: 32042

Gow NAR. 2004. New angles in mycology: studies in directional growth and directional motility. Mycol Res, 108: 5-13

Grouffaud S, Van West P, Avrova AO et al. 2008. *Plasmodium falciparum* and *Hyaloperonospora parasitica* effector translocation motifs are functional in *Phytophthora infestans*. Microbiology, 154: 3743-3751

Gubler F, Hardham AR. 1990. Protein storage in large peripheral vesicles in *phytophthora* zoospores and its breakdown after cyst germination. Exp Mycol, 14: 393-404

HardhamAR, Mtchell HJ. 1998. Use of molecular cytology to study the structure and biology of phytopathogenic and mycorrhizal fungi. Fungal Genet Biol, 24: 252-284

Jia Y, McAdams SA, Bryan GT et al. 2000. Direct interaction of resistance gene and avirulence gene products confers rice blast resistance. EMBO Journal, 19: 4004-4014

Jiang RHY, Tripathy S, Govers F et al. 2008. RXLR effector reservoir in two phytophthora species is dominated by a single rapidly evolving super-family with more than 700 members. Proceedings of the National Academy of Sciences USA, 105: 4874-4879

Jones JDG, Dangl JL. 2006. The plant immune system. Nature, 444: 323-329

Judelson HS, Blanco FA. 2005. The spores of Phytophthora: weapons of the plant destroyer. Nat Rev Microbiol, 3: 47-58

Kamoun S. 2007. Groovy times: filamentous pathogen effector repertoire revealed. Current Opinion Plant Biology, 10: 358-365

Kamper J, Kahmann R, Bölker M et al. 2006. Insights from the genome of the biotrophic fungal plant pathogen *Ustilago maydis*. Nature, 444: 97-101

KemenE, Kemen AC, Rafiqi M. 2005. Identification of a protein from rust fungi transferred from haustoria into infected plant cells. Mol Plant Microbe Interact, 18: 1130-1139

Khang CH, Park SY, Lee YH. 2008. Genome organization and evolution of the AVR-Pita avirulence gene family in the*Magnaporthe grisea* species complex. Molecular Plant-Microbe Interactions, 21: 658-670

Kim H, Ahn J-H, Gorlach JM et al. 2001. Mutational analysis of β-glucanase genes from the plant-pathogenic fungus *Cochliobolus carbonum*. Mol Plant Microbe Interact, 14: 1436-1443

Kim S, Ahn J-P, Rho HS, Lee YH. 2005. *MHP1*, a *Magnaporthe grisea* hydrophobins gene, is required for fungal development and plant colonization. Mol Microbiol, 57: 1224-1237

Kobayashi I, Kobayashi Y, Hardham AR. 1994. Dynamic reorganisation of microtubules and microfilaments in flax cells during the resistance response to flax rust infection. Planta, 195: 237-247

Kwon YH, Epstein L. 1993. A 90-kDa glycoprotein associated with adhesion of *Nectria haematococca* macroconidia to substrata. Mol Plant Microbe Interact, 6: 481-487

Latijnhouwers M, Ligterink W, Vleesshouwers VGAA et al. 2004. A Gα subunit controls zoospore motility and virulence in the potato late blight pathogen *Phytophthora infestans*. Mol Microbiol, 51: 925-936

Lawrence GJ, Dodds PN, Ellis JG. 2007. Rust of flax and linseed caused by *Melampsora lini*. Molecular Plant Pathology, 8: 349-364

Lenz JH, Schuchardt I, Straube A et al. 2006. A dynein loading zone for retrograde endosome motility at microtubule plus-ends. EMBO J, 25: 2275-2286

Li RG, Rimmer R, Buchwaldt L et al. 2004. Interaction of *Sclerotinia sclerotiorum* with *Brassica napus*: cloning and characterization of endo-and exo-polygalacturonases expressed during saprophytic and parasiticmodes. Fungal Genet Biol, 41: 754-765

Maier AG, Rug M, O' Neill MTet al. 2008. Exported proteins required for virulence and rigidity of *Plasmodium falciparum*-infected human erythrocytes. Cell,134:48-61

Marti M,Good RT,Rug M et al. 2004. Targeting malaria virulence and remodeling proteins to the host erythrocyte. Science,306: 1930-1933

Mims CW,Celio GJ,Richardson EA. 2003. The use of high pressure freezing and freeze substitution to study hostpathogen interactions in fungal diseases of plant。 Microsc Microanal,9:522-531

Morris PF,Ward EWB. 1992. Chemoattraction of zoospores of the soybean pathogen, *Phytophthora sojae*,by isoflavones. Physiol Mol plant Pathol,40:17-22

Mosquera G,Giraldo MC,Khang CH et al. 2009. Interaction transcriptome analysis identifies *Magnaporthe oryzae* BAS1-4 as biotrophy-associated secreted proteins in rice blast disease. Plant Cell,21:1273-1290

Mueller O,Kahmann R,Aguilar G et al. 2008. The secretome of the maize pathogen *Ustilago maydis*. Fungal Genetics and Biology,45:63-70

Orbach MJ,Farrall L,Sweigard JA et al. 2000. A telomeric avirulence gene determines efficacy for the rice blast resistance gene Pi-ta. Plant Cell,12:2019-2032

Ospina-Giraldo M,Mullins E,Kang S. 2003. Loss of function of the *Fusarium oxysporum SNF1* gene reduces virulence on cabbage and *Arabidopsis*. Curr Genet,44:49-57

Park G,Bruno KS,Staiger CJ et al. 2004. Independent genetic mechanisms mediate turgor generation and penetrationpeg formation during plant infection in the rice blast fungus. Mol Microbiol,53:1695-1707

Qutob D,Tedman-Jones J,Dong S et al. 2009. Copy number variation and transcriptional polymorphisms of *Phytophthora sojae* RXLR effector genes Avr1a and Avr3a. PLoS ONE,4:e5066

ReadND. 1991. Low-temperature scanning electron microscopy of fungi and fungus-plant interaction. In:Mendgen K,Lesemann D-E(eds)Electron microscopy of plant pathogens. New York:Springer,Berlin Heidelberg. 17-21

Read ND,Kellock LJ,Knight H et al. 1992. Contact sensing during infection by fungal pathogens. In:Callow JA,Green JR(eds) Perspectives in plant cell recognition. Cambridge University,Cambridge. 137-172

RehmanyAP,Gordon A,Rose LE et al. 2005. Differrential recognition of highly divergent downy mildew avirulence gene alleles by RPP1 resistance genes from two Arabidopsis lines. Plant Cell,17:1839-1850

Rep M,Van Der Does HC,Meijer M et al. 2004. A small,cysteine-rich protein secreted by *Fusarium oxysporum* during colonization of xylem vessels is required for I-3-mediated resistance in tomato. Molecular Microbiology,53:1373-1383

Ridout CJ,Skamnioti P,Porritt O et al. 2006. Multiple avirulence paralogues in cereal powdery mildew fungi may contribute to parasite fitness and defeat of plant resistance. Plant Cell,18:2402-2414

Robold AV,Hardham AR. 2005. During attachment *Phytophthora* spores secrete protein containg thrombospondin type 1 repeats Curr Genet,47:307-315

Rodrigues ML,Nakayasu ES,Oliveira DL et al. 2008. Extracellular vesicles produced by *Cryptococcus neoformans* contain protein components associated with virulence. Eukaryotic Cell,7:58-67

Senchou V,Weide R,Carrasco A et al. 2004. High affinity recognition of a Phytophthora protein by Arabidopsis via an RGD motif. Cellular and Molecular Life Science,61:502-509

Shan W,Cao M,Leung D et al. 2004. The Avr1b locus of *Phytophthora sojae* encodes an elicitor and a regulator required for avirulence on soybean plants carrying resistance gene Rps1b. Molecular Plant-Microbe Interactions,17:394-403

SimonUK,Bauer R,Rioux D et al. 2005. The intercellular biotrophic leaf pathogen *Cymadothea trifolii* locally degrades pectins, but not cellulose or xyloglucan in cell walls of*Trifolium repens*. New Phytol,165:243-260

Sohn KH,Lei R,Nemri A et al. 2007. The downy mildew effector proteins ATR1 and ATR13 promote disease susceptibility in-*Arabidopsis thaliana*. Plant Cell,19:4077-4090

Staples RC,Hoch HC. 1997. Physical and chemical cues for spore germination and appressorium formation by fungal pathogens. In:Carroll G,Tudzynski P(eds)The Mycota,vol V,part A. Plant relationships. New York:Springer,Berlin Heidelberg. 27-40

Tongen A,Goriely A,Tabor M. 2006. Biomechanical model for appressorial design in *Magnaporthe grisea*. J Theor Biol,240:1-8

Tonukari NJ,Scott-Craig JS,Walton JD. 2000. The *Cochliobolus carbonum SNF1* gene is required for cell wall-degrading enzyme expression and virulence on maize. Plant Cell, 12 : 237-247

Tsuba M, Katagiri C, Takeuchi Y, Takada Y et al. 2002. Chemical factors of the leaf involved in the morphogenesis of *Blumeria graminis*. Physiol Mol Plant Pathol, 60 : 51-57

Tudzynski P, Scheffer J. 2004. *Claviceps purpurea*: molecular aspects of a unique pathogenic lifestyle. Mol Plant Pathol, 5: 377-388

Tyler BM. 2009. Entering and breaking: virulence effector proteins of oomycete plant pathogens. Cell Microbiology, 11 : 13-20

Van Poppel PMJ, Guo J, Vander Vondervoort PJ et al. 2008. The *Phytophthora infestans* avirulence gene Avr4 encodes an RX-LR-dEER effector. Molecular Plant-Microbe Interactions, 21 : 1460-1470

Veneault-Fourrey C, Lambou K, Lebrun MH. 2006. Fungal PIs1 tetraspanins as key factors of penetration into host plant: a role in re-establishing polarized grow th in the appressorium? . FEMS Microbiol Lett, 256 : 179-184

Voegele RT, Mendgen K. 2003. Rust haustoria: nutrient uptake and beyond. New Phytologist, 159 : 93-100

Wang Z-Y, Jenkinson JM, Holcombe LJ et al. 2005. The molecular biology of appressorium turgor generation by the rice blast fungus *Magnaporthe grisea*. Biochem Soc Trans, 33 : 384-388

Wanjiru WM, Zhensheng K, Buchenauer H. 2002. Importance of cell wall degrading enzymes produced by *Fusarium graminearum* during infection of wheat heads. Eur J Plant Pathol, 108 : 803-810

Whisson SC, Boevink PC, Moleleki L et al. 2007. A translocation signal for delivery of oomycete effector proteins into host plant cells. Nature, 405 : 115-119

Wright AJ, Thomas BJ, Carver TLW. 2002. Early adhesion of *Blumeria graminis* to plant and artificial surfaces demonstrated by centrifugation. Physiol Mol Plant Pathol, 61 : 217-226

Yamauchi J, Takayanagi N, Komeda K et al. 2004. cAMP-PKA signaling regulates multiple steps of fungal infection cooperativity with Cmk1 MAP kinase in*Collectotrichum lagenarium*. Mol Plant Microbe Interact, 17 : 1355-1365

12 真菌的细胞凋亡和自噬

12.1 真菌细胞凋亡

在一定条件下,所有生命体的细胞均可发生程序性自杀。最典型细胞程序性死亡的形式为细胞凋亡(apoptosis),它对于高等真核生物的正常生长至关重要。真菌中,在衰老和繁殖阶段会自然发生类细胞凋亡性细胞死亡,此外,环境压力和毒性代谢物均可诱导此类细胞凋亡。

细胞凋亡一词被用来描述形态学上程序性细胞死亡(programmed cell death,PCD)的一种特殊形式(Collins et al. 1992)(真菌的细胞自噬也是一种特殊类型的 PCD,我们将在 12.2 节讨论)。凋亡性细胞死亡是多细胞生物生命过程中至关重要的一步,它是生命体生长过程中的自然现象,与细胞内稳态的维持、损伤细胞的消除、对感染原的应答、衰老和分化及细胞对生物类和非生物类压力的应答等生命过程相关(Danial and Korsmeyer 2004;Green 2005)。细胞凋亡网络(apoptosis network)由大量的蛋白质组成,并在多个位点受到复杂的信号转导系统的严密调控。该调控网络紊乱引起的非正常性细胞凋亡会对机体产生多重影响，与包括神经退行性疾病、自身免疫性疾病及癌症在内的多种人类恶性肿瘤的发生密切相关（Elmore 2007）。目前已鉴定出多种细胞凋亡过程中的关键蛋白，但是，多数情况下，对此类蛋白质的分子机制的了解尚不完善，因此仍有大量研究继续致力于阐明凋亡调控网络及分析此类蛋白分子作用机制。由于细胞凋亡在发育及疾病发生中具有中心作用，长期以来，其巨大的治疗潜能受到研究人员的广泛关注，大量研究工作致力于基于细胞凋亡的新型药物的开发和设计（Fesik 2005；Nguyen et al. 2007）。尽管细胞凋亡主要因其在高等真核生物生长发育中的作用被人们所认知，但该现象并不仅限于多细胞动物，在植物、真菌和细菌等多种生物系统中也存在该现象。

十多年前第一次有文献描述了酿酒酵母中类凋亡性细胞死亡现象，但是由于其尚存疑问的生理学相关性及其分子和遗传学数据的缺乏，酵母的细胞凋亡现象仍然存在争议（Frohlich and Madeo 2000；Fabrizio and Longo 2008）。近年来有关细胞凋亡基因同源物的鉴定及分析的相关研究证实了真菌中存在类凋亡性细胞死亡现象。这些研究同样揭示了类凋亡性细胞死亡与生长、衰老、压力应答、疾病发生等重要生物学过程间的联系。细胞凋亡在真菌生长发育过程中起关键调节作用这一新发现表明，有望开发一种通过操纵细胞凋亡过程从而控制真菌感染的新途径。但是，有关真菌细胞凋亡现象的描述及研究只在少数几个物种中进行，此外，尽管在所有真菌基因组中均可鉴定出细胞凋亡相关基因的同源序列，但目前该类基因中仅有一小部分已进行功能分析。因此仍需进一步的研究来确定真菌内控制细胞凋亡过程的分子组分及细胞机制（Sharon et al. 2009）。

真菌主要的细胞凋亡体系与哺乳动物类似，但是细胞凋亡网络较简单且起源更加古老。只有一部分哺乳动物凋亡调控蛋白具有真菌同源物，且真菌中此类蛋白家族的数量也大幅度减少。非真菌同源性的动物凋亡调控蛋白在真菌内表达同样可以影响真菌的类细胞凋亡过程，表明尽管这些蛋白质不具有序列相似性但其功能具有保守性。酿酒酵母类凋亡相关基因的功能分析及最近的一些丝状真菌内细胞凋亡相关基因的研究，揭示了真菌与人类凋亡相关蛋白间存在的部分保守性，同时揭示了它们在功能和作用方式上存在本质区别。相关研究表明，细胞凋亡相关蛋白可能会成为新型抗真菌治疗的合适靶标。但是，该想法的实施需要进一步研究真菌凋亡调控网络并鉴定真菌类细胞凋亡性细胞死亡过程中关键的调控蛋白（Sharon et al. 2009）。

近年来，随着细胞凋亡在真菌正常生长过程中的重要性得到认可，该现象受到研究人员的广泛关注，相关研究也逐渐加强。最新发表的几篇较好的综述描述了真菌细胞凋亡现象相关的多个方面的研究成果（Hamann et al. 2008；Ramsdale 2008；Sharon et al. 2009；Bartoszewska and Kiel 2011）。我们将在本节中对真菌细胞凋亡过程的研究现状做一个概述，主要着重于近年来有关真菌细胞凋亡调控网络相关的基因及基因组学研究。

12.1.1 真菌细胞凋亡的特征

12.1.1.1 真菌细胞凋亡的检测方法

细胞凋亡现象的标记主要表现在以下两个方面——形态学变化的特征和细胞内生化

和细胞学的应答反应。①细胞凋亡现象以一系列独特的形态学变化定义。第一步明显的变化是细胞收缩及核染色质凝集(chromatin condensation)。然后,伴随着核的裂解形成大量核膜包被的泡状的凋亡体(apoptotic body),随后凋亡体被吞噬泡(phagophore)吞噬形成自噬体囊泡(Autophagosome)。自噬体囊泡外膜与液泡膜融合,自噬体囊泡的内容物以单层膜结构的吞噬小体形式进入液泡的内腔。随后,吞噬小体及其内容物被液泡内的水解酶降解。整个过程终止于凋亡体在内的分解及细胞组分的再循环(见图12.2)。值得注意的是,尽管细胞凋亡和坏死的机制及形态特征不同,但它们之间存在很多相似处,通常情况下很难以常规的显微镜检将两者区分开来(Sharon et al. 2009)。②细胞凋亡的鉴定不能仅依赖于细胞形态学特征,还需额外的凋亡特异性标记物的存在。凋亡细胞主要的生化及细胞学应答反应包括活性氧簇(reactive oxygen specy,ROS)的大量积聚,半胱天冬酶(caspase)的活化,DNA被特殊的内切酶裂解及细胞脂质层中向内构象(inwardfacing)的磷脂酰丝氨酸发生外翻(translocation to the outer leaflet)(Elmore 2007)。这些变化可被一系列直接或间接的方法检测。但是,必须综合考虑相关优势和劣势来选择不同的检测方法。并不是所有的方式都适用于所有的状况。

Sharon 等(2009)给出了常用于鉴定真菌的类凋亡性细胞死亡的方法,如下所述。

(1) ROS在细胞内的积聚可被多种对氧化敏感的试剂检测,ROS的存在会改变这些化学试剂的吸收光谱或荧光强度。

(2) 细胞凋亡过程中依赖于Mg^{2+}和Ca^{2+}的内切核酸酶裂解核DNA,可产生被凝胶电泳检测到的特殊的DNA片段。这些条带在琼脂糖凝胶上分开后,能够形成一个梯度,这是细胞凋亡的一个重要特点。

(3) DNA的裂解还可通过末端dUTP切口末端标记法(terminal dUTP nick end-labeling,TUNEL)来检测,利用末端转移酶将荧光标记的UTP加到DNA片段的3′端,然后用荧光显微镜检测DNA裂解情况。

(4) 膜联蛋白V(Annexin V)是一种能特异且牢固地与磷脂酰丝氨酸残基相互作用的重组蛋白。荧光标记的膜联蛋白V用于检测细胞凋亡期间质膜外层磷脂酰丝氨酸的外翻。坏死细胞的细胞膜同样能被膜联蛋白V标记。为了区分坏死细胞和细胞凋亡细胞,将膜联蛋白V阳性的细胞与膜不透性的核酸染料(如碘化丙啶)共染色,可排除具有完整细胞膜的细胞,因为只有坏死型细胞能被碘化丙啶着色。

(5) 细胞半胱天冬酶活性的改变可通过多种方法检测。改良的细胞半胱天冬酶底物被半胱天冬酶(caspase)裂解后可释放荧光产物,可以对其进行检测及定量。

12.1.1.2 真菌细胞凋亡的特点

真菌的类细胞凋亡现象在很长时间内被研究人员所忽略,认为真菌中不存在细胞凋亡系统。第一个暗示这些生物体内存在细胞程序性死亡(PCD)现象是酿酒酵母的一个温度敏感突变株*cdc48*。在非许可温度下,这个突变株的细胞表现出多种细胞凋亡特点,包括染色质凝结、核裂解及TUNEL和膜联蛋白V染色阳性(Madeo et al. 1997)。这个发现引起人们重新思考芽殖酵母及其他真菌内的PCD现象,标志着对真菌及其他低等真核生物体内细胞凋亡现象的研究进入了一个新时期。自此,类凋亡性PCD现象在多种生物体内得到证实,包括植物、真菌及原生生物(Jin and Reed,2002)。一些类型的PCD现象在细菌内也有证实。现在普遍认为 PCD 几乎存在于所有生命形式中，但是细胞凋亡装置在其分子元件、调控及其在不同生命系统中所发挥的作用等方面有显著的不同。真菌内的 PCD 是否确实是真正意义上的细胞凋亡仍存在一些争议，更多研究者趋向于采用类凋亡性细胞死亡这个术语。我们同意这个术语，主要因为 PCD 在真菌中所发挥的作用与在哺乳动物内不同。

真菌类凋亡细胞显示出许多哺乳动物细胞凋亡过程中可见的形态学及生物化学变化，因此，真菌内细胞凋亡的检测方法与在哺乳动物中所采用的方法相似。但是，并不是所有的凋亡特点均可在真菌内轻易地检测到，并且由于结构的不同，尤其是真菌细胞壁的存在，大部分方法需要进行改良。不同真菌之间也存在差异，尤其是酵母与丝状真菌之间，因为它们存在不同的形态学特征。由于细胞种群间的不同可以通过比较每个种群内细胞凋亡的数量进行定量，因此形态学及细胞学标志物对于监控真菌细胞内凋亡现象非常有用（Narasimhan et al. 2001；del Carratore et al. 2002；Granot et al. 2003）。然而由于下面的原因，这些标志物在丝状真菌中的应用存在一定的难度。①丝状真菌是多细胞生物，从而使这些标志物的定量分析变得困难；②菌丝体间缺乏均一性，同一菌落的不同部位可能处于不同的菌龄或处于不同的生长阶段，且菌丝可能有不同的形态特征；③很多真菌是多核的，且这些核并不都是统一的大小，导致这种情况下对核收缩的检测结果并不明确。例如，在多核灰霉病菌灰葡萄孢中，核的大小不定，用 DAPI（diamidino-phenyl-indole，二脒基苯基吲哚）或烟酸己可碱（hoechst）染色时在大小和形状上表现出很高的可变性。因此，核收缩和裂解在这种真菌中作为标志物就缺乏可靠度，需谨慎采用，可与其他方法联合使用以提高可靠度。针对这些局限，可以考虑采用单细胞的结构，如孢子或原生质体，这些细胞结构更加均一，并且提供了一种获得定量数据的方法（Cheng et al. 2003；Mousavi and Robson 2004；Leiter et al. 2005；Semighini et al. 2008）。

阳性 TUNEL 检测结果在酵母及丝状真菌中均被当做一个类凋亡检测的有力证据。DNA 降解现象可以通过凝胶电泳观察到，但是通常表现为没有清晰条带的拖尾而不是正规的 DNA 梯度（Chen and Dickman 2005；Kitagaki et al. 2007）。酿酒酵母缺少清晰的 DNA 梯度可能是由于核小体间缺少或者只有少许连接 DNA（Lowary and Widom 1989）。在几种类型的多细胞动物的细胞凋亡过程中也有不出现 DNA 梯度的现象（Oberhammer et al. 1993）。因此，真菌内缺少典型 DNA 梯度的现象不会影响采用 DNA 断裂作为真菌类凋亡的一个标志。凋亡相关 DNA 损伤还包括几种 RNA 的特殊的断裂（Degen et al. 2000）。近年来脉冲电泳被用于显示类凋亡酵母细胞内 rRNA 的特殊的降解（Mroczek and Kufel 2008）。

外膜上磷脂酰丝氨酸的膜联蛋白 V 染色被广泛应用于揭示真菌的类凋亡现象。由于真菌细胞壁结构的存在，真菌细胞并不能直接被膜联蛋白 V 染色，因此必须先用细胞壁降解酶处理细胞以释放原生质体。这是一个反应较剧烈的过程，本身就可能会引起自发的细胞死亡。它同样给实验体系带来很多限制，因此膜联蛋白 V 染色通常不是一个可行的选择。使用原生质体的一个好处是细胞可以通过荧光激活细胞分选术（fluorescence activated cell sorting，FACS）进行计数，因此为细胞凋亡的定量测量提供了一种方法（Baek et al. 2004；Li et al. 2006）。为了区分凋亡和坏死细胞仍需联合采用碘化丙啶（propidium iodide，PI）共染色。其他用于鉴定真菌类凋亡的参数包括半胱天冬酶活性的测量及线粒体跨膜势能的变化（Ito et al. 2007；Kitagaki et al. 2007）。

应该注意细胞凋亡的鉴定需依情况而定，上述这些方法检测到的变化也可能是除凋亡外其他过程的反映,或者可能是检测体系本身的人为结果。例如,DNA裂解碎片化也与一些形式的坏死相关(Collins et al. 1992);一些细胞形态是凋亡和其他形式的PCD所共有的;原位检测的半胱天冬酶活性可能是系统本身影响的结果(Vachova and Palkova 2007)。因此,为了正确区分类凋亡和其他类型的真菌细胞死亡,将检测凋亡性细胞死亡不同参数的多种方法联用很重要。此外,其他类型的细胞死亡可能有其他一些不同的表型,尤其是自我吞噬,它代表了一种独特的PCD。

12.1.2 真菌细胞凋亡与发育调控

自杀性细胞死亡在不同的生物体系中的作用明显不同。在哺乳动物中细胞凋亡的主要作用是调控其正常发育,然而细胞凋亡也与多种其他的生理过程相关,如细胞对压力的适应性应答及病原体的清除等。在真菌中,根据目前的资料显示,凋亡性细胞死亡更多的是与压力应答相关,而与发育之间的联系不像哺乳动物,主要与真菌的繁殖及老化相关。

12.1.2.1 繁殖

大部分真菌能够进行有性生殖,但有些真菌似乎失去了交配能力,被看做是无性繁殖(传统分类学中的"半知菌类")。有性生殖过程中的交配现象有两种基本的类型——同宗配合和异宗配合。异宗配合真菌的生殖过程被信息素诱导,信息素可触发亲和性菌株菌丝的融合(参见第9和第10章)。

在酿酒酵母中有两种交配型:"a"和"α"。每一交配型的细胞能够产生并分泌相应的"a"或"α"因子(信息素),这些因子可以触发相反交配型细胞间的接合。Severin 和 Hyman(2002)指出,当缺少合适的交配型细胞时,将细胞暴露于相反交配型细胞的信息素中将导致ROS的聚集、DNA降解及细胞死亡。而Ste20激酶(信息素诱导的MAPK信号通路中的一个关键酶)的缺失抑制了这种信息素诱导的细胞死亡。作者进一步证明,群体中细胞表现为交配成功或相反的表现为ROS相关的细胞死亡。这些发现被当做自然酵母群体中不能成功完成交配时可能出现类凋亡性细胞死亡的证据。但是,需要注意的是,信息素诱导的细胞死亡只有在信息素浓度达到生理浓度10倍以上时才能观察到,浓度在10倍生理浓度以下不能诱发细胞死亡而是诱导什穆(shmoo)结构的形成。

在丝状真菌中,菌落形成的过程中经常发生营养菌丝的融合。同样在不同菌株的菌丝间发生准性生殖时也出现菌丝融合(Glass and Dementhon 2006)。不同菌株菌丝间的融合形成异核体,出现一种细胞内包含不同遗传背景的细胞核的情况。真菌已经进化产生了特有的异核不亲和性(heterokaryon-incompatibility, *HI*)基因座,从而决定菌丝融合的亲和性(Glass et al. 2000)。为了使异核体稳定存在,菌丝间必须彼此是生长相容的。当它们不亲和时,*HI*基因座激活一个迅速的、局部的细胞死亡应答过程,特异性地杀死融合细胞(Glass and Kaneko 2003)。在许多方面,HI类似于著名的植物的过敏性应答(hypersensitive response, HR),在HR过程中发生局部的类凋亡性细胞死亡从而阻止病原体的传播。HI和HR都伴随典型凋亡标记的产生,且相关研究已较深入。在*HI*过程中,融合细胞经受一系列凋亡相关的形态学变化,包括细胞质凝聚、空泡化及质膜的收缩(Glass and Dementhon 2006; Paoletti and Clave 2007; Williams and Dickman 2008)。此外也有核破碎和

TUNEL 染色阳性的相关报道。丝状真菌中 *HI* 基因座的数量较多且广泛分布，因而受到人们的重视。与酵母信息素不同，类凋亡是 HI 过程中的一种普遍存在的自然现象。因此，*HI* 是一种重要的生理过程，且类凋亡在 *HI* 过程中发挥重要的作用（Sharon et al. 2009）。

类凋亡性细胞死亡与有性孢子和无性孢子（分生孢子）的形成都有一定的关系。在一些同宗配合的真菌中，不成熟的子囊含有 8 个子囊孢子，但其中 4 个在成熟的过程中死亡，形成含 4 个孢子的子囊。对四孢曲瓶霉（*Coniochaete tetrasperma*）的研究表明，在孢子成熟的过程中会出现 PCD，以消除 8 个孢子中的 4 个（Raju and Perkins 2000）。在灰盖鬼伞减数分裂突变株中可观察到类凋亡的细胞学标志。在这些突变株中，未成熟担孢子的细胞核被阻断在减数分裂中期 I，然后进入类凋亡性细胞死亡（Lu et al. 2003）。在四孢曲瓶霉的野生型菌株中，类凋亡现象出现孢子的正常发育过程中，而在这些突变株中，类凋亡过程则用于消除突变的孢子。在鹅柄孢壳（*P. anserina*）中，两个细胞半胱天冬酶（metacaspase）编码基因的缺失引起子囊孢子形成缺陷（Hamann et al. 2007）。盘长孢状刺盘孢（*C. gloeosporioides*）中抗凋亡基因 *Bcl-2* 的过量表达引起分生孢子产量的剧增（Barhoom and Sharon 2007）。这两个例子均表明类凋亡作用能够影响有性和无性孢子的形成。在构巢曲霉孢子形成的过程中可检测到类凋亡现象标志及细胞半胱天冬酶活性（Thrane et al. 2004）。半胱天冬酶-3 和半胱天冬酶-8（caspase-3 和 caspase-8）特异性底物的水解显示了细胞半胱天冬酶活性的存在。这些活性受到半胱天冬酶-3 和半胱天冬酶-8 特异性的不可逆多肽抑制剂的抑制，但不受非特异性抑制剂 E-64 的影响。构巢曲霉提取物中含有两种具有半胱天冬酶样活性的蛋白质，其中一个能同时降解半胱天冬酶-3 和半胱天冬酶-8 的底物，另一个只能降解半胱天冬酶-8 的底物。在构巢曲霉中鉴定出了两个半胱天冬酶和一个类聚腺苷二磷酸核糖聚合酶蛋白（poly-ADP ribose polymerase-like protein，PARP）。分生孢子形成之前均可检测到菌丝内的 PARP 样蛋白，然后随着半胱天冬酶活性的增强，PARP 被降解（Thrane et al. 2004）。

这些例子表明真菌繁殖的过程涉及类凋亡性细胞死亡。在减数分裂和有丝分裂的过程中均有该现象的出现，它能发生在正常的发育过程中，也可在非正常发育过程中通过清除基因损伤的孢子发挥调控作用。在这些情况下，类凋亡性细胞死亡与细胞周期密切相关，可能会受到细胞周期的非正常性过程的调控（Lu et al. 2003）。

12.1.2.2　衰老

衰老是抵抗压力、损伤和疾病的能力急剧下降的一个生理过程。在多细胞生物体中，已证明细胞凋亡是一种抗老化机制。凋亡性细胞死亡是通过调节细胞死亡及诱导细胞增殖基因间的协调作用而清除损伤细胞，使老化的细胞被替代。ROS 诱导的细胞损伤是老化的一种主要过程，且增强抗氧化能力和延长寿命之间有一定的相关性（Lorin et al. 2006）。酿酒酵母和鹅柄孢壳是研究老化现象的两个模式生物。在酿酒酵母中，细胞出芽次数有限，且每次只能产生一个子细胞。因此，酵母的寿命按一个母细胞死亡之前的分裂次数来估量。在这种复制性老化（replicative aging）的过程中，细胞寿命与物理时间无关，也不受营养物利用的直接影响。出芽酵母另一种类型的老化是自然老化，在自然老化的细胞中，仍存在一些可再生的年轻细胞，由于在稳定期缺乏营养物质而进入衰老过程。酿酒酵母自然寿命可通过测定处于有丝分裂后期细胞群体的平均存活时间和最大存活时间进行测算,与测定多细胞动物寿命的方法相似(Steinkraus et al. 2008)。在酿酒酵母所有类型的老化细胞中均可检测到细胞凋亡标志物及增高的半胱天冬酶活性。*MCA1*(即 *YCA1*,目前在 yeast genome 数据库中已用 *MCA1* 替代 *YCA1*)是酿酒酵母中唯一已知的凋亡蛋白酶基因,但是,仍有报道称在 *MCA1* 缺失的老化菌株中凋亡蛋白酶活性仍有增强,这表明在自然衰老的细胞中含有其他凋亡相关的蛋白酶(Buttner et al. 2006)。衰老的细胞向培养基中释放能够促进菌落生长和生存的物质。在菌落的中心,自然成熟死亡的细胞中可观察到类凋亡性细胞死亡现象,同时释放氨类等物质使菌落外围的年轻细胞能够逃避死亡(Vachova and Palkova 2005)。细胞密度的增大及培养条件的变化都可能导致细胞凋亡,甚至能够引起衰老细胞的死亡。但是,突变株和转基因菌株的遗传学证据显示衰老相关性细胞凋亡现象不依赖于环境条件;通过敲除促凋亡基因或过表达抗凋亡基因阻断凋亡性细胞死亡能够延长酵母的自然寿命和复制寿命(replicative life span)(Herker et al. 2004;Li et al. 2006)。综上所述,这些研究证明了类凋亡与酵母衰老的相关性,表明类凋亡是衰老程序的重要组成部分,能够抑制细胞防护并促进细胞死亡,从而调节芽殖酵母的寿命。这样的程序存在于单细胞生物体内似乎难以理解(Herker et al. 2004;Fabrizio and Longo 2008)。但是,对这一现象的存在有以下两个合理的解释。①衰老酵母会聚集突变,因而必须将其从培养物中清除。实际上,DNA 突变能够导致 ROS 的聚集及其他凋亡标志的出现(Li et al. 2006)。②在一个大的群体环境内,"自杀性"应答代表了一种群体生存策略,死亡细胞物质被循环利用为余留的群体提供营养物质。当群体中大部分细胞都死亡后能够使生长恢复(Fabrizio et al. 2004)。

在鹅柄孢壳(*P. anserina*)中,衰老以老龄菌丝生长率的降低、气生菌丝生长的减少、色素沉着及次生菌丝的死亡为特征。在显微镜下,次生菌丝表现出不正常的分枝及增大。衰老过程与突变的 mtDNA 聚集引起的线粒体基因组的不稳定性之间有一定的相关性(Albert and Sellem 2002)。寿命延长的菌株具有细胞色素 *c* 氧化酶(cytochrome *c* oxidase, COX)活性的缺陷,因为它们是 *COX1* 基因第一个外显子缺失株(Lorin et al. 2006)。*COX5*(编码 COX 的 V 亚基)基因的缺失引起生长率的急剧下降,但是寿命却延长了 30 倍,ROS 产生量减少,且 mtDNA 的重排现象也急剧减少(Dufour et al. 2000)。COX 其他亚基编码基因的缺失具有类似的表型。在这些突变株中,呼吸作用通过交替的氧化酶依赖途径进行,产生的能量约为细胞色素途径的 1/3。通过基因操作使细胞内 ROS 含量恢复至野生型水平,则 mtDNA 的重排也得到恢复,而 mtDNA 变得不稳定使细胞寿命缩短,这些结果表明 ROS 能够直接或间接通过细胞周期相关蛋白的氧化损坏 mtDNA。一种线粒体分裂因子编码基因(*PaDNM1*)的缺失造成鹅柄孢壳细胞寿命的延长,对凋亡诱导产物依托泊苷(etoposide)的抗性增强,这些结果进一步表明线粒体介导的细胞凋亡在真菌衰老过程中的中心作用(Scheckhuber et al. 2007)。综上所述,这些结果表明鹅柄孢壳衰老过程中 ROS 水平的升高能够触发衰老菌体线粒体依赖的 PCD。

12.1.3 真菌细胞凋亡的诱发因素

12.1.3.1 物理和化学压力

一系列证据表明了真菌的压力应答与凋亡现象之间的相关性。尽管真菌的压力应答和衰老过程被不同的刺激物诱发,但它们在遗传学程序上具有相关性。两种途径似乎共用相同的成分,最终均导致类凋亡性细胞死亡。与衰老过程相似,压力应答通常被氧化刺激所激活,这种应答根据刺激程度不同会导致细胞抗压能力的增强或引起类凋亡性细胞死亡。诱发真菌类凋亡过程的条件包括多种类型的压力,如紫外光(UV)、氧化压力、广谱化学试剂(如盐或酸)的处理和特殊化学物质的激发(包括已知的抗真菌药物)。尽管已报道数种真菌内有类凋亡现象的存在,但大部分可利用的信息依然来自酿酒酵母内类凋亡现象的相关研究。一些诱发丝状真菌和酵母类凋亡过程的条件见表 12.1。

表 12.1 诱发真菌细胞凋亡的条件及化合物(引自 Sharon et al. 2009)

处理	菌名	Cas*	描述	参考文献
压力				
氧化压力	*S. cerevisiae*	NR	H_2O_2 及谷胱甘肽诱导的凋亡	Madeo et al. (1999)
	C. albicans	NR	H_2O_2 诱导的凋亡性死亡	Phillips et al. (2003;2006)
	A. fumigatus	Ind		Mousavi and Robson (2004)
UV	*S. cerevisiae*	NR	UV 暴露导致类凋亡性死亡	del Carratore et al. (2002)
热压力	*S. cerevisiae*	NR	热压力导致凋亡性死亡,该效应有 RAS1 与 RAS2 介导	Shama et al. (1998)
高渗	*S. cerevisiae*	Dpn	高浓度的葡萄糖或山梨醇诱导凋亡	Silva et al. (2005)
营养				
氨基酸	*S. cerevisiae*	NR	赖氨酸或组氨酸饥饿诱导凋亡性细胞死亡	Eisler et al. (2004)
碳源	*A. nidulans*	NR	碳源饥饿导致两种真菌的凋亡	Emri et al. (2005)
	N. crassa	NR		Jacobson et al. (1998)
葡萄糖	*S. cerevisiae*	NR	其他营养物质缺乏时葡萄糖诱导细胞死亡	Granot et al. (2003)
乙醇	*S. cerevisiae*	Dpn	23% 以上的乙醇处理降低细胞存活率并促进凋亡	Kitagaki et al. (2007)
酸/盐/离子				
乙酸	*S. cerevisiae*	NR	低浓度乙酸处理诱导两种真菌的凋亡	Ludovico et al. (2001)
	C. albicans	NR		Phillips et al. (2003;2006)
Valpuric acid	*S. cerevisiae*	Dpn	低浓度 Valpuric acid 处理诱导细胞死亡及凋亡标志物阳性	Mitsui et al. (2005)
甲酸	*S. cerevisiae*	Ind	甲酸诱导非 Mca1 依赖的类凋亡性死亡	Du et al. (2008)
NaCl	*S. cerevisiae*	NR	1.5 M NaCl 抑制生长并诱导凋亡	Huh et al. (2002)
		Dpn		Wadskog et al. (2004)
铜	*S. cerevisiae*	Ind	Cu^{2+} 导致时间及浓度依赖性凋亡性死亡,该效应依赖于 ROS	Liang and Zhou (2007)
锰	*S. cerevisiae*	Dpn	Mn^{2+} 导致非 ROS 依赖的凋亡	Liang and Zhou (2007)
镉	*S. cerevisiae*	Dpn	低浓度 Cd^{2+} 诱导葡萄糖依赖的凋亡	Nargund et al. (2008)
砷	*S. cerevisiae*	Dpn	砷诱导凋亡,该效应不存在于 *mca1Δ*	Du et al. (2007)
抗真菌药物				
两性霉素 B	*A. fumigatus*	Ind	两性霉素 B 诱导烟曲霉剂量依赖性的凋亡性死亡	Mousavi and Robson (2004)

续表

处理	菌名	Cas*	描述	参考文献
	C. albicans	NR	两性霉素 B 诱导白念珠菌凋亡	Phillips et al. (2003)
osmotin	*S. cerevisiae*	NR	烟草抗真菌蛋白 osmotin 诱导 ROS 依赖的凋亡性死亡	Narasimhan et al. (2001)
α-番茄素	*F. oxysporum*	Dpn	α-番茄素诱导 ROS 依赖的凋亡性死亡	Ito et al. (2007)
PHS/DHS	*N. crassa*	NR	PHS 诱导类凋亡性死亡	Castro et al. (2008)
	A. nidulans	Ind	PHS 及 DHS 诱导非 ROS 依赖性凋亡	Cheng et al. (2003)
洛伐他丁	*M. racemosus*	NR	洛伐他汀诱导两种真菌凋亡性死亡	Roze and Linz (1998)
	C. gloeosporioides	NR		Barhoom and Sharon (2007)
法尼醇	*S. cerevisiae*	NR	法尼醇处理细胞表现为生长速率下降及凋亡标志物阳性	Machida et al. (1998) Machida and Tanaka (1999)
	A. nidulans	NR	法尼醇诱导两种真菌的生长阻断及 ROS 介导的凋亡	Semighini et al. (2006a)
	F. graminearum	NR		Semighini et al. (2008)
PAF	*A. nidulans*	NR	PAF 诱导 ROS 介导的凋亡性死亡	Leiter et al. (2005)
杀伤性毒素	*S. cerevisiae*	Dpn	杀伤性毒素都导致酿酒酵母敏感细胞的凋亡	Reiter et al. (2005) Mazzoni and Falcone (2008)
发育				
信息素	*S. cerevisiae*	NR	α-信息素诱导 a 型细胞的凋亡性死亡	Severin and Hyman (2002)
稳定期	*A. fumigatus*	Dpn	稳定期菌丝表现出凋亡性死亡	Mousavi and Robson (2003)

注：*半胱天冬酶相关性；Dpn，半胱天冬酶依赖性；Ind：非半胱天冬酶依赖性；NR，未见报道。UV：紫外线；PSH：植物鞘氨醇(phytosphingosine)；DHS：二氢神经鞘氨醇(dihydrosphingosine)；PAF：一种从产黄青霉(*Penicillium chrysogenum*)分离的抗真菌蛋白。(引自 Sharon et al. 2009)

氧化条件诱导的类凋亡性细胞死亡在多种真菌中均有相关报道，如酿酒酵母、白念珠菌(*C. albicans*)和烟曲霉。这些真菌处理后的细胞经 TUNEL 染色和 DNA 琼脂糖凝胶电泳可检测到 DNA 的碎片(酿酒酵母和烟曲霉)。酿酒酵母细胞 DAPI 染色可见核凝结。过氧化氢处理后的酿酒酵母和白念珠菌采用透射电子显微镜(transmission electron microscopy，TEM)观察可见染色质凝结和核降解。在烟曲霉和白念珠菌中可观察到膜联蛋白 V 阳性和碘化丙啶(PI)染色阴性。采用环己酰亚胺预处理酿酒酵母和白念珠菌能够阻断其 H_2O_2 诱导的凋亡现象。H_2O_2 浓度超过一定限度则类凋亡细胞数量减少，坏死细胞数量增多。综合起来，这些分析结果表明，在氧化压力下这些真菌表现出一种有序的凋亡性细胞死亡过程。但是，重要的是在 H_2O_2 诱导的烟曲霉细胞死亡过程中，半胱天冬酶的活性并未增高，用广谱半胱天冬酶抑制剂 Z-VAD-FMK[苄氧羰基缬-丙-天冬氨酸-(*O*-Me)-氟甲基酮]预处理细胞后不影响 TUNEL 阳性细胞的数量。因此，在烟曲霉中，H_2O_2 诱导的类细胞凋亡可能属于非半胱天冬酶依赖型(Madeo et al. 1999；Phillips et al. 2003；Mousavi and Robson 2004)。

UV 辐射能够诱导哺乳动物细胞的细胞凋亡，且对出芽酵母有相同的诱导作用。用 UV 处理酿酒酵母，可检测到类凋亡特性的细胞死亡。UV 处理后 TUNEL 阳性细胞数量增多，且这种增长以一种剂量依赖型方式发生，在 120 J/m^2 时达到峰值。尽管更高的剂量导致细胞生存力更大的丧失,但 TUNEL 阳性细胞的数量下降,表明细胞由凋亡向坏死发生转换。流式细胞仪分析显示带有 sub-G1 DNA 的细胞数量增加,与 TUNEL 实验结果相一致。TEM 观察 UV 照射过的 sub-G1 细胞显示大部分细胞出现染色质凝结及空泡化,且出现此类现象的细胞数量随时间增加。在表达抗凋亡蛋白 Bcl-2 的盘长孢状刺盘孢菌株中,UV 诱导的盘长孢状刺盘孢死亡的数量减少,同样该菌株也可免受其他压力的死亡影响(del Carratore et al. 2002;Barhoom and Sharon 2007)。

稳定期的烟曲霉会出现凋亡标志物,同时伴随半胱天冬酶-1 和半胱天冬酶-8 活性的增强,随后细胞膜完整性和细胞生存能力丧失。向进入稳定期之前的烟曲霉培养物中添加环已酰亚胺或半胱天冬酶抑制剂 Z-VAD-FMK 能够阻断类凋亡性细胞死亡,此结果表明类凋亡性细胞死亡过程为半胱天冬酶依赖性且需要从头合成蛋白质。物理损伤引起的细胞死亡不受环已酰亚胺和 Z-VAD-FMK 的影响,进一步证明了类细胞凋亡现象的诱发基于细胞进入稳定期生长。多种其他种类的诱导真菌类细胞凋亡现象的刺激物已被报道(Hamann et al. 2008;Ramsdale 2008)。在酿酒酵母中,高浓度葡萄糖或山梨醇引起的高渗透压与半胱天冬酶活性的增强有关。*MCA1* 缺失细胞中高渗透压敏感性降低暗示了一条半胱天冬酶依赖途径的激活。采用高盐浓度(1.5mol/L NaCl)处理细胞后可观察到类似的现象,该现象可归因于高盐引起的高渗压力或毒性效应。NaCl 处理过的细胞中可检测到半胱天冬酶活性增强,而 *MCA1* 缺失细胞表现出对高盐浓度敏感性降低,这些现象均与半胱天冬酶介导应答的构想相符。低浓度乙酸及其他弱酸也可诱发真菌的类细胞凋亡现象。加入低浓度丙戊酸培养的酵母细胞表现出多种类细胞凋亡特性,包括磷脂酰丝氨酸的外翻及 ROS 的积聚。这一反应表现为半胱天冬酶依赖型,因为 *MCA1* 缺失细胞对相同处理的敏感性降低,且 TUNEL 和膜联蛋白 V 染色的阳性率降低。*MCA1* 缺失突变株二氢乙锭染色阳性表明 ROS 的产生属于早期应答,位于 Mca1 蛋白的上游。从这些例子中可以看出,大部分能够诱导酿酒酵母细胞凋亡的刺激物通过半胱天冬酶依赖型方式发挥作用(Silva et al. 2005;Huh et al. 2002;Phillips et al. 2003;Mitsui et al. 2005;Liang and Zhou 2007)。

12.1.3.2 特定化合物

大部分具有抗真菌活性的化合物能够干扰细胞重要的生理过程,主要是细胞壁和细胞膜的完整性。从这些化合物的主要靶位点出发推测这些化合物的作用方式,发现在许多情况下这些化合物作用的发挥与麦角固醇生物合成受阻相关。例如,由于多烯类物质与真菌麦角固醇的高亲和力,从而推断多烯类物质能够引起真菌质膜上形成多孔而最终杀死真菌细胞。其他常见药物抑制的生理过程对细胞壁的生物合成至关重要。例如,棘白菌素(echinocandin)类药物抑制 β-1,3-葡聚糖的合成,该物质参与细胞壁葡聚糖的合成。细胞凋亡现象作为真菌内切实存在且具有重要作用的生理过程被认可后,主要抗真菌化合物作用方式需进行重新评估。最近的研究显示一些化合物确实能诱导被治疗病原体的类凋亡性细胞死亡,表明这些化合物的抗真菌活性受诱发细胞类凋亡现象介导的可能性增加。一系列添加的化合物,包括抗真菌蛋白,已被证实可诱导真菌的细胞凋亡。上面只是给出已被证实能够诱发真菌细胞凋亡的不同来源、不同化学性质的几种化合物的例子,但是能诱发真菌 PCD 的化合物数量更大。读者参阅最近发表的相关综述可得到一个更全面的介绍(Ramsdale 2008)。

多烯类两性霉素 B 用于人类抗真菌感染已有 30 年以上的历史。与其他多烯类抗生素类似,两性霉素 B 与固醇类物质有很高的亲和力,尤其是麦角固醇。现已广泛接受两性霉素 B 的抗真菌活性是由于与质膜上的麦角固醇相互作用,引起多孔结构的形成及细胞完整性的破坏(Liao et al. 1999)。新近的报道指出,两性霉素 B 能够诱发真菌的类凋亡性细胞死亡。用两性霉素 B 处理过的烟曲霉表现出剂量依赖型的 TUNEL 和膜联蛋白 V 染色阳性(Mousavi and Robson 2004)。当两性霉素浓度超过 1mg/mL 后,细胞死亡从类凋亡性死亡转向坏死,此结论可通过碘化丙啶(PI)染色阳性增加及 TUNEL 阳性的减少得到。凋亡蛋白酶抑制剂不会阻断或减少凋亡标记物的出现,半胱天冬酶的活性记录也没有变化,表明这是一个半胱天冬酶非依赖性细胞死亡过程。两性霉素 B 诱导的类凋亡细胞现象在白念珠菌中也有报道(Phillips et al. 2003)。用于鉴定这些真菌内类凋亡现象的标志物包括 ROS 的积聚和细胞核裂解。在该研究中没有发现半胱天冬酶。其他的具有不同化学基团和重要靶点的抗真菌药物也被报道能够诱发几类真菌的类凋亡性细胞死亡,表明诱发 PCD 可能是一种普遍的作用方式(Ramsdale 2008)。

两性霉素 B 诱发的细胞凋亡现象可能是由于膜成分的释放,尤其是鞘脂类物质。鞘脂类的新陈代谢与大部分细胞活动相关,包括压力应答、细胞凋亡、炎症、细胞周期调控及癌症发生(Hannun and Luberto 2000;Hannun et al. 2001)。真菌的两类主要的鞘脂类物质——植物鞘氨醇(DHS)和 4-羟双氢鞘氨醇——能够诱发构巢曲霉内 ROS 的积聚及具有典型凋亡特征的细胞死亡(Cheng et al. 2003)。用 ROS 清除剂预处理原生质体能阻止 ROS 积聚,但并不影响其他类凋亡特征的出现,表明这是一个 ROS 非依赖型应答过程。植物鞘氨醇诱发的类细胞凋亡也是半胱天冬酶非依赖型,因为半胱天冬酶基因 *casA* 缺失突变株的类凋亡性细胞死亡过程与野生型菌株并无明显差异。但是,这个结论需要进一步确认,因为构巢曲霉另外一个半胱天冬酶基因(*casB*)可能也会发挥作用。有趣的是,植物鞘氨醇诱发的细胞死亡被证实能够介导真菌产生的 AAL 毒素对植物的毒害作用。由链格孢(*A. alternata*)产生的 AAL 毒素,属于宿主选择性真菌毒素的一类,结构上与二氢神经鞘氨醇相关,是植物鞘脂类生物合成的前体。AAL 毒素通过诱发凋亡性细胞死亡杀死敏感宿主植物的细胞。向敏感宿主组织添加 AAL 毒素能够阻断鞘脂类物质的生物合成,并导致二氢神经鞘氨醇的积聚。AAL 不敏感植物含有酵母长寿基因(*LAC1*)的同源基因 *ASC1*。Asc1 蛋白作为抗性蛋白能够修饰 AAL 处理过的细胞内的鞘脂类物质代谢,因此防止了二氢神经鞘氨醇的积聚及细胞凋亡的发生(Brandwagt et al. 2000;Spassieva et al. 2002)。

控制植物的细胞凋亡是病原菌减弱或加速宿主植物细胞死亡的一种策略(Sharon and Finkelshtein 2008)。最新的证据表明,植物可能利用真菌的细胞凋亡现象,通过分泌诱发细胞凋亡的抗真菌化合物来阻断病原菌的入侵。烟草病程相关蛋白逆渗透蛋白(osmotin)能够诱发酿酒酵母的类凋亡性死亡,这种诱发细胞凋亡的活性是 ROS 依赖型的,因为阻断 ROS 产物能够解救逆渗透蛋白诱发的细胞死亡(Narasimhan et al. 2001)。此外,目前为止,逆渗透蛋白诱发的细胞凋亡现象仅在酿酒酵母中得到证实。来自其他生物的抗真菌多肽能够诱发不同真菌的类凋亡性细胞死亡(Ramsdale 2008)。植物皂苷 α-番茄素是番茄产生的一种抗真菌倍半萜烯糖苷。α-番茄素被认为通过破坏细胞膜完整性加剧真菌死亡(Friedman 2002)。但是,最近的研究表明它能够诱发植物病原菌尖孢镰刀菌(*F. oxysporum*)的类凋亡性细胞死亡(Ito et al. 2007)。这些作者同时揭示细胞凋亡对该化合物的抗真菌活性的发挥至关重要,用环己酰亚胺阻断蛋白的从头合成能够减少剂量依赖型的类凋亡性细胞死亡。此外,α-番茄素的杀真菌作用能够被线粒体电子传递抑制剂寡霉素所抑制,表明线粒体在此过程中有一定的作用。ROS 清除剂(抗坏血酸和二甲基硫脲)和半胱天冬酶抑制剂(Z-VAD-FMK)能够减少剂量依赖型细胞死亡,表明 α-番茄素诱发的尖孢镰刀菌的的细胞死亡为 ROS 和半胱天冬酶依赖型。

大部分真菌产生的化合物,包括次级代谢产物和多肽类,能够引起真菌的类凋亡性细胞死亡。洛伐他丁(lovastatin)是几种丝状真菌产生的次级代谢产物。因其对 3-羟-3-甲基戊二酰辅酶 A(3-hydroxy-3-methylglutaryl-CoA)还原酶的抑制效应而出名,同时是一类广泛用于降低胆固醇的药物。此外,洛伐他丁能够通过干扰异戊二烯依赖的信号转导通路触发人类细胞系的细胞凋亡(Shellman et al. 2005)。在一则真菌类细胞凋亡现象的早期报道中,Roze 和 Linz(1998)指出洛伐他丁能够诱发总状毛霉的类凋亡性细胞死亡。后来的研究表明在盘长孢状刺盘孢(*C. gloeosporioides*,又称胶孢炭疽菌)和灰葡萄孢(*B. cinerea*)内有类似的效应(Barhoom and Sharon 2007)。洛伐他丁诱发的胶孢炭疽菌的类凋亡现象在表达抗凋亡蛋白 Bcl-2 的转基因菌株中有所减弱,证明了该现象为细胞凋亡基础上的细胞死亡。类异戊二烯法尼醇是白念珠菌(*C. albicans*)分泌的一种密度感应信号分子。它能够抑制密度较大的培养物中菌体由酵母型向菌丝型的转换,但并不抑制该菌的生长。在其他真菌中,法尼醇能够诱发凋亡现象。法尼醇处理过的酵母细胞表现出增长率降低、ROS 积聚和线粒体膜电位高度极化(Machida and Tanaka 1999;Hornby et al. 2001)。在构巢曲霉(*A. nidulans*)和禾谷镰刀菌(*F. oxysporum*)中,法尼醇引起生长阻滞,并出现凋亡标志,包括 ROS 积聚、磷脂酰丝氨酸外翻、DNA 快速凝聚及碎片化(Semighini et al. 2008)。PAF 是产黄青霉分泌的一种富含半胱氨酸的抗真菌蛋白。这类蛋白能被一些敏感真菌主动内化,对多种植物和动物病原真菌具有抑制作用。在构巢曲霉中,PAF 能够诱发 ROS 介导的细胞凋亡现象,同时伴随质膜的极化、磷脂酰丝氨酸的外翻及 DNA 条带拖尾(Leiter et al. 2005)。从这些例子中可以看出,大部分化合物诱发的真菌类凋亡性细胞死亡为半胱天冬酶依赖型。

虽然真菌中类凋亡现象的存在仍受到某些学者的质疑,以上例子清楚地表明在所研究的物种中,类细胞凋亡是一个普遍存在的过程,因此,类凋亡性细胞死亡对真菌的重要性毋庸置疑。这些研究证实了类凋亡现象是真菌的一个重要的生理过程,与真菌的生长发育、防御及压力适应等相关。大量的真菌产生的化合物能够引起其他真菌的类细胞凋亡,该现象表明这可能是真菌保护自己免受病原菌和竞争物种侵害的一种普遍策略。类凋亡性细胞死亡在真菌生活史中发挥重要调节作用,这一发现使其成为一个引人注目的抗真菌治疗靶标,且为延长真菌寿命及提高生物质产量等真菌操作提供了新的路径。但是,真菌类凋亡调控的分子生物学信息仍然有限,需进一步去发现并分析相关的调控基因及蛋白。接下来我们将简要概述已知的真菌凋亡相关基因的基因组学及分子学信息(Sharon et al. 2009)。

12.1.4 真菌细胞凋亡的途径及调控蛋白

12.1.4.1 细胞凋亡途径

细胞凋亡是多种能量依赖型 PCD 现象之一,在 PCD 过程中细胞分解受到调控且分解成分可被循环利用。相对于 PCD 现象而言,坏死性细胞死亡刚好相反,它属于非能量依赖型,与细胞紊乱和炎症应答有关。细胞凋亡主要遵循两条路径,即外在的(或死亡受体)途径和内在的(或线粒体)途径(Elmore 2007)。外在的途径可被胞外配体激发,如 Fas 或 TNF(tumor necrosis factor,肿瘤坏死因子)、毒素及其他外来信号分子等能结合并激活细胞膜表面的死亡应答受体。内在途径可被细胞损伤或特殊的发育状态激活。它包含一系列刺激因子从而激活细胞内的靶标并引发线粒体内事件。外在的和内在的途径会聚于相同的执行通路,该通路受半胱天冬酶-3 裂解而激活。目前为止,仅得到了真菌中存在内在途径元件的证据,尚不清楚真菌中是否存在完整的外在途径。

在脊椎动物中,内在细胞凋亡应答的激活由线粒体介导,这一现象已经研究得比较清楚。凋亡信号引起线粒体内膜的变化,最终导致线粒体膜通透性转运(mitochondrial permeability transition,MPT)通道的开放,一些与凋亡过程相关或激活其下游成分的线粒体蛋白释放。根据其功能及作用方式的不同,可将这些蛋白质分为两类。第一类蛋白质能够激活半胱天冬酶(又称天冬氨酸特异性半胱氨酸蛋白酶)依赖的线粒体途径,该途径由细胞色素 c(cytochrome *c*,Cyt *c*),Smac/DIABLO 和丝氨酸蛋白酶 Htr2/Omi 组成。Cyt *c* 结合并活化凋亡诱导因子(Apaf-1,图 12.1),该复合体募集蛋白酶原 procaspase-9(半胱天冬酶前体),形成凋亡小体复合体。然后,活化的半胱天冬酶-9(caspase-9)裂解并活化包括半胱天冬酶-3(caspase-3)在内的下游半胱天冬酶(Jiang and Wang 2004)。第二类蛋白包括 AIF(apoptosis-inducing factor,凋亡诱导因子)、内切核酸酶 G(endonuclease G,endoG)及 CAD(caspase activated DNase),在凋亡晚期细胞趋于死亡时由线粒体释放。从线粒体释放后,这些核酸酶转移至细胞核,裂解核 DNA。AIF 和 endoG 均以半胱天冬酶非依赖型方式发挥作用(Li et al. 2001)(图 12.1)。这些线粒体事件受 Bcl-2 家族的促凋亡蛋白和抗凋亡蛋白的调控。这些蛋白质是线粒体凋亡途径的重要调节者,并且能够决定细胞是进入细胞凋亡还是终止该过程。

如前所述,真菌内的细胞凋亡途径为线粒体依赖型,且可以是半胱天冬酶依赖型或非依赖型。与多细胞动物内情况类似,ROS 积聚为普遍存在的现象,尽管它并不是必然反应,因为一些刺激物诱发的类凋亡现象为 ROS 非依赖型。因此,真菌凋亡现象的一般特征类似于哺乳动物的内在途径。但是,由于真菌的生活方式与哺乳动物有本质上的差别,这些生物体内的类细胞凋亡经演化后发挥不同的作用,由此预计它们的调控方式也有所不同。因此,尽管真菌和高等生物具有类似的细胞凋亡核心组分,其他组分却可能是不同的。事实上,已知的真菌基因组数据库检索揭示了一些丝状真菌和酵母内存在推测的凋亡相关基因同源序列。经鉴定的基因为细胞凋亡线粒体相关调节物的同源序列,如线粒体分泌的蛋白 Cyt *c* 和 Omi/HtrA2,以及下游成分,如凋亡蛋白酶和细胞凋亡蛋白的抑制剂(inhibitor of apoptosis protein,IAP)(图 12.1)。值得注意的

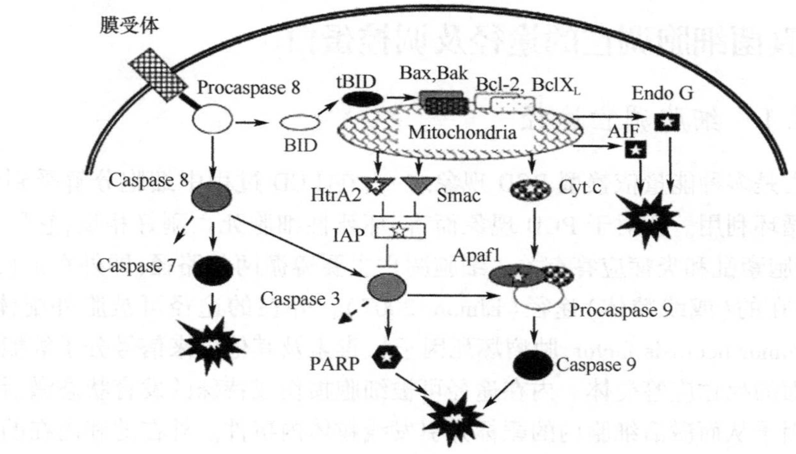

图 12.1 细胞凋亡途径示意图

仅显示重要的调控因子。当存在真菌同源物时,蛋白质加五星星号表示。死亡应答途径(即外在途径)中未检测到真菌同源物(图左侧)。半胱天冬酶非依赖型细胞凋亡受内切核酸酶(EndoG)和 AIF 的介导(图右侧)。✸ 示细胞凋亡。(引自 Sharon et al. 2009)

是,凋亡蛋白酶非依赖途径在真菌中具有高度的保守性,且该途径的元件在酵母及丝状真菌基因组中均已被鉴别(Halestrap 2005)。在曲霉中,已有超过 50 种人类和老鼠程序性细胞死亡相关基因同源序列的报道(Fedorova et al. 2005)。此外,多细胞动物细胞凋亡机构中保守的核心组分,如 *het* 基因座及物种特异性蛋白家族同样存在于许多真菌中。有趣的是,这些蛋白质中的一些成员,如 Apaf1(与凋亡小体的形成有关)及 PARP,在酿酒酵母中并不存在。

12.1.4.2 细胞凋亡的调控蛋白

对推测的真菌凋亡相关基因的进一步研究发现,大多数情况下,它们并不是哺乳动物相应成分真正的同源序列。真菌和哺乳动物凋亡相关蛋白的同源性往往集中在蛋白质内的特定区域,但是真菌和哺乳动物内同源物的基因序列具有很大的差异性。哺乳动物凋亡相关蛋白可能包含几个不同的区域,然而在相应的真菌同源物中往往仅有一种单独类型的凋亡相关区域(Reed et al. 2004)。此外,多数情况下,真菌的凋亡相关区域与哺乳动物内存在的相关区域是类似的,但并不完全相同。例如,人类半胱天冬酶以无活性的酶原形式合成,由 N 端原结构域、一个约 20kDa 的大亚基及一个约 10kDa 的小亚基组成。半胱天冬酶最常见的两种类型如下所述。①起始半胱天冬酶,可被凋亡刺激物激活;②效应半胱天冬酶,可被起始半胱天冬酶切割而激活,激活后,半胱天冬酶进而切割下游致死底物,介导凋亡过程。起始半胱天冬酶含有一个半胱天冬酶募集结构域(caspase-recruitment domain,CARD)或半胱天冬酶死亡感应结构域(death-effector domain,CDED),CARD/CDED 结构域是它们与介导半胱天冬酶异源二聚化的连接蛋白之间的相互作用所必需的(Earnshaw et al. 1999;Salvesen 2002;Fuentes-Prior and Salvesen 2004)。半胱天冬酶特异性断裂位于 X-Glu-X-Asp 四肽识别基序中 Asp 残基后的肽链,且在其活性位点中有一个功能性半胱氨酸(Lavrik et al. 2005)。在真菌中并未鉴定出半胱天冬酶。取而代之,真菌内有一类相关的蛋白酶称为元半胱天冬酶(metacaspases),被认为是半胱天冬酶的古老形式(Uren et al. 2000)。半胱天冬酶和元半胱天冬酶的全序列相似性很低。通过重复区域检索分析其同源性,发现元半胱天冬酶不包含 CARD 或 CDED 区域,与半胱天冬酶的同源性仅限于活性位点。此外,元半胱天冬酶和半胱天冬酶活性位点存在结构上的差别,意味着底物特异性上可能存在差异(Vachova and Palkova 2007;Vercammen et al. 2007)。

真菌和哺乳动物凋亡调控蛋白在结构上存在差异的另一个例子是 IAP,IAP 在正常条件下抑制半胱天冬酶,从而阻止细胞凋亡。IAP 的典型特征是存在三个杆状病毒 IAP 重复域(BIR),BIR 域介导 IAP 与半胱天冬酶的相互作用(Verhagen et al. 2001;Dohi et al. 2004;Reed et al. 2004)。IAP 蛋白可能还包含一个具有 E3 泛素连接酶活性的 C 端 RING 指结构域和一个可能介导其与起始半胱天冬酶相互作用的 CARD 结构域(图 12.1)。在真菌内并未发现 IAP 同源物。取而代之,在大部分(并非全部)已知真菌基因组中可鉴别出一类相关的 BIR 包含蛋白。这些类 IAP 蛋白中的 BIR 结构域略大于 IAP 蛋白中相应的结构域,因此被称为Ⅱ型 BIR(Verhagen et al. 2001)。真菌的类 IAP 蛋白包含一个或两个 BIR 结构域,与通常有三个 BIR 结构域的哺乳动物的 IAP 相比,真菌类 IAP 蛋白不包含任一个 IAP 中存在的其他结构域,并且除了 BIR 域的同源性,它们在大小和结构上是高度多变的。

上述半胱天冬酶和 IAP 两个例子表明真菌凋亡调控网络的组分与它们在哺乳动物内的同源物在结构上有很大的差异,仅保留了与它们类凋亡作用相关的一些基础的核心成分。这在很大程度上表明真菌类凋亡调控网络可能相对而言比较简单,涉及较少的相互作用且调控应答的能力较弱。这一观点同样得到了基因组水平研究的支持:哺乳动物细胞凋亡的调控往往需要大量蛋白家族的成员。尽管不同的蛋白质成员间可能存在功能上的重复性,它们却参与细胞凋亡不同的方面并对不同的刺激物作出应答。相比之下,在大多数真菌中,仅存在一个或两个相关基因。例如,人类含有 14 种不同的半胱天冬酶,包括起始半胱天冬酶和效应半胱天冬酶。它们中的一些,如半胱天冬酶-8,特异性参与死亡感应(外在的)途径;另一些,如半胱天冬酶-9,特异性参与线粒体(内在)途径;还有一些,如半胱天冬酶-3,同时参与两种途径。同样的,人类含有 8 个 IAP 家族成员。尽管没有完整描述,仍可知不同的 IAP 成员调控并相互影响不同的半胱天冬酶(Reed et al. 2004)。相比之下,酿酒酵母中仅含有单一的元半胱天冬酶(Mca1p)和单一的 BIR 包含蛋白(Bir1p)(Uren et al. 1999)。在丝状真菌中,通常可发现两种元半胱天冬酶和单一的 BIR 包含蛋白。但是,有些真菌不含有 BIR 包含蛋白,该现象表明这种蛋白质的功能可被其他不同的蛋白质执行,或者该蛋白在这些生物中为非必需成分。在这个方面,需要注意的是细胞凋亡的一些重要的调控成分在真菌中完全缺失,尤其是介导细胞凋亡信号的上游调控成分。例如,在真菌基因组中没有 Bcl-2 蛋白家族相应序列的存在。人类这一重要的促凋亡和抗凋亡蛋白家族含有超过 25 种成员。Bcl-2 超家族根据蛋白质内多达 4 种不同的称为 BH(Bcl-2 同源性)1 ~ BH4 的结构域的存在,可被分为不同的亚群。最大的单一亚群包括仅含 BH-3 的蛋白质,它们均为促凋亡蛋白质。它们功能的一个重要部分是通过 BH-3 结构域结合到 Bcl-2 的疏水性凹槽,从而与抗凋亡蛋白 Bcl-2 成员相互作用。然而,令人惊讶的是,异源表达的 Bcl-2 蛋白能够促进(促凋亡蛋白)或抑制(抗凋亡蛋白)

酵母的类凋亡性细胞死亡(Longo et al. 1997; Frohlich and Madeo 2000; Polcic & Forte, 2003)。类似的,抗凋亡 Bcl-2 蛋白在植物病原菌盘长孢状刺盘孢(*C. gloeosporioides*)中的表达能够阻断洛伐他丁和 Bax 诱导的 PCD,并赋予转基因菌株寿命的延长及对环境压力的抗性。研究发现,Bcl-2 与盘长孢状刺盘孢中人类翻译控制肿瘤蛋白(TCTP)的同源物之间存在相互作用(Barhoom and Sharon,2007)。Bcl-2 疏水性凹槽的突变阻断其与 TCTP 的相互作用,并且 Bcl-2 失去抗凋亡活性。尽管 TCTP 可能与 Bcl-2 的表型无关,该实验结果仍表明 Bcl-2 的疏水性凹槽的功能重要性,同时表明,与人类中的情况类似,疏水性凹槽对 Bcl-2 和真菌蛋白的相互作用至关重要。因此,尽管在真菌基因组中未鉴定出 Bcl-2 的结构同源物,然而它们的一些功能可能被一些非同源的真菌蛋白所执行。这个例子同样被其他的一些成分所证实,例如凋亡调控因子 p53 或线粒体蛋白 SMAC/Diablo。尽管没有公认的组分的存在,包括死亡应答器和下游元件在内的介导外来信号的途径可能同样存在于真菌中(Sharon et al. 2009)。

总之,以上例子表明真菌核心的类凋亡调控网络由保留相应哺乳动物凋亡相关蛋白基础调控结构域的蛋白质组成(图 12.1)。真菌基因组中发现的结构域并不总是与哺乳动物内的同源序列完全相同,它们表现出一种凋亡相关区域更原始的形式。总的来说,真菌类凋亡调控网络较哺乳动物简单,且一些已知的凋亡相关蛋白在真菌内并不存在。这些蛋白质可能是真菌类凋亡非必需的蛋白质,也可能是它们的功能可被缺乏序列相似性但却具有充分的功能互补性的非同源蛋白所执行。相反,推测的凋亡调控蛋白同源物的作用需要进行功能鉴定,因为它们可能与哺乳动物内相应的同源物所发挥的作用具有很大的差异。

12.1.5 真菌类凋亡相关基因的功能分析

目前,通过公共数据库可获得已测定真菌基因组的信息,从而能够进行广泛的基因检索和真菌特性的对比分析。像已经提到的那样,在所有的真菌基因组中均可推测哺乳动物凋亡相关基因的同源物。但是,到目前为止,这些基因只在少数几种真菌中被详细分析。这一状况有望很快被改变,因为正在进行几种不同的丝状真菌内的凋亡相关基因的分析研究。然而,酿酒酵母内的研究仍为真菌凋亡基因作用的相关信息的主要来源。有文章已经综述了酿酒酵母凋亡基因的分析(Frohlich et al. 2007)。在此,本节主要根据从其他物种中获得的实验结果,主要以哺乳动物凋亡相关基因为对照,对酵母和丝状真菌中细胞凋亡的相关基因进行简要的对比描述。

12.1.5.1 Bcl-2 与 BI-1

Bcl-2 蛋白能够诱导或阻止酿酒酵母的类凋亡现象的发现,使得酿酒酵母成为鉴定真菌新的凋亡相关基因的筛选系统(Longo et al. 1997; Jin and Reed. 2002)。在人类的细胞凋亡抑制子的筛选过程中,分离得到了一种称为 BI-1(即 Bax 抑制剂 1)的蛋白质,它能够阻断酿酒酵母中 Bax 诱导的类凋亡性细胞死亡(Xu and Reed 1998)。BI-1 是一种具有 6 个跨膜螺旋区域的膜蛋白,且已被证实它类似于 Bcl-2 蛋白,能够使膜上形成孔状结构。但是,真菌内不存在 Bcl-2 家族,与之不同的是,在真菌基因组中可鉴定出与人类 BI-1 有中等相似性的推测的 BI-1 同源序列。目前为止,只有酿酒酵母的 BI-1(即 Bxi1p)已被分析。过表达酵母 *BXI1* 基因的酵母细胞对热和氧化压力具有更高的抗性,且能够保护其免于 Bax 诱导的细胞死亡(Chae et al. 2003)。与哺乳动物 BI-1 相似,酵母 Bxi1p 细胞质基质区域的缺失致使其失去抗凋亡功能。目前还没有有关 Bxi1p 可能靶标或其作用方式及其进一步研究的相关资料。除酿酒酵母外,其他物种中的此类蛋白的精确作用也需进一步确定。真菌的 BI-1 蛋白是否能够提供丢失的 Bcl-2 蛋白的部分功能这一问题已引起研究人员的关注。

在哺乳动物中,Bcl-2 蛋白调控线粒体的渗透性,促进线粒体分泌一些促凋亡蛋白,其中包括 Cyt *c*、HtrA2/Omi 和 SMAC/Diablo、内切核酸酶(EndoG)及凋亡诱导因子(AIF)。除 SMAC/Diablo 外,其他所有提到的推测的线粒体包含蛋白同源物均已在真菌内得到鉴定(见图 12.1 具有星号者)。

12.1.5.2 细胞色素 c

在酿酒酵母中,伴随凋亡诱导刺激物的作用,线粒体释放细胞色素 c(Roucou et al. 2000)。但是,Cyt *c* 在酵母凋亡中的可能作用仍不清楚。鹅柄孢壳(*P. anserina*)中的一个 Cyt c 编码基因 *CYC1* 也已被分析。*CYC1* 基因的突变表现出细胞寿命的延长、生长速率的降低和氧自由基的积聚,同时伴随 mtDNA 的稳定化(Sellem et al. 2007)。这些表型缺陷与线粒体呼吸链复合物Ⅲ和复合物Ⅳ功能缺失突变株类似,可能是 ATP 含量降低的结果。与酿酒酵母类似,Cyt *c* 在鹅柄孢壳凋亡过程中的作用也不清楚。在哺乳动物内,Cyt *c* 通过一种 ATP 依赖的方式促进凋亡小体的形成。尚没有真菌内存在凋亡小体的证据。因此,细胞色素 c 可能不直接参与真菌类细胞凋亡,或者其作用方式与哺乳动物内的细胞色素 c 存在很大的差异。

12.1.5.3 AIF 与 Aif1

在哺乳动物中,AIF 和 EndoG 是两种 DNA 核酸酶,能够促进半胱天冬酶非依赖途径的 DNA 降解。在细胞凋亡的刺激下,它们从线粒体转移至细胞核并断裂染色体 DNA。AIF 还表现出 NADH 脱氢酶活性,正因如此它也是有效呼吸所需要的,但 AIF 的这一活性与细胞凋亡的诱导无关(Vahsen et al. 2004;Cheung et al. 2006)。酿酒酵母中同源物 Aif1p 的作用方式与哺乳动物的 AIF 非常相似。Aif1 是一种线粒体蛋白,它在细胞凋亡诱导条件下或衰老过程中从线粒体转运至细胞核,参与核 DNA 的片段化及染色质的凝聚(Ye et al. 2002;Parrish and Xue 2003)。与促凋亡蛋白作用类似,*AIF1* 基因缺失株表现出压力及衰老诱发的细胞凋亡现象减弱,然而,*AIF1* 过表达菌株表现出对细胞凋亡诱导条件的敏感性增加(Frohlich et al. 2007)。鹅柄孢壳含有推测的 AIF 同源物[即 AIF 和"AIF-同源线粒体相关死亡诱导因子"(AMID)]。*PaAmid1* 缺失株寿命中等程度延长(59%~78%)。在人类中,AIF 是包括 AMID 和 AIFl(类 AIF)的小蛋白家族的成员。AMID 是一种具有 NAD(P)H 氧化酶活性的黄素蛋白,它能够诱导半胱天冬酶非依赖性的细胞凋亡,但与 AIF 不同,它缺乏线粒体定位信号,与线粒体外膜相关(Wu et al. 2002)。酿酒酵母中,有两个 AMID 同源物,即 Nde1p 和 Ndi1p。Ndi1p(而非 Nde1p)的过表达能够引起在含葡萄糖的培养基中生长的酵母细胞的衰老加剧,同时伴随凋亡标志因子的激活,然而,Ndi1p

的缺失导致 ROS 含量降低且延长了酵母细胞的自然(时序)寿命(Li et al. 2006)。粗糙脉孢菌中 AIF 同源物的缺失导致菌株对药物植物鞘氨醇和过氧化氢的抗性增强。相比之下,AMID 多肽编码基因的缺失菌株对这两种处理都更加敏感。类似的是,在构巢曲霉中同样发现 AIF 同源物 AifA 参与保护其免于细胞凋亡,因为 *ΔaifA* 缺失突变株对法尼醇和过氧化氢诱导的细胞死亡更为敏感(Savoldi et al. 2008)。构巢曲霉的 AifA 蛋白并不随凋亡刺激因子迁移至细胞核,此结果表明它的作用方式不同于人类 AIF。在鹅柄孢壳中同样存在 AIF 和 AMID 同源物。尽管 *ΔPaAmid1* 缺失突变株的凋亡相关表型不如元半胱天冬酶缺失株明显,但其寿命延长(Hamann et al. 2007)。这些研究表明真菌和人类的 AIF 和 AMID 蛋白具有很高的功能保守性。AMID 对寿命和细胞死亡的影响是间接的,可能是由于它在呼吸和氧自由基产生过程中的作用,然而 AIF 可能通过 DNA 的降解更直接地参与细胞凋亡的调控。

12.1.5.4 EndoG

内切核酸酶 G(EndoG)在暴露于细胞凋亡刺激物时同样转移至细胞核,但是它作为细胞凋亡调控因子的作用仍然存在很大的争议。酵母内的同源物 Nuc1p 位于线粒体中,并伴随过氧化氢的处理转移至细胞核。*NUC1* 的过表达导致乙酸或过氧化氢处理引起的细胞凋亡现象增强,然而该基因的缺失能够保护细胞免于凋亡(Burhans and Weinberger 2007)。Nuc1p 介导的细胞死亡不依赖于 Mca1p 和 Aif1p(Buttner et al. 2007)。EndoG 在其他真菌中的作用尚未报道。在灰葡萄孢(*B. cinerea*)中,发现 EndoG 的同源蛋白 BcNuc1 存在于线粒体中,但其过表达没有明显的表型。

12.1.5.5 HtrA2/Omi 与 Nma111

人类丝氨酸蛋白酶 HtrA2/Omi 通过拮抗 IAP 的凋亡抑制功能而促进细胞凋亡。HtrA2/Omi 能够结合并降解某些 IAP 蛋白,从而允许半胱天冬酶的活化。该蛋白酶在酵母内的同源蛋白 Nma111p 同样也是促凋亡因子,但是,不同于 HtrA2/Omi,Nma111p 是一种核蛋白(Fahrenkrog et al. 2004)。*Δnma111* 缺失突变株较野生型相比在高温和过氧化氢压力下存活率更高且不出现细胞凋亡的特征,然而 *NMA111* 基因的过表达则可加剧类凋亡性细胞死亡。尽管在其他真菌中也鉴定出 *NMA111* 的同源序列,但尚未有它们功能分析的相关报道。有趣的是,曲霉属真菌中的同源蛋白比酵母蛋白更接近于人类(Fedorova et al. 2005)。最近从灰葡萄孢中克隆得到了 *NMA111* 的同源序列。灰葡萄孢的 *ΔBcnma* 基因缺失突变株表现出延迟发芽、寿命延长,但对氧化压力的抗性没有改变(Sharon 2009)。在新生的、形态正常的菌丝中,BcNma 蛋白以小囊泡的形式分布在细胞中,也可能存在于线粒体中。计算机模型分析显示,BcNma 蛋白含有一个 IAP 结合域,人类同源蛋白中也存在此结构域,但酵母中不存在。该结构域可能是 HtrA2/Omi 与 XIAP 的相互作用所必需的(Walter et al. 2006)。因此,尽管 BcNma 蛋白与酵母的 Nma111 蛋白表现出更高的序列同源性,但其功能更类似于人类 HtrA2/Omi 蛋白。

酿酒酵母类 IAP 蛋白 Bir1p 具有抗凋亡活性,该活性可被 Nma111p 蛋白拮抗。与其哺乳动物同源蛋白生存素(survivin)类似,Bir1p 蛋白也参与染色体分离(Rajagopalan and Balasubramanian 2002)。蛋白质 N 端的两个 BIR 区域是抗凋亡活性所必需的,而 C 端则是其细胞周期控制特性所必需的。哺乳动物 IAP 蛋白通过所有蛋白中都存在的 CARD 区域与半胱天冬酶结合。Bir1p 蛋白不含 CARD 结构域且不与 Mca1p 蛋白相互作用,表明它与人类生存素类似,Bir1p 蛋白的抗凋亡活性可能通过结合并稳定其他核蛋白,而不是通过直接抑制半胱天冬酶而实现(Walter et al. ,2006)。最近从灰葡萄孢中分离得到了含 BIR 结构域的蛋白质,该基因为必需基因,因为不能获得纯合敲除突变株。在灰葡萄孢中,*BcBIR1* 的过表达导致分批培养中生长期的延长及氧自由基积聚的减少,同时对过氧化氢和盐压力的敏感性降低(Shlezinger et al. 2009)。初步的数据表明 BcBir1 蛋白可能以一种 BcNma 依赖的方式降解。这些结果突出了酿酒酵母和灰葡萄孢中这些蛋白质在作用及作用方式上的相似点和不同点。大部分凋亡相关蛋白在除细胞死亡外的其他生理过程中也发挥一定的作用,在很多情况下可能是它们的主要作用。Bir1p 和 BcBir1 在结构和功能上的差异可能与单细胞出芽酵母和多细胞丝状物种的生活方式不同有关。

12.1.5.6 元半胱天冬酶

半胱天冬酶位于凋亡调控链的末端。在大多数情况下,从真菌基因组中可鉴定出一个或两个元半胱天冬酶基因。已研究分析了多种真菌内的元半胱天冬酶,尽管一些程序性细胞死亡过程中不涉及元半胱天冬酶,但所有情况下它们均与凋亡性细胞死亡相关(见表 12.1)。唯一的酵母元半胱天冬酶 Mca1 蛋白对哺乳动物半胱天冬酶的底物 VEID-AMC 和 IETD-AMC 表现出高度的蛋白质水解活性。该活性可被泛半胱天冬酶(pan-caspase)抑制剂 Z-VAD-FMK 完全抑制。*MCA1* 基因的缺失能够减少衰老培养物的细胞死亡和凋亡标记物的形成。*Δmca1* 基因缺失菌株氧自由基积聚减少并表现出对氧化压力的抗性增强,而 *MCA1* 的过表达具有相反的影响,菌落对凋亡刺激物高度敏感(Madeo et al. 2002b)。从烟曲霉中鉴定并克隆出两种元半胱天冬酶编码基因——*casA* 和 *casB*。*ΔcasA /ΔcasB* 双缺菌株中磷脂酰丝氨酸的外翻化受阻,但突变株细胞的生存能力并不改变。*ΔcasA /ΔcasB* 双缺突变株仍保留野生型突变株的毒力,且对多种凋亡诱导刺激物的敏感性与突变株相比也没有变化。因此,尽管是稳定期细胞膜磷脂不对称性丢失依赖于这些元半胱天冬酶,但其他由氧化压力和抗真菌药物等外在条件诱发的凋亡表型及程序性细胞死亡却不依赖于这些蛋白质。然而,*ΔcasA /ΔcasB* 双缺突变株在细胞进入稳定期时仍保留部分半胱天冬酶活性,这暗示了额外的、迄今尚未知的类半胱天冬蛋白酶的存在(Richie et al. 2007b)。这些实验结果与酵母中的结果相反,在酵母中 Mca1 蛋白是多种外来刺激物诱导的细胞死亡过程所必需的(Silva et al. 2005;Vachova and Palkova 2007)。在衰老的鹅柄孢壳培养物中仍可检测到半胱天冬酶活性。迄今已分离得到两个元半胱天冬酶基因,即 *PaMCA1* 和 *PaMCA2*,并构建缺失突变体进行定性研究,结果表明 *PaMCA1* 或 *PaMCA2* 的敲除分别导致寿命延长 80% 或 148%(Hamann et al. 2007)。

12.1.5.7 PARP 和 DAP-3

目前从真菌中仅鉴定出几种半胱天冬酶靶蛋白,其中一个为 PARP。在多细胞动物中,PARP 在调控细胞对压力和凋亡的应答过程中发挥主要作用。在酿酒酵母中没有 PARP 同源物,但是在丝状真菌中可以鉴定出 PARP 同源物(Fedorova et al. 2005)。

构巢曲霉的 PrpA 是一个 81kDa 的蛋白质,不具有典型的半胱天冬酶-3 或半胱天冬酶-8 裂解位点,但存在一个 KVVDK 位点,当在有高半胱天冬酶活性的真菌提取物存在条件下孵育时会产生一个 60kDa 的产物。法尼醇处理后的 *prpA* 缺失突变株表现出凋亡细胞减少。这个结果表明,PrpA 至少参与一种真菌细胞死亡途径(Semighini et al. 2006b)。另一种半胱天冬酶的靶蛋白 DAP-3 是一种细胞凋亡的线粒体调节物,可能在哺乳动物半胱天冬酶-8 途径的上游和下游发挥作用。在酿酒酵母中,DAP-3 同源蛋白 Ygl129c 的缺失能够完全阻止 *MCA1* 过表达诱发的凋亡反应,说明 Ygl129c 位于半胱天冬酶下游,能被半胱天冬酶激活并介导凋亡过程。当暴露于凋亡刺激物时,人类核蛋白 Rad21 被半胱天冬酶裂解,C 端产物转移至细胞质,在此发挥核内凋亡信号功能(Pati et al. 2002)。酿酒酵母的 Rad21 同源物 Mcd1 蛋白是 S 期和有丝分裂期过程所必需的。在细胞分裂中期至后期的转变过程中,Mcd1 被核内类半胱天冬酶 Esp1 蛋白裂解,促进粘连蛋白的丢失,随后 Mcd1 蛋白从染色体上解离(Michaelis et al. 1997)。最近,有报道称在酿酒酵母中 Mcd1 蛋白在过氧化氢诱导的细胞凋亡过程中被裂解。C 端片段转移至线粒体,导致线粒体膜电位减弱,并以细胞色素 c 依赖方式促进细胞死亡(Yang et al. 2008)。此外,在过氧化氢诱导的酵母细胞凋亡过程中,Mcd1 的裂解可被 Esp1 促进,且可被半胱天冬酶-1 抑制剂和广谱半胱天冬酶抑制剂 Z-VAD-FMK 阻断。这些新的实验结果可能有助于解释在 *Δmca1* 缺失突变株的细胞凋亡过程中往往能够检测到残余的半胱天冬酶活性的现象。

12.1.5.8 小结

总的来说,上述分析表明真菌内已知凋亡相关蛋白的同源物可能参与类凋亡性细胞死亡的调控,但是它们的功能往往与之前预测的活性不一致。在酿酒酵母中,大部分研究的基因,不管是抑凋亡基因还是促凋亡基因,均以一种保守的、半胱天冬酶依赖的方式发挥作用,但是在丝状真菌中,结果却是复杂的。一些蛋白质表现出与出芽酵母中观察到的一样的影响,然而另一些蛋白质则或者没有影响或者与预期的影响相反(Sharon 2009)。很明显,半胱天冬酶非依赖性细胞死亡在丝状真菌中比在出芽酵母中普遍。但是,这可能在一定程度上是由于丝状真菌中元半胱天冬酶数量较多,这个问题仍需进一步的查证。尽管已被分析的真菌凋亡基因的数量仍然很少,这些发现却表明这些特殊的凋亡相关蛋白的功能在真菌和哺乳动物内并不全是保守的,甚至在酿酒酵母和丝状真菌中也存在差异。很可能程序性细胞死亡在丝状真菌中发挥不同的作用,类凋亡性细胞死亡对单细胞生物的贡献也不是很清楚。Herker 等(2004)发现 *MCA1* 的缺失尽管赋予了酵母细胞特殊的抗压能力及其寿命的延长,但对酵母群体却是不利的。*MCA1* 的缺失提高了自然衰老细胞的存活率;但是预培养 35 天后,仅有 1% 的 *Δmca1* 缺失细胞能够在平板上形成菌落,相比之下野生型有 7% 能够形成菌落。这一研究表明 PCD 对群体长期生存的重要性,尽管它能延长单个细胞的寿命(Herker et al. 2004;Vachova and Palkova,2005)。仍需注意的是,在自然衰老的 *Δmca1* 缺失菌株的细胞中能够检测到类半胱天冬酶活性,这表明酿酒酵母中可能存在其他的半胱天冬酶相关蛋白。

12.2 丝状真菌中的细胞自噬

12.2.1 细胞自噬概述

真菌的细胞自噬(autophagy)是一种特殊类型的程序性细胞死亡(又称Ⅱ型PCD),与类凋亡型细胞死亡在几个方面存在功能差异。目前的研究已发现真菌的细胞自噬与一些重要的生命活动相关联,包括发育和致病性等(Sharon 2009;Pollack et al. 2009)。

在自然界及工业发酵过程中,丝状真菌经常会遇到营养物质匮乏的情况,这往往会导致细胞降解甚至死亡。在这种条件下,细胞自噬可能会延长细胞生存时间或促进细胞分化。因此,丝状真菌内细胞自噬的研究通常关注于常见的通过巨自噬(macroautophagy)完成细胞内容物的再循环的过程(图12.2)。在这些生物中几乎未发现选择型细胞自噬的存在。目前为止,仅有少数关于丝状真菌中过氧化物酶体吞噬的报道。引人注意的是,在丝状真菌中观察发现,过氧化物酶体自噬(pexophagy)、线粒体自噬(mitophagy)、内质网自噬(ER-phagy)、核糖体自噬(ribophagy)和细胞核碎片微自噬(piecemeal microautophagy of nucleus)的特异性蛋白在Cvt(cytoplasm to vacuole targeting)途径中并不存在(关于Cvt请见2.4.4节),至少目前没有发现(Bartoszewska and Kiel 2011)。因此,本节将主要讨论巨自噬现象。首先,我们将以酿酒酵母作为模式生物从分子水平讲述巨自噬过程,然后对巨自噬在丝状真菌发育过程中的作用的相关知识进行概述。为方便起见,我们将以自噬一词代替巨自噬。

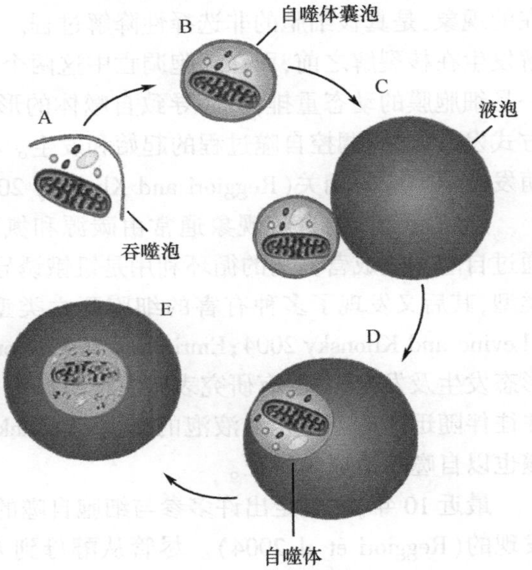

图12.2 巨自噬模型图解

A. 细胞质内容物(细胞器和细胞质)被扩展的膜结构隔离形成吞噬泡。B. 这一事件的结果是形成了一个双层膜囊状结构-自噬体囊泡。C和D. 自噬体囊泡外膜与液泡膜融合,自噬体囊泡的内容物以单层膜结构的自噬体形式进入液泡的内腔。E. 随后,自噬体及其内容物被液泡内的水解酶降解。这一步产生的基本成分(如氨基酸、脂肪酸等)可在细胞质中被重新利用。(引自Bartoszewska and Kiel 2011)

细胞巨自噬一词实际上描述的是一种多细胞现象。其中研究最好的是非选择性的巨自噬现象,在此过程中液泡/溶酶体随机包裹细胞质内容物(细胞器和细胞质),然后进行再循环。在许多真核生物中,巨自噬不仅仅是一种存活机制,同时再循环的物质在分化过程中可被重新利用。巨自噬被定义为首先形成包裹细胞质内容物的双层膜的囊状结构,该结构称为自噬体囊泡(autophagosome)。随后,自噬体囊泡的外膜层与液泡膜发生融合,形成单层膜结构,单层膜结构通常被称为自噬体(autophagic body),进入液泡内腔。在液泡内腔自噬体结构被溶解,它的内含物被液泡内的水解酶分解后,再循环用于补充营养匮乏或用于促进细胞分化(图 12.2)。通过微自噬(microautophagy)同样也可发生液泡对细胞质内容物的非选择性摄取,微自噬被定义为直接通过液泡内陷摄取细胞质内容物的过程。与巨自噬类似,微自噬同样被饥饿诱发,然而,巨自噬是维持微自噬的先决条件。由此推测,巨自噬与微自噬之间存在一种通过膜供应建立的间接联系,因为微自噬导致液泡膜表面积的减少,必须通过吞噬泡与液泡的融合给以补偿(Bartoszewska and Kiel. 2011)。因为丝状真菌中的微自噬现象并未受到较多的关注,在此我们不做深入分析。

细胞自噬(巨自噬)的分子过程从真菌到人类具有高度保守性。细胞自噬是普遍存在的现象,是真核细胞的非选择性降解过程。自噬型细胞死亡的特征是细胞质成分的降解发生在核裂解之前,而在细胞凋亡中这两个事件发生的顺序刚好相反。自噬的特点之一是细胞膜的动态重排,从而导致自噬体的形成(Baba et al. 1994)。自噬基因以级联的方式发挥作用,调控自噬过程的起始和发生。在酿酒酵母中,细胞自噬与分化、繁殖、孢子萌发及压力应答相关(Reggiori and Klionsky 2002;Levine and Klionsky 2004)。

丝状真菌内的自噬现象通常由碳源和氮源的匮乏引起(Pinan-Lucarre et al. 2005)。通过自噬来完成营养物的循环利用是饥饿诱导的程序性细胞死亡现象中最早发现的一种类型,其后又发现了多种有害的细胞死亡类型,如细胞降解、自溶及类凋亡性细胞死亡(Levine and Klionsky 2004;Emri et al. 2005;Yorimitsu and Klionsky 2005)。自噬也与生长、形态发生及发育相关,有研究表明它在防御细胞死亡的过程中起重要作用。真菌的自噬往往伴随迅速的空泡化及液泡的增大(Pollack et al. 2009)。与其他生物相似,真菌的自噬也以自噬体形成为特征。

最近 10 年,已鉴定出许多参与细胞自噬的 *ATG* 基因,该类基因最早是在酿酒酵母中发现的(Reggiori et al. 2004)。尽管从酵母到人类许多参与细胞自噬的主要成分是保守的,然而自噬过程在这些生物之间存在本质的区别,如细胞自噬的起始过程。细胞自噬在丝状真菌中也发挥重要的作用,尤其在其分化的过程中。引人注意的是,在这些物种中细胞自噬可能会同时表现出酵母和哺乳动物内的特征。这一现象被丝状真菌内不存在酿酒酵母分化枝特定的 Atg31 蛋白而包含该分化枝不存在的 Atg101 蛋白的发现所论证。基因组数据的重新评估进一步表明,与酵母和哺乳动物类似,丝状真菌可能也包含两种不同的磷脂酰肌醇 3-激酶复合体(Bartoszewska and Kiel 2011)。

下面将对细胞自噬在丝状真菌分化过程中作用的研究现状做一概述,如参与自噬的蛋白质、丝状菌致病性的产生、异核体不亲和性过程中的程序性细胞死亡、孢子形成及抗氧化还原信号等。

12.2.2 参与自噬的蛋白质

参与细胞自噬的基因已被指定为 *ATG* 基因,最早是在酵母中发现的。但是,通过其他真核生物基因组分析,包括能够研究其分子特性的丝状真菌基因组,发现了许多能够编码 Atg 蛋白的同源序列。这些生物信息学研究表明细胞自噬的核心机制是高度保守的。接下来我们将着重讨论 Atg 蛋白在真菌细胞自噬中的作用。

12.2.2.1 Atg 蛋白与细胞自噬的起始

在包括丝状真菌在内的许多生物中,典型的细胞自噬能够被营养物匮乏或大环内酯类雷帕霉素(rapamycin)药物处理所诱发。在酿酒酵母中,在对营养物可利用性和细胞压力应答的过程中,细胞生长受蛋白激酶 Tor 的调控。在营养物丰富的条件下,酵母 Tor 复合体[Tor complex1(TORC1)]抑制细胞自噬。在营养物有限的条件下或添加雷帕霉素时 Tor 的激酶活性被抑制,从而导致细胞自噬途径的激活。普遍认为,TORC1 可能与 2A 型蛋白磷酸酶家族的成员一起调控 Atg1 复合体的磷酸化状态(Cebollero and Reggiori 2009)。在酿酒酵母中,遗传学研究表明丝氨酸/苏氨酸蛋白激酶 Atg1 和磷蛋白 Atg13 形成一个细胞自噬必需复合体的核心。在营养丰富的条件下,酵母 TORC1 直接催化 Atg13 在多重丝氨酸残基位点发生磷酸化,使 Atg13 变为超磷酸化状态以阻断细胞自噬(Kamada et al. 2010)。营养物缺乏将导致 Atg13 磷酸化程度显著降低,从而增强其与 Atg1 的亲和性。由此产生的低磷酸化 Atg1/Atg13 复合体随后可与组成型存在的由 Atg17、Atg29 及磷蛋白 Atg31 组成的三元复合体结合(Kabeya et al. 2009)。相关实验已证实这一结合能够显著增强细胞对饥饿条件的应答。Atg17/Atg29/Atg31 复合体被认为是前自噬体结构(preautophagosomal structure, PAS)形成所必需的支架结构(scaffold)。因此,Atg1 复合体的磷酸化状态是决定其引发或是抑制细胞自噬的一个关键因素(Kabeya et al. 2005)。此外,Atg1 的激酶活性对细胞自噬也是必需的,并在饥饿状态下表现出活性增强。但是,蛋白激酶靶蛋白的鉴定问题仍未解决。

Atg17、Atg29 和 Atg31 并不是唯一结合 Atg1 复合体的成分。很多选择性细胞自噬途径特异性需要的蛋白质直接或间接地与复合体结合。这些蛋白质包括超螺旋蛋白 Atg11、Cvt 内含物受体 Atg19、SXN 家族成员 Atg20、Atg24 及液泡膜蛋白 Vac8。在这些蛋白质中,Atg11 蛋白可能充当支架蛋白,使多种选择途径与 Atg1 联系起来(Cebollero and Reggiori 2009)。

生物信息学研究表明 Tor(丝状真菌中的 TorA)从酵母到人类是高度保守的。目前为止,仅有少量有关 *torA* 的研究在构巢曲霉(Fitzgibbon et al. 2005)、水稻恶苗病菌(藤仓赤霉)(Teichert et al. 2006)和鹅柄孢壳(Pinan-Lucarre et al. 2006)中开展。与预期相符,*torA* 的缺失是致死的。值得注意的是,在藤仓赤霉(*F. fujikuroi*)次生代谢物发酵中一直用雷帕霉素,这是因为 TorA 活性不仅影响细胞自噬和发育,而且影响次级代谢基因的表达。

在 Atg1 复合体的核心蛋白中,Atg1、Atg13、Atg17 和 Atg29 在丝状真菌中具有保守性(Meijer et al. 2007)。构巢曲霉(Pinan-Lucarre et al. 2005)、灰巨座壳(Liu et al. 2007)及烟曲霉(Richie et al. 2007a)中的 Atg1 蛋白已被定性分析。这些生物中 *atg1* 基因缺失所得到的数据与 Atg1 在酿酒酵母细胞自噬过程中的作用完全一致。值得注意的是,稻巨座壳(*M. oryzae*) *atg13* 的缺失仅微弱影响细胞自噬相关的发育过程(Dong et al. 2009; Kershaw and Talbot 2009)。然而,构巢曲霉 *atg13* 基因缺失株表现出葡萄糖效应下的代谢活性减弱,可能意味着其存活能力的降低。目前为止,丝状真菌内 Atg17 的研究较少,而 Atg31 仅能从酿酒酵母进化枝(clade)的酵母物种中鉴定出来(Bartoszewska and Kiel 2011)。

12.2.2.2 磷脂酰肌醇3-激酶复合体蛋白

细胞自噬需要一个双层膜结构的吞噬泡(phagophore)的形成,从而包裹细胞质内容物(图12.2a)。这一过程以所谓的前吞噬泡或吞噬泡组装位点(phagophore assembly site, PAS)包裹蛋白和脂类为起始(Kim et al. 2002)。控制细胞自噬早期阶段的蛋白复合体是Ⅲ类磷脂酰肌醇3-激酶复合体[class Ⅲ phosphatidylinositol 3-kinase(PI3-K) complex],该复合体在PAS上发挥作用。在酵母中,这种复合体以两种形式存在于细胞中,一种是细胞自噬所必需的——复合体Ⅰ,另一种是蛋白质从高尔基体转移至液泡(液泡蛋白分选Vps)所必需的——复合体Ⅱ(Kihara et al. 2001)。两种复合体均包含核心的丝氨酸/苏氨酸蛋白激酶Vps15、PI3-K Vps34及Atg6(也被称为Vps30)。普遍认为每个复合体的膜特异性是由每个复合体所特有的第4种蛋白质所决定的,即复合体Ⅰ的Atg14及复合体Ⅱ的Vps38,均为超螺旋蛋白。在细胞自噬过程中Ⅰ型PI3-K复合体的作用是募集PI3-磷酸(PI3-P)结合蛋白至PAS,即募集WD-40蛋白Atg18(在复合体中为外膜蛋白Atg2)、分选nexin Atg24及膜整合蛋白Atg27。其他具有PI3-P结合能力的Atg蛋白、WD-40蛋白Atg21及分选连接蛋白Atg20则特异性地参与选择性细胞自噬途径(Obara et al. 2008; Stromhaug et al. 2004)。

所有PI3-K复合体的核心蛋白从酵母到人类都是保守的。同样,PI3-P结合蛋白Atg18/Atg2、Atg24和Atg27也是高度保守的,然而,参与选择性细胞自噬途径的蛋白(Atg20和Atg21)仅存在于酵母中(Meijer et al. 2007)。最初,学者们认为Atg14和Vps38仅存在于酵母中。但是,最近在人类中鉴定出了一个与酵母Atg14具有极低相似性的蛋白质(HsAtg14/Barkor),而酵母Vps38在人类中的一种同源物被证明为早期鉴定的紫外辐射抗性相关基因(UVRAG)蛋白,令人惊讶的是它同样参与细胞自噬过程(Itakura et al. 2008)。的确,可证明这些哺乳动物蛋白连同mVps15、mVps34及Beclin-1(哺乳动物Atg6/Vps30同源物)存在于两个不同的复合体上。Bartoszewska和Kiel(2011)在NCBI数据库中采用位点特异性迭代比对(position-specific iterate BLAST, PSI-BLAST)和模式发现迭代BLAST(pattern hit-initiated BLAST, PHI-BLAST),重新在蛋白质数据库中查询酵母和人类Atg14序列,鉴定出两个丝状真菌基因组编码的保守的超螺旋蛋白,这两个蛋白质与Atg14和UVRAG有很弱的相似性。其中一个蛋白质在它的N端包含一个保守的富含半胱氨酸的基序,酵母和人类Atg14中也存在此基序,但Vps38/UVRAG不包含此基序。另一个蛋白质与哺乳动物UVRAG蛋白具有很高的相似性,表明真菌内可能存在Vps38同源物。这表明丝状真菌中也可能包含两种不同的PI3-K复合体。

12.2.2.3 自噬体的形成与Atg蛋白

自噬体形成的第二步是前自噬泡结构扩充进入吞噬泡,然后吞噬泡闭合变成一个完全成熟的自噬体囊泡(图12.2 b)。吞噬泡形成的膜的来源还不是很明确。最近,更多的事实证据倾向于表明内质网可能在该过程中起到一定的作用,至少在哺乳动物细胞中是如此。吞噬泡形成牵涉到两类蛋白质,分别参与两个泛素类结合反应。首先,蛋白酶Atg4加工类泛素蛋白Atg8,产生一个自由的C端甘氨酸残基,此甘氨酸残基在PAS位点共价结合磷脂酰乙醇胺(PE)。这个Atg8-PE结合的过程需要Atg7(一种类E1酶)和

Atg3(类E2酶)活性。此外,PAS位点Atg8-PE的形成同样也依赖于另一个蛋白复合体,这个复合体由第二个结合反应产生,功能可能类似于E3酶(Hanada et al. 2007)。这第二个蛋白复合体包含另一种类泛素蛋白,Atg12,通过其C端甘氨酸残基与Atg5结合,此反应需要类E1酶Atg7的催化。该过程不需要Atg3,相反Atg10发挥类E2酶功能。最终,超螺旋蛋白Atg16非共价结合至Atg5-Atg12复合体,形成了Atg5-Atg12/Atg16复合体。酿酒酵母的Atg16能够通过其C端的超螺旋基序形成二聚体(Fujioka et al. 2010)。Atg8-PE的形成及Atg16介导的Atg12-Atg5复合体的二聚化是自噬泡形成所必需的(Kuma et al. 2002)。吞噬泡的膜延伸同样需要膜整合蛋白Atg9,该蛋白似乎在生长的吞噬泡和其他不明确的膜结构(可能是高尔基体)间循环。另外两个具有相似功能的蛋白质是外周膜蛋白Atg23和膜整合蛋白Atg27,但是这些蛋白质只是高效自噬过程所需要的,即是Cvt途径所必需的(Legakis et al. 2007)。

参与自噬泡形成的蛋白(Atg3、Atg4、Atg5、Atg7、Atg8、Atg9、Atg10、Atg12及Atg16)从酵母到人类是高度保守的(Meijer et al. 2007)。参与高效细胞自噬的蛋白中,Atg27在丝状真菌中是保守的,然而Atg23并不具有保守性。Atg8在许多生物中被作为细胞自噬的标志物,包括丝状真菌,因为它既存在于生长的吞噬泡又存在于成熟的自噬体囊泡(Kershaw and Talbot 2009;Pinan-Lucarre et al. 2005)。与预期结果相符,丝状真菌中*atg8*的缺失能够抑制细胞自噬。在鹅柄孢壳(*P. anserina*)和米曲霉(*A. oryzae*)中均已观察到该现象。此外,双色蜡蘑(*L. bicolor*)的*atg8*及大孢粪壳(*S. macrospora*)的*atg7*基因在细胞自噬过程中替代它们酵母同源物的功能。同样,*atg4*、*atg5*及*atg9*的缺失已被证明能够影响稻巨座壳(*M. oryzae*)的细胞自噬。*Mo*Atg4能够与*Mo*Atg8相互作用并能切除其羧基端。其他参与自噬体形成的真菌蛋白的分子学研究仍较为匮乏。然而,可以预测这些蛋白质的功能类似于它们在酵母(及哺乳动物)中的同源蛋白。

12.2.2.4 Atg蛋白在自噬体成分的循环利用中的作用

如前所述,循环膜蛋白Atg9能够被主动地分选到生长的自噬体囊泡或从其上释放。早期报道表明该循环过程可能需要Atg1、Atg2和Atg18的活性。近期数据表明Atg9在PAS上的定位同时需要Atg23和Atg27与Atg9形成循环复合体,尽管这两种蛋白质不是细胞自噬所必需的(Reggiori et al. 2004)。在自噬反应中,Atg9在PAS上的定位依赖于与Atg17的相互作用,后者作为组装PAS结构的支架。这一过程同时需要蛋白激酶Atg1。此外,为了将Atg9有效转运至PAS,同样需要保守的低聚高尔基复合体(oligomeric Golgi complex),其作用是维持高尔基体结构,且被认为能够将囊泡固定至受体膜上(Sekito et al. 2009)。值得注意的是,保守的低聚高尔基复合体同时与Atg17相互作用,从而与Atg1复合体建立直接联系。

在自噬体囊泡形成时,双层膜结构释放许多Atg蛋白,从而保护它们及其内含物在液泡内不被降解。膜结构的外侧包含Atg8和Atg5-Atg12/Atg16复合体。蛋白酶Atg4催化共价结合蛋白Atg8从PE上裂解释放。然而,Atg8的一个重要部分仍滞留在囊泡中,然后与自噬体的其他内容物一起在液泡中被降解(Bartoszewska and Kiel 2011)。

在稻巨座壳中开展了Atg9蛋白运输过程的相关研究。在该研究中,GFP-Atg9融合蛋白的定位在*atg1*、*atg2*和*atg18*突变体中会发生显著变化,表明*Mo*Atg1、*Mo*Atg2和

*Mo*Atg18 是 *Mo*Atg9 运输所需的。相反，*Moatg13* 的缺失并不影响 GFP-Atg9 蛋白的定位。但是，后一个结果需谨慎对待，因为不像其他 *Moatg* 突变体，*Moatg13* 突变体的自噬相关过程几乎保持正常（Dong et al. 2009）。

12.2.2.5 液泡降解和再循环中的 Atg 蛋白

自噬体囊泡形成后，它的外膜和液泡膜发生对接及融合。因为该过程利用典型的膜融合成分，如 SNARE 等，这些蛋白质并不被称为 Atg 蛋白，因此不做过多讨论，读者可参阅本书第 2 章相关描述。

融合的结果是单层膜结构的自噬体并入液泡内腔，在此处发生膜的裂解及内含物的降解。随后，裂解产物或者储存在液泡中，或者被重新释放至细胞质。酿酒酵母液泡中含有很多水解酶（如蛋白酶 PrA、蛋白酶 PrB、羧肽酶 S 和羧肽酶 Y），它们协助自噬体内含物的周转，但是到目前为止，仅有两种液泡蛋白 Atg15、Atg22 被归入到 Atg 蛋白中（Epple et al. 2003）。膜整合蛋白 Atg15 是一种脂肪酶，可能参与自噬体及选择性自噬途径中相关结构的降解。Atg15 通过分泌途径被转移至最近的高尔基体，且被认为通过多泡体途径进入液泡内腔。值得注意的是，最近的报道表明酿酒酵母 Atg15 蛋白是在能量限制条件下参与细胞寿命延长的唯一的自噬蛋白（Tang et al. 2008）。这表明 Atg15 可能不仅参与自噬相关途径也参与其他途径（如核内体）的内部膜物质的溶解。这个猜想得到 Vam7 或 SNARE 的缺失突变体在能量限制条件下细胞寿命显著缩短现象的支持。Atg22 是一种液泡膜整合蛋白，类似于主要协助转运蛋白超家族（major facilitator superfamily，MFS）的透性酶（Yang et al. 2006）。MFS 是一个主要的次级膜转运蛋白超家族。MFS 超家族蛋白转运底物的多样性使得它们在细胞物质交换和能量代谢过程中起着重要作用。这种推测的运输功能尚不清楚，但是初步数据表明它可能在再生物质从液泡向细胞质输出的过程中发挥作用。值得注意的是，在酿酒酵母中，只有非选择性巨自噬过程需要 Atg22，选择性 Cvt 途径则不需要（Bartoszewska and Kiel 2011）。

Atg15 在酵母和丝状真菌中是保守的，但是目前为止，该蛋白受到的关注并不多（Meijer et al. 2007）。在病原真菌红色毛癣菌（*Trichophyton rubrum*）中，当细胞用抗真菌药物酮康唑处理后，*atg15* 基因在转录水平上表达上调。但是这一发现的意义还不清楚。与很多酵母物种不同，丝状真菌中包含多种 Atg22 旁系同源蛋白，但是仍缺乏这些蛋白质的定位及功能的相关分子生物学知识（Meijer et al. 2007；Kiel and van der Klei 2009）。在鹅柄孢壳中，推测的液泡蛋白酶基因 *idi-6* /*pspA* 编码一种丝氨酸蛋白酶，该酶可能与酿酒酵母参与自噬体降解的 PrB 的功能相同。与预期结果相符，*PapspA* 突变体细胞自噬受到影响（Pinan-Lucarre et al. 2003）。

12.2.3 细胞自噬在致病性及病原体-宿主中的相互作用

通过细胞自噬进行的细胞内容物的降解和再循环在丝状真菌的生活方式中发挥重要作用。在目前所研究的大部分物种中，细胞自噬是有性繁殖、无性繁殖、分生孢子形成，以及饥饿条件下存活中进行细胞大规模重建所不可或缺的过程。细胞自噬也是巨座壳属（*Magnaporthe*）和刺盘孢属（*Colletotrichum*）真菌进行有效植物感染所必需的。此外，在鹅柄孢壳不相容性细胞死亡的过程中也可观察到细胞内含物的自噬性降解(Pollack et al. 2009)。

丝状真菌的一个显著的特点是能够以极性方式无限生长,从而促进菌丝在基质有效区域进行群体生长。子囊真菌的菌丝体被有孔隔膜分成多核区室,这些区室之间通过隔膜孔相互连通,每一个区室即可认为是一个细胞,隔膜孔允许细胞质(及细胞器)在菌丝内流动。因为细胞沿菌丝分化,菌丝可被分为活性生长区(顶端细胞)、非生长代谢活性区域(亚顶端细胞)及老化区域(包含退化的、高度液泡化细胞)。

酵母在饥饿应答时进入一个不发生细胞分裂的休眠状态。与之相反,丝状真菌在饥饿条件下能够维持菌丝顶端细胞的生长。这一现象能够促进菌落向新基质区域延伸。有研究结果表明,在成熟菌丝区域通过细胞自噬而发生的细胞内容物的降解使基本组分发生再循环,从而保证顶端区域的持续生长。事实上,在烟曲霉中通过破坏 *atg1* 基因抑制细胞自噬后,将导致饥饿条件下菌落生长受到抑制,该现象显示了细胞自噬在丝状真菌饥饿适应性应答过程中发挥重要生理作用。金属离子,如镁离子、锌离子、锰离子和铜离子,可能是烟曲霉在饥饿条件下生长的主要限制因子,因为培养基中添加这些化合物后能够恢复自噬缺陷菌株的生长。相反,阳离子的匮乏能够诱发野生型烟曲霉发生细胞自噬。

细胞自噬是稻瘟病菌附着孢的产生及发病机理所必需的。稻瘟病是栽培稻最严重的一种疾病,在全球范围内超过 85 个国家均有出现。它是由子囊真菌稻巨座壳[*Magnaporthe oryzae*,之前被称灰巨座壳(*M. grisea*)]引起的,该病原菌感染植物的所有地上部分,包括叶、茎和茎间节点。由于稻米是全球超过 30 亿人民的主要粮食作物,稻瘟病具有重大的社会意义及经济意义。每年因稻巨座壳引起的损失占稻米总产量的 10%~30%(Skamnioti and Gurr 2009)。

稻巨座壳通过形成附着孢而侵染水稻植株的地上部分,附着孢能够产生巨大的膨胀压力(可达到 8MPa)从而穿透植物表皮(图 12.3)。该真菌的三细胞分生孢子通过孢子顶端区域释放的黏附物质附着于宿主叶片表面,从而起始感染过程(Hamer et al. 1988)。孢子萌发产生一个单一的、极化的萌发管,随后发育成圆拱形的附着孢。这种感染结构的细胞壁富含几丁质,且在细胞壁内侧具有一层独特的黑色素层。一些研究表明,黑色素层的形成可能是防止胞质可溶物流出的一种有效策略,使附着孢能够积聚甘油,从而产生高的膨胀压(Kawamura et

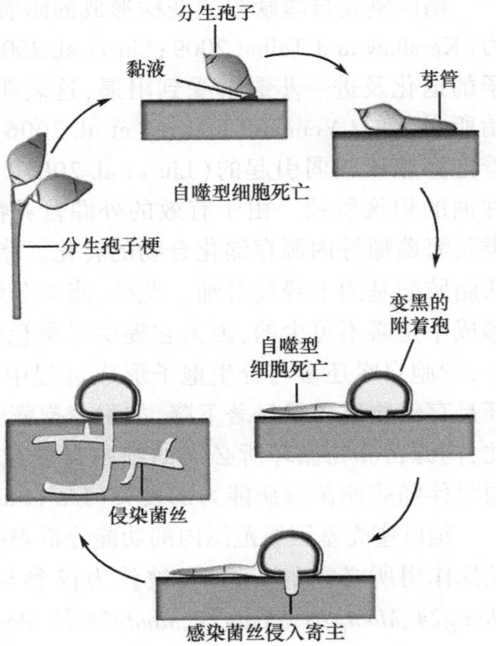

图 12.3 稻巨座壳(*M. oryzae*)的侵染周期

稻巨座壳的三细胞分生孢子通过孢子顶端区域释放的黏附物质附着于叶子表面时,感染起始。孢子萌发产生一个单一的、极化的萌发管,随后发育成圆拱形的附着孢。附着孢的成熟伴随分生孢子的裂解及细胞自噬型死亡。在这个阶段附着孢出现色素沉积并产生巨大的膨压,为穿透宿主表皮并侵入植物组织提供了物理力量。(引自 Bartoszewska and Kiel. 2011)

al. 1997)。膨胀压提供一种物理力量,使附着孢形成一个狭窄的渗透凸出结构,从而穿透宿主表皮并进一步侵入植物组织。

在侵入的早期阶段,稻巨座壳(*M. oryza*)在植物组织内以无症状方式增殖生长。在这一时期,该菌形成特化的摄食结构,用于从活体植物中摄取营养物质。随着侵染进程的延续,菌丝通过宿主细胞的胞间连丝转移至临近的表皮细胞,显示出稻瘟病发病阶段的活体营养特性。目前,还不清楚稻瘟菌是怎样逃避或抑制植物防御机制的。在随后的阶段,感染变成腐生营养型(Ebbole 2007)。

稻巨座壳附着孢的发育与细胞周期调控密切相关。一旦三细胞分生孢子感应到疏水的、坚硬的水稻叶表层,孢子内的 MAPK 途径(致病性的 MAPK-1 途径)将会活化,同时孢子内的一个细胞核迁移至发育中的萌发管,并在此进行有丝分裂。随后,有丝分裂产生的一个子细胞核迁移至初生的附着孢,而其他细胞核回到分生孢子。附着孢形成的特征之一是在分生孢子裂解前,分生孢子成分通过自噬相关过程大量发生降解。通过在非允许温度下培养温度敏感稻巨座壳 *nimA* 突变株,以抑制其有丝分裂,同样能够阻止分生孢子核及分生孢子的裂解。联系宿主表面感应及致病性 MAPK-1 信号通路与感染相关细胞自噬的详细分子机制尚不清楚,仍需进一步阐明(Wilson and Talbot 2009)。

稻巨座壳自噬缺陷突变株形成的附着孢不具有穿透植物表皮及感染植物组织的能力(Kershaw and Talbot 2009;Liu et al. 2007)。此外,在这些 *Moatg* 突变菌株中,分生孢子的退化及进一步裂解受到阻遏,这表明分生孢子的自噬性细胞死亡是稻瘟病的起始所必需的(Veneault-Fourrey et al. 2006)。*Moatg* 突变株致病性的消失可能是由附着孢膨胀压减弱引起的(Liu et al. 2007)。通常,这些结构的静水膨胀压是由高浓度甘油的积聚所致。由于有效的外源营养物质的缺乏,该过程仅依赖于甘露醇、糖原、脂类及海藻糖等内源存储化合物的转化。脂质体在附着孢的液泡内被动员并降解,从而从脂肪酸基团上释放甘油。此外,脂类分解中释放的脂肪酸的 β-氧化过程在附着孢的形成中是必不可少的,因为它提供了黑色素和聚酮合成的前体物乙酰辅酶 A。除此之外,细胞自噬还参与分生孢子形成过程中化合物的储存。*Moatg* 突变体的分生孢子特征是存储物质含量显著下降,如附着孢膨胀压产生所需的脂质液滴含量显著偏低。因此,内源营养物循环所必需的细胞自噬过程的损伤会导致高浓度胞内溶质不能积聚,同时伴随病原菌致病能力的丧失(Liu et al. 2007)。

稻巨座壳基因组范围内的功能分析表明,参与非选择性巨自噬的 *ATG* 基因是附着孢发挥作用所必需的。相反,被认为仅参与选择性细胞自噬的 *ATG* 基因(如 *Moatg11*、*Moatg24*、*Moatg26*、*Moatg27*、*Moatg28* 及 *Moatg29*)不是附着孢介导的植物感染所必需的(Kershaw and Talbot 2009)。但是,这可能不是一个完全保守的特征。最近,有报道称过氧化物酶体吞噬可能是瓜类刺盘孢(*Colletotrichum orbiculare*)侵入宿主所必需的。巴斯德毕赤酵母(*P. pastoris*) *atg26* 同源序列编码的甾醇葡萄糖基转移酶能够增强过氧化物酶体吞噬现象,该序列的缺失特异性地影响宿主侵入,同时使附着孢的形成受阻。在 *Coatg8* 突变体中,所有的自噬相关途径均发生缺陷,不能形成正常的附着孢,表明细胞自噬在这种丝状真菌的植物致病能力上具有独特的生理功能(Asakura et al. 2009)。尽管刺盘孢属(*Colletotrichum*)真菌是与稻巨座壳(*M. oryzae*)关系非常密切的植物病原体,它们具有相似的生活史和感染策略,但是似乎这些真菌采用不同的附着孢发育和作用机制。

12.2.4 真菌繁殖中的细胞自噬作用

12.2.4.1 细胞自噬在无性孢子形成过程中的作用

细胞自噬对孢子形成效率的意义已在曲霉属和座壳属物种中得到证明。曲霉属真菌的无性发育以未分化菌丝形成称为足细胞的初始结构为起始。该结构是旺盛生长的分生孢子梗发育的基础,随后梗的顶端部分膨胀,形成泡状结构。下一步,在菌丝的膨胀顶端形成大量的梗基细胞。每一个梗基细胞随后形成 2 ~ 3 列称为瓶梗的产孢细胞。瓶梗产生的分生孢子呈长链状,在环境条件下能够分离并有效传播。

研究结果表明,在米曲霉(*A. oryzae*)分生孢子产生及发育过程中会诱发细胞自噬。这一发现表明细胞自噬参与孢子形成过程。这一点通过敲除 *Aoatg8* 基因而得到证实。细胞自噬缺陷菌株气生菌丝和分生孢子的形成受到严重影响(Kikuma et al. 2006)。细胞自噬在无性发育过程中的重要性在烟曲霉(*A. fumigatus*)中也有所体现。在饥饿诱导产孢条件下,*Afatg1* 缺失突变体菌株形成孢子的能力受到抑制。研究结果表明,分生孢子形成抑制与瓶梗异常及分生孢子衰减有关。产孢数量及分生孢子典型形态的缺陷均可被含氮源的补充培养基恢复(Richie et al. 2007a)。这些数据表明饥饿诱导的孢子形成依赖细胞自噬过程,该过程为分生孢子发育提供足够的氮源。细胞自噬可能对发育过程中分生孢子内氮源的储存也是至关重要的,因为丝状真菌分生孢子的萌发并不需要外源添加氮源(Osherov and May 2000)。此外,已证明米曲霉分生孢子的萌发过程中细胞自噬现象减弱。在氮源匮乏的条件下,*Aoatg8* 突变株分生孢子萌发出现严重的延迟,这表明细胞自噬可能在米曲霉分生孢子萌发的早期阶段发挥作用。

已证明细胞自噬在稻巨座壳(*M. oryzae*)无性孢子发育的过程中发挥类似的作用。在这种植物病原性真菌中,气生菌丝上产生短柄(short stalk)时,无性发育过程起始,实际上这个短柄就是产生分生孢子的分生孢子梗,从这个分生孢子梗通过单细胞出芽,当出芽细胞成熟后形成两个隔膜,最终形成三细胞的分生孢子(图 12.3)。研究结果表明,在稻巨座壳无性孢子发育过程中 *Moatg8* 基因和表皮细胞自噬现象均被显著诱导(Deng et al. 2009)。此外,*Moatg1*、*Moatg5* 或 *Moatg8* 基因缺失导致的细胞自噬抑制能够影响该真菌气生菌丝和分生孢子的形成(Liu et al. 2007;Lu et al. 2009)。引人注意的是,细胞自噬过程受损对稻巨座壳无性繁殖的负面效应可通过添加替代碳源(葡萄糖或蔗糖)或 6-磷酸葡萄糖而消除。此外,编码催化细胞质内糖原降解的糖原磷酸化酶的 *gph1* 基因的缺失,同样能弥补 *Moatg8* 缺失所致的分生孢子形成的缺陷(Deng et al. 2009),但是该现象的具体机制还不清楚。

总之,这些数据表明丝状真菌通过感应细胞营养状态而诱发的无性孢子的形成依赖细胞自噬过程。在饥饿条件下,细胞自噬能够直接参与细胞重塑,并为产孢细胞发育及随后的分生孢子形成提供足够的基础营养物。

12.2.4.2 细胞自噬在有性生殖中的作用

细胞自噬在有性繁殖中的重要性最早是在鹅柄孢壳(*P. anserina*)真菌中报道,这种真菌产生有性孢子主要是作为一种抗性形式(图 12.4)。鹅柄孢壳的有性循环周期能够被饥饿和光照诱发,首先是营养菌丝分化为雌性生殖结构子囊壳原(protoperithecia)和雄性生殖结构小分生孢子。小分生孢子与相反交配型子囊壳原顶端受体结构(称为受精丝)的融合致使雌性生殖结构受精。这个事件触发了子实体发育,最终在子实体中形成子囊孢子(Coppin et al. 1997)。

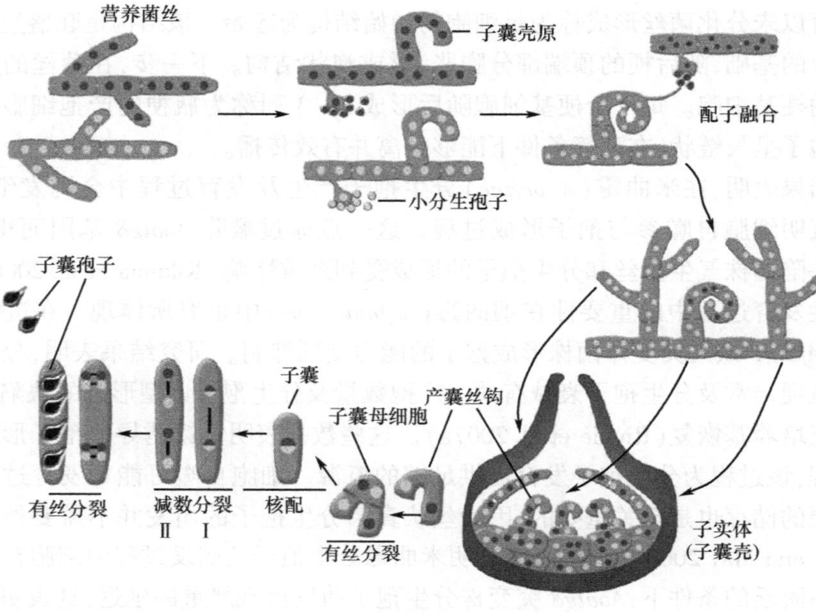

图 12.4 鹅柄孢壳的有性生殖

鹅柄孢壳的有性循环周期能够被饥饿和光照诱发,首先是营养菌丝分化为雌性生殖结构子囊壳原和雄性生殖结构小分生孢子。小分生孢子与相反交配型子囊壳原顶端受体结构(称为受精丝)的融合致使雌性生殖结构受精。随后,相反交配型的亲本细胞核转移入称为产子囊菌丝的子囊母细胞,在此形成钩状细胞。在钩状细胞中,细胞核发生有丝分裂,菌丝顶端隔膜形成后,产生一个单核的基细胞、一个单核的侧细胞及一个能分化为子囊母细胞的双核细胞,在这个双核细胞中进行核配。随后,二倍体核发生减数分裂及其后的有丝分裂,最终形成子囊孢子。关于细胞自噬对有性生殖过程的影响见正文(引自 Bartoszewska and Kiel. 2011,作者略有改动)

在鹅柄孢壳中,通过敲除选定的自噬相关基因,研究细胞自噬对有性生殖的影响。丝状真菌内 *Paidi-7/Paatg8* 或 *Paatg1* 缺失引起的细胞自噬损伤能够阻碍气生菌丝的形成能力并产生色素。此外,研究结果表明这些细胞自噬缺陷型菌株无法分化形成子囊壳原,成为雌性不育型。有趣的是,鹅柄孢壳的这些细胞自噬缺陷菌株仍为雄性可育型。编码酿酒酵母液泡蛋白酶 PrB 同源物的 *Paidi-6 /PspA* 基因的缺失,对表型的影响相对较弱。*Paidi-6 /PspA* 突变菌株产生很少的子囊壳原,受精后产生不含子囊的子实体,这表明突变株能够发生受精过程,但子实体的进一步发育受阻。该突变株还表现出细胞自噬缺失株的其他表型特征,包括气生菌丝发育损伤及色素沉淀能力的丧失(Pinan-Lucarre et al. 2003;Pinan-Lucarre et al. 2005)。

总之,这些资料凸显了细胞自噬在鹅柄孢壳有性分化过程中的重要作用。当稳定期的菌丝体经受营养物匮乏时,菌丝体进入有性周期。因此,鹅柄孢壳的有性分化需要大量的细胞结构重塑,这一过程依赖内源氨基酸库。由于饥饿条件下细胞组分的循环需要细胞自噬介导,雌性生殖器官和子囊孢子分化过程需要该分化代谢过程就显得很容易理解(Bartoszewska and Kiel. 2011)。

细胞自噬对有性分化的重要性同样在稻巨座壳(*M. oryzae*)中被证实。在稻巨座壳中,当两种不同交配型的菌丝相遇并融合形成一个子囊壳时,发生有性生殖,子囊孢子在子囊壳中发育。研究结果表明细胞自噬参与稻巨座壳子囊壳的形成,发现细胞自噬缺陷菌株仅产生较少的含有可育子囊孢子的子囊壳。此外,*Moatg* 突变株表现出有性分化的明显延迟(Liu et al. 2007;Lu et al. 2009)。

12.2.5 自噬在不亲和反应中细胞程序性死亡中的作用

丝状真菌菌丝通过网络的形式形成菌落复合体是丝状真菌生长的一个显著特征,该复合体的形成依赖顶端细胞的延伸、分枝及菌丝融合。增长的丝状真菌菌落在自然环境中要面对很多其他的微生物,包括细菌及同种或不同种的真菌菌落。当真菌菌落面对另一种丝状真菌时,产生大量的过氧化氢可能会导致竞争菌丝的死亡。真菌菌落一旦遇到独立的同种真菌,则可能会出现自发的营养菌丝细胞融合。如果这些菌株在特殊的基因座上(*het* 或 *vic*)存在遗传上的差异则会触发融合细胞的死亡应答。该现象被称为营养菌丝的、体细胞的或异核体的不相容性,亦不亲合反应(见 9.1 节)。

营养菌丝不相容性是丝状真菌广泛存在的现象,且在寄生隐丛赤壳(*C. parasita*)、粗糙脉孢菌和鹅柄孢壳中已开展了相关研究。该现象的生物学意义仍处于争论之中。异核体不相容性可能是丝状真菌非自我识别系统的一种表现,用来保持这些生物的生物学完整性,防止杂合体的形成。此外,营养菌丝不相容性可能能够限制如真菌病毒、衰老质粒或转座子等有害遗传因子的水平转移。因此,该现象可能是一种防御机制,能够抑制侵染性因子及致命性基因型的传播。还有一个假说认为体细胞不相容性是菌株趋异进化的结果。从这个角度讲,*het* 基因简单的代表在野生型群体中累积的多态性基因,从而导致等位变体的产生。这些等位变体在相同细胞质中的同时出现,可能对细胞是有害的并且可能触发细胞的死亡应答(Bartoszewska and Kiel. 2011)。

异核体不相容性是不相容性 *het* 基因编码的不同蛋白相互作用的结果。异聚合体中的不同 Het 亚基可能由同一基因座(等位基因系统)上的 *het* 基因编码,也可能由不同基因座(非等位基因系统)上的 *het* 基因编码。目前为止,已报道了 10 种不同的 *het* 基因座。这些特殊基因座中任一个的非等位性都足以触发细胞死亡。令人惊讶的是,*het* 基因在不同真菌间是不相同的,且编码不同的蛋白质,如转录因子、酶及信号蛋白。在很多情况下,*het* 基因编码的蛋白质除在异核体不相容性中的作用外还表现出一些其他的细胞学作用(Saupe et al. 2000)。

鹅柄孢壳显示出 8 种 *het* 系统,且其中 4 种(*het*-c、*het*-d、*het*-e 和 *het*-s)已有具体特征描述,它们表现为非等位的 *het*-c /*het*-d、*het*-c /*het*-e 和等位的 *het*-s/*het*-S 不相容系统(Espagne et al. 2002;Coustou et al. 1997)。在鹅柄孢壳中,自交不相容菌株(同型核菌株细胞核内含不相容的 *het* 基因)已被成功地用于研究营养菌丝不相容性的机制。一旦限制性温度培养诱发营养菌丝的不相容性,菌丝细胞会快速发生形态学变化,包括液泡化、隔膜增多、脂滴聚集及细胞壁成分的非正常降解,这些现象都先于细胞死亡而出现

(Dementhon et al. 2003)。在分子水平,不相容性细胞死亡过程中,可观察到特殊的 *idi* (induced during incompatibility)基因的表达。目前为止,已有 6 种 *idi* 基因被定性描述。*idi-6* 基因显示编码一种液泡蛋白酶——PspA,它是细胞内含物自噬依赖性降解所必需的(Paoletti et al. 2001)。另外,*idi-7* 基因编码柄孢霉 Atg8 同源物。*idi-6/pspA* 和 *idi-7/atg8* 在营养菌丝不相容性过程中的表达上调表明这些条件能够诱发细胞自噬(Pinan-Lucarre et al. 2003)。实际上已获得了细胞自噬效应的细胞学证据,包括双层膜结合自噬体的积聚及液泡腔内自噬小体(autophagic bodies)的存在。利用 PaAtg8-GFP 融合蛋白也已说明细胞自噬的强烈作用,该融合蛋白在不相容反应发展的过程中从细胞质到达自噬体膜(Pinan-Lucarre et al. 2003)。正如所预期的,*idi* 基因在饥饿条件及特异性 Tor 激酶抑制剂雷帕霉素处理条件下均可被诱导表达。此外,雷帕霉素处理的鹅柄孢壳细胞表现出类似不相容性反应过程的表型(Dementhon et al. 2003)。

在处于营养菌丝不相容性状态下的正在死亡的细胞内,自噬结构的存在表明这种细胞死亡类型具有Ⅱ型(非凋亡型)程序性细胞死亡的特征。尽管细胞自噬早在 20 世纪 60 年代已在死亡的昆虫细胞内首次发现,但细胞自噬和细胞死亡之间的关系仍不清楚且存在争议。一方面,许多研究表明濒临死亡的细胞内大规模细胞自噬的诱发是一种促存活的反应而不是引起细胞死亡的原因。另一方面,也有迹象表明在某些情况下细胞自噬能够促进细胞死亡。此外,稻巨座壳(*M. oryzae*)分生孢子中细胞自噬途径的激活导致分生孢子细胞死亡,这是分生孢子感染植物所必需的过程(Veneault-Fourrey et al. 2006)。营养菌丝不相容性过程中濒临死亡的细胞内自噬结构的出现引发了一个问题:细胞自噬在这类细胞死亡反应中的作用是什么。鹅柄孢壳缺乏 Atg1 或 Atg8 的细胞自噬缺陷突变体在不相容性反应中表现出细胞死亡加剧,表明在这种条件下观察到的细胞自噬的强烈作用是一种存活应答。有研究人员认为细胞自噬被诱发后通过限制细胞毒素信号向邻近菌丝隔膜间的传播从而限制程序性细胞死亡(Pinan-Lucarre et al. 2005; Pinan-Lucarre et al. 2007)。这一假说基于细胞自噬在植物过敏应答中的作用而提出。但是,最近的数据表明细胞自噬在植物固有免疫应答中的促存活作用的问题远未解决(Hofius et al. 2009)。很明显,需要更多的细节研究去证实细胞自噬在鹅柄孢霉不相容反应中的促存活作用。

12.2.6 细胞自噬在人类机会性致病真菌发病机理中的独特作用

真菌病原体适应宿主环境的过程中,需要包括蛋白质表达和细胞结构重塑的大规模转换在内的动态变化(Sellam et al. 2010; Steen et al. 2003)。这些细胞生理机能上耗能的变化可能被细胞自噬过程推进。事实上,已证明人类条件致病真菌——新型隐球酵母(*C. neoformans*)在感染的过程中需要细胞自噬作用(Hu et al. 2008)。这一担子菌纲的酵母是一种典型的细胞内病原体(intracellular pathogen),存在于宿主的巨噬细胞内,为其从肺内的初始感染部位传播至中枢神经系统提供了可能(Chretien et al. 2002)。同时,这一细胞环境使该病原真菌面临营养压力,并且当新型隐球酵母位于巨噬细胞内时,细胞自噬相关蛋白的编码基因表达上调。对缺失 PI3-K(*CnVps34*)活性的突变株及受到 RNAi 抑制的 *Cnatg8* 的研究充分表明细胞自噬在新型隐球酵母感染过程中发挥重要的作用(Hu et al. 2008)。

烟曲霉是一种生长在无生命基质上的腐生菌,能够引起免疫抑制患者致命性的感染。根据宿主的免疫状态的不同,烟曲霉可能会引起过敏性支气管肺曲霉菌病(allergic bronchopulmonary aspergillosis)、非侵袭性曲霉肿(noninvasive aspergillomas)及侵袭性曲霉病(invasive aspergillosis,这是曲霉相关疾病中最具破坏性的一种)(Latge 1999)。血液恶性肿瘤患者,如白血病患者、同种异体骨髓移植患者及免疫缺陷(如慢性肉芽肿病或 HIV 感染)患者患侵袭性曲霉病的风险最大。一些证据表明在宿主环境内烟曲霉也遭受营养压力。尽管细胞自噬是新型隐球酵母毒力所必需的,但却是烟曲霉致病性非必需的过程。烟曲霉 *atg1* 缺失菌株表现出包括分生孢子受精作用和菌丝顶端饥饿诱导觅食(starvation-induced foraging)在内的相关生理过程受阻,但是在中性白细胞减少症小鼠侵袭性曲霉病感染模型中保持完全的致命性(Richie et al. 2007a)。

真菌病原体对细胞自噬不同的需求,可能表明了不同真菌病原菌与宿主之间特异的相互作用及不同的生理学生长。与新型隐球酵母相比,烟曲霉主要存在于免疫缺陷宿主的细胞外环境中。烟曲霉主要的生态学环境是处于死亡状态的和腐烂的基质中,需要分泌水解酶去获取营养物质。这一能力也可能有利于烟曲霉在哺乳动物组织中不需要诱发细胞自噬而能够生存。此外,新型隐球酵母以其有限的定向生长的酵母形式在宿主组织内传播。因此,在定植于哺乳动物组织的过程中,该真菌病原体在更多情况下生长于营养匮乏的部位,在这些位置可能需要细胞自噬得以存活。相比而言,丝状真菌烟曲霉能够利用自身的极性生长机制,该机制能够更好地促进其在人类宿主中获取营养(Bartoszewska and Kiel. 2011)。

细胞自噬也是白念珠菌(*C. albicans*,学名白假丝酵母,是另一种人类真菌病原体)毒力的非必需过程。*Caatg9* 基因突变导致细胞自噬损伤,但是该突变株在静脉注射播散性念珠菌病的小鼠模型中仍具有完全致命性。与以酵母形式在宿主组织中播散的新型隐球酵母相比,白念珠菌以酵母和菌丝两种形式传播。令人惊讶的是,细胞自噬缺陷型白念珠菌突变株并不表现出酵母和菌丝两型分化缺陷。因此,与烟曲霉类似,这类真菌病原体在感染期间可能利用极性生长机制。这些真菌病原体毒力上对细胞自噬过程的不同需求反映了它们特异的生活方式及在不同宿主生态位中的适应策略(Palmer et al. 2007)。

12.3 讨论

1. 关于细胞凋亡

(1) 随着真菌类细胞凋亡相关基因的发现及其部分生物学功能的阐明,近年来,真菌类凋亡性细胞死亡现象得到了人们的认可。现在普遍认为,单细胞出芽真菌和多细胞丝状真菌均可发生程序性细胞死亡,该过程与哺乳动物细胞凋亡现象具有很高的相似性,且属于正常发育和压力适应的一部分。分子生物学和基因组学数据表明凋亡体系在真菌和高等真核生物间存在保守性。真菌类细胞凋亡调控网络由已知的哺乳动物凋亡相关蛋白的同源蛋白组成,同时在真菌特有的一些过程中存在特有的调节凋亡过程的成分。

(2) 现已从真菌酵母基因组中鉴定和推测出哺乳动物多种已知凋亡蛋白的同源物,但是对于这些同源蛋白尚缺乏某些实验证据。最近对丝状真菌内一些同源物的分析表明,它们与之前报道的酿酒酵母中的结果存在显著的差异,而这些差异可能是由于出芽酵母和丝状真菌间细胞结构、生命周期及生活方式上的差异所致。对更多不同生活方式的真菌物种内该类同源蛋白的进一步分析,将有助于确定真菌类凋亡相关蛋白功能上保守性的水平,同时可以突出真菌特有的功能及不同物种间的差异,尤其是病原菌和腐生菌之间的差异。

(3) 尽管在真菌基因组中尚未发现能够完整地诱导或阻断真菌类凋亡过程的功能基因,但是已经证明在某些情况下,一些异源重组蛋白在真菌内发挥功能时与其在原宿主中的作用方式有很高的相似性。因此,可利用已知的基因组序列使强有力的生物信息学分析成为可能,通过生物信息学技术可得出完整的真菌的类凋亡调控相关基因的种类、鉴定未知的类凋亡相关基因,并通过与其他生物体相比,进而阐明真菌类凋亡相关基因的功能和进化起源。

(4) 几种信号分子已被证明在真菌类细胞凋亡有关的信号通路发挥作用,主要是cAMP、Ras 和 MAPK,但是与此相关的资料仍非常有限,且调控凋亡过程的信号通路还不是很清楚。近年来已对真菌内信号通路开展了广泛的研究,且大部分物种的主要信号通路已被详细阐明。这些知识对阐明激活和调控凋亡过程的信号分子及信号通路非常有用。最后,得出了采用凋亡触发化合物开发新的抗真菌治疗方法的提议,而且该提议具有很大的潜能。最近的研究结果表明诱发细胞凋亡可能是很多化合物(包括已知的抗真菌药物)发挥抗真菌活性所必需的。为了最大程度的发挥该方法的潜能,仍需进行一系列的深入研究,尤其是确定类凋亡在真菌中更加精确的作用及更好的描述类凋亡蛋白的特征。

2. 关于细胞自噬

(1) 20 年间,细胞自噬的分子研究主要以酿酒酵母作为重要的模式物种。关键是鉴定参与巨自噬过程的大量 *ATG* 基因及许多相关的、选择性的过程。过去几年,哺乳动物细胞内细胞自噬分子相关的详细研究已证明酿酒酵母内发现的许多结论可能在高等真核生物中同样有效。但是,仍观察到一些显著的差异,尤其是在细胞自噬的起始阶段(如 Tor、PI3-K 和 Atg1 复合体的调控)。丝状真菌内推测的 Atg 同源物的生物信息学分析结果表明,这些物种中的细胞自噬可能同时表现出酵母和哺乳动物的特征(如缺乏 Atg31 及存在 Atg101)。这预示着为了更全面地理解细胞自噬在丝状真菌中的作用,这些分子在酿酒酵母及人类中作用的详细研究仍需进一步开展。这里更重要的是考虑到丝状真菌在医学、科学、农业及工业方面的重要性。因此,丝状真菌内细胞自噬的详细知识不仅能使我们更好地理解这一循环途径的进化过程,而且能为获得改良的工业菌株(产生次级代谢产物和分泌酶等)及设计抗真菌药物提供更合理的理论基础。

(2) 从几种丝状真菌物种内已获得的有限的研究成果中可以清楚地看到,细胞自噬不仅对营养限制条件下细胞存活至关重要,而且对很多发育过程也具有重要的作用。这些发育过程中很多是由营养限制条件触发的,这表明细胞自噬确实是真菌生活周期中不可或缺的一部分。因此,细胞自噬与发育之间的关系的详细研究是今后细胞生物学优先考虑的领域。细胞自噬可能具有一种尚未发现的持家功能,即细胞自噬能够持续清理胞质中受损的细胞器及蛋白质,从而使细胞能够避免氧化压力的毒害。细胞自噬缺陷在丝状真菌发育过程中可能造成氧化压力升高、损伤蛋白及器官积聚等现象。例如,在产黄青霉细胞自噬缺陷突变体中观察到,与野生型相比突变体菌丝内 ROS 水平显著增高。因此,即使在营养物过剩的条件下,细胞自噬也可能在丝状真菌内发挥重要的作用。

（3）目前为止丝状真菌内细胞自噬的研究主要集中于液泡随机捕获细胞内容物的巨自噬现象。然而,在酿酒酵母和哺乳动物细胞内,人们已经发现其中还存在需要特异性蛋白去识别内含物从而进入巨自噬系统的高度选择型细胞自噬作用。这些受体蛋白往往具有很低的保守性,并且似乎不存在于丝状真菌内。引人注目的是,酿酒酵母 Atg11 蛋白是选择性细胞自噬相关过程所必需的,这些过程包括 Cvt 途径(Cvt pathway)、过氧化物酶体途径(pexophagy)和线粒体途径(mitophagy)等,它们在所有真菌内具有保守性,表明一些物种中可能存在多种的选择性细胞自噬途径。因此,Atg11 相互作用蛋白的鉴定可能成为揭示更多丝状真菌内尚未明确的细胞自噬机制的里程碑。

参考文献

Albert B,Sellem CH. 2002. Dynamics of the mitochondrial genome during *Podospora anserina* aging. Curr Genet,40:365-373

Asakura M,Ninomiya S,Sugimoto M et al. 2009. Atg26-mediated pexophagy is required for host invasion by the plant pathogenic fungus *Colletotrichum orbiculare*. Plant Cell,21:1291-1304

Baba M,Takeshige K,Baba N et al. 1994. Ultrastructural analysis of the autophagic process in yeast: detection of autophagosomes and their characterization. J Cell Biol,124:903-913

Baek YU,Kim YR,Yim HS et al. 2004. Disruption of gamma-glutamylcysteine synthetase results in absolute glutathione auxotrophy and apoptosis in *Candida albicans*. FEBS Lett,556:47-52

Barhoom S,Sharon A. 2007. Bcl-2 proteins link programmed cell death with growth and morphogenetic adaptations in the fungal plant pathogen *Colletotrichum gloeosporioides*. Fungal Genet Biol,44:32-43

Brandwagt BF,Mesbah LA,Takken FL et al. 2000. A longevity assurance gene homolog of tomato mediates resistance to *Alternaria alternate* f. sp. *lycopersici* toxins and fumonisin B1. P Natl Acad Sci USA,97:4961-4966

Burhans WC,Weinberger M. 2007. Yeast endonuclease G: complex matters of death and of life. Mol Cell,25:323-325

Bartoszewska M,Kiel JAKW. 2011. The Role of Macroautophagy in Development of Filamentous Fungi. Antioxidants & Redox Signaling,14:2721-2787

Buttner S,Eisenberg T,Herker E et al. 2006. Why yeast cells can undergo apoptosis: death in times of peace,love,and war. J Cell Biol,175:521-525

Cebollero E,Reggiori F. 2009. Regulation of autophagy in yeast *Saccharomyces cerevisiae*. Biochim Biophys Acta,1793:1413-1421

Chae HJ,Ke N,Kim HR et al. 2003. Evolutionarily conserved cytoprotection provided by Bax Inhibitor-1 homologs from animals,plants,and yeast. Gene,323:101-113

Chen C,Dickman MB. 2005. Proline suppresses apoptosis in the fungal pathogen *Colletotrichum trifolii*. Pans Natl Acad Sci USA,102:3459-3176

Chen F,Kamradt M,Mulcahy M et al. 2002. Caspase proteolysis of the cohesion component RAD21 promotes apoptosis. J Biol Chem,277:16775-16781

Cheng J,Park TS,Chio LC et al. 2003. Induction of apoptosis by sphingoid long-chain bases in *Aspergillus nidulans*. Mol Cell Biol,23:163-177

Cheung EC,Joza N,Steenaart NA et al. 2006. Dissociating the dual roles of apoptosis-inducing factor in maintaining mitochondrial structure and apoptosis. EMBO J,25:4061-4073

Chretien F,Lortholary O,Kansau I et al. 2002. Pathogenesis of cerebral *Cryptococcus neoformans* infection after fungemia. J Infect Dis,186:522-530

Collins RJ,Harmon BV,Gobe GC et al. 1992. Internucleosomal DNA cleavage should not be the sole criterion for identifying apoptosis. Int J Rad Biol,61:452-453

Coppin E,Debuchy R,Arnaise S et al. 1997. Mating types and sexual development in filamentous ascomycetes. Microbiol Mol Biol Rev,61:411-428

Coustou V, Deleu C, Saupe S et al. 1997. The protein product of the het-s heterokaryon incompatibility gene of the fungus *Podospora anserina* behaves as a prion analog. Proc Natl Acad Sci USA, 94: 9773-9778

Danial NN, Korsmeyer SJ. 2004. Cell death: critical control points. Cell, 116: 205-219

Degen WG, Pruijn GJ, Raats JM et al. 2000. Caspase dependent cleavage of nucleic acids. Cell Death Differ, 7: 616-627

de Carratore R, Della Croce C, Simili M et al. 2002. Cell cycle and morphological alterations as indicative of apoptosis promoted by UV irradiation in *Saccharomyces cerevisiae*. Mutat Res, 513: 183-191

Dementhon K, Paoletti M, Pinan-Lucarre B et al. 2003. Rapamycin mimics the incompatibility reaction in the fungus *Podospora anserina*. Eukaryot Cell, 2: 238-246

Deng YZ, Ramos-Pamplona M, Naqvi NI. 2009. Autophagyassisted glycogen catabolism regulates asexual differentiation in *Magnaporthe oryzae*. Autophagy, 5: 33-43

Denning DW. 1998. Invasive aspergillosis. Clin Infect Dis 26: 781-803

Dohi T, Okada K, Xia F et al. 2004. An IAP-IAP complex inhibits apoptosis. J Biol Cham, 279: 34087-34090

Dong B, Liu XH, Lu JP et al. 2009. MgAtg9 trafficking in *Magnaporthe oryzae*. Autophagy, 5: 946-953

Dufour E, Boulay J, Rincheval V et al. 2000. A causal link between respiration and senescence in *Podospora anserina*. P Natl Acad Sci USA, 97: 4138-4143

Earnshaw WC, Martins LM, Kaufmann SH. 1999. Mammalian caspases: structure, activation, substrates, and functions during apoptosis. Annu Rev Biochem, 68: 383-424

Elmore S. 2007. Apoptosis: a review of programmed cell death. Toxicol Pathol, 35: 495-516

Emri T, Molnar Z, Pocsi I. 2005. The appearances of autolytic and apoptotic markers are concomitant but differently regulated in carbon-starving *Aspergillus nidulans* cultures. FEMS Microbiol Lett, 251: 297-303

Ebbole DJ. 2007. *Magnaporthe* as a model for understanding hostpathogen interactions. Annu Rev Phytopathol 45: 437-456.

Epple UD, Eskelinen EL, Thumm M. 2003. Intravacuolar membrane lysis in *Saccharomyces cerevisiae*. Does vacuolar targeting of Cvt17 = Aut5p affect its function? J Biol Chem, 278: 7810-7821

Espagne E, Balhadere P, Penin ML et al. 2002. HET-E and HET-D belong to a new subfamily of WD40 proteins involved in vegetative incompatibility specificity in the fungus *Podospora anserina*. Genetics, 161: 71-81

Fabrizio P, Longo VD. 2008. Chronological aging-induced apoptosis in yeast. Biochim Biophys Acta, 1783: 1280-1285

Fabrizio P, Battistella L, Vardavas R et al. 2004. Superoxide is a mediator of an altruistic aging program in *Saccharomyces cerevisiae*. J Cell Biol, 166: 1055-1067

Fahrenkrog B, Sauder U, Aebi U. 2004. The *Saccharomyces cerevisiae* HtrA-like protein Nma111p is a nuclear serine protease that mediates yeast apoptosis. J Cell Sci, 117: 115-126

Fedorova ND, Badger JH, Robson GD et al. 2005. Comparative analysis of programmed cell death pathways in filamentous fungi. BMC Genomics, 177: 1-14

Fesik SW. 2005. Promoting apoptosis as a strategy for cancer drug discovery. Nat Rev Cancer, 5: 876-885

Fitzgibbon GJ, Morozov IY, Jones MG et al. 2005. Genetic analysis of the TOR pathway in*Aspergillus nidulans*. Eukaryot Cell, 4: 1595-1598

Friedman M. 2002. Tomato glycoalkaloids: role in the plant and in the diet. J Agr Food Chem, 50: 5751-5780

Frohlich KU, Madeo F. 2000. Apoptosis in yeast-amonocellular organism exhibits altruistic behavior. FEBS Lett, 473: 6-9

Frohlich KU, Fussi H, Ruckenstuhl C. 2007. Yeast apoptosis-from genes to pathways. Semin Cancer Biol, 17: 112-121

Fuentes-Prior P, Salvesen GS. 2004. The protein structures that shape caspase activity, specificity, activation and inhibition. Biochem J, 384: 201-232

Fujioka Y, Noda NN, Nakatogawa H et al. 2010. Dimeric coiled-coil structure of *Saccharomyces cerevisiae* Atg16 and its functional significance in autophagy. J Biol Chem, 285: 1508-1515

Glass NL, Kaneko I. 2003. Fatal attraction: nonself recognition and heterokaryon incompatibility in filamentous fungi. Eukaryot Cell, 2: 1-8

Glass NL, Dementhon K. 2006. Non-self recognition and programmed cell death in filamentous fungi. Curr Opin Microbiol, 9: 553-538

Glass NL, Jacobson DJ, Shiu PK. 2000. The genetics of hyphal fusion and vegetative incompatibility in filamentous ascomycete fungi. Annu Rev Genet, 34: 165-186

Granot D, Levine A, Dor-Hefetz E. 2003. Sugar-induced apoptosis in yeast cells. FEMS Yeast Res 4: 7-13

Green DR. 2005. Apoptotic pathways: ten minutes to dead. Cell, 121: 671-674

Halestrap A. 2005. Biochemistry: a pore way to die. Nature, 434: 578-579

Hamann A, Brust D, Osiewacz HD. 2007. Deletion of putative apoptosis factors leads to life span extension in the fungal ageing model *Podospora anserina*. Mol Microbiol, 65: 948-958

Hamann A, Brust D, Osiewacz HD. 2008. Apoptosis pathways in fungal growth, development and ageing. Trends Microbiol, 16: 276-283

Hamer JE, Howard RJ, Chumley FG et al. 1988. A mechanism for surface attachment in spores of a plant pathogenic fungus. Science, 239: 288-290

Hanada T, Noda NN, Satomi Y et al. 2007. The Atg12-Atg5 conjugate has a novel E3-like activity for protein lipidation in autophagy. J Biol Chem, 282: 37298-37302

Hannun YA, Luberto C. 2000. Ceramide in the eukaryotic stress response. Trends Cell Biol, 10: 73-80

Hannun YA, Luberto C, Argraves KM. 2001. Enzymes of sphingolipid metabolism: from modular to integrative signaling. Biochemistry, 40: 4893-4903

Herker E, Jungwirth H, Lehmann KA et al. 2004. Chronological aging leads to apoptosis in yeast. J Cell Biol, 164: 501-507

Hofius D, Schultz-Larsen T, Joensen J et al. 2009. Autophagic components contribute to hypersensitive cell death in *Arabidopsis*. Cell, 137: 773-783

Hu G, Hacham M, Waterman SR et al. 2008. PI3K signaling of autophagy is required for starvation tolerance and virulence of *Cryptococcus neoformans*. J Clin Invest, 118: 1186-1197

Hornby JM, Jensen EC, Lisec AD et al. 2001. Quorum sensing in the dimorphic fungus *Candida albicans* is mediated by farnesol. Appl Environ Microb, 67: 2982-2992

Huh GH, Damsz B, Matsumoto TK et al. 2002. Salt causes ion disequilibrium-induced programmed cell death in yeast and plants. Plant J, 29: 649-659

Ito S, Ihara T, Tamura H et al. 2007. a-Tomatine, the major saponin in tomato, induces programmed cell death mediated by reactive oxygen species in the fungal pathogen *Fusarium oxysporum*. FEBS Lett, 581: 3217-3222

Itakura E, Kishi C, Inoue K et al. 2008. Beclin 1 forms two distinct phosphatidylinositol 3-kinase complexes with mammalian Atg14 and UVRAG. Mol Biol Cell, 19: 5360-5372

Jiang XJ, Wang XD. 2004. Cytochrome c-mediated apoptosis. Annu Rev Biochem, 73: 87-106

Jin C, Reed JC. 2002. Yeast and apoptosis. Nat Rev, 3: 453-459

Kamada Y, Yoshino K, Kondo C et al. 2010. Tor directly controls the Atg1 kinase complex to regulate autophagy. Mol Cell Biol, 30: 1049-1058

Kabeya Y, Noda NN, Fujioka Y et al. 2009. Characterization of the Atg17-Atg29-Atg31 complex specifically required for starvation-induced autophagy in*Saccharomyces ce revisiae*. Biochem Biophys Res Commun, 389: 612-615

Kabeya Y, Kamada Y, Baba M et al. 2005. Atg17 functions in cooperation with Atg1 and Atg13 in yeast autophagy. Mol Biol Cell, 16: 2544-2553

Kawamura C, Moriwaki J, Kimura N et al. 1997. The melanin biosynthesis genes of *Alternaria alternata* can restore pathogenicity of the melanin-deficient mutants of *Magnaporthe grisea*. Mol Plant Microbe Interact, 10: 446-453

Kershaw MJ, Talbot NJ. 2009. Genome-wide functional analysis reveals that infection-associated fungal autophagy is necessary for rice blast disease. Proc Natl Acad Sci USA, 106: 15967-15972

Kiel JA, van der Klei IJ. 2009. Proteins involved in microbody biogenesis and degradation in *Aspergillus nidulans*. Fungal Genet Biol, 46 Suppl 1: S62-S71

Kihara A, Noda T, Ishihara N et al. 2001. Two distinct Vps34 phosphatidylinositol 3-kinase complexes function in autophagy and carboxypeptidase Y sorting in *Saccharomyces cerevisiae*. J Cell Biol, 152: 519-530

Kikuma T, Ohneda M, Arioka M et al. 2006. Functional analysis of the ATG8 homologue Aoatg8 and role of autophagy in differentiation and germination in *Aspergillus oryzae*. Eukaryot Cell, 5: 1328-1336

Kim J, Huang WP, Stromhaug PE et al. 2002. Convergence of multiple autophagy and cytoplasm to vacuole targeting components to a perivacuolar membrane compartment prior to de novo vesicle formation. J Biol Chem, 277: 763-773

Kitagaki H, Arakia Y, Funatob K et al. 2007. Ethanolinduced death in yeast exhibits features of apoptosis mediated by mitochondrial fission pathway. FEBS Lett, 581: 2935-2942

Kuma A, Mizushima N, Ishihara N et al. 2002. Formation of the approximately 350-kDa Apg12-Apg5. Apg16 multimeric complex, mediated by Apg16 oligomerization, is essential for autophagy in yeast. J Biol Chem, 277: 18619-18625

Latge JP. 1999. Aspergillus fumigatus and aspergillosis. Clin Microbiol Rev, 12: 310-350

Lavrik IN, Golks A, Krammer PH. 2005. Caspases: pharmacological manipulation of cell death. J Clin Invest, 115: 2665-2672

Legakis JE, Yen WL, Klionsky DJ. 2007. A cycling protein complex required for selective autophagy. Autophagy, 3: 422-432

Levine B, Klionsky DJ. 2004. Development by self-digestion: molecular mechanisms and biological functions of autophagy. Dev Cell, 6: 463-477

Leiter E, Szappanos H, Oberparleiter C et al. 2005. Antifungal protein PAF severely affects the integrity of the plasma membrane of *Aspergillus nidulans* and induces an apoptosis like phenotype. Antimicrob Agents Ch, 49: 2445-2453

Li LY, Luo X, Wang X. 2001. Endonuclease G is an apoptotic DNase when released from mitochondria. Nature, 412: 95-99

Li W, Sun L, Liang Q et al. 2006. Yeast AMID homologue Ndi1p displays respiration-restricted apoptotic activity and is involved in chronological aging. Mol Biol Cell, 17: 1802-1811

Liang Q, Zhou B. 2007. Copper and manganese induce yeast apoptosis via different pathways. Mol Biol Cell 18: 4741-4749

Liao RS, Rennie RP, Talbot JA. 1999. Assessment of the effect of amphotericin B on the vitality of Candida albicans. Antimicrob Agents Ch, 43: 1034-1041

Liu XH, Lu JP, Zhang L et al. 2007. Involvement of a *Magnaporthe grisea* serine/threonine kinase gene, MgATG1, in appressorium turgor and pathogenesis. Eukaryot Cell, 6: 997-1005

Longo VD, Ellerby LM, Bredesen DE et al. 1997. Human Bcl-2 reverses survival defects in yeast lacking superoxide dismutase and delays death of wild-type yeast. J Cell Biol, 137: 581-1588

Lorin S, Dufour E, Sainsard-Chanet A. 2006. Mitochondrial metabolism and aging in the filamentous fungus *Podospora anserina*. Biochim Biophys Acta, 1757: 604-610

Lowary PT, Widom J. 1989. Higher-order structure of *Saccharomyces cerevisiae* chromatin. Pan Natl Acad Sci USA, 86: 8266-8270

Lu BC, Gallo N, Kues U. 2003. White-cap mutants and meiotic apoptosis in the basidiomycete *Coprinus cinereus*. Fungal Genet Biol, 39: 82-93

Lu JP, Liu XH, Feng XX et al. 2009. An autophagy gene, MgATG5, is required for cell differentiation and pathogenesis in *Magnaporthe oryzae*. Curr Genet, 55: 461-473

Machida K, Tanaka T. 1999. Farnesol-induced generation of reactive oxygen species dependent on mitochondrial transmembrane potential hyper polarization mediated by F(0)F(1)-ATPase in yeast. FEBS Lett, 462: 108-112

Madeo F, Frohlich E, Frohlich KU. 1997. A yeast mutant showing diagnostic markers of early and late apoptosis. J Cell Biol, 139: 729-734

Madeo F, Frohlich E, Ligr M et al. 1999. Oxygen stress: a regulator of apoptosis in yeast. J Cell Biol, 145: 757-767

Madeo F, Herker E, Maldener C et al. 2002b. A caspase-related protease regulates apoptosis in yeast. Mol Cell, 9: 911-917

Meijer WH, van der Klei IJ, Veenhuis M et al. 2007. ATG genes involved in non-selective autophagy are conserved from yeast to man, but the selective Cvt and pexophagy pathways also require organism-specific genes. Autophagy, 3: 106-116

Michaelis C, Ciosk R, Nasmyth K. 1997. Cohesins: chromosomal proteins that prevent premature separation of sister chromatids. Cell, 91: 35-45

Mitsui K, Nakagawa D, Nakamura M et al. 2005. Valproic acid induces apoptosis dependent of Yca1p at concentrations that mildly affect the proliferation of yeast. FEBS Lett, 579: 723-727

Mroczek S, Kufel J. 2008. Apoptotic signals induce specific degradation of ribosomal RNA in yeast. Nucleic Acids Res, 36: 287-288

Mousavi SA, Robson GD. 2004. Oxidative and amphotericin Bmediated cell death in the opportunistic pathogen *Aspergillus fumigatus is associated with an apoptotic-like phenotype*. Microbiology, 150: 1937-1945

Narasimhan ML, Damsz B, Coca MA et al. 2001. A plant defense response effector induces microbial apoptosis. Mol Cell, 8: 921-930

Nguyen M, Marcellus RC, Roulston A et al. 2007. Small molecule obatoclax (GX15-070) antagonizes MCL-1 and overcomes MCL-1-mediated resistance to apoptosis. Pans Natl Acad Sci USA, 104: 19512-19517

Obara K, Sekito T, Niimi K et al. 2008. The Atg18-Atg2 complex is recruited to autophagic membranes via phosphatidylinositol 3-phosphate and exerts an essential function. J Biol Chem, 283: 23972-23980

Oberhammer F, Wilson JW, Dive C et al. 1993. Apoptotic death in epithelial cells: cleavage of DNA to 300 and/or 50 kb fragments prior to or in the absence of internucleosomal fragmentation. EMBO J, 12: 3679-3684

Osherov N and May G. 2000. Conidial germination in *Aspergillus nidulans* requires RAS signaling and protein synthesis. Genetics, 155: 647-656

Palmer GE, Kelly MN, Sturtevant JE. 2007. Autophagy in the pathogen Candida albicans. Microbiology, 153: 51-58

Paoletti M, Clave C. 2007. The fungus-specific HET domain mediates programmed cell death in *Podospora anserina*. Eukaryot Cell, 6: 2001-2008

Parrish JZ, Xue D. 2003. Functional genomic analysis of apoptotic DNA degradation in *Caenorhabditis elegans*. Mol Cell 11: 987-996

Paoletti M, Castroviejo M, Begueret J et al. 2001. Identification and characterization of a gene encoding a subtilisin-like serine protease induced during the vegetative incompatibility reaction in *Podospora anserina*. Curr Genet, 39: 244-252

Pati D, Zhang N, Plon SE. 2002. Linking sister chromatid cohesion and apoptosis: role of Rad21. Mol Cell Biol, 22: 8267-8277

Phillips AJ, Sudbery I, Ramsdale M. 2003. Apoptosis induced by environmental stresses and amphotericin B in *Candida albicans*. P Natl Acad Sci USA, 100: 14327-14332

Pinan-Lucarre B, Paoletti M, Clave C. 2007. Cell death by incompatibility in the fungus *Podospora*. *Semin* Cancer Biol, 17: 101-111

Pinan-Lucarre B, Iraqui I, Clave C. 2006. Podospora anserina target of rapamycin. Curr Genet, 50: 23-31

Pinan-Lucarre B, Balguerie A, Clave C. 2005. Accelerated cell death in *Podospora* autophagy mutants. Eukaryot Cell, 4: 1765-1774

Pinan-Lucarre B, Paoletti M, Dementhon K et al. 2003. Autophagy is induced during cell death by incompatibility and is essential for differentiation in the filamentous fungus *Podospora anserina*. Mol Microbiol, 47: 321-333

Pollack JK, Harris SD, Marten MR. 2009. Autophagy in filamentous fungi. Fungal Genet Biol, 46: 1-8

Polcic P, Forte M. 2003. Response of yeast to the regulated expression of proteins in the Bcl-2 family. Biochem J, 374: 393-402

Rajagopalan S, Balasubramanian MK. 2002. *Schizosaccharomyces pombe* Birlp, a nuclear protein that localizes to kinetochores and the spindle midzone, is essential for chromosome condensation and spindle elongation during mitosis. Genetics, 160: 445-456

Raju NB, Perkins DD. 2000. Programmed ascospore death in the homothallic ascomycete *Coniochaeta tetraspora*. Fungal Genet Biol, 30: 213-221

Ramsdale M. 2008. Programmed cell death in pathogenic fungi. Biochim Biophys Acta, 1783: 1369-1380

Reed JC, Kytbuddin SD, Adam G. 2004. The domains of apoptosis: a genomic perspective. Sci STKE 239: rev 9

Reggiori F, Tucker KA, Stromhaug PE et al. 2004. The Atg1-Atg13 complex regulates Atg9 and Atg23 retrieval transport from the pre-autophagosomal structure. Dev Cell, 6: 79-90

Reggiori F, Klionsky DJ. 2002. Autophagy in the eukaryotic cell. Eukaryot Cell, 1: 11-21

Richie DL, Fuller KK, Fortwendel J et al. 2007a. Unexpected link between metal ion deficiency and autophagy in *Aspergillus fumigatus*. Eukaryot Cell, 6: 2437-2447

Richie DL, Miley MD, Bhabhra R et al. 2007b. The *Aspergillus fumigatus* metacaspases CasA and CasB facilitate growth under conditions of endoplasmic reticulum stress. Mol Microbiol, 63: 591-604

Roucou X, Prescott M, Devenish RJ et al. 2000. A cytochrome c-GFP fusion is not released from mitochondria into the cytoplasm upon expression of Bax in yeast cells. FEBS Lett, 471:235-239

Roze LV, Linz JE. 1998. Lovastatin triggers an apoptosis-like cell death process in the fungus *Mucor racemosus*. Fungal Genet Biol, 25:119-133

Salvesen GS. 2002. Caspases and apoptosis. Essays Biochem, 38:9-19

Saupe SJ, Clave C, Begueret J. 2000. Vegetative incompatibility in filamentous fungi: *Podospora* and *Neurospora* provide some clues. Curr Opin Microbiol, 3:608-612

Savoldi M, Malavazi I, Soriani FM et al. 2008. Farnesol induces the transcriptional accumulation of the *Aspergillus nidulans* apoptosis-inducing factor (AIF)-like mitochondrial oxidoreductase. Mol Microbiol, 70:44-59

Scheckhuber CQ, Erjavec N, Tinazli A et al. 2007. Reducing mitochondrial fission results in increased life span and fitness of two fungal ageing models. Nat Cell Biol, 9:99-105

Sekito T, Kawamata T, Ichikawa R et al. 2009. Atg17 recruits Atg9 to organize the pre-autophagosomal structure. Genes Cells, 14:525-538

Sellem CH, Marsy S, Boivin A et al. 2007. A mutation in the gene encoding cytochrome c1 leads to a decreased ROS content and to a long-lived phenotype in the filamentous fungus *Podospora anserina*. Fungal Genet Biol, 44:648-658

Sellam A, Askew C, Epp E et al. 2010. Role of transcription factor CaNdt80p in cell separation, hyphal growth, and virulence in *Candida albicans*. Eukaryot Cell, 9:634-644

Semighini CP, Murray N & Harris SD. 2008. Inhibition of *Fusarium graminearum* growth and development by farnesol. FEMS Microb Lett, 279:259-264

Semighini CP, Savoldi M, Goldman GH et al. 2006b. Functional characterization of the putative *Aspergillus nidulans* poly (ADP-ribose) polymerase homolog PrpA. Genetics, 173:87-98

Severin FF, Hyman AA. 2002. Pheromone induces programmed cell death in *Saccharomyces cerevisiae*. Curr Biol, 12:233-235

Sharon A, Finkelstein A, Shlezinger N et al. 2009. Fungal apoptosis: function, genes and gene function. FEMS Microbiol Rev, 33:833-854

Sharon A, Finkelshtein A. 2008. Programmed cell death in fungal-plant interactions. The Mycota (Deising H, ed), Berlin: Springer. 219-234

Shellman YG, Ribble D, Miller L et al. 2005. Lovastatin-induced apoptosis in human melanoma cell lines. Melanoma Res, 15: 83-89

Shlezinger N, Finkelshtein A, Sharon A. 2009. Analysis of *Botrytis cinerea* putative apoptotic genes BcBIR and BcNMA. Fungal Genet Rep 56 (suppl):281

Silva RD, Sotoca R, Johansson B et al. 2005. Hyperosmotic stress induces metacaspase-and mitochondria-dependent apoptosis in *Saccharomyces cerevisiae*. Mol Microbiol, 58:824-834

Skamnioti P, Gurr SJ. 2009. Against the grain: safeguarding rice from rice blast disease. Trends Biotechnol, 27:141-150

Spassieva SD, Markham JE, Hille J. 2002. The plant disease resistance gene Asc-1 prevents disruption of sphingolipid metabolism during AAL-toxin-induced programmed cell death. Plant J, 32:561-572

Steen BR, Zuyderduyn S, Toffaletti DL et al. 2003. *Cryptococcus neoformans* gene expression during experimental cryptococcal meningitis. Eukaryot Cell, 2:1336-1349

Steinkraus KA, Kaeberlein M, Kennedy BK. 2008. Replicative aging in yeast: the means to the end. Annu Rev Cell Dev Bi, 24:29-54

Stromhaug PE, Reggiori F, Guan J et al. 2004. Atg21 is a phosphoinositide binding protein required for efficient lipidation and localization of Atg8 during uptake of aminopeptidase I by selective autophagy. Mol Biol Cell, 15:3553-3566

Tang F, Watkins JW, Bermudez M et al. 2008. A life-span extending form of autophagy employs the vacuole-vacuole fusion machinery. Autophagy, 4:874-886

Teichert S, Wottawa M, Schonig B et al. 2006. Role of the *Fusarium fujikuroi* TOR kinase in nitrogen regulation and secondary metabolism. Eukaryot Cell, 5:1807-1819

Thrane C, Kaufmann U, Stummann BM et al. 2004. Activation of caspase-like activity and poly (ADP-ribose) polymerase degradation during sporulation in *Aspergillus nidulans*. Fungal Genet Biol, 41:361-368

Uren AG, Beilharz T, O'Connell MJ et al. 1999. Role for yeast inhibitor of apoptosis (IAP)-like proteins in cell division. P Natl

Acad Sci USA, 96: 10170-10175

Uren AG, O'Rourke K, Aravind LA et al. 2000. Identification of paracaspases and metacaspases: two ancient families of caspase-like proteins, one of which plays a key role in MALT lymphoma. Mol Cell, 6: 961-967

Vachova L, Palkova Z. 2007. Caspases in yeast apoptosis-like death: facts and artifacts. FEMS Yeast Res, 7: 12-21

Vachova L, Palkova Z. 2005. Physiological regulation of yeast cell death in multicellular colonies is triggered by ammonia. J Cell Biol, 169: 711-717

Vahsen N, Cand'e C, Brie're JJ et al. 2004. AIF deficiency compromises oxidative phosphorylation. EMBO J, 23: 4679-4689

Veneault-Fourrey C, Barooah M, Egan M et al. 2006. Autophagic fungal cell death is necessary for infection by the rice blast fungus. Science, 312: 580-583

Vercammen D, Declercq W, Vandenabeele P. et al. 2007. Are metacaspases caspases? J Cell Biol, 179: 375-380

Verhagen AM, Coulson EJ, Vaux DL. 2001. Inhibitor of apoptosis proteins and their relatives: IAPs and other BIRPs. Genome Biol, 2: 1-10

Walter D, Wissing S, Madeo F et al. 2006. The inhibitor-of-apoptosis protein Bir1p protects against apoptosis in *Saccharomyces cerevisiae* and is a substrate for the yeast homologue of Omi/HtrA2. J Cell Sci, 119: 1843-1851

Williams B, Dickman MB. 2008. Plant programmed cell death: can't live with it; can't live without it. Mol Plant Pathol, 9: 531-544

Wilson RA, Talbot NJ. 2009. Under pressure: investigating the biology of plant infection by *Magnaporthe oryzae*. Nat Rev Microbiol, 7: 185-195

Wu M, Xu LG, Li X et al. 2002. AMID, an apoptosis-inducing factor-homologous mitochondrionassociated protein, induces caspase-independent apoptosis. J Biol Chem, 277: 25617-25623

Xu Q, Reed JC. 1998. Bax inhibitor-1, a mammalian apoptosis suppressor identified by functional screening in yeast. Mol Cell, 1: 337-346

Yang H, Ren Q, Zhang Z. 2008. Cleavage of Mcd1 by caspaselike protease Esp1 promotes apoptosis in budding yeast. Mol Biol Cell, 19: 2127-2134

Yang Z, Huang J, Geng J et al. 2006. Atg22 recycles amino acids to link the degradative and recycling functions of autophagy. Mol Biol Cell, 17: 5094-5104

Ye H, Cande C, Stephanou NC et al. 2002. DNA binding is required for the apoptogenic action of apoptosis inducing factor. Nat Struct Biol, 9: 680-684

Yorimitsu T, Klionsky DJ. 2005. Autophagy: molecular machinery for self-eating. Cell Death Differ, 12: 1542-1552

拉丁学名与中文名称对照表
（共 230 个，10 种缺中文名）

A

Absidia glauca 灰绿犁头霉
Achlya 绵霉属
  A. ambisexualis 两性不清绵霉
  A. americana 美洲棉霉
  A. bisexualis 两性绵霉
  A. conspicua
  A. heterosexualis 异性棉霉
Albugo 白锈菌属
Allomyces 异水霉属
  A. arbuscula 树状异水霉
  A. javanicus 爪哇异水霉
  A. macrogynus 巨雌异水霉
Alternaria alternata 链格孢
Amanita regalis（一种鹅膏菌）
Anixiella sublineolata（=*N. Sublineolata*）
Ascobolus 粪盘菌属
  A. immersus 埋粪盘菌
  A. stercorarius 牛粪盘菌
  A. pulcherrimus 美丽粪盘菌
Ascochyta rabiei 鹰嘴豆壳二孢
Ashbya gossypii 棉阿舒囊霉
Aspergillus 曲霉属
  A. nidulans 构巢曲霉
  A. flavus 黄曲霉
  A. fumigatus 烟曲霉
  A. oryzae 米曲霉
  A. kawachii 白曲霉

B

Blakeslea 布拉霉属
  B. trispora 三孢布拉氏霉
Blastocladiella emersonii 埃默森小芽枝霉
Blastomyces dermatitidis 皮炎芽生菌
Blumeria graminis 布氏禾白粉菌
Blumeria graminis f. sp. *hordei* 布氏禾白粉病大麦变种
Bipolaris 平脐蠕孢属
  B. sacchari 甘蔗平脐蠕孢
Bombardia lunata 新月形蚪孢壳
Botryodiplodia theobromae 可可球二孢
Botrytis cinerea 灰葡萄孢

C

Candida 假丝酵母属
  C. albicans 白假丝酵母（又称白念珠菌）
  C. glabrata 光滑假丝酵母
  C. tropicalis 热带假丝酵母
Caenorhabditis elegans 秀丽隐杆线虫
Chaetomium globosum 球毛壳
Cladosporium fulvum 黄枝孢
Claviceps purpurea 麦角菌
Cochliobolus 旋孢腔菌属
  C. carbonum 炭旋孢腔菌
  C. cymbopogonis 香茅旋孢腔菌
  C. ellisii
  C. eucalypti
  C. heterostrophus 异旋孢腔菌
  C. homomorphus 同型旋孢腔菌
  C. intermedius 间型旋孢腔菌
  C. kusanoi 卡哈瓦旋孢腔菌
  C. luttrellii
  C. sativus 禾旋孢腔菌
  C. terminus
  C. victoriae 维多利亚旋孢腔菌
Colletotrichum 刺盘孢属
  C. gloeosporioides 盘长孢状刺盘孢
  C. graminicola 禾生刺盘孢
  C. lagenarium 葫芦科刺盘孢
  C. lindemuthianum 豆刺盘孢

C. orbiculare 瓜类刺盘孢
C. trifolii 三叶草刺盘孢
C. kahawae 卡哈瓦刺盘孢
Coniochaete tetrasperma 四孢曲瓶霉
Coprinus(*Coprinopsis*)鬼伞属
C. cinereus 灰盖鬼伞
C. patouillardii 巴杜鬼伞
C. sterquilinus 粪鬼伞
C. disseminatus 簇生鬼伞
Coprinellus congregatus
Cryphonectria parasitica 寄生隐丛赤壳
Cryptococcus neoformans 新型隐球酵母

D

Debaryomyces hansenii 汉逊德巴利酵母
Didymella rabiei 鹰嘴豆亚隔孢壳

E

Emericella nidulans 构巢裸孢壳
Entamoeba 内阿米巴属
Erysiphe graminis f. sp. *avenae* 禾白粉菌燕麦变种
Exophiala (*Wangiella*) *dermatitidis* 皮炎外瓶霉

F

Filobasidiella neoformans 新型线黑粉菌
Fusarium 镰刀菌属
F. acuminatum 锐顶镰刀菌
F. graminearum 禾谷镰刀菌
F. oxysporum 尖孢镰刀菌
F. solani 腐皮镰刀菌
F. sulphureum 硫色镰刀菌
F. verticillioides 拟轮枝孢镰刀菌

G

Gelasinospora calospora 美孢麻孢壳
Geotrichum candidum 白地霉
Giardia 贾第虫属
Gibberella 赤霉属
G. zeae 玉米赤霉
G. fujikuroi 藤仓赤霉
G. moniliformis 藤仓赤霉
Gigaspora margarita 珠状巨孢囊霉
Glomus intraradices 根内球囊霉

H

Hanseniaspora osmophila 嗜渗压有孢汉逊酵母
Hansenula 汉逊酵母
H. anomala 异常汉逊酵母
H. wingei 温奇汉逊酵母
Helicobasidium mompa 桑卷担菌
Hyaloperonospora parasitica 寄生无色霜霉
Hyaloperonospora arabidopsidis 拟南芥无色霜霉

I

Idriella bolleyi

K

Kazachstania 哈萨克酵母属(一种酵母的新属)
Kluyveromyces lactis 乳酸克鲁维酵母

L

Laccaria bicolor 双色蜡蘑

M

Magnaporthe grisea 灰巨座壳
Magnaporthe oryzae 稻巨座壳 (*M. grisea* = *M. oryzae*)
Melampsora 栅锈菌属
M. larici-populina 白杨锈菌
M. lini 亚麻栅锈菌
M. poae 梨栅锈菌
Methanococcus Jannaschii 扬氏产甲烷球菌
Mortierella 被孢霉属
Mycosphaerella graminicola 禾生球腔菌
【小麦壳针孢(*Septoria tritici*)的有性态】
Mycosphaerella zeae-maydis 玉米球腔菌
(无性型 *Didymella zeae-maydis*)
Mucor mucedo 高大毛霉

N

Naumovozyma
Nectria haematococca 血红丛赤壳
Neurospora 脉孢菌属
N. africana 非洲脉孢菌
N. crassa 粗糙脉孢菌
N. dodgei 道奇脉孢菌
N. galapagosensis 加拉巴哥群岛脉孢菌
N. sublineolata 藜芦脉孢菌(=*Anixiella sublineolata*)

N. terricola 栖土脉孢菌
Neosartorya 新萨托菌属
N. fennelliae 芬纳尔新萨托菌
N. fischeri 费氏新萨托菌

P

Paecilomyces 拟青霉属
P. tenuipes 细脚拟青霉
【Cordyceps takaomontana（高雄山虫草）无性型】
P. variotii 宛氏拟青霉
Parasitella 寄生霉属
P. parasitica 寄生霉
Penicillium chrysogenum 产黄青霉
P. marneffei 马尔尼菲青霉菌
Pestalotia malicola 苹果生盘多毛孢
Phaeosphaeria 暗球腔菌属
P. nodorum(=颖枯壳针孢)
Phanerochaete 原毛平革菌属(又称展齿革菌属)
Phanerochaete velutina 绒毛原毛平革菌
Phanerochaete chrysosporium 黄孢原毛平革菌
Phialophora fortinii 丝状瓶霉
Pholiota nameko 光帽鳞伞
Phycomyces blakesleeanus 布拉克须霉
Phyllosticta ampelicida 葡萄叶点霉
Physarum polycephalum 多头绒泡菌
Phytophthora 疫霉属
P. cactorum 恶疫霉
P. cinnamomi 樟疫霉
P. infestans 致病疫霉
P. nicotianae 烟草疫霉
P. palmivora 棕榈疫霉
P. parasitica 寄生疫霉
P. ramorum 栎树疫霉
P. sojae 大豆疫霉
Pichia angusta 安格斯毕赤酵母
Pichia membranaefaciens 膜醭毕赤酵母
Pichia pastoris 巴斯德毕赤酵母
Pisolithus 豆马勃属
Plasmodium falciparum 镰状疟原虫
Plasmopara 单轴霉属
Pleospora 格孢腔菌属
Pleurotus ostreatus 平菇
P. djamor 红平菇
Podospora anserine 鹅柄孢壳
Postia placenta 绵腐卧孔菌
Puccinia 柄锈属
P. hordei 大麦柄锈菌
P. graminis f. sp. Tritici 小麦禾柄锈菌
P. hordei 大麦柄锈菌
P. graminis 禾柄锈菌
P. arachidis 花生柄锈菌
Pyrenopeziza brassicae 芸薹埋核盘菌
Pythium 腐霉属
P. aphanidermatum 瓜果腐霉

R

Rhizoctonia 丝核菌属
R. oryzae 稻枯斑丝核菌
R. solani 立枯丝核菌
Rhizopus nigricans 黑根霉
Rhodosporidium secalis 黑麦草红冬孢酵母
Rhynchosporium secalis
(=R. graminicola) 禾生喙孢霉

S

Saccharomyces cerevisiae 酿酒酵母
S. rouxii 鲁氏酵母
S. kluyveri 克鲁弗酵母
S. exiguus 少孢酵母
S. castellii
Schizosaccharomyces 裂殖酵母属
S. pombe 粟酒裂殖酵母
S. octosporus 八孢裂殖酵母
S. japanicus 日本裂殖酵母
Saprolegnia ferax 水霉
Sclerotinia sclerotiorum 核盘菌
Sclerotium rolfsii 齐整小核菌
Sordaria 粪壳属
S. fimicola 粪生粪壳
S. macrospora 大孢粪壳
S. humana 人粪壳
Sporotrichum schenckii 申克侧孢
Suillus bovinus 乳牛肝菌

T

Tapesia yallundae 卷毛盘菌属的种

Tetrapisispora

Torulaspora 有孢圆酵母属

Tremella 银耳属

Trichoderma viride 绿色木霉

  T. reesei 瑞氏木霉

Tricholoma sp.（口蘑属）

Trichophyton 毛癣菌属

  T. mentagrophytes 须毛癣菌

  T. rubrum 红色毛癣菌

Trichosporon cutaneum 丝孢酵母

Trigonopsis variabilis 变异三角酵母

U

Uncinula necator 葡萄钩丝壳

Ustilago maydis 玉米黑粉菌

Ustilago hordei 大麦坚黑粉菌

Uromyces 单胞锈菌属

U. appendiculatus 疣顶单孢锈菌

U. fabae 蚕豆单孢锈

U. vignae 豇豆单胞锈菌

V

Volvariella volvacea 草菇

Y

Yarrowia lipolytica 解脂耶氏酵母

Z

Zygorhynchus moelleri 卵孢接霉

主题索引